現代企業管理

Modern Business Management

陳定國

學歷／
美國密西根大學企業管理博士（第一位華人企業管理博士）
國立政治大學企業管理碩士（第一位臺灣MBA）
國立成功大學交通管理科學學士

經歷／
國立臺灣大學商學研究所所長及商學系系主任
臺灣工業技術研究院工業經濟研究中心主任
北京大學正大國際中心管理委員會共同召集人
復旦大學正大管理發展中心管理委員會共同召集人

現職／
淡江大學管理學院院長
中華民國企業經理協進會理事長
上海復旦大學、上海交通大學、山東大學、浙江大學、
中國石化總公司幹部學院顧問教授
上海交通大學安泰管理學院董事、顧問教授
中華民國證券公會大陸事務委員會召集人
中華民國證券商業公會理事

三民書局

國家圖書館出版品預行編目資料

現代企業管理／陳定國著.－－初版二刷.－－臺北
市：三民，2004
　　面；　　公分
參考書目：面
ISBN 957-14-3847-2　（精裝）

　1.企業管理

494　　　　　　　　　　　　　　92013111

網路書店位址　http：// www. sanmin. com. tw

© **現代企業管理**

著作人　陳定國
發行人　劉振強
著作財　三民書局股份有限公司
產權人　臺北市復興北路386號
發行所　三民書局股份有限公司
　　　　地址／臺北市復興北路386號
　　　　電話／(02)25006600
　　　　郵撥／0009998-5
印刷所　三民書局股份有限公司
門市部　復北店／臺北市復興北路386號
　　　　重南店／臺北市重慶南路一段61號
初版一刷　2003年8月
初版二刷　2004年10月
編　號　S 490071
基本定價　拾柒元伍角
行政院新聞局登記證局版臺業字第○二○○號

ISBN　957-14-3847-2　（精裝）

自　序

　　企業管理 (Business Management) 是「企業」(Business) 與「管理」(Management) 二詞合併而成，是二十世紀以來流行於美國、歐洲、日本等經濟先進社會，但在二十一世紀，將普遍風行於亞洲華人文化二十億人的社會，包括臺灣及中國大陸。

　　「企業」(Business) 的狹窄定義是指所有追求利潤（或營利）的事業，而其廣泛的定義則指所有具有「企盼」(Expectation)、「企圖」(Purpose)、「企求」(Requirement)、「目標」(Objective, Goal) 的事業。「企圖」或「企盼」的對象可以用風調、雨順、國泰、民安、扶貧、濟急、醫病、救災、利潤、成本、收入、品質、數量或時間等等之任何理想境界 (Ideal State) 來表示，所以廣義的「企業」幾乎包括世間所有型態的機構，凡士、農、工、商、兵、醫、法、學、僧、道、俠、卜、黨、閥、妓、丐等「十六流」皆在內。

　　所謂「管理」(Management or Administration) 泛指任何機構的主管人員 (Manager) 設法經由他人（即部屬）之力量（包括腦力及體力），來完成工作目標（包括公目標、私目標、社會目標）的系列活動。換言之，主管人員是講求目標的完美達成，並且講求經由「群體力量」（即許多種天、地、人、事、物的組合體）來達成目標，而非講求以「個人力量」來達成目標，或講求徒勞無功之手續選擇與頑固堅持。「管理」是凝聚群力，達致目標的超聚力作用。人人若想當主管人員，想出人頭地，就要人人學習「管理技能」。「管理技能」包括三個層次的技能，第一層是「專業技能」(Special Skills)，第二層是「人群技能」(Human Skills)，第三層是「觀念決策技能」(Conceptual and Decision-Making Skills)。

　　所以「企業管理」的知識乃是追求「成功」（而非追求「失敗」）的功夫，是創造世界美妙事物供人類享受的神奇功夫，因為它能「化無為有」、「化小為大」、「化死水為活水」。會經營事業的人，知道運用計劃 (Planning)、組織 (Organizing)、用人 (Staffing)、指導 (Directing) 及控制 (Controlling) 等管理五功能 (Management Functions)，來支配土地資源 (Land)、人力資源 (Manpower)、資金資源 (Money)、物料資源 (Materials)、機器設備資源 (Machines)、產銷技術方法資源 (Methods)、情報資訊資源 (Information) 及時間資源 (Time)，號稱「企業八資源」；並健全其行銷活動 (Marketing)、生產活動 (Production)、研究發展活動 (R&D)、人事活動 (Personnel) 及財會活動 (Finance and Accounting)，號稱「企業五功能」（若把委外採購從「生產」活動

中分離出來，把會計及資訊從「財會」活動中分離出來，則可稱「企業八功能」）。追求市場顧客，打敗競爭者，來達成「提供滿意服務」(Satisfaction) 及「賺取合理利潤」(Profitability) 之企業成功目標，進而達成「生存」及「成長」(Survival and Growth) 之宇宙萬物終極目標。很明顯地，企業管理的精髓是「統合」(Integration)，而非「分散」(Fragmentation)。「合」字指「眾人一口」，難以做到，但也要努力做到；「分」字指「人下一刀」，容易做到，但要努力避免碰到。

　　企業管理不僅可以應用於追求利潤之農、工、商、知識、智慧等產業之百千萬企業，亦可以應用於非營利（但講求提供滿意服務）之機構，小如地方鄉鎮公所，中如學校、縣市政府，大如部、會、省、院轄市政府及整個國家（包括軍隊及警察等）。所以目前我們不僅要讓「工業」經營企業化及「商業」經營企業化，也要讓「農業經營企業化」，更要讓「政府經營企業化」。二十一世紀到來，更要讓「知識經營企業化」。

　　企業管理的系統性學識成形於美國，傳播於歐日，再及於我國，時約在民國 40 年左右。我國所用企管書籍亦由早期人士以片斷翻譯方式所構成，及至近年方有比較完整性之譯著，但是洋文味尚濃，對初學者助益不大。筆者自民國 62 年（1973 年）由美國密西根大學 (University of Michigan, Ann Arbor) 企管博士班學成返國後，即立志在我國企管學園耕耘，陸續撰寫甚多企管文章，以中國思想及口氣著文，融合東西知識及古今範例，尚能獲得國人廣泛接受，所以在民國 65 年（1976 年）完成《現代行銷學》（上、下冊），在民國 66 年（1977 年）完成《高階管理——企劃與決策》，自 66 年（1977 年）開始撰寫《企業管理》（第一版），經過四年（1981 年）方完成，拖延甚久。自民國 73 年（1984 年）筆者赴美參加台塑集團美國 J-M 公司經營一年，1985 年參加泰國卜蜂正大集團對中國大陸之投資經營十三年，至 1998 年再回臺灣，重拾鈍筆重新整編，並融入實踐知識及古今思想，而成本書。

　　本書含四大篇二十六章約七十多萬字，為兼論「管理功能」及「企業功能」之首部著作。第一篇含五章，闡釋現代管理的基本觀念。第二篇含四章，說明管理知識之演進及派別。第三篇含九章，為管理程序（即管理功能）之通論，包括企業決策與創造力、計算力及情報、企業計劃、企業組織、領導激勵與溝通及預算與控制之整合。第四篇含八章，為企業部門之管理（即企業功能）之通論，包括行銷管理、生產管理、財務管理、人事管理、企業會計、研究發展、企業研究方法及管理情報資訊系統之建立等。本書涵蓋「企業功能」及「管理功能」之介紹，最適合企業界經理人員準備成為總裁、總經理人才自修之用，也是大專學校作為企業管理課程教

科書之理想教本。

　　本書第一版撰寫時間前後拖延四年，幸有三民書局董事長劉振強先生之耐心督促方能付梓，首致萬分歉意及謝意。其次應感謝臺大商學研究所應屆研究生（1977年）及政大企管所博士班同學在資料蒐集及整理方面的辛勞。

　　本書第一版出書於 1981 年，中間曾修正數次，前後印刷十數次。本次重新撰寫，加入二十世紀末期及二十一世紀以來甚多新思想及新實踐資料，已非第一版之形狀，尚祈各方高士多賜指教。

　　筆者能有今日撰寫文章之機會，實得吾師楊必立教授（曾為考試委員，現已仙逝），金屬工業發展中心總經理董事長齊世基先生（現已高齡 86 居於美國加州），與母校美國密西根大學企管博士班諸位老師在 1968 至 1973 年間之指導及栽培，以及臺灣聚合公司獎學金之慷慨資助（1969～1971 年），始能完成學業，返國服務，磨練成長，衷心感激之情，特此一併致謝。

陳　定　國

2003 年 6 月 1 日於臺北

現代企業管理

■ 第九章　策略管理時代的新觀念新作法 (New Concepts in Strategic Management Era)　*237*

第三篇　管理程序通論

■ 第十章　企業決策與創造力開發 (Business Decision-Making and Development of Creativity)　*265*

■ 第十一章　企業決策與理智計算力 (Business Decision-Making and Rational Calculations)　*299*

第四篇　企業部門管理通論

■ 第十九章　行銷管理要義 (Essentials of Marketing Management) *572*

■ 第二十章　生產管理要義 (Essentials of Production Management) *613*

■ 第二十一章　財務管理要義 (Essentials of Financial Management) *663*

■ 第二十六章　管理情報資訊系統之建立 (Establishment of Management Information System: SCM-ERP-CRM)　*835*

■ 參考文獻　*869*

第一篇　有效管理的基本觀念
(Basic Concepts of Effective Management)

對追求利潤 (Profit Seeking) 的企業組織體而言，「有效管理」(Effective Management) 是指能同時獲得「顧客滿意」(Customer Satisfaction, CS) 及「合理利潤」(Reasonable Profitability, RP) 的最高目標。而「顧客滿意」及「合理利潤」的目標又是用來追求更高層次「生存」(Survival) 及「成長」(Growth) 之宇宙萬物之共同目標。

對不是追求利潤分享的社會公共機構 (Nonprofit Seeking Organization, NPO) 而言，「有效管理」是指能同時獲得「顧客滿意」及「合理成本」(Reasonable Cost) 的最終目標。

對任何社會經濟機構組織體而言，「有效管理」的「顧客滿意」及「合理利潤」或「合理成本」都是追求生存及「成長」的必要手段。無效管理會使任何機構組織體失去活力，停止成長，終至衰退、死亡消滅。

「有效管理」是任何階級及任何職務主管人員 (在英文皆稱 Manager) 的職責，更是企業機構最高主管如董事長、總裁、總經理之第一職責 (The First Responsibility)。

第一章　主管人員之任務
(Tasks of Managers)

第一節　主管人員的基本職責

一、目標導向的三類職責(Organizational, Individual and Social Objectives)

簡單來說，所謂「主管」人員或經理人員是指經由他人來完成工作的人 (Getting

things done through other people)。複雜一點來說，所謂「主管」人員泛指在任何「組織結構」(Organization Structure) 上，居有某一特定「職位」(Position)，並有「下屬」(Subordinates) 供其指揮之「管理人員」(Managerial People) 或稱「上司」(Superior) 人員。所以只要有組織結構（指二人以上因共同目標而努力之集合體），就會有主管人員的出現，而組織規模越大者，其具有「主管」身分的人員自然就越多。勞力密集的組織，每十人就有一個主管人員；技術或知識密集的組織，每五人就有一個主管人員。陸軍的基本結構每一班有十人，一人為班長，古代稱為「什長」；空軍的基本結構每一班有五人，一人為班長，古代稱為「伍長」。

主管人員的基本職責為運用管理知識及技能，創造良好「環境氣氛」，促使部屬發揮腦力或體力，來達成三種工作目標：⑴組織單位的總體公目標 (Organizational Objectives)，⑵自己及所轄部屬的個人私目標 (Individual Objectives)，⑶社會大眾的超然目標 (Social Objectives)。換言之，一位良好的主管人員，應是指能同時達成「公」目標、「私」目標，及「社會」目標的人。只能達成公目標，無法達成私目標的人，其工作努力不能持久。只能達成私目標，無法達成公目標的人，假公濟私，組織體被掏空，也不能持久生存。只能達成公目標及私目標，但無法達成社會目標的人，會被社會大眾遺棄而孤立，終究不能長久生存。政治口號雖可叫「大公無私」，但在企業經營實況卻是「有公，有私」，最理想境界是公、私、社三目標一致之「大公致私」，勇往直前，不作二想。

「公」目標之達成是為顧客、為政府及為股東之利益。第一，因顧客是公司生存的依賴點，產品不能改良，服務不能讓顧客滿意，顧客會棄本公司而另尋他公司惠顧。第二，因政府提供公共服務，塑造大環境，必須靠公司賺錢繳稅來維持生存，公司若不賺錢，無稅上繳，政府官員難以榮耀生存，就會貪污腐敗，傷害企業及人民。第三，因股東把財產投資之管理權授予管理人員，冒有風險，管理人員自應善盡職責，為其賺取合理利潤及保護財產。

「私」目標之達成是為員工本身之利益。因員工將自己的時間及精力花於職務之執行中，必須能滿足其各種慾望 (Needs)，方能促使所執行工作產生高度效果，有益股東目標、顧客目標及政府目標之達成。所以調和「公」、「私」兩目標為各級主管義不容辭的基本職責，亦為管理理論從專為股東（或稱資本主）利益之早期學說演進為兼顧員工人性面利益的重大轉換，為近期學說之主流。

「社會」目標之達成是為社區 (Community) 及社會大眾 (Great Society) 之利益。因為任何事業機構皆生存於人群所組成的社會裡，若該事業之活動損害鄰近社區（如

環境污染）及社會大眾之利益（如不良有害之產品），則該事業絕無繼續生存及成長之可能。

當企業的規模越大，其銷產活動涉及廣泛大眾之生活所需時（如公用事業），則它越應重視社會責任之達成。反之，則越不用太重視。再者，在同一事業機構之內，越高職位的主管人員越應重視社會責任 (Social Responsibility) 之履行，如董事長或總經理總是比股長或課長更應考慮社會目標之達成。

主管人員除了應負責達成組織之「公」目標及個人之「私」目標外尚須兼顧「社會」目標，為近期管理學說之重大進化，顯示管理學者體會近代社會經濟環境之變化，以及企業道德之形成，使自古以來一向被鄙視之私利「商人」（古稱士、農、工、商，商為四民之末），大大提高其尊嚴及貢獻國家社會長久目標之能力，所以現代的企業經營，是社會人群長期福祉的依賴基石。著名管理大師彼得‧杜魯克 (Peter Drucker) 在其 1954 年的名著《管理實踐》(*Practice of Management*) 中，就已提出「顧客滿意」、「目標管理」(Management by Objective, MBO) 及「社會責任」等重要觀念，一改往昔只一味追求股東最大利潤 (Profit-Maximization) 目標之經營哲學理念。

企業的「公」目標就是企業最高主管（董事長、總裁、總經理）之目標，以「顧客滿意」之忠誠心與重購率、推薦率，以及「合理利潤」之淨值報酬率作代表。在競爭環境下，顧客不滿意，就不可能有合理利潤，所以企業的「公」目標常以利潤 (Profit) 或成長 (Growth) 來表示。企業的「私」目標常以員工薪酬 (Compensation) 及福利 (Fringe Benefit) 來表示。企業的「社會」目標，常以「不做壞事」及「多做好事」來表示。所謂「不做壞事」是指不製造空氣污染、水污染或聲音污染；不做虛偽廣告、假包裝或短欠斤兩；不用有損健康之防腐劑、原材料及色素等等。所謂「多做好事」是指多捐獻金錢，舉辦慈善事業及公益事業，如貧苦救濟、獎助學金、體育運動、科學研究、發展教育、建設地方、醫療研究等等有益於社會大眾長期福祉的活動。

美國的大企業家在謀求「組織」及「員工」目標之後，最知道以「散財為仁」之手段，來履行其「社會」目標，所以許多基金會及慈善活動充滿社會各角落，造成甚有人情味之文明。在管理學術方面，最有名者為通用汽車公司 (General Motors Company) 之前任總裁史隆 (A. Sloan) 先生，將其巨額財產贈與麻省理工學院 (MIT) 之工業管理研究院，MIT 遂將工管研究院改稱為「史隆管理研究院」(Sloan School of Management)，致力於把管理學術推廣於各種行業之應用，包括士、農、工、商、科技、醫、軍、政、教育等等各教、各流、各行、各業，以感謝及仿效史隆先生之有

效經營方法，因通用汽車公司自 1926 年以來之成長及領先世界各行業，皆歸功於史隆先生當總裁之後所採取分權式事業部之現代化管理創新運動（自 1916 至 1956 年他在 GM 公司一共工作四十年）。

　　日本「經營之神」松下幸之助在 1917 年 23 歲時，創立日本松下 (Matsushita) 公司，經營成功。在 83 歲時，將一甲子（六十年）經驗寫下《經營哲學》一書，總結管理要點 20 條，並把財產捐作「松下義塾」，訓練二十一世紀之領袖人才。美國鋼鐵大王卡內基 (Carnegie) 在 1901 年（64 歲）時把鋼鐵廠賣給摩根 (Morgan)，由摩根成立美國鋼鐵公司 (U.S. Steel)，自己把所有財產捐出，建立卡內基美隆 (Carnegie Mellion) 大學。華僑橡膠大王陳嘉庚，事業有成，傾家辦學，興辦福建集美學園及廈門大學（自 1913 至 1932 年）。香港企業家李嘉誠捐鉅資創辦汕頭大學（1983 年）及長江管理學院（2002 年，在北京東方廣場）。臺灣企業家王永慶自 1970 年代以來興辦長庚醫院、明志技術學院及長庚大學。年輕企業家潤泰尹衍樑捐資建立北京大學光華管理學院（1994 年）及上海交大安泰管理學院（1996 年），並與國學大師南懷瑾合創光華教育基金，廣泛頒發光華獎學金，長年獎勵中國大陸二十六所著名大學優秀研究生七萬四千人以上（自 1989 至 2002 年）皆是美談之例。

二、「主管」與「主官」之異同 (Managers vs. Officials)

　　本處所指之「主管」人員即是等於通稱之「經理」或「管理」人員，是有「部屬」可管之「上司」人員，包括董事長、總裁、總經理、副總經理、經理、課長、組長、班長等等。在我國比較老式的說法中，有一「主官」(Officials) 名詞，其表面意義約與現代所稱之「主管」相似，只是「主官」是用於帝王時代或官衙習氣濃厚之機構，含有只會當「官」發威，剝削部屬及百姓利益，而不會主動負起「管理」創新職責，為組織及部屬謀利之落後意味，與目前「主管」人員應負責「創新」、「興利」之積極含意不同。

　　當「主官」的人，職位越高，越無責任挑戰，越會發威風，越不用大腦，所以學問越少及越落後，保守不變。反之，當「主管」的人，職位越高，職責越重，越謙虛，越不敢發威風，越需要用大腦，所以學問應越多及越領先別人，並願領導改進及變化。所以兩者表面看來相似，實質不同，而我們今日各行各業，包括士、農、工、商、兵、醫、學、卜、游、俠、僧、道、黨、閥、妓、丐等十六流（以前有三教九流，現代則有六教十六流），各流派所需要的就是積極的「主管」（經理）人員，而非消極、老朽的「主官」人員。

當「官」的方法比較簡單，只要二個口，一個是「哼」，另一個是「哈」，凡事哼哈，不敢冒險做決定，往上推，或往下放，或往平擠，讓別人去擔當風險，自己不做不錯，就可保住官位，甚至升官。此乃官有二口之來源，實為要不得之心態。

當主「管」與當主官就不同，「管」字是「官」上加「竹」。「竹」字指有學問的古代文書竹簡。竹字也指「胸有成竹」，有信心及把握，所以當主管的經理人員要永續學習，有知識有擔當，不可遇事哼哈推拖了事。

三、「主管」與「專家」之區別 (Manager vs. Expert)

一位良好的主管或經理人員的評鑑標準，是指他能否凝聚所轄屬之人力、土地、財力、物力、機器設備、技術方法、時間、情報資訊等等資源，變成可用之大力量。是指他能否把管理工作做好，達成原定的合理「目標」；而不是指他是否擁有多高的學歷，是否有多好的黨政軍關係，是否是一位不得罪他人的好好先生，是否有很長久的工作年資、經驗或年齡。換言之，評定經理人員成績的標準是工作「成果」(Result)與工作「目標」(Objective) 之對照比率，而非其他不相干的條件。有很多人把長得英俊與否，家世顯赫與否，面相與生辰八字良否等當作是否是一個好經理人員的標準，實是捨本（成果）逐末（手續）。

做不好管理工作而佔有「上司」職位的人，雖其個人學術鑽研、道德文章、專業技術、對人態度等等皆甚佳，但因不能創造成果，達成目標，所以不能稱為好主管或好經理人員，充其量只能算是好學者、好好先生、好專家、好技術人員而已。我們若要求社會資源能有效運用，產生高度成果，則應要求每一位居有主管地位的人員，都做好其應做的管理工作，追求目標之達成。反之，不能做好管理工作無法創造成果，只能守成的保守主管人員，或只能埋頭努力做自己專業性工作的主管人員，應要求他去學習做好管理工作（即接受管理發展訓練）。如果他不願學或無法學好時，應要求他辭去主管人員的職務，去扮演別的角色，而由有管理才能的人來替代他執行追求成果之積極職務。尤其充當政府職位的主管人員，如總統、行政、立法、司法、考試、監察院長、部長、省長、市長、縣長、司廳局處科長等，如同企業機構的集團董事長、總裁、副總裁、公司總經理、副總經理、副理、協理、經理、總工程師、廠長、處長、課長、組長、班長等，都要以目標之達成為評鑑標準，不是以其他任何藉口為標準。

四、「人上人」與「人下人」(Superior vs. Subordinate)

帶有部屬的「主管」人員，稱為「人上人」(People above People)，沒有帶部屬的人，稱為「人下人」(People below People)。班長、組長、課長、經理、協理、副總經理、總經理、總裁、董事長等都是「人上人」，而作業員、專家、教授、科學家、作家、藝術家、工程師、顧問等等，雖學有專精，有些並享有高知名度，但若沒有帶領部屬，供其指揮領導，本質上都是專門人員(Specialists)，還都是「人下人」。「人上人」雖是其部屬的上司，但亦可能是其上司的下屬，所以也是「人下人」之一。只有最高的主管如皇帝、總統、董事長、總裁，才是唯一的「人上人」。所以在一個機構裡，除第一級外，第二級、第三級、第四級……的主管人員，一方面是上司的「人下人」，另一方面是下屬的「人上人」，凡是「人上人」都要發揮群力的管理效能，凡是「人下人」都要發揮個人的技術效能。古人云，欲為「人上人」，須吃「苦中苦」，因為對主管人員的要求特別高，而主管人員的成敗也決定機構成敗的十分之九。

第二節　管理性工作與非管理性工作(Management and Non-Management Jobs)

一、主管人員工作種類之優先順序(Priority of Manager's Jobs)

主管人員應該做好「管理性工作」(Management Jobs)，以達成三大工作目標，此並非說高層與基層主管人員的百分之百時間，皆僅以管理性工作（即指計劃、組織、用人、指導、控制等系列群力性工作）為限，即使當管理性工作已經做完，而時間尚有剩餘，也無所事事，只抽菸、飲茶、看報，遊手好閒，看部屬在辛苦忙碌工作，自己在旁邊欣賞。相反地，此時主管人員亦應投身於部屬的工作行列，從事「非管理性工作」(Non-Management Jobs)或稱專業操作性工作(Specialized Operational or Technical Jobs)，與部屬打成一片，貢獻其原有之專業技能。

簡言之，任何階層的主管人員應從事兩類工作，一為「管理性」工作（即群力性工作），一為「非管理性」或專業操作性工作（即個力性工作），只是依其職位高低及所支配資源多寡之不同，而異其兩類工作之時間百分比。凡是高位之主管，其從事管理工作之時間，應多於低位之主管，因而其從事專業操作性工作之時間，亦

應隨之作相反方向之調整變化。只是不論高位或低位主管，皆應優先以管理性工作為重，以專業操作工作為次，則為同樣不易之理。

　　譬如當一國之總統者，應先把時間放在設定國家發展大計，架設靈活的政府組織結構，選用賢能人才，指揮領導溝通激勵部屬，以及追蹤糾正賞罰工作成果等等管理性工作，而不是成天價日為自己及自己政黨的知名度作秀剪綵。同樣的一個企業的總經理，也應先把時間放在偵察環境及供需競爭態勢之變化，設定公司中長期目標、願景、政策、戰略、工作方案、作業制度、操作標準、收支預算、以及組織、用人、指導、控制等工作，而不是成天價日忙於交際、打球、玩樂、作秀等等非管理性工作活動。

二、管理性工作與非管理性工作之比重變化(Weight Changes of Management and Non-Management Jobs)

　　當一個現場作業員 (Operator)，不論是在行銷、生產、財務、會計、資訊、採購、人事、總務、企劃設計及研究發展部門，升為班長、股長、課長、經理、協理等等之後，他的工作自然從百分之百的技術操作性質，轉變為「管理」性工作及「非管理」性工作之混合體。所謂「非管理」性工作是指與他未升為單位主管前之工作相似，大多仍為細節性之專業技術操作工作。所謂「管理」性工作，是指如何「計劃」(Planning)，如何「組織」(Organizing)，如何「用人」(Staffing)，如何「指導」(Directing)，如何「控制」(Controlling) 部屬之體力及腦力，如期完成預定之目標。換言之，管理性工作是「管人」(Managing People) 的工作，而非管理性工作是「做事」(Doing Things) 的工作。管人的工作是以有生命的「人」為主要處理對象，做事的工作是以人以外的無生命的「物」，如機器、材料、設備、儀器、文件等等為主要處理對象。

　　當一個人從現場作業員、或技術員、或工程師、或銷售代表、或財務、會計、總務員等非主管職位，因專業技術性工作做得很出色，受到上級賞識，提升為主管職位後，其工作時間就分配於管理性工作及非管理性工作，並以管理性工作為優先，非管理性的技術工作為殿後，已說明如前，見圖 1-1。此種工作分配程度，依主管職位之提升而發生變化。普通一位領班每天所須花用於管理性工作之時間約為10%，股長約為 20～30%，課長約為 40～60%，經理約為 60～80%，協理或副總經理約為80～90%，總經理約為 90～100%，而其花用於專業技術性工作之時間，則相對減少，所以集團企業總裁及公司總經理（或最高主管）幾乎用不到專業技術技能，雖然他也必須擁有該種技能，因之，有人說假使某甲在甲行業 A 公司當總經理，管

理工作做得很出色，機構業績很好，則將其調往乙行業 B 公司當總經理，亦可能幹得很好，因為他所用的是管理技能，而非專業性技術，而管理技能到處都需要，並可移轉 (Transferable)，成為科學工具之一，誠非虛言。（在英文則稱 Management is science because management skills are transferable.）

圖 1-1　從技術人員晉升為管理人員

圖 1-2　各級主管之工作分配時間及優先順序

　　圖 1-2 將不同職位之主管，所應分配的時間比例表明出來，供各界參考，提醒那些一日從早到晚，埋首於自己專業技術工作，而忽略管理部屬工作之主管人員，勿將自己當成技術人員，而應好好扮演經理人員之角色，多多從事目標手段之計劃、組織設計、人員進用、意見溝通、士氣激勵、領導指揮，及控制獎勵等之決策、協調、資源運用之管理技能。

三、三成功要素與三高強能力 (Success and Good Abilities)

　　一個人從小到大，要在某行某業成功 (Success)，必須具備「三緣和合」的境界。第一、要有遠大目標及堅強企圖心，簡稱「意願」(Willingness)。第二、要有高強的個人能力及團隊能力，簡稱「能力」(Abilities)。第三、要有良好的天時地利人和機遇，無競爭者，有好供應商，有好顧客，有貴人相助等，簡稱「環境」(Environments)。

「意願」及「能力」都是主觀條件 (Subjective Conditions)，「環境」是客觀條件 (Objective Conditions)。「意願」強，「能力」弱，「環境」不佳，只有一緣，不能成功。「意願」強，「能力」強，但「環境」差；或「環境」強，「能力」也強，但「意願」無；或「環境」強，「意願」也強，但「能力」差，都屬於只有二緣情況，還是不能成功。天下任何事，一定要「意願」強，「能力」強，「環境」好，三緣和合，才能成功。世上有很多「高志、低才」、「低志、高才」或「高志、高才」者，也與成功絕緣，皆因未能「三緣」和合也。俗語說有主觀條件，不一定成功；有客觀條件，也不一定成功；一定要二主觀一客觀三者合一，才能成功。企業管理的主管人員，就是要謀求三緣和合的成功條件。三緣結合程度愈高者，成功程度愈高；反之愈低。請見圖 1-3 三要素八組合中，只有①三強（意願、能力、環境）者才能成功，機率只有八分之一，約為 12.5%，所以古云：「不如意事常八九，可對人言無二三」，確實有道理。

圖 1-3　成功三要素八組合

　　企業主管人員，不論其職位高低，都要練得高強的「文武藝能力」及「觀念決策能力」，所謂「武藝」能力指「專業特殊能力」(Special Skills)，如電機、電子、機械、電訊、電腦、光電、電力、土木、建築、水利、化學、化工、物理、生物、基因、園藝、法律、會計、財務、財政、金融、證券、貿易、運輸、資訊、行銷、人事、語言、外交、採購等大學、專科、職校所訓練之個人謀生能力。所謂「文藝」能力是指人性處理之能力 (Human Skill)，指與上級，與平輩，與下級和平相處，團結一致之能力。亦即管理能力中的組織能力、用人能力，指導、報告、溝通、激勵、

協調、合作、照顧等等之能力。

所謂「觀念決策能力」(Conceptual Decision-Making Skill)，是指擔任高級主管時以「曠野觀天」心法（不是「密室觀天」，不是「隙孔觀天」，不是「井底觀天」）來觀看世界大局變化態勢，評估敵我強弱地位（在英文稱 SWOT 強弱危機分析），決定自己公司定位處所目標 (Objectives)，籌謀穩定生存政策 (Policies)，及出奇制勝、突破現狀、力爭上游之戰略 (Strategies) 等決策。

只有擁有好專業能力者，只能當部屬，做別人之「人下人」。只有擁有好專業能力及好人性能力者，只能當中基層主管人員，做高級主管的「人下人」，當下級人員的「人上人」。只有同時擁有好專業能力、人性能力及觀念決策能力的人，才有可能當高級主管人員，並有「三緣和合」而成功的機會。

📖 四、「管理」與「知人善任」(Management and Good Talent Staffing)

本書開頭，已提過主管人員的本質，現在再用一句很簡短的話說明「管理」工作的精神，那就是「管理是泛指主管人員經由他人的力量以完成工作目標的系列活動」(Management is a series of activities of getting things done through other people.)，所以越會利用部屬力量（包括體力及腦力）來完成工作目標的主管，越是優秀的主管，因為他的管理工作做得越好。依照這個簡單句子來推演，似乎成功的管理者，就是我國名言之「知人善任」者或稱「明用人」者。譬如唐太宗李世民是一位成功的皇帝（亦即一國的最高主管），因為他會利用一群能幹的部屬，如徐茂公、秦瓊、房玄齡、尉遲恭等等文武部下為其打天下及治理天下。再者漢高祖劉邦也是一位成功的皇帝，因為他能運用一群能幹的文武部屬，如張良、蕭何、韓信等等，為其爭天下及治理天下。反之，楚霸王項羽就是一位不會知人善任的失敗主管，雖然他個人的武功及力量無人能及，但他不會知人善用，聽信謠言，中了反間計，疏遠猜忌范增（軍師）及鍾離昧（武將），自斷文武雙翼，終被劉邦打敗。因為一個組織體的目標，不是靠一個主管的個人體力（指技術性操作）就能達成，而是需要靠管理群體團隊（指部屬）的眾多腦力及體力，才能達成。個人的技術力量很有限，群體的凝結力量才是無限，而「管理」就是發揮群體力量的最佳工具。

從古代到現代，凡是成功的企業家或政治機構，皆是英明的最高領導人，能認識及延用能幹部屬（人力）為其工作，再經由這些能幹部屬任用更多的下一級能幹部屬（人力），共同努力，有效運用財力、土力、物力、機力、技術力、時間力、情報力等寶貴資源，達成目標。反之，任何一個朝代、政府、企業機構的失敗，也都

是由於其最高主管任用不良之部屬（俗稱奸臣），該不良部屬再任用更多的下一級不良部屬，貪污、舞弊、浪費資源，於是機構開始走向毀滅道路。所以歸根究底分析起來，一個機構的成功或失敗，皆因其最高主管之會知人善任或不會知人善任，而其最終責任不在於部屬的良劣，而是在於主管的會不會把管理工作做好，因「用人」是管理工作的一個重要環節。如前所述，管理工作由計劃、組織、用人、指導、控制等五環節組成，用人就是第三環節。

孔子弟子曾參（即曾子，以著作《大學》一書而聞名千古）比荀子早生，對最高主管是否明用人之後果，講出三句話十二個字，我們必須長記在心，那是「用師者王，用友者霸，用徒者亡」。其意指用老師級人才當部下，如周武王用姜尚子牙為師，言聽計從，百依百順，所以能夠成就王業。王業者以德服人，故可以少勝多。若用朋友級人才當部下，如齊桓公用管仲，劉邦用張良、陳平為朋友級部屬，雖很客氣，但只採用一半計謀，有時聽，有時不聽，所以只能成就霸業，霸業者以武服人，故必以多勝少。若用奴徒級人才當部下，如項羽在楚漢相爭末期，中了離間計，不用范增、鍾離昧，而用項伯類之唯唯諾諾奴才，終於滅亡。臺灣最近的政權及不少企業之失敗，皆敗在最高主管人員「用徒者亡」之定律。

五、正臣有六、邪臣有六(Good Subordinates and Bad Subordinates)

好的最高主管（如總統、董事長、總裁、總經理）用正臣為部屬，一定成功。壞的最高主管用了邪臣為部屬，也一定失敗，此理曾參已用三句十二字（用師者王，用友者霸，用徒者亡）說明了。那麼正臣與邪臣的內容如何呢？史上名人指出「正臣有六、邪臣有六」。所謂「正臣有六」，即一聖臣、二大臣、三忠臣、四智臣、五貞臣、六直臣。這六種好部下中，對組織貢獻最大者是「聖臣」，他在萌芽未動之時已見先機，替主人謀大福避大禍，主人都可能還不知道。貢獻最小者是「直臣」，直臣以死來諫勸皇上。所謂「邪臣」也有六種，即七具臣、八諛臣、九奸臣、十讒臣、十一賊臣、十二亡臣。

在這六種邪臣中，對組織傷害最小的是具臣，所以列在直臣之後為第七。傷害最大的是亡臣，所以列為十二臣之最後。「具臣」有等於無，他不做「好」事，也不做「壞」事，只拿薪水度日，即所謂安官貪祿，如無生命之「工具」。「亡臣」會把政權或企業組織的所有權篡位滅亡，是最大的壞部屬，像王莽亡漢篡位建國為新。清朝乾隆晚期的大壞臣和珅，就是諛臣兼奸臣兼讒臣，三合一，「諛臣」專門昧良心說好聽的話，討主人歡心。「奸臣」表面上裝忠厚老實，骨子裡奸害人取利。「讒臣」

更進一步，在主人們前，誇大他不喜歡的人的小缺點，也誇大他喜歡的人的小優點，害了好人，害了主人，得利自己。在一個組織體內，你要仔細觀察，誰是正臣六類中的那一類，誰是邪臣六類中的那一類，而自己又是屬於正臣、邪臣中的那一類，以便警惕改正。

六、動態管理與主管角色(Dynamic Management and the Role of Managers)

雖然從歷史上分析，「知人善任」(Good Talent Staffing) 與否關係事業經營的成敗，但是在一年三百六十五天的日常生活中，一個優秀的管理者的工作，不只是「知人善任」而已，也不可能天天在用人，他還要策劃、規劃大小工作目標及手段 (Planning and Programming)，預算財務資源 (Budgeting)，設計組織結構及工作任務小組 (Organizing and Task-Teaming)，領導指揮部屬執行工作目標，激勵士氣及部屬溝通 (Leading, Motivating and Communicating) 及控制、糾正、及獎懲部屬之工作表現 (Controlling, Correcting, Rewarding and Punishing)。所以在 1940 年代，有一群美國企業鉅子及管理專家給了「管理」另一個比較完整的定義，比上述的句子要長些，他們認為「管理乃是將人力與物質資源導入動態組織單位中，以達成組織原定目標，使接受服務者獲得滿足，亦使提供服務者享有高昂士氣及有所成就感的一系列活動」。既要達成組織目標（公司公目標），又要使接受服務者滿意（社會目標），更要使提供服務者身心愉快（員工私目標），這三種不同之目標彼此衝突，但要在一舉之下同時達成，其困難程度可想而知，絕非憑天生本能 (Instinct) 及小格局之細節專業技術 (Technical Skills) 所能守株待兔而成功。反之，必須有動態情報 (Dynamic Information)、動態計劃 (Dynamic Planning-Programming)、動態組織 (Dynamic Organizing)、動態指導 (Dynamic Directing)、及動態控制 (Dynamic Controlling) 之方法，才能在多變的外在供需及大環境 (Supply-Demand and Macroenvironments) 下，維持內在動態均衡 (Dynamic Balancing)，力爭上游，而非守舊淘汰。

在進入二十一世紀新時代以來，政治、經濟、法規、科技、人口、社會、文化、教育等八大環境因素之變動，遠比一百年以前為劇烈，所以一百多年前的管理理論若不經修正，與時俱進，亦將與企業機構一樣遭受時間的淘汰，此為業者及學者另一個動態心理準備。

人類在 1750 年以前，過的是步伐緩慢的農業經濟 (Agricultural Economy) 時代，以土地及奴隸勞力生產力為主要來源。到了 1750 年，瓦特發明蒸汽機，引發機械替

代人力、獸力之「工業革命」(Industrial Revolution)，進入工業經濟 (Industrial Economy) 時代，資本、機械成為生產力貢獻的主要來源，勞工與資本家（指擁有資本可以買機器來生產的人）兩者之間貧富差距拉大，經過百年的演化，終於在 1850 年出現了共產主義與社會主義的政治思想，以打敗資本家及資本主義為號召，引起歐洲各地社會動盪不安。但到了 1875 年，美國工業界發生「科學管理」(Scientific Management) 運動，以勞資和諧提高生產力共享之主張，在無意中抵擋了共產主義之流行，穩定了社會及政治秩序。二十世紀一百多年來，「科學管理」的工廠機械生產方法和 1930 年代「人群關係」(Human Relations) 的人性管理方法，維持及提高了人類物質及精神生活的大幅改善。但自 1990 年開始，衛星無線通訊和電腦應用的結合 (Wireless Communication and Computerization, C&C)，使時間及空間的限制被打破，人類經濟生活走入了「知識經濟」(Knowledge Economy) 時代，人的腦力作用比體力作用有更大的生產力貢獻價值。各國經濟法規自由化及企業經營範圍全球化帶來了更劇烈的企業競爭，逼使企業管理方式走向「動態改進」(Dynamic Improvements) 之大路。任何大、中、小企業，若在觀念上及作法上停滯不前，就有被淘汰的厄運。

七、「企業」管理與「非企業」管理(Management for Business and Non-Business Institutions)

由以上所述，我們可知，只要想追求成功，每一位主管人員都必須從事管理性工作，並把管理性工作排在非管理性工作之前。不過管理性工作之原則及精神不僅可以應用於「企業」(Business or Enterprise) 活動上，亦可應用於「非企業」(Non-Business) 活動上。所謂「企業」是指追求經濟利益（利潤）以分配給股東享受之一般農、工、商百業、千業、萬業。所謂「非企業」是指追求非給股東分配享受之經濟利益、社會利益、文化利益、教育利益、宗教利益、國防利益、政治利益、外交利益之機構，如各級政府之各種機關（如警政、戶政、地政、國防、外交、財稅、經建、貿易、工務等等行政機關）、醫院、學校、圖書館、博物館、社會團體、基金會、慈善機構、道觀、寺廟、教會等等。凡是一個組織體，擁有特定目標及各種資源，它就需要「管理」，以期有效運用資源，發揮潛力，完成目標。二次世界大戰之後，美國經濟援助許多國家，事後檢討，發現管理得好的國家，其經援的效果就好；反之，管理不好的國家，其經援資源等於「肉包子打狗，有去無回」，兩者關係密切。所以每一個人學會了企業管理的觀念、精神、原則、技術之後，日後都可應用於任何行業及非企業機構的活動上。反之，其他非企業機構的人員，也應該學習管理的技能，

除了能更有效完成本行業之工作外，有朝一日就業於企業界時，亦能從事有效的經營管理。展望二十一世紀的社會經濟會繼續發展，農、工、商等營利事業會繼續發達，但是非營利事業之組織會更發達，退休後的資深公民，會投入「義工」行列，為非營利機構免費工作，使社會更有人情味及公平感。

管理知識是一種綜合各學門的應用知識，並超然立於各專業知識之上，不與各專業知識平行，所以也不衝突。在大學或專科時代，學習理、工、農、醫、商、法、文、軍等院系的學生，若想將來當一位有效率的經理人，就應利用時間，學習管理知識，以增強自己的潛力。和 1970 年代比較，二十一世紀開始的現在有更多的各行業中、高級主管人員，在星期六、星期日或一個月抽三、四天熱誠地參加「在職企管碩士班」(EMBA) 或 Mini-EMBA 高階管理進修班，就是把管理知識當作專業知識之附加價值的認知及行動。

第三節　企業管理之要義(Essence of Business Management)

一、決策、協調與資源運用——管理的靈魂(Decision-Making, Coordination, and Resource Utilization —— The Soul of Management)

雖然我們曾說「管理是泛指主管人員經由他人的力量以完成工作目標的系列活動」，而這個系列活動包括「計劃」、「組織」、「用人」、「指導」、「控制」等五大關聯性工作，但真正在日常活動中，我們所感覺到的主管人員之管理工作中總是含有如何「選擇對策以解決問題」之「決策」(Decision-Making) 活動，如何分配及運用人力、財力、物力、機器設備、技術方法、時間、情報資訊等等資源 (Resource Utilization)，以及如何協調人際關係，有效完成已經決定並在執行中之各種工作 (Coordination) 之精神，以期各單位之努力方向一致，時間及步驟不衝突。所以「決策」、「協調」和「資源運用」是到處出現於「計劃」、「組織」、「用人」、「指導」及「控制」五大管理功能活動之中，成為廣義「管理活動的靈魂」(Soul of Management)。

我們也從日常觀察中發現，地位越高的主管人員，如一國之總統，一集團之董事長、總裁，一公司之總經理，他所能支配運用的資源越多，他決策的影響範圍及時間性也越大及越遠，而他所做的協調力量也越具有最後決定性。反之，地位越低的主管人員，如班長、領班、組長、課長，他所能運用的資源越有限，他決策的影響範圍可能很小，而時間性也很短，而他的協調力量也限於初步性質，需要上級人

員的審查及核定。這兩極端的管理要義，可以從同一公司的總經理（或董事長）及一位領班、班長的身上看出。總經理運用重大財務資源，決定產品及市場目標，協調「行銷」(Marketing)、「生產」(Production)、「研究發展」(Research and Development)、「人事」(Personnel)、及「財務會計」(Finance and Accounting) 等部門之工作進展，而領班運用一班人員之力量，決定短期間內何人何時做何種工作，並只協調數個班員間之工作進展及配合。

雖然地位高低的不同，使得資源運用多寡、種類、決策大小、以及協調之力量有所不同，但是凡是當主管的人員，總是免不了要在決策、協調、資源運用等管理精神或管理靈魂上下功夫，以使計劃工作、組織工作、用人工作、指導工作、及控制工作進行得很順利。換言之，前三種管理精神為後五種管理步驟（或管理功能）之精髓，任何一種管理步驟中皆需要決策、協調、及資源運用之存在，否則其結果不會產生力量。一個成功的企業，端賴各部門從領班以上的各級主管人員（或潛力人員），皆能充分把握管理要義之綜合關係，並有效運用管理要義。

譬如在管理的第一個功能「計劃」過程中，要做情報資訊的調查研究、分析、預測，要做經營宗旨、使命、願景、五年目標之設定，要做產品、市場戰略及政策、制度之選定，要做目標管理體系、責任中心體系、作業方案及預算排程控制等等之設定，這些策劃、規劃性過程，都要牽涉到各部門各級主管之決策、協調及資源運用之心智思考 (Mental Thinking)。其他組織、用人、指導、控制功能之運作更是如此。

■ 二、企業功能及其關係(Business Functions and Relationships)

前已述及，「管理」知識是一門綜合各學問的應用知識 (Applied Knowledge)，超越各傳統專業學科之上，為想當主管之所有人員所必須追求者，其最普遍的應用機構為農、工、商等營利企業機構，所以「企業管理」(Business Administration or Enterprise Management or Business Management) 成為社會上通用之專有名詞。事實上，「企業管理」含有兩套系統性的知識，一為「企業功能」(Business Functions)，一為「管理功能」(Management Functions)，各取前二字合稱「企業管理」。若將此道理應用於政府行政機構、醫療機構、旅遊機構、教育機構，則可得「行政管理」(Buracracy Management or Public Administration)，「醫院管理」(Hospital Administration or Management)，「旅館管理」(Hotel Management)，「教育管理」(Education Management or Administration)。事實上，這些不同的名稱，皆是一般通用管理 (General Management) 理論的應用，所以管理學術最發達的美國許多大學，已將原來的工業管理學院

(School of Industrial Management) 或企業管理學院改名為「管理學院」(School of Management)，MIT 之史隆管理學院就是最先改名者之一，以涵蓋更廣泛的應用範圍，此種趨勢在未來會越明顯，我國人士亦應注意之。臺灣大學原來之商學系所原隸屬於法學院三十年，後於本人擔任系所主任期間（1979 至 1983 年），經努力將其改為目前之管理學院（1983 年通過改制），北京大學把經濟管理學院改為光華管理學院（1994 年），淡江大學在原商學院外設立管理學院，內含七個系所，有學生 6,000 多人，為臺灣地區及中國大陸各大學中規模最大之管理學院（2003 年）。

所謂「企業功能」（或特定「機構」功能）是指一個企業機構要能達成生存 (Survival) 及成長 (Growth) 二大宇宙生物之終極目標，與「顧客滿意」及「合理利潤」二大企業有效經營之最高目標，所必須具有的基本技術功能，正如一個人要能靈活運轉，必須具有眼睛視覺、耳朵聽覺、舌頭味覺、鼻子嗅覺、及身體觸覺等五個基本器官（眼、耳、鼻、舌、身）一樣。人若失去或缺乏任何一個官能，則無法充分調整活動方向及速度，以應付外界環境之變化，所以我們稱之為「殘廢者」(Disabled)，企業機構亦是同理，若其一個或是一個以上之基本器官功能失去作用能力，則將成為「殘廢企業」，其存在必無法真正發揮為顧客、員工、政府、股東、社區、及社會大眾謀福利之能力，所以認識及健全「企業功能」為主管人員之第一要務之一。

企業功能可依人有五官之方式大略分為五種，即:

(1)「行銷」功能 (Marketing Function)。

(2)「生產」功能 (Production Function)，包括自製及委外製造 (Self-Make and Out-Sourcing)。

(3)「研究發展」功能 (Research and Development Function)。

(4)「人事」（或工業關係或人力資源）功能 (Personnel or Industrial Relations or Human Resources Function)。

(5)「財務」（含會計資訊）功能 (Finance-Accounting-Information Function)。

這些功能係依專業技能而分。每一個功能下又可再分為若干次級功能 (Sub-Functions)。

譬如在「行銷」功能下，又可再分為(1)行銷研究與計劃 (Marketing Research and Planning)，(2)人員直銷 (Direct Personal Selling)，(3)外銷 (Foreign Selling)，(4)分公司或營業所及經銷商 (Branches and Middleman Agencies)，(5)廣告 (Advertising)，(6)售後服務 (After-Sales Services)，有時尚有採購 (Purchasing)、儲運 (Warehousing and Transportation) 及顧客服務中心 (Customer Centers) 等。

譬如「生產」功能可再依專業工作技能，分為⑴生產計劃與管制 (Production Planning and Control)，⑵現場製造 (Field Manufacturing)，工作研究 (Work Study or Method Study)，⑶品質管制 (Quality Control)，⑷物料管理 (Material Control)，⑸工程設計 (Engineering Design)，⑹設備維護 (Equipment Maintenance)，⑺採購或委外生產 (Purchasing or Outsourcing)，⑻儲運 (Warehousing and Transportation) 等等。這些專業性之次級功能，都有其本身之系統性知識，為大學專校各科系授課之內容要項。

在「研究發展」功能下，又可分為新產品開發 (New Product Development)、新原料開發 (New Material Development)、新設備開發 (New Equipment Development)、新製程開發 (New Process Development)、新檢驗方法開發 (New Testing Development)、新市場開發 (New Market Development)、以及基本研究 (Basic Research) 等。

在「人事」(或工業關係或人力資源) 功能下，又可分為⑴員工招募 (Recruitment)、⑵職位及任用遷調 (Positions and Placement)、⑶薪資 (Salary and Wage)、⑷訓練與發展 (Training and Development)、⑸績效評估與獎懲 (Performance Evaluation and Reward-Penalty)、⑹公共關係 (Public Relations)、⑺衛生與安全 (Health and Safety)、⑻員工福利 (Welfare and Fringe Benefits)、⑼庶務 (General Affairs) 等。

在「財會資訊」功能下，可以分為三個互相密切關聯之體系，即：

1. 財務融資 (Finance) 體系

財務融資體系又分為銀行融通 (Banking Financing)、證券發行 (Securities Stocks and Bonds)、信用控制 (Credit Control)、保險管理 (Insurance Management)、財產管理 (Property Management)、現金出納 (Cashier)。

2. 會計成本 (Accounting and Cost) 體系

會計成本體系又分為普通會計 (Financial Accounting)、成本會計 (Cost Accounting)、管理會計 (Management Accounting)、稅務會計 (Tax Accounting)、預算控制 (Budgetary Control) 及內部控制 (Internal Control) 體系。

3. 資訊科技 (Information Technology) 體系

資訊科技體系又可分為電腦硬體購置 (Computer Hardware)、電腦軟體設計 (Software Design)、作業維護 (IT Maintenance)、聯網作業體系 (SCM-ERP-CRM)。

不同機構所需之功能雖其名稱或有不同，但其基本作用皆脫不了行銷、生產、研究發展、人事及財務五大範圍。譬如大學機構的「生產」功能由教務處及各學院各學系的教師擔任，其「支援」功能由總務處擔任，其「財務」及「人事」功能由會計室及人事室擔任，教學及支援服務再由「學術」副校長及「行政」副校長分別

綜其成，但其行銷功能及研究發展功能則大多數學校無適當部門擔任，在美國大規模之學校，則由「企劃與發展」副校長來擔任，所以我國的大學在現代管理觀點來看，屬於「殘缺不全」的機構，難以履行應盡的義務，此與歐美大學之功能齊備及組織健全，有極大之差距。相類似地，我國目前之絕大多數銀行及證券機構，亦無明顯的行銷功能，不能主動尋找顧客，提供服務，所以亦屬殘缺（或殘廢）之機構，除少數者如華信銀行、世華銀行、金華信銀證券公司（2002年與建弘證券公司合併為建華證券公司）外，莫怪「銀行」常被譏為「當舖」，因未見「當舖」主動向顧客招攬生意也。就我國各界之機構而言，包括海峽兩岸在內，缺乏行銷及技術研究發展兩功能者為數最多，而這兩功能又是現代化成功的機構所不可或缺者，實不能不特加警惕。

在五個企業基本功能裡，「行銷」及「生產」屬於直線及前線 (Line) 作業部門，「財務（會計）」及「人事（總務）」屬於幕僚及後勤 (Staff) 作業部門，而「研究發展」屬於企業「再生」(Regeneration) 部門，專司傳宗接代，延綿輝煌企業生命之任務，特別重要。幕僚部門應「協助」，而非「牽制」直線部門，否則企業的努力將事倍功半，自相抵銷。同時，在直線作業部門內之生產功能應以行銷功能為先導，即「行銷導向」(Marketing-Orientation)，而非自我先行於行銷功能，以免陷入過時之「生產導向」(Production-Orientation) 之困境。這些簡單但極重要的順序關係，必須謹記並力行，才能成為現代化有效經營之企業。在我國目前及過去的「管制」制度上，到處可以發現違反這些簡單基本原則之事例，尤以公營事業及行政機關為甚，因它們以講求靜態之「手續」牽制及「防弊」為整個管理設計之最高目標，而非以動態積極創新及效率為最高管理之目標，所以常陷入落伍困境尚不自覺。

三、管理五功能及「行政三聯制」(Management Functions and Plan-Do-See)

所謂「管理功能」亦如企業功能一樣，是指一個主管人員，若要將其管理性工作做得很有效，如同有機物體 (Organic Body) 一樣成長，所必須具有的基本技術功能。這些功能也可如同企業功能，用「人」的五個器官及功能來比喻，叫「管理五官」或「管理五功能」。這五種連貫一致的名稱為「計劃」(Planning)，「組織」(Organizing)，「用人」(Staffing)，「指導」(Directing)，及「控制」(Controlling)。這五個管理功能（簡稱 POSDC）必須有合適的順序，即「計劃」功能，先行設定一個機構從高到低的「目標—手段鏈」體系 (End-Means Chain System)；「組織」結構及職責分配

功能次之,「用人」唯才功能再次之;日常指揮、領導、溝通、激勵、協調之「指導」功能及追縱、獎懲、糾正之「控制」功能則也以原訂計劃目標為依歸,形成一個完整的循環步驟,故亦稱「管理步驟」(Management Process) 及「管理循環」(Management Cycle)。

　　現代「管理五功能」與中國歷史上之「行政三聯制」為同一事體,只是前者劃分較細,後者劃分較粗;前者倡於較近代之企管書籍,後者倡於較早之政治行政學之書籍。「行政三聯制」認為一切「行政」工作(亦即近代所稱之「管理」工作) 皆可含於「計劃」(Plan,包括策劃、規劃、預算、排程)、「執行」(Do,包括組織、用人、指導)、「考核」(See,包括回饋、追蹤、評核、獎懲、糾正等控制工作) 三位一體之循環裡(簡稱 PDS)。與「管理五功能」相較,兩者之「計劃」皆同義,屬於「事前」定大計的功夫;「三聯制」之「執行」則等於「五功能」之「組織」、「用人」及「指導」三部分,屬於「事中」設組織、明用人、勤指導的執行功夫;「三聯制」之「考核」等於「五功能」之「控制」,皆包括對「人」嚴賞罰之考績獎懲及對「事」之檢討糾正,屬於「事後」功夫。所以基本上,兩種分類法皆有「事前」、「事中」、「事後」之活動,形成一貫之循環。圖 1–4 為兩者比較圖,供讀者澄清觀念。

圖 1–4　「管理五功能」與「行政三聯制」

　　在時間的使用上,事前的「計劃」屬於設定未來目標及政策、戰略、方案之思考工作,佔時不能太多,最多均為 5%,否則會變成一議再議、議而不決之清談,浪費時間、時機,誤國、誤民、誤公司。

　　事中的執行要用最多時間,約為 90%,其中「組織」及「用人」也不能用時太多,只能各約 2%,剩下的 86% 要留給「指揮」、「領導」、「溝通」、「激勵」、「協調」、

「照顧」等「指導」活動之用。事後的「控制」，用時也只約 5%，不能太多，以免變成鬥爭整肅之虛耗功能。整體而言，事前 5%，事中 90%，事後 5%，是最適當的管理時間分配比例。

四、管理科學矩陣之觀念模式(Management Science Matrix Model)

從上面「企業功能」、「管理功能」、及「決策、協調與資源運用」等三套理論，我們可以發覺通常所談的管理要義，是指企業機構各功能部門（行銷、生產、研究發展、人事、財會）的各級主管人員，運用決策、協調、資源運用的精神，從事其所應履行的計劃、組織、用人、指導、及控制等管理工作，以達成工作目標。此三套管理理論的綜合關係就如圖 1–5 所示之「管理科學矩陣」(Management Science Matrix)，其中以五個企業基本功能為橫軸，表示「做事」的活動，以五個管理功能為縱軸，表示「管人」或「做人」(Managing People) 的活動。兩軸交叉所形成的方格，都需要決策、協調、及資源運用之管理靈魂精神，而許多數量性 (Quantitative) 及非數量性 (Non-Quantitative) 的專業性、工程性知識與管理知識，皆將成為這個管理矩陣內各方格的運作素材 (Operational Materials)，並以達成組織公目標、個人私目標、及社會大目標為最後歸屬。

在圖 1–5 管理矩陣內，我們可以看出在行銷功能的主管人員，要從事行銷計劃、行銷組織、行銷用人、行銷指導、及行銷控制等一連串之行銷管理之活動。同理，生產功能（含自製及委外生產）、研究發展功能、人事功能及財務功能（含財務、會計、資訊）之主管人員，也應從事各自的計劃、組織、用人、領導、控制等管理活動，所以在管理學門裡，除一般通用管理外，我們尚有行銷管理、生產管理、研究發展或科技管理、人事或人力資源管理、財務金融管理、會計管理、資訊管理及其更細分或高等的學科，形成很廣泛而完整的「管理科學」(Management Science)，包括數量性及非數量性（行為性）之應用知識。

圖 1–5 管理矩陣之構建來源，是採「人」有五官六識之原意，人的五官為「眼、耳、鼻、舌、身」，人的六識為色、聲、香、味、觸、法。「企業」有五官六識，其五官為行銷（銷）、生產（產）、研究發展（發）、人事（人）、財會（財），其六識為「市場顧客」、「製造加工」、「技術創新」、「人力資源」、「企業血液及神經脈絡」，及「總經理之統籌綜合作用」。「管理」也有五官六識，其五官為計劃（計）、組織（組）、用人（用）、指導（指）、控制（控），其六識為「目標手段體系」、「分工合作架構」、「選賢與能機制」、「指揮領導協調溝通作用」、「回饋檢討糾正獎懲機制」，及「目標

橫軸　企業功能：指「做事」活動，是總經理統籌五功能之綜合作用

縱軸　指管理功能：指「管人」或「做人」活動，

是目標管理之掛帥作用

說明 1.◎——市場（供需）及大環境的調查、分析、預測及行銷目標手段的計劃

2.⊙——生產、研究、人事、財會之目標及手段的計劃

3.‧——每一方格之“‧”皆含有下列三要素：

目標：達成組織單位、個人、及社會目標

精神：利用決策、協調、資源運用之系統性思考精神

素材：應用數量性與非數量性之專業性、工程性與管理性知識

圖 1-5　管理科學矩陣（廣義企業管理科學之範疇）

管理之掛帥作用」。把企業五官（銷、產、發、人、財）及管理五官（計、組、用、指、控）之「雙重五官」，如釋迦牟尼佛之佛法無邊「雙重五指山」，當作橫座標及縱座標來涵蓋各行各業，變化無窮之企業管理活動，終於可構造成簡化之「管理科學矩陣」。讓學習者有一簡單、不易忘掉之企業管理心法。即企業五字訣：銷、產、發、人、財；管理五字訣：計、組、用，指、控。謹記此十字訣，就已走入企業管理門戶。本書所詳述者，無非此十字訣之補充也。

第四節　新世紀的變化趨勢及管理新挑戰(New Change Trends in 21st Century and New Management Challenges)

■ 一、經濟活動自由化(De-regulation and Economic Liberalization)

時代走入二十一世紀，整個人類的經濟活動空間將會比以前變得更自由，更公平競爭。經濟發達的先進國家，如美國、日本、英國、德國、法國、義大利、加拿大（合稱 Group of Seven, G-7）雖已掌握全世界貿易的 60% 以上，但仍然主張有更自由的世界貿易環境，要求去除各國現有的關稅及行業保護措施，稱經濟法規自由化 (De-regulations)，所以把多年來已成立的「關稅貿易總協定」(General Agreement on Tariff and Trade, GATT)，在 1995 年更進一步擴大「貿易」為「貿易」、「投資銷產」、及「智慧財產」經營範圍，並變成固定型式組織之「世界貿易組織」(World Trade Organization, WTO)。在 2001 年 11 月 10 日及 11 日卡達 (Karta) 部長會議中，中國大陸及臺灣澎湖金馬區 (China and Chinese Taipei) 也獲得批准，進入此一代表世界經濟自由化的俱樂部。自此世貿組織擁有 142 會員，比聯合國 (United Nations) 185 個會員國尚短欠 40 個以上。這些尚未加入 WTO 的國家或地區，都是經濟發展比較落後的國家，它們都因害怕加入 WTO 後，必須遵守規定開放各種對國內行業保護的法規，而致國內廠商因競爭力低而被外來競爭者快速消滅。WTO 所規範的自由競爭行業，包括傳統的「商品生產及貿易」(Commodity and Trade)、新式的「投資服務及經營」(Investment, Services and Management)，以及最新式的「智慧產權研發與保護」(Intellectual Property and Protection)。

對中國大陸而言，經過 15 年交涉才獲得加入 WTO，它必須要修正及鬆綁一千多種限制性法規，開放國內市場，讓外國企業進入，取得「國民平等待遇」(National Treatment) 及「最惠國平等待遇」(Most Favored Nation Treatment)。臺灣進入 WTO 後，也要修正三百多種限制性法規，讓國外企業進入臺灣市場，使農、工、商業受到外來競爭衝擊。

企業經理人員本來就要修煉國際性競爭的有效經營能力，不能依靠政府法規保護，永久在狹窄的「小池塘」內當小魚小蝦，苟且偷生。WTO 是代表世界市場一體的「大湖海」，在此大湖海內，各地的大魚大蝦小魚小蝦都可以自由活動。WTO 的自由化趨勢，適時提醒所有的主管級人員，若不勤學企業管理之知識及才能，就無

法在新世紀裡，過著舒服的日子。「企業管理」在新世紀的發展，將比過去一百年「科學管理」所導引的發展更普及，更實用。

■ 二、企業經營全球化(Business Globalization and Borderless)

企業從古老時代即有之「國際貿易」(International Trade)，擴充到「國際投資」(International Investment) 之銷產經營，已是一百年前舊有的現象，尤其在第二次世界大戰（1940～1944 年）之後，企業走向國際化，成為「國際企業」(International Business)，「跨國企業」(Transnational Business)，「多國企業」(Multinational Business)，及「全球企業」(Super National Business or Global Business) 的趨勢更顯澎湃洶湧，不可抵禦。雖然早在 1960 年代美國就有少部分勞工及政治人士，打著「愛國不出走」、「資金不可外移」、「不可輸出勞工的就業機會」等等情緒性口號，依然無法阻擋企業尋找全球新興市場及尋找全球低成本資源之生存競爭誘力。世界各國之管理先進企業，紛紛進行全球化 (Globalization) 之銷產布局，並以國外投資事業之銷售收入及較佳之利潤收入，來支撐其全集團公司的業績及股票市場價值，造福其國內人民，而非傷害其國內經濟。

在 1993 年，世界著名企業荷蘭雀巢咖啡 (Nestle) 公司的海外銷售收入佔其總收入之 95%，美國艾克森石油 (Exxon) 佔 80%，荷蘭聯合利華 (Unilever) 公司佔 82%，美國美孚石油 (Mobil) 佔 78%，美國 IBM 佔 60%，英國石油 (BP) 佔 58%，德國西門子 (Siemens) 佔 55%，德國國民汽車 (Volkswagen) 佔 55%，日本松下電器 (Matsushita) 佔 50%，英國皇家荷蘭殼牌石油 (Royal/Dutch Shell) 佔 50%，德國戴姆勒—奔馳汽車 (Daimler-Benz) 佔 50%，法國億而富 (Elf Aquitane) 佔 40%，美國菲利浦瑪利 (Philip Marris) 佔 38%，美國福特汽車 (Ford) 佔 36%，美國通用汽車 (GM) 佔 35%，日本東芝電器 (Toshiba) 佔 34%，日本豐田汽車 (Toyota) 佔 30%，日本日立電器 (Hitachi) 佔 25%，美國奇異電器 (GE) 佔 18%，美國克萊斯勒汽車 (Chrysler) 佔 15%。這些公司都是傳統的堅實企業，不是最近新興之電子、電腦、通訊產業，但其全球化的經營布局大趨勢，已經不可抵擋。跟隨 WTO 的經貿政策開放要求，以及中國大陸自 1978 年來「改革開放」(Reform and Open-Door) 的成功，國民所得由每人平均 200 美元翻兩翻成為 2003 年之 1000 美元之鉅大吸引力，歐、美、日企業勢將跟隨香港企業及臺灣企業，大量到中國大陸投資經營。

對寶島臺灣的企業經理人員而言，絕對要睜開眼，以「曠野觀天」的方法，而非「密室觀天」或「隙孔觀天」或「井底觀天」的方法，來看世界及看自己。趕快

學習國際企業管理 (International Business Management)，把自己的企業提升到「總體品管級」組織 (Total Quality Management Organization)，再提升至「彈性學習級」組織 (Flexible Learning Organization)，最後達到「世界名流級」組織 (World-Class Organization)，才能跟隨潮流，做到「全球化布局，當地化經營」(Global Thinking, Local Operations) 的境界。請見圖 1–6。

圖 1–6　企業在 WTO 挑戰下走向轉型化及全球化之組織格局

　　面對企業經營全球化及世貿組織之新環境，每一位企業的最高經理人，要大幅度提升經營能力，以適應新競爭挑戰。要從「傳統零散式」經營管理組織提升到「總體品質管理」(TQM) 式組織階段，以求存活於全球競爭洪流中，至少要做三件大事。第一件大事是由最高主管負責設定公司的遠景目標 (Vision Formulation)，並用文字明確寫出來。第二件大事是設定有力的行動計劃書並授權執行 (Empowerment Plan)，有九步操作法必須做，包括⑴設定部門別及層級別目標責任體系、⑵管理作業制度化（指文字化、合理化及電腦化）、⑶技術製程改造 (Re-engineering)、⑷組織結構改造 (Restructuring)、⑸選拔新人才、⑹訓練發展員工、⑺分配給員工明確工作任務及

權力、⑻讓員工參與解決問題之決策過程，以及⑼及時充分回饋工作實況之情報並檢討改進。第三件大事是追求標竿 (Benchmarking)，見賢思齊，往上提升。

從「總體品管」級組織，脫離洪流淹沒之危險，要再力爭上游，遠離競爭威脅，成為「彈性學習級」組織，從被動式調整反應 (Adaptive) 到主動式永續學習創新 (Active)，也必須做到三件大事。第一件大事是要有「開放」(Openness) 之心胸，學習新知識，主動尋求變化 (Initiative)。第二件大事是要有「創造」(Creativity) 之能力，各級人員學習新知，軟化自我本位之惰性，並有強烈擔當變化風險之意願 (Willing to Take Risk)。第三件大事是要培養出員工能自己覺悟及自我解決問題 (Personal Efficacy) 之工作文化。

從「彈性學習級」組織再往上提升，就是成為同業的「世界名流級」組織，也就是該行業的「天下第一劍」公司。譬如提到電腦業，就想到 IBM；提到軟體業，就想到 Microsoft；提到汽車業，就想到 Daimler-Benz 及 TOYOTA；提到飲料業，就想到 Coca-Cola；提到電器業，就想到 General Electric；提到石化業，就想到 Dow Chemical；提到音響業，就想到 SONY；提到摩托車業，就想到 Honda；提到照相底片業，就想到 Kodak 等等。

想成為「世界名流級」組織，要做到六個要點:

第一點，要做到以顧客為基礎的焦點核心 (Customer-Based Focus, CF)。將員工視為公司內部顧客 (Employees as Internal Customers)，而將購買者公司為外部顧客 (Buyers as External Customers)，公司經營措施一定要先讓內、外顧客都能感到滿意 (Customer Satisfaction)，才能談賺取長期而合理利潤之可能性，所以公司組織要經由責任中心而扁平化，以易於接觸各種反應。

第二點，要做到永續改善 (Continuous Improvement, CI)。要求全公司員工，將永續改善當作日常功課，不能一曝十寒。創新、變化、改進都是改善的必要措施。

第三點，要會善用彈性或虛擬組織 (Use of Flexible or Virtual Organization, FO)。為了降低競爭成本，所以要從全公司「顧客價值鏈」(Customer Value Chain) 營運過程中，尋找可以降低活動成本 (Activity Costs) 的改進措施，譬如把零組件盡量委外生產，把龐大的製造工廠變成虛擬工廠，把製造工作移到海外低成本的供應商工廠去，把供應商的工廠當作自己的工廠，控制品質，控制成本，控制送達時間。此種虛擬組織也可應用到幕僚作業方面，如資料處理、總務行政、人事招募訓練等工作，也可彈性地委外作業，而保留行銷、生產、及研發之核心作業自己來做。

第四點，要建立創造性之人力資源管理 (Creative Human Resources Management,

CH)。對人力資源的管理要特別重視，要有創造性的作法，善待具有高等知識的員工 (Knowledge Workers)，掌握員工知識和智慧資本 (Knowledge Capital and Intelligent Capital)，以與金錢資本 (Money Capital) 合作，會產生更高效果。

第五點，要建立有自尊感的文化氣氛 (Egolitarian Climate, EC)。公司的文化氣氛有高級、有低級。最高領導人的領導風格，公司的使命願景，公司的產品市場戰略，公司的政策及作業制度，公司的人事任用、升遷及獎懲方式等等，所形成的思想與行為規範，要讓員工有自我尊重及被人尊重的氣氛感覺。

第六點，要維持技術領先的地位 (Technology Support, TS)。要成為世界第一流的組織，除了在人性尊重面及自強不息的管理面有出類拔萃的表現外，在技術領先面及硬體設備面，也要有領先群倫的支持，才能維持「世界名流級」於不墜。請見圖 1–7。

1st 顧客焦點 CF	2nd 永續改善 CI	3rd 彈性組織 FO	4th 創造人資 CH	5th 自尊文化 EC	6th 技術領先 TS

圖 1–7　維持世界名流級組織之努力

三、資訊網際網路化(Information Technology World-Wide Systems)

在二十一世紀人類將生活在第三次工業革命，即資訊科技革命 (Information Technology Revolution) 之中，公司的供應採購、生產製造、市場行銷三連貫 (Supply-Manufacturing-Marketing) 的情報信息將會更豐富化及網際網路化，會超越傳統買賣活動之交易障礙與溝通障礙，使「交易成本」(Transactional Cost) 及「溝通成本」(Communication Cost) 大量降低。

人類經濟活動因第一次「機械」革命，瓦特發明蒸汽機（1750 年），工業生產急速發展，使機械力替代人力、獸力。第二次「科學管理」革命（1875 年）使生產力大為提高，勞資利得趨於合理化。在 1940 年發明電腦，1990 年電腦與無線通訊聯合，成為第三次「資訊」革命，從此企業經營的買賣活動，超越時間及空間之限制，進入全球化大湖海之競爭領域。

第一次工業革命使工廠成為生產物品的中心，也成為創造財富的主要工具。工人成為新社會階級，如同一千年前之武士在當時社會一樣，可以爭得一席之地，而

非官宦之奴隸。第一次工業革命也帶來了智慧財產 (Intellectual Property)、廣泛性公司、有限責任、工人工會、合作社、技術大學及每日報紙等等社會新事物。第二次工業革命提高生產力，美國在二十世紀一百年內，生產力因科學管理而提高五十倍，也帶來現代之政府文官制度、現代企業大公司、商業銀行、商學院、管理學院以及女性大量上班工作之機會。

第三次工業革命使工廠及辦公室自動化 (Factory Automation and Office Automation)，使公司與公司 (B to B) 或公司與顧客 (B to C) 間之買賣關係可以自動掛鉤化，包括電腦化供應鏈管理 (Supply-Chain-Management, SCM)，電腦化企業內部資源規劃 (Enterprise Resources Planning, ERP)，電腦化顧客銷售關係管理 (Customer-Relations-Management, CRM) 等都可以透過國際網際網路 (Internet) 來進行自動化處理。因為資訊革命的豐富資訊，也使過去傳統廠商因壟斷市場資訊 (Market Information)，而可向客戶作威作福之地位打破了。在資訊世界裡，客戶和廠商一樣也可以擁有市場供需資訊，所以可以挑肥揀瘦，到處互換套利 (Arbitrary)，選擇他所認可的廠商下訂單，扭轉以前被供應商宰割的命運，所以供應商之間的競爭也變得更劇烈。

四、產品生命縮短化(Short Product Life Cycle)

在二十一世紀，各國企業可以打破時間及空間的限制，跨越國界，進行擴充市場，尋找客戶，尋求便宜資源，所以彼此之間的品質競爭、價格競爭、推廣競爭、通路競爭更形劇烈。同一種產品在眾多廠商過度競爭下，其生命週期愈來愈短。在1950 年，一種新產品可以在市場上享有二十年的生命，1970 年的新產品可以耐十年的生命，1980 年的新產品可以耐五年的生命，1990 年的新產品可以耐三年的生命，2000 年的新產品只可以耐二年的生命，在二十一世紀的新產品大概只可以耐一年，甚至只有半年的生命。產品生命縮短化是被競爭者互相加強永續研究發展能力所催成的，而研究發展所帶來的創新產品又是應付價格競爭的最好對策。

五、企業規模購併擴大化及策略聯盟整合化(Merger, Acquisition and Strategic Alliance)

在二十一世紀，經濟自由化及企業全球化的大環境下，企業規模必趨於擴大化 (Bigger Size)，雖然「大」不一定「美」(Big is not necessary beautiful)，但是「小」卻很難在國際化競爭下存在。擴大規模的快速方法就是所有權式的購買或合併 (Ownership Styled Merger or Acquisition)，及非所有權式的策略聯盟 (Non-ownership

Styled Strategic Alliance)。在 2001 年及 2002 年，世界大企業的著名購併案有花旗銀行與旅行家集團的合併 (Citicorp and Traveler Group)，有時代華納與美國線上公司的合併 (Time Warner and American On Line)，有戴姆勒－奔馳與克萊斯勒汽車的合併 (Daimler-Benz and Chrysler)，有艾克森石油與美孚石油公司的合併 (Exxon and Mobil) 等等數不盡的案例。在臺灣則有華信銀行、建弘證券和金華信銀證券三家合併成建華金融控股公司及其他十多家金融（包括銀行、證券、票據、保險）控股公司的成立，如中信金控、新光金控、富邦金控、國泰金控、兆豐金控、台新金控、玉山金控、中華開發金控、日盛金控等等。

在大湖海的全球自由經濟環境下，企業規模會加強沙場戰爭能力，所以「大者恆大」已經成為競爭勝負的大鐵律。中大型企業若不能走購併途徑來擴大規模，就要走生產、銷售、採購、研發、資訊、財務等企業管理功能方面的策略合作聯盟途徑來擴大規模。而小型企業在走購併及策略聯盟之途徑外，就應走連鎖店方式 (Chain-Store Approach)，使「眾小」形成「一大」。

六、組織扁平化及員工授權留責化(Flat Organization and Employee Empowerment)

在二十一世紀，企業規模雖然會趨大規模化，但因員工知識水準普遍提高，成為知識員工，同時資訊科技 (Information Technology, IT) 普及，員工知識管理也趨於電腦化、網際網路化，所以公司上層和下層之間的溝通工具也由電子信箱 (E-Mail) 所扮演，開放式溝通 (Open-Door Communication)，越級報告及越級指揮成為常態，所以組織層級的結構趨於扁平化及聯網化。往昔多層次高陡的組織結構將被淘汰。

在新世紀裡，員工知識的提高，現場操作之勞力工人比例下降，辦公室及行銷服務之腦力員工比例上升，尤其專業員工 (Professional Workers) 普遍出現，他們以專業尊嚴 (Professionalism) 為重，不以公司忠誠心 (Company Loyalty) 為重，所以上級主管和下級部屬之統治關係淡薄化。授權及尊重部屬變成留住部屬專家的必要措施。但在實施授權及尊重的同時，也應把責任心和授權掛鉤，因之目標管理和責任中心制度 (Management by Objectives and Responsibility-Center Systems) 會普遍採行，使員工得到授權去做事的自由，但也留下責任被考核的負擔，使授權和負責相平衡。

第二章　經營管理因果關係
(The Cause-Effect Relationship of Management)

　　什麼地方有組織團體（泛指二個人以上具有共同目的之集合體），什麼地方就有管理現象的存在。有好的領導人，並有好的管理制度，這個團體的力量表現就強大，尤其以營利為目的的農、工、商、知識、智慧產業的企業公司，其因果關係更加明顯。但是一般沒有讀過「企業管理」正式課程的人，談到「經營」、「管理」或行銷管理等名詞時，常會混淆不清，不知是指「因」(Cause)，或是指「果」(Effect)。在理論上，公司的「管理績效」(Management Performance) 是「果」，公司的「管理實務」(Management Practice) 是因，而公司的「管理環境」(Management Environment) 又是「管理實務」的「因」，而高階人員吸收及引進新管理「知識傳播」(Management Transfer)，又是公司所採取之「管理實務」作法的「因」。這些因因果果多層關係必須理會清楚，才能掌握企業管理的真諦。

第一節　經濟發展與經營績效 (Economic Development and Management Performance)

一、計劃經濟與自由經濟制度 (Planned Economy and Free Economy Systems)

　　世人追求「經濟成長」(Economic Growth) 及提高生活素質 (Quality of Life) 之意願與努力 (Willingness and Efforts)，不論國界及政治制度，大約相同，只是所採行之途徑 (Approaches) 及行動方案 (Programs) 有所不同，所以其成果亦異。一般而言，一個策略及制度能激勵國人發揮潛力 (Potentials) 的國家，其企業經營績效及經濟發展的成果，大多比一個策略及制度壓制國人潛力發揮的國家為佳，所以「自由經濟制度」，總比「計劃經濟制度」(Planned or Controlled Economy Systems) 如共產及高度社會化制度，有較佳成果。而有相當計劃性的自由經濟制度 (Partial Planned and Free Economy Systems)，又比「完全自由放任」(Complete Freedom) 或高度計劃管制 (Complete Planned-Controlled) 經濟制度有更佳之成果，所以許多領悟力強及行動快

的國家，已調整方向及步驟，採用計劃性的自由經濟 (Planned Free Economy) 制度，中國國民黨政權在 1949 年遷移臺灣寶島，就在實務上放棄「發達國家資本，節制私人資本」之社會主義作法（規定於國營事業管理法中），經過五十四年後，在 2003 年有輝煌績效（人均國民所得 13,000 美元）。中國共產黨在 1978 年由鄧小平領導主張實施「改革開放」(Reform and Open-Door) 政策，非正式放棄傳統之共產主義及社會主義，執行「具有中國特色之社會主義市場經濟制度」，經過二十五年後，在 2003 年亦有輝煌績效（人均國民所得 1000 美元），所得提高四倍。俄羅斯 (Russia) 在戈巴契夫 (Gobacheve)、葉爾欽 (Yultsin) 及普丁 (Putin) 等人執政後，從 1990 開始，也實行大膽改革，民生經濟改良超越往昔五十年。

此種國家經濟管理行為與個體企業經營方法之改變完全一致，因為「計劃及控制的極度授權」（亦即部屬可以完全自由行動），正如「極度計劃及嚴密控制的中央集權」（亦即部屬完全無自由裁決權，一切按照上面指示行事），都不一定能產生最高主管者所期望的成果。所以現代化的企業經營，是朝向採取「適度計劃」（指上級設定長遠及重大目標，下級設定短期及細部目標及執行手段），「高度授權，下級執行」及「嚴密控制」（指上級收集下級之執行情報回饋及檢討改進方法）之「整體管理」方法 (Integrated Planning-Implementation-Controlling Management Systems)。

眾人皆知一國經濟成果之達成是眾多農、工、商、知識之百千萬企業經營績效 (Management Performance) 之累積，所以講求農、工、商、知識企業經營管理之有效方法，已成為最有力的經濟發展的戰略武器。此種觀念已與早期經濟學者只重視一國土地 (Land)，勞力 (Labor)，及資金 (Capital) 等三種生產因素 (Production Factors) 之多寡，而將各業經營管理之因素視為不變、不重要之看法，產生革命性之變化。事實上，一國土地、勞力、及資金之多寡，與古代農礦業生產是有較大之直接關係，而與目前及未來之製造加工業、服務業及知識智慧產業之生產力則無太大的直接關係。其間真正的關鍵在於主管人員運用「管理」技能，支配各種企業有形及無形八種資源，如「土力」土地建築資源 (Land and Building Resources)、「人力」資源 (Manpower Resources)、「財力」金錢資源 (Money Resources)、「物力」原材料資源 (Materials Resources)、「機力」機器設備資源 (Machines Resources)、「技力」產銷方法資源 (Methods Resources)、「時力」時機資源 (Time Resources) 與「情力」資料訊息資源 (Information Resources) 等之能力水準。

良好的國家經濟管理和良好的企業管理有相同道理，有效的政治領袖如總統或總理 (Effective President or Prime Minister) 和有效的企業總裁或總經理 (Effective

President or General Manager)，都要會善用管理技能，有效運用八大資源（土、人、財、物、機、技、時、情八力）。在八大資源中，若土地及人力為重時，就是「農業經濟」時代；若金錢、機器、技術為重時，就是「工業經濟」時代；若技術、時間、情報為重時，就是「商業經濟」時代；而人力中之智力大腦、技術、時間、情報為重時，就是「知識經濟」(Knowledge Economy) 時代。所以八大資源在不同時代的生產力貢獻度，就決定了該時代的經濟名稱。

二、技術差距、行銷差距、與管理差距之關係 (Technological Gap, Marketing Gap, and Management Gap)

在 1968 年，法國名記者（後來為國會議員）史萊伯 (J. J. S. Schriber) 曾出版《美國之挑戰》(*The American Challenge*) 一書，轟動一時，影響深遠。該書檢討為何許多美國的多國性公司 (Multinational Firms, MNF) 能夠不自美國輸入資金只輸入技術及管理，就能在西歐各國，尤其法國，向當地銀行借款收購許多法國公司。這些被收購的公司本來已經營不良，銷、產、財搖搖欲墜，而其本國銀行及政府機構也因見勢不佳，毫無信心，不願自己收購或貸予款項；但自被美國多國性公司收購之後，則貸款來源充裕，經營業績立即有起色，並往往主宰同一行業的市場，形成對其本國之挑戰壓力。

史萊伯將此種美國多國性公司在歐洲的挑戰壓力，歸因於三種「差距」(Gaps)。第一種是「技術差距」(Technological Gap)，意指美國多國性公司能在西歐各國市場居有領導地位，是由於其產品品質比地主國公司為高，所以易得顧客之喜愛。不過「技術差距」之領先又可歸因於第二種「行銷差距」(Marketing Gap) 之存在，因為美國的公司普遍採取行銷導向 (Marketing Orientation) 之經營哲學，凡事以謀求顧客利益及顧客滿意來從事公司經營管理，絕不敢有自我本位「生產導向」(Production Orientation) 之心態，忽略顧客之利益及滿意，而淪為「我執我相」、「為技術而技術」（或「為生產而生產」）。當然，美國公司在「行銷差距」方面之領先地位，又可歸因於第三種「管理差距」(Management Gap) 之存在。換言之，美國公司的管理觀念及管理制度比西歐公司現代化，所以它們知道如何充分運用計劃、組織、用人、指導及控制連貫一體之管理技術，來激勵部屬之潛力，使他們採行市場行銷導向的經營觀念，全神貫注在市場開拓及新產品發展上，既能滿足顧客的慾望，並能賺取合理的利潤。

無疑地，管理現代化、行銷導向的經營哲學、以及工程應用技術的領先是促使

美國公司在歐洲及世界市場領袖群倫的三大連環基因，所以史萊伯著作《美國之挑戰》一書，以激勵法國人士，要求其同胞努力講求各個企業之經營績效，以形成全國之經濟發展成果，抵禦美國多國性公司之挑戰。

對我國而言，時代雖已步入二十一世的全球化階段，兩岸關係「戒急用忍」即將全面改變，史萊伯之《美國之挑戰》一書，同樣地有益於我國之經濟發展。我們若不從基礎上，全面改善政治恐怖感、政治孤獨感、軍事資源浪費、財稅減免、行政管制及獎勵作法等等，積極講求及衡量各個廠商及行政機構之生產力及經營績效，而只「空口說白話」，高叫遵守過時的防弊重於興利之措施及經濟發展目標，則最後的結果將是史萊伯所預言的被別人「合併及統治」。

第二節　經營管理因果關係模式 (Model of Management Cause-Effect Relationship)

在中國古代的歷史記載中，最會做生意的人有姜子牙，有管仲，有子貢（端木賜），有陶朱公（范蠡）等。在近代有王永慶、李嘉誠、高清愿、林挺生、辜振甫等。在新科技方面有張忠謀、曹興誠、郭台銘、林百里。在美國有福特 (Henry Ford)、史隆 (Alfred Sloan)、華生 (Thomas Watson)、蓋茲 (Bill Gates)、魏許 (Jack Welch) 等等。到底他們是如何得到好的經營成果（績效）呢？有什麼簡易的模式可資參考學習呢？

■ 一、陳氏整體因果模式 (Chen's Integrated Cause-Effect Model)

自古以來，許多學者及實務專家都在尋找「致富」與「成功」之妙方，而各個時代、各個行業與各個國家地區，各有其不同的妙方，但卻不一定能供作廣泛性之學習工具或參考，所以才有「管理是藝術」(Management is art) 之傳統老舊看法，假使管理是「藝術」而不是「科學」的話，就會出現諸如「美國式管理」、「日本式管理」、「華僑式管理」、「中國式管理」、歐洲英、德、法、義、各國式之管理。各國式之管理是以地方名稱來稱呼，並不一定說那一國的管理一定好，因為各行各業在不同地方，不同的時代，都有成功的企業及失敗的企業。我們應追求的是「有效」(Effective) 式的管理，而不是那一國式的管理。

事實上，許多調查研究的綜合結晶，已可大約指出致富與成功之道，那就是圖2-1 所示之「經營管理因果關係模式」(A Conceptal Model of Management Cause-Effect Relationship)。

（陳氏整體因果模式）

1. 管理傳播 (Management Transfer)
　　1. 管理知識之傳播移轉方式及程度

2. 管理環境 (Management Environments)
　　2. 人生目標　人性看法　管理哲學　公司規模　總體環境　所有權類型

3. 管理實務 (Management Practice)
　　3. 管理實務現代化程度
　　　計劃組織用人指導控制 × 行銷生產財務人事研究發展 × 決策協調資源運用

4. 干擾力量 (Intervening Forces)
　　4. 政府協助程度　　4. 市場競爭壓力程度

5. 管理績效 (Management Performance)
　　5. 經營管理績效水準
　　　內在績效　外在績效

資料來源：陳定國博士論文，〈管理傳播、管理實務、與管理績效：一個在台灣實證的數量研究〉，1973 年密西根大學企管研究院，第 8 頁。(Ting-Ko Chen, "Management Transfer, Management Practice, and Management Performance: An Empirical Quantitative Study in Taiwan," Ph.D. Dissertation, University of Michigan, 1973, p. 8)

圖 2-1　經營管理因果關係模式

二、五大重要管理觀念因素 (Five Key Variables)

　　由圖 2-1，依照反箭頭的順序，從底下往上看（即從「果」向「因」追溯）有五大重要觀念因素，即：⑴管理績效；⑵干擾力量；⑶管理實務；⑷管理環境；及⑸管理傳播。

　　我們可以對圖 2-1 做如此的概括性說明：

　　第一、各企業機構主管人員所追求的最終目標，可用「管理績效」或「經營績效」來表示，無疑地，大家都會想要有較高的績效水準。

　　第二、管理績效水準之高低受二套力量的影響，第一套為「管理行為」(Management Behavior) 或「管理實務」(Management Practice) 現代化程度，第二套為「政府協助」(Government Help) 程度及「市場競爭壓力」(Competition Pressure) 程度，這兩

者亦稱為「干擾力量」(Intervening Forces)。

　　第三、「政府協助」及「市場競爭壓力」之高低程度，可能自始就存在，亦可能由管理實務現代化所創造出來，但都對管理績效有所影響。

　　第四、影響「管理實務」現代化程度之因素為「管理環境」(Management Environments)，其中包含數項次級因素，有高階主管之「管理哲學」(Management Philosophy)，「人性看法」(View on Human Nature)，「人生目標」(Life Goal)，對「總體環境」(Macro-environments) 之看法，「公司規模」(Company Size) 以及「所有權類型」(Ownership Patterns)。

　　第五、最後我們可追溯到影響「管理環境」優劣之終極因素為「管理傳播」或「管理移轉」(Management Transfer)，亦即最高主管接受現代化管理知識之廣度及深度。

　　依據筆者在民國 62 年（1973 年），調查一百家中、美、日在臺巨型企業經營管理之結果❶，發現「管理實務」與「干擾力量」影響「管理績效」之相關係數為 0.92；「管理環境」影響「管理實務」之相關係數為 0.80；而接受現代「管理傳播」媒介越廣深者，改變管理環境、管理實務、及管理績效之趨勢也是極度明顯。簡言之，全公司從高階人員到中基層人員，廣泛及深入接受管理知識之傳播，是獲得良好管理績效的根因 (Root Cause)。這也是為什麼自 1980 年代開始，美國學者開始提倡「學習型組織」(Learning Organization) 及永續學習 (Continuous Learning) 之原因。

　　本書以後章節，將以此因果關係模式為架構，逐一分析有關之學說及實務資料，給予讀者一個較明晰、邏輯之概念。第一、體認若要追求高水準「管理績效」，必先講求公司中基層「管理實務」之現代化；第二、若欲促使公司中基層「管理實務」現代化，則須先培養有利之高階「管理環境」；第三、若欲培養有利之高階「管理環境」，則須先多方與現代管理知識之「傳播」媒介親近、吸收、消化、及活用。換言之，要得「好果」，必先種「好因」，俗云「凡夫畏果，菩薩畏因」，指種好因比求好果重要，一般人只想求好果，不知種好因。只有高智慧水平的人，才知道種好因是得好果的根本之道。

---

❶　見 Ting-Ko Chen, "Management Transfer, Management Practice, and Management Performance: An Empirical Quantitative Study in Taiwan," Ph.D. Dissertation, University of Michigan, 1973, pp. 168–198.

三、經營管理之多層意義 (Multiple Meanings of Management)

（一）經營與管理用詞之異同

通常所言「經營」、「管理」（皆為 Management 之譯語）之真實涵義甚廣，我們常聽人說「某某事業被某甲經營得很好」，「某甲的管理能力真強」，「派某甲去經營某某事業」，「若要事業的經營成效高，必須加強管理制度及管理才能」等等。「經營」兩字最早出現於我國古籍，如班超、張騫之經營西域，左宗棠經營新疆；「經營」兩字亦成為目前日本人用來稱 Management（管理）之字眼，又如大同工學院（現改為大同大學）的管理研究所，就稱為事業經營研究所。新竹交通大學有管理科學研究所之外，還在臺北有一個事業經營研究所，都是把管理與經營互用之例子。

「管理」兩字在我國是較新的用字，尤其用於新式企業經營方面，稱「企業管理」或「工商管理」，1964 年，臺灣第一個管理研究所 (MBA)，就是政治大學企業管理研究所。

但在政府行政機關裡，「管理人員」一詞卻常被用來指從事總務、財務、採購、會計、人事等等企業幕僚機能 (Staff Functions) 工作之人員，而非用來指當主管或經理職位之人員，與目前我們所應該改用者不同。換言之，舊式的稱呼，把當家作主負責之「主管」人員稱為「行政」(Administration) 人員，反把「幕僚」人員稱為「管理」人員，把直線人員 (Line People) 稱為技術人員（生產）或業務人員（銷售）。這樣稱呼把應該做管理工作的人，不歸入「管理」人員，而把不做管理工作的人反歸入「管理」人員，混淆了主管人員的應有職責及地位，不適宜未來二十一世紀機動萬分之企業經營環境，所以我們應該改稱，並把企業人員分成四類人員：⑴主管人員或經理人員或管理人員 (Managerial People)；⑵財會總務人事行政人員或幕僚人員 (Staff People)；⑶生產技術人員及業務人員 (Line People)；⑷企劃研究人員 (Planning-Research People)。其中第一類主管人員是其他三類人員的上司，佔公司十分之一比例，其他三類非主管人員佔十分之九。古人有云，十中取一為「士」，此即一個管理人員應領導九個部屬之由來。「幕僚」與「直線」人數之比例亦是一與九之比，而「企劃研究」人員之比例則為總人數之百分之一而已。

一般而言，我們可以把「經營」兩字用來稱呼外部性或整體性之企業營運現象，把「管理」兩字用來稱呼內部性或細節性之企業營運現象，譬如事業「經營」的績效，有賴於各種「管理」制度及「管理」才能。若合混一些使用，亦可將「經營管理」四字放在一起，用以表示整體性及細節性之企業活動。

（二）管理環境 (Management Environments)

「經營管理」可以用來指企業最高主管人員 (Top Management) 管理哲學想法與對待部屬的態度，譬如「經營哲學」或「管理哲學」(Management Philosophy)，「領導作風」(Leadership Pattern) 等等。「經營管理」亦有人用來指對一國之「總體經營環境」(Macro-environments，如天然與人為之投資環境) 的看法，「企業規模」(Company Size，如大、中、小規模)，「企業所有權的分布類型」(Ownership Patterns，如家族企業或公眾公司)，企業家的「人生目標」(Life Objective，如成就導向或安穩導向)。這些用語都是把經營管理用來指一個企業內部經營細節活動的先天環境，並只能由企業的最高主管（如董事長、總裁及總經理）來決定，而非一般中、下級經理人員所能為力者，所以又可稱為「管理環境」(Management Environments)。在圖 2–1 中，「管理環境」因素含有六個次級因素，彼此之間有相當的獨立特性，值得個別探討。有許多哲學、歷史、文化、政治人士談論較抽象之經營管理時，大多皆以「管理環境」為話題，而不涉及企業內部中基層實際管理活動之複雜而有序的細節，此為吾等管理學人應注意之一要點，即彼僅談「玄而虛」者，我則兼談「玄虛」與「務實」兩者。

由高階管理思想及行為所塑造之公司「管理環境」，對公司為數眾多之中基層人員之管理行為及思想具有絕對影響力，好的「環境」會產生好的影響力，使公司管理實務操作品質現代化，不好的環境也會產生不好的影響力，使公司的管理實務操作品質落伍化。上級的「環境」會影響下級的「行為」，但下級的「行為」卻無法影響上級的「環境」，所以一般談到「環境」一詞，都是指下級「不可控制因素」(Uncontrollable Factors)。塑造好的上級環境，對下級而言，是屬於戰略性、重要性的工作。由高階主管之思想、行為所塑造起來之公司管理環境，在在影響中下級主管思想、行為典型，進而影響全體員工思想、行為之後，就自然而然的成為「公司文化」(Corporate Culture) 環境，外人一接近公司，就可以感覺其文化典型之優劣。

1. 成就的人生觀 (Achievement-Oriented Life Goal)

高階人員塑造的「管理環境」因素之第一項內容「人生目標」(Top Life Objective)，是指公司的最高主管，如事業創辦人、董事長、總裁、總經理、主要所有權人兼董事長、總裁、總經理之輩，是否具有高企圖心，追求人生「無限成就」(Unlimited Achievement)，或只追求人生「得過且過」(Get-By Easy Going) 之心態。成功的企業家及高階管理者，都是懷有以「工作成就」，以「無限成就」，以「創造新成就」為人生享受想法的人。而那些稍有小成就，就志得意滿，不再進步，就想享受現狀，

得過且過，以至終老的人，都不會成為成功的大企業家、大管理人員。

2. 人性本善看法 (Good View on Human Nature)

高階人員的「管理環境」因素之第二項內容「人性看法」(Top View on Human Nature)，是指公司的最高主管對人性是善或是惡的看法，也就是我國古云「人性本善」(孟子的說法) 或「人性本惡」(荀子的說法)。在西方則有麥格列哥 (McGregor) 之 Y 理論 (Theory-Y，性善)，與 X 理論 (Theory-X，性惡) 之說法。對人懷有「性善」正面看法的高階主管，易於實施「目標管理」(Management by Objectives)、「參與管理」(Management by Participation)、「授權管理」(Management by Delegation)、「成果管理」(Management by Results)、「分權管理」(Management by Decentralization) 等等制度，因而人性自我成長、自我負責之潛力，容易發揮。反之，懷有「性惡」反面看法的高階主管，易於實施高壓手段性制度，因而人性自我成長、自我負責之潛力，不易發揮。「性善說」利於長期績效的改善，「性惡說」不利於長期績效，但利於短期績效的改善。

3. 積極的處世哲學 (Aggressive Philosophy)

高階人員塑造的「管理環境」因素之第三項內容「管理哲學」(Top Management Philosophy)，是指公司的最高主管處理日常及長期大事決策之思考方向是「積極進取」(Liberal and Aggressive) 或「消極保守」(Conservative and Reggressive)。高階管理處世哲學的積極進取或消極保守，時常決定事關成敗之「地命」與「時運」於無形之中，非常要緊。(俗云「成功要訣有五：一命、二運、三風水、四功德、五讀書。」命屬於地點，故稱「地命」。運屬於時機，故稱「時運」。「風水」指地理環境，「功德」指人脈關係，「讀書」指努力進德修業及認真工作。) 培養一個積極進取的管理哲學，也是成功企業家、成功經營者的必備條件。「管理哲學」又可細分為下列各項觀念看法，前者為「積極」，後者為「消極」。「積極」的哲學觀念是有效經營管理者的要素。

⑴時間 (Time) 哲學：「瞻望未來」(Future-Orientation)，對「留戀過去」(Past-Orientation)。

⑵變化 (Change) 哲學：「歡迎改變」(Change-Welcoming)，對「拒絕改變」(Change-Resistence)。

⑶速度 (Speed) 哲學：「快速動作」(Speed-Action，喝敬酒)，對「緩慢動作」(Slow-Motion，喝罰酒)。

⑷目標 (Objective) 哲學：「目標掛帥，手續讓步」(Management by Objectives)，

對「手續掛帥，目標不達」(Management by Procedure)。

　　⑸系統 (Systems) 哲學：「整套或系統方法」(Systems Approach)，對「局部或零碎方法」(Partial Approach)。

　　⑹價值 (Value) 哲學：「經濟活動價值」(Economic Activity Value，包括有形及無形)，對「現金價值」(Cash Value，有形)。

　　⑺權威 (Authority-Power) 哲學：「知識掛帥」、「知識是權威」(Knowledge is power and authority)，對「官位掛帥」、「官大學問大」(Position is power and authority)。

　　⑻快樂 (Happiness) 哲學：「助人布施是快樂之本」(Helping others is happy)，對「感官享受是快樂之本」(Material enjoy is happy)。

　　⑼證據 (Evidence) 哲學：「科學證據」(Scientific Evidence)，對「藝術猜測」(Artistic Guess)。

　　⑽判斷 (Judgement) 哲學：客觀數據 (Objective Figure)，對主觀價值 (Subjective Value)。

4. 大規模 (Big Size)

　　高階人員塑造的「管理環境」因素之第四項內容「公司規模」(Company Size)，是指公司銷售額 (Sales)、利潤額 (Profit)、淨值額 (Net Worth)、資產額 (Assets) 及員工額 (Employee) 之大小。公司規模越大，對管理實務現代化的需求及壓力越大。公司規模越小，對管理實務現代化的需求及壓力較小。公司規模的大小，雖不是公司高階人員之思想所能直接影響，但會被公司是否有效經營所影響。

5. 開放股權 (Open Ownership)

　　高階人員塑造的「管理環境」因素之第五項內容「所有權類型」(Ownership Patterns) 是指公司股權是開放型 (Open Type) 或閉塞型 (Closed Type)。股權開放就是股票上市上櫃，股權閉塞就是股票未上市上櫃。公司的所有權越開放，對現代化管理實務的要求及壓力就越大。公司股權閉塞的傳統家族企業，越不會想要管理現代化。公司規模大，股權上市公開化，政府監理機關及社會大眾越要求管理正派化，資訊透明化，董事會外來獨立化等等。當公司規模大，股權公開上市，股東人數眾多，股權又分散，公司最高統治者 (指董事會、董事長及總裁等) 若不賢能及不誠信時，常會掏空公司，傷害股民。為防止此種後果，所以「公司」高層「治理」(Corporate Governance) 成為 2002 ～ 2003 年最熱門之企業管理話題。

6. 樂觀的總體大環境 (Optimistic Environment View)

　　高階人員塑造的「管理環境」因素之第六項內容「總體環境」(Macro-Environments)，

是指高階人員對政府所塑造之總體生態大環境的「樂觀」(Optimistic) 或「悲觀」(Pessimistic) 的看法。塑造給人民生存成長之總體生態大環境是由人民所選舉產生之政府的最高職責，政府所負責塑造的總體生態環境有很多，但可以大分為八類，包括政治 (Political) 環境、經濟 (Economical) 環境、法規 (Legal) 環境、技術 (Technological) 環境、人口 (Population) 環境、文化 (Cultural) 環境、社會 (Social) 環境、及教育 (Educational) 環境。這八大環境的好或壞水準，影響一國人民的福祉甚大，當然更會影響企業與經濟的發展程度。公司高階人員本身力量無法影響這八大環境，但他們對這八大環境的主觀看法 (Subjective Perception)，卻會影響公司管理實務是否要走上現代化的決心，樂觀的看法有助於管理現代化，悲觀的看法不利於管理現代化。對這八大環境（政、經、法、技、人、文、社、教）的改善努力程度，實際上就是一個國家是否能夠現代化與富裕化的重心所在，是非常重要、人人都應關心的主題。我們在以後章節會再比較詳盡的分析及介紹。

（三）管理實務 (Management Practice)

「經營管理」亦有被用來指「決策」(Decision-Making)、「協調」(Coordination)、「資源運用」(Resources Utilization)、「管人」(Managing People)，或在行銷、生產、外包、研究發展、人事、財務、會計、資訊等專業活動方面做計劃性 (Planning)、組織性 (Organizing)、用人性 (Staffing)、指導性 (Directing) 及控制性 (Controlling) 之具體操作性工作。在一個企業內，不論如何現代化 (Modernization) 或古代化，各級經理人員都無法避免去面對這些實務性工作。日常企管學士 (BBA) 或企管碩士 (MBA) 所最常談論及學習的經營管理知識，就是指這一部分。在公司裡這一部分的現代化與否，即反映出企業內絕大多數中階基層工作成員之實務行為是否有效，所以亦稱之為「管理實務」(Management Practice)。「管理實務」是「經營管理」因果關係中最繁重的因素。

（四）管理績效 (Management Performance)

當我們說一個企業經營管理得很好或不好，大多是指該企業在一段時日後，其成績、成果或績效 (Performance or Results) 或目標達成度之高低而言，而非指該企業採用何種管理作業方式或管理實務如何，因為經營一個事業的最終目的，應是績效指標的提高(亦即目標之達成)，而不是管理作業方式之標新立異(亦即手段之採行)，所以「經營管理」一詞亦可用來指經營「管理績效」。套一句洋人的話，管理績效是指「目的」(Objectives) 的達成度，不是指「手段」(Means) 的操用方式。

經營管理績效一詞因不同的立場可有不同之解釋，由企業內部人員觀之，一個

公司經營得成功或失敗，好或壞，是看內在績效指標的好壞表現，這些指標包括銷售額 (Sales)，利潤額 (Profit)，淨值投資報酬率 (Rate of Return on Equity)，生產力 (Productivity)，市場佔有率或分享率 (Market Share)，創新率 (Innovation)，員工流動率 (Employee Turnover Rate)，員工出席率 (Absenteeism)，以及人力訓練及發展率 (Manpower Training and Development Rate) 等等，這些都是很重要的績效指標項目，可以稱為「內在績效」(Internal Performance)。但由企業外界人士觀之，該企業經營得是否成功，是指該企業對社會國家所能提供之就業機會 (Employment Opportunity)，稅捐繳納 (Taxation)，外銷 (Export)，淨外匯貢獻 (Net Balance-of-Payment Contribution)，新產品引介 (New Product Introductions)，以及為其他廠家培養管理與專業技術人才 (Technology Transfer) 等，才是真正重要的績效指標項目，這些指標項目可以稱為「外在績效」(External Performance)。所以不同的人，可以就其立場，把「經營管理」一詞用來指這些不同的績效指標的水準。要當一個被股東、員工及被政府、社會大眾所共同稱讚的成功企業家及經理人員，真不容易，既要追求內在績效，又要追求外在績效，而內外績效又常有衝突的地方。

所以當我們聽到或使用「經營管理」(Management) 一詞時，我們在腦內必須同時浮現高階「管理環境」、中基層「管理實務」及最終「管理績效」等三大因果關係之因素，並詳究其真正所指之處，方不致造成詞義上之誤解。

(五) 影響經營績效之干擾力量 (Intervening Forces)

從靜態的觀點言，圖 2–1 所顯示之「管理環境」影響「管理實務」，「管理實務」影響「管理績效」的因果關係，可能未能全然說明企業界的真實情況，因為不少具有高經營績效的企業，並不一定有很現代化的管理實務作法。詳究其原因，可以發現它可能是因具有產品種類別或市場地區別上的獨佔或壟斷性地位，簡稱具有良好之「產品─市場戰略」(High Product-Market Strategy)，或較低之市場競爭壓力 (Low Competition Pressure)。也可能是因政府在進口關稅之保護，外銷補貼，低利貸款，以及保證購買等等方面給予協助，而比別人得到更好的盈利機會，簡稱得到較佳之「政府協助」(Better Government Help)。較低之市場競爭壓力及較大之政府協助，都有助於一個企業謀取較佳之經營績效。

假使我們引進這兩個干擾因素到我們既定之經營管理因果關係模式內，我們便可以很有力地解釋為何以前許多管理制度不健全，各級經理人員很被動，很無才幹的企業，包括深受保護或居有壟斷地位之國營事業，也會賺大錢。也就是俗云「不必努力，也有飯吃」的事業，那完全是它們在開始時選對了產品或市場戰略，居於

主宰地位，使後來同等智慧之同業望塵莫及；也可能是它們在開始時，得到政府的特別鼓勵、特別保護，但後來政府的鼓勵、保護撤消，使別人不能得到相同好處。明瞭這二種干擾力量之後，我們應堅定一個信心，即開始時之「產品市場戰略」及「政府協助」只是可遇不可求之「錦上添花」之物，在現代高度競爭之社會裡，尤其二十一世紀，WTO 家族內，很難再碰到它們，所以要求取得高的經營績效，還是應從管理實務的現代化下功夫，不可被迷惑了智慧，守株而待兔。

若從動態的觀點言，本期所具有的壟斷性產品市場地位 (Product-Market Position) 或政府協助地位 (Government Help)，也是由於前期優良之管理實務所爭取來的（除國營壟斷企業外），而非天上掉下來或上帝贈與的，譬如透過周全的長期計劃，不斷創新研發，嚴密而靈活的組織，優秀的人才，高昂的士氣，高品質的決策協調，以及及時回送之情報和糾正行動等等管理活動，所衍生而來的獨特市場地位及政府關係。

所以無論從靜態或動態的觀點言，致力於「管理實務」及「管理環境」的現代化及系統化，乃是提高經營「管理績效」的基本步驟。身處此知識、創新、競爭之世界，國人不能再懷偶然拾獲的心態，等待成功的降臨；反之，成功是要靠我們的腦力及體力去努力爭取，本節圖 2-1 之整體因果關係模式即用以明顯指出企業經營成功之道。要求得好果，必先種得好因，好因產好果，乃是萬古顛撲不破之真理。

第三節　其他管理研究模式之檢討

研究管理因果關係之模式，除圖 2-1 由筆者所創比較完整者外，尚有三種模式，各有道理，但皆偏於某一觀點，茲略舉供參考。第一為「社會－經濟模式」(Social-Economic Approach)，以哈比生 (Harbison) 及麥兒斯 (Myers) 之《工業世界之管理》(*Management in the Industrial World*) 為代表[2]。第二為「生態環境模式」(Ecological Approach)，以法瑪 (Farmer) 及李奇門 (Richman) 之「比較管理研究」(A Model for Research in Comparative Management) 為代表[3]。第三為「行為模式」(Behavioral Approach)，以尼甘弟 (Negandhi) 及艾斯塔方 (Estafen) 之「決定美國管理可應用性之研

---

[2]　F. Harbison and C. A. Myers, *Management in the Industrial World*, New York: McGraw-Hill Book Co., (1959), p. 19.

[3]　Richard Farmer and Barry Richman, "A Model for Research in Comparative Management," *California Management Review*, VII, 2 (Winter, 1964), pp. 55–68.

究」(A Research Model to Determine the Applicability of American Management Knowhow in Differing Cultures and/or Environments) 為代表❹。

一、哈—麥模式（企管人才論）

哈比生—麥兒斯之模式強調一國之經濟發展績效決定於三因素，第一因素為「企管才能之運用密度」(Indensity of Management Utilization)，他們把「企管才能」當作重要經濟生產因素資源之一；第二因素為「企管權威之發揮程度」(Exercise of Management Authority)，他們認為企管才能之運用乃是社會權威發揮的一個重要體系；第三因素為「企管人員之社會地位」(Social Status of Management)，他們認為企業管理人員是社會的精華成員。此三因素對經濟發展績效之相互關係如下所示：

哈比生—麥兒斯的觀察研究，得一結論，即凡是愈會運用企業管理才能（即企管人才愈多），企業管理人員在企業體系內愈能發揮其權威影響作用（即企管人才在企業內地位愈高），以及企業主管人員愈受社會大眾尊重的國家（即企業主管在政府及社會有高地位），其經濟發展績效愈高；反之，則愈低。一般言之，此種結論甚可接受，因近百年來之社會經濟發展，大約在此潮流下存在。不過此種模式是以社會學的宏觀觀點來看一國之總體現象，而非以微觀觀點來詳細分析及比較眾多個別廠家之管理活動現象，所以對企管學生及實務從業者無學習之助益。

二、法—李模式（總體環境論）

法瑪—李奇門之模式強調一國外在總體環境（如政治、經濟、法規、技術、人口、文化、社會、教育等環境）對企業經營績效影響甚大，並進而影響一國之經濟發展績效，如下所示：

---

❹ A. Negandhi and B. Estafen, "A Research Model to Determine the Applicability of American Management Knowhow in Differing Cultures and/or Environments," *Academy of Management Journal*, VIII, 4 (December, 1965), pp. 309–318.

法瑪─李奇門的模式並不重視個別企業內之不同管理過程，因為他們假定各企業內之經理人員的個性 (Personality)，動機 (Motivation)，管理才能 (Managerial Capabilities)，及管理制度 (Management Systems) 皆已甚「理想」，並「固定」不變，所以不必另加考慮。無疑地，此種假設太過大膽，亦不確定，此乃代表傳統經濟學者對複雜之企業經營管理體系過分簡化的看法 (Over Simplification on Complicated Management Systems)，對企管學生及實務從業者亦無學習之助益。

三、尼─艾模式（管理哲學論）

尼甘弟─艾斯塔方之模式強調「管理哲學」(Top Management Philosophy)，「管理過程」(Management Process)，及「管理績效」(Management Effectiveness) 間之因果關係，如下所示：

顯然地，尼─艾模式並未引入企業外在環境因素，此正與法─李模式相反，皆有所偏頗。事實上，一個企業經營績效之優劣受許多因素之影響，不僅外在環境因素（如法─李模式所言），亦不僅內部管理過程（如尼─艾模式所言），亦不僅社會觀念（如哈─麥模式所言），所能單獨影響。筆者檢討彼等之優劣點，並參照其他研究報告及臺灣之實地調查發現❺，設定圖 2-1 之陳氏整體模式，涵蓋更多之因素，計分組為⑴管理傳播(社會觀念及教育知識之傳播)，⑵管理環境(外在及內在環境)，

❺　陳定國，〈臺灣區巨型企業之比較研究 ── 中、美、日巨型企業之調查研究〉，臺北：金屬工業發展中心及中華民國企業經理協進會，1972。

⑶管理實務（管理過程及決策行為），⑷干擾力量（外來正負協助力量），及⑸管理績效（外在及內在績效）。對企管學生及實務從業者而言，此整體模式較具有協助學習之用處。

第三章 企業目標及企業系統
(Business Objectives and Business Systems)

科學 (Science) 的研究探索可以增加人類對宇宙萬物萬象的瞭解，增長知識與聰明能力。

宗教 (Religion) 的信仰崇拜可以穩定人的精神狀態，排除疑惑不安，回歸清靜圓覺，帶給人幸福。

企業 (Business) 的經營可以增加有形及無形產品的供應，消滅貧窮，使社會富足，建立禮儀王道樂土，以提供更多追求知識的機會及宗教信仰的基礎。

農業企業、工業企業、商業企業、知識企業（農、工、商、士）的經營目標體系都要對社會國家的繁榮安定有所幫助，才算是良好企業公民 (Good Corporate Citizen)。

第一節 企業意義及企業目標 (Business and Business Objectives)

一、「企業第一」或「政治第一」(Business First or Politics First)

在中國古代帝王時代，工商企業不發達，人民沒有就業機會，只有做農奴（佃農），做官宦大家所養之「士」，或當官當小吏，所以那時流行一句話：「萬般皆下品，唯有讀書高。」那時讀書是為應考當官，不像現在，讀書是為入各行各業去就業。

在美國則另有一句話說明農、工、商企業活動在人類社會的重要性，即是：The business of America is business，意指美國人最重要的活動就是從事企業活動 (Doing Business)，簡言之，即「企業第一」(Business First)。他們認為企業活動（不是政治活動或軍事活動）是現代美國人生活的主流，是全國經濟活動的重心，因為到處可看到的是這批人生產及銷售種種有形商品 (Goods) 及無形勞務 (Services)，以獲得對方顧客的滿意（指品質、價格、時間及態度四滿意），並賺取合理以上之利潤（指淨值報酬率高於利息成本 1.5 倍以上）。

在 2003 年，美國的人口有二億八千萬人，有二千多萬家企業機構雇用全美 85% 以上的就業人口，每人平均國民所得 36,000 美元，約為臺灣每人平均所得 13,000 美

元的三倍。美國企業生產世界上 40% 以上的產品，其生活水準及「經濟」、「國防」、「科技」、及「政治」力量皆為世界一流（可稱四個「天下第一」），所以莫怪他們要說「萬事皆莫急，唯有企業高」。

就寶島臺灣而言，企業活動在社會上所扮演之角色，雖未像在美國被捧得那樣崇高，但是其實力已為大多數人們所重視，所以經濟建設在國家建設的地位已列為第一，其他政治建設、社會建設、文化建設、軍事建設、宗教藝術建設，都要依賴經濟建設發展所賺到的金錢財富來支撐。在臺灣，沒有經濟發展，就沒有社會安定及國際地位，而其中工商企業的發展更是列為「第一中的第一」，與美國人所稱的「企業第一」意義相同。

在我們目前的社會裡，除了工商企業機構外，尚有許多機構，如學校、醫院、寺廟及教堂、政府機構、軍隊、公會、工會，及慈善機構等等，但是企業機構已經逐漸成為我們社會生活方式之塑造者，也是大專院校各科系所畢業生謀生發展的就業去路。在古昔帝王時代，人民被分為「士、農、工、商」四類，商為四民之末，所以人人認為「萬般皆下品，唯有讀書高」，以便考取功名，服務政府衙門，當官為吏，魚肉人民，獲取利祿，謀求安穩，因而鄙視工商企業活動。

但在今日，帝王消滅，民主共和，政府角色改變，工商經濟發達之速度比政府活動之發展為速，工商企業就業機會及所得收入，比士、農機構單位為多、為高，所以「商、工、農、士」之反倒分類標準逐漸形成，以往「政治第一，當官為先」之生活方式亦已轉變，成為「仕而優則商」及「學而優則商」之局面。蓋目前制度是官當得越高，薪津拿得越少（相對比例而言），在政黨競爭及新聞媒體競挖醜聞環境下，要想貪污亦甚不易，何況風險又大。許多往昔當官貪大污，掩蓋良好的醜聞，在二十一世紀開頭，一一曝光，聲名掃地，得不償失。當然，當官的人現金所得雖不多，但動用資源的權勢很大，依然有人想在官場裡求名、求利、求勢。

假使目前的制度不加改變，則「企業第一」勢必替代「政治第一」之人生價值系統。往昔「學而優則仕」，將與「仕而優則學」、「學而優則商（企業）」，及「仕而優則商」之趨勢，互相混合存在，顯示工商企業經營管理在人類高度發展社會之崇高地位。

二、企業活動在追求「美好生活」(In Search of Good Life)

何謂「企業」，乃是每一位初學者所急切探知之名詞。就中文意義而言，第一、人止謂之「企」。一個人停止站立不動，是在想東西，含有企圖、企求之意。一群人

因共同目標而團結在一起，不分散，有所圖謀，也是企圖、企求之意。第二、長時間從事一件工作謂之「業」，所謂業農、業工、「業精於勤荒於嬉」都指長時間當農夫、當工人，長期勤勉才會精巧成功。所以「企業」二字合在一起，是指一群人長時間團結在一起，為共同目標而努力之意。

在一般人的普通認知上，「企業」就是做生意、做買賣，不是當官，不是教書。在專業上「企業」係泛指人們為謀求「生存」(Survival) 及更進一步追求「美好生活」(Good Life) 的目標，而團結在一起所從事的一種活動。它具有提供物品及勞務 (Goods and Services)，以滿足 (Satisfy) 他人隱藏的慾望 (Needs) 及明顯的需要 (Wants)，並賺取金錢利潤 (Profit) 之特質。而他人之所以要購買有形物品及無形勞務，乃是為追求物質上及精神上更舒適、更豐裕的生活。

所以「企業」含有「企求」達成自己某種目的，以及滿足他人所「企求」慾望之活動的深意。廣義言之，目前人類所從事的各種活動，包括老式之「三教九流」及新式「六教十六流」，十六流指：士、農、工、商、兵、醫、學、卜、游、俠、僧、道、黨、閥、妓、丐等等，在直接上及間接上，皆含有「企求」達成某種目的之意義，因人類早已脫離「無知無覺」及「自給自足」的時代。進入農業、工業、商業，以至知識等經濟時代，經濟學上的「供給」(Supply) 與「需求」(Demand) 以及「價格」(Price) 與「數量」(Quantity) 的定律發生作用，人人皆有利己的目標及手段意圖，人人都在經營自己，所以「企業」無所不在。狹義言之，企業活動僅指從事物品與勞務之銷售、生產與研發，以維持人們生存及較佳生活之營利性活動 (Profit-Seeking Activities)。

企業活動可由許多機構所從事，這些機構即稱為「企業機構」（英文名稱有 Enterprises, Business Institutions, Firms, Companies, Corporations），包括街角小雜貨店、連鎖便利商店、理髮店、美容店、咖啡店、泡沫紅茶店、冰果店，以至大型百貨公司、購物中心、連鎖量販店、食品、紡織、房產、大汽車製造公司及大電子通訊器材及裝配工廠。

在我國有稱零售批發買賣之商業 (Commerce)，有稱加工製造之工業 (Industry)，有稱國際買賣之貿易 (Trade)，有稱農林漁牧之農產業 (Agriculture)，有稱觀光業 (Tourism)，有稱通訊業 (Communication)，有稱運輸業 (Transportation)，有稱銀行、證券、保險業 (Banking, Securities and Insurance) ……等等千百種行業名稱（古時稱三百六十行，行行出狀元，現在應該稱三萬六千行，行行出狀元），其實它們都是「企業」，所以「企業管理」，是講求所有這些行業有效經營之學問。人類生活的基本需

要稱為「民生工業」，民生工業包括「食」、「衣」、「住」、「行」、「用」、「育」、「樂」、「健」、「保」等九大需要工業，包羅萬象。民生工業背後有原料、零配件、機器設備等等眾多支援工業群。最後還有國防軍需工業群。這些都是以「企業」經營方式在進行，形成一個國家的經濟體，所以「企業管理」知識的應用面很廣大。

三、企業活動與經濟私利目標 (Business Activities and Private Objectives)

經濟學 (Economics) 是處理一國財貨之生產、分配、及消費 (Production, Distribution and Consumption) 活動之宏觀學問，是經國濟世，經世濟民之道。而企業管理學也是處理這些有形與無形財貨之生產、分配及消費的活動，只是站在一個公司或一個行業立場而已，所以企業機構也是一種經濟機構。在每一種社會裡，總有許多機構，如政治機構、軍事機構、教育機構、公共建設機構、宗教機構、文化機構、社會救濟與慈善機構，及經濟機構。而在經濟機構內，則有眾多的公營及民營企業機構。企業機構與其他機構之最大不同點，即在於激勵追求經濟私利或私人所得 (Private Gain)。假使無私利之存在，即無有效企業之存在。所以公有事業（即政府投資之事業）若無激勵員工追求經濟利益之制度，自然不會產生一般企業所擁有創新冒險 (Innovation and Risk-Taking) 之有效精神。共產社會之所有事業皆歸國有國營，與一般官僚機構一樣，只有獨佔壟斷市場供需，不競爭創新，若其員工無物質獎勵制度及淘汰裁撤制度，其無效經營乃全球性必然後果，不待質疑。因之，不談企業化經營便罷，欲談企業化即首應講求「合理利潤目標」（但非暴利目標），方能促使員工有效運用土地、人力、財力、物力、機力、技術力、時間及情報資訊等重要資源，滿足顧客需求，達到「以事業養事業」（不虧損，不依賴政府抽稅補助），「以事業發展事業」（即以合理利潤再投資求發展），造福人群。

世界各國，包括經濟高度發展的美、日、英、德、法、義、加、西歐等國家，經濟中度發展的臺灣、香港、新加坡、韓國、泰國等地區，以及經濟低度發展的蘇俄、東歐各國、中國大陸、南美、非洲、印度、中南半島各國，其國有國營或公有公營之企業，都是無效經營之企業，偶有賺錢者，也是靠獨佔壟斷而得，非靠競爭創新而來。所以把經營獨佔政府的心態，用來經營競爭性企業，一定失敗，少有例外。解救國有國營企業之方法有三，第一、「國全有，民全營」，第二、「國半有，民全營」，第三、「國全無，民全有，民全營」。若走「國半有，國半營，民半有，民半營」也不會成功。換言之，不管「所有權」在國家或在人民手裡，只要「經營」管

理依照有效經營之競爭方式，就有達到「顧客滿意、合理利潤」目標的可能性。

四、合理利潤及生存目標 (Reasonable Profit and Survival Objective)

沒有利潤就不能長期生存，美國福特汽車第三代董事長小亨利・福特二世 (Henry Ford, Jr.) 曾說過一句名言：「經營事業虧本失敗是一大罪惡行為」，因為公司失敗，不僅傷股東，也害員工、害銀行、害供應商、害客戶，所以不論何種企業都應講求「合理利潤」(Reasonable Profit)，方能在長期之下「利人利己」，而達到「生存及成長」(Survival and Growth) 目標。所謂「利人」是指有利社會大眾，所謂「利己」是指有利公司股東及公司員工。無合理利潤之企業，雖在短期內可忍痛虧本，低價服務顧客，但因設備無法更新及擴充，產品無法創新，品質難以提升，員工薪酬增加之目標難以達成，股東股息增加之目標無法達到，終必導致顧客因廉價而浪費濫用，產品品質粗製濫造，服務品質粗言惡態，終非社會大眾長期福祉之所求，所以顧客若不明事理，要求廠家虧本或無利潤供應物品或勞務，實足以妨礙自己未來幸福，悔之莫及。目前大多數公用及教育衛生事業，過分被壓制利潤目標之追求，也正是造成服務數量及品質不佳，廣受責難之原因。「解鈴還須繫鈴人」，顧客若欲求滿意之服務，應給予廠家合理之利潤，方能得之，否則等於緣木求魚。只求享受，不付代價，等於「白吃」、「白喝」、「白住」、「白坐車」、「白娛樂」、「白受教育」等等霸道行為，天下焉能不亂。

企業利潤應有多少才算合理，並無定論，須視行業別、公司別及計算基礎別而定。利潤的絕對數字越大越好，其相對比率也是。若以此詢問企業人員，其答案可能從「淨值報酬率」(Return on Equity, ROE) 10 到 50%。但一般的人會認為 ROE 至少應該在銀行利率 (即資金成本 Cost of Capital, C.O.C.) 之一倍半以上為可接受之水準，如利率為 10%，淨值報酬率應該至少為 15% 以上，如利率為 5%，淨值報酬率應該至少為 7.5% 以上，如利率為 15%，淨值報酬率應該至少為 22.5% 以上。越是技術密集的產業，其利潤率越高，越勞力密集的產業，其利潤率越低。像藥品業、化妝品業、電腦軟體業、石油提煉業、多角化綜合金融業、半導體及配件業、香煙業等的 ROE 都很高，在 20% 以上。

事實上，利潤的絕對數字很重要，但若要比較，則需再看比率，利潤數字的計算與所比較的基礎有高度關聯。它可定為「銷貨利潤率」(Sales Profitability)，為「資產報酬率」(Return on Assets, ROA)，為「淨值報酬率」。通常所稱之「投資報酬率」(Return on Investment, ROI) 可指稅後總資產報酬率，亦可指稅後淨值報酬率。前者

用來衡量整個企業公司所運用社會各種資源成本的有效性，後者僅指運用股東資源（即股本及公積、未分配盈餘等）之有效性，範圍比前者狹窄。

利潤目標是最敏感的指標，企業追求長期最大利潤目標，也追求短期（每年）合理目標。「敗軍之將不可言勇，負國之臣不可言忠」，虧本之經理不可言有效及能幹。為了讓讀者探視世界 500 大企業 (Global 500) 之銷售及利潤表現，特將 2001 年發表之數字列如表 3-2（十大企業），表 3-4（十大賺錢）及表 3-5（49 行業利潤）。

《財星》(*Fortune*) 雜誌在 2001 年 7 月 23 日公布全球 500 大企業在 2000 年的表現 (2001 Global 500)，第一名艾克森美孚公司 (Exxon-Mobil) 銷售額 2,104 億美元（但在 2002 年，第一名已是威名百貨，銷售額 2,380 億美元，銷售據點 4,300 家店），第五百名 Sodexho Alliance 公司銷售額 103 億美元。臺灣的企業沒有一家列名 500 大之內，中國大陸有 12 家公司列名在內。若依國家地區別來看「2001 全球 500 大」英雄榜，也可以看出美國（185 家）、日本（104 家）、法國（37 家）、德國（34 家）及英國（33 家）是世界企業界的五強國，其餘各國的 500 大入榜英雄，請見表 3-1。

表 3-1　「2001 全球 500 大企業」國別英雄榜

國家地區名稱	列名家數	國家地區名稱	列名家數	國家地區名稱	列名家數
澳大利 Australia	7 家	法國 France	37 家	挪威 Norway	2 家
比利時 Belgium	3 家	德國 Germany	34 家	蘇俄 Russia	2 家
比利時／荷蘭 Belgium/Netherlands	1 家	印度 India	1 家	新加坡 Singapore	1 家
巴西 Brazil	3 家	義大利 Italy	8 家	南韓 South Korea	11 家
英國 Britain	33 家	日本 Japan	104 家	西班牙 Spain	6 家
英國／荷蘭 Britain/Netherlands	2 家	盧森堡 Luxembourg	1 家	瑞典 Sweden	5 家
加拿大 Canada	15 家	馬來西亞 Malaysia	1 家	瑞士 Switzerland	11 家
中國大陸 Mainland China	12 家	墨西哥 Mexico	2 家	美國 U.S.A.	185 家
芬蘭 Finland	2 家	荷蘭 Netherlands	9 家	委內瑞拉 Venezuela	1 家

資料來源：*Fortune*, July 23, 2001, pp. F-25-F-42.

表 3-2 把「2001 全球 500 大」的前十名企業的「銷售額」(Revenue)，「利潤額」(Profit)，「資產額」(Assets)，「股東權益一淨值」(Stockholder's Equity)，「員工人數」(Employees)，「資產報酬率」，「淨值報酬率」，「員工銷售生產力」(Revenue Per Capita)，「員工利潤生產力」(Profit P.C.) 等九項衡量指標列出，供大家一窺天下大企業之面面觀。從表 3–2 中可以看出很多信息知識，即銷售額大的公司，利潤額不一定等比例大，資產額及股東權益也不一定等比例大，員工人數更是與銷售額關係不一致。至於衡量利潤率的「資產報酬率」及「淨值報酬率」，更是隨公司的經營能力而變化，而與銷售額關係比較小。而「員工生產力」則隨行業特性而變化，更與銷售額關係不大。汽車公司及電器公司的用人數都很多，所用資產也很大，但利潤不是最大。

臺灣曾經是亞洲新興市場的模範生(亞洲四小龍之一)，中小企業發展世界聞名。但比起歐洲的荷蘭，則程度尚差一大截，表 3–3 把臺灣十大企業、荷蘭十大企業及全球十大企業列表比較，使讀者有「曠野觀天」，山河大地，一覽無遺的全景概念，才不會蹲在壁角下，還敢「夜郎自大」。

表 3–2 2001 全球 500 大企業前十名之績效表現

單位：美元；%；人

排名 (2001) 公司名稱 衡量指標	1st 艾克森美孚 Exxon-Mobil	2nd 威名百貨 Wal-Mart Stores	3rd 通用汽車 General Motors	4th 福特汽車 Ford Motor	5th 戴姆勒克萊斯勒 Daimler-Chrysler	6th 皇家殼牌 Royal Shell	7th 英國石油 British Petroleum(BP)	8th 奇異電器 General Electric	9th 三菱 Mitsubishi	10th 豐田汽車 Toyota Motor
銷售額 Revenue（億）	2,104	1,933	1,846	1,806	1,501	1,491	1,481	1,299	1,266	1,214
利潤額 Profit（億）	177	63	45	35	73	127	119	127	8	43
資產額 Assets（億）	1,490	779	3,031	2,844	1,871	1,225	1,439	4,370	644	1,398
資產報酬率 ROA=利潤÷資產 (%)	12	7.6	1.5	0.2	3.9	10.4	8.3	2.9	1.2	3.1
股東權益淨值 Stockholder's Equity（億）	708	311	302	186	398	571	734	505	774	568
淨值報酬率 ROE=利潤÷股東權益 (%)	25.4	19.4	14.6	18.3	18.3	22.2	16.2	25.1	10.5	7.6
員工人數 Employees（人）	99,600	244,200	386,000	345,991	416,501	90,000	107,200	341,000	42,000	215,648
員工銷售生產力 Revenue, P.C.（百萬）	2.11	0.155	0.48	0.52	0.36	1.66	1.38	0.38	3.01	0.57
員工利潤生產力 Profit P.C.（千元）	177.711	5.06	11.533	10.02	17.515	141.322	110.728	37.346	19.833	19.739

資料來源：*Fortune*, July 23, 2001, p. F–1 反計算所得。

說明:

1. 銷售額 (Revenue) 大小代表公司在市場的佔有勢力，越大越好；通用汽車失去 1950 年代以來排名第一、第二的地位，變成第三。威名百貨高升為第二名（在 2002 年已變成第一名）。艾克森石油與美孚合併後，成為第一大公司。（在 2002 年被威名所取代）

2. 「利潤」(Profit) 大小代表公司稅後現金收益，越大越好；石油公司賺錢一向最多，前三名皆是。奇異表現也很好，因它的一半利潤來自金融業務，綜合金融是賺錢事，電器本身已經不賺錢了。

3. 「資產」(Assets) 大小代表公司運用「外來資金」（負債）及「自有資金」（淨值）的賺錢力量，越大越好。通用汽車利用最大社會資源。奇異有 GE Capital 金融事業部，所以金融資產佔很大。

4. 「資產報酬率」(ROA) 代表公司運用社會資源的有效程度，越大越好；石油公司及百貨公司表現好。

5. 「股東權益」(Equity) 代表公司資產中屬於股東的「自有資金」（股款、公積、資本利得、保留盈餘），越大越好；石油公司及日本公司都有堅實的股東權益為經營基礎。

6. 「淨值報酬率」(ROE) 代表股東權益可以賺到的利潤率，越大越好；各公司皆表現良好。

7. 「員工人數」(Employees) 指公司向社會提供之就業機會，越多對社會越好，對公司越不好；石油公司用人最精簡。

8. 「員工生產力」(Productivity) 指每一位員工的貢獻能力，有「每人銷售生產力」，有「每人利潤生產力」，數字越大代表員工貢獻越大；石油公司表現比汽車公司為佳。

表 3-3　「臺灣十大」、「荷蘭十大」及「全球十大」銷售營收比較

單位：美元

排　名	臺灣十大		荷蘭十大		全球十大	
	公司名稱	銷售營收額（億）1999 年	公司名稱	銷售營收額（億）2000 年	公司名稱	銷售營收額（億）2001 年
1	台塑集團	115	皇家殼牌 Royal Shell	1,491	艾克森美孚石油 Exxon-Mobil	2,104
2	霖園集團	107	荷蘭國際集團 ING Group	711	威名百貨 Wal-Mart	1,933
3	宏碁集團	81	聯合利華 Unilever	439	通用汽車 General Motors	1,846
4	新光集團	76	富通銀行 Fortis Bank	438	福特汽車 Ford Motor	1,806
5	裕隆集團	65	荷蘭銀行 ABN AMRO	433	戴姆勒克萊斯勒 Daimler Chrysler	1,501
6	聯華神通	60	飛利浦 Philips	350	皇家殼牌 Royal Shell	1,491
7	長榮集團	57	Robo Bank	201	英國石油 British Petroleum (BP)	1,481
8	大同集團	52	安科智諾貝爾化學	129	奇異電器 General Electric	1,299

			AKZO Nobel			
9	遠東集團	51	KPN 電話公司	121	三菱 Mitsubishi	1,266
10	統一集團	49	BUHRMANN 物流公司	109	豐田汽車 Toyota Motor	1,214

資料來源:《天下雜誌》, 2002 年 1 月 1 日, 第 180 頁; *Fortune*, July 23, 2001, p. F–1.

　　臺灣的面積 3 萬 6 千平方公里, 人口 2 千 3 百萬人, 荷蘭面積 4 萬 1 千平方公里, 人口 1 千 6 百萬人, 但是在 2002 年, 荷蘭的人均國民所得為 2 萬 4 千美元, 臺灣的人均國民所得為 1 萬 3 千美元, 因為荷蘭的企業經營比臺灣進步, 荷蘭的十大企業規模比臺灣的十大企業大很多。與全球十大企業比較, 臺灣的企業也是相形見絀。數字會說話, 看統計數字, 就可以不言而喻。臺灣的努力空間還很大, 路途也很遙遠, 不可隨便拿政治情緒的偏頗意識型態來迷惑低知識水平的民眾, 以致妨礙經濟實力的發展, 害人害己。荷蘭的大企業都是「根伸全球」的多國籍企業, 不是「根留盆內」的本土化企業 (有人稱之為「根留臺灣」, 又是迷惑性歪說)。走出全球化, 和世界合流接軌, 才是臺灣企業未來發展的大方向。

　　利潤目標是臺灣經營者最切膚的成敗指標, 你知道 2001 全球 500 大企業中, 那些公司的表現最引人注目嗎? 表 3–4 把十大現金利潤者、十大銷售利潤率者、十大資產報酬率者列出, 供大家參考比較。在 2000 年賺最多現金者是艾克森美孚 (Exxon-Mobil) 石油公司, 賺 177 億美元, 第二名是花旗集團 (Citi Group), 賺 135 億美元。銷售利潤率 (即賣 1 元賺幾角) 最大者是微軟 (Microsoft), 它每賣 1 元就賺 4 角 1 分 (41% Sales Profitability)。資產報酬率 (即運用總資產之賺錢能力) 最大者是 Lukoil, 每 1 元資產就賺 2 角 9 分 (29% ROA), 第二名是必治妥施貴寶藥廠 (Bristol-Myers Squibb), 每 1 元資產就賺 2 角 7 分 (27% ROA)。

表 3–4　「2001 全球 500 大企業」十大賺錢公司

單位: 美元; %

排名	全球十大現金利潤者		全球十大銷售利潤率者		全球十大資產報酬率者	
	公司名稱	現金利潤額 (億)	公司名稱	銷售利潤率 (%)	公司名稱	資產報酬率 (%)
1	艾克森美孚石油 Exxon-Mobil	177.2	微軟 Microsoft	41.0	LuKoil	29.0
2	花旗集團	135.2	電纜無線	32.5	必治妥施貴寶	26.8

	Citi Group		Cable & Wireless		Bristol-Myers Squibb	
3	奇異電器 General Electric	127.4	英特爾 Intel	31.2	飛利浦 Philips	24.5
4	皇家殼牌 Royal Shell	127.2	Roche Group	30.2	英特爾 Intel	22.0
5	英國石油 (BP)	118.7	禮來藥廠 ELI LILLY	28.2	禮來藥廠 ELI LILLY	20.8
6	Verizon Communication	117.9	德州儀器 Texas Instruments	25.8	葛蘭素史克藥廠 GlaxoSmith Kline	19.8
7	荷蘭國際集團 ING Group	110.8	飛利浦 Philips	25.4	諾基亞 Nokia	19.5
8	英特爾 Intel	105.4	LuKoil	23.8	Abbott Laboratoies	18.2
9	微軟 Microsoft	94.2	葛蘭素史克藥廠 GlaxoSmith Kline	23.3	微軟 Microsoft	18.1
10	飛利浦 Philips	88.7	Petronas	22.5	德州儀器 Texas Instruments	17.3

資料來源：*Fortune*, July 23, 2001, pp. F–13–F–14.

　　有錢可以投資冒險的人，人人都想投入最賺錢的行業；無錢可投資冒險的人，人人都想到最賺錢的行業去就業。世界上的行業很多，怎樣去尋找最會賺錢的行業呢？表 3–5 把「2001 全球 500 大企業」所屬 49 行業的股東淨值報酬率列出，供大家查究。淨值報酬率若高於銀行利率（即資金成本）一倍半以上者，就算是合理利潤者。表 3–5 中，ROE 大於 15% 的行業有石油提煉業 (20.5%)，電子電器設備業 (18.6%)，人壽保險業 (17.9%)，多角化綜合金融業 (21.4%)，電腦辦公室設備業 (20.2%)，製藥業 (26.4%)，消費食品業 (15.8%)，證券業 (21.3%)，香煙業 (28.6%)，飲料業 (24.2%)，電子辦公室設備業 (15.3%)，半導體及其他配件業 (26.4%)，電腦服務及軟體業 (21.7%)，香皂、化妝品業 (22.2%)，科學、照相和控制設備業 (17.4%) 以及食品服務業 (19.7%) 等 16 行業。若把 500 大企業（共 49 行業）一起加起來計算，則其總平均淨值報酬率為 12.1%，表示其他 33 行業廠家的表現遠低於 15% 的標準線。

表 3-5　「2001 全球 500 大企業」49 行業淨值報酬率 (ROE) 一覽表

單位: 美元; %

	行業別名稱	入榜家數	總利潤額（億）	總資產額（億）	總淨值額（億）	淨值報酬率 ROE(%)
1	銀行: 商業與儲蓄業 Bank: Commercial and Saving	56	988.19	213,275	9,081	10.9
2	石油提煉業 Petroleum Refining	29	902.29	11,173	4,470	20.5
3	汽車及零配件業 Motor Vehicles and Parts	27	324.95	15,451	2,822	11.3
4	貿易業 Trading	17	60.14	4,373	613	9.8
5	電子電器設備業 Electronic, Electrical Equipment	23	439.36	7,273	2,372	18.6
6	電訊業 Telecommunication	24	465.70	20,330	8,166	5.6
7	食品藥店業 Food and Drug Stores	24	99.94	3,035	870	11.5
8	保險業: 人壽、健康（股份） Insurance: Life, Health (Stock)	18	229.87	33,955	1,729	13.5
9	綜合買賣業 General Merchandisers	15	93.79	3,189	845	10.6
10	能源業 Energy	13	177.69	5,631	1,460	12.3
11	公用事業: 瓦斯及電力 Utilities: Gas and Electric	18	106.32	9,543	1,964	5.6
12	保險業: 財產及商業（股份） Insurance: P & C	13	283.23	20,351	2,690	8.9
13	保險業: 人壽、健康（互助） Insurance: Life, Health (Mutual)	14	120.55	19,575	670	17.9
14	多角化綜合金融業 Diversified Financials	6	377.60	2,704.7	1,728	21.4
15	電腦辦公室設備業 Computer, Office Equipment	9	178.08	2,847	890	20.2
16	製藥業 Pharmaceuticals	13	424.26	3,692	1,590	26.4
17	專門零售業 Specialty Retailers	12	72.08	1,005	479	14.6

18	郵件、包裹、貨品運送業 Mail, Package, and Freight Delivery	8	43.10	4,314	725	5.5
19	航太國防業 Aerospace and Defense	9	54.81	2,389	745	6.8
20	化學品業 Chemicals	10	94.76	2,184	709	12.7
21	工程、建設業 Engineering, Construction	17	38.79	2,955	846	3.5
22	金屬品業 Metals	11	31.97	2,142	513	5.9
23	消費食品業 Food Consumer Products	6	62.56	1,392	376	15.8
24	證券業 Securities	5	157.25	15,123	750	21.3
25	航空業 Airlines	9	43.45	1,522	326	12.1
26	工業及農業設備業 Industrial and Farm Equipment	6	21.64	1,530	309	6.5
27	網路及其他電訊設備業 Network and Other Communication Equipment	4	17.55	1,662	1,004	2.0
28	批發：健康醫療業 Wholesalers: Health Care	5	3.90	371	111	3.6
29	健康醫療業 Health Care	7	26.22	1,938	311	9.6
30	礦及原油開採業 Mining, Crude-oil Pruluation	6	59.84	1,564	504	12.07
31	森林及紙產品業 Forest and Paper Products	6	47.30	1,390	419	11.97
32	香煙業 Tobacco	3	99.21	1,310	348	28.6
33	鐵路業 Rail Roads	7	21.85	2,467	336	5.5
34	雜貨業 Miscellaneous	7	16.00	1,109	240	8.3
35	飲料業 Beverages	6	78.32	1,124	330	24.2
36	保險業：產物及商業（互助）	3	7.32	2,406	550	0.4

	Insurance：P & C (Mutual)				
37	娛樂業 Entertainment	4	13.52	1,990	1,025	0.9
38	批發：電子及辦公室設備業 Wholesalers: Electrics and Office Equipment	3	7.62	188	49	15.3
39	半導體及其他零配件業 Semiconductors, Other Component	3	140.90	760	537	26.4
40	批發：食物及雜貨 Wholesaler: Food and Grocery	3	4.08	146	40	10.2
41	食品生產業 Food Production	4	6.76	420	106	6.4
42	電腦服務及軟體業 Computer Services and Software	3	107.97	730	497	21.7
43	出版、印刷業 Publishing, Printing	4	14.02	523	190	7.4
44	香皂、化妝品業 Soaps, Cosmetics	2	44.38	470	185	22.2
45	建築材料、玻璃業 Building Materials, Glass	3	22.97	642	208	9.5
46	橡膠及塑膠成品業 Rubber and Plastic Products	3	5.74	475	139	4.2
47	科學、照相和控制設備業 Scientific, Photo, and Control Equipment	3	42.55	513	229	17.4
48	多角化委外服務業 Diversified Outsourcing Service	2	−188	268	73	−2.5
49	食品服務業 Food Services	2	20.60	279	105	19.7
	49 行業 ROE 平均					12.1

五、顧客及銷貨目標 (Customer-Sales Objective)

追求「合理利潤」雖是企業生存的重要目標，但並非唯一目標，因為我們可以發現許多企業目前尚能存在，並非皆因已賺得合理利潤，有的甚至已虧損累累，但尚能無動於衷地想繼續存在下去。也有許多企業在開創時，想先爭取市場佔有率 (Market Share)，站穩腳跟，所以採取犧牲利潤，低價滲透手段 (Penetration-Low Price

Strategy)，先取得大的顧客基礎及銷貨目標。

假使放大眼光，調查各種企業，可得如下結論：即企業除了經濟性之謀利目標外，尚有顧客服務目標，社會服務目標，及成長目標。

彼得‧杜魯克 (Peter Drucker) 在其 1973 年《管理學》(Management) 巨著裡第 61 頁指出：「企業目標的唯一有效定義即是創造顧客」(There is only one valid definition of business purpose: to create a customer)。當然，杜魯克的意思並不是說企業只要創造顧客及服務顧客，而可以不要賺錢或回收成本，因為若是這樣，將變成「只愛服務，不愛賺錢」，則其後果勢必「後繼無力」、「惡果反彈」，絕不是真正社會之長期福祉。杜魯克的意思是要提醒大家，不要忽視賺錢源頭之顧客，不要「只愛賺錢，不愛服務」，而應「又愛賺錢，又愛服務」。因為若服務不佳，顧客不喜，自然不來惠顧，更不會重複前來購買，當然賺不到錢。所以顧客是企業經營者之「衣食父母」，顧客是決定企業經營成敗之「王」。洋人喜歡說：Customer is king。我們將之翻譯為「顧客至上」、「顧客是國王」、「顧客是玉皇大帝」。

要創造顧客，必然要先尋找顧客所在 (Targets)，確定顧客需求的種類，預測需求的潛量 (Potentials)，然後設計對口的產品，生產高品質產品，並以有效的行銷策略與方案，提供給顧客，促請購買，以滿足他們的慾望，而獲取應得之利潤。我們要確認顧客所要購買的對象，不是單純的物品或勞務的「外形」(Form)，而是物品或勞務所能提供的滿足慾望之「功能」(Function) 及「能力」(Ability)，甚至稱為「價值」(Value)。換言之，顧客不是在買「產品」(Products)，而是在買價值，在買「滿意」(Satisfaction)。顧客是否滿意某公司的某產品，常是經由「購買數額」及「重購率」(Repeat Purchase Rate) 來表示，所以企業在追求顧客滿意之目標時，亦常以「銷貨」額 (Sales) 及重購率或推薦率 (Recommendation Rate) 來衡量，有時尚併以顧客意見調查之「滿意指數」(Satisfaction Index) 為之。有高的顧客價值，高的顧客滿意，才會有高的顧客重購率、推薦率及忠誠度 (Loyalty)。

在彼得‧杜魯克於 1954 年《管理實踐》(Practice of Management) 第一次提出「顧客滿意」(Customer Satisfaction) 一詞時，大家都不大明瞭如何把這個新名詞應用在實務上，只知它是一個和追求利潤目標同等重要的觀念。可是時過三、四十年之後，各行各業的高階經營者，沒有一個不把顧客滿意目標當作第一目標來供奉。「滿足顧客」、「經營顧客」、「開發顧客行為資料庫」(Customer Data Mining) 等等已經變成和電腦電訊合一之「資訊科技」同步運作的新管理技術。

六、社會目標 (Social Objective)

除了「利潤」目標及「顧客」目標之外，企業應追求「社會目標」(Social Objective) 之論點自古有之，所謂「己立立人，己達達人」；「己所不欲勿施於人，己所欲施於人」；「大道之行也，天下為公」等等。但在 1960 年代以來才正式成為受到熱烈支持之課題，表示企業家已知在「私利」(Self-Interest) 水準之上，應該正式放一個「公利」(Public Interest) 的位置，成為內部管理作業上的指導方針。目前許多人對國營、省營、市營等由政府投資之事業，百分之百地要求其履行社會目標，虧本供應，甚至免費供應，放棄利潤目標及顧客目標，即是認為這些事業是用大眾繳稅之錢所設立，它們是社會公眾所擁有之機構，所以應該以社會性及政治性機構之立場存在，不能以私有方式「將本求利」。當然這種看法及作法已失去企業化精神。沒有利潤，遲早要倒閉，等倒閉了又來罵它經營無效；等倒閉了，也無法再提供任何服務，所以其無法真正達到原來所要求之目標，本已天註定，不足為奇。

對大規模的民營事業而言，追求社會服務，履行社會責任 (Social Responsibility) 成為外界壓力下的必然現象，所以支援各級學術教育發展方案、各種高等專業研究方案、文化藝術活動、體育運動推廣方案、宗教慈善事業、消除貧窮方案、貧困醫療方案、環境清潔保衛方案、盲啞殘廢協助方案、以及其他維護及發展人道尊嚴之措施等等，已漸被視為企業活動之一。

無疑地，在我國目前的社會裡，許多大事業家已經或多或少撥出若干盈利所得，從事社會責任活動，雖然正式將社會目標列為公司經營體制，並制訂例常方案執行的公司尚不多。在臺灣早期最佳的例子如嘉新水泥基金、統一企業基金、聲寶基金、長庚醫院基金、慶齡工業基金、國泰藝術館、明德基金、可口棒球隊、南亞、國泰、裕隆、中華等籃球隊等等。在最近臺灣企業所成立的基金會更多，如光華教育獎學基金、洪建全基金、建宏基金、宏碁基金、楊必立基金、中華企業研究院基金等等。

「社會目標」來自「社會責任」的觀念，人人皆知：「國家興亡，匹夫有責」，何況大企業呢？社會目標之達成應佔有公司相當資源之投入（如盈餘之 5%），正如經濟利潤目標之追求，應有一套完整的管理制度一樣。有系統的、較大規模、長期針對性的社會責任之履行方案，可以擴大企業家為社會服務的效果，遠比目前隨興所至，施捨一、二之方式為佳，足供我國大企業主持人參考。

七、成長目標 (Growth Objective)

　　不管是用利潤的增加，銷貨的增加，市場佔有率的增加，或生產量的增加來表示，「成長」確是企業的主要目標之一。此種心理與個人一樣，每一個人不會靜態地安於現狀，總是希望在薪酬上 (Compensation)，在職位上 (Position)，在權力上 (Authority Power)，在學識上 (Knowledge)，在社會地位上 (Social Status)，甚至在自由上 (Freedom) 能夠與日俱增。「成長標目」是跟隨在「生存」目標之後，先求生存後求成長。在俗言上說：先求保平安，再求添福壽。

　　在往昔，「成長」目標並不為人所重視，因為人們習慣於靜態不變之社會政治結構，只要能得過，就且過，不知也不敢奢望成長。可是自一九七〇年以來，「成長」已是人人所祈求的目標。年輕人初就職就先探聽將來的前途展望；企業家若發現創業經過「五年不亡」之時期，尚不能成長時，則甚感有失體面。凡此皆說明追求「生存」及「成長」是人類的基本慾望。

　　「成長」是否無限？「成長」是否一定有利？乃是值得探討之重要課題。不過今日人類追求成長之事實已不可否認，君不見每年經濟成長若低，則政治情緒必高；外貿成長若低，企業界必憂心忡忡；利潤成長若低，則總經理必坐立不安；生產力成長若小，則各級經理必被檢討；技術發明若不成長，則公司有被擠退之虞。當然，有人認為「成長會造成自殺」，所以主張「零成長」；但是成長目標依然是企業活動的重大激勵動力。

　　企業利潤成長，銷售額成長都是好事，都可以繼續下去；但是企業產品種類成長（太多種），組織規模成長太大，員工人數成長太多，都不是好現象。個人知識 (Knowledge) 成長可以繼續下去，但個人的薪酬、職位、權力、社會地位都不可能繼續成長下去，也都應該適可而止，不可過猶不及。譬如當過總統的人，拿高額退休金及高成本安全保護措施，就應安下心來做社會慈善服務工作，不宜再去參加政治、政黨活動，想再做「太上總統」。權威勢力之成長有界限，不可超越，尤其年紀大的人，更應該「戒之在貪」。董事長、總裁、總經理等人員，也應如此。

八、企業的變化面 (Changes of Business)

　　企業經營的本質具有動態變化性，一千年前的企業與一百年前的企業經營方式不一樣，一百年前的企業與今日的企業經營方式亦不一樣。此種因時間不同，因環境條件不同，因競爭壓力不同，因客戶要求及購買力不同，因科技方法發展之不同

而改變經營方法的特性，發生在所追求的「目標」(Ends) 及用以達成這些目標的「手段方法」(Means) 上。

　　企業經營之變化，衍生於社會環境及人群需求之改變。譬如工商經濟最發達的美國企業，利用 1750 年發明之蒸汽機及以後改良之機械化來增加銷產量，大賺錢財，原先是不顧員工利益及社會利益，只一心一意想為資本主追求「最大利潤」(Maximum Profit)，遠超過「合理利潤」，導致勞工反對及社會改革者之惡感，所以到 1850 年，產生馬克斯的「共產主義」(Karl Marx's Communism) 以及以後我國國父　孫中山先生的「民生主義」。後來美國人泰勒先生在 1875 年開始研究，二十世紀初提倡「科學管理」，企業才開始重視員工利益，如提高生產力與實施獎工制度，把餅做大，大家（勞資）共享，此為一大轉變。至二十世紀三十年代又開始重視員工情緒對生產力之影響，如「人群關係」(Human Relations) 與「工作豐富化」(Job-Enrichment) 運動，此為第二大轉變。至二十世紀五十年代，又開始重視「顧客心理」(Customer Psychology)，如「行銷研究」(Marketing Research) 及「顧客動機研究」(Motivation Research)，此為第三大改變。至二十世紀六十年代，又開始重視「社會責任」，如「消費者主義」(Consumerism) 及「生態環境保護」(Ecological Protection) 興起，此為第四大改變。至二十世紀八十年代，政府對企業之管制行為愈來愈多，所以企業目標亦須調整配合政府政策，此為第五大改變。至二十世紀九十年代，國際網際網路之資訊科技 (IT) 大興，企業不能不走入電子化 (e-Business, e-Commerce)，此為第六大變化。到了二十一世紀，世界貿易組織接受中國大陸及臺灣為第 143 及 144 個會員國，從此地球村、無國界之自由化及國際化競爭成為常態，企業不能不做第七大變化。

　　當然，企業經營方式受大環境、供應競爭及顧客需求之改變而變化，乃是基於「適應」(Adaptation)，即「時勢造英雄」之立場；可是在近年來，企業已可經由長期細心之策劃、規劃、設計，對社會發展指引「創新」變化之方向 (Innovation)，即「英雄造時勢」。此與百年以前之情況相差太大，會令早期的經濟學家大為驚訝。

九、投資、報酬與風險 (Investment, Return and Risk)

　　要開辦及營運一個企業，除了要有「人」來策劃、規劃、預算、排程及組織人力之外，必須用到「錢」，此種投入之「錢」就稱之為「投資」(Investment)。這些初期投入之錢也叫做「資本」(Capital)。臺灣目前絕大多數的企業資本都來自私人籌資，所以亦稱為「私有資本」(Private Capital)，由政府投資就叫做「公有資本」(Public

Capital)。臺灣目前由政府投資的大事業計有經濟部國營事業管理委員會所轄之十家國營事業，財政部的五家金融事業，交通部的四家郵電路航事業，臺北市政府的一家銀行及公車與自來水事業，及高雄市政府的一家銀行。目前臺灣私有資本事業所生產之總值與公有事業生產總值之比，約為 90：10。這些公有的事業也在逐步民營化中，要把股份降在 50% 以下。但事實上，在各個股東比例大小上，政府還是握有最大比例，所以還可以操縱董事會人選及總經理指派，依然換湯不換藥，「為德不卒」，迷糊老百姓而已。

中國大陸在 1949 年接收國民黨政府後，實施所有生產工具收歸國有之共產社會主義，全國農、工、商企業都變為國有國營事業。因國營事業先天性缺乏激勵及有效經營能力，全國生產力因而下降，由原來「均富」理想變成「均貧」現實，所以自 1979 年開始實行鄧小平的「改革開放」政策 (Reform and Open-Door Policies)，政府鼓勵外資投資企業（合資、獨資、合作）及個體戶之私有資本活動，全面改觀中國大陸之經濟面貌，國民人均所得增加四倍（從 1979 年之 200 美元，提升為 2003 年之 1000 美元，平均每年成長 8%）。但是大部分的國營企業約一百萬家還是國有國營，「公有」資本產值與「私有」資本產值之比約為 80：20。

每一位投資開創事業的人（不論公、私機構），皆期望投入的資本能產生「報酬」(Return)，即「收入」超過「支出」，產生「利潤」(Profit)。到目前為止，世界上尚無人願意承認他希望所投下的資本「有去無回」，即以虧損為目的；古云：「殺頭生意有人做，虧本生意無人做。」因若是不求報酬，他根本不必冒風險投資經營事業，白費心機。他大可在開始時就把要投下之錢，分散給顧客，化「投資」為慈善「賑濟」行為，或是改投資為把錢定期儲存在銀行生利息，安安穩穩，不必冒風險。

假使股東所投下的資本在一段相當長時間內不會產生「報酬」（利潤）時，則企業資本可能被股東抽回，而事業宣告失敗死亡。所以在我們的社會裡，投資報酬（即利潤）乃是企業生存的必要條件。世界上絕大多數的公營事業的投資不產生利潤尚能生存，不是它們能超脫此定律，而是得到政府國庫以納稅人之稅錢補貼它們，或是命令國營的銀行，借錢給它們，使其苟延殘喘，等於把公營企業的災難移轉給國營銀行而已。在「無利潤即死亡」(Profit or Death) 的定律下，任何人皆是平等，不是失敗企業自己死，就是別人替他死。

在我們的社會裡，除了擁有市場獨佔地位並能自由調整價格之事業外，誰也不能確保它的投資一定能產生報酬，除非它有良好的經營管理。連那些雖居有獨佔地位（如許多水電交通），但因不能自由調整價格的公營事業（因受立法民意代表機構

之節制），也常常在虧損及遭受責難的悲慘情況中過活。我們到處可發現，在企業界中許多廠家可能賺錢繁榮，也可能虧本枯萎；換言之，它們有機會繁榮，也有機會破產。所以企業經營實在沒有上天贈與之「必勝」鐵券；反之，「風險」乃是經營者隨身跟隨之「影」。只有小心謹慎，採取合理經營管理方法，才能把風險之「影」縮小，否則風險之影將會隨側面光線而拉大。

社會上的絕大部分資源都是投注在企業經營上，而企業經營可成功，可失敗，可進入，可退出；除了政府用人為的「法令保護」及自然形成的一些獨佔性事業外，但這些「自然獨佔」的事業也會因科技發達而越來越少，如電訊、如電力、如郵件、如儲匯等等。這個社會實是一個自由投資，追求利潤，憑本領成功，並負擔風險的競爭企業系統。

第二節　企業經營系統 (Business System)

一、系統方法之應用 (Application of Systems Approach)

要瞭解企業經營活動內涵可採許多不同方法，譬如生產技術法，行銷策略法，組織結構法，機構成員法，財務流通法等等，但是最近發展出來的研判方法叫「系統方法」(Systems Approach) 或「整體方法」(Integrated Approach)。所謂「系統」（或「整體」）係指「一套具有特定目的之相互關聯之組成「因素」（或「部分」，或「零件」）的集合體）(A set of interrelated parts working together as a whole with a specific purpose)。應用到企業上，則指「企業」是一個集合體，有一個共同目標，包含許多相互關聯的因素部分，每一因素部分又各有其目標及次級組成因子，但是綜合起來時，各因素部分之目標及其次級目標應相互和諧的搭配在一起，達成集合體之總目標。換言之，各因素部分為貢獻其應有之能力，勢必或多或少抑制其個體目標的追求，以求與其他因素部分和諧搭配，形成我們俗語上所說的「犧牲小我，成全大我」，或術語上所說的放棄本位「次佳理想」(Sub-optimization)，換取整體「最佳理想」(Optimization)。在企業經營或政府經營，最怕各因素部門本位次佳理想主義 (Sub-optimization) 作祟，自求多福，不與其他部門配合，形成一盤散沙，最後總體目標也因之而無法達成，以致失敗。

「系統方法」可用汽車與其組件之關係來說明，汽車是一完整之集合體，具有安全、舒適、迅速之運輸目標，稱為「運輸工具系統」(Transportation Equipment Systems)。其組成零件有引擎、方向盤、驅動軸、輪子、車身、燈光、電氣控制等等三千多個零件，每一零組件又各有其特定的目標（或功用），譬如引擎的目標是產生動力；驅動軸是將動力經由齒輪傳給輪子；輪子是用來移動車身；車身是用來載人或物品，……等等。很清楚地，每一個零組件都有其目的存在，而其目的又與其他部份之目的有所關聯，並對整個汽車的最終目的貢獻一分力量。所以當我們研究汽車時，應在腦子裡先有這個整體運作之觀念，然後才能順利地解決問題。

　　這個系統方法若拿到更高層的社會結構，亦可通用，譬如我們將企業系統當作一個「系統」（「整體」），其內包含四層組成因素，即⑴廠家或公司 (Firms)，⑵產業或行業 (Industry)，⑶企業支援系統 (Business Supporting Systems)，⑷國家經濟 (National Economy)，見圖 3-1 所示。

圖 3-1　企業系統之層次關係

二、企業之內外兩世界 (The Inner and Outer Business Worlds)

　　企業體系從廠家立場而言，又可分為兩個「世界」(Worlds)，第一為廠家的內部作業世界 (Inner Operating World)，第二為外部環境世界 (Outer Environmental World)。內部世界包括通稱的企業五機能或五功能 (Five Business Functions)，即⑴行

銷，⑵生產，⑶研究發展，⑷人事，⑸財務會計。因為 1990 年以來，網際網路資訊科技 (Internet, Information Technology) 及全球化虛擬組織 (Globalization and Virtual Organization) 出現，企業五功能可以演化為企業八功能，即行銷、生產、委外或採購、研發、人力資源、財務、會計及資訊。這些企業功能部門別之計劃、組織、用人、指導、控制等管理活動，就是內部作業世界。外部世界包括政治、經濟、法律、技術、人口、文化、社會、教育等環境之互相影響。當然，內部世界與外部世界之各因素間又有相互關聯，所以要瞭解其中一個因素，勢必也要連帶瞭解其他因素，此種互相依賴關係 (Mutually Inter-Dependent Relationship) 就是「系統」(Systems) 之特色。

在本節裡我們先概括瞭解一大企業的內部作業世界，以後大部分的章節則個別處理這些因素。至於企業的外部環境世界，則留在第四章就臺灣目前情況，做細分性介紹，並請見第四章圖 4–1 的主管人員的工作環境模式。

應用系統觀念，我們可以把企業活動之相關因素繪如圖 3–2 的企業系統之投入產出關係圖。圖中長方形代表內部世界，以「投入－產出」(Inputs-Outputs) 模式，指出「資源」供應 (Supply)，經製造加工「過程」(Process)，變成「產品」出售給顧客 (Customer) 之情況。長方形之外代表外部世界的諸環境因素，有天然八大環境及人文八大環境。

外部世界的大環境有兩層，內層是人文生態八大環境 (Human-Made Ecological Environments)，包括政治、經濟、法律、技術、人口、文化、社會、及教育等八大基礎，簡稱「政、經、法、技、人、文、社、教」等八環境。外層是天然八大人類障礙因素，古稱八卦，包括乾（天時）、坤（地利）、坎（水潦）、離（火旱）、震（地震雷震）、兌（雨澤）、巽（颱風）、艮（高山）等。天然八大生態環境及人文八大生態環境，對企業營運都有巨大影響作用。

圖 3–2 的「投入」資源 (Input Resources) 包括⑴土地資源、⑵人力資源、⑶財力資本金錢資源、⑷物力資源、⑸機器設備資源、⑹產銷方法或技術資源，⑺時間資源，及⑻情報資訊資源等，凡是資源都可以用「成本」(Costs)，包括有形成本及無形成本來代表。在電子 e 化時代，這一部分的作業則發展成為電子化「供應鏈管理」(Supply Chain Management, SCM) 之電腦軟體作業系統。

圖 3–2 的「產製加工」過程 (Process)，包括萬千種的行業、產業（古稱三百六十行，今稱三萬六千行）及廠家，各施以不同之行銷、生產、研發、人事、財會之管理措施及技術操作措施。所以這部分的觀念在實際世界上，包括錯綜複雜的廠家

圖 3-2　企業系統之投入產出關係圖

關係，另成次級系統，不易以簡單數言說明清楚，但各特定行業（或產業）的特定
廠家，應自行描繪上、下游關係，才能找出應加改進之處。

　　在此一部分，小企業從事於交易及服務活動，為一特殊次級系統；大企業從事
於製造銷售活動，亦為另一特殊次級系統；政府控制的公用事業又是第三特殊次級
系統。這些次級系統內的廠家互相競爭吸引可用資源及顧客可支用所得；同時它們
之間也互相支援，以完成自己所欲盡及應盡之任務，達成整個企業系統的最終使命
──「提供物品及勞務，滿足人類慾望，提高生活水準及素質」。所以「互競互助」
亦是此產製過程的一大特色。在 e 化時代，多工廠多製造地點之作業活動，也變成
「企業內部資源規劃」之電腦軟體作業系統。

　　圖 3-2 的「產出」產品 (Output-Products) 包括有形的物品及無形的勞務 (Ser-
vices)，但都應屬於可以出售，能夠滿足顧客某種慾望之東西，並可在市場上賣錢
(Marketable)。推而廣之，產出的產品不只可賣錢，並應能賺取充足利潤，以報酬投

資者及營運者之辛勞，所以產出產品的「價格」（效益）應高於投入資源的「成本」，才能創造利潤（價格收入 – 成本支出 = 利潤），維持企業系統的順利運轉及擴大繁榮，因之產出的東西可用「效益」(Benefits) 來表示，亦包括有形效益及無形效益。一個有效的企業經營，其「效益」務必大於「成本」，而其超過部分亦應達某一合理的比例（即合理報酬），關於合理利潤之說明，在第一節已舉全球 500 大企業之情況說明。在 e 化時代，產品出售給最多顧客之作業系統，也演化為「顧客關係管理」(Customer Relation Management) 之電腦軟體作業系統。簡言之，在 e 化時代，企業活動的前、中、後關係，可用 SCM+ERP+CRM 來代表。

三、產業、行業、工業、廠家及公會 (Industry, Firms, Associations)

所謂「產業」、「行業」、「工業」皆是英文 Industry 的同義字，意指一組提供相同或近似「產品」給大約相同性質「顧客」或「購買者」之廠家，譬如銀行業 (Banking Industry)，鋼鐵業 (Steel Industry)，機械業 (Machinery Industry)，旅遊業 (Tourism Industry)，食品業 (Food Industry)，保險業 (Insurance Industry)，旅館業 (Hotel Industry)，甚至教育業 (Teaching Industry)，出版業 (Publication Industry) 等等，而這些行業或產業又可再劃分為更細之次級行業。在古代的中國，社會行業之多，號稱有三百六十行，意指一年有三百六十天（大約），每天有一新行業，所以人類經濟活動種類很多可以分為三百六十行（表示很多）。每一行都有成功的領袖，因之有「行行出狀元」之說法。現今大量販店如 Wal-Mart、家樂福及大潤發，所賣的物品種類多達三、四萬項，所以也可說「三萬六千行，行行出狀元」。「三萬六千行」只是「三百六十行」的 100 倍而已。對於真正行業之名稱，美國有 Standard Industrial Classification(SIC)，中國有 China Commodity Code(CCC) 分類表可供參考。

所謂「廠家」、「廠商」、「企業」、「公司」則為英文 Firm, Concern, Enterprise, Company 等之同義字，是指為一人或一群人所擁有 (Owned)，在一套特定營運策略及制度下，從事產銷活動之資源集合體。每一個廠家或企業之所以能存在，皆是經由其所有權人之資本投資所致，不論此所有權人為私人或代表公眾之政府。

從事同一產銷活動的眾多廠家，除了彼此競爭之外（俗云「同行是冤家」），必須互相合作，才能生存，所以通常又為了共同的利益而組成「同業公會」(Trade Association)。同業公會屬於人民團體，所以受內政部管轄，亦屬於經濟廠商之團體，所以亦受經濟部或財政部監督。一般比較具有規模的公會都有固定的辦公場所及專門辦事人員，為繳付會費的會員廠家研究共同利益之問題，收集國內外本行業統計

資料，甚至從事立法規章之交涉活動。我國比較有力的公會有電子電機公會、電腦公會、機械公會、水泥公會、鋼鐵公會、紡織公會、銀行公會、證券公會等等。

　　一般而言，美國的公會及日本的公會都有相當大的力量，因為政府把許多管制廠家的工作，授權由公會來代行。如醫師公會、律師公會、會計師公會、各行各業之工商公會等等。公會一方面為會員謀福利，另一方面規範不守紀律的會員或同業的非會員。我國的公會力量大多很薄弱，常常聊備一格，未能從事研究及協調工作，所以常招致已繳會費之會員工廠之不滿，更無法處分不入會之工廠，所以不入會的小廠反可更自由地與入會之大廠從事「小廠吃大廠」之不公平競爭。政府有鑑於此種種弊病，正由內政部及經濟部會同擬定加強產業公會組織之措施。

四、產業分類 (Industrial Classification)

　　假使我們詳細的探查各行各業的複雜性，將可發現企業系統所包含的活動範圍甚為廣大。在美國或臺灣，絕大多數的產業都不是由一家廠商所組成，有時一個產業可包括數百家至數千家企業，譬如機械工業就有八千多家廠，貿易業就有二萬多家公司，紡織業也有一千多家廠。那些由獨家公司構成一個產業者甚易辨別，為數不多，但常屬於幸福者，可免於同業廠商之競爭，譬如電信業、煙酒業、石油業、電力業、自來水業。但在科技創新，自由化及民營化趨勢下，原來佔有獨佔地位之台灣地區電信業（電信總局）、煙酒業（煙酒公賣局）、石油業（中油公司）等，也在 2002 年步入競爭洪波中。

　　當然，若從產品種類、行業、及公司別來看，我們會發現這三者之間常有交叉重複的現象存在，因為現代的大公司，在多角化經營下，常跨越數行業及多種產品領域，實難用簡易方法說出它所處的地位。

　　將所有的企業機構劃分類別，是一項很基本的知識及行政措施。譬如比較粗的劃分法是把企業歸為：⑴「開採業」(Extractive)，包括開礦 (Mining)，農耕 (Agriculture)，捕撈 (Fishing)，伐林 (Lumbering)；⑵「製造業」(Manufacturing)，包括輕工 (Light Industry)，重工 (Heavy Industry)，石化 (Petrochemicals)，建築 (Construction)；⑶「配銷業」(Distribution)，包括運輸 (Transportation)，倉儲 (Warehousing)，批發零售 (Wholesaling-Retailing)；及⑷「服務業」(Services)。

　　在美國的「標準產業分類」(Standard Industrial Classification, S.I.C.) 體系下，所有的企業以活動及產品為歸類基礎，分為：⑴農 (Agriculture)、林 (Forestry)、漁 (Fisheries)、牧 (Animal Husbandary)；⑵營建 (Contract Construction)；⑶製造 (Manufacturing)；⑷運輸 (Transportation)；⑸通訊 (Communication)、電力 (Electric) 及瓦斯 (Gas)；⑹批發與零售 (Wholesale and Retail Trade)；⑺金融 (Finance)、保險 (Insurance) 及房地產 (Real Estate)；及⑻政府 (Government) 等八大類。

　　我國的產業分類方法係參考聯合國標準及美、日、新加坡等國標準修訂，於 2001 年採行新分類方法，將所有企業歸為十六大類：A 大類「農、林、漁、牧業」；B 大類「礦業及土石採取業」；C 大類「製造業」；D 大類「水電燃氣業」；E 大類「營造業」；F 大類「批發及零售業」；G 大類「住宿及餐飲業」；H 大類「運輸、倉儲及通信業」；I 大類「金融及保險業」；J 大類「不動產及租賃業」；K 大類「專業、科學及技術服務業」；L 大類「教育服務業」；M 大類「醫療保健及社會福利服務業」；N 大類「文化、運動及休閒服務業」；O 大類「其他服務業」；P 大類「公共行政業」。

五、產業結構之變化 (Change of Industrial Structure)

　　除了政府外，每一產業都是企業體系重要組成分子，但是在二十多年來 (1980～2000 年)，各行各業對全國生產毛額 (Gross National Product) 及就業人員 (Employment) 之比例已產生重大之變化，造成產業結構變化或經濟結構變化 (Change of Economic Structure)，其中最顯著的是農業生產值比重之下降及農村人口之移出，製造業、金融業、零售商業及服務業等產值及就業人口之增加。表 3–6 為近二十年來我國產業結構變化之統計趨勢。產業結構或經濟結構比例之變化，代表一個國家科技發展及科技應用於工商企業之程度，勞力密集 (Labor-Intensive)、原料密集 (Material-Intensive) 產業之比重越低，資本密集、技術密集 (Technology-Intensive)、或知識密集產業之比重越高，就代表該國企業經營利潤越大，經濟發展水平越高。

表 3–6　我國產業結構變化趨勢

行　業		1980				2000			
		就業人口（千人）	比例(%)	生產價值（百萬）	比例(%)	就業人口（千人）	比例(%)	生產價值（百萬）	比例(%)
農　業		1,277	22.1	114,556	8.2	708	9.1	185,182	2.1
工業	製造業	2,152	37.2	537,089	38.3	2,587	33.2	2,431,213	27.6
	營造業	549	9.5	93,350	6.7	746	9.6	277,651	3.1
	水電燃氣業	27	0.5	37,554	2.7	35	0.4	208,871	2.4
服務業	批發零售及餐飲業	1,058	18.3	196,066	14.0	2,165	27.7	1,833,533	20.8
	運輸倉儲及	332	5.7	89,104	6.4	486	6.2	656,292	7.4

通信業							
政府服務	235	4.1	144,274	10.3	327	4.2	1,011,122	11.5
金融保險及工商服務業	152	2.6	189,393	13.4	749	9.6	2,217,249	25.1
合　計	5,782	100	1,401,386	100	7,803	100	8,821,113	100

資料來源：整理自行政院主計處統計資料庫（網站 www.dgbas.gov.tw，2002 年 10 月）。

若以美國產業變化趨勢為我國未來變化趨勢之參考，亦可得一更明朗有價值之印象，從 1950 到 2000 年，美國非農業就業人口從四千五百萬餘人增為一億二千七百一十萬人（美國農業人口甚少，佔不到總人口之 2%），其中銷產「物品」的行業就業人口從 38.9% 降為 19.7%，銷產「服務」的行業就業人口從 61.1% 升為 80.3%，可見未來製造業普遍實施「自動化」後，其就業人口之下降將與以往農業「機械化」所造成之就業人口下降之情況相似。表 3-7 為美國產業結構變化之參考數字。

表 3-7　美國產業結構變化趨勢

非農產業	1950		2000	
	就業人口（千人）	比例 (%)	就業人口（千人）	比例 (%)
製造業	16,142	35.7	18,400	14.5
營建業	2,333	5.2	6,600	5.2
批發零售商業	9,386	20.8	30,300	23.8
政　府	6,026	13.3	19,900	15.7
服務業	5,382	11.9	37,700	29.7
運輸及公用事業	4,034	8.9	6,800	5.4
金融保險房地產業	1,919	4.2	7,400	5.7
合　計	45,222	100.0	127,100	100.0
「物品」相關產業	17,574	38.9	25,000	19.7
「服務」相關產業	27,648	61.1	102,100	80.3
合　計	45,222	100.0	127,100	100.0

資料來源：整理自 U.S. Bureau of Labor Statistics, www.bls.gov/iag, 2002/10.
附註：表中之「物品」相關產業係指製造業與營建業，「服務」相關產業指批發零售商業、政府、服務業、運輸及公用事業、金融保險房地產業。

各行業內各廠家的數目及規模變化很大，通常「規模」大小是以銷售額 (Sales) 及員工數 (Employees) 為衡量基準。在服務業及零售業裡的企業通常很小，如理髮店、美容店、修車店、雜貨店、冰果店、電器行等。這些商店規模小，數目多，所

以競爭也很劇烈。另外一些行業，如我國水泥業只有十家廠商，每家規模都相當大，所以銷產計劃良好，無惡性競爭。又如家用電器公司有十幾個牌子，其中大廠四家，其餘則為較小工廠，其競爭情況又略有不同，因大廠可設定價格，成為領袖 (Leader)，小廠則成為跟隨者 (Follower)。

在 2002 年，我國企業的規模都不大，連最大民營企業的鴻海精密公司也比日、韓最大企業為小，更無法比得上美國第 500 家大企業。但是我國很多行業裡的廠商數目卻很多，動輒上千家，形成眾多「原子式企業」(Atomic Firm) 之混亂競爭局面，對外削弱競爭能力，所以「合併經營」(Combination) 之運動有待大力推行，否則在 WTO 所倡導之全球市場 (Global Market) 壓力下，甚難求得生存及發展。

第三節　企業系統之特性 (Characteristics of Business Systems)

一、多樣性及複雜性 (Diversity and Complexity)

因為企業系統是一個抽象的觀念名詞，包含萬千百種行業，所以甚難很適當地說明其詳細特性。不過有三種共同之特性可值一提，即⑴多樣性 (Diversity)，⑵互賴性 (Interdependence)，⑶動態性 (Dynamic)。多樣性發生在產業內、廠商內及地理分布上。

在現在的工、商及知識的經濟時代，各行業所提供的物品及勞務已超過三萬六千五百種，而各行業的廠家總數亦達百萬家（美國、中國大陸、日本）或數十萬家（英、德、法、臺）以上，並互相發生上、中、下游之供應、購買、銷售關係。

每一個企業體員工「規模」大小不同，臺灣的最大企業員工在三萬人以上，美國的最大企業員工在三十萬人以上，中國大陸的最大企業員工在一百萬人以上。「所有權」門閉方式不同，「銷產量」差異很大，「財務結購」厚薄不同，「經營策略及管理措施」之正規化與游擊化不一，「利潤額」多寡不同及「分配方法」也不一。這些多樣性、複雜性、及廣泛性只是發生在各企業之間的現象而已；事實上，在單一企業之內的不同事業部門 (Divisions) 及功能部門 (Departments) 也會發生類似的多樣性、複雜性及廣泛性。

譬如現代化的超級市場 (Supermarket)，超級中心 (Super-Center)，倉儲自助購物中心（即大量販店如家樂福、大潤發、威名）等等所賣的不只是廚房用的食品雜貨，同時也賣煮燒器皿、藥品、及幼兒衛生用品等等產品。甚至在單一的產品線或產品

類 (Product Line) 或產品組合 (Product Mix) 裡，還有很多種規格不同的差異，例如在「汽車」一類產品內，顧客可從上百種的品牌模型 (Brand-Models)、品質 — 價格 (Quality-Price)、式樣 (Styles)、顏色 (Colors) 中選擇自己真正喜愛的對象。再者，婦女們在選購鞋子時，常會因鞋的細節變化太多，而無法做決定，因美國的全國製鞋公會報告說女用鞋已有 75,000 種不同樣子。這種現象也常發生在男用服裝及女用服裝，以及化妝品上，用以滿足不同的慾望。

當然，產品的多樣化，也可以用來消除銷產活動的季節性波動 (Seasonal Fluctuation)，因為某些類在夏季暢銷，在冬季滯銷，另外一些類剛好淡旺季相反，兩者互相搭配，正可免除處理員工就業及財務收支不穩之困難問題。

企業系統的多樣性也會發生在地理分布上，譬如我們在地圖上，可以發現某些城、鎮、交叉路、港區、交通幹線旁聚集特定的開礦、製造、批發經銷、農業、及零售企業。譬如臺灣的機械業集於臺中一帶，電子電腦通訊器材集中於新竹科學園區，鋼鐵重工業集於高雄一帶，食品業集中於屏東農產區等等。在日本，各個縣都有其特定之專業產品，經濟性產品，連「工業實驗所」或「技術研究所」都跟隨專業區而設立。

當然企業聚集的多樣性不僅發生在地方市場、國內市場，以配合下游顧客之需要，同時也發生在國際市場，譬如甚多美國連鎖商店、保險公司、飲料公司，以至製造公司等等，在美國各地區及世界各國都有其分支機構，形成「根伸全球」(Global Reach) 的網狀布局，絕不是臺灣一小撮無國際知識分子所說「根留臺灣」(亦即根留臺灣小盆內) 的現象。

二、互賴性及專門性 (Interdependence and Specialization)

在企業系統增加其多樣性的同時，各行業間也增強互相之間的依賴性。譬如原來由一家公司執行融資、生產、行銷的活動，現在則分別由專門性的金融公司，生產公司，行銷公司來執行，並且彼此之間互相幫忙以完成營運使命。尤其在網際網路時代，許多公司把公司內原有之非核心工作外包給外面專業性公司做，例如把人事部門、電腦設計部門、總務部門外包出去給專門性之公司（清潔、打字、守衛、會計記帳、法律、資料處理等等公司），而把力量集中在自己專業產品之研發設計，及行銷活動，甚至把生產製造也外包給代工廠去做。很多臺灣的高科技電子、電腦、通訊大工廠，就是專門承接歐美大公司的外包加工生產工作。

企業間相互依賴乃是「專門化」(Specialization) 程度加深的結果。從製造過程垂

直面 (Vertical Process) 來看，往往甲公司的成品 (Finished Products) 是乙公司的原料 (Raw Materials) 或零組件 (Parts and Components)，所以同一大行業裡，有其相互關聯的許多專門性公司，譬如電器行所陳列的電視，必須用電線、電子組件構成，而電線必須用銅製成，電子組件必須由半導體積體電路構成。這些相互關聯的專門廠家禍福與共，譬如其中一環節的專業廠家經營效率低，造成成本高，勢必影響下游廠家提高最終產品價格，減低市場接受力，使整個行業衰微。又如某一環節專業廠家罷工，或擴充太慢，無法供應下游廠家的需要，則整個行業的績效必受影響。所以在今日的企業經營體系，一個公司要控制另一個公司，不一定要經由股權的參與，只要在銷產過程上有相互依賴關係，即可實施控制或影響的力量，此為早期學者不明之處。

企業間的互賴關係，除了發生在銷產過程各環節所居之專業性地位外，尚可能發生於研究發展的「創新」，或廣告投資所引起之顧客「購買行為」(Buying Behavior)，因為一家公司推出新產品或採取新行銷推廣策略，其他銷產類似產品者也勢必會受影響，採取對應措施。換言之，各個水平競爭之平衡狀態，也有互相依賴之關係存在。當甲公司多得顧客，乙公司就得減少顧客。

專業化所引起之互賴性不僅發生在上述銷產過程（垂直面）及類似競爭廠家（水平面），也會發生在同一公司的內部管理上。吾人知道現代企業功能至少可以分為五大項，即行銷、生產、研究發展、人事、財會，這五大企業功能也已各自發展成專門之管理知識，如行銷管理、生產管理、研發管理、人事管理、財務管理，而這五者之間又須互相依賴，以總經理之一般總管理（即企劃、分析與控制）為依歸，以達成公司最高目標。

三、動態性及調適性 (Dynamic and Adjustment)

企業界唯一「確定」的事就是「不確定」；唯一「不變」的事就是「變化」(The only certain thing about business is uncertainty; the only constant thing is change)。關於這種說法在現代實際從事大事業的人看來，一點也不新奇；但是在我國古代的文化裡卻找不到這種觀念。事實上，每年每月每天，動態性的力量都對世界上所有事物施以影響力。這些力量有的是來自企業的外部，如政府法規，戰事，消費者慾望及所得之變化，科技及藝術之新發展，文化習性變化等等。有的是來自企業的內部，如新製造方法，新產品，管理制度之創新，經營政策及戰略的改變。這些內外在變化力量衝擊著企業體，所以造成銷貨收入及成本之波動，利潤之斷續，以及廠家之

新興及敗亡。

我們無法消除企業系統的不確定性 (Uncertainty) 及動態變化性 (Dynamic Change)，我們只能設法迴避或減少其不利的影響。最近十多年以來，企業界已採取一些調適 (Adjustments)，譬如機械化 (Mechanization) 及自動化 (Automation) 以替代勞力操作，因而減低成本；採用電子計算機及電子資料處理技術 (Electronic Data Processing) 以協助執行計劃、指導、及控制的管理工作；投資於創新活動，以抵消顧客口味之厭煩並助益成長；追求學習科技方面的新知識，發明更有效的生產方法及新產品 (New Methods and New Products)，永續學習行為及管理方面的新知識，開發更好的團隊工作方法及嚴密有效的組織 (Better Team Spirit and Compact Organization) 等等，讓企業處於柔軟、彈性之最佳狀態。

未來人口減低成長率及趨於老年化，郊區發展，休閒事業發展，終身學習以及消費者慾望的改變，將帶給企業新的瓶頸困難；幸好由於行銷知識的發展，已可調整產品策略 (Product Strategy)，價格策略 (Price Strategy)，推廣策略 (Promotion Strategy)，及配銷通路策略 (Place and Channel Strategy)，來對付新環境的動態性。

事實上，企業管理新知識之研究及發展的最終目的，即在於尋找有效的制度及技術來處理上述企業系統的多樣性、互賴性、及動態性，以發揮可用資源的潛力，達成主管人員所追求的三大目的：公司目標，個人目標，及社會目標（見第一章），並富足社會，繁榮眾生，臻於王道樂土。

第四章　企業經營之總體環境
(Business Macro-Environments)

　　「環境」是指環繞在一個「主體」(Subject) 的外部境界、境遇、條件 (Externalities)。對「主體」（如人、物、植物、動物、機構、部門）而言，環境是不會被主體所控制而改變的因素 (Uncontrollable Factors)；環境是主體的「限制因素」(Constraints)，而主體是可以被環境所影響及控制的對象，例如天時、氣候、山川、地理是人類活動的環境；人是小動物生存的環境；大動物（如虎、獅、蟒）是旅遊探險家的環境；帝王官宦是平民百姓的環境；上級長官是下級部屬的環境；國家各種法令制度是全國人民及企業活動的環境；顧客行為及競爭者行為是公司最高主管及行銷部門的環境；供應商行為是採購部門的環境；一個人的思想是他本人行為的環境；父母是兒女的環境；老師是學生的環境……等等。

　　「環境」是「舞臺」，好環境等於好舞臺，有好舞臺，英雄才能發揮他的稟賦及武藝；反之，若無好環境、若無好舞臺，再好的英雄，也無用武之地。在企業經營系統裡，上級主管第一個任務是要替下級部屬營造「好環境」(Good Environments)，讓部屬能發揮其稟賦及所學之才能。所以有人說要看好武藝，先造好舞臺；要看大和尚，先造大廟（因為小廟容不下大和尚）；要看一經理人有好績效，就先給他一個好的管理環境。沒有好環境，等於天天在刮颱風、下暴雨、大地震、土石流，怎麼可能會豐收，有好經濟成長呢？所以古代演劇，皇帝一出場，口中就說：「風調雨順，國泰民安。」「風調雨順」是環境，是「因」，「國泰民安」是經營績效，是「果」。有「好因」就得「好果」，是自然規律，一點也勉強不來。

第一節　企業經營之四層環境 (Four Layers of Business Environments)

一、工作環境模式 (Model of Environmental Constraints)

　　從一個主管人員的立場來看，他在執行目標時，所可能遭受到的生態環境之限制有四層，第一層是內部組織環境 (Organizational Environments)，第二層是市場環境 (Market Environments)，第三層是國家政府的總體環境 (Macro-Environments)，第四

層是超越國家政府所能控制之超環境 (Extra-Environments)。圖 4-1 即顯示此種生存環境的結構。這些環境因素都會對主管人員施以相當的限制力量，所以企管人員不能不先認識它們，以期採取適當措施，先求「適應生存」，再求「成長繁榮」，亦即先求「時勢造英雄」（適應），再求「英雄造時勢」（創新）。

圖 4-1　主管人員的工作環境模式

二、組織環境 (Organizational Environments)

影響某一主管人員工作表現的最直接環境是「組織環境」，因為他每日皆花費極大部分的時間在公司組織崗位上。任何一個組織成員之行為皆會受到公司規模、所有權類型、高階主管之思想行為、組織結構及權力領導中心分布、各種管理作業制度、產品配銷通路及代理商等重要內部環境因素之影響。

（一）公司規模 (Company Size)

當一個機構員工數、銷售額、生產設備的規模從小變大時，則有「規模經濟」(Scale of Economies) 之好處存在，反映於固定單位成本分攤數額下降，加強在市場上之價格競爭及品質競爭能力。當然當規模越來越大，而組織內之部門結構、權力分布及計劃控制體系，未隨之做必要之授權與控制之調整，則亦可能發生「規模不經濟」(Scale of Diseconomies) 之壞處。一個為微小規模（30 人以下）、小規模（100人以下）企業的主管人員，與中規模（500 人）、一個大規模（3,000 人以上）、超大

規模（30,000 人以上）企業的同樣職位的主管人員（如課長、經理），所可自由裁斷之權力範圍，有時相差很大；同樣地，一個小規模企業（如 100 人以下），並不需要整套的正式管理制度，但是一個中、大規模企業（如 500 人，3,000 人以上），則需要比較正式（指書面性）完整之管理制度，否則無效率的游擊混亂現象，將會層出不窮，使公司成為一盤散沙，毫無力量可言。當然，大規模企業也比較有成本負擔能力，採取新生產技術、新生產設備、及新管理技術與制度。管理制度及權限範圍不一樣，當然會影響一個主管人員的經營管理能力及冒險的膽識。

（二）所有權類型 (Types of Ownership)

一個同等規模的企業，若其所有權分布類型不同，對主管人員也會產生不同的影響作用，譬如一個股權正式公開上市 (Listed on Market)，並且很均匀分布於眾多股東時，其「管理權」與「所有權」的分離程度 (Separation of Management from Ownership)，就會比股權高度集中於某一家族手中的企業為大，因之負責執行的管理人員就比較會按現代管理的知識及制度，從事銷產、財物、人事、研究發展等活動。反之，所有權閉塞 (Closed to Market) 的家族企業，事事為自己及短期利益著想，對於投資於長期性及公眾性有利的活動，常懷「能省則省」，「能逃則逃」的僥倖心理，以最高所有權人 (Top Owner) 之地位（因我們承認私有財產制度，「所有權」是一切授權之根源），兼理最高管理 (Top Management) 活動，常因缺乏突破創新及短暫犧牲的魄力，以致中、低層主管人員較不敢作主負責，採用現代系統管理方法。因之，所有權「公開」(Open) 與「閉塞」(Closed) 之程度，也是很重要的內部管理環境因素。「股權公開」上市的第一個好處就是管理現代化、資訊透明化、決策理智化，第二個好處才是籌資社會化、多來源化，及豐富化。

（三）最高主管心態行為 (Top Management's Mentality and Behavior)

在同樣規模、同樣所有權類型之企業裡，其最高主管的人生目標 (Life Goal) 是否具有高度「成就導向」(Achievement-Orientation)，其管理哲學 (Management Philosophy) 是否「現代化」(Modernization)，及「積極開放」(Aggressiveness and Liberality)，其對部屬人性看法 (View on Human Nature) 是否高度人性化 (Humanization) 及信任 (Trust)，皆會影響中、下層部屬發揮電子世紀化管理才能的程度。

一個機構的最高主管，若擁有追求不斷成就導向（而非「安穩度此一生」）之人生目標 (Life Goal)；若有積極 (Aggressive)、未來 (Future)、科學 (Scientific)、客觀數據 (Figure)、變化 (Change)、快速 (Fast Speed)、系統 (Systems)、目標 (Objective)、有形與無形價值 (Value)、知識 (Knowledge)、及助人 (Help) 等導向之處世哲學；而

非消極 (Passive)、過去 (Past)、藝術猜測 (Artistic Guess)、主觀價值 (Subjective Value)、反抗變化 (Resist to Change)、緩慢 (Slow Motion)、局部零碎 (Partial)、手續 (Procedure)、金錢價值 (Cash)、官位 (Position)、及物質享樂 (Material Enjoyment) 導向；若有性善 (Good Nature)、信任 (Trust)、挑戰 (Challenge) 之人性看法，而非性惡 (Bad Nature)、猜忌 (Envious)、懶散 (Lazy) 之看法，則其組織將呈現一片生氣蓬勃氣候，有利部屬努力、發揮創新改進之潛力；反之，該組織將呈現一片死寂的沙漠氣候，部屬無心無力於改進努力，機構則走向毀滅的道路。有關最高主管的管理哲學、人生目標、及人性看法，事關每位潛力主管人員的未來心態及行為之培養，本書在第二章「經營管理因果關係模式」中已有比較詳細的說明。

（四）組織結構及權力領導中心 (Structure and Authority Centers)

　　一個機構內部的部門組織結構是否跟隨企業目標與策略之改變而改變 (Structure Dependent on Objectives and Strategies，O-S-S)，是否建立明確之責任中心體系 (Responsibility Centers)，以及權力授予之分布是否配合目標責任體系之權責相配原則 (Authority and Responsibility Related Allocation)，影響一個主管人員之行為積極進取性甚大，所以在同一規模，同一所有權類型，及同一最高主管心態行為典型下，不同的組織結構與權力領導中心分布，將會造成不同之管理氣候，影響組織成員之行為。關於組織設計及發展原則與技術，我們將有專章做深入之分析說明。

（五）管理作業制度 (Management Operation Systems)

　　一個公司目標、政策、戰略、方案及操作標準所衍生之各種部門內及部門間管理作業程序 (Process, Flow)、表格 (Tables) 及表格數字及文字填寫意義，是否齊全，是否合理，是否正確，會影響公司內各級、各部門人員之作業效率。這些作業制度包括行銷作業制度、生產作業制度、品管作業制度、物料採購儲運制度、設備維護修理制度、工程管理制度、研究發展作業制度、人事管理作業制度、財務管理作業制度、會計管理作業制度、資訊管理作業制度、企劃控制制度、組織改革制度、高階人員任用薪酬制度、董事會管理制度、股東會管理制度、獎金分紅及認股作業制度等等，以及這些制度之電腦化及網路化。

（六）配銷通路與代理商體系 (Distribution Channel and Agency Systems)

　　公司產品（包括商品及勞務）之銷產活動，以銷售（所有權轉移）及送達顧客（實體轉移），並收取款項為最終目的，所以配銷通路 (Channel of Distribution) 及中間代理商體系，也是公司組織結構的延伸，採取自有通路策略之公司與採取完全代理策略之公司，其管理活動之複雜度及負荷量相差甚大，亦成為內部組織環境之一，

不能不加以注意。有關此部分之討論，則請參閱有關行銷學 (Marketing) 之書籍，本書不另做討論❶。

🔲 三、市場環境 (Market Environments)

市場環境，包括供給面之供應商，需求面之顧客，以及同業與異業競爭者三大類，其對高級主管的影響力，比對低級主管（如股長）的影響力為大，尤其對最高主管（如董事長、總裁、副總裁、總經理、副總經理、協理）及對行銷、生產部門主管的影響力更大。「市場」(Market) 一詞通常指「顧客」(Customers)。但真正對市場有影響力的大因素有供應商 (Suppliers)，有顧客，有「競爭者」(Competitors) 三大因素，所以美國哈佛教授麥克‧波特 (Michael Porter) 在 1980 年就以特定產業的市場三因素當基礎寫出著名的《競爭策略》(*Competitive Strategies*) 及《競爭優勢》(*Competitive Advantage*) 著作，揚名國際。事實上，對市場的調查、分析及預測，乃是企業經營自古就知道及必須做的企劃工作，波特的「行業調查」(Industry Survey) 也是別人很早就在做的事，不是他的發現或發明，因他是學經濟學出身，不知企業競爭就是要如此做而已。

（一）市場導向哲學 (Market-Orientation)

現代企業的經營哲學是「市場導向」(Market-Orientation) 或「顧客導向」(Customer-Orientation) 及「競爭導向」(Competition-Orientation)，而非生產導向 (Production-Orientation)。換言之，機構內部的一切銷產、財務、會計、人事、及研究發展活動，皆應以市場上顧客行為及競爭者行為，為調整戰略方針之取向根據，千萬不可關起大門，夜郎自大、自我稱霸、遺忘外面環境之變化，「為生產而生產」（而非「為市場而生產」），最終導致被顧客所遺棄，而告失敗破產。簡言之，現代的經營哲學是「為他人作嫁衣裳」、「為他人福利而努力」的哲學。只能先「我為人人」，然後才會「人人為我」。

（二）顧客與市場區隔 (Customer and Market Segmentation)

「顧客行為」之研究甚廣，因「顧客」是一廣泛名詞，它可用來指⑴最終消費者 (Consumers)，⑵工業用戶 (Industrial Users)，⑶中間商 (Middlemen)，又包括批發商、零售商、代理商等等多種型態，⑷政府機構 (Government Agencies)，及⑸國際購買者 (International Buyers) 等五種。當然，最重要的顧客是廣大的消費者，因他們是支持各行各業活動的最終力量源泉。假若廣大的社會大眾消費者對未來無信心，

❶　陳定國著有《現代行銷學》上、下兩冊，1994，由華泰書局出版，對行銷管理有相當深入之分析。

不敢把現金在現在消費掉,而把現金儲存惜購,則各行各業就受影響,紛紛蕭條、倒閉,失業增加,更愛惜現金,更不敢消費,經濟更蕭條、緊縮。

每類顧客的數目 (Size)、購買力 (Purchasing Power)、需求與慾望的種類 (Kinds of Wants and Needs),以及購買習慣 (Purchasing Habits) 是構成顧客行為的重要因素,所以市場調查研究 (Market Research) 已成為現代企業的決策情報來源中心。在研究廣大的市場顧客行為後,常須以某些特性,如性別 (Sex)、年齡 (Age)、職業 (Occupation)、教育 (Education)、所得(購買力 Income)、地區 (Area)、動機 (Motivation) 等等標準,來劃分總體市場,使成為較明確可攻取之較小市場區隔 (Market Segments),以利集中力量,個別設計適合之行銷策略組合 (Marketing Strategy-Mix),包括產品策略 (Product Strategy)、價格策略 (Price Strategy)、推廣策略 (Promotion Strategy)、及配銷通路策略 (Channel Place Strategy),向目標市場 (Target Market) 發動攻勢,爭取顧客歡心(即銷售)(這些皆是行銷管理人員之主要職責範圍)。

(三)競爭者行為 (Competitor Behavior)

「競爭者」(Competitors) 係指與本公司銷售相同產品之現有供應商及即將入場供應商與替代產品之供應商等三者而言 (Existing Competitors, New Entry Competitors, and Substituent Competitors)。競爭者因與本公司站在同一地位,向顧客施展行銷策略,獲取歡心,所以他們的行為是影響本公司行銷績效的直接重要力量,不能不予以密切之注意及採取必要之對策,否則雖埋頭苦幹,到終來大批顧客皆被競爭者拉走,等於宣布本公司與市場永遠隔離。麥克‧波特 (Michael Porter) 教授對市場的「五力分析」就是指對原料供應商 (Suppliers),對顧客 (Customers),對上述三種競爭者等五種力量對本公司影響之分析。

競爭者之行為可反映其所採取之行銷策略組合四大方面,第一為「產品策略」,包括所提供產品之(1)功能 (Function)、(2)原材料 (Materials)、(3)大小 (Size)、(4)規格 (Specification)、(5)品質 (Quality)、(6)品牌 (Brand)、(7)式樣 (Style)、(8)包裝 (Package)、(9)顏色 (Color)、(10)保證 (Warranty)、(11)服務 (Services) 等十一大組成因素。第二為價格策略,包括一般價格水準 (General Price Level)、差異價格結構 (Differential Price Structure)、付款條件或信用條件 (Payment Condition)、送達條件 (Delivery Condition) 及折扣條件 (Discount Condition) 等組成因素。第三為推廣策略,包括人員推銷 (Personal Selling)、廣告推銷 (Advertising)、促銷 (Sales Production)、及報導活動 (Publicity) 等組成因素。第四為配銷通路策略,包括通路類型 (Channel Pattern)、地點 (Location)、中間商數目 (Middleman Number)、儲運 (Warehousing and Transportation) 及

分店 (Branch)、經銷店之選擇搭配 (Selection Composition) 等組成因素。

當然，競爭者的產品創新及新製造技術及新設備之採用 (New Product, New Process, New Equipment)，也是我們應當注意之要點。此外，競爭者之公司組織結構、人事任用、訓練、晉升、及其薪酬制度，亦會對本公司產生挖角之壓力，不可不加注意。對競爭者行為之研究，亦可利用市場調查研究技術。

（四）供應商行為 (Supplier Behavior)

本公司之上游原物料及零配件供應商行為，亦構成本公司銷產活動之一大環境壓力。假使上游供應商規模很大，並居有「專長」之壟斷 (Monopoly) 地位，則本公司及同業競爭者常有被主宰之威脅。若這些上游供應商規模不大，數目很多，並且居於自由競爭情況，則本公司可有較大之裁決自由度，除可隨時比價、招標、議價進行採購外，尚可進一步建立比較穩定長期的「中心─衛星」工廠體系 (Center and Satellite Factories System)，給予技術上、財務上、及管理上之協助，使之成為本公司銷產系統之一分子，對品質控制 (QC) 及準時交貨 (On-Time Delivery) 有所助益。

在二十世紀末及二十一世紀內，企業大量採行「中心─衛星工廠制度」，「中心」廠盡量把製造工作交給「衛星廠」去做，此即目前通稱之「委外生產」(Outsourcing) 體系，自己用電腦化資訊系統、網際網路和「衛星廠」掛鉤，在接獲下游客戶訂單後，即把零組件委外生產，在最短時間內（48 小時或 74 小時）把「衛星廠」之零組件組成產品，送達給客戶，完成交易，此即電腦化無線電訊化之「供應鏈管理」(Supply-Chain Management, SCM) 體系。

假使上游供應商被競爭者所控制，則對本公司會產生斷料之壓力，所以與彼等建立友好聯繫關係，亦是重要經營環境之培養。臺灣以前有許多大電器及化學公司，如聲寶、三洋、松下、新力、長春等等，皆是從日本進口商品之進口貿易商演變而成，而其重要成功因素之一，即是與原來之日本或美國上游供應商（大多為名牌生產商）維持良好之商業關係及友誼關係，在時機成熟時，兩方進一步建立技術合作或合資設廠之關係，遂成為本地銷產之大企業。過去十多年，臺灣的電腦、電子、通訊等高科技零組件公司紛紛成立，專門做美國及歐日大品牌電腦、電訊產品之零組件衛星製造工廠，把規模做大，作為世界名牌廠之代工廠，如台積電、聯電等晶圓廠。而這些第一代之代工廠，也需要另外零組件的第二代上游供應代工廠，如此，層層代工。關於上游供應商之行為研究，亦與一般廠商相似，以產品、價格、推廣、及配銷通路之策略為主，所以行銷研究及市場調查技術亦可應用於供應商行為之研究。

四、總體環境 (Macro-Environments)

比市場環境更具有一般性限制力量的是總體大環境。總體環境影響廠商與其市場間交易的有關力量及機構，可大約分為八種，即(1)政治環境，(2)經濟環境，(3)技術環境，(4)法律環境，(5)人口環境，(6)文化環境，(7)社會環境，及(8)教育環境。這些總體環境都是人造出來的，它們的變化常是緩慢而逐步進行，我們通常在報章雜誌上所看到的消息報導，大多是屬於此方面的變化，雖是零碎重複，但亦可指出變化的趨向。本章下節將對此部分做更深入之分析探討。一國總體環境的塑造是長期性的工程，它的改善也是長期性，並且是政府官員的生產力表現。

五、超環境 (Super-Environments)

上述三層環境已大約形成一個企管從業人員活動的生態周遭，但我們若再向遠看，尚可發現另有一個環境存在，遲早會變成「總體環境」或「市場環境」的一環，那就是「超環境」。它是一般組織通常所不加注意的力量，因為它對組織內的活動幾乎尚無任何影響力，甚至沒有任何關係存在。然而這些因素具有很大的潛在重要性，譬如月球，太空行星，海底動、植、礦產資源，超分子化學、環境污染防治、生物基因醫學發展，以及社會經濟型態之研究，皆為人類生活之未來變化種下潛因，所以企業經營人員不可不加注意。

依照中國古代知識，人類是動物的一個分支，個人組成社會團體，婚姻家庭為最小的社會團體，企業體組織比家庭組織為大，國家是最大的社會團體，聯合國又是更大的社會團體，社會團體之外是自然界的超環境。自然界各種現象有助於人類企業，也有阻礙人類企業。我國古代先人把自然現象分為八類，畫出符號掛在壁上觀看，成為「八卦」。此八卦有先天伏羲八卦，有後天文王八卦。周文王姬昌曾被紂王囚於羑里，為排遣時光，自創「文王八卦」，有異於「伏羲（先天）八卦」之排列，並在原來八卦每卦三爻之外，再加三爻，形成內、外卦六爻之形狀，再用排列組合方法，把內八卦外八卦化為八八六十四卦（其中四卦重複），將人生多種際遇變化，附著於六十個不重複的卦象，把原來的「自然現象」變成「人文現象」，形成「易經」之學說。

對企業經營者而言，超環境的「自然現象」八卦比「人文現象」八八六十四卦重要。八卦的自然現象有「乾」卦，代表天時、天體運作；「坤」卦代表地理、地球；「坎」卦代表水潦、海洋；「離」卦代表乾旱、沙漠；「震」卦代表雷電、地震；「兌」

卦代表雨澤、江湖;「巽」卦代表季風、颱風;「艮」卦代表高山、丘嶺。對自然八大現象的深入研究,將來一定會對人類企業有重大影響。

至於神鬼及宗教信仰對人類企業之影響作用,已歷萬年之久,好人死後為「神」,壞人死後為「鬼」;信宗教求永生、求來生、求贖罪、求慈悲、求為善等等,對精神安寧有極大作用,尤其對年紀愈大的人,作用愈大。

第二節 寶島臺灣之經濟環境 (Economic Environments in Taiwan)

經濟環境和技術、政治、法律、社會、文化、教育等環境之間存有動態及相互影響的複雜關係,但是為了瞭解其構成內容起見,我們必須逐一劃分討論,本節是分析經濟環境。構成一國經濟環境的因素很多,但以下列為重要:

(1)經濟制度 (Economic Systems)。

(2)國民所得及人口成長 (Population Growth and Gross National Product)。

(3)購買力與信用制度 (Purchasing Power and Credit System)。

(4)基本建設 (Infrastructure):水、電、瓦斯、通訊、公路、鐵路、航運、空運、海港、空港。

(5)投資計畫 (Investment Plans)。

(6)零售、批發及配送體系 (Retailing, Wholesaling and Physical Distribution System)。

(7)銀行、證券、保險、及其他工商服務機構 (Banking, Securities, Insurance, and Business Services Institutions)。

(8)獎勵保護及世貿組織 (WTO) 活動。

一、經濟制度 (Economic Systems)

(一) 三種主義 (Three Types of Economic System)

一國經濟思想、意識型態及運作制度的類別,影響該國之士、農、工、商百千萬業繁枯及人民生活福祉之程度甚大。在三十多年前 (1970 年代) 之世界各國,有採取自由私有企業之市場經濟「資本主義」(Capitalism),如美日及西歐各國;有採取國有國營計劃管制之「共產主義」(Communism),如以前蘇聯、東歐、中國大陸、中歐等國;有採取中間路線的社會「民生主義」(Private Socialism),如臺灣等新興地

區。依據中國國民黨在 1950 年從大陸帶到臺灣的老憲法一百四十二條：「國民經濟應以民生主義為基本原則，實施平均地權、節制私人資本（發達國家資本），以謀國計民生之均足。」顯然地，臺灣在五十年前的經濟思想是「均足」或「均富」(Rich and Equality) 的社會民生主義，不是「多富少貧」，也不是「多貧少富」，更不是「均貧」的其他主義。

到了 2002 年，臺灣政權從李登輝先生掌政十二年之國民黨後，移轉到民進黨陳水扁先生手裡，憲法也修改了六次，把臺灣經濟從偏重「國營」之途徑，扭轉到偏重「民營」之大道。在中國大陸，自 1949 年中國共產黨自中國國民黨手中取得政權後，大力實施「國營國有」(State Owned State Managed) 之共產經濟制度，但企業生產力下跌，人民不只不能「均富」，反而變成「均」「貧」，所以鄧小平先生才在 1978 年年底大膽提倡「改革開放」(Reform and Open-Door) 政策，走向「具有中國特色之社會主義市場經濟」，至今 2003 年，成效甚大，人均所得成長四倍多，經 200 美元成長為 1000 美元。蘇聯 (Soviet Union) 也在 1990 年解體，放棄共產主義及共產黨，實施經濟及政治改革，經過戈巴契夫及葉爾欽兩任掌政，到現在之譜丁之政權，也有相當進展。

（二）共產主義與資本主義 (Communism vs. Capitalism)

欲謀「富」又「均」之目標，必須有有效之政策及執行方案，使目前寶貴之經濟資源充分發揮其最大之生產效率及潛能，不是使資源浪費於無效率之處，而後才能將成果做合理之分配，使「富」而「均」。若開始就約束目前少數而寶貴之資源發揮其應有產出潛力，則將得到「貧」而「均」之局面。共產主義之作法，就在於先將所有重要生產資源或財產（包括土地、機器、資金）收歸國家共有 (State Ownership)，不許私人擁有 (No Private Ownership)，然後做中央集權式之計劃及統一分派 (Central Planning and Central Allocation)，對於所得成果，一統歸國家所有，再做一致性之分配，不給予特別努力者額外之獎勵（即「各盡所能，各取所需」）。所以實施之後，因規模太大，中央計劃及決策品質欠佳 (Lower Planning and Decision-Making Quality)，地方生產事業彼此缺乏協調 (Coordination) 及調整 (Adjustment) 之權力，對員工之工作成果亦未有合理獎懲 (Reward and Penalty) 措施，所以普遍發生怠工無效現象，最後把寶貴資源浪費於無形之中，國家生產力下降，人員分配所得之民生物品雖「均」（以「配給」方式為之），但卻太「貧」了，只有經辦的官員，以「地利」先取所需，尚感富裕而已。所以共產主義之高度極權計劃、低度執行效果及高度控制之經濟制度，雖講求發展過程及技術手段 (Technical Means) 之「均」，但其所得結

果 (Results) 卻是「貧」及「不均」，實非人類所希求之境界。

　　資本主義的私有自由企業思想，是歐、美、日各國所採行者，他們的目的也是在求富足的享受水準。在 1750 年以後的世界經濟是工業經濟，以資本（指土地、機器、資金）為主力，不像農業經濟以農民及土地為主力，所謂「資本」主義政治制度，就是指一國之生產資源或財產（包括土地、機器、資金等）容許人民私自擁有 (Private Ownership)，各行各業任由私人企業投資經營，各自做計劃及運作，政府不做干預，所得之成果在繳納租稅之後，亦由企業自訂辦法，對股東做股息分配，及對員工依績效努力程度做賞罰不一之支配。所以實施以後，因私人企業規模總比國家整體微小，所以其企劃及決策品質較高 (Higher Planning and Decision-Making Quality)，各企業之間有充分自由協調及做必要之調整，並且普遍實施分紅 (Profit-Sharing)、績效獎金 (Bonus)、認股 (Stock Option)、福利 (Fringe Benefit)、及退休 (Retirement)、保險 (Insurance) 等等成果分配措施，因之員工努力之程度比共產主義制度下之程度為高，以致其創新 (Innovation)、改進 (Improvement)、及競爭力量 (Competative Power) 亦高，所以全國之生產力大增。在經過各種分配制度，人民所得之「富」與「均」皆比共產社會為佳。此即為何在馬克思 (Karl Marx) 提倡共產主義一百五十多年以來，共產社會人民生活的享受水準及自由程度，遠遠比不上自由民主社會之原因。

（三）優劣互比 (Comparison)

　　共產主義之中央集權式管制經濟制度，把一國之財產收歸公有，由經辦官員依個人權慾威風，採行落後之古代式「生產導向」管理方法，所以其致命傷是資源運用之應有效率無法發揮。雖然在此制度下之事業不會發生重複投資 (Overlap Investment)，相互競爭之或有浪費現象，但其真正缺點亦在於事業與事業間之協調配合 (Coordination)，常因中央集權計劃及執行激勵不周，而發生不連貫 (Disconnected) 之巨大機會成本 (Opportunity Costs)，「機會成本」就是一種很大的無形浪費 (Invisible Wasting)。這種無形的機會成本常常比重複 (Overlapping) 競爭之有形浪費為大，非明眼之智慧者無法看出。「有形浪費」如重複、如貪污，都是外傷，容易被看出而醫治。「無形浪費」如決策方向錯誤，如時機拖延消失，如把壞人當好人用，是內傷，不容易被看出，直到病發臨死，要治也很難。

　　資本主義採市場自由競爭，在經營效率上遠比共產主義採人為力量控制為佳，臺灣以前有許多「公有官營」（簡稱「公營」）事業，其經營管理制度與共產全部國營制度類似，所以其經營成績總無法與民營有效事業相比擬，即為很好之範例。不

過極度的資本主義亦有其潛伏缺點。第一、各事業之投資活動易趨於「重複」(Over-lapping) 與「集中」(Concentration)，造成不必要之競爭性浪費及壟斷某一特定行業，導致「以量制價」，剝削國民福祉，不求產品創新、品質改進、及成本降低之努力。第二、各私有事業主持人，易朝向容易在短期內謀利之行業及地區投資，各行其是，忽略全國整體性之平衡發展及長期利益。

(四) 社會民生主義 (Private Socialism)

為了補救上述兩種極端經濟制度之缺點，則有社會主義及民生主義之出現。國父　孫中山先生受西方教育甚久，在西方社會與資本主義人士接觸甚廣且深，知道我國經濟體制若採資本主義或共產主義皆非所宜，所以用「民生主義」來代替及修正西方所稱之「社會主義」(Socialism)，希望所有的經濟活動，皆以提高社會大眾之民生享受水準為最高導向。社會民生主義採取計劃性之自由企業制度 (Planned Free Enterprise System)，即政府只在大政策、大方針之設定上，主動採取長期、宏觀「計劃性」之行動，選擇有益於社會大眾長期利益之行業，設定獎勵或管制措施，指導私人企業朝向該方向「自由」決策及營運，爭取效率及成果。所以它的「計劃」特性，是取自共產主義的中央集權計劃管制經濟制度，它的「自由企業」特性，是取自資本主義的私人自由投資經營的經濟制度。

無疑地，社會民生主義是採取「大事集權、小事分權」之作法，凡是影響全國未來長期福利的重大事項，由政府來計劃，設定行為規範及架構。凡是在此架構及規範內的較小事項，可由政府機構來做，也可由私人企業來做，但是盡量維持由事業機構自由決定之權，包括該事業之「計劃、執行及控制」等等有關經營活動。所以就整體而言，第一、政府只做重大的策略性計畫，其決策品質亦高；在共產社會主義，則由政府做所有大小計劃，其決策品質因缺乏情報資訊之流通及員工自動參與，而不易提高。第二、在大架構範圍內之各行各業可自行決定其最有效的作法，所以細節性之計劃品質亦易提高；在共產社會主義，各行各企業必須聽命中央官僚命令，無自我決策之彈性。第三、各行業因競爭現象之存在，各廠家亦可以員工表現之優劣做分配薪酬根據，所以經營效率容易提高；在共產社會主義，全國員工一體，牽一髮動全身，很難對某些員工優劣表現，給不同之薪酬分配。第四、因政府站在最高地位審查各業行為以及國家長期發展所需之平衡調配，所以私人企業無理剝削，過分重複投資，浪費性之競爭，以及行業別及地區別之偏頗投資現象，皆可透過總體性之計劃予以糾正。

因為改良式之社會民生主義兼有資本主義及共產主義之優點，而無其缺點，所

以目前西方民主國家及東方共產國家,皆朝向社會民生主義修正,故它們之間有「修正主義」之爭辯,為不可抗阻之潮流方向。事實上,在 1978 年後,中國大陸經濟制度,由於「改革開放」(鄧小平提倡) 二十年成功,已經在 1999 年把「建設具有中國特色之社會主義市場經濟制度」列入憲法,對國有企業「抓大放小」(指只保留一千多家超大型國有企業由中央經營,而把其他百萬家之中小型國有企業放給省市地方政府去處理,或出租,出售或合營),容許「多種所有權制」(Multiple-Typed Ownership),在在就是改良式之社會民生主義之優點證明。

二、國民所得、人口、購買力與信用制度 (National Income, Population, Purchasing Power and Credit System)

一國之經濟活動,以國民所得與人口決定最終顧客之購買力水準。國民所得以「國民生產毛額」(Gross National Product, GNP) 來衡量。國民所得越高的國家,若其人口不多,則每人所得 (Per Capita Income) 或購買力 (Purchasing Power) 水準必然高,對商品及勞務之消費能力亦高。反之,一國之國民所得若低,同時人口很多,則每人所得水準必低,雖然他們也很想享受較多較好的商品勞務,但只能望梅止渴,因無購買力所致也。換言之,他們的慾望或需要雖殷,但無消費能力,所以不能成為實際有效的需求。

世界各國的人口及每人國民所得之分布差異很大,以我國臺灣區而言,在 1978 年,人口總數為一千六百八十萬人,每人所得約在 700 美元,為中等國家之一;在 2001 年,人口二千二百二十七萬人,每人所得約在 14,200 美元,為新興經濟地區之模範生。表 4–1 為世界重要國家之個人國民所得一覽表,供讀者參閱。世界上國民所得最高者是瑞士 (38,500 美元),第二是日本 (37,950 美元),第三是美國 (35,277 美元)。其次是工業化七國 (Group–7) 之德國 (22,583 美元),英國 (23,793 美元),法國 (21,764 美元),加拿大 (22,576 美元),義大利 (18,555 美元)。再來是亞洲四小龍中之香港 (23,597 美元),新加坡 (22,824 美元),臺灣 (14,216 美元),南韓 (9,628 美元),中國大陸及東南亞各國之所得水平都尚低。對企業界人士而言,最有希望的市場是人口多,個人國民所得又高的國家,如美國、日本、法國、德國、英國。其次為人口雖不多,但個人所得高的國家,如北歐諸國,澳大利亞,紐西蘭。當然,個人所得水準不高,但人口很多的地域,也被一些企業重視,因它們的未來發展潛力上有被開拓的一天。尤其進入二十一世紀的中國大陸,經過二十多年改革開放有所成就,已經成為世界各大企業爭相前往投資的第一地點,臺灣的企業也以中國大

陸為外銷及內銷的理想市場，從勞力密集產業到電子電腦電訊等高科技產業，也紛紛前往投資設廠，作為臺灣本廠或母公司的委外加工的延伸組織。

表 4-1 世界各國每人國民所得水準比較（2001 年）

國家地區	人口（百萬）	每人國民所得 (U.S.$)	經濟成長率 (%)
中國大陸 (PRC)	1,265.83	840	7.6
臺灣 (ROC)	22.27	14,216	−4.21
日本 (Japan)	127.27	37,950	−0.5
南韓 (S. Korea)	47.68	9,628	1.8
菲律賓 (Phillipine)	75.60	1,035	2.9
美國 (U.S.A.)	281.42	35,277	−1.3
加拿大 (Canada)	31.08	22,576	0.8
香港 (Hong Kong)	6.71	23,597	−0.3
澳門 (Mecau)	0.43	16,055	4.6
法國 (France)	59.70	21,764	2.0
德國 (Germany)	82.26	22,583	0.3
義大利 (Italy)	57.84	18,555	1.9
新加坡 (Singapore)	4.02	22,824	−5.6
英國 (G. Britain)	59.76	23,793	2.1
瑞士 (Switzerland)	7.2	38,500	3.0
馬來西亞 (Malaysia)	22.72	3,193	−1.3
泰國 (Thailand)	62.72	1,984	1.5
印尼 (Indonesia)	212.60	692	3.47
汶萊 (Brunei)	0.3	20,400	2.5
越南 (Vietnam)	82.10	398	6.8
寮國 (Laos)	5.50	280	5.5
緬甸 (Burma)	45.60	765	6.2
東埔寨 (Cambodia)	11.20	280	4.5
澳洲 (Australia)	19.20	19,313	2.5
紐西蘭 (New Zealand)	3.80	13,115	0.7
印度 (India)	978.60	560	1.7
蘇俄 (Russia)	149.8	2,000	2.1

資料來源：《亞洲週刊》，2002 年 1 月 6 日，第 40 頁。

　　一個國家的經濟發展速率（亦即國民所得成長率）若低於人口成長率時，則常被看為壞現象，會影響投資及貿易意願甚大，所以世界各國政府皆在控制人口 (Population Control) 成長率，只是有些國家做得好，可達「零成長」(Zero Growth) 階段，

有些結果甚差，每年成長率皆在千分之三以上。臺灣地區之人口成長控制績效差強人意，但並不頂好，每年要增加約五十萬人口，甚為可怕，中國大陸人口每年要增加五千萬，更為可怕，因為人口增加會抵銷經濟成長之成果，使「均富」目標無法快速達成。1980 年代，臺灣地區控制人口成長（稱「家庭計劃」Birth Control, Family Planning）的口號是「兩個恰恰好，一個不嫌少」；中國大陸控制生育採強硬的「一家一胎」法令，多生受罰。時至二十一世紀，臺灣地區人口出生率已愈來愈低，已經威脅到小學、中學、大學的新生入學人數，成為教育機構的市場行銷大問題。

　　人口結構，包括男女性別，年齡層次，教育水準，婚姻狀況，就業種類，以及都市鄉村分布別等，對企業的銷產活動影響很大，因為不同的「人口區隔」(Population Segments) 形成「市場區隔」(Market Segments)，對產品的偏好 (Preference)、口味 (Tastes)、及購買行為 (Buying Behavior) 差別很大，深深影響各公司行銷策略之設計。在二十一世紀，老年人口（資深公民）年齡在 65 歲以上者，將會愈來愈多，對退休金 (Pension Fund) 及購買行為有重大影響。

　　個人所得增加後，再配合人口結構之變化，對企業之產品創新產生巨大挑戰。1857 年的德國統計學家恩格爾 (Ernest Engel) 比較每一家庭收支預算後，發現當家庭收入 (Family Income) 增加後，各類消費支出 (Consumption) 數額亦隨之增加，但花在食物方面的百分比則下降，房屋家具方面 (Housing) 支出之百分比維持不變，但其他類別的支出（如衣服、交通、娛樂、健康、休閒、旅遊、教育、交際等等）與儲蓄的百分比，則相對的上升，此種發現與今日之家庭收支統計（請見《臺灣地區及臺北市之家庭支出統計月刊》）很相近，甚可供吾人參考。彼得・杜魯克 在《二十一世紀的挑戰》一書中，指出休閒旅遊業、健康醫療業、永續教育是人口老化社會的重要發展部門，也是企業市場機會。

　　個人所得增加的趨勢，尚應與該國社會之消費者信用制度 (Consumer Credit System) 一起考慮，才能真正決定某一社會之市場消費能力，因為一個人所能花費的金額，包括他目前所賺的，所能借到的，以及他所擁有的財產。目前西方國家自 1920 年代就開始流行的「分期付款」(Installment Payment) 制度，對顧客及企業社會皆有助益，第一、它刺激消費者在賺得足額價格之前就提早購買，享受人生 (Earlier Enjoyment)；第二、它增加消費者之總購買力，有能力提前向生產者購買，刺激產業銷產活動及國民就業機會。臺灣地區在 1963 年（民國 52 年）通過「動產擔保交易法」（以前只有不動產才能作債務擔保），使廠商有信心推動分期付款辦法，鼓勵消費者提前購買所想要的東西，並享受人生，使臺灣經濟社會呈現一片富裕樂利景象。在

1977 年，臺灣家庭擁有家用電器品之普及率已甚高，計電視機（黑白及彩色）達 85%，電扇達 95% 以上。這些數字充分顯示國民所得及信用制度對經濟企業之影響力。在 2001 年，臺灣地區的家庭彩色電視機（黑白電視機已早被淘汰）、電冰箱、洗衣機、電鍋、電扇之普及率早已達 100% 以上，擁有率已在 150% 以上。中國大陸在 1978 年改革開放政策實施後，也在 1998 年前後，部分大廠商實行分期付款購買制度，刺激都市家庭在家電產品的消費能力，但在八億人口的鄉村方面，家電產品的消費還是一塊未開發的「黑色大陸」，潛力很大。

▓ 三、基本建設及投資專案 (Infrastructure and Investment Projects)

一國農、工、商百千萬業之發展，有賴基本建設 (Infrastructure) 之程度及新投資專案之多寡。所謂基本建設常指供眾多企業共同使用之公用事業 (Public Utilities)，如電力，自來水，工業用水，鐵路，公路，國內、國際航空，內河、海洋航線，有線、無線電信，郵政包裹等等；換言之，水、電、運輸、通訊之事前開發，為企業發展之基礎。至於國家的新投資方案 (National Projects)，事關國內供應及需求市場之培養，不論其屬社會性或經濟性或交通性，皆涉及各種產品及勞務之大量需求，為工商界提供巨大之市場機會。

在經濟不景氣時，國民消費力減低，私有企業投資活動不多，外銷出口不暢，勢必影響經濟發展，因經濟發展公式是「消費 (C)+投資 (I)+政府支出 (G)+出口進口淨值 (EX–IM)」，則整個國家經濟體系有賴政府公共投資性之資本支出 (G)，以補償私有企業投資 (I) 之不足，此稱為政府「財政政策」(Fiscal Policy) 之應用。自 1974 年至 1977 年（民國 63 至 66 年），石油危機，世界不景氣期間，臺灣物價上漲，消費信心動搖，工商投資下降，政府適時施行十大建設方案，投入巨額資金，活絡國內百業，維持甚多企業於生存邊緣之上，乃是最佳事例。自 1978 年（民國 67 年）7 月 1 日開始，政府又計劃在十大建設方案告一段落之後，繼續推展十二項投資方案，從事經濟性及社會性建設，所需資金大約新臺幣 2,180 多億元，在當時是一大手筆，當然對國內工商業，造成一極佳之活動環境。在 1997 年亞洲金融危機，臺灣因外債少，貿易順差所累積之外匯很多，安然度過。在 2000 及 2001 年間，美國網路經濟泡沫化，影響臺灣經濟，政府推出八一〇〇億公共建設方案，提振內需，也是好例子。

所以對工商企業而言，研究一國之基本建設情況及新投資方案，乃是瞭解生態環境之一大工作。臺灣地區的基礎建設，已朝向讓民間參加之 BOT(Build, Operate, and Transfer) 方式。在中國大陸，其基礎建設之市場甚大，各國企業搶進承包，臺灣政府應該讓臺灣企業也能即時搶進分食大餅，才不會後悔莫及。

四、零售、批發及配送體系 (Retailing, Wholesaling and Distribution Systems)

零售業 (Retailing) 及批發業 (Wholesaling) 為製造商 (Manufacturing) 配銷其產品到顧客手中的通路成員 (Channel Members)，其發展程度影響製造商銷售周轉率甚大。零售商及批發商亦是構成傳統上所稱「商」人之重要成員，當然，在目前「商」人之成分已灌注到士、農、工各行各業，甚難絕對劃分「商」與「非商」。

(一) 零售體系發展 (Retailing Systems)

在零售業體系，從古至今，已發生甚大演進及競爭淘汰循環，號稱「零售革命風火輪」(Retailing Revolution Wheel)。以下各種名稱代表各種零售商成員之型態及演進前後順序。

⑴雜貨店 (Grocery or General Stores) 及特產店 (Specialty Stores)，是最古老的零售店，在街道轉角處，常由夫妻檔經營 (Pa-Ma Stores or Corner Stores)。在經濟開發地區，已漸由連鎖的全天候 24 小時便利商店 (Convenience Stores) 所快速取代。

⑵郵購店 (Mail-Order House)，出現於 1870 年代。在 1990 年代網際網路出現，則有電腦網路商店出現，成為達康 (.com) 公司，是另一種類型的郵購店。

⑶百貨公司 (Department Stores)，在 1920 年代出現，是雜貨店的大型化，在鬧區內，裝潢豪麗，賣高價格品，如梅西 (Macy)、希爾斯 (Sears)、西武、SOGO、遠東百貨公司等等。

⑷連鎖商店 (Chain Stores) 之經營形態，有別於單一商店形態，出現於 1920 年代。連鎖商店有自營店及加盟店 (Franchising Stores)，可用於各種形式之商店。

⑸超級市場 (Supermarket)，出現於 1930 年代。超級市場也可以採連鎖經營，與傳統的菜市場及農民市場 (Farmer Market) 競爭。

⑹購物中心 (Shopping Center)，出現於 1940 年代。購物中心是各種商店的集中地，消費者到一個購物中心，就可以買到所有要買的東西 (One Stop Shopping)。購物中心可以露天集中商店群，也可以蓋大建築物，稱 Mall，把各商店容納在內，不受天候日夜影響，像臺北京華城，就屬於 Shopping Mall 之類型。

⑺大型折扣商店或廉價商店 (Discount House)，出現於 1950 年代。像美國威名 (Wal-Mart)，凱馬 (K-Mart)，法國家樂福 (Carrefour)，荷蘭萬客隆 (Macro)，德國麥

威隆 (Metro)，臺灣大潤發 (RT-MART) 都是大規模倉儲零售連鎖店，以天天低價為號召。

⑻自動販賣機 (Automatic Vending Machines)，出現於 1880 年代，但發展於 1950 年代後。臺灣地區的自動販賣機已經很普遍，連銀行自動提款機 (ATM) 也很競爭，但中國大陸地區尚未普及。

⑼贈品交換點券 (Trading Stamps)，配合上述各型商店，出現於 1960 年代。累積交換點券可以換彩券，抽現金大獎，已在臺灣大潤發採用。

⑽ 24 小時全天候開門營業之便利商店 (Night and Sunday Opening, Convenience Stores)，出現於 1960 年代。以 7–Eleven 最出名（當初以早上 7 點到晚上 11 點為號召，後來延長為 24 小時開店），在臺灣地區則尚有全家便利商店 (Family Mart)，萊爾富 (Hi-Life) 等等連鎖店，在中國大陸潤泰集團的喜事多 (C-Store) 也開始在上海布點。

⑾服務到家或沿門服務 (Door-to-Door Services)，出現於 1960 年代。日本的「宅急便」很出名，統一企業已將之引進臺灣地區，配合其 7–Eleven 連鎖便利商店，對家庭社區提供物流服務。

⑿租用服務 (Rent)，出現於 1970 年代。汽車租用、卡車租用、汽車旅館租用已經很普及。

（二）批發體系 (Wholesaling Systems)

在批發業體系內，亦發生相當的變化，雖不如上述零售業之劇烈。而批發業本身亦受到零售業大型化之影響，所以不少先進的批發商採取新管理技術，以力求降低成本及提高服務水準。其主要者有：

⑴存貨管理採用「時間與動作研究」(Time and Motion Study)。

⑵工作簡化 (Work Simplification)。

⑶自動化倉儲 (Automatic Warehousing) —— 訂貨單以電腦處理，原料物品以機械撿取、包裝、及運輸，盡量少用人力操作。

⑷文件處理機械化 (Mechanization of Document Processing) —— 包括會計、存貨控制、派車等等。在美國，大型連鎖之百貨公司，折扣量販店，都有其地區之配送中心 (Distribution Center)，對其各地分店扮演電腦化批發商角色。

（三）配送、通訊、儲存體系 (Distribution, Communication, Warehousing Systems)

配合上述批發及零售體系之發展，物品之實體配送 (Physical Distribution) 體系

亦應有相當之改進，才能有助於企業發展。實體配送體系包括運輸 (Transportation)，通訊 (Communication)，原物料儲存 (Warehousing) 及資訊處理 (Information Handling)。

在運輸工具方面，有鐵路運輸（火車）、水路運輸（輪船）、公路運輸（卡車）及航空運輸之區別。當公路及航空越發達之後，鐵路失去最多的顧客，包括大宗高價貨品被公路大卡車所奪，長程旅客被飛機所搶。所以鐵路創新服務方法成為謀取生存之必要措施，譬如特殊車廂、車輛之設計，如油罐車、穀物車、冷凍易腐品車等等，以及高速列車之開發。

在海運方面，輪船噸位、速度、設備之改進，以及貨櫃 (Container) 船、冷藏船、散裝船與油輪之出現，以使老舊的一般性輪船失去競爭地位。

遠程航空貨運 (Air Cargo) 的興起，許多體積小而貴重的物品與易腐品，都找到更好的海外市場。美國的 UPS 及 FedEX 都有自己的飛機，成為全球性隔夜 (Overnight) 快速包裹郵件運送業務。

在通訊方面，全國及國際直撥電話、擴充電話機數、民營無線手機電話機、越洋漫遊電話、電話傳真機 (Fax)、網際網路 (Internet)、視訊會議 (Video Conference)、電子信箱，以及多國性電腦化的管理情報系統及供應鏈、顧客關係管理系統 (Multi-national Computerized Management Information System and SCM-CRM) 之普遍採用，已大大地提高行銷決策的品質，多國化及地球村 (Multinational and Global Village) 之經營境界已漸漸形成。

在物料處理方面，配合批發商體系之改進，自動化倉儲及電子資料處理技術，也大幅地減少實體配送之成本，及提高送貨服務之品質。

五、銀行、證券、保險及工商支援服務機構 (Banking, Securities, Insurance, and Supporting Services)

銀行、投信、證券及保險機構是協助工商業靈活運作的另一個重要環境體系。臺灣地區目前的金融機構包括本國老銀行（國營）、新銀行（民營）、外國銀行、合作金庫及各類信用合作社、郵政儲金、投資信託公司、基金投資信託公司、創業投資公司、票券公司、證券公司及典當行。我國之保險業包括產物保險公司、人壽保險公司、再保險公司、公務員保險及勞工保險。在 WTO 時代（自 2002 年開始），臺灣必須對各國開放銀行、證券及保險等金融市場，讓外國企業進來經營；臺灣金融機構也可以到世界各國去經營。對臺灣能力而言，中國大陸的金融市場是臺灣的

最愛，但是臺灣政府若不和大陸政府解決「一個中國」(ROC-PROC-China) 之政治問題，臺灣金融企業分不到大陸龐大發展機會的一杯羹。

　　對工商企業最重要的支援服務業為廣告業、管理顧問公司業、會計師業、律師業、徵信業、報紙、電視臺、廣播網、工程顧問公司、技術研究機構等。在最近十幾年來（自 1990 年開始），臺灣的工商支援服務業已經在政府規定鬆綁下，得到高度的發展，彼此競爭劇烈。但在中國大陸，這些支援機構尚受到政府法規高度控制及壟斷，尤其新聞媒體所受之限制最大，其等被限制之程度有如臺灣三十年前 (1970 年代)。

第三節　技術、政治與法律環境 (Technological, Political and Legal Environments)

　　除了經濟環境會直接影響一個企業機構之營運外，政治、法律、技術、人口、文化及教育環境的變動亦會深遠地影響企業經營的績效。本節及第四節之目的即在於列舉重要的組成現象因素，供讀者隨時提醒自己，以免在這些總體環境變動之後，自己尚茫然不知採取應變措施，而遭困厄。本節先介紹技術、政治與法律環境，下節則介紹社會、文化與教育環境。

一、技術環境之分析 (Technology Environments)

（一）世態變化多端 (Multiple Changes)

　　技術的進步，使人類改變環境，創造新產品、新原料、新設備及新檢驗方法，新效用的能力大大提高。本公司技術創新的突破，可以在「產品－市場」(Product-Market) 戰略上佔據主宰地位；反之，競爭者技術的突破，則可致本公司於失敗邊緣，所以人們皆稱技術的研究發展 (Research and Development, R & D)，是企業機構的再生機能 (Regeneration Function)。對整個人類而言，技術的創新，已為人類的享受水準，提供無邊、無量、無窮的貢獻力量。譬如在一百二十多年以前 (1880 年左右)，人們根本不知有汽車、飛機、收音機、電燈等，這些東西所發揮的作用，就是我國古代神怪小說《封神榜》上所期望者。在九十多年前 (1910 年左右)，人們也不知有電視、冰箱、冷氣機、洗衣機、自動洗碗機、抗生素、電腦等等。七十多年前 (1930 年左右) 的人，也未看過影印機、清潔劑、錄音機、避孕藥、人造衛星等等。四十年前 (1960 年左右) 的人，也不知道有即溶咖啡、沖泡式茶包、電動汽車、微波烤

箱、紙製衣服、褲襪以及月球登陸等等。二十年前（1980 年左右）的人，也不知道無線電話、衛星通信轉播、電腦電訊合一之全球網際網路 (Internet)、多種金融衍生性產品。十年前（1990 年左右）的人也不知道寬頻 PDA、網路下單（證券）、資訊電器 (Information Appliance, IA) 及染色體定序等等。

　　1980 年代傳聞的小型飛彈、核磁共振掃描 (MRI)、雷射槍 (Lazer Gun)、一人火箭、海水淡化、渦輪動力汽車、電子冰箱、食物原子丸、個人及家用電腦、液晶超薄摺疊式電視機、機械人、複製動物及複製人等等，在 2003 年已經創新成功，有些並被普遍採用，對企業機構之改變，相當劇烈，所以各企業不能不對技術環境的變化，給予密切之關懷，並且撥出經費，參與研發行列。

（二）產品壽命縮短 (Short Product Life)

　　以前的中國人，最喜歡吹噓自己所賣的產品多好，以「祖傳祕方」或「宮廷祕方」標榜之，意指產品「越老越可靠」(Older is reliabler)。事實上，這是無知之言，因為在最近十年來，約有 40% 以上的新產品壽命不超過五年，而 60% 以上的產品無法享有十年以上的主宰地位，其原因是別人在繼續研究創新，以更好的產品組合特性來打倒我們的舊產品；甚至於顧客已會因口味 (Taste) 慾望的轉變，而拋棄了我們的產品。在「產品生命週期」(Product Life Cycle) 之原則下，每一個產品皆有其一定的生命大限，所以企業不能只賴某一個祖傳產品而活，否則「公司生命」(Company Life) 將與該「產品生命」(Product Life) 一樣短。在二十一世紀的時代裡，顧客的觀感中，產品是越新越好，而非越舊越好，因為不斷的研究創新現象已是不爭的事實。

（三）研究發展費用大增 (Bigger R&D Expenditure)

　　研究發展費用之增加是近四十年來的奇特現象之一。在 2000 年末美國全國一年的研究發展費用已佔國民生產毛額 (GNP) 的 3% 以上，臺灣只佔 1% 左右，中國大陸還不到 0.5%。在 1978 年 1 月臺灣舉行全國科技會議，紛紛要求以科技創新來發展經濟，把科技費用預算提高到 2%，1978 年以後再逐步提高到 3%。政府已命令各公營事業每年至少列出營業收入的 2% 為研究發展費用。對於民營企業，政府亦以所得稅法來鼓勵，允許無限制的報銷研究發展費用，並在獎勵投資產業升級條例內規定，凡是為改進新製造方法、提高品質、研發新產品及防止污染等目的，而進口專供研究發展用之儀器設備可免稅，民營企業也可以提出研究發展方案，申請政府的補助。

　　政府鼓勵研究發展的產業，以高科技成分、高附加價值、低耗用能源、低污染之策略性工業為重心，包括電子、電腦、通訊、精密機械、自動化技術、精密化學、

材料科學、生物基因科學、高分子化學、微米、奈米技術等等。政府也鼓勵把新科技應用到傳統產業的創新改良方案,更鼓勵自動化、電子化 (e 化) 生產管理、行銷管理、採購管理、辦公室管理。

(四) 團隊研究 (Team Research)

在十九世紀末葉時,大多數的工業發明是由個人式的發明家所完成,如電話發明人貝爾 (Bell) 和電燈發明人愛迪生 (Edison),貝爾的事業成為美國電話電報 (AT&T)公司,愛迪生的事業成為奇異電器 (GE) 公司,到今日都已有百年以上歷史。但在二十世紀前葉,小型實驗室之團隊研究工作 (Laboratory Research Team) 開始出現於美國、英國、及德國,其中以西門子 (Siemens) 化學研究室至今仍知名。在二次世界大戰 (1940～1944 年) 後,研究工作更是團隊式,集合各方面的專家共同研究核子反應、手提無線電話、微波爐、拍立得照相機、電晶體、磁心記憶、信用卡、積體電路 (IC)、工程塑膠、新纖維、避孕藥 (Pill)、小兒麻痺疫苗 (Polio Vaccine)、光纖 (Fiber Optics)、錄放影機 (VCR)、雷射 (Laser)、汽車安全帶 (Seat Belt)、人造衛星 (Satellite)、信號轉換器 (Modulator-Demodulator Modem)、電腦滑鼠 (Mouse)、自動提款機 (ATM)、網際網路 (Internet)、微處理器 (Microprocessor)、電話答錄機 (Answering Machine)、磁碟機 (CD, CD-ROM, DVD)、核磁共振掃描器 (MRI)、基因重組術 (Recombinant DNA Technology)、個人電腦 (Personal Computer)、液晶顯示器 (Liquid Crystal Displayer, LCD)、膽固醇降低藥 (Mevacor)、抗憂鬱症藥 (Anti-Depression)、全球資訊網 (World Wide Web)、抗愛滋病藥蛋白腄抑制劑 (Protease Inhibitor)、無線網路商店 (Internet Business)、威而剛 (Viagra) 以及基因染色體排序機 (Automated Sequencing Machine) 等等。至目前,幾乎已經沒有任何個人式之研究工作成功,所有比較大型機構皆組有研究發展部門,進行團隊式工作 (Team Work),而重大的發明也是在此種眾人合作之下出現。此亦為我國企業應加學習之處。研究發展的發明就是人類最高知識結晶,不管是以專利 (Patent)、版權 (Copy Right)、商標 (Trade Mark)、軟體 (Software) 方式存在,都是二十一世紀知識經濟時代的可貴產品,可貢獻巨大之生產力。

(五) 行銷與研究發展同步化 (Marketing R&D Synchronization)

所有的技術研究,不論為基本研究 (Basic Research),或應用研究 (Applied Research),或工程設計 (Engineering Design),或實體發展 (Physical Development),或製程及品質改進 (Manufacturing Process and Quality Improvement),皆應與行銷計劃採一致的步驟。換言之,所有的研究工作首推 RREDMP 六大步驟,皆應該為配合公司

滿足長期及短期市場需求之目標而進行，不可閉門造車，「為研究而研究」，陷於「生產導向」、「自我導向」尚不自知，以致浪費寶貴資源，尚沾沾自喜。事實上「技術」若與「行銷」密切結合，手牽手，肩並肩走在一起，就是任何企業經營成功致勝的祕訣。

二、政治環境之分析 (Political Environments)

一國政治環境之構成要素可分為⑴政黨多寡；⑵執政黨之主張；⑶政權之穩定性；⑷政府官吏之清明勤奮程度；⑸行政手續之官僚或快速程度；⑹社會開放及民主程度；⑺對工商企業發展之協助或壓制程度；⑻對外國投資企業之平等或差別待遇態度。這些要素可以用來評估世界任何國家之政治環境的優劣，以測定是否有利企業投資經營。

（一）政黨多寡 (Number of Political Parties)

一國之政黨若太多或太少，對企業投資經營皆有不利影響。若太多政黨如法國、義大利之例子，競爭太厲害，則失去主宰政壇之重心黨，得不到超過二分之一主流民意的支持；同時，太多主張難得一致性支持，勝利者常是少數的相對多數而已，會造成政權更換太快之不穩現象，掌政的時間太短，無法發揮任何一黨之理想主張。反之，一國若只有一個政黨，長期掌政，則必形成獨佔局面，毫無被挑戰、被考驗之憂慮，久而久之，「絕對權威就會變成絕對腐化」，會變成老大之無效政黨，不只原有理想無法發揮，連人民要求改進之意見亦聽不進去，慢慢會走入與古代獨裁帝王政治相似之陷阱。只有二、三個政黨之國家，最好是二個政黨，彼此間有所挑戰，輪流掌政，較易真正「為人民服務」。

臺灣 1949 至 1988 年來之政黨有三個，一為較強大之國民黨，二為弱小之民社黨及青年黨。臺灣十年來有強大之國民黨及剛成立之民進黨。到目前臺灣有二強鼎立之民進黨、國民黨及親民黨，另有較小之臺聯黨及新黨。美國主要之政黨有三個，一為代表窮人的民主黨，一為共和黨，一為很微小之獨立黨。英國之主要政黨為工黨及保守黨。日本之主要政黨為自由民主黨、公明黨、社會民主黨。中國大陸目前是一黨獨大，為掌政之共產黨，另外八個為不掌政，但可以議政的弱小民主黨派。

（二）執政黨之主張 (Economic Policies)

一國之政黨若有二個以上勢均力敵者存在，則政府執政黨就可能互相更易，在此種情況下，該執政黨之各種主張，對工商業之發展即甚重要。譬如英國的工黨執政時，就主張把許多公用大事業收歸國營，而保守黨執政時，則主張把國營企業歸

還民營。美國的民主黨執政時，就主張充分就業，加強稅收，抑制大事業之利潤；反之，共和黨執政時，就主張壓制工資及物價，減低稅率，促進企業發展。

臺灣之執政黨自 1949 年國民黨撤出中國大陸，移居臺灣之後，一直由國民黨執政五十年，直到 2000 年 5 月 20 日才由民進黨掌政。國民黨一向奉行　孫中山先生之三民主義，尤其民生主義之主張對全國經濟事業之發展影響很大。在這五十年中，重大事業劃歸國營，如電力、石油、肥料、造船、糖、鹽、鋼鐵、金融事業盡量不開放民營，直到十年前才開放民營十家新銀行。雖是如此，臺灣政府也明白世界潮流之方向，任由人民自由經營其他事業。當然臺灣國民黨對各行業經營權的主張，與美國的自由企業之資本主義不同，與當時的蘇聯、中共之共產主義相距更遠。它一方面要發展國家資本，但也不完全限制私人（尤其小型）企業。到了十三年前（1990年），長久觀察臺灣之國有國營事業經營績效（利潤率，員工生產力），一直是民營企業的一半，甚至有許多是無盈利的虧損者，所以開始制訂政策，要把國營事業民營化。在中國大陸，自 1978 年改革開放以來，也在走相同國營事業改革及民營化之路，到 2002 年為止，在總理朱鎔基及主席江澤民強力堅持下，國營事業改革「抓大放小」，已有相當成效，但需要再繼續堅持二十年以上。

（三）政權之穩定性 (Stability)

執政黨之主張雖很重要，但若政權穩定，能四、五年不被更換（指民選失敗）或不被推翻（指不正常之政變），則企業界亦可發展出適應之策略，反之，若政權更迭太快，則企業界必陷於茫無頭緒，無所適從之困境，因而投資意願下降，業績不良，資本逃脫，企業外移他處，人民失業等等不良現象會連環發生。例如 2000 年 3 月 18 日，臺灣大選，國民黨在李登輝先生擔任黨主席及總統，但因無法統合宋楚瑜、連戰陣營，演出分裂國民黨，使民進黨陳水扁漁翁得利，當選總統，隨之經濟政策驟改，企業難以適從發展，消費及投資信心下降，造成 2000 ～ 2002 年經濟衰退，在世界經濟不景氣的情況下，更是「雪上加霜」困厄萬分。

臺灣之政黨自 1949 至 2000 年皆由國民黨執政，政權及經濟政策甚為穩定。在地方選舉，雖外黨或無黨人士自 1980 年以後就參與競爭劇烈，但終是國民黨佔優勢，何況中央立法機構及政策，一向不變，所以企業界人士，等於不必花費心力考慮政權變動之應變措施，免除心理負擔，可全心全力發展事業，誠屬最有利之環境。世界上之國家，很少能找到像過去五十年臺灣之優勢環境，供企業全力發展，所以外資紛紛來臺投資，不虞政權會變動，財產會被沒收。中國大陸自 1949 年以來也是由共產黨執政，因其實施高度中央集權控制化之國有國營制，績效惡化，但自 1978 年

改革開放之後至 2003 年，穩定的政權加上積極的發展政策，企業經營及經濟成長效果轉佳，世所難比，正吸引著全球企業競相奔向中國大陸龐大市場去投資經營。

（四）吏治清明勤奮程度及官僚手續之快慢 (Clean Government and Efficient Performance)

一個政權之民主 (Democracy) 主張及穩定性 (Stability)，並不一定確保其各級行政機關之官吏清明 (Clean) 及勤奮 (Efficiency)。官吏清明不貪與行政制度是否全盤規劃性及現代化程度有密切之關聯。假使一國之機關組織及規則辦法與時脫節，遠離群眾，並忘掉目標，處處講求防弊手續，製造甚多關卡，為難人民，則人民被逼不得已，只得尋找曲徑，送禮賄賂，以求快速通關之活動必多，因而官吏被誘貪墨，並養成習慣，視收禮貪污為薪資待遇及權勢象徵之一部分，為害人民，莫此為甚。

再者，防弊手續太多，興利措施缺乏，也會鼓勵商場與官場掛鉤，官商勾結，官為商之開路先鋒，商為官之賺錢工具，利之所在，無所不用其極，突出「特權」之不公平，有傷民心道德，皆非國家經濟長期而高度發展之基礎。

官僚習性一旦形成，則處處講求防弊手續，遺忘效率目標，甚至於把手續當目標來處理，則甚難期望各級行政人員主動勤奮，修改不利之官僚組織及手續規定，更難望他們為民謀福利，因他們逃避「圖利他人」嫌疑，唯恐不及，豈能再勤奮為民興利。有鑑於此，臺灣立法院修改法規，把「圖利他人，不圖利自己」除罪化，鼓勵官員真正「為人民服務」。另外，「政府改選」(Government Restructuring) 也如同「企業改造」一樣，列為提高效率之大措施。

世界各國企業發達之地，其吏治清明與勤奮之程度必高；反之，落後地區，其吏治必然混濁，並懶惰成性，只講求「政治文學」（指只在文章文字下功夫，不在實際要害處努力）。臺灣之吏治尚稱清明，比菲律賓、泰國、印尼等國為佳，但若與日本、香港、新加坡等比較，則又落後一大截。若與美國及西歐等經濟先進國家比較，亦頗有遜色，莫怪企業界人士經常要求政府在管理制度及手續上，痛下改善之功夫。就臺灣海峽兩岸三地（臺灣、香港、中國大陸）來做比較，香港吏治廉潔清明，其廉政公署超然於行政體系之外，居功最大，臺灣吏治應學香港，而中國大陸之吏治靠共產黨內之紀律委員會來維持，不靠政府體系，所以寬嚴不一，普遍水準要向臺灣學習。

一般政府官吏之勤奮程度以高級人員為較佳，越是低級則越走下坡。與世界先進國家比較，臺灣中央政府之部、次長及局長、司長級之人員素質並不遜色，亦擁有現代化一般知識，每日忙碌之情況應居世界第一，其基本原因之一為不懂管理科

學及管理藝術，其「目標管理」及「授權控制」制度尚未立；其二為下級人員知識較低，不敢及不願負責。至於地方縣、鎮政府之官吏素質又更低，亦較缺乏現代化訓練，所以勤奮及主動為民解決問題之熱心較上級主管為差，商人老百姓受阻擋於過時手續規定之情況最多。最近十年來，地方縣市政府選舉，國民黨與民進黨互有掌政機會，新上任之政府主管已決心加強各級人員行政管理之訓練，以期在清明、勤奮、效率方面有所改進，甚屬可喜。中國大陸之鄉鎮政府也已經實施人民選舉，注意民心向背，同時共產黨中央紀律委員會也加強紀律檢查，重者判死刑，輕者撤職查辦，所以行政效率甚有改進，但要走到臺灣已實施之縣市（指縣級市）長及議會直接普及式選舉，省市（指省級長）長及議會直接普及式選舉，以及中央政府首長及議會（指立法院）直接普及式選舉，可能還需要三十年時間。

（五）社會開放及民主程度 (Open Society and Democracy)

政治環境的另一要素為「社會開放」(Open Society) 及「以民為主」(Democracy) 之程度。凡是越開放及越民主的社會，則企業經營之活動力越大，反之，則越小。「社會開放」包括各家言論開放、政府人事公開與財務公開，以及人民遷徙、集會自由等等。「民主」包括(1)政府各項政策及方案之制訂，以及規則辦法之設定，以人民福祉及民富國強為最終參考點；(2)政府對於優劣評估難做明確決定之大方案、大措施，以人民公決為最終方法（即將爭議案件在官吏或民意代表選舉投票時，一併做成選票，供人民投票表決）；(3)人民之意見應能左右民意代表之意見，而民意代表之意見應能左右政府官員之施政意見。

現代企業活動以開放社會及民主社會為肥沃之園地，所以在閉塞及獨裁之社會裡，有效的企業經營幾乎絕跡，此種現象可以西方民主國家及東方共產國家為對比。臺灣社會之開放性與民主性遠比共產國家為高，所以人民批評政府之言論到處可見，而政府最高主管也甚重視媒體與輿論趨向，尤其更重視客觀之民意調查，對於大眾劇烈反對之措施，不敢擅自執行。

日本著名管理專家大前研一在其 2001 年新作《看不見的新大陸》(*An Invisible New Continent*) 說，美國成為二十世紀之世界經濟、政治、軍事、及科技強國（亦即四個天下第一），是因有三大平臺 (Plat Form)。第一是用英文為語言（因全世界政經往來以英語為主）；第二是用美元為貨幣（因美元為全世界各國政府及人民所偏愛）；第三是擁有最「開放社會」。臺灣、香港與中國大陸與之相較，相去尚太遠，所以經濟、政治、科技、及軍事發展水平都比不上美國。

（六）對工商企業壓制或協助程度 (Suppress or Assistance)

　　政府主要官吏對工商企業發展予以協助或多方壓制之程度亦是政治環境的一大特色。有些主政官員在傳統思想上就認為「無奸不商」，所以在平時極力壓制工商企業之創新發展，亦不重視工商領袖之言論；在經濟不景氣時，則更幸災樂禍，任工商百業陷於艱苦深淵，自生自滅，不加援手。無疑地，此種政治環境必不利企業經營，不利工業化，而其全國經濟將停滯於農業化階段，人民享受水準無法提高。

　　反之，有些主政官員，思想開明，深知「國強」有賴「民富」，「民富」有賴「經濟繁榮」，「經濟繁榮」有賴工商「百業發達」，所以認定工商企業乃是國家命脈所繫，其他社會體系皆屬輔助工商企業發展之幕僚單位（包括培育人才之教育文化機構），而非前線單位。所以在平時，多方創新指導，協助，並培養良好社會環境，重視企業領袖言論，以利企業欣欣向榮。在經濟不景氣時，則更大力撥款支助，並排除不利政治手續及環境限制，扶持艱苦工業脫離苦海。對政府稅收而言，工商企業之賺錢繳稅，就是政府官員、公立學校教員、教授的「衣食父母」，豈能在「父母」有困難，不盡力相助呢？

　　一般而言，臺灣政府對民營工商企業之壓抑現象甚少，所以最近經濟部及財政部修訂公司法及企業併購法、金融六法時，排除部分法律人士限制「關係企業」及「購買合併」之主張，讓企業自由發展。更有進之，臺灣政府對中小企業之協助用心良苦、更為周到，除成立經濟部中小企業處（有十大輔導體系）、中小企業銀行外，尚設立「中小企業信用保證基金」、「中小企業互助保證金」，方便中小企業融資貸款之需要，助益良大。在中國大陸，現在也開始注重鄉村企業及新式中小企業之發展，所以臺灣輔導中小企業之模式，正是他們的榜樣。只是和美國比較，臺灣工商領袖言論尚未能影響政府決策，臺灣工商企業家尚少能參與政府工作，此乃屬以後應加努力改進之處。對香港及中國大陸而言，其參與程度都比臺灣為佳，因香港已是極度依靠工商業之政府，其國民所得為臺灣的兩倍，而中國大陸的政府官員，很多是從優秀之國營事業高級主管中選任者，所以明白工商業發達對國家之重要性。

（七）對外國企業平等或差別待遇之程度 (Citizen Treatment)

　　政治環境的另一因素為對外國企業差別待遇 (Discrimination) 之程度。有些國家的政府官員，對外國企業懷有敵視態度，但在法規上又無法明文禁止其營業行為，所以只好在行政手續上找麻煩，促使其能知難而退。

　　當然，有些國家在法規上明訂平等待遇外國企業（如臺灣之外國人投資條例），並在官員態度及民間往來行為上，真正顯示平等待遇。無疑地，此種態度必然有助於外人投資，亦有助於我國商人在外國（相對等之國家）經商或投資。

一般說來，我國政府及民間對外國企業相當禮遇，甚得彼等讚賞及感激。

三、法律環境之分析 (Legal Environments)

一國法律環境之構成要素可分為(1)一般民刑法之結構及現代化程度，(2)工商法規之結構及現代化程度，(3)關稅政策及稅率結構，(4)保護措施，(5)獎勵措施，(6)公平競爭及反托辣斯法規，(7)食品藥物管制，(8)廣告管制，(9)專利及檢驗規定，(10)環境污染管制。這些要素之內容，可以用不同國家之實況予以評分比較，亦可逐項說明，提供企業經營者參考。

（一）一般民刑法之結構及現代化 (Civil and Criminal Laws)

民法及刑法規範一般人民行為方式及裁定權利義務歸屬。雖然民刑法適用所有國民，並不特別與企業經營相關，但是各行業經營者若瞭解有關民、刑法之概要、結構、及其現代化程度，則對其買賣、債權、債務關係之處理，亦有甚大之助益。

臺灣政府自 1980 來已經對民、刑法進行大幅修訂工作，以反映現代工業化社會人群之行為趨向。許多較大規模之公司已漸知認識民刑法之必要性，所以聘請公司法律顧問或設立公司法務室之作法已甚普及，為法律科系畢業生開拓更能活用所學之市場。

（二）工商法規之結構及現代化 (Industrial and Commercial Laws)

與企業經營者較有直接關係的另一種法律環境為工商法規之結構及內容之現代化程度。比較重要的工商法規有公司法、企業併購法、保險法、海商法、票據法、船舶法、銀行法、證券交易法等等。其中尤其以公司法及票據法之現代化程度關係所有的行業。

我國公司法自 1946 年以來修正十一次，但一直未能突破老舊觀點，促使公司之所有權與管理權分離，依然規定非股東不得為董事，所以在歐、美、日暢行之「外來董事」(Outside Director) 制度未能在我國引入，以致大公司之董事會仍然沒有超然地位之專家學者充任董事，為廣大股東及合理經營提出必要之政策指導意見。直到2001 年（民國 90 年）的公司法修正案，才通過容許聘請外來董事（非股東），允許股票折價發行，允許庫藏股及員工認股制度。自 2002 年起，凡是新上市（股票）的公司，證期會都要其聘請二位獨立董事及一位獨立監察人。

（三）租稅制度及稅率結構 (Taxation Systems)

企業所面臨的第三種法律環境為租稅制度及稅率結構。租稅涉及產品成本結構及利潤分配，對股東及員工利益關係密切，因稅率高，轉嫁不易，有害銷售；因稅

率高，利潤歸政府，對股東及員工激勵小。所以企業人士對稅制稅率之關注及設法避免租稅之技巧特別講究，而會計人員及會計師在此方面得到發揮所長之機會。

　　經濟發展程度低的國家以間接稅為主，以直接稅為輔，所以營業稅、印花稅、貨物稅、關稅、田賦、屠宰稅、煙酒稅等等收入居政府財政收入之大宗，而所得稅收入未達總稅收入之 50%。許多政府（包括中國大陸政府在內）已實施「加值稅」(Value-Added Tax)，以去除間接稅層層重複課徵之弊。

　　政府在直接稅（如所得稅）設計稅率時，應注意「高稅率，低稅收」及「低稅率，高稅收」之自然規則。高稅率有四害，第一：「不快樂」；第二：「不公平」；第三：「敗壞風紀」；第四：「折喪投資意願」。所謂「不快樂」是指經營利潤是人民辛勤所得，政府從中課高稅掠奪，人民當然不快樂。所謂「不公平」是指政府課高稅掠奪之藉口是劫富濟貧，但「富」（有利潤）是努力，而「貧」（無利潤）是懶惰的結果。對努力者課稅等於是鼓勵不努力之懶惰者，為不公平之現象。所謂「敗壞風紀」是指課高稅會鼓勵逃稅，逃稅者被抓到，就會以賄賂方式解決，結果好處歸抓稅者，政府收不到罰款，反而敗壞政府官員紀律。所謂「折喪投資意願」是指有錢人怕高稅，寧願把錢轉移到低稅率國家去投資，不在本國高稅率地投資。所以稅收越高的國家，其經濟越不發達，政府越收不到稅收。

（四）保護與獎勵措施 (Protection and Incentive Programs)

　　關稅保護及獎勵投資及獎勵外銷等措施，常是開發中國家用以鼓勵農工商企業的共同手段。所謂關稅保護 (Tariff Protection) 是指政府以較高進口稅率的方法來阻止國外廠商輸入我國廠商已經能夠銷產的相同產品，使其成本提高，無法與國內廠家相競爭，達到保護幼稚工業，使之趁空苗壯，以備日後與國外廠商一爭長短之目的。二十年前（1980 年代）臺灣政府對國內已能生產的產品，凡其品質、品級、及價格與國外產品相近，則允許國內廠商之申請，給予禁止進口，提高進口稅率，或勸導優先採購國產品之保護待遇。但時至二十一世紀在世界貿易組織 (WTO) 規範下，這些保護措施都會一一取消，對國內外廠商給予相同國民相待，不能再歧視外國廠商。

　　關於獎勵投資及外銷之措施，大多以立法條例的形式，對國人或外人投資方案或廠家，給予租稅上、融資上、及行政手續上的好處，鼓勵在特定行業投資或增產外銷。

　　在 1954 年及 1955 年通過實施「外國人投資條例」及「華僑回國投資條例」。在 1960 年（民國 49 年）通過實施「獎勵投資條例」，以後再經過多次修正，延用，至

1990 年，又以「促進產業升級條例」替代，以符合實際環境需要。此等條例對工商企業之投資活動影響甚大，造成四十年臺灣經濟欣欣向榮之大好局面。至於外銷之獎勵則有沖退稅、保稅、及信用狀融資貸款、及加工出口區等待遇措施，對於直接外銷及合作外銷（間接外銷）廠家，助益頗大。中國大陸就是看到臺灣實施「加工出口區」對臺灣外銷出口的幫助，所以在 1978 年「改革開放」中宣布設立四個經濟特別區域（即「經濟特區」）為深圳、珠海、汕頭及廈門。直到 2003 年，四個「經濟特區」加上「海南經濟特區」、「上海浦東經濟特區」，更進而延伸為全國性「經濟開發區」及「經濟技術開發區」。

　　不過由於美國自 1950 年代以來，國際收支一直逆差，赤字累累，美元在國際貨幣市場之價格曾經一直下跌，所以其國內保護主義抬頭，動輒要美國總統對國外進口貨品施以管制、限制配額、及課以反傾銷稅（或平衡稅）之措施，以抑制國外品向美國大量輸入，打擊其國內製造廠。其中反傾銷稅或平衡稅之立足點，即為輸入國家之政府給予其廠商種種外銷輔助或獎勵，造成外銷價格低於內銷價格，不公平地打擊美國國內製造廠。臺灣廠商向以美國為最大外銷市場，所以在對抗潮流來臨時，應檢討外銷獎勵之作法，以消除外國政府抵制之藉口。

　　在 1997 年亞洲金融危機以來，美國雖然年年外匯逆差，但因其美元國際流動性地位依然被各國信任 (Trust and Confidence)，同時，世界各種新技術創新，都由美引發，又支持了美元地位，所以在二十一世紀開始世界經濟不景氣時，美元地位，對日圓及臺幣而言，都比前十年（1990 年代）還強。

（五）公平競爭與反托辣斯 (Fair Competition and Anti-Trust)

　　自由企業之經濟社會一向重視同業各廠商間之公平競爭，以促使提高產品品質及服務水準，並降低價格，消除暴利（即超過合理利潤之部分），造福廣大之顧客。美國反托辣斯 (Anti-Trust) 法案就是維持公平競爭的具體行動，因為在美國，有許多公司以托辣斯經營（Trust，意指信託）之方式，構成獨佔性團體，操縱市場之供給量及價格，掠取暴利，危害大眾福祉，所以美國政府之司法行政部門特設反托辣斯司 (Anti-Trust Division)，專力執行國會所通過的一系列反托辣斯及維持公平競爭之法案，對大企業之經營行為，構成監視及取締（向法院舉發）之威脅。

　　在臺灣而言，因為大企業集團之形成不多，真正重要的基本原料、公用事業等皆由國家投資經營，壟斷供給，危害大眾的事例尚未發生，所以尚無學美國之例，設定眾多反托辣斯法案之現象。廠商在臺灣經營，除 2002 年微軟 (Microsoft) 個案外，不必擔心。若有真正會造成壟斷市場之事例時，經濟主管機關亦早就以行政手

段勸阻於無形中。

二十年前經濟部有物價會報，協調全國物資供應來源及價格水準，具有廣泛影響之物價上漲皆須經其核可，所以在事實上，物價會報扮有反托辣斯之功能。在十年前，臺灣在行政院之下成立「公平交易委員會」，專門負責維持廠商間公平競爭行為，及取締廠商對大眾消費者不誠信之行為。2002 年微軟產品在臺灣有壟斷之虞即被公平會舉發，後以和解落幕。

（六）品質檢驗、專利、及食品藥物管制 (Quality Patent, Food and Drug Control)

1. 品質與檢驗

品質管制 (Quality Control) 是用來確保產品特性符合國家標準或顧客要求標準的管理制度，屬於生產管理 (Production Management) 的一個重要工作。「品質」與「價格」是顧客購買物品（或服務）過程中所將獲得之「利益」及應支出之「代價」（成本）。顧客總是希望成本支出少，利益收入大。所以品質管制是確保顧客利益的最佳手段，凡是經營成功的事業，都非常講求其產品品質合乎預定的標準水準。美國奇異電器及摩托羅拉手機就是以「百萬分之三」的六個標準差 (6-Sigma) 品管制度，聞名於世。

某一產品之品質是否合乎標準水準，則以「檢驗」(Inspection) 手續來判定。因為「產品」一詞包括極為廣泛的意義，可指原料、半製品、零件、配件及最終使用品，所以「檢驗」實施的時點亦隨之而存在。我國早期之經濟部檢驗局即為此而設立。

廣義言之，檢驗只是品質管制過程的具體判斷行為，兩者息息相關。若沒有良好的品管制度，產品在檢驗之後，被判「劣品」之機會甚大，廠家因而損失之現象難以克服。反之，若只有廠家本身之品管制度，而無公開獨立的檢驗機構，則眾多品牌中何者屬優，何者屬劣，顧客甚難判定，因而受騙受損之現象無法避免，所以兩者必須良好配合。但時至二十一世紀，政府檢驗機構甚多被民間替代，所以電器品之品質證明是 UL (Underwriter Laboratory)，而其他產品則有聯合國國際品質標準組織 (International Standards Organization, ISO) 9000 系列證明。

臺灣產品在世界市場上，1980 年以來，有被視為下等品之印象，其原因有二，第一、當時人力便宜，勞力勤奮，產品之品級又簡單低下，所以產品價格常比他國產品為低，給人家一種「低價低品」(Low Price Low Quality) 之關聯性印象。第二、當時廠商不知現代企業經營管理，必須講求品質保證 (Quality Assurance)，常以「節

省成本」及「一筆生意」為藉口，不願在品管制度下功夫，所以出口的產品品質不穩定，有時好，有時壞，使顧客無法確定我們到底能提供何種程度之產品，因而乾脆將之歸為下等品，並以之為藉口，大力削減價格，使我國廠商利潤薄弱，更無力在品管制度方面投資改進。二個原因造成互為因果的惡性循環，甚不利我國產品在世界市場的前途。當時凡是產地證明 MIT(Made in Taiwan) 之產品在美國百貨公司，都被放在地下層的廉售部 (Bargain Sales)，價格低賤，形象不好，利潤薄弱。

政府有鑑於此，遂於 1977 年（民國 66 年）4 月正式建立「全國品質管制制度」，由經濟部檢驗局執行，將九類產品列入管理範圍，1978 年（民國 67 年）6 月又將另外七類納入品管體系。凡是這十六類產品的工廠必須建立自己的品管制度，具備三十四項特點，並接受檢驗局調查評等分類（甲、乙、乙 –2、乙 –1、丙），凡是被評為丙等的廠家，就不能出口其產品，凡是被評為甲、乙等的廠家的產品出口檢驗時，檢驗費降為萬分之二及萬分之四。

各列入品管體系的廠家，除受第一次品管制度調查評等列管之外，檢驗局尚將不定期抽查各工廠，以評定其品管制度是否有改進，其原評定等級分類是否應提高或降低，以促使各廠家繼續努力於品管工作的投資改進。

至 1978 年（民國 67 年）6 月被列入「全國品質管制制度」之工業為：馬達、家用電器、塑膠鞋、自行車、手工具、家庭廚房用具、工具機、脫水蔬菜、冷凍海產、水泥、鋼筋、合板、玻璃、橡膠、味精、及麵粉等十六類工業產品。各工廠品質管制制度受查之項目共計三十四項，每項之優劣水準分五級（從無，偶爾有，少有，多有，全有），指數點從 0 分到 1 分。此三十四項特點包括工程設計，產品設計，工作指令，作業方法，製造流程，製程控制，原料搬運，存貨搬運，存貨控制，採購程序，檢驗程序，量具及儀器，情報回送（回饋）及糾正行動，工廠布置，工廠設計，安全衡量，品質成本，及品管組織及人員等等。

全國品管制度之強迫實施是我國政府的一項特別而有力的政策性方案，世界其他國家推行此制度者並不多見，中國大陸至今（2003 年）都尚未建立此制度，因此種工作原是各廠家內部經營管理的要務，不必勞動國家來操心，但在我國情況不同，廠家自己不做，政府自應義不容辭，否則任由拖延寶貴時間，對我國全面經濟發展之前途並無益處。經過二十多年之努力，今日臺灣產品 MIT 標識產地的印象，已經從低級品提升為中級品，在電子電腦零組件是用歐美標準，所以一直是高級品。五十年前，Made in Britain, Made in Germany, Made in USA 都是高級品，但 Made in Japan 是低級品。三十年前 Made in Japan 已是高級品，而 Made in Taiwan 是低級品。

在今日（2003 年）Made in Taiwan 是中級品，Made in China 是低級品。再過二十年 Made in Taiwan 將是高級品了。

2. 專利制度 (Patent System)

一國之專利制度 (Patent System) 對廠家之經營影響甚大，因為「專利」是國家法律正式對創新、發明、發現 (Innovation, Invention and Discovery) 之研究發展者的正面獎勵，同時也代表排斥及懲罰其他人士或機構之違規仿照、抄襲。一正一負，在市場上可造成短期獨佔 (Monopoly) 的局面，使享有專利權者，依其智力發揮的結晶，在特定產品之供應上，可「以量制價」，賺取高利潤，報答其先前投資於研究發展的努力。在二十一世紀，人類走入知識密集的經濟時代，技術上的創新專利、商標及版權都是「知識產權」(Intellectual Property, IP) 的主要對象。

良好的專利制度可以鼓勵企業做合理的品質競爭及新產品發展的競爭，對人群享受水準的提高，甚有助益。反之，不良的專利制度可能使合理努力於研究發展工作者，受到投機取巧之不良人士或機構，以「反訴」、「申辯」等法律程序所破壞或拖延，致使發明、創新、發現等成果，無法在市場上得到應有之報償，因而折喪研究發展熱忱，不利於企業發展及人群之長期利益。

我國之專利制度原由經濟部中央標準局兼管，人力及情報資訊皆受限制，未臻完善，多年來頗受各界評議。在幾年前，政府為進入 WTO，特別把「中央標準局」擴大為「知識財產局」，掌管專利、商標、版權及標準等事務，使我國對無形知識的保護和世界接軌。

3. 食品藥物管制 (Food and Drug Administration)

食品藥物在社會上所佔的地位很重要，因為幾乎每個人每天都會接觸到它們，而生產及銷售食品、藥物的廠家，一向佔總工商業廠家數的極大比例，競爭甚為劇烈。為了生存，許多廠家難免在價格及廣告上做不合理的競爭，譬如大幅減價，以致降低品質，或使用不良原料；或誇大廣告，以致引誘不知者試購；或虛偽包裝，以致陷人多購。

為了保護眾多消費者之利益，許多政府已採取積極干預行動，管制食品藥物之品質、用料、用色、包裝、日期、標價、廣告、及配銷通路。美國食品藥物局 (Food and Drug Administration, FDA) 是世界上有名的權威機構，保護消費大眾身體健康，貢獻很大。我國食品藥物檢驗局也在 1977 年（民國 66 年）成立，對於品質檢查及用料用色之管制已進行系統性之作業，所以凡是從事食品藥物事業的廠商必先瞭解這項新政策性之環境限制。有關食品及藥物之行銷正當性及公平性，則有行政院公

平交易委員會監理，若被指控，可被罰款或停業，影響甚大。

（七）環境污染管制 (Pollution Control)

人類利用自然資源與克服自然限制的結果，雖然造成科技進步，生活改善，但也導致環境的破壞，於是環境污染的產生與防範因之發生。

環境污染主要可分為三類：一、空氣的污染 (Air Pollution) 危害人體的健康，引起疾病（如支氣管炎、氣喘等），傷害動植物，損毀財物建築。二、工廠廢水造成水源的污染 (Water Pollution)，影響人體的健康、水產業與農業之產量、自來水源之水質、觀瞻與生態環境等，威脅人類的生存。三、噪音污染 (Noise Pollution) 刺激人類神經，造成集中力減退，心臟衰弱、消化不良，工作效率減退，聽力降低與失眠，為害不淺。

工商經濟愈發達，公害愈增加，防治公害之經費也愈多。有人說「經濟發展 ＝ 文化改變」(Economic development is cultural change)，也有人說「工業發達 ＝ 環境污染」(Industrial development is environmental pollution) 都是令人深思的經驗。

就企業的整體而言，防治污染雖然在設備方面須增加投資，但不論工廠廢氣或廢水，其中不乏含有有用原料、副產品或製成品等，這種損失間接地提高生產成本，是極不經濟的。況且企業員工亦會受到廢氣、廢水、噪音污染的影響，降低工作效率，對整個企業而言也是不利的，所以企業仍須正視污染控制。

在 1960 年代，奈德 (Ralph Nader) 提倡消費者保護主義 (Consumerism)，同時也提倡環境保護 (Environmental Protection)。臺灣政府也在行政院下成立「環保署」，負責臺灣地區的環境保護及復建。中國大陸在 1978 年「改革開放」後，工業發達，環境破壞嚴重，所以特別成立「可持續發展之環境保護委員會」，加強環保的長期工作，為未來子孫保留可持續生存的大環境。

（八）廣告管制 (Advertising Control)

廣告為人民與商品間認識的媒體，所以不實之廣告對整個社會有莫大之影響。不實之廣告包括下列型態：虛偽證明、欺騙性名稱及標籤、過分誇大失實之說明與內容、有名無實之保證、風格惡劣或過分暴露之廣告。

風格惡劣或過分暴露之廣告將影響大眾心理健康，破壞社會風氣；過分誇大失實的藥品廣告將影響人民之身體健康。凡此種種對於社會、消費者固屬禍害，對於廣告主亦不啻一種自殺手法，因為不實之廣告將影響商譽與產品銷路，所以在先進國家之政府公平交易機構都積極地消滅不實及不良之廣告。

第四節　社會、文化與教育環境 (Social, Culture and Educational Environments)

前節所介紹之技術、政治與法律環境，是僅次於經濟環境的重要企業生態因素，本節所將介紹的社會、文化與教育環境為較無形的因素，但其重要性亦不可忽略，否則事業經營不會順利運轉。「社會環境」是人群之組合體，「文化環境」是人們之價值觀念及態度之組合體，「教育環境」是培養企業成員之種種作法，直接影響人力資源供應之數量及品質。

一、社會環境之分析 (Social Environments)

「社會」指人群生活所組成的各種組織體及其行為典範與態度之集合稱謂。企業體生存於社會環境之中，所以不能不適應社會環境之變遷。在我國，比較重要的社會組織有⑴家族及家庭，⑵宗族及宗親會，⑶鄰居、同鄉會及同學會，⑷宗教團體，⑸職業公會，⑹勞動工會，⑺學術團體，⑻公益團體，⑼體育活動團體，前三者可說是中國社會特有者，而其他六者則與西方社會相近，但不相同。

（一）家族及家庭 (Family Structure)

中國的家族在古代向以「五代同堂」之大家庭 (Five-Generation Family) 為理想之組織型態，因而成為社會變遷潮流中的穩定基礎 (Stablizer)，不僅工作、就業、婚姻與經濟，以家族為中心，同時為人處世之行為亦以家風為依歸，構成社會的無形支持力量。更遠久的時代，皇帝懲罰百姓，動輒以「誅九族」為恐嚇，即是著眼於家族中心之潛在作用（九族指：高祖、曾祖、祖、父、本身、子、孫、曾孫、玄孫等九代之族人）。

雖然目前家庭規模已減為平均五人之口，但是重要企業所有權人，大多數依然環繞家族之兄、弟、伯、叔、子、侄三代之圈圈，企業承繼人亦以自己兒女為最先候選人。雖然大企業的掌權人在 40、50 歲壯年時，會說他的事業「用人惟才」，不用「血親庸才」，要「傳賢不傳子」，可是一到 50、60 歲，甚至 70 歲，想到自己來日無多，兒女長成，無處可去，自然就會「食言而肥」，千方百計削除功臣，把自己的兒女擁上「太子」承繼位置。此種東方血親基礎之社會組織型態，在未來二十年內，也不可能有突破性之改變，所以經營者不可不注意。

中國目前家庭成員之權威者尚屬於父親，兒女受傳統文化之教誨，仍然崇信「孝

順」之美德。不過「養兒防老」之經濟觀念已受社會移動性 (Social Mobility) 事實之挑戰，因兒女長大結婚後，謀職、求學多元化，分居他處之作法逐漸形成風尚，五代同堂、四代同堂、甚至「三代同堂」已難存在，退休養老變成「自助化」(Do It Yourself, DIY)。同時新家庭形成率及新家具採購率亦隨之增加，此等社會組織變化皆為企業經營機會。

（二）宗族及宗親會 (Family-Tree)

比家庭更大的社會團體是宗族 (Family-Tree)，所謂宗族是指同姓（如陳、林、李、蔡）之家庭成員（親戚）分屬各地，綿延多代所形成之無形鬆散大家庭組織。中國的歷史悠久，家族成員散處各地，發展成不同地域之同姓集團，為保持彼此連絡，互相協助，而有宗親會之正式或非正式組織出現，每年定期集會，追崇祖先，並勉新生。農村之宗親會是古代之道德及法律裁判組織，規範一村同姓人員之行為。在農村都市化後，此等作用已漸消失。可是宗族團體在政治選舉及企業籌資活動上，還常扮演相當重要之角色。

（三）鄰居、同鄉會及同學會 (Neighbors, Homelanders and Classmates Associations)

與宗族及宗親會相類似的社會團體是鄰居及同鄉會。前者（宗族、宗親會）之形成基於血緣關係，後者（鄰居、同鄉會）則基於地緣關係。「鄰居」(Neighbors) 指居住在鄰近的其他家成員，常為「朋友」之起源，古云「遠親不如近鄰」，乃指鄰居在危急時期相互幫助之重要性高於家族、宗族。在農業化社會或工業化社會的農村，鄰居是很重要的無形社會組織。但在工業社會的都市，鄰居之重要性及往來密切性大為減低，其主要原因為住宅公寓化及工作上班化，導致彼此見面談話機會大減，感情難以生根。

不過工業化社會裡有一種新組織，即是遠離故鄉到都市謀生的同鄉或鄰近朋友所組成的「同鄉會」(Homelanders Association)，譬如廣東同鄉會，嘉義同鄉會，川康滇同鄉會，臺灣同鄉會等等。同鄉會之組織應有正式之登記，並選舉會務執掌人員，皆為義務職，但對溝通感情，政治活動，及商業往來等皆有相當作用。

與鄰居及同鄉會很類似的社會無形組織，是同學會 (Classmates Association)。小學六年同校同窗學習，國中、高中及大學、碩士研究所之同修歲月，都令人終身難忘，所以在學成離開學校到社會上就業之後，常常成立某某學校某某班級同學會，數年或一年聚會一次，甚至一個月聚會一次不等，既可回憶年少輕狂歲月，又可互相幫忙，是個很重要的經濟、政治、感情組織。

（四）宗教團體 (Religious Organizations)

宗教團體在社會組織中居有很重要之地位，因為其與宗親會、或同鄉會、或同學會之結合基礎不同。宗教團體係依思想信仰而結合，宗親會因同姓（同宗）而結合，同鄉會因來自同一故鄉而結合，同學會因在同校同窗同學而結合。思想信仰的力量常遠大於姓氏及地域，所以在西方古代有宗教戰爭，近年中東有以色列（猶太教）與巴勒斯坦（回教）之戰，在 2001 年 9 月 11 日有回教激烈派賓拉登集團恐怖分子，對歐、美天主教、基督教之謀殺報復行動。在我國有各種寺廟、教堂，其規模皆遠大於宗祠及同鄉會址。

我國是宗教信仰自由的國家，所以社會上各種宗教皆可傳播及信奉，佛教、道教、天主教、基督教、回（穆斯林）教、軒轅教、一貫道，各立門戶，並有眾多信徒。在臺灣，最具有影響力的宗教應屬各地方性的神廟，這些神廟各有其奉祀之組織體（除小規模者外），對社會之影響力很大，譬如臺北的行天宮、龍山寺、北港媽祖廟、臺中鎮瀾宮、臺南南鯤鯓之五府王爺廟，以及其分祀之各地寺廟，其每年收入及生日慶典耗費，為數甚鉅。有人統計，謂臺灣各地寺廟之數目比所有學校（大、中、小學在內）數目為多，而每年寺廟的成長亦大過學校。此種社會組織反映大眾的教育及文化水準，雖有待調整改良，但卻不能否定其影響力。

（五）職業公會與勞動工會 (Trade Associations and Unions)

在工業化社會裡，各種工商職業「同業公會」（Trade Associations，指由廠家或自由職業執行人所組成之正式同業團體）及「勞動工會」（Trade Unions，指由各廠或各職種工人所組成之正式團體），都是重要之社會團體。越進化的社會，職業公會的組織越嚴密而有力量，對成員往往具有相當大程度的約束力及保護力，所以成員常須參加該公會方能取得執業權利（執照）或與政府交涉的方便。職業公會代表眾多廠家成員或個人成員，向其他社會團體及政府主張應有的利益，而政府也常透過公會對各廠商施行勸導及規範措施。所以職業公會越有效則社會秩序越好。臺灣目前最有力量的公會有全國工業總會、全國商業總會、全國工商協進會、臺灣工業協進會、電機電子公會、中小企業協會、電腦公會、證券公會、銀行公會等等。中國大陸的同業公會大都由政府主管部門輔導國有國營事業成立，是政府的一個外圍社會組織，其運作之獨立自主性尚不及臺灣的公會，比起美國的同業公會則又更遠。

在過去五十年，臺灣的勞動工會 (Labor Unions) 在政府社會部門及國民黨之指導下，是世界上有名的溫順工人利益團體，政府一方面禁止罷工，一方面重視勞工利益及抗議，代向廠家管理當局交涉，並施行政壓力，為勞工解決問題，所以在社

會聽聞上，並未多見工會罷工活動。這也是代表臺灣經濟發展成功的一個重要因素，值得繼續推行，但也應該在勞工領袖之培養上下功夫，使個別工會立於合理平等地位，與廠家管理當局做更密切之決策參與及支持活動，真正使勞工利益與股東利益趨於更和諧的境界。在中國大陸，每一個中外合資、合作、或外資獨資的公司，依法都成立工會，工會代表支取公司薪水以及 2% 之工資當工會活動費，工會活動大體上都支持政府及公司政策，罷工衝突之行動雖時有所聞，但都很快被政府解決掉。

（六）學術、公益、與體育團體 (Academic, Public-Interest and Athletic Organizations)

學術團體（如各種學會、協進會），公益團體（如各種基金會）及體育團體（如各種球類、田徑協會）等皆是社會團體。一個越公開化及進步的社會，此類團體的數目及活動越多；反之，越落後及閉塞的社會，這些團體的數目及活動也越少。

臺灣的學術團體為數甚多，在內政部管控下，有五千個以上，但活動缺乏積極有力之影響力，目前比較重要的是工程師學會、企業經理協進會總會及其七個分會、及管理科學學會，其活動較多而有普及性，其中以創立於 1963 年之中華企業經理協進會總會全年性辦理「高階經理 Mini-EMBA 進修計畫」、「科技人文素質修煉系列公開演講會」、「名著選讀勵進會」、「優質精進讀書會」、「WTO（臺澎金馬入世）系列公開演講會」、「傑出經理回饋社會系列演講會」等等活動最吸引眾人聽講。

公益團體及體育團體之數目較少。公益團體的活動較多者為佛光山、慈濟、法鼓山、長庚等幾個大基金會。其他基金會或財團法人較少有公共性之大活動。

大財團法人開醫院的很多，如長庚醫院，國泰醫院，新光醫院，振興醫院，耕莘醫院等等。中華經濟研究院、臺灣經濟研究院、臺灣綜合研究院，是比較出名的學術研究基金會。中華企業經理協進會（社團法人）在 2002 年也成立「中華企業研究院學術基金會」，將從事大規模之企業調查研究，把臺灣企業經營成功的因果關係做成學術性文獻。

體育團體之運動比賽自 1980 年以來稍見活躍，尤其職業棒球比賽，已漸有雛形，但距離體育運動全民化之階段尚有一段距離，尤其尚無法和美國、日本比較。

（七）士大夫觀念之改變 (No more official first)

我國社會團體的成員，一向有士大夫（指讀書當官）的觀念，人人崇信「萬般皆下品，唯有讀書高」，所以文憑及升學成為社會價值的重要標準，影響所至，對技術工藝的研習及勞動工作的從事，不受歡迎及崇敬，造成工業廠家所需的中基層技術員工 (Technicians) 極度缺乏，而大學畢業的文法科系學生則無法謀得合乎心意的

職位。人力供需未能配合高度工業化、高科技化、及知識經濟化，皆是社會觀念所造成，值得設法改變。在 2002 年，臺灣的工業職業學校及五年制與二年制專科學校，紛紛轉型為大學型之技術學院，使臺灣的大學有 150 所以上，顯然會有過多大學 (Over-University)，過少職業技術學校之病。

　　越工業化的社會，士大夫讀書當官的觀念越淡薄，因為滿足人慾望的方法越多，讀無用之書不一定比學有用之技藝為佳。我國政府及社會先進人士已有鑑於此，正設計「三明治教育工作法」(Sandwich Education Program)，鼓勵「讀書－工作－讀書－工作－讀書－工作」之鏈鎖體系，使人們習慣於讀有用之書，做有意義之工作，再學更有用之學問，以為更重要工作之用的生活方式，以改變一味讀死書，不知工作如何之士大夫觀念。對一個社會而言，「教育過度」(Over Education) 常造成人們不願動手實際工作之「文化障礙」(Cultural Barriers)，而「三明治教育工作法」正可補救此缺點。

（八）「士農工商」與「商工農士」觀念之改變

　　在我國古代農業社會，人們崇信「讀書做官 (Official) 高人一等，農人 (Farmer) 其次，工人 (Worker) 第三，商人 (Business Man) 最末」之社會階級分類法。這種觀念與士大夫讀書當官之觀念相互影響，造成無生產力，無創新之死寂社會。

　　近代科技及市場變化劇烈，慾望層次翻新，人們已不再安於往昔無生產力，無創新，無享受之靜態社會，所以經營管理知識開始發揮其效力於商業 (Commerce)，後來又及於製造加工業 (Manufacturing & Mining)，最後更及於學術界及政府界 (Academics and Government)，造成經理人員高於其他專技操作人員之現象，凡是要講求有效達成機構目標者 (Objectives-Achieving) 皆必須講求經營管理知識 (Management Knowledge)，所以不論政治家 (Politicians)、教授 (Professors)、科學家 (Scientists)、工程師 (Engineers)、醫師 (Doctors)、資本家 (Capitalists)、農家大地主 (Landlords) 等等，都必須以管理知識之應用，為其最有效達成目的的工具，所以他們都應該成為經理人 (Managers)。

　　所以越進步的社會，越快改變傳統「士、農、工、商」觀念為「商、工、農、士」之新觀念，特別尊重有效之經理人員，而非無效的某特定學科出身人員。美國在 1975 年開始設立 EMBA（在職高級經理企業管理碩士，英文全名為 Executive Master of Business Administration）班，以史丹福 (Stanford)、哈佛 (Harvard)、密西根 (Michigan) 等等名大學之企管學院為先鋒，針對士、農、工之高級人員，施以在職帶薪之 MBA（企管碩士）訓練，使他們都成為商場高手，把經營管理（商）的知識傳

入各行各業成熟之主管人員，是人類社會經濟的一大創舉。在 1979 年，筆者擔任臺灣大學商學研究所所長時，也開始辦理小規模在職經理參加 MBA 入學考試之 EMBA 班，到 2003 年，EMBA 班在臺灣及中國大陸之規模龐大，每年至少 5,000 人入學，已經成為人人追求有效經營之途徑，年輕 MBA 及高級經理 EMBA 都是使國家生產力更加提高的最有效祕方。

二、文化環境之分析 (Cultural Environments)

「文化」(Culture) 為社會中人類所擁有之知識、思想、信仰、藝術、道德、習慣、才能與偏好及行動行為之綜合體。簡言之，「文化是一群人長久形成及共有共享之思想與行為的規範」；文化也可以說是人類長期學習過程的結晶。

通常一個社會人群之文化的變化很緩慢，因為它代表人們長時間對實體環境及經驗的反映。不過就五年、十年、二十年而言，文化的變化也甚明顯，尤其是物質文化的改變為然。一個 40 歲的人再回顧二十年前的事物與人們行為，必會搖頭嘆息說文化變化真快速。

我國歷史悠久，人稱文化古國，意指人們之思想及行為典範已有相當定型化，譬如「四維八德」（禮、義、廉、恥；忠、孝、仁、愛、信、義、和、平）就是流傳久遠的中國文化，至今依然規範著大多數人之生活行為。中國大陸在 1949 年由共產黨掌政，實施中央集權之國有國營事業管理制度，人人都是公務人員，不要負責成敗，待遇獎懲也與工作表現好壞無關，又經文化大革命（1966～1976 年）之鬥爭，使社會人群失去「四維八德」之文化修養。1978 年實施「改革開放」政策後，重新教育，恢復各級教學制度，講求文化，至 2003 年四維八德才開始又恢復過來百分之十至二十，但要百分之百恢復，恐要再過三十年功夫。

對企業經營而言，四維八德的文化依然有其重要作用，但是卻不足以確保成功。一個社會人群的偏好看法及態度傾向，影響該國企業經營及經濟發展甚大，以下六種態度傾向值得探討。

（一）對權威及部屬之看法 (Authority and Subordinates)

我國傳統文化尊重中央集權之權威 (Centralization)，所以講求部屬絕無疑義之忠誠 (Loyalty) 服從，此種文化在動態複雜之大規模組織裡，並非最有效，所以尊重部屬「參與」(Participation) 之「分權」(Decentralization) 思想已萌芽，並將成為上司部屬間和諧關係之一大主流。美國通用汽車 (General Motors, GM) 在 1926 年由史隆 (Alfred Sloan) 主政當總裁之後，就開始實施分權式之事業部制度 (Divisionalization)，

從該時開始參與式之分權事業部利潤中心制度,就成為大集團企業的標準組織方法。

（二）機構間之合作態度 (Interorganizational Cooperation)

中國文化裡甚是缺乏「合作」之要素，所以個別中國人之能力甚強，但是數個中國人之集合力量反而減低，　孫中山先生形容此種現象為「一盤散沙」，其背後原因為缺乏良好之管理所致。「管理」講求計劃、組織、用人、指導、控制，是凝結群力的藥方，所以對散沙而言，「管理」是「水泥」(Cement)，是凝聚力的來源。

（三）追求團體成就及努力工作之態度 (Collective Achievement and Hard Work Attitudes)

高度追求精神上成就感及努力於個人工作崗位之態度，是文化的一個重要面。凡是越傾向於全心致力於「大我」（即團體）成就之文化，越有助益於現代企業之經營，同時個人若能時刻思考如何「貢獻」(Contribute) 工作崗位，盡心盡力努力工作，而非只想行屍走肉般依賴固定職位而「臥薪」（意指不工作，臥倒拿乾薪）一生，企業之發展亦越有希望。

在我國文化裡，追求團體無形成就之傾向不大，但個人努力於工作崗位之傳統精神則甚高昂，所以中國人之勤奮耐心舉世聞名。個人工作努力也許為物質生活而為，也許為心理成就而動，但若能再培養高度追求團體成就之精神，則屬最佳文化要素。

（四）社會階級結構及就業遷移活動性 (Social Class and Individual Mobility)

我國目前社會並無明顯之社會階級之分別，雖然大官顯赫之人，其後代也較容易晉升到政府高階地位，但並無確定之世襲制度，凡是勤奮、智力高超、及機運較佳之平民或貧苦人民，亦有晉升到中等或高級政府職位，或成為大企業家之可能，而得到大眾之尊敬。此種「平民布衣可以為卿相」之社會，當然有助於企業發展。在 2000 年 3 月 18 日，民進黨取代國民黨為臺灣執政黨後，行政院、司法院、監察院及考試院各部會與各國營事業機構的重要職位，已由民進黨員取代國民黨員，此種「布衣卿相」之機會更普遍，尤其 2002 年 1 月 21 至 24 日之第三次改組行政院及各部會，幾無往昔國民黨高官之後代。

不過我國文化裡，對於「遷徙他鄉」謀生及「男兒志在四方」之觀念，則有部分矛盾之處，一方面農村社會的農人講求「安土重遷」、「落葉歸根」、「月是故鄉明」、「衣錦還鄉」、「寧戀本鄉一撮土，莫愛他鄉萬兩金」等等，但是另一方面是講求「鵬程萬里」、「闖蕩江湖」、「讀萬卷書行萬里路」、「男兒志在四方」。綜合言之，目前中國人尚無美國人那樣習慣於高度就業移動性 (High Mobility)，包括就業種類、機構及

地點之轉換。在 1980 年代前，臺灣居住人的就業習性尚保留古代「東主—西賓」、「雇主—長工」之遺風，日本人對此種傳統之保持更為奇特，所以有「終生雇傭」(Life-Time Employment) 之說。但在 1980 年前美國已甚少強調此點，因為他們一方面崇信「就業自由」，「願則合，不願則離」，另一方面也採取「效率第一」(Efficiency-Performance Priority) 政策，認為無效率就無就業，有效率就永遠可就業，好部屬想辭職，老闆必定想盡辦法請求他留下來。可是在二十一世紀開始，不管美國、日本、臺灣、中國大陸，都已經習慣「移動經理」(Mobile Managers) 現象，人人已無「東主—西賓」、「雇主—長工」之忠誠心，人人以「投入—產出」為標準，投入多少心力，得到多少報酬，成為「跳槽與否」以及「炒掉最差 10% 員工」之行規。美國奇異 GE 電器公司的前董事長傑克‧魏許 (Jack Welch)，在 1980～2000 年任期中，就把員工依「效率—績效」成績評等，分為最佳 15%，其次 35%，其次 40%，最差 10% 四等級，每年把最差的 10% 員工解雇，用以維持 GE 公司最佳之「強將強兵」陣容。

　　凡是社會階級結構不嚴格劃分，以及崇信就業遷徙活動性大的文化，如美國之自由社會，對現代企業經營助益較大；反之，社會階級嚴格劃分，互不允許逾越，同時人民對就業移轉性甚為保守者，如印度，如改革開放前 (1978 年) 之中國大陸，則甚難發展大規模複雜性之現代企業，因為世界性的大事業經常要求其員工做廣泛性、全球性之業務旅遊或遷徙，「朝發東部夕至西部」，成為工作生活之常態。就是在二十一世紀開始，臺灣企業因島內成本上升壓力所逼，大量到中國大陸投資設廠，大量臺籍幹部長駐中國大陸，其中高級者，就必須每星期往返上海與臺北間，廣州或深圳與臺北間，甚至北京與臺北間，此種快速人員移動性已經具有世界級企業經理之態勢。

　　（五）追求財富及物質享受之態度 (Attitude for Wealth and Material Gain)

　　一個社會之道德文化若不重視財富及物質享受之追求，則甚難發展現代化大企業，因為財富及物質若被視為不道德之標誌，則無人膽敢冒犯眾怒，從事累積大資本之活動，因而企業新投資難以實現，自然經濟發展及全民所得無從提高。所以苦行僧之文化產生不了高樓大廈冷氣房之成果。有人說「無欲則剛」，那是指當公務員或決策人員，若不接受分外利誘，有求於他人，則可以理直氣壯行事，而不是指追求「君子愛財，取之有道」之物質文化之成就。在共產社會主義未真正改革開放之前，追求國家資本發達為主要方向，因而節制、甚至禁止私人民營資本之所有權及累積，視私人財富為社會上不可接受之異類，所以未見現代化大企業出現，只有經

營無效率的國有國營大、中、小型企業充斥社會各角落，經濟發展遲緩，國民所得落後歐、美、日各國。

　　事實上，追求財富只是人類成就感眾多表示中的一種表示而已，但它卻是引導全國經濟發展及全民所得增高的原始動力。與歐美日文化相較，我國文化至今尚未能完全適應此種想法，所以社會輿論及立法、監察等民意代表，尚時有在積極改善大環境時，一方面鼓勵經濟發展，另一方面反對民營大企業集團之言論，甚至在 1979年至 1983 年間，當本人於臺灣大學商學系系主任及商學研究所所長任內，積極推動把商學系所從缺乏現代化管理觀念之法學院，獨立出來成為管理學院，以利大規模培植高速經濟社會發展所需要之高級管理人才，竟然有社會系、法律系、政治系教授反對，認為臺灣已經夠富裕了，經濟不必再發展了，以免社會大眾因逐利而散亂心智。此種似是而非之看法，在在影響道德標準，值得深加辯論（臺灣大學管理學院成立之決議終於在 1983 年通過，順此一提）。管仲在二千多年前就說過，「倉廩實而知禮節，衣食足而知榮辱」，經濟不發達，那有足夠的經費能力來發展道德、文化、法律、政治呢？

（六）追求改變與冒險之態度 (Attitude for Change and Risk-Taking)

　　一個社會的文化系統若缺乏歡迎「變化」(Welcome Changes) 及追求「變化」(Pursue Changes) 之因素，則在堅守固有道德及價值標準下，人們激勵奮發，尋求創新改進的情緒會被抑住，或被打擊，或被視為叛變、大逆不道，而受嚴厲懲罰，不利於現代企業經營。因現代企業經營的成功要素之一，就是「創新改變」及「冒險突破」，尤其二十一世紀的經濟已走入「知識經濟」時代，「知識員工」成為員工的主流。知識經濟具體內容就是研究創新，以專利權、商標權、著作權及電腦軟體權等四個智慧財產權 (Intellectual Property, IP) 及新經營模式 (New Business Model) 為代表。

　　我國古代本有追求改變之教訓，如商朝就有「苟日新，日日新，又日新」之除舊布新遺教。不過經過幾千年之演化，終於塑成「恐懼變化」，「追求四平八穩」，「以不變應萬變」，「不創新不突破即不犯過」，「等待別人變化失敗以吸取經驗」等等之「小心無過」之文化，甚不利於必須在世界市場上與人一競長短之企業發展。美國文化、日本文化、韓國文化與我國文化頗有不同，其主因即在於追求改變態度之不同，值得國人警惕。在競爭壓力的困境裡，最佳的解圍策略就是集中力量於「戰略點突破」(Strategic Break through) 及「創新」，而非分散力量於各次要點之「均匀分布」(Tactical Balance) 與「守株待兔」(Wait to Success) 作法。

（七）文化轉變的新趨向 (Trend of Cultural Change)

在這個物質文明發達，社會人群往來密切，大眾傳播無孔不入的時代，許多人們的生活價值已經發生方向性的變化，對於企業經營之行銷策略產生指導性之作用，這些轉變可分十一分項表示如下：

舊文化之價值觀念 (Old Cultural Value)	→	新文化之價值觀念 (New Cultural Value)
1. 自我信賴，自我奮鬥 (Self-Reliance)		1. 依賴政府 (Government-Reliance)
2. 努力工作，不怕吃苦 (Hard Work)		2. 避難簡易，悠哉生活 (Easy-Life)
3. 宗教信仰，崇信超世 (Religious Convictions)		3. 崇信世俗，遠離宗教 (Secular Conviction)
4. 丈夫主宰式（三從四德）家庭 (Husband-Dominated Home)		4. 妻子主宰式（女權復興）家庭 (Wife-Dominated Home)
5. 父母中心式家庭 (Parent-Centered Household)		5. 兒女中心式家庭 (Child-Centered Household)
6. 尊重個人獨特行為 (Respect for Individuals)		6. 厭惡個別差異，尋求團體一致，流行時髦 (Dislike of Individual Differences)
7. 延期滿足，先苦後甘 (Postponed Gratification)		7. 立即滿足，先甘後苦 (Immediate Gratification)
8. 儲蓄備荒 (Saving for Future)		8. 花費享受 (Spending at Right Now)
9. 性貞節，性保守 (Sexual Chastity)		9. 性自由，性開放，家庭淡薄化 (Sexual Freedom)
10. 雙親價值，克紹箕裘 (Parental Value)		10. 同儕價值，脫離父親職種 (Peer-Group Value)
11. 獨立奮鬥，赤手空拳打天下 (Independence and Facing Challenge)		11. 尋求安穩，逃避挑戰 (Security Avoidance of Challenge)

三、教育環境之分析 (Educational Environments)

「教育」是改變人類心智過程之總稱 (Education is the total process of human mental change)，人自生下，心智能力有限，必須施以教育，方能增其良知及為人處事能力。「國者人之積，人者心之器」，所以一國之富強康樂，端賴其眾多成員良心智力之高超與發揮。相同地，一個企業的強壯繁榮，亦賴其員工心智能力之培植與發揮，所以在民智落後之地區，甚難發展大企業，而在民智發達之地區，外來企業競相前

往投資設廠。實言之，人才為所有資源之首，亦為成功之關鍵。在企業有八大資源，第一為人力資源 (Human Resource)，人力資源中又有腦力或智力資源 (Mental Resource) 與體力資源 (Labor Resource)；第二為土地資源 (Land Resource)；第三為財力資源 (Money Resource)；第四為物力資源 (Material Resource)；第五為機器設備資源 (Machine Resource)；第六為技術方法資源 (Methods Resource)；第七為時間資源 (Time Resource)；第八為資訊情報資源 (Information Resource)。在這八大資源中，只有人力資源是有靈性，有創新力的資源，稱之為人才，為中國古時所稱「天、地、人，曰三才」中之「人才」，也是所有資源的首領。有好人才，就可以找到其他七種好資源。人才是從培訓發展中得來的。人在「知」曉事物之前，在成為「專家」之前，都是「不知」的，都是「非專家」。所以對某某事物「不懂」不要緊，只要有興趣 (Interest)、有毅力 (Persistence) 去學，就會懂。人人在「懂」之前都是「不懂」的，所以人人很平等。

教育對人力發展之功用，俗稱「百年樹人」，與「十年樹木」相對稱（管仲曾說過，「一年之計在樹穀；十年之計在樹木；百年之計在樹人」）。因其作用屬於長期性，所以一國教育計畫之長期性及周全性甚為重要。教育過程所產生之人才，係供農、工、商企業機構及社會政治機構所用，所以其培育計劃應以「市場」為導向，不可以教育過程之枝節技巧因素為導向，形成無效之「為教育而教育」，應該是「為市場用途而教育」。所謂「學問為濟世之本」，是指要能有益於廣大人民生活改善之濟世學問才是真學問，才是教育的目的。分析一國教育是否有助益於企業發展應從以下六大因素著手。

（一）人們對接受教育之一般態度 (Attitude toward Education)

人們接受教育常自幼年開始，深度認識教育功效之天下父母，不論東方或西方人，總是含辛茹苦，籌措資金送兒女前往接受教育。孔子幼年喪父，賴其母親帶他懇求陶君讓老師傳授知識，日夜立門三天，才感動陶老師接受為學生，經辛勤苦讀，終成千古「大成至聖先師」，令人震撼。對幼年兒女而言，接受教育過程亦是一種磨練煎熬的痛苦事件，所以古人常以「書中自有黃金屋，書中自有顏如玉」來勉勵就讀，以求他日飛黃騰達，滿足人類多層慾望。

在我國的社會裡，重視學問、愛好學問已成為定型文化。帝王時代，科舉取士，三年一考，恩科外加，更加強人們追求教育之心，所謂「十年寒窗無人問，一舉成名天下知」，成為埋頭苦讀的最大驅策力。至今，天下父母仍然「望子成龍，望女成鳳」，皆以繼續升學為捷徑，雖形成「過分教育」及升學競爭壓力過大與補習班林立

之偏頗現象，但卻不能否認我國同胞愛好接受教育之良好態度，對於企業新進員工及在職員工之晉升訓練方案（見「三明治教育工作法」），有極大之助益。從臺灣及中國大陸到美國移民的家庭父母，特別注意兒女之升學教育，所以每年西屋 (Westing House) 科學獎，美國總統科學獎及美國加州大學升學比例中，華裔子弟都有極高地位，引起洋人又羨又妒。

文化古國皆有愛好接受教育之傾向，但若經濟發展水準太低，則可能遭受生活壓力（即謀生時間）之影響，而無法實現，譬如印度即是一例。目前的經濟先進國家，幾乎人人知道受教育對未來一生的重要性，所以此項因素已逐漸變為共同必要因素。在二十一世紀的臺灣，大學院校普遍升級，已有 150 所之多，大學生升學比例達 70%，對「知識經濟」之來臨很有幫助。臺灣大學教育已成為「普及教育」，而非三、四十年前之錄取率 20% 左右之「精英教育」（指升學錄取率在百分之五十以下），但是中國大陸 2002 年之大學升學率尚在 10% 左右，離「普及教育」水準尚遠，對「知識經濟」之來臨尚有應付上之難度。

（二）識字或文盲比率 (Literacy Level)

受教育的直接成果就是認識字，並能使用文字作為意見溝通的工具，方便知識及技術之傳播。識字之人為「文明」之人，不識字之人為「文盲」之人。一個國家之人民若文盲分子太多，則不利於企業發展，因為現代企業操作技術已漸脫離體力負荷，由機械力來替代，員工工作必須多用腦力創新，所以文盲分子派不上用場。在二十年前（1980 年左右）文盲分子僅適宜勞力密集及粗重操作之工作，如農耕、開礦、採木、曬鹽、及搬運，而將來之企業發展走向技術密集及資本密集（機器設備較多）方向，若文盲分子太多，自然難以配合所需。在二十一世紀，這些體力性之工作人員，也將都是有高中職教育水平，甚至大學教育以上之「知識員工」。

我國政府一向重視人民之教育程度，所以憲法將國民小學列為強迫性義務教育，學齡兒童不得無故不送往接受教育，國中三年教育亦列為延長的義務教育，所以目前幾乎沒有 30 歲以下之文盲存在，至於 30 歲以上未受正式教育者，政府亦施以補習教育（民眾補習班及社區大學）。至目前，我國國民之識字水準已達 99% 以上，不識字之部分大多為極高年齡之人，對企業員工之來源影響不大。

中國大陸在 1949 年改變新政權以後，文盲人數佔四分之三以上，為了快速辦理補習教育，實施漢字簡體化政策，把繁體漢字一簡再簡，以方便文盲者記憶及學習。但時過五十年，中國大陸文盲下降，新生代出生，實施六年義務教育，甚至九年義務教育。但大學生升學率只有 10%，比臺灣低很多。對幼兒而言，學簡體字與學繁

體字，功夫相同，因幼兒發展記憶力強，從 3 歲—6 歲—9 歲—12 歲，記憶力從高峰下降，理解力則相對上升，所以電動玩具再難操作，對小孩而言也是容易，所以我建議為保持數千年來之世界獨特優美之中國文字文化，中國大陸小學應開始恢復繁體字教學。

（三）職業教育及訓練 (Vocational and Technical Training)

職業教育（指高職教育）及職業訓練（指畢業後再到職訓中心受特定技術訓練）是培養技術人力的主要來源，供應工廠操作的廣大人力需求。職業教育與普通中學教育不同，前者為企業（農、工、商）未來之用途、後者為政府官吏（士）之晉用。士大夫觀念深厚之文化較重視普通中學教育，工商企業發達之社會較重視職業教育。

臺灣在 1980 年前之中等教育偏重普通中學，所以一方面造成人力浪費（因大學聯考失敗之人力無處可用），一方面工商業亦感人力供應無源。後 1980 年代開始，政府教育主管機關配合製造業之發展，大力推展職業教育，國中畢業生可以升學普通高中、高等職業學校及專校（五專），高中畢業生可以投考大學及投考專科學校（二專、三專）。讀技職體系之學生比率大有改進，並有超過二分之一之趨勢，對 1980 年後臺灣企業經營甚有助益。但在二十一世紀高科技發展之「知識經濟」時代，臺灣許多過去二專、三專、甚至五專之職業學校、技術專科學校，紛紛改制為技術學院、管理學院、科技大學及一般大學，成為「教育膨脹 (Educational Inflation)」現象，使「技工」升級為「知識員工」之一分子。

（四）大專教育配合農工商發展需要之程度 (Educational Match with Requirements)

大專教育即高等教育 (Higher Education)，以培養高級管理及工程科學人才為目的，為未來宏圖發展之設計人才之候選人，與職業教育以培養技術操作人才（即技工，Technician）不同。大專科系之設計及學生人數之招收必須以農工商企業界之未來需求為導向，否則畢業生總數甚多，但不合企業所需規格，則將浪費甚大人力及物力資源，並造成「所學非所用」，或「大投入小產出」（大才小用）之社會自卑、困惑情緒，無益全國整體發展。譬如文、法科系畢業生超過需求太多，而工程科系畢業生不足需求，即是一大不調現象。

大專教育計劃，必須從原來為維持及保障老教授就業機會之「生產導向」，轉為配合工商企業需要之「市場導向」，才能確保畢業人才符合企業各個部門所需，此為我國未來教育改革之最重要課題，也是寶島臺灣大學機構過多（至 2003 年，臺灣的大學院校已有 158 個），招生來源不足，互相劇烈競爭學生市場所必須注意之戰略點。

（五）企業教育之發展程度 (Management Education)

企業經營管理教育為培養經理人才之主要來源，最高級的經理為國家總統、院長（總理）、部長、企業集團董事長、總裁、公司董事長、總經理、副總經理等等，與一般大專教育略有不同。因為一般大專教育分科甚細，以「專門技能」(Special Skills) 之教學研究為主，成為未來社會各行業各部門之中高級業務及工程技術設計人員，而企管教育則為培養各行業各部門之主管人員，包括班長、組長、股長、課長、經理以上人員，以能充分凝聚及應用人力、物力、財力等等企業資源之「人群」與「決策」能力 (Human Skills and Decision Skills)。企業教育應為已接受各種專業教育並欲成為經理（而非僅做工程師或業務員）之人員的額外進修 (Advanced Education) 處所，不應與各專業科系平行，因而限制各科優秀專門人才成為現代經理人之進修機會。

我國目前之企管教育採取兩種方式：第一種為大學本科（由高中畢業生投考者）之企業管理、工業管理、資訊管理、人力資源管理、工商管理、會計管理、財務金融管理、國際貿易（國際企業）、保險管理、運輸管理、公共行政等科系，第二種為研究所級（由大學畢業生投考者）之企業管理、工業管理、工商管理、科技管理、財務金融、資訊管理、運輸管理、國際企業、會計、統計、公共行政、管理科學等研究所碩士班及博士班。大學本科之企管科系幾乎寶島臺灣 158 所大專院校皆有設立，每年招生（日、夜間部）人數為臺灣大專院校各科系中之最多者，為我國工商企業提供充沛之「非工程師」之企業人才，較之工學院眾多科系所提供之「工程師」之企業人才總和人數，毫無遜色，但此種現象及影響力尚未為教育部及各大學主政當局所深切瞭解，並反映於學術發展及輔導方案之發展上有所偏差，則為美中不足，必加改進之處。

碩士班之企管人才教育（通稱 MBA）在我國之發展，從 1964 年開始，至 2003 年已有 40 年歷史。國立政治大學企業管理研究所於 1964 年由美國密西根大學 (University of Michigan, Ann Arbor, Michigan, USA) 前來援助設立，開始第一個 MBA Progrom，以後淡江、交大、成大、臺大相繼成立管理或商學碩士班。到 2003 年，以公立之政大、臺大、交大、成大、中山及私立之淡江、元智、東吳、輔仁之 MBA 班及博士班 (Ph.D in Business Administrate) 較出名。寶島臺灣自 1964 年有 MBA 企管碩士班至 2003 年，已經培養萬人以上總經理級的企管人才，對我國企業經營走向現代化之作用，扮演觸媒劑及推動劑之角色，甚為重要。預計今後企管碩士人才，尤其具有大學理工科學士背景之 MBA(Engineer-based MBA) 之需求量會繼續大增，

所以如何加強 MBA 之供應量及提高 MBA 品質,則為今後教育當局在大學本科企管教育之外的重大使命。教育部已決定按照美國 MBA 學院聯合會 (American Association of Collegiate Schools of Business, AACSB) 標準,對寶島臺灣的眾多大學之 MBA Program 進行評鑑(公立大學於 2002 年 10～12 月,私立大學於 2003 年 3～4 月進行),促使臺灣的 MBA-EMBA 品質有世界級水準。

(六) 在職主管之管理發展方案 (Management Development Program)

企管教育除可施行於大學本科學生及碩士班研究生之外,尚應廣泛地施予已經就業於農、工、商企業,並居有主管職位之資深人員,方能快速產生有效經營之成果。此部門所造就之企業管理人才,因快速及數量大,所將扮演的角色,可能比上述年輕 MBA 學門之畢業生更重要。

就整個社會之現況而言,眾多企業之各級主管職位,常由專業性工作表現優異之人所升任,但這些接任主管職位之專業性人才,不一定具有管理知識及領導決策才能,所以不一定能充分發揮所統轄資源之潛力,有效達成目標,所以在職主管之管理才能發展方案 (Executive's Management Development Program, MDP) 應普遍實施,而其對社會之貢獻,亦遠比大學本科及碩士班企管教育為大及迅速,因為管理發展方案所訓練之人才,馬上可以在主管職位上發生作用,而企管碩士畢業生尚須三、五年才能升任課長或經理級職位,大學本科之企管相關學士或工程學士,最少亦需五、七年才能升任課長,後兩者所能發揮現代管理之效用,確實較小較遲。何況上級主管之觀念及行為,常成為下級部屬之限制環境,若已在較高職位之主管之頭腦不先予以管理發展洗腦,則下屬之企管學士及碩士,將甚難發揮其可能有的現代化潛力。所以有識之士,認為加強在職主管之管理發展方案,乃是幫助現代企業發展的直接而有效之捷徑。

我國目前有很多私營之企管顧問公司辦理短期(3 至 5 天)之管理發展研究會,經濟部所轄專業人員訓練中心則較常辦理(1 至 2 週)之相關研究班,皆屬可喜現象,但就廣大之農工商企業而言,辦理中期(3 個月一學期)及長期(6 個月二學期)之管理發展班甚屬必要,以期快速將現有各級主管都接受現代化管理知識之洗禮,形成浩大之人才團隊發揮潛力。筆者在擔任臺灣大學商學系系主任及商學研究所所長時,就在 1979 至 1983 四年,辦理七期「企經班」(即在職經理)之管理發展計畫 (Management Development Program, MDP),每期 6 個月,200 小時。每期招生五班(高級經理甲班、乙班,普通經理班、財會經理班及理工經理班),每班五十位,規模龐大,比美國哈佛大學商學院、密西根大學商學院等著名機構所辦理之 Executive Education Programs 還大。在 1999 年，筆者經海外工作十四年重回寶島臺灣，擔任中華民國企業經理協進會理事長（第九任）時，又重新辦理此種在職經理企管進修計畫，名叫「高階管理 Mini-EMBA 進修計畫」，每期 220 小時，已連續辦理六期（至 2003 年中），每期 150 人左右參加（分三班），可見此種管理發展需要性之高。

　　管理發展方案可分基層、中級、高級及最高主管等程度，以訓練目前或潛在之股長、課長、經理、及總經理人才。在美國，這些管理才能發展方案常由著名大學之企管研究所辦理。在我國則有名之大學企管、商管研究所皆尚未能擔起此種任務，他們只為有學位之 MBA 及 EMBA 班，值得檢討及加強辦理。目前政大、臺大、淡江、文化等等大學，已有「推廣教育中心」及「建教合作中心」，辦理有學分及無學分之進修班，培養很多企業所需人才，但都由大學統一來辦，但不隸屬於管理學院或商學院，其切膚性無法和歐、美、日甚至中國大陸之商學院或管理學院相比較。

第五節　理想之人文生態總體環境

　　企業組織是人的結合型態之一，也是社會組織之一，深受天然生態環境 (Natural Ecological Environments) 及人文生態環境 (Human Ecological Environments)「好」或「壞」的操縱影響，所以一國政府執政者的最大職責所在，就是改善天然及人文生態環境，吸引及鼓勵外國及本國人民投資經營經濟企業，發展財富，平衡財富，造福全民。

　　一國天然生態環境包括古人之八卦：乾（天時）、坤（地理）、坎（水澇）、離（乾旱）、震（地震）、兌（雨澤）、巽（風）、艮（山丘）。改善天然環境要有百年計畫，甚為不易，甚至永久不可能改善。一國人文生態環境也包括人群之八大環境：政治 (Political)、經濟 (Economic)、法律 (Legal)、技術 (Technological)、人口 (Population)、文化 (Cultural)、社會 (Social)、教育 (Educational)。改善人文環境也要持續的努力，雖然不要百年計畫，也要五年、十年計畫。

　　寶島臺灣在 1949 年國民黨失去中國大陸政權時，面積和人口都和海南島相近，面積三萬六千平方公里，人口六百萬。但時至今日 2003 年，臺灣人口已達二千三百萬，人均國民所得 13,000 美元，但海南島人口依然六百多萬人，人均所得不到 2,000 美元。兩者相差之因不在天然環境之變化，而在人文環境之變化。很明顯地，臺灣島之人均所得提高，是五十多年來，總體生態環境改善，引導企業發展，經濟發展

的成果。海南島發展落後的原因，也是總體生態環境五十多年來未獲重大改善，導致未能吸引企業投資發展所造成之後果，所以我們在前面章節裡，一再說明改善環境對企業經營及經濟發展的因果關係。要「好果」，一定要先種「好因」，一點也取巧不得。

　　為了讓讀者對改善總體人文生態環境之理想境界有一個概念，茲將八大人文環境中的每一個環境，列出優先改善的項目順序，供作參考，每一環境各含八個項目，八八六十四，八大環境共有六十四個項目，也是評定各國（目前聯合國有 190 個會員國）競爭力及投資環境的架構起點。在實際進行專家評定時，可設定每一項目的最高分為 10，最低分為 1。總共六十四項，最高可得 640 分，最低為 64 分，從而排定競爭力及投資環境之名次，總分越高者，排名越前。

一、八大政治環境首重穩定效率 (Stability and Efficiency in Political Environments)

1-1　政局穩定 (Stability)：政黨不要太多，也不可一黨獨大；若政權改變，也不可快速悔改前任已定之政策及對外協議承諾。

1-2　行政效率 (Efficiency)：各級政府機構（中央、省級市、縣市、區鎮級）辦理人民事務，要快速執行，不公文旅行；最好有定期完成之時限規定。

1-3　清廉清明 (Cleanness)：政府官員辦事以追求「人民滿意」為目標，不以權謀私、謀利；應走政輕刑簡之路；官員頭腦應保持清明不昏。

1-4　謹慎負責 (Responsibility)：政府官員辦事手段應心細周全，負責到底，不「推、拖、拉」，不「和稀泥」，不用「鋸箭法」。

1-5　正義公平 (Justice)：政府官員應維持社會正義，防止不良分子以強欺弱，以富壓貧，防止官商勾結之特權壟斷事件。

1-6　公開透明 (Openness)：政府處理有關人民權利及義務事件之資訊及過程應公開，透明，不隱瞞。

1-7　自由少禁 (Freedom)：盡量少用否定，少禁止人民之行動空間。只有經議會（立法院）通過之「禁止」項目外，人民都可以自由行動。

1-8　民主參與 (Democracy)：讓人民有公平資格投票選擇立法、行政及司法官員及創制、複決法律之權利。

二、八大經濟環境首重「水電交通」

2-1 水利建設 (Water Supply)：指灌溉用水、工業用水、自來水、防洪、防旱等水利工程之興建及營運。

2-2 電力建設 (Electric Power)：指水力發電、火力發電、核能發電、太陽能發電、風能發電、海浪能發電等工程之興建及營運。

2-3 運輸建設 (Transportation)：指公路網、鐵路網、江河網、運河網、國際海運網、國內航空網、國際航空網等工程之興建及營運。

2-4 通訊建設 (Communication)：指國內、國外有線電話、無線電話、國際網際網路電訊工程之興建及營運。

2-5 金融建設 (Financing)：指銀行、證券、保險、授信、創投、外匯、信評、期貨、企業顧問等體系之興建及營運。

2-6 財稅體系 (Taxation)：指營業所得稅、個人所得稅、營業稅、加值稅、印花稅、關稅、遺產稅、土地增值稅、證券債券稅、各種規費及附加稅等等之合理性及鼓勵性。

2-7 產業政策 (Industrial Policy)：指策略工業政策，中心—衛星工廠政策，國家性開發研究專案、地區性開發專案、委託民營 BOT 專案、及國防轉民用專案等等計畫。長期性特殊經濟開發政策之設定及執行。

2-8 獎勵投資政策 (Investment Incentive)：階段性吸引外來投資及鼓勵本國投資之措施，包括投資、研發、培訓、出口、電腦資訊化、產業升級化、中衛聯盟化、中小企業輔導有關之減稅、免稅、行政手續簡化，土地取得手續簡化及降低成本之獎勵辦法。

三、八大法律環境首重「與時俱進」及「合乎情理」

3-1 刑法與刑事訴訟法之合時性及情理性程度。

3-2 民法及民事訴訟法之合時性及情理性程度。

3-3 所得稅法、金融法（銀行法、證券交易法、保險法）、關稅法、外匯管理辦法之合時性及情理性程度。

3-4 公司法、企業併購法、經濟法規（專利、商標、版權、智慧產權、廣告、藥食管理、公平競爭、消費保護、環境保護）之合時性及情理性程度。

3-5 立法品質：指各級議會之成員人數、素質及立法速度與品質程度。

3-6　司法品質：指檢察、調查、警察之人員素質及辦案之速度與公平、清廉程度。

3-7　審判品質：指法官之素質及審案之速度與公平、清廉程度。

3-8　調查、檢察、審判（法官）人員之訓練、職責、能力考核及保障（職業及人身安全）。

四、八大技術環境首重產品、原料、製程、設備及檢驗技術之「創新活力」及「競爭力」

4-1　基本研究 (Basic Research) 之人員、費用及成效（專利件數及應用程度）。

4-2　應用研究 (Applied Research)。

4-3　產品發展 (Product Development)。

4-4　工程設計 (Product Engineering)。

4-5　試製生產 (Prototype Production)。

4-6　量產技術 (Mass-Scale Manufacturing)。

4-7　上市行銷 (Marketing of New Product)。

4-8　產品改良 (Product Improvement)。

五、八大人口環境首重「數量及品質」

5-1　人口數量 (Population Quantity)。

5-2　人口性別及年齡結構 (Population Structure by Sex and Age)。

5-3　人口成長及分布 (Population Growth and Distribution)。

5-4　人口都市鄉村分布 (Population Distribution by City-Village)。

5-5　人口教育結構 (Population Structure by Education)。

5-6　人口素養及保健 (Population Quality and Health)。

5-7　人口移動 (Population Mobility)。

5-8　人口死亡 (Population Death)。

六、八大文化環境首重「誠信道德」之思想行為

6-1　儒家思想：指四書（《論語》、《大學》、《中庸》、《孟子》）及六經（《詩》、《書》、《禮》、《樂》、《易》、《春秋》）之傳播及信仰。儒家思想處理社會人群間之關係，以倫理（天、地、君、親、師、友六倫）為重心，故儒家文化歸類為「社

會學」性質。

6-2　道家思想：指《道德經》（老子）、《南華經》（莊子）之傳播及信仰。道家思想處理人與自然界之關係，故道家文化歸類為「科學」性質。

6-3　釋（佛）家思想：指三藏（經、律、論）之傳播及信仰。佛家思想處理個人內心的八識（眼、耳、鼻、舌、身、意、莫那、阿拉耶，前六者為上意識，第七者為潛意識或下意識，第八者為無意識），屬於「心理學」性質。

6-4　「諸子百家」、「天人合一」、「性命雙修」、「心物一元」之思想。

6-5　「四維八德」（禮、義、廉、恥四維及忠、孝、仁、愛、信、義、和、平八德）、「知、行、愛、恆」指佛家（大智文殊、大行普賢、大慈大悲觀世音及大願地藏等四大菩提薩埵觀念）、「神愛世人、信主得救」之基督思想，「五武德」（指《孫子兵法》之智、信、仁、勇、嚴）、「七情六慾」（指喜、怒、哀、懼、愛、惡、欲七情與名、利、財、色、食、睡六慾），及「清靜圓覺」之修養。

6-6　「真、善、美」、「福、祿、壽、喜」、「離、苦、得、樂」（成佛）、「智慧成就、功德成就」、「立功、立德、立言」三不朽，「良知 (Good Knowledge)、良能 (Good Ability)、良心 (Good Conscience)」之「三良專業經理人」等境界之追求。

6-7　「扶弱濟傾」、「繼道統、興滅絕」之強弱共存道統。

6-8　「藝文傳志」、「詩、琴、棋、畫」、「禮、樂、射、御、書、數」六藝允文允武之人生氣質修煉。

七、八大社會環境首重「團結性」及「和諧性」

7-1　社會階級：指帝王、公、侯、伯、子、男；士、農、工、商，商為四民之末；主人與奴僕；公卿與布衣等觀念之改善。

7-2　三教九流：指「儒釋道」三教及「九流」之存在程度。九流指一流皇帝，二流官，三僧，四道，五流醫，六工，七匠，八流娼，九流士子，十流丐（去除皇帝，則為九流，此乃元朝時流行之社會結構）。

7-3　六教十六流：指「儒、釋、道、穆、基、主」六教流行於二十一世紀。十六流指「士、農、工、商」、「兵、醫、學、卜」、「游、俠、僧、道」、「黨、閥、妓、丐」等，暢行於今日社會。

7-4　宗法組織：指家祠、宗族會、村族會、宗親會、同鄉會、校友會、神廟會、禮拜會。

7-5　社團法人組織：指同學會、扶輪社、獅子會、青商會、學術會、協進會、同

業公會、工人工會。

7-6　財團法人組織：指各目的別的基金會、研究院、慈善會、體育會、醫學會。

7-7　政黨法人組織：指各政治團體，如臺灣的國民黨、民進黨、親民黨、新黨；如美國的民主黨及共和黨；如英國的工黨及自由黨；如日本的民主自由黨、社會黨；如中國大陸的共產黨、致公黨、民盟、九三學社等九大黨派。

7-8　學校及宗教法人：指各民間私立學校（大學、中學、小學）及各宗教廟會團體（如佛光山、慈濟、法鼓山、龍山寺等等）。

八、教育環境首重「配合社會工商企業發展之需要」

8-1　基礎教育：指幼稚園、小學、國中、高中教育，以塑造有誠信道德文化之文武全才人格。

8-2　謀生技術：指職業教育、專科教育、補習班及成人技藝職業訓練。

8-3　高等教育：指大學學士班、碩士班、博士班教育，以培養國家社會企業之高級領導人才為目的。

8-4　專業教育：指商、管、貿、法、醫、工程學院之教育以培養專業 (Professional) 人才為目的。

8-5　科學研究：指中央科學院、工業技術研究院、大學研究所及研究中心、經濟研究院、企業研究院等，以研究新知識、新現象、新技術、新產品、新加工法、新設備、新檢驗方法、新經營管理方法為目的。

8-6　青年領袖培育：指研討會、研習營、國際考察、社會服務營。

8-7　企業管理才能發展：指 MBA, EMBA, Mini-EMBA，及短期管理發展研討班等等。

8-8　政治領導才能發展：指「學而優則商」，「商而優則仕」，「仕而優則再學」，「三優而後立法代議士」，「立法代議優而後政治領導」，此乃「三明治人才培育法」(Sandwich-Training Method)。

第五章　企業之所有權組織型態
(Ownership Patterns of Business Organization)

第一節　所有權與管理權型態 (Patterns of Ownership and Management)

　　企業是追求營利及滿足顧客的組織體。企業組織體的所有權 (Ownership) 在民法規定上是各種權利的最高者，比抵押權、使用權、質典權、租賃權等等還大，擁有所有權就擁有處分權。一個企業的「所有權」與「管理權」(Ownership and Management) 在現代化大型規模經營上必須分離，但在小規模經營上，必須合一，其要訣在於專業效率及負責效率之消長。

　　有關「所有權」之現代化管理，稱為「公司治理」(Corporate Governance)，以股東、股東會、董事會與總裁、總經理之關係為要點。有關「管理權」之現代化管理，稱為經營作業管理 (Operations Management)，以集團總裁及公司總經理、副總經理、各部門經理、課長、股長、組長、班長與作業員工之關係為要點。公司所有權之結構及治理 (Structure and Governance)，會影響公司經營管理之效能 (Effectiveness) 與效率 (Efficiency)，所以必須詳加研討。

　　企業機構可依所有權之隸屬而分為「私有」企業 (Private Firms) 及「公有」企業 (Public Firms)。「私有企業」亦稱「民營企業」，指由人民所投資，並在一般民法、公司法及相關商法下，可以自由追求最佳利益，而不受政府中央集權控制。

　　「公有企業」指由各級政府投資，並在民、商法之外，尚受公共法規限制及政府中央控制之事業機構。私有企業可以自由銷產，所以有時會生產過多，或生產不足市場顧客所需要的產品，而致事業陷入破產失敗境界，但在市場供給需求定律 (Supply and Demand Mechanism) 作用下，常可獲得長期的平衡及成長。換言之，私有企業有較大自由從事競爭、改變、創新，因而長期的經濟活動可導致物質及精神供給的增加，使人類生活獲得改善。在今日世界中，私人廠商已是所有企業的「原子」(Atom of Business)，也是國家經濟生產力的基礎。那一個國家若擁有更多的公有企業，就代表那個國家是很貧窮、很落後。

「公有企業」由政府投資，並常依一般政府行政機構（古稱衙門）之「手續管理」（不是「目標管理」）方法經營，所以又稱「公有公營」(Public Own-Public Managed)事業。公有事業若能依一般民有事業「目標管理」精神的靈活自由經營方式，極力追求目標之達成，則可稱為「公有民營」(Public Own-Private Managed) 事業，其總經營效果當比單獨之「公有公營」或「私有民營」事業為佳。

因為我國的公有事業，尚逗留在依一般行政機構以手續為主之管理方法階段，與絕大多數之私有民營事業以目標達成為主之經營方式不同，所以本章以私有民營事業之組織型態為討論重點❶。時代進入二十一世紀，全世界各國都在改革無效率公有公營事業，在臺灣已經推行多年的「國營事業民營化方案」，雖進展不快，但方向已定。中國大陸則以「抓大放小」原則，在大力改革其 100 萬家之大，中、小型國營事業，初見效果，但路途尚遙遠。

財產「所有權」與經營「管理權」為企業經營的兩大基本權力來源，所有權之公、私別與經營管理權之官、民別，可以綜合構成表 5–1 四種企業經營型態。

表 5–1　企業所有權與管理權經營型態組合

「所有權」別	「經營管理權」別	「企業經營型態」別
公有（政府投資）（人民繳稅）	官營（依行政機關方式）	公有官營（舊式公營事業）A 型
	民營（依一般正常企業方式）	公有民營（新式公營事業）B 型
私有（人民投資）	官營（與行政機關方式類似）	私有官營（舊式民營事業）C 型
	民營（一般正常企業方式）	私有民營（新式民營事業）D 型

一般而言，A 型「公有官營」之事業及 C 型「私有官營」之事業較不會產生有效的經營成果，俗稱「無效經營」(Ineffective Management)，大多屬於此兩類型態。反之，B 型「公有民營」及 D 型「私有民營」事業較會產生有效的成果，俗稱「有效經營」(Effective Management) 大多屬於此兩類型態。所以一個事業之是否有效，與經營管理方式之相關程度，遠大於所有權的方式。換言之，經營管理措施合乎現代化方式者，公、私有事業皆可有效經營；若經營管理措施違反現代化方式者，公、

---

❶　有關我國公營事業之經營與改進之調查研究，則請另見陳定國著，《公營事業企業化實施結果之研究》，行政院主計處及臺大商學研究所，66 年 1 月出版。

私有事業皆必無效經營。「私有民營」（D 型）企業在小規模時，戰戰兢兢，小心謹慎，依照有效方法經營之，成功在握。但當規模成長變大，所有權者常變成得意忘形，好大喜功，自認天縱英明，遠離英才，走向官僚仕途，變成「私有官營」（C 型）。所以「私有」並不一定保證會有效經營。現在中國大陸的企業有四類，第一類是舊式大型國有企業，走「公有官營」（A 型）之路；第二類為新式大型國有企業（如清華方同，北大方正，聯想，交大昂立），走「公有民營」（B 型）之路；第三類是新興中小企業及鄉鎮企業，有走「私有民營」（D 型）者，也有走「私有官營」（C 型）者；第四類的外資企業（合資、合作、獨資），大都走「私有民營」（D 型）之路。

第二節　企業機構與其規模(Business Organization and Scales)

一、企業機構與其他機構區別之處(Difference between Business and Non-Business Organizations)

所謂「企業機構」亦稱「營利事業」(Profit-Seeking Organization, PSO)，係泛指為一人或一群人所「擁有」，以追求「顧客滿意」及「合理利潤」為終極目的，並在一套特定營運「目標策略及管理作業制度」下，從事「銷、產、發、人、財」活動之資源集合體。所以企業的第一條件為「所有權」，第二條件為追求利潤，第三條件為「目標、策略及管理作業制度」，第四條件為「銷、產、發、人、財」活動 (Marketing-Production-R&D-Personnel-Finance)。此四條件即是形成營利的企業機構與其他「非營利機構」(Non-Profit Organization, NPO) 不同之基礎，譬如一家電視機公司與警察局之不同，即在於前者為私人所有，後者為政府所有；前者追求利潤目標，後者追求社會安寧目標；前者銷產電視機之有形產品，而後者銷產維持秩序之無形勞務。

二、企業生存成功與失敗之考驗期(Testing Period of Business Survival and Failure)

任何企業成立皆來自資本所有主（人民或政府）的投資；任何企業的「生存」(Survival) 與「成長」(Growth) 則有賴所有權人之努力，包括所有權人聘用能幹之專業經理人或自行經營管理。依據企業生命紀錄，凡是一個廠商能夠在創業之後耐過五年之期，則其繼續生存下去的機會很大，所以「五年」就成為企業成敗的考驗期

(Testing Period)；換言之，一個企業初創之時雖然業務繁榮，利潤甚豐，但不一定保證它能終久成功，因為它可能是「一鼓作氣」、「程咬金三斧頭」(意指唐朝名將程咬金作戰時，只有開始之三斧頭有力量，再來就沒有力量了！) 的短暫衝刺，沒有耐久功夫，終必導致衰竭而敗亡之局面。反之，一個企業能夠經歷五年不死，則必會創下相當知名度及營運基礎，所以若能再接再厲，錦上添花，則生存及成長之成功希望必大。

在 1999 與 2000 年間，網路事業「達康公司」風起雲湧，美國、香港、臺灣有很多年輕人，放棄大學研究所學業，投身以「燒錢多少」，不是「銷售收入多少」，不是「投資報酬率多少」，不是「每股賺多少錢」為標榜之網路網際虛擬商店，但為時不到二年，網路泡沫破滅，一家一家破產倒閉，就是通不過「考驗期」之最好說明。

🔲 三、大型企業之愛恨分辨(Good or Bad of Big Business)

研究企業經營管理，若不對大、小型企業有所瞭解，則不能通曉全盤。因為人類酷愛自由，若條件容許，「寧為雞首，不為牛後 (尾)」，所以人類自有交易式經濟行為以來，很多人在開始時，都希望能自由創個「小」事業，參與自己認為有利的行業之產銷活動，即使有所競爭，也希望能立於平等地位或優勢地位；無人希望處於劣勢地位，除非他有其他非經濟性動機。自由創業 (Free to Create)，自由競爭 (Free to Compete)，自由決策 (Free to Decide)，自由停止 (Free to Stop) 等等都是人類本性希冀。不過有效的經營者，在競爭之下，總會超過同輩，快速成長，成為「大」企業，得到經濟規模 (Scale of Economy) 之好處，打破一般小企業所認為的「公平」競爭之局面。他自己雖可以自由決策，自定行止，但是其他的小企業則被迫不能自由決策，並有被迫休業退出之威脅。有效企業在「競爭」(Competition) 過程中取得「獨佔」(Monopoly) 或「寡佔」(Oligopoly) 之壟斷 (Monopolistic) 地位，形成大型企業，本是自然發展的成果，也是當事人創業投資祈求之大事，但是卻引起社會上不明事實發展經過人士之愛恨交鳴。「競爭」本來是打破「壟斷」地位的工具，但是勝利的競爭者卻又會創新另一個相對壟斷的地位，並以此「創新壟斷」(Innovative Monopoly) 為努力目標。大家努力創新，社會經濟波浪因而興起，人民所得也因而提高。

不論在美國或是臺灣，也不論企業規模的絕對大小，只要在一地域上具有「相對性」大型企業資格者，即須準備接受社會人士的「責備」或「批評」，因為「小企業」是弱者，「扶弱濟傾」乃是人類偉大的慈悲本性，且不論到底「大」企業或「小

企業」對股東，對員工，對顧客，對社會大眾，對國內經濟發展，與對國際市場競爭力量之優劣評價。

　　美國是世界上有名的出產大型企業的國家，但是其社會人士依然痛恨大企業規模之「大」(Bigness) 及影響力之「集中」(Concentration)，所以其政府的立法機構，在一方面通過許多法規限制來規範大企業（大多為公司型態）的行為；另一方面也通過許多輔導措施及縱容小企業（大多為獨資及合夥型態）的法規，其熱心程度遠比我國為烈、為早（約早四十年），但是其大企業之多亦為世界之冠（世界 500 大，美國佔有 200 個），其民富國強之潛力亦為各國之首（在 2002 年，美國每人均所得為 35,000 美元，臺灣為 13,000 美元，中國大陸為 920 美元），充分說明大型企業之發展有其真正的優點，否則在政府及社會人士之反對下，必然全國一片微小企業，不可能形成今日大小企業共存之局面。事實上，大企業大多來自有效經營的小企業，事業之能「大」，絕大多數是靠自己努力的功夫，從「內部成長」(Internal Growth) 而來，雖然經「購買合併」(Merger and Acquisition, M&A) 而成為大企業者，在最近二十多年很普遍，但成功者僅三分之一。而事業之永為「小」，絕大多數是因經營不得法所致。

　　事業之為「大」乃是絕大多數資本主 (Owners) 及經營者 (Managers) 所企盼者；事業之永為「小」，則為不得已之事，而非經營者真正內心祈求者。不過社會同情總是投向弱小者，此純為感情之事，而非理智之經營效率所應依賴者。有效的經營者及明智之社會人士，不應患「恐巨症」(Fear of Bigness)，否則企業永無長大之機會，人民永無享受高生活水準之幸福。尤其 WTO（世界貿易組織，臺灣及中國大陸都在 2001 年成為 WTO 之成員）時代來臨之後，全球性競爭已不可避免，即使是小地域型之小企業，也應有全球連鎖布局之想法 (Global Thinking) 及準備。

　　企業規模趨大有其自然成長及經營效率之背後祈求因素，只要政府及社會輿論能善盡監督、批評之責，則其為股東、員工、客戶及社會整體謀利之機會，遠大於規模微小、事事仰賴輔助之情況。所以小企業學習適應大企業環境之生活，亦是今後國人應努力去習慣之課題。

四、企業規模之分布

　　企業「規模」原是一個相對名詞，通常可用三種指標 (Indicators) 來單獨或綜合衡量之。第一種指標是雇用員工數 (Employees)，第二種指標是銷貨收入 (Sales)，第三種指標是股本值 (Equity)。依此指標衡量，只有很小比例的企業可以稱為「大型」

企業，此在美國與我國情況皆類似。表 5-2 為美國企業依雇用員工數劃分的規模分布。

表 5-2 美國企業規模分布（依員工數）

企業百分比	用員工數
59.8%	1～3 人
20.4%	4～7 人
12.1%	8～19 人
4.8%	20～49 人
1.6%	50～99 人
1.1%	100～499 人（中型）
0.2%	500 人以上（大型）
100.0%	

資料來源：美國社會安全福利局（1975 年）。

若以 500 人為中、大型企業的劃分界限，則可發現所謂「世界企業大國」的美國只有 0.2% 的企業是屬於中、大型（即 1,000 家中有 2 家是中大型企業）。若將規模界限往下移，包括 100 人以上，則可發現只有大約 1% 的美國企業是屬於中大型。換言之，美國企業 99% 是屬於 100 人以下的中小企業。此種規模分布與我國情況很近似。據非調查統計性之估計，我國企業之員工規模在 100 人以下（即通稱之中小企業），約佔 98.5% 以上；換言之，員工規模在 100 人以上之中大型企業只佔總企業數之 1.5% 以下。此種現象在二十年前與目前很相近，二十年前辦公室及工廠自動化 (Factory Automation and Office Automation) 程度比目前自動化程度為低，以前的公司用人比現在公司用人多，乃是科技化及知識化提高之後果。

以員工數來劃分企業規模比較適用於傳統性之勞力密集 (Labor-Intensive) 產業，而不適用於資本密集 (Capital-Initensive) 產業。依筆者之經驗，可將目前企業依員工數歸為表 5-3 規模等候。

雖然小型企業為數最多，但其總資產值，總銷貨值，及總員工人數並不一定比中、大型企業為多。無疑地，大型企業及中型企業皆屬「公司」組織方式，甚少獨資或合夥方式。企業規模與企業所有權組織方式有密切關係。公開式所有權組織 (Open Ownership)，較容易成長為大規模之企業；反之閉塞式所有權組織 (Closed Ownership) 多屬於小型企業，不容易成長為大規模之企業。臺灣及海外華僑有很多家族型態的小企業，生存幾十年仍然是長不大的企業，甚至被時代淘汰，主因之一

是家長為主之閉塞式所有權，無法引進現代化的外來專業經理人。

表 5–3　企業員工規模分類

員工人數	粗分類	細分類
20 人以下		小小型企業
20～60 人	小型企業	小中型企業
60～100 人		小大型企業
100～200 人		中小型企業
200～300 人	中型企業	中中型企業
300～500 人		中大型企業
500～1,000 人		大小型企業
1,000～2,000 人	大型企業	大中型企業
2,000 人以上		大大型企業

第三節　企業所有權之取得方式(Ways of Obtaining Owner-ship)

取得或參與企業廠家之所有權乃是自由社會人民所享有的基本經濟權利。每一位「所有權人」或稱「業主」(Owner) 享有分配利潤之權利及負擔虧損之義務。而「盈」或「虧」(Profit or Loss) 乃是各個企業體經營有效與否之後果。一個人或一群人取得企業所有權之方式可為下列六種方式中之一種或一種以上：

(1)購買既存公司之「股票」或「股權」(Purchasing Stock or Ownership)。

(2)獲得「營業授權」(Obtaining Franchise)。

(3)繼承遺產或接受贈與 (Inheritance or Gift)。

(4)為他人開拓新事業取得乾股 (Promoting New Ventures)。

(5)自行開業或創業 (Starting New Business)。

(6)盤購別人事業 (Acquiring Going Firms)。

一、購買股票或股權之方式(Purchasing Stock or Ownership)

在工商經濟發達的社會，有很多企業所有權人 (Owners) 並非該企業之經理人員 (Managers)，因為這些所有權人是在股票市場上購買已經存在公司之股票或股權 (指未公開發行股票之公司)。經由此種方式取得所有權的人，大多不關心該公司的內部

經營管理活動，也無興趣對經營策略實施其投票權。他們是「缺席所有權人」(Absentee Ownership)，將公司經營權委託給董事會 (Board of Directors) 及支薪的專業經理人 (Paid Professional Managers) 去實施。此種所有權人的最大興趣在於年終分得優厚的利潤，即「股息」(Dividends)，或在股市高價時出售，取得買賣差額利益之「資本利得」(Capital Gain)。前者我們常稱之為股票的「投資者」(Investors)，後者稱為股票的「投機者」(Speculators)。

美國紐約證券交易所 (New York Security Exchange)、臺灣證券交易所、上海證券交易所、深圳證券交易所是經手美國股票上市公司、臺灣股票上市公司及中國大陸股票上市公司 (Listed Companies) 股票買賣的中心。在美國尚有 NASDAQ (National-al Association of Security Dealers and Quotations) 高科技公司店頭股權交易中心，在臺灣則有櫃臺交易中心 (Over the Counter for Unlisted Companies) 及興櫃中心 (Over the Counter for General Companies)。證券公司、證券交易所、櫃臺交易中心及興櫃中心，幫助企業廠商直接向社會大眾籌資，這些社會大眾就是「缺席所有權人」以投資得利潤股息或買賣股票得差額利得為目標，不是以內部經營管理為目標。他們容易被不負責任、沒有良心的董事長、董事、總裁、總經理等高階人員，用俗稱之「五鬼搬運法」，配合查帳會計師作假帳所欺騙、所掏空。所以自 2002 年美國發生恩龍 (Enron) 能源公司作假帳事件後，美國證交所及臺灣證期會、證交所特別強調「公司所有權治理」(Corporate Governance)，來保障這些社會大眾之「缺席所有權人」。

二、獲得營業授權之方式(Franchising)

「營業授權」(Franchising) 與「技術授權」(Licensing) 相似，但範圍較大，並大多應用於消費品及勞務 (Consumer Goods and Services) 方面。一般人比較明白「技術授權」之意義，「技術授權」係指甲方 (Licensor) 將產品或製造過程等技術授予乙方 (Licensee) 使用，包括有專利權 "patent" 及無專利權之技術皆在內，並收取「報酬金」(Loyalty) 之「技術轉移」(Technology Transfer) 行為。技術報酬金常以固定一筆金額或比率抽取或兩者混合方式為之。甲方用技術授權方式，可以不出資本金投資，就可以達到利潤收入之好處，而乙方被授權者，不必經過多年研究發展，在短期即可取得生產製造技術，投入資金，即可生產及銷售，賺取利用支付部分利潤或費用為技術權利金，雙方各得利益。

所謂「營業授權」係指甲方 (Franchiser) 將產品之產製及行銷等相關技術、商標、名稱、及廣告等授予乙方 (Franchisee) 在某一確定地區使用，並收取報酬金及管理費

之技術轉移行為。所以「技術授權」(Licensing) 僅限於生產方面，而「營業授權」(Franchising) 則包括生產、行銷及管理等方面之授權，範圍廣大許多。「營業授權」開始於二十世紀初的美國，當時汽車工廠開始授權給經銷商在某一特定地區販賣及修理其特定品牌之汽車。此種授權方法演變到今日，已經成為很重要的創業及行銷技術，並與「連鎖店」(Chain-Store) 相互關聯。「連鎖店」經營在二十世紀末及二十一世紀初非常流行，包括國際旅館、國際量販店、醫院、便利商店、快餐店、美容店、書店等等，無所不包。只要能夠創新一個生產或行銷的特殊「經營模式」，並將作業程序及管理制度寫成書面化、合理化、及電腦化，就可以用「營業授權」方式，形成龐大的「連鎖店」網路，收取「機動彈性」(指每一店、廠規模不大) 及規模經濟 (指積少成多、積小成大) 之雙重優點。

以「營業授權」取得所有權之方式，是由「被授權人」(Franchisee) 先向「授權人」(Franchiser)，通常為有名之廠家，接洽在某一特定地區設立完整類似之模型營業場所 (Model Unit)。當接洽獲准後，則被授權人可先借得部分資金，選擇確定地點，派員工前往受訓，建立完整相同之會計、銷售、生產、服務等等制度及步驟，並使用授權人之公司名稱、商標、銷產技術及廣告等，從事該地區之營業活動。無疑地，被授權人要能建立自己的事業，必須先具備相當良好之「信用」(Credit) 及「能力」(Ability)，授權人才會批准，同意其開設模型式之營業單位。

美國是最早流行「營業授權」之國家，包括行業很多，有餐廳、藥房、加油站、汽車零件店、軟性飲料廠、出租服務店、所得稅服務處、房屋販售店、汽車旅館及汽車出租業等等。美國最有名的營業授權是 McDonald (麥當勞) 漢堡牛肉餅、Colonel Sander's Kentucky Fried Chicken (肯德基) 炸雞、Howard Johnson (餐廳)、Rexall (藥房)、Exxon (加油站)、Western Auto (汽車旅館)、Midas Muffer (汽車零件)、Coca-Cola (可口可樂)、Abbey Rents (出租店)、H&R Block (所得稅申報服務)、Hilton International (希爾頓旅館)、Holiday Inn (假日旅館)、Hertz (汽車出租) 等等。在臺灣有 7–Eleven、全家、萊爾富便利商店、統一麵包店、曼都美髮店、大潤發量販店、家樂福量販店、阿瘦皮鞋、快樂瑪莉安幼兒英語等等流通連鎖經營體系。

三、繼承遺產或接受贈與之方式 (Heritage or Gift)

富家之子不經本身努力，常可自父母親手中繼承鉅額遺產 (指父母已死之情況)，或接受贈與大筆產業 (指父母未死之情況)，而成為特定企業之所有權人。無疑地，這是最容易，也是最難得的方法。1980 年代臺灣企業界興起「二代企業家」，即是

屬於此種情況，譬如大同、國泰、台泥、中信、新光、東雲、遠東、嘉新、中興、太平洋電線電纜、潤泰等等關係企業集團的第一代創辦人年齡已 60 多歲，把企業所有權移交給子弟輩，使這些著名公司逐步走入二代企業家之階段。時至二十一世紀的今日，這些二代企業家年齡也進入 50 及 60 歲，所以第三代的接班企業家也在形成中。

依據非正式估計，美國正興起女性成為遺產繼承者的形式，約有 50% 的企業所有權人為女性，在我國尚無統計可依據。不過我國民法規定，父母財產，子女各有同等繼承權，所以女性所有權為數當在 50% 左右，最著名者以臺灣的大陸工程公司為代表，殷之浩先生在臺灣以工程建設出名，死後，由其女兒殷琪接班，成為臺灣高鐵公司 BOT 案的主要投資及推動者。

四、為他人開拓新事業而取得乾股之方式(New Venture Promotion)

一個本身無資金之人可經由為他人開拓新事業而取得報酬，此報酬可為現金，可為股權，亦可為債券。若為股權，即為「技術乾股」或「功勞乾股」或「經營乾股」，如古時山西票號之「人力股」（以與資金股對稱）。若為股權，則可參與營運活動，亦可不參與營運活動，而等候分股息。社會上這種有新構想 (New Ideas) 但無資金 (Capital) 的人很多，他們憑計畫書及說服力，說動有錢的人（即俗稱之金主）斥資供其開拓新事業。當事業成功時，他們可以取得某種報酬，當事業失敗時，他們或可免負債或必須負擔某一比例之虧損債務，則視當初約定而異。有錢人靠這些有腦力的人來創業，而有腦力的人也靠這些有錢人支援，將新事業開發成功，兩者相互合作，「出錢出力」，為社會大眾開拓許多有益的事業，乃是社會功臣，值得鼓勵。

憑腦力，賣構想，以取得企業所有權之人，稱為事業「開拓者」或「發展者」(Promoter or Developer)，以區別用其他方式取得所有權之人。在自由社會裡，這種事業開拓者甚為重要，也很活躍。美國的 U.S. Steel Corporation（美鋼），National Biscuit Company（全國餅乾），International Harvester Company（國際收割機）等公司就是好例子。寶島臺灣的許多中小企業也常是經由此種方式而創業成長，從 1990 年起，創業投資公司 (Venture Capital) 出現，聚集有資金無技術者及有創新技術無資金者，成就許多新科技事業，對經濟社會貢獻很大。

五、自行開業或盤購別人事業之方式(New Starting or Acquisition)

一個人或數個人若有足夠資金，在自由社會裡，即可開辦自己所選定之事業，

並擁有它及繼續營運下去。絕大多數之「獨資」(Proprietorship) 或「合夥」(Partnership) 事業即在此種方式下出現。當然，有錢又有營運意願的人，不必一定自行創業才能擁有事業所有權，他大可用相當代價全部盤購 (Acquiring) 別人的事業。此時盤購的代價可高於該事業的帳面價值 (Book Value)，因有商譽及資產重估價值在內之故；亦可低於帳面價值，因為該事業經營不良，價位下跌，經營陷入困境，非減價脫手出賣不可。

可自行開業或盤購別人事業，都是代表自由經濟制度的可貴之處，也是大多數人士所追求之理想。在共產主義及社會主義的國家，主張所有生產工具皆歸公有公營，所以沒有個人自行開業或盤購別人事業的現象。但在 1978 年中國大陸決定經濟改革開放後至今，已經容許外資三資（合資、獨資、合作）事業，也容許自己國人開放個體事業，鄉村合夥事業，以及私人股份有限公司，更實行股票上市，供自己國人購買（即 A 股）、外人購買（即 B 股），或到香港上市供任何人購買（即 H 股）。

第四節　企業所有權之法定型態(Legal Patterns of Business Ownership)

一、三種主要法定組織型態(Three Legal Types)

在第一節裡，我們曾以企業所有權之歸屬「私人」(Private) 或「公眾」(Public) 而將企業大分為「私有」企業及「公有」企業二類。若再以經營管理之有效方式，有可將之分為「私有民營」(D 型)，「私有官營」(C 型)，及「公有民營」(B 型)，「公有官營」(A 型) 等四類。事實上，就公司法及民商法之規定，企業之經營型態只分為(1)獨資，(2)合夥及(3)公司三大類。三大類型態雖可以同時成立運作，但在歷史演變上先由「獨資」演化為「合夥」，再演化為「公司」，三者各有用途。至於每一類企業之出資人為私或為公，以及經營管理是否有效，則非相關公司法規所能硬性規定者。自二十世紀中葉以來，流行「多角化綜合企業」經營 (Diversified Conglomerate) 事實上就是集團企業或握股公司或控股公司 (Group of Companies, Holding Company)。集團企業或控股公司本身是法人身分（稱 Corporation），其底下可以再有法人身分之子公司（稱 Companies），各自成為利潤中心 (Profit-Center)。

私有企業可以獨資、合夥、或公司型態出現，公有企業亦可以獨資、合夥及公司之型態出現。寶島臺灣往昔經濟部、財政部、交通部及臺灣省政府屬下之眾多公

有事業之經營管理，皆未採取「一般企業化方式」，即使先總統　蔣中正在民國 34 年即曾指示過要如此做（指公有事業要依一般企業化方式經營，不是依政府機關衙門方式經營），所以績效普遍不振，虧損累累，受人責備甚多。在中國大陸，一百多萬個中大型國有企業經營績效，也是和全世界各國的公營事業一樣無效率。其理由甚多，但以受「國營事業管理法」及一般行政機構管理法規之限制為主要根源。並非在本質上，因其為「公」有，就百分之百注定經營管理非失敗不可。換言之，經營績效「成功」或「失敗」，根因不在「有」，而在「營」。

私有企業所有權法定型態之選擇，受三個基本因素的影響：⑴利潤分配之方式，⑵企業生存時間之長短，⑶負債及納稅之方式。「所有權」係指擁有 (Possession)、控制 (Control)、享用 (Enjoyment)、及處分 (Disposition) 某特定財產之權力，所以在本質上，「所有權」包括「管理權」（即控制權）。較早期的小本經營事業，大多數由所有人兼經理人 (Owner-Manager)，即導因於此。只有現代化的大規模事業，才講求所有權人與經營管理人分離之道 (Separation of Ownership and Management)，此完全是基於追求經營效率之前提，而非法定之前提。經營事業的最終目的在於「顧客滿意」及「合理利潤」，不在於「擁有」資產而虧損，所以分辨之重點在於經營「管理」(Manage, Use) 不在於「擁有」(Own)。

二、選擇所有權型態之要素(Criteria of Selection of Ownership Pattern)

企業所有權型態之選擇是否適當，常會影響其開始的組織結構 (Structure) 及以後的營運活動 (Operations)。當然，沒有一個特定的型態，可以在長時間之內，都能滿足企業在行銷上、財務上、產品開發及製造上之要求，所以我們可以時常看到初創業時採取甲種所有權型態（如獨資或合夥型態），日後隨著環境改變，規模成長，或是租稅獎勵等等原因，而改換乙種所有權型態（如公司型態）。所有權型態可以機動改變，也是促成許多企業能在環境改變下，尋找最適當配合情況營運的一大福音，很多國家擁有的公營事業所有權型態，長久僵固不改，亦為未能有效營運之部分原因。

至於究竟那一種型態最適當，在無特定資料參照之前，甚難作答，因為各種所有權型態本身皆有長處及短處，不能一概而論，所以當我們面對某一特定問題時，應個別地分析下列有關要素：

⑴企業種類及行業：服務業？ 批發零售商業？ 製造業？ 農牧業？ 傳統行業？ 新型行業？ 高科技業？

⑵營運範圍：業務量？目標市場之大小？本國市場？多國市場？全球市場？

⑶業主直接控制（管理）營運活動之程度：只出資？出資兼營運？專業人士經營？

⑷初期出資額及以後擴充出資額：大？中？小？

⑸甘冒風險及負擔虧損負債之程度：高？中？低？

⑹分配利潤與股東之意願：獨享？分享？佔大部分？

⑺希望事業生存之期間：永久？長期？短期？

⑻避免政府規章限制之自由程度：最大自由？願受規範？

⑼內部組織之計劃制度：正式化？非正式化？

⑽租稅之負荷（不同所有權型態下）：單一稅？雙重稅？多重稅？

三、「一幹多枝」公司結構(Multiple Companies under One Management)

在上述三種法定所有權型態中，我們可以發現在一個「所有權管理權合一」(Combination of Ownership and Management) 之型態下，另外再成立數個不同型態的百分百所有權 (Wholly-Owned) 型態，但接受原先所有管理權者之管理控制，形成一個「中央管理權」統轄數個公司之結構 (Central Management)。譬如一個合夥型態之大建築商，為了以「有限責任」之方式承攬許多個不同的工程方案，則由合夥關係體另外投資成立數個有限公司或股份有限公司，分別辦理不同工程方案，但接受原合夥人之管理。將來萬一某一工程方案進行不順利，發生債務問題，則以該股份有限公司之業主淨值清償之，不同再追索到原合夥關係上，以保護原合夥人之利益。像這種「一幹多枝」之衍生方式，任何型態的所有權皆可採用，除非法律有所限制化。如一個獨資（或合夥）→多個有限公司及股份有限公司；一個有限公司→多個有限公司及股份有限公司；一個股份有限公司→多個有限公司及多股份有限公司。

四、握股公司與母子公司 (Holding Companies and Parent-Subsidiaries)

所有權型態中，尚有一種變形物，即是「握股公司」(Holding Company)。所謂「握股」公司是指某一原始公司（不是合夥或獨資者）以收買其他公司足夠影響力的股票（不一定要超過半數）為手段，而控制其他公司營運策略，此原始公司即是「握股」(Holding) 公司，其他公司即是「被握股」(Held) 公司。握股公司並不直接派遣自己的員工前往被握股之公司，參與經營管理活動；換言之，它只握別人股份、

股權、所有權,而不握別人的管理權。所以握股公司對被握股公司之影響力,一如一般所有權與管理權分離之公司的董事,完全在董事會內對公司目標 (Objectives)、政策 (Policies)、戰略 (Strategies) 案,實施詢問 (Questioning)、糾正 (Correcting) 及批准 (Approving) 之權,而不直接干預公司內部之人事及日常營運手段。臺灣寶島在 2001 年開始由財政部推動金融控股公司制度,把往昔不可跨業聯手經營之銀行業、證券業、保險業,合併成為「金融控制公司」(Financial Holding Company),允許跨業經營,擴大規模,準備應付加入 WTO 後與歐美日大金融公司的競爭。在金控公司下,各銀行、保險、證券子公司依然各自以法人身分經營。

假使握有別家公司相當影響力股票之原始公司,尚直接派自己員工到被握股公司去負責營運活動,則此原始公司稱為「母公司」(Parent Company),被握股又被派人營運公司稱為「子公司」(Subsidiary)。所以母公司與眾多子公司可形成一個所有權與管理權皆混合的大家族,此種所有權型態可稱之為「母子公司」。

當然「握股公司」與「母子公司」之區別有時甚難明白劃分,因其要件是管理權干預之程度而已,而管理權干預程度又可隨時改變,所以嚴格劃分兩者並無多大意義。握股公司在美國很早就已流行,母子公司自 1950 年代以後的「多國性事業」(Multinational Companies) 皆屬之,亦甚普遍。目前流行之「關係企業」(Relation-Companies) 或「集團企業」(Group of Companies) 亦屬握股公司與母子公司之混合體,有時甚至與上述「一幹多枝」公司相結合。譬如四十年前(1960 年代)之國泰企業的原始本體是蔡萬春兄弟之家族合夥主幹事業,後來生枝為十信合作社、國泰人壽、國泰產物、國泰塑膠、海運、以及國泰信託等等大樹枝事業,這些事業中的國泰信託再經由財務融通途徑,投資控制許多別人已創而經營欠善之其他事業,其中有的派國泰信託的員工去當重要經理人,變成「母子公司」型態;有的只被握股,管理權未受干預,變成「握股」或「被握股」公司型態。後來國泰集團,由蔡萬春兒子蔡辰男(國泰信託)、蔡辰洲(十信)及弟弟蔡萬霖(國泰人壽、國泰建設)、蔡萬才(國泰產險)分成四枝發展。時至二十一世紀初,十信(蔡辰洲)及國泰信託(蔡辰男)早已消退,但蔡萬霖的事業形成霖園集團,由兒子蔡宏圖、蔡鎮宇承繼發展。而蔡萬才的事業也形成富邦集團,由兒子蔡明忠、蔡明興等承繼發展。在 2002 年,蔡宏圖、蔡鎮宇兄弟以國泰人壽為基礎,建立國泰金控公司,而蔡明忠、蔡明興兄弟也建立富邦金控公司,都是經由合併購買方式,形成大型企業集團。至於台塑集團,則由內部成長,自行新投資方式,也形成龐大的「非金融」母子公司體,包括石化業、石油業、塑膠業、紡織業、汽車業、電子業、電訊業、電腦業、醫療業、

醫藥業、教育業等等。

　　企業經營人士透過三種所有權型態及「一幹多枝」、「握股公司」、「母子公司」之變通辦法，可以創出許多有利於經營績效之企業組合體，如臺灣的「關係企業」，美國的「綜合企業」(Conglomeretes)，日本的「財團」，初學者由此可知企業經營之奧妙無窮。

五、獨資、合夥與公司之適用場合(Applications of Legal Patterns)

　　「獨資」、「合夥」、「公司」等三種企業所有權型態純是法律上的用語，在實際出資及經營管理上，並不一定非為「單人」、「雙人」及「多人」不可。「獨資」與「合夥」只具有「自然人」(Natural Man) 資格；而「公司」則具有「法人」(Legal Entity)「法律上賦予之人格」資格，其自然人資格留在股東手裡，只有董事長一人代表法人資格（當然，董事長本身尚保留自然人資格）。「自然人」自父母孕育而成，「法人」依法律規定登記而成。自然人因死亡而滅，法人因自動宣告停止營業或被宣告破產清算而滅。

　　「獨資」型態之企業到處可見，小雜貨店，理髮店，小飯館，小五金店，小文具店，小冰果店等等大多屬於獨資企業。獨資企業之創辦資金較少，經營管理問題的複雜度由業主一人處理即可，容易與顧客建立面對面之關係，同時業主也常常喜歡自己充任經理人，所以大多數的獨資企業是「所有權」與「管理權」合一，老闆即經理 (Owner-Manager)，任何企業只有規模小才可以辦成功的，皆適合獨資型態。獨資事業是絕大多數企業的起步事業，也是年輕人創業的入門點。

　　「合夥」型態之企業也是到處可見，但其數目比獨資企業為少，其適用行業除包括獨資企業所適用者外，尚常包括房地產介紹所，法律事務所，會計師事務所，管理顧問事務所，證券買賣代理所等等。合夥事業也是現代大學或研究所畢業年輕人，不能就業或不想就業，而想自行創業的開始型態。所謂「不就業，就創業」，就業當伙計，創業當老闆。臺灣在 1970 年代開始曾經設立有「青年創業基金」，鼓勵三位、五位、十位「志同道合」之青年，聯合借錢創業，可以「合夥」型態，也可以「公司」型態成立，至今三十多年，成就很大。

　　合夥企業特別適用於業主間能夠彙合資金、經驗、知識、技能及企業關係，互補長短之場合。合夥企業不僅是親朋間結合能力，從事經濟活動的最好型態，同時也是家族內綿延事業生命的好工具，譬如兒女長成，父親令其參與獨資事業之經營，並言明可成為合夥人，父親過世，兄弟姐妹即成合夥人，共同繼續父親留下之事業。

　　「公司」型態之企業大部分適用於大規模事業，譬如百貨公司，連鎖商店（如藥房連鎖、食品連鎖、雜貨連鎖、旅館連鎖等等），製造工廠，公用事業（如水、電、電訊），運輸業，營建業及工程顧問公司。

　　就企業數目言，「獨資」是最普遍的企業所有權形式，「合夥」最少，而「公司」居中間。就銷貨收入而言，公司是佔最大的型態，合夥佔最少，而獨資居中間。我國與美國的企業所有權分布情況類似，表 5–4 為 2002 年美國統計資料，其中約 79% 的企業所有權型態為「獨資」，約 14% 為「公司」，其餘為合夥。但獨資事業的銷貨收入僅約佔 12%，而公司事業的銷貨收入則約佔 84%，由此可見「公司」之所有權組織型態對社會經濟的重要性。2001 年的統計數字與三十年前約略相似，顯示美國這個經濟發展成熟的國家，在獨資、合資、公司等三類所有權型態趨於穩定。

表 5–4　企業所有權組織型態分布

行　業	合　計 (%)	獨　資 數　目 (%)	獨　資 收　入 (%)	合　夥 數　目 (%)	合　夥 收　入 (%)	公　司 數　目 (%)	公　司 收　入 (%)
所有行業	100	78.52	11.97	7.96	4.30	13.52	83.73
農　業	100	95.57	69.01	3.49	11.13	0.94	19.86
礦　業	100	70.24	8.11	13.10	6.03	16.66	85.86
營建業	100	80.16	19.34	5.65	6.57	14.19	74.09
製造業	100	42.47	0.98	7.65	0.72	49.88	98.30
運輸通訊公用事業	100	77.93	4.78	3.81	0.97	18.26	94.25
批發零售商業	100	72.85	17.19	7.66	5.30	19.49	77.51
金融、保險、房地產業	100	41.07	4.35	24.72	6.12	34.21	89.53
服務業	100	84.41	34.59	6.18	15.45	9.41	49.96

資料來源：United States Internal Revenue Service 2002.

　　很明顯地，農業及服務業以「獨資」型態為重，金融、保險、房地產業適合「合夥」型態，而製造業最適於「公司」型態，可供讀者參考。

第五節　不同所有權型態之優劣比較(Advantages and Disadvantages of Ownership Patterns)

一、「獨資」(Sole Proprietorship) 型態之企業

所謂「獨資」是指由單人「所有」(Owner) 及「管理控制」(Managed) 的事業。此人負擔全部資金風險 (Risk)，也接受全部利潤 (Profit)。此乃最簡單也最容易組成的企業所有權型態，與經濟學家熊彼得 (Schumpter) 說「風險最大，利潤也隨之最大」之道理相符。獨資企業數目最多，其歷史亦最古者：埃及、希臘、羅馬及中國等古文明是獨資事業的流行時代。它是小企業及自由企業的基礎，自由創立、成長，也自由失敗、倒閉。

設立獨資事業之法律手續最簡單，只要到縣市政府工商課申請、登記、繳費、取得營業執照，即可擇吉開張。它與「合夥」事業一樣，不必去請教第三者，也不必像公司組織一樣要設立「章程」(Charter)，成立董事會 (Board of Directors) 與設定辦事處 (Office)，獨資事業的業主不必聽從別人的指揮，他本人就是最高指揮者。業主本人與事業不可分離；業主就是事業，事業就是業主。和古代帝王一樣，「朕就是天下，天下就是朕」。

二、「獨資」在管理上之優點(Advantages of Sole Proprietorship)

獨資型態的事業在經營管理上有七大優點，分述如下：

1. 容易組成及解散 (Ease of Formation and Dissolution)

因為獨資事業僅由一人投資，不必遷就他人，其登記又無任何重大限制（除妨害風俗及安全者外），假使無利潤可圖時，要收場解散，除須滿足債權人之要求外（因有無限清償之責任），也不必等候他人的批准。換言之，任何人想從事或退出獨資事業，大多可依其意願為之。

2. 作業簡單化 (Simplicity of Operation)

獨資事業的管理權與所有權常集中在一人身上，所以關於該事業之組織結構，責任分派以及決策等活動皆高度簡單化，業主一人即可作主，不必詢問合夥人或董事會的意見。

3. 管理機動化 (Flexible Management)

獨資事業的業主可以快速制訂策略，改變作業方法，以掌握市場機會等等。它是各種所有權型態中，動作最快，摩擦阻力最少的一種。

4. 利潤獨享 (Sole Claim on Profit)

獨資事業的業主有權獨享利潤，但也有義務獨擔風險損失。獨享利潤乃是人們投資於企業的基本動機，但獨擔風險也是其最不願承受之所在。事業經營有盈餘，由一人獨享乃是人生一大樂事，所以除非不得已，大家都想自己來開創事業。主觀上，人人都想當「雞頭」，「獨立自由」，不必等別人來教訓，但只怕客觀條件不許可而已。

5. 信用可靠 (Favorable Credit Standing)

由於獨資業主必須以個人身分負擔事業經營所發生的全部債務，所以若業主本身為人處世及資產等皆可靠，則事業的對外信用亦可獲得較佳評價。古代中國的生意人「一諾千金」，即是獨資事業之信用與個人信用合一看待，因之大家愛惜羽毛，不敢隨便失信。所謂「人無信，不立」就是說明言必忠信，行必篤敬，才能在社會上生存及發展。

6. 政府管制少 (Less Regulation of Government)

政府對獨資事業的待遇最好，幾乎沒有限制獨資事業的活動，並盡量維持獨資事業的自由。所謂「反獨佔」，「反物價上漲」，「反污染」等等規定大多不是針對獨資事業。

7. 課稅之利益 (Tax Advantage)

獨資事業的繳納租稅與個人相同，事業盈餘不必先繳營業所得稅（但公司就得先繳）就能分配給業主，業主個人只須繳綜合所得稅即可。獨資事業的盈餘可不必強迫分配，可以無限累積再投資，不受公司法上未分配盈餘不得累積超過資本額一半之限制。

三、「獨資」在管理上之缺點 (Disadvantages of Sole Proprietorship)

獨資事業有上述那樣多優點，亦有許多缺點存在，分述如下：

1. 無限清償責任 (Unlimited Liability)

獨資事業若經營失敗，其負債 (Liability) 超過業主淨值 (Net Worth)，則業主應以其個人之財產為無限清償之後盾，不能以任何理由逃避責任，所以獨資事業的財產與業主個人財產負有連帶責任，風險確實很大。所以獨資事業之業主，若雇用非

親屬之員工，必須對員工之責任感及信用保證特別小心，否則他們失責造成的損失可能連累業主與其他事業前途。

2.企業生存壽命不定 (Uncertainty of Duration)

由於獨資事業與其業主個人密不可分，所以萬一業主本人發生意外，不能視事，則此事業可被迫暫時或永久關閉停業。所謂業主的意外事件包括死亡、犯罪下獄、禁治產等。假使一個事業關閉之後，要再繼續，則應再辦理創業手續，重新申請登記。企業生命與個人生命共長短，是獨資型態與公司型態最大不同之處，也是獨資事業壽命短促之主因。

3.籌資不易 (Difficulty of Raising Capital)

獨資事業與合夥及公司不同，其資金全由業主個人設法籌措；除非該人資力雄厚、財產廣多，否則獨資事業之長久性可用資金將甚有限。當然，此人可以個人信用名譽，向親戚、朋友、銀行，甚至政府基金借款供周轉之用，但其數額總是有限，不能與公司型態（尤其股票上市者）相比擬。

4.缺乏經營管理才能 (Limitations of Management)

獨資事業常由業主個人扮演經營管理之責，依賴其原有之技能及知識判斷，甚難與大公司競爭，以吸取高才能的助手。依據經驗觀察，很少有獨資業主同時具有行銷、理財、採購、研發、資訊、會計、法務、及製造生產之技能。此項缺點不僅限制大多數獨資事業的成長規模，也造成獨資事業的高失敗率。我們經常看到某某店舖在一年之內換了幾個名稱及老闆，就是高失敗率的證明，其主因大多是不會經營管理。不會經營管理，只會勇敢地創業，等於飛蛾撲火，徒然犧牲。

四、「合夥」型態之企業(Partnership)

「合夥」(Partnership) 的所有權型態，從許多方面來看，可說是「獨資」型態的一種延伸，因為業主人數是一人變成二人。由於籌組容易及作業簡化，合夥型態僅次於獨資，而其管理上的優點與缺點，亦與獨資非常類似。當然，它確有特殊之處，同時「合夥」本身亦有數種類型。最常見到的是「一般合夥」或稱「普通合夥」(General Partnership)，比較特殊的是「合資」(Joint Venture)，「有限合夥」(Limited Partnership) 及「合股公司」(Joint Stock Company)。

依照我國民法債編規定，稱合夥者，謂二人以上互約出資，以經營共同事業之契約；所謂出資，得為金錢或他物、或以勞務代之。所以合夥人乃是合夥事業的共同所有人 (Co-Owners)。合夥事業的前提是二人以上願意共同彙集資源，以從事企業

活動，這些合夥人不一定出資相等，同時除合約有明確說明外，合夥人對事業經營的盈或虧，負有相等的權利及義務。

合夥事業的所有權與個人所有權一樣，因它無「法人」(Legal Entity) 資格，所以其成立登記很容易，其解散也常因合夥人之死亡，入獄，禁治產而發生。從表 5-4 可知，合夥事業很適合需具專業知識的行業，如律師、會計師、管理師、建築師、醫師、證券商等等「執行業務」（意指專業 Professional）者。

合夥事業的成立以口頭或書面的契約為要件。如契約無訂定，合夥人全體共同執行業務，並連帶負清償合夥事業的債務。除非全體合夥人同意，其中一人不得將其股份轉讓給第三人，也不能讓第三人加入，所以合夥事業成立後，合夥人不能隨便脫手，充分說明合夥事業之個人性。

合夥契約之內容並無一定標準，但是下列要點通常包括在內：

⑴事業名稱及合夥人姓名。

⑵事業地點及事業種類（業務範圍）。

⑶契約有效期間。

⑷每一合夥人出資之種類（現金、設備、勞務、名義等等）及數額。

⑸分配利潤及負擔虧損之方法。

⑹薪資，私人周轉，及投資利息等財務規定。

⑺合夥人在經營管理活動上之職位及權力範圍。

⑻合夥人加入、撤退、及整個事業解散之程序。

五、「合夥」在管理上之優劣點(Advantages and Disadvantages of Partnership)

合夥在管理上之優點與獨資很相似，下列七個優點中的前四個就是獨資事業已有者，另外三個是合夥事業特有者：

1. 容易組成及解散 (Ease of Formation and Dissolusion)

2. 信用可靠 (Favorable Credit Standing)

3. 政府管制少 (Less Regulation of Government)

4. 課稅上之利益 (Tax Advantages)

5. 資金來源較多 (Multiple Source of Capital)

因為合夥事業比獨資事業至少多一個業主，所以資金來源較多，財務能力亦較強。若事業發達，需要更多資金時，亦可經全體合夥人之同意，招募更多的新合夥

人及資金。由於合夥人負擔無限清償責任，所以對外借貸之信用也較佳，可借得更多的資金，遠比獨資業主為強。

6. 管理工作多角化及專門化 (Diversification and Specialization of Management)

合夥人若共同執行業務管理時，各人可選最在行的工作，實行專門化，提高效率。同時，因有兩人以上存在，執行人的決策品質亦可因互相交換意見而提高。

7. 容易成長及擴充 (Possibility of Growth and Expansion)

由於管理工作多角化、專門化、以及資金來源較多，所以合夥事業向新產品、新市場發展的機會比獨資事業為大。合夥事業亦可從已雇用之部屬中，挑選既能幹又忠誠者吸收為新合夥人，鼓勵士氣，促使合夥人事業更加具有吸引優良人才的能力。如會計師事務所、律師事務所、工程師事務所、管理顧問公司等等，都有把優良員工提拔為新合夥人之作法，效果也很好。

合夥事業在管理上有四大缺點，其中二點與獨資事業相似，另外二點則為特有者：

1. 企業生存壽命不定 (Uncertainty of Duration)

合夥事業以全體合夥人之自然人資格為要件，合夥人若死亡、入獄、禁治產，皆可導致合夥事業之結束。

2. 無限清償責任 (Unlimited Liability)

合夥人對以合夥事業為名，從事業務活動所產生的債務，皆歸合夥事業名下，由全體合夥人負連帶無限清償責任，所以合夥人當中有某一人行為不檢，胡亂行為，其他合夥人可能負擔之風險有時比獨資事業之業主為大。

3. 權職衝突 (Conflict in Authority and Control)

因為全體合夥人皆可從事業務管理工作，除了「無言緘默合夥」及「隱名合夥」(Silent Partner and Sleeping Partner) 情況外，並各負一部分專門性責任，缺乏一個最高的集權領導者，以致同等地位的合夥人經常會互不相讓，任由意見衝突而無法快速裁決，影響效率，抵銷管理多角化及專門化之好處。

4. 難於撤退投資 (Difficulty in Withdrawing Investment)

合夥事業之形成甚為簡單，但其撤退則不容易，除非全體合夥人皆同意其中一人撤退，並找到合適之代位者。撤退投資的最佳代位人是原合夥人之一，否則就是其他第三者。若未能找到合適的代位者，則整個合夥事業必須解散並出售全部財產。通常被迫出售財產時，其市價必然甚低，對全體合夥人皆有所不利。

六、合夥人之種類(Types of Partners)

　　上述合夥事業之特質及優劣點係指「一般」或「普通」合夥 (General Partnership) 而言，一般合夥事業至少要有二個合夥人，其權責常相等，並負連帶無限清償責任，此為最常見之型態。

　　在一般合夥人之外，若有一個或一個以上合夥人只負有限清償責任，則後者稱為有限合夥人 (Limited Partner) 或特別合夥人 (Special Partners)，前者稱無限或一般合夥人 (Unlimited or General Partners)，並須使公共或第三者明白身分之區別，免致誤會。

　　「一般」合夥人本可參加管理工作，並應讓公眾瞭解其身分。但若有一合夥人只讓公眾瞭解其合夥身分，但卻不參與經營管理工作，則稱為「無言」或「緘默」合夥人 (Silent Partner)。若一合夥人參加管理工作，但未讓公眾明白其合夥身分，則稱為「祕密」合夥人 (Secret Partner)。若一合夥人既不參加管理工作，亦不讓公眾明白其合夥身分，則稱為「隱名」或「冬眠」合夥人 (Dormant or Sleeping Partner)。若某人對某一合夥事業無出資對利潤無分享權利，但其行為使人誤認為合夥人，因而導致負債後果並須真正負擔之，則稱為「名義」合夥人 (Nominal Partner)。請見表 5–5 合夥人之種種身分差別。

表 5–5　合夥人之種類

種　類	出　資	利潤身分	參加管理	名　稱
第一種	✓	✓	✓	一般合夥人 (General Partner)
第二種	✓	✓	✕	無言合夥人 (Silent Partner)
第三種	✓	✕	✓	祕密合夥人 (Secret Partner)
第四種	✓	✕	✕	隱名或冬眠合夥人 (Dormant or Sleeping Partner)
第五種	✕	✓	✓	名義合夥人 (Nominal Partner)

　　若兩個合夥人集資從事某一短期性或單幫性活動，各負連帶無限清償責任，但該活動告一段落，即行解散合夥契約者，我們稱之為短期「合資」。單幫性合資常流行於房地產之開發與買賣，建築工程，新事業之創辦，證券之承攬等等。「合資」也可從單幫性合資，演變為長期合夥、股份合夥、公司合夥（無限責任公司），及股份有限公司合資等等複雜形式。

　　合股公司 (Joint Stock Company) 是指可非正式發行股票之合夥事業，或「半公

司」(Quasi-Corporation)，意指合夥事業之資金可發行股票，並可自由流通買賣，但是誰買股票成為合夥人之後，就應負擔無限清償債務之責任，與一般合夥人相似。因為它可發行股票，所以像「公司」，因為它的所有權人負無限責任，所以像「合夥」，故稱為「合股公司」。合股公司之好處，在於容易籌資，但因有「無限責任」之缺點，所以只流行於十九世紀。到二十世紀時，則演變為有限責任「公司」組織型態。

七、「公司」型態之企業 (Company-Typed Business)

所謂「公司」係指二人以上所有權人，以營利為目的，依公司法組織登記、成立之營利法人。現代經濟之高度發展乃「公司」型態所有權之成果，而非「獨資」及「合夥」型態之成果，雖然後兩者之企業數目甚多。由德國人最早創造，並且流行到世界各國的「公司」型態，也是創造今日東西方物質文明（尤其美國、日本）許多「巨無霸」行業之主要工具。就經濟發展比較落後的中國大陸、中南半島、印度、巴基斯坦、印尼等等東方國家而言，今後大型企業之發展也是非靠公司型態之所有權集合體不可。二十一世紀後的歲月，因「世界貿易組織」(WTO) 所帶來全球市場的形成，以及各個「自由貿易區」(Free Trade Area) 的紛紛成立，這些跨越本土地區之市場都將是大型企業的天下，所以「公司」之繼續成長乃是必然趨勢。

公司型態特別適用萬千種產品的製造業、運輸業、公用事業、金融業及配銷業，譬如通用汽車 (GM)、福特汽車 (Ford Motor)、戴姆勒─克萊斯勒 (Daimler-Chrysler)、豐田汽車 (Toyota)、新力公司 (Sony)、可口可樂 (Coca-Cola)、通用食品 (General Food)、奇異電器 (General Electric)、IBM、3M、Siemens、Philips、聯合航空 (United Airlines)、美國電話電報 (AT&T)、美國商業銀行 (Bank of America)、花旗銀行 (CitiBank)、威名百貨 (Wal-Mart)、施樂百 (Scars, Roebuck)、艾克森美孚石油 (Exxon-Mobil)、英特爾 (Intel)、戴爾 (Dell)、微軟 (Microsoft) 等等就是代表。在我國，鴻海、台積電、聯電、台塑、南亞、裕隆、中華汽車、中華航空、長榮航空、遠東百貨、統一企業、大潤發流通、大同、國泰人壽、台灣水泥等等皆是公司型態之企業。

美國的「公司」約佔企業數目的 14%，但其銷貨值及所控制的財產值則約為全國的 84%。在寶島臺灣的中小企業佔企業數目 98% 以上，其中很多也是以公司型態存在，所以我國的情況雖無精確統計數字，但亦將有類似趨向。在同情及鼓勵小企業的社會裡，以公司型態出現的大企業，必須有其真正的優點，才能取得公眾及政府之允許。無疑地，從過去的表現來看，未來的公司型態之企業，在政府嚴密之監視下，將會以其低成本大量生產及新產品新方法之研究創新的優勢，繼續成長，並

擴大其為社會所接受之力量。尤其當人民儲蓄 (People Savings) 及工人退休金 (Person Fund) 累積大量之後，必須尋求增值之出路，而「公司」型態之企業正可以股票、公司債、可轉換公司債等有價證券，來吸收人民儲蓄及退休金，把「股權」賣給人民及工人，擴大經營規模可利國、利民、利社會，一舉三得。

公司組織發明於十九世紀的德國，但自二十世紀以來，公司型態之企業開始在人類社會普及，人們對「它」則產生愛恨交加之感情。人們「怕」其勢力壯大及集中，「恨」其氾濫使用勢力，「懷疑」其操縱政治，也但「稱讚」其能完成別人無法完成之困難事件一豐富人生，安居樂業。好在美國政府有「反托辣斯」(Anti-Trust) 法案並嚴格執行，各國的「公平交易委員會」也紛紛成立，再加上新聞輿論之主持正義，「消費者權利保護主義」(Consumerism) 之興盛，所以目前之公司與大企業甚少膽敢肆意亂用其集中之勢力，為害社會及政治，對政黨政治之競爭，大公司經常保持中立，維持等距離關係，以免捲入政治起伏，為害企業生命。

公司型態之企業在發展之初，馬克斯主義 (Maxist Doctrine) 之輩在 1850 年代開始，就預測資本主義將造成社會貧富更加不平均之現象，即富人少，小康者居中，貧困者最多之「金字塔型」(Pyramid) 之所得分布。國父　孫中山先生當初（1830～1880 年）在美求學及考察時，亦獲得類似印象，所以在 1911 年推翻滿清政府建立民國後，他主張「限制私人資本，發達國家資本」，以避免金字塔所得不均之不良後果。不過經過二十世紀一百多年之企業管理思想及作法之改良演變及修正，目前美國公司型態企業愈來愈大也愈多，但是其股東也愈多愈分散，員工透過退休基金買股票，成為股東者 (Worker-Owner) 之現象更加普遍，所以最後所造成之所得分布型態為「鑽石型」(Diamond)，即上層富人及下層窮人皆很少，各居一端，中間為小康者，人數最多，亦即「中產階級為社會主力」，完全出乎馬克斯之輩的預料之外，因之西方自由企業社會未破產，而共產國家亦未成為天堂。寶島臺灣自 1949 年以來，大約走西方自由企業經濟制度之路，所以上層富人雖愈來愈多，但中層小康人家成長得更快，而下層貧窮人家雖尚存在，但其享受程度也比以前提高很多，並且人數大為縮減，此種所得分布變化皆與公司型態企業之流行有密切關係。

目前美國大公司的股票都公開上市，大多由七兆多美元的員工退休基金 (Pension Funds) 購買絕大部分。股票價格時有起伏是由退休基金所委託的「共同基金」(Mutual Funds) 經理人所操縱，換言之，退休基金的主人是廣大員工，大公司股票因退休基金購買，等於廣大員工就是美國大公司的主人，1875 年以來「員工股東」之共產主義理想 (Communism Ideal)，竟是在資本主義社會實現 (Capitalism Reality)，

實非馬克斯之輩所能預料。

八、「公司」在管理上之優劣點(Advantages and Disadvantages of Company)

公司之成立必須依公司法規定，向主管機關申請登記，並獲得執照後方得成立。公司之投資人稱為股東 (Stockholders)，其人數因公司類型之不同而異，第一為「無限公司」(Unlimited Corporation)，必須有二人以上股東，並連帶負無限清償責任，與合夥組織很相似。第二為「有限公司」(Limited Corporation)，股東人數必須在二人以上二十人以下，各就股權比例之出資額負清償責任。第三為「股份有限公司」(Share Limited Corporation)，股東人數必須在七人以上，全部資本分為股份，股東各就所認股份所代表之股本，對公司債務負清償責任。股份有限公司之股本必須分為股份，印行股票，股票可記名，也可不記名。股份有限公司之股票可依證券交易法規定之條件在證券交易所、櫃臺買賣中心、興櫃買賣中心進行公開買賣。

一般而言，公司組織之所有權人為「股東」(Stockholders)；負責人為由股東會選出之「董事會」(Board of Directors) 及董事長 (Chairman of the Board of Directors)，「董事長」為法定對外代表人；其內部管理人員為由董事會任命之總裁「總經理」(President or General Manager)，及由總經理提名經董事會通過之「副總裁或副總經理」(Vice President or Deputy General Manager) 與各部門經理 (Department Managers)。「董事會」代表股東執行法律上及經營管理上之職責，向「股東大會」(Stockholders Meeting) 負責。而董事會，可將經營管理職權委託給「總裁」或「總經理」執行，但必須監督糾正之。所以從整體而言，「股東大會」是公司的最高權力機構，以所有權人身分選拔「董事會」及「監事會」(Board of Supervisors) 成員，監事會代表股東大會在日常監督及查核公司營業帳冊，以平衡董事會立法權。董事會再選拔總裁、總經理、副總裁、副總經理及各部門經理，各部門經理再選拔下級幹部課長、組長、班長以至營運作業員，依照公司政策、戰略、方案、組織結構、職責說明、核決權限、作業制度、及操作標準，合心協力，達成公司目標，爭取股東權益，保護股東股本及增加價值。

公司型企業又可依規模而出現「小型」公司、「中型」公司、「大型」公司、及「集團」公司與「控股」公司，但在法律權責及經營管理原理上都相似。

「公司」型態的企業與「獨資」、「合夥」兩型態，在成本、收入、利潤上有許多不同之處，其優點可摘要如下：

⑴籌資 (Financing)：容易籌得大量資金，有利大規模創業及中期擴充活動。至目前，「公司」型態（尤其股份有限公司）是籌措資金的最有效方法。

⑵責任 (Responsibility)：股東只負有限清償債務責任，所以萬一公司經營失敗，負債超過資產（俗稱「資不抵債」），各股東應負之虧損只限制在所認購之股權部分而已，其他個人資產則可安然無恙，因此提高大家冒險投資之勇氣。

⑶生存 (Survival)：企業可望長期生存，因公司是「法人」，與股東「自然人」資格脫離，所以股東之死亡，股權之移轉，皆不妨礙公司繼續生存及成長之機會。

⑷人才 (Talents)：容易吸收各種專精之管理及工程技術人才，此乃因公司型態之企業規模較大，資金較充裕所帶來之另一優點。

⑸細分 (Fragementation)：股權可以細分，容易吸引不同階層之社會人士前來投資，股權也容易移轉變現，同時也容易向更廣大人民募資促成大規模經營。公司資本規模雖大但所有權並不容易集中於少數數人股東手中，可以防止少數人剝削壟斷之或有弊病。

⑹移轉 (Transfer)：股權細分，容易移轉及變現，活潑社會資金之流通，導向資源有效運用之處所。此乃因股權以股票方式發行，單位金額細分，人人有能力購買，經由健全之證券交易系統，則可隨時購買或出售，不必將投資與經營管理兩件大事連鎖在一起，阻嚇大眾投資意願。

當然，「公司型態」之企業與「獨資」及「合夥」比較，有上述優點，但亦有下列缺點，值得注意：

⑴成立 (Establishment)：「公司」組織登記及核准所需之時間較長、成本較高。

⑵管制 (Regulation)：政府對「公司」之管制監督比對獨資，合夥為多，為嚴，尤其各種表報及租稅方面之手續性規定為然。

⑶責任心 (Responsibility-Mind)：投資者個人的興趣及激勵較少，因正式之公司經營，「所有權人」常與「經理人」身分分離，所有權人常是「缺席」(Absentee) 業主，而經理人是「薪資」(Paid) 員工。有時員工缺乏責任心及進取心，所有權人難以及時發覺及糾正，所冒虧損之風險較大。

⑷小股東 (Minor Stockholders)：缺乏有效方法保護少數股權之業主（即小股東）利益，因為公司的營運權力委之董事會，以投票決定目標、政策及戰略、方案紛爭，所以少數股權之股東永遠無機會表明自己的意願，只能聽從掌握之大股東及其僱用經理人之意願，而大股東及其雇用經理人又不一定完全秉公處理，盡到善良管理人之責任，所以小股東常變成「出資有分，說話無分」的資金捐助人。

⑸保密 (Secrecy)：不能保持營運盈虧祕密，因為每年股東大會，必須將全公司的要事報告出來，公司財務報表也要揭露所有重要資訊，讓所有股東瞭解，也因之讓競爭者有獲取重要情報的機會。

⑹繳稅 (Tax Payment)：雙重繳稅，當公司賺錢時，必須繳營利事業所得稅；而當公司利潤分配給股東個人時，又必須併入個人綜合所得稅申報表內，計算個人所得稅應繳額，顯然一個所得課徵兩次稅，比獨資或合夥事業不利，雖然政府已經實施二稅合併制度，但只在手續上做文章，對於稅賦負擔之減輕，並無實際效果，因政府一旦向人民收稅支用成為習慣後很難再從政府口中拿掉其既得利益。

九、三種類似「公司」之組織(Three Quasi Companies)

與營利事業之「公司」相類似的組織有許多種，第一種為慈善性、教育性、研究性、及宗教性的「財團法人」，俗稱「非營利基金會」(Nonprofit Foundation) 或「非營利組織」(Nonprofit Organization, NPO) 即屬此類機構。財團法人不以追求利潤捐助人（類似股東）為最高目的。同時其資本（基金）不分成股份，也不能移轉買賣；其來源為「捐贈」，而非「投資」。其年度結算盈餘不能分配給原捐贈人，只能再投入原基金內，供下年度營運之用。

第二種類似之組織為政府投資之公有事業，若依公司法組成，則稱「公有」公司，具有營利法人資格，與「民有」公司一樣，可行使特定之權力與義務；若不依公司法組成，則稱「某某事業管理局」或「管理處」，成為政府機關的一分子，不具法人資格。1980 年代臺灣具有公司資格之國營事業機構如台電、中油、中鋼、中船、台肥、台糖、中化、中臺、中磷、台機、臺鹽、台金、中工等經濟部管轄之國營事業，到 2003 年經過民營化及裁撤後，只剩台電、中油、台糖、中船、台肥。1980 年代在臺灣無公司法人資格之國營機構，如中央信託局、郵政總局、電信總局、糧食局、物資局、鐵路局、公路局、臺北市公車處、臺北市自來水事業處（臺灣省自來水公司則有法人資格），到 2003 年，只剩下中央信託局、鐵路局、臺北市自來水事業處。雖然在法律規定上，公司型態之公有事業，可由其董事會做營運決策之最終裁決，但是實際作法則「不按牌理出牌」，以「國營事業管理法」為媒介，將所有公有事業與行政機構之管理等量齊觀，其是否具有「法人」資格已非重要條件，世界各國，包括中國大陸及臺灣地區之公有事業經營，皆難以發揮有效管理之潛力，所謂天下烏鴉一般黑，非獨臺灣或中國大陸之公有事業無效而已。

第三種類似之組織為「合作社」(Cooperatives)，譬如消費合作社、產銷合作社、

信用合作社、學校之師生消費合作社等等，皆類似公司組織，但並不完全相同。第一個不同，是每位社員都只有一分投票權，不論他在實際上認購多少股份。第二個不同，是合作社賣給社員的物品或勞務價格，不包括毛利在內（指產銷合作社而言），但是每年結算之盈餘，則依社員投資之股份比例分配。第三個不同，是合作社業務可免除部分租稅（視各地情況而異）。

其他互助基金 (Mutual Fund) 及合會儲蓄 (Saving and Loan) 組織亦類似公司，但並不盡相同。目前軍公教福利社亦是一種類似公司，但又不像公司之消費合作社，對軍公教人員（有如社員）提供廉價物品，但其結算盈餘不依社員投資比例分配，因社員根本未認股所致。

第六節　公司所有權之治理(Governance of Corporate Ownership)

企業管理初興之時，美國泰勒 (F. Taylor) 先生等以提高工廠基層作業員工生產力 (Worker Productivity) 為重心，未及於公司最高權力統治機構，如股東會 (Stockholder Meeting) 及董事會之管理問題。後來法國費堯 (Fayor) 先生從公司高層部門分工專門化及協調合作化，來提高公司的效率，也未提及股東會及董事會的合理化，一直到公司資本公開市場化，股票證券自由交易化的二十世紀末年，發生股票地雷化，公司資金被董事長及董事、總經理掏空之連串事件後，政府證券期貨監理機構及管理專家、會計專家、法律專家、證券專家開始重視公司高層所有權人代表機構（即股東會與董監事會）的治理問題。本來小公司的股東會或大公司的董監事會，都是在監督糾正總裁或總經理及以下經理人員的最高統治主體，他們如同一個國家的最高統治階層，如總統、國會、行政院長或總理、首相等。現在連最高統治主體本身都發生「監守自盜」，要被別人（在野的股東）來「治理」，來監督糾正，顯示社會道德人心腐壞之嚴重，和投機取巧技術之高明。

所以現時代談「企業管理」要分兩階段，第一階段為對公司「所有權」之代表機構，如股東會、董事會等高層統治階級之管理，稱之為「公司治理」(Corporate Governance)，俗稱「公司外部管理」。「公司治理」通常不涉及專業經理人員之專業技能、人性技能及決策技能，而是涉及董事會、董事長、總裁、總經理遵守政府法規及會計、審計原則之誠信能力及公開透明揭露度，用以取信社會大眾投資人，包括國際投資人及國內投資人。好的「公司治理」要做到什麼程度才能取信 (To be

Trusted) 於社會大眾投資人呢？第一、要能保障股東權益（即保本增值），第二、要能強化董事會職能（即立法企劃決策之品質），第三、要能發揮監察人功能（即監督稽核追蹤考核之品質），第四、尊重投資人及利害關係人權益（即不可掏空、背信、欺騙），第五、提升資訊透明度（即正派作帳、揭露重要資訊）。這五個條件也就是政府對「公司治理」的核心要求。

　　第二階段為對公司「管理權」之運作管理，俗稱公司「內部管理」，指總裁、總經理、副總裁、副總經理等高階主管之「策略管理」(Strategic Management)；部門經理、課長等中階主管之「控制管理」(Control Management)；組長、班長等基層主管之「作業管理」(Operations Management)；以及基層作業人員之「標準管理」(Standard Management) 等四層管理活動。公司內部運作管理為傳統「企業管理」所重視之範圍，以培養具有現代化專業知識（即「良知」），有行動執行能力（即「良能」），以及有專業道德良心（即「良心」）之「三良」「專業經理」人員 (Professional Managers) 為主要核心。一個公司的內部管理要好，依賴兩大支柱，第一是良好的「專業經理人員」，第二是良好的「管理作業制度」。「專業經理人員」是由一般「技術人員」(Technicians) 加上「管理知識」(Management Knowledge) 訓練而得，而「管理作業制度」(Management Systems) 是將公司運作的制度，經過書面化、合理化及電腦化，作為例行管理方法的依據。所以本書第二篇之各章節要逐一介紹管理知識之起源及現代化進度，供人才培育及制度設計的參考。

　　所謂「企業管理」好或有效，是指公司「所有權」管理好（即「公司治理」好）及「管理權」運作好。亦即從董事會好起，到總裁、總經理好，副總裁、副總經理好，各部經理好，各課課長好，各組長、班長好，以至每一個作業員工都好。從上到下都好，從外到內都好，才算「企業管理」好，能使「顧客滿意」並能賺到「合理利潤」。

第二篇　管理知識之演進及管理思想派別

(Evolution of Management Knowledge and Schools of Management Thoughts)

第六章　管理知識之範圍
(Scope of Management Knowledge)

　　管理知識的蓬勃發展和廣泛應用，是一百二十五年來人類社會進步的最大貢獻者，美國首受其利，德國和日本次之，其他西歐國家又次之，遠東國家再次之。至今二十一世紀開始，南美、東歐、西亞也正急起直追。有管理知識，一群人工作起來，就像一塊有力的鋼筋水泥三合土。沒有管理知識，一群人工作起來，就像一盤散沙，風吹沙散，一點力量也沒有。

第一節　管理與齊家治國平天下之道 (Management and Family-State-Country Governance)

一、廣義管理科學範圍 (Scope of Broad Management Science)

　　所謂「管理」是泛指主管人員設法經由他人 (Subordinates) 之力量（包括腦力及體力），來完成工作目標 (Objectives) 之系列性活動 (Series of Activities)。此系列性活動包括計劃 (Planning)、組織 (Organizing)、用人 (Staffing)、指導 (Directing) 及控制 (Controlling)。所以也有人說「管理」是促使一個人成為「成功主管人員」(Successful Manager) 的精緻藝術 (Sophisticated Arts)，包括系統性的管理觀念 (Concepts)、原則 (Principles)、技巧 (Skills) 及因時、因地、因人、因事、因物而異而制宜的決策智慧 (Decision-Making Wisdom)。此即我們今日所通稱的廣義「管理科學」，而非僅指數量分析性之技巧 (Quantitative Techniques) 理論所稱之狹義「管理科學」。人們學習廣

義的管理科學，對將來實際從事企業行銷、生產、研究發展、人事、財務、會計、採購、資訊等等活動助益甚大，因為他們將比一般人具有更系統化 (Systems)、更機動化 (Dynamic)、及更切合實際環境 (Realistic) 之思考決策能力。人們若只學習狹義的數量分析技巧，將來必會發現失去廣大可以應用管理知識之「市場」，限制自己於有限的領域裡而「懷才不遇」、「憤世嫉俗」，無助於事業經營的績效。所以我們在討論管理知識的演進時，亦應從廣義著手，包括各學派的主張，並將之融合於「系統管理」(Systems Management) 的大框架之內。

二、齊家治國平天下之團隊努力範圍 (Team Power for Family-State-Country)

一個人是否已經擁有現代化管理知識，可以問他是否能說出如何促使廣大部屬同心協力，朝向目標努力，來考驗他。相信絕大部分的人都不能完滿回答，「經由他人力量來完成目標」(Getting things done through other people)，雖是一句簡單的話，但卻是幾千年來英雄、豪傑、帝王、政治家、學者、宗教家等等所追求並力行的崇高使命。現在我們已經進步到把這些所謂偉大人物的努力結晶，應用到企業經營之上。

中國古代求學問之道以學儒、釋（佛）、道、法、墨、及諸子百家之經典思想為基礎。其中儒家又以四書：《論語》、《大學》、《中庸》、《孟子》為代表。孔子學生曾參（曾子）的讀書報告，名叫《大學》，有一套教人求學為人處世之系統步驟，為：⑴格物、⑵致知、⑶誠意、⑷正心、⑸修身、⑹齊家、⑺治國、⑻平天下。

從「格物」到「修身」的五個步驟屬於「個人」(Individual) 努力的「技術知識」範圍；但從「齊家」到「平天下」的三個步驟，則屬「團體」(Team) 努力的「管理知識」範圍，請見示意圖。在我國古文化遺產裡，有很多講究個人努力的教訓，但缺乏講究團體努力之教導。至今有人譏笑中國人最不知道「合作」(Cooperation) 之道理，也不會「合作」，所以「一盤散沙」之稱謂以中國人為最佳形容對象，值得我們學習管理知識時之反省改進。

圖 6-1　曾子八目示意圖

在前面已經提過「管理」(Management) 是鋼筋混凝土中的「水泥」(Cement)，代表「凝聚力」，專門把眾多資源團結在一起的力量，也就是集合五代同堂之「家」（約 500 人），集合一省州人民之「國」，及集合中原九州之「天下」的力量。

三、管理知識紛紜但趨於系統 (A System of Management Knowledge)

講求發揮團體力量，以達成目標的管理知識派別紛紜，各有所長，所以曾被譏為「管理叢林」(Management Jungle)，意指叢林內之樹林眾多，種類亦雜，各自發展，順序不一，成為亂七八糟之局面。不過各種派別的學說發展到今日，已經趨向歸併於廣義「管理科學」之系統內，亦即各種學說皆可在「管理機能」及「企業機能」所形成之「管理矩陣」(Management Matrix) 內找到應用地位，見第一章圖 1-5 管理科學矩陣圖。

若從人類知識創「哲學」(Philosophy) 一詞來研究管理知識之演進，則可用圖 6-1 來表示。

> 1. 哲學 (Philosophy)：人類對宇宙 (Universe) 萬物之知識，包括天文、地理、人、鬼、神、動物、植物、礦物等等。

> 2. 經濟學及管理經濟學 (Economics and Managerial Economics)：有關人類生活所需之物質生產、配銷、消費、價格、價值、競爭、貨幣、利率、匯率、成本、利潤等等。

> 3. 會計學及管理會計學 (Accounting and Managerial Accounting)：有關物品及勞務買賣、收入、加工成本、銷售、管理、財務費用、利潤、資產、債權、債務之價值等等。

4.科學管理及工廠管理、工業工程、工業管理、生產管理、作業管理、專案計畫管理 (Scientific Management and Factory Management, Industrial Engineering, Industrial Management, Production-Manufacturing-Operations Management, Project Management)。

5.管理原則及管理程序、正式組織、企劃預算控制、領導統御、目標管理 (Management Principles, Management Process, Formal Organization, Planning-Programming-Budgeting, Leading and Commanding, Management by Objectives)。

6.人群關係、行為科學 (Human Relations, Behavioral Sciences)。

7.數量方法：統計學、作業研究、狹義管理科學、多變數分析 (Quantitative Methods: Statistics, Operations Research, Narrow Management Sciences, Multivariate Analysis)。

8.決策過程：決策理論、決策樹、決策矩陣 (Decision-Making Process: Decision Theory, Decision-Tree, Decision-Matrix)。

9.電子資料處理、自動化控制、網際網路、電腦化供應鏈管理、電腦化企業資源規劃管理、電腦化顧客關係管理、自動倉儲管理 (EDP — Electronic Data Processing, Cybernatic Control, Internet, SCM — Supply Chain Management, ERP — Enterprise Resources Planning, CRM — Customer Relationship Management, Automatic Warehousing)。

10.系統方法：系統哲學、系統管理、系統分析、系統工程 (Systems Approach: Systems Philosophy, Systems Management, Systems Analysis, Systems Engineering)。

11.廣義管理科學：企業功能、管理功能、決策、協調、資源應用 (Broad Management Science: Business Functions, Management Functions, Decision-Making, Coordination, Resources Utilization)。

圖 6-2　管理知識演進順序圖

第二節　廣義管理科學之系統知識 (Systems Knowledge in Broad Management Science)

一、五種層次之「管理科學」定義 (Five-Level Definitions of Management Science)

各派管理學說之內容將於第七、八、九章分別介紹，但為便於瞭解，先在此將現代管理知識所彙集之系統陳列出來，如表 6-1 所示。

表 6-1　廣義管理科學之系統知識

廣義之管理科學（泛指決策於「管理系統」與「企業系統」之間的學識）系統管理 (Systems Management)	非數量方法（與「組織」、「用人」、「指導」三管理功能較有關係）	管理原則 (Management Principles)；管理思想、系統哲學、系統觀念
		正式組織 (Formal Organization)；組織設計、扁平組織、責任與授權、組織發展、任務小組
		人群關係 (Human Relation)；組織行為、團隊行為、溝通、激勵、領導風格
		行為科學 (Behavioral Science)；個人行為、個人發展、溝通、激勵
		企業機能及系統 (Business Functions and Systems)；行銷、生產、研究發展、人事、財務會計、資訊、採購（外包）
	數量方法　狹義之「管理科學」（與「計劃」、「控制」二管理機能較有關係）	科學管理 (Scientific Management)；工業工程、工廠管理、作業管理
		管理經濟學 (Managerial Economics)；總體經濟、國際經濟、國際貿易、國際企業
		管理會計學 (Management Accounting)；財務會計、稅務會計、成本會計、審計、人性會計、經濟活動力會計
		統計學 (Statistics)；品質管理、存貨管理
		決策理論 (Decision Theory)；策略規劃、目標管理、全球化、多角化、縮小化
		作業研究 (Operations Research)；數量分析、策略規劃、目標管理
		系統分析 (Systems Analysis)；系統工程、系統管理、顧客價值鏈、核心特長
		電子資料處理 (Electronic Data Processing)；網際網路、SCM、ERP、CRM、EDI、工廠及辦公室自動化
		管理情報系統 (Management Information Systems)

　　從表 6-1 可以看出,「管理科學」一語有許多層意思。第一、最廣的定義是指「所有與經營管理一個組織體 (不論其為營利事業或非營利事業) 有關的系統知識」。這些知識包括「數量性」方法 (Quantitative Methods) 及非數量性方法 (Non-Quantitative Methods) 之思想 (Thoughts)、觀念 (Concepts)、原則 (Principles)、步驟 (Process) 及技巧 (Skills, Techniques)。廣義的「管理科學」是用來區別於通常所稱的「自然科學」(Natural Science)、「應用科學」(Applied Science)、及「社會科學」(Social Science),使有關管理的學術有一個自己的特性及門戶 (Discipline)。為了傳播廣義管理科學的知識,美國及很多國家大學的研究所已有從「商業研究所」(Graduate School of Commerce) 改為「企業管理研究所」(Graduate School of Business Administration),以適用於農、工、商企業之經營管理;並再進而改為「管理研究所」(Graduate School of Management),以適用於企業、工程、醫院、教育、行政、國防、慈善等等業務管理之趨勢,如臺灣大學管理學院、淡江大學管理學院之 MBA 研究所。使「管理」成為運用資源以開創績效之有力而廣泛之工具性知識。人人自幼應學自然科學、人文科學、社會科學、工程學,也應該學管理科學。越早學習管理知識的人,越有成為「主管」人員,成為「領袖」(Leader) 之希望。

　　第二、較狹義的「管理科學」是指「一切數量性的工具」,或稱「數量性管理」技術 (Management Techniques)。以下我們會指出一些這方面的技術名稱,以供大家明白到底什麼東西是管理技術。

　　第三、再狹義的「管理科學」是指早期的「作業研究」(Operations Research)。作業研究是指應用團隊方式 (包括不同科系專家),研究解決經營或軍事作業上困難問題的方法,其所包括的數量性方法 (如線型規劃、非線型規劃、動態規劃、等候理論、競賽理論等等) 在開始初期,並不包括一般管理、經濟學、會計學、管理會計學,甚至普通統計學的工具及科學管理的工具 (如動作時間研究) 也未包括在內。

　　第四、更狹義的「管理科學」是指十九世紀末二十世紀初期,泰勒先生 (F. Taylor) 等所創的「科學管理」。吾人須知早期「科學管理」之重心是在於工廠生產效率的提高,而不在於行銷、財務、人事、研究發展等企業機能方面,所以對現代大企業而言,其應用範圍較小,但對小企業及工廠生產作業效率之提高而言,其應用性還是很大。尤其中國大陸的許許多多國營事業要改革,在生產加工方面,最需要從頭開始的「科學管理」。

　　第五、最最狹義的「管理科學」可追溯到「會計學」(Accounting)、「統計學」(Statistics),甚至於「經濟學」(Economics),因為這些學識皆比最早之哲學有系統及

有數量觀念，更合乎「科學」的定義。經濟學為「經國濟世」之學，亞當・斯密 (Adam Smith) 稱它為「國富論」，意指它是可以使國家富強起來之哲學；在我國古時，亦稱經國濟世之學為「厚生學」，意指此種比一般哲學更有條理系統之學，是可以使人民物質生活豐厚。寶島臺灣政府在行政院下設置「經濟部」，中國大陸在國務院下設經濟貿易委員會，日本政府設立通產省，具有相同意義。一國之經濟活動仍由農、工、商，萬千百種企業所構成，所以講求企業管理者，亦須熟悉經濟學；更進而言之，經濟學、會計學、統計學乃是企業管理碩士 (MBA) 必修之學問。

上述數種層次不同，定義範圍各異的「科學管理」有二個共同之處，第一為系統性 (Systems)，第二為客觀性 (Objectivity)。要系統化必須把「零碎、局部、部分」(Parts or Components) 綜合成有條理之「整體」(Wholeness)；要客觀化必須力求數量化。所以儘管上述五種定義範圍大小不同，但是朝向系統性及客觀性（或數量性）之理想及努力是相同的，這也就是為何要把這門管理學術稱為「管理科學」之原因。

二、管理技術點將錄 (List of Management Techniques)

上面曾提及狹義「管理科學」是指一切數量性管理技術，為了先讓大家有一概念，所以先將比較常見之技術名稱點出來，至於其詳細個別內容，則可在各別學門的專書內找到：

1. 「科學管理」(Scientific Management) 所提供之主要管理技術可分為：

(1)工作改善 (Work Improvement)：動作研究 (Motion Study)。

(2)工作衡量 (Work Measurement)：時間研究 (Time Study)。

(3)程序分析 (Process Analysis)。

(4)工廠布置 (Plant Layout)。

(5)原物料處理 (Material Handling)；原物料需求計劃 (Material Requirement Planning, MRP-I)；製造資源計劃 (Manufacturing Resources Planning, MRP-II)；企業資源規劃 (Enterprise Resources Planning, ERP)。

(6)獎工制度 (Wage and Incentive System)。

(7)生產計劃與控制 (Production Planning and Control)；專案計畫管理 (Project Management)；要徑網狀法 (Critical Path Method, CPM)；專案計畫評核術 (Project Evaluation and Review Technique, PERT)。

(8)存貨控制 (Inventory Control) 與物料管理 (Material Management)。

(9)品質管制 (Quality Control, QC)：傳統品管；統計品管 (Statistical Quality Control, SQC)；全面品管 (Total Quality Control, TQC)；品管圈 (Quality Control Circle, QCC)；無缺點計劃 (Zero-Defect, ZD)；總體品質管理 (Total Quality Management, TQM)，國際標準組織 ISO 9000 系列；6 標準差法 (6-Sigma)。

⑽品質保證 (Quality Assurance, QA)。

2. 「管理經濟學」(Managerial Economics) 所提供之主要管理技術可分為：

⑴成本分析 (Cost Analysis) 及成本觀念 (Cost Concepts)。

⑵邊際分析 (Marginal Analysis) 及增量分析 (Incremental Analysis)。

⑶資本支出預算分析 (Capital Budgeting Analysis)。

⑷可行性研究分析 (Feasibility Study Analysis)。

3. 「管理會計」(Managerial Accounting) 所提供之主要管理技術可分為：

⑴診斷性分析技術 (Diagnosis Techniques)：包括各種財務報表之比率分析及趨勢分析 (Ratio Analysis and Trend Analysis)。

⑵計劃性分析 (Planning Techniques)：包括各種預算法 (Budgeting) 及「自製－外包」分析法 (Make or Buy Analysis)；彈性預算法 (Flexible Budgeting)；零基預算法 (Zero-Base Budgeting)。

⑶控制性分析技術 (Controlling Techniques)：包括各種成本計算法 (Costing Methods) 及預算控制差異分析法 (Variance Analysis)。

4. 「統計學」(Statistics) 所提供之主要管理技術可分為：

⑴各種平均數與標準差計算方法及推測 (Mean and Variance Estimates)。

⑵假設檢定 (Hypothesis Testings)。

⑶抽樣技術 (Sampling Techniques)。

⑷統計品管 (Statistical Quality Control)。

⑸統計存貨模式 (Statistical Inventory Model)。

⑹決策樹模式 (Decision-Tree Model)。

⑺統計決策理論及報償矩陣模式 (Statistical Decision Theory and Payoff Matrix)。

⑻貝式統計模式 (Bayesian Statistical Model)。

⑼簡單迴歸及相關分析 (Simple Regression-Correlation Analysis)。

⑽複迴歸及相關分析 (Multiple Regression-Correlation Analysis)。

⑾統計預測及指數平滑法 (Statistical Forecasting and Exponential Smoothing)。

5. 「作業研究」(Operations Research) 所提供之主要技術可分為：

⑴線型規劃 (Linear Programming)。

⑵非線型及動態規劃 (Non-Linear and Dynamic Programming)。

⑶等候原理 (Quening Theory)。

⑷競賽原理 (Game Theory)。

⑸模擬原理及蒙特卡羅 (Simulation Theory and Monte Carlo)。

⑹工業動態模擬 (Industrial Dynamics)。

⑺專案計畫評核術及要徑網狀法 (Project Evaluation and Review Technique or PERT/Time PERT/Cost; and Critical Path Method or CPM)。

⑻多元非計量尺度分析法 (Multi-Dimension and Non-Metric Scaling Methods)。

⑼平衡線 (Line of Balance)。

⑽學習曲線 (Learning Curve)。

6. 電子資料處理技術 (Electronic Data Processing, EDP)；電腦輔助設計 (Computer-Aided Design, CAD)；電腦輔助製造 (Computer-Aided Manufacturing, CAM)；自動倉儲 (Automatic Warehousing)；彈性製造系統 (Flexible Manufacturing System, FMS)

7. 電子計算機與系統企劃分析之聯合應用 (Computer and Systems Planning and Analysis)；決策支援系統 (Decision Supporting Systems，DDS)

8. 電子計算機與管理情報（資訊）系統之聯合應用 (Computer Based Management Information Systems)；工廠自動化 (Factory Automation)；辦公室自動化 (Office Automation)

9. 電訊與電腦合一提供之技術 (Computer-Communication-Combination Based Techniques)

⑴國際網際網路 (Computer-Communication-Combination Based World Wide Web Internet)。

⑵電子信箱 (E-Mail)。

⑶電子資料交換 (Electronic Data Interchange, EDI)。

⑷網際網路供應鏈管理系統 (Supply Chain Management, SCM; Extranet)。

⑸企業內多門部多工廠資源管理作業電腦化系統 (Enterprise Resource Planning, ERP; Intranet)。

⑹網際網路顧客關係管理系統 (Customer Relations Management, CRM; Extranet)。

⑺寬頻無線網路手機電腦連線技術 (Wireless Broadband Mobile Computer Connection)。

　⑻國際電話視訊會議技術 (International Vision Conference)。

　⑼遠距視訊教學互動技術 (Long-Distance Interactive Vision Teaching Technique)。

　⑽資料庫開礦術 (Data Mining)。

　⑾資料庫行銷術 (Data-Base Marketing)。

第七章　中國古管理知識與西方早期管理知識發展
(Development of China's Old Management Knowledge and Western Early Management Knowledge)

　　管理是發揮「群力」，達致「目標」的將帥術及帝王術。「將帥」(General and Commander) 有「軍事將帥」，也有「企業將帥」；「帝王」(King and Emperor) 有「政治帝王」，也有「企業帝王」。軍事將帥及政治帝王的活動勢力範圍在一國領土內，而企業將帥及企業帝王卻可以馳騁於國際間全球疆土，活動勢力範圍廣闊許多。中國是文化古國，有五千年歷史，朝代將近三十個，累積許多政治管理之智慧，可供企業人士應用。若能將中國政治管理加上西方（美國為主）之企業管理，將可創造出第三種新管理文化，正如把中藥加上西藥，可以治療許多絕症的功效一樣。

　　依照美國管理學術界的進步過程，大約可以三個人的著作及影響力作為劃分時代的標準。在 1930 年之前為早期，以泰勒為代表，是工廠「機械化管理」(Mechanic-Side of Management) 思想時代。在 1930 至 1947 年為中期，以梅友為代表，是工廠「人性化管理」(Human-Side of Management) 思想時代。在 1947 年以後為近期，以賽蒙 (Herbert Simon) 為代表，是「決策及戰略管理」(Decision-Making and Strategic Management) 時代。此種大約性之分類僅為方便介紹起見，並非說這三期時間內沒有其他重要的管理思想家，或中期之後早期的思想就停止發展，或近期以後其他兩期之思想就失去地位。尤其中期至今已過五十多年，其間多角化 (Diversification)、國際化 (Internationalization)、全球化 (Globalization)、競爭化 (Competition)、簡縮化 (Down-Sizing)、電子化 (e-Business)、知識經濟 (Knowledge Economy) 等等戰略思想，更是風起雲湧。

　　事實上，自有人類以來，幾乎所有的統治者及學問家，皆在累積齊家、治國、平天下「外王」(以與格物、致知、誠意、正心、修身之「內聖」功夫相對稱) 的管理知識，同時經營管理知識之能應用於實業界，完全是綜合人類所有知識累積結晶之選擇應用，而非全盤換新之作用。管理思想知識之是否有效應用，不在於那一個時代，那一個人說得對或錯，而是在那一個環境，那一個行業 (Industry)，那一個機構 (Institution)，那一個工作種類 (Job)，那一個工作人員 (Person) 的特性為何？應採取因時、因地、因人、因事、因物等「五因」之情境，而選擇採用那一個古時或現

時的管理思想知識，此乃「情境理論」(Situational Theory) 之大觀念也。所以沒有「美國式」管理、「日本式」管理、「臺灣式」管理或「中國式」管理、「英國式」管理或「德國式」管理比較好或比較壞之辯論存在，而只有什麼時代、什麼環境、什麼人、什麼行業、什麼事項、用什麼管理思想、觀念、原則、技巧，比較有效或無效之選擇而已。

第一節　古中國之管理思想 (Old Chinese Management Thoughts)

📖 一、結合群力之舉 (Management Is Team Efforts)

管理活動之要義為「設法經由他人的力量以完成工作目標」，所以也可以用「結合群力，達取目標」（見民國 67 年 12 月 10 日中華民國管理科學學會年會嚴前總統家淦先生專題演講）來表示。凡是想經由部屬腦力及體力來完成公目標、私目標及社會目標的任何領袖人物，都會也都應該講求激勵他人，發揮潛力的方法。所以推溯往昔，歷史上的文明古國，先聖先賢都有著作名言，記載當時之管理思想及活動。

在西方，數千年前的 Sumerians（閃馬利族人），Babylonians（巴比倫族人），希臘、羅馬、埃及等等古國皆有過有效管理的方法，所以能在歷史上留下名聲。到目前為止，最早及最大的世界性組織，羅馬梵蒂岡天主教廷 (Roman Catholic Church)，依然發揮巨大的影響力，就是得力於其嚴密、有系統、有權威、有激勵、有計劃及控制的管理方法，方能管理世界各地的教會及教職人員，成為一個無疆界的精神帝國，比任何一個政治帝國或政府都有力量。

📖 二、中國為政之道 (The Ways of Governing in China)

在中國，講求「為政」（即管理眾人）之道的古籍甚為豐富，至今成為中華傳統文化之主流。我國先賢教訓我們「為政在仁」，所以帝王應該採行「人民為主」(People-Orientation) 之導向哲學,此即現代管理所稱之「市場導向」(Market-Orientation) 或「顧客導向」(Customer-Orientation) 的哲學，所以有「民為重、社稷次之、君為輕」；「天視自我民視，天聽自我民聽」；「大學之道，在明明德，在親民，在止於至善」等等之教訓，一切應以人民之好惡為君主好惡之導向，以人民之切膚目標為君主之目標（即人民之「道」和君主之「道」相同）方能確保國家富強康樂。

　　古代中國的「為政」也在於「求新」，求改進「變化」(Improvement Changes)，此即現代管理所稱之「管理革新」、「行政革新」、「技術創新」、「新產品開發」、「新市場開拓」、「新制度建立」，所以商鼎有「苟日新、日日新、又日新」之教訓。

　　古代中國的「為政」也講求謀略計劃，此即現代管理所稱之「情報資訊研究」(Information Research)、「長期策略規劃」(Strategic Planning)、「短期年度方案規劃」(Annual Action Program Planning)、經費預算 (Budgeting)，及時程安排 (Scheduling)（此五步驟合稱 IPPBS），所以《孫子兵法》講求「上兵伐謀，其次伐交，其次伐兵，其下攻城」；「攻心為上，攻城為下」；「不戰而屈人之兵」；「兵貴拙速，不在巧拙」；「兵無常勢，水無常形」；「以曲為直」；「兵不血刃」；「兵不厭詐」；「出奇制勝」等等戰略。

　　賢明帝王的治國平天下之道（如唐朝太宗李世民）為「定大計、設制度、明用人、勤指導、嚴賞罰」，此即現代管理所稱之計劃、組織、用人、指導、控制五功能步驟。

　　古代文明國家講求「君國統治，人民納稅」，不講求開創企業活絡經濟，提高人民生活水準，所以為政之道雖多，都未成系統學問，並且大多屬於「組織」、「用人」、「謀略策劃」及「統御領導」等四方面，但對學習成為企業將帥的人而言，已經很有啟發作用，本節特別整理摘錄供大家參考。

三、管仲的管理思想

　　管仲是春秋時代安徽潁上人，比孔子早生百年，交友鮑叔牙甚篤，世稱「管鮑之交」，比喻友情深厚的「友道」。在公子糾（管仲之舊主）與公子小白（鮑叔牙之主人）互爭齊國君主繼承之役中，公子糾失敗，但鮑叔牙退讓，推薦管仲當齊桓公（小白）之相，助齊桓公「九會諸侯，一匡天下」，稱霸於西周春秋，安定社會四十年，甚受孔夫子敬佩。管仲思想集成《管子》一書。管仲思想為道家，亦為法家。其著名管理思想有：

1.四維興邦思想

　　「禮義廉恥，國之四維，四維不張，國乃滅亡」。指國家社會建設要注重「禮、義、廉、恥」四大文化原則，對無禮、無義、無廉、無恥之人，不可選用為單位主管。

2.人才培養陶鑄思想

　　「一年之計莫如樹穀，十年之計莫如樹木，百年之計莫如樹人」。指培養上等好

人才是主管人員的大職責，要長期計劃及執行不懈。

3. 民富國強思想

「國多財，地闢舉，倉廩實則知禮節（國強），衣食足則知榮辱（民富）」。指當公司賺錢時，多給員工獎金、分紅、認股，對公司前途絕對有幫助。當員工物質生活，物質文明提高之後，精神文明才能提高，精神獎勵措施才有用途。

4. 法治命令任務思想

「下令如流水之原，使民（員工）於不爭之官，明必死之路，開必得之門。不為不可成，不求不可得，不處不可久，不行不可復」。指目標、任務、命令、規則、紀律等等制度之設定，事前必須做可行性分析 (Feasibility Analysis)，並且寬嚴適可而止，不可過猶不及。

四、老子管理思想

老子名叫李耳，據說他母親懷他八十一年之久，在他出生時，鬚髮皆白，所以叫他為「老」兒子。老子是西周春秋人，比孔子早生，孔子曾經遠從山東到河南洛陽去拜訪老子。老子是周朝的圖書館長，學問很好，據說晚年時他西度流沙，到西域去，在過函谷關時，因無關牒（護照），被關吏尹喜逼寫文章傳道以為交換，老子無法逃避，只好寫下五千字的文章，此文章就叫《老子》。到了唐玄宗時代，《老子》一書被尊為《道德經》，代表道家思想。《道德經》有八十一章（含有九九八十一之意），前三十七章為「道經」，最後四十四章為「德經」。「道」者，宇宙萬物運作之規範；「德」（得）者，人類運作之規範圍。「道經」為基本原理，「德經」為人類應用。

老子的思想以「重返大自然」為中心，所謂「人法地，地法天，天法道，道法自然」。而後來莊周寫《莊子》，孫武寫《孫子兵法》，都是用「自然」（非人為）法則。以下摘錄一些與管理有關的思想：

⑴「天下萬物生於『有』，『有』生於『無』」。指擁有「有」任何知識、名、利、財、勢之前，都是「無」。所以目前「無」，不必氣餒。

⑵「見素抱樸，少私寡欲，絕學無憂」。指為人樸素渾厚，降低私心貪慾，不學偷雞摸狗、貪贓枉法、暗箭傷人之邪術，就可以心安理得。

⑶「知人者『智』，自知者『明』，知足者『富』」。指知己、知人、知足都是認知個人行為及組織行為的要件。

⑷「治大國若烹小鮮。無欲為剛。輕諾必寡信」。指若用有效管理之原理技巧，

則管理大國家和管理小企業一樣得心應手。若無歪斜貪慾，則做決策時，可按照理智之成本效益分析而定，不必牽就人性世故之壓力。不經理智之系統分析，就隨便答應，開空頭支票以取悅他人，最後一定無法履行諾言兌現支票，先騙人再厚顏，非君子也。

(5)「禍莫大於不知足，咎莫大於欲得」。指貪得無厭之人不可選為幹部。

(6)「跂者不立，跨者不行」。指做事方法不可走極端，如只用單腳站立，跨過分的大步伐來走路，終究不會成功。

(7)「上善若水，水善利萬物而不爭，處眾人之所惡，故幾於道」。指為人有奉獻布施助人之精神，就像水，至柔，可利萬物，而不必爭功，能做眾人不喜歡做之事，才是上善之人，近乎宇宙萬物運作之典範。

(8)「我有三寶，持而保之：一曰慈，二曰儉，三曰不敢為天下先。慈，故能勇；儉，故能廣；不敢為天下光，故能成器長。今舍慈且勇，舍儉且廣，舍後且先，死矣」。意指做人，對上級，對平輩，對下級的最好方法就是「慈，儉，不敢為天下先（不爭奪名利）」，一定可以交得很多好朋友，「做人」一定成功，故名為「做人三寶」。

(9)「禍兮，福所倚；福兮，禍所依」。指世間禍福相隨，故不可「失意忘形」，亦不可「得意忘形」。人生「不如意事常八九，可對人言無二三；十有九輸天下事，有無一可意中人」（引用南懷瑾國學大師送筆者陳定國之語），所以「得官」有何特別歡樂，「失官」有何特別悲傷之處呢？

(10)「功成，名遂，身退，天之道」。指事功若成就，名聲若暢遂並上升，身若不謙虛，不適時退讓，則會因功高震主，災難必來矣。當鳥被打盡，弓就被藏起來；當兔子被打死，豬狗就被烹殺。

五、孔、曾、思、孟儒家的管理思想

儒家思想是中國歷代君王奉行的教育及施政思想。孔子名丘，字仲尼，是西周春秋時代魯國人，從陶君讚學。是歷史君王奉祀之「大成至聖先師」，其思想集為《論語》一書。曾參是孔子七十二位賢人子弟之一，做學習報告《大學》一書，人稱宗聖曾子。子思是孔子兒子孔鯉之子，是曾參的學生，做學習報告《中庸》一書。孟子，名軻，是子思的學生，其思想集為《孟子》一書，人稱「亞聖」，其成就僅次於「至聖」孔子。《論語》、《大學》、《中庸》及《孟子》是儒家代表作四書，闡釋「做人」及「做事」之學問，歷久不衰。日本經濟在 1970 及 1980 年代大興，蓋過美國。臺灣、香港、新加坡、南韓成為亞洲經濟發展四小龍。歐美人士皆將之歸為「新儒

商」思想教育之功勞。

以下摘錄部分儒家的管理思想:

(1)「學而時習之,不亦說乎?」指「知」(學習、計劃)與「行」(習作、執行、實踐)兩者要合一,若真有成就,就會喜悅在心中。「知」識若日日實踐,久而久之,就成為「智」了。「知」與「智」之差別,就在日日的實踐功夫上。

(2)「巧言令色,鮮矣仁。」指無實質內容之言談,以及光做表面功夫以取悅他人之「窗飾」(Window Dressing)行為,雖很伶俐、巧妙、好看,但都不會是有仁義道德的人,不要上當。

(3)「君子務本,本立而道生;孝弟也者,其為仁之本與!」指能「孝」能「弟」的年輕人才是公司要求的新血輪。「孝」與「弟」都是仁慈行為的根本要素;君子能孝、能弟,才能有根基,做人做事才會成功。

(4)「君子言忠信,行篤敬;誠於中,形於外;不誠無物;至誠如神」,指「忠、信、篤、敬、誠」是做人,做事成敗的要訣。一個主管人員,領袖人員若講話不忠、不信,行為不踏實、不敬業,就是一個不誠實的人,不夠資格當主管,當領袖。內心不誠信,就會顯露在外行上,不會被人信任,不會成就事務。反之,若內心誠信,做事容易成功,有如神助般得到別人相信及幫助。

(5)「德不孤,必有鄰。鄉愿,德之賊也。道聽而塗說,德之棄也。有德此有土,有土此有財,有財此有用。德者本也,財者末也。大德必得其位,必得其祿,必得其名,必得其壽,必受其命。」指企業領導人士,必須修德行德,才能獲取位、祿、名、壽、命之人生大目標。德是一切的根本,財、祿、名、位、壽都是修德行德所產生的後果而已,所以無德之人,雖可能暫時成功,但終必失敗。

(6)「子曰:參乎,吾道一以貫之,何謂也,曾子曰:夫子之道,忠恕而已矣。子貢問曰:有一言而可以終身行之者乎? 子曰:其恕乎,己所不欲,勿施於人。盡人之性,而後可以盡物之性。小不忍,則亂大謀。」「恕」道特別有用於對待部下及對平輩,在領導統御及人事管理方面特別有助益。「忠恕」是設身處地之「同理心」。己所不欲,勿施於人。反之,己所欲,施於人。這些都是人性之本質,認識此種同理心,也充分發揮此種同理心,將來做起事來,一定得到「多助」,順利成功。

(7)「君子有三戒:少之時,血氣未定,戒之在色;及其壯也,血氣方剛,戒之在鬥;及其老也,血氣既衰,戒之在得。君子不重(莊重得體)則不威(威信)。過,則勿憚改。」指低級,中級及高級幹部應有之修養。年輕低級幹部不可好色,年壯中級幹部不可好鬥,年老高級幹部不可好得(貪財、貪位)。當中、高級幹部應該在言

談及行為上比當年輕低級幹部不一樣，要莊重得體，不可輕浮隨便。任何人，若做錯了，不要緊，不要怕認錯改錯，若創新而錯，改錯就可以了，公司才會因不怕錯，敢創新而進步。

(8)「仁者，己立立人，己達達人。博學而篤志，切問而近思（博學之，審問之，慎思之，明辨之，篤行之），仁在其中。仁者無敵。君子喻於義，小人喻於利。君使臣以禮，臣事君以忠。當仁不讓於師（眾）。不義而富貴於我如浮雲。」指仁、義對員工行為規範之重要性。仁慈指己立立人，己達達人，不排斥、不嫉妒別人。能夠「學、問、思、辨、行」五道功夫的人，自然會有仁慈之心。有仁慈之心的人，是不會有敵對之人。君子應重他利（義），不可只重私利。

(9)「學而不思則罔，思而不學則殆。」指好「學」還要「問、思、辨、行」，才不會浪費訓練發展之成本。

(10)「人無遠慮，必有近憂。」所以企業必須有長期策略計劃（稱策劃），否則會面臨被競爭者淘汰之憂患。

(11)「士不可以不弘毅，任重而道遠。」有知識之高階經理人員，必須要為公司設定遠大之使命、願景目標及策略，並堅持實踐，走再遠之路也要達成。

(12)「能行五者（恭、寬、信、敏、惠）於天下者，為仁矣。『恭』者不侮，『寬』者得眾，『信』則人任，『敏』則有功，『惠』則足以使人。」這是高階領導者的信條，也是能領導大眾完成目標的要訣。

(13)「大學之道，在明明德，在親民，在止於至善」，指大人、君子、高階主管學習做人做事之三大目標（三綱）是：明訂光明磊落遠大之目標，要親近人民顧客為他們的滿意而服務，要繼續努力追求，以達最佳的至善境界。明訂目標是企業策略的第一任務。

(14)「知止而后有定，定而后能靜，靜而后能安，安而后能慮，慮而后能得。物有本末，事有終始，知所先後，則近道矣。」指「止」、「定」、「靜」、「安」、「慮」、「得」是思考達成目標所需之策略手段的六步規劃功夫。

(15)「物格而后知至，知至而后意誠，意誠而后心正，心正而后身脩，身脩而后家齊，家齊而后國治，國治而后天下平。」「君子敏於事而慎於言（多做少說）。」指個人技術修煉（格物、致知、誠意、正心及脩身「五目」）及團隊管理技術修煉（齊家、治國、平天下「三目」）的功夫。「大學」之三綱、六道、八目是培養領袖人才的「內聖」及「外王」之術。

(16)「好學近乎智（知），力行近乎仁，知恥近乎勇。」指達到「智、仁、勇」三

達德之方法是「好學」、「力行」、及「知恥」。

⑾「天將降大任於斯人也，必先苦其心志，勞其筋骨，餓其體膚，空乏其身，行拂亂其所為；所以動心忍性，增益其所不能。」這是孟子指一個大丈夫有成就的人，都要經過「苦、勞、餓、空、亂」五種考驗過程。同時大丈夫也必須堅定意志，「富貴不能淫，貧賤不能移，威武不能屈」。

⑿「人則無法家拂士，出無敵國外患者，國恆亡。故知生於憂患，死於安樂」，孟子也指一個企業和國家一樣，不可不以外在競爭者為戒，不可懈怠而安樂，不可不讓人民參與意見提出相反看法，否則恆亡。

⒆「仁、義、禮、智、信」是儒家五常（五個基本不變的德行），與佛家的五戒（戒殺、戒盜、戒淫、戒酒、戒誑）相對照，是每一個企業員工應有的精神裝備。

⒇「賢者在位，能者在職。」指主管要賢（有人群管理能力），部屬要能（有技術操作能力）。

㉑「徒善不足以為政，徒法不足以自行。」指要有廣大的善意目標策略（指 Ends）及詳細的方法手段制度（指 Means）二者才能達成真正的目標。否則僅僅只有善意之目標策略，也不會執行成功；只有方法手段制度，沒有好目標策略來指導方向也不會自然成功。

㉒「天時不如地利，地利不如人和。」指企業內部員工團結一致，對外關係良好，比天時、地利都重要。

㉓「人不可以無恥，無恥之恥，無恥矣。」指絕不可任用沒有廉恥之人為員工及為主管。

■ 六、荀子的管理思想

荀子名卿，著《荀子》一書二十篇，與孟軻同時代，約晚孔子二百年，原為儒家系統，因主張「性惡說」（如西方 McGregor 之 Theory X），與孟子主張「性善說」（如 McGregor 之 Theory Y）對抗，而被歸為法家。荀子有弟子李斯及韓非，皆法家成名人物。荀子重要管理思想摘錄如下：

⑴「居必擇鄰，遊必就士。」指選擇好居家之地，好工廠地址，好銷售市場及好辦公室地點，並與有水平之君子做朋友，做供應商，做顧客，因地理環境及人脈關係都會影響個人及事業的成敗。

⑵「君子贈人以言，庶人贈人以財。」指送知識（即佛家之法布施）給人家比送錢財給人家（即佛家之財布施）為高尚。知識用不完，取之不盡，用之不竭，而財

物用完就沒了。

⑶「麒驥一躍，不能十步；駑馬十駕，功在不舍」，指一流人才也不能一躍十步遠，而二、三流人才若加以培訓，持之不舍，也可以十抵一，也說明成功要素中，天才只佔一分，勤勉則佔九分。

⑷「青出於藍，而勝於藍；冰出於水，而寒於水」，指新一代人的創新智慧常勝過老一代的人，英雄出少年，年輕就是本錢，應好好珍惜，不可虛費。

⑸「非我，而當者，吾師也；是我，而當者，吾友也；諂媚我者，吾賊也。有亂君，無亂國；有治人，無治國。」指精進修養，不拒批評，不受諂媚。批評我而中要點者，是我的老師，要更加尊重，不可討厭他。稱讚我而中要點者，是我的朋友而已。而胡亂稱讚我的人，是在害我，是我的敵對，不可上當。國家或公司之亂治，不在國或公司本身而在主政者是否亂或治，是否好或壞。（在人不在國）

⑹「不聞，不若聞之。聞之，不若見之。見之，不若知之。知之，不若行之。」指眼見為憑，不可聽信偏言，眼見之後，還要分析瞭解其中因果，更要進一步試驗檢定一下，才不會做錯判斷，做錯對人，對事之選擇決定。

⑺「信信，信也；疑疑，亦信也。貴賢，仁也；賤不肖，亦仁也。言而當，知也；默而當，亦知（智）也。故知默猶知言也。」指正正得正，負負也得正，但若正負則得負（引用數學正負相乘之道理）。相信真實可信的人事物，是信；懷疑不可相信的人事物，也是信。尊重賢能之人，是不知時，緘默不言，也代表懂。所以不知真情時，不亂講，和知道真情時開口講出來，同樣重要。

⑻「明王者，義立，而王；信立，而霸；權謀立，而亡。三者明王之所謹擇也。」此與曾參所言：「用師者王，用友者霸，用徒者亡」之道理相似，但荀子所言為對事，曾子所言為對人。為眾利（義）而做事，可得王道（以德服人，以少勝多），以公平信用手段做事，可得霸道，勝過對方，但必須以多勝少。但以不正當、不公平、不信用的陰謀手段來做事，短期可能佔便宜，但最後一定失敗（亡）。

七、韓非子的管理思想

韓非是東周戰國後期韓國庶公子，是法家的代表人，崇拜管仲，子產，吳起，商鞅以及申不害等先人之成就，拜師荀卿，與李斯同學，因口吃不善言談，故發憤著述，融合老子「無為，自然」思想，荀子「性惡論」，商鞅的「嚴法」，申不害的「權術」，慎到的「重勢」，寫出《韓非子》十萬餘言，包括〈二柄〉、〈說難〉、〈說林〉、〈五蠹〉、〈孤憤〉、〈內外儲說〉，為秦王政所喜，但終被李斯妒嫉暗害而死，而

李斯卻用韓非思想幫忙秦王政滅六國，統一中國。韓非重要管理思想摘錄如下：

⑴「龍有逆鱗，人生亦有逆鱗，若有人攖（摸）之，必遭殺亡」。指部下要識趣，不要隨便觸犯上級老闆的敏感弱點。

⑵「聖人之所以為治道者有三，一曰『利』，二曰『威』，三曰『名』。用『利』者，所以得民也；用『威』者，所以行會也；用『名』者，所以上下周道也」。指治理國家要善用「利、威、名」三個工具。

⑶法家三要素：「法、術、勢」，指要會用嚴法，用權術，再用重勢，三者合一，可以順利推動政務。

八、《六韜》《三略》（韜略學）之思想

「韜」原指作戰時的戰略及戰術 (Strategies and Tactics) 的祕訣。「戰略」(Strategies) 是指高階主管用來達成重大目標的競爭性、祕密性、突破性，重大資源使用性之手段，「戰術」(Tactics) 是指中階主管用來達成中等目標的競爭性、祕密性、突破性，中等資源使用性之手段。就軍事而言，「戰略」由統帥、軍團司令、軍長等所制訂；「戰術」由師長、團長、營長等所制訂；「戰鬥」(Combat Technical) 由連長、排長、班長等所制訂。就企業而言，「產品－市場」、「併購－聯盟」、「自製－外包」、「組織－人事」、「薪酬－獎懲」等等戰略由集團董事會（含董事長、總裁）或公司董事會（含董事長、總經理）等所制訂，執行的戰術方案由各部門經理所制訂，每月、週、日的作業戰鬥由課長、組長、班長等所制訂。

《六韜》據說是由姜尚所寫之兵書。姜尚，字子牙，為周文王之太公所期望之能人，故又名太公望，《六韜》兵書名為：

⑴文韜——用人要訣（招兵買馬，集英聚賢）。

⑵武韜——不戰而勝之法則（策略規劃）。

⑶龍韜——勝敗決定於戰鬥之前的準備（組織、制度、訓練、後勤、預算）。

⑷虎韜——戰鬥中必勝之攻擊方法（指揮、領導、激勵、溝通、協調、合作）。

⑸豹韜——臨機應變的奇兵策略（出奇制勝、創新、動態權變）。

⑹犬韜——狙擊敵人於不意的要訣（出其不意、攻其不備、兵貴神速）。

《三略》包括上略、中略及下略，相傳是黃石太公所撰之兵法，在圯下傳給張良，故又稱《太公兵法》。《三略》以「政略」（政治）為主，而孫武的《孫子兵法》十三章則以「戰略」為主。《三略》兵法名為：

⑴上略——以柔克剛；高階長期策略計劃，英雄造時勢，以知識智慧開創新局。

(2)中略——人盡其才；組織設計及明用人之道，以「人和」來運用「天時」及「地利」之資源。

(3)下略——戰備應從平時開始；系統性、協調性、時間安排性、經費安排性之作戰方案。

九、《孫子兵法》的管理思想

《孫子兵法》是西周春秋時代，吳國孫武應楚國伍員（伍子胥）之請，寫出他對歷代戰後之實地調查研究心得，共十三章，獻給吳王闔廬，堅定其出兵助伍員攻楚報復滅家之仇與必勝信心。《孫子兵法》已成為中國文化在世界各國最被流傳之經典著作，講求「全勝」（非殘勝）之道，不僅對軍人有用，對企業家更有用，因為「商場如戰場」，競爭之劇烈比戰場更強烈。《孫子兵法》一書到處有賣，人人可買來讀，尤其企業人士為甚。

《孫子兵法》十三章，六千多字，在第一篇〈始計〉就提出二個「五」字觀念。第一個五字就是用來核計敵我雙方勝戰之可能性，那是「道、天、地、將、法」。若我方在這五方面比對方強，才可開戰，否則應求和。第二個五字是講將官幹部的五武德：「智、信、仁、勇、嚴。」這五個軍人紀律比儒家五常「仁、義、禮、智、信」及佛家五戒「戒殺、戒盜、戒淫、戒酒、戒誑」要嚴格。商場如戰場，企業幹部就是軍事幹部，紀律一樣鮮明嚴格。

孫子致勝五訣：「道、天、地、將、法」解說如下：

(1)「道」：指我國要和敵國開戰之「目標」及「理由」，是否比對方要和我方打仗的目標和理由充足，並得到全國人民的認同。若是，則得「道」多助，全國上下同仇敵愾，開戰必能得勝。若不是，則對方理由及目標強過我方，對方之士氣會高過我方，我方會敗，所以不能戰，應求和。若雙方之「道」平平，則比第二條件「天」。

(2)「天」：指經營大環境，包括時間、氣候、內外情勢。在兩方比較下，我方「道」與他方「道」打平，但我方「天」然條件比對方強，也可以開戰，我方會勝。若比對方差，則不可打，應求和。若雙方「道」、「天」皆相等，則比第三條件「地」。

(3)「地」：指地理條件，山、丘、河川，以及市場環境。兩方比較下，我方「地」理條件強過對方，也可開戰，我方會勝。若不如，則不可打，應求和。若兩方平平，則比第四條件「將」。

(4)「將」：指軍隊軍官團幹部，或企業幹部團隊。若兩方「將」條件比較，我方高過對方，即我方幹部之「智、信、仁、勇、嚴」高過對方，即可開戰，我方會勝。

若不如，則不可打，應求和。若兩方平平，則再比較第五條件「法」。

(5)「法」：指軍隊或公司內部組織、規章、作業制度及倫理規範。若兩方「法」條件比較，我方高，則可開戰，我方會勝。若不如對方，則不可開戰，應求和。若兩方平平，則可打，可不打，勝算在未定之天。

很明顯地，目標、天時、地理、幹部及制度之健全，都是管理的要素，也是致勝的背後決定因素，軍事作戰和企業競爭完全一樣。

關於中國古文化的管理思想尚多，以上只摘錄一些著名作者的精華，供讀者瞭解中國文化不是無管理思想，不要輕視自己的文化寶藏。

十、羅馬天主教廷管理之道 (Roman Catholic Church Management)

羅馬天主教廷的嚴密管理制度包括三大要素，第一為層次分明的組織「指揮鏈」(Chain of Command)，上自教皇，以至地區主教、神父、信徒等，形成金字塔式之結構，各有職責。第二為「幕僚諮詢職能」(Staff Consultation Function) 之應用，即各地教會的措施，不能由單獨一個人主持決定，小事件必須先徵詢長老意見，大事件必須徵得全體僧侶之意見。此種幕僚職能亦稱強迫諮詢 (Compulsory Consultation)，但不妨礙該地教會主教之最後決策權。第三為「幕僚超越獨立體系」(Super-Staff System)，即各地教會主持人之幕僚顧問，不能由該主持人自行選任，而必須由上級教會代為選定，以防止主持人選任無反對意見之好好先生，濫竽充數，失去制衡作用。無疑地，羅馬天主教廷是採行中央集權之機能組織，並不一定適用於顧客市場變化迅速，競爭劇烈，銷產技術複雜之大型企業經營。

十一、中國陶朱公理財原則

關於企業經營之成功實例，在中國數子貢（端木賜）、范蠡（陶朱公）、呂不韋等為有名大家。司馬遷《史記·貨殖列傳》曾記載不少企業經營名人，但因古代中國將商人列為四民之末，所以詳細經營方法只能用猜測及解釋方式求之。為供國人參考，茲將陶朱公理財十二則（正面建議）及十二戒（反面勸告）列於下面。

范蠡是西周春秋時代越國人，受文種之邀，共同扶助越王句踐，幫助句踐二十年復國，打敗吳王夫差，然後飄然引退，移居齊國定陶，改姓為朱（後稱其為陶朱公），利用其師父計然子（亦稱倪子）七計經商，大有成就；三聚巨財，三散巨財，成為千古佳傳。

（一）陶朱公理財十二則

⑴能識人——知人善惡，帳目不負（指對客戶之信用調查）。

⑵能用人——因材器使，任事可賴（指對部屬量材授職、授權）。

⑶能知時——善儲時宜，不致蝕本（指市場預測，事前預購原料及囤積成品）。

⑷能倡率——躬行以率，觀感自生（指以身作則的領導作風）。

⑸能整頓——貨物整齊，奪人心目（指物料管理、廠房布置井然有序）。

⑹能敏捷——猶豫不決，到老無成（指能面對現實問題，及時解決，不拖延）。

⑺能接納——禮義相交，顧客者眾（指對供應商及客戶和氣，信用相待）。

⑻能安業——棄舊迎新，商賈大病（指安分守業，不心生貪多，見獵心喜，期冀非分之得）。

⑼能辯論——生財有道，開引其機（指能明辨有利機會，說服反對保守派意見，投資生財，開發先導機運）。

⑽能辨貨——置貨不拘，獲利必多（指能見先機，事前購進各種有利貨品，不拘泥原有之種類）。

⑾能收帳——勤謹不怠，取討自多（指討取欠帳必須勤謹，不可怠惰，才能完全收回，否則被倒帳必多）。

⑿能還帳——多少先後，酌中而行（指支付供應商之貨款時，應會斟酌，應先還者，先還，可拖幾天者，就拖幾天，以賺利息，此為現金管理之道）。

（二）陶朱公理財十二戒

⑴莫鏊吝——些少不施，令人懷怨（指不可刻薄員工，應行分紅）。

⑵莫浮華——用度不節，破財之端（指資本主義或經理人不可因私慾，而揮霍於無助益事業成長之處）。

⑶莫畏煩——取討不力，付之無有（指討取欠帳，不可怕麻煩而不去，以致被日久倒帳）。

⑷莫優柔——胸無果敢，經營不振（指不可遇到應解決之問題時，胸無主意及知識，以致拖延不決，貽誤時機）。

⑸莫狂躁——暴以待人，取怨難免（指不可對待他人兇暴無禮，以致招來怨恨，樹立敵人）。

⑹莫固執——拘泥不通，便成枯木（指不可堅持不通情、理之己見或規則習俗，以致失去生機，而成枯木而失敗）。

⑺莫貪賒——貪賒價昂，畏還生恥（指不可貪圖利息之便宜而以賒欠方式買東

西，結果招致高昂價格，反不得利，最後又不肯還人帳款，搞壞名義，招來奇恥)。

(8)莫懶收——輕放懶收，血本無歸 (指不可輕易把錢借給別人，又不肯勤謹收取，以致本息兩無歸)。

(9)莫癡貨——優劣不分，貽害匪淺 (指不可如白癡般，不分好貨壞貨一起收買，以致賣不出去，受害不淺)。

(10)莫眛時——依時不兌，坐眛先機 (指對方借錢或賒帳已經到期時，不可不採取行動要求兌現，否則將失去有利索還機會)。

(11)莫爭趨——貨貴爭趨，獲利必失 (指貨物價格上漲厲害時，不要再去爭著買，否則將來必造成高成本局面，失去獲利機會)。

(12)莫怕蓄——賤極儲積，恢復不難 (指貨物價格下跌到很便宜時，應買進儲積，以後市場價格必會止跌回昂，即可賺大錢)。

除了陶朱公理財十二則及十二戒外，司馬遷《史記·貨殖列傳》，也記載許多古時企業家 (如子貢、白圭、猗頓等等) 之言行，可供後人研讀仿行。

第二節　工業革命後之英國管理思想 (British Management Thoughts after Industrial Revolution)

一、生產情況大變 (Change of Production System)

工業革命 (Industrial Revolution) 在西元 1750 年開始發生於英國後，機器普遍代替人力及獸力操作，生產集中於一地，大量生產，大量銷售，工人與資本家之原先「徒弟－師傅」關係變質，生產者與消費者間之距離也加大，整個生產組織系統發生極為重大之變化，所以刺激了新的管理思想。

二、三種生產制度 (Three Types of Production)

工業革命發生後，英國紡織機售價下降，一個家庭買一臺紡織機來生產紡織品之「家庭工廠」(Family-Factory) 之生產制度興起，一如三十年 (1970 年代) 前「客廳即工廠」之手工藝生產制度在臺灣中南部普遍流行一樣。「家庭工廠」規模小，只能從事生產，不能從事運輸，所以逐漸變成「包銷」人士之「代產契約工廠」(Contract Producers)，也一如三十年前臺灣農作物「契約農戶」(Contract Farmers) 及機械零件生產之「衛星工廠」(Satellite Factories) 一樣。契約生產工廠與包銷商人經常發生糾

紛，並受包銷商人之欺矇，吃虧很大，所以資力較大，並有企業冒險心人士，終於設立規模較大，自行銷產之正式工廠體系 (Formal Factory System)，將機器及工人集中於一地，實施集中控制用料、集中操作、正式記帳、財務控制等等做法，提高生產力。

三、阿克萊特及亞當・斯密 (Richard Arkwright and Adam Smith)

此時期的阿克萊特 (Richard Arkwright) 對紡織廠之連續式生產、廠址規劃、機械設備、原物料、工人、資金協調、工廠規律、勞工分工等方面有較系統的創見，促進英國紡織業迅速發展成為大企業，功勞甚大。

在 1776 年，名經濟學家亞當・斯密 (Adam Smith) 出版《國富論》(*An Inquiry into the Nature and Causes of the Wealth of Nations*)，對經濟及政治思想貢獻極大，他舉例說明「分工及專門化」(Division of Work and Specialization) 之工作流程，作業協調，及操作控制等等，可以大大提高生產力及工人技藝。

他說十個工人分工、專門化後，一日可產 480,000 個大頭針；假設不分工、不專門化，十個人一日只可產 10 個大頭針。亞當・斯密的分工專門化可使用國家富強的理論，至今仍有效用。

四、瓦特蒸汽機廠管理之道 (Watt Steam Engine Plant)

在英國尚有數位人士對科學管理思想有所貢獻，其中瓦特 (Watt) 蒸汽機製造廠的管理就有很大創見。瓦特是發明蒸汽機 (Steam Engine) 的人，但有效製造蒸汽機出售賺錢，也要好好管理。第一、他們將工廠管理重點置於銷售預測及生產計劃 (Sales Forecasting and Production Planning)；第二、分析工廠設立之工作流程及各項操作 (Work Flow and Work Stations)；第三、制訂「計件制」(Piece Rate) 及「週薪制」(Weekly Pay) 工資標準；第四、設法提高員工工作士氣 (Morale)，採行「仁慈保護」(Paternalistic Protection) 措施；第五、採行具體詳盡之會計制度 (Accounting System)。

五、巴貝奇管理之道 (Babbage Management)

另外在十九世紀上半期，英國劍橋大學數學教授巴貝奇 (Charles Babbage)，在參觀許多英法工廠後，在 1832 年出版一本書名叫《機械與製造經濟》(*The Economy of Machinery and Manufactures*)，引申亞當・斯密分工專門化的道理，他認為分工除可以提高生產力之外，尚有四個優點：

⑴減少工人學習時間 (Reduction of Worker's Learning Time)。

⑵減少工人學習期間原料的浪費 (Reduction of Material Wastings during Learning)。

⑶提高工人更高的技藝水平 (Raise of Worker's Skill Level)。

⑷提高工人技藝和體能配合度 (Better Coordination of Personal Skills and Physical Power)。

他也呼籲企業界應多累積平時之產銷數字資料，並利用它們來建立工作研究及時間衡量標準，操作分工，製程分析與成本分析，及獎工制度等等科學管理制度。但因當時工廠人士並未加以注意，所以未形成實際的運動，否則就無以後美國人泰勒先生之科學管理運動。

第三節　美國「科學管理」之正式崛起 (American's Scientific Management Thoughts)

一、湯尼的成果共享制度 (Towne Departmental Gain Sharing)

在 1886 年，美國 Yale and Towne 製造公司總裁湯尼 (Henry Towne)，在美國機械工程師學會發表〈工程師應為經濟學家〉"The Engineer As an Economist" 文章，指出工廠管理的重要性，不亞於工程技術，工程師因常佔有管理者職位，所以必須學習扮演「有效經營管理者」（即廣義經濟學者）之角色，誠為有心思有前瞻人士之高見。在 1889 年，他又提出第二篇論文，題為〈成果共享〉"Gain Sharing"，認為除確保每一工人之基本工資外，每一部門應再分別制訂工作標準，並確定生產成本，凡是該部門努力成果超過標準時，該超過部分的利潤應由該部門員工及其管理者共享，其他未超過標準之部門不得分享，此部門性之「成果共享」與全公司性之「利潤共享」(Profit Sharing) 不同，因後者可以將無效率部門之損失亦包括在全公司內，使高效率部門吃虧。湯尼的部門成果共享確有高明見解，為以後公司內部「目標管理」(Management by Objectives, MBO) 及「成果管理」(Management by Results, MBR) 之先鋒。

二、赫爾胥的工作獎金制度 (Halsey's Premium)

赫爾胥也在美國工程師學會提出〈勞工待遇制度〉"The Premium Plan of Paying

for Labor" 之論文,他首先介紹當時流行的三種工人待遇制度,第一為「計時制」(Hour Rate System), 第二為「計件制」(Piece Rate System), 第三為「利潤共分制」(Profit Sharing System)。但他都反對此三種制度,所以提出他自己的「工作獎金制度」(Premium Plan)。此制度保障工人每天的基本工資,然後以該員工過去績效為基礎,對超過該工作標準者,給予適當之獎金 (Premium),但不使之過高(約在三分之一),以免流於浪費,另一方面使員工挑戰自己過去的成績,促使其能時時進步。

三、泰勒的科學管理原則 (Taylor's Scientific Management)

除了湯尼 (Towne) 及赫爾胥 (Halsey) 兩位早期的美國專家,對工廠管理有新貢獻外,1858 年出生,在 1898 年進入美國伯利恆鋼鐵公司 (Bethlehem Steel Company) 工作的泰勒 (Frederick Taylor),對現代工廠作業系統化及長期培訓工人,以提高生產力最有貢獻。

泰勒先生出生於美國賓州,曾在少年時入學於德國及法國學校,在 1872 年入英國 Phillip Exeter Academy 求學,準備考入美國哈佛大學,後來因視覺不佳,雖考入哈佛但未能入學。1874 年他開始到一家小機械製模廠工作。1879 年轉到 Midvale Steel Company 當工人,在八年之間由普通操作工人升為計時工、機械工、工頭、領班、助理工程師,最後升到總工程師的職位。在此期間,他一面參加函授學校及夜間部進修,完成新澤西州 New Jersey Stevens Institute 機械工程學位,成為具有工作經驗及學術涵養的優秀工程師。

泰勒先生當工頭時,也曾用「隨時強制法」以提高工人生產量,但後來發現設定每天工作量標準給工人遵守,可以替代強制法。可是道高一尺,魔高一丈,當工人知道工頭以過去產量作為標準時,則會故意將產量降低,以圖未來的輕鬆。泰勒先生看破工人的此種有系統的逃避職責法寶之後,仍採用有系統的「動作研究」(Motion Study),找出「最佳工作方法」(One Best Way) 來改進工作人員作業習慣,提高同一時間內之生產力;然後再做「時間研究」(Time Study),以設定在有效工作方法下,合理的單位時間內工作生產標準量。此即是有名的「動作時間研究」(Time and Motion Study) 及後來之「獎工制度」(Wage and Incentive System)。

泰勒先生的動作時間研究是在 1898 年進入伯利恆鋼鐵公司 (Bethlehem Steel Company) 工作後,才進行實驗。首先是銑鐵塊搬運的研究,其次是鐵砂和煤粒的鏟掘工作的研究,第三是金屬切割工作的研究。此三項實驗研究增強他提高工廠生產力、員工士氣及薪資之有效辦法之信心,深信資本主及勞工之共同福利,在於設定

合理之工作方法及時間標準，以及有益雙方的工資獎金辦法。在「動作時間研究」的實驗進行中，與泰勒同時期的吉爾博斯夫婦 (Frank and Lillian Gilbreth) 從砌磚塊中，也貢獻很多見解。他們發明「動作要素」(Moving Elements Therbligs) 跟「動作經濟原則」(Principles of Moving Economy)，使科學管理思想更充實。

泰勒先生在 1885 年參加美國機械工程師學會，於 1895 年曾提出〈計件工資制度〉"Piece Rate System" 論文，批評湯尼的「成果共享」及赫爾胥的「工作獎金」制度，認為他們兩人的制度，不外將節省成本的額外盈餘分由資本主（兼管理者）及勞工分享，但因無實際上之客觀標準以定誰是真正努力者，所以是變相提高工資，毫無個別差異性之獎勵作用。真正具有獎勵作用者，應先對每一職位的工作實施動作及時間研究，再依之設定「差別計件率」(Differential Piece Rate)，供每一工人使用。而非大家用相同標準的「計件制」。

在 1903 年，他又發表第二篇論文〈工場管理〉(Shop Management)，提出他的管理哲學。他認為有效的管理，除應給予員工較高工資以外，尚需同時達成較低的單位生產成本。所以以科學方法「慎選員工」及「訓練員工」(Selection and Training) 之外，還必須注意管理階層本身的系統性管理活動及給予員工合作「參與」(Participation) 的機會。但因他在以前的「機械效率」(Mechanic Efficiency) 主張很強烈，所以與以後的「人性效率」(Human Efficiency) 主張相形之下，顯得甚為暗淡無光，不受重視，所以在後來「人群關係」(Human Relations) 學派出現後，就有人批評泰勒先生不重視員工的心理作用。

在 1911 年，泰勒又發表《科學管理原則》(*Principles of Scientific Management*) 之著作，提出管理的四原則，其內容遠比十五年前的「動作時間研究」為深刻。此四原則如下：

第一原則為「最佳動作之科學原則」(Principle of Scientific Movements)：即對每一個工人在工作時的每一動作元素 (Moving Element)，均應發展一套科學標準 (Science)，以替代舊式的隨意操作之經驗法則 (Rule of Thumb)。此即每一工作有一最佳方法 (One Best Way) 之思想。

第二原則為「工人選訓之科學原則」(Principle of Scientific Worker Selection and Training)：即應以一套科學的步驟來選用工人，然後訓練之、教導之及發展之，以替代過去由工人自己選擇自己喜歡的工作方法，及自己摸索訓練自己的工作技術之混亂方式。

第三原則為「老闆—工人誠心合作及和諧之科學原則」(Principle of Cooperation

and Harmony)：即員工與員工之間必須誠心誠意互相合作，才能產生團隊力量 (Team Efforts)，而非各行其是之個人主義 (Individualism) 能產生重大效率。另者，老闆（資本主）與勞工間亦應採取和諧共利的立場，而非敵對排斥之立場，管理者（資方）應提供適當之財務獎勵辦法 (Incentive Plan)，激勵員工更高之士氣，才能真正獲取提高效率及生產力之成果。

第四原則為「工頭－工人分工合作發揮最大效率之科學原則」(Principle of Greatest Efficiency and Prosperity)：即管理階層與工人都有各自發揮最大效率的場合，所以對生產力之提高各負有相當之分工責任，凡是較適宜由管理階層承擔的部分（如計劃、控制、工具、原料、速度）應由管理階層承擔，現場操作之工作由工人負擔。而不像過去，把所有的工作均由工人承擔，遇有成果不佳之時，則完全責備工人。為發揮每個人之最大效率並分享最大繁榮，應發展每個管理者及工人之潛力專長。

在 1912 年，泰勒先生聲譽鵲起，應邀出席美國國會聽證會，發表「科學管理」的意義，遂被稱為「科學管理之父」(Father of Scientific Management)。他認為「科學管理」是把「管理」活動科學化的一種「完整心態革命」(Complete Mental Revolution)，去除以前老闆、領班及工人對企業管理活動的錯誤看法。對老闆及管理者而言，他們應對工人的工作效率及幸福負責；對工人而言，他們應對工作夥伴、工作本身以及雇主之投資報酬負責。彼此應以合理、公平、科學的方法來促進生產力之提高（即把餅做大）及成果之分享，而不應彼此猜忌、剝削、怠工、浪費、破壞，而降低效率及成果分享。他也認為「科學管理」所用之制度只是「完整心態革命」實施之工具而已，不是「科學管理」之本身。

四、吉爾博斯的十七動作要素 (Gilbreth and Moving Element's Therblig's)

倡導動作科學經濟化的人，除泰勒（1858 年生）外，應數生於 1868 年之吉爾博斯 (Frank Gilbreth) 為最有名。他先從砌磚的動作研究起，尋求消除不必要的多餘動作，以節省時間及精力，並調整工作設備，更加方便有效動作，終使每人每小時砌磚 120 塊，提高到 350 塊，效率增加二倍以上。

吉爾博斯繼續研究動作方法及時間標準之改良，在 1904 年與莫勒小姐 (Lillian Moller) 結婚，共同從事此項使命。莫勒具有心理學背景，所以協助吉爾博斯創造以影片及微動計時器 (Micro Chronometer) 來分析各種動作之方法及所需時間之長短，終於將人類手部動作歸併為十七個基本項目，俗稱「動素」，例如「找」(Searching)，

「握」(Grasp),「持」(Hold),「置」(Position),「運」(Transport), 等等 (詳見「動作時間研究」或「工時學」), 並將這些基本動作要素稱為 Therbligs, 這正是他們姓氏 Gilbreth 的倒寫。至今吉爾博斯的學問被發揚光大, MTM (Motion Time Measurement) 即其延伸, 所以他亦被稱為「動作研究之父」。到目前為止, 所有加工製造工廠, 不管用人力或機械力操作, 都要用到「動作時間研究」的技術, 這是工業工程師 (Industrial Engineers) 在工廠管理的最有意義工作。

五、甘特的生產時間計畫圖 (Gantt Chart)

與泰勒同一時代的甘特 (Henry Gantt) 也是提倡科學管理化的有名人物。在 1877 年他與泰勒共同服務於 Midvale Steel Company, 很仰慕泰勒所倡議的各項主張, 他曾主張「工作及獎金制度」(Task and Bonus System), 認為應給工人一天的工資保證, 若超過標準, 再給予獎金 (若不達標準也應至少給一天的工資), 與泰勒之「差別計件率」不同。他比較重視共同性的職位安全, 泰勒比較重視個別性的激勵。他也重視管理階層的責任, 認為管理階層應負起應有的企劃、指導、協調、控制責任, 給予員工明確的工作指導, 不應游手好閒, 專門挑剔員工的錯誤, 與泰勒的主張相似。

但是甘特的代表貢獻, 是他在 1917 年提出的甘特圖, 亦稱「條型圖」(Bar Chart), 係將一切預排的工作及完成的工作, 繪劃在有時間尺度 (Time Scale) 的橫軸上, 將指派擔任各項工作人員與機器 (Man-Machine) 寫在縱軸上, 再用條形桿把人員或機器的時間進度畫在時間尺度下, 形成一個簡單的生產時程的計劃圖 (Planning Chart), 亦可當作事後的控制圖 (Control Chart), 以提高工作進度之效率。至今甘特圖是一個很普遍的時程 (進度) 計劃工具。至於很複雜的工作順序 (如二十個以上) 及時程計畫圖則可以採用網狀圖 (Network Chart)。

六、艾默生的效率十二原則 (Emerson's 12 Efficiency Principles)

在 1910 年, 艾默生 (Harrington Emerson) 代表運輸業出席美國州際商務委員會 (Interstate Commerce Commission), 反對鐵路業漲價的要求, 認為鐵路業若能採行有關科學管理的原則, 則可大大節省成本 (每天 100 萬美元, 約為 1998 年每天 1,600 百萬元), 提高效率, 而不必要提高運費。他提出十二點效率原則 (The Twelve Principles of Efficiency), 遂被稱為「效率教長」(High Priest of Efficiency)。因他的原則至今尚可用於許多地方, 甚為周全, 大有「放之四海而皆準」之豪邁作風, 與法國亨利・費堯 (Henri Fayol) 之管理十四原則, 相互對映生輝 (見以下之介紹)。艾默生的效率

十二原則要點如下：

　　⑴明確「理想」(Ideals) ── 亦即每一組織應界定明確「目標」(Objectives)，包括使命 (Mission)、願景 (Vision)、行業目標 (Industry Product-Line)、市場目標 (Market Target) 及銷售、生產、利潤數量目標 (Sales、Producton、Profit、Quota) 等等，使組織內人人皆能瞭解，並引導朝向同一方向努力。

　　⑵客觀「知識」(Knowledge) ── 經理人員不能永遠在密室內憑主觀常識判斷問題，而應在適當距離外，以客觀態度來研究問題，並常探詢他人意見。

　　⑶參與「諮詢」(Consultation) ── 經理人員應多尋求夠格的顧問人員參與意見，以求集思廣益，不可自己獨自裁斷或僅與同一意見的少數心腹商議而已。

　　⑷「紀律」與「制度」(Disciplines and Systems) ── 應要求員工嚴格遵守有關規章制度，若有違反，應給予紀律處分，以維護員工對其他十一原則之誠意。

　　⑸「公平」處理 (Fairness) ── 經理人員處理事件應有公平態度，此包括三項性格，即富有同情心、想像力及誠信正直感。

　　⑹「資訊」紀錄 (Information Record) ── 企業經理人員應建立可靠 (Reliable)、充分 (Enough)、立即 (In-Time) 可用及永久繼續性 (Continuous) 之紀錄資料，供作理智決策的基礎。對於種種無用的報表及報告應予以廢棄，只留下真正有用之部分。

　　⑺生產排程 (Production Scheduling) ── 對生產工作人員及機器之指派，應有事前之日程安排，並做及時之查對控制。

　　⑻職位標準化 (Position Standards) ── 對每一職位，應設定執行之方法、時間標準（若能以動作時間研究而制訂最佳）及負荷量。

　　⑼環境標準化 (Working Environment Standards) ── 配合人員工作之環境及設備，亦應有所理想設計，而非隨意措置，以致浪費人員之精力及時間。

　　⑽操作標準化 (Operations Standards) ── 對每一例行性之操作動作，應訂有標準化的準則，訓練員工遵行，以提高效率，例如用人、用料、用時、用錢、用力等等標準。

　　⑾標準化說明 (Standards Documentation) ── 即對前三項標準化（職位、環境、操作）應設定標準化之書面說明文件，製成手冊，供員工參考遵行，但亦應隨時發現改進之處，予以修訂，真正協助目標之達成，而非成為努力之障礙。

　　⑿效率獎勵 (Bonus for Efficiency) ── 凡是達到標準以上之效率者，皆應給予獎勵，譬如在材料、人工、固定費用、品質、產量等等方面，皆可設定獎勵制度。一般而言，凡屬成本節省之效率獎金制度，較易實施，並易有滿意結果。至於獎勵

對象，可為個人短期操作，亦可為個人長期工作，更可用於整個部門或整個方案之執行。

第四節　法國的「一般管理」理論 (French General Management Thoughts)

一、「企業功能」與「管理功能」劃分 (Division of Business Functions and Management Functions)

與美國「科學管理」諸豪同時，在法國亦有一位管理泰斗出現，其名叫亨利・費堯 (Henri Fayol)。費堯出身遠較泰勒為佳，其職位亦較泰勒為高，他曾為教授、總經理（法國鋼鐵公司三十年）、及管理顧問，所以他所發現之管理理論係從高階層著手，與泰勒諸人從工廠工人、工頭之低階層著手，大異其趣，所以他在 1916 年用法文寫成之管理大著叫《工業及一般管理》(*Industrial and General Administration*)，意思是指他的理論不僅可用於工廠生產部門，也可以應用於其他行銷、財務、人事、研究發展部門，為總經理及各部門經理人員必讀之寶典。在當時「工業」(Industry) 一詞不是專指製造業而已，也指所有各行各業之「產業」或「企業」。

費堯首將一個企業的活動分為「企業功能」及「管理功能」兩大類六大項，列名如下：

(1)技術性作業 (Technical Operations)：包括製造及其他生產活動（品管、物管、生管、維護、設計等等）。

(2)商業性作業 (Commercial Operations)：包括採購、銷售及交換行為等。

(3)財務性作業 (Financial Operations)：包括資金取得及支出控制等。

(4)安全性作業 (Safety Operations)：包括商品及人員的保護。

(5)會計性作業 (Accounting Operations)：包括記帳、盤存、會計報表、成本核計及統計等。

(6)管理性作業：包括計劃、組織、用人、指揮、協調及控制等。

費堯以此六項活動來查核各級員工之工作，發現基層工人以技術能力為主要工作條件，而沿組織層次而升高，人員的技術能力相對重要性漸減，而管理能力的要求則一步步增大，此與本書第一章所述相同，凡是底層人員以「技術能力」為重，頂層人員以「管理能力」為主。此簡單道理常被忽略，誠為經營績效不佳之根因。

由此可知，費堯大著之重點不在於工廠基層作業人員之管理，而放在公司中高階經理人員之一般性管理能力，將計劃、組織、指揮、協調、及控制當作一個總經理履行其職務之功能，所以稱為管理功能。費堯的「一般管理」或稱「總體管理」(General Management) 之理論至今被所有大小企業所採用，也是本書「企業五功能」及「管理五功能」所構成之「管理科學矩陣」之思想來源。

🎴 二、費堯的十四原則 (Fayol's 14 Management Principles)

費堯先生尚有十四管理原則 (14 Principles)，在歷史上甚為有名，與前述艾默生之「效率十二原則」相互呼應，其內容如下：

1. 「分工」原則 (Division of Work)

即「勞工專業化」(Specialization) 原則之擴大，包括技術工作之分工及管理工作之分工。分工可以專門化，專門化可因「熟能生巧」，而提高工作效率及生產力 (Efficiency and Productivity)。

2. 「權利與責任對等」原則 (Authority and Responsibility)

即有了責任目標 (Responsibility) 之後，必須有對等之權力 (Authority) 手段；反之，有了權力手段，必須負有達成某特定目標之責任。「權責應對等」不可「有權無責」或「有責無權」，否則無法達成目標。權力有「職位權力」(Position Authority) 及「個人權威」(Personal Authority)。職位權力可以下達命令，使用金錢、使用人員及懲罰他人之力量。個人權威則與個人之知識、情報、經驗、道德、價值、能力有正相關，使別人信服遵從。

因為有「權責相等」(Equality of Authority and Responsibility) 理論之存在，所以公司高階主管應盡量訂明責任目標網 (Network of Objectives-Responsibilities)，從上到下分配給每一個員工。當有目標責任，就要授權以資配合，所以越授權的機構，其責任網也衍生廣大，終使公司在人人盡責之努力下達成公司大目標。

3. 「紀律」原則 (Discipline)

即應懲戒不遵守規定之員工，紀律規定必須清晰、公平，懲戒必須公正、合理，但最好的紀律就是主管「以身作則」的好模範 (Good Example)。

4. 「統一指揮權」原則 (Unity of Commanding)

即任何一個員工，只能有一位上司來下達命令而已，不能有多頭上司。若有多頭上司，應事先說明優先順序。

5. 「統一方向」原則 (Unity of Direction)

即凡是屬於同一目標之作業（如同一地區、同一產品、同一方案），皆應由一位主管人員負責，以協調有關作業，朝向同一目標努力，此即現在所稱之「矩陣式」(Matrix) 組織之來源。

6. 「個人利益小於團體利益」原則 (Subordination of Individual Interests to the Common Good)

即不可為私利而害公益，而應為大我而犧牲小我。所以身為經理人員者，更應以身作則，指導員工遵行。

7. 「員工薪酬」原則 (Remuneration of Personnel)

即任何員工薪酬制度必須具備幾個條件：

⑴公平待遇（即同工同酬，不同工不同酬）。

⑵績優獎勵（即獎勵績效優良者，不獎勵無績效者）。

⑶適度獎勵（即獎勵部分不應超過某一適當限度）。

所以計時薪資制，計件薪資制，差異計件制，工作獎金制，成果共享制，利潤共分制（分紅制）等都應小心檢討，方能達到員工及公司都滿意及鼓勵士氣的目的。

8. 「集權化」原則 (Centralization)

即「決策權」之集中或分散之分布程度應視組織規模大小，組織階層數，主管人員之能力，以及員工工作性質與能力素質，而做「適度」之集中化。小規模，簡單組織結構，及例行性工作性質之機構，應做較大程度之集權。反之，應做較小程度之集權（即應分權）。

9. 「階層鏈鎖」原則 (Scalar Chain)

即任何一個「組織體」（指由兩人以上為共同目的而聚集之組合體），必須從最高指揮者到最低之執行者間，有明確之階層劃分及鏈鎖關係，以利命令下達及意見溝通，此亦稱為「骨幹」原則 (Skeleton Principle)，即指一個組織體，應像人體一樣，有脊椎骨、筋骨、鎖骨等等階層結構，以撐起全身其他作用系統之運行，維持完整個體性。「階層鏈鎖」原則除了指明上下垂直之「骨幹」現象外，尚指出水平單位間之協調現象，叫做「跳板」原則 (Gangplank)，以利快速溝通。即不同部門的同階層單位，可以互相自行協調，不必事事經由垂直骨幹單位迴轉傳達，浪費時間。圖 7–1 即表示組織階層原則的兩大現象。此組織有七個階層，從 A 到 G 是一個系統，從 A 到 M 是另一個系統。

組織階層數

圖 7-1　組織階層之骨幹及跳板原則

「一般骨幹原則」要求 E（第五階）有事要與 K（第五階）連絡，必須呈請 D、C、B、A 核准層轉，再由 A、H、I、J 下達命令給 K。但是「水平跳板原則」，則容許 E 直接向 K 連絡協商，省卻一大段呈轉下達時間，提高工作效率。在官僚機構，事事講求秩序（手續），遺忘目標，所以常只用「骨幹」原理。只有實行目標管理之企業機構，才敢利用「跳板」原理，以追求效率。

10. 「秩序」原則 (Order)

即一個組織體內的任何事物及人員，皆應有其應有之位置，不可混亂。對人而言，是要有組織結構 (Organization Structure) 及職責說明 (Responsibility Descriptions)。就物而言，更須有定位，不可今天放這個地方，明天放那個地方，後天又放到第三個地方，致使想利用它的人找不到，或是雖找得到，但卻須花費很多時間精力去找。此「秩序」原則，與我國「天地位，萬物育」之古訓相似。在工廠裡的秩序原則演變成「工廠布置」(Plant Layout) 原則及「生產線」(Production Line) 原則，在公司裡的秩序原則，演變成「職責說明書」或「工作說明書」(Responsibility or Job Descriptions)。

11. 「公正」原則 (Equity)

所謂「公正」是指「合情」加上「合理」。所謂「合情」(Friendliness) 是主觀情緒的有利認定，所謂「合理」(Justice) 是客觀理智的推理認定。凡是合情又合理的事件，就是經理人員應採取行動的場合，即使不「合法」，亦在所不惜，因為合法本身並無目的，法（規則）只是用來幫助經理人員執行合情合理之事件而已。舊法若不合新情、理，則不應再遵守之，而應修正之，使它再合乎新情、理，而有助於經理人員「例內管理」及「例外管理」之決策行為。官僚機關之人員，講求合「舊法」不合「新情、理」，所以事事難行，惹來民怨。有效企業機構之有魄力、有擔當之主管人員，講求合「新情、理」，不合「舊法」也要做，所以能創新，績效高，能為民

造福。

12.「員工穩定」原則 (Stability of Staff)

即一個成功的企業機構，應維持其主管級人員之工作穩定，不可讓他們流動得太大。因為一位能幹的員工，想對某一個機構有所創新貢獻，也要熟悉兩年以上。假若人事更換頻仍，即使其人才皆屬一流，亦逃不過「滾石不生苔」的定律，所以大凡一個成功的機構，其主管人員的服務年資往往較長。反言之，不成功的機構，其人事變動亦必太大。此原則之用意在於鼓勵員工在進入一機構後，應立意做較長期之服務。

13.「主動發起」原則 (Initiatives)

即一個機構內的人員應該具有「主動發起」新構想、新改良之精神與行動，而非被動守舊，偷生苟且。主動發起的「創始」精神，是規劃方案及執行方案的原始動力。員工若被鼓勵發揮主動發起的精神，則員工的敏銳觀察力及堅毅忍耐力皆可大大增強，形成成功的必要「心理力量」。當然，員工的主動發起精神必須在預先計劃好的大範圍實施，不可盲目，無限制，破壞團體紀律。

14.「團體精神」原則 (Espirit de Corps)

即一個機構之經營成效，視該成員們之團結精神及協調合作程度而定。所以高階主管應強化員工之團體精神，抑止個人為私己利益而破壞團體利益之行為。強化團體精神的方法，在於嚴守統一指揮之原則，並多用口頭的意見溝通 (Oral Communication)。

以上所列費堯的一般管理十四原則，至目前大多可應用。在 1916 年，他就能提出這些深遠見解的原則，實在令後人大為敬佩，費堯的一般總體管理理論直到 1947 年才被以英文方式在美國出版，轟動美國企業界。有人說，若在 1916 年就以英文版在美國發行，費堯的名聲一定會和泰勒先生一樣高。費堯是以總經理的身分來談管理，比泰勒以工業工程師的身分來談工廠，氣勢自然不同。費堯講的是從高階策略管理 (Top Management, Strategic Management) 開始往下走。泰勒講的是從基層標準管理 (Standard Management) 及作業管理 (Operations Management) 向上行。

第五節　技術與人性的衝突時代 (Conflicts between Technical Side and Human Side)

從早期「科學管理」思想發展以來，歐美人們講求勞動生產力提高的方法風行

一時，直到 1930 年末期「個人主義」(Individualism) 的樂觀趨勢，逐漸被技術及環境變遷所帶來之「相互依賴」(Proximity and Interdependency) 趨勢所打敗，形成「衝突時代」(Period of Collision)。

技術發展完全起因於工業革命之影響，機械化 (Mechanization) 大量替代人力，標準化 (Standardization) 廣泛地實施於工廠的生產工作及公司的各部門活動。「分工」的必然結果促使彼此間更緊密的「依賴及協調」(Interdependency and Coordination)，個人隨意作主的局面遂告破產。

尤有進之，大量生產及分工專業化的性質需要許多不同人從事不同的機能，方能成就一特定產品，所以工廠裡的工人更無法隨所欲為，一年到頭轉換自己所喜歡的工作種類。此種工廠生產技術的變化，又被運輸及通訊 (Transportation and Communication) 技術改進所強化，整個國家在無形中變小，產品市場則擴大，所以工業化 (Industrialization) 蔓延各處，替代農業化的往昔景觀。在 1890 到 1930 年間，美國人口也增加一倍，都市居民 (Urban Citizen) 從 1860 年的 20% 增加到 1920 年的 50%。這個人口因素也扮演了一個重要角色，使以前以「個人為主」(Individual-Centered) 之社會型態，改變為以「團體為主」(Group-Centered) 之型態。

在 1930 年代，美國西部開發的大門也遂告關閉，所以人們缺乏躲避團體化的安全閥門，只得乖乖地接受工廠大量生產制度下，專業化及高度分工之工作機會。以前西部開發的個人英雄主義作風，確是人類天性的最佳表現，如今被迫關進工廠，從事細小操作，消磨英雄壯志，無疑是一大心理衝突。

在 1930 年代，美國的社會價值觀念也發生變化，與生產技術及人性衝突之時代相符。此種變化是開始拋棄「個人主義」的倫理價值，而接受「社會團體」的倫理價值。七種明顯的變化可以用來說明此種社會價值的轉變。

第一是政府提高其參與經濟事務 (Government Participation on Economic Affairs) 之比重，之前是採取資本家個人完全自由 (Complete Freedom) 的不干涉主義，現在則干涉那些因個人主義過分擴張，而妨害他人利益的經濟企業活動，譬如羅斯福總統 (President Roosevelt) 開始引用「休曼反托辣斯法案」(Sherman Anti-Trust Act) 取締壟斷性企業，大大地抑制個人主義的發揮。

第二是婦女地位 (Women's Position) 的提高及被承認保護，大大地抑制往昔男性個人主義至上的威風。

第三是參議員直接由民眾投票選舉 (Senator's Directed Election)，也從根本上推翻以前由少數政客操縱的腐敗間接選舉作法。

第四是建立最低工資 (Minimum Wage) 的標準，限制資本家隨意剝削勞工的權力。

第五是鼓勵各行業工會 (Industrial Unions) 的成立，以保護工人免受資本主義的各個擊破，遭受不合理之處分及待遇。

第六是工人開始追求安全感、附屬感、及消費享受。

第七是文學作品採取「反個人主義」(Anti-Individualism) 的態度，批評以前白手成家，刻苦剝削，集資自私的成功公司。

無疑地，在此段時間（1900～1930 年）內，中國尚處於滿清政府腐敗不堪，國民革命初成，軍閥內亂之局面，人民生活於躲避腐吏剝削及烽火連天狀態，根本談不到「工業建設」(Industrial Construction)，甚至連「農業發展」(Agricultural Development) 也談不上，甚屬可悲。但在美國，已經走入極度工業化階段，正在發生「個人第一」與「團體依存」之爭論，邁向更進步的階段。在此時間，因工業化的大量生產技術普遍採行，逐漸發現缺點，所以在管理知識上也導致「工業心理學」(Industrial Psychology) 及「人群關係學」(Human Relations) 之興起。雖然　孫中山先生為了吸引世界各國利用一次世界大戰結束（1914 年），歐美重機械工廠無業可作之空檔，到中國大陸來投資，所以寫了《國際共同開發中國經濟計劃》(*The Internat Tonal Derelopment of China*)（簡稱《實業計劃》），也不見實效。一直到八十年後（1978 年）的中國改革開放 (Reform and Open-Door)，世界各國資本才真正到中國來共同開發，包括臺灣傳統勞力密集工業，傳統外銷工業，甚至高新科技產業，也因成本壓力及市場吸力，而紛紛到中國大陸去投資發展，從 1996 年起，臺灣政府雖採取「戒急用忍」及「積極開放，有效管理」之圍堵政策，也禁不了臺灣資本的外移中國大陸，此乃大趨勢走向，誰也禁不了。

第六節　工業心理學之提倡 (Industrial Psychology)

最早提倡「心理技能」或「智力技能」(Mental Skills) 的人，應數德國人孟斯特伯 (Hugo Munsterberg)。他首先在萊比錫跟隨「現代心理學之父」馮特 (Wilhelm Wundt) 研習心理學，在 1885 年獲得博士學位，兩年後又取得海德堡大學醫學博士學位，在 1892 年到美國哈佛大學擔任教授，並開始主持心理實驗所。

孟斯特伯的興趣廣泛，將研究範圍跨及法律學、社會學、醫學及工商企業。他幾乎精通每一樣東西，從性教育到科學管理，從克己節約到在職訓練，從研究艾默

生的論著，到艾默生的效率工程師，從餐桌給小費到餐廳員工訓練等等，真正將心理學活用到通俗化的地方，指出心理學對每一個人均有應用的價值。

孟斯特伯的主要目標之一，是希望在「產業效率」(Efficiency) 或生產力 (Productivity) 與「科學管理」之間建立一座鞏固的橋樑，完成泰勒及其同仁們所未完成的使命，因為當時一般的「效率工程師」(用來指崇信「科學管理」之機械式效率之專家) 過分重視勞工的「體力技能」(Physical Skills)，而忽略勞工的心理技能 (Mental Skills)，所以未能真正發揮員工的潛能。他認為應該把心理學也放入科學管理之內才能彌補上述「兩缺一」之毛病。在當時的科學管理專家，只想把物理學、數學、生理學、化學等知識應用到事業經營上，不肯去碰一碰心理學方面的可能適用問題。

孟斯特伯從事「工作」(Job) 和「心理狀態」(Mental Status) 的並行職業研究，發現在許多情形下，員工生產力之未能提高，並非來自實體技巧方面的不熟悉，而是來自心理條件的不適當，如注意力、疲勞、工作單調、及社會影響等，所以要提高「生產力」，必須同時改進「心理條件」與「實體技巧」。

孟斯特伯常勉勵企業應追求最大效果 (Whole Effectiveness)，不可只求一半效果 (Half Effectiveness)。因此他呼籲主管人員應將心理學 (Psychology) 普遍應用到工業管理的行為中，否則，只講求科學管理，等於只講求一半效果而已。他舉例說，在廣告溝通活動方面，通常我們總希望顧客都「閱讀」我們的廣告文稿，最好又快又準確地閱讀到，這是屬於科學管理所講求的問題。可是我們也希望閱讀到的顧客能「記得」廣告內容，並採取購買「行動」，這乃是屬於心理學方面的問題。他建議企業經營者應研究廣告文稿的面積、彩色、圖樣、文字、字體及編排等等因素所能產生的效果。他的這種看法，乃是今日廣告效果「衡量」(Measurement) 的作法。孟斯特伯將此種內在的心理作用原理推廣到採購、銷售、商品展示等等方面，一一指出心理學應用對提高績效的幫助，使「工業心理學」樹立一幟，成為今日管理科學的一支，而他也因之被尊稱為「工業心理之父」(Father of Industrial Psychology)。

第七節　人群關係與社會學之應用 (Human Relations and Sociology)

除了孟斯特伯提倡工業心理學之外，社會學的應用亦在此時期興起，其中最重要的代表性人物要數澳洲人梅友 (Elton Mayo) 教授與陸斯利斯博格 (Fritz Roethlisberger) 教授所創立的「人群關係」(Human Relations) 學說，用以與泰勒先生之「科

學管理」相對立。人群關係講求人與人之間的主從關係，而科學管理則講求個人的實體操作技巧，一為人性面 (Human-Side)，一為機械面 (Mechanic-Side)。

梅友原任教於澳洲昆士蘭大學 (Queensland University)，講授倫理學、哲學、及邏輯學，後又進入英國蘇格蘭愛丁堡大學研究醫學 (Medicine)，並任精神病理副研究員，後轉入美國賓州大學華頓學院 (Wharton School of Finance and Commerce, University of Pennsylvania) 及哈佛大學商學院 (Harvard Business School) 任教，並從事工業研究與陸斯利斯博格教授同事。

梅友首先進行的研究，是賓州費城一家棉紡工廠之工人休息時間排定與生產力關係，發現推行由工人自定之有系統之休息制度，可以提高生產量，減少工人流動率。其主因是消除員工之「疲勞」及「單調」，掃除「悲觀的幻想」(Pessimistic Revere)，恢復積極心理。

梅友在 1926 年進入哈佛商學院後，即籌劃進行大規模之工廠實驗研究 (Plant Experiment Study)。從 1927 年開始至 1933 年止，他與陸斯利斯博格教授負責美國伊利諾州，芝加哥市附近之西方電器公司之河松工廠系列研究 (Hawthorne Works, Western Electric Company, Chicago, Illinois)。此系列研究之結果史稱「河松廠研究」(Hawthorne Study)，國人有將「河松」廠譯為「霍桑」廠，兩者皆為音譯，並無不可。Hawthorne 為一工廠名，而非一人名，譯為「霍桑」頗近人名，我國有漢朝名將霍去病也姓霍，特此提請注意。河松研究起始於 1924 年，原為該廠工業工程師之研究案，後因研究後果與預期假設相差很大，才請梅友教授參加後續研究，分析其中原因。

梅友等人之河松工廠研究包括四階段，第一階段為工場照明 (Lighting) 與生產力關係之實驗研究，第二階段為繼電器裝配 (Relay Assembly) 室工作環境與生產力關係之實驗研究，第三階段為二萬人之大規模訪問調查 (Mass Survey)，搜集員工態度、地位、身分與生產力之關係，第四階段為接線板接線工作室之集體行為 (Group Behavior) 研究。

河松廠實驗研究的原本用意，是檢定一些相傳已久的「科學管理」之假說 (Assumptions)，所以第一個實驗就是檢定燈光照明對工人生產力有正面影響力的說法，結果發現燈光減弱與生產量高低兩因素間的關係並不一致；反之，當燈光減弱一些時，被實驗廠之工人生產量卻一直在增加中。此種結果確實與科學管理學派諸人的想法完全不同，所以梅友教授等被請來解決疑惑。他們為了解釋此種不符原定假設之「神奇」原因，乃進行第二階段工人工作行為與工作態度之觀察研究。

第二階段的研究正好符合梅友以前所學專長（社會學、醫學、精神病理學），他

發現許多工人找不到適當滿意的發洩出口，以表達他們長久以來對工作的不滿，當時的工作安排已依「科學管理」方法，實施高度專業分工之生產線法，所以許多工人都具有絕望、失望、無可奈何、不知怎麼辦？等等之不正常心理。第一階段研究結果是發現生產量與燈光無絕對關係，所以第二階段進行生產量與工作時間之長短及休息時間之安排等「實體工作條件」(Physical Working Conditions) 之關係，但是結果亦是推翻原定科學管理之假設，所以引導梅友諸人之新假設 (New Hypothesis)，即工人之生產量係與工作之社會環境 (Social Conditions) 相互關聯，尤其與激勵 (Motivation)，滿足 (Satisfaction)，及督導方式 (Patterns of Supervision) 關係尤深。

　　第三階段的研究是在三年內訪問 21,000 個員工，其結果證明工作環境中的「社會因素」(Social Conditions) 確被員工們認為很重要。以此結論再進行第四階段的實驗研究，以六個月時間分析十四位男性作業員之工作行為。發現這 14 位工人之間形成「非正式團體」(Informal Group)，此非正式的小團體自行設定他們認可的生產目標 (Production Quota) 及行為規範 (Behavior Norms)，而與管理當局所設定者常有衝突。非正式團體所設定之標準對員工個人行為甚有約束力，假設個別員工不遵守，將受到他人之排斥，而難於立足。反之，若遵行，則彼此間同情及幫忙作用很高。

　　此種基於員工個人間所共同持有之「情緒」及「態度」(Sentiments and Attitudes) 所形成的「社會團體」(Social Group)，有時與公司正式政策完全不相干；換言之，若公司高級主管不瞭解員工私底下之真正情緒及態度，就自行設定自己喜歡的政策，則底層員工可能在表面上敷衍一下，而在骨子裡依然我行我素，不理上頭所訂的那一套高調。

　　第四階段的小團體之行為實驗，也發現員工間富有人情味 (Friendship) 的行為，當彼此有困難時，則互相扶持，無困難者多出一些力量，克服困難，去涵蓋有困難者，達成團體目標。員工們對接近他們的人（如組長），則認為是他們小團體中的一員，以特有之感情相待，對離他們越遠的人（如股長、課長），則認為不是他們團體的一員，以防範或敬鬼神而遠之的態度對待。換言之，「保護成員，防範外侵」(Protecting Members and Defending Invasion)，成為非正式小團體的一大特色。

　　在 1933 年，河松廠實驗研究結束，梅友出版一書，叫《工業文明之人性問題》(*The Human Problems of an Industrial Civilization*)。在 1945 年又出版另一書，叫《工業文明之社會問題》(*The Social Problems of an Industrial Civilization*)，正式奠定「人群關係」(Human Relations) 學派，認為要提高生產力，不能只強調工人之操作技術、時間標準、實體工作環境及獎工制度，更應該要強調工人的社會環境及人群關係。

把小群體之動態關係 (Group Dynamics)，社會派系關係 (Social Group)，主管人員與工人間之指導關係 (Supervision Relations) 安排好，自然能使員工獲致滿足，消除心理空虛，而產生激勵作用，產生高效率。當然，梅友的實驗發現是學術歷史上的一大貢獻，但是對激勵、滿足、領導、意見溝通等之深入探討尚嫌不足。

從 1930 年代「人群關係」崛起後，美國各界亦重視一時，企業界紛紛採取「使工人高興」(Please the Workers) 的措施。但也有不少工廠並未誠心誠意謀求上下互諒及合作，在實際上改進對工人們之「人性待遇」，還是把工人當作機械零件處理，只是在外面包上一層人群關係的「糖衣」，以應付外人的參觀，所以當時有學者批評「人群關係」被當作沒有實質作用的「窗飾品」(Window Dressing) 而已。但是不管批評是否成立，「人群關係」之學說，已成為今日管理科學之人性面支柱。

至此，管理知識的開發已出現物理學、化學、工程學、數學、心理學、醫學、及社會學之綜合應用，儼然樹立一大新學問，尤其「管理科學」與「人群關係」兩大派別，競相提出對勞動生產力之貢獻祕訣，對工業發展及企業管理確實助益甚大，美國得天獨厚，有些人類智慧結晶可供應用，而中國在此時間（1930～1940 年代）則處於對日抗戰之兵荒馬亂局面，根本無從也無法應用他們的心血結晶。

「科學管理」與「人群關係」學說不僅在企業發展上，具有深遠之意義，促使人類發揮潛力，提高生產力，使民富國強。它在政治上亦具有巨大無形的力量，調和資本主與勞動者之利益，共同提高生活享受水準，避免馬克斯所預言「美國資本主義必被勞工推翻」之厄運。時至今日，那些由劇烈社會主義（即共產主義）統治的國家，因未能實施「科學管理」與「人群關係」之學說，重視勞工技術能力及心理能力之發揮，所以在享受水準上，無法趕得上實施此學說之國家。

當然，就管理科學之整體學術而言，早期之「科學管理」及中期之「人群關係」，尚屬雛形之架構而已，真正之成熟思想，有賴近期之「百家齊鳴」（見第八章）。

第八章　近期之經營管理知識
(Recent Management Thought)

第一節　百家齊鳴的時代 (Era of Multiple Schools)

一、生產力與心態革命 (Productivity and Mental Revolution)

　　管理知識從早期中國古代、羅馬帝國、天主教廷、以至英國、美國、法國諸代表性人物提出治理一個企業或機構之學識以來，已逐漸形成一股明確的力量，喚起人們注意「齊家、治國、平天下」的大道，已非少數「天生」（或「上帝派遣」）人員之專利品，尤其美國「科學管理」運動諸將（以泰勒為代表）更是將「工廠」基層管理(原指工人部分之管理)之方法，發展成提高「勞動生產力」(Labor Productivity)的要徑，蔚成工業革命（1750 年）以來之「心態革命」(Mental Revolution)，對美國經濟及政治發展，有至高無上之貢獻，使美國各工廠的生產效率（即生產力）比他國為高，使美國的資本主義之自由民主政治體制，得以在調和資本主與勞動者之利益下（指動作與時間研究及獎工制度），逃避馬克斯所預言之共產主義災禍。1850 年出現於歐洲的共產主義思想，曾氾濫一時，影響蘇俄、中歐、東歐及中國大陸之政權。但在美國，卻被 1875 年出現並於 1912 年成熟的「科學管理」運動在無意中打敗，實是人類大幸運。

　　在法國，費堯所提出之「一般通用管理」(General Management) 原則，主張從公司高層管理著手，也是用來提高生產力的方法，雖與泰勒先生之基層管理主張方向不同，但在同一時代，皆是注重提高員工勞動生產力，增加產量，即可在供不應求之「賣者市場」(Seller's Market) 獲取利潤。老實說，企業經營在早期時代裡，因無競爭林立，無顧客需求眾多不同花樣之產品，以及無技術快速更新等環境壓力，只要能提高工廠勞動生產力，就等於賺錢，所以經營之道並不困難。

　　中期管理知識，由講求實體環境改善及員工分工專業化技能之強調，轉到員工社會群體關係及心理技能之發揮，由「外」轉向「內」，擁有重點之差異，但是用以提高員工「產量」方面之生產力的經營目標並無改變。換言之，在市場供需情況未

改變時，生產者立於「賣者市場」之優勢，只要能埋首努力，提高自己的生產力，不必太注意顧客需求及競爭者行為，照樣可以賺錢。

此種市場型態維持到 1945 年第二次世界大戰之後，就發生變化。美國因戰爭結束，正式成為世界領袖，美元成為世界共同接受之貨幣，經濟更加繁榮，人民生活水準大大提高，顧客需求種類層出不窮，技術研究發展亦是日新月異，廠家間競爭劇烈，產品陳舊廢棄率 (Obsoletion Rate) 加速，所以「賣者市場」轉為「買者市場」(Buyer's Market)，生產者追求利潤之方法，已不能局限於提高勞動生產力（產量）而已，而是應該擴及提高「利潤生產力」(Profit Productivity)，意指應該先將市場調查「好」(Market Survey)，潛力預測「準」(Sales Forecasts)，產品設計「對」(Right Products)；再以「低」成本 (Low Cost)，「高」品質 (High Quality)，「高」效率 (High Efficiency) 生產後；以「高」價格 (High Price)，「多」銷售 (High Quantity)，賣給顧客，使之「滿意」(Satisfaction)，並賺取「利潤」。當此「利潤」越高，表示整個公司的生產力越高。無疑地，經營管理當局所應努力的地方，遠比以前為多，所需要的知識也比以前為多，而不是只限於激勵員工的勞動體力 (Physical Power) 而已，更重要的是激勵員工的智慧腦力 (Mental Power)。演化到二十一世紀，這種趨勢，就變成「知識經濟」(Knowledge Economy) 的名詞。

二、百家齊鳴之派別 (Multiple Schools of Thoughts)

所以，在 1945 年以後至今，管理知識的發展，呈現百家齊鳴的現象。「科學管理」學說演變為「工業管理」(Industrial Management)，「工業工程」(Industrial Engineering)，「工廠管理」(Factory Management)，「生產或製造或作業管理」(Production or Manufacturing or Operations Management)。「動作時間研究」的技巧，也越改進越精巧。「品質管制」(Quality Control) 大受重視，並進而成為統計品質管制，品管圈，總體品管以及全面品質管理。「物料管制」(Material Control) 也受重視，經濟採購量 (Economic Order Quantity, EOQ)、安全存量 (Safe Quantity)、材料編號 (Material Coding)、收料、發料、驗收 (Inspection) 等等，已變成電腦化物料管理的一大工作，如 MRP-I, MRP-II, 以及 ERP。「生產計劃與控制」(Production Planning and Control, PPC) 也演變為「人－機」配合 (Man-Machine Combination)，生產裝配線 (Assembly Line)，生產線平衡 (Line of Balance)，自動化生產 (Automation) 等等高級技術。工廠布置、物料搬運、倉儲運輸、設備維護保養、安全衛生、員工福利以及工作環境改善等等，洋洋大觀，已遠超過當初泰勒先生所提倡「提高個別員工勞動生產力」之範疇，走

入提高「工廠生產力」及「企業生產力」之境界。

在「人群關係」學說方面，也演變成「行為科學」(Behavior Science) 的更廣泛而深入的「人性」（而非「動物性」或「野獸性」）研究與應用領域。

除上述早期及中期管理知識繼續發揚光大外，「決策」(Decision-Making) 行為及理論，「正式組織」(Formal Organization) 理論，「數量方法」(Quantitative Method)，「系統方法」(System Approach)，及廣義之「管理科學」(Management Science)，多角化 (Diversification)，全球化 (Globalization)，核心競爭化 (Core Competence)，分權化 (Decentralization)，簡縮化 (Down Size)，資訊科技化等等皆告誕生，並漸次成熟。尤以廣義之「管理科學」以「制宜式」(Contingency)、「條件式」(Conditional) 或「情境式」(Situational) 看法，把企業功能別管理活動融入「管理程序」(Management Process)、「管理功能」(Management Functions) 或「管理循環」(Management Cycle) 中，兼含各派學說，置於適當地位，構成完整之管理科學系統，把「管理」這門前人視為「藝術」(Arts) 的人類社會行為，提升為「科學」(Science) 地步，為目前之最新發展。

■ 三、學問為濟世之本 (Knowledge must be useful)

目前部分人士常將管理知識大分為「數量」學派、「行為」學派、及「程序」學派，三足鼎立，互比功力，互相批評，爭取信徒，誠屬膚淺看法及零碎見解。事實上，「學問為濟世之本」，好的學問必須能「實用」，並有「濟」於「世」；否則再如何吹噓，亦屬「老王賣瓜，自賣自誇」之流。相同地，「有用」的知識，不論其為何型態，或複雜或簡單，或數量或人文，皆屬可崇信而實用的學問。當然，若時代不同，環境亦異，所謂「有用」知識之內涵，亦應修改其為「真」學問之型態，則為我們追求有用知識之人（也是人類異於禽獸之處）所應認識之前提。

所以本書除在第二篇略為介紹現代管理知識之起源及演進外，其他各篇皆以綜合應用之方式，將各派學說適當注入一個企業機構真正會大量遭遇到的活動點上，即行銷、生產、研究發展、財務、人事等等企業功能別之計劃、組織、用人、指導、控制之決策、協調及資源運用活動中。

■ 四、目標是選擇手段的指針 (Objective is the Guide of Ways and Means Selection)

本書不特別強調數量方法之重要性，也不特別強調人性行為之重要性，因為它

們在不同的機構，不同的管理階層，不同的部門，及不同的活動中，確有分量不同的使用性。太崇信數量方法萬能的人，常會被情報資料 (Information) 之「不足」、「不準」、「不及時」所貽害，陷於過分簡化或僵化之決策危險中；相同地，太崇信隨意猜測、憑天生本領做決策的人，也常會陷於愚笨、無知、偏見之危險困境，兩者皆非所宜。最佳之法為廣泛探討各片智慧，選擇合理「目標」，以目標之有效達成來指導數量與非數量手段之適宜搭配，所以「目標」管理（而非「手段」或「手續」管理）亦是含有以「目標」之達成，為最高指導原則之意義，用來仲裁數量派與非數量派之紛爭。

本章以下各節將闡釋近期（中期以來至二十一世紀初期）各學派之內容，作為其他各章之立論基礎。第二節說明決策行為及理論，第三節說明正式組織及權威理論，第四節說明行為科學及領導理論，第五節說明數量方法，第六節說明系統方法，第七節說明「制宜」觀點（一稱「權變」觀點），第八節說明綜合策略思想的演化。

第二節　決策行為理論 (Decision-Making Behavior)

一、主管乃是決策者 (Managers are Decision-Makers)

近期的管理思想非常發達，但以賽蒙 (Herbert Simon) 在 1947 年出版的《管理行為》(*Administrative Behavior*) 為開端。賽蒙兼學政治學、經濟學、數學及管理學，在 1978 年，以其《管理行為》一書挑戰傳統經濟學「完美情報」(Perfect Information) 之不當假設，而獲得諾貝爾經濟學獎 (Nobel Prize of Economics)。正式奠立管理科學在經濟活動中「掛帥」的地位，誠為人類智慧進步的重大明證。

賽蒙研究管理行為有異於泰勒（科學管理）、梅友（人群關係）諸輩，他認為管理行為是經理人員 (Manager) 的專有工作，不當「經理」（或稱「主管」）的人員，不必做管理工作，只要做技術操作性工作即可。他也確認經理人員的工作重心在於「決策」(Decision-Making)，亦即尋找適當對策（辦法）以解決問題。尤其在一個組織中，人員眾多，並有多重階層，價值看法不同，所以決策行為甚為複雜，但是一個機構的經營成效卻決定於各級主管的決策的品質，所以不得不講求合理有效的理智「決策過程」(Decision-Making Process)。

二、決策前提 (Decision-Making Assumptions)

賽蒙發現任何人決策皆有某種「前提」或「假設」(Premises Or Assumption) 作為根據（或稱決策之「目的」）；而「前提」又可為「事實」(Fact) 方式，亦可為「價值判斷」(Value Judgement) 方式，前者為客觀 (Objectivity) 之要求，後者為主觀 (Subjectivity) 之選定。譬如採購經理要在三家供應商中選擇一家，購進十噸原料，此時他的決策前提可能是工廠操作現場「已經缺料」，不快購買，會導致停工，所以「已經缺料」是「事實」的前提，誰也否定不了。當然，此時採購經理的前提也可能是他自己判斷未來「可能會缺貨」，此時若不買，將來可能買不到，所以「可能會缺貨」是「價值判斷」的前提，若換另外一個人可能不做相同之判斷。

賽蒙指出上級人員（如採購經理）對下級人員（如原料課長）的交代或命令，對上級人員而言，可能是一種「事實」或「價值判斷」，但對下級人員而言，卻是都屬於「事實」根據，甚難違反。相同地，對總經理決策而言，是「價值判斷」的前提，或「事實」的前提（如董事會的決議），傳到課長級人員，更是「事實」前提。圖 8-1 的細箭頭表示「價值」前提，而粗箭頭表示「事實」前提。

圖 8-1　決策前提之方式及演變

所以越是下級的人員在決策時，所受到的前提約束越多，並且越難改變，因之其自由度越少。所以「上級人員的行為及思想是下級人員的『環境』，常控制下級人員的行為」。可知任何一個機構內任何一個決策，常牽涉好幾個階層人員在內，不是單一個人就能解決，除非這個人是最高主管。相同地，亦可知若是越上級的人，不注意自己所設定主觀價值判斷之合理性，則衍生到下級人員，變成「拿雞毛當令箭」，則決策品質之壞當可想知；所以上級人員「理智決策」(Rational Decision-Making) 的必要性遠大於下級人員。古云:「君無戲言」，指上級人員的認真或草率言論、命令，都會影響下級人員行為，所以必須十分小心。從這種決策衍生的過程中，得知上級

言行，就是下級決策的「事實」前提，也是限制下級的「環境」(指不可控制之因素)，所以有人說，改善員工管理績效的「靈藥」就是改善管理「環境」。讓部下有一個和風細水的管理環境是給部下發揮長才的肥沃土地。

三、決策過程 (Decision-Making Process)

賽蒙研究組織內之「決策」行為，導引一股甚大的潮流，所以一般決策行為中之各步驟，都有人個別加以研究，形成今日大家所熟知之決策理論 (Decision Theory)，決策矩陣 (Decision Matrix)，決策樹 (Decision Tree)，組織目標理論 (Theory of Organization Objectives)，交替方案理論 (Theory of Alternatives)，限制理論 (Theory of Constraints)，情報系統理論 (Theory of Information Systems)，評估技術 (Evaluation Techniques)，系統分析 (Systems Analysis)，風險分析 (Risk Analysis)，敏感分析 (Sensitivity Analysis)，最佳及次佳理論 (Optimization and Sub-Optimization) 等等。

賽蒙指出一般理智性決策的過程 (Rational Decision-Making Process) 應包括下列七步驟：

⑴確定問題根因 —— 診斷理論 (Diagnosis)。

⑵確定目標所在 —— 目標理論 (Objectives)。

⑶列出可用備選交替辦法 —— 交替方案理論 (Alternatives)。

⑷列出有關限制因素或重要因素 —— 限制因素理論 (Constraints)。

⑸評估優劣後果 —— 評估技術 (Evaluation)，包括數量模式、系統分析、決策矩陣、決策樹、決策理論。

⑹選擇最佳辦法 —— 最佳及次佳理論 (Optimization and Sub-Optimization)。

⑺執行前之檢定 (Testing) —— 風險分析、敏感分析、試製、試銷、試辦 (Risk, Analysis, Sensitivity Analysis, Pilot-Run, Test Market, Trial-and-Error-and-Correction)。

為了培養此種理智決策的習慣及技能，所以許多企管系及企管研究所普遍採用「個案」教學法 (Case Study)，訓練未來經理人員之能力，包括分析及綜合能力 (Analysis and Synthesis)、數量及非數量能力。所以賽蒙此種創見被稱為「決策學派」(Decision School)，事實上，它與「科學管理」或「人群關係」之學說並不衝突，而是補充該兩學派疏忽之處，使管理行為能更真實地表露出來，供後人學習，突破「管理是完全藝術，不可捉摸」(Management is untouchable arts) 之古老落後觀念。

賽蒙的組織管理行為研究，針對「如何使員工努力工作」的問題，提出兩個方法，第一、就是嚴密控制，在設定目標交給員工之後，就緊密偵察回饋進度。第二、

就是鼓勵員工自我控制、主動、積極、不等上級來催辦就埋頭苦幹。在今日知識普及之時代，第二種方法將越來越流行。

第三節　正式組織理論 (Formal Organization)

一、個人、組織與社會三者一體之組織論 (Integration of Individual, Organizational, and Social Interests)

　　企業是一個組織體，所以有關組織的理論 (Organization Theory)，自古就與管理的理論連在一起，不過在近代思想裡組織的理論與以前略有不同，並且更為進步，合乎提高經營績效的道理。在泰勒的「科學管理」時代，組織理論所重視的是工廠操作工人的嚴密分工，並接受不同工頭的指令，表面上是順序井然，方向一致，內心裡則單調、煩躁、及衝突。在梅友的「人群關係」(Human Relations) 時代，組織理論所重視的是工廠操作工人間的融洽關係，不嚴格劃分督導與被督導者之地位，大家打成一片，互相幫忙照顧，表面上形成非正式 (Informal) 的小團體，內心裡則以小團體成員之利益為關切要點，無視整個組織體的階層關係及總體利益，有如散沙。無疑地，「科學管理」派強調大團體之利益，「人群關係」派強調小團體及個人之利益，兩者皆有所偏頗。

　　為補救「科學管理」派及「人群關係」派之兩極端缺點，所以在 1958 年賽蒙 (Herbert Simon) 曾與馬曲 (James March) 出版一書叫《組織》(*Organization*, John Wiley and Sons)，正式強調如何建立良好的組織體，尤其是大規模的企業組織體（與往昔小規模之企業有異），促使個人的目的 (Personal Goals) 與大團體（組織）的目的 (Organizational Goals) 協調一致，以及大團體（組織）的目的與社會的目的 (Social Objectives) 協調一致。這種學說對現代社會之影響甚大，因為一個良好的組織體，不僅要使它的工作成員得到利益，也要使股東（或投資者）得到利益，更要使提供生態環境的社會大眾得到利益，才能長遠繁榮下去。所以本書第一章論及經理人員之基本職責時，就提出「公」（組織）目標、「私」（個人）目標、及社會（超然）目標三者必須一舉而得之「一箭三鵰」的最高境界。

　　賽蒙與馬曲的此種個人、組織、與社會利益三者一體 (Integration) 的思想部分源自佛烈特《創造性經驗》(*Creative Experience*) 一書，闡釋個人自由與利益，應在團體利益之範疇下追求之哲學，所以公司利益不能妨礙社區及社會的團體利益。

在賽蒙與馬曲於 1958 年提出「組織」論之前就有德國人韋伯 (Max Weber) 在 1921 年提出理想中之組織型態 (Ideal Organization)，名叫「官僚組織」(Bureaucracy)。他是一位純學者，不是企業實務經理，所以他的「官僚組織」並無惡意，因為他認為企業規模一大，人的關係就複雜，沒有正式組織，不足以克服一盤散沙之缺點。

他的正式組織（即官僚組織）有六個要件：

⑴界定清楚之權責層級結構 (Hierarachy)。

⑵明白清楚之分工 (Division)。

⑶一系列完全之職位、責任、權力規則制度 (Position-Responsibility-Authority System)。

⑷一套完整之作業程序 (Procedures)。

⑸各個人間之關係無私人關係化 (Impersonal)。

⑹依技術能力選用人才及晉升人才 (Competence)。

二、賽蒙的溝通、權威、忠誠理論 (Simon's Theory of Communication, Authority and Loyalty)

賽蒙對組織行為之研究與對決策行為之研究相互關聯，他最常使用的三個名詞是「意見溝通」(Communication)，「權威」及「忠誠」或「團體認同」(Group Identification)。

首先他認為一個組織設計者，必須建立完整的意見溝通網 (Communication Network)，以供應必要之情報信息 (Information)，給各階層主管人員當作決策 (Decision-Making) 基礎。因之，上級有任何決策性之「決定」，一定要再花功夫，將之傳達 (Transfer) 到基層每一個人，使人人瞭解此一決定之內容，並作為自己決策之根據，方能「萬眾一心」(Toward the Same Goal)。若缺乏此種情報傳達，則整個組織決策之品質必然低劣，無法達成目標及應付環境壓力。某些情報信息本身就帶有權威作用，使下級決策者得有某種前提依據，不必再做思量，就可選定辦法，解決問題。

所謂「權威」是指能「影響」(Influence) 或「改變」(Change) 他人行為之「力量」(Power)，它可以⑴具有懲罰性之「命令」(Order)，或⑵平行建議性之「勸告」(Advice)，或⑶純粹參考性，毫無拘束力之「情報」(Information) 的型態出現，只要被對方所「接受」(Acceptance)，就會產生影響或改變作用，若不被接受，則再嚴厲的三令五申也不能產生作用。此種「權威接受論」(Authority by Acceptance) 可再參考柏納德 (Chester Barnard) 的《高階主管之職能》(*The Functions of the Executive*, 1938) 一

書。對一位最高主管或國家總統而言，平時他的言論、命令被部下或國人信服、接受，他說什麼方向，大家就跟著是什麼方向，很有力量。可是一旦他的思想或行為被部下或國人懷疑、不接受，他再說什麼，發再大脾氣，甚至威脅用武力，部下及國人都不再理他，背棄他而去，他就變成孤單的一個人，一隻手就可以把他推倒。由此可推知「接受」才有「權威」，「不被接受」就沒有「權威」。

賽蒙認為機構成員對組織目標或其領導人價值觀念之「認同」或「忠誠」，可以簡化組織的決策過程，因為部屬認定上級的決定對他有利，並願「心悅誠服」地「接受」(Acceptance)，則不會發生衝突，協調合作 (Coordination and Cooperation) 的團結力量自然巨大，組織目標亦當達成。所以高級主管應體察下級心態及環境，設定合適之目標，贏取下屬之「忠誠心」及「認同感」，使下級人員的目標與組織目標一致，此即中國古訓之「得道多助」、「志同道合」，可以大大地簡化各種意見交流之路線，縮短決策之猶豫時間，提高決策之「速度」(Speed)。並因部屬有強烈之忠誠心，而促使上級敢於信任 (Trust)，而多「授權」(Delegation)。

所以在賽蒙的心目中，一個機構應是一個社會體系中的有機分子 (Organic Element)，為了對社會有所貢獻，其主持人應隨時注意此機構的正式組織結構 (Formal Organization Structure)，以期意見溝通能「快速」(Quick)，所傳達的情報信息有意義 (Relevance)。日常重複性 (Repeated) 之決策過程盡量以書面管理制度規定，使之「例行化」(Routilization)，而讓高級人員有時間，採行「例外管理」(Management by Exception) 處理偶發事件，有時間多體察環境變化及部屬心態變化。主管人員也應少用含有懲罰性的權威命令，而多用其他鼓勵性之措施（即用中國古訓中「王道」，而非「霸道」方式），以培養部屬的忠誠心。

三、柏納德的權威接受論 (Barnard's Acceptance Theory of Authority)

柏納德 (Chester Barnard) 曾是美國 New Jersey Bell 電話公司總裁，US Organization 總裁，Rockefeller 基金會總裁及 National Science 基金總裁，他是以高級實務經理人員身分從事管理學術寫作的名人之一，他以豐富經驗試圖設定一套組織理論，其著作《高階主管之職能》(*The Functions of the Executive*, 1938, Harvard University Press)，尚是目前重要管理讀物之一，對蒙賽思想之影響甚大。其重要思想可摘述如下：

第一、他強調決策過程在組織裡的重要性以及單獨個人在組織內自由選擇力量的有限性，與往昔認為個人力量無限之看法不同。

　　第二、他認為所謂「組織」乃是「知覺性協調活動所構成的體系」(A System of Consciously Coordinated Activities) 或「兩人或兩人以上力量所構成的體系」(Forces of Two or More Persons)，而不是毫無知覺之行動所構成之體系，所以必須隨時檢查外界環境之變化，以做必要之調整，不可以閉門造車，變成毫無知覺之動物體。

　　第三、他認為經由團結的合作行動 (Cooperative Group Action) 可以克服單獨個人的極限。

　　第四、他認為此合作體系的存在，乃是建立在它達成目標的有效性上，若它不能有效達成目標，則此合作體系就無存在的價值。

　　第五、他認為此合作體系的有效性又是建立在組織的平衡性 (Organizational Equilibrium) 上，亦即組織給予個人之利益與個人對組織之貢獻，應維持在平衡地位，否則絕不會有效。若個人貢獻大，而組織給予的利益小太多，此個人終必離開此組織。若個人貢獻小，而組織給予的利益大太多，這個組織終究會坐吃山空，枯乾而倒。

　　第六、他也強調「非正式組織」(Informal Organization) 的角色，並認為非正式小團體可以幫忙意見溝通，團結力量，及自我尊重之感覺。

　　第七、他認為「權威」乃是建立在部屬對上級「命令」(Order) 之心悅誠服的「接受」(Acceptance) 態度上，凡是部屬認為既不很清楚地可以「接受」，亦不很清楚地可以「拒絕」（或「不接受」）的命令，就是落在部屬的「無差異」(Indifference) 區間。凡是落在「無可」、「無不可」之「無差異」（即俗稱灰色）區間的命令，就要看部屬個人的認同感而決定是否願有效執行。凡是部屬不接受（或「拒絕」）的命令，不論是否表明態度，就會變成「陽奉陰違」、「偷工減料」、「弄個形式，應付了事」之無效後果。

清楚地可以 「拒絕」區間	無差異 區間	清楚地可以 「接受」區間

圖 8-2　部屬對上級命令之接受態度 (Attitude to Acceptance of Order)

　　第八、他認為複雜的組織（如大規模企業）本身就包含許多小團體，其相互關係更非傳統看法所能說明。

　　第九、他認為傳統的組織理論將其界限及成員數限於老闆 (Boss) 及員工 (Subordinates)，不合時宜；而主張將之擴及投資者、經理人、員工、供應商、顧客、政府、金融機構、及社會等等對組織有所貢獻之人員。

第十、他認為經理人員（或主管人員）是組織體中意見溝通網的連結點 (Communication Network)，用以確保此合作體系發揮力量，所以管理工作乃是維護組織體存在及運用之專門性工作，其重要性等於人體的大腦及神經系統。換言之，管理工作若不好，等於大腦及神經系統失靈，人體或組織體必趨於死亡。

四、杜魯克的目標管理論及安松尼的責任中心論 (Drucker's MBO and Anthony's Responsibility-Centers)

在 1954 年，彼得・杜魯克出版《管理實踐》(*The Practice of Management*, Harper and Brothers) 以來，轟動甚久，至今依然成為管理學上的經典讀物，歷久可讀，意味深遠。杜魯克在 1909 年出生於維也納 (Vienna)，在奧地利 (Austria) 及英國受教育，獲法蘭克福大學 (Frankfurt University) 博士學位，曾擔任記者、銀行職員及證券分析員，受過三個不同性格主管的煎熬磨練，造就他一生觀察、分析、及撰寫的傑出能力。後來移民美國，從事管理顧問工作，也在紐約大學企管研究所教書，直到 1971 年移到加州克來蒙大學 (Clarement University) 任教及撰寫。他寫過三十四本書及三十多篇論文在《哈佛商業評論》(*Harvard Business Review*) 發表，六度獲得「麥肯錫」(Mickinsey HBR) 傑出獎，是至目前為止最出色的管理大師。到 2003 年杜魯克已經年歲 94，還繼續工作，寫文章及出版書籍，老當益壯，精神可佩。

杜魯克主張有效的組織體（尤其大規模者）應採行「聯邦分權」(Federal Decentralization)，將企業活動依產品別 (Product) 或地區別 (Area)，歸組成半獨立之自治體 (Autonomous Unit)，達成盈餘目標 (Profit Objective) 或負責虧損責任。各個半獨立之自治體再聯合組成聯邦總部。對那些無法達成盈虧責任的單位，則必須實行「機能分權」(Functional Decentralization)，分別課以達成企業利潤過程中所必要之中間階段之工作責任。這就是目前所有世界性大企業所採行者，也是通用汽車公司 (General Motors, GM) 史隆 (A. Sloan) 用來戰勝福特汽車 (Ford Motor) 公司老福特先生 (Henry Ford) 之最早妙招。

為了統合這種劃分責任目標的哲學，杜魯克用「目標管理」(Management by Objectives, MBO) 及「自我控制」(Self-Control) 來標榜這種現代化的管理思想及技術。「目標管理」係指上級主管設立「合理目標」來要求部屬負責達成。至於如何達成目標之「手段」(Means, Tools, Procedures)，則任由部屬在上級授權範圍內，自行選擇，上級不再事事牽制，管制下屬之手段。而「合理」目標則必須切合實際環境潛力，在部屬可控制之範圍內，以及上、下級人員彼此商洽同意，不可隨意由上級或

下級單方面設定，造成不切實際之過高或過低目標，有礙整個團體目標之達成及資源之有效運用。「目標管理」可應用於整個組織體內的任何上、下級人員之間，構成完整之目標網或目標體系 (Objective Network)，供各級人員自我核對進度及將來可能會有之獎懲水準。

與杜魯克有相同思想的另一學者為安松尼 (Robert Anthony)。安松尼為管理會計專家，主張為衡量組織內各單位之工作表現，應該先建立可以計算責任 (Accountable) 之目標或標準，再運用管理會計之資料，分別計算各單位之目標達成度，而作為獎懲責任之歸宿。所以安松尼認為有效的組織，應是各種責任目標中心的組合體 (Composition of Task-Responsibility Centers)，最高者可成立「投資責任中心」(Investment Centers)，次高者可成立「利潤責任中心」(Profit Centers)，再次者可成立「成本責任中心」(Cost Centers)，再次者可成立「工作責任中心」(Task Centers)。此種責任中心 (Responsibility Centers) 之精神，即建立在工作表現之「可計算性」(Accountability) 上。

杜魯克的「目標」即是安松尼的「責任」，只是「目標」是用來指事前的理想境界，「責任」是用來指事後的實際程度，若事前「理想」(Ideal) 與事後「實際」(Reality) 相一致，無差距 (No Gap)，則表示「成功」(Success)，應得獎勵。若兩者差距甚大 (Big Gap)，又無可原諒之原因，則表示「失敗」(Failure)，應受懲罰。

很明顯地，杜魯克與安松尼所談論的組織，都是屬於正式組織，才需要有明確的目標 (Objective)—責任 (Responsibility)—授權 (Delegation)—獎懲 (Reward-Penalty) 體系，與「人群關係」派或「科學管理」派之組織理論相較，後者就顯得很簡略，而且難以完全應用於今日到處林立之大規模企業。

五、柏金斯定律及彼得原理 (Parkinson's Law and Peter's Principle)

關於正式組織之擴大，除了因實際業務增加的需要而添加人手外，尚可能由於心理懶散及增加部屬以壯聲勢之「病態心理」(Illness in Psychology) 而造成，在 1957 年，柏金斯 (C. Northcost Parkinson) 出版《柏金斯定律》(*Parkinson's Law*, Houghton Mifflin Company)，說明組織擴大，人手增多，但實際業務量不增加之病態現象，以及其擴大之過程。

柏金斯認為一個機構內書面工作 (Paper Work) 增加之理由，常是因為有太多人手（冗員）沒正經事可做，空閒時間太多，但為怕別人說「吃閒飯」之風涼話，所以找出最好的應付方法是製造更多的無聊手續 (Procedures and Rules)，讓大家忙碌，一方面顯得很重要（因為忙碌），二方面創造就業機會（讓大家有飯吃）。這種病態

現象到處存在，尤其是那些毫無競爭挑戰性的公務機關、公營事業為最嚴重。

柏金斯認為人手的多寡，實際上與真正的工作量無多大關係，許多人手的增加完全是主管人員「心理疲倦」及「好大喜功」所致。因為沒有競爭挑戰，所以惰性漸生，以前一個人可以做好的工作量，現在變成一個人無法承擔，必須找人來幫忙。也因為好大喜功，自己想當主管，率領廣大部屬，以顯威風，所以找來幫忙的人，不能與自己同立於相同競爭職位水準，而必須比自己職位低。再者，要找新部屬來幫忙，若找太少人則顯得工作量沒增加多少，所以應多增加一些人，才能說得過去，假使新找來的部屬沒有工作可以做，則主管人員必會互相幫忙（官官相護），創造一些新的但不必要的手續，以填滿這些新人之空閒時間。

所以柏金斯提出警告，若高級主管人員不小心檢討改進，則一個機構的組織結構開始膨脹時，就是無效率的開始，一個機構開始增添豪華而無真正必要之設備建築時，就是該機構走向毀滅的開始。換言之，也就是我們通常聽到的說辭，當高樓興起時，也就是高樓開始垮的時候。甚至有人說，看他樓起了，看他樓垮了！

與柏金斯病態組織理論相齊名的是彼得原理 (Peter's Principle)。彼得認為很多人都想追求「晉升職位」(Promotion)，直到他「無法勝任」(Deficiency) 的水準為止，而非追求他可以勝任之職位。換言之，他認為一個人在組織的正式職位結構上升遷，常有一定的極限，該極限就是他「無能」之處 (Deficiency Level)。所以一個機構內經久不變的現職主管，常是「無能」的主管，因為他們若是「有能」，必定會再升遷。一直升遷到「無能」的位置才停下來。

彼德原理也是用來諷刺正式組織內經常發生之病態現象，高級主管若不經常檢討改進其部屬之才能，則整個機構可能到處充滿著「無能」的主管人員，而那些「有能」的人員可能流動到其他機構去，或被無能的主管所壓制，久而久之，也變成久於斯位，毫無生氣之「無能」人員。

「彼德」原理若與「柏金斯」定律相印證，可以發現那些急於擴大無聊組織的主管人員，常是「無能」之人。而有能之人，則以實際工作量之增加才增加人手；若工作量減少，則不願多加人手，以防浪費及無效。換言之，「有能」的主管不會做出為滿足個人表面虛榮感，雖無所事事，亦追求擴大組織，尋找更多比自己低下之部屬，造成人多勢眾，無形中自己「升等」之浪費行為。

第四節　行為科學理論 (Behavioral Science)

■ 一、三大理論重心 (Three Theory Focuses)

繼續「人群關係」學派對人性之重視，有許多實用心理學家及社會學家對「個人」及「小團體」之行為動機及領導方法特加研究，使企業管理人性化（而非機械化）的主張得到更周全而深入的根據，這就是目前流行的「行為科學」(Behavioral Science) 派的形成。

所謂「行為科學」就是指研究人類行為動機及行為方式的學術，因為人是企業組織體的重要組成因素，也是運用其他資源（如金錢、機器、設備、物料、技術、情報、時間）之活動因素，所以人的行為若能「有效」，則企業的經營成果就可能跟著「有效」起來，因之研究人類行為被認為與研究實體環境配備及操作技術一樣的重要。

「行為科學」的根基是心理學、社會學、人類學、歷史文化學，及社會心理學。在管理學識演進上，「行為科學」是用來補充「人群關係」，使「人性論」成為提高經營成效兩大支柱之一（另一支柱為「專門化」）。

為了說明上的方便，我們可將行為科學派的重心劃分為三，第一為建立人類「個人慾望」之層次理論，以為主管人員激勵部屬努力工作的根據，以馬斯洛 (Maslow) 之「人類慾望階層」(Hierarchy of Human Needs) 為代表。第二為探討企業家對「人性善惡」的基本看法，以求發展人類潛力及授權之根據，以麥格列哥 (McGregor) 之「企業之人性面」(The Human Side of Enterprise) 為代表，此即「性善」（孟子）說、「性惡」（荀子）說、「性可善可惡」理論之闡釋 (Theory X, Theory Y, and Theory Z)。第三為證明「領袖作風」之不同，可能影響員工情緒及生產力之後果，以李克 (Likert) 之「管理新典型」(New Patterns of Management) 及布列克 (Blake) 與莫頓 (Mouton) 之「管理調配架構」(Managerial Grid) 為代表，此即「自私獨裁」（暴君作風）、「賢明獨裁」（父慈作風）、「諮詢參與」（顧問作風）、「民主參與」（民主作風）、及「放任」（無為而治作風）之闡釋。總之，「行為科學」派之學說可以配合賽蒙、韋伯之正式組織理論，增強經營管理的系統性知識，但是它並不能替代科學管理及數量決策方法之地位；反之，科學管理與數量決策方法也不能替代行為科學及組織理論，此為吾人必須牢記之重要觀念。

二、馬斯洛的「人類慾望階層」及赫滋伯的「兩因素」激勵原理 (Maslow's Need Hierarchy and Herzberg's Two Factors Theory)

馬斯洛 (Abraham H. Maslow) 在 1950 年代出版《動機與人格》(*Motivation and Personality*) 一書，把人群關係的理論引入人類激勵動機的心理研究。他具體地提出「人類慾望階層」(Human Needs Hierarachy) 理論，認為人之所以會被激動，被驅策，朝向某目標而努力，乃是為尋求滿足某種「慾望」。而人類的慾望有很多種，時常變化，不易一一呆板地劃定，但卻可歸類為五個層次，即生理慾望、安全慾望、社交慾望、尊嚴慾望、自由慾望，見圖 8-2，當較低層次的慾望滿足時，較高一級的慾望就會出現，可被用來當作激勵的工具，而該已滿足的慾望就失去激勵作用，除非它又不被滿足了。但是無論如何，人類總是處於追求滿足某種慾望的狀態中，不管該種慾望是屬於低層或高層。

低層的慾望常屬於物質方面 (Material Side)，高層的慾望常屬於精神方面 (Spiritual Side)。人類在追求滿足高層的精神慾望時，可能會被別人認為是「利他」(即「義」，慈善) 行為，但是在骨子裡卻依然是「利己」(自私) 行為，只是此種行為已從物慾追求昇華為精神追求。中國人有「六慾」、「八風」之說法，六慾即「名、利、財、色、食、睡」，八風即「苦、樂、利、衰、榮、辱、褒、貶」，皆指慾望無窮也，但無層次之分。

馬斯洛的人類慾望階層可分為五層，最低的第一層稱「生理慾望」(Physiological Needs)，即維持生存之慾望，如飲食、住宿、衣蔽、休息、及男女大慾 (色、性慾)。第二層稱「安全慾望」(Safety and Security Needs)，即保護免於死亡及免於失業之慾望以及維持第一層慾望長久滿足之慾望。第三層稱「社交慾望」(Social Needs)，即接受與給予他人關切，與他人合群之慾望。第四層稱「尊嚴慾望」(Esteem or Ego Needs)，即自己尊重及受人尊重之慾望，包括自信心、有學問、能幹、有地位、受人承認、奉承、成就感等。第五層稱「自我實現慾望」(Self-Actualization or Self-Realization Needs)，即追求自由，發揮潛力，達成遠大理想，不受他人約束、壓制之慾望。

馬斯洛的人類慾望階層理論雖很抽象，難以實驗，但卻甚明白合理，所以主管人員在激勵部屬努力工作時，首應瞭解部屬的慾望滿足狀態，方能對症下藥，提高績效。

在這五層慾望分類裡，第一、二、三層慾望屬於「外在」(External) 的「較低層」

(Lower Levels) 的慾望，與一般動物甚為相同，所以我們常稱追求一、二、三層慾望之人為「常人」或「動物」，但追求四、五層慾望之人為「賢人」、「聖人」。

與馬斯洛的激勵理論相類似的是赫滋伯 (Frederick Herzberg) 之「維生－激勵」兩因素理論 (Hygiene-Motivator Theory)。若用中國話來說，可以稱為「保平安－添福壽」理論。赫滋伯在 1968 年《哈佛商業評論》(*Harvard Business Review*) 1～2 月期上，特以〈如何激勵員工?〉"How to Motivate Employees?" 為題，說明他的兩因素 (Two-Factors) 理論。

赫滋伯認為激勵人類努力的慾望可大分為兩類，第一大類叫「保衛生存」，或稱「維生」(Hygiene)，或稱「維持」(Maintenance) 因素，例如薪水 (Wage-Salary)、技術督導 (Technical Supervision)、實體工作環境 (Physical Environments)、公司規則與政策 (Policies and Rules)、福利 (Benefits)、及資深特權 (Senior Advantages) 等等慾望。當這些慾望被滿足時，員工只會普普通通的努力，以維持不被老闆解雇，就得過且過；但當這些慾望不能滿足時，則員工必會不滿與情緒低落，開始偷懶、偷工減料、陽奉陰違。所以主管人員只能用這些慾望來維持士氣不墜而已，但不能期望太高，要求員工額外努力，畢竟員工們在這類慾望水準下工作，只是為保衛生存而已（俗稱說只求「保平安」而已）。此類因素也只能「預防」員工不滿之情緒，但並不能創造滿足的情緒，所以是屬於消極作用。

赫滋伯的第二大類慾望叫「激勵」(Motivator) 因素，以別於第一類之「維生」(Hygiene) 因素。從字面上可看出「激勵」比「維生」有力量，屬於積極作用的因素。它包括成就感 (Achievement)、挑戰性 (Challenge)、責任心 (Responsibility-Mind)、成長力 (Growth)、進步性 (Progress)、受人承認 (Recognition) 等等慾望。當這類慾望滿足時，員工必會自動自發，努力向上，發揮最大潛力，不必等上級用懲罰、威脅手段，就能自我控制，自我激勵。所以主管人員可以利用這些慾望之滿足來創造業績。

赫滋伯的第一類因素等於馬斯洛的「生理」、「安全」、及「社交」慾望。所以可稱為「較低層」及「外在」的慾望。赫滋伯的第二類因素等於馬斯洛的「尊嚴」及「自我實現」慾望，所以可稱為「較高層」及「內在」的慾望，圖 8–2 將兩人之激勵理論融合在一起。

圖 8-2　「人類慾望階層」及「兩因素」激勵理論之配合

三、麥格列哥的「企業人性面」與艾吉利斯的「成熟七變化」理論 (McGregor's Human Side of Enterprises and Argyris's Maturity 7 Changes)

　　麥格列哥 (Douglas McGregor) 在 1960 年出版《企業的人性面》(*The Human Side of Enterprise*) 一書，奠立主管人員應善待部屬的理論，反駁往昔將人完全假設為壞人之傳統看法。主管人員若不能善待部屬，則部屬潛力很難發揮，勢必影響經營績效，他提出 X 理論 (Theory X) 的四個假設，與我國荀子之「性惡說」很相近。X 理論之假設如下：

　　(1)一般人之天性不喜歡工作 (好逸惡勞)，所以在情況容許下，將盡力規避工作 (偷懶)。

　　(2)由於人性好逸惡勞，所以若要人們努力，達成目標，必須採用強迫、控制、耳提面命及以懲罰相威脅的手段。

　　(3)一般人們願意聽人指揮而動作，不願自出主張而負責 (即寧願被動無責，而

不願主動而負責)。

　(4)一般人們皆無上進、力求成長之心 (即滿足於現況,不想再求改進)。

　麥格列哥反對上述對人性之傳統假設,他隨意用 X 來代表此種消極想法,遂成為以後之 X 理論。他提出對人性之積極假設,並用 Y 來代表之,遂成為以後之 Y 理論。Y 理論與我國孟子之「性善說」很相近,其內容如下:

　(1)一般人們並非本性就不喜歡工作。(即人亦有喜歡工作之天性)

　(2)為了達成組織目標,用外來之控制及懲罰性之威脅,並非唯一有效的手段。(即還有其他有效的手段)

　(3)人們可以用追求「成就」、「尊嚴」及「自我實現」等之高階層慾望來做有效之激勵。(即不一定用生理、安全、及社交等之低階層慾望來激勵)

　(4)人們在適當情況下,不僅可以學習接受責任,並能促使主動追求責任。(即人們也喜歡負責任)

　(5)發揮高度想像力、創造力、理想力以解決組織問題的能力,是普遍存在於人們身上,而非僅存在於少數人身上。(即可以當主管的潛力人才到處都有,只要用心去發掘及培養)

　無疑地,麥格列哥的 Y 理論是積極的性善論,但印證於實務界,並不能完全應用到各階級各種心態之員工身上,因有不少人卻非性善、主動、向上之輩。為了融合 X 理論及 Y 理論的適應情況,遂有 Z 理論出現,即認為 X 及 Y 理論之假設皆存在人間,並存不悖,所以主管人員應視情況及部屬之心態、能力,而兼採性善及性惡理論,同時對待主動及被動之部屬,以追求組織之最高績效。X、Y、Z 都是隨意取的名稱,其本身並無特別意義。

　人是否一生時間內都是性善或性惡? 人是否在眾人面前及單獨自處都是性善或性惡? 人是否在貧及富時都是性善或性惡? 人是否在高官及低官時都是性善或性惡? 人是否在讀多書及讀少書時都是性善或性惡? 答案都「不一定」,所以 X、Y、Z 理論都有用。

　在 1964 年,艾吉利斯 (Chris Argyris) 出版《個人與組織之整合》(*Integrating the Individual and the Organization*) 一書,與麥格列哥一樣反對往昔高度控制部屬的「性惡」理論,認為把人皆當為消極、被動之動物處理,根本就無法培育出「成熟」(Maturity) 之人才,也更無法發揮人類特有之潛力,為組織目標努力。

　艾吉利斯用七種變化來區別「成熟」(Matured) 人與「未成熟」(In-Matured) 人。所謂「成熟人」即指主動、積極之性善說人們,所謂「未成熟人」即指被動、消極

之性惡說人們。當人們從「未成熟」（如嬰兒、孩童）演進為「成熟」（如成人）之過程中，他們的明顯變化為：

⑴活動越來越多 (Activity)。

⑵獨立性越來越大 (Independence)。

⑶興趣越來越強 (Interest)。

⑷處理事務之替代方案越來越多 (Variety of Ways)。

⑸時間觀點越來越長 (Time Prospective)。

⑹附屬性越來越輕，平等性及超越性越來越強 (Subordinate and Super Ordinate Position)。

⑺自我醒覺及自我控制越來越強 (Self-Awareness and Self-Control)。

無疑地，艾吉利斯及麥格列哥皆呼籲主管人員應善待部屬，把部屬當有潛力之人看待，以培養成熟負責之新一代。若以二十一世紀「知識經濟」而言，員工都是知識員工，知識都將電腦化，成熟度高，所以麥格列哥之「Y 理論」及艾吉利斯之「成熟論」越來越合用。

四、李克之「四領導典型」、布莫氏之「五管理調配架構」及費德勒之「三情境制宜」理論 (Likert's Four Patterns of Leadership, Black & Mouton's Managerial Grid and Fiedler's Three-Situational Theory)

李克 (Rensis Likert) 在 1961 年出版《管理新典型》(*New Patterns of Management*) 一書，說明他長久研究組織內主管領導部屬的四種典型及其可用性。他用「系統一」(System 1) 來形容「自私獨裁」領導作風 (Autocratic Leadership Pattern)。用「系統二」(System 2) 來形容「善意賢明獨裁」領導作風 (Paternalistic Leadership Pattern)；若用中文來叫，可稱為「嚴父慈母」式，簡稱「父慈」式或「賢明獨裁」式之作風。用「系統三」(System 3) 來形容「諮詢參與」之領導作風 (Consultative-Participation Leadership Pattern)。用「系統四」(System 4) 來形容「民主參與」之領導作風 (Democratic-Participation Leadership Pattern)。他的研究結論指出為提高企業長期績效計，主管人員應該採取新的管理典型，亦即採用「系統四」（民主參與），放棄老舊的「系統一」（自私獨裁式）。至於「系統二」（父慈式）及「系統三」（諮詢參與式）則視部屬之能力及意願，斟酌採用之。反之，若主管人員只想榨取部屬油脂，謀求短期成

效，則採取「系統一」（自私獨裁式）最有力量。

　　與李克教授發現相類似的學說，是布列克 (Blake) 與莫頓 (Mouton) 在 1964 年出版之《管理調配架構》(*Managerial Grid*)，他們認為主管人員對部屬之領導作風，可視他們對部屬利益的關心程度 (Concern for People) 及對公司生產力的關心程度 (Concern for Productivity)。前者代表對「人」，後者代表對「事」的導向。他們使用水平與垂直兩座標來表示主管人員領導作風之調配架構，如圖 8–3 所示。依平面幾何之座標閱讀方法，可以讀出五種不同的管理調配作風。其中 (1.1) 型者可稱為「放任式」，即該主管既不關心公司生產力，亦不關心部屬利益，屬於「好好先生」或「一無可取」之領導人，最不可取，因為它也是「雙害型」，既不利公司也不利部屬。

　　(1.9) 型者可稱為「娛樂式」或俱樂部 (Club) 式，因為此種主管只關心部屬之利益，而不關心公司利益，天天把辦公場所當作嘻嘻哈哈的快樂場所，極盡討部屬歡心之能事。此種主管也不可取，因在長久下，公司必會倒閉。

對公司生產力（事）之關心程度
圖 8–3　管理調配架構

　　(9.1) 型者可稱為「剝削式」或「暴君式」，因為此種主管只關心公司生產力，而不關心部屬利益，事事壓迫部屬犧牲小我，成全大我，把辦公室演成嚴肅非人之場所，極盡討取老闆歡心之能事。此種主管也不可取，因在長久下，員工必會脫離或士氣大傷，公司必會倒閉。

　　(5.5) 型者可稱為「中庸式」，因為此種主管已經知道要為公司及員工之利益取得適當平衡，但卻未能盡最大努力，所以也不可取。

　　(9.9) 型者可稱為「雙利式」，因為此種主管完全努力為公司及員工利益著想，最為可取，也是屬於「一石二鳥」或「一箭雙鵰」的高手經理人員，為最佳的領導作風之調配組合。

　　當然，我們無法把李克的四個典型與布列克及莫頓之五種調配架構完全對稱起來，但在精神上，(9.9) 型大約與「民主參與」式相近，(9.1) 型與「自私獨裁」式相近，(5.5) 型與「諸商參與」式相近，(1.9) 型與「父慈」式相近，而 (1.1) 型則為獨特之不可取領導作風。

　　除了李克之四個新管理典型及布列克與莫頓之「五管理調配架構」理論外，尚有費德勒 (Frederick Fiedler) 在 1967 年出版《有效領導理論》(*A Theory of Leadership Effectiveness*) 一書中，所提出之「三情境制宜」理論 (Three Situational Contingency Theory)，可以用來說明學者對領導作用之見解。

　　費德勒從 1951 年開始研究有效領導作風之情境特性 (Situational Nature of Leadership Effectiveness)。他發現有效的領導作風受三種情境因素之影響，沒有固定的典型作風可循，完全必須看此三種情境因素之內容而制宜。此種因時因地因人因物而改變領導作風，以期達成最佳成效的制宜措施，俗稱「目標不變，手段萬變」、或「萬變不離其宗」、或「權衡情勢、變通作法」，所以費德勒的「情境理論」(Situational Theory)，亦稱「條件理論」(Conditional or Contingency Theory)，或「權變理論」，或「制宜理論」，或「情境制宜理論」。

　　費德勒所主張的三種情境因素是：

　　⑴主管人員職位權力之大小 (Position Power)：如聘用、解雇、獎勵、懲罰、採購、販賣等等權力。

　　⑵部屬工作目標內容之清晰確定程度 (Task Structure)：如例行、明確、人人皆知，或專案、含糊、必須猜測。

　　⑶部屬對主管能力威望之敬重程度 (Confidence and Respect)。

　　三種情境因素之強弱，可以構成八種搭配組合，而有效領導之強硬作風、任務導向 (Task-Oriented)，或軟弱作風、人群關係導向 (Group-Oriented) 之選擇，就須視何種搭配情況而定，若選擇正確，則領導績效高，若選擇錯誤，領導績效就低，表 8–1 即是費德勒的三情境制宜理論精華。可用下列公式來表示

L = F (P、T、R)

式中,

L 代表 Leadership Style（領導作風）。

P 代表主管權威大小 (Power)。

T 代表任務清晰與否 (Task)。

R 代表主管被敬重與否 (Respect)。

表 8-1 費德勒「三情境制宜」理論之領導作風

情境組合	主管權位權力大小	部屬工作目標內容	主管之能力威望程度	制宜（有效）之領導作風
1	大	清楚	高	任務導向（強硬）
2	小	清楚	高	任務導向（強硬）
3	大	不清楚	高	任務導向（強硬）
4	小	不清楚	高	人群關係（軟弱）
5	大	清楚	低	人群關係（軟弱）
6	小	清楚	低	尚未確定
7	大	不清楚	低	尚未確定
8	小	不清楚	低	任務導向（強硬）

第五節　數量方法 (Quantitative Methods)

一、管理經濟學及工程經濟學 (Managerial Economics and Engineer Economics)

　　管理理論在近期發展中的另一突破處就是數量方法的正式受到重視，並且納入重大決策的分析過程中，由本章第二節之概述中可見一斑。

　　數量方法用於管理決策的始祖可稱經營學及會計學，後來才再演變到科學管理學及統計學、作業研究、決策理論等等。普通經濟學 (Economics) 與管理經濟學或工程經濟學 (Managerial Economics or Engineer Economics) 有所不同，前者之主要目的不在協助企業經營人員如何有效管理工商百業，而是在於協助政治人物，分析比較廣大的國家經濟及社會問題，如國際貿易平衡 (Balance of Payments)、租稅徵收 (Taxation)、儲蓄與消費 (Saving and Consumption)、公共支出 (Public Expenditures)、經濟景氣衰退循環 (Economic Cycle)、貨幣與銀行 (Money and Banking)、工資，利率，匯

率 (Wage, Interest, Exchange Rate) 及政府控制人民行動之制度等等,所以經濟學的理論常建築在比較抽象的宏觀基礎上，不是一般企業人員所能直接應用。

　　不過在近世來，學者發現管理一個大企業與管理一個國家很相似，所以經濟學也應該對企業管理有所幫助才對，因為它與管理學一樣，都是講求有效運用資源以達成目的 (Optimization)。它與管理學一樣都重視「未來」而非「過去」。經濟上所講求之「成本」(Costs) 觀念，如「固定成本」(Fixed Costs) 與「變動成本」(Variable Costs) 之行為，「機會成本」(Opportunity Costs) 與「遞增成本」(Incremental Costs) 之解釋，對管理上投資決策 (Investment Decision) 甚具參考價值，所以在 1951 年迪恩 (Joel Dean) 正式建立「管理經濟學」(Managerial Economics) 之名，將經濟學理論濃縮，並轉入個體企業之經濟決策行為，成為企管碩士學生重要課程。成本行為、損益平衡、定價、需求預測、資本支出、投資報酬等是管理經濟學之重要項目。在工程師方面，有很多人對大工程專案之投資規劃有興趣，所以又演化出「工程經濟學」(Engineer Economics)，把許多成本效益、損益平衡、時間安排與成本關係之分析技術都涵蓋在內，幫助工程師成為主管人員。

二、管理會計學 (Managerial Accounting)

　　早期的會計（亦稱簿記，Bookkeeping）起始於義大利文藝復興時代的商人，已是企業經營的重要工具。不過會計的作用，常被用於記錄企業已發生之活動，並在期終編製整體性之損益表 (Income Statement) 及資產負債平衡表 (Balance Sheet)，供股東、稅捐機關及最高主管參考之用而已，對中、基層主管人員毫無助益，有時尚有極大妨礙，如使用資源及支用金錢之嚴格手續性控制，失去其絕大部分之作用潛力。此種以最終報表編製為目的之會計，俗稱「財務會計」(Financial Accounting)。

　　財務會計在今日（二十一世紀）的資訊科技時代裡，記帳、過帳、編製報表的繁重工作，已經被電腦及電腦軟體所取代。可是因新時代的公司籌資、融資來源移向社會大眾之「股權市場」(Equity Market or Capital Market)，公司經營績效表達之正確度、透明度遠比往昔重要，所以政府要求公證會計師 (Certified Public Accounting, CPA) 對股票上市上櫃公司的稽核查帳規定更嚴格，因而本身也更需要小心來處理財務會計的工作。一般財務會計準則 (General Accounting Standards) 的標準化工作，也成為世界性的共同要求。最近，很多國內及國際性上市公司發生資金掏空，而成為地雷股，危害社會大眾之事件，都來自公司本身財務會計作業異常化（受公司高階主管指使，違反會計處理規則，以少收入報多收入，以多虧損報少虧損等等）

以及公證會計師 (CPA) 失職，隱瞞作弊所致，涉嫌的公司主管及會計師，都遭受政府司法部的追究。美國恩龍 (Enron) 能源公司之掏空事件，導致世界最大公證會計師 (CPA) 事務所安德森 (Arthur Anderson) 關門就是最佳例子。

為了發揮會計之管理作用 (Managerial Applications)，於是有「成本會計」(Cost Accounting) 出現，作為控制各種成本之工具，其貢獻比財務會計為大。但是後來又發現，許多決策並不完全可用單一目的性之成本名稱所能涵蓋，所以「管理會計」(Managerial Accounting) 又應運而生，把會計紀錄之資料，依多種不同之目的別而重新分類，並及時送給各層主管人員參考應用，改進他們的決策品質。麥肯錫為此方面之先導，其《管理會計》(*Managerial Accounting*) 遠在 1924 年即出版，至 1960 年美國哈佛教授安松尼 (Robert Anthony) 臻於成熟。安松尼教授曾幫助其 MBA 時代之同學麥克馬拉 (McNamara) 擔任美國甘迺迪總統時代國防部副部長（麥為部長），創立 PPB 制度 (Planning-Programming-Budgeting System)，為甘迺迪總統 (John Kennedy) 管理龐大之國防花費，成為歷史佳話。

我們可以把傳統之「財務會計」視為「對外」之整體企業活動及財產情況之報告工具，把「成本會計」視為「對內」控制各製程 (Process) 或各批量 (Batch) 成本之工具，把「管理會計」視為對內協助各責任中心負責人完成目標之自我控制工具。管理會計以管理決策為中心，已成為企管學生重要課程之一。將會計用於「計劃」步驟，則稱「預算」(Budgeting)，將會計用於「執行」步驟，則稱「簿記及報表」(Bookkeeping and Reporting)，將會計用於「控制」步驟，則稱「標準成本」(Standard Costing) 或「比率分析」(Ratio Analysis) 或「責任會計」(Responsibility Accounting)。

三、數學及統計學之應用 (Mathematics and Statistics)

數字資料 (Numerical Data) 在管理上之應用歷史已甚久遠，但近世來重大決策過程所應用的數字，則越來越具有「數學」(Mathematics) 及「統計」(Statistics) 之性質，在數學方面的發展已被稱為「作業研究」(Operations Research) 或狹義之「管理科學」。在其他學科方面的數量應用發展，則有「計量經濟學」(Econometrics)、「計量心理學」(Psychometrics)、「計量社會學」(Sociometrics)、「計量生物學」(Biometrics)。在統計方面的發展則為「抽樣理論」(Sampling Theory)、「機率理論」(Probability Theory) 及模擬理論 (Simulation Theory) 等等。

人們總是有一種偏好趨勢，希望用數量形式 (Quantitative Form)，把自己所學習的相關東西一般化 (Generalization)，所以不是求助於數學方程 (Mathematical Formula)，就是求助於統計推論 (Statistical Inference)。事實上，數學與統計兩者彼此互相關聯，因為前者若無後者之觀察性支援，也難以證明其為真理。當然，至今尚有許多先賢所設定之假設理論，無統計性之證明，也不失其為人類智慧結晶之價值。

雖然在管理領域裡，在傳統及未來相當長之時間上，絕大部分的決策基礎都是「非數量」性 (Nonquantitative)，但是學者及有心人士，卻不可輕視數量方法對思考品質之改善貢獻。本節將不詳細介紹各種數量方法的細節，但其發源之介紹則有參考之必要。

在 1944 年，紐門及莫吉斯坦 (John von Neuman and Oscar Morgenstern) 合著《競賽理論及經濟行為》(*Theory of Games and Economic Behavior*)，首次詳細將企業及經濟行為用數學公式予以說明，以後威廉 (John D. Williams) 在 1954 年著《完整策略家》(*The Complete Strategist*) 及麥肯錫在 1953 年著《競賽理論導論》(*Introduction to the Theory of Games*) 皆是繼續紐門及莫吉斯坦之後的大著。

在 1957 年，邱池門、亞可夫及安諾夫 (C. W. Churchman, R. L. Ackoff, and E. L. Arnoff) 等三人合著《作業研究導論》(*Introduction to Operations Research*)，正式建立作業研究之大名。在 1957 年，波門及費托 (E. H. Bowman and R. B. Fetter) 二人合著《生產管理之分析》(*Analysis for Production Management*) 及 1959 年沙鮮尼、耶斯本及費立門 (M. Sasieni, A. Yaspan, and L. Friedman) 三人合著《作業研究之方法與問題》(*Operations Research: Methods and Problems*)，把作業研究的範圍擴大到不同的範疇。

在數學方法內之首要工具要數「線型規劃」(Linear Programming)，其重要著作要數 1953 年柯波與韓德生 (W. W. Cooper and A. Handerson) 合著之《線型規劃導論》(*An Introduction to Linear Programming*)，及 1951 年庫波門 (Tjallirg Koopmans) 所編之《生產及分配之活動分析》(*Activity Analysis of Production and Allocation*)。另外 1958 年多夫門等 (Ro Dorfman, P. Samnelson, and R. Solow) 所著之《線型規劃與經濟分析》(*Linear Programming and Economic Analysis*)，及開米立等 (J. G. Kemeny, J. L. Snell, and G. L. Thompson) 所著之《有限數學導論》(*Introduction to Finite Mathematics*) 也是很有名的代表作。

統計方法之首要工具為機率。在 1959 年史賴福 (Robert Schlaifer) 所著之《企業決策之統計及機率》(*Probability and Statistics for Business Decisions*)，是此方面的早期名著。在 1953 年布魯斯 (Irwin Bross) 所著《決策之設計》(*Design for Decision*) 亦是很有名。

　　在統計應用方面，要以品質管制及工作抽樣為主要。在 1952 年葛列特 (Eugene L. Grant) 之《統計品管》二版 (*Statistical Quality Control*, 2nd ed.)，及 1959 年杜肯 (A. J. Duncan) 之《品管及工業統計》修訂版 (*Quality Control and Industrial Statistics*, Rev. ed.) 都是名著，其根源的先鋒作者則可追溯到 1931 年貝爾電話研究院 (Bell Telephone Laboratories) 薛華特 (Walter A. Shcwhart) 之《製造物之品質經濟管制》(*The Economic Control of Quality of Manufactured Products*)。統計在工作抽樣之應用名著，則數波恩 (Ralph M. Barnes) 之《工作抽樣》二版 (*Work Sampling*, 2nd ed.) 及 1960 年漢生 (Bertrand Hansen) 之《現代管理之工作抽樣》(*Work Sampling for Modern Management*)。

　　數學所處理的前提常為「穩定」(Certainty) 情況下之決策問題，而統計學所處理的常為「不穩定」(Uncertainty) 情況下之決策問題，所以今日學者把決策理論 (Decision Theory) 融入決策過程 (Decision-Making Process) 中，見第二節。把決策時所面臨之大環境分為「穩定情況」、「風險情況」及「不穩定情況」三種。穩定情況 (Certainty) 及風險情況 (Risk) 下決定標準 (Decision Criterion) 都以最大「期望值」(Expected Value) 之策略為準。而不穩定情況 (Uncertainty) 下之決策標準則有所謂樂觀派之「最大中之最大報償」(Maximax) 法則，由赫維滋 (Hurwciz) 所主張；亦有悲觀派之「最小中之最大報償」法則，由華德 (Wald) 所主張；亦有悲觀派之「最大中之最小懊悔」法則，由謝維吉 (Savage) 所主張；亦有平分秋色之「理智」(Rationality) 法則，由賴帕拉斯 (Lapalace) 所主張。

四、系統分析與電子資料處理 (Systems Analysis and EDP)

　　系統 (Systems) 觀念首見保定 (Boulding) 教授在 1950 年代初期之「一般系統理論」(General Systems Theory)，而後產生系統哲學 (Systems Philosophy)，系統管理 (Systems Management)，系統分析 (Systems Analysis) 等等名詞。在 1960 年麥克馬拉 (McNamara) 當上美國國防部長時，正式引用系統分析觀念到國防計劃與控制活動上，使系統分析正式奠定地位，成為今日重大投資決策及企劃工作的重要工具。

　　系統分析本身不是固定的「產品」，而是觀念性之分析與計劃決策之方法論 (Methodology)，它強調「整體」(Wholeness)，而非局部或零件；強調邏輯「關係」(Relationship)，而非因素本身之孤立；及強調「目標」(Objective)，而非手續本身。它特別指科學性之決策分析步驟 (Procedure)（見第二節）及數量性模型或公式 (Model or Formula)，講求「治本」（而非「治標」），對人腦智力 (Mental Power) 之訓

練有助益。

　　電子資料處理 (Electronic Data Processing, EDP) 與電子計算機或電腦 (Computer) 之關係密切。自 1950 年代電腦正式商用化之後，每年以快速之腳步，踏入人類決策用腦之領域，專門在資料之輸入 (Input)、記憶 (Memory)、處理 (Processing)、檢索 (Retrival)、輸出 (Output) 等功能上，協助人類處理資料龐大性質複雜之決策問題。至今，大電腦，中電腦，小電腦，個人電腦 (PC)，筆記型電腦 (NB)，平板電腦 (Tablet PC) 微處理機之替代發展及降價，軟體程式設計之日新月異，以及電腦、電訊（有線及無線）之連接，已促使人們盡量使用數量方法及大系統分析之作業，並提供多種情況假設及機率分配之模擬 (Simulation) 的器具。若無快速之電子資料處理技術及網際網路 (Internet) 之出現，其他許多新式的管理技巧不會逐漸廣泛被採用。

　　從 1975 年開始，微軟公司與 IBM 公司之個人電腦聯合 MS-DOS 軟體改進，使辦公室自動化及工廠管理自動化進展神速，再加上資訊科技及電子、電腦軟硬體科學之進步，使企業的採購、銷售、及公司內部管理之電腦化達到 "SCM-ERP-CRM" 三者掛鉤合一之境界。

第六節　企業功能與管理功能 (Business Functions and Management Functions)

一、完整「企業功能」體系之建立 (Complete Business Functions System)

　　從早期科學管理諸賢創立比較系統性之理論以來，經中期「人群關係」之激盪，以至近期之百家爭鳴為止，在人們腦內總是存在著一個陰影，即企業經營之成功要訣在於提高員工的勞動生產力 (Labor Productivity) , 所以一切管理理論及技巧，都以「工廠」(Factory) 內之生產管理為主要對象，包括動作時間研究、品質管制、生產管制、物料管制、獎工制度、工廠布置、物料搬運、領導統御術、投資決策、作業研究、機率、成本會計等等。所以當時所稱之「工業管理」或「產業管理」(Industrial Management) 實際上就是「工廠管理」或「生產管理」(Factory or Production Management)。換言之，當時人們所稱之「企業機能」是以「生產」(Production) 工作為主，至於其他機能如銷售、財務、會計、人事、技術研究等等皆是附屬性之工作，不必講求系統性之管理，正如在工業革命以前，人們皆認為生產工作沒有什麼了不起，

只要有人力就可以了，不必講求科學管理一樣的天真。

到了第二次世界大戰後（1940～1944 年），世界各國企業大為繁榮，規模擴大，延伸全球各地，競爭劇烈，人們慾望及需求亦層出不窮，所以往昔認為只要把生產工作管好，提高勞動生產力，就能大賺其錢的天真簡單想法，遂告破滅。「利潤」生產力觀念替代「勞動」生產力觀念，把企業經營成功的要訣從「生產」功能之健全，擴大到「行銷」、「研究發展」、「人事」、「財務」、「會計」等功能之健全，終於建立完整之企業五功能之完整體系，把現代管理的觀念 (Concepts)、原則 (Principles)、技巧 (Techniques) 一同應用到各個功能部門去，形成「高階管理」(Top Management)、「行銷管理」(Marketing Management)、「生產管理」(Production Management)、「財務會計管理」(Financial-Accounting Management)、「人事管理」(Personal Management)、「研究發展管理」(Research and Development Management) 之整體系統，如圖 8-4 所示。在部門管理法中之順序，「行銷」應居首，「生產」（含採購）居次，「研究發展」居三、「人事」（含總務）居四、「財務」（含會計）居五，方能構成良好關係之企業系統 (Business Systems)，此乃為「行銷導向」(Marketing Orientation) 之經營哲學 (Management Philosophy) 之應用。

圖 8-4 現代管理應該運用之企業功能部門

目前我們許多企業或非企業機構，包括公營事業、行政機構、社會機構及民營企業，尚未能以完整之「企業五功能」來替代「生產」、「財務」或「人事」之單一功能觀念，為經營績效不彰，或困境累累之根因。從 1960 年代開始，以「行銷」為五功能系統之首者，並將之做好，就可確保成功之一半。反之，不把行銷當作第一

功能者，就等於失敗的一半。

時至二十一世紀之開始，美國先進企業已進化到只把握「行銷」及「技術研發設計」功能，而把「生產」功能委託外面，甚至國外去生產的「虛擬生產組織」(Virtual Production Organization) 型態。臺灣很多高科技電子電腦廠家，就是接受別人委託生產之 OEM (Original Equipment Manufacturer), DEM (Design-Engineering Manufacturer), ODM (Original Design Manufacturer) 訂單的殖民或半殖民公司。

二、完整「管理功能」體系之建立 (Complete Management Systems)

「企業功能」所談的都是屬於專業性技能工作，亦是吾人通常所稱之「做事」，在原則上皆由有專長 (Special Skills) 之人員所從事。但是在規模較大之機構，各個從事專業性技術工作的人員，則須有上級人員來從事計劃、組織、用人、指導、及控制之統合功能，此乃吾人所稱之「管人」(Managing People) 工作。此種橫切面 (Cross-Sectional) 之統合功能就是「管理」功能 (Management Functions)。

與上述「企業功能」由傳統之「生產」單一工作演進到「行銷、生產、研究發展、人事、財會」五工作之情況相似，在近期思想裡，管理功能亦由傳統之單一「執行」(Do)，即通稱之「幹了再說」，演進到「計劃、執行、考核」之「行政三聯制」，或「計劃、組織、用人、指導、控制」之管理五功能之完整體系。

目前稍有管理知識的人們皆知「謀定而後動」（意指計謀設定後再執行），「好的開始是成功的一半」（意指計劃周全完好之後再開始執行，等於確保一半成功的機會）。但是老朽的人，卻往往崇信「幹了再說」（盲動）、「行而不知」（做錯或做對，皆無所知）、「不知而行」（沒有計劃就先幹）、「不計成本」（不知投入成本與產出效益關係）。所以兩者相比，優劣立判。那些自認具有專業技能，而實際上毫無管理才能的人，往往是不計劃就先盲幹的人，結果常造成「幹時轟轟烈烈」，但「幹後虎頭蛇尾」、「績效太差」。

管理知識在近期之發展已是突破往昔只重視「執行」，不重視事前「計劃」與事後「控制」之狹窄觀念，而構成三者完整一體的「管理程序」(Management Process)、或稱「管理功能」、或稱「管理循環」(Management Cycle)、或稱「管理系統」(Management Systems)。

關於完整管理功能或管理程序之組成內容，各家說法不一，以下列出十位早期開山祖師級管理專家及本人的主張，供讀者參考。

(1)費堯 (Henri Fayol) 的管理程序（五步）：

計劃 (Planning)

組織 (Organizing)

指揮 (Commanding)

協調 (Coordinating)

控制 (Controlling)

(2)亞伯斯 (Henry H. Albers) 的管理程序（四步）：

計劃 (Planning)

組織 (Organizing)

指導 (Directing)

控制 (Controlling)

(3)戴耳 (Ernest Dale) 的管理程序（七步）：

計劃 (Planning)

組織 (Organizing)

用人 (Staffing)

指導 (Directing)

控制 (Controlling)

創新 (Innovation)

代表 (Representing)

(4)海曼 (Theo Haimann) 及史格特 (William G. Scott) 之管理程序（五步）：

計劃 (Planning)

組織 (Organizing)

用人 (Staffing)

影響 (Influencing)

控制 (Controlling)

(5)希克斯 (Herbert G. Hicks) 之管理程序（六步）：

計劃 (Planning)

創造 (Creating)

組織 (Organizing)

激勵 (Motivating)

溝通 (Communicating)

控制 (Controlling)

⑹孔茲 (Harold Kootz) 及歐登列耳 (Cgril O'Donnell) 之管理程序（五步）：

計劃 (Planning)

組織 (Organizing)

用人 (Staffing)

指導 (Directing)

控制 (Controlling)

⑺紐曼 (W. H. Newman)、沙莫 (C. E. Summer)、及華倫 (E. K. Warren) 之管理程序（四步）：

計劃 (Planning)

組織 (Organizing)

領導 (Leading)

控制 (Controlling)

⑻西斯克 (Henry L. Sisk) 之管理程序（四步）：

計劃 (Planning)

組織 (Organizing)

領導 (Leading)

控制 (Controlling)

⑼泰利 (George Terry) 之管理程序（四步）：

計劃 (Planning)

組織 (Organizing)

執行 (Actuating)

控制 (Controlling)

⑽佛區 (Dan Voich, Jr.) 及倫恩 (D. A. Wren) 之管理過程（三步）：

計劃 (Planning)

組織 (Organizing)

控制 (Controlling)

⑾陳定國 (Ting-Ko Chen) 之管理程序（五步×三因素）：

管理五功能　　　　　　共同三因素

計劃 (Planning)
組織 (Organizing)
用人 (Staffing)　　×　決策 (Decision-Making)
指導 (Directing)　　　協調 (Coordinating)
控制 (Controlling)　　資源運用 (Resource Utilizing)

三、管理功能與企業功能之交合

　　管理功能是任何階級之主管人員，用來激勵部屬潛力，凝結部屬力量，以完成工作目標之手段，屬於「管人」方面。企業功能是任何機構謀求存在及成長之必要器官，屬於「做事」方面。兩者相交合，構成「企業」「管理」之完整體系，如下所示，亦即今日所稱廣義「管理科學」(Broad Management Science) 之範疇：

管理五功能 (Management 5 Functions)	×	共同三因素 （決策、協調、 資源運用）	×	企業五功能 (Business 5 Functions)	=	完整企業管理體系 (Complete Business Management Systems)

　　事業上，企業的「做事」活動很多，不同行業，不同內容，雖千變萬化，如同中國古典小說《西遊記》中之孫悟空千變萬化、心猿意馬，終究被釋迦牟尼之「五指山」所制服，所以我們也可引用「行銷」、「生產」、「研究發展」、「人事」、「財會」為涵蓋繁雜企業活動的「企業五指山」。相同的，管理的「管人」活動也是很多、很錯綜複雜，我們也可用釋迦牟尼的另一個「管理五指山」（計劃、組織、用人、指導、控制）來涵蓋。當「管理五指山」與「企業五指山」相交叉；就形成「雙重五指山」所形的「管理科學矩陣」，見第一章圖1–5。此廣義企業管理科學的雙重五指山矩陣圖，是用來涵蓋中外古今管理思想的概念模式 (Conceptual Model)。未來的企業將帥的芸芸學子謹記此一模式，就可掌握企業管理精華要義。這個「管理矩陣」由簡化的「十字訣」所形成：「銷、產、發、人、財；計、組、用、指、控。」把這十個口訣念熟，並記在心中，就如同一張企業醫師的診斷表 (Check List)。

第九章 策略管理時代的新觀念新作法
(New Concepts in Strategic Management Era)

管理思想從「科學管理」的機械化，到「人群關係」的人性化，到「決策行為」(Decision Behavior) 的內心化進展，出現百家爭鳴、百花齊放的豐富文獻，為今日中小企業奠定了有效管理的基礎，尤其以廣義管理科學的「雙重五指山」所構成的企業管理矩陣圖為「銷、產、發、人、財」及「計、組、用、指、控」抽象的總括模式，供初學者方便記憶。

但是在第二次世界大戰（1939～1945 年）之後，美國企業從美國國內高度生產力境界，開始紛紛向國外投資發展。使企業管理的範疇從一個公司的總經理，到各部門經理，到各廠廠長，各課課長，各班班長，各員工的操作「技術」，擴張到多國性公司、跨國性公司，及全球化公司集團的經營管理「戰略技巧」層面。把以往一個單公司內部管理（指銷、產、發、人、財、計、組、用、指、控）當作「定數」(Constant)，把高層主管的精神移注到多行業多公司，跨國公司，世界公司的大策略變數 (Variable) 上，許多新管理思想也因新環境之變化而產生。

第一節　各時代新策略思想的波濤萬丈

有效經營管理的最終目標是兩個：第一、顧客滿意 (Customer Satisfaction)，第二、合理利潤 (Reasonable Profit)。在這兩個目標中，又有相互關係，若無「顧客滿意」存在，終究也不可能有「合理利潤」的出現。若無「合理利潤」的存在，就不會保有良好員工及良好薪酬待遇，也不會有高士氣，不會有高生產力，不會有研究發展及創新，不會有強的競爭能力，不會有大的市場佔有率等等。所以從古到今，各種各樣新策略思想及技術，都是為應付不同環境的挑戰，用來提高經營目標的手段，所謂「手段雖異，目標不變」；「外相萬千，本性則一」；「諸法皆空，如如不動」等等說辭就是此種現象。本節將分段舉例不同時代背景下的實用策略思想。

■ 一、科學管理與人群關係時代之新策略思想 (Strategies in Scientific Management and Human Relations)

在 1901 至 1932 年科學管理及人群關係時代有四大戰略性思想出現：

⑴工作方法之「動作時間研究」及工廠生產「機械化」(Frederick Taylor, "Scientific Management," *Time and Motion Study and Mechanization*, 1972)，以快速提高工人及工廠之生產力。

⑵中央管理的「分權思想」，對付產品多角化事業部之組織發展 (Dupont, *Decentralization*, 1924 To copy with Multiple Division Structure on Product Diversification)，以提高大公司之生產力。

⑶讓中低層員工「參與式管理」思想，以提高決策品質及執行親切感。(Mary Porker, *Participatory Management*, 1907)

⑷「人群關係」思想，強調員工小團體之互動、支援、諮詢及訓練，以提高生產力及工作樂趣。(Elton Mayo, *Human Relations*, 1930)

■ 二、第二次世界大戰時代之新策略思想 (Strategies in World War II)

美國企業在經濟大蕭條至第二次世界大戰結束期間（1932～1945 年），也有四大戰略性思想出現。

第一、「大型公司之現代化及私有財產之中階級化」，使公司的傳統老舊股東逐漸失去對新式經理人員的控制力量，因專業經理人員 (Professional Manager) 階級之出現，掌握公司的日常經營管理，走上正派途徑。(Berle and Means, *The Modern Corporation and Private Property*, 1933)

第二、「公司高階主管的功能」不是暴君式之強壓剝削，而是和諧合作與協調，才能真正發揮領導部屬之能力。(Chester Barnards, *The Functions of Executive*, 1938)

第三、有系統的分析「人類慾望層次」，深入解析人類不可猜測的行為，建立行為科學理念，協助科學管理之運作，更進一步提高員工生產力。(Abraham Maslow, *Hierarchy Of Needs*, 1942)

第四、瞭解「行政機構之管理行為」，有系統地解析人類決策行為步驟及決策前提之客觀性與主觀性的區分，催使對事不對人理智決策科學，大大提高管理決策品質。(Herbert Simon, *Administrative Behavior in Organization*, 1947)

三、行銷與多角化的策略管理思想 (Marketing and Diversification Strategies)

時代走入 1946～1960 年，美國企業也走入高度成長及高度信心 (Growth and Confidence) 年華，「行銷」功能正式發揮，公司成長進入「多角化」綜合集團 (Diversification and Conglomeration) 途徑。

第一、「廣告應花多少錢」才夠力度被正式提出討論。(Joel Dean, "How Much to Spend on Advertising," *Harvard Business Review* (*HBR*), January-February, 1951)

第二、「財務投資應作分散處理」的思想，使公司正視分散風險的必要性。(Harry Markowitz, *Portfolio Analysis*, 1949)

第三、利用心理學，來瞭解及改進員工意見溝通的「障礙與大門」。(Rogers and Roethlisberger, "Barriers and Gateways of Communication", *HBR*, July-August, 1952)

第四、重視「目標管理的實踐」比搞社會關係，比搞政治關係更重要。(Peter Drucker, *The Practice Of Management*, 1954)

第五、採取產品「多角化」的「綜合企業集團」模式，可以維持企業的穩定成長。(Royal Little, "Conglomeration," 1952)

第六、公司「有效高級管理者的技能」是來自訓練，不是來自天生的人格特性。(Robert Katz, "Skills of an Effective Administrator," *HBR*, January-February, 1955)

第七、公司最高主管若把公司經營的產品功能範圍界定得太狹隘，一定會犯上「行銷短視病」，把公司引導到碰壁的惡運。(Theodor Levitt, "Market Myopia," *HBR*, July-August, 1960)

第八、「管理教育」應該走向實用性，普遍性及永續學習性。(Carnegie and Ford Foundations, *Management Education*, 1960)

四、社會大變遷中組織結構必須跟隨經營戰略變動而變動之策略思想 (Social Changes and Strategy Changes)

時代走入 1960～1972 年，美國人權主義高漲，社會暴動不安，年輕人熱中新價值新運動，企業利潤下降，外匯開放浮動，新的企業策略思想隨之產生：

第一、軟性管理的「Y 理論」「性善說」思想出現，補正硬性管理的「X 理論」「性惡說」。(Douglas McGregor, *The Human Side of Enterprises*, 1960)

第二、企業組織「結構」(Structure) 跟隨經營「戰略」(Strategy) 的變化，不可

僵固組織及人事，使好的戰略無法執行。(Alfred Chandler, *Strategy and Structure*, 1962)

第三、公司的行為如同個人的行為一樣，是屬於有機體的開放系統 (Open-System) 作用，應避免內部衝突，也必須兼顧本身利益及社會利益，股東利益及員工利益，公司利益與顧客利益間之平衡調整發展。(Cyert and March, *A Behavioral Theory of the Firm*, 1964)

第四、企業經營在「高階決策」的影響力遠大於在「低階決策」的影響力，所謂「差之毫釐，失之千里」，所以每一位經營者，必須重視「戰略」之優劣重要性大於「戰術」之優劣重要性之觀念。因之高階主管首先應把時間及精力放在戰略計劃及決策方面。(Kenneth Andrew, *The Concept of Corporate Strategy*, 1965)

第五、鼓勵員工應該從員工滿意 (Employee Satisfaction) 的根本著手，而不是光在表面上做「敏感性訓練」(Sensitivity Training)。重視員工生涯利益，用「一忙除三害」方法，提高員工士氣，並區分好員工與壞員工。(Frederick Herzberg, "One More Time: How Do You Motivate Employees," *HBR*, 1968)

第六、企業組織「結構」必須跟隨經營「戰略」而改變，尤有進之，公司的經營「戰略」也必須跟隨大「環境」的變化而改變。因之「環境」影響「戰略」，再影響「組織」之 ESS 思想成為高階管理的定律。(Lawrence and Lorsch, *The Organization and the Environment*, 1969)

第七、公司的經理人員不可以太依賴直覺判斷 (Intuition) 及個人間利害接觸關係，而應走向「專業經理人員」(Professional Managers) 之道。(Henry Mintzbery, "The Manger's Job," *HBR*, 1975)

五、劇烈競爭之挑戰及公司重組 (Competitive Challenge and Restructuring) 之策略思想

世界經濟在 1972 年，由於日本公司生產力及品質之提高大量出口，挑戰歐美市場，尤其美國企業遭受日本公司的劇烈競爭，紛紛採取公司重整改造 (Restructuring) 工程，並向日本學習提高生產力之道，在美國企業興起下列策略思想：

第一、公司的經理人是社會大眾股東的代理人 (Agency)，經理人的利益和股東雖不完全一致，但應優先以提高公司股票之市場價值，有利於大眾股票為要。(Jensen and Meckling, *Agency Theory*, 1972)

第二、公司的層級式組織 (Hierarchies) 會影響婦女的晉升，理應避免並補救之。

(Rosabeth Moss Kanter, *Man and Woman of the Corporation*, 1977)

　　第三、員工的心理障礙會影響員工對學習及應付變革的雙重學習效應，所以應特別注意消除障礙。(Chris Argyris, "Double-Loop Learning in Organization," *HBR*, 1977)

　　第四、大公司的組織氣氛，常會抑壓具有創新性力量的領袖人物 (Leaders)，反而鼓勵保守性的經理人 (Managers)，這也是很危險的現象，必須設法避免。(Abraham Zaleznik, "Managers And Leaders", *HBR*, 1997)

　　第五、應該先評審公司所面臨之（五種）競爭壓力，然後再設定公司的經營戰略。(Michael Porter, "How Competitive Forces Sharp Strategy," *HBR*, 1979)

　　第六、美國經濟不景氣，是由於政府政策脫離作業事實情況及錯誤的投資策略所導致。(Hages and Abernothy, "Managing Our Way to Economic Decline", *HBR*, 1980)

　　第七、重視客戶，重視品質，重視員工，重視研發創新，重視財務健全，重視社會責任，是「追求卓越」之公司的特色。(Peters and Waterman, *In Search of Excellence*, 1982)

　　第八、美國企業在世界市場上輸給日本企業的主要原因是輸在「生產線上的品質」。(David Garvin, "Quality on the Line," *HBR*, 1980)

　　第九、美國企業要能爭回競爭優勢，必須在「成本領袖」，「產品差異」，及「市場焦點」三方面大下苦功夫。(Michael Porter, *Competitive Advantage*, 1985)

　　第十、傳統會計方法，只記錄保守性的有形活動，但不記載「相關」(Relevance) 但無形的「經濟活動」(Economic Activities)，所以對經理人員已失去決策的參考作用。(Johnson and Kaplan, *Relevance Lost*, 1987)

　　第十一、女性經理及當母親的女性工作者，對企業已形成重要的工作團隊，不可歧視及輕視。(Felice Schwartz, "Management Woman and the New Facts of Life," *HBR*, 1989)

六、全球化及知識經濟時代 (Globalization Knowledge) 策略思想

　　從 1987 年至今（二十一世紀開始），經濟活動因政府法規鬆綁 (Deregulation) 而呈現自由化 (Liberalization)，企業由跨越國界限制 (Borderless) 及通訊時間限制 (Cyberization)，到世界各地投資經營，而呈現全球化，競爭變成處處常態，知識變成每日餐點，企業經營也興起不少新策略思想：

　　第一、無組織無秩序之企業 (Disorganized Business, DB) 必須走入「總體品質管

理」(Total Quality Management, TQM) 階段，才能免於被淘汰，然後再走入「永續學習」(Continuous Learning, CL) 階段，才能保持在主流 (Mainstream) 之內；然後再走入「世界名流」(World Class, WC) 階段，才能領先群倫。(Peter Senge, *The Fifth Discipline*, 1990)

第二、公司必須集中精力在「核心競爭力」的事業產品，並進行一系列創新再創新 (A Series of Innovation)，使別人無法抄襲或抄不勝抄，才是致勝之道。換言之，產品種類不可以貪多神散，備多力分，失去核心焦點。(Prahala and Hamel, "The Core Competence of the Corporation," *HBR*, 1990)

第三、在衡量公司業績表現，不可只用財務指標來記分，而致失衡；應該要把財務及營造相關（銷、產、發、人、財、會、資、採）之指標納入，作平衡記分 (Balance Scoring)，才是正確。(Kaplan and Norton, "The Balance Score Card," *HBR*, 1992)

第四、實行「中央均權，地方分權」的聯邦主義方式來管理大企業集團，讓部屬有較大的自主權，但又不超出預定界限，並能快速回饋業績報告。(Charles Handy, "Balancing Corporate Power," *HBR*, 1992)

第五、公司若要「長命」(Longevity)，就應設定長遠寬廣的「願景」及「目標」(Vision and Goals)。(Collins and Porras, "Built to Last", 1994)

第六、時代進入二十一世紀，「新的管理典範」(New Management Paradigm) 已出現，應修正過去二十世紀一百多年來的七個管理假設 (Assumptions) 及其衍生的管理原理原則。譬如「正確」的組織結構只有一個的假設要改，事實上，必須因時、因地、因人、因事、因物而改變理想結構方式；譬如「管理」只應用於「營利事業」(Profit-Seeking Organization) 的假設也要改，事實上，「管理」也可以應用於「非營利事業」(Nonprofit Organization, NPO)；譬如「管部下」的方法只有一個的假設也要改，事實上，不同的下屬，要用不同的方法來對待，尤其對「知識員工」(Knowledge Worker) 更要如同「同伴」來對待；譬如「隔行如隔山」，各行業各有自己的技術、市場、終端顧客的假設也要改，事實上，技術無行界，同行競爭，異行也競爭，非客戶也是潛力客戶；譬如「管理者只管自家公司員工及資產」的假設也要改，事實上，協力廠，供應商，合夥者雖不是自家公司所擁有，但也應該去密切關心它們，因它們影響我們整個營運過程；又如「總經理以管理自家公司內部營運為主」的假設也要改，事實上，總經理也要有企業家精神 (Entrepreneurship)，從事與外界資源相關之「創新、利用、改善、及廢棄」等冒險性工作，同時重視行銷也比重視生產為優先，資訊技術也應重視提供外部新資訊情報內容為重，而非只用更快速技術設

備來加工內部舊資料而已。最後，譬如「一國界以內就是經營企業的生態環境」的假設也要改，事實上，企業經營已無國界限制，企業組織應依產品行銷之需要，做全球布局，不受一國界之限制。(Peter Drucker, *New Management Paradigms*, Forbes, October 5, 1998; and Peter Drucker, *Management Challenge for the 21st Century*, 2000)

第七、二十一世紀的企業經營正如要走入「一個不可見的新大陸」(An Invisible Continent) 一樣，這個新的「新大陸」有四大成功因素，⑴正派經營一個「堅實經濟體」，包括 (Real Economy)，傳統或新科技事業，當作「老虎」；⑵利用無國界概念，走入全球市場 (Borderless)，⑶利用快速無時界之網際網路資訊科技 (Cyber)；及⑷尋找低投入成本高倍數產生效益的產品行業來投資 (Multiple)，當作老虎的「新翅膀」（即超越時空之翅膀，及倍數效益的翅膀），以「如虎添翼」之姿態，走入二十一世紀 WTO 的新「新大陸」。（大前研一 (Kenidu Ohame)，*An Invisible Continent*，2001）

第八、「二十一世紀變無窮，優勝劣敗看創新」。（陳定國，上海《遠見》及臺灣《管理》，雜誌 2002）

七、「二十一世紀變無窮，優勝劣敗看創新」——新時代正派專業經理人的觀察力

二十世紀初期，美國採用泰勒的「科學管理」，透過工作方法科學，人才訓練科學，人機配合科學及操作—管理分工科學提高生產力，分享給勞動者及資本者，國力空前強大，贏得第一次（1914～1918 年）及第二次（1939～1945 年）世界大戰，企業經營實力延伸全球。在 1965 年後的二十年，日本急起直追，提高品質，提高生產力，氣燄壓過美國，出口貿易稱霸世界。但在 1985 年後，美國利用多變化的世界經濟社會環境，走向虛擬化的知識創新之經濟隧道，又遙遙領先世界各國。

二十一世紀開始，世界貿易組織 WTO 接受中國大陸及寶島臺灣成為第 143 及 144 個會員，使傳統小池塘的經濟融入新的世界大湖海經濟，我們這些以企業有效經營為手段，來達致民富國強為目標的專業經理人員，應該首先「審時度勢」，然後再「經權致用」，迎戰 WTO 全球市場。

二十一世紀的世界總體大環境必是變動不居，會繼續二十世紀末期的趨勢，朝向以下「三十六化」發展，誰能審其時、度其勢，並萌芽未動，搶盡創新先機者，就是優勝者，否則就是劣敗者。

　⑴經濟自由化，企業全球化，競爭劇烈化。

　⑵創新快速化，產品短命化，顧客國王化。

⑶科技高級化，應用廣泛化，高品低價化。

⑷工人知識化，上司同伴化，辦公家庭化。

⑸知識電腦化，買賣網路化，通訊對面化。

⑹環境保護化，社區鄉村化，鄉村都市化。

⑺壽命延長化，人口高齡化，退休就業化。

⑻食品健康化，醫療家庭化，運動休閒化。

⑼社會責任化，義工慈善化，福利政治化。

⑽財富平民化，理財股票化，金錢虛體化。

⑾民權高漲化，神權淡忘化，政權變動化。

⑿婚姻淡薄化，子孫平等化，養老自助化。

第二節　偉大企業家的經營策略

在二十世紀這一百年中，世界經濟舞臺由美國、英國、德國、法國、日本等企業所包辦。中國大陸自滿清政府後半朝代一百多年腐敗所拖累，在二十世紀的經濟發展上，沒有什麼值得稱許的地方；寶島臺灣自 1949 年國民黨政府轉進駐佔之後，一切經濟企業學習美、日、歐，國民平均所得自 200 美元提高為 2003 年之 13,000 美元，但因格局狹小，中小企業為多，除王永慶、蔡萬霖、郭台銘、張忠謀、施振榮、曹興誠等等先生較為有名外，難以產生著名的世界級大企業家，所以本節所列舉數名偉大企業家經營策略皆為歐、美、日之流。

影響二十世紀人類生活的大企業家以汽車業及電腦業為貢獻最大者，其次為石油化學業及電器業，再其次為金融業及鋼鐵業，而飲料、食品及零售業再為其次。汽車的發明提高人類移動性，電腦的運用提高工廠及辦公室自動化，石油化學提供新材料，電器使用提高人類享受水平，金融發展增強企業繁榮，鋼鐵支持公共建築，飲料快速食品及零售業的改善促進零售革命顛覆傳統。

一、汽車大王亨利・福特 (Henry Ford)

以偉大的創新精神，開創人類社會高度移動性的嶄新生活方式，以及創造了「薄利多銷」和「流水式生產線」(Stream Line) 經營方式，讓人類受用無窮。

亨利・福特 (Henry Ford) 於 1863 年出生於美國密西根州狄兒本 (Dear Born, Michigan) 的農場家庭。幼年就喜歡把玩機器，10 歲就開始拆卸鐘錶，17 歲時放棄學業到底特律市 (Detroit) 去追求機器夢，特別喜歡用蒸汽機改裝牽引的「自動馬車」。24 歲受聘於愛迪生照明 (Edison Lighting) 公司當機械師，二年後升為主任技師，業餘時間用於研究自己的「自動馬車」。1892 年美國本土的第一輛汽車由查理斯・杜倫先發明，更加強福特研究自己「自動馬車」的決心。

1899 年，福特終於研製出三輛汽車。同年「底特律汽車」(Detroit Motor) 公司成立，福特受聘為製造經理，辭去愛迪生照明公司工作。1900 年，「底特律汽車公司」倒閉。1901 年，福特在一批經銷商支持下，創立「福特汽車 (Ford Motor) 公司」。一年後，因福特花用精力在沒有商業價值的賽車上，公司又告倒閉。兩次創辦汽車公司的失敗，並未磨滅福特的堅強信念，他強烈的創新精神，支撐他百折不撓，勇往直前。

1903 年，福特在煤炭商馬爾科姆遜支持下，又創辦了「福特－馬爾科姆遜汽車公司」，登記股本 10 萬美元，現金股本 2.8 萬美元，兩人各佔 25%，另 50% 為小股東所有。同年後來，公司名稱改為「福特汽車公司」(Ford Motor Company)。此次福特取起前車失敗之鑑，把經營方針集中在市場所需之大眾化 (Popular) 汽車上，並設法聘請 12 名有豐富經驗之技工，果然成功；在 1904 年，福特公司生產 1,700 輛汽車。他繼續領導自己的技術部門，全力以赴，努力創新，參考別人汽車的優點，包括法國的雷諾 (Renault) 汽車在內。

1908 年，聞名世界的福特 T 型車 (Model T) 誕生，代表福特創新精神輝煌碩果，在 1998 年 4 月 13 日，美國《時代雜誌》(Time) 將其列為二十世紀文化科學領域十大企業事件之一。到 2003 年 6 月 16 日，美國福特汽車公司慶祝一百周年生日，由老福特的曾孫，比爾福特 (Bill Ford) 董事長主持慶祝會。

福特聘請詹姆斯・庫茲恩 (James Kontzne) 為行銷總經理，實行「薄利多銷」策略，把每輛車售價定在一般人買得起的 990 美元，銷售大增，以後一路大量降低，大量銷售。從 1908 年 990 美元，降到 1910 年 850 美元，而到 1925 年的 240 美元。

總銷售量到 1927 年 T 型車生產線關閉時，總共有 15,458,781 輛。在第一次世界大戰結束時 (1914 年)，福特汽車已經是世界各國最大的汽車廠商。生產速度曾是 10 秒鐘一輛汽車完成。

福特的大量生產是泰勒先生「科學管理」精神的應用。他在 1910 年把泰勒在美國鋼鐵業的流水線 (Stream Line) 生產原理，應用到新建的工廠，供工件如流水般往一臺機床流向另一臺機床。不僅零部件用輸送帶加工法，到了 1913 年，連整車裝配也用底盤流水線輸送裝配法。1914 年 1 月 14 日更進步到在全過程鏈式「總裝傳送帶」(Total Assembly Conveyor) 兩邊，安裝了移動式零部件供給線懸空式輔助傳送帶。進去的是零件，經過傳送帶的流動，流出來的是一輛一輛汽車，最快時只需 10 秒鐘（1925 年 10 月 30 日）就流出一輛汽車。從此流水式生產線 (Stream Production Line) 的「福特制」就成為世界各行各業生產工廠之典範生產方法。

福特採取「大量生產」，「薄利多銷」策略的同時，也大幅提高工資。在 1913 年 10 月，工人的最低每日工資是 2～4 美元，1914 年提高為 5 美元。他也實施工人每人「6 小時工作日」，「5 日工作週」的工人福利政策。這些「以人為本」的作法不僅使他獲得精銳的勞動大軍（1914 年他用 1.5 萬名員工生產美國汽車產量的 50%，另外 50% 由其他 300 家汽車廠用 6.6 萬名員工所生產），改善了勞資關係，同時也控制了工人，誘使工人拼命工作，賺錢來買低價的汽車，使福特公司更賺錢。

1919 年，福特買下其他股東的股本，使福特汽車公司成為福特家族的獨資企業。1927 年 5 月，T 型車被市場上通用汽車 (General Motors) 的日新月異的競爭新型車所淘汰而停產。1928 年 10 月 21 日，福特 A 型車問世，又恢復市場佔有率 34%。福特汽車最興盛時的市場佔有率曾達 70%。

在 1941 年，日本偷襲珍珠港，美國參與第二次世界大戰（1939～1945 年），福特年齡已經 77 歲，依然建廠製造 B-24 轟炸機 8,000 架，及坦克車，裝甲車，水陸兩用戰車，軍用卡車等等軍火產品。

福特的貢獻是偉大的「創新精神」，「人本主義」，「大量生產，大量降價，大量銷售」（即「薄利多銷」）以及發明「福特制」流水線生產方法。他的缺點是「生產導向」，「孤芳自賞」，及「剛愎自用」。老福特獨子愛迪舍·福特 (Edsel Ford) 於 1943 年經營高壓力下，鬱鬱寡歡而英年早逝，他本人於 1947 年 4 月 7 日去世，享年 84 歲。他的孫子亨利·福特二世 (Henry Ford, Jr.) 於 1945 年 9 月 30 日，從他爺爺手上，接下總經理職位，1947 年他爺爺去世後再兼董事長，延用麥克馬拉等英才，重振福特汽車公司的經營雄風。1979 年 10 月 1 日，62 歲的福特二世，因逼退艾可克，公

司業績下降，被迫辭去董事長職務，並於 1982 年正式退休。

2003 年 4 月份《財星》(Fortune)500 大企業排名榜上，福特汽車排列第四，銷售1,636億美元，虧損 4.8 億美元。比 2001 年之銷售1,806億元，利潤 35 億元之業績相差甚大，顯示市場競爭劇烈。

二、通用汽車 (General Motors)

通用汽車的杜蘭 (W. Durant) 和史隆 (A. Sloan) 以超級開山購併及行銷導向奇才，營造企業王國之王。

美國是世界的汽車王國,而汽車王國中之汽車大王福特並未能稱霸超過三十年。在 1927 年之後，美國的汽車霸主由通用汽車公司 (General Motors, GM) 接手，一直到 2003 年的今日。2003 年世界 500 大企業排行榜中，通用汽車排列第二（從 1956 到 1999 年的第一名，掉為第三名，落後於 Wal-Mart），銷售額為 1,867 億美元，淨利 17 億美元。從 1905 到 1927 年，通用汽車公司原先都落後於福特汽車，但是利用杜蘭 (W. Durant) 的開山始祖及史隆 (A. Sloan) 的中興之主的角色扮演，使通用汽車後來居上，一直領先福特汽車直到今日 (2003 年)。杜蘭為「創業天才」，史隆為「管理天才」。

1981 年，威廉·杜蘭 (William C. Durant) 出生於美國麻薩諸塞州波士頓市 (Boston, Massachusetts)，比亨利·福特早生三年。杜蘭 17 歲時失學，到處打工。1980 年代末期，他開設自己的馬車製造廠，生意興旺。但二十世紀伊始，美國城市開始出現小轎車（1899 年福特已經研製出三輛汽車了），威脅著馬車的未來生路。一葉落而知秋，1904 年，杜蘭果斷放棄那財源滾滾的馬車製造業，將自己 1,200 萬美元的全部儲蓄投資處於困境之中的別克汽車公司 (Buick Motor Company)。這些投資比福特第三度建公司的股本 10 萬美元大很多。

杜蘭是創業式天才，不甘於經營一家別克公司，於 1908 年秋季，經由參股、兼併、收購、聯營 (Joint-Venture, Merger, Acquisition, Alliance) 等方式，把別克 (Buick)、奧克蘭 (Auckland)、歐茲 (Oldsmobile)、凱迪拉克 (Cadillac) 四家大汽車製造公司，以及另外五家較小的汽車製造公司，三家卡車製造公司，十家汽車零配件公司，以及加拿大麥克拉夫林推銷公司，合併成通用汽車公司 (General Motors Company)。這時，福特汽車已經推出 T 型車 (Model T) 在大量銷售中。在 1917 年 10 月 13 日，杜蘭在德拉瓦州 (Delaware) 成立通用汽車股份有限公司，用調換股票方法，取得原通

用汽車公司的全部股權，於 1917 年 8 月解散原通用汽車公司。杜蘭從 1904 年創業，到 1908 年就成為足以與福特公司抗衡的領導地位。

杜蘭雖有創業的奇才，但不善於經營管理大型企業的組織結構及內部作業制度，仍然沿用傳統「作坊式」（指小工作坊，Workshop）隨意而為的落後管理方式，獨斷專行，不用專業經理團隊，經營業績不振，債臺高築，終於為了避免公司倒閉，以股票信託方式，向投資公司借入 1,500 萬元資金，並辭去總經理職務，退出「通用汽車」。杜蘭離開通用汽車後，參與路易斯雪佛蘭汽車公司 (Chevrolet Motor Company) 之經營，獲得巨利，再大量收購經營情況不佳之通用汽車公司股票，到 1916 年 6 月，重掌通用大權，就任總經理。

重掌通用大權的杜蘭，重施購併手段，使公司規模擴大八倍，成為一家空前的「超級企業」，但是在管理方面，仍然沿用老套方法，使公司經營處於極度混亂中。到 1920 年，通用汽車再度陷入困境，債台高築，是年「福特」汽車公司市場佔有率上升為 45%，而「通用」市場佔有率急降為 17%，杜蘭自感回天乏力，只好再度辭去通用汽車總經理之職，於 1920 年初，永遠離開通用公司及汽車業，這也是為什麼目前很少人知道杜蘭這個名字的原因。

杜蘭的創業「戲法」很傑出，一直影響二十世紀及二十一世紀的企業發展方式，他所創辦的超級企業通用汽車，也成為二十世紀世界企業艦隊之「旗艦」。但是杜蘭的經營管理是落後的農業社會方式。他是成於創業冒險家精神，敗於落伍的管理方式。杜蘭退休後回老家隱居，經營一家滾木球遊戲場及一家賣漢堡的小餐館，於 1947 年去世，享年 86 歲；老福特也是在 1947 年去世，享年 84 歲。

1920 年初，杜蘭離開通用汽車公司之後，由大股東杜邦 (Du Pont) 家族的皮埃爾杜邦 (Pier Du Pont) 擔任公司董事長兼總經理，他十分賞識史隆 (Alfred Sloan) 所提出的「改革整頓」建議計畫，委任他擔任常務副總經理，從此通用汽車公司走入「中興」之途，造就曠世經營奇才「通用模式」——分權自主管理及協調控制。

史隆於 1875 年 5 月 23 日出生於美國康乃狄克州 (Connecticut)。1896 年畢業於麻省理工學院 (MIT) 後，進入海厄特軸承公司 (Howard Boeing) 工作，1916 年通用兼併海厄特公司，1918 年升為通用的副總經理，1921 年被委為常務副總經理，1923 年 5 月，又被杜邦董事長委任為總經理，1924 年改任總裁，直到 1956 年退休，一共在通用汽車公司服務了 40 年。

史隆在皮埃爾杜邦董事長大力支持下，對通用公司進行一系列的改革。史隆首先分析杜蘭開創「通用」的經驗及教訓，提出「分權經營，協調控制」(Decentralization and Coordinated Control) 的管理模式。

史隆把公司的職能分為兩類；即「決策」職能及「執行」職能。公司「董事會」是「決策」機構，它再分「業務經濟」委員會及「財務總控」委員會。「總管理處」（總公司），「各事業部」（分公司），及各營業處、工廠等三級為「執行」機構。總管理處（HQ，總公司）對各分公司或事業部 (Division) 的生產技術、生產計劃及財務進行協調控制。但各公司事業部的生產操作、行銷活動按不同產品別、地區別，所劃分的利潤中心之工廠及營業部門則獨立經營，單獨核算盈虧。對整個集團而言，既相互配套，融為一體，又相互競爭，相互促進。

史隆對總管理處之下屬工廠也作重大調整，將資金集中於轎車、卡車、拖拉機及相關產品，而放棄對鋼鐵、橡膠、皮革、玻璃等部門的投資。對二級單位的各分公司則加強協調控制，以避免兄弟間過度相互競爭，而自相殘殺。另外在採購方面，對汽車零配件規格進行標準化及通用化，使各車種的零配件可以互相流用。

史隆希望在保留競爭力的有利彈性條件之同時，也享有「規模經濟」的好處。所以讓轎車、卡車、零件、金融、及各利潤中心單位，擁有較大的核決自主權，其領導人成功者則獲獎賞，失敗者則讓位。經此改造，確實給「通用公司」這個龐大的企業機器，注入一般小型公司所常具有的活力，亦即要求「大」中有「小」，眾「小」個個強。

在行銷及產品發展戰略方面，史隆也提出著名的及「四條原則」(Four Principles)：「分期付款」(Installment)、「舊車折價」(Trade-In)、「年年換代」(Annual Absolution) 及「密封車身」(Enclosed Body)。

在「分散經營，協調控制」及「四條原則」的實施下，通用汽車迅速發達起來，市場佔有率從最低的 1921 年的 12%，上升為 1923 年的 20.2%。到 1928 年，通用汽車第一次超過福特汽車（福特汽車在 1927 年停產 Model T 車），從此以後，通用一直是美國汽車業的老大哥。1929 年，GM 的市場佔有率又升為 32.3%，1941 年超過了 40%，大大壓過主要對手福特汽車。

1956 年史隆退休時，通用汽車的市場佔有率上升為 53%，幾成壟斷之勢。與 1920 年代杜蘭掌舵之時相較，已是天壤之別。史隆的「分散經營（分權），協調控制（控制集權）」及「分期付款（先享受後付款），舊車折價（換高檔新車）、年年換代（系列性研發創新）、密封車身（與馬車區隔）」的經營原則，使他贏得「管理天才」美稱。至今他的名字尚留在麻省理工學院的「史隆管理學院」(Sloan School of Management) 及史丹佛大學的「史隆高階管理計畫」(Sloan Program in Top Manger)，

永垂不朽。

三、豐田汽車 (Toyota Motor)

以「三河商法」與豐田「零庫存」生產方式，成為日本工業「王中王」。

2002 年《財星》(*Fortune*) 全球 500 大 (Global 500) 企業排行榜中，日本豐田汽車公司 (Toyota Motor) 列名第十，銷售額 1,208 億美元，淨利 49 億元，比 2001 年排名第十，銷售 1,214 億美元，淨利 43 億美元之業績，相差不多。1999 年英國《金融時報》(*Financial Times*) 評選世界聲望最佳公司中，豐田被列為第五名，為「世界第一汽車」，超過通用汽車的聲望。

豐田汽車創於 1973 年，由豐田喜一郎主持。但是創立汽車業的念頭不是來自豐田喜一郎，而是來自他的父親豐田佐吉。豐田佐吉於 1866 年出生於日本愛知縣的農民家庭。年輕時投身於織布機，1894 年，他研製出自動回線織布機，有很好效能，所以籌措資金，開辦織布機工廠。1910 年，豐田佐吉已經 44 歲，赴美國考察，對美國正興起的汽車發生濃厚興趣，認為汽車時代將來臨，回日本後，便把主要精力移轉到汽車研製上。當時，他的「豐田自動紡織機」已經在日本及上海市場上很有名聲。1923 年 9 月 1 日日本關東大地震，把他的汽車研究耽擱下來。

1924 年美國福特汽車公司到日本設立分公司，1927 年通用汽車也在日本設立公司，對豐田佐吉刺激很大。為了加快他的汽車事業，他讓剛從東京大學畢業的長子豐田喜一郎主持這項工作。在汽車尚未投放市場前，豐田佐吉就離開人世，享年 64 歲。他給兒子的遺言是：「我造織布機為國盡了忠，你就以製造汽車為國盡忠吧！」

豐田喜一郎始終牢記父親遺囑，在 1931 年完成小型汽油引擎研製工作，1933 年時豐田自動織布機製造廠成立汽車分廠，1935 年 11 月生產第一輛豐田汽車 A1 型小轎車，不久又研製出 G1 型卡車。喜一郎經營有方，不斷發展，於 1937 年 8 月成立「豐田汽車工業公司」(Toyota Motor Company)，比起美國福特汽車公司（1903 年）要慢 34 年，比起通用汽車公司（1908 年）要慢 29 年。

第二次世界大戰以後，受日本經濟災難的影響，豐田汽車公司債臺高築，1945 年豐田喜一郎不得不引咎辭職，由非豐田家族的石田退三接任總經理。石田退三力挽狂瀾，使豐田汽車再度振興。

在 1967 年，石田退三讓位給東京大學工學部畢業生豐田英二。在英二領導下，豐田汽車飛躍發展，在 1978 年全世界各大汽車公司都賠錢（第二次石油危機）之時，

只有豐田汽車盈利 5 億美元。由豐田汽車公司兼營的豐田自動織布機製造廠、豐田紡織公司、愛知鋼鐵公司、東和不動產公司、豐田通商、日本電氣公司等等，也都生意興隆，蒸蒸日上。

在 1981 年，豐田英二退任董事長之職，推舉豐田喜一郎的兒子豐田章一郎繼任總經理。在章一郎統領下，豐田繼續發展，對美國出口節節上升，令美國同行坐立不安。在 1968 年，日本汽車佔美國市場不到 3%，但到目前 2003 年已經佔 33%，可見豐田汽車在經營上的競爭優勢。

豐田汽車的競爭優勢建立在「三河商法」，又稱「豐田商法」，之上。因為豐田汽車公司的工廠集中在日本愛知縣的三河地區，而公司的高級經理人員及大部分員工，都是三河地方人，所以他們自稱「三河忠誠集團」，而將公司的經營戰略稱之為「三河商法」。三河商法包括三個主要原則：第一、「批量生產」(Mass Production)；第二、吝嗇（節約）精神 (Cost Saving)；第三、無貸款（無債）經營 (Zero Debt)。這三部分是一個整體的三小部分，並互相影響。

第一、所謂「批量生產」（訂貨生產）就是豐田式無存貨 (Zero-Stock)、杜絕浪費的工廠生產方式，從人的自動精神，推衍到機器的自動精神 (From Human Automation to Machine Automation) 來杜絕浪費，其具體表現就是生產工序「非常準時」(On-Time or Just-In-Time, JIT)，把傳統的「由上道工序把工件傳給下道工序」的方式，改為「由下道工序向上道工序領取工件」的生產方式（即由後向前要求）(Bottom-Up)。要能如此，必須有「三準確」(Three Accrue)：⑴準確必要的「工件」(Ports)，⑵準確必要的「時間」(Time)，⑶準確必要的「數量」(Quantity) 到位。而所謂下道工序就是「顧客」。換言之，由「顧客」的需求來嚴格要求不多不少，以及準時供應的工件。為了確保「三準確」，所以要用「流程卡」(Flow Card)（分為「領導指令」、「生產指令」、「運送指令」）。而流程卡由後道向前傳遞，保證前道工序所產生的或購買的「工件」，正是後道工所需要的工件及數量，如此方能杜絕流程中的積壓與浪費。

「非常準時」(JIT) 的工序不只在工廠內實施，也從工廠延伸到市場行銷。本來「由下道工序向上道工序領取工件」和「三準確」（工件、時間、數量）的制度，是為工廠大量生產及降低成本而設想的。現在則延伸到行銷部門，就是要保證實現「完全銷售」及「訂貨生產」(Order-Made)。豐田公司對「準時代」的努力，自然造成各工序「無存貨」(Zero-Stock) 後果。各工序「準時」(On-Time) 不早到，不晚到，也就「無」存貨的必要，這對豐田汽車公司的效率提高影響巨大。

第二、所謂「吝嗇精神」就是為了「生產廉價車」而發展出來的作法。其意義

是指凡花錢必須用在刀刃上。在買機器時，很大方，一定買第一流的機器，再用第一流的工作精神，生產一流的產品。但是對非生產性的開支就要十分吝嗇，譬如咖啡杯，用粗瓷碗，不用精緻瓷杯。工作的時候，就要認真工作，不可拖泥帶水浪費時間，工作做完就可以回家，不要逗留浪費時間。燈光、自來水、文具用物、食品飲料等等，能省就省。產品品質一次就要做好，不可重做，不可做壞，以致浪費原料、工時、工資、水、電、機器折舊費等等。

豐田的吝嗇精神導出「無缺點」及全面品質控制的合理化制度，從「產品設計－原料－零件－製造－檢查－銷售－市場調查」，整個循環過程都要做到「無缺點」及「連續改善」(Continuous Improvement)。換言之，降低成本及品質保證（不送次品給下一工序）是一體的兩面，都是為了爭取顧客的歡心。

第三、所謂「無貸款經營」就是儲備自有資金供經營發展之用，不向別人借債、欠錢。所謂「自己的城池自己守」就是指「無債經營」。這是第二代經營者石田退三有鑑於第一代創業經營者豐田喜一郎因債臺高築而辭職所提出的原則，得到豐田家族的支持。要做到「無債經營」則有約法三章：⑴賺錢之年，少分股利，多儲準備金，擴大資本額。⑵實行全部固定資產折舊償還制度（即高提折舊準備金）。⑶設備投資一律不使用銀行貸款（即無累積足夠資金，不開動新投資方案）。從此，豐田汽車公司的經營發展不受經濟不景氣所帶來的高貸款利息之阻礙。

三河商法使豐田汽車保持「只生產賣得出去的車」及「生產廉價車」的理念，以豐田汽車銷售公司來帶動豐田汽車生產公司（市場顧客導向），並佔日本市場 50% 以上及世界市場的好銷量。

四、奔馳－戴姆勒 (Benz-Daimler)

以「絕無僅有三服務」成為世界名牌第一車。

2002 年《財星》全球 500 大 (Global 500) 企業排行榜中，德國戴姆勒－奔馳 (Daimler-Benz) 汽車公司合併美國克萊斯勒 (Chrysler) 汽車之後，列為第七名，銷售額 1,369 億美元，虧損約 6 億美元，比 2001 年之排名第五，銷售 1,501 億美元，淨利 49 億美元差很多。

1999 年 11 月 30 日《英國金融時報》(*Financial Times*) 評選世界聲望最佳公司中，奔馳列名第六。奔馳曾被評為世界第一車，人們喜歡汽車，以擁有奔馳車為正宗的紳士地位代表。

　　德國人卡爾・奔馳 (Carl Benz)，生於 1844 年，父親是火車司機，上過技術學校，做過小機械修理廠。在 1886 年研製出由馬達發動之馬車式「三輪汽車」，這是世界上最早的汽車，比美國 1892 年的三輪汽車為早。所以奔馳先生是世界汽車之父。戈特利布・戴姆勒先生 (G. Daimler)，生於 1834 年，家裡是麵包店，從小對機械有興趣，學過槍枝修理，在機械公司當技術主管。在 1890 年研製出內燃發動機高速轎車。1926 年 6 月，奔馳和戴姆勒把兩家企業合併聯予成立「戴姆勒─奔馳汽車股份有限公司」(Daimler-Benz Motor Company)，一般簡稱奔馳公司（另有稱朋馳，或賓士公司者）。奔馳車的安全、節能、耐力與速度，均享譽世界。到 1939 年為止，奔馳在各種世界性汽車比賽中，76 次獲勝，17 次打破世界紀錄，向消費者提供 3,700 種型號的奔馳車，打下高級耐磨車之王位。

　　本來戴姆勒汽車的速度比奔馳車快，質量又較好，所以 Daimler 車以後來居上之勢超越了 Benz 車。Daimler 的 1900 年新車，又以女兒名字「梅賽德斯」(Mercedes) 為名，如虎添翼，暢銷市場。1918 年第一次世界大戰結束，美國福特的 T 型車以流水線生產方式，大量低價，銷往世界市場及德國市場，奔馳與戴姆勒兩家汽車廠均處於危機之中。1926 年 5 月，奔馳先生專程拜訪戴姆勒先生，促成 1926 年 6 月「戴姆勒─奔馳汽車股份有限公司」的成立，此時，奔馳已是 82 歲之人，而戴姆勒更是高齡 92 歲。之後不久，他們便離開公司，但卻為公司建立了永續經營的生機，使奔馳先生的行銷經營奇才和戴姆勒先生技術質量高超，精益求精的執著精神，得到完美的結合。「行銷」與「技術」攜手合作，就是經營成功的必勝祕訣。驗之於二十世紀及二十一世紀初美國及臺灣高科技電子電訊、電腦企業的經營方法，無不吻合。即自己掌握「行銷」與「技術」，把「生產」委外託工 (Outsourceing)，走上虛擬組織 (Virtual Organization)，無國界 (Borderless) 的全球營運大道。

　　戴姆勒─奔馳汽車公司合併成立之後，奠定了堅強的生產基礎，技術基礎與人才基礎，並提出了至今令人讚嘆的無價之寶──絕無僅有的「三服務」(Three Services) 經營要訣。長久吉星高照，安然渡過以後多次的世界經濟危機。雖然買一部奔馳車之價格可以買二部日本車，但是有錢的日本人還是喜歡買奔馳車。雖然美國福特 T 型車曾壓得奔馳車喘不過氣來，但是在美國市場，奔馳車進口越來越多。

　　所謂絕無僅有的「三服務」是指: 第一、「保你滿意的產前服務」(Pre-Production Services)；第二、「無處不在的售後服務」(After-Sales Services)；第三、「領導潮流的創新服務」(Leading Innovation Services)。「保你滿意的產前服務」是指奔馳有 140 多個品種，3,700 多種形式，保證任何不同的需要都能得到滿足。奔馳車廠裡未成型的

汽車上掛有牌子，上面寫著顧客的姓名、車輛型號、式樣、色彩、規格和其他特殊要求。來取貨之顧客驅車離去時，奔馳公司還會贈送一輛可作為孩子玩具大小的奔馳車，使車主的下一代對奔馳車開始產生興趣，爭取一代代皆為奔馳客戶。

「保證品質」(Quality Assurance) 是產前服務的中心，首先奔馳有堅強的生產技術員工團隊，有 52 個培訓中心，每年維持 6,000 人在受訓。其次奔馳實施嚴格的 42 道工序檢查。外廠供應的零組件若有一個不合格，則全批退貨。工廠有定期質量抽查制度，由董事會、工廠代表及技術人員組成抽查小組，每兩週對一批九個單位進行檢查，遇上問題就地解決。工廠裡從事質量控制的檢驗人員佔員工總數的七分之一。

「產前服務」不僅產品種類規格合乎要求，品質保證，同時包括產前的設計與研製。在 1990 年，奔馳有一萬名員工從事研究發展及設計研製，其研發費用佔總銷售額 4% 以上。

「無處不在的售後服務」是指「駕駛奔馳車無後顧之憂」。奔馳公司在德國設有 1,700 多個維修站，雇有 5.6 萬人做保養、修理工作，在公路上，平均不到 25 公里就可看到奔馳車維修站。在全歐洲有 2,700 多個維修站，在全世界有 5,000 多個。奔馳車一般每行駛 7,500 公里需要換機油一次，行駛 1.5 萬公里需要檢修一次；只有做到「無故障率」，才能讓客戶知道，買「奔馳」就是買「安心」。

所謂「領導潮流的創新服務」，就是領導全世界汽車發展的潮流，為顧客提供走在時代前端的創新服務。卡爾‧奔馳先生本是世界汽車的鼻祖，他的火星塞點火原理，至今每一輛汽車還在採用。1936 年的柴油發動機小轎車也是世界第一，1938 年 230 馬力，八汽缸壓縮發動機的大 Mercedes（梅賽德斯）也是世界第一。在 1973 年推出 Mercedes 450sel 6.9 車，以其技術尖端性，被評為最佳汽車。在 1980 年代推出「前低後高」，弧形曲線車型，也是領袖群倫。1990 年代，又獨家採用可以壓縮汽車容積，同時又能增加馬力的四油門汽缸技術。

在質量、美觀、安全、節能等方面，奔馳公司在同行中，一直領袖群倫。譬如框形底盤的承載式焊接結構之使用，安全客艙之設計，套管式轉向柱之設計，電子裝置控制輪胎的 ABS 剎車系統，自動空氣動力調節系統，以及方向盤上安全氣墊之設計等等，都是奔馳公司領導潮流的創新服務，提高客戶的信心。

奔馳─戴姆勒公司的絕無僅有「三服務」戰略，使它成為德國工業的代表公司，也是世界汽車業的長春巨人。在 1998 年，Daimler-Benz 與美國克萊斯勒 (Chrysler) 合併，成為「戴姆勒克萊斯勒」(DaimlerChrysler) 汽車公司。雖然合併後美國部分的 Chrysler 工廠業績未見改善，但是德國 Daimler-Benz 部分依然業績傲人。

五、藍色帝王 IBM

澳森 (Watson) 堅持「三條信念」，用電子計算機（目前改稱「電腦」）實現了辦公室自動化。

汽車的普遍使用提高了二十世紀人類行動的移動性，而電子計算機的普遍使用則提高了工廠機械化及辦公室自動化的程度，對人類的貢獻極大，有人評估汽車及電腦是二十世紀人類科技發明的第一名及第二名。

科技學術界認為，蒸汽機 (Steam Engine) 的應用是世界第一次工業革命的標誌，發電機 (Generator) 的應用是第二次工業革命的標語，而電子計算機 (Computer) 及電子產品的應用則是第三次工業革命的標誌。而第三次工業革命的「領頭羊」就是被稱為（藍色帝王）(Blue King) 的 IBM 公司。當然，在企業管理學界的認為第一次工業革命的代表是蒸汽機發明（1750 年）及應用，使工廠生產力提高。第二次工業革命的代表是「科學管理」運用（1875 年開始），使工廠生產力更提高，還消除了勞工與資本主間之對立鬥爭。第三次工業革命的代表是電腦─電訊結合所形成之全球網際網路 (Internet)，使公司生產力更為提高。其間關於電力使用於工廠，機械化及自動化等等，都是追求提高生產力及競爭力的手段。無論如何，電腦的普及應用，對人類生活確實影響很大。

雖然在 2002 年《財星》全球 500 大企業排行榜中，IBM 排列第十九名，銷售額859 億美元，淨利 77 億美元，已經被擠出十名之外（2001 年之排名也是第十九名，銷售 884 億美元，淨利 81 億美元，兩年相較，表現很好）。但在 1983 及 1984 年，它的淨利為 55 億美元及 66 億美元，居世界工業世界之冠。1990 年世界經濟不景氣，1991 年 IBM 的利潤仍有 55 億美元，繼續居世界第一的寶座。1999 年《英國金融時報》評定世界聲望最佳公司中，IBM 列第四名。

IBM 的創辦人湯姆斯・澳森 (Thomas Watson) 1877 年生於一個蘇格蘭和愛爾蘭混血移民農家。17 歲時便出外做工，趕馬車到農民家推銷鋼琴、風琴和縫紉機，作為一個推銷員，澳森為人談吐文雅，風度翩翩，機警，有魅力。19 歲時遠離家鄉到紐約州水牛城找工作，先開肉舖，後受雇於「國民收銀機公司」(National Cash Register Company, NCR)。NCR 的總裁名叫約翰・彼特森 (John Peterson)，號稱「現代推銷之父」，在美國商業史上很有名聲。澳森在彼特森手下工作 18 年，學得不少經營事業之道，對彼特森很崇敬。澳森 37 歲離開 NCR 後，於 1914 年受聘為「計量製表

記錄公司」(CTR) 經理，雖然當時 CTR 負債累累，瀕於倒閉，但澳森看出美國經濟社會正在飛速發展，大公司逐漸陷於大量文書工作中，急須找到解脫方法，他認為辦公室自動化工具會越來越看好。

他進入 CTR 公司後，專心做「三信條」，第一、花大力氣改進主產品製表機 (Table Machine) 的生產及性能；第二、運用從 NCR 彼特森學來的銷售技巧，大力行銷，並加以創新 (如制訂公司口號及歌曲、辦公室小報及小學校)；第三、重視「人本主義」，如告訴員工，他需要他們，不會輕易解雇任何人等。澳森對 CTR 很有信心，有錢就用來買公司股票。等到有了控制權比例時，在 1924 年把 CTR 改名為「國際商業機器」(International Business Machine, IBM) 公司。雖經歷 1929 年經濟蕭條考驗，澳森不僅不縮收業務，反而擴大生產。當 1933 年美國政府實施「國家恢復法案」，即羅斯福總統的「新政」(New Deal)，IBM 就得到好機運。1935 年，IBM 的穿孔機成為美國商業辦公機器的最大供應商。在 1936 年，美國政府公布全美最高收入者排行榜時，IBM 的澳森先生列為榜首，當年收入 36.5 萬美元，可真「日進千金」。

在 1939 年，紐約市舉行世界博覽會，IBM 得到與通用汽車 (GM)，通用電器 (奇異、GE) 等世界一流公司的相同待遇。為此，澳森抓住契機，投入 100 萬美元，等於 IBM 一年十分之一的收入，舉辦「IBM 日」，使 IBM 聲名大噪。澳森不僅注意「行銷」及「生產」，也很注意企業形象及道德觀念。當時在第二次世界大戰期間，IBM 也製軍品，但規定為政府生產的軍需品的利潤不得超過 1%，公司要賺錢應該從自由市場去賺，不可賺政府的錢。

1946 年 9 月，「IBM-603 電子乘法器」問世；1947 年，IBM-603 計算器增加除法功能。這些都代表澳森很重視研究發展與開發新產品。小澳森 (Thomas Watson, Jr.) 於 1914 年出生，在大學畢業後，於 1937～1938 年進入紐約 IBM 銷售學校受訓兩年。1939 年，第二次世界大戰爆發，小澳森參加空軍，接受鍛鍊。1946 年 1 月退伍，回到公司工作。1947 年擔任 IBM 副總裁，分管行銷部門，這是老澳森最為看重的部門。小澳森掌管行銷工作，展露能力及自信，並物色及重用更多有才華的行銷專家，這對 IBM 這個新生小伙子，在電腦界打敗老將 GM（奇異）及 RCA 之電腦事業部之戰役，很重要。

老澳森在 1949 年初再組建「IBM 世界貿易公司」(IBM World Trade Company)，由小兒子迪克 (Dick) 負責，而由小澳森於 1949 年 9 月晉升 IBM 執行副總裁 (EVP)，成為第二號人物。小澳森當了 EVP 之後，在父親支持下，大膽採用真空管 (Vacuum Tube) 及電子線路技術開發新產品。自 1950 年起 IBM 大量招聘電子技術人員，前所

未有，達 2,000 人。韓戰（1949～1954 年）爆發後，IBM 投入鉅資開發高性能大型計算機，並取名為 Defence Computer（國防計算機），二個月馬上接得訂單，走入大型計算機的巨大市場。

1952 年 1 月，77 歲的老澳森先生專任董事長，小澳森出任 IBM 總裁。1952 年 12 月，IBM-701 計算機設計、製造完工，在 1953 年 4 月正式投入運行，有 150 位美國頂尖科學家和商界領袖參加慶典，這是人類極端智慧的大貢獻（用原子彈之父羅伯特奧本海默的稱語）。1954 年，大型電腦 IBM-740，IBM-750 相繼進入市場，數據處理業務大為發展。民用型電腦 IBM-702 也在 1953 年問世，後來裝配由華人電腦專家王安發明的「記憶磁圈」的改進型 IBM-702 電腦，一舉打敗市場上同類型的小型電腦，確立了 IBM 在商用電腦市場的壟斷地位，RCA 及 GE 等老牌電器公司都退出電腦市場，小弟打敗大哥，此一例也。後來又推出物美價廉的 IBM-650 型小型計算機，在市場上暢銷，從此電腦正式進入人類進化歷史的不朽地位。

1956 年 5 月，老澳森正式交班，把董事長職務交給小澳森，6 個星期後，與世長辭，使人類永遠懷念他對資訊產業 (Information Industry) 的偉大貢獻。在完成父親葬禮當天，小澳森宣布繼承老澳森的成功三信念：第一、尊重員工個人的信念；第二、尊重客戶的信念；第三、用理想去執行一切任務的信念。

所謂「尊重員工個人的信念」(Respect to Employees)，是指老澳森在日常管理中，很注意尊重員工人格，啟發員工自己尊重自己；想方法調動員工的積極性 (Aggressiveness) 及主動性 (Initiative)，使大多數員工都有一種忠於企業 (Loyalty)，獻身企業 (Contribution) 的精神，使其潛能 (Potential) 得到極大的發揮。

所謂「尊重客戶的信念」(Respect to Customers) 的經營宗旨，並用空前規模的行銷活動 (Marketing Activities) 來體現。首先老澳森親自選拔那些瞭解市場，有演員才能，有牧師般宗教狂熱的人。第二、將他們組成 IBM 推銷隊伍，講授推銷藝術，訓練他們掌握市場銷售知識。第三、派遣他們前往世界各地，以開設資料處理訓練班為推銷 IBM 機器的行銷工具，機器操作示範人員配合推銷講授人員，場場爆滿，成果非凡，在企業史上，IBM 的市場行銷活動，是空前首創的佳例。

所謂「用理想去執行一切任務的信念」(Doing Best to Do Job)，是指每位員工都要具備樂觀 (Optimistic)、熱忱 (Enthusiastic)、進步 (Progressive) 的卓越精神理想，來從事推動每一工作任務，敢於承擔別人不敢承擔的具挑戰性的棘手任務，成為推進世界往前進步的貢獻者。由於有這樣的一支創業理想員工隊伍，前面兩條信念才得以保障，才能面對強勁競爭對手，使 IBM 佔據上風，橫掃千里。

　　在小澳森繼承其父三信條的領導下，IBM 在 1958～1959 年相繼推出第二代計算機 IBM–1400, IBM–7000 產品，確立至今不倒的電子計算機霸主地位。在 1960 年代，又研製出工商界及科技界皆可共用之 IBM–360 型系統，訂單如潮水般湧入。1977 年，蘋果電腦公司推出個人電腦蘋果 2 型 (Apple 2)，十分暢銷，IBM 原本對微電腦不屑一顧，但看到市場反應，立即跟進，並打出「大小隨意，應有盡有」的廣告。只花二年時間，大型電腦的霸主 IBM，又成了微電腦 (Personal Computer, PC) 市場的龍頭老大。像 2002 年的電腦市場之明星企業，微軟 (Microsoft)，英特爾 (Intel) 等，都是當年為 IBM 提供配套件的供應商，它們是搭上 IBM 這東西「巨型列車」而騰雲的得益者。1979 年，小澳森因心臟病而辭去董事長所有職務。

　　澳森父子所開創的 IBM 事業，在老澳森「三條信念」指引下，繼續發揚光大。IBM 雖曾在 1980～1990 年代發生因組織龐大，績效下降的危機，但經過 1993 年新總裁葛斯洛 (Lou Gerstner) 的改組及改造後，又恢復生機勃勃的大企業，在 1993 年之後，IBM 的業務種類除了銷售原來的硬體設備（指大電腦及個人電腦）產品外，尚走入軟體及資訊科技服務，並把硬體設備儘量委外生產，自己則專注於軟體及服務兩項利潤高的業務，所以有人把 IBM 改稱為 IBS（意指不是賣機器，而是賣服務。）IBM 的研究室 (IBM Research Laboratory) 曾與 AT&T 公司的貝爾研究室 (Bell Research Laboratory) 齊名，為企業界敢投資於大型研究發展的頂尖領導者。目前世界網際網路 (Internet) 科技，事實上就是由這兩家電腦公司與通訊公司 (Computerization and Communication) 之跨業競爭結合的新兒子。

六、電腦軟體大王微軟公司

　　比爾‧蓋茲 (Bill Gates) 依靠一批棟樑之才，將知識開發變成世界首富。

　　在二十世紀，IBM 和微軟 (Microsoft) 公司被稱讚為改變公司企業工廠及辦公室自動化之二大功臣。在 2003 年 4 月 21 日《財星》雜誌 (Fortune) 所發表之美國 500 大企業排行榜上，微軟公司排名第十七名，其營業收入為 284 億美元，淨利為 78 億美元，與排名第八名 IBM 的銷售收入 831 億美元，淨利 36 億美元相較，生產電腦軟體的微軟公司，比生產電腦硬體的 IBM 是量小利大得很多。微軟的總資產 676 億美元、業主淨值為 521 億美元，但其股票市場價值卻有 2,860 億美元（尚高於排名第五的奇異電器 (GE) 的 2,556 億美元，遠比 IBM 的總資產 965 億美元、業主淨值 228 億美元及股票市值 1,364 億美元的表現為佳。微軟真是「小兵擔大任」，令人刮目相看。

　　微軟公司的主要創辦人比爾・蓋茲是目前世界的首富（2003 年財產約達 528 億美元），並已連續多年。他是世界上第一個完全靠榨取自己知識而致富的人，不是靠榨取土地、機器、廠房、勞力等資源而致富。

　　微軟是靠 IBM 開發 MS-DOS 操作系統而起家，是搭 IBM 這個「巨型列車」而稱霸軟體市場。然後再依賴一批棟樑之材，不斷推出受世界市場廣泛接受的新軟體──視窗 (Window)。

　　比爾・蓋茲於 1955 年 10 月 28 日出生於美國西雅圖 (Seattle)。從小酷愛讀書，上小學時，就喜歡翻閱父親的藏書，尤其喜歡《世界圖書百科全書》，他的數學和自然科學十分優秀，同時具有執著毅力及進取精神。他 11 歲時，被送入西雅圖地區的好學校湖濱中學 (Lakeside School)，與各方來的天才學生一起受嚴謹的教育，激發了他的智慧火花，與比他年長 2 年的保羅・艾倫 (Paul Allen) 及伊文 (Evens) 等，開始走入計算機「天堂」。1971 年在學校裡，他們就曾以電腦程序編製小組名義，為外界公司設計工資表軟體，初次賺得利潤甜頭。之後蓋茲與艾倫又合辦一家交通數據公司，為華盛頓州電力網公司修改電腦軟體程序，又賺了幾萬元。湖濱中學畢業後，蓋茲被哈佛大學接受入學，但他已在暑假裡與就讀於西雅圖華盛頓大學計算機科學系的艾倫，商議創辦自己的軟體設計公司的計畫。這個「暑假計畫」(Summer Plan) 就發展成為後來稱霸世界的微軟公司 (Microsoft)。

　　1975 年初，「暑假計畫」正式誕生於「微軟公司」(Microsoft)。所謂「微軟」是「微」型計算機 (Micro Computer) 及「軟」體 (Software) 之商標。起初在公司股權協議中，蓋茲佔 60%，艾倫佔 40%，後來在 Basic 語言設計完善過程中，因蓋茲出力較多，所以股權又調整為蓋茲 64%，艾倫 36%。在該時兩人都尚在就學中，公司的盈利前途尚渺渺不可測，股權比例多一些，少一些，無關緊要。但卻因此造就了日後蓋茲成為世界首富的基因，當然艾倫後來也是名列前茅的大富豪之一。

　　Microsoft 的最初 Basic 語言使用權轉讓，買主中有奇異電器公司 (GE) 及國民收銀機公司 (NCR) 二大著名公司，所以使得這家初出茅廬的 Microsoft 聲名鵲起。為了更大發展，蓋茲又找了很多位當初在湖濱中學計算機房的好友，這一批人後來成為蓋茲創業成功的「棟樑之材」，由艾倫當研發的頂樑柱。這也是蓋茲創業的最重要戰略。

　　在二十世紀七十年代蘋果 2 型個人電腦 (Apple 2) 出現，是用摩托羅拉 (Motorola) 的 8 位元微處理器 (Microprocessor)。在巨霸 IBM 決定進入個人電腦市場後，不

願走在別人身後，所以用 16 位元的微處理器，意欲尋找作業系統的合作夥伴，而蓋茲行銷頭腦靈活，捷足先登，千方百計與 IBM 拉上關係。在當時，西雅圖計算機公司已經研製出一種以 CPU 為基礎的 DOS 作業系統，蓋茲取得此一作業系統的使用權，並在此系統上再錦上添花，研製出適合 IBM 個人電腦所需的軟體系統，如此節省一年的前期研製時間，在 1980 年 11 月順利地和 IBM 簽立供應軟體公司。

IBM 要求條件很高，要求所有的計算機語言都適用這一作業系統，包括 Pascal, Cobble, Fortran 及 Basic 在內，都要轉換，所以蓋茲團隊大約要設計千萬條轉換指令，還不包括操作系統本身。蓋茲承接重擔，依靠那一批湖濱中學學友的棟樑之材，在 1981 年 8 月完成使命，使 IBM 新型個人電腦 (IBM PC) 成功推入市場，引起業內人士的轟動及經銷商的歡迎，IBM 又一次成為個人計算機市場的大贏家，而 MS-DOS 也成為軟體開發的標準和基礎，蓋茲也成為計算機軟體市場的大名人，美國工業發展史增添了一件輝煌壯舉。

比爾·蓋茲沒有被勝利沖昏頭，他繼續率領他的棟樑團隊相繼開發出升級版：MS-DOS 1.1, MS-DOS 2.0 等等。當 IBM-PC 在市場上呈席捲之勢時，誘發了康柏 (Compaq) 等幾十家電腦公司競相開發與 IBM-PC 兼容的個人電腦，包括臺灣的宏碁電腦也在內，大家在下游市場爭得頭破血流，但對上游供應軟體的 MS-DOS 無動於衷，人人向 Microsoft 買 DOS 軟體的複製權，在 1984～1985 年就收入 1 億美元。

在 1983 年，與蓋茲共同創業的艾倫 (Paul Allen) 離開微軟公司，是一大打擊，但蓋茲又馬上找到兩大棟樑之材，一是「左膀」喬恩·謝利 (John Shieley)，一是「右臂」羅蘭德·漢森 (Roland Hauseu)。謝利是管理專家，當總裁，降低微軟公司成本，發揮資源合理配置之效力。漢森則是行銷專家，第一、善於品牌策略，把 "Microsoft" 之名掛在公司各種產品之上，使市場上購買產品即購買「微軟」，「微軟」從此成為世界品牌。第二、漢森推出軟體新技術「界面管理者」(Interface Manager)，將之命名為「微軟—視窗」(Microsoft Window)，使世界各地的電腦界人士，共同領略「視窗」的獨特技術及完美效果。「視窗」程序的 85% 是用 C 語言編寫，其餘的關鍵部分則直接採用彙編語言，都是那批棟樑之材，在超負荷瘋狂工作中完成。

微軟公司的棟樑之材，源源不絕得到補充，而且素質高超。每位程序設計員都有自己獨立的辦公室，得到最好的待遇。蓋茲與他們交往頻繁，常常深夜討論問題，他們之間沒有中層領導，組織層面扁平，彼此直呼名字，人人對蓋茲都有「士為知己者用」之家庭成員感情，他們每週工作 60～80 小時，超負荷瘋狂工作，已蔚成風氣，蓋茲反而反過來勸他們不要太拼命。蓋茲是他們的老闆，也是他們的英雄。微

軟的產品去陳出新，與 IBM 共同開發 DOS 新版本 OS/2 之同時，也自己開發視窗 2.0（1987 年 10 月 6 日），視窗 3.0（1990 年 5 月 22 日），視窗 95（1995 年 8 月 24 日），視窗 98……。每年新品出售，都會造成市場搶購。一直到 2001 年，美國司法部還告微軟賣得太好，是壟斷市場，違背法律。1986 年 3 月 13 日上午，微軟股票上市，價格即為美元 25.17 元，以後一直飆到 114 美元。使公司 2,000 人員成為百萬富翁，多人成為 10 億萬富翁，蓋茲也成為世界首富，還捐贈巨額慈善基金。微軟是靠「知識」及「人才」創業成功的企業代表。

第三篇　管理程序通論
(Process of General Management)

在第一篇第一章裡，我們曾強調「管理」乃是泛指上級主管人員，設法經由他人（部屬）的力量（體力及腦力），來完成工作目標（股東目標、員工目標及社會目標）的系列活動。本篇將討論這些系列活動的內容，供總經理、各部經理、各課課長、各股股長等等人員及潛力主管人員之實務參考。此系列活動若用比較簡單的文字來表示，就是「計劃─執行─考核」(Plan-Do-See, PDS) 行政三聯制，若用比較複雜的文字表示，就是「計劃─組織─用人─指導─控制」(Planning-Organizing-Staffing-Directing-Controlling, POSDC) 管理五功能或管理五程序。這個「管理五功能」再和「企業五功能」相交叉，就成為雙重五指山的「管理矩陣」(Management Matrix)，可參閱第一章圖 1-5。

事實上，一個機構的「主管人員」（或「經理人員」或「管理人員」），無論他是在營利事業或非營利事業的生產部門、行銷部門、財務會計部門、人事總務部門、或研究發展部，都必須講求計劃、組織、用人、指導、控制等管理活動的決策 (Decision-Making) 與協調 (Coordinating) 功夫，以充分發揮所配屬之土地 (Land)、人力 (Manpower)、資金 (Money)、物料 (Materials)、機器 (Machines)、技術方法 (Methods)、時間 (Time)、情報資訊 (Information) 等八寶貴資源之潛力，爭取顧客市場 (Market) 及提高員工士氣 (Morale)，高度達成投資者的利潤目標、員工的薪酬目標、及顧客與社會大眾的福祉目標。很明顯地，依上所述，各行各業管理的使命很相似，雖然所處理的產品、市場對象內容不同，所能運用的資源多寡不一，所以本篇所探討管理程序之知識，乃屬所有主管人員可以通用之論據 (General Use of Management Process)，所以也可以用「全方位管理」、「通盤管理」、「通用管理」、「總體管理」、「總管理」(General Management) 等等名稱來標示，以區別於行銷管理、生產管理、研發

技術管理、人事（人力資源）管理、財務管理、資訊管理、會計管理等等之機能別分科應用管理活動。

在「總管理」體系中，計劃是老大哥，是第一位的功能。俗語說「好的開始是成功的一半」，所以我們也可以套用來說「好計劃就是成功的一半」。要做好計劃工作，也就是設定好「目標」及好「手段」，也就是要設定高階人員的長期、廣泛、重大目標及政策戰略。中階人員的執行目標及方案，基層人員的操作目標及工作指標與標準等等未來性大、中、小理想境界，必須涉及內外環境、供應商、競爭者、顧客、及自我本身體系之情報蒐集、分析、比較、預測、更需涉及決策、協調、及資源運用之心力思考功夫。凡此都屬於「知識力」及「創造力」與「計算力」的無形作用。這也是為什麼在二十一世紀，特別強調「人力資源」中無形寶礦的「腦力」(Mental Power) 開發，以及其在經濟活動中的重要性，並泛稱之為「知識經濟」。如果大家有興趣去涉獵佛學中的唯識法相宗，就可以略知「知識」思想的廣大力量。「計劃」就是「知識」的第一個應用地把計謀劃下來。通常大領袖人物，就是指大知識、大智慧的擁有者及應用者，不是指大體力的發洩者。

做好了「計畫」，第二步就是設計好組織結構，第三步就是設計好用人標準，第四步就是對部屬的領導指揮激勵及溝通，第五步就是追蹤、回饋、控制執行的進度結果，以與計畫預算相符，達到成功的目標。在做計劃時，必須知道決策的方法。決策不只是計劃而已。但計劃一定是決策的一種活動。

所謂「決策」係泛指尋找「對策」，以解決「問題」的用腦思考過程。「決策」是人人、天天要做的活動，尤其職位越高，責任越大的企業主管人員，無論在目標手段計劃、在組織設計，在用人，在指揮領導，在溝通協調，在激勵關懷，在追蹤考核，在獎賞處罰時，都要決策。所以有人就把決策當作高階主管的特殊職責。不做決策的主管，等於不盡責的主管，等於「佔著茅坑不拉屎」的人，是非常嚴重的罪過。決策有風險 (Risk)，所以要用到「創造力」及「計算力」，前者為情緒範圍，後者為理智範圍。請見第十章及第十一章。

第十章　企業決策與創造力開發

(Business Decision-Making and Development of Creativity)

第一節　決策行為的意義與管理程序 (Decision-Making and Management Process)

一、決策乃是選擇「對策」以解決「問題」之用腦過程 (Mental Process of Making Choice)

凡是人都會遭遇某種「問題」(Problem)，也都必須設法尋找一個對策或辦法 (Solution) 來解決它，方能生活得下去，並達成某種預期的「目標」(Objective)；否則他必會陷入困境，失去目標。因為企業主管人員也是「人」，而他所可能遭遇的問題遠比單純的個人為多，所以他應設法尋找對策的機會及必要性，也比單純的個人或部屬為大，為急切。舉凡他在計劃目標及手段時，在設計組織結構及分配權責時，在招募人才時，在指揮領導部屬時，在獎懲糾正部屬時，都會遇到有「決策」必要之機會，所以經理人員也常被稱為「決策者」(Decision-Maker)。圖 10-1 顯示整個管理過程（計劃、組織、用人、指導、控制）都有「決策」活動存在。因為「決策」(Decision-Making) 行為已經變成經理人的隨身特性，所以大家很關切決策的觀念性意義 (Concepts)，決策的科學分析方法 (Scientific Analysis Process)，以及經常需要決策之工作範圍。

所謂「對策」或「辦法」(Courses of Action or Solutions) 是指可以消除問題之對立治療藥方，譬如缺料補料，飢餓進食，著火澆水，生病用藥，欠債還錢，殺人償命，男大當婚，女大當嫁，魚險則潛，鳥險則飛等等。尋找各種可能之「備選」或「對抗」(Alternative) 對策常是決策過程中的主要工作，常需有高度創造力，想像力，創新力，經驗，學識之人來充實對策之構想來源。

所謂「解決」(Solve) 是指「消除」問題，而非「創新」新問題。在英文有 Problem-Solving（解決問題），Problem-Solver（解決問題之人），Problem-Shooter（排解難題者）；在中文有「好幫手」、「左右手」、「得力助手」等等，其意指有益於目標達

圖 10-1 「決策行為」存在於管理過程中

成之正面效果者，若反而帶來反面後果，在中文我們稱他為「越幫越忙」，在英文則稱 Problem-Solver 變成 Problem-Creator（問題解決者變成問題創造者）。那些在辦公室內不好好工作的冗員，常是創造問題（或稱搗蛋）的人員，最令主管頭痛。好的經理人員，好的主管人員，就應該是勇於負責的問題排解人，不是問題的哼、哈、推拖者（指推開，拖延問題的不負責任者）。

二、發掘問題是決策之前提(Problem Discovering)

所謂「問題」(Problem) 是指「期望目標」(Expectation) 與「實際情況」(Reality) 間之「差距」(Gap)。見圖 10-2。凡是「差距」越大者，「問題」就越大；無「差距」者，就是無「問題」；無法發現「問題」者，就不知道要設法解決問題，也就連帶地，不需要「決策」。我們可以到處發覺，許多機關的營運成果不佳，可是其主管人員卻不拿出辦法來改進，真令人不解。其實是其主管人員不知道有問題存在，或是雖知道問題所在，卻拿不出決心，來尋找對策以解決之。

1. 有「期望目標」(Expected Objectives)，即有上限 (Upper Limit)

---

3. 比較上、下限之差距 (Gap)

---

2. 有「實際情況回報訊息」(Feedback Realities)，即有下限 (Lower Limit)

圖 10-2 發掘問題之要訣（即比較「目標」與「實際」之差距）

我們可以很有把握地認為，能「發掘問題」乃是導致「改進措施」或「改善措施」(Improvements) 的先決條件，不能發掘問題乃是任令成果敗壞之主因。一般而言，一個主管人員沒有發現他所做的工作是否有問題，或一個學生沒有發現他所讀的課本是否有問題，可能來自四種沒有「差距」之情況，其中只有一種是正常的好現象：

第一種無差距情況：他根本沒有在事前設定期望目標（即無上限），所以雖在事後有實際情況回送訊息（有下限），但因無「上限」，所以不知上、下限之差距有多大。此暗示，管理工作應有「目標」(Objectives)，即上限。

第二種無差距情況：他沒有事後實際執行情況之回送訊息（即無下限），所以雖事前訂有期望目標（有上限），但因無「下限」，所以也不知上、下限之差距有多大。此暗示，管理工作應有「情報回送」(Information Feedback)，即下限。

第三種無差距情況：他既無事前之期望目標（即無上限），亦無事後執行實況之情報回送（即無下限），所以無上、下限之存在，根本不知差距何在。此暗示，無目標、無情報回送的好好先生，不是良好之管理者。有云「好人不一定是好經理」(A good man is not necessary a good manager)。

第四種無差距情況：他在事前訂有目標（即有上限），在事後亦有實情回報（即有下限），但兩者相符，上、下限之差距很少或等於零，所以沒有問題 (No Gap, No Problem)。只有這種情況屬於良好現象，而第一、二、三種皆非良好現象。

中央政府級之全國政治、經濟、法律、科技、人口、文化、社會、教育等總體問題，地方政府級之政、經、法、技、人、文、社、教等問題，企業級之銷、產、發、人、財等問題，以及家庭級與個人級生、老、病、死、婚嫁、謀職、進修等等「問題」(Problems) 的發現及改善創新，都屬於類似的分析過程。

「問題」之存在來自於「差距」之存在及被發現，已詳述如上。但是「問題」之性質又有「目前性」與「未來性」(Present or Future) 及「改進性」與「麻煩性」(Improvement or Troublesome) 之分，如圖 10-3 所示。所謂「目前之麻煩性」問題指

該「差距」若不能馬上設法消除，則對公司或個人會發生不良後果，如倒閉、停工、死亡、不及格等等。

圖 10-3　「問題」之種類

所謂「未來之改進性」問題指該「差距」若不馬上解決，對公司或個人都無不良影響，但若能解決，則有很好影響。

三、人無遠慮，必有近憂(More Long Term Decision-Makings)

凡是正常人，尤其經理人員，無法免除使用腦力以解決問題之心理負擔（俗稱「傷腦筋」），只是有為「近期」問題或「遠期」問題而用腦之區別而已。古人有云「人無遠慮，必有近憂」，意指我們若不為未來性之改進問題花用腦力的話，則必然會為目前性之麻煩問題焦慮。若改為經營管理方面的文字來說，則可換為「經理人員若無長遠之未來計劃，則會被臨時性之難題所困」。為未來改進性問題而決策，可稱為「計劃」(Planning)，為目前麻煩問題而決策可稱為「救火」(Fire Fighting)，如圖 10-4 所示。

圖 10-4　「決策」與「計劃」之關係

既然人總是無法免去使用腦力以解決問題之負擔，所以「有效經理」(Effective Managers) 寧願多遠慮而少近憂。因為「遠慮」所能運用之對策遠比「近憂」的對策

為多。凡是一天到晚為目前性問題而忙得團團轉的人，如為每日下午三點半銀行停收支票款項而到處借錢周轉的人，必然是屬於經營上已生病的現象。經理人若處於此種緊迫景況，當然無能力也無意願為遠期之經營改進花用腦力，所以事業前途自然堪虞。因此，我們奉勸想做「有效經理」的人，應設法避免掉入「近憂」救火的泥沼，否則一經掉入，身不由己，最後必然出之以「歇業」或「倒閉」之途。假使你要去評鑑一個國家或一個企業或一個人是好、是壞，除了看他「目前」財務盈虧數字之外，還要用非財務數字的「遠慮」項目來打分數，如研究創新活動 (R&D)，人才培育活動 (Training and Development)，知識學習及管理品質活動 (Learning and Management Quality)，制度改善及電腦化活動 (Systems and Computerization)，市場行銷 (Marketing) 及顧客滿意改善活動 (Customer Satisfaction)，社會責任履行活動 (Social Responsibility) 等等，這叫做「平衡計分卡」(Balanced Scorecard) 評鑑方法，而非「偏頗計分卡」。美國教授柯甫蘭 (Kaplan) 及諾頓 (Norton) 在 1992 年《哈佛商學評論》(*Harvard Business Review*)1–2 月份上就以〈平衡計分卡〉為文，鼓勵經理人員應同時利用財務性衡量指標及非財務性之營運指標來綜合衡量一個企業之優劣，以糾正往昔只看重財務之「結果」數字，而疏忽眾多非財務之「原因」活動。這種強調對股票上市公司特別重要，因財務數字容易被作假，若只靠它來判斷，被騙上當的機率高；反之，用平衡計分法來判斷，被騙上當機率就低。

四、使用腦力是創新去舊的功夫(Mental Process as Innovation)

所謂「用腦過程」(Mental Process) 是指使用「大腦」來思考創新構想 (Innovative Ideas) 之連續性步驟 (Sequential Steps)，而非隨意猜測、或呆板守舊之定點 (Static Point) 反射作用。

人之能異於禽獸，乃是人比較能運用大腦之創新功能，克服舊環境之束縛，而非人之體力大於禽獸所致。無疑地，人的體力在動物世界裡，算是很微小的一類，若光以體力來與大環境及其他動物相抗衡，人必淪為其他禽獸的奴隸或食物。今日人類能為萬物之首，實在是得力於運用大腦的創新及創造功能。換言之，我們是以「無形」的力量（大腦之力）來制服「有形」的力量（身體之力）。在經營管理上，經理人員也是在以其無形之腦力來運用部屬之力量（包括腦力及體力），達成目標。所以當主管人員在決策時，必須依賴其本身腦力及幕僚部屬之腦力，來尋找較佳對策 (Better Alternative Solution)，以解決問題。假使只靠主管人員一人之體力來解決問題則其作用甚屬有限，務必運用有創新性之腦力，才能成全大事。所以古云「將在

謀不在勇」；政府機關的中央級領袖，地方領袖及企業的各級主管人員，都應是以「智」，以「謀」掛帥的人才。

假使一個人的腦力不夠用時，必須設法借用他人的腦力，以為補充。俗云：「三個臭皮匠，勝過一個諸葛亮」，即是指三個看來平凡的人，其腦力的集合作用，常比一個自認腦力甚佳之人的能力來得強。

五、人人應做「大腦專家」

人腦原有「大腦」與「小腦」之分，大腦主管「去舊布新」(Creative) 的思考作用，小腦主管「固守舊規」(Automatic) 之反射作用。決策過程要借重的是大腦的創新突破作用，而非小腦的固定陋規的作用。我們常稱勤於使用大腦，解決問題的人為「大腦專家」(Big Brain Experts)。也稱那些只用小腦追思舊制，不知解決問題的人為「小腦專家」(Little Brain Experts)。有人戲稱阿兵哥是「四肢發達，頭腦簡單」，乃是指其只遵循一個命令一個動作，沒有命令就不知思考變竅，以解決問題。主管人員最應運用大腦的創新作用，不應成為「四肢發達，頭腦簡單」的人。

人類的大腦越用越好，越不用越會「生銹」，終久失去作用，所以我們不必為大腦的過度使用而擔心。人的大腦細胞據說有十億個，一般人只用一億個，還有九億個可供使用。大腦用得越多，腦的微血管就越密布，智慧就越高。腦力的創新作用是解決問題的決策靈魂，人無腦力作用，決策即失作用，此為吾人必須謹記之要點。所謂「天下無難事，只怕有心人」，即是指只要我們知道使用大腦的創新去舊作用，天下沒有不能解決的難事。反之，我們遇事推諉，不肯用頭腦去想辦法，則寸步難行，變成「天下無易事，只怕無心人」。

第二節　決策的科學分析方法 (Scientific Analysis Process of Decision-Making)

一、決策應走系統性分析途徑 (Systems Approach for Decision-Making)

第一節說明「決策」行為到處存在於經理人員的生活中，它是一種使用大腦的思考活動，我們應重視未來改進性 (Future-Improvements) 問題，多多使用大腦細胞，而不應任由可用之大腦細胞荒廢不用，等候危急事件發生干擾我們的行動，束手

無策。

　　人們若能好好運用決策的科學分析方法，也就是理智分析方法 (Rational Decision Analysis)，並充實各種管理知識及專業知識，則可走遍天下，在各行各業出人頭地。本節專門詳細介紹理智性、科學性之決策分析步驟，亦稱為系統分析步驟 (System Analysis Procedure)，因為「決策」之最簡單意思是「選擇」一個對策，在選擇之前，可能多作分析，也可能不作分析；而在「分析」時，又可能「系統」或「全盤」性（稱 Systems Analysis），亦可能「局部」性（稱 Partial Analysis），見圖 10–5。我們講求現代管理，當然主張走系統性決策分析之途，所以今後在處理各種管理問題時，以系統性分析為決策基礎。

圖 10–5　決策分析

　　所謂系統性分析包括二層意思，第一層為系統組成因素 (Elements) 之尋找及考慮應該「廣而深」，而非「狹而淺」。第二層為各因素間之順序排列合乎邏輯推理關係 (Logical Relationship)。假使我們面臨一個採購或晉升問題，在做選擇決定前，若有十個候選對象及十個限制因素應加考慮，但是我們只考慮三個對象及三個限制因素，則很明顯地，我們是走局部分析法，而非系統分析法，見圖 10–6。尤有進之，我們若將這十個候選對象及十個限制因素，不按重要性順序排列，則所選三個對象及三個限制因素，可能是最不重要的。如此一來，此種局部性分析的結果，一定不會導致良好的決策，其後果當然堪憂，此乃不走系統分析途徑之必然風險，吾人不得不小心。

圖 10-6　決策之系統分析與局部分析的差別

二、理智決策之科學分析七步驟(Seven-Step for Scientific Decision-Making)

不論問題的大小，其決策分析若遵循下列七大步驟，見圖 10-7，當可獲得較理智而客觀的成果。此七步驟為「斷」（診斷）、「圖」（意圖，目標）、「方」（方案，對策）、「慮」（考慮限制因素）、「評」（評定比重，分數）、「選」（選擇一個較佳對策）、「測」（檢定測試），逐一說明如下：

(1)「斷」：確定中心問題 (Identifying the Central Problem)——亦即「診斷」(Diagnosis) 問題的來龍去脈，發掘根因 (Root Causes)，以利對症下藥。此步驟包括 SWOT 分析。(S 代表強點或優勢 Strength；W 代表弱點或劣勢 Weakness；O 代表利基或機會 Opportunity；T 代表危險或威脅 Threat)

(2)「圖」：確定真正意圖目標 (Identifying Objectives)——亦即靜心澄清解決此問題之最後目的或意圖，以掃除含糊不清之障礙。沒有搞清真正底牌意圖，把中間手段當最終目的，常誤導方向。

(3)「方」：尋求可行備選對策或方案 (Searching or Developing Alternative Courses of Action)——亦即用創新力及專業力，列出各種可以用來解決問題之候選，備選對抗辦法。此步驟之廣狹度關係到此決策是否系統分析或局部分析。

(4)「慮」：尋求相關考慮因素或限制因素 (Searching or Developing Relevant Factors or Constraints for Consideration)——亦即用創新力及專業力，列出各種對策所可

圖 10–7　理智決策之科學分析七步驟──「斷、圖、方、慮、評、選、測」

能牽涉到的利或不利的考慮因素。此步驟之深淺度也關係到此決策是否系統分析或局部分析。

(5)「評」：評定分析各種備選對策或方案之優劣後果 (Analyzing Consequence of Alternatives)──亦即以應考慮之限制因素（第四步）來評估各備選方案（第三步），

用比重 (Weight) 及評比 (Rating)，將各備選方案之優劣處，予以數字化或偏愛明朗化。

(6)「選」：選擇一個較佳對策與方案 (Making a Choice from Alternatives)──亦即從各有利弊之備選對策中，經過比重與評分的綜合考量與比較下，此步驟就是整個決策思考過程的集中點，「選定」一個對策，選定一個比較能達成目標之對策，以利付之執行。

(7)「測」：檢定或測試此選定對策之可靠性 (Testing the Chosen Alternatives)──亦即在正式大規模執行此決策前，先做小規模測驗或預先表演，以觀真象，以確保「決策」的成功。

上述這些步驟可以時常出現在各種數量性分析技巧的說明中，如「作業研究」(Operations Research)，「系統分析」(Systems Analysis)，「系統工程」(Systems Engineering)，「成本效益分析」(Cost-Benefit Analysis) 等等，因為這些數量性分析技巧的本身，就是一種決策分析的工具，所以其思考步驟的相同，一點也不值得驚奇。換言之，決策分析可以是數量性的分析，也可以是非數量性分析，但最好都是理智性分析，不要是感情衝動性分析。

再者，上述七種分析步驟只是理論上較周全的說明，並非說所有問題的解決非完全經歷此七步驟不可。只是在理論上，若依照此七步驟走，絕對不會出差錯，雖然所用時間會多一些而已。事實上，日常遇見的小問題之解決過程，雖亦可能具有此七步驟，但其為時甚短，短得幾乎七個步驟連在一起，所以在感覺上，好像從第一步就跳到第六步，成為習慣性的行為，不必再用大腦去思考。尤其是那些重複性出現的問題，其解決方法常從「作業制度」一查即知，成為「例內管理」的自動化作業。不需動用到大腦或高階人員的決策力。

對比較重大的問題而言，若能依循此七步驟來思考解決對策，終此亂跳亂找之方式，可以找到「良」策，所以我們稱此七步驟為科學分析步驟 (Scientific Analysis Procedures)，不受時間、地點、行業、事項及個人之限制，到處可行。既可應用於國家大事，亦可應用於公司業務，更可應用於家庭及個人事務之處理。本章及十一章各節將詳細說明決策七步驟。

第三節 診斷問題──決策之第一步 (Problem Diagnosis ──The First Step of Decision-Making)

一、「診斷」是確定中心問題的要徑(Diagnosis for Root Causes)

如上所述,「決策」是尋找對策以解決問題的思考過程,所以其第一步驟是詳詳細細確定「問題」的根因中心為何。所謂「問題」,原指「期望目標」(如每月預定銷售 500 萬元) 與「實際情況」(如該月結算實際只銷售 300 萬元) 間之「差距」(見圖 10-2 所示)。此種差距 (即短銷 200 萬元) 的「根因」(Root Causes) 必須診斷出,才能對症下藥,否則僅對其表面「病徵」(Symptom) 下藥,常會帶來副作用,演變成得不償失,甚至越醫越糟糕的後果。

診斷問題根因 (而非表面病徵),通常是醫生替人治病的第一步驟,與經理人解決企業問題之方法完全一樣,所以有人稱「管理顧問專家」乃是「企業醫生」,其為人解決問題的步驟與醫生相同。

二、良好診斷之三目的(Purposes Of Doing Diagnosis)

良好診斷的第一個工作目的是找出「期望」與「實際」間之真正「差距」或「缺口」(Gap) 所在位置;第二個目的是找出造成此缺口之「原因」(Cause) 或妨礙達成原定目標之關係 (Relations),以便將來尋找對策時,確認應有之限制 (如時間、金錢、人事、政策等等)。第三個目的是發現「似曾相識」的類似舊情境,以便套用舊辦法即可解決 (即例內管理)。

就全盤而言,除非診斷做得好,否則以下決策步驟常會被誤導方向並浪費巨大資源,勞而無功。醫生在開刀下藥前,必須做好診斷,才不會下錯藥或開錯刀,甚至把病人醫死了。相同地,企業診斷必須做好,才能提出解決辦法,否則把人事問題當成生產問題解決,再怎樣努力,也不會產生好效果。

一般行政機關或企業的經理人員,常常疏忽詳細診斷的功夫,而希望採取快速行動,力求立竿見影,結果只做了短視的皮毛功夫,無濟大事。譬如一位總經理發現公司銷售業績不佳,就馬上採取廣大的促銷活動 (Sales Promotion),而不理此種活動是否針對適當之目標顧客,一味「下藥」,花費大筆金錢,可是最後業績依然不振,非常不服氣,請管理顧問前來診斷,發現這位總經理正在衰退的市場區隔中努力衝

鋒陷陣，雖然其促銷活動做得轟轟烈烈，可是斬獲很少，因為顧客根本沒有幾位，即使在促銷開始的頭幾天尚有銷售成績，可是好景不常。假使這位總經理耐心一些，在一開始就對業績不振的問題，做詳細的診斷，找出根因，而非病徵，則可避免花費一大筆的促銷成本，老早就放棄此衰退市場區隔，另找有希望的新市場區隔。

一般來說，決策過程中良好的診斷工作必須包括三大要素，可以下列問題來表明：

⑴到底目前實況與原來期望兩者之間的差距缺口 (Gap) 何在？有多大？

⑵造成此差距缺口的間接原因及直接根因 (Root Causes) 為何？

⑶是否上一級目標或較廣大的環境 (Context) 造成本問題之發生？或本問題之發生乃是上一級的目標或環境所造成的？

（換言之，本問題若是上級造成的，則「解鈴還須繫鈴人」，可從上級著手解決）茲將此三問題之內涵逐一說明如下：

三、尋找「差距」，作為改進機會(Finding the Gap)

診斷的起始步驟是尋找原來認為「正常」(Normal) 的情況為何，譬如一個健康正常的人，其體溫、呼吸、脈跳、大小便……等等情況如何。假使一個企業機構原先未訂有各種認為「正常」的目標條件 (Standards)，則甚難做是否「不正常」(Abnormal) 之診察。此時，經理人只好憑主觀感覺「不太對勁」或「好像可以再好一些」的第六感來診察。感覺敏銳的經理人可以在事件未變成不可收拾之前，憑感官覺察「不正常」之存在，尚屬萬幸；反之，感覺遲鈍的經理人，則無此幸運，常在事件已經變得很不正常，不可收拾時，尚「處逆境如順境」。此種不建立制度化之目標，以供診斷時比較參考的作法，甚為危險，有如行走空中鋼繩（而非坦途大道），完全因經理人第六感之差異而定勝負，「以人治理」，而非「以制度治理」之不良現象莫此為甚，值得我們警惕。

通常我們很容易患「含糊其詞」(Ambiguity) 的毛病，以致造成無法清楚診斷的困難，譬如我們聽到某經理說：「高雄地區的銷售業績應該會大大地改進」，或「我們的行政服務部門能力很強，可是並未發揮潛力」等時，總會感到迷糊，因為何謂「大大改進」？何謂「能力很強」？假使該經理能更清楚地把話說明白，如「基於本公司各地區業績紀錄及調整各地區之客觀因素，高雄地區之業績應該可以在不增加費用之前提下，提高銷售業務 20%」，或「基於人數、經歷、年齡、及設備之條件，及與其他公司之比較，本公司行政服務部門應該可以把會計、出納、採購、及文書

服務做得水準提高一倍，可是卻沒有做到」，則大家可以更容易地確定「期望」(Expected or Desired) 與「實際」(Actual) 間之差距，作為改進的機會。所以對有心改進績效的人來說，勤於設定明確目標，勤於尋找事實資料，並檢討差距之存在，乃是必要措施。

四、尋找「根因」，作為擬定良策之對象(Digging Root Causes)

在確定差距 (Gap) 存在之後，必須再尋找根因，才能對症下藥。因為世間人與事之交錯複雜，要想尋找根因，並不容易。假使不花下相當功夫，可能找到的只是不相干的「副因」而已，並非「正因」，也可能找到的是下游的「果」，而非上游的「因」。甚至於找到的可能是表面的徵候，而非主因。尋找根因的要訣可分為二，第一為尋找主要障礙 (Key Obstacle)，第二為由表面追到裡面 (From Surface to Root)。茲舉一例以明之。

譬如在冷凍食品 (Frozen Food) 初次上市時，製造商馬上遭遇困境，因為銷售量未能達到預定期望水準。為了消除此種「期望」與「實際」間的差距，廠商就直接想到可能是消費者興趣尚未培養起來 (Not Interested)，所以採取廣告策略似乎是一個合乎邏輯推論，因為假使消費者不瞭解冷凍食品的特性及優點，絕不會有購買的慾望。可是當此廠家再做一陣廣告，稍見銷量上升之後，依然不滿意整個銷產情況，所以決定再追查為何市場顧客對此產品的認知 (Perception) 如此之不好。

經過小心調查研究之後，發現雖然消費者對於冷凍食品尚屬初見，興趣尚未普遍培養，可是真正銷售不振的原因是零售商不願儲存足夠 (Stock Not Enough) 分量的冷凍食品，供消費者選購。而零售商之不願儲存足量的原因，是來自於避免投入幾萬元在冷凍食品展售箱之購置上。假設廠商能繼續投下大筆金錢在冷凍食品廣告上，刺激消費者之需求，則零售商也許願意改變想法，花幾萬元投資在展售箱上，但是在目前零售商合作程度尚很冷淡之階段，廠商的此種作法，必冒很大風險，不值得一試。不過由於追查主要障礙，從表面追到裡面，發現真正根因在於冷凍展售箱之購置投資上之後，此廠商已掌握要害，可以設計出替代對策，如安排展售箱之租賃 (Leasing) 或貸款 (Loaning) 之方法，來改變猶豫不決之零售商之態度。

在 1965 年，C. H. Kepner 及 B. B. Tregoe 曾出版《理智經理人》(*The Rational Manager*, McGraw-Hill) 一書，也建議兩種追查根因的方法。第一法為集中注意力於「目標已達成」及「目標未達成」之情況間的「不同」(Differences between Situations Where The Desired Goal Is Realized and Those It Is Not)。第二法為尋找「反面證據」

來擊敗假想原因 (Power of Negative Thinking)。

就第一法（不同情況法）而言，可舉某業務經理尋找其現場業務代表為何不能如期呈交報告之原因來說明。譬如有 60 位業務代表分布全省，其中有 30 位如期交來報告（銷售及盈虧），但 30 位不能如期交來。兩者間之不同可能來自於「人」或工作「環境」的原因。經過追查之後，也許可發現那些遲交報告的業務代表只集中於某幾個地區，因而可以針對這幾個地區採取改正或補救措施。反之，若這些遲交報告發生於所有地區，則改正措施亦必不同。

就第二法（反面證據法）而言，乃是針對人類行為弱點而發，因為每當一位經理人對某一問題假想出一個原因 (Hypothetical Cause) 後，自然就會想出上百個正面理由來支持它，使得我們迷失了方向。所以最好的方法是在假想出原因後，應從反面來想，找出可以否定該原因之證據，若逐一反想都無法擊敗該假想原因時，該假想原因就可以成立，據以思考對策以解決之。

追查根因之通俗說法可以用「為什麼 (Why)？為什麼？為什麼？」之「打破砂鍋問到底」的連問方式來表示。譬如一位 60 歲的老年人深為散光眼及頭痛病所苦，請醫生治療，眼醫斷定其原因為眼力衰退，所以為其配雙焦距眼鏡，可是此老年人不習慣戴此種眼鏡，竟然摔倒而傷及臀部，又請醫生治療，外科醫生斷其原因為血壓過高，以致散光及頭痛，所以為其配新食物法及藥物，以改正其高血壓。可是後來他去看牙醫，牙醫發現其蛀牙嚴重，傷及神經，所以飲食不順，引起高血壓。當然這些病徵性的原因，皆未真正指出此老人散光眼的根因——即年紀太老。不過這些醫生若自始就能一步一步追查散光眼及頭痛的各層次原因，以致最後「年紀太老」的根因，則可拿定較佳處方，即使無法治療年老，但至少可以治療牙病。這就是為何要打破砂鍋問到底，然後逐步退讓，開取藥方，直到可以治療離根因較近之原因為止。

另有一例，說明此種「為什麼？為什麼？為什麼？」的追問方法。某公司正面臨員工陸續辭退之人事問題，其經理人可能馬上假想出其原因為「士氣低落」。但在實際上，此種假想尚不夠深入，因為若是「士氣低落」導致員工流動，那麼又是什麼原因造成「士氣低落」？是「訓練不足」？「督導不當」？「薪酬太低」？「福利活動太少」？或「缺乏獎勵措施」？倘若是「訓練不足」所造成；則其進一層的原因又是什麼？是「幕僚太少」？「設備不當」？或「課程不適」？倘若是「幕僚太少」，則其進一步原因又是什麼？是「預算不足」？或「找不到合適幕僚」？……總之，類似此種連續追問方法必須採用，方能找到真正之原因。

如果用 Why, Why, Why 追問根因時，發現造成問題之原因有多個，並且平行存在，此時則可用「魚骨圖」(Fish-Bone)「因素分析法」(Factor Analysis)，把第一層原因，第二層原因，第三層原因……呈現出來，如同魚的骨頭關係一樣，讓人一目了然，對比較重要的原因先下手醫治。見圖 10-8 所示。

圖 10-8 魚骨圖因素分析法

五、檢討上級目標及整個環境，以求直接解決(Upper-Objectives and Environment Relations)

有時候連續追問一個問題的根因，如同上面所舉例子，並不一定是最好的方法，因為若追問到窮處碰壁，也無可奈何。所以另一種替代途徑是檢討上級目標，反可以馬上獲得解決。譬如上面提到業務經理，為地區業務代表未能如期呈交報告所苦惱的問題，其問題可寫如下：

期望狀況：地區業務代表必須在下一個月開始的第五天內呈交報告。

實際狀況：有二分之一的業務代表未能如期呈交，總是遲延一至六天。

我們若是追求根因，當可查知是各地區皆發生相同情況，並採取一致或差異措施。可是我們若反過頭，先問「為什麼我們要求這些業務代表在下月份第五天內呈交報告呢?」也許回答此問題，就可直截了當地解決了遲交報告的問題。因為在事實上，第五天內交報告，只是一種達成另一高層次「目標」(Ends) 之「手段」(Means)而已，我們若能設法達成該目標，就不必在乎五天之內，呈交報告了。譬如該高層次之目標為「提供生產部門下個月份生產排程 (Production Scheduling) 之準確資料」，則我們可以設法改進儘速提交報告之內容，即要求趕快呈報已銷售產品之型式及數量，不必等整個銷售盈虧結算後才呈報，因為與下月生產時程有關的是產品型式及數量，而非盈虧結算。

無疑地，診斷問題根因時，連帶檢討上級目標，常常可以發現意想不到的良方，因為在組織結構裡，任何問題皆可連貫到較高層次或低層次之「目標一手段鏈」(End-

Means Chain)。我們若能從上級「目標」檢討之中，發現其「手段」之可修正性，則解決問題之良方就自然出現。所以解決問題時應「眼觀四面，耳聽八方」，「解鈴人還須繫鈴人」，「以夷制夷」，不可「埋首沙堆」或「緣木求魚」。

假使我們更進一步，把檢討上級目標程度，擴展到檢討更大的整個環境情況（可包括大環境，供應商、競爭商、顧客商，本身投入產出系統之強 (Strength)、弱 (Weakness)、危 (Threats)、機 (Opportunities) 等之 SWOT 分析），則尋找對策的自由度更大。譬如剛才談到解決地區業務代表遲交報告的問題，我們若更擴大範圍檢討，也許可以發現我們若多存一個月份的成品存量，則可減輕次月生產排程的壓力，進而輕緩業務代表呈交報告的時間壓力，一切問題皆在增加一個月存量的更高級措施下解決。俗語說，跳高一個層次看問題，解決辦法就在「欄柵處」（指在眼前），所以「曠野觀天法」遠比「祕室觀天法」高明。

關於診斷之祕訣很多，本文僅提供(1)明白確定差距，(2)追查根因（包括不同情況法及反面證據法），(3)檢討上級目標及整個環境等三步驟，供讀者參考。

企業主管人員所應澄清之目標順序，以公司利益為第一，個人利益為第二。在同一目標項目下，以長期目標為第一，短期目標為第二。因為事事以個人之短期目標為第一優先，則必易傷及他人目標，遭受反擊，到最後，反而得不償失。

六、可用決策樹圖形來澄清目標

普通在澄清目標所在時，可用決策樹 (Decision Tree) 方法，畫出不同組織層次之「目標－手段鏈」(End-Means Chain)，檢定自己目前所欲目標，是否處於低層次之「手段式目標」地位而已，而非高層次之「目標性目標」。圖 10-9 即是表示此種分析法。

我們遇事，若能把這種「目標－手段」體系，用樹枝形狀 (Tree Diagram) 之圖形表明出來，則有助於避免將「手段」誤當「目標」，而找到達成手段之下一級手段，以免把全盤棋打亂了。譬如有人未搞清真正目標為何，就借 6,000 萬元買下一棟大樓，買下之後，初想等房地產價格上漲，再出售，賺取差額投機利潤。但是一等二個月尚無人前來問津，貸款利息又高，不敢再等下去，結果又借 2,000 萬元裝修內部，硬將之當作百貨公司推出。二年下來，百貨生意不佳，貸款利息更重，終告周轉不靈，宣告倒閉，商場聲譽完全泡湯，負責人尚變成惡性倒閉之嫌疑犯，毀了一世英名。這是沒有澄清最初借 6,000 萬元買大樓（當時以為很便宜）之真正目標，所帶來的一連串禍患。假使當初看到標價 6,000 萬元的大樓很便宜時，馬上澄清購

圖 10-9 澄清目標之工具──「目標─手段鏈」

買目標，就不會走上被逼開辦百貨公司之錯誤旅途。

第四節 目標意圖之澄清──決策之第二步 (Identify Purposes──The Second Step of Decision-Making)

一、目標是一切管理活動之最高指導準則 (Purpose is the top guidance of management activities)

在「診斷」步驟裡，我們曾經一再提到檢討上級目標及整體環境情況，以利撥雲見日、急轉直下，找到解決問題的良方。可是許多問題的解決不能總是那樣幸運，而是需要走比較漫長的旅途，所以我們假設「診斷」後，問題根因雖已知，但在尋找備選對策良方之前，我們應平心靜氣澄清解決此問題背後所要的真正目標，以防迷途。因為「目標不同，手段必異」。在採取手段以前，必先確定目標，否則方向晦暗不清，隨便選一個不是真正要的目標，然後再努力去找一個配合的手段，執行後，才發覺所產生後果與真正期望的目標不符，才懊悔要求重改，必然有損時間、金錢、精神、及人力。

在「目標管理」(Management by Objectives, MBO) 的哲學裡，目標是一切管理活動的最高指導準則，所以此最高指導則不能不好好澄清。譬如有人購買公司自用飛機，但其真正的目標不是用來機動靈活視察全球業務，而是用來當誇耀的裝飾品，所以買後發現成本太高，也只好忍氣吞聲承受下來，此種麻煩的產生，是由於事先

沒有澄清自己的目標，只跟隨別人之時髦所致。

現有許多年輕人熱衷於出國留學，但是有絕大部分人沒有真正澄清他們的目標（如學習新知回國貢獻？學習謀生技能留美工作？逃避臺灣之不安定感？尋找結婚對象……），所以出國之後，日日為未來前途所困擾，亦為目前所侵蝕心靈，悔不當初，但又有口難言，實在不值得。

二、莫將「手段」誤為「目標」(Do not Take Means as Ends)

目標是目標，是「經」；手段是手段，是「權」。「經」不可變，「權」可以變，古云「審時度勢」「經權致用」，就是大英雄的行徑。

有很多人在想辦法解決問題時，把所要達成的長期不變之「目標」，意圖誤解為短期可變之「手段」，所以當該問題獲得解決之後，真正目標還是未達到，新的問題（即副作用）又產生了，使他們忙得團團轉，治絲益棼脫不了迷陣。譬如有人深感寂寞難熬，想找一位異性朋友做伴，但是他沒有把找異性朋友做伴的真正目標搞清楚，譬如是做終生伴侶（即結婚）呢？或是做短期露水鴛鴦，彼此殺殺時間呢？就著手尋找對策，結果花用大功夫所找到的異性朋友，不符所望，即行分離，甚至惹上一身麻煩，傷害身心，即是事前未澄清目標所致。

澄清真正目標，與診斷問題中心一樣，都應追根究底，不可含糊其事，以免選錯手段，悔恨莫及。

第五節　備選決策──決策之第三步 (Alternative Courses of Action—The Third Step of Decision-Making)

一、尋求「備選對策」最需專業知識及靈活創造能力(Expertise and Creativity to Find Alternatives)

在診斷出問題之根因，及澄清解決此問題之真正目標意圖之後，應尋求所有可能用來消除此問題（或去除期望與實際間之「差距」）之對策（亦稱「方案」或「辦法」），及其應該考慮的有關限制因素 (Constraints)。這些可能被採用之對策間，互相具有替代作用或對抗作用。換言之，若有甲、乙、丙三種對策可以用來解決某問題，甲若被選中，則乙、丙不用；若乙被選中，則甲、丙不用；若丙被選中，則甲、乙不用。甲、乙、丙三種對策都是預備給決策者選用的對象，我們通稱其為「替代方

案」、或「備選方案」、或「對抗方案」、或「候選方案」(Alternative Courses of Action or Alternatives)。無疑地，這些「方案」或「辦法」都是用來「對付」問題，與問題相戰鬥的，所以自然稱之為「對策」或「良策」。這些備選對策之被選定，端視其在各相關限制因素 (Constraints) 之優劣地位及成本效益而定。

對一個聰明才智高超，專業經驗見識豐富，並具有靈活創新想像力的決策者而言，任何問題都可以用一個以上之辦法來對付（解決），所以在選中其中一個辦法之前，為求萬全，理應先把所有可能之候選者及相關因素都尋找出來，並將之一一列在紙張上，以便清楚的考慮，所以此步驟亦稱為「列出可行方案」(Listing the Alternatives)。

對一個才智低劣，毫無專業經驗及思維遲緩之決策者而言，碰到問題常常束手無策，等候問題演變成不可收拾局面。所以培養靈活之思想能力 (Bright Ideas) 是良好決策的必要條件之一。此種靈活的思想能力可來自過去的「經驗」及未來的「創造」(Past Experience and Future Creativeness)。

二、從過去經驗中找對策 (Solutions from Past Experience)──「例內」及「例外」決策行為 (Decision-Making by Rules and by Exception)

最自然而便宜的對策尋找法，就是從自己及別人過去處理類似問題的經驗中，尋找可行對策，將之「依樣畫葫蘆」地套用新遭遇的問題上，此種方法亦稱為「援例使用」或「模仿使用」或「蕭規曹隨」。假使問題的性質相同，並一再發生 (Repeat)，而採用的對策亦是一再相同，則久而久之，此種問題解決過程會變成「習慣」(Custom) 或「傳統」(Tradition)，並淪為下意識之行為。假使此種解決方法甚為適當，後果甚佳，則成為好習慣或好傳統，不必花用很多人力、精神、及時間，就可解決問題，乃是組織結構中，最有效率的作法，所以有效的經理人員，在潛意識裡，都希望建立此種習慣性的良好決策行為，並將之寫成「作業制度」(Operations Systems)，授權下屬自動依例決定。

而在實際企業活動中，有效的組織，確實有必要依賴此種經驗性決策行為。所以企劃部門對重複性之事件處理，盡力設法制訂（及修正）合乎目標效率之政策 (Policies)、作業程序 (Procedures)、辦事細則 (Rules)、操作標準 (Standards) 等行為規範及作業制度，指導下級員工思想及行為之方向及程度，使之成為「例內決策」(Decision-Making within Guidance and Rules)，以對付極大百分比例的企業例行活動事項，而將極小百分比例未規定事項之突發性、間斷性決策事件，交由上級主管進行

創造性之思想過程，俗稱為「例外決策」或「例外管理」(Decision-Making or Management by Exception)。「例內管理」為「法治」（依作業制度來自動決策），「例外管理」為「人治」（依新情境來思考新方法）。前者應佔 80% 以上，後者不可高於 20%。

在職位層次上言，越下級的部屬，越應使用習慣性之「例外決策」行為，而越上級的部屬，越應使用創新性之「例外決策」行為。在企業活動的複雜性及競爭性而言，越簡單及無競爭的業務活動，越應使用傳統性之「例內決策」行為，因為它既便宜又適當；越複雜及有競爭壓力的業務活動，越應使用創新性之「例外決策」行為。

要從過去經驗中尋找對策，除了本人應在本行本業知識方面博學強記，交遊廣大，接觸頻繁外，尚應多讀有知識性及經驗性之雜誌、學報、研究報告，亦應多參加演講會，研討會，才能使自己的腦海裡，時時注入別人的經驗知識，擴大自己大腦細胞之作用，以便「舉一反三」，甚至「舉一反十」。主管人員千萬不可閉門造車，夜郎自大，剛愎自用，自認自己是天下最聰明的人，結果使自己的大腦細胞成為「一潭死水」，久而久之，變成「江郎才盡」，遇到問題發生，一籌莫展。

過分依賴自己或別人的過去經驗來解決問題，亦有危險之處，因為在目前網際網路超越時空限制的動態社會及劇烈競爭的環境下，處理過去類似問題有效的對策，不一定有效於今日的問題。尤其當顧客需求種類轉變（或口味變化），新技術出現（如新材料、新製程、新設備、新產品），政府管制法規增多又嚴格，同業及替代行業競爭壓力加強，員工態度及職業道德變化，以及消費者保護主義抬頭等等，往往使過去很「神通」的對策，在今日變成毫無用處。所以經驗雖佳，但卻不能「生活於過去」(Live in Past)，不能把今日當成昨日，否則越引用過去成例，失敗的命運就越快來臨，此乃何以我們尚須講求「從未來創造中找對策」，使我們生活於未來 (Live in Future) 之原因。

三、從未來創造中找對策 (Solutions from Future Creativity)——以「未來」為決策時間之導向 (Future-Oriented Decision Makings)

人類遭遇困難問題，會自然地思維過去，尋找經驗或教訓的解答。但此種習慣性的自然行為 (Natural Behavior)，若應用過於廣大，籠罩著所有人類生活行為，必然會妨礙走向更美好未來的機會。所以在企業決策裡，必須非常小心地提醒各主管人員，不可過分耽迷於過去的經驗 (Do not over-trust past experience)，而放棄大腦細胞的創新能力。前曾提及，人類之所以為萬物之靈，乃得力於大腦細胞之創新能力

(Big Brain Creativity)，突破過去舊習慣行為，創設更有效之新行為 (New Behavior)，並再使之成為大眾之習慣行為 (Custom Behavior)，以廣大之效果，之後又有更新的突破行為，改進原來舊習慣。如此層層創新去舊，終於趕過其他動物，而成為萬物之靈。反言之，其他動物之所以不如人類，乃是牠們少用未來導向性之大腦創新能力，而只遵用小腦之守舊能力，事事依照過去的習慣作法，雖然環境已變，亦無所知曉，亦無勇氣突破舊習慣及經驗，所以逐漸走向被環境主宰之命運。

企業經營是所有人類活動中，最具動態壓力的挑戰性工作，所以遭遇困難問題時，雖可利用人類自然習慣，在過去經驗中找找有否可用之對策，但卻萬不可沉耽於該等經驗，為其所困。反之必須將主要力量放在以未來為導向的創新過程中，力求突破改進，有效達成目標。

凡是所有決定增加某些「新而有用」(New and Useful) 因素之決策都可以稱為「創造性」決策 (Creative Decision)。有時候，人們會把重複或模仿 (Repetition or Imitation) 的作法也稱為創造性（譬如某廠在臺灣市場，首次仿製美國或日本的產品，在臺灣說，是屬於創造性）。可是人們往往喜歡採取比較嚴格的看法，認為創造性的決策，應是「不同」及「原始」(Different and Original)，而非重複或模仿。

通常我們會很容易地看到這些創新性的因素，譬如新產品的發明（尼龍），新製程的發明（金屬模造法），新機器的發明（工具機切削中心），超級市場 (Supermarket)，郊區購物中心 (Suburban Shopping Centers)，「提現金載貨走」之倉儲量販店 (Cash-and-Carry Warehousing Retailing Store)，無菌鋁箔包裝，自動倉庫 (Automatic Warehousing)，先進先出 (First-In-First-Out) 存貨管理法，衛星無線手機 (Wireless Cell Phone)，全球網際網路 (Internet)，虛擬金融 (Virtual Finance) 等等都是創新活動的成果。無疑地，每位主管人員在遭遇問題之時，就有想出新對策的創造機會。嚴格說來，若是有心人，他可以在整個決策過程中，充分運用創造的力量，改進決策品質，譬如在診斷時，在澄清目標時，在思考對策時，在尋找相關因素時，在評估優劣時，皆可使創造力發生作用。不過，通常我們最需要創造能力的時間，是思考對策及尋找相關因素之階段，因為對策及相關因素挖掘得越多，越能把「系統分析」的範疇建築得越大及越鞏固（見圖 10–6）。

不同的企業問題，需要不同的專業知識為後盾，來幫助創造力，思考出較多而合用的備選對策。所謂專業知識可分為「行業別」、「產品別」、及「企業功能別」（指行銷、生產、研發、人事、財會）。本章受篇幅所限，無法擴大包括前二者，但對第三者之決策範圍，將在本書以後部分列出。本節僅將列舉出一些有關創造力之共同

性步驟，以及有助於個人創造力與團體創造力之方法，供參考。

第六節　創造力的培養──決策過程的靈魂 (Cultivation of Creativity─Soul of Decision-Making Process)

一、創造力之發揮過程(Development Process of Creativity)

尋找良好對策以解決各種企業管理問題（如行銷、生產、財務、人事、技術、目標設定、手段選取、組織設計、權責劃分、用人、領導、溝通、激勵、情報回送、獎懲、糾正等等問題），是對人類創造力最大的挑戰，所以設法培養及發揮創造力，一向是講求有效經營的最基本要訣，也是發掘「腦礦」(Brain Mines) 的捷徑。

創造力的來源為廣深的專業知識及工作常識，但其具體性的出現，則大約遵行圖 10–10「專」「深」「孵」「頓」「研」之五步驟：(1)「專精貫注」(Saturation) 於某一特定問題，充分瞭解其來龍去脈；(2)「深思熟慮」(Deliberation) 各種構思，從各角度反覆檢討分析；(3)「孵化靜待」(Incubation)，稍安勿躁，使潛意識 (Subconscious) 發揮作用；(4)「頓悟明途」(Illumination)，豁然開朗，突然出現嶄新概念，呈現有利景象；(5)「研磨涵納」(Accommodation)，澄清該嶄新概念之真正適合性，或做必要研究、分析磨合涵納之修正適應，並將之明確書寫下來，徵求他人反應意見，而定最後對策之形狀，茲略述以上五步驟之內容，供參照。

(一)「專精貫注」(Saturation) 的階段──第一步 (First Step)

一個經理人員確實需要運用創造性的思考力 (Creative Thinking) 來解決特定的問題，因為專靠公司老舊的規則，無法一面真正解決問題，一面又達到目標。對每一特定情況而言，他都必須小心謹慎，將其注意力放到「對」的地方；不可粗心大意，隨便找個地方，簽註兩字，敷衍塞責，就認為已經「做」了。對這位經理人員而言，「專精貫注」的階段，通常需要充分熟悉該問題之「本身」，該問題之「歷史」，該問題之「重要性」，該問題與本企業其他部門之「關係」，以及該問題之「環境結構」。無疑地，假使一個主管人員已經面對該問題有一段相當長的時間，並且也參與此問題之診斷過程，他對此問題有很深入瞭解，已走過「專精貫注」之階段。反言之，假使他是一個初次接觸該問題的人員（有許多幕僚人員常屬此種情況），他若能先讓自己充分浸潤在問題之背景資料裡，則很有可能提出有用的貢獻性見解。簡言之，只要是參與問題解決過程的人，專精貫注於問題之來龍去脈，必是他培養創造

圖 10-10　創造力之發揮過程——「專、深、孵、頓、研」

力，尋找良好備選對策的最有力步驟。

（二）「深思熟慮」(Deliberation) 的階段——第二步 (Second Step)

　　不管對過去事件的認識有多完整，「知識」(Knowledge) 本身並不能自然地產生創新的構思。換言之，「情報」(Information) 或「知識」必須再三加熱研磨，直到進入「心智消化」(Mental Digestion) 或「融會貫通」的程度，才有產生創新構想的可能，因為我們常常不知道原先觀念的某一套定點會產生突破 (Breakthrough)，所以沒有人敢百分百說在手中現有的資料應如何分析才對。

　　有人分析艾克森美孚石油公司實驗室所獲得之 144 種專利構思如何發明，得到五類方法，第一類為尋找某特定產品或製程之新用途 (New Use)。第二類為尋找替代 (Substituting) 現有工作之方法，甚至在別的學科方面設法；第三類為純粹在理論或推理上思考 (Theorizing)；第四類為到實驗室內進行實驗工作 (Experimenting)，以見

分曉；第五類為及時認識「幸運事件」(Lucky Accident) 的出現。那些擁有眾多發明構思的發明家常常因時、因地、因物而彈性地採用上述不同之方法，並不拘泥於某一特定方法，由此可知培養創造力的廣泛境界。

雖然從「知識」到「創新構思」之間，並無單一而且確保成功的方法可循，但是「深思熟慮」的階段通常包括三小步驟：(1)分析 (Analysis)；(2)建立關係模式 (Relationship Pattern)；(3)使用重新安排或組合 (Rearrangements or Combination) 手段。

（三）「孵化靜待」(Incubation) 的階段——第三步 (Third Step)

假使我們足夠幸運的話，也許在「專精貫注」及「深思熟慮」二階段之後，就可以領悟許多有用的備選對策的構想，而直接轉到第五階段的「研磨涵納」，而不必逗留在第三階段。

不過，不是所有問題的解決過程，都能如此容易。有時，不管如何用力辛苦深思，也不能發現真正有用的辦法。此時，若再回頭從另一個角度著手，也許會反而增加困擾。此種情況經常發生，不值得驚奇，所以許多學者將之列為創造力發揮過程之一。當面臨此種毫無進度之「困厄」情況時，處理的對策甚為簡單，即是暫時將整個問題擺在一邊，讓身心清靜一下，也許出去釣釣魚，跑跑步，看一場電影，聽一場歌，欣賞欣賞唱片，整理整理花草，散散步，或做一些其他可鬆弛身心的活動。當然，在此時，我們因已「插手」管此事，自然不能真正「洗手」他去，而是將問題暫時交給我們「次級知覺」(Subconscious Mind) 去處理，使其孵化靜待一下而已，等我們身心輕鬆，腦力清醒之後再接手回來思考。

（四）「頓悟明途」(Illumination) 的階段——第四步 (Fourth Step)

在碰到困厄之境，束手無策，無法突破，而暫時讓心情放鬆，使問題置於孵化靜待之後，經常可以頓悟明途，豁然開通，或觸類旁通，產生有用之構思。譬如瓦特 (James Watt) 發明蒸汽機之解決辦法，就是在星期日下午出外散步中得到的。又如我們要撰寫論文稿件，在百思不得要領之際，常在乘車或如廁之時忽得明燈，凝成具體綱領。此種頓悟明途的現象到處可得，不足為奇，只要我們有心堅持，問題總有辦法解決。

有人會問，為何思維線索已陷困境，尚能頓悟明途？學者的解釋可分為二種，第一種解釋為我們在「專精貫注」階段所下的背景研究功夫不夠深，所以會陷入困境。第二種解釋為我們的「半知覺」(Semi-consciousness or Sub-consciousness) 能力甚強，當我們「全知覺」(Consciousness) 能力無法克服思維困難時，將之交付「半知覺」處理，可以得到意想不到的效果。在佛學有五官八識。如「色」、「聲」、「香」、

「味」、「觸」、「法」六識為全知識而「莫那」(Mona) 識為「半知覺」、「潛意識」是第七識。「阿拉耶」(Alaye) 識為「無意識」(Unconsciousness) 是第八識。

至目前的研究顯示，人類「半知覺」的處理構思能力甚快，比電子計算機的能力並不遜色，所以我們可以在很短的時間內，夢見很複雜的事件。如「南柯一夢」，雙蟻大戰，如邯鄲途中「黃梁一夢」，一生飛黃騰達終被斬首之快。再者，人類「半知覺」儲存構思及重新組合構思間關係的能力，也比現有任何電子計算機為大，所以只要我們能善用此種機能，使「全知覺」定時輕鬆，讓「半知覺」發生作用，則可想出許多原本不知道的好辦法。

當然，在「半知覺」與「全知覺」之間，可能有一種「過濾」(Filter) 的機能，使「半知覺」所處理的眾多構思經過過濾器，讓較佳或可用的構思到達「全知覺」之世界。雖然此種「全知覺」、「半知覺」或「次知覺」(Sub-Consciousness) 及「無知覺」或「不知覺」(Unconsciousness) 三者之作用劃分有待進一步研究，但是在開發創造力的過程中，我們確實需要⑴會很輕快地放棄一大堆無用的構想，⑵同時也會很快地認識或抓住有用的構想。經驗告訴我們，「良機稍縱即逝」，好的構想若一出現而未能及時體認它，則必消逝於無蹤。為了減少此種可能的損失，所以有許多協助的方法可供人們利用，請見以下說明。

（五）「研磨涵納」(Accommodation) 的階段——第五步 (Fifth Step)

通常初次出現的良好構思並不一定以「完整形式」(Finished Form) 存在，而是需要進一步的研磨，使之成形，或需要進一步與其他構思核對、修正，以求涵納圓融，不生阻礙。譬如新材料發明的構思出現後，必須到實驗室去實地試驗，看看它是否真正能發生作用，所以將此新構思寫成公式，並試驗其正確性為研磨涵納之階段。

又如一曲新樂構思出現後，亦須將之寫成音譜，真正彈奏，試其真正美妙之處。在企業決策範疇裡，任何新構思出現，亦皆將之與實際世界印證，確定其應加修正、適應，甚至應加改換之處。換言之，在把「原始觀念」(Original Concept) 轉換為「具體建議」(Concrete Proposal) 以供他人檢定之中間，需要相當的研磨涵納功夫。

由以上分析說明，我們可以知道，創造力發揮的過程為⑴專精貫注⑵深思熟慮⑶孵化靜待⑷頓悟明途及⑸研磨涵納。在企業決策過程中，我們可以假設問題「診斷」及目標確定，已在這五過程以前即已完成，並有不少情報資料可供參考，所以創造力工作者，應是與其他工作者一樣，懷有明確目標及毅力恆心。

當然，為了真正實用起見，創造力之發揮必須借「個人」或「群體」之智力為

之，所以以下二小節特別介紹「個人創造力」與「群體創造力」之協助術。

二、個人創造力之開發(Development of Individual Creativity)

（一）自信心與肯用心 (Self-confidence and Willingness) 是個人創造力開發之要件

由以上分析，我們可以得到兩個結論，第一、創造力存在於任何有相當智力之普通個人身上，而不一定只限於「天才」；第二、要創造一個有用的新構想，必須花用相當之心力 (Mental Work)，所以創造力開發的要件可以說是⑴「自信心」(Self-confidence) 及「肯用心」(Will to Work)。一個具有豐富創造力之人的想像力，大多與其認識某特定問題之密集度 (Intensity) 與清晰度 (Clarity) 有密切的關係。

除了自信心及肯用心之外，個人創造力之激發方法，尚應注意三個準則，第一、認識心理障礙 (Psychological Barriers)，第二、改變特性 (Changing Attributes)，第三、觸類旁通 (Serendipity)，分別說明如下。

（二）認識心理障礙 (Recognizing Psychological Barriers)，有益創造力開發

雖然心理學家曾設法提高人類創造新構想的能力，但至目前尚無完全可靠的方法，不過他們已經確認「文化障礙」(Cultural Blocks) 及「認知障礙」(Perceptual Block) 是減低人們創造力的共同敵人，所以我們若能多認識這兩種心理障礙，必然有助於我們創造力之開發。

1. 「文化障礙」(Social-Cultural Blocks) 之認識

所謂「文化障礙」是指我們生活的社會有某力量，驅使我們個人的思想及行為，朝向群體之模式方向發展，由之壓制了個人創新力量的發展。無疑地，人是群體動物，所以我們在全知覺，或半知覺，甚至不知覺中，會調整我們自己的思想及行為，以符合我們同輩的生活方式及態度。假使我們偶有微小離異，尚可被接受，若太離譜，則甚難在此社會立足，此種外來壓制力量，確實會折喪個人的創造力。

再者，從個人而言，沒有膽識的人，也有寧願跟隨群體而行，不願做出與他人不同舉動的傾向，所以其想像力自然自我拘束，無法發揮。譬如我們的社會尚處於「先苦後甘」、「節約美德」的時代，所以分期付款購買者、蜜月旅行或購買奢侈享受品的行為，就被視為異端。

過分遷就社會既有的文化典型，不敢逾越，對於人類進步甚有害處，因為任何進步都是破壞現有典型 (Progress is obstruction)，若無特立獨行之思想，自然無法導致現有典型制度變遷之可能。從人類歷史的演進而言，所有的進步，都是來自某些

少數寂寞孤獨人士的夢想，而非絕對多數人士之滿足甜眠。這些夢想對人類長遠進步而言，甚為重要，因為「今日的夢想代表明日的實際」(Today's dream is tomorrow's reality) 文化障礙的危險，不在於社會大眾對個人創造力的壓制，而是個人過分自我節制，因而折喪他獨特、原始的貢獻。所以企業最高主管人員應設法，在群體生活文化典型或構架內，鼓勵個人的創造力與想像力之發揮，不應隨意以壓制、恐怖言論及手段折喪之，否則建設性之進步永不可期望。

2.「認知障礙」(Perceptual Blocks) 之認識

阻礙創造力發揮之障礙不僅文化傳統而已，我們個人對事件的偏頗看法也會阻礙。有一位心理學家曾做一實驗，拿六根火柴棒要求人將之構成四個三角形，並使所有火柴棒的頭尾相接觸。大部分的人皆無法做成，甚至中途放棄嘗試，因為他們皆以平面的看法來安排火柴棒，而不是以立體的看法來安排。「平面」看法乃是一般人的認知障礙。

有一個克服認知障礙而導致新發明的佳例，就是亞歷山大・佛來明 (Alexander Fleming) 發現盤尼西林 (Penicillin)。許多細菌學家多年來研究殺菌藥物，曾培植許多細菌供實驗之用，但是一直認為新培植之細菌上的黴只是無意中生出來的一種破壞物，它雖一再把細菌殺死，但科學家們卻沒有發現，它本身就是一種最佳的殺菌藥，而把被殺死的試驗品連同上面的黴一起倒掉，重新培植，到最後佛來明 (Fleming) 才恍然大悟，黴就是他們多年來「踏破鐵鞋無覓處，得來全不費功夫」的答案。黴之未能及時被確認，乃是細菌學家們認知障礙所致，他們的腦子裡，總認為殺菌藥必然是另一種化學品，所以一直在化學品內打滾尋求。

發明汽車的時候，人們也一直認為汽車只是「無馬的拖車」(Horseless Carriage) 而已，所以最初的設計是用馬達來代替馬，而不是用馬達來推車。最早時，人們也一直以為工程師 (Engineers) 只與工廠的生產設備有關係，與全公司的經營利潤無關，所以要把生產與銷售拉在一起，確實要花最高主管很多的心力與時間。

目前，很多國家的公營事業（包括金融事業、交通事業、製造事業及貿易事業）經營績效不佳，許多人士一直認為將「所有權」(Ownership) 出售民營是改善的最好途徑（即民有民營），而未真正想從「管理」(Management) 制度的企業化著手（即公有民營）。相同地，目前銀行體系之作為無法應付民營企業之需要，因而證券及投資信託公司大行其道，許多人認為應嚴加管制證券及授信公司之營業範圍，而未想到應促使銀行體系與證券、授信及保險體系採取現代聯合行銷作法，以擴大債權市場、股權市場及理財融資市場之作用。類似地，有不少很想做官的人，一直認為臺灣獨

立，就可壟斷做官的有限機會，但是沒有想到和大陸融成一體，用臺灣經驗知識領先的優勢，可以取得大陸廣大省、市、縣及中央當官的機會。想太狹，就是大障礙。

認知障礙的另一種來源，是以「兩方法」(Either-Or) 來劃分問題的解決辦法。例如有一家中型工廠，正面臨訂單供不應求的問題，但是缺少資金，高級主管們只在「增資擴廠」或「不增加擴廠」之兩對立辦法中大傷腦筋，這就是「認知障礙」的為害。事實上，此問題尚有許多辦法可想，除上述二種之外，第三，可以轉包給其他工廠代製；第四，可以將舊廠與擴建新廠一起出售給別人（如財團），然後再用租賃契約的方法長期租回來用，解決訂單源源不絕及缺乏擴建資金的雙重問題。

（三）改變特性，匯少成多 (Listing Attributes and Little Changes)

認識心理障礙可以增加創造能力之外，尚有改變問題或產品特性之方法，可以增加創造力。其作法可分三步驟，首先將所有重要特性 (Important Attributes) 一一縷列出來，其次選擇其中最重要的一個特性，詳加考慮改變或修正的各種交替方案，第三，逐一就其他特性做相類似之思考。此種「特性縷列，逐一改變」的作法，可以匯集許多微小的改變，變成重大的改變，所以可說是一種很有威力的創造力開發法。

譬如我們要發展一種新窗簾產品，首先我們把窗簾的重要特性列出，如：(1)阻止蚊蟲侵入(2)可以透光(3)可以透風(4)有堅固的架子(5)年年換新。其次我們挑「阻止蚊蟲侵入」的特性，思考可以改變的方法，而得(A)逐蟲臭味(B)電氣波(C)聲波(D)誘蟲小陷阱。第三，就其他特性，逐一思考可以修正之備選方案（略請讀者試一試，想一想）。

再如某一公司正想發展出一套主管人員薪酬計畫。首先將其重要特性縷列如(1)正常薪額，(2)個別獎金，(3)付款時間及方式，(4)調整方法。其次，先挑「正常薪額」來考慮各種可行方案，得(A)高基薪小利潤比率，(B)低基薪大利潤比率，(C)從最低主管比照他廠薪額開始，往上，則逢高低取平均數而定等等辦法。第三就其他特性逐一考慮。

（四）觸類旁通，意外之得 (Side Truck Serendipity)

一般而言，主管人員所關切的是有效達成目標，所以當他們在尋找辦法時，也常一心一意針對能達成目標的方向走，可是在此種心無旁騖的過程中，卻常常出現「有心栽花花不發，無心插柳柳成蔭」的意外收獲，在學理上，此種正打不著，觸類旁通 (Serendipity) 之技藝也是創造力開發方法。一個常用心力的人員，若有相當用心及內視能力，常有見物思他情之旁通奇蹟可得。

佛來明 (Fleming) 發現盤尼西林 (Penicillin)，也是觸類旁通之佳例（見前述「認

知障礙之認識」)。偉翰‧盧恩錦 (Wilhelm Roentgen) 發現 X 光，也是屬於意外之得。本來他是實驗陰極燈泡 (Cathode Tube) 的功能，無意中把一把鑰匙和一張未沖洗的底片板（以黑紙包裹）放在一個燈泡上，就外出。其研究助理在忙誤中，將該底片板沖洗出來，發現有該鑰匙的痕跡，盧恩錦 (Roentgen) 於是很感奇怪，追查為何陰極燈泡之光能穿過黑紙，所以發現原來是 X 光在作用。

在管理學上亦有觸類旁通之佳例。譬如人群關係學派之始祖梅友，在 1928 年於美國西方電器公司河松工廠進行實驗，其原先目的是證明工作條件之變化對工人生產力之影響關係，所以變化燈光、聲音、溫度等等因素，以觀察工人之實際生產力變化。可是實驗結果出乎意料之外，即工人間之社會關係 (Social Relationship) 及工人意願 (Willingness) 與領班合作之程度 (Cooperation) 會影響生產力，而工作環境變化對生產力之影響力不大，由之梅友等人發現工業心理學 (Industrial Psychology) 在管理上的重要地位，建立「人群關係」(Human Relations) 學說。

再者，名管理專家麥肯錫 (James O. McKinsey) 原先以會計及預算控制專家執業，充當企業顧問。很快地，他發現一個公司的預算很難制訂，假使該公司的組織結構不先設計清楚的話。尤有進者，該公司更應有明白而具體的目標及策略，才能把組織結構及預算編得有用。就此，麥肯錫忽然領悟，把力量花在改進計劃目標與策略，及組織設計方面的功效，遠大於花在預算及會計細節上的功效。所以他就創立了世界上有名的高階管理顧問公司。臺灣企業鉅子王永慶先生最早要辦的工業原是橡膠工業，可是在辦理登記時，發現橡膠工業已被登記，無獎勵措施可得，所以觸類旁通，改辦塑膠工業，終於造就了今日之台塑集團企業在石化、石油、電子、電腦、醫療、汽車各行業之雄姿，亦是一個佳例。

當然，觸類旁通有如神來之筆，其成果甚不可預期，而企業的永續發展也不能依賴此種渺不可及的意外之得。不過，我們不能否認它之可能出現，所以有創造力的機構及主管人員，應隨時醒覺，以抓住此種意外神筆，改進決策品質。

三、群體創造力之開發(Development of Group Creativity)

在合適的環境氣氛之下，群體合作所能創造出來的新構想比單獨個人所能創造出來的構想總會為多，所以目前許多企業已採用不同的方法來培養及開發員工的創造力，其中最有名的是「腦力激盪術」(Brainstorming) 及「逐步激盪術」(Synectics)。前者亦稱「動腦法」，適用於解決簡單問題，後者亦稱「作業創造術」(Operational Creativity)，適用於解決較複雜問題。

(一) 腦力激盪術之應用方法 (Application of Brainstorming)

「腦力激盪術」原為 1963 年奧斯本 (Alex Osborn) 描述一群人互相激盪構想，以解決問題之自由想像行為。在意義上，是指用「腦力」(Brain) 來「打擊」或「轟擊」(Storm) 問題，使之化解。在過程上，是利用眾人毫無拘束之自由輕鬆氣氛，來發揮人類最高的聰敏能力 (因為人若緊張就會失去聰敏)，所以若碰到一個人無法解決之問題時，可以將之提給一群人 (約 6～7 人) 的面前，請他們盡量想 (並講出) 可能的解決方案之構想，互相激發，並一一將之記錄下來，約過半小時至一個小時，即告停止。經過記錄整理之後，常可找到原來一個人無法想出的新構想，導致解決問題。

奧斯本舉出廣告界從業人員最常用此種「三個臭皮匠，勝過一個諸葛亮」的群體腦力激盪方法，因為廣告事業最需要創造力的開發，才能出奇致勝。許多廣告公司 (即廣告代理商) 的每一部門裡，幾乎都組有一個腦力激盪小組 (Brainstorming Group)，當新問題出現而需要新構想時，主管人員就召集小組成員到會議室或「腦力激盪室」(指布置高雅，氣氛輕鬆，設備齊全，邀人遐想的房間)，請大家提出可以解決之構想，不拘形式，不怕荒誕，不可批評，不怕可行與否，用筆記或錄音機將各人的構想記錄下來。當然，在其他機構，任何場合，凡是需要利用多人之腦力，皆可採用腦力激盪術，不一定限於廣告代理商才用。

為了使腦力激盪會議更成功起見，奧斯本提出下列「不批評」、「讓心飛翔」、「愈多愈好」、「借用別人」等四個規則，請小組成員遵守。

⑴不可以批評別人構想 (No Critics)：即對別人提出之構想雖有不合己意或過分荒謬之處，亦不可在當時即予以批評辯論，應等整個「構想製造」(Idea Generation) 過程結束後再提出討論。

⑵讓「心意」自由自在的「飛翔」(Free Flying)，即盡量保持氣氛輕鬆，不要嚴肅，使荒誕的構想「飛」出來得愈多愈好，因為要使氣氛「冷」下來很容易，要使之「熱」起來較難，所以應盡量設法維持熱絡自由的場面。

⑶製造愈多構想愈好 (More Ideas)：因為新構想激盪得愈多，將來整理後，找到可用的構想的機會也愈多。

⑷鼓勵借用別人構想加以組合或改善 (Extending Others)：即除了自己提出構想外，或延伸，或改善他人的構想，使之形成一連串的新構想。

主管人員可以利用此種方法來處理各種問題，例如：如何尋求汽車用玻璃的新用途？如何改進公司的認同感？如何設計新輪胎製造機器？如何改進高速公路的收

款方法？如何降低工人缺席率？如何簡化招標手續及防止圍標？如何防止公務人員利用手續規定索取紅包？如何對公營事業董監事會授權？如何改進公司董事長的集權弊病？如何加強董事會對總經理及各部經理之管理（公司治理）？等等。

　　普通一個小時的腦力激盪可得 60 至 150 個構想，其中大部分皆屬不切實際者，其他屬於平凡無奇者，只有極少數值得嚴肅的做進一步考慮。此一步驟事實上是屬於前述創造力開發過程的第四步驟「頓悟明途」。

（二）腦力激盪術之限制 (Limitations of Brainstorming)

　　依照過去經驗，腦力激盪術最有效力的使用場合是解決「簡單而確定」(Simple and Specific) 的問題。假使一個問題（或主題）有許多角度或層面可談，則討論將失去焦點 (Focus)。譬如一個問題內容很複雜，花很多時間去澄清，並且需要一點一滴寫下可能的解答方法，則將失去即席發言，隨意構思的可行性。此時解救困難的辦法是小心診斷，以掌握住真正問題的中心（見決策過程的第一步驟）。換言之，複雜的主題應打碎（或分裂）為幾個部分，就每一部分舉行個別的腦力激盪會議（見「逐步激盪術」）。

　　除了問題必須「簡單而確定」外，腦力激盪術尚有幾個限制：

　　第一、費時 (Time-Consuming) 太多：因激盪會議本身及事後的整理都需要一段時間，何況許多製造出來的構想都屬無用者。

　　第二、膚淺解答 (Superficial Answers)：即製造出來的構想只用來填塞時間空檔的舊辦法，而非真正的新奇構想，因為參加會議的成員不瞭解問題內情。

　　第三、選擇熟悉成員不易：為了克服請「非專家」來充任「專家」之缺點，所以謹選「專家」成為主管人員的一大困難。

（三）逐步激盪術之應用 (Application of Synectics)

　　另一個激勵群體成員發揮腦力的方法叫做「逐步激盪術」(Synectics)。此英文的來源為希臘字，其意思為「把不同的個體因素組合起來」(Fitting Together of Diverse Elements)，所以也稱作「協力術」或「作業創造術」，以區別於上述簡單之腦力激盪術。此術為 1965 年高登 (William Gordon) 創立 Synectics, Inc. 時所提出，高登亦是美國名管理顧問公司亞瑟利特 (Arthur D. Little) 的顧問。高登認為奧斯本 (Osborn) 所倡腦力激盪術會議的最大弱點為太快下結論，尤其對複雜問題為然，往往在足夠有利答案提出前就已結束思考過程，所以所得構想常屬不切實際，太平凡。不能真正應用。所以高登認為處理複雜問題，必須用「逐步法」，不用「即時」的腦力激盪術。其使用的時間亦較長，約三小時以上，因為「疲倦」因素也被認為是創造力的重要

角色。

「逐步激盪術」與「腦力激盪術」有三個假設前提相同：

⑴認為所有的人都擁有比他日常所能思考能力更高的創造力，所以應加利用。

⑵在尋找創造性構想時，情緒性，甚至近乎不理智性之因素，與智慧、理智因素，同樣重要，所以容許自由發言。

⑶為了利用情緒及不理智之威力，所以必須使用「方法」及「紀律」(Methodology and Discipline)，將自由思想收集起來。

「逐步激盪術」與「腦力激盪術」的重要區別如下：

⑴首先必須把「問題」徹底深入探究清楚，包括問題的內部技術細節及其外部環境，同時也必須檢討前面已做過的「診斷」結論，以便激盪小組的成員充分瞭解，以免提出可笑、平凡的無用構想，而真正走入「創新」境界。

⑵小組負責人逐次挑戰一個子題，請成員提出可用之新構想。除非此子題已激發足夠的構想，否則不提出第二個子題，此即是「逐步」或「作業」名稱之來源。（在簡單問題之腦力激盪術裡，則不將問題劃成幾個部分。）

⑶使用各種方法，刺激新構想的產生。有的人稱這些刺激新構想的方法為 Method in the Madness（其意「瘋狂」方法）。包括：

①「遞延」法 (Deferment)：即首先尋找「觀點」，而非「解答」，把「解答」之構想遞延以後再提出。

②「問題自主」法 (Autonomy of Object)：即讓「問題」本身有自己的生命，而非附著於別物，不必太限制它是否一併要被討論，或是屬於我自己一定非解決不可之事。

③「共同點」法 (Use of Commonplace)：即盡量利用熟悉的事物以作為邁向陌生物之跳板。

④「類推隱喻」法 (Analogy)：即利用類似事件來推測新構想，如舉一反三，舉一反十。

⑤「若即若離」法 (Involvement/Detachment)：即在「進入」問題之特定部分，及「脫離」特定部分徘徊，以便觀察它的整個全貌。

可以反覆研討，從不相干之討論拉回真正問題核心，所以可以請技術專家在場說明或協助評估各種構想之可行性，以免「走火入魔」而不自知，以致浪費巨大心力及時間。

以上四點可以充分說明「逐步激盪術」遠比簡單的「腦力激盪術」為正式化，

所以在複雜問題及技術問題之解決上，前者亦比後者有威力。

四、創造力的根源——縱容氣氛與借用引申

從「腦力激盪術」及「逐步激盪術」之過程，我們可以獲得兩個創造力培養的根源，即是「縱容氣氛」(Permissive Atmosphere) 及「借用引申」(Borrowing and Adapting)。所謂「縱容氣氛」是指允許小組成員自由自在提出任何荒誕的構想，都不要在當場予以評論是非及善惡，換言之，所有的評估都應延遲到以後。「容忍」別人提出與自己不同之構想，乃是知識分子的一大美德及能力，因為一般的社會障礙（或傳統文化行為），在無形中會逼使人們走向與傳統一致 (Conformity with Convention)，所以聽到有異於自己想法之構思時，自然會出口批評，但如此一來，就會扼殺新構想的產生，有害進步。

輕鬆、縱容、自由及溫和的氣氛確實可以使人們腦力活潑起來，因而鼓勵創造力之開發，因為在此種場合⑴人們可以大膽無懼地表達其構想，即使與過去作法，與團體準則，與上級意見等等有所差別，亦無所謂；⑵主管及同輩都正面鼓勵成員試試新的或不同的構想；⑶彼此互相尊重所提出之構想，不必擔心別人會有不良之反應。

除了必須具備縱容寬大之自由氣氛外，尚應允許小組成員借用及引申別人也提過的構想，不必擔心別人會批評「抄襲」、「仿照」、「類似」等等。就一個人而言，心理障礙 (Mental Blocks) 時常會使我們與新構想「相逢不相識」，或「僅隔一衣帶水」。假使容許借用引申別人的構想，正可越過心理障礙，接上創新思潮。此種互相交換構想之場合與「團隊精神」(Team Spirit) 密切相關，因為創造力是講求新構想的產出，而不講求其產出方法。只要能創出有用的構想，大家貢獻一部分，甚至重新診斷，尋找根因，皆可應用，皆所歡迎。「專利」在集體創造力開發過程中並不存在。

第十一章 企業決策與理智計算力
(Business Decision-Making and Rational Calculations)

第一節 評估比較備選對策之優劣——決策第四、第五步
(Comparisons of Alternative Advantages and Disadvantages—The 4th and 5th Steps in Decision-Making)

在前一章裡，我們以相當大的篇幅介紹決策的第一、二、三步驟（問題診斷、目標澄清、備選對策），尤其對第三步（備選對策）有密切相關之創造力 (Creativity) 開發，做相當深入的解析，因為人類智力 (Mentality) 的可貴，即在於靈活創造力的開發而非呆板守舊性之固定。在本章裡，我們將轉移另一個角度，介紹決策過程的理智計算力之應用。無疑地，「創造力」與「計算力」(Calculation) 乃是相輔相成的連續步驟，和「演繹」(Induction) 與「歸納」(Conduction) 之為科學研究方法之相輔相成一樣。有了好的創造力，會想出許多備選對策的構想，以及每一對策應加考慮的相關因素。尚須有好的計算力，才能詳細評估比較 (Evaluate and Compare) 各對策之優劣後果，供決策者選取一者，付諸執行，以達原定目的。

在評估比較備選對策之優劣過程中，首先必須先確定各對策應加考慮之相關限制因素 (Related Factors or Constraints to be Considered)，以為評估比較計算之基礎，此為決策之第四步驟。然後，再針對每一備選對策及相關因素，評估其可能優劣後果數字（包括有形數字及無形數字），構成相同單位（或指數），以利備選對策間之比較，此即為決策的第五步驟。所以決策的第四、五步驟是混合在一起，不能分離的，否則便會失去意義。

所謂備選對策應加考慮之限制因素或相關因素，係指優劣後果之考慮對象，譬如人事間問題之決策考慮因素，有(1)過去工作表現，(2)學歷，(3)經歷，(4)資歷，(5)領導能力，(6)合群能力，(7)年齡，(8)外表……等。又如採購問題之決策考慮因素，有(1)價格（或成本），(2)品質，(3)交貨時間，(4)交貨持續性，(5)售後服務，(6)互惠條件，(7)累積折扣……等等。不同的決策問題，將有不同之考慮因素，決策者必須針對特定問題，思考可能相關因素，以免遺漏而致失算。關於各種不同問題對策所應考慮因素，大多在專業學科內會提及，本書不一一縷列，以節省篇幅。但各種各樣

公、私決策問題所需要考慮的限制因素，在決策分析過程，不能纜列太少；正如備選方案不能纜列太少一樣，否則此決策分析就會變成「局部分析」(Partial Analysis)，而不是「系統分析」(System Analysis) 了。

一、理智分析之要件 (Elements of Rational Analysis)

評估 (Evaluation) 比較各備選對策之優劣後果，事實上，不一定等到本步驟才開始，而是在尋找根因（指診斷）時，就時常會指出單一可行之對策 (Single Course of Action)。有時候，在第三步驟尋找備選對策時，也可能會發掘一系列對策 (Line of Actions)，很明顯地比其他對策為佳。假使遇到這類幸運的情況時，根本不必花太多時間在評估優劣及從中選一的功夫，而是可以直截了當選取該最佳方案。不過，一般說來，愈理智的選擇，愈需要按部就班地循著「決策過程」走。所以理智分析之要件有四，第一、尊重理智作風，第二、澄清先行步驟，第三、態度嚴肅，第四、培養兼具創造與計算能力。

（一）分辨理智與感情選擇之分野 (Rational vs. Emotional Decision-Makings)

當然在人生活動裡，不一定所有的重大選擇都是以理智方式為之，所謂理智選擇，意指深思熟慮 (Deliberate)，客觀 (Objective)，及邏輯推理 (Logical Thought)，譬如選擇伴侶（或配偶），常常就是在非理智的感情用事情況下為之。不過對經理人員而言，理智評估分析各種備選對策之優劣點，乃是現代管理的最高造詣。換言之，經營事業的主管人員，應朝向理智決策之道路努力，不應逗留在感情用事之圈內打轉，否則事業遲早會失敗。至於不經營事業的人，則並不一定要求其理智分析，譬如小說家、文學家、藝術家、哲學家、政治家、政客、演藝人員、游俠、黑道、官僚、一般庶人百姓等，較可依感情行事，亦不會大失敗，虧大本。

（二）界定備選對策之真義 (Identifying Alternative Courses of Action)

理智之分析比較必須建立在問題之充分瞭解及備選對策之確認二大基礎上，假使兩個人對該兩者皆無一致性之看法，則要比較不同對策之優劣，等於兩人在說不同世界之語言，難趨一致。當此種情況發生時，最好的辦法是重新回頭，明明白白地確認問題的中心（診斷），所要的目標（意圖），及可用之備選對策（方案），而不要呆板地釘住在那裡，胡亂的比較不同世界的東西，導致「公說公有理，婆說婆有理」，不分天地之紛亂局面，永遠解決不了問題。

（三）認清嚴肅與輕鬆之分野 (Relaxation vs. Seriousness)

在創造力發揮之階段，我們容許自由想像之輕鬆氣氛，以靈活腦力，舉一反三。

可是在比較對策之優劣時，則需要不同的心態，亦即我們要求挑戰性之證據，去除不相干的論點，追求邏輯推理，尊重反對意見者之理由。總之，此階段的氣氛乃是嚴肅而挑剔。胡適先生曾以「大膽假設，小心求證」來說明科學研究的精神，也正可用來說明決策過程中「創造力」（大膽假設）與「計算力」（小心求證）之真諦。在創造力發揮時，可以大膽假設，但在理智計算時，就應小心求證。所以理智決策的系統分析過程中，有輕鬆大膽的成分，也有嚴肅小心的成分。

（四）培養兼具創造與計算之能力 (Creativity vs. Calculation)

一般的人大多只偏頗專長於創造性之思考，或理智性之計算，只有很少數的人兼具雙重能力。事實上，當一個人專長於此時，就常會不耐於彼，本不足為奇。可是良好的決策，卻需要兼具兩種能力，而真正能兼得雙長的經理人，也是足可慶幸。對企業經營而言，我們至少要求每一位經理人，都能明白在計劃過程中，創造力與計算力之分野；也應明白不同人所能做的不同貢獻。如此，他才能針對自己的弱點，尋求他人的補助。在日常生活中，他也應利用機會，培養具備雙重能力的才能。

二、預計可能發生之影響後果 (Estimates of Possible Consequences)

在比較各種備選對策之優劣時，必須先預計各對策對公司目標之(1)有形與無形之影響 (Tangibles vs. Intangibles)，(2)長期與短期之影響 (Long-Term vs. Short-Term)，(3)好與壞之影響 (Positives vs. Negatives)。假使我們只對有利的後果拼命擴大說明，而故意疏忽或無意述及其不利的後果，則決策執行後必然會很容易地發生「悔不當初」或「事後諸葛亮」之現象。

在預估影響後果時，常涉及甚多因素，為了說明上之方便，茲舉一例以明之。某電器公司之工廠處於臺灣西岸北部，但其產品行銷全島、東南亞及中國大陸。其業務副總經理建議在上海設立一個裝配廠，以利就近服務中國大陸顧客，提高在中國大陸之競爭能力。目前該公司僅有一倉庫及分公司在香港，競爭及服務能力皆感不足。公司總部在決定此建議之前，無疑地，必須先回答下列相關問題（或相關限制因素）：

（一）列出重要相關因素 (Listing Consideration Factors)

(1) Transportation Costs：指運送成品及零件至上海之運輸成本差異為何？

(2) Labor Costs：指上海設立裝配廠之直接人工成本為何？間接人工成本（如維護、清掃等等）為何？在總廠可節省之人工成本為何？

(3) Overhead：指上海裝配廠的固定費用（包括租金、折舊、動力、用水、主管

薪酬、辦事員薪資等等）為何？在總廠可節省之部分為何？

(4) Investment of Capital：指上海裝配廠必須投入多少新資金（包括設備、機器、存貨、辦公用具、裝置及搬運費，及建廠期間之資金成本等等)？

(5) Flexibility：指上海裝配廠應付季節變化之彈性能力為何？總廠應付季節變化之彈性能力為何？

(6) Taxes：指上海市對新廠之稅捐待遇為何？設立單獨公司又有何益處？

(7) Service Level：指設立裝配廠後，對顧客服務水準提高之程度為何？譬如送貨及修理速度是否改進？

(8) Local Image：指設立裝配廠對改進「當地事業」印象之程度為何？

(9) Quality：指新裝配廠之品質控制是否與總廠一樣？

(10) Labor Relations：指新廠與總廠對勞工問題之處理自由度有何不同？

(11) Responsibility and Coordination：指新廠是否受業務副總經理統轄？若是，則總公司生產副總經理，技術、工程、人事及會計經理對新廠之權責或協調方式為何？

(12) Sales：指新裝配廠設定後，對銷售業績之影響為何？

(13) Profit：指公司將可獲得多大之利潤？

（二）計算成本效益後果 (Calculating Cost-Benefit Consequence)

無疑地，此電器公司的總經理必須逐一回答上述問題，或計算每一因素之優劣數字，其企劃幕僚為其彙編一比較表，如表 11–1 所示。事實上，在彙編比較表之前，必須花費相當深入的功夫，尋找情報資料 (Fact Gathering)，方能針對上述每一重要相關因素，給予數量性評估。無疑地，從表 11–1 之有形成本效益之計算而言，在中國上海設立一個新裝配廠的對策（新作法），遠優於由臺北總廠直接運送成品到中國大陸之對策（現行作法），因在銷貨收入上言，在顧客服務水準上言，以及投資報酬上言，皆甚合算。

（三）亦應權衡其他後果 (Considering Other Side Effects)

在蒐集情報資料，彙編成本效益計算比較表之後（此步驟是數量管理學派最講求的重點），我們尚應權衡其他「副作用」(Side Effect) 之後果，不可草率付諸執行，因為沒有一個管理行動僅會產生單一後果，而是在採行一個行動，追求一個目標或數個目標時，常須付出相當的代價或犧牲 (Expense or Sacrifice)，假使代價大於目標時，則此決策為不良之決策，不可採行。

譬如美國在以前，認為將剩餘之小麥免費贈送給落後或飢餓國家，乃是一大善舉。可是有人認為如此做，必定招來政治上之不良反應，因為不少「友」幫國家是

表 11-1　設立上海新裝配廠與否之成本效益比較表

單位：百萬美元

考慮因素	A 方案 總廠成品支援 （不設立新裝配廠）	B 方案 設立新裝配廠	兩者差異
一、額外新投資：			
設備費	$0	$30	
開辦費	0	10	
存貨（零件）	0		
合　計	$0	$55	$55
二、每年收入與支出：			
1.銷貨收入	$200	$400	$200
2.支出：			
(1)零件成本增加額	90	170	
(2)運輸成本（至上海）			
成　品	15	－	
零　件	－	22	
(3)裝配人工成本			
直　接	12	24	
間　接	4	12	
(4)固定成本			
管理（督導）	0	8	
文書總務	0	5	
水　電	0.2	0.8	
租金（廠房）	0	7.6	
折　舊	0	2	
(5)租稅及保費	0	0.5	
(6)銷售佣金（東海岸）	10	20	
支出合計	$131.2	$271.9	$140.7
三、每年淨得（收入－支出）			$ 59.3
四、稅前投資報酬率（增額收入÷ 　　增額投資）			（見底下之計算）

・第一年 $59.3 百萬 ÷55 百萬=108%（一年回本）

・平均各年 $59.3 百萬 ÷40 百萬=148%（因設備費 30 百萬美元會折舊完，所以以平均 15 百萬美元計算投資額。）

　　（七個月回本）

靠出售小麥賺錢，如此一來，豈不等於斷絕「友」邦的生財之道。

又如，手錶廠的生產部經理，也許認為小量難銷之手錶應該停產，以節省成本。可是如此一來，卻忽略了大百貨公司想保持擺出各類大小風格（應有盡有）之手錶的目的。

又如，在勞力密集之社會，工廠工業工程部經理，也許認為節省成本之道是取消每天加班工作之方式，替代較佳之時程安排及購買新式機器。可是他卻可能忽略，如此一來，工人們每月薪資會減少15%，工會也可能因之要求提高基本工資率，以彌補損失，並可能因之刺激較高之員工流動率。考慮這些可能之「副作用」後，也許只能重排工作時程，但不能購買新機器，完全取消加班。

又如，美國目前正與中國大陸加強外交關係，已經給予貿易最惠國待遇。可是如此一來，美國國內紡織業受中國大陸低廉工資之紡織品損害的程度一定更大，將得不償失，所以要求中國大陸在進入世貿組織後，一定要履行開放農、工、商市場之承諾，以平衡紡織品大量進入美國之逆差。

很顯然地，比較各種備選對策間之優劣後果，不是容易之事，因為目標難以確定，資料難以收集。不過難做並不等於不能做。為了有效執行此不容易做的決策過程，有五個要點（或祕訣）可供參考：⑴重視差異 (Differential) 之處，忽略共同 (Common) 部分；⑵以金錢數字（會計資料）表達；⑶簡化無形因素；⑷減少替代對策之數目；⑸集中在關鍵因素上用功夫。茲逐一說明如下，以增強讀者之瞭解。

三、重視差異之處 (Focusing on Differences)

在評估比較備選對策間之優劣後果時，首應重視彼此差異之處，方能簡化比較的過程。換言之，應該忽略共同部分 (Disregard Common Elements)。譬如在前面所提是否在上海設立新裝配廠之例子，我們就應該放棄比較總廠及裝配廠兩種對策之原料成本因素，因為它在兩個對策之比較表裡都會同樣地出現，屬於共同部分。相同地，我們也不必考慮分公司及推銷人員的成本，因為任一個對策被選定時，皆需要分公司及推銷人員的存在，同時也不想變化人數。再者，此公司總經理的薪水也不會受到影響，所以也可以不必比較考慮在內。

當然，我們在此處所提「忽略共同部分」，並不是指它們不重要，或不能再加以改進，而只是說在目前評估比較兩對策間之優劣時，暫時可以不必牽涉在內，以免增加複雜性而又無助益。至於如何改進原料成本、品質及推銷員之能力等，則屬另一個決策問題，不必一下子統統攬在一起。

相反地，我們在應用此原則時，也不可太大意，把太多因素都假設不變，而過於疏忽它。譬如在上海設立新裝配廠而確可以增加很多之銷售量時，則分公司及推銷人員就應連帶變動，而影響到成本；再者，如果裝配廠決定設於他處而影響到運送方式及費用時，則亦應一併考慮在比較表內。總之，「重視差異之處」之原則，僅應用於不受備選對策之選定而影響之場合，不可隨便亂用過分。

四、以金錢數字表達差異之處 (Stating Differences in Dollar Term)

對主管人員而言，要他們隨時記住所有相關因素之相對比重 (Relative Weight)，是一件很困難，也是很浪費的事，所以用來減少此種複雜記憶工作的辦法，就是把相關因素的優劣點都轉化為收入、支出及投資 (Income, Expense, Investment) 等金錢數字。這些數字皆可以合併成一個或兩個「淨值」(Net Amounts)，以利比較裁決。當然，簡化為金錢數字也有危險之處，譬如人們因它比主觀因素容易「掌握」，也因它似乎比其背後之假設因素「可靠」，因而招致太多的誤會，反而難以取決。不過，在比較兩者優劣之後，大家還是認為轉換為「淨值」之金錢數字比被可能誤用之危險為佳。

以金錢數字來表達各備選對策在相關因素之後果，可以很客觀地加減，而獲得收入或支出之「差異」，再與投資變化數比較，就可以很清楚地得到優劣結論，確是很好的決策工具。

在以金錢數字表達各備選對策間之差異時，尚可注意三個要點：

第一、盡量應用會計 (Accounting) 上的成本資料，所以建立健全之普通及成本會計制度，甚為必要。

第二、應用遞增 (Incremental) 或邊際 (Marginal) 成本及收入觀念，而忽略固定或沉入 (Fixed or Sunk) 成本部分，以免干擾各對策間之真正面目。

第三、應該調整時間差距 (Time Difference)，因收入與支出在不同時間發生時，含有時間利益或時間成本因素，必須以「現值」(Present Value) 觀念將之轉換為同一時間基礎，才能比較真正利弊。

五、簡化無形因素 (Simplifying Projection of Intangibles)

雖然我們在評估比較備選對策之考慮因素的優劣點時，首先會想到有形 (Tangibles) 成本收益之數字，但是有許多決策問題所涉及之無形因素 (Intangibles) 遠多於直接有形因素，因而帶給決策者很大困擾。從理智決策立場而言，我們還是盡量要

把無形因素簡化為「相當」金錢數字，以利比較。此種將「無形」化為「有形」之過程，屬於一種高超系統猜測 (Systematic Guess) 技巧，茲舉一例以明之。

譬如光華機械廠產製甲型數據控制車床 (Numerically Controlled Lath)，新客戶南光公司已訂購 11 臺車床，每臺價格 1,600 萬元，但是南光公司提出要求增購第 12 臺，但只出價 1,100 萬元，請問光華機械廠應否答應此要求？假使只基於有形成本收益因素及遞增觀念之分析，則應答應。因為第 12 臺之遞增生產成本只 800 萬元（依成本計算資料），而遞增收入為 1,100 萬元，可多賺 300 萬元。可是若考慮下列二個無形因素，則問題就不那樣容易解決，而須費一番功夫，將之簡化才行：

第一個無形因素：對未來客戶而言，說不定無法再收取每臺 1,600 萬元的價格。

第二個無形因素：也許此位新客戶（南光公司）是大戶，與之交往，建立根據地，可以獲得未來設備及零件銷售機會。

我們若真正花精神考慮這二個無形因素，就不會貿然地以可多賺 300 萬元，就下決定，因為 300 萬元是「蘋果」，而該二無形因素之優劣是「橘子」。蘋果與橘子為不同單位之物，不可以直接相加減，而必須予以轉化為相同單位才可。

對第一個無形因素而言，我們可以將之化為下列問題，逐一簡化估計：

⑴假使我們不以 1,100 萬元賣第 12 臺，未來有多少生意可以賣到每臺 1,600 萬元？

⑵有多少未來新客戶會知道我們賣第 12 臺之價格為多少呢？

⑶這些知曉我們減價出售第 12 臺之新客戶中，有多少人能逼我們以低於 1,600 萬元（正常價格）之價賣給他們呢？

⑷他們又能逼我們減價到多少錢呢？

當然，我們要回答這些問題，需要花一番經驗性的系統猜測功夫。可是逐一回答（或猜測），總比含含糊糊地以「搞亂正常價格」之回答為佳。

對第二個無形因素而言，我們也可以將之化為下列細部問題，逐一簡化估計：

⑴南光公司的業務量成長潛力有多大呢？

⑵它會不會再向光華買新機器呢？若會，會買多少呢？

⑶南光在以後，會不會以正常價格向光華買呢？

⑷南光在未來，需要買多少替換之零配件呢？這些替換零配件之利潤為何呢？

愈能將這些小問題轉化為金錢數字，愈接近簡化無形因素之境界。在數量方法裡，作業研究 (Operations Research) 專家曾提出「效用函數」(Utility Function) 之方法，將不同層面之無形因素轉化為相同層面之數字（即以「效用」為基準）。可是在

真正應用上，還是有許多困難存在，所以逐步 (Step-Wise) 思考及猜測的方法還是用得上，將無形因素減到最低程度，而朝向客觀理智方向努力。

六、減少替代對策之數目 (Narrowing the Number of Alternatives)

記得在決策第三步驟——尋找備選對策時，我們鼓勵大家發揮創造力，思考越多的對策越好。可是到評估比較各對策之優劣後果時（第五步），我們卻須用另一道功夫，把這些數目眾多的對策減少，以利比較，因為經理人員的精力與時間有限，無法對太多的備選對策，一一進行如以上所提到的理智計算。同時在心理作用上，經理人員也比較願意對「有希望」的備選對策花功夫，不願對那些無希望者窮磨功夫。尋找「有希望」對策之原則，就是一方面減少替代對策之數目，另一方面又不將有希望者剔除掉。在作法上有二，第一是以先決限制因素或前提條件進行「初選」(First Screening)，第二是將類似對策「歸類」(Grouping)。

「初選」(First Screening) 的前提條件，可能在決策第一步診斷中心問題時，就已發現，以之作為把關大將，也很適合。譬如在增加新產品的決策場合 (New Product Decisions)，可以設定「必須能以現有生產設備製造者」才加以考慮，或「必須為現有銷售組織能處理者」才加考慮之先決條件，如此一來，可以把許多新產品構思 (New Product Ideas) 之備選方案減少一大半。又如在提升教授陣容之決策場合，可以設定「必須有國內外公認一流大學博士學位者」才加考慮之先決條件。在採購決策之場合，可以設定「必須經過公證機構檢驗合格者」才加考慮之先決條件。

「初選」條件雖可以用來減少備選方案之數目，但在碰到太多備選對策之場合，想以一、二個重要因素來做「初選」工作，也會嫌太花功夫，所以「歸類」的作法變成很有用。假使我們從每一類中挑選一個代表性對策，與其他類的代表互相比較，或與先決條件對試。再將精神集中於那一個「比較」好的代表所屬之「類」上，進行類似比較，以大大地減少備選對策的數目，而又不會漏掉好方案。譬如在選擇工廠的廠址時，首先從各地區 (Region) 選出一個代表市 (City)，經過比較（或與先決條件對試）後，確定較佳代表市所屬之地區為工廠所在地；其次，在將此理想地區內所有城市提出比較，以確定較佳之城市為工廠所在地；最後，再將此理想城市內所有地段提出比較，以確定較佳之地段為工廠所在地，再請工程師進行地坪測量，水、電、管道、建築物及機械設備安置之細部設計。

當然，在減少備選對策之過程中，我們很可能把真正詳細分析後證明為「好」的對策也剔除掉。不過在實務上，經理人員確實無法對所有創造出來的可能備選方

案，一一詳細計算有形與無形優劣點，所以「初選」及「歸類」變成不可或缺之有力步驟。

七、集中在緊要因素 (Concentrating on Critical Factors)

上面是研究如何減少備選對策之數目，以簡化比較計算過程，本處則研究如何減少應加考慮之相關因素之數目。我們也可以找到二個方法，來協助決策者簡化思考過程，第一是應用「滿意」(Satisfactory) 原則，第二是應用「緊要」(Critical) 原則。

(一) 對各因素設定「可接受之滿意」水準 (Satisfactory Level)

本來在進行理智計算時，我們是針對每一個備選對策與每一相關因素，以有形成本與收益數字表達優劣後果。可是為了簡化決策過程，可以對每一因素事前設定眾人「可以接受」(Acceptable) 之水準，此水準亦稱為「滿意」水準，而非「最大」(Maximum) 水準。假使所有備選方案在某一因素之表現，都達滿意水準，則證明該因素是「共同部分」(Common Parts)，可以忽略。

此可接受之「滿意」原則，在企業界之應用甚廣，因為它可防止經理人員走火入魔，把所有精力花於無多大作用之牛角尖裡，譬如談到生產成本的問題，每一位經理人員都想永無止境地減少成本，至少許多經濟學家都如此想。不過在實際上，經理人員只重視某一「緊要水準」(Critical Level) 而已，而非永無止境的減低，此時，若競爭劇烈，則競爭者所定之成本水準，就是本公司之「緊要水準」，我們只要不超過此水準，經理人員就放心了。

又如談到價格水準的問題，經理人員所注意的只是一方面維持一般市價水準，另一方面給予經銷商相當毛利，以維持銷貨成績，而不是毫無止境的提高價格。再談到產品品質問題，經理人員雖也想繼續提高品質水準，但他真正重視的是客戶出價所要求之水準，而非「超水準」；此種情況，亦可引用到送貨時間方面，雖然送貨時間越快越好，但真正重要的是客戶所能接受的水準，而非一日送貨十次。在防止污染方面，重要之處是維持污染程度在政府所能接受之水準之內，而非百分之百的乾淨。設定「滿意」水準 (或可接受水準)，將各備選對策皆達此水準之因素剔除，或將未擁有達此因素水準之備選方案剔除，可大大簡化計算工作。若所有備選對策皆被剔除光，則應再思考新對策，或應降低「可接受」之水準。

(二) 挑出關鍵性因素 (Key Factors)

在數個備選對策中，尋找較佳者之過程中，時常會碰到一、二或三個因素是決定性的關鍵所在，所以，我們若能在進行煩瑣之計算比較之前，就挑出這幾個關鍵

因素，必可很快地把沒有吸引力之備選方案數目大大減少，省卻許多比較的功夫。

譬如某化工公司原本以銷產油漆而著名，最近研究部門開發成功一種抗熱、耐磨的新塑膠產品，可以用來製造機器及飛彈零件，公司正要找一位「產品經理」(Product Manager)來推廣此新產品，因為原本的營業部門集中全力在油漆上，無法照顧此新品，所以招募新人才成為決策問題。此新塑膠製品之銷售必須與工業使用戶簽訂長期供應合同，與油漆之銷售要訣不同，同時此位新人員也不需要上級的緊密監督，完全要靠他自己的主動努力。人事經理本可為總經理列出許多考慮因素，以供合乎基本條件之候選者比較。可是為了簡化比較功夫，人事經理挑出兩個關鍵因素，第一是「主動」(Initiative)，第二是「決策能力」(Decision-Making Talent)，因此兩因素把十幾位候選者篩減為三人，此三人皆具有高度「主動」精神及「決策能力」。然後，再列出其他因素來比較，如行業知識，感情穩定性（成熟），社會敏感性（合群性），及薪酬要求等等。假使開始就對十幾位候選者，一一針對這六因素予以同等的評分比較，會嫌太多，也妨礙理智決策之品質。

關於此種作法，也可以應用到前面所提到之到上海設立電器裝配廠之例子。從表11-1之成本收益分析中，可知到上海設廠之可行先決條件是銷貨額之大幅增加，所以「銷貨」自然成為此決策問題關鍵因素。公司的主管人員，在分析品質控制問題，公司所得稅問題，勞工問題之前，就應先花下功夫好好研究，是否設立裝配廠能大幅提高銷貨。

在結束本節理智性評估比較各備選對策之優劣後果之前，我們應重新提醒簡化此種比較過程之要點，即是⑴重視差異之處；⑵以金錢數字來表達優劣後果；⑶簡化及轉換無形因素；⑷減少備選對策之數目；⑸集中精神在關鍵因素上。

第二節　選定較佳對策──決策第六步

(Selection of Better Solution──The Sixth Step Of Decision-Making)

決策過程的第五步驟是以理智計算來評估比較備選對策之優劣，所以第六步就是下定決心，選取一個最合意的（或最值得的）對策，付諸執行。此種下定決心的情況就是通稱之「選擇」或「抉擇」(Making a Choice)。下定決心與⑴價值觀念，⑵不確定因素，⑶數量技巧有關，本節專門詳細分析此三要件之內容，供參考並激發思考力。

■ 一、界定價值與目標關係 (Values and Objectives)

就普通心理狀態而言，一個人在若干候選辦法（或對策，或方案）中，所選定之特定辦法，一定是他主觀認為「合算」(Justified) 或「值得」(Valuable) 者。而所謂「合算」、「值得」乃是指能達成另一較高層次之目標而言，所以我們可以說，「值得」選取的對策，一定具有較佳之預估成果 (Projected Results)，而是否「值得」又是視能否達成另一層次目標而定。因之「成果」(Results)，「價值」(Values)、及「目標」(Objectives) 三者之間具有密切關係。

人們選取不同對策，係因其主觀認定 (Subjective Perception) 之價值不同所致，而該主觀價值是否為他人接受，又視是否能達成上層次之目標而定。譬如一位臺大商學研究所畢業生，具有大學化工及研究所企管之雙重才能，正面臨就業選擇問題，在許多就業機會中，經過理智計算後，只剩下甲公司（某大化工原料公司）及乙公司（某中型電子公司）二個旗鼓相當之機會。

甲公司要他去當業務工程師，直接走入行銷 (Marketing) 之路，乙公司要他去當新建廠工程之專案工程師，走生產採購之路，但以後尚可轉入行銷之路。甲公司每月薪資 5 萬元，乙公司每月薪資 45,000 元。甲公司之管理方法較新，乙公司之管理方法較老。二個機會都很好，此位年輕人可以認為其中任何一個都很「值得」選取，至於那一個價值是真正「對」的，則須視他背後有何種目標而異，只有能與背後目標相連貫之價值選擇，才是真正「對」的。

又如一家設廠於臺北之家族公司，其資金能力有限，但卻想到廣州開拓業務，其主持人可選「找代理商」或「開子公司」之二種方法，他認為「合算」的方法，一定是符合其背後目標者。譬如他的背後目標是「不要冒險，少賺即可」，則選「代理商」是合算的選擇；若其目標是「快速成長，不賺無妨」，則選「子公司」是合算的選擇。所以如何選擇對策，與後果、價值、及目標三者關係密切，所以我們必須好好界定「價值」與「目標」之真義，包括(1)「目標—手段鏈」(End-Means Chain)，(2)多重價值目標 (Multiple Objectivies)，(3)價值遞減作用 (Value Declining)，(4)公私價值順序 (Public-Private Value Order) 等要項。

(一) 從上級目標導出下級價值 (Derivatives from Upper Objectives)

合理的決策條件，應在下級價值衍生自上級目標之「目標—手段鏈」架構下，而「目標—手段鏈」指「有目標必須搭配有手段」，「下級的目標是上級的手段」如此層級相連，從最上級到最下級。此種「目標—手段」關係，已在上一章確定目標

步驟中有所闡釋，本章重新提出討論是供下決定之參考，事實上兩者相同，下決定就是為了要達成目標。前者以診斷及澄清目標為主，後者以選定對策為主。

圖 11-1 指出某公司總工程師贊成委託外界企管顧問公司，代為選拔一位設計工程師，以充任實驗設計室主任之建議，因為他認為此建議符合公司的長期目標，其目標─手段鏈之詳細內容，步步相扣。「手段」被選定，即成為「價值」，而此「價值」必須能達成目標，才能為大家所接受。換言之，若目標被大家所接受，則能達成此目標之手段，即成為「價值」，簡稱為「值得採取之手段」。

圖 11-1　個人思考之「手段─目標鏈」範例（手段是用來達成目標）

（二）考慮多重動態之目標與價值體系 (Multiple Dynamic Objective-Value System)

在界定價值（手段）與目標之關係時，尚應考慮到一個經理人員必須面對多重公司內部目標 (Multiple Internal Objectives) 及多重外部目標 (Multiple External Objectives) 之問題，所以在實務上，經理人員要處理的「目標─手段鏈」是很多個，並且彼此間有衝突，也有互補之處。

就公司內部目標而言，「穩定成長」，「短期利潤」之獲取，「較低的風險」，以及「容易控制」等都是經常會提到的佳例。在理論上，這些目標應該可以說是追求另一單一高層次目標之「手段」，可是這個單一高層次目標常是太過於抽象，無法確定其與這些手段性目標之關聯線索，而無實用價值，此與我們個人常有多種目標一樣，除非將其轉化為同一計算單位，否則難於比較其「損益交換」(Trade-Off) 之比率。

公司對外所追求的目標亦是多種，譬如電力公司必須追求不停電、低電價、快

接電、無污染、快擴充等顧客要求之目標。這些外在目標之間已有衝突存在，若再與內在目標對照，則衝突矛盾之處更明顯，所以決策時，不能隨便以單一小範圍之「目標－手段鏈」為根據而已。

現時代的企業經理人，必須有效地統合公司內部之可用資源，以適應外在環境之變化要求，並達成公司設立之目標，所以設計上層總體戰略 (Master Strategy) 及中、下層之詳細之執行方案 (Action Programs)，以構成完整之「目標－手段鏈」，成為有效經營之企劃的祕訣。

（三）應該比較價值遞減作用 (Value Declining Effect)

當比較備選對策時，決策者若將目標做簡單的排名 (Ranking) 而定選擇，常會發生危險，因為不同對策之優劣後果，對不同目標之貢獻程度（或稱價值）並不一樣。譬如銷售額的提高不一定比成本的降低為重要；設備投資不一定比員工流動率為重要，工程技術不一定比管理才能重要。當然，在平常時，將目標排出重要順序之名次，有簡化之作用，但卻必須針對特定情況而應用，不可隨意引用得太廣泛，以致招來麻煩。譬如我們平常認為肉比米飯為佳，但一個人若都吃肉，而不吃一點米飯（或其他澱粉），終究會帶來胃腸病。

事實上，我們日常說某某因素（或目標）很重要，其真正重要性是視數量（或程度）而異。當同一因素的供應量越多時，其遞增數量的作用（指對價值感覺）常呈遞減現象，當然，這也只是對某特定情況而言而已，因為有時遞增，其作用越大，有時遞增，其作用越小。當一個工廠都無清水時，若能取得一些清水，其作用價值馬上增大，但若繼續增加供應時，其額外之作用價值則遞減，此乃一般經濟學者所稱之「邊際效用遞減原理」(Theory of Marginal Utility Declining)。

將我們的注意力集中在備選對策（手段）對目標貢獻度之價值遞減原則，可以應用到任何場合。譬如應用到機器採購方面，若起先都找不到一個供應商時，公司採購人員就會很緊張，因這是「有與無」「生與死」之大事；若隨後找到第一家供應商，則其效用價值最大，若找到第二家供應商，其價值亦大，但總沒有第一家之大；若再找到第三家供應商，也很好，多多益善，但在價值感覺上，第三家總比第二家為少。每增加一家供應商，其價值總在遞減中。

此種情況亦可應用在聘請高級經理人之例子。我們常把「誠實」(Honesty) 當作必要之基本選拔條件，但是此「誠實」是否絕對「黑與白」之分辨，則需待其上級主管之主觀裁定。再如提高「品質」(Quality) 之努力亦是一例。大家都希望品質提高，但是若超過了顧客價格支付能力之上，則可提高一分品質，成本也增加一分，

但對製造商之價值則遞減。若將提高品質之成本，完全轉嫁給購買者，則提高品質水準一分，對購買之成本負擔（指價格）增加一分，一直到其價格能支付之水準為止尚無異議，若超過所能接受之水準，則增加之成本將無法獲得比例增加之價值感覺，終必導致購買量下降。

此種檢討「價值遞減原則」之實際應用，對決策者比較備選方案甚有助益，它讓我們在比較數量多寡（見第五步驟）之外，尚衡量數量增額，對價值目標之貢獻遞減現象，使最後選定的對策，真正符合我們內心所要求的。

對公司而言，某對策價值多少，視對公司目標之急切性而定。對一家近乎破產的公司而言，能多收入 2,000 萬元，比提高顧客信譽之對策有「價值」，所以應該優先選擇。

（四）個人目標應置於公司目標之下 (Company Objectives over Personal Objectives)

從以上的分析，可以知道一個人在數個備選對策中，選定一個「較佳」者之過程中，涉及許多「主觀判斷」(Subjective Judgements)，首先在預估各備選對策之優劣後果時，就需要用到判斷；其次在區別各限制因素之差異時，也要用到判斷；第三在平衡遞增或遞減價值效用時，也要用到判斷。很明顯地，它是決策過程中不可或缺之要素，否則人就不如機器了，這也就是為什麼要說一個機動公司要 80%「法治」（用制度來治理，自動化管理），20%「人治」（用創新腦力之決策及判斷來治理）。

可是決策過程若過分依賴主觀判斷（人治），則「假公濟私」（即以私人目標代替公司目標之謂）之危險必然會出現，而妨礙公司（或團體）目標的達成度。「假公濟私」(Use Company to Benefit Individual) 之現象可分為三種，第一為「有意藏私」(Purposed Stealing)，第二為「無意藏私，但老觀念作祟」(Old Concept Stealing)，第三為「無意藏私，但湊巧兩合」(Unpurposed Association)。我們必須認識它們，並防止它們，否則就不是理智決策。

所謂「有意藏私」是指主管人員在實施主觀判斷時，明知甲種選擇對公司有益，乙種選擇對公司無益，但乙種選擇對自己利益較有幫忙，所以找個藉口，排斥甲種選擇，假借為公行事，其實為自己私利。譬如在現實活動中，某經理明明知道買甲品比買乙品對公司工作品質較佳，但因乙品的推銷員是自己的好朋友，所以就找個莫須有藉口，說甲品如何不好，決定買乙品。此種有意識私之行為，在社會上最普遍，也是經營效率不佳的根因之一。

所謂「無意藏私，但老觀念作祟」是指主管人員在實施主觀判斷時，並無意從

中取得自己私利，而是他個人的知識觀念及經驗太老舊落伍，以「本位主義」
(Sub-Optimization) 而非「整體主義」(Optimization) 來看事件，以致造成有害公司利
益之行動。譬如老推銷員只顧短線推銷訂單數；老生產員只顧工廠出品率；老總經
理只顧回憶以前他們在年輕時如何做事，目前世風多不好，處事多困難，所以只能
等候公司慢慢衰亡或自己等候退休，不知奮發圖強，克服困難。此種「老觀念作祟」
的現象，在社會上亦甚普遍，雖然就他們自己的評估來說，是出於一片至誠，毫無
藏私之意，但對組織全體而言，亦屬有害，因他們是以個人價值觀念影響了判斷行
為。

　　所謂「無意藏私，但湊巧兩合」是指主管人員在實施主觀判斷時，很熱心追求
公司的利益，但很湊巧地，也在無意下，將個人之利益附著在公司利益之中。這種
現象屬於較佳之流，但若演變過烈，則可能「喧賓奪主」，將個人利益置於公司利益
之上，所以防止之道，為在選定對策，付諸執行之前，應行「檢定」(Testing)，以防
止誤失。關於決策後執行前之檢定或試驗方法，請見下節第七步。

　　就公司決策或主管人員之理智決策而言，在實施個人主觀判斷之場合，必須謹
記「個人目標應置於公司目標之下」，不能以個人偏失之價值排斥公司遠大之價值。
「為公可以忘私」，但「為私不可害公」，當然最好是「大公致私」。把私自目標附屬
於公目標，當公目標達成時，私目標也自動達成。

■ 二、不確定風險因素之適當調整 (Adjusting for Uncertainty)

　　在選定對策時，除應檢討手段之價值與目標掛鉤之種種關係外，尚應對不確定
因素 (Uncertainty) 做必要之調整，因為不確定因素存在於企業活動間，正如呼吸存
在於人生中一樣地普及。經濟循環 (Business Cycle)，天候 (Weather)，戰爭 (Wars)，
冷戰 (Threats of War)，競爭 (Competition)，創造發明 (Innovation and Invention)，新
法規 (New Laws) 及許多其他動態變化的情境，都可能使某一企業感到前途不確定。
尤有進之，在企業內部，機器設備之損壞停工，員工表現之不穩定（如時好時壞），
以及工作標準之不容易維持等等，皆可增加「不確定」之威脅性。雖然人們想盡方
法來預測未來的可能變化，可是無人是「全知」者，可以百分之百看透未來的事事
物物。

　　在企業經營裡，事事講求有效，所以有效經理人必須在他認為前途不確定情況
下，做成決定，不能拖拖拉拉，把時間及時效浪費掉。所謂「兵貴神速，不在巧緩」。
換言之，有效經理人必須具有堅強、接受挑戰的態度，處理具有「風險」(Risk) 之

決策問題。他不能期望所有因素皆摸得清清楚楚，得失利害皆計算得一絲不差，才敢下決心。假使他是這種無膽量的人，則他必定是一位無效的經理人，或是一位幕僚專家而已。學習在不確定情況下做決定，學習「吸引」(Absorption) 不確定之恐懼感，乃是有效經理人的基本條件；職位越高者，「吸引風險」(Risk-Absorption) 的能量及責任應越大，高職位領高薪，也是因為他必須吸收高風險的挑戰。本小節將以較深入之統計學觀念及處理不可靠，不完整情報之方法，來說明調整不確定（風險）因素，以制訂決策之道理。

（一）統計機率 (Statistical Probability) 之用途

關於處理不確定風險因素之決策，有時有豐富之統計資料可供參考，則較易拿定信心。譬如保險費率之收取就是一個佳例，在統計資料上顯示，20 歲的人在投保五年內死亡的機率只有 1%，而 50 歲的人在投保五年內死亡的機率為 5%，所以在收取保險費率時，同樣五年保期的契約，對 50 歲的人應收取五倍於 20 歲的人，才算合理。

同樣地，假使一個經理人面對一個投資決策，他估算在某一段時間內回收利益 10 百萬元之機會為 50%，回收 2 百萬元之機會為 40%，損失 5 百萬之機會為 10%，經過計算之後，他獲得一個結論，即此投資專案之「期望報酬值」(Expected Value of Return) 為 5.3 百萬元（即 $10 \times 0.5 + 2 \times 0.4 - 5 \times 0.1$）。

當然，像上述這種在投資學上常見之例子，並不是真正可消除風險因素之存在，因為同樣個案出現的次數不多，所以機率估計可疑。再者，只計算期望「平均值」(Average)，而不計較「差異值」(Deviation)，有時很難比較同平均值，但不同差異值之兩個備選對策。例如甲案之報酬率可能在 20 至 30%，平均值為 25%，乙案之報酬率可能在 5 至 45%，平均值亦為 25%。很明顯地，兩者之平均值相同，但乙案之風險性遠比甲案為大，因其差異較大也。

在企業實務界而言，能嚴格應用統計機率來消除決策風險之個案很少；換言之，其應用範圍很窄，其主因有二，第一、應用統計技巧，必須有許多類似個案之巨大資料，方能導出所需用之數值；第二、所應用之樣本必須界定得很清楚，才不致「張冠李戴」，失去原本意義。不過，統計的機率原理亦給予決策者二個有用之觀念，第一、當不同備選方案有不同之估計後果及機率時，則所得之期望值可提供一個我們比較的基礎；第二、假使再能算出出現之可能範圍 (Range)，則確可給予決策者算定風險程度之心理準備。在實務上，統計的「邏輯觀念」(Logical Concepts) 遠比嚴格的數量「計算技巧」(Calculation Skills) 有用得多。

（二）推測機率 (Inferred Probability) 之用途

除了應用客觀性之統計機率來調整不確定風險事件外，尚可用主觀性之推測機率來消除風險性。此種以有限資料為基礎之推測機率，在日常生活上經常碰到。譬如「中信職棒隊勝統一隊之機會為三對一」；「今年美國司令部對微軟公司市場壟斷勝訴之機會為二對一」；「今年立法院擱置國營事業民營化條例之機會為一對二」；「某甲晉升為經理之機會為一對一」等等。

像以上所舉之推測性機會確實幫助許多人消除不確定因素，而勇往直前，做下決定，推動事情，因為它至少提供「到底風險會有多大」之粗略估算。譬如我們說「第七家臺灣銀行被中國大陸政府批准設立之機會是一對五」，總比說「中國大陸政府有可能批准第七家臺灣銀行之設立」為有力得多，因前者提出數量性之機率 (Quantitative Probability)，而後者只提出質量之可能性 (Quantitative Possibility)。

同理，推測性機率可以應用得更為細緻。譬如前面表 11–1 列出某電器公司到上海設立裝配廠之優劣比較數字，其總經理最關切銷售額增加之確定性。其業務經理認為設立裝配廠可將 200 百萬元推高至 400 百萬元，但總經理認為此種估計太樂觀。若應用推測機率來調整此不確定因素，總經理可以列出表 11–2，估計不同之銷售數額及盈利額，配以不同之可能機率估計，而最後得到調整風險機率後之報酬額為 15 百萬元，折算最初投資報酬為 28%，比表 11–1 所計算者低很多，但尚比一般銀行利率高很多，尚屬有利。

表 11–2　調整風險機率後之盈利表

單位：新臺幣百萬元

(1)可能之銷售額 （每年）	(2)估計盈利額	(3)總經理之推測機率	(4) = (2)×(3) 期望盈利
$200	–19	0%	$ 0
250	0.6	50%	0.3
300	20.1	30%	6.03
350	39.7	15%	5.955
400	59.3	5%	2.965
調整風險機率之盈利			$15.250
投資報酬率（$15.250÷$55 百萬）=28%			

很顯然地，此公司總經理認為設立上海裝配廠之後，銷售額上升幅度不大，以 250 百萬元為最可能，越往上提升，越不可能。此種詳細之推測機率應用，可以得

出一個合成數字 (Synthetic Figure)，確實比原來估計之報酬率，令人有更大之把握感。所以，現代經理人不能沒有統計觀念，否則無法調整不確定之風險感覺。只要我們有此觀念，當面臨不確定因素時，在紙上或心上，把推測機率寫出來，即可大大地幫助我們理智決策。

（三）應該學習調整不可靠之資料 (Adjusting Un-Reliable Data)

在以統計機率或推測機率觀念，來調整不確定因素，而供主觀判斷或客觀計算時，經常必須依賴「不可靠資料」(Un-Reliable Data)，無法完全依賴十分準確的資料而不誤時、誤事、或成本過高者。

譬如公會提供的資料常只代表該行業的一部分廠家而已，推銷員常會誇大產品的性能，總經理也會掩飾公司的弱點，廣告公司做了市場調查之後，總是會叫人多做廣告，醫生看病後，也會叫人多來拿藥，多做檢查，甚至應該開刀住院。軍事專家也會誇大敵人之危險性，要求多給經費預算。凡是這些都是只說出一部分真話而已，絕非全真，但是決策者，必須在這些不完全可靠的資料基礎上做決定。

當然，聰明的決策者，會想盡辦法從各方「消息靈通人士」套出點點滴滴的真理，以織成比較完整的資料網。有經驗的決策者，也會從誇大言辭，析得一些可靠資料。譬如女兒吵著要買新皮鞋，她可能說：「大家都穿白皮鞋，只有我沒有」，有經驗的爸爸就會打個折扣，將之解釋為她的 6～7 位女同學已經穿白皮鞋了。

處理不可靠資料的妙方有二：第一、時常注意與我們相處事物之情報，並對之「持疑」於心中，或調整之使達可靠水準。第二、先評估提供資料之人，假使我們越能瞭解他的興趣、專業能力、判斷力、忠誠心等等，我們越能評估他所能提供資料之可靠度，以辨別何者為「可靠」，何者為「不可靠」。

（四）必須適應不完整資料 (Living with Incomplete Data)

除了必須時常與不可靠之資料打交道外，經理人尚須與不完整之資料 (Incomplete Data) 打交道。一般說來，一個人所知道的事物總是有限，所以若要選擇較佳決策，必須依賴他人尋找更多的情報 (Information)，可是尋找情報是屬於花費時間及精力的研究工作，必須支付相當費用（成本），所以經理人員所面臨的兩難問題是：「多找一些情報」？或「多花一些時間及費用」？ (Much More Information vs. Much More Time and Expense) 換言之，這是「情報與經費成本」，「情報與時效」競爭的另一種決策問題。

1. 花成本請顧問 (Buying Advisors)

一般的管理或工程顧問案件，就是屬於不完整情報與經費成本互相替換之佳例，

譬如最早美國波音飛機公司 (Boeing Aircraft Company) 為了設計波音 707 型噴射機及 k–135 型就花費 4 百萬美元，請顧問工程師提供藍圖（也是情報的一種）。某一中壢市郊倉儲量販中心為了找一個地點，就花了 1 百萬新臺幣請管理顧問公司提供資料。中國鋼鐵公司 1980 年代第一次為瞭解國內鋼鐵使用情況，就花了將近 3 百萬新臺幣，請金屬工業發展中心進行市場調查。中國石油公司在 1966 年第一次為預測石油化學終端產品之市場潛量，亦花將近 2 百萬元，請工業技術研究院工業研究部門進行市場調查預測工作。臺灣電力公司 1979 年第一次為檢討改進其內部管理制度，則花了 160 多萬元，請臺大商學研究所進行調查診斷工作。第一次臺電核能電廠之興建，中鋼公司一貫作業鋼廠之興建等等，都花用很多錢請國外工程顧問公司，法律事務所，會計師事務所幫忙。現在有許多本地公民營企業，也開始學會在正式投資之前，要花一些錢請工業技術研究院進行「投資可行性研究」(Feasibility Study)，以確保未來之成功。無疑地，花錢請專家顧問，尋找更完整的情報資料，乃是一失一得之事，若其「失」小於「得」，則屬理智之決定。

2. 完整情報價值與研究成本對比 (Value of Perfect Information vs. Research Cost)

　　若用數量分析的名詞來說，為減少不完整情報之危險性，或為提高「完整情報」(Perfect Information) 對決策之價值，必須花用相當研究成本 (Research Cost)。假使「研究成本」小於「完整情報價值」時，則委託研究之工作值得做；用另一種說法，即要用多少錢來委託顧問公司進行研究，取決於主管人員認定未來完整情報下做出之決策，與不完整情報（指不進行研究）下做出之決策間之期望利益的差別。假使兩種情報狀況下之決策利益差別不大，則大可不必花大錢請顧問公司進行情報研究工作。

3. 「當機立斷」(Timely Decision)

　　除了情報與經費成本之對立外，情報與時機 (Timely Action) 亦是對立現象，因為要及時採取行動，常常就等不及尋找完整情報，但在不完整的情報下採取行動，也可能做錯決定，導致損失。譬如當競爭對手減價時，我們就必須及時決定是否跟著減價對抗，或維持原價，或維持原價但加給贈品等等。又如一個重要客戶詢及是否能在某一時間內送達一大批貨品，我們也不能等很久，待各單位協調後才給回答。又如石油煉製廠因故停工，主管人員也必須當機立斷，採取行動，不能等詳查原因，拖延很久，才下決定。「當機立斷」是經理人員在不完整情報下，很大的挑戰決定。力求表現的經理人員，都應學習適應此種冒風險、冒成本的習慣。

4. 適當延攔 (Proper Delay)

如前所述，經理人克服情報資料之不可靠性及不完整性所帶來之缺點，其本身就是一種決策問題 (Decision Problem)，所以也需要經過診斷、目的、備選對策、相關因素、優劣後果評估及主觀判斷等過程。有一些既可提高情報儲存量，又可減低研究成本的方法，值得介紹。第一是勇敢地在眾多因素中，找出一、二個關鍵因素（請見第一節），就此關鍵因素搜集事實資料；其次是我們可能需要的總資料中，取出一些樣本，不必等所有資料都搜集完；第三是在可容許的範圍內，把決策延擱直到有更佳情報可用時（但在情況不容許下，則記住，不可隨意延擱決策，否則將誤大事，見前段「當機立斷」）。

5. 「預期未來，準備現在」(Present Preparation for Forecasted Future)

要兼得「完整情報」與「立即決斷」之利甚為困難，不過解決此一難題之方法不是沒有，其要點是在問題尚未發生之前，就先有預期準備，並著手搜集資料等待問題之來臨。譬如預期競爭對手會採取減價行動，我們事前就做好應付對策。又如預期敵人會攻打過來，事先就籌劃好屆時應付之戰略。

與此種方法相類似之另一方法，是把一個問題分裂成若干部分，逐一搜集資料，直到資料最弱的部分停止，等候可用的資料出現時，才做最後之決定。譬如某一銷產多種產品之大公司，在數個月前就計劃推出一系列每週一次之電視廣告節目，其廣告文稿之設計一直未定案，直到市場調查顯示出某一特定產品能得到最大利益時，才確定以該產品為廣告主題對象。

總之，在選定對策之時，經理人員常會面臨不確定因素 (Uncertainty)，即使他是聰明的人，他會利用統計機率與推測機率之觀念來減少一部分不確定程度；他也會學習調整別人提供之不可靠資料，從中獲取一部分真實性，減少一部分不確定程度；他更會利用不完整之資料，評衡進一步情報研究與成本或時機之利害，以減少部分不確足性。但是這些方法都只能用來「減少」，而非用來「消除」不確定因素，好像我們只能避免「人心不古」對我們自己的可能害處，但卻無法消除別人「人心不古」之存在一樣，所以經理人不能太古板，期望萬事皆先確定，一點風險皆無，才要採取行動。

三、數量技巧之應用 (Application of Quantitative Techniques in Decision-Making)

在選定較佳對策（決策第六步）時，除應思考手段價值與目標之關係，及調整適應不確定因素外，尚可考慮借用一些比較常用之數量方法，以協助決策者選定較

佳之對策。本小節只將介紹四種：⑴作業研究模式，⑵決策樹模式，⑶電腦模擬模式，⑷綜合矩陣模式。

（一）作業研究模式 (Operations-Research Models)

所謂「作業研究」(Operations Research) 原是泛指由不同科別之專家組成工作小組，共同「研究」解決軍事或企業「作業」（亦稱營運）上所遭遇之問題。後來轉變為專指銷產作業上之數量決策技巧，例如線型規劃 (Linear Programming)、等候原理 (Queuing Theory)、競賽原理 (Game Theory) 等等，以協助主管人員做理智決定。作業研究模式必須應用眾多之情報資料，方能遂行計算功力，否則將變成抽象之數學公式，尚不如前面經理人處理不確定因素之種種判斷方法，此點讀者必須謹記，否則將會失望。

作業研究的一個主要貢獻是「模式」(Model) 的觀念，將許多備選方案所涉及的許多因素，摘要 (Summarize) 成簡單的公式，容易處理及表示。廣義說來，此種摘要方法包括三個主要特色：⑴數學符號，⑵模式，⑶數字衡量。

1. 用數學符號表達問題 (Mathematical Symbols)

作業研究模式的第一要件是以數學符號 (Mathematical Symbols) 來表達問題。用公式 (Equations) 及數學符號可以把複雜問題，很精練簡潔地寫出，供專家操縱演算，自然科學家最擅長此種表達方法。當然，用數學公式來表達問題，難免涉及令一般人看不懂的專業術語 (Professional Jargon)；不過，若用文字來表達複雜的科學問題，則會顯得笨手笨腳，更加含糊不清。

2. 建立一個模式 (Model)

在工業界使用模式 (Model) 來表示一套問題間相互關係之場合甚為普遍，例如飛機設計師利用許多小模型機在風管中，試驗新型設計。新型汽車出廠之前，也是使用許多模型之後方能定案。工廠機器設備，也是常用縮小尺寸之模型事先檢討後，再正式安裝。這些模型都是代表實際事物的某些特性，而管理問題之數學模式化，也是代表實際情況之部分事實，只是更加抽象一些而已。譬如企管學生最熟悉的模式之一就是「資產負債表」(Balance-Sheet) 公式：

$$A = L + B$$

式中，

A 代表總資產 (Total Assets)。

L 代表總負債 (Total Liabilities)。

E 代表總淨值 (Net Worth) 或是股東權益。(Equity) 某 (T) 年底 E 之總值, 係(T–1)年底之 E 總值, 加上 (T) 年內之總收入 (Revenue), 減去同年之總費用支出 (Outlay)。

作業研究者所建立之模式,常屬一套方程式 (A Set of Equations),附上預測後果, 可能價值, 以及不確定因素之調整係數, 以便有秩序地計算, 否則容易混淆, 無法做出理智決定。

3. 以數字衡量公式中之變數值 (Numerical Measurement)

在模式中, 常有若干因變數或主變數 (Independent Variables) 及應變數或隨變數 (Dependent Variables), 作業研究者必須以適當之數字來「充實」之, 方能使此模式產生有用之價值, 此亦是使作業研究者最感為難之處, 因要以數字「充實」公式, 勢必「挖掘」許多事實資料, 因而市場調查研究 (Market Survey Research) 成為作業研究之先決條件。

典型之作業研究例子是石油公司用它來決定生產日程之排定, 以提煉不同產品之比例。此問題涉及之因素有:

⑴汽油、燃油、柴油、潤滑油, 及其他產品之價格 (Prices)。

⑵不同等別原油之價格及可取得數量 (Prices and Availability)。

⑶提煉獲量（各種等別原油及各種產品）。

⑷提煉成本（同上）。

⑸超量儲存成本（各種產品）。

無疑地, 每一次生產日程之安排及產品比例之決定, 甚為複雜, 不是用一人之猜測可以有效決定, 必須使用電腦來操作龐大之數字, 方能竟功。

總而言之, 作業研究模式之適用條件有三, 第一、問題很複雜, 涉及大量資料, 非個人腦力所能操縱; 第二、因素相互間之關係已確知, 很清楚, 並可用數學公式表達; 第三、各因素所需之統計資料已齊備可用。假使此三條件缺少任何一個, 作業研究模式即無法應用。

（二）決策樹 (Decision-Tree) 模式

所謂決策樹是泛指將決策問題有關之相互關聯因素, 依一步一步之秩序, 畫成樹枝圖樣, 從主幹到末枝, 代表層層依賴之關係, 以協助決策者瞭解問題之全貌, 脫離混雜成團、不知始末之困境。

在實務上, 許多決策涉及一系列步驟, 第二步依賴第一步之決定後果, 第三步依賴第二步之決定後果, 如此循序而下。當然每一步驟都會有「不確定」(Uncertainty)

因素存在，如此「不確定」之上加「不確定」，會變成混雜難解現象，所以以「決策樹」模式來解決最合用。茲舉一例以明之。

　　遠東公司出口到澳洲的業務一直在擴大中，所以澳洲的代理商堅持在現在簽訂一個十年長期供應之契約，不過遠東公司的國外部經理建議先開設一個分公司 (Branch)，當作三、四年後設立工廠 (Plant) 的基礎。遠東公司總經理對此問題思考之後，認為三個決策必須依序制訂，方能解決此問題。決策 A 是選擇簽訂十年「代理契約」，以「代理商」字眼代表之，或開設「分公司」。決策 B 是在業務高度成長後，選擇「建廠」(Build Plant) 生產或「轉包」(Outsourcing or Subcontract) 生產。決策 C 是在業務成長不理想後，選擇「轉包」生產或從臺灣出口 (Export)。

　　當我們(1)把決策問題順序弄清楚，(2)估計不確定因素及機率 (Probability)，(3)估計各對策可能產生之後果 (Consequence) 後，可以畫出圖 11–2 之決策樹，供大家練習演算。在計算時，應將上面三個條件齊備（決策樹順序、機率、後果），然後從後面逐步往前面 (Rolling Back) 推算，以分枝點之「期望值」(Expected Value)，即優劣後果乘推測機率之平均值來決定方向，茲說明如下：

圖 11–2　遠東公司海外擴充「決策樹」範例

第一、就決策點 B 來說，其最佳之選擇是「轉包」生產，因為「建廠」生產之期望收入值與「轉包生產」之期望收入值間之差異（$30 百萬–$21 百萬=$9 百萬），不足以蓋過兩者額外投資額之差異（$120 百萬–$20 百萬 =$100 百萬）。所以我們可以假設決策 B 之代表期望值為 $21 百萬，投資額為 $20 百萬。

第二、就決策點 C 來說，其最佳選擇亦為「轉包生產」，因為「轉包生產」與「臺灣出口」兩者期望收入值的差異（$14 百萬–$3.75 百萬=$10.25 百萬），在數年內就足以蓋過兩者額外投資額之差異（$20 百萬–0=$20 百萬）。所以我們可以假設決策 C 之代表期望收入為 $14 百萬，投資額為 $20 百萬。

第三、利用「高成長」與「低成長」需求之預估機率，我們可以算得「開設分公司」決策之期望收入為 $21 百萬 ×0.6+$14 百萬 ×0.4=$18.2 百萬，開設分公司決策之投資額為 $20 百萬+$15 百萬=$35 百萬。反之，若採用「代理契約」決策，其期望收入為 $15 百萬，投資額為 0。

第四、就決策點 A 來說，其最佳選擇為「代理契約」，因開設分公司與代理契約之期望收入值之差異（$18.2 百萬–$15 百萬=$3.2 百萬元），但兩者投資額之差異則為 $35 百萬，在十年之內，期望收入不足以涵蓋投資支出。

當然，決策樹模式可以用來表達各種問題情況，也可以包含更多之備選對策 (Alternatives)，更多層次之風險 (Risk) 及機率，並可用折現 (Discounting) 方法來計算現金流出及流入 (Cash Outflow and Inflow)，以及投資損失之風險等等，只要問題中把這些因素皆明白說出，即可納入決策樹模式內。不過有一點，我們必須謹記，即使是很簡單的問題，我們若要使之完全數量化，其背後的準備工作已是相當複雜及困難了。

（三）電腦模擬 (Computer Simulation) 模式

決策樹及大多數作業研究模式中，處理不確定 (Uncertainty) 因素之工具是「期望值」(Expected Value)，即將各種可能出現之成果乘以各自之機率，然後加總之數值。此種方法可以協助我們評估不同方案之成功機會的差異，但其「成功機會」只是一個綜合性的平均值 (Average)，而非我們日常可能真正遇到的數值，總是令人有不踏實之感覺。假使能應用「模擬」(Simulation)，則可以給我們帶來不同「假設」(If) 情況下較佳感覺。

所謂「模擬」是指我們在計算任何因果關係之數值時，盡量在不同假設情況下，估計各種備選對策之可能後果，使各種備選對策之期望值皆有很多個，並形成「常

態分布」(Normal Distribution) 狀態，除可求得此常態分布之平均值 (Average) 外，尚可求得其標準差 (Deviation)，供各備選對策之比較。

通常「模擬」皆借用電子計算機程式，以方便不同假設情況下資料之輸入及計算成果之輸出，節省人工計算之複雜、費時、及錯誤。

無疑地，許多經營管理問題所涉及之因素及因素間之關係，並非很明白而確定，可以用數學方式來表達；同時，若為了計算方便，把複雜之管理問題過分簡化，亦將失去用途；此皆模擬技巧之天然缺點，我們必須謹記在心。

(四) 綜合矩陣 (Matrix Summaries) 模式

除了上述數量公式型之技巧可協助經理人員，摘要各種備選對策之預測成果，以供選擇外，很多人員都有一個共同的希望，能有另一種簡單而彈性的方法，可替代數量公式；甚至於希望此簡單的方法，可以把一些無形的因素 (Intangible Factors) 也包括在考慮之內。此種簡單方法確實存在，並被稱為綜合矩陣 (Matrix Summaries)。它係由一群「評分」(Rating) 及「比重」(Weighting) 交叉而成之指數 (Index) 所構成，代表決策者在對應之「備選對策」(Alternatives) 與相關因素 (Related Factors) 之主觀價值 (Subjective Value)。最後之決策點 (Decision Point) 乃是指數最高之對策入選，或數個較高指數點之對策進行複賽，最後乃以最高指數者入選。為了說明上之方便，茲舉寶島積體科技公司總經理王先生選擇新工廠地點之決策為例。

寶島科技公司總經理已經應用前述各種決策要點，把候選地點縮減為四個，並將各相關之有形因素 (Tangible Factors) 凝結為新廠投資之報酬率 (Return on Investment)，另外他尚確認有五個相關之無形因素 (Intangible Factors) 應一併考慮。王總經理必須先解決此無形因素之兩個問題，方能解決地點問題。該兩問題為：

⑴對每一地點，每一無形因素之滿意程度 (Degree of Satisfaction) 為何？

⑵每一無形因素之重要程度 (Degree of Importance) 為何？

換言之，王總經理對第一問題必須採取因素內之「評分」，第二問題必須採取因素間之比重措施。所謂「評分」是指用 0～10 之分數，把某一特定因素在各個備選對策內之滿意程度（或有利程度）給以分數，評分越低者，代表越不滿意（或越不利）。所謂「比重」是指用一倍數代表某一因素有某程度之重要性，當倍數越大，代表該因素在決策者心目中之地位越高，倍數越小，代表越低。在決策矩陣內（指備選對策與相關因素組成之行列式），每一格之「評分」乘「比重」，可得一個指數 (Index)，將每一格之指數相加，則得綜合指數 (Summary Index)，供備選對策間之比較。表 11–3 代表王總經理利用綜合矩陣模式所得之成果。

表 11-3 綜合矩陣決策模式（積體科技廠地點範例）

相關因素	比 重	備選對策（評分）		指數＝評分×比重	
		地點一（新竹）	地點二（臺南）	地點三（上海）	地點四（天津）
1. 勞工及技工充裕情況	6（倍）	9×6=54（分）	5×6=30（分）	5×6=30（分）	10×6=60（分）
2. 工會關係	8	5×8=40	8×8=64	1×8= 8	6×8=48
3. 地方關係及稅賦條件	9	6×9=54	6×9=54	8×9=72	8×9=72
4. 經理人及工程師服務意願	9	9×9=81	9×9=81	5×9=45	8×9=72
5. 競爭者在鄰近設廠可能性	9	4×3=12	3×3= 9	4×3=12	5×3=15
6. 綜合指數（無形因素）		241（分）	238（分）	167（分）	267（分）
7. 投資報酬率（有形因素）		12.1%	14.7%	16.1%	10.8%

王總經理看表 11-3，馬上可以確定地點二（臺南）比地點一（新竹）為佳，因為兩者之無形因素綜合指數約略相等，但地點二之有形投資報酬率 14.7% 高於地點一之 12.1%。同樣地，王總經理也可以確定地點三（上海）比地點四（天津）為佳，因為在無形因素上，地點四雖然比較好，但其程度不足以壓過有形投資報酬率 10.8%<16.1% 之不利程度。

至此，王總經理只剩下地點二及地點三可供選擇。在細查差別之下，地點二之真正優點在於工會關係比地點三為佳，但投資報酬率卻相差 1.4%，是否工會關係可抵得上 1.4% 之報酬率呢？則視王先生主觀價值判斷。在大陸，因工會霸王事件少，所以選擇地點二之機率應大於地點三。

雖然綜合矩陣模式並沒有自動地提供決策者正確之回答，但確實有兩個作用，第一、它強迫決策者澄清他對無形因素之判斷；第二、它提供一個構架，協助決策者平衡無形與有形因素間之重要性。雖然在評分及比重時所給之數字都很粗劣，但它確實代表決策者自己主觀價值的一致性，將各種錯綜複雜之候選對策及相關因素，凝集於一點，而供選擇，助益甚大。

在設定決策矩陣時，可以使用各種你所希望之方式，譬如可以在每一格 (Cell) 內用文字代表數字；也可以加上機率，與評分、比重一起乘。總之，它是協助我們以

有系統之步驟，處理複雜問題之佳法。讀者若有興趣，可用此綜合矩陣模式，處理採購之高度理智問題，也可以處理擇偶之高度感情問題，表 11-4 為某男性選擇女對象之假想範例，供大家舉一反十，並請計算其綜合指數，替該男性選定一個理想之伴侶。

表 11-4　綜合矩陣決策模式（某男性擇偶範例）

相關因素	比　重	備選對策（評分）				
		對象一 （王小姐）	對象二 （林小姐）	對象三 （李小姐）	對象四 （張小姐）	對象五 （陳小姐）
1.身高	2（倍）	8（分）	7（分）	9（分）	10（分）	6（分）
2.學歷	3	9	9	7	6	8
3.容貌	2	8	10	7	6	5
4.身材	1	8	7	6	9	10
5.年齡	2	7	9	8	8	9
6.性格	2	10	6	8	7	7
7.品德	4	8	7	8	8	7
8.健康	3	10	10	6	7	9
9.興趣	2	8	9	7	6	8
10.職業 　（可為有形或無形）	1	6	7	10	8	7
11.嫁妝 　（可為有形或無形）	0.5	10	5	6	9	8
12.清白	3	8	5	5	8	10
13.宗教	0.5	7	7	8	10	8
14.省籍	0.5	10	10	5	5	10

・指數：評分×比重倍數。

・綜合指數：各指數之和。

・選擇準則：綜合指數越高之對策，越好。

第三節　檢定對策之可行性──決策之第七步

(Testing of Feasibility──The 7th Step of Decision-Making)

　　當決策者在數個備選對策中選定自己認為最佳之對策後，理智之決策過程尚未真正結束，因為他無法保證該選擇必定會產生好成果，所以他尚應設法減少他可能犯的重大錯誤，在付諸執行前做必要之「勒馬」叫停。多年來，學者已經發現數法，

可以檢測決策之健全性，我們有對其熟悉之必要，以利適當時之應用。當然，時間之緊急性，問題之重要性，以及對未來之懷疑性，都會影響應用這些檢定方法之方式及種類。本節將逐一介紹這些檢定方法。

一、聽聽「壞人」（反面）意見 (Listening Negative Ideas)

很久以來，在天主教堂裡常用「魔鬼的主張」（即壞人或反面意見），來檢定某特定決策的健全性。其方法是指派某一個人擔任指出弱點及錯誤的角色，他儘可能收集反對議論，以攻擊某一主張，假使該主張經不起這些攻擊（或無法解釋反面意見），則延擱下來，不予以執行。

在企業界裡，一個決策者經常故意站在旁邊（即不置身事中），思考一個主張不能執行之所有原因。在其主管下令執行前，他應撥出充裕時間，計算可能做錯之各種得失。當然，此種反面的行為，可能很難扮演，也可能惹得上級主管之不高興，所以當問題很複雜或涉及強烈感情時，最好請別人扮演此「反角」。因為「反角」不易獲人好感，所以經理人員應該周知部屬，確實瞭解每一個人皆認識「魔鬼主張」不是在為反對而反對，而是在確保所有可能之缺點，在事前都已考慮過。

任何決策皆可以從「證據」(Evidence)、「邏輯」(Logic)、「價值」(Value)、或其他基礎上給予挑戰，也唯有經由「反面意見」之交叉審問，各種尷尬（不健全之弱點）才會被挑出，以利補正。譬如「既然職員每年將可休假三個星期，為何不是所有員工皆可休假呢?」或「公司年報上說銷售額與廣告費用有高度相關，數字證明此為事實，可是此數字不一定就是說廣告費用花得越多，銷售額就越高，也許道理剛好相反，或根本不存在。譬如美國人在心臟病及洗澡次數方面皆比印地安人為多，並不指洗澡越多次，犯心臟病的機會越大」。所以，真正健全的決策，必須是能對類似此種「挑毛病」之問題，給予良好之答案者，否則就站不住腳。

二、將決策投射成詳細執行方案 (Projection into Detailed Action Program)

第二種檢定決策健全性之方法，是把該決策實施後之可能詳細後果一一找出來，以確定當初做決定之智慧性及實用性。譬如一個大公司原想實施「產品事業部」(Product Division) 之分權制度，它利用此種投射（或模擬）詳細成果之方法，把顧客分配成組，畫出部門組織圖，分派高級主管之位置，以及估計設立此新制度之成本等等，發現有很多困難問題及弱點，所以就暫停執行，直到一年以後，大量修改之

新組織結構方付諸執行。

　　許多經理人員有一種不正確的觀念，以為他一旦下達決策，行動就會自然產生，這是一種忽視執行困難之短視病。在社會上，確實有很多人，只喜歡談「大」或「高層」決策，但不願意涉及執行細節及思考可能後果，所以「徒理想不足以實現」（徒喜不足以自行），等於是犯「大頭病」，只談空洞理想，不觸及執行方案，最不可取。

　　當然，在一個組織結構裡，我們必須分辨高層廣泛之決策以及較為詳細之執行決策 (High-Level vs. Implementation Decisions)，也需要不同的人來執行不同種類之決策。因為執行決策必須在高層決策之範圍內，所以在設定高層決策之時，就應先考慮此決策將來是否能執行。我們若能把決策投射成詳細執行方案，就是檢定該決策實用健全性的最佳方法。

■ 三、重新考慮計劃之前提假設 (Reconsidering Pre-Assumptions)

　　每一個管理上的決策都是基於各種假設，或計劃前提 (Planning Premises)。這些「假設」可能是對公司未來市場需求之預測，或是對未來原料供應之預測；也可能是對員工行為態度之預測，或是個人價值當作公司價值之假設等等。所以在檢測某一決策是否正確無誤時，經理人首應問自己，到底那一個假設對決策的成功影響力量最大，並進一步澄清這些「軸心」假設 (Pivotal Premises) 之正確性，因為假設若不正確，基於假設所導出來的理論必然不對。所謂「事過境遷，所議皆非」。

　　無疑地，不是所有的假設或前提都可以證明；換言之，在決策過程中，我們確實無法避免碰到不完整的資料，對事實認識的偏誤，以及意見溝通上的曲解等等不得已事件。不過，一個經理人員，無論如何，至少總應該明白他到底在冒著何種風險，而非糊里糊塗地走入錯誤之境。

　　除了重新考慮計劃前提外，執行時時日的過去，也可以產生活動資料，供查核原先決定之穩健性，所以重新考慮乃是必要因素之一。

■ 四、檢討被草率摒棄之備選對策 (Reviewing the Discarded Alternatives)

　　很多良好的備選對策在初次甄選時（見決策第三步驟），常因單一缺點，就被草率的摒棄。事實上，面臨這種單一缺點的場合，決策者應多考慮此缺點是否完全不可克服，而不是馬上將此對策拋棄。換言之，此單一缺點應該當作另一個「次級問題」(Sub-problem) 來處理，其程序與處理原本問題 (Original Problem) 一樣小心。假

使此缺點可以克服，則此對策應歸入繼續考慮陣容中。

　　茲舉一例以明之，某一工廠搬運部有七個工人埋怨他們要走數百公尺遠及爬二個樓梯才到達更衣間及洗手間，實在太累。當時想出解決此問題的方法是讓這七個人每天二次的休息時間多十分鐘，但是人事部門提出反對，認為這樣會製造「前例」，不好管理，所以馬上被排除掉。不過問題總要解決，所以其他兩個替代對策也被提出來。一個是多付一些錢來補償走遠路的不方便，第二個是另外裝置新設備，把更衣間及洗手間靠近搬運部門。無疑地，這二個備選對策也會碰到限制困難。

　　假使決策者把第一個對策之「單一缺點」當作「次級問題」處理，則他勢必要面對給予額外休息時間，又不會開惡例之挑戰。事實上，處理此次級問題，可以重新設立依更衣間距離遠近而不同之工作時間表，適用於全部員工，雖然此種更動需要特別力量（如指派小組去規劃），也會把額外休息時間給予更多的員工（不只給予原來埋怨的七個人）。不過，這樣處理，說不定比另外二個備選對策所需要花費的成本更低。

　　當然，在選拔重要部門主管時，上級人員也可能面臨同樣「單一缺點」的事例。例如備選人某甲的各方條件，包括學歷、經歷、專業工作能力、領導能力、合群能力等等都很好，只是他精力充沛，除了本身工作外，尚參加很多額外社會活動，所以被視為「不安分守己」，將被排除於候選名單之外。至於其他備選者乙、丙、丁的學歷、經歷、專業能力、領導能力、合群能力等皆遠不及甲，但卻是「安分守己」，不到外面活動（其原因一則本身能力不足，二則外界不願邀請），所以被視為良好主管之候選者。

　　假使上級人員將某甲之「額外活動」當作「次級問題」處理，將可要求某甲以後減少外界活動，把精力花在將來當主管之職責工作上，某甲當可答應，也會感到「英雄有用武之地」，因為他以前從事社會活動，不是因他不把本身工作做好，才會擴大活動範圍。如果讓他當主管，其精力自然有地方可發揮，適才適所。至於以「安分守己」為要件，選擇次等人才充任主管職位，雖是社會上常見之行為，但仍屬「草率」摒棄優等對策之後果。

五、徵求同感（同意）(Requesting Consensus)

　　當部屬提出某一建議，或自己經過考慮後選定一個對策，最好設法確保同輩、專家、或同事也懷有相同之看法 (Consensus)，以免自己一個人智力不足，情報不足，或有潛意識之偏見，而做錯了決定。

大公司的董事會，大法官會議經常採用此種「徵求同感」之技巧，它雖然很費時，但是在不緊急的事件中，確屬確保安全的良法。在個人而言，謀職對象、擇偶對象等之選定皆可找兩、三位要好朋友商量，看看他們是否同意，以檢定決策之健全性。假使對方反對的意見很有道理時，則應重新檢討或選擇，以免犯了「剛愎自用」之錯誤。

目前許多公司設有「獨立」（或「超然」）幕僚專家，提供最高主管諮詢之用，以檢定最高主管決策是否健全，避免草率決定即付執行，發生惡果再撤回決策，或乾脆錯到底之不得已現象。

六、試製或試銷 (Pilot Run or Test Market)

最有把握的檢測決策的方法是「試一試」(trial)，因為許多決策寫在紙上或在實驗室看來很好，但不一定大量執行之後，會真正產生好結果，所以能實際試一試最好。「試做」雖不能證明別的對策「不行」，但至少可以證明本決策「不差」。

「試做」可為「試製」或「試銷」，譬如汽車製造公司可以試製新型車，在各種惡劣情況的道路上試行，如果成果理想，再行大量生產。再如洗衣粉公司發明新配方，可以先生產小量，拿到市場去試銷，如果成果好，再行大量生產及行銷。又如連鎖商店系統可以先在某幾個店先行試用「信用卡」（賒欠）付款方法，以觀成效，修正以往百分之百「現金」付款之作風。當然，像這些「試做」一下的檢定方法都很費時及費成本，所以其適用場合常是比較重大的決策問題。

七、序列決策 (Sequential Decision) 法

另一種檢定決策健全性的方法，是把一個大決策劃分為數個順序連貫之序列性部分，一次就一個部分做決定。第二部分之決定基於第一部分決定施行之後果而定，第三部分之決定又基於第二部分決定施行後之後果而定，如此順推，以一序列之決策來解決一個大問題。

序列決策法與決策樹法有所區別。通常所見之決策樹法雖也將一個大問題分成數個順序連貫的細部問題，不過決策樹法的重心是在第一個決策 (First Decision)，而非每一個決策，因為第一個之後的決策都已經預估好了，供第一個決策選擇之用。而序列決策（或稱「波浪」決策，意指一波次一波次的解決）法是重視每一個決策，因為下一個決策是看前一個決策之證據而做決定的，正與決策樹法相反。

序列決策最適宜主管晉升之決策，譬如遠臺公司陳總經理有意提升業務代表高先生，在三年後充任業務部經理，陳總經理的第一個決策可能是調高先生回總管理處任推廣主任；若其表現良好，再調其為企劃主任；若其表現繼續良好，則在原業務經理退休前六個月，調高先生任業務副理；然後再升其為業務經理。此種序列性職務指派有二種用意存在，第一、使高先生獲得各方面經驗及熟悉總管理處之作業情況，第二、有一較長時間，考察高先生的工作表現，獲得較多證據（情報），以確保升其為業務經理之重大決策的成功。事實上，高先生每調動一個職位，都會提供更多資料，以供第二個決策之參考。

序列決策法也可以用在製藥廠推介新產品上市之決策過程。通常新藥上市必須通過六個步驟，後一步的決策基於前一步的成功。第一步，實驗室研究發現或市場構思之搜集；第二步，臨床試驗其無毒性及有效性；第三步，生產過程之設計；第四步，市場分析，以決定包裝、品牌、價格、配銷網等等行銷策略之設計；第五步，申請衛生機關之核准上市；第六步，大量生產及行銷推廣。很明顯地，假設第一步不成功，未能提供新證據，則下一步的決策就會受阻礙。

「序列決策 (Sequential Decision) 法」與「騎虎之勢，欲擺難下」(Bear-by-the-Tail)或「一廂情願」(Muddling Through) 之方式不同。「騎虎之勢，欲擺難下」常發生於廣告推廣活動，一發動就很難收住。「一廂情願」常發生於頭腦簡單的人，認為世界上的事與人，都會理所當然地為他個人的利益著想，所以凡事一發動，黃金機會就會在下一步等候他。序列決策法乃是事前在心裡就設計一套前後關連的對策，以處理重大問題。後一步決策必須以前一步驟之新證據來驗證，以利每一步驟都有修正之機會，確實不是「騎虎之勢」，也不是「一廂情願」。

以上七個方法可以協助決策者檢測其決策之健全性，讀者應多多揣摩應用，受益當屬無窮。

前章與本章已經很詳細地，把有關經理人員，在做行銷管理、生產管理、研發技術管理、人事管理、財務管理、會計管理、資訊管理所涉及之決策之觀念性步驟及技術性細節一一說明。這七個科學性決策步驟，可以用來解決個人或組織的任何問題（請見下一章所列之各種企業決策問題），也可以解決無形及具體有形的問題，前者如開設分公司，選擇配偶對象，後者如購買機器或原料等。

雖然不是每一個人解決每一個大或小問題，皆須經過此七步驟，不過瞭解決策過程之「創造開發面」(Creative Development Power) 及「理智計算面」(Rational Calculation Power) 更屬重要，因兩者正反相接，效力無窮。一個人不論他要不要走入企

業界，對決策過程之科學分析知識都要知曉，才會使他的人生過得更有效率。

下一章為比較嚴肅的企業決策面，逐一列舉企業經營者面臨之決策種類及名稱，作為以後各章之依據。

第十二章　企業決策與情報研究
(Business Decision and Information Research)

　　企業決策存在於企業管理各功能部門的計劃、組織、用人、指導、控制等管理活動中，也存在於高階主管、中階主管、及基層主管人員之活動中。只要有麻煩性問題或改進性問題要解決，就有決策行為的必要。但是在企業管理的特殊行業裡，「企業決策」常指高階層、重大性、長遠性、計劃性之行為。所以高階層者常稱「經營決策層」或「經營層」或「決策層」；中階層常稱「管理層」；基層者常稱「作業層」。其實對思考行為而言，高、中、基層人員，在解決問題時，都是決策者。

　　任何「決策」行為，都需要情報資訊 (Information or Data) 來作基礎。沒有情報資訊為基礎的決策行動，都是隨意猜測行為，不是理智決策行為，所以本章專門針對種種企業決策種類及情報資訊種類提出探討，作為企業管理的靈魂工具。

第一節　企業經營之目標決策——生存與成長 (Decisions for Business Objectives—Survival and Growth)

一、企業與經濟成長之根因 (Business and Economic Growth)

　　經濟成長是人類追求幸福（或稱「社會福祉」）的主要手段之一，而經濟成長的具體表現乃是各種企業經營銷、產、利潤 (Sale, Production, and Profitability) 成果的累積，所以當我們在日常言談間提及「發展經濟」(Economic Development)、「穩定中求發展」(Stability for Development)、「發展中求穩定」(Development for Stability) 等等議題時，不能忘卻農、工、商百千萬企業之經營管理績效 (Performance) 問題，否則就等於在空中建築樓閣般地美麗但不實際。

　　在人類知識演進中，有人只談「果」(Effect) 不談「因」(Cause)，有人只談「因」不談「果」，皆屬偏頗無益之詞，真正有用的學問是談「因」又談「果」(Cause and Effect)，要求好的成果，必須建立好的原因，所以我們處於今日生存競爭劇烈，追求高度精神及物質享受的時代，不能不以「全因全果」的「系統」觀念來談論經濟成長之「道」，此「道」乃是改進商、工、農、士各行業之經營績效。

而改進經營績效之「道」，又在於改善目標 (Objectives)、政策 (Policies)、戰略 (Strategies)、工作方案 (Programs)、作業程序 (Process)、處事細則 (Rules)、操作標準 (Standards)、組織結構 (Structure)、授權與責任中心 (Authority and Responsibility Centers)、直線與幕僚之協調合作 (Line and Staff Coordination and Cooperation)、意見溝通 (Communication)、人性激勵 (Motivation)、領導統御 (Leading and Commanding)、獎懲糾正 (Reward-Penalty-Correction) 等等管理行為。

而改進管理行為之「道」，又在於改進主管人員決策之品質 (Decision Quality)；改進決策品質之「道」，又在於儲備充分 (Full)、及時 (Timely)、與正確 (Correct) 之情報資訊；而儲備良好情報資訊之「道」，則在改進企業調查研究 (Business Research) 之功夫。所以歸根究底而言，促進經濟成長之根因，在於有效企業研究與情報系統。

彼得‧杜魯克在民國 64 年 (1975) 應現代企管顧問公司紀經紹先生邀請，到臺北演講時，就曾明白指出，在今後的企業經營裡，最寶貴而最便宜的資源，乃是「情報」資訊在那時，大家還不太瞭解他所言何意。事實上，他所稱之「情報」資訊也就是人類有異於禽獸之特有法寶──「知識」。何人握有最新、最充分、最正確的情報資訊，就是最有知識之人，也是最有權威之人，因為他可以根據情報資訊，做出決定，克服對手，爭取權勢；或可協助他人，做出有利之戰略、戰術、戰鬥決定，打敗敵手，爭取勝利。

從 1990 年代開始，杜魯克等名師更進一步，稱會利用情報知識來創造企業超額利潤之經濟行為為「知識經濟」，擁有情報知識的員工叫做「知識員工」，也稱會利用電腦通訊結合之網際網路 (Internet, World Wide Web)、業內網路 (Intranet)、業外網路 (Extranet) 之知識經濟行為為「新經濟」(New Economy)。所以很多先進人士開始叫二十一世紀是「知識經濟」時代，用來區別以往之「農業經濟」時代、「工業經濟」時代、「商業經濟」時代。

二、企業經營之基本目的 (Basic Objectives for Business Management)

企業經營之目的很多，但在基本上可歸為二大類：第一為追求生存 (Survival)，第二為追求成長 (Growth)；而「生存」目的又是「成長」目的的前提，因為企業若不能賺取相當收入，以維持開支及支付資金成本，則必先遭淘汰，那能再期望成長。相同地，「成長」目的也常是「生存」目的的後果，因為企業若只維持目前的生存局面，不再另謀發展，則在其他同業力謀成長之競爭潮流中，必被拋在後面，成為落伍的孤鳥，終至迷途而消滅。所以，不投身於企業經營之行列便罷，凡是投身其中

者，便須以維持「生存」及再求「成長」為使命，此種現代化的挑戰觀念，必須貫注於每位企業成員的腦中，去除往昔「有賺就好」的落伍觀念，而代之以「有賺最好，但應賺更多」的積極觀念。

「有賺就好」觀念乃是指不管企業資源是否已經充分運用，成本是否已經努力下降，浪費是否已經完全去除，只要有一些利潤存在，我們就可以停下來休息，不必再掛心努力與否的問題。「有賺最好，但應賺更多」觀念乃是指企業即使已有利潤存在，但我們不能就此即感滿足，不再理會是否還有浪費、不合理、及可以更加開發之機會；反之，企業不能賺錢應視為罪惡之一。若能賺錢最好，不過尚應積極把握可以改進及成長的機會，以便賺更多，為更廣大的顧客提供服務，增進他們生活享受水準。因之用「總資產報酬率」(Return on Assets)、「淨值報酬率」(Return on Networth) 及銷售利用率 (Sales Profitability) 來衡量一個企業是否賺得合理，以及是否充分運用資源。企業要能「生存」及「成長」，又要靠更堅實的目標來達成，那就是「顧客滿意」(Customer Satisfaction) 及「合理利潤」(Reasonable Profitability)。在競爭社會裡，唯有顧客滿意，才能賺取合理利潤；唯有「合理利潤」，才能「生存」；唯有「生存」，才能成長，這些目標互相關聯。

企業經營之「生存」與「成長」，以及「顧客滿意」與「合理利潤」之目標正式由名管理學家彼得‧杜魯克 (Peter Drucker) 提出，並深獲贊同。杜魯克為了說明此二種相互關聯之企業經營目的，曾再舉出八個引申性目標(皆屬於企業功能部門目標)，供最高主管參考，這也是最近有人 (指 Kaplan and Norton, 1992) 提出「平衡計分卡」(Balanced Scorecard)，來衡量一個企業是否優良可靠，股票是否值得買之原因。企業是否優良，不可只看短期財務比率而已，也要看各有形及無形之平衡發展，才不會以偏概全。此八大引申性功能目標為：

(1)銷售 (Sales) 目標——屬行銷部門及總經理

(2)利潤 (Profitability) 目標——屬行銷部門及總經理

(3)市場佔有率 (Market Share) 目標——屬行銷部門及總經理

(4)生產力 (Productivity) 目標——屬生產部門及總經理

(5)創新發展 (Innovation and Development) 目標——屬研究發展部門及總經理

(6)實體及財務設施 (Physical and Financial Facilities) 目標——屬生產部門、財務部門及總經理

(7)經理及員工發展 (Managerial and Worker Development) 目標——屬人事部門及總經理

⑻社會責任 (Social Responsibility) 目標——屬總經理

這些目標必須以時間別及數量方式設定，方能真正產生指導全公司員工行為之作用，否則僅做觀念性指導而已。

三、企業經營之業務目標 (Operating Objectives for Business Management)

以上所舉企業經營之「基本目標」(Basic Objectives) 也是用來協助一般最高主管（如董事長、總裁、總經理）設定整個企業努力方向，但對下級作業人員之指導作用較低，所以總經理必須再依各個企業所面臨之社會經濟環境及本身條件，設定較確定之可操作業務目標 (Operating Objectives)，以供各部門中下級人員努力之參考，其目標種類如下：

⑴國內外新市場之開拓 (New Market Development)。

⑵全新產品之開發 (New Product Development)。

⑶改良品之開發 (Improvement of Existing Product)。

⑷多角化業務之創辦 (Diversification)。

⑸品質水準之提高 (Quality Improvement)。

⑹作業效率之改善 (Operations Efficiency Improvement)。

⑺顧客服務水準之改善 (Customer Service Improvement)。

⑻工作環境之改善 (Improvement of Working Conditions)。

⑼員工行為規範之提高 (Upgrading of Employees Conducts)。

⑽無前途市場或產品之放棄 (Deletion of Hopeless Market or Product)。

換言之，業務目標之設定是屬於「行業別目標」(Industry Missions) 及「產品—市場別目標」(Product-Market Lines)，用以規範銷售、利潤、市場佔有率、生產力、創新發展、實體及財務設施、人力發展及社會責任等時間性及數量性目標之設定，以免超出目標市場 (Target Market) 範圍，而致分散力量。

第二節　企業例常營運決策範圍 (Scope of Regular Business Decisions)

一、例常營運與新專案投資決策 (Regular Operation and New Project Investment Decisions)

　　企業經理人員在追求目標實現之過程中，必須選擇一系列之手段，而這些手段中，可大分為二類：一為現有產品之生產及行銷等有關活動之決策，俗稱為例常營運決策 (Decision for Regular Operations)，另一為新產品銷產投資之決策，俗稱為新專案投資決策 (Decision for New Project Investment)。無疑地，例常營運決策所涉及之固定資產投資風險，小於新專案投資決策所涉及之風險；同時，當新專案之固定資產投資決策完成後，即轉入例常之營運決策行列，如圖 12-1 所示。

圖 12-1　企業決策種類

　　一般而言，企業之例常營運決策可以佔所有決策之很高百分比（如 80% 以上），亦可以佔很低之百分比（如 20% 以下）。一個動態成長並具競爭性之事業，其最高主管所面對之新專案投資決策遠高於一個靜態性衙門式之事業。不過無論如何，「創業」活動再多的機構，也不能不講求例常營運的「守成」功夫（引用「創業維艱，守成不易」之字），因為真正賺錢的活動是來自有效的例常營運，而非新投資活動。但是，一個毫無創業活動的靜態機構，因缺乏挑戰性，也不會長久處於有效率的狀態中。真正有效率的事業，其例常營運與新投資活動應各居平衡地位之狀態。

二、例常營運決策與情報研究之關係 (Regular Operations Decisions and Information Research)

決策需要情報資訊的支援，才能提高其品質，正如魚需要活水的支援，才能活躍生姿。缺乏情報資訊支援的決策，等於缺水之魚，其危殆可想而知；至於我們需要研究尋找何種情報資訊，則端視我們面臨何種決策而定。圖 12-2 列出一般企業所可能面臨的決策問題種類，也是指明企業研究所應尋找情報資訊的種類。

圖 12-2　企業例常營運決策與情報研究

圖 12-2 指出經營「目標」之設定，包括使命、願景、行業別目標及數量別目標；經營「策略」之設定，包括政策及戰略；經營「方案及作業制度」之設定，包括行動方案、作業程序、辦事細則、操作標準；以及「情報」研究，包括環境分析預測、供需（競爭者及顧客）分析預測及投入產出分析，對該三類營運決策支援之必要性。這就是強點、弱點、危險及機會，即 SWOT，分析預測。目前有許多企業的主持人，尚不知這些營運決策的種類、內容、及情報之重要性，實應急起直追，充實自己，並激勵部屬，努力提高經營績效。

三、經營政策與戰略之選擇範圍

關於最高主管設定及選擇經營目標 (Planning for Objectives) 的參考項目已列如第一節，本節僅列出經營政策及戰略之選擇項目 (Planning for Policies and Strategies)。

所謂企業政策 (Business Policies)，係指最高主管所制訂用以指導部屬日常思考

路線及行為方式之規範 (Ways of Thinking and Conducts)。所謂企業戰略或方略、方針 (Business Strategies)，係指最高主管所制訂之短期、祕密、突破方向，用以支用重大資源 (Direction of Deploying Major Resources)。企業之「政策」及「戰略」皆是用來達成企業高階「目標」之高階工具。「政策」與「戰略」合稱「策略」，是隨高階目標之變化而變化。企業高階之目標、政策及戰略之計劃決策過程，常會稱為「企劃」或「策劃」(Business planning)，都是企業高階主管的首要職責。

　　企業「政策」與「戰略」之區別不在於名稱，而是在於其是否為短期性、祕密性、是否支用重大資源，及其是否具穩定性、大涵蓋面性。凡是公開性，涵蓋面大，效力期間長，及不必支用重大資源之思想及行為規範，即可稱為「政策」，如人事政策、採購政策等等。凡是屬於祕密性大、涵蓋性小，效力期間短及需支用重大資源之突破措施，即可稱為「戰略」，如廣告戰略、價格戰略、品質戰略等等。政策用於平時，戰略用於戰時。

　　以下為企業高階主管可以選擇設定企業政策之項目：

1. 一般管理方面 (General Management Area)

　　⑴決定組織結構與權責劃分之權限所在及內容。(Organization Structure, Authority Responsibilities)

　　⑵決定各部門之定價、資本支出、內部轉價、產品範圍之權限所在及內容。(Pricing, Capital Expenditure, Internal Transfer Pricing, Product Lines)

　　⑶決定企劃控制制度之設定及推行之權限所在及內容。(Planning and Controlling Systems)

　　⑷設立、修訂及建議修訂政策之權限所在。(Policy Changes)

2. 行銷管理方面 (Marketing Management Area)

　　⑴決定產品種類、品質水準、保證條件、地區授權等之權限所在及內容。(Product Category, Quality Level, Guarantee Conditions, Territory Delegation)

　　⑵決定代理契約、外銷通路、經銷商關係、顧客選擇、服務方式等之權限所在及內容。(Agency Agreements, Export Channel, Middlemen Managements, Target Customers, Service Level)

　　⑶決定報價方式、折扣程度、變更價格之時間等之權限所在及內容。(Price Quotation, Price Discount, Price Change Schedule)

　　⑷決定廣告媒體、推銷員素質、產品報導方式之權限所在及內容。(Advertising Media, Salesmen Quality, Medial Publicity)

3. 生產管理方面 (Production Management Area)

⑴決定產品生產分派方式、外包契約種類、製造設備與方法之權限所在及內容。(Production Scheduling, Outsourcing, Manufact Equipment)

⑵決定生產計劃與控制、品質管制、物料管制、儲運方法之權限所在及內容 (Production Planning-Control System, Quality Control System, Inventory Control System, Warehousing-Transportation System)

⑶決定工具配備、保養維護、衛生安全制度之權限所在及內容。(Tooling, Machine Maintenance, Sanitory, Safety, Cleanness)

⑷決定生產批量及生產穩定程度之權限所在及內容。(Order-Made System, Standard-Made System, Line of Balance System)

4. 採購管理方面 (Purchasing Management Area)

⑴決定自製或外購種類、數量之權限所在及內容。(Self-Made or Outsourcing)

⑵決定最低採購量、採購通路與方式之權限所在及內容。(Economic Order Size, Purchasing Sources)

⑶決定與供應商維持何種關係之權限所在及內容。(Supply Chain Management)

5. 研究發展管理方面 (R&D Area)

⑴決定研究方向、題目、及深度之權限所在及內容。(Research and Development Directions and Topics)

⑵決定發明權、專利權、商標權歸屬之權限所在及內容。(Invention, Patent, Trade-Mark, Brand, Copy Right, Internet Address)

6. 人事管理方面 (Personnel Management Area)

⑴決定招募、選拔、任用標準之權限所在及內容。(Recraitment, Selection, Placement)

⑵決定工作時間、薪資、福利、退休之權限所在及內容。(Work schedules Wage-Salary, Fringe Benefit, Insurance, Retirement)

⑶決定訓練與發展及工作環境改善之權限所在及內容。(Training and Development, Working Condition Improvements)

⑷決定考績、獎勵、晉升與解雇之權限所在及內容。(Performance Elaluation, Incentives, Promotion, Lay off)

7. 財務與會計管理方面 (Financial-Accounting Management Area)

⑴決定會計制度類型及提出責任報告之權限所在及內容。(Accounting Systems

and Reporting Responsibility)

⑵決定經費預算及稽核制度之權限所在及內容。(Budgeting and Auditing Systems)

⑶決定信用額度、開支權限、資產保護之權限所在及內容。(Credit Lines, Right to Use Money, and Assets Protections)

⑷決定短期資金籌措及調度方式之權限所在及內容。(Short-Term Financing and Mutual Assistance)

⑸決定資本結構及長期資金籌措之權限所在及內容。(Capital Structure and Long-Term Financing)

8. **其他法律事務、公共關係及企業管理有關之事項** (Legal and Public Relation Areas)

以下為企業高階主管可以設定戰略之範圍 (Areas for Business Strategies)：

⑴事業多角化經營之特定方向及種類。(Product Diversification, Market Multinational, Merger & Acquisition, and Strategie Alliance)

⑵銷售成長之特定途徑（如廣告戰略、價格戰略、品質戰略、配銷通路戰略等等）。(Sales Growth Approaches: Advertising, Price, Quality, Channel Strategies)

⑶特定產品規格增減之種類。(Increase or Decrease of Product Specifications)

⑷生產方法及工程技術方面之特定措施。(Production Methods and Engineering Technology)

⑸財務信用方面之特定措施。(Financial and Credit Management)

⑹材料採購方面之特定措施。(Material Purchasing)

⑺人事及組織方面之特定措施。(Human Resources and Organization Structure)

四、經營方案之設定範圍 (Scope of Action Programs for Regular Operations)

企業之中，基層主管人員在上級主管人員設定目標、政策、戰略之後，應就自己所職司之範圍，設定執行性之經營方案或工作方案或行動方案 (Action Programs)，以執行上級人員之目標，所以經營方案之決策成為動員企業聰明腦力的重要活動，也是貫穿全企業努力方向的橋樑。

設定經營方案所需要之情報資料很多，其詳細程度亦比高階主管所需要者為細，所以「管理情報系統」之建立成為現代化經營公司之共同現象。經營方案之設定範圍涵蓋企業五功能及管理五功能各方面，只要認為某種活動對達成企業總體目標有

所貢獻，即可設定，供特定人員「負責」及「授權」之根據，所以企業經營方案體系之建立，成為實施「目標管理」(Management by Objectives) 及「責任中心」(Responsibility Center) 制度之公司的必要步驟。

經營方案之設定可視需要，在下列範圍內擇要為之：

1. **行銷管理之行動方案類 (Marketing Programs)**

(1)產品發展方案（包括 A.新產品觀念發展、B.材料改良、C.大小改良、D.規格改良、E.品質改良、F.品牌設定、G.包裝設計、H.樣式改良、I.保證條件、J.服務制度等等）。

(2)配銷網路發展方案（包括分公司設立、經銷商設立、服務店及門市店面設立、電子網站設立、倉儲體系、運輸體系、保險體系等等）。

(3)價格調整方案（包括增價、減價、折扣等等）。

(4)人力推銷發展方案（包括業務代表招募、訓練、薪酬、分派管理等等）。

(5)廣告方案（包括廣告代理商選定、信息設計、文稿製作、媒體選擇、播放、及效果衡量等等）。

(6)促銷及報導方案（包括減價、贈品、抽獎、展覽、示範、新聞、招待會等等）。

(7)市場試銷方案。

(8)市場調查研究方案（包括各種行銷活動之調查分析、預測等研究題目）。

(9)顧客關係管理及其電腦化方案。

2. **生產管理之行動方案類 (Production Programs)**

(1)生產計劃排程與管制及其電腦化與改善方案。

(2)工作方法研究及改善方案。

(3)廠房布置改善方案。

(4)物料搬運及其電腦化與改善方案。

(5)品質管制及其改善方案。

(6)供應商採購制度及其電腦化與改善方案。

(7)存貨管制及其電腦化與改善方案。

(8)成本控制與分析及其改善方案。

(9)維護保養及其改善方案。

(10)安全衛生及其改善方案。

(11)污染防治方案。

(12)設備擴建方案。

⒀產品改良設計方案。

⒁新產品試製方案。

3. 研究發展管理之行動方案類 (Research and Development Programs)

⑴新產品發展方案。

⑵新市場發展方案。

⑶新材料發展方案。

⑷新製程發展方案。

⑸新設備發展方案。

⑹新儀器發展方案。

⑺新用途發展方案。

⑻新管理制度發展方案。

⑼企劃控制制度建立方案。

⑽目標管理及責任中心建立方案。

4. 人事管理之行動方案類 (Personnel Programs)

⑴人力招募方案。

⑵人力選用及分派方案。

⑶人力訓練發展方案（包括管理職位、專業技術及技工等人力）。

⑷意見溝通發展方案。

⑸薪酬制度改良方案。

⑹員工福利事務及其改善方案（包括退休、儲蓄、保險、飲食、交通、宿舍、工作服等等）。

⑺長期人力發展方案。

⑻組織改善方案。

⑼公共關係及其改善方案。

⑽員工考核獎懲方案。

5. 財務及會計管理之行動方案類 (Financial and Accounting Programs)

⑴電腦化普通會計事務及其改進方案。

⑵電腦化成本會計事務及其改進方案。

⑶電腦化內部審核事務風險控管及其改進方案。

⑷外部查帳事務及其改進方案。

⑸計劃預算控制制度配合工作方案。

(6)重大投資計劃協助方案及追蹤控制方案。

(7)現金管理及運用方案。

(8)信用管理事務及其改進方案。

(9)出納事務及其改進方案（包括營業收入薪金、股息、貸款、保險金等等支付）。

(10)申賠及理賠、保險事務及其改進方案。

(11)金融關係發展方案。

(12)財產管理事務及其改進方案。

五、經營方案之設定內容 (Content of Action Programs)

上述中、基層主管人員經營方案 (Action Programs) 之設定應每年為之，至於各部門間之作業程序 (Operations Procedures)，部門之辦事細則 (Rules)，及個人之操作標準 (Operations Standards) 也應一一設定，供自動授權及自動控制之用，並應定時檢討改進。經營方案是企業經營之動態授權工具，而作業程序、辦事細則、及操作標準則為靜態授權基礎，兩者構成促進員工自動自發並自我控制之分工合作基礎，其設定為企業決策的重大而細緻工作，總稱為典章制度 (Systems) 之建立，不能疏忽。

一般而言，經營方案為中、基層幹部每年應設定之具體工作計劃（或稱執行計劃），所以特別重要，尤其處於競爭狀態之事業更為重要。

設定經營方案應循下列七支點法，亦即科學 7Ws 法 (What, Why, How, When, Who, Where, How Much) 綱要，飭使每位負責人（或分授到工作目標之人）詳細思考撰寫之：

(1)方案名稱 (Programs Topic)：越具體越好，不可含糊不清，令人望文不知義。

(2)方案編號 (Programs Code)：供將來管理會計歸戶各案所用時間、經費之用。

(3)方案目的 (Programs Purpose or Objectives)：應逐項列出本案將要做到的東西或事項 (What)，供將來成果驗收時之對照。

(4)方案動機 (Programs Background)：應明白寫出為何 (Why) 要設立此執行方案，以確定是否與上級主管之目標相關聯，作為本案成立與否之理論根據。

(5)工作方法 (Programs Approach)：應逐項寫出執行此案所將採取之方法步驟及順序 (How)，越詳盡越有成功把握。

(6)時間進度 (Time Schedule)：應估計每一工作步驟將花用之時間 (When)，以利計算每步驟間之聯繫時點及總完成之時間長度。

(7)負責人 (People in Charge)：應列明由何人負責主辦及協辦 (Who)，以確定本案

之責任歸屬處及權力授予處。

(8)資源需求 (Resources Requirement)：應列明本案執行時所需之地方、設備、物料、人力等等資源項目及數量 (Where)，以利採購、撥付之用。

(9)經費預算 (Budget)：應以機會成本及實際成本觀念，分項估計本案所需花用之經費數額 (How Much)，以供審查及現金籌措計劃之用。

(10)成果預估及經濟評估 (Result Estimates and Evaluation)：應列出本案完成後所可能獲得之成果項目及數額 (How Much)，並就成本投入及效益產出之比較，評定本案是否值得批准、授權而付執行。

經營方案之名稱 (Topic) 應來自經營目標、政策及戰略（由上而下），而其編製後之彙總體系，將構成公司計畫及預算 (Company Plan and Budget) 基礎（由下而上），所以有人稱此種企業計劃決策方法為「企劃預算法」(Program-Budget Approach) 或「零基預算法」(Zero-Base Budgeting Approach)，因為經費預算之有無及多寡，完全決定於行動方案之有無及多寡，而不決定於過去年度花用多少錢，此乃最有效的目標管理、責任中心及自我控制制度 (MBO, Responsibility-Center, Self-Control System)。若每年每月將之電腦化，則上級更可隨時從電腦上追蹤查核下級工作進度，而不會干擾下級的工作情緒。

第三節　新專案投資決策 (New Project Investment Decisions)

一、新專案投資可行性研究 (Feasibility Study for New Investment Projects)

企業經營之基本目標為力求「生存」及「成長」，其手段為「顧客滿意」及「合理利潤」，而成長的指標常為銷售值及利潤額。欲使銷售及利潤成長，則除在現有產品 (Existing Products) 之銷產、財務、會計、資訊、人事等活動力求改進外，尚應在「新產品」(New Products) 之銷產活動上著手，所以新專案投資決策成為必要之手段；換言之，「創業」活動應在成長企業中持續出現。愈能保持創業活動的企業，愈有成長的勝算，愈無創業活動的企業，愈無成長的希望。成長的企業雖然也會遭遇許多管理上問題，但是總比呆滯不前的企業，更能解決難題，所以聰明的最高主管比較會採用持續的創業活動，來建立顧客供應商、股東、員工、銀行、政府等等之信心，

並帶動組織及人事方面的改進。

當然,「創業」活動常需投入相當大的固定資金,假使決策失誤,企業股東所冒之風險就很大,所以新專案投資之可行性研究 (Feasibility Study) 成為另一類企業決策的重心。一般而言,為確保一新投資專案之未來成功,以利轉入例常營運活動之行列,必須進行六種分析研究,如圖 12-3 所示。

圖 12-3　企業專案投資決策與情報研究(可行性研究要訣)

二、市場行銷可行性研究 (Marketing Feasibility Study) —— 第一步驟

一個新專案投資是否有成功的希望,首先應通過市場行銷可行性研究之檢定

「關」，此關若通不過，則投資案應擱置，此關若通過，方有理由進入下一步之決策考慮。以往很多投資專案在執行以後，遭遇失敗命運，大多種因於未在事前進行周全之市場可行性研究，以「生產導向」的心態，「一廂情願」地投入大筆資金，購地建廠買機器，以致後來發現無市場對象或競爭太劇烈時，無法抽身而退，只好硬著頭皮，死撐下去，錯到底，此為落伍之「生產導向」或「技術導向」觀念所造成之後果，值得警惕。在二十一世紀，不論是工程背景出身，或高科技背景出身的高階人員，都不可再有此種心態了。

市場行銷研究之分析重心在於以下五項：

1. 市場潛力 (Market Potential)

包括市場調查、分析、預測，以確定未來顧問使用者、購買者之購買數量。

2. 競爭壓力 (Competition Pressure)

包括同業現有供應商、新進場供應商及替代行業供應商之銷產能力檢定。

3. 價格趨勢 (Price Tendency)

包括單價升降趨勢之預測及物價上漲因素之調整。

4. 顧客行為 (Customer Behavior)

包括未來顧客購買行為之變化預測。

5. 行銷策略 (Marketing Strategy)

包括未來將採取之產品、價格、推廣及配銷通路之策略。

市場行銷研究之結果乃是訂出新投資專案將來在不同年度內（通常以十年為計算幅度）之可能收入，每年銷貨收入＝每年銷售數量×每年銷售價格。若有五種產品，就應有五種銷售估計，並可列表計算之。若本步驟發現不可行，則本投資案就應打住，不必進行第二步驟。

三、工程技術可行性研究 (Engineering Technology Feasibility Study) —— 第二步驟

假使對市場行銷可行性研究的結果相當滿意時，應進行第二步驟之決策，即工程設計技術 (Engineering Technology) 之可行性研究。此步驟必須小心從事，以免貿然投入資金，事後發生製造生產之難題，再回頭設計或改變設計，耽誤時間及成本。在進行本步驟研究時，假使發現本公司目前無此種工程設計技術能力，則應向外尋找技術顧問公司來協助，或購買技術專利，以及洽談其成本為何。

工程技術可行性研究應至少包括下列六項重心：

1. **整廠製程之工程設計** (Whole-Plant Engineering)

指整個生產工廠作業系統之規格設計，常稱為「系統工程」(Systems Engineering)，尤其自動化作業工廠，更應重視整廠設計技術之有無購買對象及水準與成本。

2. **細部製程之工程設計** (Detail Engineering)

指在整廠設計下，每一特定作業步驟之詳細程序規格之設計能力。整廠設計屬於整個製程方法之戰略性設計 (Strategic or Master Engineering)，而細部設計屬於局部作業之戰術性設計 (Tactical or Detail Engineering)，受整廠設計之指揮，正如單元操作受整廠設計指揮一樣。

3. **機器設備之工程設計** (Equipment Engineering)

指每一機器設備之硬體規格之設計能力，以供施工打造或向外購買。

4. **產品之工程設計** (Product Engineering)

指產品功能及外型規格之設計能力。

5. **品管檢驗之設計** (Quality Control System Design)

指產品製造過程中及完成後之品管檢驗設備及能力。

6. **搬運包裝之設計** (Packaging and Material Handling System Design)

指原料、零件、配件及成品在生產線製造過程中之搬運系統及最終包裝方法之設計能力。

本步驟之研究結果為確定取得所需技術（不論自行發展或向外購買）應花費多少時間及多大成本。若本步驟發現不可行，則本投資案就應打住，不應再進行第三步驟。

■ 四、生產製造可行性研究 (Manufacturing Feasibility Study) ──第三步驟

假使投資專案通過市場行銷及工程設計技術二關之檢定，則應進行第三關之生產製造可行性研究，以確定是否真正有能力把紙上設計好的產品及製程，轉換成實體產品（或勞務）。本步驟之可行性研究重心有五：

1. **機器設備自製或購買** (Make or Buy of Machines and Equipment)

指上述整廠設計、細部設計、及設備設計好之技術規格能否自行製成機器設備，若否，則能否向外購買？其交貨時間及成本為何？品質保證條件為何？

2. **原料零配件來源** (Sources of Materials and Parts-Components)

指供產品製造所需之原料及零配件來源或供應商能否把握？或衛星工廠體系健

全程度如何？品質交貨時間及成本如何？

3. 技術工人來源 (Sources of Technicians and Workers)

指現場操作所需要之各類技術工人及普通工人來源是否有把握？能否經由訓練或建教合作而提高素質？其成本為何？

4. 電力動力及水源 (Sources of Electric Powerial and Water)

指電力動力及水源之把握程度及成本水準為何？

5. 管理人才來源 (Sources of Managerial People)

指各部門各級主管職位之管理人才來源能否確保？能否提高其素質水準？此處所指管理人才包括工程、製造、營業、財務、會計、資訊、人事、研究發展等等主管人員，而非指行政幕僚部門之人員。

生產製造可行性研究的結果為確定將來專案投資執行後，此專案各年必須支出的各種生產、銷售、管理等成本。技術可行性（第二步驟）的探討對象在於無形的製造技術，而生產可行性（第三步驟）的探討對象在於有形的製造設備、人力、原材料、零組件、及動力水源等資源投入，兩者互為表裡，一為軟體，一為硬體。生產製造可行性研究過程中，若發現各要點之取得困難及成本過高，則不必再往第四步驟走。

五、利潤（經濟）可行性研究 (Profitability or Economic Feasibility Study) —— 第四步驟

假使生產製造可行性之關通過後，投資專案應進行未來利潤能力的檢定，因整個投資專案的目的在於利潤之謀求，所以本步驟最受投資人士的重視，也被通稱為「經濟可行性分析」，因為人們最容易把「會不會賺錢」稱為「經不經濟」，會賺錢的投資案等於經濟實惠的投資案。俗云「殺頭生意有人做，虧本生意無人做」，如果一個新投資案無賺錢希望，一般人不會投下錢去。

事實上利潤能力的檢討是將上述三步驟的資料合併數量化起來，換算成各種形式之投資報酬率 (Return on Investment, ROI)，以與資金成本 (Cost of Capital, COC) 相比較，而決定是否採取投資行動。

本步驟之重心有五：

⑴五年或十年現金流入估計 (Cash Inflow)（即第一步驟可行性分析之收入結果）。

⑵五年或十年現金流出估計 (Cash Outflow)（即第二、三步驟可行性分析之成本

支出結果）。

⑶資金進出運用估計 (Fund Flow)（即第一、二、三步驟之資金進出時程分配）。

⑷每期盈餘或虧損估計 (Profit-Flow)，即銷售收入減銷售成本（生產、行銷、管理、財務等成本費用）之餘額（盈或虧）。

⑸現值投資報酬率計算 (Present Value of ROI)，本步驟之結果為確定整個投資方案生命期（如十年）內，所可能獲利之能力。以現值 (Present Value) 觀念來估算投資報酬率等獲利能力之指標。

六、財務（融資）可行性研究 (Financial Feasibility Study) —— 第五步驟

假使第四步驟之利潤可行性研究之結論為淨值投資報酬率高於一般資金成本 (Cost of Capital, COC)1.5 倍以上，則在原則上可以肯定此投資方案可以接受，但是「萬事皆備，只欠東風」，在執行之前，尚應檢討所需投入的那些資金及成本支出，將以何種方式來籌措？其機會成本為何？以及時間配合度如何？換言之，要先把東風借來。假使不做此步財務（融資）可行性研究，就魯莽的開始執行專案投資。例如：買地、買機器、建廠房、招用人員等等，很可能在執行中期就發現資金不夠，無法支應開支，而告停工，發生「未開工就先破產」之現象，致使以上各步驟所花辛苦精神及成本全化為泡影。大約有百分之九十的新專案投資皆敗於「萬事皆備，只欠東風」，此「東風」即是完備可行之財務籌措計劃，吾人不能不小心。

新專案投資所需之資金來源可有五種，每種各有利弊及採取之可能性，不能不詳加研判。該五種籌資來源為：

⑴股權投資：由原股東比例增資或公開發行股票籌資，在二十一世紀，企業新投資所需資金，向社會大眾直接募集比例越來越多，所以證券公司及資本市場成為重要的資金來源。

⑵保留盈餘轉投資：將以前之經營盈餘不作分配，而轉投資於新專案。

⑶債權人投資：向金融機關借債或發行公司債，往昔，由銀行經手之「債權市場」是主要資金來源，但在二十一世紀，股本市場及可轉換公司債會越來越普及。

⑷處置資產投資：處分不用之閒置資產，將所得之款投資於新案。

⑸政府撥款補助投資：受獎勵之專案，可求政府撥款投資或補助。

本步驟之結果為確定萬一真正執行此投資專案，所需「東風」（資金）的最佳來源。新投資專案之決策分析過程，到此步，可說已經完成百分之九十，一個新案過

五關（第一到第五步驟）皆可行，其被接受機會甚高。

七、風險分析（敏感性檢定）(Risk Analysis or Sensitivity Test) —— 第六步驟

一般專案投資之決策分析到第五步驟，若得有利之結論，即可付之執行，不過重大的專案及情況比較不穩定的專案，為防萬一，常需進一步進行風險程度之分析 (Risk Analysis)，或稱敏感性檢定 (Sensitivity Test)。因為從第一到第五步驟所得的結論，都是對相關因素之單一數值估計 (Single Estimate) 的結果，該單一數值估計所用之情報資料或判斷是否真正可靠，不能確定，所以較保險的對策，是重新由第一到第五步驟，逐一對重要因素，做數種可能數值之替代性估計 (Several Estimate)，查看最後現值投資報酬率之分布形狀 (Distribution of ROI) 或變化的敏感程度 (Variation)，以增加專案投資執行之信心。此步驟在現代已可很方便借用電腦軟體程式之助，免除許多計算上之繁瑣手續。

本步驟的工作重心有五：

⑴各關鍵因素之數種替代數值之估計，包括銷售量、銷售價、技術成本、土地成本、廠商成本、機器成本、原料零組件成本、動力水力成本、電力成本、直接人工成本、間接人工成本、折舊成本、租稅成本、專利成本、財務成本、銷售成本等等。

⑵各替代數值出現或然率之估計。

⑶全套（指第一至第五步驟）計算過程之模擬 (Simulation)。

⑷現值投資報酬率平均值及標準差分布之計算 (Distribution of Average and Standard Deviation of ROI)。

⑸判定在專案投資尚屬可行假設下，各關鍵因素可能數值之變化幅度，以提醒主管注意。

假使第六步驟風險分析後，依然發現常態分配下之現值投資報酬率之平均值及標準差在可接受範圍內，則此專案投資之決策即告完成，可使之真正執行。

第四節　企業決策所需之情報 (Information for Business Decisions)

一、決策需要情報，情報來自研究 (Decision Needs Information, Information from Research)

　　以上第二節列出企業例常營運所需面臨之決策範圍及其細部內容，第三節則列出企業新投資專案所需面臨之決策步驟及相關工作重心。前者的決策類型通稱為「非專案型計畫」(Non-Project Type Plans) 或例常營運計畫 (Regular Operation Plans)，後者的決策類型通稱為「專案型計畫」(Project-Type Plans)。「非專案型計畫」在政府文書裡則自早被誤譯為「非計畫型計畫」，「專案型計畫」被誤譯為「計畫型計畫」，查其原因係將英文 Project 與 Plan 兩字皆譯為「計畫」所致，實屬不該，應予以更正，因為既然為「非計畫型」那能再有「計畫」呢? 不通得很，頗令外人迷糊。

　　所謂「計畫書」或簡稱「計畫」(Plans) 也是一個觀念性名詞，它是尋找對策以解決未來問題 (Future Problems) 之用腦思考過程 (Mental Process) 的結晶 (Result of Thinking Process)，而任何用大腦來思考解決未來問題之心智過程，皆可稱為「用計」，或「劃計」，或乾脆稱為「計劃」(Planning)。所以「計劃」(Planning) 是動名詞，是用腦過程，而「計畫」(Plans) 是名詞，是用腦過程之定案結晶，兩者皆屬廣泛性之觀念名稱。

　　我們經營一個企業，必須多用大腦來思考（即計劃）未來的目標、政策、戰略、方案、程序、細則、標準等內容及數值，才能確保成功，所以我們不能規避計劃的用腦過程，但也不能天天只在計劃過程中，而無定案的結論（即計畫書）。在計劃之用腦過程中，我們務必考慮各種可行之替代方案及其可能優劣後果，以便選取一個較佳對策之用腦過程，則稱為「決策」或「抉擇」(Decision-Making)，已詳細說明於前面各節。所以為未來而「計劃」也是屬於「決策」的一種行為。為未來決策的成果，事實上就是我們所稱之定案「計畫書」，不論其為目標、政策、戰略、方案、程序、細則或標準等型態（見第二、三節所述）。

　　良好的企業決策不能沒有良好的情報資料訊息作為基礎。因為情報代表知識，沒有良好情報為基礎的決策行為，等於是沒有知識的決策行為，其品質之低劣可想而知。企業經營，出奇制勝，靠各級主管人員之「大腦」創新性知識，而非「小腦」

保守性反應，所以現代企業決策特別需要情報資料，以利進行理智性、科學性之「系統性分析」(Systems Analysis)，而非感情性、隨意性之「局部性分析」(Partial Analysis)，或「剛愎自用式猜測」。

　　情報資料訊息已經成為今日良好企業經營之「氧氣」，供給「血液」（決策）足夠養料，貫通全身，產生活力，達致目標，然而情報不是自天上而降，而是必須經由研究 (Research) 才能獲得，所以我們應謹記「良好企業決策需要良好情報，良好情報則來自良好研究」的現代觀念。

　　從二十世紀末開始，收集、處理、儲存、檢索使用情報之自動化技術 (Cybernatic Technology) 大為進步，不僅促使各行各業之廠商管理決策更有效率，同時其本身也成為一個獨立生存的情報資訊工業 (Information Industry)。

二、環境分析之情報 (Information of Environments)

　　在圖 12–2 及圖 12–3 中指明企業例常營運及專案投資決策時，都列有「情報研究」之投入標示。情報研究就是尋找情報作 SWOT（強、弱、危、機）分析。企業所需之情報資訊依決策種類及內容而定，但大體上可分為「外在情報」(External Information) 及「內在情報」(Internal Information)。外在情報必須用調查研究 (Survey Research) 方法取得，內在情報則可以從完整之內部會計 (Internal Accounting) 制度而取得。「外在情報」可分為環境分析之情報資訊、競爭者分析之情報資訊及顧客分析之情報資訊，前者之研究可簡稱為「生態環境」(Ecological Environment) 研究，後二者之研究可合稱為「市場供需」(Market Supply-Demand) 研究，至於內在情報之研究，則可簡稱為「投入產出」(Inputs-Outputs) 研究。美國哈佛大學麥克‧波特 (Michael Porter) 之產業競爭優勢之五力（指供應商、顧客、現有競爭者、新進競爭者及代替競爭者等五種力量）分析，事實上，就是摘自本處所指三種情報研究，或 SWOT 分析而來。

　　經營生態環境之分析及預測，為設定經營目標及策略（見第二節）或設定新投資專案的第一先決要件，因為假若生存的環境甚為惡劣，則任何重大的資源投入皆可能變成「有去無回」的損失。為進行環境分析，事業主持人應加強企劃研究或行銷部門之研究分析能力，以及建立合理之經營情報系統。在目前大集團的作法，是在總裁之下設「策略規劃」部門來負責。

　　分析經營生態環境時，應對下列與公司整體目標有關之「產品—市場」之適當因素，蒐集國內及國外目標市場 (Target Market) 國家之資料，進行分析，並發掘危

險 (Threats) 或機會 (Opportunities) 之處。環境分析之內容可分為七部分：

1. 經濟環境分析 (Economic Environment Analysis)

包括經濟政策、經濟計畫或方案，以及經濟發展水準等情報分析。

2. 技術環境分析 (Technological Environment Analysis)

包括競爭品及代替品之技術發展水準及新趨勢之情報分析，如新產品或改良品之發展、新材料之改善、新用途之發掘、新製造方法程序之改良等等。

3. 貿易環境分析 (International Trade Analysis)

包括在 WTO 架構下，各國進出口流向、國際收支地位及貿易與資金管制之情報分析。

4. 政治環境分析 (Political Environment Analysis)

包括政治體制及政權穩定性之情報分析。

5. 法規環境分析 (Legal Environment Analysis)

包括各種重要工商稅法及保護、管制、獎勵及融資規定之情報分析。

6. 社會環境分析 (Social Environment Analysis)

包括人口結構、數量、社會文化習性、宗教及教育體制之情報分析。

7. 競爭環境分析 (Competition Environment Analysis)

包括各競爭事業之策略及其最高主管人員之經營管理能力之情報分析。

■ 三、供需研究之情報 (Information of Supply-Demand)

顧客與競爭市場之調查、分析與預測 (Survey, Analysis and Forecasting)，為設定經營決策之第二先決要件，各事業應採取「市場導向」(Market-Orientation) 之經營哲學，加強各單位對需求面之顧客及供給面之競爭者行為之研究能力。

顧客需求之滿意程度決定事業經營之成敗，所以各事業應定期調查、分析及預測各類產品（或勞務）中間商 (Middlemen) 及最終使用者 (End-Users) 下列行為之情報：

1. 顧客（即需求者）情報

⑴使用目的、購買動機及市場區隔。

⑵購買數量、批數、時間、品牌及來源國別、廠別。

⑶採購組織、人員及程序。

⑷銷產、財務、技術等作業概況。

⑸對品質要求及滿意程度。

⑹對價格水準及付款條件之意見及要求。

⑺對送達（或交貨）時間及地點之意見及要求。

⑻對售前及售後服務之意見及要求。

⑼對推廣（包括人員推銷、促銷及廣告）作法之意見及要求。

⑽其他相關項目。

2.競爭者（即供給者）之行銷情報

企業公司除應調查分析顧客使用行為及預測未來需求外，尚應分析國內外同業或替代行業競爭者之行為，其主要情報項目為分析：

⑴國內、外主要生產廠商及進口廠商之品牌別及特性（包括現有競爭者，即將進場競爭者，以及替代品競爭者三類供應廠商）。

⑵歷年國內生產數量及存貨數量。

⑶歷年進出口數量及其主要國別。

⑷價格趨勢。

⑸各主要競爭廠商產品之主要用途別及顧客別。

⑹各主要競爭廠商之市場佔有率及行銷策略之特色（包括產品、價格、推廣、配銷通路等等策略）。

⑺聯營銷售程度或合作、合併方式。

⑻政府輔助、獎勵或津貼種類及程度。

⑼其他相關事項。

3.競爭者（即供給者）之生產情報

各企業公司應配合國內外同業或替代業競爭者之分析，預測未來主要競爭廠商之供給能力，其主要情報項目為預測：

⑴目前及未來擴充後之最大生產能量。

⑵目前及未來之關鍵生產設備種類及數量。

⑶生產設備之利用率。

⑷目前及未來生產技術之最高界限或技術突破處。

⑸管理人才、行銷人才及工程技術人才之陣容。

⑹研究發展及技術引進之能力及計畫。

⑺產品開發及市場開發計畫。

⑻財務結構及其融資能力。

⑼其他相關事項。

四、投入產出分析之情報 (Information of Inputs-Outputs)

企業本身投入產出條件之強弱 (Strength and Weakness) 分析，為設定經營決策（包括例常營運及專案投資）之第三先決要件。各事業應定期（如半年、一年）分析、盤存、診斷本身銷產及幕僚活動之投入產出條件之強點與弱點，以配合生態環境及市場供需研究之發現，「知己知彼」，掌握有利之機會 (Opportunities)，並避免危險 (Threats)。此三步分析研究，統稱為 SWOT 分析，是設定任何目標、策略決定之先鋒情報。

各企業在進行某特定產品（或勞務）之投入系統 (Input Systems) 分析時，應特別注重下列項目，蒐集情報並分析其強弱點：

(1)工程技術設計能力之水準及發展趨勢。

(2)生產製造技術之水準及發展趨勢。

(3)生產設備之能量。

(4)原材料來源之掌握能力。

(5)動力、燃料、用水來源之掌握能力及成本。

(6)科技人才之數量、水準、能力及士氣。

(7)管理人才之數量、水準、能力及士氣。

(8)財務能力。

各企業在進行某特定產品（或勞務）之產出系統 (Output Systems) 分析時，應特別注重下列各項，蒐集情報並分析其強弱點：

(1)產品（或勞務）之規範種類。

(2)品質水準。

(3)可靠度。

(4)生產供應量。

(5)成本、附加價值及價格。

(6)交貨（或送達）時間。

(7)推廣（人員推銷、廣告、促銷）能力。

各企業分析各產品之銷產投入產出條件後，若發現有弱點存在時，應一併列入經營策略或方案（見第二節）規劃中，予以強化改進。

🔲 五、結　論

　　本章至此已將經營一個企業各級主管人員所可能需要做決策的範圍予以指出，供各業經理人員當作核對表之用，至於如何來蒐集及分析這些決策所需要的情報，應參閱「企業研究」有關專書（本書第二十五章有摘要）。在結束本章之前，我們應再強調下列數個觀念：

　　⑴企業決策可分為二大類：一為例常營運之決策，一為新專案投資之決策，但是新專案投資決策執行成功後，則又歸入例常營運決策之內。

　　⑵企業例常營運決策包括企業宗旨、使命、願景、產品行業、市場地區等等之目標 (Objectives)、企業政策 (Policies)、企業戰略或方略或方針 (Strategies)、企業行動方案 (Action Programs)、預算 (Budgets)、作業程序 (Procedures)、辦事細則 (Rules)、操作標準 (Standards) 等等之設定。

　　⑶企業新專案投資決策包括市場行銷、工程技術、生產製造、利潤、財務等可行性研究及風險分析等六大步驟可行性分析研究。

　　⑷所有的決策都需要情報當作參考基礎，無情報基礎之決策，等於無知識基礎之決策，其品質水準甚可憂慮。企業情報有三大類，即環境情報，供需情報及投入產出情報，供作「強、弱、危、機」(SWOT) 分析之用。

　　⑸要有充分、及時、及正確之情報供作決策基礎，必須從事各種研究 (Research)，所以企業研究方法成為現代企業經營管理的有力工具。

第十三章 企業計劃之要義及作用
(The Essences and Applications of Business Planning)

遵循管理科學矩陣 (Management Matrix) 雙重「五指山」(指企業五功能及管理五功能) 之指示，計劃是管理五功能體系的第一個龍頭功能，語云「好的開始，是成功的一半」(Good starting is half of success)，再推演之，「好的企業計劃，就是企業管理成功的一半」，可見「計劃」的重要地位。個人要謀生存及發展，企業公司及事業機關也要謀生存及發展。這個「謀」字就是「計劃」；「謀」就是「智慧」的應用。人人都要從小就開始學管理，學會計劃未來 (Planning for Future)。

第一節 計劃之意義及作用 (Meanings of Planning)

一、計劃是「用計」的功夫及管理的首要 (Planning is the Art of Using Strategies)

「計劃」是管理五功能 (計劃、組織、用人、指導、控制) 的首要，已於本書前面各章提及。「計劃」活動的結果就是設定「目標」及「手段」，有好目標又有好手段，當然容易成功。計劃也是任何行動的前置作業。古人也說「知而後行，勝算在握」；「凡事豫則立，不豫則廢」，「豫」是指預先計劃之意，即是指先有良好的「計劃」(知道要做什麼及如何做)，成功的機率比沒有計劃來得高。沒有計劃就動手做一件事，就是「不知而行」，其成功的機率及失敗的機率各佔二分之一。所以說「良好的計劃是跨出成功管理的第一步」。

「計劃」的原始意思是指用「刀」把「計」謀 (或構想) 刻在平面物 (Plain) 如龜甲、骨頭、竹簡或木板之上，供以後記憶參考之用，該刻成物 (Plan) 遂成為地圖 (Map)、藍圖 (Blueprint)、書冊 (Book)、文件 (Document) 等等有形物。

人類在沒有紙、筆、印刷術、打字機、電腦螢幕、電子郵件、電子印刷機、影印機、印表機、電子投影機等等以前，能用石刀或鐵刀把「計謀」、把「構想」刻在龜甲、竹簡、木牘之上，使思想、智慧的結晶能夠一代一代的傳播下去，累積成偉

大的文化知識及科學技術，用以克服天、地、水、火、雷、雨、風、山（指八卦乾、坤、坎、離、震、兌、巽、艮之對象）等環境所構成之困難障礙，形成今日「人定勝天」，指揮萬物（即「人為萬物之靈」之來源）之局面，實在是很奇妙的盛事。所以至今，所有傑出的人物，都是擅長於計劃之人，亦即擅長於運用大腦，思考未來的謀略家也是會「運籌帷幄，決勝千里」的人。在中國四、五千年歷史中，每一個新興朝代的君主，必是英明、靈活、有道，並且有「足智多謀」的幕僚為其貢獻大計，制訂典章制度，推薦良才。反之，每一個衰亡朝代的君主，必是昏庸、呆板、無道並且容納不下有智謀的幕僚助手，反而寵信報喜不報憂、歌功頌德、掩蓋部屬及百姓怨氣之奸臣。總而言之，朝代興亡常繫於謀略有無及良劣。想在事業上有重大成就之人，不可不在計劃能力之發揮上大下功夫。會「策劃規劃」、「目標管理」與「責任中心」之領袖人物才是會成功之大人物。

古人說「正臣」有六種，即「聖臣、大臣、忠臣、智臣、貞臣、直臣」，都是指貢獻智謀，富民強國之好部屬。古人也說「邪臣」有六種，即「具臣、諛臣、奸臣、讒臣、賊臣、亡臣」，都是指不貢獻好計謀，反而敗家滅國之壞部屬。

「計劃」是指繪計謀劃的用腦思考過程 (Mental Process)，亦即等於通常人們所說的「用計」的功夫，會用「計」的人比不會用「計」的人聰明得多，也容易事半功倍。越有大腦的人，越會用「計」。越沒有大腦的人，越不會用「計」，但越會用體力。「人定勝天」，「人為萬物之靈」，都是歸功於「會用計」（用大腦），而非歸功於會用體力（用小腦）。講求企業經營成功的祕訣，即在於設法訓練、使所有企業成員 (All Members)，都能重視用大腦思考的「用計」功夫。「用計」就是「創新」，「用計」就是用「知識」及「智慧」，也就是二十一世紀所標榜之「知識」經濟的具體形象。

現在我們把用計的思考行為泛稱為「計劃」，意指任何人尋找「良策」（辦法）以解決「未來問題」(Future Problems) 之用腦思考過程 (Mental Process)。所以凡是思考未來行動目標 (Objectives or Ends) 及手段 (Ways and Means) 的活動，皆可稱之為計劃。經理人員的第一件工作就是計劃其單位的未來工作目標體系。凡是不能計劃未來的主管人員，就是不良或不夠資格的經理人員，此為人人應加警惕之要事。計劃是用腦力的功夫，不是用體力的功夫，所以也是屬「決策」行為的範圍，尤其是屬於未來決策的一種。為未來之目標及手段而決策，就是「計劃」(Decision-Makings for Future Objectives and Ways of Action are Plannings)。

🔲 二、計劃的「理想點」及「手段面」(Ideal Point and Action Programs)

　　一個良好的計劃過程必須注意兩個要件，第一是設定未來的理想點 (Ideal Point)，也就我們通常所稱的「目標」；第二是設定達成此理想點的各種手段方法 (Ways and Means or Courses of Action)。理想可能是一個「點」，但是用來達成此點的可用方法卻有許多種，構成一個「面」，聰明人的使命就是因時、因地、因人、因物、因事，從這許多手段方法中，選擇最有效達成此目標的一個手段方法。所以，我們應謹記，凡是計劃的用腦思考過程，必須思考「理想點」及「方法面」。若只談理想，而不談方法，則該計劃行為只是「空想」、「幻想」、「夢想」而已；反之，若只談方法，而不談目標理想，則該計劃行為只是泛海行舟，失去方舵，只管打槳繞圈的「勞而無功」功夫。當然，又不談理想，也不談方法的人，等於醉生夢死，浪費資源，是不可原諒的罪人。因此良好的計劃是方法與理想並重。佛學裡常說「佛法八萬四千」，令人迷惑；其實是說學佛的目標只有一個，就是「離苦得樂」，但是達成此目標點的方法，也稱佛法，卻有很多，多到「八萬四千個」之多，這個例子正可彰顯「目標點」及「手段面」之意義。

　　因為計劃過程中所設定的未來期望理想點，常常比過去事實的自然延伸為高，形成一個「目標缺口」(Objective Gap)，所以在設定手段時，就應注意選擇可以補充此缺口之最佳方案，不可隨意點派，任令目標缺口永遠存在，無法消除，失去計劃的二分之一精神，圖 13-1 即是表示計劃所隱含的「目標缺口」及手段方法。

圖 13-1　計劃之目標缺口

目前有許多不認識計劃真義的行政機構主管及企業經理人，很熱中於設定很高的理想點，把企劃幕僚提出之預測值（指在環境不變情況下的未來推估值），大大地加上幾成，形成很樂觀的理想點，就自認已經把計劃做好了，而忘掉還應該設定比以前更積極的執行方案（手段方法）及經費預算，才有把握真正達成理想。此種「一半計劃」(Half-Planning) 的人，雖已經有了目標觀念，但尚缺乏手段觀念，只要能迫補之，就可成為有威力的主管了。凡人很容易陷入「輕然諾」、隨意許願、亂開「空頭」支票之弊病，皆不可取，唯有同時想目標點（開支票）又想手段面（兌現支票）之人，才是可信賴之英雄豪傑。

三、整體計劃替代長期計劃 (Integrated Planning to Replace Long-Rang Planning)

長久以來「長期計劃」(Long-Range Planning) 一詞已常被用來描述許多公司及國家的計劃典型，如 3～5 年計劃，8～10 年計劃，表示主政者思考久遠，未雨綢繆。不過由於二十世紀末以來的企業走向全球化，規模日趨龐大，多元產品與多國市場搭配的關係日趨複雜，新舊同業及替代品的競爭壓力日益加重，技術創新速度及數量也在加速中，所以「長期計劃」一詞又漸被「集團公司計劃」(Group or Corporate Planning)，「總體計劃」(Total Planning)，及「整體計劃」(Integrative Planning or Comprehensive Planning) 等名詞所替代，以「廣泛」(Broad) 及「久遠」(Long) 之雙重層面來補充長期計劃之單一「久遠」面，使公司主管人員的用腦行為擴及個別專案性 (Individual Special Project) 及全盤例常營運性 (Overall Regular Operations) 之未來活動。換言之，計劃不僅對新投資之長期方案而言，也對現行之行銷、生產、採購、研究發展、人事、及財務會計與資訊情報部門之久遠改進而言。

「長期計劃」（簡稱 LRP）可就某單一公司的某一部門或方案，設定長期目標及達成的手段，它只強調「深」遠。但是「整體計劃」則就集團公司所有部門的新舊方案，設定長期目標及手段，所以它強調「廣」及「深」。一個事件若能思考得又廣且深，則所形成的「系統」(Systems) 範疇，遠大於只想深不想廣，所形成的「次級系統」(Sub-Systems) 之範疇。所以整體計劃乃是最佳之系統觀念 (Systems Concept) 之應用。

第二節　計劃的四大特性 (Four Characteristics of Planning)

「計劃」有四大特性，即(1)未來性，(2)程序性，(3)哲學性，(4)結構性。反言之，「計劃」不是(1)過去導向，不是(2)一點即止（或點到為止），不只限於(3)形體文件，也不是(4)單一層面的思考過程。以下就其所具有之四大特性略加說明。

一、計劃之「未來性」(Futurity) ——瞻望未來，不留戀過去

（一）未來勝於過去 (Future over Past)

任何計劃首重「未來性」，在英文有 "Planning for the future" 之文句，譯為中文即為「為未來而計劃」。換言之，一切計劃皆為達成「未來」某種目標，不是僅為檢討「過去」而已。人應往「前」看，不應往「後」望；計劃是為未來，而不是為過去，所以過去不合理的成規，不應使之成為未來進步的障礙。固守過去的成規，以致無法達成未來的目標，乃是一般「不知不覺」者常犯之毛病，自命為「先知先覺」及「後知後覺」的人，不應犯此錯誤，否則社會進步必遭受重大阻礙。

（二）「遠慮」勝於「近憂」(Thinking Far over Worrying Near)

我國古語說得好：「人無遠慮，必有近憂。」凡是不用心思為長遠的未來打算的人，必定會在近期內被麻煩事情所困擾，被鬧得心神不寧，憂愁滿腹。換言之，為長遠未來先計劃的人，雖要付出相當心神，但卻可以安然處理近期的事件，得心應手，甚至左右逢源，績效甚高。那些不肯為長遠未來花費心思的人，也無法節省「思考」的考驗，反而必須在近期內加倍付出，不僅手忙腳亂，還會勞而無功。所以若要用相同的心思，寧願用在「遠慮」方面，不願用在「近憂」方面。「遠慮」的視野及活動範圍大，可以做較佳的安排，「近憂」的視野及活動範圍小，難做良好的安排，所以近年來的管理新趨勢，是把計劃的時間幅度拉長，成為長期計劃，就是此種道理的應用。

（三）高位者越應計劃未來 (High Positioners Should Plan for Future)

在公司機構內，越是居高位的主管人員，越應為公司機構的未來「發展」（不是「凍結」），花心思去計劃，否則低下階層的人，忙於日常例行性工作，很少能撥出額外時間及興趣，來關切公司的未來。上者不願，下者不能，終必導致公司機構於束手無策的困難中。我們可以觀察一個機構，若其高位主管不為其未來發展花費心

思，只忙碌於瑣碎小事，則此機構必然會停止成長，並走向衰退，以至於滅亡。當然那些高位者必是無效的經營者，該機構亦是無效的機構，應及早敬鬼神而遠之。古之「聖臣」為其主上（公司，國家）籌謀未來，是「萌芽未動，已見先機」，趨吉避凶於別人未知之中。

（四）為「未來」問題下決策，不是為「過去」檢討而已 (D-M for Future more than Reviewing Past)

所有的「計劃」都是在考慮「未來」，而愈能考慮久遠之未來者，愈能在商場上穩操勝券，已如前述。在俗語中，又有一句意義深遠的話：「英雄造時勢。」本來「時勢造英雄」是自然的現象（指人先調整自己，適應環境，取得勝利），也是比較容易做到。若要英雄造時勢，則有違反自然的含意，可是有長期計劃的英雄，可以逐步改變環境，創造出有利自己的時勢，做到「人定勝天（自然）」的地步。

在思考過程中，「計劃」是處理目前決策的未來性問題，譬如我們在大力拓展全球供應鏈方面，下定決心在三年內，在中國大陸、東南亞各國設立衛星工廠，我們是在「現在」（目前）下決策，但此決策的執行及後果則在「未來」發生。假使我們能對未來的「執行方案」(Action Program) 及可能產生的「成果」(Result)，搜集更詳細可靠的情報資料，供目前下決策之參考，則投下 5,000 萬美元建立全球供應鏈的決策，可能就是高品質的「遠慮」。否則三年後的今天，我們的產品成本失去競爭力，歐美市場訂單消失，則必「近憂」忡忡。

所以有人說為「未來」問題而下決策，才算是「計劃」。若為「目前」問題而下決策，則非「計劃」，只屬「救急」或「打火」(Emergency-Fighting or Fire-Fighting) 行為。兩者之區別端在問題之未來性，此為計劃的第一個真義。偉大的人確實都是「瞻望未來」，「為未來而計劃」或「計劃未來」；沒有偉人為過去而流連忘返，更不會為過去而計劃。套用一句學術名詞，計劃是屬於「未來學」(Futurology)，不是屬於「考古人類學」(Anthropology)。英文中的一句俗語 "Let bygones be bygones" 也就是說「往者已矣，來者猶可追」，人人應該為未來的目標及手段而計劃。

■ 二、計劃之「程序性」(Process) ——從「上」到「下」，從「粗」到「細」

計劃的第二個特性是「程序性」。所謂「程序」(Process) 乃是指一系列的步驟，所以「程序」與「點」(Point) 相對立。良好的計劃是一系列思考步驟的結晶體，不是一思即得之簡單構思而已。良好的計劃也是許多人參與思考、討論、修正的結晶

體，很少由一人作業即成定案。猶有進者，計劃之執行過程也必須具有彈性，做小幅修正，方能達成目標。

（一）有頭有尾的完整過程 (Whole Process of Planning)

就一個公司而言，計劃程序 (Planning Process) 的第一步驟為設定高階「目標」；第二步驟為設定高階「政策」及「戰略」，亦稱「方略」、「方針」以達成目標；第三步驟為設定中階目標及「行動方案」，亦稱「執行方案」(Action Programs) 以執行高階「戰略」，以及設定部門間「作業程序」、部門內「辦事細則」、個人「操作標準」(Operating Standards) 以執行高階「政策」；第四步驟為籌謀所需「經費預算」(Expenditure Budget) 及「收入預算」(Income Budget)；第五步驟為設立執行「組織」、「人事」及「時間進度」(Schedule)；第六步驟是設定績效考核標準及情報回送通路 (Performance Evaluation and Information Feedback)。見圖 13-2。由此可知有效的計劃是一連串設定「目標」與「手段」的過程，而不是一個特定時點即可完事的活動。此特點必須特加強調，因為目前很多人進行的所謂「計劃」，大多僅止於設定「目標」，尤其是抽象的目標而已，等於有「頭」無「尾」，不成為完整的動物，其不發生效用，事理甚明。

（二）彈性執行的「制宜」手段 (Flexibility of Implementation)

因為企業環境的變化是繼續不斷 (Continuity of Changes)，不是隔很長時間才變一次，而企業計劃又必須在環境之內做成，所以計劃活動也就自然地成為繼續不斷的修正過程 (Continuous Revisions)，而非只作過一次，就老死不更改，成為無用之具文，或威力過大之進步障礙。

此種依環境變動而修正計畫的過程性，不僅最足以說明高階經理人員設定目標及策略之計劃（通稱「戰略計劃」Strategic Planning，或簡稱「策劃」Planning），同時也適用於彈性執行 (Flexibility of Execution) 已定案之細部計劃（通稱「方案計劃」Program Planning，或簡稱「規劃」Programming）之場合，避免環境已經變動，但尚呆板地執行原定、但已過時之細節，因而患了「手續齊備，目標不達」之毛病。

計劃之程序性也含有繼續不斷的意義，指一步一步設計下去，周而復始。但此種連續不可誤解為已經定案的「計劃」必須每天更改，而是說因環境隨時在變，所以公司必須有適當的行動，如特定小組定期檢討，做必要之修正，以確保原定最高目標能有效地達成。絕非忽略目標，只在手續規章上打滾，而是堅持目標，在手續上「因時」、「因地」、「因人」、「因事」、「因物」而採取制宜的措施，此亦稱為管理上的「五因制宜」理論 (Five-Factors Contigency Theory) 或「情境」理論 (Situational

圖 13-2 企業計劃之程序步驟

Theory)。

我們的社會上有許多「政策及法規」制訂於幾十年前,當初也許符合環境上「情」與「理」的要求,可是至今環境已經重大變化,「情」與「理」的要求也不一定不變,但該等政策與法規(簡稱「法」)依然故我,不僅未能協助達成目標,反而成為達成目標的障礙。若無適當行動修正之,而執行人員又誤認「惡法亦法」,死板遵守,結果處處造成「崇惡法務不實」之謬誤尚不自知,有時反而振振有詞責備別人不遵守該「惡法」,豈不可嘆。此皆未能確認「計劃」具有程序性及彈性制宜性精神所致,各企業主管應特加注意此點,方不致墮入「手續管理」而非「目標管理」之陷阱。

三、計劃之「哲學性」(Philosophy) ── 決心、熱心與毅力

計劃的第三個特性是「哲學性」。此「哲學」二字之意義並非如一般文學上所稱之「形而上學」或抽象不可捉摸之觀念，而是指一種態度與生活方式 (Attitude and Way of Life)。計劃的哲學意義在於系統性與一致性思考時的「決心」(Determination)，在於執行決策時之「熱誠」與「毅力」(Enthusiasm and Persistence)。計劃是成功的先決條件，計劃除了設定「目標」之外，尚須設定「方法」，並熱心執行之。為了將計劃的功效充分發揮，所以在機構內，應培養良好的哲學「氣候」，由最高主管促使各部門、各級主管人員普遍擁有共同觀念，即「計劃」這件事是企業健全發展不可或缺的靈魂，同時人人皆應參與「計劃」，奉「計劃」為一切行動之前導。人人皆會在行動之前問：「是否計劃周全了？」若計劃未做好，絕不能懷著「先做了再說」，或「船到橋頭自然直」的僥倖心理。

假使公司上下人員皆懷有「決心」把計劃做好，以及「熱誠」及「堅持」執行已定計劃，則成功的勝算極高。否則在一個大機構裡，只有幾位低級年輕成員（甚或中級幹部）在談計劃，而其他絕大多數的高階及中階「資深」主管人員，卻不認識計劃為何物，卑視計劃或嘲笑計劃，因而無熱心參與思考過程及無毅力執行既定計劃，則一切為未來準備的計劃功夫，都將化為烏有，使公司再陷於打游擊式之「近憂」境界，成為浪費無效之社會罪人。

四、計劃之「結構性」(Structure) ── 集團、子公司、事業部、功能部門

計劃的第四個特性是「結構性」。所謂「結構」(Structure) 是指通常有許多因素與思考的對象相互關聯，所以一個周全的計劃過程之本身含有許多相關的次級計劃過程。就企業機構而言，就反映在各部門各層次主管人員的思考過程，形成層次結構的現象。就個人而言，計劃本身就應瞻前顧後，思左想右，以求周全，而非「孤立」式地衝動決定。換言之，好的計劃過程應是「整套」性的系統思考，而非「孤立」性之零件思考。

從形式上來說，一個大公司的計畫書 (Company Plan) 內容應該包括行銷計畫 (Marketing Plan)、生產計畫 (Production Plan)、研究發展計畫 (Research and Development Plan)、人力計畫 (Personnel Plan)、以及財務計畫 (Financial Plan)。這些計畫互相關聯形成一個結構體而以行銷計畫為主導。

但是大公司的這些計畫內容又是基於許多事業部 (Divisions) 或子公司 (Subsidiaries) 之計畫書做成，而這些事業部或子公司的計畫書又是包括各自的行銷、生產、研究發展、人力、財務等功能部門之計畫。如此層層相關，在無形中自成一套結構作業。

這些較細的計劃內容又是建立在某些「環境預測」(Environmental Forecasting，包括顧客、競爭、技術、經濟、政治、軍事、法律、社會、文化、人口等等) 以及公司本身強弱點分析，甚至最高主管之「主觀價值」(Subjective Value) 等等因素之上。環境預測需要有許多假設前提 (Assumption and Premises)，公司強弱點分析需要真實的資料，最高主管之主觀價值則需由高級人員表明個人的喜惡。這些基礎性的情報資料都須經由調查研究 (Survey and Research) 而取得。

所以從底下往上看，一個計畫做成之後常常成為另一個計畫之假設前提，如此層層相疊，構成一個結構複雜而嚴密的全盤「計畫網」(Network of Plans)，或稱為「目標─手段網」(Network of End-Means)，以指導全公司人員之行動。無疑地，在這個結構嚴密的計劃過程中，必須有許多人投入巨量之心思，才能把最終的計畫書做好，而這些人就是各部門各階層的主管人員 (Managers)。

計劃的結構性意義告訴「整體計劃」(Integrated Planning) 與「長期計劃」(Long-Range Planning) 之不同處，因前者包括機構的各部門、各層次及不同時間幅度之計劃，而後者可能只包括某一特定部門或特定投資專案之長時間幅度之計劃。易言之，整體計劃必然包括長期計劃，而長期計劃不一定包括整體計劃。

第三節　「計劃」與「計畫」之種種衍生物

一、「計劃」是因，「計畫」是果；「計劃」是「議」，「計畫」是「決」(Planning is Cause; Plan is Effect)

「計劃」(Planning) 與「計畫」(Plans) 之英文和中文都很相似而且相關，一般人也常常將兩者混用，久而久之，亦無多大不妥之處發生。可是在專門學習企管之人士而言，則應對它們有比較明確之認識，方能有別於一般人。

在觀念上，「計劃」(Planning) 與「計畫」(Plan) 兩者之間存有因果關係 (Cause-Effect) 之順序區別，「計劃」是泛指主管人員從事管理工作的先鋒機能，在實際工作之前，思考需要「什麼」(What，即目標) 及「如何」(How，即手段) 達成的用腦

思考過程 (Mental Process)，它是屬於動態性的決策過程 (Decision-Making Process)，只要在此過程結束之前，任何構想 (Ideas) 及優劣評估，都可替代先前之想法。而「計畫」（請注意沒有刀旁）是泛指主管人員思考後的具體結論。若將此具體結論寫成文字、文件，則成為「計畫」書 (Plans)。

「計劃」的動態意義在於用「刀」（即目前之筆）把思想刻下來，但並不意味著每一刻下來（或寫下來）的構想就成定案，不可更改。相反地，只要尚在刻劃中的草案，儘可「三心二意」，腦力激盪，相互替代。而「計畫」的靜態意義在於思考定案的正式文件或腦中決心，故俗稱「計畫書」。已定案的思想（包括目標與手段）不能隨便再更改，除非思考過程中所面臨之環境有重大改變，不更改，必然無法達成原定終極目標時，方應改變定案文件。

換言之「計畫書」(Plans) 可稱為用腦思考的定案文件（有形）或決心（無形），而「計劃」之用腦活動則是產生「計畫書」之前因。有好的計劃前「因」，才能產生好的「計畫」後「果」；沒有良好的用腦活動，就不會產生良好的計畫書，兩者關係密切。俗云「會而不議、議而不決、決而不行」是指無效計劃過程，只見面（「會」）不談論正事（「議」）；或雖談論正事，但從無結論（「決」），只繞圈子走，不向前踏出；或雖有結論，但卻不採取執行的動作（「行」），所以等於「打空包彈」，雖轟轟嚇人，但傷不到任何人，或等於「開空頭支票」，只許諾言，卻不見兌現。我們應該講求「會而有議、議而有決、決而必行」，才能有效達成目標。「議」是思考過程，屬於「計劃」(Planning)，「決」是思考結果，屬於「計畫」(Plans)。

二、各種「計劃」與「計畫」(Variety of Planning and Plans)

假使我們能明辨「計劃」(Planning) 是泛指用頭腦思考解決未來問題之「過程」，而「計畫」(Plans) 是泛指思考的定案「結果」，則我們可以排列出通常碰到的許多與「計劃」與「計畫」二名詞相近似的詞句。

譬如「我們正在計劃中」，「我們正在做計劃」，「我們計劃如何去中東開拓市場」，「我們已計劃好去中國大陸開拓新天地」，「我們正在長程計劃中」，「我們想設計出一個雙全計劃」，「我們正在擬定長期發展計劃中」……等等，都是屬於動作過程。在古時，我們稱用腦的思考過程為「運籌」（張良「運籌帷幄，決勝於千里之外」，指正式用兵之前，應先在家裡計劃好），「用計」（孔明精於用計，指在動作之前，已盤算好各種步驟之連貫性），「籌劃」、「策劃」（指用竹草當工具先行大略盤算），「規劃」（指用圓規方矩先行詳細盤算），這些詞句都是屬於動詞，表示思想活動之狀態。

　　又如「我的計畫是先畢業後結婚」，「本公司的計畫是先建立良好品牌再行賺錢」，「企劃部門已經編好公司十年發展計畫」，「總司令的計畫是先打垮敵人士氣，再行攻佔陣地」，「老王施出一招瞞天過海妙計」，「謀略戰應先於攻擊戰」，「我腦裡的藍圖是先調查市場，再找廠地及購置機器設備」……等等，都是屬於定案之主意。「計謀」、「謀略」、「妙計」、「主意」、「藍圖」等等都是「運籌」、「籌劃」、「策劃」、「規劃」、「設計」等思考過程的結晶，兩者關係密切。

　　在企業經營管理的範圍裡，我們可以為任何大小事情而使用腦力思考，皆總稱為「計劃」，若思考有得，將之確定下來，並寫出書面文件，皆總稱為「計畫」。譬如我們若為「目標」而思考，則可稱為「為目標而計劃」(Planning for Objectives)，簡稱為「目標計劃」(Objective Planning)。我們若為「政策」(Policies) 而思考，則可稱為「為政策而計劃」(Planning for Policies)，簡稱為「政策計劃」(Policy Planning)。我們若為「戰略」(Strategies) 而思考，則可稱為「為戰略而計劃」(Planning for Strategies)，簡稱為「戰略計劃」(Strategy Planning)。我們若為「戰術」或「執行方案」(Tactics or Action Programs) 而思考，則可稱為「為方案而計劃」(Planning for Programs)，簡稱為「方案計劃」(Program Planning) 或更簡短之「規劃」(Programming)。我們若為「預算」(Budgets)，為「作業程序」(Procedures)，「辦事細則」(Rules)，「操作標準」(Operating Standards) 等等而思考，則可各別稱為「為預算（為程序、為細則、為標準）而計劃」(Planning for Budgets or Procedures, Rules, Standards)，更可簡稱為「預算性計劃」(Budget Planning)，「程序性計劃」(Procedure Planning)，「細則性計劃」(Rule Planning)，「標準性計劃」(Standard Planning)。

　　為目標、政策及戰略等高階主管之三大事而計劃，俗稱為「策略性計劃」(Strategic Planning)，簡稱為「策劃」(Planning)。為中基層之方案（或戰術）、預算、程序、細則、標準（戰鬥）等較細事件而計劃，俗稱為「作業性計劃」(Operational Planning)，簡稱為「規劃」(Programming) 或「設計」(Designning)，皆屬於應用頭腦的過程。其間之差別只在於「高」或「低」階層人士，「廣」或「狹」範圍，及「長」或「短」時間幅度而已，不在於是否運用大腦神經細胞。

　　當這些大小不一之用腦思考過程達到結晶定案程度時，則分別產出(1)「目標計畫」書 (Objective Plan)，簡稱為「目標」(Objectives)；(2)「政策計畫」書 (Policy Plan)，簡稱為「政策」(Policies)；(3)「戰略計畫」書 (Strategy Plan)，簡稱為「戰略」(Strategies)；(4)「方案計畫」書 (Program Plan)，簡稱為「方案」(Programs)；(5)「預算計畫」書 (Budget Plan)；簡稱為「預算」(Budgets)；(6)「程序計畫」書 (Procedure Plan)，

簡稱「程序」(Procedures)；⑺「細則計畫」書 (Rule Plan)，簡稱為「細則」(Rules)；
⑻「標準計畫」書 (Standards Plan)，簡稱為「標準」(Standards)。

所以「計劃」(Planning) 與「計畫」(Plans) 乃是兩個互相關聯的廣泛性「因」、
「果」詞句，表 13–1 表示其種種衍生物之稱呼，以利讀者溝通之參考。

表 13–1 八種「計劃」(Planning) 與「計畫」書 (Plans) 之對照表

「計劃」是「因」(Cause) 指思考之用腦過程 (Process)	「計畫」是「果」(Effect) 指思考之定案結晶 (Result)
1. 為目標而計劃；目標性計劃 (Planning for Objectives; Objective Planning)	1. 目標計畫（書）；（簡稱「目標」，以下同） (Objective Plans; Objectives)
2. 為政策而計劃；政策性計劃 (Planning for Policies; Policy Planning)	2. 政策計畫（書）；政策 (Policy Plans; Policies)
3. 為戰略（或方略，方針）而計劃；戰略性計劃 (Planning for Strategies; Strategy Planning)	3. 戰略計畫（書）；戰略 (Strategy Plans; Strategies)
4. 為方案而計劃；方案計劃；規劃 (Planning for Programs; Program Planning; Programming)	4. 方案計畫（書）；方案 (Program Plans; Programs)
5. 為預算而計劃；預算計劃；預算 (Planning for Budgets; Budget Planning; Budgeting)	5. 預算計畫（書）；預算 (Budget Plans; Budgets)
6. 為程序而計劃；程序計劃 (Planning for Procedures; Procedure Planning)	6. 程序計畫（書）；程序 (Procedure Plans; Procedures)
7. 為細則而計劃；細則計劃 (Planning for Rules; Rule Planning)	7. 細則計畫（書）；細則 (Rule Plans; Rules)
8. 為標準而計劃；標準計劃 (Planning for Standards; Standard Planning)	8. 標準計畫（書）；標準 (Standard Plans; Standards)

關於種種「計劃」與「計畫」（書）衍生物之列舉，在我國政府界、企業界、及
學術界，都是屬於澄清觀念的創舉，因為在政府及公民營企業的慣用術語裡，一向
不把目標、政策、戰略、方案、程序、細則、標準等之涵義弄清楚，而採含混互用
之作風，而令下屬捉摸不住上級主管之真正意向，最為浪費精神，必須及早改正。

第四節 企業計劃的五層面 (Five Dimensions of Business Planning)

前文探討企業計劃（簡稱企劃）的四大特性及「計劃」與「計畫」書之種種衍生物，本節則將討論企劃活動在企業界經常出現的五個重要層面，以協助讀者更進一步瞭解前文企劃「結構性」一詞的實用意義。

從實用立場來看企業計劃，可從五個層面著手，此即⑴「主題面」(Subject Dimension)，⑵「組織面」(Organization Dimension)，⑶「時間面」(Time Dimension)，⑷「要素面」(Element Dimension)，⑸「特性面」(Characteristics Dimension)。當我們看完這些層面的內涵，我們就會更清楚地認識經營一個大公司或一個企業集團(或大機構，甚至一個國家)，計劃活動之無所不在，無時不在，也更會喜愛與計劃活動親近，因而激奮我們更有效地運用我們寶貴的大腦細胞，為事業開創光明的前途。假使我們學習到為大企業、大機構策劃、規劃、預算、排程 (Planning-Programming-Budgeting-Scheduling) 的功夫，那麼要從事中、小企業的經營就沒有困難，因為中、小企業也是企業的一種，它所具備的機能與大企業相較，只是具體而微而已，而不是本質上有何不同。

一、企劃的主題面 (Subject Dimension of Business Planning)

通常我們在經營事業中，最常聽到的企業計劃是依「企業功能」(Business Functions) 而分的主題部門別計劃，如以下所舉之名稱：

⑴全公司計劃 (Corporate Planning or Company Planning，前者適用於集團企業之大公司，後者適用於一般性單一公司)。

⑵營業計劃、業務計劃、銷售計劃或行銷計劃 (Sales Planning or Marketing Planning，前者用於較老式的公司，後者用於較新式的公司)。

⑶生產計劃 (Production Planning)。

⑷採購計劃 (Purchasing Planning) 或外包承製計劃 (Outsourcing Planning)。

⑸擴充修護計劃 (Expansion and Maintenance Planning)。

⑹研究發展計劃 (Research and Development Planning)。

⑺人力發展計劃 (Manpower Development Planning)。

⑻合作經營計劃 (Cooperation Planning)。

⑼合併經營或收購公司計劃 (Merger, Combination or Acquisition Planning)。

⑽策略聯盟計劃 (Strategic Alliance Planning)。

⑾財務計劃 (Financial Planning)。

⑿會計計劃 (Accounting Planning)。

⒀資訊科技計劃 (Information Technology Planning)。

⒁管理革新計劃 (Management Innovation Planning)。

這些計劃都是泛指該部門主管人員，尋找「對策」（即辦法）以解決其未來問題的用腦思考行為。思考的結果，除可以寫成各該部門名稱之「計畫」書（如公司計畫，行銷計畫，生產計畫……）外，尚可依照逐層參與授權方式設定各部門內之「目標—手段鏈」(End-Means Chains)，或稱「目標體系」(Network of Aims or Objective System)，供以後執行工作時，各級人員制訂日常決策 (Daily Decisions) 之參考架構。當然，比較詳細的各部門內部目標手段體系，可以不必全部放入公司計畫書內，以免篇幅太大，不易閱讀，可是比較特殊的重點，則應放入公司計畫書內，以提醒內外部高級人士。

通常企業機構向董事會報告及向銀行融借大額資金時，最常被要求提出這些機能部門別計畫內容 (Functional Departmental Plans)，所以認識企劃的主題面為最有用之一舉。

二、企劃的組織面 (Organization Dimension of Business Planning)

就現代化企業組織之複雜情況而言，應該設定計畫，以指導企業七大資源（泛指人力、財力、物力、機器設備、產銷技術、時間、及情報知識等可投入之力量）有效運用的組織單位，不一定以「公司」(Company) 為限。所謂「公司」是泛指依公司法登記之營利事業之一種形式。當然，就我國絕大多數之企業而言，因皆屬中、小型規模，所以大家自然而然地認為只要有「公司」計畫，包涵上述各機能部門別之內容，將之送給董事會審查批准就可以（至少在形式上必須由董事會核准）。

不過，當企業邁向全球化，公司員工及組織層次愈來愈多，產品種類愈來愈多，市場複雜性愈來愈高，創新活動愈來愈快，競爭壓力愈來愈大之趨勢下，只有由總經理負責之「公司」階層之一套計畫，常常不能真正發揮部屬之潛在能力。反之，一個具有相當規模（如員工人數在三百人以上，或產品種類在三種以上）的公司，應該再配合前述機能主題面，設定不同組織階層面之計畫，供最高主管實施「目標」管理及部屬實施「自我」控制之根據。

一個比較具有規模的公司或企業集團，可以依據需要，設定下列與組織階層相搭配之計畫書：

⑴「總公司計畫」書 (Corporate Plans)，通常適用於集團企業之母公司或控股公司)，其內再包括行銷、生產、採購、擴修、研究發展、人力、資訊及財務會計計畫等部分。

⑵「子公司計畫」書 (Company or Subsidiary Plans)，通常適用於集團企業之成員子公司)，其內涵與總公司計畫相同，但詳細程度則依總公司之授權或分權程度而異。當總公司分權或授權愈大，則子公司計畫書內容愈詳細，總公司計畫書內容愈粗略；當總公司分權或授權愈小，則總公司計畫書內容愈詳細，而子公司計畫書內容愈簡略。

⑶利潤中心別之「事業部計畫」書 (Profit Division Plans)，通常適用於子公司內的產品別、或地區別、或製程別之自治（獨立計算盈虧）部門)，其內涵亦可能與子公司計畫書相同。

⑷幕僚功能部之「部門計畫」書（Functional Department Plans)，通常適用於不能獨立計算盈虧之幕僚部門 (Staff Departments))，其內涵為上一級計畫書內容中功能別內容之詳細延伸。

⑸「地區別計畫」書 (Area Plans)，通常適用於行銷部門內之銷售地區)，其內涵為該地區之行銷目標、策略、方案及預算。

⑹「產品別計畫」書 (Product Plans)，通常適用於行銷部門內之產品經理 (Product Manager))，其內涵為該產品之行銷目標、策略、方案及預算。

上述這六套組織階層別之計畫書，是以內部目標管理為著眼點，除了第一套總公司計畫應提呈董事會核准外，其他各套計畫書皆供總裁（President，適用於大公司或集團公司）或總經理（General Manager，適用於小公司或單一公司）以下，負實際盈虧責任者之用，不一定要一一非經董事會或股東會（在公營事業則為上級行政機關）之核准不可，因為它們都是構成總公司計畫書之組成因素，其「投入」（成本）及「產出」（成果）數字都應已反映於總公司之計畫書及預算書上。反言之，總公司的計畫及預算，亦是基於它們的工作內容及數字編成，所以董監事會不必過問太細，以免陷於「手續管理」之境而不自知，反而給經理部門帶來無窮的障礙。總公司對子公司、對子公司之事業部、對幕僚部、及對銷售地區、對產品經理等之指揮及控制，皆以「目標」設定及目標達成之評核為主軸，不是以日常執行手段之指示、批准為中心。

三、企劃的時間面 (Time Dimension of Business Planning)

（一）各級經理人員之「目標—手段鏈」關聯圖

從根本上來說，任何計劃過程的思考結果，都是在於設定某種形式的「目標」（包括原始性目標及手段性目標）。假使公司的各階層主管都盡其基本職責，參與計劃過程，則所得結晶，將是一套上下相互關聯的「目標網」，如圖 13-3 所示。換言之，總經理有其「目標」(What) 之後，必須同時也設定其「手段」(How) 以達成之。各部門經理、課長、股長等等亦應有其「目標」及「手段」。不過經理的「目標」必定是用來支持總經理的「手段」，而經理的「手段」也會成為課長的「目標」，如此層層相聯，形成一套完整的「目標—手段鏈」，簡稱為「目標體系」或「目標網」，作為「責任中心」(Responsibility Centers)，「授權體系」(Delegation Systems) 及「考核控制體系」(Evaluation-Controlling Systems) 之根據，此為徹底運用企劃制度之必然後果。假使你是公司的高級經理人，發現公司的目標網破裂時，你的首要任務就是趕快補此「破網」。

圖 13-3 各級經理人員之「目標—手段鏈」關聯圖

（二）好目標四條件 (Four Conditions of Good Objectives)

不過良好的「目標」，應具備四個條件，方能發揮預定之效果。此四條件為：

⑴有具體明確之項目名稱 (Clear-Cut Items)：目標的名稱愈具體明晰愈好，因愈

容易與他人溝通；愈含糊不清愈不好，因不易與他人溝通。譬如用「淨值報酬率」(ROE) 比用「投資報酬率」(ROI) 明確；用「銷售收入」比用「銷售業績」明確。

⑵有數量水準 (Quantity)：目標的內容若有數量，則較容易與他人溝通，也方便將來評估衡量之用；若無數量內容，則甚難溝通，也不易評估衡量。

⑶有完成時間 (Time)：目標若訂有完成時間界限，則較容易屆時達成；否則將成為「有頭無尾」之餘恨，無濟於原本用意。有項目、有數量、但沒有時限，等於一張沒有兌現期的空頭支票，毫無作用。

⑷有績效獎懲標準 (Reward and Penalty Criteria)：在訂目標時，若同時訂有將來評估成效之可接受（及格）水準，以及超過水準及不及水準之獎勵及懲罰標準，則比沒有訂立獎懲水準，具有激勵作用。

當然，我們可以在日常看到許多「目標」並未具備上述四條件，有的甚至連第一個條件都達不到，只訂含含糊糊，不著邊際之空名詞。你若是明眼人，一下就可看穿它的無用性。目標若能具備上述條件愈多，則屬愈有力量 (Powerful)。關於「項目」、「數量」、及「獎懲」之條件，可在各部門作業時設定，本處只專門討論高階目標之「時間」條件。

(三)「永久」、「長期」、「中期」及「短期」計畫書之劃分

1.永久計畫

配合上述組織面及主題面，任何計畫書可從「永久」、「長期」、「中期」及「短期」著手制訂。所謂「永久」計畫 (Forever Plan)，是指某種目標具有永遠的指導作用，可供作永久努力的對象，它沒有確定的止境及數量標準，可供衡量，當然更沒有「及格」與否之分水界限。譬如「為世界謀求和平」之目標，「為人民增進福利」之目標，在食、衣、住、行、育、樂或其他某特定有意義之行業盡一分子之努力……等等目標性計畫書，皆為「永久」計畫書。普通來說，一個公司的「設立宗旨」(Basic Purposes)、「基本使命」(Main Missions) 常為某創始者之終生圭臬，即為「永久計畫」，譬如八十多年前，美國兩位年輕人亨利・魯斯 (Henry R. Luce, 1898～1967) 與布利登・哈定 (Briton Hadden, 1898～1929) 立下宏願，要為人類創辦一份「傳播世界最新消息，開拓知識領域」之雜誌，所以《時代週刊》(*Time Weekly*) 自創刊至今，一直繼承這二位已去世創始者宏願，努力堅持，成為世界最權威之社會性雜誌。魯斯與哈定的宏願就是今日《時代週刊》的「永久計畫」。

2.長期計畫

所謂「長期」或「長程」計畫 (Long-Range Plan, LRP)，是指機構所設定未來八

至十二年，平均十年，甚至遠至二十年之全面努力目標，所以長期計畫常被人稱為「目標計畫」(Objective Plan)，意指這類計畫只含較粗略之大目標方向或數字，而無細緻性之手段策略及明確之預算數字。

　　寶島臺灣在 1970 年以前，從未設定正式之長期計畫。但從 1970 年起，開始編製十年經建計畫，以替代以往之中期性「六年計畫」及「四年計畫」。但是到 1990 年之後，又因政權轉換，新政府中斷了「十年經建計畫」之作法，以致到 2002 年，民進黨執政，也未恢復，暗示其無長遠之發展方向。

　　部分公營事業及極少數大型民營事業也備有專案投資性之長期計畫，至於例常營運性之長期計畫則較不完整。至於其他事業則連想都未想到。但先進國家稍具規模之事業，皆備有長期計畫，以防止「富不過三代」（借用俗語）現象之發生。

3. 中期計畫

　　所謂「中期」或「中程」計畫 (Medium-Range Plan, MRP) 是指機構所設定未來四至六年內，平均五年，內部各部門所欲努力發展之目標及戰略，用以執行集團公司全面性之長期計畫，所以對一個備有長期計畫之機構而言，中期計畫亦稱為「發展計畫」(Development Plan) 或「戰略計畫」(Strategy Plan)。換言之，中程「發展計畫」是長程「目標計畫」的手段。

　　假使一個機構未備有長期計畫，而只備有中期計畫，則此中期計畫常常以「目標計畫」之型態出現。寶島臺灣政府從 1953 年開始編有四年經建計畫，每隔四年編訂一次，共編有六期。至 1977 年改變為第一期六年經建計畫，其涵蓋時間為 1977 至 1982 年。可是到 1979 年則修訂為第一期六年經建計畫後三年修訂計畫。到 1980 年則再改為第一期十年經建計畫，替代原修訂之後三年計畫。政府的經建計畫雖有期間長短之別，可是其內容及詳細程度都人略相同，以總體目標數字及抽象文字策略為主，供政府官員及機構參考的價值遠大於供企業機構參考的價值。

　　我們企業界，備有中期計畫者亦是以國營事業及少數管理現代化之民營事業為限，而其內涵亦是以專案投資計畫為主，完整性之例行營運計畫為輔。

4. 短期計畫

　　所謂「短期」或「短程」計畫 (Short-Range Plan, SRP)，是指機構所設定一年內細部執行計畫，用以實施中期計畫之目標及戰略，所以短期計畫亦稱為「年度營運計畫」(Annual Operations Plan)，其內容包括例常營運及專案投資計畫在該年內實施之部分。

　　「年度營運計畫」是較多機構所普遍採行之計畫。其所含經費預算部分，更是

政府界及工商界最常用之「年度預算」之替代名詞。有許多機構只重視最後之財務預算，而不重視原始之各部門工作目標及方法，所以在機構內只存在經費「預算」，而無「計畫」，為老式經營方法之典型代表，應及早拋棄，不可再讓其繼續存在，阻礙未來導向性之工作進行。

　　在實務上，所謂「短期計畫」不僅指機構的年度營運計畫，亦可指行銷、生產、研究發展、人力、財務、會計、資訊各部門之半年、每季、每月、甚至每週之計畫。此等詳細計畫不只含有金額收支數字，最重要的是應含有各部門工作目標、方法、進度、負責人、及經費預算等實質內容。目前國內企業已實施「目標管理」制度者，大多備有此種短期性計畫，其他事業則尚缺乏，有待急起改進。類似潤泰集團之現代化經營的企業機構，在 1998 年就開始實施電腦化之「策略規劃」（五年）與「目標管理」（一年），實可參考。

（四）時間幅度的向前轉進 (Rolling Forward)

　　所謂長期計畫與中期計畫，都是指計畫書內所含目標的達成時間幅度為十年或五年，或其他數字。可是隨著時光的流逝，長、中期計畫所指目標時間也會縮短。譬如原訂「十年」計畫，過了二年後，若不再增加新的二年目標，會變成「八年」計畫，時間過得越多年，則該計畫會變成「六年」、「四年」、「二年」、「一年」，終變成「零年」計畫。此種隨時光流逝而減短未來性之計畫，實非設定計畫書之原意，所以真正的長、中期計畫的時間幅度應隨時光之流逝，向前轉進延伸 (Rolling Forward)，補充一年，永遠保持「十年」或「五年」，如圖 13-4 所示。

　　長、中期計畫之時間幅度向前轉進延伸的目的，是確保機構最高主持人向前觀看之一定遠度及廣度，不致因時光的流逝，而變成「近視」、「狹視」而貽誤大事。

圖 13-4　計畫時間幅度的向前轉進延伸

四、企劃的要素面 (Element Dimension of Business Planning)

上面三種層面所構成之種種「計畫」書，可再依「靜態性」及「動態性」分為不同之「抽象」或「具體」要素。「靜態性計畫」(Static Plans) 指機構營運方法之「基礎」，俗稱「典章制度」(Operations Systems)，意指設定規範，指導全機構人員「例行性」之作業方法。「動態性計畫」(Dynamic Plans) 指機構用來適應變化性之特定環境，達成目標所需之「特殊性」作業方法。

（一）靜態性計畫 (Static Plans) 文件

就靜態性（即每年不一定變動者）而言，公司應對下列廣狹不一之要素，加以計劃，成為規定，寫成書面文件 (Written Documents)，發給相關人員遵行，構成公司的「管理制度」(Management Systems)：

⑴章程 (Charter) ── 公司的「章程」等於國家的憲法，其權威性高於一切。由股東選出之董事會來設定公司章程，就是最重要的計劃過程，務必特別用心。公司的章程可長可短，但以說出重要營運架構為精神。若環境變動快，章程修正次數多時，則「章程」本身將成為動態性計畫之一。靜態性之公司章程內容，不能違背政府規定之公司法，但可以比公司法更詳盡。

⑵信條 (Creeds)、宗旨 (Basic Purposes)、使命 (Missions) 及願景 (Visions) ── 公司的「信條」以簡單文字說出公司的成功戰略要點，有如「口號」隨時提醒員工及社會大眾。信條的設定，也是屬於計劃的過程。公司的「宗旨」是創辦人籌設本公司時的人生大抱負，將之寫成文字，用以指導以後的作法。公司的「使命」是把公司設立宗旨用簡單文句，寫出對社會顧客的廣泛承諾，用來指導員工的思想方向。公司的「願景」是用具體的產品類別、市場地域等文字，寫出五年、十年內意願到達的遠景圖象 (Far Picture)，比宗旨、使命等形式之目標點更具體可見。

⑶政策 (Policies) ── 公司的「政策」是最高主管用來指導公司所有成員行動及思考之方向及界限。公司政策的設定是企業高階計劃的重要工作之一。其範圍可及於「管理功能」及「企業功能」各方面。

⑷作業程序 (Procedures) ── 公司的作業「程序」是各部門間的工作優先順序及流程路線 (Order and Flow)，也是分工合作的具體依據。設定全公司的作業程序是一個大工程，必須由行家來訂，其合理與否影響作業效率甚大，應視各公司產品、銷產技術而異，講求和諧及效率。公司作業程序的電腦化，就變成今日大家常聞之 ERP（企業資源規劃）。

⑸辦事細則 (Rules) ── 公司的辦事「細則」或「規則」泛指各部門內的辦事方法，包括次級部門、組、課、股、班及個人間之分工、決策、授權、責任等例常性規定。設定公司的種種辦事細則，可依活動別及單位別而制訂，屬於非常技術性之規劃或設計，但也是影響公司總體營運效果的「螺絲」。「程序」是指部門間之規定，「細則」是指部門內之規定。

⑹操作標準 (Standards) ── 公司的操作「標準」泛指各部門各員工實際作業時，各種用人、用時、用材、用經費（錢）及物理與化學性操作方法之規定。設定各種操作標準等於設定公司技術手冊 (Technical Manuals)，屬於耗用人力及時間之鉅大工程。把每一個操作員工的知識技能，用文字寫下來，並作良好的保存、傳播、使用，就是今日大家常聞的「知識管理」的主題。

以上六種層次不同之靜態性計畫文件，也被稱為「常備計畫」(Standing Plans)，意指公司設立後，就早已存在，供主管及員工隨時參考遵行，而非臨時遇事再行設法尋找或設定。一個正式上軌道經營之成功事業，必須齊備這些計畫文件，才能實施客觀之「以制度管理」(Systems Management) 之「法治」方式。否則樣樣缺乏，必須臨時再做決策，費時費神，手忙腳亂，莫此為甚，陷於「以人管理」之「人治」(People Management) 及游擊性經營之方式，成本很高。沒有「典章制度」之常備計畫性文件，公司作業就劃分不清什麼應「例內管理」（法治）及什麼應「例外管理」（人治）之界限，一方面會「累」壞高級主管人員，另一方面會「閒」壞下級部屬，為無效經營之典型。

（二）動態性計畫 (Dynamic Plans) 文件

就動態性（即每年變動不同者）而言，公司應至少每年一次設定數量目標、方法、預算、人力，以求達成機構最終目標──「生存」及「成長」，「合理利潤」及「滿意服務」。一般而言，動態性計畫書以應付環境變化、顧客需求變化及競爭者所採措施為設計前提，其內涵為下列各種型態：

⑴行業別 (Product-Lines)「目標」

⑵產品項目別 (Product-Items)「目標」

⑶數量別 (Sales-Production-Profitability Quantities)「目標」

⑴⑵⑶三者合稱廣義之高階「目標」(Top Objectives)

⑷（高階）「戰略」、方略、或方針 (Strategies) ── 指達成高階目標之祕密性突破點，都在企業功能或管理功能上設定，也是公司重大資源之使用方向。高階目標及戰略，就等於軍團的作戰目標與戰略。

⑸「專案投資」(Project Investments) 計畫，每一專案都有可行性研究。

⑹部門及單位行動、執行、或工作「方案」計畫 (Departmental Action Programs) 書，每一行動方案都要包括 What, Why, How, Who, Where, When, How much 等 7W 內容。

⑺「預算」(Budgets) 書，從下向上累計，包括方案預算書、部門預算書、及公司預算書，皆有收入及支出之金錢數字。

動態性之各種要素計畫的日常執行規範，是建立在靜態性之各要素計畫之上。靜態性計畫有如「地基」，動態性計畫有如在地基上行走之「步伐」，兩者都必須紮實有力，相輔相成，才能真正快速走向目標。否則地基不穩 (指政策、程序、細則、標準)，步伐再快，也會抵消部分速度；反之，地基穩固，但步伐搖擺不定而無力，則前進速度也不會快。所以要「穩定」靠靜態性計畫 (即典章制度，或管理制度)，要「成長」靠動態性計畫 (即目標─手段體系)。靜態計畫稱為「常備計畫」，而動態性計畫則稱為「適應計畫」(Adaptive Plans)。

經過三十多年的訓練及觀摩，在寶島臺灣大中小型企業中，訂有公司「目標」計畫者幾乎人人皆有，但訂有完善戰略計畫及投資計畫者就限於大型企業。而訂有周詳之部門行動方案及預算者，以已實行策略規劃及目標管理者最多，中小企業者居少，所以尚未能充分有效運用每月、部門化、電腦化「目標管理」及「自我控制」之現代管理技術，不足為奇。

（三）戰略計畫、戰術計畫與戰鬥計畫 (Strategic-Tactical-Combattal Plans)

從上述靜態性及動態性計劃要素中，我們又可將之與時間面相配合，構成⑴「戰略計劃」或「策略計劃」，或簡稱「策劃」(Strategic Planning)，常屬於中、長期性，為高階人員設定公司「目標」、「政策」、及「戰略」之用腦行為；⑵「戰術計劃」(Tactical Planning)，常屬於年度性，為中階人員設定部門及次級單位之執行目標、方法、及時間之用腦行為；⑶戰鬥計劃 (Combatting or Fighting Planning)，常屬於例常性及週、月、季性，為基階人員設定小組及個人之工作目標、方法、及時間之用腦行為。

「戰略計劃」為高階策劃 (Top Management Planning) 之替代名詞，「戰術計劃」為中階規劃 (Middle Management Programming) 之替代名詞，「戰鬥計劃」為基層設計 (Lower Management Designing) 之替代名詞，上級指導中級，中級指導下級；長期指導中期，中期指導短期；少數人影響多數人，誠為企業「管理」工作之精神所在。

「戰略計畫」書是公司五年或十年計畫書的主要內容，其執行檢討，靠每季或每個月之集團總裁、副總裁級人員或公司「董事會」之會議為之。「戰術計畫」書是公司年度計畫書的主要內容，是部門級的執行計畫，其執行檢討，靠每週之「公司經營檢討會」(Company Weekly Review Meeting) 為之。「戰鬥計畫」書為基礎行動計

畫，在公司計畫上只見方案名稱，不列內容，但對每個人而言最重要。其執行檢討，靠每日晨昏及每週「部門檢討會」(Department Weekly Review Meeting) 為之。

五、企劃的特性面 (Characteristics Dimension of Business Planning)

從以上企劃的主題面、組織面、時間面及要素面之複雜組合，我們可以瞭解為何許多人們彼此誤解所用不同之術語，因為從不同之層面，就可以把計劃說成另一個名詞，使別人誤以為是「新」的東西，事實上都是指「用大腦思考未來目標及方法」之行為，一點都不新。

（一）十一特點

除了瞭解上述企劃四種層面之複雜組合外，我們應還注意到企劃的一些重要特點，以免做出無效用之企劃。做計劃有好處，但也要花時間及金錢成本，若成本超過效益，則不做也罷。

第一、計劃過程 (Process) 及計畫文件 (Documents)，有「複雜性」與「簡單性」之分。複雜的計劃過程可能要花整年的時間，其定案文件也可能厚達幾百頁、幾千頁或幾十公斤重。簡單的計劃過程可能費時幾分鐘，其定案文件也可能只有一張紙，甚至不寫成文件。計劃的複雜或簡單本身並無好或壞之分，而是以能否指明合理、明確之目標及達成的方法為優劣之取決標準。

第二、計劃過程有「整體性」(Systems) 及「局部性」(Parts) 之分。當然，愈高級人員之計劃過程，應愈有整體性，愈低級人員之計劃過程，應愈有局部性。高級人員千萬不可搶低級人員之計劃工作，而放棄自己應涵蓋之廣度，致使機構遭受無可彌補之損失，因為低級人員絕不會搶高級人員之計劃工作的。

第三、計劃過程有「數量性」(Quantitative) 及「非數量性」(Qualitative) 之分。行業別「目標」，產品別「目標」，行為規範之「政策」以及重大資源使用方向之「戰略」等型態之計劃，常常沒有許多數量之出現。可是銷、產、利潤目標及部門、單位、及個人之執行方案等型態之計劃，常常有數量存在。至於章程、信條、宗旨、使命、願景、作業程序、辦事細則等也常無數量之表達，但操作標準則常有數量內涵。

第四、計劃過程有「主要性」(Major) 及「次要性」(Minor) 之分。同是高階戰略「策劃」或中階戰術「規劃」、或基層戰鬥「設計」中，都有「主要」(Major) 及「次要」(Minor) 之分。「主要者」應受主持計劃人員 (planner) 之優先重視，「次要者」則可排在時間、空間、人力資源多餘時，再加以考慮。明辨「主要性」與「次要性」，

或稱「本末」、「先後」之別，是成功經理人之要件之一。曾子在《大學》一書有云：「物有本末，事有終始，知所先後，則近道矣」，說得太好了。

第五、計劃過程有「祕密性」(Confidential) 與「公開性」(Open) 之分。有的計劃必須保持高度機密性，只能由數位高級主管參與決策，並由某些少數人員暗中執行，凡是屬於「戰略」及「方案」型的計劃皆含有祕密性，因恐公開傳播，會讓競爭對手得知而採取對抗戰略，抵消本公司之戰略效果。反之，也有許多計劃必須公開進行，由較多員工參與 (Participation)，以收集思廣益之利，並廣為公布，使員工人人得知，例如「目標」、「政策」、「程序」、「細則」等型態的計劃過程及計畫書內容，則應儘可能讓所有員工知曉，作為自己思考及行為之指針。

一般而言，靜態性的常備計畫 (Standing Plans) 應較公開，而動態性的適應計畫 (Adaptive Plans) 則較祕密。但是無論如何，最高主持人都應將其計畫告訴「適當」人員，以利執行，產生預期的成果。

第六、計劃結果有「成文性」(Written) 與「非成文性」(Un-Written) 之分。計劃的思考過程及結晶（俗稱結論或決策），可以寫成文件，成為「計畫書」(Plans)，也可以不寫成文件，只留為參與人員共同之瞭解。無疑地，寫成文件之計劃較具有廣為傳播及日後存檔之作用，對大規模企業而言，是屬於「必要」(Must) 之措施。可是我們也不可誤解，以為任何思考及討論的東西，都要一點一滴寫下來，若是如此，我們將是一天到晚都在當「書記」，在紙上作戰，不切實際又浪費時間及紙張。要做成文件的計劃應是具有長久性、廣泛性及重要性之決定，而非短暫性、狹窄性及不重要性之商議。但是任何有關公司業務之決定，即使不寫成正式文件，但每一個參與人員也要將它寫在每人必備之「日記簿」上，供以後核對及回憶。

目前政府公務機關所犯毛病之一，就是記錄太多不必要的書面文件，而遺忘太多應該改進、創新之決策。所謂「公文旅行」、「手續管理」、「文學政治」、「紙上作戰」等等，都是用來諷刺太多成文性之現象。

第七、計畫過程有「正式擬定」(Formal Planning) 與「非正式擬定」(Informal Planning) 之分。所謂正式擬定，是指每年有固定時間、專門參與人員、及特定格式，供作計劃過程及結果之用。屆時，不必上級主管（如董事長、總經理）特為催促，部屬（企劃幕僚）就自動依「公司計劃作業」規定，從事計劃作業。正式擬定之作法常是管理比較上軌道企業之作法。所謂非正式擬定，是指每年設定計畫之作法，並無固定時間、人員、及格式可遵行，完全聽上級主管喜好，他催大家計劃，大家就計劃，他忘掉催大家計劃，大家也就當作遺忘一樣，不會自動計劃。許多中小企

業就是走非正式擬定之路。

當然，計劃是為企業目標及手段而計劃，不可「為計劃而計劃」，寫出一大堆沒有人要執行之文件。所以「正式擬定」與「非正式擬定」之優劣點並非絕對性，而須視需要而定。

第八、計劃結果有「容易執行」(Feasible) 與「困難執行」(Infeasible) 之分。所謂「容易執行」的計畫是指其目標設定合理、確實，並有執行方法、人員、經費、時間等之設定。所謂困難執行的計畫是指其目標設定荒謬、含糊、不切實際，又無執行方法、人員、經費、時間等之設定，只是一些「幻想」或「空想」之目標而已。雖然有人稱之為「有夢最美」，但太多空幻的美夢，既會騙人，又會麻醉自己，有害無益。

第九、計劃過程有「理智化」(Rational) 與「非理智化」(Irrational or Emotional) 之分。所謂理智化之計畫是指所訂之目標及執行方法之內容，係依據充分、及時、及正確之情報做成的，而非依據某些「一廂情願」、「閉門造車」所編撰出來的。換言之，理智化計劃之前，必須有科學化之調查、分析及預測之研究 (Research) 功夫作為先導，才能確保目標及手段之選擇為最佳之搭配。反之，非理智化之計劃是指目標及方法內容的訂定，是由某些自認「官大學問大」的人，閉門造車，依偏見之主觀價值，感情衝動之意識型態憑空拼湊出來的。

很多政府及公營事業所設定之計畫，皆為非理智化之作品，包括經建計畫在內，時常充滿一廂情願之不完整思考，應加改進。

第十、計劃結果有「彈性」(Flexibility) 及「呆板」(Rigidity) 之分。計劃是設定未來工作目標及方法之用腦過程，其定案之結論（即計畫書）供作以後執行之指針，本已有限制以後行動之作用。但是真正有用之計畫不是限制應該有的靈活調整行動，而是限制不必要的茫無頭緒之更動。假使環境變動，必要更改方法，甚至目標時，計畫中應述明可以更動之條文。假使計畫中無彈性調整之條文，很容易使該計畫成為呆板作品，不僅無益於執行，並可能阻礙執行。

第十一、計劃過程有「經濟性」(Economical) 及「浪費性」(Uneconomical) 之分。計劃的目的之一是改進決策的品質 (Decision Quality)，以獲取較佳之成果，但是計劃的過程也會發生成本，假使花用一番尋找情報與設定目標及手段之功夫（即計劃）後，雖比不花用此套功夫（即不計劃），能獲得較佳之成果，可是其發生之成本遠大於此較佳成果，則此計畫過程屬於「浪費性」之計劃，因「得不償失」也。反之，經過一番計劃之後，所得較佳成果大於所發生之成本，則屬於「經濟性」之計劃。

毫無疑問地，我們若是能幹的經理人，則希望所經手的計劃都是「經濟性」的，不是「浪費性」的。不過從日常現象中，我們可以發現許多計劃過程是屬於無用的，甚至是屬於「越幫越忙」之浪費性計劃，此乃無效經營所致。

（二）應制訂「有效用」之計畫書

從以上十一特點之解說中，我們可以得到一個結論，即是我們希望所訂出之各種型態之計畫書盡量具有彈性、經濟性、數量性、理智性、成文性、容易執行性。那些無彈性、浪費性、感情用事性、不寫下來及無法執行之計畫，最好少訂，以免對事業績效產生反效果之影響。所以事業最高主持人，在下定決心建立企劃體系之後，應再小心追蹤，不要使公司之各種計劃活動陷於無效用之境界，反而害了「企劃」之英名。

第十四章　建立公司整體企劃制度
(The Establishment of Corporate Integrated Planning Systems)

因為在管理的過程中，計劃（包括各種型態之用腦思考過程）是扮演「龍首」的角色，所以在前章特別從各個層面來探討計劃的要義及作用，期使國人深切瞭解此種「事前求知」的功夫，以利「事中」執行及「事後」檢討功夫之遂行。本章的目的則在於介紹建立公司整體企業計劃制度的內容，包括總經理、部門經理及課長級主管人員應做的計劃工作。這是「計劃的計劃」(Planning of Planning) 功夫，屬於非常高層次的人類智慧之應用。有了整體計劃制度，全公司的主管人員才能有效地發揮他們的第一個管理功能（計劃），充分展現大腦的思考威力。

第一節　整體企劃普遍採行之原因 (The Causes of Having Integrated Planning)

一、早期的企劃作法甚為落後 (The Drawback of Earlier Planning Systems)

大家都會相信，從事企業活動的人們，通常都是懷有某種「計畫」(Plan，意指某種思考結晶)，不論他們所懷的計畫是屬於長期或短期的，是整體或局部的，是書面或非書面的，是理智或非理智的，是經濟或浪費的。從歷史上的演進來看，企業計劃活動雖屢有變化，但從未比 1970 年代以來在產業中所發生的為大。

（一）農業社會之帝王統治時代，只有徵稅之「歲計」

在二次世界大戰（1940 年）之後，各國企業規模與以前百多年的典型製造業或商業不可同日而語，更與千年前之農業社會與帝王政治體制之經濟活動無法比擬。千年前之社會以農業為主要生產活動，農產佔國民生產毛額 (GNP) 之絕大部分，帝王政府之所得來源為田賦，供其官吏（即「仕」）之享用，至於「工」人及「商」人的活動很微不足道，無法繳納多大的稅金，供政府使用，所以不受帝王政府重視，因此造成「士、農、工、商」之人民劃分法，把商人列為四民之末，把讀書人（士）及充任官吏之人（仕）列為四民之首，把農人列為第二位。在此種「以農立國」的

社會環境裡，根本談不上企業計劃。而政府所講究的「計劃」也只是例行統治人民之「歲計」（指一年要收多少稅供官吏及軍隊使用）而已，根本沒有謀利人民之專案性、經濟建設計劃、社會建設計劃或政治建設計劃。目前我們還可以發現此種消極性農業社會帝王統治時代之政府「歲計」作風，存在於不少國家之內，其落後程度之深當然無法為人民謀取多大的福利（即無法「圖利人民」）。

（二）工業革命之前後，企業只求「適應」，不求「創新」

在一百五十年前，典型交易只包括很短的製造與銷售循環，從產品製造到顧客購買之時間間隔很短，投資於產銷的固定資本也較少，因之大部分的工商人士能隨市場變化情況，而立做必要之反應調適，而無多大困難。當發現新活動較能獲利時，不只生產過程可以迅速調整，而且所投入資源，亦能合理地改變方向，所以他們的計畫都是短期性，只求與目前市場活動緊密跟隨，很少有越前領先之作用。換言之，「適應」（所謂只求「時勢造英雄」，不求「英雄造時勢」）是最高原則。無疑地，目前我國不少工商業者之作法，乃屬此類型，其消極性甚明。

在當時，若有任何人以「先知先覺」角色從事長期計劃，亦是僅基於某種直覺的判斷，而不是基於仔細的推理及系統性分析。但是工業革命（1750 年）之後，企業規模愈來愈大，美國最大公司通用汽車公司員工人數在 1978 年為 83.6 萬人（但在 2002 年減為 40 萬人），臺灣民營企業大同公司員工在 1979 年有 2 萬多人，台塑企業也有約 3 萬人，公營企業郵政、電信、電力、鐵路等事業員工也在 2 萬人到 3 萬人左右。同時，企業的固定設備也愈來愈不可能轉換於生產不同的產品，所以許多企業在投資時，都先考慮未來很長的一段時間，已屬進步。但是一般說來，企業講求計劃的理論與實務，卻比企業規模本身的發展，落後一大段時間。甚至直到 2003 年，許多政府官員及國營企業工作者，尚以為今日企業還停留在以前小型公司，並處於自由競爭的農業化時代，在思想及行為上無法追趕工業化、商業化、知識經濟化之實際環境的變化，所以面臨甚多發展瓶頸，百思不得其解。

二、四種新發展力量在二次大戰後出現 (Four Forces Emerging After World War II)

二次世界大戰以後，各國工商企業恢復發展，尤其以美國企業最為醒目，在今日世界經濟舞臺上扮演重要角色之美國多國性企業 (Multinational Enterprises)，就是興起於這個時候，直至二十一世紀的今日，形成經濟自由化及企業全球化趨勢，臺灣及中國大陸都不能置身事外，因而企業計劃活動亦產生很大變化，可歸納為四方

面之新力量：

(1)結構嚴密之「整體企劃」(Integrated Planning) 制度蓬勃發展（本章將詳述之），尤其以集團性綜合企業及集團性、多國性、綜合企業為主流。

(2)「企劃幕僚」(Planning Staff) 單位廣泛設立，以協助最高主管及一級主管進行 IPPBS 連貫性之整體計畫，內含「情報研究」、「策劃」、「規劃」、「預算」及「排程」等專業性工作。「企劃幕僚」通常以「企劃處」(Department of Planning)、「企核處」(Department of Planning and Control)、「企研處」(Department of Planning and Research)、「企財處」(Department of Planning and Finance) 等名稱出現。企劃專業幕僚單位之設立，係擴大原來主計單位 (Accounting and Finance) 之預算功能，使成為配合實際銷、產、發、人、財等功能工作情況之專家幕僚，依工作目標、方法、進度及資源需求，而設定財務計畫（即俗稱之「預算」），以利上級對下屬之授權及控制。所以比較古老的機構只有主計單位，而無企劃單位，然而較新式的機構，則設立企劃單位以替代及擴大主計單位之預算功能，以創新精神，為機構開拓新機運。

(3)許多新而有力之管理工具及方法 (Management Techniques) 紛紛出現，以改進計劃過程中之決策品質。尤其 1990 年代以後，電腦化及通訊化結合工具出現（如 Internet, Intranet 及 Extranet），更加強企劃與控制的作用。

(4)系統觀念 (Systems Concept) 之提倡及實踐，促使企業人士對未來看得更「廣」及更「深」（「廣」、「深」即是「整體」與「局部」之分野要件），把企劃從一個企業本身內部，延伸到供應商管理及顧客群管理，使供一產一銷之 SCM-ERP-CRM 三者合一化。

這四種新發展力量相互交織之後，對企業經營的影響力十分巨大，而且將繼續發揮其影響力於未來的歲月。

三、六大因素促使普遍採行 (Six Factors Pushing for the Popularity of Business Planning)

在較早時期，美、歐、日企業人士與今日我國很多企業人士相同，對採行企劃制度懷有「卑視」、「多此一舉」、「不耐煩」、「成效可疑」、「難以下手」等等心理，但是事實勝於雄辯，潮流所趨莫可阻擋，愈後來愈多公司競相引進此制度，並將之融為企業生涯的一個習慣及文化，凡是談到企業經營，首先必然要提到企劃制度的建立。當然造成此種現象不是一日之功，而是有背後六大因素，突破人們心理疑慮。茲逐一說明如下。

（一）企業不再是完全受市場宰割的無力羔羊 (Planning can create new markets)

第一個因素是第二次世界大戰前，久存於企業人士心中限制企劃工作之觀念性障礙已獲解除，因為大家已經接受了一個新觀念，認為今日的企業已不再是完全受市場宰割的無力羔羊，反之，企業若能善用成員之腦力，包括積極的冒險精神及冷靜的分析能力，不僅能夠適應或跟隨時勢（「時勢造英雄」），尚能創造有利的時勢（「英雄造時勢」）。因之，企業應大膽地決定未來要走的方向及里程目標，並採取行動以達此目標，以此種積極想法來替代以往誤認市場複雜變化及其魔力高不可及之恐懼畏縮及束手無策之心理。此種積極想法把企業實施長期性整體計劃的大障礙（即不可控制市場之想法）解除了。老實說，目前有許多市場即是被企業計劃的功能所主宰，成為可運用的謀利對象，對個人及社會、國家都有益處。

（二）技術革新的採用率大大提高 (Greater Success of Technological Innovation)

第二個因素是技術革新 (Technological Innovation) 在各行業採用成功的比率大大提高，所以為了競爭，不能不及早計劃未來。在以前，技術發明之後，常常要隔很久才能被商業化 (Commercialization)，同時其成功的採用率也很低，所以長期計劃等於沒有用，譬如乙醚之麻醉效果及配方被發明之後九百年，才被正式用作醫療麻醉劑。又如第一臺工作機器從概念發明到取得專利權，費時一百七十六年，再過了二十四年才被用來作為主要工具，再過十四年後才達到商業化的成功階段，再過十二年才被普遍使用。其他有發明而未達市場商業化之技術更多。

但至今日，產品快速廢舊 (Quick Obsolescence) 的現象，給企業主管帶來大為不同的心態，刺激大家務必採用企劃功夫，方能把握發明的實惠。例如美國道格拉斯飛機公司的 DC-3 型飛機曾稱霸民航界十五年，但 DC-7 及洛克希德飛機公司的 Electra 渦輪螺旋飛機只流行五年，就被新的 DC-8 及波音 (Boeing) 型噴射機所淘汰，而今 Air Bus, DC-10 及波音 747 型系列又取代了以前的舊產品。另外，大小型及個人型電子計算機（電腦）、微處理器、IC 半導體、無線電話、行動電話、液晶顯示器、超導體等等工業皆快速成熟，取代舊產業，指明企業主管在技術翻新的時代，不能不多用大腦思考未來，否則很容易被別人所淘汰。

（三）企管工作愈來愈複雜 (Complexity of Management)

第三個因素是企業管理的工作愈來愈複雜，所以不能不多用計劃的前視功夫。企業規模的擴大，以及產品線及市場區隔的愈來愈多角化，以致管理的工作遠非以

前單人作業，隨機應變即可對付得了，而需多數人團隊的計劃、執行及控制功夫，才能順利運作。在 1934 年時美國前十名企業的平均營業額大約為 33 億美元，但在 1964 年提高為 65 億美元，在 1974 年又增為 100 億美元，在 2001 年再增為 1,500 億美元（但 2003 年跌為 1,322 億美元）。在臺灣，中華徵信所歷年編列的大企業從 100 家增為 300 家，又增到 500 家，又再增為 1,000 家，而最低的取決營業額也在新臺幣 100 億元以上。各行業規模的擴大以及銷產多角化，也逐漸走上「國際企業」及「多國企業」之道，尤其企業西進中國大陸，規模比在臺灣為大，其需現代管理之處愈演愈烈。

（四）同業競爭壓力滋長不息 (Kin Competition)

第四個因素是同業競爭壓力的滋長不息，導致甚高的企業失敗率，快速的產品廢舊率，以及新產品的迅速崛起率，在在提示必須妥善計劃未來，不可以坐以待斃。

（五）企業經營的生態環境愈來愈複雜 (Changing Environments)

第五個因素是企業經營所面對的生態環境愈來愈複雜，譬如世貿組織 WTO 的進入，自由貿易區的簽訂，人口的變動，消費者偏好的迅速改變，政府法令的日趨複雜，勞工福利問題日受評議，企業社會責任日受重視，以及兩岸政治與國際關係的變動等等，都會使得企業管理工作愈變愈複雜，不得不借用企劃的功能來做必要之系統分析。

（六）決策時間幅度愈來愈長 (Longer Time-Span for Planning)

第六個因素是重大決策所須考慮的未來時間幅度愈來愈長。杜邦 (DuPont) 公司在尼龍產品賺進一毛錢之前，曾花 3,000 萬元和十二年的時間來發展此項新產品。臺灣的中國鋼鐵公司在賣掉第一塊鋼板之前，曾花了十幾年的籌劃研究及設廠時間，所以企業長期性計劃之功夫甚屬重要，即使最佳技術導向（而非市場行銷導向）的公司，也必須詳細計劃如何使其技術水準保持十至十五年的領先地位，以及如何訓練所需要的科學家及工程師。目前有不少國內工廠在技術引進時，時常忽略其未來之創新性及市場開拓能力，以致投擲大量資金之後，成為無可奈何之蝕本累贅物，即是未採用整體企劃之後果，值得警惕。

總之，上述六大因素只解釋一項簡單的事實，即在二次世界大戰以前，阻礙發展正式企劃工作的原因，乃是思想上的被動看法，認為經濟波動的不穩定性使得人們無意及無法於企劃工作。但自從二次大戰以後，上述各種因素不僅促使企劃制度的普遍採行，同時也使企劃工作成為企業經營管理的首要機能。

第二節　兩種整體企劃制度 (OST and IPPBS)

從第十三章第四節「企業計劃的五層面」內，我們已經可以大略知道所謂「整體企劃制度」所應包括的範圍，尤其「要素面」(Element Dimension) 把計劃結果文件分成「靜態性」及「動態性」兩大類，最可以代表整體的內涵。靜態的「常備」計畫書是公司營運的典章制度，是公司營運的基石。動態的「適應」計畫書是公司的作戰計畫書，包括高階的戰略性、中階的戰術性及基層的戰鬥性計畫。作戰的遂行要在基石上為之，兩者互相為用。至於如何設定這些計畫書，則須有企劃制度來指導。

OST 與 IPPBS 制度之內容

為了方便研討及記憶，有兩套整體企劃制度的英文名詞可以提出來供大家參考。第一套就是美國德州儀器公司 (Texas Instrument Corporation) 的 OST (Objectives, Strategies and Tactics)——「目標、戰略、戰術」之計劃制度。第二套就是由美國國防部首創，而我國經濟部國營事業委員會再加以修正之 IPPBS (Information, Planning, Programming, Budgeting and Scheduling)——「情報、策劃、規劃、預算、排程」之計劃制度（筆者為此制度之參與設計者之一）。OST 強調動態計劃部分，IPPBS 則兼及動態及靜態計劃部分。

美國德州儀器公司的 OST 及我國經濟部國營事業委員會的 IPPBS 都是以「未來」的目標為起始點，引導工作手段及時間與金錢預算的設定，所以都是以新零點為預算的基礎，俗稱「零基」(Zero-Base) 預算，亦稱「企劃預算」，因所有的企劃皆是以未來新環境及目標為起始點，此與傳統性作法，以「過去」(Past) 為預算基礎的懶惰行為大不相同。

OST 的企劃內涵是包括：第一、先設定 Objectives（目標）；第二、再設定達成此目標之 Strategies（戰略）突破方向；第三、再設定執行此等戰略方向的 Tactics（戰術）方案。至於戰術方案內，除方法 (How) 外，尚包括所需之人力 (Who)、資源 (Where)、時間 (When) 及金錢 (How Much) 等等預算。換言之，資金預算本身不能獨立，也不能隨意以過去數字之平均或加成為之，而應完全跟隨戰術、戰略、目標而走。只有當目標、戰略、戰術變更時，預算才能變更。此與往昔以預算來變更目標、

戰略、戰術（都是屬於計劃範圍）之顛倒作法完全不同。現時立法院在審查行政院所提出之預算常常只注重金錢預算數字，不關心數字前因之目標、戰略、戰術方案。

OST 制度裡的目標 (Objectives) 及戰略 (Strategies) 的設定都是屬於高階主管人員及企劃幕僚的工作。至於戰術 (Tactics) 的設定則屬於中、基層主管人員的工作。此種高、中、下三層主管人員的參與系統性計劃過程 (Participative Planning)，也與往昔傳統預算之閉門造車作法大不相同。所以 OST 在本質上是屬於「民主參與」式 (Democratic-Participative) 之「目標管理」(Management by Objectives) 制度。

在 OST 之前端，還有 ESS 之功夫。E 是指環境分析 (Environments)，包括大環境、競爭供給環境、顧客需求環境。第一個 S 是自己的戰略分析 (Strategies)；第二個 S 是自己的組織結構分析 (Structure)。

IPPBS 制度雖比 OST 制度更為周全細緻，但它也是屬於民主參與之目標管理制度。IPPBS 制度的 I 是指企劃幕僚人員的「情報研究」(Information Research) 及「情報系統」(Information Systems) 的建立工作，提供各級主管從事 PPBS 之決策基礎。

IPPBS 制度的第一個 P (Planning) 是指高階主管團隊 (Top Management Team)，指最高主管、一級主管及企劃幕僚人員所組成之團隊，所從事之長期性及全公司性目標、政策及戰略方向之粗略性策劃工作。

IPPBS 制度的第二個 P (Programming) 是指中階及基層主管人員（有時還包括企劃幕僚人員）所從事之部門性執行方案 (Action Programs) 之詳細規劃 (Programming) 工作。規劃是指用圓規方矩來詳細計劃的活動。中、基層之規劃工作必須接受高階策劃工作的指導，方不致各行其是，分散力量。

IPPBS 制度的 B (Budgeting) 是指中、基層主管人員設定執行方案所需之資金收入支出估計，部門一級主管設定該部門所需之資金收入支出估計，以及公司企劃決策委員會設定全公司所需之資金收入支出估計之預算 (Budgeting) 工作。資金預算必須接受工作「目標—方法」計劃的指導，方不致陷入「只管錢、不管新工作目標」之無效傳統預算絕境。IPPBS 制度的資金預算工作是屬於企劃工作範圍之內，與傳統預算制度的資金預算工作歸屬於會計工作範圍不同，此種以未來性，以方案、策略、目標為依歸的預算方法，仍是整體企劃制度的最主要特色。即首重目標、策略、方案，再重預算數字。

IPPBS 制度的 S (Scheduling) 是指中、基層主管人員在規劃執行方案時，對時間進度與資源配合的詳細安排工作，俗稱排程 (Time Scheduling)。所有的目標、策略、方案，及各種資源運用等，若無明確之時程安排，等於沒有靈魂的行屍走肉，失去

意義，也沒有成功的把握，所以企業經營的整體企劃制度也特別看重時間的因素。

OST 三大要素是具有前後順序的系統性企劃方法，IPPBS 的五大要素也是具有前後順序的系統性企劃方法，兩者精神相同，但是涵義上，後者比前者為詳盡明確，所以我們以後可以 IPPBS 為整體企劃制度的代表。以下所示，就是按總裁、總經理、銷產經理、幕僚經理及課長之順序，分別說明整體企劃的作法。

第三節　總裁、總經理的策略計劃工作 (Strategic Planning of Top Management)

一、最高主管所應設立目標之種類(Kinds of Objectives for Top Management)

以前數章說明企業計劃的基本理論，作為正式設立經營目標體系、指導策略、行動方案、經費預算及時間進度等等重要企劃工作的基礎。以後之重心即在於探討總裁、總經理、經理及課長級主管人員設立目標的方法。

總裁、總經理的第一個重要工作是確保公司在年度開始之前，就已設立完整的目標體系及達成這些目標的政策 (Policies) 與戰略 (Strategies) 方向，以指導各部門各級成員在未來一年內之工作方向及速度。此一完整目標體系的三類較廣泛目標因素應由總經理本人設立，並提請董事會審議通過後，作為飭令部屬設立更詳細之執行目標之根據。此三類廣泛性之目標因素為：⑴公司之基本行業別使命、願景目標 (Industry Missions-Visions or Product Lines)；⑵在該行業內之產品業務範圍或產品項目 (Product Scope or Items)；⑶各行業內各產品項目之年度別數量性之銷售量 (Sales)、利潤率 (Profit)、生產力 (Productivity) 及市場佔有率 (Market Share) 目標。茲就設定此三種目標應注意之處，說明如下：

1. 以產品機能來訂行業別使命、願景目標 (Product Functions as Basis of Industry Missions)

公司在社會經濟上所立足之行業別選擇的良否，是決定公司經營成敗的最基本因素，屬於地「命」之一（成功要訣有「一命、二運、三風水、四功德、五讀書」之說）。假使總裁、總經理不察市場變化及競爭情況，而選擇了一個正被人遺棄或日落西山的「夕陽行業」，則註定公司必敗的命運，不論全公司的成員是否努力。反之，若選中了正要興起或發展潛力尚很雄厚的行業，則公司日後的成功將甚有希望。也

許有的公司總裁、總經理會說他公司目前所處的行業別是前任人員所選定，不是他的能力所能及。話雖不錯，但他卻尚有每年檢討並做長期計劃以求轉向的神聖使命，不可藉故推諉。有的公司明明處於毀滅的行業，但總裁、總經理並無所覺，每年尚做重大的擴充及修配投資，等於把股東的錢及員工的青春誤導入無底深淵，誠屬重大罪過之一。設定行業使命、願景目標是以產品行業別來表現，並且應與公司最高的經濟社會目標（即宗旨）相配合。如果公司最高的宗旨已無法實現，也要在適當時機修正之。

尋找有前途潛力的產品行業，必須從人們未來生活所需的產品「機能」或作用 (Product Functions) 著手，而不可從本公司過去產品之「型式」(Product Form) 著手，否則會患上「行銷短視病」(Marketing Myopia)，跟隨社會大眾所拋棄的後塵走，永久註定失敗。人們對產品機能的需求，如食、衣、住、行、用、育、樂等，不易變化，但對提供這些基本機能之特定產品型式，則會產生求新求異之無窮慾望，譬如人類都有穿衣蔽體及增加美觀之需求，可是不同衣料 (Materials)、顏色 (Colors) 及裁剪式樣 (Styles) 則隨時在變化，或長或短、或寬或窄、或毛或絲、或紅或白，不一而足，假使某公司以「服飾」(Clothing) 來界定其行業目標，將永有發展之前途，但若以某特定布料所裁製之固定式樣之「工人製」或「旗袍」來界定公司的行業，則甚危險，因前者範圍大，若 X 裝過時，可以換 Y 裝或 Z 裝，創新永無止境。而後者範圍小，該特定裝一過時，就告終結。關於此種例子到處可得。又如以「娛樂」(Recreation) 來界定行業目標，總比以「布袋戲」或「歌仔戲」或「平劇」來界定行業目標有利得多。用「運輸業」(Transportation) 總比用「鐵路」、「三輪車」來界定行業目標為佳，亦因前者不變，後者可變。

轉換行業是一個不容易做的重大決定，但是，總裁、總經理卻必須面對此種決定，因為除他以外，職位較低的人員通常不知道，也不敢奢想去做此種決定。

2. 產品項目目標應機動調整 (Flexibility to Adjust Product Items)

總裁、總經理必須設定或檢討的第二種目標是產品項目。無疑地，產品項目必須在所選定之行業目標內。譬如決定在家用電器品行業立足的公司，還必須選擇要銷產那些特定的電器品，是電冰箱？電扇？電燈？電唱機？電烤箱？電視？冷氣機？或上述二種以上之產品種類及規格花色。如決定以 IA (Information Appliance) 行業立足的公司，也要再選擇 IA 冰箱、IA 電視、IA 電鍋、IA 冷氣等等特定產品項目。又如決定在「裝飾品」行業立足的公司，還要選定金屬飾品、寶石品、動物角牙雕刻品、編織品、木器雕刻品、圖畫美術品，或二種以上之產品種類及項目。又如在

「娛樂」業立足的公司，尚須選定唱歌、演戲、說笑話、伴舞、陪酒、導遊、旅行交通等等種類及細節搭配。

一般而言，在同一行業內機動變化產品項目比較容易，也是避免企業被淘汰的必要措施。一個成長的公司必然是會選擇有希望行業目標及有利潤產品項目的公司。二十多年前過世的企業鉅子翁明昌先生，在生前就是一位會設定行業目標及產品項目之人士，所以他所經營的公司都相當成功。可是他的兒子們卻沒有他們父親的能幹，固守舊行業舊產品項目而被他人追趕過。有很多企業堅守「祖傳祕方」之產品項目，都是優先被淘汰的對象。

3. 數量性目標應該有預測基礎 (Forecasting as Basis of Quantitative Objectives)

總裁、總經理的第三個設定目標之工作是針對每一類產品項目設定「銷售」(Sales) 的量、值，「盈利比率」(Profit)，「淨值報酬率」(Return on Equity)，「市場佔有率」(Market Share) 以及「生產力」(Productivity)（即每員工平均之銷產值及利潤）等等數量性目標。設定這些有時間性（如一年、三年、五年）之數量目標，貴在具有合理之挑戰性及達成性。因為當總裁、總經理的人常有把目標訂得偏高之趨勢，而部屬則有訂得偏低之趨勢，若兩者走極端，則數量性目標不是太高而無達成性，就是太低而無挑戰性，皆對公司及員工福利無所助益，有時尚可能造成浪費資源（如訂得太高時）或失去機會（如訂得太低時）之危險。

所以最保險的方法是在設定數量目標之前，應由企劃部或行銷研究部做客觀而科學的市場調查分析及預測，先把顧客行為與使用量以及競爭者行為等分析清楚，並就大環境未來可能之變動程度，預測未來市場潛量 (Market Potentials) 及本公司可能佔有之比率及銷售潛量 (Market Share and Sales Potentials)。在此基礎上，再由總裁、總經理召開主管會議研商，並加上個人價值判斷，而設定數目字，作為指導部屬努力之基礎，則較具說服力及合理性。

總裁、總經理設定公司全盤性之銷售、利潤、淨值報酬率、市場佔有率及生產力之目標時，可以用列表的方式，也可以用文字說明的方式。譬如對甲行業 A 產品而言，可用列表法訂出下列數量性目標。見表 14-1。如果母公司營業範圍在甲、乙、丙三個行業，每個行業有 A、B、C、D 四種產品，則類似表 14-1 之五年目標表應有 3×4=12 張，最後還要有一張「彙總五年目標表」。

表 14-1　母公司甲行業 A 產品五年目標（範例）

數量性目標	第一年	第二年	第三年	第四年	第五年
1. 銷售值（百萬元）	300	350	420	480	600
2. 銷售量（單位）	60,000	70,000	80,000	92,000	110,000
3. 利潤率 (%)	12	12	13	13.5	14
4. 淨值報酬率 (%)	20	22	24	26	27
5. 市場佔有率 (%)	15	16	17	19	21
6. 員工銷售生產力（千元）	3,000	4,000	5,000	6,000	7,000
7. 員工利潤生產力（千元）	600	880	1,000	1,200	1,400

二、公司政策及戰略 (Policies and Strategies)

　　總裁、總經理每年在檢討及設定上述全公司之目標後，必須再設定用以達成此等目標的手段。這類高階主管的手段就稱為「策」與「略」。所謂「策」就是「政策」(Policies)，為高階主管用以指導部屬思考及行為的規範及指針，為公司營運的架構基礎 (Operation Fundation)，供廣大部屬所引用。所謂「略」就是「戰略」(Strategies)，為高階主管在競爭情況下，使用重大資源以求突破、制敵致勝的方向，供特定部屬設定各種執行方案的依據。政策是公開性、廣泛性及持久性，戰略是祕密切、狹窄性及短暫性。兩者之主要差異為對敵性。

　　總裁、總經理設定的公司「政策」，譬如分權集權政策、人事政策、採購政策、融資政策、信用政策、股息政策……等等最高主管認為必須設定方向及界限之處，是構成公司整套作業制度（或稱管理制度，包括作業程序、辦事細則、操作標準）的靈魂，所以總經理在設定公司「目標」之後，務必檢討、更新、或設定配合達成此等新目標之「政策」，否則老舊落伍的政策及其衍生的管理制度，會妨礙新目標的達成。

　　總裁、總經理設定的公司「戰略」，譬如某某新產品開發，某某新原料使用，某某新市場開拓，某某新技術引進，某某新設備購置，某某新行銷推廣方法，某某新配銷或儲運體系，某某新獎勵制度，某某新售前售後服務制度，某某新人才培植制度……等等需要使用重大資源方足以突破現狀的方向，是構成部門主管從事規劃工作，包括部門計劃、課計劃、股計劃及專案工作計劃的依據，所以總裁、總經理在設定公司的目標之後，務必與設定「政策」之同時，設定明確的「戰略」，部屬才能由之導衍出細部作業計劃。

　　獨佔性之公司有「目標」，沒有更新「政策」，可能形成有「利潤」但是「無效率」的機構，也可能變成無利潤亦無效率的機構。反之，競爭性之公司有「目標」，沒有更新「政策」，必然被淘汰。即使有「目標」及更新「政策」，但無有力之「戰略」，也不會有效地達成目標。所以目標、政策、及戰略三者是任何想有效經營的最高主管者所必備。只有一個公司最高主管的想法，有的成為公司目標，有的成為公司政策，有的成為公司戰略。其他人的想法，可以成為自己部門的目標、方案、手段、措施、辦法、規則等等，但不可以稱為公司政策或戰略，否則會混淆一片。

三、企劃幕僚之積極角色 (Information Research and Planning Staff)

　　從上面我們可以發現，一個企業的總裁、總經理並不容易擔當，假使他真要把這個事業帶到繁榮成功的境界時。無疑地，一個比較大型企業的總經理，或集團企業的總裁，常需有專業性的特別助理（職位約與副總經理或經理相近），或專設的企劃部門 (Planning Department)，來幫忙他執行這種必須用大腦來深思熟慮的工作。但一般的中小企業，常因不知或不願設立這些智囊參謀，所以在無形中就疏忽這些企劃工作，因而易將事業帶到狂風暴雨，迴旋打轉之困境，值得警惕及改進。

　　一般而言，一個擁有員工五十人以上的企業總裁、總經理，其日常執行性事務，常佔去他百分之七十以上時間，其社交應酬的時間又須佔去剩餘時間的一部分，所以他用來思考企業未來命運所繫之重要工作的時間已無多少，假使他再不及早醒悟，尋求企劃幕僚之幫忙，則當事業越發達時，就等於走入快要失敗的開始階段。換言之，在今日變化迅速，競爭劇烈的世界裡，最高主管以企劃幕僚來擴大本身大腦功能的作法，已成為企業經營的「生活習性」(The Way of Life)。也就是說，今後企業的最高主管已漸失去「單人式」(Individual CEO) 之作法，而替代之以「團隊式」(Team CEO) 之作法。

　　企劃幕僚在最高主管主動之要求下（請記住，應是最高主管要求他們，而非他們要求最高主管，否則最高主管已是「失職」之人），應從事情報搜集、調查分析、預測及計劃之智力性活動。企劃幕僚所扮演的角色是擴大最高主管的大腦功能 (Enlarge the Big Brain Function)，因最高主管綜理整個公司事務，並負經營盈虧大責，必須充任「先鋒」(Pioneer)、「指導人」(Director)、「分析家」(Analyst)、「思想家」(Thinker) 及「政治家」(Politician) 等角色，但個人時間及精力有限，不能樣樣做到及做好，所以需要企劃幕僚來代替他執行「分析家」及「思想家」之角色。為了協助最高主管設定上述「行業目標」、「產品目標」、及「數量性目標」、「政策」及「戰

略」等重要決策，企劃幕僚在平時應做好「環境分析」、「顧客調查」、「競爭分析」、「投入產出分析」及「需求潛力預測」之工作（請見第十二章詳細內容）。在最高主管要設定目標之前，提出背景資料，供總經理、總裁參考，有時甚至要提出建議性目標表，供總經理、總裁採擇或修正。在前者情況，企劃幕僚只做資料情報之研究工作；在後者情況，則企劃幕僚尚從事代出主意之重要的角色，有參謀長 (Chief of Staff) 之作用。能幹而周全的企劃幕僚會替總經理、總裁辦好「完整參謀工作」(Complete Staff Work)，正如軍隊之參謀作業對主帥之幫忙一樣，有如虎添翼之作用，所以我們各企業機構應開始學習利用企劃幕僚之方法。

企劃幕僚的設置以員工百分之一人數為度。依公司員工規模大小，可設為總經理室特別助理兼辦，可設為總經理直轄之總經理室或企劃室，亦可設為總經理直轄之企劃部及行銷部門之市場研究企劃室。

第四節　銷產經理的規劃工作 (Department Managers' Action Programming)

一、行銷導向的部門計劃法 (Market-Based Departmental Planning Systems)

前文說明總裁、總經理如何在企劃幕僚的協助下，主動地設定（或修正）行業別目標，產品項目別數月，以及數量性銷售及利潤目標。本文則將說明各部門經理如何在總經理的目標指導下，設定其本身的目標，用以執行上級希望達成的境界；換言之，部門經理們的「目標」將成為總經理的「手段」，所以經理們應竭盡心力，尋找最能達成總經理目標的方法，使「目標─手段網」密切連貫。

一般規模較小，產品種類簡單，採取功能式組織 (Functional Organization) 的公司，在總經理之下設有行銷（營業或業務）部，生產（工廠）部，財務（會計）部，人事（總務）部，及研究發展部，各部主管常稱為經理或處長，比較小的公司則稱為主任或課長。各部經理在設定自己的目標時，應有先後順序，互相配合，才能有效地達成總經理的目標。若各部門自行訂定目標，互不配合，則雖有目標形式，亦無法達成上級的目標。

各部門設定目標的順序若以行銷部門為先導，則稱「行銷導向計劃法」(Market-Based Departmental Planning Systems)；若以生產部門為先導，則稱「生產導向計劃

法」；若以財務部門為先導，則稱「財務導向計劃法」。在二十一世紀競爭劇烈及顧客廣大的公司，則以採取「行銷導向計劃法」為穩操勝券的選擇。若採「生產導向計劃法」，則成敗機會各居一半；生產規模夠大，享有寡佔市場地位者，有成功機會，否則無機會。若採「財務導向計劃法」，則成功機會不到十分之一，各業主管不可不小心。

所謂行銷導向的部門計劃法，是指總經理所訂之目標大多為市場銷售量值目標，而行銷部經理則負責在此全公司目標下，設法在產品項目或式樣、顧客、地區、訂單等方面分別設立季節及月份銷售配額之目標，作為本行銷部門設定配合措施及本部門設定行動方案 (Action Programs) 之根據。

一般而言，「銷售目標」設定後，生產部門即有可靠依據設立生產目標（包括成品目標、原物料採購目標、機器設備擴充目標及修理目標、人力需求目標等）及行動方案。隨之，研究部門依銷售目標及生產目標之細類及數量，即可設定應配合進行之產品改良、原料改良、製程改進、機器設備改進、品質改進，以及新產品發展之專案研究目標及方案計劃書。配合上述銷售，生產，及研究發展目標及行動方案，人事部門即可設立人力發展目標及相關的行動方案。最後財務會計部門綜合上述四部門之目標及行動方案所需之財務經費及可能收入，編成預估資產負債表、損益表、現金流量表 (Cash Flow) 及資金運用表 (Fund Flow)，並設定必要之融資及財產管理方案，以便充分支援各部門之運作，有效達成公司總經理或集團總裁目標。

■ 二、銷售目標及配額之設定範例 (Sales Objectives and Sales Quotas)

公司總裁、總經理所設定之銷售目標大，不能直接作為行銷部經理的作業目標，因為一家公司可以供應顧客的產品項目通常不只一項，即使一個牛肉麵攤子通常也賣好幾種麵。所以行銷部經理應確確實實地把一年的總銷售目標，劃分為銷售目標矩陣表 (Sales Objective Matrix)，表明他在不同產品項目或式樣、顧客、地區、及訂單別之數量目標，如表 14-2 所示。

表 14-2 為以銷售金額為計劃單位之目標矩陣表，在實務上，行銷經理尚應以實體單位為計算單位，設定顧客別，地區別，規格或式樣別之目標矩陣表，作為各地區營銷所或分公司主任設定其作業計劃的根據，因為金額目標與單位數量目標之間有價格因素存在，公司若對售價調整有所授權，則兩者所代表之意義不同。比較積極性的公司，除了用銷售金額及單位數量設定目標配額外，尚以利潤方式設定目標矩陣，則其激勵及控制作用將更大。

表 14-2　行銷經理年度目標矩陣表──銷售金額法（範例）

（甲行業 A 產品類第一年度）　　　單位：百萬元

顧客別及地區別	甲品牌（高級品）		乙品牌（中級品）		丙品版（低級品）		合　計	
	銷　售	利　潤	銷　售	利　潤	銷　售	利　潤	銷　售	利　潤
工業用戶								
北區	30	4.0	20	2.5	5	0.5	55	7
中區	20	2.5	20	2.5	6	1.0	46	6
南區	10	1.2	20	3.0	9	0.8	39	5
小　計	60	7.7	60	8.0	20	2.3	140	18
消費用戶								
北區	15	1.5	25	2.5	8	1.0	48	5
中區	15	3.0	35	4.5	10	1.5	60	9
南區	10	1.4	30	3.0	12	1.6	52	6
小　計	40	5.9	90	10.0	30	4.1	160	20
總　計	100	13.6	150	18.0	50	6.4	300	38
	（合 20,000 單位）　──		（合 30,000 單位）　──		（合 10,000 單位）　──		（合 60,000 單位）　──	

說明：1.總銷售金額三億元必須與總經理之目標一致。

　　　2.若每單位售價固定為 5,000 元，則高級品為 20,000 單位，中級品為 30,000 單位，低級品為 10,000 單位。

三、生產目標及其衍生目標之設定範例 (Production Objectives and Their Derivatives)

　　生產部門在設定甲行業 A 產品類之生產目標時，必須依據行銷經理所設定之年度高級品、中級品及低級品別之實體單位別目標數字 (Sales Objectives) 以及預定之存貨水準 (Inventory Level)，因為存貨水準若與往年相同，不予調高或調低，則新年度的生產目標等於銷售目標，亦即高、中、低級品的生產目標分別為 20,000，30,000 及 10,000 單位（見表 14-2 最後一欄）。此為公司僅由一個工廠生產此類產品供應北、中、南三地區之工業及消費用戶之情況，若此公司有二個以上的工廠供應不同地區之不同用戶（即工業用戶與消費用戶亦由不同工廠供應），則生產經理所應設定之年度生產目標矩陣表將須重新編訂，以求適時適量供應各種市場所需。生產目標亦應以實體單位為標準較有意義，以免受價格波動之影響。

　　假使公司的存貨水準有調整的必要，則某特定產品項目、規格之生產目標必須以銷售目標加（或減）存貨變動數字，才能做成。換言之，下列公式乃是設定生產目標之方法：

$$生產目標（某特定產品項目、規格）＝銷售目標 \pm 存貨變動水準$$

　　若去年存貨量維持在二個月市場需求水準，但今年認為不必維持那樣高，只維持一個月需求量即可，則今年之生產量將是銷售目標減去一個月的平均需求量；反之，存貨水準若有調高必要，從二個月份提高為三個月份，則今年的生產量必定是銷售目標加上一個月的平均需求量。

　　設定年度生產目標後，尚須將之換算為每月每週之短期目標，方能成為現場操作之指針，所以短期性之生產預測方法如指數平滑法 (Exponential Smoothing) 則甚有助益。

　　年度生產目標設定後，馬上影響到各種原物料採購目標及方案的設定。假設甲品牌高級品之年生產目標為 20,000 單位，每一單位高級 A 產品需要 3 單位 X 原料，4 單位 Y 原料，5 單位 Z 原料，則甲品牌高級品之年原料需求目標為 60,000 單位 X 原料，80,000 單位 Y 原料及 100,000 單位 Z 原料。這些原料需求目標又必須再經過存貨水準之調整（如成品生產目標設定之例），才能成為採購目標。此外，尚需將乙品牌中級品及丙品牌低級品之原料需求目標，存貨水準等換算所得之採購目標，與甲品牌高級品之採購目標合在一起，構成總採購目標。若再乘以每單位原料之市價，則可求得年度採購預算經費需求。表 14–3 說明生產目標轉換為採購目標及預算之過程。

　　表 14–3 是關於原物料採購目標及預算之設定簡化範例，通常一個大公司的產品行業多個，產品項目多個，每一產品項目所需原物料多種以上，所以此種表要很多張，以至千張。關於擴建目標及修護目標之設定，則須視每一單位生產所需使用之製造過程種類及每一個過程所需使用機器設備之時間及範圍，可用與表 14–3 相類似之方法，計算設備需求目標，經現有設備容量及修護時程之調整，則可得必須擴建之機器設備數量目標及預算。至於勞力目標及預算之設定，則與表 14–3 所示完全相同。本文不再重複舉例設定銷產目標及預算，並不就等於銷產經理之計劃工作已經完成，事實上詳細針對每一細項產品目標，規劃達成這些目標之行動方案內容，才是另一個繁重而重複性大的工作。

表 14-3　甲行業 A 產品之年度生產目標與採購目標表（範例）

生產目標	原料單位需求量（單位）	原料總需求目標（單位）	原料總採購目標（存貨不調整）（單位）	原料單價（元）	採購預算（百萬元）
甲牌高級品：20,000 單位	X … 3 Y … 4 Z … 5	3×20,000=60,000 4×20,000=80,000 5×20,000=100,000	X=180,000 Y=200,000 Z=250,000	X=100 Y= 80 Z=120	X=18 Y=16 Z=30 ——— 64
乙牌中級品：30,000 單位	X … 3 Y … 3 Z … 4	3×30,000=90,000 3×30,000=90,000 4×30,000=120,000			
丙牌低級品：10,000 單位	X … 3 Y … 3 Z … 3	3×10,000=30,000 3×10,000=30,000 3×10,000=30,000			

　　在二十世紀 90 年代開始，美國高科技企業採行虛擬生產組織方式，把生產製造工作委外 (Outsourcing)，臺灣的絕大多數大型科技企業接受委託代工，所以這些代工公司本身就沒有市場調查研究，也沒有銷售預測及目標，只有等爭取訂單（代工），安排製造時程，緊急採購配件零件，完全用不上前述的方法。這是沒有自己終端市場之企業公司的特質，並非所有各行各業的企業皆是像高科技代工工廠，倉促張惶行事，在接訂單後三天（72 小時）或七天內交貨。

第五節　幕僚經理及課長的企劃工作 (Action Programming for Staff Managers and Section Managers)

一、由直線經理目標衍生幕僚經理目標 (From Line Manager Objectives to Staff Manager Objectives)

　　前文述及如何設定行銷及生產經理目標之方法，本文則將說明研發、人事、總務及財務會計經理設定目標之方法，以及課長級人員接力下去設定更下一層目標之步驟。

　　依照行銷導向 (Marketing Orientation) 的經營哲學，公司各部門目標的設定順序如圖 14-1 所示。

圖 14–1　幕僚計畫衍自直線計畫

所以在行銷經理及生產經理設定各自部門的工作目標後，研究發展、總務、人事、財務及會計等部門主管亦應配合，設定各自部門的工作目標，對上用以達成總經理的全公司目標，對下用以指導課長級部屬設定更具體的執行方案性工作目標。

二、研究發展目標應來自市場需求 (R&D Objectives Coming from Market Needs)

一般而言，研究發展目標之設定構想來源有三，第一自市場研究及銷售目標，第二來自生產目標，第三來自研究部門自行發掘的科學試探。自公司之整體立場而言，研究發展工作雖屬科學探討領域，但其終極目的還是必須為公司的市場顧客服務，不能獨自生存，否則將變成「為科學而科學」，不是「為應用而科學」之偏頗現象。目前有不少研究單位之貢獻不大，就是因為其工作目標的構想來源大多來自研究人員自我想像或自我興趣，而非來自市場銷售目標及生產目標，此為日後必須注意改進之要點之一。

三、總務及人事目標之設定以服務銷產、研究為導向 (Personnel and Services Departmenat's Objectives to Support Marketing, Production, and R&D)

一個現代化的公司，其總務及人事等幕僚部門亦應設立明確的目標，以支援及服務行銷、生產及研究發展等直線部門。不過比較老式經營的公司，此二部門常無明確目標及責任，每日只是以臨時應付之作法在運作，所以無法充分發揮應有潛力，陷於無所事事或忙亂無章之境地，形成公司效率之瓶頸，備受直線部門之責怪，譏為「有權無責」之特權單位，值得檢討。

「總務」(General Affairs) 一詞原指「什麼事情都管」的意思，後來生產、行銷、

及研究工作已有專責人員擔當，所以其工作範圍大為縮小。在未來已形成一個趨勢，即公司內的分工愈細，則「總務」的勢力範圍愈小，變成「事務」、「庶務」、或「雜務」，以至於委外辦理完全不存在的單位。但不管如何，「總務」一詞在我國目前大多數的機構裡仍然存在，尤其行政、教育、公營事業機構更多，所以要求總務部門配合其他部門（尤其直線作業單位），設立服務支援性之目標，乃是改進經營效率的捷徑之一。

總務目標可在採購、車輛、儲運、設備管理、清潔、福利、安全衛生、文具、文書等等後方支援性工作方面，設立明確項目及數量性改進境界，直接服務其他部門，完成公司所賦予之使命。

人事部門的獨立設置也是最近三十多年來的現象，在以前皆歸總務部門管轄。在美國，人事部門在 1930 年代則擴充為「工業關係」(Industrial Relations) 部門，因為美國的廠家比較重視公司管理當局與其他相關機構的社會關係，政府關係，股東關係，所以統稱為工業（意指廠家）關係，設立專門部門負責。至於顧客關係，供應商關係及金融界關係則分別由行銷、生產及財務部門負責。

我國公司的人事部門大多以處理內部職員與工人之共同事務為主，所以又稱為「人力資源部」(Human Resources Department)，其工作範圍不如美國公司之工業關係部門。人事部門與總務部門相似，皆應以服務支援其他直線作業部門之員工所需為最終使命，而非以牽制直線作業主管之用人指揮權為目的，所以它亦應配合各部門之工作需要（即目標），在有關人力資源方面設定明確而具數量性或進度性之工作目標，指導本部門人員之努力方向及程度。

人事部門可在人力需求預測、人員設置標準、招募、薪資、人力訓練發展、晉升、獎懲、紀律、及辭退等方面設立努力目標，充分表現以服務其他部門為導向之態度。

四、財務會計目標之設定以提供財力、情報資源為中心

財務與會計在我國許多企業機構內，並無明確之劃分，而其明確目標之設定亦常欠缺，一如總務人事部門，常以「控制」（而非「協助」）銷產研究等直線部門為使命，所以也經常變成「有權無責」之特權單位，遭受譏評，有害整體目標之達成，尤其在家族式老企業及華僑企業為甚。

事實上，財務部門以提供各部門工作預算上所共同需要之財力資源 (Capital) 為使命，並非用來剋扣各部門之支出，因為各部門之支出皆各有其工作目標及工作方

案（含方案預算）為控制工具，不必勞動財務人員隨時憑自己價值觀念而做可否之判斷。此外，財務部門亦需負責有效運用其他各部門執行工作時所產生之財務收入，不使之凍結於無孳息或低孳息收入之處所，浪費寶貴資源。

會計部門的任務應以精確記錄各部門執行工作目標時所產生之活動現象，以及適時提供分析性情報資料給各部門各級主管參考，以提高工作效果為主，而非呆板地看守每一部門支用財務資源之瑣碎手續為能事。會計部門若未能記載及提供管理情報，則其存在之價值減少一半以上。目前許多機構的會計部門即常犯此種毛病，每日斤斤計較費用支出的細小手續，干擾或牽制直線部門執行工作目標所亟需的機動調整行動，減低公司整體績效於無形，甚可警惕。會計是用來幫助直線作業部門，而非用來牽制它們，所以會計部門亦應配合所需，主動地設定明確的服務支援目標，不應只被動地核對手續及平衡元角分之借貸相等。尤其會計作業電腦化之後，會計人員不做成本分析、稅務會計、管理會計的話，就會馬上失業。

財務及會計部門可在成本、內部審核、預算、支用、投資方案、現金管理、金融關係、財產管理、儲蓄保險、稅捐、存貨及呆廢料處理、情報系統等等方面設定明確而具進度性或數量性目標，極力支援直線作業部門。

五、課長級人員以設定行動方案計畫為工作目標之基礎 (Section Managers to Do Action Program Planning)

在各部門經理人員設定相互協調配合性工作目標，以執行總經理之全面公司目標後，經理人員尚應要求課長級部屬設定更詳細具體之執行目標或行動方案計畫 (Action Program Plans)，方能確保屆時得到預期之成果。

課長級之工作目標為公司目標體系的基礎，用以指明各種資源的確切運用方向、數量、時間、方法及品質，建立可計算性的授權及責任中心 (Delegation and Responsibility Centers)，把各個員工的腦力及體力吸引到明確的工作中心點，為消除冗員及無效率的最有力工具。

以往我國行政及公民營企業機構之經營績效不高，其主因不在於最高主管及銷產部門沒有理想目標，而是在於幕僚部門之經理及所有課長級主管人員沒有具體工作目標，尤以課長級主管不設定行動方案計畫 (Action Program Plans) 為致命傷。在國外的機構，亦有類似的現象，所以他們的改進要點亦放在方案計畫及預算 (Program Plans and Program Budgets) 的設定上，因之有所謂「企劃預算法」(Planning, Programming and Budgeting System, PPB)，「方案預算法」(Program Budgeting)，「零基預

算法」，或「效率預算法」(Efficiency Budgeting) 等等名詞之出現。事實上這些預算法皆有相互溝通的意義，也就是用來與往昔不設定課長級行動方案（或工作計畫）之「傳統預算法」(Traditional Budgeting) 相對立。

課長級人員是公司的執行幹部，其工作目標的有無，是否明確，以及有無手段性授權，往往決定能否充分應用眾多部屬的潛力，貢獻公司目標的達成。舉凡生產部門的生管、品管、物管、工業工程、設計、維護及現場操作等課，行銷部門的市場研究、產品價格企劃、廣告、經銷、門市部、直接推銷及服務等課，以及財務、會計、總務、人事、研究發展等部門的相關課或單位主管，皆應在年度開始前，要求部屬參與，設定明確的行動方案計畫書（及預算書）。

行動方案計畫書的格式並無標準性規定，但可以用科學 7W 法（七支法），What, Why, How, Where, When, Who, How Much 當基礎，說明下列各要項為宜：

⑴方案名稱 (Program Title or Program Name)。

⑵方案編號 (Program Code)。

⑶隸屬部門 (Department)。

⑷方案的具體工作目標 (Program Objectives, 即 What) 應以列項為主。

⑸設定此方案之緣起或動機 (Program Background, 即 Why)。

⑹工作方法 (Program Method, 即 How)，包括詳細步驟及順序。

⑺工作的時間進度 (Program Schedule, 即 When)，應配合工作方法步驟，訂明進度。

⑻資源需求 (Resource Requirements, 即 Where) 包括地點、機具、設備、原物料等等之需求。

⑼負責人及協助人 (Manpower and Responsible Person, 即 Who)。

⑽經費預算 (Budget, 即 How Much) 應以機會成本觀念、分項估計收入及支出。

⑾預期成果 (Expected Results)。

⑿經濟評估 (Economic Evaluation)。

各課級單位依目標分配，每年規劃好之「行動方案計畫書」（含收支預算），經總經理批准後，即可將之存入電腦，做為執行之授權根據。而日後在執行過程中，應定期輸入完成進度（如半月或一個月）及檢討，供上級主管（如經理、副總經理、總經理、總裁）隨時可經電腦中抽查追蹤各方案之完成進度及順利或障礙情況，以利隨時給予協助或糾正，這就是規模大型化公司很有力量的電腦化目標管理及成果管理制度。

第十五章　公司計畫之訂定及執行控制實務
(Practice of Company Planning and Implementation Control)

因為計劃是所有管理活動的首要，為求事半功倍，提高經營績效，所以重視計劃活動乃是現代管理的第一特色。「計劃」是思考過程，「計畫」書是思考的定案結晶，本章為提供比較具體的範例，特以一個產品多元化，市場多國化之綜合企業的管理實務為例，逐步寫出各種「計畫」書之訂定步驟及原則，供讀者參考。中小企業之計畫書訂定之步驟及原則與大企業相同，只是內容較為簡化而已。

第一節　計畫書之編訂 (Formulating Plans)

編訂計畫書必須利用大腦思考之決策過程，同時也要應用「系統分析」(Systems Analysis) 觀念及「目標管理」、「參與管理」之原則。通常一個機構所需編訂之計畫書可分為「目標」及「策略方案」二大類，所以計畫書編訂之工作亦以此二者為每年之對象。綜合性集團企業 (Conglomerate) 每年應對董事會提出五年計畫書及年度計畫書，各子公司也同樣應有五年計畫書及年度計畫書。年度計畫書的目標就是五年計畫書的第一年目標。至於執行「方案」分別在子公司年度計畫書中各功能部門 (Functional Departments) 或事業部門 (Divisions) 內出現。

一、目標之制訂原則 (Principles of Setting Corporate Objectives)

（一）一般原則

經營目標係指在一定時間內（如一年、五年、十年），公司期望經由各種策略、方案所完成之理想境界或事務 (Ideal State or Ideal Things)，其設定為事業總體經營制度 (Integrated Management Systems) 之中心工作。

經營目標之設定，須注意含有下列作用：

⑴指導公司資源分配之方向 (Direction of Resources Allocation)。

⑵激勵公司員工應有之潛力 (Motivation of Empluyees Potential)。

⑶衡量公司追求顧客滿意及合理利潤之成效 (Performance Evaluation on Customer Satisfaction and Resonable Profit)。

⑷創造良好之聲譽及崇高之意境 (Creation of Good Reputation and Image)。

機構最高主持人（指總裁、總經理）應負起策訂事業「目標體系」之全責。「目標體系」指從總公司目標、子公司目標、事業部目標、功能部門目標、課級、組級、班級及個人目標之連貫體系。

機構最高主持人於策訂目標體系時，應通知有關直轄單位主管參與，由其提出適當層級目標之意見，並應責成總公司級、子公司級之企劃單位 (Planning Staff) 提供技術性協助及彙總性服務。

（二）整體與個別

公司之經營目標可分為「整體性」(Overall) 及「個體性」(Individual) 二類。整體性目標應具有廣泛性及啟發性內涵，其類別分為：

⑴社會經濟性目標（即宗旨），反映本公司作為社會公民一分子之使命感。

⑵產品行業使命別目標，反映行業轉型及進出新行業之願景。

個體性目標應具有具體性及精確性內涵，其類別分為：

⑴功能別 (Functions) 之目標，如行銷、生產、採購（託外）、研發、人事、財務、會計、資訊等等部門之目標。

⑵單位別 (Departments) 之目標，如總公司、子公司、產品事業部、地區事業部、幕僚功能部、課、組、班之目標。

⑶時程期間別 (Time) 之目標，如短期（一年）、中期（五年）、長期（十年）之目標。

⑷專案工作別 (Projects) 之目標，如各功能別內之工作專案。

（三）兩難平衡七原則

各經營目標內容之策訂，須注意下列七項相對平衡原則：

⑴社會需求與營利機會之平衡 (Balance between Social Needs and Profit Opportunities)。

⑵社會經濟責任與機構生存發展之平衡 (Balance between Social-Economic Responsibilities and Company Survival and Growth)。

⑶各單位部門目標之平衡 (Balance among Department Goals)。

⑷公司目標與同仁個人目標之平衡 (Balance Between Company Objectives and Personal Objectives)。

⑸長期目標與短期目標之平衡 (Balance between Long-Term Objectives and Short-term Objectives)。

⑹有形成效與無形成效之平衡 (Balance between Tangible Objectives and Intangible Objectives)。

⑺目標與潛在可運用資源之平衡 (Balance between Present Objectives and Potential Resources)。

（四）通過及發布

公司主持人應以適當書面或各種計畫書之方式提經董監事會及股東大會通過，作為研訂資源運用方針（策略）、工作方案 (Programs) 及日常經營決策 (Daily Operations Decisions) 之根據。

（五）整體性經營目標之策訂（見練習一，本章附錄）

公司社會經濟性目標為目標體系之根源，可根據下列前提策訂其內容：

⑴提高國民生活水準。

⑵促進全面經濟發展。

⑶配合政府既定之經濟建設計畫。

⑷執行股東會、董事會、創辦人之理想。

產品行業使命別目標內容之策訂，除須配合社會經濟性目標外，尚須根據下列因素為之：

⑴本地及國內外新市場之開拓。

⑵相關新產品（商品及勞務）之開發。

⑶改良品之開發。

⑷多角化業務多國化、購併或策略聯盟之創辦。

⑸無前途市場或產品之裁併或放棄。

公司最高主持人應督促企劃部門制訂書面性之公司「信條」(Creeds)、「標語」(Slogans)，載明全體員工應努力追求之方向及理想點，廣為分發周知，以利同仁自動配合努力。

公司整體性經營目標每年應至少檢討一次，必要時並應隨時檢討。若有修正時，應呈報董事會通過，並公告周知。

（六）個體性經營目標之策訂（見練習二，本章附錄）

公司個體性經營目標之策訂，以達成其整體性目標內容為前提，並參照外在環境預測情況、內部資源條件及經營方針，做理智之選擇。

公司個體性經營目標應指出概略之數值及時間。凡期間愈短者（如一年、二年）其數值應愈詳細及明確，期間較長者（如五年、十年）可較粗略。但較短期性之目

標亦應與較長期性目標維持密切關聯。

公司之個體性經營目標可依長程（十年）、中程（五年）及年度（一年）之時間別，就各行業各產品項目在下列項目設定之：

⑴銷售值、量及銷售成長率 (Sales Value, Sales Quantity, Sales Growth Rates)。

⑵利潤額及利潤率 (Profit, Profit Ratio: ROE, ROA)。

⑶市場佔有率 (Market Share Ratio)。

⑷生產力及生產力成長率 (Productivity and Productivity Growth Rate)。

⑸新產品引介推出數及項目 (New Product Introductions)。

⑹產品改良數及項目 (New Product Improvements)。

⑺財務結構上之重要比例 (Financial Structure and Key Ratioes)。

⑻人力資源之發展及運用項目 (Human Resources Developments and Usages)。

⑼組織之變動項目 (Organization Changes)。

⑽應付環境變動之彈性、多角化、多國化、購併及策略聯盟 (Flexibility of Adjustments to Environment Changes and Diversifications、Multinational、Merger and Acquisition, and strategic Alliance)。

⑾研究發展項目及經費 (R&D Projects and Budgets)。

⑿工作環境之改善項目 (Improvements of Working Conditions)。

⒀社會責任之履行及公共關係之改進項目 (Social Responsibilities and Public Relations)。

（七）公司目標體系及責任中心體系之表達

公司個體性目標之表達，除應含數值 (Quantity) 及時間因素 (Time) 外，並可依產品類別、地區別、功能別或生產過程別，做簡明之表列或敘述，以構成目標體系之重要部分，其表列方式應按年期別列出努力之數值或內容。

公司最高主持人應按公司之現有組織單位，將所考慮之個體性目標予以明確之劃分及指派，以建立責任中心體系 (Responsibility-Centers Systems)。

當個體性目標或指派體系發生變化時，則責任中心體系亦應隨之修正。

公司最高主持人應鼓勵各級單位或責任中心負責人，運用「目標管理」之觀念及技巧，將所分認之目標以最適當之方式與部屬研討，並確定各分目標之最終歸屬。

各級主管及部屬於接受及研討上級指派之目標後，認為有明顯重大困難無法實現時，應即速報上級，以利上一級主管重加修訂，再行研討。

經研討後無重大實現困難之目標，即成為全公司、各責任中心及各同仁在該時

間內之確定工作目標。公司最高主持人應將重要目標提報董監事會通過，報送股東會；若因環境情況變更，需更改目標內容及其分派時，亦應呈報董監事會及股東臨時會。

公司最高主持人應與整體性目標之檢討配合，每年至少一次（從每年9月開始）檢討、修正其長、中程計畫、年度計畫及專案計畫中之個體性經營目標，作為制訂方針及工作方案之根據。年度中若有重大之修正時，應依規定辦理之。

二、策略及方案之規劃原則 (Principles of Setting Strategies and Programs)

❖一般原則

策略之規劃係指以達成公司目標所需之突破性活動事項為單位，並詳細規劃各種課級行動方案內容為要點。公司主持人應特別指示各部門及各課級主管加強規劃能力。

公司經營策略及方案之制訂應以建立全公司「方案體系」(Program Systems) 為起點，為配合公司最高主管之經營目標，形成「目標—手段鏈」之整體結構 (End-Means Chain Systems)。

公司各課級之方案體系之內容，每年應由主持人及其企劃幕僚，定期依據既定之目標體系內容，要求及協助各部門、各課級設定之。公司若未先備有五年及一年企業目標體系，應一併於設定方案體系時策訂之。

公司策略及工作方案體系可以圖列、表列或敘述方式表示之，但以指明方案與策略、策略與目標之聯貫關係為必要條件。

公司主持人於設定目標體系後，應將其內容項目分派於適當層次之組織單位主管或責任中心負責人（如部經理、課長、專案負責人等），並指示分別規劃其職責範圍內之工作內容。其工作內容之詳細程度依完成期間之長短而異，凡期間較短者應較詳細。

各責任單位（如部經理、課長、專案負責人）於規劃其所屬行動方案內容時，應鼓勵其所屬人員共同參與意見及提供資料。若有必要時，可請求公司或集團總部企劃單位之專業人員協助之。

各責任單位於規劃行動方案內容時，應注意應用理智化之決策 (Rational Decision-Making) 過程及適用之決策工具，以提高方案規劃之品質。

各責任單位於規劃行動方案時，可依其例行 (Regular) 性質與專案 (Project or

Task) 性質，分別提出工作目標 (What)、進行步驟 (How)、負責人 (Who)、所需資源要求 (Where)、時間分配 (When)、成果預估 (Results)、經費預算 (How Much)、以及經濟效益 (Cost-Effect) 之評估等相關內容。各責任單位於緊急需要時或接受上級之緊急指示時，可提出緊急工作方案 (Emergency Program Plan)，其方案內容與例行及專案方案相同。

各責任單位（如課長）之上級（如部經理）應於同意所屬單位工作之方案後，彙編其本身工作之方案，連同所屬單位各工作之方案，提呈上級單位（如事業部、公司、集團）之同意。如此層層彙編，以至彙編成企業集團之整套經營方案為止。

核准後之工作方案應指派特定編號，作為將來編製各種計畫、預算籌編、資源需求、資源使用、工作檢討等管理活動之引據。

各責任單位對需用重大資源投入之方案，除應注意合理之決策過程外，尚應注意進行系統性之「可行性研究」(Feasibility Study)、「成本效益分析」(Cost-Benefit Analysis)、「備選方案評估」(Alternative Plans) 及「敏感性研究」(Sensitivity Study) 等工作。

凡資源投入超過某一定數額（如 100 萬元臺幣以上）之專案性方案，其所需進行之分析研究工作，可由各公司於「核決權限表」內規定之。

凡是新專案投資案超過 1,000 萬美金以上者（舉例而言），皆應進行完整之「可行性研究」。

可行性研究須包括下列項目：

⑴市場行銷可行性分析 (Marketing Feasibility Analysis)，包含五年或十年。

⑵工程技術可行性分析 (Engineering Technology Feasibility Analysis)，包含目前技術及未來技術。

⑶生產製造可行性分析 (Manufacturing Feasibility Analysis)，包含五年或十年。

⑷利潤（經濟）可行性分析 (Economic or Profitability Feasibility Analysis)，包含五年或十年。

⑸財務（融資）可行性分析 (Financial Feasibility Analysis)，包含五年或十年。

⑹風險因素之評估 (Risk Analysis)，包括現值法 (Present Value)、內部報酬率法 (Internal Return)、回收年限法 (Payback Year) 等之。模擬及常態分配分析 (Simulation and Normal Distribution Analysis) 等。

凡是資金投入在一百萬美元以上者（舉例而言），應進行成本效益分析。

成本效益分析須包括下列項目：

⑴各類有關之支出項目（包括有形及無形成本）。

⑵各類有關之收入項目（包括有形及無形利益）。

⑶預估之損益數額及損益平衡點 (Break-Even Point)。

　　各責任單位之工作方案規劃結果，應做成簡明之書面文件，即是「方案計畫書」(program plan)，作為審核、討論、修正、授權、協調、及控制等內部管理工作之依據。

　　見本章附錄：練習三「目標—策略—方案」體系圖及練習四「工作方案計畫書」格式。

第二節　公司計畫書綱要格式 (Outline of Corporate Plan)

××集團「公司計畫書」綱要（十年、五年、年度）
XYZ Group Corporate Plan (10 Year, 5 Year, Annual Year)

壹、計畫摘要 (Summary of Plan)

1–1　集團企業計畫「執行摘要」(Executive Summary) 一頁

1–2　集團企業計畫「摘要」(Sammaries)，包括各產品行業別、地區別之事業群之摘要，每一產品事業群，或地區事業群，或子公司都應有一段摘要說明。計畫「摘要」以不超過五頁為原則。

貳、過去五年或十年檢討概要 (Reviews of Past Five-Year or Ten-Year Performance)
　　包括銷量、銷值、利潤額、利潤率、市佔率、員工生產力；並以圖及表方式表明五年或十年趨勢

參、環境分析、競爭分析、顧客分析、自我分析結論（即 SWOT 強、弱、危、機分析摘要）

3–1　環境變化呈現之機會及危險（把與本行業本產品有關之環境變化因素摘出）

3–2　顧客行為呈現之機會及危險（列十大主要顧客資料）

3–3　競爭行為呈現之弱點及強點（若本公司為五大競爭者之一，提供五大主要競爭者資料；若為五大之外，提供十大主要競爭者資料）

3–4　自我分析呈現之強點及弱點（檢討本公司本行業本產品投入及產出之競爭優點與弱點）

肆、未來（十年、五年、一年）之公司宗旨、產品行業使命、願景

4-1　公司宗旨 (Basic Purposes)

4-2　公司使命 (Corporate Missions)

4-3　公司願景 (Corporate Visions)

伍、未來公司銷、產、利、市、力目標（用列表表示；用圖表示）

5-1　產品行業別、產品項目別之銷售量、銷售值目標（一至十年；第一年為年度目標，一至五年為中程目標；一至十年為長程目標；下同）

5-2　產品行業別、產品項目別之生產量、生產值目標

5-3　產品行業別、產品項目別之利潤額、毛利率、淨利率、資產投資報酬率、淨值投資報酬率等目標

5-4　產品行業別、產品項目別之市場佔有率目標

5-5　員工生產力目標（每人銷售值、銷售量、利潤額）

例：某大企業集團有九大事業部 (Product Divisions) 數十種產品，在十個國家地區營運：⑴農牧部（雞豬飼料；曾祖父代肉雞、肉豬，祖父代肉雞、肉豬；父母代肉雞、肉豬；商品代肉雞、肉豬）；⑵水產部（魚蝦飼料、魚蝦苗、養蝦、養魚）；⑶工業部（摩托車、空調機、土方機器）；⑷房產部（工業區、辦公大樓、住宅大樓）；⑸流通配銷部（超級市場、連鎖便利商店、連鎖大量販店）；⑹金融部（信託公司、證券公司）；⑺種子農化部（農藥、肥料、香米、菜種）；⑻電訊部（有線電話、無線手機、無線電視）；⑼醫藥部（西藥、健康食品、中藥科學化）。

陸、五年策略表（或十年策略表）

6-1　依行業別、產品別列出「五年計畫策略表」（若只做五年計畫）或「十年計畫策略表」（若做十年計畫）

6-2　「五年計畫策略表」之內容格式要點為：

6-2-1　目標編號

6-2-2　發展目標之名稱（參照第伍大項之目標內容）

6-2-3　策略之說明（簡述內容）

6-2-4　所需投入之人力、財力資源數量

6-2-5　實施年度

公司五年計畫「策略表」（大量販店範例）　　　編號_____

目標編號 Code of Objective	目標名稱 Name of Objec- tive	策略簡略說明 Brief of Strategies Policies	所需投入之人力、財力資源 Manpower and Financial Requirement	實施 年度
1	展店 30 家（現有 8 家）提升市佔率至 35%（現為 5%）	1.快尋找地點開店 2.對現有他店，進行合併、合作 3.進入次要商圈（約 20～15 萬人口）擴店	1.需要集團總部力量進行洽商 2.增添 2 人進行開發	2002 ～ 2006
2	提升毛利至 19%（現為 15%）	1.增加店的數量，以降低採購成本及提高折扣優待 2.檢討商品結構、商品組合，以提升毛利率	1.調整採購組織及人力搭配，以有效檢討商品結構 2.加強教育訓練及電腦作業系統之人力	2002 ～ 2006
3	提升業績至 600 億 NT$（現為 150 億 NT$）	1.提升來客數 2.提高客買單價	1.增加業務行銷員 5 人 2.加強店內訓練及活動企劃能力，製造店內衝動性購買單價	2002 ～ 2006

柒、公司年度策略方案表（專指第一個年度要採取之策略及方案）——表格設計要點

7-1　第一年目標編號

7-2　第一年目標名稱

7-3　第一年策略名稱及方案概略說明

7-4　負責人

7-5　所需人力與財力資源

7-6　實施起訖日期

（第一年）公司年度（2003 年）計畫「策略方案表」（大量販店範例）　編號_____

目標編號	公司目標名稱	策略方案概略說明		負責人	所需人力、財力	實施起訖日期
		策略方案名稱	策略方案概略說明			
1	擴店 8 家	1-1 加強組織及培訓	8 位店總經理 GM，每店幹部 20 人，員工 300 人	張經理	每擴展 1 店需 3 億元，8 店需 24 億元	1～12 月

編號	目標	行動方案	績效內容	負責人		時間
2	提高採購毛利2%（從15%升為17%）	2-1 調整商品結構 2-2 檢討供應商 2-3 開發新商品及新供應商	佔比　毛利　折扣　毛利合計 百貨　60%　14%　6%　20% 食品　40%　8%　5%　13% 　　100%　　　　　17%	李經理 林經理		1～6月
3	維持及提高舊店業績	3-1 鞏固主要商圈 3-2 開發新區消費者 3-3 保持比競爭者低價形象 3-4 進入第四臺及報紙廣告	・地毯式顧客訪問 ・第二圈、第三圈客訪發卡 ・選擇敏感性商品低價出擊 ・結合社區活動,在第四臺曝光 ・聯合供應商做低價廣告	陳經理及各店總經理		1～12月

捌、公司－部門－課級行動方案計畫表

第一年公司部門課級（2003年）行動方案計畫表（大量販店範例）　　　編號＿＿＿＿＿

執行單位: 行銷企劃部　　審核者: 總經理黃　　製作者: 經理楊					
公司目標編號	單位目標名稱	行動方案項目	負責人	績效內容及衡量	追蹤查核期間
1	開發新店8家	1. 宜蘭、花蓮各1家新店（2003年開店2家） 2. 臺北市、臺北縣各3家店（2003年開店3家,2004年開店3家） 3. 20萬人鄉鎮新店3家（2003年開店3家）	李課長 林課長 張課長	土地簽約,建物租約,委託經營契約完成（1～12月）	每週查核
1	完成已開發中店之法定程序	1. A店（完成作業程序） 2. B店（完成作業程序） 3. C店（完成作業程序） 4. D店（完成作業程序）	林課長	完整作業文件（1～3月）	每週
1	招商行銷	1. 新竹地區招商及TV案 2. 臺南、臺東招商案	王課長 陳課長	完成招商簽約（1～2月）（1～3月）	每週

玖、預算（集團公司、九產品事業部、各地區營運公司）

9-1 估計損益表（一年、五年、十年）

9-2 估計資產負債表（一年、五年、十年）

9-3 估計資金需求運用表（一年、五年、十年）

9-4 估計損益表（一年）、資產負債表、資金需求運用表（2003 年）

9-5 估計各種績效表（比率）（2003 年）

第三節　方案計畫之執行

　　公司計畫之執行分兩大部分，第一為例常業務，如銷售、生產、採購、交貨、收帳、會計、人事、總務等等，則依公司管理作業制度進行，每日、每週、每半月、每月皆有「企劃－控制」制度在追蹤。第二為專案改善、發動、追蹤等執行策略行動的活動。此部分不能規定於例常管理作業制度內，所以要提出來討論。

一、部、課級個別工作方案 (Individual Action Program) 之執行進度

　　「計畫評核網狀圖」(Project Evaluation and Review Technique, PERT) 或「甘特圖表」(Gantt Chart) 是用來追蹤部、課級工作方案執行進度的最普遍方法，其中尤以前者對複雜大工程施工案件之進度控制為佳。「計畫評核網狀圖」之意義及制訂方式簡介如下。

　　⑴盡量詳細列出完成某一工作方案所需要之具體活動項目 (Activity Items)。此等列出之項目，應比本章附錄練習四「工作方案計畫書」中所列之「工作步驟辦法」為細（請參照練習四之表格）。假使我們能把一個大量販店開營運之方案，列出三十個工作項目或活動，則比將之列為五個項目更為考慮周到及深入。

　　⑵排列各項目活動之前後順序關係 (Activity Relationship)：譬如完成某方案必須有三十個活動項目，則各活動項目間，有的為平行關係，有的為前後銜接關係，有的完全無關係，但必須將之完全畫出來，以利資源之分派及時間之安排，使成網狀關係圖。

　　⑶估計完成每一活動項目所需之時間 (Activity Time)，可以日數為準。

　　⑷計算每一網狀路線中，各個活動項目之「最早」(Earliest) 及「最遲」(Latest) 開工時間 (Starting Time)，及「最遲」、「最早」完工時間 (Finished Time)。

⑸找出完成整個方案時，各網路中花用最多時日 (Longest Time) 之路線，視為「緊要控制路徑」(Critical Path)，因為此路徑所花用之時日，即是整個方案之完成時日，不可耽擱。至於其他路徑則可稍事「鬆弛」，亦不一定影響整個完工時期。

⑹檢討此種資源及時間進度之安排是否符合本身及上級要求。若不符合，應調動「緊要路徑」及「鬆弛路徑」之資源分派及成本變化，再重估完成各項活動之時間，以及計算及尋找新的「緊要路徑」（簡稱「要徑」）。

⑺在工作方案付諸實行一段時間後，應將實際記錄時間與此計畫評核網狀圖對照，查看是否如期完成進度。若否，應採取糾正及補救措施。

二、公司總工作方案之執行進度 (Total Programs)

部、課級個別方案之執行進度表，主要供方案負責人及其主管緊密瞭解各個工作方案之進行細況。但是從公司主持人而言，他還需要有一個總觀全盤業務進行之工具，供其本人及其上級主管（董事會）之瞭解，甚至亦可供各方案負責人彼此之對照比較，激勵上進努力之心。

甘特圖表 (Gantt Chart) 可以改編為總工作方案執行進度比較表，其方式為將預定要進行工作方案全部列出，或以編號代表之，請參照表 15–1「工作方案計畫書」，於表之縱座標，把每一方案預定完成之百分比及日期，用虛線畫於橫座標。等執行過一段時日之後，經計算後，將每一工作方案實際完成之比例，配合日期，用實線記於原來虛線之下。因之所有工作方案之進度超前或落後，皆可從一圖表上看出來。見表 15–1。

表 15–1　公司總工作方案執行進度比較表（範例）

（預定進度用點線，實際進度用實線表示之）

進度與時間 工作方案	1月	2月	3月	4月	5月	6月	7月	8月	9月	10月	11月	12月
NO.1001 （名稱：　　）	20% …… ……	…… ……	60% …… 70%	90% …	100% …							
NO.1002 （名稱：　　）	…… ……	5% …… 25%	30% ……	35%	40%	60%	80%	100% ……				
NO.1003	……		20% ……	50%	70%	90%	100% ……					

（名稱：　　）	⋯⋯ ⋯⋯ ＝＝ 25%	⋯⋯ ⋯⋯					
NO.1004							
（名稱：　　）							
⋮							

說明：每二週用實線更新進度情況
　　　預計進度記錄人：
　　　實際進度記錄人：

第四節　計畫執行之評估追蹤控制——「企控八步操作法」
(Plan-Do-See;8–Step Planning-Controlling Operations)

計畫執行後之追蹤「評估」(Feedback Evaluation) 亦稱「控制」(Control)，其目的在於確保原定目標如期達成。如有未能達成目標之跡象出現時，則主管人員必須及時採取糾正措施，避免一錯再錯，浪費資源，失去希望。

一、控制概念 (Concept of Control)

（一）「控制」的目的
在於確保計劃目標的執行「成功」(Ensure to be Success)。

（二）控制的程序 (Process of Control)
有三步驟 (3-Steps)：

制訂控制標準 (Setting Standards) → 測度實施績效 (Measurement of Performance) → 採取矯正措施 (Corrective Actions)

（三）控制標準的基礎——就是預先在計劃時所設定的「目標」、「標準」
所以要控制，先要有「目標管理」；沒有目標（指總裁、總經理、經理、課長、班長級）、沒有標準（指作業員），就難做有效的控制。換言之，無目標，就無控制，就無成功。

（四）「企劃—控制八步操作法」
公司全盤計畫之規劃工作在第一年 9 月至 12 月，在四個月間至少四次往返於總部與子公司間，討論修正而完成，經過總裁、總經理提請董事會通過後，在第二年

1月1日開始執行，全公司人員，從總裁、總經理、副總裁、副總經理、部門經理、課長、組長、班長、以至所有作業人員，都要投入新年度的繁忙執行工作，同時各級主管人員 (All Managers) 也要進行「計劃─執行─考核」之管理職責 (Managerial Responsibilities)。此種計劃─執行─考核的工作在高階人員而言，可簡稱為「企控」(Planning-Controlling) 操作法。

　　依筆者個人從事國際性大型公司之實務操作之經驗，融合學術理論，提出以下「企控八步操作法」，供各大型、中型及小型企業專業經理人員，尤其最高主管人員之參考。此「八步操作法」如同陸軍之「步兵操典」，甚具威力，不可忽視。

　　公司企劃─控制八步操作法：

第一步 (1st)：例常銷、產、發、人、財、會、購、訊、工程等等部門之活動，依數量化標準及制度化（指書面化、合理化、電腦化）作業程序及規則運作，並定期統計、彙計、回饋報告。此乃「例內管理」(Management by Rules) 之自動化作業部分。

第二步 (2nd)：每位員工工作日記簿 (Employee Daily Book)，記載每日向上報告、向下指示、平行協調之工作項目。每位員工每年一本（上起總裁、總經理，下到作業員），列入公司知識財產及交接要項。

第三步 (3rd)：每週「公司經營檢討會」(Company's Weekly Management Review Meeting)，由總經理主持，由各部門經理參加，由「企劃─控制」經理當執行祕書，每次會議做成記錄，由總經理簽認後，當作指示或授權根據。

第四步 (4th)：每週「部門工作檢討會」(Department's Weekly Review Meeting)，由各部門主管主持，各課長參加，由經理助理當祕書，每次會議做成記錄，呈總經理核閱，當作部門內授權根據。

第五步 (5th)：課長級以上人員「半月工作檢討表」(Section Manager and above Staff's Bi-weekly Review Sheet)。每半月寫一頁工作執行檢討表，呈經理及總經理核閱。

第六步 (6th)：每月經營績效報表及分析 (Monthly Performance Reports and Analyses)，如公司損益表、公司資產負債平衡表、部門費用預算控制分析表、部門績效比率表 (Performance Ratios) 及分析比較。

第七步 (7th)：每季公司整體經營彙匯 (Company's Seasonal Overall Management Review)，把行銷、生產、研發、人事、財務、會計、資訊、採購、

工程等活動及計劃、組織、用人、指導及控制等制度之運作，向
董事長或集團總裁提出報告。

第八步 (8th)：公司「年度」及「五年」（或十年）「目標策略計畫－預算」編訂
報告 (Company Annual and 5-Year Plan-Budget Reports)，從每年 9
月份開始，經集團總部、子公司總部、各部經理、各課長之來回
討論目標、策略、方案、預算、排程，到 12 月中旬完成整個計畫
－預算書，送董事會通過，供明年 1 月 1 日使用。

二、控制功能的人性觀點 (Human Visions Control Function)

上級主管本性上喜歡控制部下，當部下的人本性上喜歡自由自在，不受上級或
別人控制。但是一個公司或一個團體，講求群力的發揮，不只是個力的提升，所以
計劃、執行及控制是管理的必要步驟。雖然人人不喜歡被控制，控制依然存在於團
體活動中。唯一的解決途徑，是分析人們為何不喜歡被控制及激勵部屬接受控制制
度的積極態度。

1. 為什麼人們不喜歡被控制

(1)上級所訂目標未獲下級參與意見及同意。

(2)認為評核控制標準未盡合理。

(3)認為績效衡量數據有欠正確。

(4)厭棄引人不快的，不相干瑣碎之控制報告資料。

(5)來自「非正統」的干擾壓力（即「小報告」式之作風）。

(6)來自「為反對而反對」控制的社會壓力。

2. 如何激發部屬對控制制度的積極態度

(1)對控制制度在管理體系中之角色作用，應保持冷靜的中性觀點。

(2)制訂控制標準時，盡量鼓勵部屬的「參與」及提供更高明的意見。

・績效標準的高低，應有當事人來參加制訂，不應太高或太低，但應有改進。

・績效標準的高低，必須審慎考慮對當事人目前的能力是否公平，以及將來
是否確屬可行。

・制訂的標準項目及水平，必須確切具體，不可含糊，引起解釋上的爭議。
如果有實際資料或統計數字可資引用，自應盡量引用。

・對於幕僚性無形成果的工作，其績效標準更必須注意文字說明的明確和簡
單易懂。

・遇有某一程序，無法確定係屬何人的職權及責任時，應即時請上級人員澄清。

・語意含糊的理論性課題，應盡量避免觸及。

⑶避免運用主管人員主觀的「權力控制」(Authority Control)，而多用客觀的「事實控制」(Factual Control)。

⑷控制制度應有適度的彈性，以利處理例外事件。

⑸在執行控制時，上級人員應對個人需要及社會壓力保持高度的警覺性及平衡性，以免過猶不及。

三、「公司每週經營檢討會」(Company Weekly Management Review Meeting) 之控制範例

依據筆者二十多年來的實際管理經驗，認為「八步操作法」步步有作用，但對總經理而言，以「公司每週經營檢討會」最有力量，其他各法都可用本法來加強。本法是總經理掌控全公司概況及發揮「總經理十九點職責」（見組織章程）的最有力工具。茲以範例說明於下。

××集團「公司每週經營檢討會」規範
(Company's Weekly Review Meeting)

壹、目的 (Purposes)

1-1 提高公司各部門執行工作目標之效率，追蹤各部門之工作進度。

1-2 檢討公司各部門執行工作目標所發生之困難原因，採取必要補救措施。

1-3 集思廣益，提出改進性及開展性之工作方案。

1-4 協調各部門的工作方法、工作進度、人員及設備之調配。

1-5 分配新工作任務及權責。

1-6 增進員工團結合作，培育經理人才。

貳、開會時間 (Meeting Time)

每星期六下午或每星期一上午，每次開會時間為時 2 小時至 3 小時，若因公司臨時重要事件，無法如期開會時，則另行訂定適當時間。

參、參加人員 (Participants)

3-1　會議主持人（主席）：公司總經理，總經理若因公出差無法主持時，則由副總經理或指定公司高級幹部代行職權。

3-2　會議參加人：副總經理、特別助理、部門經理及各部門主任級以上人員。

3-3　列席人員：視事實之需要，會議主持人可以邀請董事、顧問、集團總部人員及公司其他有關人員出席經營檢討會。

3-4　會議記錄人：由總經理助理人員，或會議主持人臨時指定之公司人員（以出席者為原則）擔任記錄人。

肆、會議進行程序 (Meeting Procedure)

4-1　會議主持人首先報告一週以來，公司所發生之重大事件，包括與政府、集團總部、集團姐妹公司、供應商及客戶之往來大事。

4-2　由記錄人逐項宣讀上一次檢討會，由公司總經理（或總經理指定之會議主持人）裁定之會議記錄內容（見5-2）。

4-3　當逐項宣讀上一次記錄內容時，會議主持人即要求該項工作負責人提出口頭說明。（說明「已經辦理完成」或「尚未辦理」或「在辦理進行中」，若「尚未辦理」或「在辦理中」，則需解釋原因。）

4-4　會議主持人在聽取前述工作進度檢討時，宜做必要之指示及新裁決，以協助各部門人員解決困難。

4-5　會議出席人員（參加人及列席人）可對前述工作檢討，尤其屬於「尚未辦理」者提供參考意見，以協助該項工作負責人及會議主持人解決困難。

4-6　當前一次會議記錄逐一宣讀及檢討完畢後，會議主持人應逐一要求各部門經理或主任，提出上一星期來該部門已經做的事務概要，以及下一星期預定要做的事務目標。各部門經理或主任應強調未來的工作目標，改進項目及預期之困難，若有需要其他部門協調合作之處，亦應一併明確提出。

4-7　會議主持人在聽完各部門經理或主任報告完畢後，對改進項目、預期困難及協調合作部分，應請各出席人員充分交換意見，集思廣益，然後針對每一項目做出裁決，並同時指定執行之負責人（此項目將列入本次會議記錄，並在下一次會議時提出追蹤檢討）。

4-8　會議主持人對比較重大及複雜之工作事項，一時無法做出明確之裁決時，可以指定一人或一人以上之出席者，在會後進行研究規劃，再向會議主持人提出建議，供其下定裁決，交付特定人員負責執行，並在下一次會議時提出報告。

4-9　會議若無法在2～3小時內完成上述程序時，會議主持人可以延長時間或定期再行集會檢

討，務必做到每週的工作進度有所追蹤檢討及控制。

伍、會議記錄 (Meeting Record)

5-1　會議主持人應指示記錄人將重要之報告內容，各單位在上週應辦而尚未辦理項目，以及本次檢討會中各單位提出需要協助或協調合作之工作項目（包括改進項目及解決預期困難之項目），以列項方式，記下項目名稱以及會議主持人裁決之負責人（一人或一人以上，若屬一人以上時，則應指定其中一人為主要負責人）。

5-2　會議記錄應在一天內整理完畢，送交會議主持人核閱（若有記錄失實之處，核閱應自動修正），核閱後應複印分發各出席人一份，以供憑以自動執行。若無法複印分發各人一份時，則應以一份記錄傳閱各出席人，並要求已閱者簽字為據，該份記錄最後應傳回會議主持人，作為下一次檢討會之重要參考資料，在下一次開會時，會議記錄人可使用此份資料，逐一宣讀裁決辦理之項目（見4-2）。

陸、兩次會議中間 (Activities in between Two Meetings)

6-1　檢討會議開完之後，就是各單位繼續執行正常業務及會議主持人裁決指定辦理改進項目、協調合作項目、協助項目及研究規劃項目之時間，在下一次開會之前，為執行責任內之業務可自行與相關單位協調，或向主管人員商討執行方法。

6-2　檢討會議開完之後，會議主持人應以公司營運盈虧負責人之職責身分，針對急切及重要項目，撥出較多時間，協助及督導該等項目之負責單位。

6-3　對於必須另行研究規劃後，方能做裁決執行之項目，會議主持人亦須在下一次開會前，撥出時間督導及參與被指定負責研究規劃之人，以確保其思考品質。

6-4　對於在檢討會裁決事項，若有必要向總部、姐妹公司、政府單位連絡，以利進行者，會議主持人應在會後立即連絡。

柒、裁決及被裁決之責任 (Responsibilities of Decisions and being Decided)

7-1　經營檢討會是協助總經理執行任務之協調、追蹤及糾正之會議，檢討會，它並不因參加人數之增加，而減低總經理之權力及責任，經營檢討會中之裁決屬於總經理（或其指定人）之職責，其品質之優劣後果，由該會議主持人負擔，會議主持人必須對每一議題有所裁決，不得拖泥帶水，避免職責。

7-2　在會議中被會議主持人裁決去負責執行某項工作之人，對該裁決即視為做該事之授權，應努力以赴，完成目標，若有困難無法達成，應立即向主管人員反映，以期援助補救。被裁決人若有失職，應自己負擔該失職之責任。

7-3　在檢討會中，出席人可以充分表達分析優劣之意見，但以科學方法，事實數據為要。至於決策權及指定負責人之權則屬會議主持人之必要職責，不得放棄，也不得被僭越。

捌、成果 (Results)

　　每星期之經營檢討會之成果，將反映於公司每月之銷、產、利潤、財務地位、員工士氣、公司聲望、新產品及新市場開發業績上，亦將反映在公司組織、人才培育、管理制度及新事業創設上。

四、主管人員「半月工作計畫檢討報告表」(Bi-Weekly Plan-Review Sheet) 之控制範例

　　每半個月，由公司最高主管要求各部屬，課長級以上人員，自行填寫下期預定工作之項目，愈具體愈好，可參照各自之「工作方案計畫書」內容，並應填出所隸屬之方案計畫編號。在每半月計劃時，用黑字表示將要使用之時數及預期完成該工作項目之百分率。

　　在填寫計畫表時，應同時檢討另一張表（即上次之計畫表），用紅字表示上一期（半個月）內，真正使用時間從事該項工作之時數，以及真正之完成百分率。在部屬半月開始填寫新「計畫表」時，方案負責人應事先審閱舊表，若發現有不夠積極之處應糾正之，再行簽字，送經理、副總經理、總經理複閱、簽字，然後發回各部屬，以利下期開始時，「檢討」之用。在課長半月之後「檢討」其上期工作情況及成果時，方案負責人及上級主管人員皆應審閱、糾正、及簽字，以示負責。

　　此種課長級以上人員「半月工作計畫檢討表」（見附錄練習五）應由公司總經理累積起來，供年終績效考核時之參考，經理、副總經理、總經理在發覺各部屬從事工作活動中，有應加補救及糾正之處，除了在表上表達意見外，亦可用口頭或文字隨時指示，以求及時改正。

　　此種「半月工作計畫檢討報告表」亦可應用在集團企業，尤其大規模之集團，更可以幫助集團總裁掌控整個集團之子公司運作。茲將其使用方法（範例）說明於下（格式見本章附錄「練習五」）：

××集團主管人員「半月工作計畫檢討報告表」
(Individual Bi-Weekly Plan-Review Sheet)

壹、目的 (Purposes)

1-1　為協助集團首長深入瞭解子公司總經理級以上高級主管人員之工作進度、成果及困難，以

採取必要之協助措施，必須填寫本報告表（集團使用）。

1-2 協助公司最高主管人員深入瞭解其各單位課長級以上人員之工作進度、成果及困難，以採取必要之協助措施，必須填寫本報告表（公司使用）。

1-3 協助各課長級以上主管人員本身，對工作之計劃、執行、控制，有具體確切之掌握追根究底，有效履行職責。

貳、適用對象 (Target Users)

2-1 集團總部高級人員：

2-1-1 子公司總經理填寫，正本送主管地區或產品別副總裁，副本送集團執行首長（有集團總裁辦公室收集，以下同）。

2-1-2 地區別或產品別副總裁填寫，正本送集團執行首長。

2-1-3 地區別副總裁之助理人員填寫，正本送該副總裁，副本送集團執行首長。

2-1-4 企業機能別副總裁填寫，正本送集團執行首長。

2-1-5 集團總部二級單位主管（總經理級）填寫，正本送其直接主管，副本送集團執行首長。

2-2 子公司課長級以上主管人員：

2-2-1 課長級填寫，送經理核閱，再轉送副總經理及總經理核閱。

2-2-2 經理級填寫，送副總經理及總經理核閱。

2-2-3 副總經理填寫，送總經理核閱。

參、填寫內容 (Content)

3-1 集團主管人員應填寫之內容有：

- 姓名，及包括之時間。
- 所屬功能單位別、地區別、產品別或子公司（指子公司總經理而言）名稱。
- 這半個月來已做之重要工作項目或內容摘要。
- 該工作所屬之專案或公司之編號。
- 該工作在本期（半個月來）之進度情況，具體數字成果與花用之時日。
- 該工作在本期所遇之困難情況。
- 需要採取之措施或要求何單位之何種協助。若牽涉金錢及人力之支用時，則應另以「簽呈表」提出申請，供上級主管做出授權。

3-2 公司主管人員應填寫之內容有：

- 姓名，及包括之時間。
- 所屬部門。
- 這半個月來已做之工作項目或內容。

- 該工作若屬於子公司之某一個專案工作,則填該案之編號。
- 該工作花用多少天?(上半個月之時間為 1 至 15 日,下半個月可用之時間為 16 至 31 日)請用筆(計劃者用藍或黑色筆,檢討者則再用紅色筆)在時間表上畫出線條,以表示某項工作原計劃用幾天,而實際上用幾天,計劃天數與檢討天數不一定相同。
- 說明該工作有無真正做了?若真正做了,有無完成?有無困難?有無需要上級協助?
- 經理、副總經理及總經理看完本報告表後,若有批示,也應寫出。

肆、對報告表之處理 (Uses of Plan-Review Sheet)

集團總裁在看過總部高級主管及子公司總經理之半月報告表後,若有答覆或詢問之需要者,應以電話或文件做必要之溝通處理。子公司總經理在看過課長級以上主管人員之報告後,也應做必要之溝通處理。

伍、報告表之存檔及考核用途

每份半月工作計畫檢討報告表在處理後,應就該報告人編號存檔,供年終工作考核時參考之用。

五、工作方案之季報彙總表 (Seasonal Summary of Program Plans)

部、課級之每個工作方案常須數人參與,並在相當長時間內方能完成,所以除了課長級人員「半月工作計畫檢討報告表」(練習五)之外,應由部級負責人,每三個月(季)將所屬應負責之專案工作概況,做成書面彙報,送請公司總經理、集團總裁等上級瞭解、檢討及採取糾正行動。

「方案季報彙總表」,見附錄練習六,除填明起訖時間,方案名稱,方案編號,工作期限,主持人,協助人,已完成百分比外,應扼要說明實際工作要項、步驟、執行情形、分析檢討及改進意見。

六、部門費用預算控制 (Departmental Budgetary Control)

各部門在執行日常作業及專案改善工作過程中,必會支出費用。假使收入費用之支出皆依照例常計劃標準及原訂之「工作方案計畫書」,則工作執行人、會計財務人員、以及主管皆會感到輕鬆愉快,工作順利。但是為了防止意外不按計畫而支出之行為發生,所以部門費用收支「預算控制」成為主管人員的另一個控制工具。「預算控制表」(見表 15-2)之編製可依整個機構及個別工作方案而分。其要項為依照預算科目別,列出預算之金額及實際已支出之金額,供兩相對照,查出支用超出或

不及之程度，採取迫催或糾正行動。

表 15-2　部門收支預算實際比較表 (Departmental Budget-Control Comparation)

×××收支預算控制表　　□全公司　□部門＿＿＿＿＿

時間××年×月底　　　　□個別方案（名稱：　）

（單位：NT$000）

會計科目	預　算	實　際	差　異
收　　入	$420,000	$365,200	$-54,800
支　　出			
薪　　津	215,000	185,800	-29,200
器　　材	100,000	94,500	-5,500
水　　電	26,000	26,000	0
折　　舊	18,400	18,400	0
差　　旅	10,500	9,130	-1,370
修　　理	7,200	6,000	-1,200
運　　輸	4,200	3,700	-500
保　　險	7,200	7,200	0
利　　息	4,700	4,700	0
文具印刷	6,000	6,400	400
租　　金	8,200	8,200	0
交　　際	2,000	2,500	500
其　　他	1,200	1,600	400
總支出	410,620	374,150	-36,470
毛　　利	9,380	-8,950	-18,330
稅　　捐	1,380	0	-1,380
淨　　利	$8,000	$-8,950	$-16,950

七、期終個人績效考核 (Individual Performance Evaluation)

為了確保達成工作方案及公司銷售利潤等目標，辦理個人期終績效考核為另一必要之控制措施。個人工作績效考核辦法之制訂本身，為一重大之規劃工作，必須周全及深入設計，並且積極有效執行，方能收到成效。

個人績效考核之要點有四。第一為各類工作績效指標之選定及比重選定；第二為個人實際工作數量及品質之衡量與記錄；第三為同事間工作優劣程度之比較及確定；第四為獎懲點數之計算及執行。有關工作績效指標 (Performance Indicators) 有三大項：(1)目標達成，(2)管理（計、組、用、指、控）能力，(3)協調合作紀律性，可

依各公司自訂細目。

對一個大型的企業集團而言,「個人績效考核表」因員工對象、職位高低及直線與幕僚之不同,可以分為(1)集團直線事業部總裁級、副總裁級(利潤中心負責人);(2)集團幕僚副總裁級、總經理級、副總經理級(非利潤中心負責人);(3)營運公司總經理級、直線產品事業部副總經理級(利潤中心負責人);(4)公司幕僚副總經理級(非利潤中心負責人);(5)行銷、生產部門(直線)經理級;(6)研發、人事、財務、會計、採購、總務、資訊部門(幕僚)經理級;(7)課長級;(8)營業、行銷、工程師課員級;(9)人事、財、會、資訊、採購、總務等課員級;(10)文書員、一般祕書、工廠廠務人員級;(11)生產線班長級;(12)生產線作業員、司機、廚房師傅、清潔工等。

不同員工對象,工作績效指標及比重應不同。越靠近產、銷直線的低級員工,其績效指標與實際產、銷業績之統計掛鉤。幕僚級員工之績效指標則以協助直線單位完成銷、產、利潤目標為準。越高級人員之績效指標則越以「全面管理」為重心,因下級直線銷、產員工之目標完成度,就是上級主管的完成度,不必重複計算銷、產數字。

一般評核員工績效的指標有三大類,(1)目標完成度,(2)企劃、組織、領導、指揮、控制等管理能力水準,(3)與平行單位之協調合作及公司紀律遵守程度。越低級員工,目標完成度比重越大(如 80 至 100%);越高級員工,管理能力比重越大(如 70 至 50%)。協調合作及紀律性則大約比重相當(如 20%)。

個人績效考核依(1)目標達成度,(2)管理能力,(3)協調合作及紀律三大項,由員工自己及上級主管、再上級主管考評,總分在 90 分以上為「特優」等,在 80 分以上為「優」等,在 70 分以上為「良」等,在 60 分以上為「可」等,在 60 分以下為「劣」等。一般管理嚴明之公司,把特優等人數訂為全部員工人數之 10%,優等 20%,良等 30%,可等 30%,劣等 10%。特優者將被培訓為晉升人員、劣等者將被解雇。關於主管人員(尤其課長級以上)之考評,則可配合上述「半月工作計畫檢討報告表」之運作,最高主管可從每年累積 24 張之半月檢討表,看出每一位課長級以上人員之真實表現。

附錄 公司計畫之訂定範例：練習一～六

練習一 總體目標

××企業集團公司整體目標（範例）——金融業

本集團公司之整體目標 (Overall Objectives)

1. 為太平洋兩岸華人之經濟發展貢獻心力。
2. 成為太平洋兩岸華人金融業（銀行、證券、保險）之前三名優良公司。
3. 在十年內營業額達到 8,000 億美元。
4. 在十年內股本額達到 700 億美元。
5. 每年淨值報酬率為 20%。
6. 營業據點 2,000 個。

練習二 個體數量目標 (Individual Quantitative Objectives)

××集團公司××事業部××產品「個體目標制訂表」（範例）——摩托車 125c.c.

種　類＼時間＼數值	第一年	第二年	第三年	第四年	第五年	第六年
銷售值 ($)						
銷售量 (unit)						
利潤額 ($)						
毛利率 (%)						
淨值報酬率 (%)						
市場佔有率 (%)						
每員工利潤額 ($)						

練習三　「目標－策略－方案」體系 (Objectives-Strategies-Program Systems)

××公司目標（名稱）　　公司策略（名稱）　　部課方案（名稱）

練習四　工作方案計畫書 (Action Program Plan) 格式

××公司××部××課工作方案計畫書

1. 方案編號：＿＿＿＿＿　部門：＿＿＿＿＿
2. 方案名稱：（中文）＿＿＿＿＿＿＿＿＿＿＿＿＿＿＿＿
3. 工作期限：自＿＿＿年＿＿＿月至＿＿＿年＿＿＿月
4. 方案區分：自擬□　交辦□　合作□　委託□
5. 經費需求總額（新臺幣）：＿＿＿＿＿元
6. 主辦單位：××公司＿＿＿部＿＿＿課(單位) 主持人：＿＿＿

參加單位	
參加人員	
專　長	
時　間	

7. 方案計畫內容 (Program Plan Content)

7-1　背景及動機 (Why, Background, Motives)

（寫出為何要設立此工作行動方案之原因，如大環境變動，競爭變動，顧客需求變動，供應變動，公司競爭目標、戰略、政策所需，配合銷、產、發、人、財、會、資、採等等部門行動所需等等可以說服上級之理由）

7-2　工作目標 (What)

（分項列出本案想達成之具體目標，避免含糊其辭）

7-3　工作步驟辦法分析 (How)

（分項列出想著手進行之手段、步驟、技術、方法，包括公司自己做或委請他人做之方法，越細越具體越好）

7-4　工作設計甘特圖 (When, Who, How Much)

（時間、進度、工作完成度、經費使用度及人力分配）

月　份 工作指標 　及預定進度 % 工作步驟	7	8	9	10	11	12	1	2	3	4	5	6	工作人員

預定經費分配										新臺幣千元	

註：跨越年度計畫每年度填表一張。

7-5　成果預估 (Results)

（列出工作方案完成後可得到之新事物，包括有形及無形的成就）

_____

_____

_____

_____

7-6　本年度經費需求：新臺幣_____元，內分材料費、設備費、業務費、用人費。

7-6-1　材料需求 (Materials)

（現存量由倉庫填報）

項　目	材料名稱	單　位	需求量	本年度需求量	現存量	經費需求總額	本年度所需經費	擬購地點
			小　計					

7-6-2 設備需求 (Equipment)

項 次	名稱及規格	單 位	需求量	單 價 （新臺幣元）	總 價 （新臺幣元）	擬購 地點
		小　計				

7-6-3 業務費 (Expenses)

（應列計算式或說明）

項 次	名 稱	金 額 （新臺幣元）	計算式或說明
1	材料費		
2	加工費		
3	維護費		
4	差旅費		
5	臨時雇工費		
6	雜 費		
	小　計		

7-6-4 用人費 (Payroll)

項 次	名 稱	金 額 （新臺幣元）	計算式或說明
1	主辦人員 薪　津		
2	協辦及指導 費 用		
	小　計		

7-7　經濟評估 (Economic Evaluation)

（指出此工作方案完成後，對社會經濟及公司本身之可能有形及無形好處，若能數據化更好。並與所花用之成本（有形、無形）比較，其「投入產出」之比率為何）

_____

_____

_____

_____

7-8　考評意見 (Comments)

（由上級評審人員在審查、核准時，針對整個行動工作方案對達成公司目標之必要性、有效性及經濟性，寫出主觀性喜惡之評語，以定本案是否成立）

_____

_____

_____

_____

練習五

主管人員「半月工作計畫檢討報告表」
(Bi-weekly Plan-Review Sheet)
(公司課長級以上人員使用)

姓名：＿＿＿＿ 計劃日期：＿＿年＿＿月＿＿日 檢討日期：＿＿年＿＿月＿＿日

(計劃時：用黑字表示時數及完成百分率；檢討時：用紅字表示實際工作小時數及完成百分率)

方案編號	工作項目簡介	日 期															困難及請求協助說明，以及主管評
		1	2	3	4	5	6	7	8	9	10	11	12	13	14	15	
		16	17	18	19	20	21	22	23	24	25	26	27	28	29	30	31	

第一級主管：＿＿＿＿＿ 第二級主管：＿＿＿＿＿

練習八

××公司××部門××年××月至××月工作方案季報彙總表

一、方案名稱：（一個或數個方案）

二、方案編號：（一個或數個編號）

三、工作期限：（一個月或三個月）

四、方案主持人：（一個或數個主持人）

五、方案協助人：（一個或數個方案協助人）

六、已完成百分比：（一個或數個方案完成百分比）

七、本季工作概述（包括實際工作要項、步驟、執行情形分析檢討及改進意見）：

第十六章　企業組織之設計──結構、職責、權限及動態化
(Design of Business Organization—Structure, Responsibility, Authority and Dynamics)

　　管理工作是發揮群力的凝聚力活動。管理工作的第一優先對象就是「計劃」，以設定公司及企業集團未來一年、五年、十年之工作目標及工作手段（策略、方案、程序、細則、操作標準等等）。管理工作的第二優先對象，就是「組織」，以設定公司的職位結構及職責說明、核決權限、作業制度。有了組織的職位設計關係，才能因事尋人，使適才適所，使組織體生氣蓬勃，行必有果。公司的計畫內容年年變動，外人不易知，但是公司的組織結構及人事配置，卻是人人皆知，人人關心。尤其在二十一世紀，企業全球化，資訊電腦化，產品多元化、競爭劇烈化潮流下，企業組織結構也是要跟隨環境、競爭、顧客之變動而動態調整化。

第一節　企業組織發展之背景 (The Development of Business Organization)

一、企業組織與環境體系之互動 (Interactions of Business Organization and Environmental Systems)

　　一個健全成長的企業體在現實環境中應是一「開放體系」(Open System)，與外在的顧客市場、原料市場、金融市場、人力市場等環境時時發生動態的交流關係，如圖 16–1 所示，企業組織是整個體系的核心，透過組織將人力、物力與資金等的投入 (Inputs) 之資源做有效的運用，變換為更有價值的產出 (Outputs) 成品，而達到企業追求生存及成長所依賴的顧客滿意及合理利潤目的。

　　企業組織的存在可從二方面來探討。第一方面是企業所有權的外部組織型態，第二方面是企業經營管理權的內部組成型態。

　　自從人類從事經濟活動以來，為了聚集資金，以投資於企業銷產活動，曾有「獨資」、「合夥」、「公司」等三大類的外部組成型態。由個人單獨之力，進步到合少數人之力，更進展到今日流行之集眾多人之力的投資方式，大大提高人類從經濟活動中改善生活及享受水準的效果，誠為人類成為「萬物之靈」的最偉大指標。今日的

較大企業皆以「公司」方式出現，只有很小規模的企業才以「獨資」或「合夥」方式存在。關於「獨資」、「合夥」及「公司」之所有權組織型態，本書第五章已詳有分析，本處不再重述。

圖 16–1　企業經營體系

　　不管企業的所有權組成方式為何，其內部人員的垂直水平分組 (Groupings) 及職權責任 (Authority and Responsibility) 的分配，有各種不同的標準，因而形成種種組織理論。

二、組織理論發展之背景 (Background of Organization Development)

　　企業組織曾受下列各種事件之影響而演變成今日的理論架構:

(一) 生產活動的機械化 (Mechanization of Production Activity)

　　十八世紀後期（1750 年）在英國發生「工業革命」(Industrial Revolution) 之後至今，各國各工廠普遍實施機械化生產，以機械力替代人力及獸力操作，造成產業結

構 (Industrial Structure) 甚大的變革，所以企業組織亦隨著發生巨大變動。生產機械化使得經營規模 (Size) 漸趨擴張；在大組織中，許多以前家族式手工操作企業所不曾遭遇的人群關係問題紛紛出現，使得人們開始重視人員組織的效率問題。

但是真正將組織理論體系化，則等到二十世紀初期才開始正式著手。美國「科學管理之父」泰勒先生與法國「現代管理之父」費堯先生 (Henri Fayol) 的理論，就是最先有系統地研究企業人員組織的論著。從此，組織問題漸漸成為企業經營管理上的重要課題之一。

（二）所有權與管理權的分離 (Separation of Ownership and Management)

為了籌措充分資金，達到規模經濟 (Scale of Economies)，以降低單位成本，並希望經由專門人才 (Specialists) 負責營運，以提高總體效用，於是聰明的企業家 (Entrepreneurs) 及學者 (Scholars) 乃有將「所有權」與「管理權」分離的主張，由出資之股東握有「政」權（或稱所有權），由專才經理握有「治」權（或稱經營管理權）。專業經理人員 (Professional Managers) 接受股東之委託授權，運用才智謀求股東之利益，正如民主國家之「政府」機構（包括立法、行政、考試、司法、監察機關）接受「人民」（股東）之委託授權，經營國家事務，為民謀利一樣地「政權」、「治權」分離。在此種效率的主張下，專精於經營企業的專業經理人員 (Professional Managers) 正式出現，成為目前社會上的精華分子。專業經理不是金主，但是有知識、有能力，及有良心的正派人士，號稱「三良」專業經理（指「良知」、「良能」、及「良心」）。

專業經理人員必須對企業經營具有相當的經驗與學問，而確能提高經營績效，才能立足，否則握有所有權的股東將會自行接管，促使所有權與管理權歸返為一。「組織理論」的使命就是分析專業經理人員的職能，建立組織原則，對專業經理人員提供必要的專門知識。相反地，也由於專業經理人員對專門知識有高度的需求，更推動了組織及管理理論的發展。

（三）人群關係論 (Human Relations Approach) 的影響

於 1940 年代，哈佛企管研究院的梅友教授 (G. E. Mayo) 與陸斯利斯博格教授 (F. J. Roethlisberger)，在西方電器公司 (Western Electric) 芝加哥市河松工廠實驗研究後，首倡「人群關係論」(Human Relations Approach)，用以提高企業的生產力，大大地影響了企業「非正式組織」(Informal Organization) 理論的發展。他們認為一個企業內組織成員的心態與行為（亦即軟體面），和機器設備及操作技術（亦即硬體面）一樣，足以影響生產成果，所以特別強調領導者與部屬間及部屬相互間之人際因素的重要性。

1950 年代的「行為科學」(Behavioral Science) 理論，更提出了組織內容許部屬「參與管理」(Management by Participation) 的民主與授權式經營觀念，使組織理論拓展至心理激勵 (Motivation) 與民主領導 (Democratic Leadership) 等新的領域。

（四）勞資關係的激盪 (Impact of Labor-Owner Relationship)

在泰勒的「科學管理」學說創立時代（1875 年），美國國內勞工爭取應有利益之運動正值蓬勃，勞工與資本家間之關係甚不融洽（在歐洲則已有馬克斯之共產主義出現）。泰勒先生有鑑於此，便在其理論中，強調勞資關係之調和互利性及必要性，喚起了資本家與經理人員的關注，將勞工利益與資本者利益同列為企業追求的目標。時至今日，勞工問題 (Labor Problem) 已是各企業經營管理人士所必須面對並妥善解決的問題，所以對於組織成員（即各級工作者）地位之安排與尊重，也成為組織理論的一大特色。

（五）企業環境的急遽變化 (Change of Environments)

二十世紀及二十一世紀企業環境之變化比之十八世紀後期之工業革命毫不遜色，例如 1950 至 1960 年代，科技的快速革新，導致生產方式與原料供應的革新，更促使新產品不斷出現，而企業「產品－市場」策略 (Product-Market Strategy) 之多角化經營也隨之產生。1990 年代網際網路之出現，使企業競爭無國界，也無時間差異。在另一方面，面對愈來愈急速變動的環境，企業高階決策的進行也愈見困難，因之企業決策理論也被引入組織理論之中。另外，世界貿易自由化，資本市場大眾化，非營利事業擴大化，以及人們對文化、道德上認知的變化，也對企業組織產生莫大的衝擊。

第二節　組織體之本質 (Nature of Organization)

一、組織體之定義 (Definition of Organization)

「組織」(Organization) 一詞有許多不同的解釋，一般而言，它泛指二人以上具有共同目的之「集合體」(Collective Body)。但就管理機能而言，「組織」是指企業可用資源分配，尤其是人力資源分配之結構 (Structure of Resource Allocation)，用以達成「計劃」過程所設定之目標與策略，所以「組織」是達成目標及策略之手段。

從組織架構 (Framework of Structure) 的設計至組織細部結構 (Detail Structure)

之完成，是一連串職位 (Position) 劃分與權力責任 (Authority and Responsibility) 分配的思考行動。其具體步驟是按⑴「工作」(Jobs) 目標區分，⑵人員垂直 (Vertical) 及水平 (Horizontal) 之「部門」組合 (Departmentation)，⑶分配決策權力，⑷設定節制及協調的管道等。所以「組織」體常常代表一個有職位層次關係的系統 (Hierarchy Order System of Positions)。

行為科學派的學者常認為「組織」只是在團體活動行為中，人與人的上、下、左、右、前、後「相互關係」(Relationship) 而已，這是最狹義的定義。另有人則以「組織」代替「企業」(Enterprise)，認為組織是為了達成某種目標的資源結合體，這是最廣義的定義。柏納德 (Chester Barnard) 認為當二人或二人以上都自願自覺的共同為「同一目標」(Common Goal) 而行動時，便成為一種組織，所以他覺得組織的要件為⑴有眾所周知的「共同目標」(Common Goal)，⑵成員們能夠交換意見 (Mutual Communication)，⑶自願採取行動 (Voluntary Actions)，⑷願共享目標成果 (Result-Sharing)。

貝克 (Wight Bakke) 認為「組織」是一項由若干獨立但互相配合的人類行動所結合而成的一種「持久性系統」(Durable System)，此一系統能運用、轉換及結合人力、物力、財力及才智等資源，使成為能夠解決問題的單元 (Problem-Solving Unit)。這種系統在其他類似系統的干擾或協助下，最能從事於滿足人類需求的工作，所以組織必須具有耐久性 (Durability)。

賽蒙 (H. Simon) 認為人類的「組織」就是各項有關聯活動的組合 (A Set of Interrelated Activities)，其參與者在意識準則上，能以高度合理性的行動 (Rational Activities) 向公認的目標前進，所以組織必須具有理智性 (Rationality)。

大多數管理程序學派的學者都認為，為達成目標、決定工作分類，並將各類工作分配於各縱橫連繫之單位，此種現象即為「組織」。所以此處將「組織」視為一種「工作」與「權責」關係的綜合體 (A Complex of Task, Authorities and Responsibilities)，代表人們在企業中工作的一種內在環境骨架 (An Internal Environment Framework)。

二、組織體的本質 (Nature of Organization)

從各種不同的定義，我們可以認為「組織」結構在本質上，是按工作目標及性質區分部門，從事「橫」(Horizontal) 的劃分，同時依權責關係設定「縱」(Vertical) 的關聯，將企業中的各種資源配合其內，使成員能為共同目標有效貢獻出最大努力的

一種資源分配的架構。所以一個「組織」體應具有四項特點：

(1)共同的目標 (Common Goals)。

(2)工作的劃分與連繫 (Division of Jobs and Interrelations)。

(3)權責的劃分與連繫 (Division of Authority and Responsibility and Relationships)。

(4)滿足成員的需求及激勵成員的有效努力 (Satisfaction of Member's Needs and Motivation of Member's Efforts)。

三、從程序觀點看組織

自程序觀點而言，「組織」是經理人把混亂之人際關係變為條理之人際關係，把工作上權責糾紛不清化解為權責相稱相隨，並建立成員間協調合作氣氛的一種設計程序 (Designing Process)。此程序可依下列邏輯推斷步驟 (Logical Steps) 進行：

第一步：設定企業整體性宗旨性大目標 (Integrated and General Business Objectives)。

第二步：制訂引申性個體數量目標及政策與戰略 (Derivative Objectives, Policies and Strategies)。

第三步：決定能達成此等引申性目標、政策、戰略所需之執行性或操作性之工作 (Operational Jobs)。

第四步：將這些工作彙整及分類 (Summarization and Classification of Jobs)。

第五步：根據可獲得的人力、財力與物力等資源，將工作所需之人力職位，做水平及垂直之分組 (Grouping)，或稱部門劃分 (Departmentation)。

第六步：上級將「提、審、核」決策權分授給各部門各級主管，使其能快速有效執行業務責任 (Authorities for Responsibilities)。

第七步：運用「垂直指揮報告線」及「平行協調合作線」等方式，使各部門縱橫都有密切關聯 (Vertical Commanding-Reporting and Horizontal Coordinations-Cooperations)。

上述之組織設計程序方式，與彼得·杜魯克之意見相似，他認為企業在決定採何種組織結構時，有三種方法可用：(1)「工作分析」(Job Analysis)，(2)「決策分析」(Decision Analysis) 與(3)「關係分析」(Relationship Analysis)。「工作分析」可使經理人瞭解何項工作是必要的，何種工作應區劃在一處，以及如何在組織結構中把各項工作顯示出來。「決策分析」可幫助瞭解在何時應做何種決策，由那一階層的人員做提請、審查、及核定之決策，以及各部門各級主管決策種類及範圍之大小等等。「關係分析」可使經理人知道自己對整個企業有何種貢獻，他向何人報告（即受何人指

揮督導），以及何人向他報告（即他可以指揮督導那些人）。

由上可知，將「組織」視為一種運作「程序」乃是從「工作」目標之邏輯推斷演繹而來，它並未忽視人性的重要，因它承認工作種類及輕重應當視員工的能力而規劃，瞭解員工之長處與缺點，並設法鼓勵員工增進能力，以建立一種「工作」與「人」和諧的氣氛 (Harmony of Jobs and People)，為組織體的總目標貢獻潛力。

第三節　組織結構之部門劃分標準——橫的分工
(Departmentation Criteria of Organization Structure—the Horizontal Division of Work)

一、基本概念 (Basic Concept of Departmentation)

組織設計的目的，常要將企業內一切可用資源做最有效的分配組合 (Effective Resources Allocation)，使能共同朝向組織體的總目標努力。組織的「分工原則」(Principle of Work Division) 是在於利用「縱」與「橫」的聯繫關係，使作業者因分工專門化「熟能生巧」(Division and Specialization)，並能在同一完整目標下協調合作 (Coordination and Cooperation)，層層組合成組織體的總目標。

組織之所以需要有「縱」、「橫」劃分，主要起源於「管理幅度」(Span of Management or Span of Control) 的問題。一個人無法有效直接指揮太多部屬之「管理幅度」的現實限制，使經理人不得不把決策權下授給部屬，由部屬代其指揮督導更多的部屬，於是造成了組織體的水平與高低層面，在本節我們將討論水平層面間的單位劃分。

組織結構之形成通常有幾個步驟，起先我們是將各種中性之「活動」或「作業」(Activities or Operations) 結合成為有意義之行業技術別「工作」，其次將「工作」結合成具有更大目的之企業功能別或管理功能別之「職位」(Work Position)，最後再將「職位」依不同標準組合成為利潤中心或成本中心別之「部門」(Department)，成為水平結構之主要架構。這是由下而上，由「作業」、「活動」而「工作」而「職位」而「部門」而「公司」的五步設計法。

二、分工 (Division of Labor) 原則

「分工」(Division of Work or Labor) 是組織設計的第一步工作。我們首先考慮為

了完成組織體的總目標，需要做什麼事、工作及職位，再考慮這些「工作」應由那些「作業或活動」(Operations or Activities) 組成，然後將這些作業或活動分析歸類，而成為個別分立的「動作要素」(Moving Elements)。此為工程工業 (Industrial Engineering) 從事動作時間研究之對象，甚為重要，但不在本處詳述。

（一）「分工」的兩個好處 (Advantages of Division of Work)

第一、分工可使人在短時間內學會及熟練同一工作，故可充分利用到各種個人特有的技能，提高單位時間內之工作成果。(Learning Time and Technology)

第二、分工通常也可減低單位固定費用支出。(Fixed Costs)

（二）「分工」的兩個壞處 (Disadvantages of Division of Work)

第一、工作分量受限制。分工若太細，每個工作內容則太少，用人會增加，技術進步，但成本反高。所以分工後每個工作之內容不應太少或過多。「太少」會增加用人及協調之功夫及成本；「太多」則失去專門化，提高技術熟練度之意義。

第二、技術上受限制。有些工作雖然需要繁複的技術，可以細分由不同人做，但由於該技術之完整及連貫特性，無法再予分割而不破壞其完整性，所以若強加分工，反而破壞效率。

上述分工之好處與缺點為原則性現象，當我們面臨實況時，則必須有所取捨，而取捨的標準常依企業的主要戰略目標之達成度而變動。

⊞ 三、職位 (Positions) 及分組 (Groupings) 之兩大基本型態及六項原則 (Two Basic Patterns of Groupings and Six Principles)

假使一個「工作」的負荷量夠多，則一個「工作」可由一個人去做，而佔一個「職位」；若一個工作的負荷量太多，一個人無法做完時，則「一個工作」可以有「數個職位」；若一個工作的負荷量不多，則可合併「幾個工作」而由「一個職位」的人去做。若再將各種職位歸類組合成職位群，有兩種形式。其一是將各「類似工作性質」的職位歸在一起，稱為功能性或專長性分組 (Functional or Skill Grouping)；其二是將幾種「不同工作性質」的職位併在一起，期能完成某特定任務目標 (Task)，此稱為「任務混合式分組」(Task-Compound Grouping)。如圖 16–2 及圖 16–3 所示。

圖 16-2　功能性分組

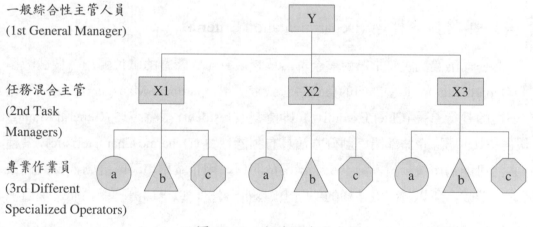

圖 16-3　任務混合式分組

（一）「功能性分組」的優點有三 (Three Advantages of Functional Groupings)

第一、每位主管所負責的只是一個大目標內的某些小目標，又屬於自己專業技術能力範圍之內，同類相聚，互切互磋，可滿足「技術本位」之慾望，此為專技原則 (Principle of Specialization) 之最高應用。

第二、功能性分組是「分工」、「專門化」原則的實施，若每人工作分量 (Loading) 夠，則可收熟能生巧，提高效率之利，此乃效率原則 (Principle of Efficiency) 之應用。

第三、小規模的廠家，如中小企業，員工五十人以下，人數有限，最上級主管可用目測做緊密督導，不怕第二級主管因「技術本位」之偏見，所可能引起之分心離散之弊，此乃緊密指導原則 (Principle of Close Supervision) 之應用。

(二)「任務混合式分組」的優點有三

第一、每組中含有各種不同的專業作業員為共同目標而工作，因人數較少，其任務主管人員協調較易，此乃協調原則 (Principle of Coordination) 之應用。

第二、每組人數少，雖專長不同，但緊密的人際關係與群體成就感，可提高組內成員之士氣，此乃士氣原則 (Principle of Morale) 之應用。

第三、每組皆因針對某項特定之完整性任務（指產品或服務）而集中不同專業作業員之努力，其成果衡量較易，所以目標也較能有效率地達成，此乃目標成果原則 (Principle of Clear-Cut Objective-Result) 之應用。

綜上而言，在設計職位分組時必須同時考慮到「專技利益」(Specialization)、「協調需要」(Coordination)、「成本效率」(Cost-Efficiency)、「督導慾望」(Close Supervision)、「員工士氣」(Morale) 及「目標達成」(Goal Achievement) 等六原則，並求得適度平衡。

四、部門劃分標準 (Departmentation Criteria)

一個公司的最高主管常將對該企業目標達成有重大影響的職位歸為一個或數個部門 (Departments)，這些部門的負責主管或經理 (Department Managers)，則經常直接向公司的執行首長 (Chief Executive)，即總裁 (President) 或總經理 (General Manager) 報告一切情況。企業部門之劃分方法具有動態性質 (Dynamic Characteristic)，某種劃分方法可能適用於今日，卻不一定適用於明日，因企業環境時時變動，其目標策略因之而改變，所以其組織結構的部門也應隨時調整，以應局勢轉變，而確保目標之達成。

部門的劃分方法有許多不同形式：(1)有純按人數，(2)有按企業專門功能，(3)有按產品，(4)有按市場地區，(5)有按顧客，(6)有按製程，(7)有按特定任務，(8)有綜合混合等等，以下將一一介紹：

(一) 按人數劃分部門

此為最古老的百分之百直線式組織 (100% Line Departmentation)。把某一定數目相同（如九人加一人當班長，共十人一班，十中取一為士），水準類似的人集合在一處，接受更高一層的另一人統率指揮，以執行工作目標（見圖 16-4）。此種劃分方

法的要點不是在於工作性質的差異，或在不同地方工作，或與不同專技之人一起工作，而只是在於利用員工的個人的最基本苦力 (Labor Power) 而已。

此種方法已經過時，因為很少人應用它。第一，勞工的技能進步，逐漸脫離專賣苦力謀生之境。第二，人類的勞力漸為機械所取代。第三，不同專技人員互相配合之集體工作方式，比不互相配合之集體工作方式要經濟有效得多。第四，按人數劃分只能用於目前大型企業之最基層單位而已，不能用於最高主管與最低作業人員之間。所以當勞力以外的生產因素 (Production Factors) 之重要性增加時，按人數劃分部門的方法不會有高成效的。

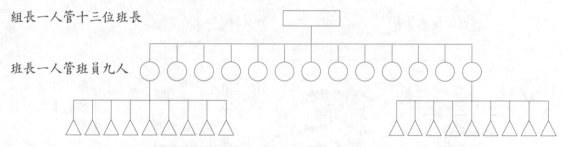

組長一人管十三位班長

班長一人管班員九人

圖 16-4　依人數劃分之苦力型組織 (Labor Power Organization)

（二）按企業專長功能 (Specialized Function) 劃分部門

此為直線功能專長與幕僚功能專長的混合型態，這是第二種古老但尚常被採用的方法。即在最高主管之下，依企業專長技能分成不同部門，如行銷、生產、研發、人事、財務、會計、採購、資訊、總務等等，從事「分工」(Division) 及「合作」(Cooperation) 之活動。企業功能專長種類，照本書第一章「管理科學矩陣圖」(Management Science Matrix) 所稱「五指山」，可以大分為五種：行銷、生產、研究發展、人事及財務（含會計）。工作職位按專技功能分類時，各主要功能部門在最高主管之下都是一級單位（見圖 16-5）。這種劃分標準有優點也有缺點，分述如下：

1. **專長功能型組織之優點** (Advantages of Functional Organization)

　⑴合於分工合作邏輯。(Specialization)

　⑵使企業基本個別功能的權威，能為首長所注意。(Close Supervision)

　⑶合於專業技術及專業授權原則，可以激勵發揮人力資源潛力。(Motivation and Goal Achievement)

2. **專長功能型組織之缺點** (Disadvantages of Functional Organization)

　⑴易使各部門屬員產生「本位主義」，坐井觀天，缺乏對企業之全貌瞭解。(Sub-optimization)

　　⑵部門間以專技導向為最高追求界限，難於平行協調或互相讓步。(Technology-Orientation)

　　⑶最終盈虧責任落在首長一人身上，責任很重，其他人員皆不負利潤盈虧之經營責任，易生怠性。(Idleness)

　　⑷下屬人員無機會看到企業全貌，有害將來獨當一面人才之培育機會。

＊總經理室有：總經理一人，副總經理一人掌企控。

圖 16-5　依企業專長功能劃分之組織 (Functional Organization)

　　一般功能式組織中的行銷與生產部門，號稱「直線」(Line) 功能部門，與執行最高主管的目標密切相關，其成敗直接影響最高主管的成敗。人事與財務部門，號稱「幕僚」(Staff) 功能部門，為服務、支援、及建議直線功能部門之單位。研究發展部門號稱「再生」(Regeneration) 功能部門，為企業負責新產品及改良品之創新工作，以維持企業生生不息。幕僚及再生功能部門之目標達成度，不會即時影響最高主管的目標成敗，而須經過銷、產部門之成敗來影響。

　　當任何功能部門主管感覺其管理幅度太大時，可能會設立各別引申性次級功能單位。如表 16-1 所示，第一級直線功能內有次級直線及幕僚單位，第一級幕僚功能內也有次級直線及幕僚單位。

表 16-1　功能型組織結構可能引申之次級功能單位

主要功能單位 (Main Function Departments)	引申性次級功能單位 (Sub-Function Units)		
行銷部門 （一級直線功能）——First Line Function	現場推銷——次級直線功能 (Second Line Function)		
	行銷研究與計劃（產品及價格設計） 廣告、促銷、報導 修理服務 經銷分公司服務站 國外業務 採購 儲運		次級 幕僚 功能 (Second Staff Functions)
生產部門 （一級直線功能）——First Line Function	現場製造（工廠）——次級直線功能 (Second Line Function)		
	生產計劃與控制 品質管制 物料管制 方法研究（工業工程） 設備維護 採購 儲運		次級 幕僚 功能 (Second Staff Functions)
人事及總務部門 （一級幕僚功能）——First Staff Function	招募、任用 薪資獎金 人力訓練發展	次級直線功能 (Second Line Function)	
	福利康樂 衛生安全 保險退休 補給 採購 庶務服務（總務行政）		次級 幕僚 功能 (Second Staff Functions)
財務及會計部門 （一級幕僚功能）——First Staff Function	資金籌措（銀行融資）——次級直線功能 (Second Line Function) 資金運用／信用管理——次級直線功能 (Second Line Function) 資產管理／保險管理——次級幕僚功能 (Second Staff Function)		

	出納——次級直線功能 (Second Line Function) 普通會計——次級直線功能 (Second Line Function) 成本會計——次級幕僚功能 (Second Staff Function) 管理會計（內部資訊系統）——次級幕僚功能 (Second Staff Function) 預算控制／內部控制——次級直線功能 (Second Line Function)
研究發展部門 （一級幕僚功能）——First Staff Function	基本研究——次級幕僚功能 (Second Staff Function) 應用研究——次級幕僚功能 (Second Staff Function) 新產品發展——次級直線功能 (Second Line Function) 工程設計——次級直線功能 (Second Line Function) 市場發展——次級直線功能 (Second Line Function)

（三）按市場地區 (Market Area) 劃分部門——是直線與幕僚混合制

市場行銷業務分散在各處的企業，常採地區劃分之組織分組方式，在原則上將所有在某一區域內的銷、產、採購業務組合在一起，成為地區事業部 (Area Division)，並指定一位主管負責該地區作業之盈餘虧損目標。總部則保留人事、財務會計、研究發展、資訊科技等幕僚性服務工作，以支援各地區之直線作業單位，如圖 16-6 所示。

這種組織方式是大規模企業或是業務必須在各地區進行的企業所較常採用的方式，屬於地方分權式組織 (Local Decentralization)。總部把產、銷、採購之權責分授給四位地區副總經理，本身掌握企劃、控制、人事、財會、資訊之權責。

地區劃分部門方式是從功能式組織因多市場 (Multiple Markets) 原因演變而來，其主要目的為提高經營績效，詳細理由如下所述：

⑴利用地區性業務的某些經濟條件，如充分利用當地人力、地方特徵、地方資源等等。

⑵減少中央總部單位因不瞭解當地情報而做出錯誤指揮命令的決定。

⑶適應地區習慣、風尚、產品愛好、語言及氣候等等的差異。

＊總經理室有：總經理一人，執行副總經理一人，企控特別助理一人，四位副總經理，各領一個地區事業部，為利潤中心負責人。

圖 16-6　市場地區部門劃分方式 (Market Area Division Organization)

(4)降低多層呈轉核准所產生之作業成本。

(5)地區事業部為訓練將來獨當一面之總經理人才的最好場所。

(6)可建立地方性的商譽，獲取地方顧客的信心。

當然，以地區為部門劃分標準也有缺點。第一，若無有力之總部企控協調力量，各區易形成各自為政之分散局面。第二，若業務員負荷量不夠多及區域特性區分不顯著，則容易造成成本增加之後果。

（四）按產品 (Product) 劃分部門──是直線幕僚混合制

大規模多產品 (Multiple Products) 之企業首長常授權給某一產品事業部門 (Product Division) 的主管，使他能全權處理某一特定產品之一切行銷、生產、採購、技術、服務等業務，並負責該產品營運之盈虧目標（見圖 16-7）。這種方式不考慮市場地區之是否一個或多個，而只考慮產品之多角化管理，屬於產品分權式組織 (Product Decentralization)，此亦從功能式組織因多產品 (Multiple Products) 原因演變而來，其主要目的也是為提高經營績效。

＊總經理室有：總經理一人，執行副總經理一人。企控特別助理一人，四位副總經理，各領一個產品事業部，為利潤中心負責人。

圖 16-7　產品部門劃分組織 (Product Division Organization)

產品事業部分權式組織之優點如下：

⑴產品事業部門主管負有獨立計算盈虧之責任感，可促使上級做最大之授權，並培養將來獨當一面之幹才。

⑵同一產品事業部門內各機能單位的協調比較迅速、靈活、有效。

⑶各產品事業部門間可以互相競賽，各顯經營能力，帶給總公司目標最大貢獻。

⑷容易激勵士氣，建立全員創業精神。

產品事業部分權式組織亦可能有下列兩缺點：

⑴若無有力之總公司企控協調力量，則各事業部間各自分散，不成一體。

⑵若公司不夠大，無足夠之業務負荷量，則各事業部各有生產、銷售、採購、運輸等等機能單位，會增加成本。

（五）按顧客 (Customer) 劃分部門──是直線與幕僚混合制

此種方式是將為某一類顧客服務的一切工作者，都歸屬於同一部門，成為顧客事業部 (Customer Division)，受同一經理管轄，此乃依產品 (Product) 劃分部門的一種特殊例子，因產品不同，顧客可能就跟隨著不同。按顧客劃分部門可以迎合特定顧客類之需要，為顧客提供最高度的滿意服務（見圖 16-8）。

＊總經理室有：總經理一人，執行副總經理一人，企控特別助理一人，四位副總經理，各領一個顧客事業部，為利潤中心負責人。

圖 16–8　顧客別部門劃分組織 (Customer Division Organization)

採這種部門劃分方法的理由有三：(1)可迎合不同顧客群需求，應付競爭者之重大壓力。(2)各部門專門化，可適應顧客們各種不同的特殊需求與服務條件。(3)考慮市場區隔現象，如顧客的年齡、性別與收入等等，對未來銷路之開發幫助很大。

但這種方式也有缺點：(1)若顧客種類多，但數量少，則主管常須為顧客需求而給特別待遇，將使得協調發生困難。(2)若業務量不大時，則浪費人力、物力的可能性大，尤其是在經濟蕭條時期，某類顧客市場可能會近於消失狀態。

（六）按生產程序 (Process) 劃分部門──是直線幕僚混合制

在製造機構中，每每以某產品之物理或化學特性上之製程 (Process) 為部門劃分標準，尤其在機構的基層單位劃分更是如此（見圖 16–9）。

這樣做的主要理由也是為了經營效率，因按步驟而分工 (Division of Work by Process)，也是屬於「專門化」之應用，若每一步驟之生產及銷售之業務量足夠多，就可實行以生產程序為獨立計算盈虧之利潤中心身分之製程事業部 (Division of Process)，若業務量不夠大，則只能以工作為「成本中心」或「任務中心」劃分之單位。

＊總經理室有：總經理一人，執行副總經理一人，企控特別助理一人，四位副總經理，各領一個製程事業部，
為利潤中心負責人。

圖 16–9　按生產程序劃分法 (Process Organization)

（七）綜合性部門劃分法——最完全之直線幕僚混合性

以上所舉六種部門劃分標準，雖然可以單獨存在於某種規模及特性之企業組織，
但是在近代企業走向大型化、多角化、及多國化之潮流下，這些標準綜合應用於同一
企業體之不同層次中，乃已成為常態，而以「利潤中心」(Profit Center，指可以獨立
計算盈虧之分權單位) 之建立為優先考慮。如圖 16–10 所示，即是大企業集團之綜
合性部門劃分法。很明顯地，第一及第二層都可以成為「利潤中心」之事業部門，依
「產品」(Product) 及「製程」(Process) 為部門劃分標準。但此二層亦皆有幕僚單位
存在。至於第三、四、五層則依「功能」(Function)、「地區」(Area) 及「製程」而劃
分，但因其獨立計算盈虧之可能性很小 (因成本劃分不清)，所以不能不成為「成本」
中心 (Cost Center) 或「任務」中心 (Task Center)。至於行銷部門下之分公司，則係依
地區而劃分。第一、二、三層也都有幕僚部門依功能別而立，實為直線幕僚混合制之
最佳例證。

（八）矩陣式任務編組與機能式組織 (Matrix-Task and Functional Organization)

在單一工廠多種產品的中型公司，原用行銷、生產、研發、人事、財務、會計、
採購、資訊等機能為第一層分組標準，除總經理為利潤中心負責人之外，其他部門
皆為成本中心。此公司若推出五類產品到市場，各類產品之銷產量還不夠大到可以
各自設立一個工廠及一個行銷部來專門負責，成立利潤中心身分之產品事業部

圖 16–10　綜合性部門劃分法——最完全之直線幕僚混合制

＊集團總公司總裁室有：總裁一人，執行副總裁五人，各領一個產品事業部或子公司，另有資深副總裁管人事、財會、採購、研究、資訊等成本中心，特別助理一人掌企控功能。

(Product Divisions)，則可以在行銷部門下設立五個產品經理 (Product Managers)，充當此五類產品的「保姆」，連繫協調橫跨全公司各部門與此類產品之供、產、銷、人、材、物等等有關事務，使此類產品得到最佳照顧，在市場上表現優異，獲利節節日升，直到銷、產量大到可以，自設行銷自設工廠，自設研發等等單位，而達到「事業部」利潤中心，甚至獨立為一個法人子公司之身分。

此產品經理 (Product Manager) 或工程專案經理 (Project Manager) 就是在傳統機能式組織上之矩陣式任務編組，見圖 16-11 及圖 16-12。矩陣式任務編組的優點是機動調派有宏觀的專家資源，打破傳統本位主義，打破「見木不林」的可能缺點。任務完成，各成員即行歸建，任務一來，大家又集聚一起，完全以「任務」為生滅點。矩陣式組織之負責人，對成員有任務感召作用，無直接處罰作用，但卻是辛苦訓練獨當一面人才的好場所。有關矩陣組織之說明，請再參閱本章第七節。

五、幕僚輔助單位 (Staff Auxiliary Units)

在組織設計上，若將輔助或服務的幕僚 (Staff) 活動（如人事、財務、會計、採購、研發、資訊、總務等等）與主要直線營運 (Line) 活動分開，可獲得許多利益，例如⑴使主要作業單位能專心效力於前方行銷、生產等營運工作，不致因後方支援性雜務而分散了注意力；⑵使後方輔助服務的工作，也能專業分工，找到勝任合適的人，形成另一種規模經濟；⑶減輕已經很繁忙的主管次要的責任。

相反地，我們也常發現有不將幕僚輔助性業務從直線營運作業中分離的理由，例如⑴因若分開，將各自為政，平行協調上將增加困難及時間；⑵若工作負荷不夠多，硬行分開設立專人從事，將增加總費用；⑶因幕僚輔助單位處於後方，如此分離，容易造成輔助單位坐井觀天的褊狹想法，因而牽制前方之作業。

圖 16-13 是幕僚輔助服務單位在組織結構中的四種不同位置。A 為徹底分散制，A 圖的輔助單位分散配置於九個二級單位內，成為三級單位之一。B 為中度分散制，B 圖的輔助單位分散配置於三個一級單位下，成為二級單位之一。C 為完全集中制，C 圖的輔助單位集中於最高主管之下，成為一級單位之一，與其他三個直線單位平行。D 為集中分散綜合制，D 圖的輔助單位集中於最高主管之下，成為一個一級單位之外，在三個直線一級單位中，也設立三個二級輔助單位。

圖 16-11　產品經理矩陣組織 (Product Manager Matrix Organization)

圖 16-12　工程專案經理矩陣組織 (Project Manager Matrix Organization)

A. 徹底分散制

B. 中度分散制

（一級單位）

（二級單位）

幕僚輔
助單位

直線營運單位

C. 完全集中制

（一級單位）

幕僚輔
助單位

（二級單位）

直線營運單位

D. 集中分散綜合制

幕僚輔助單位

直線營運單位　　幕僚
　　　　　　　　輔助
　　　　　　　　單位

圖 16-13　幕僚輔助服務單位配置圖 (A, B, C, D)

■ 六、組織設計步驟及典型結構之結論

組織形成的目的是要達成企業目標，所以組織結構設計的第一步便是檢視企業的總目標及各層次小目標，然後再分析需要以何種工作 (Job) 來達成，並將每樣工作劃分成「動素」(Moving Elements) 來分析，以有效的一個或數個動素構成一項「作

業」(Operation)，集合一個或數個作業成為「工作」，集合一個或數個工作設立「職位」以配置人員，綜合數個職位而成「工作群」(Working Group)，最後將工作群依不同標準（如機能、產品、地區、顧客、製程、綜合、矩陣等）而形成各種「部門」。倘若有需要設立幕僚輔助之服務單位，則可加之於原設計的組織中，便成為直線幕僚混合之結構體。簡言之，組織設計的步驟可圖示如下：

1. 企業目標 (Business Objectives)

2. 細部目標 (Detailed Works Needed)

3. 動素 (Moving Elements)

4. 作業 (Operations)

5. 工作 (Jobs)

6. 職位 (Positions)

7. 工作小組 (Working Groups)

8. 部門劃分 (Departments)

9. 組織結構 (Whole Structure)

通常組織結構設計完成後，可歸為三種型態：

1. 直線式 (Line Organization)

從最高管理階層至最低作業階層，單線作業執行人員，人人負盈虧責任，沒有幕僚輔助之平行單位，指揮線單一嚴明，如圖16-14所示，適用於微小規模之企業。

圖 16-14　直線式

2. 功能性 (Functional Organization)

在最高主管之下，依分工專門化原則、企業功能別劃分部門，生產及銷售部門從事前線執行工作，研發、人事、財務會計、採購、資訊在後方從事幕僚輔助之支援工作，沒有一個部門人員能負盈虧責任，只能由最高主管一人負責。如圖 16–15 所示，只適用於小規模企業，由最高主管集權管理即可竟功。

圖 16–15　功能式

3. 直線—幕僚式 (Line-Staff Organization)

在最高主管之下，有獨立負盈虧責任之直線單位，也有不負盈虧責任之幕僚輔助單位，此為前兩種型態之綜合，適用於較複雜業務及較大規模之機構。如圖 16–16 所示。

圖 16–16　直線—幕僚式

我們既已瞭解組織設計的步驟及可採取之型態，在此可將組織設計時應考慮的因素做一總結性列舉：

⑴企業產品技術特性之「高」、「中」、「低」、「無」程度（產品特性原則）(Product Characteristics)。

⑵公司規模大小（規模原則）(Scale)。

⑶專技知識與專門化人員之利用程度（分工專門化原則）(Division and Specialization)。

⑷平行單位間協調之需要程度（協調合作原則）(Coordination and Cooperation)。

⑸主管控制之難易程度（主管能力及精力原則）(Leader Capability)。

⑹應得到較充分注意之工作，則該置於較高層次（重點原則）(Focus)。

⑺費用支出之多寡（成本原則）(Cost)。

⑻人性因素（激勵原則）(Motivation)。

我們在從事組織設計時，應在上列各因素間求得最平衡有利之組合，俾能有效達成企業目標。

第四節　組織結構之權責關係──縱的連繫 (Authority and Responsibility──the Vertical Relationship)

一、管理幅度 (Span of Control)

隨著公司銷產業務的成長，經理人員本身的工作負荷會逐漸加重，所管轄的部屬人數也會增加，當到達某一程度時，他便無法及時及有效處理所有的銷、產、發、人、財、計、組、用、指、控等有關的管理工作，成為「管理幅度」不能太大的問題。由於先天上有這種管理幅度不能太大的限制，所以經理人員勢必得將一些原來由自己做的工作授權給部屬去處理，所以也就產生了主管與部屬間的「權責」(Authority and Responsibility) 保留與分授的關係。

一般而言，影響一位經理人員管理幅度廣狹（即管轄多少位部屬）的因素，包括該主管人員的⑴「時間與注意力程度」(Leader's Time)，⑵「個性與精力程度」(Leader's Energy)，⑶「知識能力程度」(Leader's Ability)，⑷「部屬自動自發的程度」(Subordinate's Self-Motivation)，⑸「工作目標的明確性」(Clarity of Objectives)，⑹「工作地點集中或分散程度」(Work Location) 等等。

當主管能力高強，精力充沛，善用時間，分配給部屬的工作目標清楚明確，部屬自動自發能力強，主管與部屬工作地點接近，則一個主管可以多管轄一些部屬，如 10 人左右；否則，就要少管一些人，如 3～5 人。當管越多人時，就要多授權。

傳統的觀念，認為理想的管理幅度是 8 至 10 人，如一個班長管十個班員。現代的觀念，認為理想的管理幅度不在於人數的多寡，而是在於信息溝通速度及單位績效的高低，採取「扁平」式及「聯網」式組織結構之管理幅度，可以大，大到管理效率開始下降之時。無疑地，上級人員之管理幅度大多小於低級人員之管理幅度，

班長可以管十個班員，但總經理不可以管十個副總經理。

二、責任 (Responsibility)

因為有「組織結構」及「管理幅度」之現象，所以才有「職責」及「職權」之對應關係。當部屬在職位上從主管手中接受某項工作「目標」或「任務」後 (Objectives or Duties)，他便負擔了若不達成該目標（或不履行該任務）便須接受某種有形或無形責罰 (Penalty) 之覺悟。所以因職位而來的「責任」(Responsibility) 二字可解釋為「責」罰與「任」務 (Penalty and Duty)，隱含著某職位的人「應該採取什麼行動」(What Activities) 以「達成何種目標」(What Objectives) 的意思。

「責任」的重心是「義務感」(Obligation)，即屬員在接受上級任務（目標）指派後，等於對上級有了道義上的「承諾」(Commitment)，答應在某段時間內完成某種任務。所以這種「有義務」的感覺，常和每個人的態度 (Attitudes) 緊密關聯。若企業內成員們皆「有義務」去完成某種任務，不止不休，就是企業成功的最大無形動力。俗云:「權力可以不享受，但義務不能不盡。」有責任心的人就是有義務感的人，就是「知恥」的人（即知若不成功，就須受責罰），而「知恥近乎勇」，所以有責任心的人也就是勇敢的人，企業越成功就是靠越多的勇敢的人來達成創新性、突破性目標。在東方，責任心的最高表現就是「武士道」精神。「武士」若承諾一件任務，一定千方百計、肝腦塗地去完成，若完成不了，就以「切腹自殺」來洗刷失敗的羞辱感。

三、權力與責任 (Authority and Responsibility)

「責任」是因職位目標而來，所以稱「職責」，而「權力」是因要方便完成職位責任，而由上級授予的用人權，用錢權，做事權，協調權等等，稱為「職權」。所謂「權力」或「權威」是指能影響他人行為之「力量」(Influential Power)，其形式有多種，包括命令 (Order)、勸告 (Advice) 及資料情報 (Information) 等。一般認為，權力是建立在社會意識及社會制度之「接受」(Acceptancy) 基礎上，比如私有財產「制度」、政府「法則」、民主「憲法」，以及人們長期以來所建立的仰賴領導者的「習慣」等等，這些概念的含意要被社會團體的成員所共同接受，才有影響力，否則一方要求，另一方不接受，皆無影響力。

在一個組織中，職位權力之大小，由下而上，往往成為一個倒立金字塔形，亦即上面主管權力大，下面主管權力小。權力是因為要執行責任、任務才有的工具，

所以責任是因，權力是果；沒有責任就不應該有權力，否則會造成「有權無責」之浪費現象。權力也是組織體的接合劑，靠著它，組織各層次方能順利運作，達成目標任務。

　　一個職位的權力影響範圍也有其限制，不是無限制擴張，譬如有⑴生理限制，⑵物理限制，⑶公司政策規定的限制，⑷社會制度的限制，⑸技術水準的限制，⑹經濟條件的限制，⑺法律的限制，⑻人們意見一致性及接受性的限制等等，所以在日常執行任務時，多用協調溝通，自動合作，盡量少用命令性之權威、權力，因為多用權力，等於多用成本，多碰到限制。

　　在理論上，「權力」與「責任」(Authority and Responsibility) 應當相稱。因為權力是用來達成責任的工具手段，「工欲善其事，必先利其器」，但在實務上，往往有許多「權責不相稱」的不合理現象，不是「有責無權」，就是「有權無責」，所以與其光說「權責相稱」，倒不如對上級說：「責任、權力與義務彼此緊密相依，在計劃時應周詳地把它們聯結起來，不可分離。」但對屬員，則說：「應在既定之工作條件及權力範圍內，盡最大的可能完成責任。」一個公司的成功，是靠更多人完成更多責任，而不是靠更多人爭奪動用更多的權力。權力越下授，責任就越衍生，公司就越會成功。權力越不下授，責任就衍生不出來，公司就越不會成功。請見表 16-2 權責衍生表。

表 16-2　權責衍生表——範例說明

組織層次	(1) = (3) + (4) 得　權	(2) = (1) 責　任	(3) 留　權	(4) 授　權	(5) = (2) 留　責
1. 股東大會	100%	100%	5%	95%	100%
2. 董事會（董事長代表）	95%	95%	5%	90%	95%
3. 總經理	90%	90%	10%	80%	90%
4. 副總經理	80%	80%	10%	70%	80%
5. 部門經理	70%	70%	10%	60%	70%
6. 課級經理	60%	60%	10%	50%	60%
7. 股級經理	50%	50%	20%	30%	50%
8. 班長	30%	30%	20%	10%	30%
9. 作業員	10%	10%	10%	0%	10%
合　計		585%	100%	八層授權	585%

說明：

第一、此公司若實行高度八層授權，則全公司之用人權、用錢權、做事權、交涉權、協調權等等權力為 100%，但依「權責相稱」及「授權留責」原則，此公司從股東大會到作業員九級人員，可以衍生 585% 的責任，人人盡責，公司就會越成功。

第二、若此公司實行高度集權，把權力掌握在股東大會（投資者金主手中），不下授董事會等等下級，則此公司之權力為 100%，責任也為 100%，沒有衍生責任，人人等著金主老闆臨時指揮，不得命令不會自動，所以公司成功的機會很小。

第三、從股東大會到作業員九級組織層次中，越實行授權，同時授權幅度越大者，其責任衍生幅度越大，把每位員工的工作目標任務緊緊鉤緊，大家依目標任務及權力之配屬，自動自發工作，不必等上級臨時指揮命令，就已經按部就班推動工作，公司成功之機會自然很大。所以，越授權，越有責任心，越會成功。

　　一個主管的「權力」可以下授給部屬，也可以收回 (Delegation and Relegation)，但一個主管的責任與義務是絕對無法下授給部屬（即應「授權而不授責」，或應「授權留責」），否則人人「授權又授責」，主管把權力下授給部屬，也把責任推下去，等公司發生錯失時，將找不到真正負責的人來責罰了。

⊞ 四、授權原則 (Principles of Delegation)

　　「授權」(Delegation) 是指上級人員將有關用人權、用錢權、做事權、交涉權及協調權等等之決策權事前配合工作目標（任務）之需要給予部屬，以節省部屬臨時請示所可能耽擱之時間，爭取效率，達成目標。主管人員授權時應當盡量避免⑴「不明確」(Unclear)，⑵「不完整」(Incomplete)，⑶「不真實」(Untrue)，⑷「不信賴」(Unreliable)，以及⑸授權程度與預期之工作負荷「不配合」(Uncompatible) 等等不良情況。

　　以下原則可以改正不少日常授權時所患的缺點：

　　⑴明確定義原則 (Principle of Clear Definition)：對一項職位或是一個單位所預期的成果界定愈明確，工作事項愈具體，以及對所授權力之範圍與其他單位聯繫關係等項，愈能詳細予以規定，則執行操作人員愈能對企業目標的達成有貢獻。

　　⑵層遞路線原則 (Principle of Clear Approval Procedure)：愈能把權力起授點至各單位的傳遞路線解說清楚，就愈能使抉擇容易，意見溝通流暢。

　　⑶權力下授原則 (Principle of Power Localization)：在任何一組織階層中，為了使公司能發揮效力，所以各層級地點都應具有某種權力，以便當時或當地做抉擇。

　　⑷統一指揮原則 (Principle of Unity of Command)：愈能使某一工作人員只向一位上司負責，則愈不致有矛盾的命令發生，而員工也愈能有確切的責任感。

　　⑸預期成果與授權一致原則 (Principle of Result and Authorization Consistence)：

授權的目的，在於促使接受權力的人能夠貢獻心力，達成公司目標責任，所以授權的範圍應儘可能與工作成果相配合。

(6)責任絕對性原則 (Principle of Absolute Responsibility)：本身因職位而獲得上級授權而告產生之責任（權責相稱），不能因自己再行將權力授予下級，而連帶地把責任也移轉給別人。換言之，上級授權時，只是指派任務要求部屬協同達成目標，而不是完全把責任也「推卸」出去。目標與「責任」一發生在某人身上，就絕對存在，不會因授權而減少。亦即「授權不授責」，「授權留責」。

(7)權責相稱原則 (Consistence of Authority and Responsibility)：權力是達成目標的手段力量，而責任是達成目標的承諾，所以兩者大小應當相稱，不只應同時存在，也應大小相等，不可「有權無責」，也不可「有責無權」。「有權無責」會造成浪費及不公平；「有責無權」則無法推動工作，浪費時機。

總之，主管之所以應擁有使用資源之權力，只是為方便他能建立一個有利的工作環境，以導引部屬達成組織目標，所以，主管運用權力是為了「開創」、「創新」，而不是為了「束縛」、「守舊」。

一個公司的組織結構上之職位都應有「職責說明書」(Responsibility Descriptions)，包括董事會、總裁（總經理）、副總經理、特別助理、部門經理、各課課長、各組組長，以至班長及作業員等等職位。同時，各職位在不同工作科目上的用人權、用錢權、做事權、交涉權、協調權、報告權等等之權限大小，以及「提議」(Propose)、「審查」(Screen) 及「核准」(Approve) 三級制之程序，都要以「核決權限表」(Authorization Chart) 方式訂明，經董事會通過，而實行「授權」之「例內管理」活動。

第五節　幕僚 (Staff)

一、幕僚的概念 (Concept of Staff)

「幕僚」的工作是指在管理工作中，不在執行的指揮線 (Chain of Command) 上的部分，例如行銷、生產、研發是直線，企劃─控制、人事、財務、會計、採購、資訊、總務等是幕僚。換言之，幕僚是指「幕後」的僚屬，用來支援「幕前」或「前線」的人員。所以幕僚的工作大多為共同服務性 (Services)，建議性 (Suggestions) 及資料回饋控制性 (Information Feedback) 之類。幕僚通常可分為「專家幕僚」(Specialized Staff) 與「普通幕僚」(General Staff)。專家幕僚提企劃─控制人員，以其專門知

識從事資料的蒐集研究、計劃的擬定與建議,以及各種對策利弊的分析,提供指揮線上主管人員決策之參考。一般幕僚則幫助指揮線上主管人員處理一般有關人事、財務、資訊、會計、採購、總務等等事項。

二、幕僚與各級主管之關聯

大體言之,當幕僚的人員應具有下列特性:

⑴當主管的代表,但不僭越主管的職權。

⑵為使其意見構想能被接受,常須仰賴「說服力量」(Persuasion),而非「命令力量」(Ordering)。

⑶常須有心理準備,隱抑自己的人格特性(特殊脾氣)和對榮譽令名的追求。

由於幕僚並不在指揮線上,往往無法直接進行自己構思,令人有「壯志難伸」之憾,為了補救此種先天上的缺點,同時在發展組織規模的成長過程中,必須有幕僚協助,方能提高組織整體效率,所以有些公司設定下列三種規定,以加強幕僚的作用:

1. 幕僚強制諮詢權 (Compulsory Staff Consultation)

即規定在採取某些特定行動之前,直線主管人員一定要諮詢同級幕僚人員的意見,方能執行,不管幕僚人員是否同意直線主管人員的意見。也可要求每一幕僚單位定期對某事件之強弱點提出意見報告,供參考之用。這些意見都要留下紀錄,供更高一級單位的查核。譬如各地天主教會的組織,以神父為主持人,以上級教會指派之長老為顧問,神父要做大決策時,必須取得各地教會長老的諮詢後,才能做大決定,否則其決策無效。

2. 幕僚同意權 (Concurring Authority)

此權比幕僚強制諮詢權為強烈,即對某項作業,主管人員必須獲得同級幕僚人員「同意」方能執行。幕僚若不同意時,則不能採取行動。例如公司總經理必須取得上級派來之財務長同意,才能調動資金。當然,此種幕僚同意權會使得直線作業費時失效,但也提高某些作業的安全度。在本質上,幕僚同意權是對直線主管執行權的牽制,所以其應用範圍不能太廣,否則前線主管作業人員將變成「有責無權」之人,最後會導致整體機構運作無效,而告滅亡。許多政府行政機構及公營事業管理患此毛病者甚為普遍,所以其效率無法充分發揮。

3. 幕僚專有權責 (Functional Authority)

此權又比幕僚同意權更為強烈,即對某些事件,幕僚單位之主管能夠直接以其

名義指揮其單位內人員或下級直線單位的人員，而不必再透過對上級的建議才能遂行其意願。例如集團企業之保險、資金調度、勞工政策等，有集團一致性，子公司總經理必須尊重集團幕僚專家。通常幕僚單位主管的專有權責不能太多，否則等於變「幕僚」為「直線」，變「直線」為「幕僚」，顛倒順序，等於自找失敗之道。幕僚單位的專有權責以服務性小事件為多，大多不涉及公司重大事件。

三、使用幕僚的限制 (Limitations of Using Staff)

幕僚單位的設立原為企業成長過程中所必需者，其設立的最後目的是幫忙企業有效追求目標之達成，而不是為「幕僚」而「幕僚」之形式主義。一般而言，幕僚單位設立之後，在實際應用上，有不少限制作用：

1. 容易阻礙直線單位之執行權

銷產業務執行人員對幕僚人員通常都存有懷疑，因幕僚常擴大其「同意權」及「專有權責」之解釋範圍，認為他們對前線銷產業務之執行有阻撓的權力，此為最大的誤解之一。所以為了整體效率著想，最高主管人員不應允許其主要執行主管的職權受到幕僚的侵犯，否則降低整體經營成效，等於自找麻煩，為極不智之行為。政府機構及國營事業的幕僚最容易阻礙直線單位的執行權，使國營事業變成多頭馬車，甚至「五馬分屍」的管理局面。

2. 幕僚人員經常缺乏責任感

因為幕僚的本質是服務及建議，沒有具體可衡量之成果指標，沒有承受銷產執行失敗的責任，所以在日常行為上，容易培養「多出意見，以求安全」，而不太考慮直線單位受多餘意見干擾後執行後果的情況，以致失敗時，直線與幕僚推諉責任的現象很普遍。

3. 憑空臆測

幕僚制度雖能激起研究與計劃者的想像力，但若不能保持與外界接觸，吸收新知識、新情報，並具有專業知識及能力，則甚易墮入憑空臆測，不切實際之陷阱，不僅無濟於效率之提高，也易招致直線人員的暗中看不起心理。

4. 易致管理糾紛

因在實務上，「幕僚專有權責」常難避免發生，所以在企業組織內，要求絕對的「統一指揮」現象很難達成。

▣ 四、使幕僚發揮功效之方法 (Effective Ways of Using Staff)

從以上分析，可以發現現代企業大型化的經營，非有幕僚單位之出現不可，可是幕僚單位設立後，又有如許缺點限制，所以如何使幕僚發揮功效成為最高主管人員的一大挑戰性工作。以下五點可供參考：

1. 充分瞭解各種權責的關聯方式

幕僚服務及直線執行權責是兩種不同性質的權責關係。每一部門之每一級主管人員以及每一位員工在執行任務時，都應先瞭解他是以「幕僚」(Staff) 的身分，還是以「直線」(Line) 的身分在從事工作，能認識自己的角色，方不致侵犯他人，因而促使團隊和諧，有效達成目標。

2. 促使直線執行人員虛心聽取幕僚意見

如果企業組織結構設有幕僚單位，常表示確必有借重之處，所以直線執行人員應虛心參詢其意見，倘若不願或不能如此做，則不如取消幕僚，以節省成本。

3. 使幕僚能充分蒐集情報訊息

成為真正「專家」，方能發揮其高人一等之分析、綜合能力，協助直線作業做較佳決策。

4. 負責做到完整參謀作業 (Completed Staff Work)

真正能得到上級主管稱讚及得到同輩人員欽佩的幕僚是那些能負責做到「完整參謀作業」的人員。所謂「完整參謀作業」應當包括：對特定問題之全盤考慮分析，以及明確之對策建議；並且應把一切有關文件有順序地彙集一處，使主管人員不必再加研究，或集會商討、或其他整理工作，就能做抉擇。當建議被採取之後，完整的參謀作業尚應當有一套有效的方法使之能立即推行。雖然有很多小事件並不值得做到完整參謀作業的程度，可是這種觀念應是所有自命為傑出幕僚人員所須具備。

5. 使幕僚工作成為組織生活的一部分

幕僚工作是為直線業務而存在，雖然幕僚人員可以與直線執行人員輪調職位。只要是當幕僚人員永遠不能就自己的某項意見而居功。幕僚人員為了要使別人同意自己的意見，需要不斷地使直線主管瞭解自己的建議。幕僚人員也應先求得他同僚的信賴，才能發揮所長。幕僚人員應當與直線業務單位保持連繫，認識其主管與其幕僚，也應瞭解其困難。幕僚人員應使別人瞭解他的工作是為了直線執行人員的利益而存在，並且記住要多貶抑自己而讚譽別人。當直線執行主管人員凡事願意自行上門請教時，此幕僚人員就成功了，而企業整體經營績效也會提高。

第六節　委員會 (Committee)

一、委員會的性質 (Nature of Committee)

「委員會」(Committee) 為集體行動之組合，與個別職位 (Individual Position) 相對立。委員會有時會發揮所有管理功能（計劃、執行、控制）；有的是做計劃抉擇；有的只對某項問題做腦力激盪式之考慮，而無權力決定；有的有權做抉擇並向上級主管建議；有的只負責搜集資料，及協調意見，既不做決定，也不做建議，更不執行。委員會可以設在最高主管（總裁、總經理）之下，也可以設在事業部門（利潤中心）或一般部門（成本中心）主管之下。

委員會可以是直線執行單位，也可以是幕僚建議單位，完全依上級主管所授予之權責而定。

委員會尚有「正式」(Formal) 與「非正式」(Informal) 之分。若視之為組織結構之一部分，並授予特殊職務或權力時則為正式性；若在組織結構上並無特定的地位及權責，通常只為處理某一問題而集合若干人研討辦法，則為非正式性。此外，正式或非正式委員會都可能是長期性或臨時性，依存在時間之長短而異。

二、委員會組織的種類 (Types of Committee)

集眾人而形成之「委員會」，可依管理職能或權責種類而劃分。

㈠按所賦予的管理職能種類區分

⑴企劃決策委員會 (Planning and Decision Committee)：握有決定企業經營目標策略及具體執行計畫之職權。此常為公司的最重要的集體領導組織。

⑵協調委員會 (Coordination Committee)：以協調各部門關係為任務，並不負責計劃，亦不控制。

⑶控制委員會 (Control Committee)：以測定企業是否按照預定計畫而進行為任務，既不在事前參加計劃，也不在執行中間充任協調角色，只在事後測定完整目標之程度。

㈡按所賦予的權限關係區分

⑴企劃決策委員會 (Planning and Decision-Making Committee)：握有決定企業目標政策、方針（方略、戰略）、程序、辦事細則、工作方案等計劃性活動之權限，類

似立法院。

⑵執行委員會 (Executive Committee)：握有執行計劃或處理偶發問題的權限，類似行政院。

⑶調查委員會 (Investigational Committee)：對某專案事項進行調查、分析及提出建議供政策計劃之用，為深入研究型之委員會。

⑷諮詢委員會 (Advisory Committee)：可供上級主管人員質詢請教，提出各種意見及資料，為顧問專家型之委員會。

⑸情報委員會 (Informational Committee)：對重要政策及方針進行部門間情報交換，以謀求協調一致的意見，為資料交換型之委員會。

三、運用委員會的理由 (Reasons of Using Committee)

委員會是組織結構上的特殊單位，有別於為數眾多的「個人」職位 (Individual Positions)。使用委員會之理由有八：

⑴集思廣益 (Ideas Collection)：集會可方便彼此間之口頭交流，由之可激發與會人員的思想與觀念。

⑵預防權力集中 (Prevention of Over-Centralization)：委員會被廣泛運用的另一理由，是避免某人攬括過多權力，形成獨裁局面。

⑶代表不同權益組合 (Representation of Interest Groups)：委員會可挑選代表各利害關係一致之集團的人在一起，使各權益組合都有發表意見的機會，以求得人和之利。

⑷計劃與決策的協調 (Coordination of Planning and Decision)：委員會可使各有關部門對全盤計畫內容早點認識，並瞭解自己單位應擔當的任務，同時也使各人在最高主管下決定之前，都有表達意見以修改計畫草案的機會。

⑸有利傳達訊息 (Effective Communication)：所有單位所面臨的問題或計劃，都可以在委員會中讓其他部門知道梗概，最高主管的決策與指示也能同時公布周知，並且也能使人有質疑的機會。

⑹團結原已分散的權力 (Consolidation of Dispersed Authorities)：各層主管在實施某一項計畫時，常常都只得到所需權力的一部分，此乃通稱的「權力分割」現象。雖然良好的組織應是按各級主管的目標及責任大小授予相對稱的權力，然而在實際上，並非任何事項都能做到此種程度，而是必須運用該負責單位以外的權力來處置才能竟功。處理此類問題之一種方法就是逐級「上呈」請示，一直到達有權做決定的階層為止。層層上呈請示的作法，往往使一切事務都集中到最高主管（總裁）身

上，其勞累及無效程度可想而知，若能成立委員會，將各有權力之單位主管集合在一起，運用綜合權力快速處理那些需要上呈請示之事件，就能不必層層轉報，公文旅行到總裁桌上去了。

(7)使人參與意見而生鼓勵作用 (Encouragement of Participation)：委員會可讓不同意見的人參與，而參與意見的人自然有受重視的感覺，產生鼓勵作用，對那些本來有不同意見的人，在集體意見的壓力下也會自動讓步，忠實執行決議。

(8)避免採取某項行動 (Avoidance of Taking Actions)：委員會雖有許多優點，但其特點便是開會，很浪費時間，也很難使大家獲得一致同意，如此若不贊同某一事件，可將之提列委員會，讓大家表示紛歧意見，反可成為緩兵之計。

■ 四、委員會的缺點 (Disadvantages of Committees)

委員會的優點已列舉於上，但它也有缺點，值得認知：

(1)浪費 (Wasting)：集很多人開會是浪費時間與財力的行為。

(2)最低品質 (Low Quality)：如果對某件事大家各有意見，經過冗長商討之後，最能為大家所共同接受的，往往只是最低的要求，而非最高品質。如果委員會只是大家聚一聚，或是只藉以傳達訊息，最後抉擇仍由主席來做，則此缺點可完全消除。

(3)不能做決斷 (No Decision)：需要快速決斷的事件，絕不能用委員會方式來做，因委員會的本質之一就是「緩慢」。

(4)自行毀滅的趨勢 (Self-Destruction)：委員會之不能做決斷，常會給予主席或是某一位強有力的委員操縱一切的機會，使委員會失去原意，走上毀滅之途。

(5)分散責任心 (Unfocus of Responsibility)：因委員會的決定是集體的決定，所以若該決定事後證明是錯誤的決定，則各委員在心理上及實際上，都有「不是我單獨可負責」之感覺，把責任心分割、分散，沒有比委員會為大者。

(6)少數人有否決權 (Minority Veto)：委員會原是企望能獲得大家一致或是近乎一致的決議，若有少數人堅持不同意之己見，則決議無法下達，則變成少數人的地位大為增強，使他們有「以寡制眾」的否決權！

(7)不易保守祕密 (Unconfidential)：委員會是最公開，最容易溝通意見的地方，所以常無法保守祕密，因之真正需要守密的事件，不宜在公開之委員會討論。

■ 五、委員會組織的利用場合 (Applications of Committee)

管理學家鄂威克 (L. Urwick) 曾依各管理功能別，把適合於委員會組織或由委員

會組織推行較易收效的工作，與由個人推行較易收效的工作，做程度上的分類，如表 16-3。

表 16-3　委員會與個人有效處理事件調查表

事件性質	1.委員會有效，個人無效	2.委員會有效，但個人更有效	3.個人有效，但委員會更有效	4.個人有效，委員會無效
細　　察	10 (%)	20 (%)	50 (%)	20 (%)
調　　查	30	20	20	30
政策決定	40	40	20	–
組　　織	–	20	30	50
人事任免	50	50	–	–
材料準備	20	20	20	40
執　　行	10	20		70
控　　制	50	30	–	20
傳　　達	20	10	20	50
仲　　裁	100	–	–	–
預　　測	10	10	40	40
計　　劃	20	30	30	20
協　　調	50	–	–	50
訓　　練	30		20	50
命　　令	40	40	–	20
檢　　查	20	–	20	60
監　　督	20		20	60
規　　律	20	30	30	20
指　　導	–	–	–	100

依表 16-3，仲裁、協調、人事任免與政策決定，可從委員會獲致較有效的實施成果，而組織、執行、傳達、協調、訓練、檢查、監督、指導等工作，則以個人處理較佳。

另一管理學家紐曼 (W. H. Newman) 將委員會的運用，分為有利與不利的條件如下：

(一)有利於配置委員會的條件

(1)為獲致健全結構，有必要集合各種廣泛情報時。

(2)決定極重要事項，有必要由多數有能力的管理者共同綜合判斷時。

(3)為使決定事項能有效實施，有必要讓大家將決定事項完全瞭解時。

⑷為了確保協調，必須三個或三個以上部門業務互相配合時。

㈡不利於配置委員會的條件

⑴必須力求敏捷性反應時。

⑵決定的事項並非特別重要時。

⑶有能力的委員難以求得時。

⑷問題並非屬於決策問題，而屬於執行問題時。

總而言之，有關⑴策略計劃，與⑵協調與裁決等事項是最適合委員會的工作，而需敏捷性反應的問題、非屬重要事項之決定及執行與監督等工作，則由個人執行較為適當。

第七節　矩陣式組織 (Matrix Organization)

一、矩陣式組織的意義 (Meanings of Matrix Organization)

當一個機構在功能式組織型態之下，為某特別任務，無法分派給原功能組織單位負責時，另外成立任務專案小組 (Task Force or Project Team) 負責之，二者（功能與專案）相互配合運用，在型態上有「行列」交叉之式，便成為矩陣式組織 (Matrix Organization)。當公司的競爭性越高及創新業務越多，則矩陣式組織就更需要。

專案小組是由一組人員所組成，通常這些人來自原機能組織中不同專長之部門。這些各具專長的人員在專案小組內，必須密切配合，才能完成專案的目標，而當目標完成後，也就表示該專案小組的結束，人員分別歸還原建制單位。一般而言，專案小組有一位專案經理或主持人 (Project Manager or Leader) 來負責全盤計劃、執行，及控制工作。就專案小組而言，此負責人對專案工作人員係居於上級領導的地位；對原組織的專長功能部門而言，則此專案主持人往往是屬於直線經理 (Line Manager)，而其他功能部門的經理，則成為支援他達成目標的幕僚經理 (Staff Manager)。

各專長部門提供工作人員給專案小組，並且須對專案經理負責，或對其提供幕僚作業。參與專案之人員，在橫斷面，必須在該專案存在時間內接受專案經理的命令，但在縱斷面，他又隨時須受原部門主管的管轄，因此他便有二個上司。在此種情況下，可能發生摩擦現象。但是管理學家柯力蘭 (D. I. Cleland) 卻認為此種可能發

生的摩擦，反而可促使提煉較佳的決策品質。

■ 二、矩陣式組織的基本架構與性質 (Structure and Nature of Matrix Organization)

正如上述，矩陣式組織乃兼取功能別劃分及產品別劃分，或任務導向 (Task-Oriented) 的長處，綜合而成的行列式組織型態，其基本架構可如圖 16–17 所示。

圖 16–17　矩陣式組織的基本架構

矩陣式組織又稱為多面式組織 (Multidimensional Organization)。其最大特點是能使一群經驗不一、背景不同，但有能力的人，在極短時間內發揮出綜合功效。在矩陣式組織下，各專長人員相互信賴，全心全意投入力量的行為，一反傳統的觀念認為無人可同時在兩個主管下有效工作。此作法認為只要能清楚劃分主管人員的任務界限，員工也有高度的自我規律能力，則工作執行人員在多線的領導下，將會充分發揮潛力，把工作做得更好。

■ 三、矩陣式組織的優劣 (Advantages and Disadvantages of Matrix Organization)

(一)優點 (Advantages)

(1)專案小組強調將各機能部門之專長人員的貢獻，在小範圍內統合起來，朝向具體目標努力。

⑵因為專家本來就儲存於各機能部門中，矩陣式調派可以使整體人力的運用顯得相當有彈性。

⑶各工作人員之經驗及知識可由一個專案轉移至另一個專案，充分利用知識經驗。

⑷當專案不再需要存在時，工作人員可返回原機能部門，節省人力。

⑸對於工作要求及顧客要求的反應比較直接而快速。

⑹專案管理 (Project Management) 的目標集中特性可以保留給許多人。

⑺專案小組與機能部門間的衝突可獲上級主管的協調解決。

⑻在矩陣式組織中，原機能組織的優點仍然存在。

⑼可使整體組織體動態化營運，提高士氣及效率。

㈡缺點及補救方法 (Disadvantages and Remedies)

⑴共同上級主管必須隨時注意機能部門與專案小組間權力的平衡，以免任何一方遭到侵蝕。

⑵對於時間、成本及效率間之平衡及衝突，必須特加注意，以使各項活動皆有效率及效果。

第八節　組織動態化及扁平聯網發展 (Dynamic and Flat-Network Organizational Development)

一、企業環境瞬息萬變 (Changes of Environment)

近年來影響企業環境變化之原因很多，可以歸為下列五點：

⑴科技創新快速，產品生命週期縮短，競爭壓力的加強。

⑵各國經濟自由化（管制法規鬆綁）以及各國企業經營國際化及多國化趨勢甚烈，尤其 WTO 形成，各國保護措施開放。

⑶企業間購買與合併越演越烈。

⑷資訊技術革新加速，全球網際網路形成，各公司內部管理電訊電腦化、無紙化、自動化。

⑸垂直分工成長趨勢急速，垂直整合及多角化趨勢放緩。

在總體環境急遽變動中，企業為求生存及成長計，企業組織發展亦應動態化，不可靜態化 (Dynamic, not Static)。

二、組織動態化的要義 (Key Meanings of Dynamic Organization)

「組織動態化」之意義為在大環境、顧客市場、供應市場、競爭態勢以及科技水平等等都在因時變動中，公司目標、公司策略以及公司組織結構及管理作業制度，也都必須隨之而動態調整。組織動態化必須具有下列兩要點：

第一、在經過合理動態調整設計的組織中，應有一套職能責任分配制度以及貫徹全公司的目標管理行動方案的方法，並且在各職位上配置適才適所的人才。

第二、今日企業所面對之時間及空間環境，有瞬息萬變之勢，如果組織層次結構、部門間作業程序及部門內辦事規則等，一年半載固守老舊時，極易造成組織運作的硬化，有害目標之達成，而難以應付今日 Internet 及 Intranet 之巨變挑戰，終將被淘汰，所以為應付激變的環境，組織結構及職責分配應具有彈性與機動性，並應朝向「層級扁平化」(Flat Structure) 及「部門溝通聯網化」(Internet-Intranet Communication Network)。

換言之，當環境變化 (Environmental Changes) 時，企業經營目標及策略亦應跟隨變化 (Objective-Strategy Changes)，所以組織結構也應變化 (Structure Changes)，職責分配及意見溝通網路，亦應合理調整，此種連帶性動態變化現象，稱為 ESS (Environment → Strategies → Structures) 動態變化哲學。

三、動態化組織結構之條件 (Conditions of Dynamic Organization)

為應付環境的變化，企業組織結構應具動態化之性格。此意指當有新的內外在重大事項發生時，公司應有適當單位，⑴能迅速地掌握正確情報，⑵擬定新的對策 (Decision-Solution)，⑶進而即時執行 (Implementation)，以避免危機或抓住機會。為了達到這種快速應對之境界，動態的組織結構必須具備下列條件：

⑴企業決策點盡量放到接近可能發生事件的組織層級處所 (Decision Authority Close to Event Location)。

⑵緊急決策時，應盡量避免由上司或其他平行管理人員所帶來之遲延性干涉 (Avoidance of Delayed Intervention)。

⑶重視正確充分而迅速的情報 (Fast, Enough and Correct Information)。

⑷對於例行事務 (Routines) 之處理，應彙編成一定的標準處理程序及手冊，授權各單位自動處理。

換言之，理想的動態組織應能具備上述四條件，若以正式企業管理的術語說，

它應：

(1)實施「目標管理—責任中心」體制之分權管理，而非事事請示中央之集權管理。

(2)給予真正負責任之中下級決策者，在處理機動性及緊急性事務時所需之充分權力 (Full Authority Delegation)。

(3)力求情報傳遞路徑的縮短與客觀報告制度的建立 (Fast and Objective Information and Reports)。

(4)徹底實行所定各部門管理作業程序及辦事細則，使一般中下級成員從事百分之八十以上之例常（或例內）決策，讓高層管理者集中注意力於百分之二十以下的重大例外事項的失策 (Management by Rules and Management by Exception)。

四、新的組織型態 (New Patterns of Organization)

(一)脫離靜態機械式組織觀 (Dynamic vs. Static)

以往的人均以某一產品、技術、市場之事業單獨隔離存在的立場來考慮組織結構問題，並且假設大環境及供應、競爭、及顧客市場持久不會變化，所以此種組織理論可稱為「靜態的組織理論」(Static Organization Theory)，其公司內部各部門之組織設計也是依此為基礎而做嚴密垂直及水平分工，以及層層架疊之設計，如同大機械傳動齒輪體系一樣，此即所謂「機械式組織觀」(Mechanistic Organization Theory)。

其實企業的產品、技術、市場交叉變化，不可預測，所以企業組織結構體不可能單獨永久存在不變，因它是生存於百千萬種產品技術行業之整體相互關聯的經營體系，與廣大而變化莫測之大環境內。所以企業組織結構乃是許多不同時、地、人、事、物等因素相互交叉而成的活動領域。在設計內部組織時，應綜合考慮這些因素，這也就是近來所謂的「科際整合方法」(Interdisciplinary Approach) 的真義。

(二)朝向新的動態組織型態——知識管理與知識經濟

企業組織的種種活動，就情報資訊流程的立場觀察時，乃是「獲取」(Acquire) 情報、「傳遞」(Transfer) 情報、「應用」(Apply) 情報做決策、執行決策、產生情報等等一連串的活動，尤其自 1990 年以後情報資訊科技發達，無線網際網路暢行，電子商務、供應鏈管理、企業資源規劃、顧客關係管理等等全球應用，因此企業組織也可視為情報資訊的連鎖體系。為求企業組織能有迅速反映外界變化的能力，公司應迅速確實的推行下列情報資訊流程，如表 16-4 所示：

表 16–4　情報資訊流程與組織型態

情報流程步驟	要　件	組織的情況
情報的獲取	敏捷確實的把握環境變化動向。	反應敏感的組織 （全方位吸取知識）
情報的傳遞 （報告，連繫）	將情報迅速正確的傳達至有需要的上級單位。	神經優秀的組織 （高度知識傳播）
情報的應用 （決策）	依據情報，迅速確實的下判斷，做決定。	決斷力優秀的組織 （有大腦的知識應用）
情報的傳遞 （指示，連絡）	將決策迅速正確的傳至下級執行單位。	神經優秀的組織 （有小腦的知識應用）
執行決策，產生新情報	依據決策，迅速確實地付諸實行，產生績效。	行動迅速的組織 （知識產生經濟生產力）

　　所以為了適應複雜化及多樣化之環境，以往劃一性及僵固性之組織結構體已無法有效存在，並廣為應用，反之，新的動態性組織可利用「矩陣式」組織 (Matrix Organization)，「專案小組」組織 (Project Team Organization)，「任務編組」組織 (Task Force Organization)，扁平化組織 (Flat Organization) 以及聯網式組織 (Internet-Intranet Organization) 等等新的設計技巧，使其成為彈性的組織。

第九節　摘要及結論 (Summary and Conclusions)

一、使組織有效之要訣 (Keys to Effective Organizing)

　　「避免計劃錯誤」、「避免缺乏彈性」、「澄清爭議」、「確保瞭解」是使組織有效的四大簡捷要徑。

㈠避免計劃錯誤 (To Avoid Planning Errors)

　　組織結構若未經良好的設計，常是使組織成員陷於上下不合邏輯秩序、部門間行為蠻橫、資源浪費、與雖有活動但無效果的肇因之一。如同其他管理機能如計劃、控制等一樣，先訂定合宜的企業總體目標與讓員工合理參與的規劃活動，是設計良善組織結構的必備基礎。所以良好的計劃是有效組織的前提 (Good planning is the premise of good organizing)，茲略為引申如下：

　　第一、訂定總體目標：沒有合乎事宜的總體目標，企業便無從設計工作內容以

及職位結構，所以總體目標是全盤組織的基礎。

第二、客觀引用組織設計原理，擬定組織結構，先因「事」設「位」，再就「位」尋「人」，是上上之策。

第三、在萬不得已時，才因人的因素而修正組織：如果現有人員真正無法配合新組織結構之需要時，則只有回頭修改組織以適應個人的能力了。換言之，因「人」設「位」，因「位」尋「事」乃是下下之策。

㈡避免缺乏彈性 (To Avoid Lack of Flexibility)

組織在變動的環境中，亦應具有成長變化的潛能 (Growing Potential)，所以適當的變動觀念 (Concept of Change) 不但能提高士氣與效率，亦能避免「一錯到底」慘被淘汰之危機。民主參與性之領導才能 (Democratic Leadership) 與充分的意見交流 (Full Communication)，方能使上下人員都能瞭解為何組織需要有所變動，才有發揮眾志成城，彈性效益的可能。

㈢澄清爭議 (Clarification of Argues)

當員工不瞭解自己與同僚的工作內容時，自然會有爭議發生，所以不管組織設計在紙面作業上如何完善，倘若員工在實際上不瞭解時，便不會產生效益。所以在組織設計完成後，應該引用「組織結構圖」(Organization Chart)、「職責說明書」(Responsibility Descriptions) (指主管人員)、「工作說明書」(Job Descriptions) (指所有員工)、「核決權限表」(Authorization Chart) 等工具，將各職位之本身工作內容、在組織系統中之地位、與同僚間之互相關係，以及什麼主管在用人、用錢、做事等方面有多大的提議、審查、及核決之權限做明確的說明，則可使人人各職所司，職責分明，權責相稱，避免一切不必要的紛爭，以增進組織的生命創造力。

㈣確保瞭解 (Insure Understandings)

組織設計完成後，應當使參與某一組織單位的人員都知道其中的一切來龍去脈，不僅應瞭解正式組織的關係，對非正式組織亦應有清晰的認識，所以舉辦「組織研討會」(Seminar on Organization) 是必要的措施。

二、組織設計之基本原則 (Basic Principles of Organization Design)

以下依⑴組織目的，⑵組織層次起因，⑶組織結構——職責界定，⑷組織結構——部門分劃，⑸組織程序等要素，將組織設計的重要原則彙整陳述如下：我們應先謹記，第一，組織本身無目標，只有達成企業工作目標才是組織的目標；第二，「管理幅度」(Span of Control) 是組織結構起因；第三，職責界定 (Responsibility Descriptions) 是組織結構之結合劑；第四，部門分劃是組織的骨架 (Framework)；第五，最終績效則是工作良否的衡量標準 (Performance is measurement)。

㈠確定「組織目的」的原則

⑴「一致目標」(United Objective) 原則：當組織整體與各分部單位均能使各組織成員目標一致 (Common Goal)，力量集中，對共同目標之達成有所貢獻時，方為有效 (Effective) 組織。

⑵「效率」(Efficiency) 原則：當組織結構能以最低代價 (Least Cost)，有效達成目標時，則此結構為有效率 (Efficient)。

㈡組織層次的起因

「管理幅度」原則：任何主管人員所能有效統率之屬員人數均有限度，而實際應有之屬員數目，則視各種工作性質及環境情況變數，與主管人員之能力及所用之時間而有所不同。

㈢組織結構──職責界定原則

⑴「層遞」(Hierarchical Order) 原則：自最高管理當局 (Top) 至最低附屬職位 (Bottom) 之職責連繫線愈明晰，有關決策之執行即愈有效，意見愈能暢達。

⑵「授權」(Delegation) 原則：權力為各級主管達成任務、責任、目標之工具，是以應給予完成該任務所需之一切必要權力，總之要使馬兒跑，也使馬兒吃到草。

⑶「責任」(Responsibility) 原則：屬員接受長官所授任務及權力之後，應對上級完全負責（即當任務不完成，願受責罰之謂）。同時上級人員決不會因為已授權予部屬，而去除對部屬行為萬一不當時，應負之可能責任。

⑷「權責相稱」(Equal Authority and Responsibility) 原則：依授權大小所採之行動，萬一失敗，其應負擔之責任大小，應與授權量大小相當。

⑸「統一指揮」(Unity Commanding) 原則：員工受單一上級主管人員指揮領導之程度愈深，則所獲指示之含混不清程度愈小，因而員工本身之責任感也愈強。

⑹「權力下授擔當」(Risk of Delegation) 原則：在下級主管權責範圍內應可做成之決定，上級主管人員應有冒風險之擔當勇氣，充分維持授權給下屬之風度，使下屬無需再請示上級，爭取時效。

㈣組織結構──部門分劃原則

⑴「分工」(Division of Work) 原則：某項作業 (Operation) 或工作 (Job) 系統若能劃分成數個較細步驟，並能明確顯示某特定工作之人員指派分配方式時，則愈能建立一個互相關聯之職位 (Position) 體系，愈能適應現有人員之才智 (Ability) 與興趣

(Interest)，各人愈能「專門化」及「熟能生巧」，則組織結構即愈有效率。

⑵「預期成果」(Expected Results) 原則：愈能具體說明對某一職位或某一工作單位之預期成果（即目標），應做成何事何物，所將授予之權力種類及大小，以及與其他職位間之關聯方式，則愈能使該職位之負責人員為組織貢獻其努力。

⑶「制衡」(Controlling) 原則：從事制衡控制工作之負責人員，不能派屬於受制衡控制單位之下。例如「品質控制」單位不能放在現場生產製造單位之下；又如信用控制單位不能放在推銷單位之下。

㈤組織程序之原則

⑴「平衡」(Balance) 原則：在設計組織結構時，應平衡引用一切原則或技術，不可因個人偏好而偏廢，一切考慮應以達成企業總體目標為重心。

⑵「變動」(Change) 原則：在環境變異下，保持達成企業目標之能力為經理人員之任務。所以經理人員在組織設計時，應使組織具有易於彈性轉變之特性，以利在持續變動之局勢下，也能順利達成公司目標。

三、組織設計之成果文件

依照上述原則，經過細心設計的一個完整的公司組織設計成果文件，包括下列：

1.「組織結構圖」(Organization Chart)

如果是小型公司，一張圖表已夠表達自董事長（董事會代表）、總裁、總經理、經理、課長、班長、作業員之垂直與水平關係。如果是中型公司，則須一張「總表」及各部門的「二級表」。若是大型的集團企業，則須一張「總公司—子公司」關係圖，一張總部組織圖，每一子公司組織「總表」及各部門的「二級表」。如果有複雜之生產部門（工廠）及行銷部門者，可以再有其「三級表」。

2.「人員配置表」(Manpower Allocation)

組織圖上之職位應有編號，每一編號的職位，應指明配置多少人。人員配置表人數合計即是公司人數。

3.「職責說明書」(Responsibility Descriptions) 及「工作說明書」(Job Descriptions)

前者適用於主管級人員，後者適用於公司所有大小職位人員。管理完整化及現代化的公司，應先對每一位主管人員備有一套「職責說明書」，從董事長、總經理、副總經理、特別助理、各功能部門別、或產品事業部門別、或地區（市場）事業部門別經理、各課（科）長別、各組（班）長別等，寫下最重要的工作項目十種以上，

越詳細越完整（但不重複）越好，供各位主管人員參考使用，彼此瞭解各自的職責所在，容易協調溝通，消除官僚、避責、拖拉之無效習性。

附上表 16–5 為「總經理之職責說明書」(Responsibility Descriptions of General Manger)，當樣本。

除了先備有「職責說明書」（經常裝訂成冊，列入交接清單內）外，再針對公司每一大小職位（從董事長到司機、清潔工）訂有「工作說明書」。公司員工人數中，大約只有十分之一是主管級職位，所以「工作說明書」的分量是「職務說明書」的十倍，一般公司不容易做到完整之工作說明書，只有國際性、現代化的公司才能做到。

「工作說明書」的內容包括：(1)職位名稱 (Title of Position)；(2)直接上司 (Superior)；(3)直接下屬 (Subordinates)；(4)平行協調單位 (Coordination)；(5)任用條件（學歷、資歷、經驗、技能、年齡等等）；以及(6)職責內容（至少寫出十種重要工作項目，如同「職責說明書」，以及各項工作之重要性比重）。「工作說明書」整套，如公司有 1,000 個職位，就有 1,000 張工作說明書，是存放在人事部門保管，但要把每一職位的那一張發給該職位的員工（列入交接清單）當自己工作指示之參考。

「職責說明書」及「工作說明書」由員工本人、上級主管及企劃幕僚專家制訂完後，要送董事會通過，成為公司對各個職位員工在做事上的法定授權根據。若環境及公司情況變動，有修改員工工作內容之需要時，應經由課、部之每週「經營檢討會」提出，經由「課」到「部」到「公司」級，最後由總經理裁決，並送董事會通過，完成法定程序，成為新的內容規定。

4. 「核決權限表」(Authorization Chart)

「組織結構圖」、「職責說明書」以及「工作說明書」都會對各職位的工作職責有所說明及界定範圍，但在實際執行工作任務時，涉及用人權，用錢權，做事權，協調權，交涉權等等的決策場合時，為了防止越權，防止濫權，防止擅權等等可能發生之弊病，最高主管應就事件的項目（科目，Account）、使用權限的大小（數量，Quantity）以及職位層級的高低，做明確的「提議」(Propose)、「審查」(Screen) 及「核決」(Approve) 等「提、審、核」三級制的規定，由內部控制 (Internal Control) 單位，如會計部，人事部來查核執行，可把公司可能發生之弊病消除掉百分之九十五以上在此制度之下。此種「核決權限表」是公司事務運作的「數量」神經系統，用來輔助組織結構圖、職責說明書、工作說明書等非數量性規定的不足。

表 16-5　公司總經理職責說明書

總經理執行董事會的各項決議，並遵照董事會確定通過的經營方針（包括計劃及預算），組織機構，職責說明，核決權限表及管理作業制度，組織及領導公司的日常經營管理工作。

總經理向董事會負責，是公司日常營運的最高主持人，其詳細職責如下：

(1)擬定並向董事會提出例行營運之五年及年度計畫（包括產品生產，市場銷售，利潤目標及策略）與收支預算，以期核准，並據以實施；

(2)擬定並向董事會提出專案投資計劃及重要改進方案，以期核准，並據以實施；

(3)擬定並向董事會提出公司經營政策及管理作業制度，以期核准，並據以實施；

(4)擬定並向董事會提出組織機構表，人力分配，職責說明以及核決權限表，以期核准，並據以實施；

(5)向董事會提請任免副總經理及部門經理級以上人員；

(6)擬定並向董事會提出職員工資，福利，績效獎金制度，以期核准，並據以實施；

(7)分派公司目標，責任及所需權力給各主要部屬，並隨時追蹤考核；

(8)日常領導，激勵及溝通公司全體員工，以遵行董事會核定的經營政策及管理作業制度，建立公司穩固的經營基礎；

(9)定期檢討各部門的工作成果，並做必要的指導，糾正及協助（例如，主持每週經營檢討會）；

(10)定期向董事會或相關單位提報公司的營運成果及其原因以及新的改進或加強措施，並遵行必要的指示（例如，每 2～3 個月提出公司全面性的經營彙報）；

(11)評估各主要部門幹部個人的工作表現（即個人半月工作計畫檢討表）；

(12)隨時保持與銷售市場及採購市場的密切聯繫，瞭解大環境趨勢，客戶偏好方向，供應商變化方向以及競爭者行為變化，以便隨時採取應付對策，或向董事會反映聽取指示，修正公司營運目標及策略；

(13)保持與政府有關部門，往來銀行及所在地社區的良好關係；

(14)隨時處理公司的緊急發生事件，並隨後向董事會報告；

(15)年終時向董事會提出全年營運成果報告，資金運用報告，員工獎勵及調薪報告以及利潤分配建議方案，以期通過，並據以實施；

(16)發掘及訓練重要技術及管理人才，以維持公司靈活運轉；

(17)觀察及確保各部門主管有效執行目標及領導所轄部屬；

(18)執行董事會議決的其他案件；

(19)執行董事長交辦的其他與公司業務有關的事項。

5. 管理作業制度 (Management Operation Systems)

關於公司總部及子公司之行銷作業、生產作業、研發作業、人事作業、財務作業、會計作業、採購作業、資訊作業、企劃作業、控制獎懲作業，以及其等之細部

二級、三級、甚至四級作業活動的部門間、單位間的順序、流程，部門內、單位內的操作方法（細則）、標準數據、統計、會計表格及圖表等等，都要用文字寫出來，讓工作人員有所依據，簡稱之為管理作業「文字化」(Documentation)。文字化後的管理作業程序、操作細則、表圖若有修改的必要時，要經過部門每週的「經營檢討會」將之修正，此過程稱之為「合理化」(Rationalization)。經過不斷修正改善等合理化的管理作業程序、細則、表圖等，可以再用電腦輸入、儲存、檢索、運作、輸出，成為管理作業「電腦化」(Computerization)。本公司內各部門之管理作業完全電腦化後，就成為「企業資源規劃」。再經由網際網路 (Internet) 和上游衛星供應工廠之 ERP 連接，就可以做到「供應鏈電腦化管理」(Supply Chain Management, SCM)；若再經由網際網路 (Internet) 和下游顧客之 ERP 連接，也就可以做到「顧客關係電腦化管理」(Customer Relationship Management, CRM)。當公司的內部各部門管理作業程序、細則、表圖等充分電腦化後，並與上游供應商及下游顧客聯網作業時，就可以真正稱為「管理作業制度化」了。所以電腦化之 ERP 作業、SCM 作業、CRM 作業三者合一，將成為公司組織結構的靈魂系統。管理作業制度從「文字化」(Documentation)、到「合理化」(Rationalization)、到「電腦化」(Computerization)，是公司組織結構設計的無形神經系統的最高級。一般企業不容易做到此境界，只要能做到「文字化」，就算有 80 分了；若再做到「合理化」，就有 90 分了；若做到「電腦化」，才合稱「制度化」(Systemization)，才是達到 100 分。

第十七章　有效掌握部屬行為──用人、領導、指揮、激勵、溝通與協調
(Staffing, Leading, Commanding, Motivating, Communicating and Co-ordinating)

第一節　企業用人唯賢 (Staffing by Capability)

一、因事尋人是大道 (Search Talents for Doing Jobs)

「企業計劃」功能設定企業未來（1–5–10 年）工作目標及策略、方案、預算等手段。「組織設計」功能設定執行企業目標及手段所需之職位結構、職責說明、核決權限及作業制度。有了事務目標，有了職位結構，再來就應尋找賢良的人才來就職位，發揮才能，達成目標。因事（先有目標）、因職（先有責任規格）來尋找人才，是正確的用人大道。所以「用人」(Staffing) 是計劃、組織之後的管理第三功能。若先無目標（事）計劃，也無職位設計（職），就盲目找人來就業（因人設事），不是正確的作法，一定會造成用人不當，浪費資源，混亂組織秩序，最後導致失敗。用人的功能包括募才 (Recruitment)、選才 (Selection)、薦才 (Placement)、育才 (Development)、留才 (Retaining) 五步驟。

二、招募人才多管道 (Multiple Channels of Recruitment)

「募才」的目的是擴大招募天下英才，供我選用。基層作業人員可用報紙、雜誌、廣播、電視、學校廣告、建教合作、員工介紹等方式來招募。中級幹部人員可用大眾媒體廣告、建教合作、朋友介紹及內部晉升方式來招募。至於高級領導人才，就不適宜用大眾媒體廣告來招募，而是用內部提升及「星探」方式，暗中查訪、拜訪來招募。因社會上真正重要的好人才不會失業，不會看媒體找就業機會，所以用一般性就業廣告媒體，找不到高級好人才，反而會找來一大批不合格的人，勞而無功。高級好人才要「三顧茅廬」去找，像劉備三顧茅廬去請諸葛亮（孔明）一樣，雖然當時關雲長（羽）和張翼德（飛）都不以為然。

三、選拔人才填職位 (Selection to Fill Positions)

「選才」的目的是從招募而來的備用的眾多候選人中，挑選有貢獻力及有成長力的少數適用對象。因為先前在職位工作說明設計時，已經對每一職位人員的任用條件寫出「工作需求規格」(Job Requirement Specifications)，所以現在尋人時，要針對每特定人的「人才規格」(Manpower Specifications) 審核，挑選相當的「人才規格」來搭配「工作規格」(Manpower Specifications to Fit Job Specification)，做到「適才適所」(Right People Right Position) 程度。

四、選才標準五要點 (Five Criteria of Selection)

人才選用的標準 (Selection Criteria)，因基層作業人員、中級幹部、高級領導人才之不同需求而異其標準種類及比重成分。人才選用的第一標準是排除困難達成工作目標的「才幹」(Capability)，第二標準是忠誠、敦厚、仁慈的「品德」(Conscience)，第三標準是見多識廣，與時俱進的「學識」(Knowledge)，第四標準是堅忍不拔，愈挫愈勇的「精神」(Persistence)，第五標準是健康強壯的「體力」(Health)。

五、「才幹」是知識的硬性代表 (Capability is the Hardware-side of Knowledge)

影響「才幹」高低的原因有天生的技藝傾向（生而知之），後天學習中的知識演練（學而知之），以及工作生涯中遭遇磨練之經驗心得（困而知之）。所以，通用之「學歷」(Schooling)、「經歷」(Experience)、「資歷」(Seniority) 常是用來推測「才幹」的相關因素。當然，在可以實做測驗的場合，「模擬操作」(Simulation) 是經常用來推測「才幹」的方法。對基層作業員工可以用個案實做 (Case Workshop) 來檢定才能高低。對中級幹部人員，可以用面談、履歷背景追查及示範考驗 (Demonstration Test) 來檢定才幹高低。對高級領導人才，可以用履歷背景追查，長期社會名望評定，策略、組織、方案之理論深談，以及公開接受提問答辯 (Presentation and Defense to Questioning) 來檢定才幹的高低。

六、「品德」是知識的軟性代表 (Conscience is the Software-side of Knowledge)

影響「品德」優劣的因素，有先天家庭父母兄姐文化涵養影響，後天幼教、小

學、中學、大學及研究所碩博士班，師長的德、智、體、群、美五育平衡教養的影響，以及往來親戚、朋友及踏入社會職場公司，對員工品德行為規範 (Code of Conducts) 的要求。「四維八德」，「言忠信，行篤敬」的儒家文化，「慈悲為懷，普渡眾生，神愛世人」的釋基宗教文化，以及崇尚「樸實剛毅，自然不偽」的道家思想的陶冶。「品德」的提升是「煉身煉心」。修養過程中，「煉心」的昇華部分，如果深讀中華文化中「儒、釋、道」及「諸子百家」的作品，也可以得到很大的智慧成就。

「品德」是文化知識的軟性表現，要檢定基層作業員工、中級幹部的「品德」優劣，可以從員工的師長、往來朋友、以及以前工作職場的人事部門主管及直接上級主管的追蹤訪問中得到評語，也可以從社會治安部門的紀錄，和財經企業界的風聞傳言得到參考。高級領導人才之品德優劣不難查知，因企業財經人士為數不多，某人品高、品中、或品低，在社會上早有公論，若花精神查核，甚易獲知。俗云「好事不出門，壞事傳千里」，凡能力不高，品德不良之高官、貴宦、巨賈，在「路遙知馬力，日久見人心」的鐵律下，終必一一現形，除非有政治勾結，故意裝瞎作盲。

七、文武兼備者是上選人才 (Super Candidates Equipped with Capabilities and Conscience)

一個人的「才幹」與「品德」若能兼「優」，乃最佳理想組合。但在實際情況中，兩者不易並存，有者「才優、品良」；有者「才良、品優」。一般社會上流行的說法是「用人唯才」，很少聽到「用人唯品」，似乎是把「才幹」放在「品德」之上。但是公司的實際要求是忠誠盡職的品德為每一員工的基本要求，凡是品德「不良」者（即不是「優」，也不是「良」）必定開除、解雇。對待此種才品順序似乎矛盾的說法，可用「時間」及「場所」來中和。即若是在開疆闢土，開拓新市場、開發新產品、開發新技術、開發新行業、開闢新財源等「馬上打天下」時，可以「用人唯才」，暫時不計較「品德」之高超要求，一切以「目標」掛帥。可是當天下底定，要「馬下治天下」時，就要「用人唯品」，「用人唯德」。昔時王道者以德治天下，可以「以少勝多」（比如周文王、武王）。霸道者以力治天下，必須「以多勝少」（比如項羽）。才品兩者同樣可以應用在基層作業員工、中級幹部、及高級領導人才。戰時用才幹，以力量打天下；平時，以品德、以制度治天下。打天下不易（創業維艱），治天下更難（守成不易）。元朝以驃悍的快速武力打下歐亞大片疆土，可是在中國只統治九十年就消滅，證明治理天下也很難。美國通用汽車 (GM) 創辦人杜蘭 (Durant) 是大企業戰略家，戰場馳騁，意氣風發，收購眾廠成就大公司，和福特汽車 (Ford) 對抗，但

不到二十年，因管理不良，兩度被逐出董事會，也是一個證明。

八、學術知識是「才幹」、「品德」的補給品 (Learning is Supply to Capabilities and Conscience)

　　一個人在小、中、大學畢業後進入職場工作，要不要再繼續自我學習及被強迫學習，追求更高的專業知識 (Special Skills)，追求更高的為人處世哲學 (Human Skills)，以及追求更高超的宇宙觀、人生觀、系統觀、以及領導統御眾多部屬的決策才能 (Conceptual and Decision Skills)，完全與時代資訊傳播 (Information Transfer) 速度及產業生存競爭 (Competition) 程度相互關聯。在二十世紀中期以前，學徒三年四個月煎熬畢業後，就可以憑熟練的技藝，謀生一世。中等職校畢業者，也可以憑年資熬成中等幹部（課長、經理）職務，而至退休。大學畢業生已是社會精英分子，憑學位文憑進入高職等工作位置，在政府機關充當部長、局長、處長。在企業機構，學歷加上人情關係，就可擔任總經理、副總經理職位，而至死亡退休。可是在二十世紀中以後，世界經濟舞臺擴大，運輸及通訊科技進步，國與國之生產力競爭，廠家與廠家成本品質之競爭，產業與產業技術之競爭，個人與個人才能之競爭日趨劇烈。尤其 1990 年以後，無線通訊與電腦結合之網際網路 (Internet) 出現，資訊科技與財務工程 (Financial Engineering, FE) 之交叉應用，使以「知識員工」為基礎的「虛擬組織」(Virtual Organization, VO)，「知識財產權」(Intellectual Property, IP)，以及「永續創新」(Continuous Innovation, CI) 成為公司生產力的主要來源，所以知識教育的永續追求，也被築入公司人才管理的基石，電腦化的「知識管理」也成為公司「圖書資料管理」，「考察報告管理」，「研究成果管理」，「讀書報告管理」的系統化工作。所以「學術知識」在二十一世紀更成為選拔員工的重要標準。二十世紀中期以後開始說公司「不創新，就死亡」(Innovation or Demolishing)；也說教授「不出版就滅亡」(Publication or Perishable)；現代則要說員工「不學習，就淘汰」(Learning or Discarding)。

九、變化氣質靠讀書進修 (Improvement of Human Quality Relying on Learning and Studies)

　　人生從小到大、到老、到死，每天都處於學習過程之中，有用心者、有毅力者，會學到「才幹」，會學到「品德」。有「學」有「術」是一流人才；不「學」有「術」是二流人才；「有學無術」是三流人才；「不學無術」是四流人才。我們希望基層作業人員，中級幹部，以及高級領導人才都是能永續學習，並且是「有學有術」的一

流人才。要變化員工氣質 (Employee Quality)，要塑造優良企業文化 (Corporate Culture)，除了靠董事長及總經理以身作則 (Leading Demonstration) 的精神領導及公司完整制度 (Complete Systems) 外，最重要的條件就是靠員工永續進修 (Continuous Learning and Studying)，追趕世界潮流的學術知識。所以高超學術知識的進修是高等「才幹」及美好「品德」的最佳補給品，是「有學有術」。

員工學識修養的高低，可以從學歷、經歷、終身學習之受訓紀錄、專業著作報告、專題研究報告、讀書心得報告中得知。一個員工若能「才、品、學」三者兼修，比只有「才、品」雙修好，更比只有「才」，沒有「品」、沒有「學」好。孔子說他的弟子中子路（仲由）是屬於最有「才幹」（「果」，果斷）的人；說子貢（端木賜）是屬於最有「品德」（「達」，曠達容人）的人；也說冉求是屬於文武全才（「藝」，六藝指禮、樂、射、御、書、數）之人。一個高級領導人才若能「才、品、學」兼優，一定比一個中級幹部及一個基層作業員工之「才、品、學」兼優為重要。

十、堅毅精神和健康體力 (Persistence and Health)

在歷史上有很多名人「壯志未酬」，像延平郡王鄭成功雖有反清復明的偉大志向，但是沒有健康的身體，在 39 歲就生病去世，使明鄭在臺灣三代而亡。像楚霸王項羽，雖有強烈逐鹿中原的志向，但是沒有不怕失敗、百折不撓的堅毅精神，在垓下被韓信十面埋伏所困，在烏江邊渡船上因「無顏見江東父老」，而致自刎而死。像臺灣早期企業名人蔡萬春、翁明昌等都是很有魄力及策略的企業英雄人物，但都在 60 歲左右就因缺乏健康體力而早逝，拋下未竟之業。

再像台塑企業王永慶、王永在兄弟，都有健康的體力和堅毅不拔、百折不撓、越挫越勇的精神，直至 2003 年，已高壽 88、83 高齡，尚能領導全集團開發新產品，開拓新市場，開發新行業，如同 30、40 歲的小夥子的勇猛氣勢，全球少有，令人讚佩。

企業有效經營，需求高級領導人才及中級幹部日夜用心用力（夙夜匪懈），每日花時 12 小時以上，若無健康體力，日日鍛煉，不酒色賭而自殘身體，豈能長期（五十年以上）維持生氣蓬勃的活力，對抗身體的加速折舊。所以企業員工的選拔標準，除了「才幹」、「品德」、「學識」三者之外，應再加上「堅毅精神」及「健康體力」。員工是否有「堅毅精神」，可從員工履歷資料及訪談中得知。員工是否有「健康體力」，可從訪談見面及身體「健康檢查」中得知。兩者都是屬於容易查核的現象。從此「才、品、學、精、力」五者成為「陳氏選才五標準」，不是「用人唯才」一者；也不是「才、

品兼優」二者；也不是「才、品、學」(孔門果、達、藝) 三者。只有「才、品、學、精、力」五者兼備，則企業當真「用人唯賢」了。

「才、品、學、精、力」五標準的要求程度，也與員工職務重要性之不同而異，表 17-1 指出「高級」(如總裁、總經理、副總裁、副總經理等) 領導人才，基本五者都要求「優」等。「中級」(如經理、課長、組長、班長等) 幹部則在「才、品、力」三者要求「優」等，「學、精」二者要求「良」等即可。對「基層」作業人員而言，僅「才、力」二者要求「優」等，「品」者要求「良」等，「學、精」二者「可」等即可。

表 17-1　高、中、基層人才選拔標準之要求評等

人才選拔標準	高級領導人才要求	中級幹部人才要求	基層作業人員要求
1. 才幹	優等（高）	優等	優等
2. 品德	優等	優等	良等
3. 學識	優等	良等（中）	可等（低）
4. 堅毅精神	優等	良等	可等
5. 體力	優等	優等	優等

說明：優等：高度要求（90% 以上）
　　　良等：中度要求（80% 以上）
　　　可等：低度要求（70% 以上）
　　　劣等：不及格（69% 以下）者，不予錄用

十一、薦才、育才與留才是主管人員的永續工作 (Placement-Development-Retaining)

企業因計劃目標、因組織設計之後而招募人才、選拔人才，是屬於建立企業人才團隊的初步使命，接下來的使命是各職位人才所歸屬的上級主管人員 (Manager) 要把新人員正式派遣薦放到適當位置上 (Placement)。然後定期或不定期施以「在職訓練」(On-Job Training)，「輪調」(Rotation)，「公司內訓練」(In-Plant Training)，以及「公司外訓練」(Off-Plant Training) 等等訓練發展之「育才」(Development) 工作。兵法有云：「兵不練，不可上戰場；將不練，不可帶兵」，訓練發展是永續學習的一環，不可缺乏。最後主管人員要依其領導、指揮、激勵、溝通後之員工「績效表現」(Performance)，在精神上及物質上給員工做出獎勵、晉升、調遷之「留才」(Retaining)，或懲罰、調遷、解雇之「辭才」(Lay-Off) 動作，以維持一個有戰鬥力，有向

心力，有生長力的精緻人才團隊。「保有良才，辭退庸才」是塑造「強將強兵」團隊的必要措施。在一個機構裡，最好的人才，就像石油煉化中的航空汽油，在加熱後第一個揮發而出，好人才在公司管理不良時，也是第一個脫離而去。煉油最後留下來的是柏油瀝青，如同公司的庸才，再如何加熱也不會自行離開。所以最高主管要特別注意，主動挽留、愛惜好人才，也主動設法清除不適任的員工。

十二、「強將強兵」與「用師、用友、用徒」理念

企業用人標準，不管是「用人唯才」，或是「用人唯德」，或是用人「才、品、學、精、力」五者兼具，都有營造一個「強將強兵」團隊 (Team of Strong General-Leader and Strong Soldier-Followers) 的潛意識作用。能幹的好主管用能幹的好部下，人人如此，自然可以形成一個「強將強兵」隊伍。可是有很多情況是主管人員不敢用能力比自己強的部下，恐懼有一日部下會超越自己，「篡」了位，所以雖知應該任用「強」的部下，可是實際上卻不敢用。久而久之，會變成「弱將弱兵」的結局，因為真強將不會用真弱兵，真強兵也不會生存於真弱將之下，所謂「強將手下無弱兵；弱將手下無強兵」。

關於用人強弱之哲學，曾子（曾參，孔子之七十二知名弟子之一，號稱「宗聖」）曾說過三句名言：「用師則王，用友則霸，用徒則亡。」意指主管任用比自己強的部下，並把他當老師長輩看待，百計百從，則可成就「王業」，以德服人，可以以少勝多，如文王、武王用姜子牙，這是「第一流」用人作法。其次，第二流作法，指主管任用和自己平等能力的部下或是比他能力高強的部下，但把他當朋友平輩看待，一百計只聽五十計，不聽另五十計，如此一來，最多只能成就「霸業」，以力服人，以多勝少。最差的第三流作法，是主管只敢任用比自己能力差的部下，或萬一用到比自己高強者，或同樣能力者，但都把他當作僕役奴徒看待，絕不聽從他的建議「計謀」（如項羽早期從不接受韓信之建議一樣），如此一來，只會把國家事業搞垮，以亡國亡公司為結束。又如項羽晚期中了陳平反間計，不再用范增及鍾離昧，以致敗於劉邦、韓信、張良、陳平等人之手，而自己也以自殺了結楚霸王之風光年華。

美國奇異公司 (1980～2000) 前董事長傑克魏許回答人問他何以會耀煌成就時，就曾說，上級主管人員應能「認識」(Know) 比自己能力好的人才，並應能「任用」(Use) 比自己能力好的人才，還應能「聽從」(Follow) 比自己能力好的人才之計謀，更應能「鼓勵」(Encourage) 比自己能力好的人才發揮極致，這就是「伯樂能識千里馬」的好寫照，和中國春秋時代鮑叔牙退己推薦管仲給齊桓公的故事相映輝。

第二節 企業管理者掌握被管理者 (Managers and Subordinates)

依照管理五功能體系的順序,「計劃」走第一,「組織」走第二,「用人」走第三,「指導」走第四,「控制」走第五。本章第一節講完「企業用人唯賢」,第二節到第九節則分析與「指導」有關的領導 (Leading)、指揮 (Commanding)、激勵 (Motivating)、溝通 (Communicating)、協調 (Coordinating) 與關懷 (Caring) 的理論與作法。「指導」是總裁、總經理對經理、經理對課長、課長對班長、班長對班員間,最重要的「面對面」(Face to Face),「日對日」(Day to Day) 的管理工作。總裁、總經理、經理、課長、班長都是不同層級的「主管人員」(Managers)。經理、課長、班長、及班員、作業員都是不同層級的「部屬」(Subordinates)。上級管理具有主管人員身分的部屬,叫做「將將」(Managing Managers);上級管理沒有主管人員身分的部屬,叫做「將兵」(Managing Non-Managers)。不管「將將」(約十分之一人員) 或「將兵」(約十分之九人員),當上級的人 (Superiors) 都是要「將」(當動詞用) 下級的人 (Subordinates),他就是部屬的領導人、領袖、上級管理者 (Leaders)。

「指導」意指指揮統御與領導統御。指揮者站在部屬後面,領導者站在部屬前面。是各級「上司」人員 (通稱「管理人員」,Manager, Superior, 或「人上人」) 與「部屬」(通稱「被管理者」,Subordinates, 或「人下人」) 間日常的面對面之行為,用以執行企業組織所訂定之目標。「指導」隱含著「領導」(即「身教」)、「指揮」、「激勵」及「溝通」、「協調」、「關懷」(合稱「言教」) 等等軟性面管理機能因素,和「計劃」、「控制」之硬性面有所不同。亦含有主管對屬下「授業」(Teaching)、「傳道」(Preaching)、「解惑」(Solving) 之神韻。良好之主管人員應以「君臣」(King-Minister)、「父子」(Parent-Son)、「師徒」(Teacher-Student) 及「朋友」(Friend-Friend) 之四層關係,來處理主管與部屬 (Superior-Subordinate) 之指導行為,即所謂「作之君」、「作之親」、「作之師」、「作之友」等四倫規律。這些因素均涉及在上的「管理者」(Managers) 及受其管理之「被管理者」(Subordinates) 雙方之互動行為。

無論被管理者是生產線作業員工、產研工程人員、行銷代表、辦公室人員或是較低層之管理人員,均可藉由與其上級管理者,上下兩者間之交互作用,反映出上級管理者對屬下員工人類特性 (Human Characteristics) 及人類需要 (Human Needs) 之應有認知程度。因為所謂「管理」(Management) 乃是主管人員將公司的工作「目

標」（事）交由部屬（人）來做，換言之，「事」或「目標」本身不會自己做好，而是要靠「人」來做好。因此，若要達到最高管理者處心積慮所計劃之公司整體目標，則從最高主管以下，各級部屬（Subordinates，「人下人」）這個「人」的因素，是上級管理者（Superior，「人上人」）所不可忽略輕視的要素。不瞭解（Understanding）人性需求，不重視（Focusing）人性需要，不能滿足（Satisfying）人性需求，就是不得人心，就會失敗。俗云：「得人心者，得天下；失人心者，失天下」，帝王總統如此，總經理、經理、課長、班長也是如此。

主管人員對直屬的部屬，不僅在工作目標的指派（Dispatching），工作方法的教導（Teaching），及工作成果的驗收（Inspection）等公事公辦外（即「作之君」）；還應該愛護部屬，不是虐待部屬（即「作之親」）；還要傳授專業技術，傳授為人處世方法，及解決各種疑惑（即「作之師」）；還要幫助部屬解決私人困難（即「作之友」）。把部屬當作屬下，當作兒女，當作學生徒弟，當作朋友來對待，「指導」（Directing）的工作就成功了。

在管理五大功能上，計劃、組織、用人及控制四功能所佔的時間，沒有比掌握部屬行為（Mastering Subordinates）進行指揮領導的「指導」功能為多，因為部屬是「人」，不是「物」，不是「事」，「人類行為」（Human Behavior）最複雜變異，必須花用最多時間去處理，約計在主管人員的管理五功能中，「計劃」只佔 5%，「組織」只佔 2%，「用人」只佔 2%，「指導」要佔 86%，「控制」只佔 5% 的時間。這是在進入下部分研討之前，必須謹記在心的時間算盤。

一、瞭解人類行為之三個基本假設 (Three Assumptions on Human Behavior)

在開始討論各階層主管人員「領導」、「指揮」、「激勵」、「溝通」、「協調」、「關懷」眾多部屬，做出不同之工作表現前，我們首先須對「人類行為」(Human Behavior) 之假設稍做探討。

（一）人類之天性是「理智」與「感情」並存 (Human Nature of the Coexistence of Ration and Emotion)

許多哲學家、歷史學家、經濟學家、社會學家、人類學家、心理學家均曾對人類之天性 (Human Nature) 設立不同，甚至於互相矛盾之假設性模式。有些模式以為人類是「理智的」(Rational) 的動物，有如一種不動感情的「電子計算機」(Computer)。有的以為人類是「情緒化」(Emotional)、「直覺化」(Intuitive)、甚或是本能的對

環境產生直接反應 (Instinctive Response to Environments) 之動物。但是，綜觀實際情況，完全「理智化」或完全「情緒化」地採取行動之人類仍屬少數「不正常」現象，大部分人類之正常選擇行為是基於理智與情緒之混合 (Mix of Ration and Emotion)，有時理智（理性），有時感情（感性），有時理智多感情少，有時感情多理智少。

（二）人類行為方式受「人」與「環境」之交互影響 (Interactive Influence of Man and Environments)

李文 (Kurt Lewin) 曾說「行為」(Behavior) 是「人」(Person) 與「環境」(Environment) 之「函數」(Function)。有時候一個人之「慾望」(Needs) 及「選擇」(Choice) 是其「行為」(Behavior) 之動機，完全主觀，與外在客觀環境無關；而在另一些時候，客觀環境 (Environments) 對行為又有很大之影響力，主觀意願無多大作用。但是，大多數的行為是受到主觀「慾望、選擇」及客觀「環境」二者之綜合影響。要想成功 (Success)，有時只有強烈主觀「意願」(Willingness)，但沒有「能力」(Ability) 及「環境」條件配合，也是夢想、幻想一個，徒然空想而已。有時雖然「環境」條件很好，但沒有主觀「意願」或雖有主觀意願但沒有「能力」，也不會成功一件事。

（三）人類行為常受他人之影響 (Influenced by Other People)

人類是一種社會動物 (Social Animal)，孤立性 (Isolated) 的人物究屬少數，所以管理者（主管人員）在管理部屬時，也應該瞭解我們所謂的某員工「個人」行為仍受到「其他」人員之影響，而這個「其他」人員也包括主管人員在內。

根據上述這三種理論，我們可以推知大多數的「人類行為」具有相當程度的複雜性 (Complexity)，而每個人的行為或多或少均不相同 (Differential)，因此要瞭解員工的人類行為，並不是一件簡單容易的事情。

🔳 二、瞭解個別差異之不可避免 (Un-avoidance of Individual Differences)

因為有各種因素之影響，組織中之成員必然產生「個別差異」(Individual Differences)。這些個別差異包括個性上 (Personality)，能力上 (Capability)，學習上 (Learning)，認知上 (Perception)，技能性向上 (Aptitudes)，價值看法及態度上 (Value and Attitudes) 之差異。

（一）個性上之差異 (Personality Differences)

「個性」是指一個人所擁有的特殊性質 (Traits) 以及這些特質對人、對事、對物之反應方法。在遺傳、心智成長、家庭、工作環境、文化等因素交互作用下，這些

特質使每個人在追求目標達成之過程中養成「一貫性」(Persistent) 之作法，如權威個性 (Authoritarian Personality) 或馴服個性 (Machiavellian Personality)。這些特質（也就是個性因素）有(1)「內向」或「外向」；(2)「膽怯」或「冒險」；(3)「激躁」或「穩定」；(4)「低姿」或「高姿」；(5)「嚴肅」或「輕浮」；(6)「唯利」或「凝重」；(7)「僵固」或「彈性」；(8)「信任」或「懷疑」；(9)「務實」或「投機」；(10)「坦誠」或「狡猾」；(11)「自信」或「遲疑」；(12)「傳統」或「創新」；(13)「團隊互助」或「自給自足」；(14)「失去控制」或「自我控制」；(15)「輕鬆自在」或「緊張不安」；(16)「高智能」或「低智能」等等。

（二）能力及技能性向上之差異 (Differences in Abilities and Skill Aptitudes)

每個人均有不同完成工作任務之能力及技能性向，例如有些人擅長數學，有些人擅長語言，而另有些人對機械性之觀念特別瞭解，由於這些能力及技能性向之差異，乃來自先天遺傳及後天學習環境之影響，所以亦是一種不可避免之差異。一般而言，「能力」包括「智力」(Intellectual Abilities) 及「體力」(Physical Abilities) 兩大類。智力有七種，即(1)數字能力，(2)語言能力，(3)視覺能力，(4)演繹推理能力，(5)歸納說理能力，(6)空間想像能力，以及(7)記憶能力。而體力有九種，即(1)手腳擊力，(2)背腹撐力，(3)靜態頂力，(4)動態爆發力，(5)伸長彈性力，(6)速度彈性力，(7)四肢協調力，(8)身體平衡力，以及(9)耐久力。

（三）學習上之差異 (Learning Differences)

一般而言，每個人有不同之「學習能力」及不同之「學習速率」，合稱為「學習曲線」(Learning Curve)，甚至在成長之各階段亦有不同之「學習方式」。同時由於家庭、朋友、鄰居、學校及工作經驗之影響，無法人人完全相同，所以對學習而言，亦造成個別之差異。

（四）認知上之差異 (Perception Differences)

我們每天接受來自各方之資料 (Data) 及資訊情報 (Information)，因而產生心理反應 (Response) 及行為 (Behavior) 反應，而由「資訊」到「行為」之間又經過「認知」(Perception) 過程之轉譯。「認知」是主觀現象，和「實際」(Reality) 的客觀現象對立。不同的人對相同的人、事、物，有不同之「認知」，乃是受到(1)個性和需求，(2)自我期許及能力，(3)價值觀念，(4)壓力及緊張，(5)經驗教訓，(6)地位，及(7)存心用意等因素之影響。同時每個人之「認知」過程又有所不同，不僅受到「上意識」(Consciousness) 六因素（「眼」、「耳」、「鼻」、「舌」、「身」、「意」所發揮之「色」、「聲」、「香」、「味」、「觸」、「法」作用）之影響，甚至受到個別「下意識」(Sub-consciousness) 及「無意識」(Unconsciousness) 之影響而造成差異。不同個人間「認知」之差異，常造成「外象（相）萬千，本質則一」之區別現象。

（五）態度及價值上之差異 (Differences in Attitudes and Values)

態度是指對外界人、事、物所持有的正面或反面的預設立場。對於工作尊重或輕視之「態度」，常由個人之「經驗」(Experience) 及整個群體之「文化」(Culture) 而養成，例如「藍領級員工」和「白領級員工」之工作態度即有基本上之差異，一者可能視為短暫之謀生工具，另一者可能視為終身之興趣所託。這種不同之「態度」，亦會影響到個人「價值看法」之不同。

以上這些個別差異常成為根深柢固之特性，因而成為管理上之困難所在，所以各級主管人員應瞭解並承認員工們這些個別差異之存在，不論其為優點或缺點，並善加利用。

三、管理者應瞭解及承認部屬間個別差異之存在 (Recognizing the Individual Differences)

「個別差異」在組織中是一種必然存在之現象，作為一位管理者，應該承認 (Recognize)、瞭解 (Understand) 這些差異之存在意義，並加以運用 (Use)，不應漠視其存在，而致對員工向心力失去掌握，導致失敗。

1.「個性」差異與管理者 (Manager's managing method is important to the formation of subordinates' personality)

管理者首先應該瞭解「自己」個人在部屬「個性」養成過程中，佔有主要之角色，應注意自己的有效「管理方法」(Managing Methods)，發揮廣大之正面影響力。

2. 能力、才能上之差異與管理者 (Formal Training, Selection and Motivation on Subordinates' Capabilities and Skill Attitudes)

一般而言，主管人員可以「正式訓練」(Formal Training) 之方式來訓練部屬，使具有特殊工作所需之才能，但是事實上，主管人員常因缺少足夠時間或金錢，來從事這項正式訓練工作。而一般管理者都期望部屬發揮最高工作績效，所以補救之道，可以先經由適當「選拔」(Selection) 及「激勵」(Motivation) 之途徑來完成這項工作。

3. 學習上之差異與管理者 (Learning, Selection and Motivation)

管理者必須瞭解其部屬在「學習效果」(Learning Effect) 上，有個別差異存在，才能在「選派」及「晉升」(Promotion) 時，選擇適當之「適才適所」人才。另外在激勵員工時，也可採取適切之方法，對症下藥，以獲得最大之效果。

4.**知覺上之差異與管理者**(Knowing Perception of Manager and Subordinates)

　　主管人員對部屬之管理行為深受其「認知」(Perception) 過程之影響，所以管理人員若期望成為更佳之主管，則應深切瞭解「認知」之產生過程，以及認知差異存在於部屬及自己行為上之原因。

5.**態度及價值之差異與管理者** (Using Value Differences)

　　若是員工覺得可藉由「工作」來滿足慾望，則主管人員可採取「工作擴大化」(Job-Enlargement) 及「授權管理」(Delegation) 方式。但若員工覺得工作只不過是達成其他目標之手段時，則主管應加強監督及控制方式。換言之，管理者若欲採取較佳之管理型態，則應對部屬之價值看法及態度有所瞭解及分析，不可囫圇吞棗。

四、「人」是組織中之最重要資源，不容忽視 (Human Resources is the Most Important Resources)

　　公司可用的資源 (Resources) 很多種，如人力、資金、原料、機器設備、產銷技術方法、時間及情報資訊等七大資源，使用任一資源都是成本 (Cost) 來源，而要使這些資源成本產生有利收益 (Benefit)，產生「生產力」(Productivity)，則需要有思想作用之「人」(經理人員) 介入，並扮演統合 (Integrating) 角色，所以，「人」實是公司的「雙重」(指運用者及被運用者) 重要資源。

　　因為管理者大半時間均與「人」(指上級長官、同輩同伴及下級員工) 接觸，所以有人認為管理之成敗繫乎管理者處理「人際問題之技巧」。同時，管理者自己也是「人」，亦無法完全「理智」而不涉及「情感」的處理人際問題，所以縱使我們從書本上，實證研究上，或工作經驗中獲得若干可循的原則，然而因為這些個別差異無法避免，使人性管理沒有「放諸四海皆準」的原則 (Fixed Principles)，而是應採取「諸法皆空」，因時、因地、因人、因事、因物等「五因制宜」之情境應對原則 (Situational Principles)。作為一個管理者，面對這種人性問題的挑戰，應勇敢面對，不應逃避，從多方面，儘可能地瞭解自己和共同工作的部屬之心態及行為著手。若能充分善用「人」這個資源，則「人和」無疑地將對組織的經營績效有莫大的助益。古云：「天時不如地利，地利不如人和。」在「天、地、人」三大因素中，若能三者皆得，誠乃上上之策；若只能得二，當取「地利」及「人和」；若只能得一，當取「人和」。若「人不和」，絕無成功之勝算。在一個大公司，假若董事長和總裁 (或總經理) 有派系對立，而致貌合神離，甚至正面衝突，這個公司絕不會長期成功。在利潤中心事業部門、在成本中心功能部門、在任務中心作業操作部門，其主管和副主管不合，

和部屬不合，都註定不會有好績效成果。

第三節　管理者是領導人

在企業的經營管理中，屬於「人上人」的管理人員或經理人員，其職稱可以為董事長，可以為總裁 (President) 或總經理 (General Manager)，可以為各事業部門 (利潤中心) 之副總裁或副總經理 (Vice President or Deputy General Manager)，可以為各企業功能部門 (成本中心) 的協理 (Assistant General Manager)、經理，可以為各廠、課、分公司之廠長 (Plant Manager)、課長 (Section Manager)、分公司經理 (Branch Manager)，可以為各組班之組長 (Superintendent)、副組長、班長 (Foreman)、副班長。

董事長之管理工作稱「公司治理」(Corporate Governance)，以股東會 (股東權益保本增值之保護)、董事會 (審議公司目標、策略、組織、制度、人才、績效、情報資訊揭露、資本增減、股息分配、員工薪資與福利獎勵制度等等) 及總裁、總經理、副總裁、副總經理之作為為對象。總裁、副總裁、總經理、副總經理之管理工作稱「企業策略經營」(Strategic Management) 或「高階管理」(Top Management)，以長期目標、產品、市場、組織、制度、人才、資金、成長、競爭、購併、聯盟等等策略之設定、執行及調配為對象。部門經理之管理工作稱「作業管理」或「控制管理」(Control Management or Management Control) 或「中階管理」(Middle Management)，以內部部門間管理作業程序暢順流通之控制為對象。課長之管理工作稱「效率管理」(Efficiency Management) 或「基層管理」(Foundation Management)，以部門內品質、時間、數量、成本、利潤、服務等目標之追求為對象。組長班長之管理工作稱「標準管理」(Standards Management) 或「操作管理」(Operating Supervision)，以修訂操作標準及遵守執行操作標準為對象。五者之管理工作合稱「企業管理」(Business Management)，皆是以「人」的團結一致，「萬眾一心」為基礎。公司最高統治階層之管理 (即「公司治理」或「公司統理」) 是對外的管理，對股東、對債權人 (銀行、債券持有人)、對社會大眾有正派經營、資訊透明之交代。「高階管理」、「管理控制」、「效率管理」、及「標準操作管理」都是對內的管理，佔「企業管理」工作的百分之九十五以上。

各級主管的管理工作各有重心，運用不同程度之各種人力、財力、物力、機器設備、技術方法、時間、情報資訊的資源，同時亦可藉客觀組織結構及策略、制度之作用，影響下屬思想及行為，促使部屬協調合作，以達成組織單位目標。就這種

作用而言，每一位管理者就是該單位的領導人物，也就是「正式領袖」(Formal Leader)，不只指公司的最高主管 —— 董事長或總裁、總經理一人或二人而已，所以「領導能力」(Leading Ability) 就是眾多部屬之上級管理者所必備之許多人際關係技巧之一。通稱之領袖「魅力」、領袖「魄力」、領袖「膽識」、領袖「冒險精神」、領袖「遠見」、領袖「先知」、領袖「慈悲」等等特質，都是成功管理者 (Successful Managers) 在「成功」之後被人稱讚的言詞。

　　所謂領袖或領導者之「領導術」(Leadership)，或稱「領導作風」(Leadership Styles)，乃是指主管人員站在前頭「以身作則」(Demonstration)，感化部屬，使其心悅誠服，跟隨主管之努力方向及努力程度，以完成目標之管理方法。「領導術」、「指揮術」、「溝通術」、「激勵術」、「協調術」等，和「計劃術」、「組織術」、「用人術」及「控制術」，都是有效管理的企業「將帥術」(Effective Ways of Business Generals and Commanders)。所以有效總裁、總經理的管理術，就是「企業將帥術」❶。

一、領導能力影響組織績效 (Leading Ability Influences on Performance)

　　組織的整體經營績效（指「顧客滿意」和「合理利潤」，也指銷售、生產、利潤、市場地位、投資報酬、創新、實體結構、財務結構、訓練發展、社會責任）與各級主管人員的領導能力之品質 (Quality of Leadership) 息息相關。雖然足夠良好的高、中、下級領導能力並不是企業經營成功的「唯一」要件（因為還要有企劃力、組織力、用人力、控制力等等），但卻具有相當大之重要性。一個拙劣的領導人，不論其職位高低，遲早都會把該單位員工的士氣拖垮，連帶使公司的效率降低；相反而言，一個幹練的領導人可以將灰暗不振的團體，轉變為士氣高昂，積極進取的成功組織。尤其對公司最高階的董事長及總裁、總經理而言，其個人的「才、品、學、精、力」五條件都要好，其顯示出來的高瞻遠矚、冒險創新的企劃能力、組織能力、用人能力、領導能力及控制能力也要好，它們都是影響公司成敗盛衰的關鍵因素。外人看一個公司，首先看該公司的最高領導人（即董事長或總裁）。最高領導人個人之優劣形象代表公司的形象 (Leader image is company image)，所以最高主管的領導能力是公司的競爭核心能力 (Top leadership capability is the company's core competence)。

---

❶　見筆者所寫，連載於《經濟日報》，〈EDN B-School 之「企業將帥術」〉，開始刊登於 2002 年 10 月 4 日。

▣ 二、領導型態與領導作風 (Leadership Patterns)

「領導型態」與「領導作風」(Leadership Patterns) 是指各級領導人員對決策形成作法的類型或作風 (Types)。領導型態有很多的區分方法,其中一個較常用的方法,是將重點放在主管與部屬形成決策之權力分配關係上,而將領導型態分為「獨裁式」(Autocratic),「參與式」(Participative) 及「放任式」(Laissez-Faire) 三大類。領導作風是有效管理的「手段」,不是「目標」,因應管理者能力 (Leader Ability)、被管理者能力 (Follower Ability)、目標明確度 (Clearness of Objectives) 及情報資訊快速度 (Information Speed) 等因素之變化而變化。

「獨裁式」領導作風係指主管一人獨自裁決任何事務,包括目標、策略、方案、組織、用人、作業規則之設定,不讓部屬參與意見,所以是「集權」(Centralization) 統治法。在「獨裁式」中,又依主管人員自私心之濃淡而再分為⑴「自私獨裁式」(Totalitarian) 或稱「暴君式」(如紂王、秦始皇) 及⑵「賢明獨裁式」(Paternalists) 或稱「父慈式」(如文王、唐太宗) 等兩形式。

「參與式」領導作風係指主管允許部屬參加意見後,再裁決事務,所以是「授權」或「分權」式管理。在「參與式」中,又依聽取意見之先後及程度,再分為⑴「諮詢參與式」(Consultative Participation) 及⑵「民主參與式」(Democratic Participation) 等兩形式。

「放任式」領導作風是指主管人員採取百分之百的開放態度,任由部屬要怎麼做就怎麼做,事前既無目標、策略、組織、用人的討論核定,事後也不對績效檢討、考核。

上述三大類五形式 (Three Categories Five Patterns) 的領導型態,究竟應該採用那一型態比較有效,則應先對主觀條件及客觀環境有所思考,才做決定。

一般人們喜歡把「民主」及「獨裁」的領導作風當作政治「目標」來討論,主張「民主」是世界普遍價值。但在企業管理上,我們是把「民主」、「放任」或「獨裁」之領導作風,當作有效管理的「手段方法」來處理,不當作「目標」來看待。那一種作法在時、空、人、事、物條件下,能有「最佳績效」(Performance),就是最好的管理手段方法。這兩種差異看法顯示,「企業管理」比「政治管理」更為理智、嚴肅、細緻。

在企業管理方面,要採取何種領導方法,不可孤立斷言,可先看下列八種情境性問題,並試作回答:

⑴是否一般部屬只喜歡接受上級指揮，自己不能或不願自我啟發，而寧願逃避責任？即使有自作主張，並有發表意見之機會，自己也不願提出負責任，具有上進企圖心的建議？ (Lack of Responsibility)

⑵是否大多數的部屬都可以經由「試誤法」(Trial-and-Error) 學習過程中而學得負責一方之領導才能？ (Learning by Trial and Error)

⑶上級之「獎」（包括薪資、職位提升等）及「懲」（降職、降薪等）是否對現有下級員工之工作表現沒有影響作用？ (Reward-Punishment Losing Impact)

⑷在現有工作環境中，主管與部屬互動、互相影響的機會及程度是否高？ (High Interactive)

⑸主管對部屬所下達之指示，是否已經是詳細而完全，而不是只一般性原則，需再任由部屬自行決定工作細節？ (Complete Instructions)

⑹除了個人目標外，是否還設定比較廣大的團體目標，能再給個人一些額外的利益？ (Team Objectives)

⑺是否主管只要供給部屬做工作所需的資料外，部屬不必再加思考規劃就可以完全達成目標？ (Relying on Instruction and Information from Top)

⑻不同之主管人員對所有部屬之裁決權力，是否以經濟性之考慮為主？(All Economic Considerations)

管理者對上述這些問題之不同回答，可採不同型態之領導作法，如下所示：

表 17–2

問題號碼	回答「同意」時	回答「沒有意見」時	回答「不同意」時
⑴	獨裁式領導	民主式領導	放任式領導
⑵	放任式	民主式	獨裁式
⑶	放任式	民主式	獨裁式
⑷	放任式	民主式	獨裁式
⑸	獨裁式	民主式	放任式
⑹	放任式	民主式	獨裁式
⑺	獨裁式	民主式	放任式
⑻	獨裁式	民主式	放任式

三、獨裁式之領導作風分析 (Autocratic Leadership)

此種作風指「管理者」強調詳細命令下達與部屬服從之絕對重要性，從而大多

數決策都由自己獨自裁定，不要求部屬參與意見，因此部屬的權限相對的縮小，此種管理者就是「獨裁者」。影響所至，獨裁者喜歡在較低層人員中製造一種對高層主管「高度依賴」及「高度畏懼恐怖」的環境氣氛。

例如美國國民收銀機 (NCR) 公司的奠基者派特森 (Petterson) 先生，就是一個獨裁式的管理者，他可以因不滿意成本會計部門之工作效率，而將所有成本會計簿付之一炬，同時在事前不曾詢問其部屬之意見，就自行決定裁撤成本會計部門。在這種領導型態下，獨裁者是整個公司權力的中心，可以滿足他的「自我肯定」、「社會尊重」及「自我實現」等高層之人類需求 (High-Level Needs)，但同時，也忽略了部屬之人性需求，放棄了部屬部分的潛在能力，久而久之，公司一定深受損失。

對於一般守成不創新的員工而言，只要做老闆要求的事就可以保住薪資和職位（所謂「末將聽令」之心態），不必管上級所要求的事是否真正對公司目標有所助益。同時，又因為許多工作在實際技術上及成本考慮下，並不一定令自己有信心，只要上級硬性要求，剛好順水推舟不必困擾自己，所以獨裁式之管理在此種場合也許較為有效。對一個企業機構而言，若幸運得到一個聰明能幹，並有愛心的獨裁領袖，企業可望成長成功。否則，此企業終必失敗，冒險賭博性太高了。

四、參與式之領導作風分析 (Participative Leadership)

參與式之管理者較獨裁式之管理者關切部屬的人性需求及能力，對部屬所提供之建議均給予相當之尊重及考慮，甚至會以會議或委員會之方式，請屬下共同討論，做出決策，解決問題。參與式決策時，主管人員可以聽完各方正反分析後，自己做決定，也可以視多數正反意見，而順水人情下決定。

因此，參與式之管理者會扮演激發部屬思考，集思廣益，以解決問題之積極角色 (Progressive Role)；對部屬而言，亦可藉由提供意見，獲得某種程度之尊重和參與感。此種作風，除了提升決策品質 (Decision Quality) 外，尚可提高「自尊心」(Ego)，「團結力量」(Team Effort)，也會提高成功機率。

五、放任式之領導作風分析 (Laissez-Faire Leadership)

自由放任式之領導者，則是將所有的問題自始自終，交由部屬去處理，部屬可以自行決定目標，設定執行方案。在有些情況下，如部屬能力高強，而管理問題簡單，此種百分之百放手由屬下自行解決問題的作法可能有效。但在有些情況下，如部屬不成熟，能力及見解不高，問題很複雜，卻會造成混亂。孔夫子曾對人們年齡

及心智狀態之關係，說過「三十而立，四十而不惑，五十而知天命，六十而耳順，七十而從心所欲，不踰矩」。所以要讓部屬隨心所欲，又能順利達成目標，則部屬必須到 70 歲，而主管此時則已在 80 歲左右，太慢了，不可採用。

老子也曾言：「為，不為，無為而治」，但他並不是指此種百分之百之「無為」放任作法。在具有高度競爭性之企業管理裡，老子的主張似乎可行，但要充分瞭解他主張的真正內容。他的第一字「為」，是指先設定「目標管理」體系 (MBO) 及「責任中心」(Responsibility Center) 體系。他的第二、第三字「不為」，是指執行時，上級給予充分授權（權責相配），不隨意干預下級決定的作法，只做期間性追蹤監視。下級不出差錯，上級不動聲色，如同「不為」。如此運作，上級在上看方向，下級在下推動車輛，外人看來，上級似乎「無為」輕鬆，但一段時日後，目標一一達成，「而治」成就。老子第四字至第七字「無為而治」乃此之謂也。若先沒有「為」一字來設定目標責任，中間又「不為」，則一定導致最後「無為不治」。

六、雙利的領導作風（「生產力」及「人情味」極大化）

管理者之領導型態亦可就被管理的對象來區別，例如密西根大學 (University of Michigan) 之調查研究中心 (Survey Research Center) 即曾舉出以「工作為中心」(Task-Oriented) 及以「人員為中心」(People-Oriented) 之領導方式。前者指主管人員將所有的心力放在短期「工作目標」達成上，忽略工作人員精神面及社會面。而後者則指主管人員強調有效工作團隊之心理、社會發展，忽略短期工作目標。此外，尚有所謂「管理調配圖」(Managerial Grid) 之理論，見圖 17-1，對工作目標「生產力」與員工心理社會「人情味」之因素分析，據圖觀點，則管理者的努力目標是在座標上盡量往上與往右，同時追求此「生產力」及「人情味」兩個變數之極大化，即座標 9.9。圖 17-1 管理調配圖有五個座標數字。1.1 代表主管人員不關心員工，也不關心工作（雙害型）。1.9 代表主管人員只關心工作，不關心員工（一利一害型）。9.1 代表主管人員只關心員工，不關心工作（一害一利型）。5.5 代表主管人員從 1.1 位置向上改進中。9.9 代表主管人員既關心工作生產力，又關心員工人情味（雙利型），這是最理想的領導作風。

圖 17-1　管理調配圖

七、參與式管理是進步方式但並非全能 (Participative leadership is the advanced leadership)

近年來，教育普及，「員工知識化」，「知識電腦化」(Knowledge Computerized)，「部屬同伴化」(Subordinates are associates)，所以參與式之領導型態引起廣大之注意力。一般而言，參與式管理 (Management by Participation) 是促使部屬心力真正灌入企業的管理中，參與主管的決策過程。主管人員讓部屬參與決策過程，不僅顯示主管人員之寬宏大量，博採眾議，並可真正提高決策品質 (Decision Quality) 及執行效率 (Execution Efficiency)。所謂「提高決策品質」(Higher Decision Quality)，乃是指部屬可能提供「更多情報」(More Information) 及提供「更佳見解」(Better Solution)，俗云「三個臭皮匠，勝過一個諸葛亮」，即是此意。所謂「提高執行效率」(Higher Execution Efficiency) 是指讓員工在事前參與意見，就易將此案視為「自己的東西」(Our Baby)，既然是自己意見的結晶，當然「血濃於水」，在執行時，必定盡心盡力，力求成功，不失失敗，保護自尊心，所以亦可稱為「較高士氣」(Higher Morale) 之表現。在社會心理學上，「我們」(We Group) 比「你們」(You Group) 更具有切膚之痛，更有認同感，更有影響力。

實施參與式領導之作法有三種方式，並有四個前提，略述如下：

（一）參與式領導之作法 (Variety of Participative Leadership)

1.建議制度 (Suggestion System)

某些組織利用「建議制度」(Suggestion System) 來指導部屬參與決策過程。當部屬提出可用的有效建議時，給予相當份量獎金，並公開鼓勵。當然這種參與型態必

須有完善之配套作業制度作為前提，並能鼓勵多數人樂於提供改進建議。若參與者僅限於少數人時，或根本無人願意提供意見時，無疑地其效果將大打折扣。

2. 委員會及品管圈 (Committee or QCC)

有些企業的工廠利用「生產委員會」(Production Committee) 或其他決策委員會，如「品管圈」，集中員工代表與幹部代表，研究改進品質及生產效率之方法。日本工廠實施此方法，效果很好。「品管圈」QCC 方法後來演進為「全體品管」，再演進為「總體品質管理」，成為世界級公司的進階方法。

3. 協議管理 (Advisor Management)

有些事業不由主管單方面先做決策，再強硬要求部屬執行，而是允許部屬在每日管理決策過程中，隨時可以提出自己之想法與建議，所以部屬的地位成為協議者，而非僅是被動的命令接受者。

雖然領導者所採取「參與管理」之型態不一，同時部屬參與之程度亦有不同，但通常階層愈高者，參與公司決策之機會愈大，反之亦然。在實務上，總經理、事業部副總經理、功能部門經理、課長、班長等，每週要舉行各自轄區「經營（或業務）檢討會」(Weekly Review Meeting)，讓部屬參與主管決策的精神落實到底，並確實有改進管理績效的功用。

（二）部屬參與管理之前提 (Conditions of Participative Management)

1. 部屬應有能力提出有價值的建議 (Subordinates' Ability)

部屬建議改進之能力 (Ability to Suggest) 經常受其教育或工作背景之影響，故在實行參與式管理時，應先瞭解部屬是否具有能力瞭解問題，並有相當表達能力。若無，應設法加強改進之。

2. 容許各種利害關係之人同時存在 (Coexistence of Different Interests)

若是組織各階層充滿獨裁之管理者，一則參與式建議很難被接受，二則屬下會習慣被動接受上級命令，而不會主動提出改進要求，並將主管之善意詢問意見，誤解為主管能力不足並輕視之。反之，若組織中容許各種利害關係人士同時存在，大家就會主動提出意見，促進參與決策過程。

3. 工會不能介入 (No Union Entry)

若是組織龐大之工會介入經營管理活動，會將員工與主管之合作行動，視為工人對工會之「不忠誠」行為，而給予歧視或懲罰，則工人會因恐懼與管理人員接近而受損，連帶地使參與式管理的推行遭受困難。

4. 時間寬裕

在臨時或緊急情況下，許多決策為求時效，常常草草了事，則無法從容實施此種比較花費時間來討論，以求得部屬相同意見之參與式管理。

總之，參與式管理必須先考慮其前提之存在與否。假使這些先決條件尚未成熟就實施之，則實務上常有失敗的例子，例如飛機駕駛員長久以來，均習慣於接受各種因緊急狀況之上級決策，自己不加考慮，則對於小組開會決定一切之作業方式無法適應。

八、何謂「最佳」領導型態？(What is the "Best" Leadership Pattern?)

一個機構的最高領導者，通常被稱為領袖人物 (Top Leader)。領袖人物稱職與否決定該機構在競爭市場的成功或失敗。一個機構的二級、三級、四級，甚至五級領導人員，也是中級領袖或基層領袖，他們的品質的優劣，則決定該大中小單位的績效優劣，所以選擇最佳領導型態事關重大。

各級領導者有兩項重要之直接使命，一個是完成「工作」目標 (Task)，一個則是滿足部屬人性需求 (People Needs)。主管若是以「人員」(People) 為導向（即參與式），則士氣常較為旺盛，短期工作效率不一定高，但長期之下可望提高；而若以「工作」(Task) 為導向（即獨裁式），則似乎短期內會有較佳的工作績效，甚而亦會帶動士氣之提高，但長期之下，則效率及士氣會下降。在「人員導向」與「工作導向」之間，尚有多種領導型態，可借參考，見圖 17–1 所示之座標意義。

(一) 獨裁式與參與式領導作風之比較 (Comparisons between Autocratic and Participative Leadership)

許多行為科學家以為「參與式」領導比「獨裁式」領導較為有效。然而在「獨裁式」領導下，在短期內也許部屬會有許多不滿，可是工作績效卻可能很快地提高，有很多新官上任之「整頓」作法就是如此，此乃因部屬在無奈之下，受逼迫而產生效率之故。在長期下，部屬則疲於受恐懼，而暗生惰性，所以工作效率又易下跌。反之，在「參與式」領導下，部屬在短期內不易很快提高工作效率，但在長期下，則因自動自發，自治自愛心理之發揮，可能提高工作績效。所以此二類領導作風，各有所長，必須因時、因地、因人、因事、因物而制宜。

(二) 領導型態之制宜論 (Situational Theory of Leadership Patterns)

不同的時、空、人、事、物之組織環境，需要不同之領導型態，也就是說所謂「適當」之領導型態及「成功」之領導特性，是隨情況之不同而異，列舉三點說明於下：

　　第一、部屬種類不同，領導方式應異，以研究實驗室中研究人員 (Researchers) 之領導為例，這些人員通常已受有極佳之教育，具有類似大學、研究所以上的文憑，所以對其之領導方式，必須採「參與式」(或以部屬為中心)，而非「獨裁式」(以老闆為中心)；相反的，就建築工人來說，因其教育及知識水準較低，所以對其之領導方式，可採取「獨裁式」，而非「參與式」。

　　第二、傳統不同，領導方式應異，譬如「獨裁式」之領導觀念已經獲得組織老成員之一致同意，所以不需要「參與式」。有如組織面對環境穩定或變動不同，或員工工作例行性或變異性不同等，領導者皆應在執行手段方面，有相當大之差異。

　　第三、領導者之能力高低不同，環境變動之不同，人際關係及員工之自我管理能力之不同，應會影響領導作風之採用。

　　由此可見，管理者之領導型態，應「因時」(如創業時或守成時)、「因地」(如作戰前線或後方總部)、「因人」(如高級人員或生產線人員)、「因事」(如行銷或會計)、「因物」(如整廠設備或櫃臺化妝品) 而制宜，方能真正獲得最好效果。費德勒 (Fiedler) 曾據此情況提出領導型態之「制宜模式」(Contingency Model)，亦有人稱之為「權變」模式，此語來自「經權致用」，「經」指目標，不宜變化，「權」指手段，可以因情況而變化。他列出三種對領導者有利之條件：

　　⑴上級「領導者」(Superior) 與下級「部屬」(Subordinates) 之關係越密切，對領導者越有利。(Close Relations)

　　⑵工作目標訂得越明顯具體，對領導者越有利。(Clear Task)

　　⑶擁有較大之正式權威及獎懲之權力，對領導者越有利。(Great Power)

　　根據費德勒之研究，以「人員關係」(即參與式) 為重之領導者，比較適合於三者之中有一利或二利之一般情況，不適合三者皆有利或三者皆不利之情況。換言之，三者皆有利或皆不利之情況比較適合於以「工作目標」(即獨裁式) 為重之領導者。

　　「制宜理論」把絕對以「人員」或絕對以「工作」為導向 (即參與式與獨裁式) 之領導作風，融合於「環境」、「主管」及「部屬」之三條件中，依三條件變化程度而採取合宜之手段作風，以追求不變之目標。此種以「手段變化」來追求「不變目標」的理論，與佛學上的「諸法 (指手段) 皆空 (指可因情況變化)」，「一切有為法皆為虛妄」之說法相同。

九、成功領袖術六要訣 (Six Conditions for a Successful Leader)

　　所有經理人員都是領袖人員 (Manager is leader)。但是一個成功的領袖人物必定

是能影響別人（部屬、群眾），使別人心悅誠服，驅動別人朝向他所制訂之目標方向努力，以達成功境界的特殊人物。領袖人物有多重角色，他是「企劃者」，「組織者」，「用人者」，「率先者」，「指揮者」，「溝通者」，「激勵者」，「折衝者」，「調和者」，「關懷者」，「領導變化者」，以及「控制調整者」。

要成為一個大團體（部門、公司、社團、財團、政府、國家）的成功領袖者，必須有六個條件要訣，即(1)有權威，(2)有特質，(3)有願景，(4)有思考，(5)有領導風格，(6)有行為技能。第一、第二為領袖基礎條件，第三、第四、第五、第六為能力條件。

第一、有「權威」。權威有五類：(1)職位上所擁有之獎勵及懲罰之用人、用錢權力 (Position Power)；(2)專業知識性權威 (Expert Power)；(3)長老國師顧問性權威 (Referent Power)；(4)恐懼威脅力量 (Fear and Coercion Power)；以及(5)合情合理權威 (Legitimate Power)。

第二、有領袖的「六大特質」(Six Leader's Traits)，即：(1)驅動力 (Drive)；(2)意念力 (To Be a Leader)；(3)忠誠信實力 (Honesty and Integrity)；(4)自信力 (Self-Confident)；(5)察覺力 (Cognitive Abilities)；及(6)技術力 (Knowing Business)。

第三、能提供好「願景」(Providing a Vision) 吸引眾人。部屬群眾追隨領袖所提出之遠大、光明、具體、有利的目標，不僅是追隨領袖個人而已。

第四、能像一個領袖般「思考」問題 (Think like a leader)：包括三大步驟：(1)能確認問題之存在，即「洞燭機先」，「萌芽未動，已見先機」(Identifying the Problem Issue)；(2)能分析問題發生之因果關係及其後果嚴重性 (Analyzing the Cause-Effect and Consequence)；(3)能果斷拿定決策，不拖延、不猶豫不決 (Deciding on Leader's Action)。

第五、能採取正確的「領導風格」(Use the Right Leadership Style)：包括三大類風格：(1)「員工導向型」（人情味）或「工作導向型」（生產力）之平衡；(2)「獨裁型」或「參與型」之平衡（能依「問題」、「情報資訊」、「決策」三階段來分別「主管」與「部屬」參加提供意見之程度）；(3)「目標管理」及「無為而治」（放任）型之平衡。

第六、能採用合適之「組織行為技能」(Organization Behavior Skills)：包括建立組織文化，激勵，指揮，溝通，協調，團隊行為，及領先改革變化等等技能。

「沒有權威，就沒有領袖」(No Authority, No Leader)，所以權威是第一基礎。但有權威，而沒有領袖的六大氣質（特質），也不會成為一個成功的領袖。有了權威，

有了特質，只是具備了當成功領袖的基礎，若沒有上述第三至第六能力條件，也不能成為成功的領袖。在條件第二的「領袖六大特質」中，第(5)小項「察覺力」(Cognitive Abilities) 也叫「情緒性智慧」(Emotional Intelligence)，係由「自知自覺」(Self-Awareness)，「自治自制」(Self-Regulation)，「堅持毅力」(Persistence)，體諒同理心 (Empathy)，及合群社交技能 (Social Skills) 等五部分組織，最為重要，特別指出。

第四節　溝通與上司及同事建立相處關係 (Relationship with Superior and Peers)

每一個管理者在人與人之關係中，均需扮演多種不同之「角色」(Roles)。在家庭生活中，他可能為人「父母」(Parents)，或為人「子女」(Sons and Daughters)，或為人「兄弟姐妹」(Brothers and Sisters)。在工作職場中，或為「主管」(Superior)，或為「部屬」(Subordinates)，或為「同僚」(Peers)。這些角色的內容常經由互相之期望 (Expectation) 而界定。而所有「工作」(Job, Task) 是由扮演各種角色的人所合作完成，所以想成功的每一位經理人員都應對人際關係 (Human Relations) 有所認識，並做出最好的溝通與協調 (Communication and Coordination) 配合。

一、如何與上司相處？ (How to Deal with Superiors?)

主管人員 (Manager) 是一個部屬必須向其負責績效的「人」，俗稱「上司」(Superior)。有時候，主管很容易相處，但大多數的時刻，主管卻不易相處。由於他們掌握部屬的任免升遷、降調及獎懲，使在下者不得不注意在上者之心理狀態，以免因誤會而吃大虧。

（一）認識與主管良好相處之重要性 (Recognition of Superior's Power)

一般而言，主管有權決定下列事項，若部屬與主管相處良好，當然對部屬的私人目標有所助益。

⑴評估部屬工作績效之優劣，影響部屬升遷降調機會。(Promotion and Demotion)

⑵在某種限度之內，決定部屬的薪資、福利及分紅認股。(Salary-Wage Benefit and Profit-Sharing, and Stock-Option)

⑶當有職位出缺時，決定部屬任用及轉換。(Employment and Relocation)

⑷決定部屬職位之裁撤及辭退。(Dismissal and Lay off)

⑸對部屬施以工作方法教導、處世哲學教導、以及個人疑惑教導，培養部屬將

來成功之機會。(Teachings and Assistance)

(6)協助部屬開發與其他人之人際關係網絡。(Human-Relation Network)

（二）部屬影響上司之方法 (The Ways to Influence Superiors)

(1)「展示強點」：若是部屬在學識上、品德上、專長上、資訊上比主管有更佳之造詣，對工作表現上自有幫助。當部屬表現好，水漲船高，主管的業績也會好，所以讓上司欣賞自己的優越性及看得起自己，對上司就有影響力。

(2)「取得歡欣」：主管們喜歡的部屬通常對主管也具有較大之影響力，所以取得上級的歡欣，不論是順其自然的方式，或是強做歡顏的方式，是影響主管的方法之一。就一個部屬人員而言，若能與在上位者和睦相處，並發揮影響力，則可提高管理之有效性。

(3)與上司相處，雖不必卑躬屈膝，為五斗米折腰，但也不可故意對抗、羞辱其意向及喜好。「不拂逆鱗」是識時務者的基本要求。

二、如何與同儕相處？ (How to Deal with Peers?)

同儕 (Peers) 是指具有幾乎相同地位或職等之平輩同事，共同為達成公司目標而合作，他們既不是比自己高階層之主管，亦不是比自己低階層之直接部屬。

（一）同儕種類 (Kinds of Peers)

同儕包括本部門、本課、工作流程中、幕僚服務部門中、專家顧問部門中，及企劃審核部門中等等之同階人員。同儕之間的關係受工作環境之影響很大。

（二）如何影響同儕？ (The Ways to Influence Peers)

1.就工作流程而言

每個部門都處於某種工作流程中，有上游部門、中游及下游部門。就這種相互連貫的工作流程而言，必然會產生在工作時間安排上、工作品質認定上及資訊傳遞上發生互相摩擦之事件，我們應講求使組織成為一個整體之協調互助方法、分工合作方法，有人建議採取「直接洽商」(Direct Negotiation) 方法或安排一個排難解紛「互相合作」之職位，或者建立「協調工作小組」(Coordination Team) 等方法來解決。

我們可以理解，在工作過程中所存在之不確定性越大，則在排程、品質、資訊等發生衝突糾紛之可能性越大。當發生這種情形時，管理者應當盡量運用各種技巧，單刀直入，和同輩主管商議互讓互助，將這些問題解決掉，以保持工作流程之順利進行。

2.幕僚就服務關係而言

幕僚服務部門提供支援服務 (Supporting Services) 給許多其他直線操作部門，這些服務之所以會集中提供，多半由於經濟或成本之考慮，例如打字 (Key-in) 服務部門歸集各部門所需之打字工作，以較有效率之方式進行。作為幕僚服務部門之主管，可藉專長上及規模上之優越性，增加對其他部門之影響力。相對地，作業部門亦可運用類似之方式求得幕僚服務部門之支援合作。

三、直線與顧問、稽核、幕僚之關係 (Relations among Line, Advisors and Auditor Staff)

幕僚提供的服務，又可分為一般支援性服務 (General Supporting Services)、專業性服務 (Professional Services) 及顧問性服務 (Advisory-Expert Services)，以協助各部門主管（直線人員及其他幕僚人員）達成組織的目標。

顧問性幕僚 (Advisory Staff) 都是專家資格者 (Expert)，他們可以運用特定專長、廣博技術經驗、以及社會名望及尊敬來影響直線主管人員，而直線主管應該瞭解顧問性幕僚對本身工作客觀性、專業知識性之助益，如此二者才能合作愉快。

稽核性幕僚 (Auditing Staff) 是屬於專業性服務的提供者，他們與企業機能別作業性主管之關係。如圖 17-2 所示。

圖 17-2　直線與幕僚關係

在營業、生產、財務、會計等等經理的觀點下，具有董監事會超然地位的「稽核」(Auditors) 所可能帶來的問題，是稽核員與屬下直接建立另一種直接主管所不清楚的關係。因此有些部門經理就認為稽核員干擾作業，因而與稽核部門站在敵對的

立場，不供給充分資訊，或對稽核部門之建議置之不理等。由於稽核部門本身是幕僚身分，權力有限，不能直接糾正作業部門。所以一個有效的內控稽核制度之完善建立，實在應將「稽核室」正式放到董事會下，與總經理平行，並且由總經理及各部門直線主管負起大部分的尊重與配合責任。各部門主管則可以採取友善合作之態度，滿足其社會尊嚴需要，亦可利用合乎情理法的情感及受人尊重的專長，來影響稽核幕僚或顧問幕僚。

第五節　主管應瞭解部屬的慾望 (Understanding Subordinates' Human Needs)

一、部屬慾望之多樣性 (Variety of Human Needs)

組織中各階層人員都有各種不同的慾望需要滿足。當某種初級慾望全部或部分滿足時，另一種較高級之慾望會隨之而生，個人之慾望又可利用不同方法來滿足，並無一定之規則可循。這些慾望大約可分成三類別五層次。

（一）生理慾望 (Physiological Needs)

生理上的慾望是一種隱藏的生命動機 (Hidden Living Motive)，並與身體的飲食、衣著、男女生理作用直接相關。生理慾望非常明顯，例如飢餓時對食物的追求即是一例。當生理上的慾望得不到滿足時，則立即演變為強烈的行為動機 (Action Motive)，以求改善。觀諸歷史可見，當發生饑荒時，人民暴亂隨之而起。對員工士兵而言，當得不到溫飽時，就不會產生旺盛的努力或作戰士氣，甚至會脫離他去。

（二）社會慾望 (Social Needs)

人類是一種社會動物 (Social Animal)，必須群居，不能孤立生存，因為有許多慾望要依賴他人才可得到滿足。就個人而言，社會慾望是要尋找歸屬感 (Belonging)，與他人建立友誼互助 (Friendship and Mutual Help)，或成立家庭 (Family)。在工廠中的正式編制班、組、隊之外，會產生一些非正式之團體組織 (Informal Groups)，就是常例。對於大多數的人來說，若在工作時，大家都對你不理不睬，不肯將你納入他們的小組中，則這個被隔離孤立的工作環境必是相當難以忍受，有時會使人發狂、發瘋。

（三）心理慾望 (Egoistic Needs)

心理慾望是指自己感覺自己的工作比較重要，比較有價值，乃是一種「自己尊

重自己」(Respect by Oneself) 及「被他人尊重」(Respect by Others) 的慾望。就主管
人員或是專業人員而言，這種心理慾望比基層操作人員強烈。這些高級人員比較會
自動自發，而不願被別人頤指氣使。若是一個人整日的工作，卻不瞭解自己的成品
有何用處，就是不被尊重，心理上無成就感 (Achievement) 可言，日久之後，其疲怠
性自然增加，工作效率下降。

二、人類慾望之層次性 (Hierarchy of Human Needs)

有些心理學家按各種慾望重要性之優先次序，將人類慾望排定層次關係。例如
馬斯洛 (A. H. Maslow) 即曾提出金字塔形的說法，將人類三大類慾望劃分為五個層
次，從「生理」，到「社會」，到「心理」。按馬斯洛的說法，只有當下層（即較優先）
慾望得到滿足後，人類才會追求較高層次的慾望之滿足，所以主管人員若要激勵部
屬，就要先瞭解狀況，再循序而為。

馬斯洛的理論大致如圖 17-3 所示：

第五層	自我成就（成功成就、自由、被承認）—Self-Actualization
第四層	尊嚴（追求自尊及他尊、社會地位、虛榮）—Egoistic Needs
第三層	歸屬感（追求感性、社交、合群）—Social or Belonging Needs
第二層	安全感（免除危險、痛苦、憂慮、窮困）—Safety Needs
第一層	生理慾望（食、衣、住、行、男女情愛）—Physiological Needs

圖 17-3　人類慾望之層次關係

按之實際，這三類五層次慾望並非完全獨立存在，有時候各類慾望均或多或少
同時存在。一般而言，愈下層的慾望較容易解決，愈上層的慾望較不容易處理。愈
下層的慾望與「金錢」(Money) 的作用較密切，愈上層的慾望與「名望」(Name) 的
作用較密切。追求愈下層的慾望屬於較低級的利己「自私」(Selfishness)，追求愈上
層的慾望屬於較高級的「自私」，有時則稱之為「利他」的大我精神。所以高級昇華
的精神性「利己」（如捐獻錢財，換取有名或無名的「名聲」）與「利他」的大我公
義行為互相關聯。世人有「名利互換」及「義利互換」行為，看似相同，實際不然。
以「財」換「名」是慈善行為，是好行為，但以「名」換「財」就是貪侫行為，不
是好行為。以「利」換「義」是好行為，是偉大的行為，但以「義」換「利」就是
不好行為，是卑鄙行為。

三、慾望與挫折感 (Needs and Frustration)

有時候，雖然盡了全力卻依然無法滿足重要的慾望時（如升等或調派新部門），員工就會產生一種情緒上的強烈反應，這就是「挫折感」(Frustration)。對於樂觀而有相當自信心 (Optimistic and Confidence) 的人來說，他會把責任怪罪到別人頭上或別的理由上，自己仍然繼續努力。但對悲觀而缺乏自信心 (Pessimistic and Lack of Confidence) 的人來說，則不免自責，使鬥志全無。當然，這些無法滿足的慾望仍可藉由其他慾望之滿足來填補或替代（如加薪、派外受訓），但若這些目標或慾望相當重要，不是可以隨意替代時，則是一件十分難以理智處理的事情。

作為一個上級領袖者，不能不注意各類慾望不能得到滿足時，對員工心理上，情緒上所產生的困擾，例如在設定獎勵目標時，若訂得太高，則無論部屬如何努力，均會失敗，而造成士氣低落，則屬不智之舉。

四、幫助員工調整情緒 (Emotional Adjustments)

在理想上，組織中的每個人員都應有均衡調適情緒的能力，這類「心理健康」(Emotional Healthy) 的人具有下列特質：

⑴他們對自己目前所得的報酬感到滿意，能接受生活上不如意事件的考驗。

⑵他們能適度的關懷他人，相信他人，並尊敬他人。

⑶他們能夠迎接各種挑戰問題，並加以解決克服。

然而，在實際上組織裡完全健康心理之人員並不多。對於不愉快的事件，大多數員工均不免焦慮不安 (Anxiety and Discomfort)。主管人員在處理這種情緒上的問題時，應該分清楚部屬是因追求成功，或是為逃避失敗而焦慮。一般來說，後者是屬於「高度焦慮」型，管理者可分攤其工作上的責任給別人，或是給予較大的支持。至於前者或「低度焦慮」型員工，則可給予較大之工作挑戰，以滿足其追求成功的慾望。

至於管理者面對個人情緒上有困擾之部屬時，應根據問題之嚴重性，而採取不同之處置方法。如果問題輕微，則主管可以同情的態度，傾聽員工之述說，也許員工自己在討論過程中，即可獲得解決的辦法。若問題比較嚴重，非主管所可解決時，即應安排一些心理上之治療方法。

由於主管人員在調整員工情緒過程中，佔有極重要的角色，員工一般也極期望主管能適時的伸出援手，所以研究幫助員工調整情緒的方法，亦是成功經理人員所

不可輕視的問題。

第六節　激勵部屬的士氣 (Motivation for Morale)

如何激勵 (Motivation) 部屬的士氣鬥志，朝向組織目標努力，是成功的經理人員另一個重要的課題。好的公司目標願景 (Objectives and Visions)，好的策略制度 (Strategies and Systems)，好的組織設計 (Organization)，好的用人唯賢 (Staffing)，好的指揮統御及領導統御 (Commanding and Leading)，好的溝通與協調 (Communication and Coordination)，以及好的激勵措施，都可以提高士氣，使部屬奮力達成單位目標公司目標，及個人目標。

一、激勵系統之要素 (Elements of Motivation Systems)

「激勵」(Motivation) 是指設法激起他人的行動，以達成特定目的之過程。一般企業組織之經理人員在追求提高公司生產力及利潤率目標時，必然要有效的運用員工之腦力及體力 (Mental Power and Physical Power)，而如何有效的運用，則繫於合理的激勵措施 (Motivation Measures)。

一般而言，激勵系統包括三個要素：⑴個人，⑵工作，與⑶工作環境。

圖 17-4　激勵系統三要素

1.個人 (Individual)

由於各個員工在知識、智慧、能力、個性、態度、慾望上均有差異存在，所以若認為每個人對某特定激勵措施，均有同樣之反應，是不合理的假設。所以在我們的激勵系統中，應特別強調個人之慾望及各個慾望層次的不同，因而有效滿足個人慾望之作法，不能一概而論，應因人而異。例如對高中畢業生、大學畢業生、及碩士博士應有不同；又如操作員工、中階主管、及高級領導人員也應有不同等等。

此外，各個人員的人生觀念及自我信仰亦有不同，例如對目標達成採取悲觀或

樂觀之態度，或對主管是否確實評核生產效率，而給以獎勵之計較態度，亦會影響激勵制度之成敗。

2. 工作 (Task)

在調查研究上曾發現高度例行性 (Routine) 之工作常被視為煩悶、枯燥之差事；而具有挑戰性 (Challenge) 之工作卻被視為享受和驕傲之來源。但是此種也並不是適用於所有的人，因此在工作設計上，如何安排一些可以激勵工作士氣之措施，是成功領導者應考慮的要素之一。赫滋伯 (Herzberg) 就曾提出「兩因子理論」(Two-Factors Theory)，以提高不同人們之工作激勵性。

3. 工作環境 (Environment)

工作環境包括組織中會影響到個人之所有接觸關係，也可以說是「組織氣候」(Organizational Climate)。組織氣候對於激勵亦有很大影響。

任何激勵制度之設計必須考慮以上三種因素，並藉由三者之交互作用 (Interaction) 才能對組織成員有激勵向上之吸引力。

二、激勵員工之工具 (Motivational Tools)

一般而言，可以用來激勵人們工作士氣的工具有許多種，但以權威、金錢 (Money)、競爭壓力 (Competition Pressure)、家長溫情 (Paternalism)、工作滿足 (On-Job-Satisfaction)、私下協調 (Implicit Bargaining)、目標管理為主要工具。

（一）權威 (Authority) 工具之利用

主管人員通常對部屬有「若不好好工作，則將解雇你的權力」。在這種威脅下，假使保住目前工作機會對員工本人或其家庭非常重要，而一時又找不到其他合適之工作機會時，則主管人員運用此種權威必會相當有效。但是運用此種權威性威脅，亦會產生其他附帶性問題，例如：

⑴在工會力量強大或工人稀少或工作機會很多時，則「權威」不足以造成威脅，則此法自然失效。

⑵運用威脅性之權威不能夠激勵員工發揮「最大」(Maximum) 的績效，經常是努力到得過且過，避免被解職之程度而已，將其他力量保留不用，形成無形浪費。

⑶過度使用權威會產生反效果。當壓力過大時，部屬會產生強烈的反應，甚至反擊回來；另外過分的壓力不免造成員工過度緊張 (Tension)，影響工作情緒及績效。

（二）金錢 (Money) 工具之利用

金錢可以滿足生理慾望（第一層）、安全慾望（第二層）、社交合群慾望（第三

層），有時也可以滿足社會地位及尊嚴慾望（第四層），但不一定滿足自由及成就感慾望（第五層）。但總而言之，「金錢雖非萬能，但無金錢則萬萬不能」。

藉提高薪資之方法可以提高員工產量或績效。例如泰勒 (Taylor) 及其他科學管理之先驅者就主張用「計件式」(Piece Rate) 之工資制度，來提高士氣及生產力。而今日也有著名之史卡洛 (Scalon) 計劃，運用集體之利潤分享制度 (Profit-Sharing) 以為激勵工具。此外，尚有通用汽車公司首先將紅利支付給領薪人員，以作為金錢上之激勵。毫無疑問的，大多數的員工可以在金錢中得到激勵。但是仍有一些例外：

⑴有些員工並不認為少量金錢是滿足重要慾望的良好工具。（藥輕不治）

⑵社會地位或自我成就之慾望無法由金錢中得到滿足（金錢不是萬能）

⑶金錢獎賞之多寡，有時反而會造成組織中成員之衝突與敵視對象。

（三）競爭壓力 (Competition Pressure) 工具之利用

促使員工競爭比賽而獲取較高職位及薪資，確能提高員工的績效，所以亦是工具之一法，但是要比較競爭者之間的績效，則必須有完善之績效評估衡量及獎懲程度，過度的競爭也會造成集團間之本位主義 (Sub-Optimization)，反而造成衝突。

（四）家長溫情 (Paternalism) 工具之利用

主管若能表現出一種家長式的寬厚仁慈作風，對員工「好」，為員工設想「周到」，可以博取員工之「忠誠」，提高生產力與熱心，例如亨利·福特 (Henry Ford) 即是利用此法的成功者。但是這種方式亦有其缺點，第一、主管人員也許不瞭解員工的真正慾望而表錯情。第二、時間拖越久，員工對激勵作用越易淡忘，所以需要使用其他的方式，比如中秋紅利也許在開始實施時確有成效，但年年老套，往後卻不見得能發揮真正作用。

（五）工作滿足 (On-Job-Satisfaction) 工具之利用

設法使部屬不認為工作是單調枯燥，而是把工作視為可以滿足各種慾望之手段，使他們認為在工作時，除有金錢報償以滿足生理及安全慾望外，並可滿足「社會」及「自尊」的慾望。例如強調工作之重要性；將工作範圍擴大 (Job-Enlargement) 以提高其吸引力；以民主方式督導部屬 (Democratic Leadership)；建立協調合作之組織氣候 (Organization Climate) 等等即可滿足不少的慾望。無疑地，若能創造工作滿足感，則領導所擔任之角色必因之更加重要。

（六）私下協調 (Implicit Bargaining) 工具之利用

在非正式關係中，主管與部屬可以建立相互諒解，主管可能需要接受一些員工之要求以提高士氣。但是這個方法應該適可而止，因為它只能收到一些最低之績效

表現而已，不可能創造突破性之表現。

（七）目標管理 (Management by Objectives, MBO) 工具之利用

「目標管理」首重參與性目標體系之建立，其次注重行動方案與授權 (Action Program and Delegation) 的完備，最後以成果 (Management for Results) 為獎懲及糾正之根據，以下為建立目標體系及行動方案之程序：

圖 17–5　目標體系及行動方案之建立程序

以這種方式來激勵管理階層人員 (Managers) 十分適合有效，因為在建立公司、部門、個人目標及行動方案時，容許部屬充分發揮腦力，參與決策過程，自然可以使工作內容豐富化並具挑戰性，滿足各種慾望，提高生產力。所以目標管理包括參與管理 (Management by Objective Participation, MBP)，授權管理 (Management by Delegation, MBD) 及成員管理 (Management for Results, MBR)。

三、提高員工士氣 (Upgrading Morale)

士氣 (Morale) 是個人或團體在工作時所表現之熱忱與毅力，這種熱忱與毅力之程度「反映」員工對工作環境及主管行為之看法。「反映」若佳，則工作績效亦佳，反之亦然。一般而言，員工士氣之高低受很多因素之影響，包括員工慾望種類及慾望的滿足程度，工作環境的優劣以及主管所採取之領導及激勵措施等。通常藉由員工士氣之高低，我們可以衡量其上級主管管理能力之高低。

（一）影響士氣之因素

員工士氣受員工慾望種類及慾望之滿足程度之影響；調查研究結果顯示以下各因素對其有重要之影響力：

⑴目前工作滿足感及以後晉升的機會 (Satisfaction and Promotion)。

⑵直線主管以尊重人性之態度來對待員工，並考慮員工工作之重要性 (Humanitarian Respect and Job Importance)。

⑶員工在表現良好之工作績效時，能得到工作之安全感 (Good Performance and Job Safety)。

⑷與其他僚屬之融洽關係及為團體所接受 (Acceptance)。

⑸同工同酬（不因性別、省籍、宗教、年齡而差別待遇）(Fair Work, Fair Pay)。

⑹公司關切員工福利 (Good Fringe Benefit)。

⑺員工對公司產品及公司地位之自傲感 (Proud of Products and Company)。

（二）改進員工士氣之激勵方法 (Ways to Improve Morale)

改進員工士氣的激勵方法很多，但必須考慮下列六個前提的實施：

⑴真正瞭解員工認為重要之慾望或希望的種類 (Understanding the Employee Import and Needs)。

⑵做一個好的聽眾，多聽部屬之傾訴 (Good Listen)。

⑶建立有效的垂直及水平的意見溝通線 (Effective Communication Channels)。

⑷建立合理之工資獎勵制度 (Fair Wage-Salary and Incentive Systems)。

⑸建立處理員工牢騷埋怨之程序 (Procedure for Complaint Handling)。

⑹提供有力之領導中心 (Strong Leadership Center)。

四、激勵是提高士氣的一種方法 (Motivation to Upgrade Morale)

「士氣」(Morale) 是一種「態度」(Attitude)，它能夠產生工作熱忱及毅力，而將努力以赴工作的動機往前推進 (Push)。管理者可以經由改善態度之個人方法，激勵員工往前努力，滿足他們的慾望。就一個良好的激勵制度而言，管理者為滿足員工根深柢固之慾望，必須先培養良好之客觀工作環境 (Objective Environments) 及主觀之工作關係 (Subjective Relationship)。而工作關係之良劣又決定於管理者本身之領導能力。所以，領導能力中之激勵只有提高士氣的一個方法而已，不是全部方法。所以若要全面提高員工士氣，則不能只注意於主管個人之激勵能力，而是要全面的改進管理環境，即是除了要認清部屬之慾望外，並要建立處理抱怨之程序 (Complaint Handling Procedure)，合理的獎工制度及福利制度 (Wage-Salary-Benefit Systems)。同時更要透過對人群關係之運用，及加強「上情下達」、「下情上達」及「平行暢通」之溝通 (Communication)。更進而有之，還要有公司長遠光明之「願景」，有力之「策略」，完整的「目標責任」中心體系，良好的「組織結構」、「核決權限」及「作業制度」，用人唯賢及賢明領導統御等等，換言之，也就是整套有效管理的方法。

第七節 各種激勵學說 (Motivation Theories) 及激勵工具 (Motivation Tools) 之應用

由於領導者對員工個人之激勵措施，對提高士氣甚為重要，因此有許多學者提出各種不同之激勵見解。作為一個領導者，固然應該發展一套最適合自己工作環境的激勵系統，但是在發展自有之激勵系統之前，則應先看看前人所言，截人之長，補己之短。本書在前面介紹各種管理學說之時，已曾就各種「人群關係」及「行為科學」之理論加以說明，本節僅專就激勵理論部分，簡略列舉各派要點，供讀者方便參考。

一、行為學派 (Behaviorism) 之說法

此派之發展以胡臥 (Clark Hull) 為主源，他們認為「行為」(Behavior) 是受多種明顯「動機」(Motives) 所驅使。但在事實上「動機」並不能完全決定「行為」，各個人行為之不同，是決定於「動機」×「獎勵」×「習慣」(Behavior × Incentive × Habit)。

行為學派之動機說法曾經過多次之測試及改變修正，但是對於激勵作用卻仍無法做完整之解釋，甚而忽略了無法意識到的動機。因此，有史勤諾 (B. F. Skinner) 提出修正，認為行為是其結果之函數（即受其本身行為的影響）。若是第一次良好行為之後緊接著有正面之獎勵效果，則好行為之次數會增多，所以若要提高員工工作績效，則應使獎勵與所期望的行為直接聯繫。依此而言，似乎只要有人操縱或改變工作環境，就可以使員工提高工作績效。此種理論的缺點是過分簡化，一則因為操縱者（主管者）可能不為部屬所信任、所接受，二則因為每個部屬的反應並不盡然相同。

二、心理分析學派 (Psychoanalytic) 之說法

也許，在各種激勵學說中，此派學說是屬於「最不理智」者。它認為一個人「行為」的最重要及最根本的動機是存在於「次意識」或潛意識 (Subconscious) 中，這種次意識是由個人之過去「經驗」(Experience) 而來，所以明顯性「意識」(Conscious) 的動機（比較理智）與之相較，就顯得相對不重要了。

但是，在實際上，一個人意識動機確會導致某些行為的產生，而管理者亦無法對每個員工使用「心理分析」的技術來探求其行為之動機，甚而更無法探求員工次意識之動機。因此，心理分析學派對員工行為之掌握並不全然有用，不過可幫助管

理者瞭解為何一些理智性制度，並不能對每個員工均收到相同效果，因行為確實受到某些非理智性（或次意識性）動機之影響。

以上所討論的正是激勵學說中兩個極端的學派，以下所將簡介的則是介於二者之間的一些說法。

三、赫滋伯 (Herzberg) 兩因子理論之說法

赫滋伯在訪問 200 個工程師及會計師之後，發展了他的兩因子理論 (Two-Factors Theory)。第一為保健（生理）因子，第二為激勵（成長）因子。

1. 保健 (Hygiene) 因子

指維持員工最低士氣水準之種種因素，包括主管人員督導之型態、人際關係、薪資水準、人事政策、實體之工作環境及工作安全等等。這些因素在實施任何激勵方法之前，都必須先加以滿足，但是提供這些因素只能保「平安」，並不能夠激勵新的額外生產力（即「添福壽」）（維持現狀）。反之，若不能夠提供這些因素，員工則會馬上產生不滿，士氣及生產力馬上下降。

2. 激勵 (Motivation) 因子

指用來特別提高士氣及生產能力之種種因素，包括工作本身之挑戰性質 (Challenges)、從事重要工作之成就感 (Achievements)、工作之責任感 (Responsibilities)、所能得到之讚響 (Admiration)、進修與成長之機會 (Growth Opportunities) 等等。唯有具備這些因素才能激勵員工之額外之生產力，反之，若缺乏這些因素，員工不一定就降低士氣，不過一定不會產生額外之努力。

赫滋伯之理論因為非常簡要，所以具有很高之吸引力；但是亦因為如此，反對者即以為這種說法過分簡化，因為認為所有不同態度、經驗、能力及學習型態的人，都可以經由相同之激勵因子來提高生產力，則不甚切乎實際。

四、馬斯洛 (Maslow) 慾望層次理論之說法

馬斯洛的慾望層次理論，認為激勵本身就是在滿足不同層次之慾望，這派學說可能是最為人所熟知者。

我們在第五節慾望之層次性，已經說明了人類慾望之金字塔現象，亦即由下而上之慾望包括「生理慾望」、「安全慾望」、「歸屬慾望」、「尊嚴慾望」及「自我成就慾望」（由生理→社會→心理）。

但是，這派說法卻很難證實，甚而有些調查研究並不支持此派說法，亦沒有證

據可證實當下層之慾望得到滿足時，屬於其上之慾望就立刻變成最重要之激勵力量。

鄂德佛 (C. P. A. Alderfer) 曾對馬斯洛的學說加以修正，而提出 ERG 理論，認為人類慾望包括生存 (Existence)、歸屬感 (Relatedness) 及成長 (Growth)，並且這三類慾望是「同時」存在，同時有驅策力，不像馬斯洛所說的慾望層次（像金字塔），由低層往高層發生驅策力。若將這種分類與馬斯洛 (Maslow) 理論比較，則可求得以下關係：

表 17–3　馬斯洛需求理論與 ERG 理論之關係

馬斯洛 (Maslow) 分類	ERG 分類
生理慾望（物質）	生存 (Existence)
安全慾望（物質）	
安全（人際關係）	歸屬感 (Relatedness)
歸屬（人際關係）	
尊嚴（人際關係）	
尊嚴（自尊心理）	成長 (Growth)
自我成就（心理）	

諸如此類的修正，仍未得到實證之定論，所以蓋棺論定尚待更深入的研究與探討。

五、馬克力蘭 (MaClelland) 及亞金生 (Atkinson) 之成就慾望理論之說法

這派學說特別強調「成就」(Achievement) 這個慾望，其中心理論包括：

(1)大多數心理健康者有極大之潛在精力。(Health with Potential Energy)

(2)大多數心理健康者有基本之動機或慾望來引導其潛在的精力；而且這些慾望相當穩定及經由學習而來。(Motives or Needs Lead Potential Energy)

(3)工作環境中有三個重要之激勵因子：①追求成就 (Achievements)，②追求人際關係 (Relationship) 及③追求權力 (Power)。亞金生 (Atkinson) 認為這些激勵因子是

造成某種行為的一種總稱名詞而已。

⑷各人也許有相同的動機或慾望，但是其程度可能不同。(Different motives or needs)

⑸工作環境可以引發某種特殊的動機。(Environments lead motives)

⑹不同情況會產生不同的激勵因子。(Different conditions produce motivation factors)

⑺每種動機或慾望會造成不同型態之行為和不同種類之滿足；例如努力工作達成目標，就是一種成就感，因而滿足。(Motives or needs create different behavior and satisfaction)

實證研究之結果，曾支持這種論點，所以此派理論值得再深入的探討。

六、一致性理論 (Consistency Theory) 之說法

此派學說的主要人物是柯門 (Abrabam Korman)，他認為一致性理論可以綜括以上各種學派之說法（包括行為學派 Maslow, McClelland 及 Atkinson），柯門認為：

⑴激勵過程與對個人、對他人、對世界「信仰」體系 (Belief System) 相一致。

⑵在相同之環境下，不同之信仰體系會帶來不同之成就感 (Achievements)，創造力 (Creativity)，及積極進取心 (Aggressiveness)。

⑶改變環境則會使成就感、創造力及積極進取心改變。

柯門將激勵表示如下之關係：

圖 17-6

因此，「自我映像」(Self-Image) 在激勵過程中佔有極重要之地位；但是此派理論尚屬籠統未清，尚待修正補充。

七、亞當斯平衡理論 (Adams Equity Theory) 之說法

亞當斯 (J. S. Adams) 認為員工在工作時所感到之平衡 (Equity) 或「公平」程度，

會影響工作績效 (Performance) 及滿足 (Satisfaction)。當不平衡的感覺發生時會造成壓力 (Pressure)，促使去除這些不平衡。當不平衡程度越大，欲除去的動機 (Motivation) 越大。通常所見之例甚多，例如當員工所受的獎懲不公平時，會造成壓力；當一個員工所接受的報酬高於其實質工作，也會產生壓力，因而會努力生產出比較多之產品以為補償。反之，若報酬低於實際工作努力時，則工作品質自然會降低，以與其相平衡。因此，平衡理論注重薪酬及獎懲制度 (Payment and Reward-Penalty Systems)，試圖配合員工之工作績效，建立一種報酬與努力程度平衡之制度。

八、威隆期待理論 (Vroom Expectancy Theory) 之說法

此派理論的重心是一種「享樂主義」(Enjoymentism)，即增加享受，減少痛苦。它認為人類相當理智，能夠事先「期待」在「努力」(Efforts) 從事某種行為後，所產生之「績效」(Performance) 與所可能得到的「獎勵」(Reward) 有關係，而所得之「獎勵」又確實有「價值」(Value)，才會決定是否要真正努力去達成該目標。所以，這種理論認為激勵的力量乃是「期待值」(Expected Value) 之函數。而「期待」是從過去經驗、他人之觀感、自尊水準以及成果之吸引力等而來。此期望理論認為：

(1)人們比較「偏好」(Preference) 可由「行為」(Behavior) 而得之獎懲。

(2)人們「期待」經由努力 (Efforts) 能夠達到某種「績效」水準。

(3)人們期待「獎勵」會跟隨他們的努力績效而來。

(4)個人之「偏好」及「期待」(Expectance) 是激勵的有效方法。

期待理論之衍化過程為：「努力」(Efforts) → 「績效」(Performance) → 「獎勵」(Reward) → 「價值」(Value) →滿足 (Satisfaction) →行為 (Behavior)。

「期待理論」在實際上來說，也許是過於理智化 (Rationalization)。通常員工對於獎懲都是出之以情緒反應 (Emotional Reaction)，而非理智計算，這派理論不能解釋極端情緒上之反應，因此，作為一種激勵之方法，仍尚待補充。

九、激勵理論與激勵工具之配合應用 (Application of Motivation Tools to Motivation Theories)

以上各種激勵理論都是用來說明人類行為「努力」或「不努力」的背後原因，各有道理。主管人員用來激勵（驅策）部屬的工具有很多，但大體分為「物質面」(Material Side) 及「精神面」(Mental Side) 共十二種：(1)績效薪酬 (Performance Compensation)、(2)期末加薪 (Merit Increase)、(3)臨時獎金 (Spot Rewards)、(4)技術津貼

(Skill Allowance)、⑸年終分紅 (Year-end Bonus)、⑹員工認股 (Stock Option)，都是屬於「物質面」；⑺公開表揚（Open Encouragement，如獎狀、獎牌紀錄）、⑻工作新設計（Work Redesign，指工作豐富化、工作擴大化）、⑼員工授權（Employee Empowerment，使有成就、自由感）、⑽強化獎勵 (Reinforcement)、⑾社會地位 (Social Status)、⑿永續進修 (Lifelong Learning) 等，都是屬於「精神面」。金錢多少，雖可以代表物質購買力的獎勵程度，但也可代表精神面的社會成就地位的高低，其奧妙無窮。俗云：「金錢雖非萬能（只指物質面作用），但無錢則萬萬不能（指精神面作用）」，確是一句名言，值得高級主管人員玩味。下表為激勵理論與激勵工具之配合應用，供參考使用。

表 17–4　九種激勵理論與十二種激勵工具的關係

九種激勵理論：	十二種激勵工具											
	(1) 績效薪酬	(2) 期末加薪	(3) 臨時獎金	(4) 技術津貼	(5) 年終分紅	(6) 員工認股	(7) 公開表揚	(8) 工作新設計	(9) 員工授權	(10) 強化獎勵	(11) 社會地位	(12) 永續進修
⑴ Maslow 慾望層次說	✓	✓				✓	✓	✓	✓			✓
⑵ Alderfer 慾望同時說	✓	✓				✓	✓	✓	✓			✓
⑶ Herzberg 兩因素說					✓			✓	✓		✓	✓
⑷ Maclelland 成就—權力關係說				✓		✓	✓	✓	✓		✓	✓
⑸ Kornam 一致說						✓	✓	✓				✓
⑹ Adams 平衡說		✓			✓	✓	✓					✓
⑺ Vroom 期望說	✓	✓	✓		✓	✓	✓					✓
⑻ Self-concept 自我看法說				✓		✓	✓	✓	✓		✓	✓
⑽ Self-Efficacy 自我期許說			✓	✓	✓				✓		✓	✓

第八節　建立有效的溝通體系 (Effective Communication Systems)

　　管理者的世界是一個充滿說話的世界，甚至大部分的時間都是花在與別人的語言溝通上。根據閔茲柏 (Henry Mintzberg) 之研究顯示一般管理者之時間安排為：

　　59% 用於排定之會議 (Scheduled Meetings)；22% 用於批示公文 (Documents)；10% 用於未排定之會議，即臨時會議 (Unscheduled Meetings)；6% 用於打電話 (Telephone)；3% 用於出公差 (Travellings)。

可見主管人員大部分的時間都要和組織中的其他人員接觸，因此如何做好「上下垂直」及「左右平行」的溝通，是一位成功的領導者所應加強的技能。

當做計劃時，要思考，也要語言、文字溝通；在做組織設計時，要思考，也要語言、文字溝通；在用人時，要思考，也要語言、文字溝通；在領導時，在指揮時，在激勵時，都要語言、文字溝通；甚至在檢討控制獎懲時，也要思考，語言、文字溝通。所以溝通簡直與管理活動形影相隨。溝通能力包括會讀，會聽，會寫，會說四大類，都是從小到大到老要學習的技能。

一、溝通意見之模式 (Model of Communication)

所謂意見溝通 (Communication) 是指「發送者」(Sender) 把訊息 (Message)，經由「媒體」(Media)，傳達給接受者 (Receiver)。傳達的方法很多，但都可歸類為「語言」及「文字」(Language and Words)，可示如圖 17–5。

圖 17–7　意見溝通過程

⑴「寫」出來或「說」出來的文字或語言——指書面及口頭上的表達。

⑵「做」出來的「行為」符號——這是一種無聲的語言，藉由行為之表現亦可表達所要傳遞之訊息 (Messages)。一句俗語說「行動比言語更有力量」，員工常會觀察主管之行為，猜測主管之意圖，然後決定訊息發出的內容。

要選擇適當之傳達方法，應考慮溝通的目標。如溝通的目標是要達成一致之協議，則不但要正式的溝通技術，同時更要運用「非正式」之溝通技術。若是涉及重大影響力之決策時，最好事前有一些「寫」下來的文件，亦即正式之溝通管道，然後再用語言來補給加強。

二、溝通意見的雙方責任 (Responsibilities of Sender and Receiver)

意見溝通的成敗不是「發」送者 (Sender) 一方可以全然控制，而是「發」「受」者 (Sender-Receiver) 雙方對成敗均有影響作用。大多數的實證研究，都是偏向認為

發出訊息之一方應負責任，而忽視收受訊息者之責任。實際上，若收受訊息者在接受訊息時漫不經心，聽而不聞，則無論傳遞訊息者是如何小心及完整，這個溝通也算是失敗的。甚而有些人不注意聽講，是因為自我主觀的意見太強（即剛愎自用），根本不願接受他人之觀點，注定溝通必然失敗。

意見溝通效果不佳，雖然聽講的人必須負責任，而傳遞訊息者亦有責任。若是傳遞過程中意思漏失太多，常因傳遞者未能選用合適之方法（媒體）。所以在溝通之同時，傳遞者應從聽講者處得到一些回饋 (Feedback) 反應。例如口頭詢問以求複述，確定所欲傳遞之訊息是否有漏失。

三、溝通與組織角色之配合 (Communication and Organizational Roles)

因為組織中之人員常站在自己的立場來解釋所收到的訊息，因此在傳遞訊息時，則不得不考慮雙方在組織中之角色。就組織中機能性部門而言，因為常以本部門之利害為優先考慮點（即本位主義，而非整體主義），常造成雙方溝通困難之現象。此時，其共同之領導者則應以協調之方式，使雙方均能將上級組織之利害擺在首位，而非各自為政。

就主管與部屬之溝通而言，因為員工之未來前途大多掌握在主管之手中，所以二者間之溝通不免受到影響。屬下在向上行傳遞訊息時，一方面是在傳遞訊息本身的事實，另一方面也為了影響主管之判斷，不免將事實加以「渲染」，如此層層修正，致使最後傳遞到最高主管之訊息，顯現一片美好之遠景而與事實全然不符。無疑地，此種不良之「向上意見溝通」(Upward Communication)，會帶來主管錯誤之決策，有害整體利益。相對的，就「下行之溝通」(Downward Communication) 而言，亦因部屬處於弱者之心理，使主管所欲傳遞之訊息添加更多權威命令 (Order) 之外觀。此外繁忙之主管常下達緊急之訊息 (Emergency Messages)，造成溝通不暢，部屬表達能力之不足，主管只愛說不愛聽等困難現象，皆無益於雙方之決策。

要克服這種因組織中上司與下屬角色所造成之溝通困難，主管應建立一種容忍之氣氛，在上者應該瞭解部屬存有某些限制，容忍並鼓勵部屬發表意見或宣洩不滿之情緒，並詢問部屬之意見，以促使組織內各階層暢通意見之交流。

第九節 協調：容納衝突因素 (Coordination: Accommodation of Conflicts)

由於員工個別之間存有差異乃勢所難免，所以領導者常發現自己處在部屬互相對立的兩個集團之中。處此情況，領導者一方面可能想利用這種衝突，營造比賽氣氛，來激發部屬，發揮完全之工作潛力 (Work Potential)，或發掘創新之方法 (Innovation)；但在另一方面，他又可能想建立一個和諧、緩和的工作小組 (Peaceful Group)，以平順達成組織的目標。當部屬個別之差異越來越大時，組織中常充滿強烈的情緒，易將組織公目標棄之一旁，任由本位主義 (Sub-Optimization) 私目標作祟，人際關係惡化，使組織處於難以控制之危險情況。此時，領導者不可再存僥倖心理，想用「分而治之」來刺激下屬，在矛盾中求自利。他必須出面協調解決之。

一、衝突不一定有害 (Conflicts may not be harmful)

作為一個有效的管理者，在處理組織衝突或歧異這類問題時，首先應注意下列二點：

第一：個別間之差異並沒有絕對的「好」或「壞」。有時歧異的產生，對改善組織效果有利，有時候則會同時減低個人與組織之工作績效。

第二：沒有處理差異之絕對正確方法。對於某些有利的差異，領導者可以直接利用之，使問題之解決更恰當。但對於另一些差異應如何處理，實無簡答，唯有靠領導者在面對差異時，做些比較系統性及客觀性之診斷，瞭解造成差異之真正原因，方採取各種有利於目標之可行對策（請參見本書第十章及第十一章有關理智決策七步驟功夫）。

二、診斷差異之成因 (Diagnosis of Differentials)

當部屬之間意見有所不合時，他們多半不會自動的把事情之因果關係弄清楚，而是任差異繼續存在，使得爭論越來越不清楚。領導者面對這種情況，應該從事診斷分析 (Diagnostic Analysis) 工作，把事情弄清楚。

(一) 意見差異的性質為何 (What)？

差異的性質常決定於這些部屬所爭論的相關問題，包括事實、目標、方法、價值等等。

⑴事實 (Facts) 之不同：例如對於問題定義 (Definition) 的不同或所得資訊的不同，或是將不同基礎之資料當成事實，或是對個別之權責看法不同，均會產生歧異。

⑵目標 (Goals) 之不同：例如對組織中部門或是特定職位之工作目標看法不同，亦會產生爭論。

⑶方法 (Methods) 之不同：有時對於如何達成目標之程序、戰略，或方案有不同的意見。

⑷價值 (Values) 之不同：例如權力之執行方法（多用或少用權力），何謂「道德」(Ethics)、何謂「公正」(Justice)、何謂「公平」(Fairness) 等，每個人的主觀看法常有不同。

當領導者認清部屬間差異發生的原因後，對於應如何處理或加以利用，將有莫大之助益。

（二）產生差異的原因為何 (Why)？

造成上述差異之原因，可能來自下列原因：

⑴訊息 (Information) 的不同：例如瞎子摸象，由於所得到之消息不同，因而影響個別之判斷。在組織中也是一樣，若對於一個複雜的問題，每個人所得到的均是有限的不同訊息，自然會對問題的解決有不同之看法。

⑵認知 (Perception) 的不同：即使面對相同的訊息，每個人的反應也會有所不同。各個人按自己的感覺來解釋訊息，甚而受自己過去經驗、環境的影響，而做不同的認定。

⑶角色 (Role) 因素：當爭論涉及到個人在組織中的角色時，如積極的行銷，或保守的財會。則這種角色將造成他在爭論時之限制。

就差異的性質及原因，我們可以下例說明：

〔主題〕：對於是否將公司（中小企業）現行之「人工會計紀錄」以「自動化會計紀錄」代之，即是引入電腦化之管理情報系統 (Computerized Management Information Systems)，或是電腦化之「企業資源規劃」，主管當局與會計經理意見不合，前者贊同；後者反對。

表 17–5　差異的性質 (What)

	主管當局	會計經理
⑴事實 (Facts)	⑴自動化長期下可以省錢	自動化之設置與操作很費錢
⑵方法 (Methods)	⑵立刻全盤改為電腦自動化	慢慢來電腦化
⑶目標 (Goals)	⑶快速提供正確會計決策資訊	會計紀錄之提供應帶有時間彈性

| (4)價值 (Values) | (4)著重公司現代化及效率 | 公司應考慮會計員工之就業利益 |

表 17-6　差異的原因 (Why)

	主管當局	會計經理
(1)情報訊息 (Information)	(1)類似公司之自動化已成功	自動化有隱藏之成本
(2)認知 (Perception)	(2)認為推銷自動機器的人員可資信賴	認為銷售人員為推銷機器不擇手段
(3)角色 (Role)	(3)相信可因制度跟上潮流和效率化而提高自己的市場地位	認為自己對會計部門的屬下士氣與工作必須負責

（三）差異發展之階段 (Evolution)

部屬間重大的衝突常是日漸形成而非一蹴而成，所以領導者應在那一個階段介入，對處理之結果有很大影響。一般而言，差異發展之階段有五：

(1)「預期」差異可能產生：當公司走上自動化 ERP 時，即可預期某個部門之員工將被裁減或者職位將有調動，對於這種變動將產生不同之意見。

(2)「私下討論」：對於引進新機器及新軟體制度時，開始有竊竊的私語，此時尚未有完整的訊息，因此意見仍不敢公然表示。但組織中已感受壓力之存在。

(3)「公開討論」：已確定引進新設備及新軟體之消息不假，則開始公開的討論，不同意見的雙方亦開始逐漸形成。

(4)「公開爭論」：贊成與反對設立新機器及新軟體的雙方公然的爭辯。

(5)「開始衝突」：對於各自的意見開始防衛辯解，並對對方之意見加以反駁，其結果乃在求己方之勝利。

就這五個階段而言，領導者在第一個階段就介入，做必要之協調裁決，最具影響力；若在第五個階段才介入，則其影響力最小；因此，要使衝突納入管理，必須對衝突之發展階段加以評量，並及早介入。

三、有效處理衝突之方法 (Effective Ways Handling Conflicts)

當領導者對部屬間之衝突做全面瞭解後，則應設法及早協調、裁決、說服處理之。若是有充分的時間做更周詳之計劃，則可以採取以下四個方式，使組織得到最大的利益。

（一）事前避免衝突之產生 (Avoidance)

可以在選用及提升僚屬時，就選擇一些所受教育訓練、工作環境、成長背景相似的人，則這些人的想法必然較為類似，或則主管可以在事後控制部屬間之人際接觸程度，使衝突無機會發生。

這個方法對於必須有同樣協議及看法之團體，例如政治團體，較為適合；但其缺點是將減少個人之創新刺激。

（二）說服壓制 (Persuasion and Repression) 衝突

若領導者不願組織中存有衝突，則他可以經常的在精神教育中，強調忠誠、合作、團隊精神，造成一種團結的組織氣候；或是運用獎懲制度，獎勵部屬合作及協調。

當部屬間之衝突對組織的工作效率並無傷害，或是主管沒有時間來詳細處理差異時，或是爭論點是長期的問題，而領導者欲達成短期之目標時，可以採取這個方法。但是，用這個說服壓制方法只是治標不治本，會使爭論轉入地下，長期之下乃會造成更大之阻礙及敵意。

（三）削尖 (Sharpen) 衝突

此法乃是「不打不相識」的應用，讓爭議者兩方把問題談得更深入，更清楚。在運用此法之前，領導者必須確定涉及者瞭解所爭論之處及在爭論時能認清自己之角色及權責，並且能互相尊重。若是運用成功，則雙方的瞭解會更深一層，此後，不會再有類似的爭論發生。但是此法在爭論中，雙方所使用之言語及態度可能造成很大之傷害，令人無法忘懷，並打擊士氣，所以此法的「成本」相當大。

（四）化解衝突為合作 (Solution)

俗云：「三個臭皮匠，勝過一個諸葛亮」，由於能集思廣益，其成果常比一個人所做的決策好。例如瞎子摸象，如果能把大家的意見集合起來，而不要紛爭不休，就不會鬧大笑話。但是用這個方法十分費時，有時一個人來做決定，要比此法容易得多。同時，此法若運用不當，仍會造成無法協調之意見衝突。

■ 四、把衝突導入正途

當部屬已陷身在衝突的漩渦中時，領導者應有辦法對付這種情況。

第一：領導者可以明確表示歡迎部屬提出各種意見的誠摯態度，使雙方均認為自己的建議對問題的解決有所幫助，省除孰勝孰敗之患得患失心理。

第二：領導者可以傾聽雙方論點，而不要遽下評估孰是孰非。有時爭論愈來愈兇，是為使對方聽到自己在說什麼，所以此時領導者就應運用開放的溝通技術，異

中求同，使意見融合。

第三：領導者可以使爭論的性質明確，使雙方所爭論之點相同，不要使一方「說山」，另一方「說水」，沒有焦點，如此爭論方有建設性意義。

第四：領導者可以瞭解並接受雙方之特定感覺，諸如害怕、嫉妒、生氣或疑慮而給予同情，不要批評。

第五：領導者可以指定一方在最後居有決定權，做成結論。

第六：領導者可以事前建議解決差異的程序及途徑，供雙方遵行。

第七：領導者可以小心維持爭論雙方的友情、同事關係。

諸如此類的作法，均有助於領導者解決部屬正在水深火熱中之爭論。每一個主管人員至多直接管轄 10 至 15 人，至少 3～5 人，所以協調部屬之衝突，提高合作精神及力量，是管理工作的一大部分。但是由於領導者本身也是人，也會和同輩發生差異性衝突，亦無法完全置身事外，保持最客觀的態度。所以每一階層每一部門之領導者都應認清這樣事實，隨時警惕自己，敦品勵學，以求提升指揮、領導、激勵、溝通及協調合作能力。

第十八章 確保計劃預算成功之控制功能
(Controlling to Ensure the Success of Planning and Budgeting)

　　管理的實務派人士融合「科學管理」派、「人群關係」派、「行為科學」派、「正式組織」派，而創立「管理五功能」及「企業五功能」交叉綜合之「管理科學矩陣」(Management Science Matrix) 理論架構，成為今日普遍被採用之「企業管理」有效之道，企業將帥之術。所謂管理功能乃指「計劃」、「組織」、「用人」、「導向」、「控制」。所謂企業功能是指「行銷」、「生產」、「研究發展」、「人事」、及「財會」。因此最現代化的管理思想是包含與管理有關的有系統與有組織的學識，無論數量性、非數量性的，均是各級主管研習對象。本節主要探討的是第五個管理功能「控制」(Controlling) 以及其基本意義所在。談管理的第五功能「控制」必須連帶談管理的第一功能「計劃預算」，來互相對應。「計劃」（包括策劃、規劃、預算、排程）是設定目標及手段，「控制」則是確保目標達成的功夫。

　　一般說來，控制的型態有三種：

　　⑴事前追蹤方向盤式控制 (Steering-Controls)：即前一步結果已事先預測，並於前步運作完成前，為下一步運作做各種必要的更改行動。例如太空船的飛行控制即是，例如開汽車時操縱方向盤之小調整即是，例如總經理、部門經理每星期之經營檢討會即是。

　　⑵逐步停開式控制 (Yes-No Controls)：指走一步，暫停一下，看一看，再走一步，例如品質控制、飛機試飛等，必須前一步驟完成後，視其理想與否，才能決定是否進行下一步驟的運行。

　　⑶事後批發式控制 (Postaction Controls)：指在一大段時間整個工作完成後，才取回情報，將結果和原目標、標準比較，好壞已定，再做新糾正措施。這就是傳統式財務預算控制，及銷產發績效報告控制所具有的特點。

　　「控制」在管理上的思想比「計劃」的思想發展得更早，它是早期「科學管理」時代，產量和品質控制的重心，也是共產社會主義經濟制度的核心——中央控制、事後控制、批發式控制。不過由於未來性、創新性計劃思想的快速發展及扮演重要地位，使得「控制」離不開「計劃」，因為欲知某種行為是否「離譜」，總必須先有「譜」（即計劃或目標）之存在，才能知其是否「離」。為此，新的「控制」思想認

為要控制，必須先有計劃。若事先沒有計劃就不可能控制，正如沒有「立法院」（計劃）的目標、策略、方案、預算、制度、法規的設定，就沒有「監察院」及「司法院」的控制工作了。於是「計劃」與「控制」變成一體的兩面。

第一節　控制的原理 (Principles of Controlling)

一、控制是確保成功的機能 (Controlling to Ensure Success)

控制是「確保達成計劃目標」的管理機能。企業經營活動中，有計劃目標，有組織結構，有人員執行，但若無控制，則原定目標不一定會達成。根據事實經驗，若無控制機能之回饋、追蹤、比較、分析、糾正、獎懲，則大部分的理想目標，會成為「虎頭蛇尾」、「不了了之」之失敗紀錄。所以講求有效「管理」時，必須以「控制」來作為壓陣大將。有云：「事在人為，功在追蹤」，充分總結「控制」之核心作用。

一個管理控制系統 (Control Systems) 是由「組織結構」和「控制程序」(Control Process) 所構成。所謂組織結構是指「工作中心」(Task Center)、「成本中心」(Cost Center)、「利潤中心」(Profit Center) 以及「投資中心」(Investment Center) 等管理目標之落實點，這些已在前面專論「計劃」與「組織」的章節中提及。本文探究的重心則是管理「控制」中的程序和步驟。

「控制」的基本原理是「實際情報」之回送，稱「回饋」(Information Feedback)，及「糾正行動」(Corrective Actions) 之採取，以確保「執行」能完成「目標」。有如空調機溫度控制器或蒸汽機調速器之作業原理一般，當溫度太高或速率太大、或太低、太小時，此等儀器經由情報回送的作用，來自動矯正機器行動，使之溫度或速率恢復到正常目標情況。雖然企業管理的循環週期 (Management Cycle) 較為複雜且時間較長，但控制原理卻是一樣。不過，由於實際管理系統中，常有時效延遲 (Time Lag) 作用，及經常缺乏適用的情報回送系統，所以，本文特別強調「預期控制」(Steering-Control or Expected Control) 的重要性。一個良好的控制制度，必須包括(1)控制系統的良好設計 (Systems Design)，(2)適用的情報資料 (Information Feedback)，(3)健全之組織結構 (Organization Structure) 及(4)符合企業的特殊需要與管理者的個人需求 (Company Requirement and Management Requirement)。

二、全盤控制之對象應為人員工作品質 (Total Control on Management Quality)

我們目前所看到的大部分控制，是屬於片面或局部的控制 (Partial Control)，並且往往集中於作業性工作 (Operations) 的某一面，例如產品的品質、現金的周轉、生產成本或一些更狹窄的範圍。

在許多企業中，最常遇到的困難問題，是如何發展全盤性的控制制度 (Overall or Total Control Systems)，以協助最高管理人員很快地檢核整個企業 (Company) 或某一產品事業部 (Product Division)、或某一地區分支機構 (Area Brands) 的進展情形。這類全盤性控制的方法，則易偏重於財務方面 (Financial Control)，因以「金錢」為共同單位來衡量各種活動，是控制的自然基礎，其背後原因為一個企業的「投入」(Inputs) 與「產出」(Outputs) 最容易以金額表示。

雖然傳統的管理理論很強調財務的控制 (Financial Control)，但是企業經營中最直接有效的控制方式為確保經理人員的高級素質 (Control of High Management Quality)。因為企業如果能夠好好管理的話，許多成果與計劃間的偏差都將不會發生，包括財務性及非財務性在內。所有傳統的控制工具都是間接的 (Indirect)，它們是基於人類都會犯錯的假設。至於，經由維持管理人員素質水準來控制經營績效，是屬於直接的工具 (Direct)，其立論的基礎在於深信合格的經理人員，可能做到使錯誤減至最少之地步的假設 (Qualified managers will minimize mistakes and errors)。因此，並不太需要間接的財務控制工具。

三、事後糾正與預期防止同樣重要 (After-Fact Corrections and Before-Fact Prevention)

管理活動中的「控制」(Management Control) 功能，係指上級主管對下屬人員的工作成果予以衡量及糾正，使原訂企業目標與為完成該目標所訂的工作方案能夠如期達成。所以「控制」本身就應包含工作目標與工作方案 (Objectives and Programs)。有了它們，管理者才能衡量屬員的工作「成果」是否符合「預期」的要求 (Realities vs. Expectation)。

管理者在執行控制功能時，可以在「事後」(After-Fact) 研究分析以往的方案 (即「事後諸葛亮」)，找出是否有問題存在，探尋其原因，並採取對策以糾正該問題。不過，最好的控制活動，還是「事前」(Before-Fact) 能預測未來執行後所可能發生的

偏差,而於現在先採取防止行動。這就是所謂「預期控制」(Forward-Looking Control)。也就是通常說的「危機管理」(Emergency Control),指已有對策對付大偏差事件。

預期或事後之控制通常是先須確定企業組織之結構與其工作目標及方案,是否清晰 (Clear)、完整 (Complete)、與內容一貫 (Consistence)。並且各階層管理人員對工作方針 (Direction)、權責 (Responsibility and Authority) 及彼此間之關係 (Relationship) 亦應劃分清楚。

四、控制程序有四步驟 (4-Step Control Process)

基本控制程序,不論用於任何方面,都包括四個步驟: ⑴設定目標、指標、標準 (Standards), ⑵收集情報或情報回送 (Information Feedback), ⑶比較分析工作績效,是否達成目標及其原因為何 (Comparison and Analysis), ⑷糾正不符標準的偏差 (Corrective Actions), 以促使符合原定目標。

(一) 設定控制標準 (Setting Standards)

「標準」是指比較詳細的工作目標,可以用來衡量實際成果。所有的工作標準都須反映企業或某部門的原訂計畫目標。設定工作目標實際上是屬於管理第一功能「策劃規劃」(Planning-Programming) 的活動,但因其與管理第五功能控制糾正密切相關,所以將之作為控制的第一步驟。

假使沒有「標準」,就等於沒有「鵠的」(Target),以後的控制活動,就等於「無的放矢」,浪費資源。

「工作標準」可以用實體單位 (Physical Unit) 表示,如產品銷產數量、品質單位、工作速度、壞品或退貨數量等表示;也可以用金額 (Money Amount) 表示,如成本支出,收益或投資金額等。無論是屬於金錢或非金錢單位,都可成為可信賴及有效的控制標準。此乃通常所稱銷售控制 (Sales Control), 生產控制 (Production Control), 品質控制 (Quality Control),進度控制 (Progress Control or Time Control),成本或預算控制 (Cost or Budget Control), 利潤控制 (Profit Control) 等等之來源。

(二) 情報回送 (Information Feedback)

執行工作目標者,在正式工作之後,應將實際工作結果,以快速 (Fast)、準確 (Accurate) 的方式,回送給負責人員及其上級主管人員。無疑的,「情報回送」是供給追蹤糾正 (Follow-up Control) 的最佳動力來源,所以前面提過「事在人為,功在追蹤」,情報回送就是追蹤的具體行為。若沒有情報回送,等於拋石池中,毫無反應,不知石子跑到何處去。

　　情報回送可隨時或定期用「口頭」報告、「書面」報告，及「現場電子資料處理」來輸進。回送之情報應為「數量性」(Quantitative) 及「比較性」(Comparative)，方能做比較、分析，以追查成功或失敗之根源及改進之構想。在此步驟中，管理情報系統 (Management Information System) 之建立，成為很重要及很花費成本的工作。在 2002 年世界最大公司已是威名 (Wal-Mart) 量販店。威名為了要追蹤 4,000 家超級中心的每日銷售活動，比美國國防部還早建立人造衛星體系，來傳送各地各店的管理情報到總部，以供每日採購、銷售決策，就是一大佳例。

（三）比較差異及分析原因 (Comparison and Analysis)

　　控制的第三步驟是將實際工作後，所回送之成果實情（俗稱「績效」，Performance）與原定標準比較，偵測是否有差異 (Gap)，若發現實際成果超過原定目標，則屬良好的表現 (Good Performance)。若實際成果低於原定目標，則屬不良好的表現 (Bad Performance)。

　　若實際成果與原定目標相等，則屬成功的表現 (Successful Performance)。對於超過或低於目標的情況，主管人員應進行分析的活動，以確實把握其成因，到底是因為「人」(People) 的特別努力或不努力所造成，或是因為「事」（環境，Environments）特別好或不好所造成。若為「人」所造成，則為「可控制」(Controllable) 因素，應對人施以獎勵 (Reward) 或懲罰 (Penalty)。若為「事」所造成，則為「不可控制」(Uncontrollable) 因素，不應對人施以獎勵或懲罰，而應調整管理作法，以配合環境，如修正目標及戰略、或調整組織結構（此即 E → S → S 模式）。

（四）採取糾正措施 (Corrective Actions)

　　控制的第四步驟是採取正面或反面的糾正措施，以協助「執行」活動朝向目標前進。因為「控制」的最終目的是確保原定計劃目的之達成，而不是隨意牽制他人或懲罰他人為樂，所以任何糾正措施都應「心存好意」(Good Intension)，以目標為導向。假使糾正的措施無助於目標的達成，而只是借機來「整肅」某些不受自己歡迎的人，則屬於破壞性的控制，不應採取。

　　在分析原因之後，若發現實際成果超過目標，又是由於工作人員的努力所致，則應給予物質或精神的獎勵；反之，若實際成果低於目標，又是由於工作人員的不努力，則應給予物質或精神懲罰。所謂「獎勵」是指「增加」任何可以滿足員工慾望之措施；所謂「懲罰」是指「減少」任何可以滿足員工慾望之措施。因為員工真正追求的是滿足各層次慾望（包括生理、安全感、歸屬感、尊嚴、自我發揮等慾望），所以要確保本層次目標之達成及追求下層次更高目標的達成，對有正負差異成果的

員工，而須給予適當而夠分量的獎懲措施，以直接觸及員工的心理深度，方能激起他們積極工作的潛力。

對於「人」的正面糾正措施，包括個別口頭嘉獎、大眾面前口頭嘉獎、正式文件嘉獎、記功、獎狀及紀念品贈予，以及金錢的贈送與職位的晉升。對於「人」的反面糾正措施，包括個別口頭訓誡、大眾面前口頭責備、正式文件申誡、記過、調職、降職、減薪、以及辭退。對於因工作能力不足，但工作精神尚佳之情況，糾正的措施包括「重新再做」、「訓練」以及「調整工作」。此乃正式懲罰之補救措施。

一般而言，對於「人」的糾正措施，屬於通稱「考核」範圍。考核的目的在於鼓勵善者更善，也鼓勵不善者向善，所以適當而適量獎懲措施是「目標管理」的最重要關卡。反之，若好人應獎而不獎，等於獎勵壞人；若壞人應懲而不懲，等於懲罰好人。久而久之，所有員工將變成壞人，則此機構必然失敗而被淘汰。

假使在分析原因之後，發現實際成果超過或低於目標之造因，不是「人」，而是「事」（環境），則不可對人直接給予獎懲，否則將挫喪士氣或鼓勵虛假，製造錯誤帳目，提供錯誤情報。對於受環境之助，而超過目標之情況的糾正措施，是適度給予部屬獎勵但應向上修正目標。反之，對於受環境之限制，而低於目標之情況的糾正措施，不能懲罰部屬，但應向下修正目標，使目標具有可達成性及尚具有挑戰性，避免以高不可達之目標，造成毫無意義之制衡而浪費資源，以及避免部屬因一而再，再而三，都無法達成目標，形成失望、絕望之心理。

通常而言，任何具有正常「計劃、執行及考核」的機構，都是屬於自動控制 (Self-Control)，追求成功的系統，「計劃」是設定目標，「執行」是以行動來達成目標，「考核」（亦即「控制」）是修正執行方向及速度，確保行動能達成目標。所以企業管理體系可視為一個自動調整控制系統 (Cybernetic System)：

圖 18-1　經營管理因果關係模式

五、設計控制系統的條件

每一位管理者都需要一個適當而有效率的管理控制系統 (Effective Management Control Systems)，古代的帝王需要，現代的國家總統也需要，一個全球化或地方化經營的總經理更需要，以幫助他檢驗一切事務的發展與原定計畫是否相符合，所以他所需要的控制系統，必須依照他所要執行的目標任務來設計。控制的一般原理 (General Principle) 可通用於各種情況，但實際應用上的控制系統之內容則需要配合特定之人、時、地、事、物而特別設計。在設計的過程中，管理者需要注意下列條件：

(1)必須能反映出工作的本質與目標 (Nature and Objectives)，不能為控制手續而控制。

(2)應該能反映組織的動態型態 (Dynamic Organization)，不能將應屬於競爭性事業機構當作獨佔性衙門機構看待。

(3)應該能迅速反應 (Speedy Reflections) 差異，不能因層層手續而致牛步化，貽誤軍機。

(4)應該能預測未來 (Predicting Future)，不能只顧「考古」細節，不為「未來」大事。

(5)對重要事項，控制應能指出例外之處 (Abnormal and Exception)，不能食古不化，輕重不分，依樣畫葫蘆。

(6)應該要客觀 (Objectivity)，不能以個人偏見而為害大眾。

(7)應該要有彈性 (Flexibility) 調整功能，不應僵固而致不能修正已過時之規定。

(8)應該要合乎經濟效率 (Economic and Efficiency)，不能越控制成本越高，士氣越低，總成果越差。

(9)應該能為絕對多數人所瞭解 (Understandable)，不能故作神祕，製造複雜而無生產力之牽制手續。

(10)應該能引導出糾正措施 (Corrective Solutions)，不能只找毛病，而無解決問題之真辦法。

第二節　控制的衡量標準及技術 (Measurement Standards and Techniques of Controlling)

一、各種衡量標準 (Measurement Standards)

每一項廣泛計畫的基本目標 (Basic Objectives)、願景 (Mission-Visions)、政策 (Policies)、戰略 (Strategies)、方案 (Action Programs) 及每一個程序 (Procedures) 與作業標準 (Operation Standards) 都可變成控制的衡量標準，以衡量實際成果 (Realities) 與預期目標 (Expectations) 間之差距。在實際作業上，標準可區分為下列各型態：

1. 實體或物理標準 (Physical Standards)

此乃屬於非金錢的衡量單位 (Non-monetary Measurement Units)，在基礎作業階層中，一般都需要這種標準，因在這些單位必須使用原材料、零配件、機器、設備、動力、水、電、雇用人員、提供勞務及生產與銷售產品。實體單位可以反映出工作的實際數量績效，例如每單位產出（如汽車、摩托車、飛機、人造衛星）所用的人時、機器時；生產每一馬力所需的燃料磅數；一個月運輸貨物的延噸、哩數；每機械小時的生產數目（如晶圓片、手機、終端機）；或每噸銅生產多少的銅線、每一公斤飼料換取的雞肉重量等等。實體標準也能夠反映出工作的品質，例如軸承的硬度，偏差的程度，飛機上升的速度等等。

2. 成本標準 (Cost Standards)

這是屬於金錢方面的衡量標準 (Monetary Measurement Units)，同樣適用於基礎作業階層中，它們涉及作業成本的金錢價值。最被廣泛應用之成本標準有每單位產出的直接成本或間接成本，每單位或每小時的人工成本，每單位的材料成本，每機器小時之成本等等。

3. 資金標準 (Capital Standards)

日常我們可發現，以金錢來衡量物質的情況，除作業性成本外，尚有許多是屬於投資性的資金方面，因而與「資產負債表」(Balance Sheet) 之關係較大，而與「損益表」(Income Statement) 之關係較小。對於新投資最常用的標準，是資產及淨值投資報酬率 (Rate of Return on Assets and on Equity, ROA and ROE) 及投資回收期 (Pay-Back Year)。在典型的資產負債表中，亦可以顯示出其他資金標準，如流動比率 (Current Ratio)、負債與淨值之比 (Debt-Equity Ratio)，及存貨的數量及其周轉率 (Inventory Level and Inventory Turn-over Rate) 等等。

4. 收益標準 (Revenue Standards)

此項標準繫於銷售所得之金錢價值上，如銷售利潤率 (Sales Profitability)，如每一顧客的平均購買金額，每一賣場平方米之銷售值，每一銷售員每月銷售值，及在某一市場中每一人平均銷售量等等。

5. 工作方案標準 (Program Standards)

一個管理者或許會奉命擬定一項變動預算制度，一項正式考核新產品發展的方案，或一項改進銷售人員素質的方案。當在評估這些方案績效時，有時只能用主觀的判斷，但亦可用執行的時間進度 (Time Progress) 及其他的因素，如新顧客反應、受訓人員反應等等作為客觀判斷的基準。

6. 無形滿意認定標準 (Intangible Standards)

企業部門中有許多不能以物質或金錢作為衡量單位的活動，因而必須以無形標準為衡量標準。例如在分支機構，人事單位，會計部門或公共關係等幕僚支援單位之工作，因尚未發展出滿意的績效評斷標準，所以更須使用到被服務者「滿意與否」(Customer Satisfaction) 之無形認定標準來衡量績效。由心理學家與社會學家所發展出之試驗、調查與抽樣技巧，雖已有可能探討人類行為的態度與衝勁，但許多人際關係的控制，尚須不斷的依賴無形標準，使用「判斷法」(Judgement)、「試誤法」(Trial and Error)，甚至偶爾需憑「預猜法」(Prediction)。

7. 參與式目標管理下之功夫標準 (Management by Objectives, MBO)

在現代管理較進步的企業中,已在內部各管理階層,建立起整體而明確化的「質」或「量」目標體系 (Objective Systems)，致使上述無形標準的應用雖然尚居重要，但已逐漸減少其程序。對於複雜方案的作業或管理人員本身績效的衡量控制，近代管理者已發現可經由上、下級人員間參與式 (Management by Participation) 研究與思考，確立可供衡量特定工作績效的標準，包括上述各種「數量」目標，「質量」目標，及無形的「滿意認定」目標。

換言之，一個公司若能真正實施參與式之「目標管理」及「成果管理」(Management by Result, MBR) 制度，則沒有任何活動不可能設定客觀之衡量標準。反之，若有許多活動不能訂出合理的衡量標準，則暗示該企業的目標管理尚未徹底實施。

二、各種控制技術 (Controlling Techniques)

控制的功能是確保「成功」（使成果符合目標），但是要發揮控制功能卻有多種技術可用，經理人員可視情況、時間、緊急程度、重要程度、人員素質而採取不同的運用方法。

我們可以將控制技術劃分為「傳統的技術」(Traditional Techniques) 與「新興的技術」(Newer Techniques)。傳統法又可區分為「預算式」與「非預算式」。新興的方法包括計劃評核術、要徑法、甘特圖 (Gantt Chart)、策劃規劃預算制度 (PPBS)、訂貨時間表 (Ordering Schedule)、人機圖 (Man-Machine Chart)、目標管理 (MBO) 等等。另外統計學與作業研究所提供之平衡點法 (Break-Even Method)、線性規劃 (Linear Programming)、經濟採購量、少量多樣「彈性製造系統」(Flexible Manufacturing System, FMS)、「網上接單、網上訂料、彈性製造、快遞交貨系統」(Internet Order-Receiving, Material-Supplying, FMS, and DHL Delivering System)，也是屬於計畫與控制的技術範圍，茲繪如下圖：

控制技術一覽表
傳統控制術
1. 預算控制 (Budgetary Control)
2. 非預算控制
　甲、各種例行統計資料性報表 (Statistical Reports)
　乙、兩平點 (Break-Even Point)
　丙、特殊的報告 (Special Reports)
　丁、內部檢核控制 (Internal Auditing)
　戊、個人觀察法 (Personal Observation)
新興控制術
1. 計劃評核術或要徑法 (PERT or CPM)
2. 策劃規劃預算制度 (Planning, Programming and Budgeting System)
3. 目標管理 (Management by Objectives)
4. 線型規劃 (Linear Programming)
5. 經濟採購量 (EOQ)、經濟生產量 (EPQ)
6. 彈性製造術 (FMS)、自動倉儲 (Automatic Warehousing)、網上「訂、供、製、送」系統 (Internet Ordering-Supplying-Manufacturing-Delivering)

圖 18-2

由於管理經濟學及管理會計的興起，提供管理的各項技術，如投資預算的收回期限法、平均報酬率法 (Rate of Return)、現值法 (Present Value)、內部報酬率法 (Internal Return)、模擬法 (Simulation)、比率分析 (Ratio Analyses)、現金流程分析 (Cash-Flow Analyseis)、彈性預算 (Flexible Budgeting) 等等，皆是促使管理者做合理的決策，

施行有效控制的方式。

　　「控制」的管理機能既對「事」，也對「人」，其所用的技巧多為數量方面的知識，不若「組織」、「用人」、「指導」等功能所應用的技巧大都屬於非數量方面之知識。因而控制與計劃所用數量性技巧的成分較大，本文特對大機構、大企業及中型企業最常用之預算控制略做介紹，以供讀者瞭解傳統控制工具之概況。

第三節　傳統控制工具——年度預算（利潤計劃）
[Traditional Controlling Tool-Annual Budgeting (Profit Planning)]

一、預算的角色及作用 (Role and Function of Budgeting)

　　「年度預算」（每年預先計算）是公司廣義計劃的一種型態，指在一定經營條件下，以貨幣數量的方式，表達一企業機構在特定時間內（通常一年），經由行銷、生產、研究發展、人力資源、財務及會計等管理活動後，所可能達成之利潤結果及其來龍去脈之估計。中國有一句成語「未雨綢繆」。從消極方面言，此句話是指「防患於未然」，對將來的問題，事先想出，並籌劃解決問題的方法。從積極的方面來看，乃是妥善規劃未來，把握有利的機會 (Niche)，創造更美好的局面。編製預算 (Budgeting) 在管理機能裡，即扮演著企劃、溝通、激勵、協調及控制等角色。任何一個公司在此劇烈競爭的環境中，想求生存、求發展，必須增加競爭潛力，這些都須以利潤規劃 (Profit Planning)，即預算，作為起始之手段，因為「預算」(Budgeting) 通常指年度內之金錢收入支出利潤規劃，所以常以「財務計畫」(Financial Plan) 之型態出現。而財務計劃 (Financial Planning) 本為行銷計劃、生產計劃、研究發展計劃及人力計劃之總歸結，因之以財務預算 (Budget or Financial Plan) 為公司年度計劃 (Company Annual Planning) 之總摘要 (Summary) 乃是企業經營之常規。

　　財務預算（財務計劃）之設定有三大步驟，分述如下：

　　⑴將預期時間內的經營「結果」(Results)，以貨幣單位來表達。此乃代表把現在的各種活動計劃均付諸實施，將出現之成果。

　　⑵總結 (Summary) 各項估計（如銷售預算、生產預算、研發預算、人力預算、費用預算、資金預算等）構成平衡程式，以求得利潤數字。

　　⑶比較 (Comparison) 真正施行的結果與原期望目標，分析原因，以採取改正的

措施。所以預算數字亦為評估 (Evaluation) 經營績效 (Performance) 的標準。

編訂預算的作用可分為下列幾項:

1. 強迫各管理階層預算規劃 (Planning)

良好的預算編訂制度 (Budgeting Systems)，可協助最高管理當局對公司本身的目標及策略、各部門目標以及達成目標的各種手段方案預為籌劃，以因應迅速變化的企業環境，並把握有利的投資機會。在謀求改進公司利潤過程中，亦可對公司現有組織結構的缺點（如單位重疊、職責含糊不清、功能缺口等等）謀求突破改善。

2. 作為績效評估及控制的基礎 (Controlling)

為使公司目標及員工目標一致，必須使員工充分瞭解公司對他們預期的目標是什麼? 以及公司將來要用什麼方法考核他們及獎懲他們? 編訂預算的過程可確立公司目標點及策略方向，使員工有明確遵循的方向，並可作為將來客觀衡量績效的依據。

3. 有助溝通及協調 (Communicating and Coordinating)

編訂預算的內容很廣，但總歸要以公司整體的績效（利潤）為依歸，而不以個別單位本位主義的績效來評量。如果分支機構所做「無效性決策」(Dyfunctional Decisions)，與公司整體績效發生衝突，則必須取消或協調之，使各部門摒除本位主義及小格局門戶之見，共同為達成整體績效而努力。

4. 發揮激勵的作用 (Motivating)

編訂預算可使每部門各負責人員參與決策 (Participation in Decision-Making)，各項標準亦是在各員工參與之下所設定，較為合理並可達成，故能充分發揮人性激勵的效果。

二、有效預算的要件 (Elements of Effective Budgeting)

編訂預算是一項總體性的行動規劃活動，必須有下列幾項客觀的條件，方能充分發揮其效用:

1. 最高主管之全力支持 (Top Management Support)

設定公司五年計劃及年度計劃（包括年度財務預算）是公司最高主管的第一職責，不能躲開，所以最高主管必須充分瞭解預算的功能與特質，對總體規劃的每一部分全心全力主導及支持，並對下屬隨時激勵與指導，將年度預算視為履行其下一年度總經理、總裁職責的第一件大工作。

2. 須有健全的組織 (Sound Organization Structure)

預算編製及績效的報告與考核，是以「人」為主體，所以公司的組織結構及職掌劃分必須清楚合理，並使權責相稱，方能建立「責任中心」及「授權體系」(Responsibility Centers and Delegation Systems)。

3.有妥當的管理會計制度 (Management Accounting Systems)

健全的預算制度，必須建立在健全的責任（管理）會計制度上。預算最重要的目的是計劃及控制各單位的業務目標及成果，使其朝向公司總體目標努力。而控制各業務（收益及成本）最好的地點是發生收益或成本的部門，亦即「利潤中心」，「收益中心」及「成本中心」。

4.重視目標管理 (MBO-Oriented)

「目標管理」的精神乃在於日常決策之前，先確定真正追求的「目標」，作為決策的根據。執行之後，亦以「目標」作為績效比較的基礎及考核獎懲的依據，而非以手段或手續為比較依據。公司從總經理開始，到作業員，人人都要有目標，預算制度的施行同樣是依此種模式，所以公司若強調目標管理導向，則預算制度將受益無窮。

5.良好的情報資訊系統 (Good Information Systems)

公司預算制度是整體性的，但其作業卻是分工的，在此情況下，每一部門間意見的快速溝通及信息的傳遞極為重要。如果各部門意見不能溝通，可能導致無效性決策的產生，變成追求手續（苦勞），而非追求目標（功勞）之機器。為此，中小企業也應儘早實施網際網路之電腦化管理情報系統。

6.選定的目標及標準必須是合理並可達成 (Reasonable Objectives and Standards)

公司訂立目標及標準不能太高或太低。太高無法達到，會挫折員工的意願；太低的目標，員工不須努力即可達到，並可領取獎金，對於員工沒有激勵的誘因，對公司則發生虧損。在設定獎懲預算時，就應考慮及此，把各單位之目標定義及數量、時間標準重新評定。

7.確實地做事後追蹤與考核 (Real Follow-up and Appraisal)

追蹤與考核可以瞭解過去的規劃是否發生錯誤。如一個利潤極大的決策模式：

$$f = a + b_1 x_1 + b_2 x_2 + b_3 x_3 ...$$

其中，$x_1, x_2...$ 代表達成目標的各種因素；a, b_1, b_2, b_3 為係數，從過去資料求得。

若當初根據此模式，實際執行後獲得較差結果 (f_1)，就必須尋找原因。其原因可

能是(1)「模式」本身錯誤；或(2)可能尚有某些重要因素未考慮到；或(3)「模式」正確，重要因素均已考慮到，惟「情況」發生變化。若以上三原因發生，則不應對執行人員課以責任；但若為員工本身效率低落，執行不力，則應歸屬責任，予以懲罰糾正。

三、編訂預算的步驟 (Budgeting Steps)

1. 強弱危機評估及預測 (SWOT Factor Evaluations and Forecastings)

評估所有影響目標達成的有關變數及預測其未來可能變動趨勢。

⑴本身經營條件：通常指企業內部行銷、生產、研發、人事、財會、資訊、採購等活動情況，為管理當局可以控制的因素 (Controllable Factors)。

⑵環境因素：指不可控制的因素 (Uncontrollable Factors)，如戰爭、政治、人口增減趨勢、文化、社會、消費傾向、經濟景氣變動、競爭情況等。

⑶競爭者、供應者、顧客等三端五力因素分析：提供知彼知己情報，評估強點、弱點、危險及機會利基點。

編訂預算就是設定財務計畫，無論經營條件或企業環境都應慎重評估並加預測，以求配合有利時機，並減少不利的阻力。此外，在第一步情報分析預測時，公司除考慮有形及短期因素外，對無形及長期因素亦應特別注意，才不會漏掉先機。

2. 確定基本的目標 (Basic Objectives)

即對公司存在目的或未來發展方向，包括產業轉型、國際化、產品種類（即產品線）改變、市場開拓、策略聯盟、合併等等，設定一個明確理想境界，以指導全公司各部門員工之努力方向。

3. 建立特定的目標 (Specific Objectives)

即將上述長期基本性方向目標予以具體化、數量化及時間化。如對每一產品線每一產品項目設定銷售額、投資報酬率、利潤率、市場佔有率、生產力等特定目標。

4. 擬定評估成效 (Performance Appraisal) 的方案

即設定將來預算與實際比較之差距，以及可以容忍及不可以容忍的範圍，一一以具體標準表示之。

5. 各部門將預測的結果數量化 (Departmental Quantification)

各部門根據上述步驟，訂出工作目標後，尚應將達成目標所須之手段方案設定好，並將經費預算以數量的方式表達，即稱為某某部門預算，供指導、協調、控制之用。所以「預算」(Budgeting) 的前身乃是「策劃」、「規劃」(Planning and Programming)，此乃 PPBS(Planning, Programming and Budgeting System) 之來源。

6.將各部門預算彙成公司的總預算 (Summarized Company Budget)

　　預算的編製不只是高層主管的任務（指在健全的組織型態裡），每部門每位成員都應參與。所以先由各部門編訂部門預算後，再彙編融合成公司總預算。在彙總的時候，協調、溝通是最重要的活動，務期各單位目標一致，預算統合。

■ 四、預算的優劣點 (Advantages and Disadvantages of Budgeting)

　　「預算」(Budget) 並非萬靈丹，我們必須深入瞭解其優劣點後，方能應用在公司的控制系統之中。

（一）預算的優點 (Advantages of Budgeting)

　　第一、預算形式的計劃以單一的貨幣單位表示，將不同部門及行動方案的收支，以相同的貨幣單位表達出來，便於彙總和比較。

　　第二、預算的編訂充分利用公司現有的紀錄和制度，不需另設一套新的紀錄。過去的財務資料、報稅資料、銷產資料及人力資料都可提供編製預算的參酌。或許在編訂預算時，有些新的帳戶（科目）或報告需要添增，但是公司原有資訊系統卻是最方便的工具。

　　第三、預算的編訂直接接觸到公司所追求的中心目標，即創造「顧客滿意」和「合理利潤」。換言之，預算上所顯示的都是影響到公司最終損益的攸關因素，因此有助於主管當局的注意、追蹤及控制。

　　第四、由於施行預算制度，必須有相當的配合條件 (Supporting Conditions)，才能發生良好的成效，因此實施正式預算制度，將有助於公司創造良好的「管理才能」(Good Management Talent) 及健全的「管理作業制度」(Sound Management Operations Systems)。

（二）預算（利潤計劃）的缺點 (Disadvantages of Budgeting)

　　第一、容易流於形式，而未與實際配合。

　　當總裁、總經理的企劃幕僚編列預算時，（注意：臺灣很多公司的預算尚由財務部門編列，而非由企劃部門編），常常僅表面上預測未來很短期間內損益科目或資產負債表科目將會如何變化的結果，而未經最高主管當局深思熟慮，仔細策劃，並要求各部門、各課級主管認真參加研商目標、方案內容。此種每年例行性、機械化、表面化的預算編訂方法，只會增加紙上作業及一些繁雜的瑣事，只見成本增加不見利益增加。所以唯有最高主管人員真正能順應動態環境變化的趨勢，做有效的、目

標性的計劃、預算、控制，方能排除沒有成效而徒增麻煩的老舊預算作法。很多政府機關、國營事業、軍事機關、公私立大學、公私立醫院等等，目前都患有此種毛病。

第二、預算有時會導致獨裁命令式的行動。

一份簡明、客觀的預算數字，沒有詳細因果來源說明，容易造成主管人員對下屬獨裁式的命令，例如主管命令屬下費用支出要減少多少百分比，若他沒有考慮其他因素，只一味地信任數字，將導致太主觀的成見，執行之後，後果不見好，反見壞。

第三、可能造成內部的衝突和壓力。

例如銷售部門希望接獲更多訂單，生產部門希望降低成本，這些部門主管在編訂預算時，都希望從其他活動或服務部門獲取更多的協助，如銷售部門要求研發部門推出新產品，要求製造部門提高及穩定品質水平，要求財務部門放寬信用控制條件等等；又如生產部門要求採購部門買到品質高、價格便宜、交運快的原、物料及零配件，要求人力部門找到品質好，價格便宜的工人等等，這一來各部門就易發生衝突了。

第四、無形因素常被忽略掉：如上所述，預算是以貨幣單位來表示的利潤計畫，一些無法數量化的因素（如能力、道德）就可能被犧牲掉了。

第五、以年度預算目標代表企業目標，可能太過於重視短期利潤目標，而忽略了公司其他更重要的長期目標。

第六、太過強調容易觀察到的因素：例如費用支出的預算就是一例。在某一情況下服務部門的費用支出可能維持在良好的低水準，乍看之下，以為服務部門很有成效，不花用成本。事實上，表現不良的服務部門雖不發生重大成本，但對其他部門的支援服務未盡心意，致使整個公司利潤遭受無形損害的程度，遠大於該部門直接成本的節省。像突破性、策略性行銷成本的節省，初看似是很好，但細思之下，才知那是阻塞公司開拓新市場、新客源的致命傷。一般瑣碎性費用可以省，但策略性行銷費用不能省。

■ 五、預算並不等於預測 (Budgeting is not equal to forecasting)

從基本觀點來看，「預算」(Budget) 不同於「預測」(Forecast)。「預算」是「計劃」的一種形式，表示「主觀」(Subjective Value) 理想的執行結果；但是「預測」僅僅是「客觀」(Objective Guess) 猜測未來將發生什麼事，而不主觀的預期這項猜測

一定要實現。詳言之，「預測」和「預算」有下列幾項差異之處，分述如下：

⑴預測可以用也可以不用貨幣單位來表達。不像預算皆以統一的貨幣單位彙總。

⑵預測的期間幅度長短不定，可長達十年、二十年……，不若預算有特定的期間，如短期的年度預算（一年）或中長期預算（五年）。公司通常可做五年計劃，但常只做一年預算。

⑶預測者（專業企劃幕僚）對所預測的事項並不負實現的責任，而預算的參與編列者（主管人員），則應對預算的實現成果負責。即須比較實際績效及預算標準，做差異分析、責任歸屬及糾正獎懲。

⑷預測經常不需要高級主管的授權即可進行，屬於「調查研究」(Survey Research)活動。而做預算時，通常是由上級設定目標，或經由上級主管授權之下，自訂目標而進行。

⑸預測數字經常更新，當新的資料顯示內外情況有所改變時，以前所做的預測即應隨之重新評估，貝氏統計 (Baysian Statistics) 就是以新情報來改舊決策的理論。但預算於年度開始時設定，為下一期的各項經營活動先賦予應有的數值，通常並不隨情況的變化而立即重新設定。

⑹「預測」與實際所產生的差異，並不定期或正式的加以分析，若有所分析，其分析目的通常僅在於增進預測能力而已。但預算則非如此，務必拿來與實際比較，仔細分析差異原因，歸屬責任，謀求經營績效的改進。預測是學術性看法，而預算則是管理決策，一客一主。

舉例來說，公司的出納對未來一年內的現金計劃乃藉對銷貨、費用、資本支出的財務性預測來完成。其對各項預測並不需經老闆一一同意，他可以隨時改變各項預測供自己參考，不需負任何預測責任，也不必分析真實和預測數字間的差異等等。

從管理的觀點來看，財務「預測」純粹是計劃的先行工具；然而預算卻含括了計劃和控制功能。事實上，常言之許多「預算」僅僅是財務預測而已。例如，若有一預算人員，隨時變更其預算，而且未經其主管正式同意，則該「預算」只能說是財務「預測」，僅供自己參考，不能用來作為評估或控制的工具，因為隨時變動預算（目標），到期末真實結果勢必會等於重估的預算（目標），所以評估和控制就沒什麼標準和意義可言了。

假若將「預測」和「純預算」制度當作兩極端來看，則控制性的預算應介於其中，如果編出來的預算偏向預測那端，這並不一定表示不好，只要使用時認清它是（預測）只是一項企劃工具，而非控制工具即可。

■ 六、預算的多種型態 (Types of Budgeting)

預算可以依不同的方式劃分為不同的種類。本篇強調控制的重要性，故本節的分類依照責任會計來說明。

（一）成本預算 (Expense or Cost Budgets)

成本預算可細分為兩型態：一為標準性成本預算 (Standard or Engineered Cost Budgets)，另一為選擇性成本預算 (Discretionary Cost Budgets)。分述如下：

Standard or Engineered Cost Budgets 乃依一個製造單位「應」（在理論上）發生多少成本做成「預算」，可以說是一項理論「標準」成本系統。譬如我們說製造一個 IA 冰箱（智慧冰箱）在理論上應該花費的原材料、零組件、人工、製造費用各為多少，則在績效報告時，評估的準則是：花的成本愈少愈佳。此種預算是用來衡量主管績效的，不利的差異代表實際生產成本超過應有之生產成本。再而，大部分的成本費用績效都是屬於可控制因素，因此主管人員應對預算目標負完全的責任。

至於 Discretionary Cost Budgets 則指的是依經理人員不同的責任所將發生的不同成本做成「預算」。換言之，在已有的經驗中，沒有一種較科學的方法可以決定「應」（在理論上）有的成本是多少，只能屆時依個案審慎決定，例如維持費、促銷費、交際費、研究發展費等。這些費用支出若減少時，並不一定馬上顯示出經理人員的績效良好與否，也並不一定表示對公司利益有所貢獻與否。換言之，這種預算並不是用來衡量短期工作有效率或無效率，它的發生具有相當高的選擇性或差別機遇性。

（二）收益預算 (Revenue Budgets)

收益預算指的是銷售收入的預算，亦即預計的各項產品銷售量乘以預期的各項產品銷售價格之總和（以銷售預測 Sales Forecasting 為參考基礎）。銷貨預算可以說是利潤預算的核心，一切的預算均由銷貨預算開始。必先有「銷貨預算」(Sales Budget)，方能預估生產量；當「生產預算」(Production Budget) 設定後，方能決定「費用預算」(Expense Budget)、「現金預算」(Cash Budget)、「資本預算」(Capital Budget) 等。所以收益預算可以說是所有預算之起始點。

編訂「收益預算」包含經理人員的可控制因素和不可控制因素。如訂單的多寡屬於可控制因素；而顧客市場的價格、競爭者的行為、經濟景氣的變動則為不可控制因素。評估銷售經理的績效時，應針對有效的促銷活動、良好的服務態度、訓練良好的推銷員等有形因素評量。

收益預算有下列兩特徵：

⑴此預算是用來衡量行銷的有效性的 (Effectiveness of Marketing)。期終若有不利的差異發生時，表示高級主管所期望的目標沒有達成，譬如銷量不夠或價格偏低。

⑵由於顧客市場為不可控制因素，因此銷售經理所應負之責任不若負責成本預算之生產經理那麼多。由於有此項限制因素的存在，使得「收益預算」在經理人的績效評核上，並不如「成本預算」那麼具有實用性。

（三）利潤預算 (Profit Budget)

若將收益預算和成本費用預算合併則可得利潤預算 (Profit Budget)，如果專以一年的財務計畫而言，則「利潤預算」就可以說是「利潤計畫」(Profit Plan)。通常我們也稱「利潤預算」為「主預算」(Master Budget)，是股東及最高主管第一關心者。

利潤預算有下列兩特性：

第一、應用「利潤預算」來衡量經理績效的程度，隨公司的特性而異。有些公司可能由一個「預算委員會」(Budget Committee) 負責各產品部門利潤預算的編訂，若如此，則個別經理人所承擔的責任就小一些；反之，則大些。

第二、每一經理人員對完成利潤目標所負的責任程度，也隨公司的授權程度而不相同。若在「利潤中心」(Profit Center) 的責任制度下，經理人員的責任就大些；反之，則小些。

公司若實施分權，成立「利潤中心」時，則高級主管運用「事業部門利潤預算」(Division Profit Budget) 可以得到下列好處：

⑴從各個產品事業部之利潤預算，可檢視下一年度公司期望的總預算，並核驗該預期的績效是否令人滿意。

⑵事業部利潤預算可作為企劃及協調全公司活動的工具。

⑶事業部利潤預算是公司總部參與部門企劃活動的橋樑。

⑷公司總部可借事業部利潤預算，實施部分的控制，不必做完全集權控制。

（四）其他預算 (Other Budgets)

各公司組織不同，性質不同，大小差異，均可導致各公司預算不盡相同。除了上述成本、收益、利潤預算外，尚可編列附件式之現金預算 (Cash Budget)、生產預算 (Production Budget)、採購預算 (Purchase Budget)、資金預算 (Fund Budget)、各項成本費用之詳細預算等等作為補充，完全視需要而定。

七、編訂預算之組織及修正 (Budgeting Organization)

編製預算的單位依公司組織大小、複雜程度、公司成員素質而異，一般而言，

可分為下列幾種方式。

（一） 成立企劃預算部門 (Plan-Budget Department)

在公司總裁或總經理之下正式成立「企劃預算部」(Planning-Budgeting Department)，並由此部門全權負責公司預算控制系統的資訊流程。通常企劃預算部門主管向為公司第二號人物，由執行副總裁、執行副總經理 (Executive Vice President or Executive Deputy General Manager) 或檢核長 (Controller) 負責。企劃預算部門執行下列的任務：

⑴建立公司計畫及預算編製的程序和表格形式之規定，以總裁或總經理名義發布周知。

⑵協調意見及設立整體環境變化之基本假設，因假設是所有計畫預算編製的基礎。

⑶確保情報信息 (Information Flow) 適切地在各相關部門暢通。例如採購部門、生產部門和銷售部門間資訊的密切溝通。

⑷技術性輔助各事業部及功能部人員編訂各自之計畫及預算。

⑸彙總、調整及擬妥完整之全公司計畫預算案向上級（即最高主管）報告。

⑹收集各部門之執行情報，分析績效報告，解釋差異原因，並彙總向最高主管提出及提供糾正方法。

⑺因應環境變化，改變和調整執行年度中之有關預算及計畫。

⑻協調及糾正較低階層部門的計劃預算工作。

（二） 成立企劃預算委員會 (Plan-Budget Committee)

在總裁、總經理之下成立「企劃預算委員會」(Planning-Budgeting Committee)，由各主要部門的首長充任委員，總裁、總經理或執行副總裁或執行副總經理為主席，並由企劃部經理當委員兼執行祕書。不管成員為何，有多少人，委員會本身對於公司計劃預算的同意與否扮演相當重要的角色。委員會每個月至少聚會一次，以批准或調整或檢討有關計劃與預算。在一個龐大複雜的企業集團裡頭，集團企劃預算委員會可能僅僅和事業部高級營運人員交換意見，以檢討各部門的計畫與預算是否妥當，不做正式定期性報告。可是，在實施分權式「利潤中心」之公司或集團企業，各利潤中心的事業部經理，必須先自行擬妥計畫與預算，然後向委員會報告及討論，交換意見，並獲支持。當然委員會必須負起批准、改變和調整計畫與預算的任務。

計畫與預算編製完成後，尚需進行修正 (Adjustment) 工作。通常有兩種修正的方法，一為例行或系統性（例如季節性）地更新預算；另一為特殊情況下的修正。

第一種型態的修正並不適合事後控制和績效評估,而僅是事前計劃的一種工具。因為假若修正後的預算是用來評估績效和控制糾正之用,則其更改的程序必須如原始設計時那麼詳盡。在事實上,此乃不可能的行為。而如果公司的預算更正係採第一類型,則該預算只能說是「預測」系統而非「控制」系統。

第二種型態的修正,一般說來並不容易取得上級的允准,所以我們必須限制在某些特定情況方能做此修正。也就是當情況變動很大,我們確知已核准的預算已不切實際,不能再提供有效的控制工具時,方可進行修正。

八、編訂預算的人性行為面 (Human Side of Budgeting)

管理控制系統的目的在於建立有效的激勵作用,促使各級經理人員努力邁向目標。由前面數量目標的分析,我們已可瞭解到計畫及預算的設定可收激勵員工努力的效果。本小節主要討論非數量的人的因素對預算的影響。

1. 預算標準應高低合宜 (Fair Standards)

預算最理想的情況是完全能達成的,但是要達成預算並非如反掌之易那麼簡單就可實現。如果預算中各項標準訂得太高,可能會折喪經理人員的銳氣;反之預算標準也不能太寬鬆,否則它將沒有激勵潛力的作用。一個太容易達成的預算,很可能是反功能性的,對企業整體無益。因經理人可能深怕期末績效評估時產生有利的差異,其上級主管會提高他們在下一年度預算的標準,因此在本期編製預算時,常會故意減低其真實可行的能耐,以期在執行時不必努力,即可輕鬆的達到目標,也不必煩惱以後日益嚴謹的標準。這是編製預算時,最令人感到困惑的問題之一,因此計劃預算委員會的重要任務之一,乃在於維持高低適宜的標準,既不可太過嚴苛,也不可太過鬆弛,兩者皆不利於企業整體目標的達成。

2. 編訂預算應多讓部屬參與 (More Participations)

部屬參與預算編製的程度亦是影響成效的重要因素。為獲取激勵的效果,讓各階層主管有參與擬定預算的機會是絕對必要的措施。若各級主管不能親自參與預算編訂之決策過程,將在執行時,造成一種不良的反應,譬如經理人員工作不積極、士氣低落、沒有被重視,自以為公司預算沒有照顧到他部門的利益。沒有被部屬參與的「預算」,常被視為不公平及不可靠,故而影響到其執行績效的好壞。

欲求預算真正發揮實施的功效,高級主管在彙總下屬細編的預算時,必須聽取他們的意見,尤其當主管意見有異,或客觀情況的改變,必須修正預算時,都需以「公正」、「合理」的態度,和下屬商討,並讓他們瞭解更改的理由,及修正的內容

是「合理」及「可達成的」。

3.企劃預算幕僚應是客觀性的智囊專家 (Objective Specialists)

假使公司裡有計劃預算部門時，則計劃預算部門的成員必須考慮公司整體的內外情況來做預算，而不是只根據個人喜怒哀樂或與某部門經理的親密或怨恨關係而做出差別性或不合情理的預算。為了避免來自直線部門的壓力和恐嚇，計劃預算之幕僚人員本身必須具備豐富的專業知識及熟練的企劃技巧，才能編出大家信服的預算，有助公司目標達成。

4.設定目標應「由上而下」，設定方案及經費應是「由下而上」(Top-Down and Bottom-Up)

傳統預算的編製並不考慮未來的目標，所以採「由上而下」的預算分配方式，也就是由高級主管負責設定營運預算，將預算分配提供給各部門經理作為未來績效衡量之標準，而各部門經理也無異議接受。後來經過多位學者如亞吉斯、貝克、格林及威列斯 (Argyis, Becke, Green, Wallace) 等的呼籲倡導，才逐漸採用目標「由上而下」(Objective Network Top-Down)，方案預算「由下而上」(Action Programs Bottom-Up) 的編擬制度，使各階層主管人員都有參與設定計畫及預算之機會，並增進他們的挑戰意識及責任意識，讓他們自己接受公司的目標為個人目標的源泉，實證研究也顯示，大多數參與性之計畫預算編訂制度，會增加有利於公司的效果。但在某些情況下，此參與制度反而對公司利益有害，其原因係各層經理人只顧及狹小的本位範圍，未能通盤考慮，所以有時故意編列比較鬆弛的預算，阻撓公司目標的達成。

因為一個公司的部門經理活動，經常和其他部門有關，所以從預算的觀點而言，一個經理在編製預算時，不只要考慮本部門活動的影響，還要顧及其他部門的交互行為，亦即不能忽略其他經理的行為因素，包括上級主管及下屬成員的各項反映。普通的作法是，部門主管在設定計畫及預算時，必須參酌各方意見，先取得各方協調及認可，在施行時，方不致有很大的壓力及阻撓存在。所以良好的計劃預算制度，乃是參與性「目標管理」制度 (Participative Management by Objectives Systems)。

第四節　目標導向的企劃預算制度 (Objective-Oriented Planning-Budgeting Systems)

一個事業經營是否企業化或有效化，與所有權 (Ownership) 的「公」有或「私」有無絕對關係；亦與規模 (Size) 之大小及所有權是否集中 (Concentration) 於政府或

家族手裡，無絕對關係。而是與能否運用整體經營管理 (Systems Management) 之觀念、原則、技術以及能否有效追求合理目標有密切關係。經營成效是依賴有效之管理制度 (Management Systems) 及經理人才 (Management Talent) 所創，沒有充足的、有組織、有效率的主管人員及具有激勵作用之合理制度，則再巨大的私營事業，亦可能在競爭之變動環境中消失；反之，若有合理的管理制度及積極的經理人才，則公有事業亦可能欣欣向榮，以事業養事業，以事業發展事業，並貢獻國庫，減少為人詬病之稅徵手續，造福人群。本節對整體化及目標導向的企劃預算制度將做比較深入的探討。

一、強調總體經營 (Focus on Systems and Integrated Management)

在一個龐大的機構組織內，各部門及各層主管眾多，工作事項複雜，即使每位主管都具現代化的管理知識和才能，也不能確保各「單位」的目標與「組織」的目標一致，更無法確保各單位的「行動」真正符合自己的「目標」及組織的「目標」，因而比較可行的方法乃建立一套「目標體系」(Network of Objectives)，將組織的基本使命目標 (Basic Missionsary Purposes) 轉換成長期願景目標 (Long-Term Visionary Objectives)，再配合資源運用的「方針戰略」(Strategies) 及處理例行事務的「政策」(Policies) 及程序 (Procedures)，組織各產品或地區事業部門及功能部門的強點與各級人員的腦力，訂出不同時間長度及責任中心之工作方案 (Programs) 及金錢「預算」(Budgets)，供各級單位人員執行時之授權 (Delegation) 根據與以後衡量工作成效 (Performance Appraisal) 的標準。

所謂「企劃預算」（意指金錢「預算」根據工作目標方案「計劃」而來）過程，乃指整個企業的腦神經系統必須考慮到廣大、深入、長遠之一般性的層面（指策劃，General Planning），也必須考慮到比較細節而具體的層面（指規劃，Action Programming）；更必須把考慮到的事件之投入資源與產出效益，予以金錢數量化（指預算，Monetary Budgeting）。由下而上的順序言，財務的數字標準（指預算 Budgeting）必根據工作方法的細部計劃（指規劃 Programming）而來，而工作方案的細部計劃也要配合組織的大目標而定（指策劃 Planning）；這亦即「預算」來自「規劃」，「規劃」來自「目標」及「政策方略」的「策劃」活動的關係。故前美國防部倡導的「策劃規劃預算制度」(Planning, Programming and Budgeting Systems, PPBS)，實際上是整體管理系統中「目標管理」哲學及「目標管理」技術的應用，意指做任何事物，都應以目標為指導中心。

　　寶島臺灣經濟部在對所屬國營事業在推動民營化以前，曾為加強整體管理系統之現代化，特仿美國 PPBS 制，於 1978 年設立「總體經營制度」。內容包括目標、政策、方略之「策劃」(Planning)，工作方案之「規劃」(Programming)，資源投入之「預算」(Budgeting)，資源使用「中」及使用「後」之「會計」(Accounting)、「統計」(Statistics)、「診斷」(Diagnosis)、「檢核」(Auditing) 及「管理情報系統」。相當於把現代化的管理學術變成具體可行的規則，如能徹底實行，成效一定相當可觀。可惜因中央政治結構之阻礙，「萬年國會」（指久不改選之立法院、監察院）之既得利益作祟，以及行政院支持不力，所以此「良方」被冷凍未用至今。此總體經營制度 (Integrated Management System) 等於是 Planning-Programming-Budgeting-Accounting-Statistics System)。為了簡稱將之縮為 IMBASS，它是源自總體企劃預算 (PPBS) 構思的完整管理制度，包括事前的計劃，事中的執行，及事後的考核，完全符合「行政三聯制」之精神。

二、企劃預算與傳統預算的比較 (Comparison of PPBS and Traditional Budgeting)

　　總體經營制度中的企劃預算制度乃運用「系統方法」(Systems Approach) 所創出的新管理制度之首要部分，其與傳統式 (Traditional Approach) 的預算制度有許多明顯的不同點。茲略舉如下：

1. 預算的主要對象不同 (Different Targets)

　　傳統式的預算以「公司」或「事業」機構 (Company) 為主要規劃對象；企劃預算制則重視各個具體行動「方案」(Program) 的規劃工作，是以行動方案計畫 (Action Program Plan) 之工作目標內容、工作方法、施行步驟、所需人力（及負責人）、所需物力（及地點）、所需時間進度及經費收支為主要對象，是屬於細部的規劃。在擬定方案預算時，則重視由下而上，由「個別」方案之企劃預算→「組方案」之企劃預算→「群方案」之企劃預算，完全依照公司已制訂妥當的「目標體系」（已先由上而下設定）而設立。總之，傳統預算過分重視最終「表面」，而忽略真實的「內容」過程。

2. 是否重視工作成果的不同 (Results-Oriented or Passage-Oriented)

　　在企劃預算制度下，某工作方案要使用多少資源 (Inputs)，完全依其能產生多少效果 (Outputs) 為取決標準，低產能的工作方案自無法與高產能的方案相競爭。此種重視「成果導向」(Result-Oriented) 的精神，將使未來的評估績效客觀化。反之，傳

統式之預算制度，因以全公司預算之編擬為任務，故常全心專注於取得董事會的批准（或立法院批准行政院預算數字）。真正為預算而忙碌的人員並非各作業部門的直線人員，而是會計幕僚部門，因而此預算制度重視的並非各部門的產出效果，而是預算數量之大小及會計科目之區分，最好能騙得過董事會成員或立法院立法委員就好，不在乎是否能提供將來工作表現評估的準則。

3.時間幅度不同 (Time Span Differential)

企劃預算制以「目標體系」為規劃、預算之依據，若目標是長期性的，則其方案預算亦將為長期性，此種時間幅度的拉長與傳統式「年度」預算，甚為不同。預算時間幅度的拉長可以幫助主管人員及其所屬幹部放大眼光，擴大胸襟，及考慮較多交替方法。

4.交替方案的重視程度不同 (Alternative Actions)

企劃預算制度以方案「規劃」(Programming) 為組成因素，每一規劃為達成一個目標之具體手段，因而在尋找達成此「目的」的「手段」過程中，可以應用科學決策分析法。找出儘可能的交替方案，做周全深入之優劣評估比較，以選擇最佳之一案作為執行的根據，亦即最終定案的「計畫」(Plan)，依此方式層層彙編而成的「公司預算」，其理智化的程度遠比只重數字，不重具體行動之傳統式預算為高。

再者，因組織內必須有方案「規劃」及「預算」作為未來行動的根據，每位高級主管在擬定行動方案時，若能充分發揮想像力、分析力及判斷力，在眾多可行方案中，選取最佳者，則整個公司之決策品質 (Quality of Decisions) 可望無形中提高，如此自然優於僅由少數會計幕僚湊合預算數字之方式為佳。此提高決策品質的精神，對長期性及投資重大的方案特有作用，遠非傳統式預算可比。

5.系統分析之重視程度不同 (Systems Approach)

企劃預算制度較傳統式的預算制度重視「系統分析」(Systems Analysis) 的觀念及技巧之運用。因每項預算數字皆有其具體的工作使命或目的，在此具體的工作範圍內，策劃人員容易確定其相關的「部分」(Parts) 及各部分之間的「關係」(Relations)，形成特定的「系統」(System) 範圍，以利其思考交替方案 (Alternatives) 及限制因素 (Constraints) 時，從廣處著眼，做全盤性分析 (Systems Analysis)，而非局部性或本位性之狹窄分析 (Partial Analysis)。傳統式預算制度因較不重視「方案」式計劃及預算，所以編擬人員在含糊籠統的總體數字下，無法進行個別性工作方案之周詳分析。系統分析會以「目標」(Ends) 之達成為導向，而局部分析易以「手段」(Means) 之方便為導向，二者之哲學思想差別甚大。

6.成本效益分析的應用 (Cost-Benefit Analysis)

企劃預算制度之每一「規劃」的擬定，比較具體，同時其時間幅度也可能比較長，所以在比較交替方案及進行可行性研究 (Feasibility Study) 時，可比較其投入之成本及產出的效益 (Cost-Benefit Analysis)，以檢定此方案在經濟上是否可行及合算。企劃預算制度若能對每一方案進行「成本—效益」分析，則整個公司的預算品質必能提高；反之在傳統預算中，因缺乏方案群 (Program Groups)，執行單位之工作範圍不確定，因而欲以整個公司之預算數字進行成本效益分析甚為困難。

7.管理情報系統之應用與否 (Usage of MIS)

傳統預算不重視管理情報系統 (MIS)，但企劃預算制度則強調管理制度的「血液系統」——MIS，因其在制訂各方案之規劃時，需要各種情報以供決策的基礎。傳統預算常由少數會計幕僚編擬，既然忽略規劃及交替方案之詳細內容，只重視數字之大小，則應用管理情報系統的機會就少。MIS 在網際網路 (Internet) 時代，向多工廠多市場之大集團各部門延伸，成為 ERP (Enterprise Resources Planning)，對企劃預算制度更有助益。

總之，總體經營制度的企劃預算制度代表現代化管理觀念及技術之融會貫通，而傳統預算只是總體制浮出海面的冰山 (Iceberg of Ice Mountain)，不足代表全部的精神。

三、企劃預算之本質與內涵 (Nature and Contents of Planning-Budgeting System)

(一) 整體性動態性及目標導向性的本質 (Dynamic and Objective Orientation)

企劃預算制度要求經理人員把期望在將來發生的事項實現於目前，所以離不開評估未來及為未來準備的工作，其工作重心是比較分析自己和競爭者之強點 (Strength) 及弱點 (Weakness) 以及發掘未來的機會 (Opportunities) 及危機 (Threats) (亦即 SWOT 分析)，並加以利用及克服。

由於企業環境常繼續不斷地在變化中，而企劃預算必須於環境之內做成，所以計劃活動也就成為繼續不斷的程序 (Continuous Process)，而非只做一次即可停止。在此「繼續不斷的程序」只是說計劃的過程（指用腦思考活動）必須繼續不斷地進行，並有適當的行動來支持它。如一個公司的收入因過去投資方案之順利執行而不斷流入，所以我們也應繼續思考如何運用這些收入，才能不使它們呆置，而能繼續

在「計劃」→「組織」→「用人」→「指導」→「控制」→「再計劃」方面再循環，而永遠「生生不息」，生存下去。

整體性、目標性導向的預算制度之結果，反映於「多種計畫」(Multiple Plans) 的結構系統上。亦即⑴包含一組很完備的企業計畫體系，這些計畫是為公司的未來而設定；⑵它是一個完整的架構 (Framework)，在此架構中每一功能性的計畫 (Functional Plan) 都是互相關聯並緊接在一起，成為全公司的「計畫書」(Company-Wide Plan) 的一部分；⑶由企業集團、子公司、產品事業部之行銷、生產、研究發展、人事、財務及其他企業功能的短期與長期計畫相互關係所構成的一個層次網 (Hierarchical Plan-Network)。

（二）企劃預算體系的重要內涵 (Key Contents of Planning-Budgeting Systems)

第一、經營目標的策訂（高階戰略策劃之一）

由最高主管負責設定公司整體性及長期性之目標（包括基本使命目標、長期願景目標、產品種類目標等等），亦應由各有關單位主管參與，提出各對應層次之目標，並責成企劃幕僚單位提供技術性協助及彙總性服務，發揮團隊精神，構成公司目標網 (Objective Network)。

最高主管及其幕僚在擬定公司整體性目標時，應符合下列幾種相對平衡原則：

⑴社會需求與營利機會平衡 (Balance between Social-Needs and Profit-Seeking)。

⑵社會經濟整體責任與事業個別生存發展平衡 (Balance between Social Responsibility and Individual Survival-Growth)。

⑶各單位部門目標之平衡 (Balance between Departmental Needs)。

⑷公司目標與個人目標之平衡 (Balance between Company Objectives and Employee's Goals)。

⑸長短期目標之平衡 (Balance between Long-Term and Short-Term Objectives)。

⑹有形成效與無形成效之平衡 (Balance between Tangible and Intangible Effectiveness)。

⑺目標與潛在可用資源之平衡 (Balance of Objectives and Potential Resources)。

這七大平衡原則都是很不容易的思考考驗，深深檢定各企業最高主持人的智慧成就水平。

為貫徹目標體系的達成，企業主持人應建立「責任中心體系」（即詳細之層次性目標體系），指派特定目標 (Tasks) 給各中心負責人，由各責任中心負責人與其部屬

商討目標達成的可能方法 (Actions)，並做修正措施，以充分運用「目標管理」及「責任中心體系」之精神。各責任中心負責人所接受的任務目標，即為編訂其工作方案預算 (Programming and Budgeting) 的根據，亦為將來執行工作之最佳授權工具。

第二、設定資源的使用政策及方略（高階戰略策劃之二）

資源運用策略為在競爭環境下，達成事業經營目標之必要性突破手段，並為各種行動方案規劃之根據。此部分之計劃重心乃指制訂指導公司全體成員思考路線及行為方式之「政策」(Policies) 及重大資源使用方向之「方針戰略」(Strategies)。

在選擇事業之政策及方針戰略時，必須基於外在「環境系統分析」(Environment Analysis)，市場「供需分析」(Supply-Demand Analysis) 與內部「投入產出分析」(Input-Output Analysis) 及預測條件，不可盲目為之，以免窒礙難行。

外在經營環境分析包括：

⑴國內外競爭品及代替品之技術發展水準及趨勢。

⑵國內外本行業及相關行業競爭者之一般投資趨勢。

⑶顧客採購及使用行為。

⑷經濟發展水準及趨勢預測。

⑸國際貿易及國際收支地位之水準及趨勢。

⑹有關政治、法律、軍事、人口、社會、文化、習慣、教育及宗教之概況。

⑺主要競爭者主持人（最高主管）之能力及管理制度。

分析環境之外，尚需研究市場供需，做市場潛力預測。供需研究後，可依各產品市場穩定性及複雜性、生產日程之長短、最終顧客之買賣關係、資料之充裕性、以及成本因素做各種預測 (Forecastings)。

知道外在的限制因素（指環境及供需）後，尚須於事業內做「投入產出」分析，檢討自己公司的設計能力、生產技術、生產設備、技術人才、管理人才、財務能力、產品規格種類、品質水準、生產數量、產品成本與價格、交貨時間及推銷能力等等。

公司的經營策略（政策與方略）制訂後，必須提經企劃預算委員會審核及企業最高主持人認可，方可報請董事會通過，作為各部門規劃經營方案及預算編製的根據。

第三、方案規劃（中基層細部計劃）── Middle-Lower Management Action-Programming。

「規劃」(Programming) 乃屬細部計劃，因「規」是指圓規，用圓規來劃東西，一定是很詳細之計劃。規劃體系反映全公司未來將進行的專案項目 (Projects) 及方

法，最高主管可用表列或敘述方式表示之，並將項目分派給適當層次的單位主管（或責任中心負責人），責成規劃詳細工作內容。

經由上述目標的訂定，政策及方略的設定，以至細部方案規劃，都是為方案預算 (Program Budgeting) 及公司預算 (Company Budgeting) 鋪路，亦唯有經過這些階段，所做的預算才是最有基礎及最完備的。

第五節 動態決策之預算制度——零基預算 (Zero-Base Budgeting is the Dynamic Decision-Making for Budgeting)

二十一世紀經濟自由化，企業全球化，網際網路化，及加入 WTO 後，社會環境變動不已，買賣交易量與速度之變化較以往複雜；新科技知識加速成長，產品生命短縮化；自動化、機械化紛紛替代人工；政治及政權因素變化莫測等等，使經費收支預算的編審工作日趨複雜，傳統的簡單預算編審方法，已無法適應動態環境的變化，因而在美國德州儀器公司 (Texas Instruments) 於 1970 年時，就有了「零基預算」(Zero-Base Budgeting) 的構想（意指每年的預算都從零開始，有新工作計劃才有經費收支預算，否則就無，完全與過去經費無關），並於 1971 年開始施行，卸任美國總統卡特於喬治亞州州長任內亦曾大力推展，並獲得顯著的成效。從此零基預算逐漸為公司及政府採行了。事實上「零基預算」就是「企劃預算」的延伸，皆以「未來目標」之有效達成為使命，與傳統式預算以「過去手續」為導向不同。零基預算對政府官僚機關是一大致命打擊，人人喜愛傳統預算，人人懼怕零基預算。但是企業界有效經營的人員，人人喜歡零基預算，討厭好壞不分之傳統預算。

一、動態決策預算的優點 (Advantages of Dynamic Decision-Making Budgeting)

依環境之動態性，而另行決定公司目標、政策、方略及方案內容及經費預算之制度（即零基預算制度）有下列幾項優點：

　(1)可促使每一位主管節省開支，使新的支出水準低於現行水準。(Cost-Reduction)

　(2)可作為管理階層除去無效業務的參考依據。(Inefficiency-Elimination)

　(3)可供主管選擇較佳表現業務的參考依據。(Excellence-Selection)

⑷可確定各部門業務的輕重緩急順序，以供執行時發生例外重大事件的處理依據。(Emergency-Alternative)

⑸可有效支援因市場需求改變，所產生支出水準的變化。

⑹促使主管及員工對所提出之預算負責。

⑺可刪除無用而重複的計畫，並將該資源移用於新計畫，以增加企業的整體利益。

二、編零基預算的兩個基本步驟 (2-Step of Zero-Base Budgeting)

第一、詳細編訂完整「目標─手段決策體系表」(End-Means Decision Systems)，其目的在於分析、評估每一可行業務，並做比較。

第二、順序排列「決策體系表」(Decision Systems)，即按重要性並透過成本效益分析（或其他客觀）的評價方式，將各「目標─手段」方案予以排列 (Ranking)。

當上述工作完成後，高階層主管人員再根據各業務（方案）的重要性分配經費資源。最後再根據決策體系表及所核准方案的資金預算 (Project Budgets) 依單位排列，累計而完成「單位預算」(Organizational Unit Budgets)。最後再累積成「公司預算」(Company Budget)。

決策體系表 (Decision Systems) 的編製，通常須由各責任中心或預算單位的主管人員，確認其工作目標及手段的交替方案 (Alternatives)。所以決策體系表編製前，每位主管必須先⑴確認預算年度的作業內容 (Contents)，⑵預測預算年度的總支出水準 (Total Expenditures)，⑶估計每一業務所能收入之金錢及所將耗用之成本 (Revenues and Costs)，及⑷探討來年的需求 (Future Needs) 情況，才能著手編決策表。

當決策體系表 (Decision Systems) 編妥後，即進入排列順序 (Ranking) 的步驟。決策體系表排列順序的方法可依下列兩原則去做：

⑴按重要性及收益大小，依遞減方式排列。

⑵由基層開始，往上依次累積。

決策體系表的項目若太多時，高層管理者由於精力、時間的限制及對基層業務的不熟悉，因而常採取「重要」與「不重要」之刪除方式，他只需注意各單位主管送來的例外錯誤部分，審核是否有忽略重要性的業務，讓高級主管集中注意力於戰略重要之處，而讓各低層管理者做詳細評核及排列工作。

三、適應動態環境的零基預算法 (Adaptation to Dynamic Environments)

第一、假設因外在環境變動而須修正決策體系表之內容及順序時，可做下列之修正：

⑴將原有的假設與所修改的部分互相比較。

⑵修正受影響後的決策體系表。

⑶發展新的決策體系表，提供新的服務，刪除失效的表。

⑷原排列順序有修正必要時，則加以修正。

在做這些修正時，不必將整個預算拋棄，重新做一次。

第二、若環境變化很大，並需要改變組織結構 (Organization Structure) 以期改善業務並解決特殊作業或人力之問題時，則需重新編預算，下列各點可供參考：

⑴檢討業務是否有重複或遺漏之情況？

⑵檢討新組織結構的成本、效益與舊組織相比，是否真的節省而且更適用？

⑶檢討重組所發生的成本是否置於預算中？

在重新編排決策體系表的優先順序時，必須注意以下四步驟，方能反映組織的改變：

⑴確認那些決策項目受到重組的影響？

⑵確定原有組織的最後預算還餘有多少？

⑶發展新組織的預算。

⑷確定重組能節省成本，否則無重組必要。

第三、若預算在執行中發生變化時，則應採取下列處理方法：

⑴如果真實需求和設定決策表時的假設顯著不同，則應修正決策表。

⑵配合業務優先性的變化，應修正排列順序。

⑶當經費水準增加時，可選原被刪除中優先性最高的決策表或發展新的決策表。當經費水準減少時，則去掉被允准的決策中最不重要，優先性最低的。

四、長期預算與彈性預算 (Long-Term Budgeting)

時代進入二十一世紀之後，科技進步甚為迅速，如波音 747 大型噴射客機剛開航不久就一再修正，推出 747-SP。歐洲航空界也重推協和 (Concord) 機及空中巴士 (Airbus)；他如桌上電腦、筆記型電腦更是在加速創新中；企業組織規模擴大化及高

度複雜化，從單一公司及國內市場，走向垂直整合集團性企業及多國性企業，又走回垂直分工縮小化及專業核心化。企業決策所須考慮的時間幅度拉長，如通用汽車及福特公司，早在十多年前已著手研究西元 2000 年後的交通狀況，以為規劃未來交通工具之依據；以及社會對企業界的要求，如環境污染和消費者利益問題等等，迫使各公司的計劃及預算不得不反映時代的需求，採取長期計劃及長期預算方式，以便及早發現有利的投資機會和避免不利威脅的來臨。自 1995 年開始，歐、美、日、韓、臺、港等大企業，紛紛向中國大陸做大型投資。因為中國大陸自 1978 年改革開放，歡迎外資到中國投資經營，但政、經、法、技、人、文、社、教等大環境未建設完備如同歐、美、日水平，所以這些大投資決策，都要做長期計劃及預算，不可倉促成軍，以免陷入困境。

五、長期預算的必要性 (The Need for Long-Term Budgeting)

多年以來，工商界和政府機構都已從事有關本身財務收支的長期預測工作，並利用預測結果，作為決定產品計劃、銷售計劃、增建新廠、舉債等政策的基礎。譬如一新產品問世，自完成實驗，以迄銷供百萬家庭，期間可能長達十年之久。在如此漫長的一段時間內，經理人員應如何就時間、費用及其他資源方面，做最妥善的調配，亟需有一詳細的計劃，事先審慎考慮，然後據以做成各種決定。有時尚須假設幾種不同的情況做成幾套計劃，俾適應有關時間、價格、成本、市場及資金方面的變動。

同理，公用事業的興建修築，也需要考慮經濟、社會等有關環境因素的可能變動條件，從事各種財務收支之長期預測。總之，一個具體計畫的設計，資金的籌措及執行之方式，均需根據此種長期預測，以為決策之基石。

長期財務預算需要根據長期計劃而來，長期計劃 (Long-Range Planning) 代表一有系統、有步驟之設定目標及手段之用腦程序。此一程序受目標指導，為避免目標落於空泛或抽象，致使整套計劃和預算無法有一個明確的指標，所以我們應力求目標「具體化」及「數量化」(Crystalized and Quantified)，以免誤入歧途。例如公司訂下一個堂皇的目標：「保證股東獲得適當的股息，員工獲得優厚的薪資及合適之工作條件」，顯然不及「保證股東獲得 10% 的股利，員工每年提高薪資 10%，並加入團體保險」之具體目標來得好。

長期計劃擬妥後（有目標及手段），即應配以長期預算（金錢來源及去路），方能有效的運用人力及物力資源，把握最佳的機會，以預防可能的風險和一些變動的

因素。由美國前國防部長麥克馬拉設計出來的「策劃規劃預算制度」(Planning, Programming and Budgeting System) 正足以說明此種計畫控制之作法。此制度透過情報系統的收集訊息，設定公司的目標、政策、方略，然後做成粗略的計畫書，確定未來努力的方向，繼而就每一要達成目標的手段規劃其細部執行的方法；再做有效分配人力及物力資源之預算，並作為將來績效評估的標準；最後安排工作進度時程，有效控制計畫的施行及促成目標的達成。這一套既是計劃、又是預算、又是控制的系統，是當前各組織相當有效的工具。

　　編製長期預算和短期預算最大的不同是：長期預算之管理人員每做一決定，皆需考慮它對當年、次年或整個長期計劃期間，該組織單位財務收支的影響，而不僅侷限下一年度各種因素的可能變化情況而已（此指年度預算）；再者，一個單獨的決策，常導致一連串其他決策，如有關新產品的發展，連帶影響到有關原料、市場、生產人員、銷售人員等的預計。也就是說長期預算考慮的因素較廣而且彼此相關性很高。故編製長期預算的主管人員是公司的「軍師」，必須有相當審慎的思慮、有相當的經驗及訓練，最重要的是要瞭解公司的背景，並能放眼前瞻，鑑往知來。

六、績效考核的客觀標準——彈性預算 (Flexible Budgeting: the Objective Criterion of Performance Appraisal)

　　一般而言，計畫擬妥，預算設定，工作依進度表開始執行，於每月、每季、每半年、每年終，最高主管為考核屬下各部門主管的績效，必須以績效報告 (Performance Report) 的方式，將預算目標和實際成果加以比較，提供部門主管參考。為使績效報告確實顯現負責人工作努力的成果，我們不能拿單一固定數字之預算來和實績比較，必須要編列「彈性預算」，方能公平考核其績效。也就是說在各種不同的業務數量水準下 (Various Sales Level)，如三百萬噸、四百萬噸、五百萬噸、六百萬噸，設定個別的收支預算，在評核績效時，是拿實際業務量（如五百萬噸銷售量）和該業務量下原先所編製的預算標準來比較。也就是說，我們只強調各責任中心部門的可控制因素，只比較變動成本 (Variable Costs) 的績效，亦唯有如此，方能公平而客觀地運用預算，達成控制的目的。

　　總括本篇所述，我們可以瞭解到「預算」在工商業繁榮及複雜的組織內扮演著計劃和控制的功能。在非營利 (Non-profit Organizations) 的組織裡，如中央、省（市）、縣政府及所轄機關、公私立大學、公私立大型醫院、教會、廟寺、基金會等，同樣需要預算來做資源的合理規劃和分配，並且作為期末考核績效的標準。

　　由於科技的突飛猛進，環境的瞬息萬變，公司經營權和所有權的分離哲學日益盛行，組織規模的日益龐大，一個單一公司或一個大型集團企業，已不容單靠大股東老闆一人的「真知灼見」去打天下，而必須靠全部管理團隊成員心悅誠服的分工及合作，來達成參與情況下設定的合理目標。我們所追求的目標是共同有利的理想方向及理想點，而達成此理想卻得從事「計劃」、「組織」、「用人」、「指導」和「控制」等系列性及系統性的管理活動。預算的功能乃在將各種預計目標與手段變數及限制因素予以金額化，提供各級主管設定確實的、具體的努力方針、戰略、方案和標準。當然伴隨預算的是一連串目標體系的建立，可行方案的找尋及評估，和各種細部規劃的確立，幾乎所有的預測技巧、所有的策劃及規劃、用腦活動，都是為編出最後的預算而做的事前準備工作。

　　只有「預測」(Forecasting)，沒有「預算」(Budgeting) 則不能達到控制的目的。只有「目標計劃」而不將其數量化，並且斟酌現有資源做合理分配，則目標也是徒託空言，沒有一個執行的根據。只有各部門之細部規劃 (Programming) 而沒有編成預算，可能導致資金短缺，未能把握有利的投資機會，更可能造成資源無謂的浪費。更深一層說，只有短期預算仍不足以達到控制功效，尚需輔以長期預算，考慮更多的因素，做更長遠，更廣泛地預測，以適切的把握時機，適時的逃避風險。

　　另外為應付動態的環境變化，可以採用「零基預算」(Zero-Base Budgeting)，適時的刪除較差、不切時宜的預算，永久選擇最優最切宜的預算。最後欲求客觀的評估績效，最好採「彈性預算」(Flexible Budgeting) —— 依各生產或營業數量水準，各編預算，而避免以固定預算 (單一標準) 來評核不同生產量或業務量下之利潤表現。畢竟我們不能將不可控制的因素加諸於各責任中心主管上。我們僅能在可控制的範圍內，分析差異，歸屬責任。

第四篇　企業部門管理通論
(*Management of Business Funtional Departments*)

　　各級主管人員在設法經由部屬力量達成企業之股東公目標、員工私目標，及社會超然目標過程中，除了應注意及活用第三篇各章（從第十章到第十八章）所述管理程序各步驟之要點外，各企業機能部門的主管人員，尚應深切瞭解各該專門領域之基本做事知識。本書第四篇各章（從第十九章到第二十六章）分別就行銷管理、生產管理、財務管理、人事管理、企業會計、研究發展（技術）管理、企業研究方法及管理情報等做深入淺出之概述，以利各級主管人員在從事各自專門工作之時，尚能體會出其他部門之工作範圍及性質，而激發主動配合之精神，而非閉門造車，各自稱大之本位分裂心態。

　　本書第三篇各章所分析皆屬於主管人員如何計劃、組織、用人、指導及控制，以激勵部屬努力，朝向目標邁進，所以可歸為「管人」(Managing People) 之知識。至於第四篇各章所分析者皆屬於如何進行企業專技部門之工作，所以可歸為「做事」(Doing Thing) 之知識。換言之，第三篇加上第四篇之作用，乃是在於教大家如何管理部屬（管人），以促使部屬把事情做好（做事）。

　　只懂得專門技能知識 (Special Skills) 的人，有一技之長，可謀得一職，做別人的部下（即人下人）。懂得專門技能，又懂得管理部屬，與平輩和諧相處，與上級充分貢獻合作之人性技能 (Human Skills) 的人，可以當中階幹部，作為別人的上司（即人上人）。又懂專門技能，又懂人性管理技能，又懂觀念決策技能 (Conceptual Decision Skills) 的人，就可以當最高領導，成為領袖人物。

第十九章　行銷管理要義
(Essentials of Marketing Management)

第一節　行銷管理之基本架構 (Basic Framework of Marketing Management)

當人類因科技發展及社會經濟複雜化，挾帶著無數問題及機會，邁向二十一世紀時，市場「行銷」(Marketing) 這個百分之九十五以上人類從未好好經歷過，甚至毫不認識的名詞，逐漸吸引許多營利機構、非營利機構、及政府機關之注意，成為達成機構目標的最機動性武器。行銷被發掘於 1900 年代之農產品運銷中，但成長於 1950 年代之美國企業，成熟於 1970 ～ 1980 年代的日本企業，被臺灣認識於 1970 年代末，但直到 2003 年尚未被中國大陸所認識。

不論如何，最近的學者專家，已認為「行銷」是一種刺激產品順利銷售的系統方法，也是滿足人類慾望的一種經營哲學 (Management Philosophy)，更是解決問題的一種心智過程 (Mental Process)。無疑地，在經濟先進的國家裡，如國民人均所得在 2 萬美元以上者，它的應用範圍已經大為擴大，不僅在農、工、商企業裡大大的被使用，甚至在政府機構、非營利事業、教育機構等等亦普遍採用以顧客為主導之「行銷」觀念，以順利達成其目標。因此，「行銷」這門課乃成為大家注目與重視之「熱門」的企業管理學科。

行銷在企業五功能體系內，佔有龍首大哥的地位。任何一個企業想在競爭市場成功，其祕訣就是掌握「行銷」及技術「研發」兩功能，並使之融為一體，不可分離。行銷做好，企業經營就成功一半。反之，行銷做不好，企業經營就失敗一半。行銷是企業經營的開始，好的開始，就是成功的一半。

一、「行銷」與「行銷管理」之定義 (Definitions of Marketing and Marketing Management)

「行銷」之定義人言人殊；不同的公司及企業，可依實際情況對「行銷」給予不同的意義及活動之範圍。在 1963 年，美國行銷學會 (American Marketing Association) 曾下過一個很含糊的定義，令學者很不滿意，該定義為:「行銷為引導物品及勞務從生產者流向使用者之企業活動」，此定義之範圍可大可小，圖 19–1 及圖 19–2 分別為其狹義與廣義之範圍。

圖 19–1　狹義「行銷」活動範圍

圖 19–2　廣義「行銷」活動範圍

針對圖 19–2 廣義「行銷」活動範圍，我們可定義為:「行銷乃指用調查、分析、預測、產品發展、定價、推廣、交易及實體配銷之技術，來發掘、擴大、及滿足社會各階層對商品或勞務需求的一系列人類活動。」

「行銷管理」(Marketing Management) 是把「管理」(計劃、執行、控制) 技術應用到「行銷」活動上之現象。其定義為:「行銷管理為經由計劃、執行、控制之功能，從事調查、分析、預測、產品發展、定價、推廣、交易、實體配銷等活動，以發掘、擴大、及滿足社會各階層慾望，並謀取彼此利益之系列活動。」

換言之，一個公司的行銷經理 (Marketing Manager) 所應從事之活動使命可歸納為⑴行銷研究 (Marketing Research)，⑵行銷組合策略 (Marketing-Mix) 之運用，及⑶顧客滿足之確保 (Customer Satisfaction)，簡稱為:

M.R. + 4Ps' + C.S.

其中，M. R. 為行銷研究之代號。

4Ps' 為行銷組合策略之代號，如產品策略 (Product)，價格策略 (Price)，推廣策略 (Promotion)，及配銷策略 (Place) 之組合。

C.S. 為確保顧客滿意之代號。

■ 二、行銷經營哲學之演進 (Evolution of Marketing Management Philosophy)

（一）經營哲學之影響 (Impact of Management Philosophy)

行銷管理之基本任務，在針對顧客之需求狀況 (Demand)，採取必要之產品、價格、推廣及配銷措施，完成期望之交易，以滿足顧客及賺取利潤之目標。但在公司組織中，高階人員有各種不同之態度會影響此種公司任務之達成度。從整個公司之立場，行銷可視為「影響」他人行為之動力，並可視為「服務」他人之活動，亦可視為公司不重要之工作（在社會主義控制經濟市場），或很重要之工作（在自由企業市場經濟）。這些態度可從公司之目標內容、資源分配、及某些特殊條件看出來。一般而言，一個公司對行銷活動之重視程度，可以反映出其最高管理階層人員的經營哲學之導向。

（二）生產導向之哲學 (Production-Orientation Philosophy)

最早的企業經營哲學可說是產品之「生產導向」(Production-Orientation)。因當時產品和服務均十分缺乏，所以各廠商之最大經營問題在於如何增加生產量，而不必擔心東西會不會賣不出去，或顧客會不會嫌棄品質或服務態度。此時商場上之領袖是負責生產之工程師和技術創新者。「生產導向」之所以會流行一大段時期，甚至在今日二十一世紀的不少工程背景的高級人員還持有此觀念，其基本前提有四：第一、公司集中精力於製造適價之產品，不必考慮顧客之心理差異 (Psychological Differentials)。第二、顧客之興趣只在於買產品之外形 (Form)，而非其效用。第三、顧客不知有各種競爭廠牌 (Competitive Brands) 存在。第四、顧客只依產品品質 (Product Quality) 及價格 (Price) 水準決定購買，不受推廣 (Promotion) 及配銷 (Distribution) 方式之影響。所以，生產者常以自己立場來看自己產品，而非以顧客之立場來看，所以易犯「一廂情願」之毛病。但在競爭劇烈及顧客慾望多元化之社會，生產導向的事業常是最先被淘汰的事業。

（三）財務導向之哲學 (Financial-Orientation Philosophy)

「財務導向」(Financial-Orientation) 曾經數度（包括 1920 年代及 2000 年代）成為企業經營的重心，因廠商認清獲利之良機在於由合併及購買 (Merger and Acquisition, A&M) 和財務聯合 (Alliance) 而來的產業結構「合理化」(Industrial Structure Rationalization)，而非在產量之增加或生產成本之下降。經由股票價格上下買賣之財務操作 (Financial Manipulation) 所獲之利潤，常比生產改進所獲得者為大、為易，所以

有不少公司沉迷於財務導向的經營哲學。但終究財務操作只是玩數字遊戲，並未真正提高生產力，當經濟景氣時，股價上漲，賺錢如賺水容易；經濟不景氣時，股價下跌，輸錢失血如潑水般快速，所以在財務操作市場玩久之事業也終究會被淘汰，並且身敗名裂。

（四）銷售導向之哲學 (Sales-Orientation Philosophy)

「銷售導向」(Sales-Orientation) 之哲學繼「財務導向」哲學之後而大行其道，因此時之經濟問題不在於缺乏產品之供應者 (Suppliers)，而在於缺乏消費者 (Consumers)，所以，大多數的公司認為企業經營之癥結在於如何刺激市場顧客對他們已產之既有產品 (Existing Products) 之需要量，所以設法將產品推銷給顧客之活動，成為公司領導部門最關切的工作。

銷售導向之所以風行一時的四個前提為：第一、公司的主要任務是推銷足夠數量之產品（不一定賺最大利潤）。第二、顧客在一般情況下，並不購買所需之足夠數量（還保留一些未買），所以必須強力推銷，他們才會再買。第三、利用各種推銷刺激手段（如送贈品、抽獎、贈折扣券、試用等等），確實可以誘導顧客買足夠數量。第四、舊顧客可能會重購 (Rebuy)；若不會重購時，也還有許多新顧客可供吸引。

因銷售導向並不以顧客利益為前提，而是以廠商利益為最高準則，所以常有強迫性及欺騙性手段出現，來哄騙顧客購買，而致顧客事後不滿意，形成被淘汰之危機。

（五）行銷導向之哲學 (Marketing-Orientation Philosophy)

最近，許多廠商已從「銷售導向」走向「行銷導向」(Marketing-Orientation)，因為它們明白以強迫推銷已產之既有產品為前導之銷售作法，不足以在這技術和社會急遽變化、競爭激烈、消費者要求高度滿足的時代裡，順利解決獲取「顧客滿意」及「合理利潤」兩大終極目標之問題。行銷導向乃以創造顧客利益與顧客滿足為前提，據以制訂公司之銷產經營策略與作業方法，並謀求公司合理利潤，它是利人又利己的雙贏哲學。

三、行銷決策過程 (Decision-Making Process in Marketing)

當一個公司設定其行銷決策時，大多參照圖 19-3 之決策過程。

由圖 19-3 可知在一行銷導向之企業裡，其行銷決策程序，乃由一般市場顧客（包括消費者及工業使用者）分析、發掘顧客之需求，再配合公司之目標，找出特定市場機會，繼之測定此市場機會之大小，再以「市場區隔化」(Market Segmentation)

圖 19-3　行銷決策圖

尋找出目標市場 (Target Market)。此時應詳細分析各目標市場之「顧客行為」，即 4 Os'〔即產品對象 (Object)，購買目的 (Objective)，購買人員組織 (Organization) 及購買作業 (Operations)〕。根據各目標市場之 4Os' 可設定最佳之行銷策略組合，即 4Ps' 產品 (Product)，價格 (Price)，推廣 (Promotion)，配銷通路 (Place) 策略。各行銷策略組合就是公司行銷管理（包括計劃、執行、控制）之活動範圍，而公司其他部門如

生產、研發、人事、財務及會計、資訊、採購等活動，亦依據行銷計劃而展開。

　　本章依據此基本架構（程序），依序簡單介紹，提供讀者最簡明之概念，建立現代化企業經營之首要──行銷導向的經營哲學 (Marketing-Orientation is the Modern Management Philosophy)。

第二節　消費市場與消費者購買行為 (Consumer Market and Consumer Buying Behavior)

　　一般市場約可分為五種類型：⑴消費者市場 (Consumer Market)，⑵企業生產者或工業市場 (Business Production Market or Industrial Market)，⑶中間商市場 (Reseller Market)，⑷政府市場 (Government Market)，⑸國際市場 (International Market)。本節將先介紹消費市場分析之要點。

一、目標市場顧客行為之 4Os'(Customer Behavior—4Os')

　　當廠家欲將商品推入市場，必須先瞭解到此目標市場之 4Os'，方能做最佳之市場策略。此 4Os' 為：

　　⑴Object (What)：此市場內顧客所購買之客體（即產品），在顧客眼光中屬於何種類別？有何特性？是工業品或消費品？是耐久品或消耗品？是特殊品或選購品或便利品？

　　⑵Objective (Why)：此市場內顧客購買此產品之目的何在？其真正動機何在？滿足那一層次之慾望？

　　⑶Organization (Who)：此市場內購買者之組織成員為何？即何種人員對購買有影響力？

　　⑷Operations (How)：即購買作業方法之內容為何？顧客透過何種方式購買？

　　另外說明此市場內顧客性質的另三個問題是「何時買」(When)?「買多少」(How Much)? 及「到那裡買」(Where)? 若能一併考慮，則構成 7Ws 之科學「七支法」分析模式（即 What, Why, Who, How, Where, How Much, When）。

二、顧客購買之產品客體分類 (Object—What)

　　顧客所購買之客體 (Object) 就是通稱之「產品」(Product)。「產品」之身分及特性依顧客之認定而不同，並成為廠商行銷策略設計之基礎。一般產品依其享用度

(Degree of Enjoyment)、消費率 (Rate of Consumption) 及選購習慣 (Shopping Habit) 可做如下之分類：

(1)依直接享用程度之高低，可分為「工業品」(Industrial Goods) 及「消費品」(Consumer Goods)。前者泛指不供直接享用（只供再生產用），後者泛指直接享用之物品及勞務 (Commodities and Services)。「物品」係指有形體，可以儲存者，「勞務」係指無形體，不可儲存者。

(2)依消費率之快慢，可分為「耐久品」(Durable Goods) 及「非耐用品」(Nondurable Goods)。前者泛指可供多次使用，後者泛指僅供一次或少數幾次使用之產品。非耐用品亦稱「消耗品」(Consumption Goods)，用一次就減少它的耐用度一次。

(3)依選購習慣之強烈與否，可分為「便利品」(Convenience Goods)，「選購品」(Shopping Goods) 及「特殊品」(Speciality Goods)。顧客對「特殊品」願意多花時間前往辨識及購買，對「選購品」則願意走訪數家比較其品質、價格、式樣及舒適度，但對「便利品」則不願花時間在比較決策上，而只想迅速購買。

同樣一種產品，在推出市場之不同生命周期時段，在顧客的眼中，可能由「特殊品」，變為「選購品」，再變為「便利品」，所以廠商必須注意此種變化，而制訂適宜之行銷策略。譬如絲襪初發明時，是「特殊品」，很稀有，可當貴重珍品。後來生產工廠增多，品牌種類也加多，則變成「選購品」，依然不普及。但到了今日，絲襪到處充斥，品牌差異性之優勢漸減，淪為「便利品」。手機的現象也很相似，從「特殊品」不到三年變成「選購品」，再過三年變成「便利品」。

三、消費購買之動機 (Objective—Why)

所有消費者皆藉物品或勞務來滿足其基本慾望 (Basic Needs)，這些基本慾望就是顧客購買產品的「動機」(Motivation)。心理學者馬斯洛 (Maslow) 所提出之「人類慾望層次」(Hierarchy of Human Needs) 之理論，可以用來解釋消費者為何要購買特定產品。反言之，任何產品推出市場之前，必須先分析及預測，此產品可以滿足消費者的某一種慾望，方有勝算之把握，否則遲早必敗無疑。

馬斯洛在 1954 年出版《動機與人格》(*Motivation and Personality*) 一書，認為人類所追求滿足之慾望可依優先順序排列成五層次關係，亦即第一層次優先於第二層次，第二層次優先於第三層次，餘類推。譬如一個飢餓的人（具有追求滿足第一層生理慾望者），不可能對藝術生活（具有追求滿足第五層慾望者）有興趣，也不會在乎別人對他的看法之同意與否（具有追求滿足第三層或第四層慾望者）。馬斯洛的五

層人類慾望可再大分為三類：軀體慾望類、社會慾望類，及心理慾望類。

1.軀體慾望 (Physical Needs) 類

即是佛學所說之三界天人（指慾界、色界及無色界）中之「慾界」色身慾望類。

⑴生理慾望 (Physiological Needs) ── 人類與其他動物一樣，首先追求生存之根本目的，力求消除飢餓、口渴、護體、睡眠、性煩躁等威脅，這些都是和色身軀體（即臭皮囊）有關的維生慾望。

⑵安全慾望 (Safety Needs) ── 人類在追求生存慾望之後，會再追求維持色身實體長久生存之慾望，此種謀求長久生存之慾望，原來在餓渴掙扎中常被遺忘，只等不餓不渴之後，才又發生出來的新慾望。

2.社會慾望 (Social Needs) 類

即佛學三界天人分類中之「色界」慾望，只觀五顏十色，不接觸軀體。

⑴合群歸屬感及愛慕慾望 (Social Belongingness and Love) ── 即爭取組成家庭及歸屬為社會團體之一員，並成為重要之組成分子，領導該團體，成為受愛慕之對象。

⑵尊敬及地位慾望 (Esteem and Status) ── 即爭取較他人為高的職位（自尊），有異於他人，及支配他人，獲得名望，受他人尊敬之慾望。

3.心理慾望 (Psychological Needs) 類

即佛學三界天人中之「無色界」慾望，不著身，不著色，只在自我意念。

自我實現慾望 (Self-Actualization) ── 即爭取自由發揮個人潛力，不受拘束，有所成就，被別人承認有獨特表現，形成自己完整價值體系之慾望。

解釋購買動機 (Buying Motivation) 之其他觀念性模式有四：第一為馬歇爾 (Marshallian) 模式，強調經濟成本利益動機 (Economic Benefits)；第二為巴夫羅夫 (Pavlovian) 模式，強調個人長久學習過程之心得 (Learning Process)；第三為佛洛伊德 (Freudian) 模式，強調個人心理動機之分析 (Psychological Motives)；第四為維布雷寧 (Veblenian) 模式，強調群體社會心理的影響因素 (Social-Group Psychology)。這些模式代表不同學者對人類主要購買動機及消費行為的絕大不同看法。由於眾多產品之差異，所以不同的影響變數和行為方式，可能對不同場合之行銷策略應用方式，顯得特別重要。由於篇幅關係，不擬在此詳述。

四、消費購買之人員 (Organization—Who)

消費購買之人與其家庭生命週期 (Family Life-Cycle) 階段及購買者所扮演之角

色 (Role) 有密切關係。

美國密西根大學調查研究中心 (Survey Research Center) 把家庭從組成到解散之過程劃分為七個階段，每一階段反映不同之需要、興趣、及負責購買之人員。此七階段為：

⑴單身階段 (Bachelor Stage)。

⑵新婚階段 (Newly Married)。

⑶滿巢一階 (Full-Nest I) ── 最大小孩在 6 歲以下。

⑷滿巢二階 (Full-Nest II) ── 最大小孩在 6 歲以上。

⑸滿巢三階 (Full-Nest III) ── 孩子尚未完全獨立 (18 歲為投票資格，獨立行使政治權)。

⑹空巢階段 (Empty Nest) ── 孩子皆已獨立，不與父母同住。

⑺鰥寡階段 (Widow Stage)：夫妻中已有一人死亡。

在不同家庭生命週期中，每個成員在購買過程中，可能扮演不同之角色，因而影響某特定產品及品牌之選定。購買過程中之五種角色為：

⑴發起者 (Initiator) ── 首先提出購買意見者。

⑵影響者 (Influencer) ── 附議者及有形或無形影響最後購買者。

⑶決定者 (Decider) ── 決定是否買或如何買者。

⑷購買者 (Purchaser) ── 到實地去購買者。

⑸使用者 (User) ── 實地享受或使用者。

無疑地，不同產品之真正決定者常因家庭成員之不同而異，行銷研究人員應先分析清楚，方能針對真正決定者施以推廣力量。

五、消費購買之行為過程 (Operations─How)

以上舉出各學者所主張之模式，都企圖解釋消費者購買行為中一向未為人知之「黑盒」(Black Box)，但是都不夠完整。因此，近年來不斷有學者努力將有關之理論予以整合，其中以哈華特和希斯 (Howard-Sheth) 模式最為普遍知曉，故簡述於下：

在基本上，H-S 模式（見圖 19–4）乃源自「刺激─反應」(Stimuli-Response) 模式。在消費者接受「刺激」或「投入變數」(Input Variables) 方面，他們區分為三種性質：第一種為實體刺激 (Physical Stimuli) ── 或稱其為「重要刺激」(Significative Stimuli)，即特定廠商及其競爭者對顧客所實施之實際行銷組合手段 (Physical Marketing-Mix Aspects)，例如產品品質、價格、服務……等。第二種為象徵刺激 (Symbolic

圖 19–4　哈華特—希斯購買行為過程模式簡化圖 (Howard-Sheth Simplified Model of Buying Behavior)

Stimuli)，即為消費者對上述實體刺激所留下之印象情報 (Image Information)。第三種為社會刺激 (Social Stimuli)，指消費者所得之情報來自其他社會群體，如家庭成員及參考群體所給予之情報。這些因素代表來自購買行為之「黑盒」以外之投入變數。

　　這些情報首先進入消費者「黑盒」內之「認知子系統」(Perceptual Subsystem)。此等情報進入後，究竟將產生何種作用，則要看這位消費者對這些情報之注意 (Attention) 程度，這些情報本身之清晰 (Clearness) 程度，以及他對所獲得情報之成見 (Bias) 而定。

　　透過認知子系統以後，便是「學習子系統」(Learning Subsystem)。進入學習子系統之情報可能引發他的動機及其他行動，如果動機反應相當強烈，但尚感情報不足時，這人將會主動尋求更多的有用情報，有助於形成他對此特定品牌之瞭解程度，供給「決策標準」(Decision Criteria) 之評估素材，導致他對於產品品牌之好惡態度。這種基本好惡態度，再加上對品牌的看法，將影響他對某一品牌之購買「意圖」(Intention)、「企求」(Desire)。

　　從「意圖」更進一步，便可產生「購買」行為 (Action)，成為可由外界觀察到之銷售 (Sales)「反應」了。

第三節　企業生產用戶、中間商與政府機構市場之購買行為

▣ 一、企業生產用戶市場之購買行為 (Industrial Users' Purchasing Behavior)

（一）企業生產用戶的產品認定 (What)

工業品通常以如何進入生產程序 (Process) 及成為生產成本結構 (Cost-Structure) 之方式來分類。

第一類的工業品可變成實質產品 (Product Content) 的一部分，因此可以直接計入銷貨成本中。包括⑴原料 (Materials)，指農林漁牧產品及天然礦物及⑵已製好物料及零組件 (Processed Materials and Parts and Components)。

第二類的工業品是屬於資本財 (Capital Goods)，可分成兩種：⑴機器設備 (Machines and Equipment)，指建築物和固定機器設備；⑵輔助設施 (Supporting Equipment)。

第三類的工業品是材料及勞務 (Supplies and Services)，它們並不進入產品製造中，而只在幫助加工過程的那段時間被消費掉。

（二）企業生產用戶購買的目的 (Why)

企業生產用戶購買產品及勞務雖有不同種類，但是都是為了獲取最終利潤，或應付生產過程所需。因此，他們所關心的是在一定成本下使績效最大，或在達成預定目標（功能）之下，使成本最低。他們購買工業品不為自己消費享受，而是為了再利用它們去賺錢。

（三）企業生產用戶的購買組織（參與人員）(Who)

企業購買人員之組織型態變化很大，少至小廠商，僅由一、兩個人負責採購功能。多至大公司，由採購副總裁領導的龐大集權式採購部門負責。因此，對工業行銷人員 (Industrial Marketing Men) 的挑戰，乃在於詳細評定工業用戶採購之組織結構，各參與人員之影響力，以及作業程序，以決定一個最有效的方式直接找到這些人，並且提出一個吸引人的供應建議書。

（四）企業生產用戶的採購行為 (How)

企業採購可以分成三種不同的購買情況，即⑴「新購」(New Buy)；⑵「修正重

購」(Modified Rebuy)；及(3)「直接重購」(Straight Rebuy)。「新購」代表最複雜的購買情況，包括很多位公司決策者及購買影響因素。

企業採購的另一種極端情況是「直接重購」，它通常由滿意的採購部門以「年度統一採購」合同及隨時叫貨之例行手續進行。「修正重購」之問題陌生度、情報需求度、可行方案數目等恰介於另二者之間。「修正重購」指第一次「新購」尚稱滿意，但要再修正條件，再行議價，才再購買。數次「修正重購」皆感滿意後，才會進入「直接重購」之階段，代表雙方互信互利。

此外，吾人可將工業購買作業程序，分成八個購買階段以供分析：(1)確認問題；(2)決定所需產品；(3)描述所需產品之規格及數量；(4)調查可能供應商來源及資格；(5)報價書之徵求及分析；(6)評估及選出優先供應商；(7)進行正式訂購手續；(8)衡量採購績效及滿意度。

在「直接重購」情況下，各購買階段以例行方式進行得很快，而在「新購」情況下各階段就進行得很慢。

臺灣的高科技產業（電子、電腦、通訊、光電），常是美、日、歐大廠的零配件及成品供應商。歐、美、日品牌大廠向臺灣代工廠下單的購買情況，就是典型的企業採購行為，臺灣代工廠爭取歐、美、日品牌大廠之「新購」、「修正重購」、及「直接重購」，各有一本難念的辛苦經。

二、中間商市場之購買行為 (Middlemen's Purchasing Behavior)

(一) 中間商購買的產品 (What)

每一中間商（經銷商、代理商、批發商、零售商）都面臨著如何決定其特殊產品搭配 (Assortment) 的問題，亦即在市場上所提供的商品及勞務的組合。批發商或零售商有四種產品搭配策略可供選擇：

(1)獨家搭配：即只銷售一家廠商供應的「產品線」，如名牌手錶、名牌化粧品經銷商。

(2)深度搭配：即銷售許多廠商提供的同類產品，如百貨公司經銷所有大小品牌貨品。

(3)廣泛搭配：即銷售的產品種類極為廣泛，但這些產品仍包含在中間商的原定營業範圍內。

(4)混雜搭配：即銷售各種互不相關的產品，產品種類高達三萬項以上，如威名、大潤發、家樂福量販倉儲購物中心。

（二）中間商購買的目的 (Why)

中間商猶如生產者，其購買是為了再賣出去，賺取利潤。基本上，所有中間商必須善於應用「低」價購入，而「高」價賣出之生意原則。在二十一世紀，資訊網路發達，批發中間商逐漸消失，零售中間商連鎖大型化替代之，低價採購，低利賣出成為成功模式。

（三）中間商購買的參與人員 (Who)

批發商與零售商採購組織中之參與人員，多寡不一。在小公司內，商品的選擇與採購可能一人負責，而同時此人尚負有其他工作。在大的中間商組織中，商品採購 (Merchandising) 是一重要功能，而為專任工作。在連鎖百貨公司、連鎖超級市場、連鎖藥品批發商、連鎖便利商店及連鎖大型量販店體系內，都以不同方式從事大量採購。

（四）中間商的採購作業 (How)

中間商採購作業之執行方法因其採購情況而異。通常可分為三種情況。第一類是「新產品」(New-Items) 情況，即中間商面臨是否接受新商品之決策問題。第二類是「最佳賣家」(Best-Vendor) 情況，即當中間商瞭解其所需之商品後，仍須決定最佳供應商。第三類是「較佳條件」(Better-Term) 情況，即中間商欲從現有供應商中選擇條件最優惠者，他雖並不迫切希望變換其供應商，但是希望能自原供應商處獲得更有利的條件。在大型零售連鎖體系內，商品採購作業已成為成敗三大因素之一。此三大因素，第一為商品採購 (Merchandising)，第二為店面管理，第三為資訊科技 (Information Technology)。商品採購作業電腦化及商品流動率自動報告系統，提供每一個星期檢討每一商品採購決策所需之資訊情報，取捨決定甚為快速及無人情味。

三、政府機構市場之購買行為 (Government's Purchasing Behavior)

（一）政府機構採購的產品 (What)

政府機構在實際上採購每樣東西，譬如武器、雕刻品、黑板、家具、衛生用品、衣物、物料處理設施、滅火器、汽車設備、燃料、研究發展等等。政府機構對每一生產者或中間商而言，都是一個廣大的市場。

（二）政府採購者所追求的目標 (Why)

政府機構的採購目的並不是為了個人消費的滿足或賺取利潤，其購買某一商品或勞務之水準或組合，是為了維護社會的安全及健全運轉。

（三）政府採購的組織 (Who)

政府每個部門對於財貨之購買都有一些影響或權力,而每個單位對於賣方而言,都是代表一個潛在的目標。

政府採購組織可分為軍事及非軍事兩類。軍事採購由聯勤總部及各供應司令部主管,各駐軍單位亦可辦理零星式之購買。非軍事採購則由各級機構,依照行政院公共工程採購委員會之公開招標規定,進行採購,並受審計稽核辦法約束。至於對外採購常透過中央信託局代理。在美國則有軍事及一般採購團代為辦理。

（四）政府採購的作業 (How)

政府採購程序可以分成兩大類: (1)公開競標和(2)議價合約。兩者皆強調採購的競爭性。公開競標之購買方式意指政府機構之採購單位先評估採購內容、規格、數量等等條件,再邀請夠資格的供應商前來參加投標,並常與投最低標的供應商簽訂合同。在網際網路時代,很多政府機構之採購信息都在網路上公告,也可在網路上投標及決標。

在議價合約購買方法方面,政府採購人員僅能與在公開招標中得最低標之少數公司直接議訂。此法常發生在複雜的工程方案,其價格通常還包括重要的研究發展成本以及風險。

第四節　市場區隔策略 (Market Segmentation)

市場行銷導向觀念在實際應用上有一基本問題必須解決,這就是在現實社會中,並沒有單一典型或標準化的顧客,可以作為企業服務的對象,使企業在從事行銷規劃時,可以拿這麼一位顧客作為選擇策略之依據。依顧客行為研究 (Customer Behavior Research),不同的顧客(包括消費者和工業用戶在內)往往在購買動機、偏好及習慣方面,存有極為顯著的差異。所以,行銷管理者將面臨一個極大的困難,他究竟應以何人之行為作為行銷策略設計之依據呢?

為解決這一問題,學者遂提出「市場區隔化」(Market Segmentation) 的觀念,即承認市場具有「異質性」(Heterogeneity),企圖發掘出其間歧異及相關因素,藉以將一個紛歧錯綜性質的市場,區隔為若干比較同質 (Homogeneity) 之小市場,使各小市場 (Submarkets) 具有較為單純的性質,俾供廠商作為釐訂行銷計劃的對象基礎,增加行銷效能。

這一「市場區隔化」之觀念,最先係由史密斯 (Wendell R. Smith) 所提出。今天

已為所有行銷學者所接受，幾乎任何人只要一談起行銷管理，就無法不涉及「市場區隔化」問題。

　　目前所遇到之困難，存在於實際應用上：第一、如何進行市場顧客之調查分析研究，作充分瞭解；第二、如何將某一產品之異質性市場區隔為適當之同質小市場 (Segmentation)；第三、即使能做到這一點，又如何能從中選擇一個作為企業之目標市場 (Target Market)；第四、就所選擇之目標市場而言，應如何定位自己的產品 (Product Positioning)；第五、應如何設計出有效之行銷策略組合 (Marketing Strategy-Mix) 以把握此一市場？換言之，這一連串的工作要點是：市場研究 (Market Research) → 市場區隔 (Market Segmentation) →「目標」市場 (Target Market) →產品「定位」(Product Positioning) →行銷策略「組合」(Marketing-Mix)。簡化為：MR → S → T → P → 4P 五步驟。

一、市場區隔化的歷史背景 (History of Market Segmentation)

　　分析市場發展的趨勢，頗符合一般所稱「分久必合，合久必分」的規律。百年以前小規模生產時期，尤其是手工生產時期中，每一生產者只能供應他附近少數顧客的需要，這個時期的市場本質是割裂的──也就是屬於「分」的時期。

　　但隨著工業革命帶來了大規模生產技術，使單位生產成本大為降低，可是也需要有大規模市場來吸收大量生產的產品，於是一個生產者所賴以生存之市場範圍擴大化，出現了「大量市場」(Mass Market) 和「大量生產」(Mass Production) 相互配合的現象。在這時期中，生產者必須使其產品規格標準化 (Standardization)，以適合大量市場的需要，同時亦有賴於「大眾傳播媒體」(Mass Communication Media) 和大量市場保持聯繫接觸，這時的市場可說是「合」的時代。

　　但是，自 1980 年代以來，市場狀況似乎又朝相反方向發展。由於市場更形擴大，顧客購買能力不斷提高，所需要的產品和服務的種類和數量，已超過某一廠家最低經濟生產規模程度，尤其群組生產技術 (Group Technology) 和電子計算機 (Computer) 之進步，可以用不同群組零件裝配成不同規格之成品，符合不同口味之市場需求，如戴爾電腦公司在電子商務上，允許客戶自選配件，組成不同成品。所以市場之規模又趨小型而多樣化。這種由「分」而「合」，由「合」而「分」的發展趨勢，正代表了人類不斷追求低成本和滿足不同新慾望之相互作用的結果。實言之，市場需要數量與生產技術水準兩因素在這中間扮演了決定性的角色。電腦輔助設計 (Computer-Aided Design, CAD)，電腦輔助生產 (Computer-Aided Manufacturing, CAM)，彈性

製造系統 (Flexible Manufacturing Systems)，網際網路電腦下單裝配 (Internet-Ordering) 等等，已經使市場區隔化極度發揮作用。

■ 二、區隔標準之選擇 (Segmentation Criteria)

市場區隔策略所根據的假定是整個大市場具有多元性。用以分隔大市場之區隔標準是否適當，則視區隔後之各「次級市場」(Submarkets) 是否有不同之需要彈性。

從實用之觀點，要將行銷策略 (4P) 建立在某一市場區隔之上，必須符合下列三點條件：

(1)可衡量性 (Measurability)：此即根據這一標準，能夠具體而準確地將顧客予以數量性區分，同時所需成本不可過昂。

(2)可接近性 (Accessibility)：此即經區隔化後之各次級市場，可分別經由不同之通路或媒體接近，以供應適合之產品或信息。否則，即使已確知這些次級市場存在，也無法設計不同的行銷策略去獲取它。

(3)足量性 (Substantiality)：此即經區隔化後之各次級市場，必須有足夠的需要量，方值得針對此等市場發展專門策略。

在實際上可供使用之市場區隔變數甚多，有地理變數，人口變數，心理變數，購買行為變數，產品定位變數等等，可彙編成表 19-1：

表 19-1　市場區隔可用之變數

1. 地理變數 (Geographical Variables)	地區、縣市規模、人口密度、氣候。
2. 人口變數 (Demographical Variables)	年齡、性別、家庭人數、家庭生命週期、所得、職業、教育、宗教、社會階層等。
3. 心理變數 (Psychological Variables)	內向或外向，專橫或隨和，依賴或獨立，保守或激進，專制或民主……等。
4. 購買行為變數 (Buying Behavior Variables)	使用率、購買行為發展階段、追求利益性質、品牌忠誠度……等。
5. 產品定位變數 (Product Positioning Variables)	此乃一最新發展之變數，即根據顧客對於不同品牌所提供之「相似」或「偏好」資料，利用「非計量多元尺度化」(Non-metric Multivariate Scaling) 方法，發現顧客心目中所依據之潛在產品屬性。凡對於各牌產品有類似知覺，或有接近的理想點者，即可視為屬於同一區隔或次級市場。

第五節　產品策略 (Product Strategy)

產品策略 (Product Strategy) 是行銷策略組合 4P 中的第一要素 (第一 P)，它會影響到價格 (第二 P)、推廣 (第三 P) 及配銷 (第四 P) 策略。通常而言，廠商或中間商在設定產品策略時，首先考慮到的為整個「產品組合」(Product-Mix)。而產品組合可從兩方面來看：第一，從時間方面言，配合特定產品在市場不同發展階段，而有所謂「產品生命週期」(Product Life Cycle, PLC) 之管理。第二，從組成結構方面言，有所謂「產品種類」或「產品線」(Product-Line) 之管理。茲分述於下：

一、產品生命週期之觀念 (Concept of Product-Life Cycle, PLC)

當新產品上市後，隨著時間進展，其銷售量值及利潤之增減速度，隨著市場競爭地位，以及顧客接受程度，表現出由低而高，再由高低之特殊變化性質。一般常將這一過程區分為五階段：(1)上市 (Introduction) 階段，(2)成長 (Growth) 階段，(3)成熟 (Maturity) 階段，(4)衰退 (Decline) 階段，及(5)淘汰 (Drop) 階段。自企業觀點而言，上市之各種產品，不斷各自重複經過這些階段，正如人類不斷經歷出生、幼兒、少年、青年、壯年 (成年)、老年、死亡等生命階段，所以稱之為「產品生命週期」，如圖 19-5 所示。

隨著生命週期階段之不同，公司所採之行銷策略亦隨之而異。

1. 新品上市階段 (Introduction Stage)

這時銷售數量有限，但公司卻需投下大量人力財力於各種推廣活動，例如：(1)擴大知名度，教育可能顧客，以擴大產品之基本需求 (Primary Demand)；(2)誘使顧客試用這一產品；(3)爭取配銷通路之支持……等等。此時產品利潤為負，正如父母養育幼兒，投入甚大心血，但幼兒並無報答可言。

在這一階段內，產品型式及項目較少，配銷通路傾向於高度選擇性，定價也較高等，這些都是這一階段內行銷策略之特色。

2. 成長階段 (Growth Stage)

在這一階段內，產品銷量迅速擴增，活力十足，正如青年人一樣。潛在顧客對於產品之瞭解程度及接受程度，也大為增加，不過競爭者可能也出現，參加市場爭奪行列。這時公司所採策略，在產品方面，應增加產品項目及型式，在推廣方面逐漸移向大量推廣 (Mass Promotion) 方式，以培養顧客對品牌之好感及信心；在配銷

圖 19–5　產品生命週期

網方面亦隨市場擴大而深入普遍化；在價格方面，可能必須考慮減低，以對付競爭者及吸引較低所得之新顧客。

3. 成熟階段 (Maturity Stage)

在這時期，產品銷售量成長速度大為減緩，以至於停滯，正如成年人不再成長一樣。此時，市場上最主要的特色是競爭白熱化，因此公司必須利用所有行銷手段對抗競爭，以保持自己的市場地位。所採產品策略，如產品差異化 (Product Differentiation) 和產品改良 (Product Improvement) 等，以期區隔大市場，成為本公司可以壟斷之小市場。產品「創新」策略在本階段就應開始引進，以對付群攻而來之「跟隨競爭者」(Follow-Competitors)。

不過此階段對於推廣預算之控制，反較嚴格，深恐由於市場飽和，所增加之銷售量極為有限，反而得不償失。在價格方面亦開始大量降低，漸漸接近成本，而種種贈品及減價行動亦多利用。在配銷方面，企業則以減低顧客購買時之「方便成本」(Convenience Costs)──而非「產品成本」──來爭取購買，所以配銷通路更為深入化及普及化。

4. 衰退階段 (Decline Stage)

這是和成長階段相對立的階段，此時產品銷量減少，產品種類逐漸減少，正如老人活力減退一樣，所以推廣費用大量削減，競爭者亦因無利可圖而紛紛退出行列。不過有些耐力較強之廠商把握這一時機，建立顧客之忠誠心 (Loyalty)，反而在銷售和利潤方面均有收穫。假若公司的新產品「創新」成功，則可在衰退期中正式「上市」，創造新的另一生命週期。

5. 淘汰階段 (Drop Stage)

嚴格來說，此非一個單獨階段，而是衰退階段中之某一時點，正如一個人衰老以至死亡一樣，此一時點須由管理者所決定，而構成產品策略組合計劃中很重要的一項決策（產品剔減策略）。如果這一決策正確，將可釋放公司大量資源轉而發展其他更有希望之新產品。

以上僅扼要說明行銷管理者如何利用「產品生命週期」之理論構架，發展及採用不同之行銷策略，以適應市場環境之變化。

不過，在另一方面，公司之積極行銷者亦可藉由行銷手段，改變某特定產品之生命週期之長度及形狀，譬如經由產品改良策略之實施，改變品牌 (Brand)、式樣 (Style)、品質 (Quality)、包裝 (Package)、保證服務 (Warranty) 等等，可以創造第二生命週期。時至今日，「產品生命週期」之觀念已成為行銷管理者普遍之重要觀念。

二、產品種類或產品線 (Product-Lines) 之管理

對於產品之管理，不能以個別「產品項目」(Product-Items) 為單位，而求其最大利潤，因為如此所得者，將只是一種「次佳」或「部分最佳」(Sub-Optimization) 的結果；反之，應全盤考慮所有產品種類及項目之組合，方能求得「全部最佳」(Optimization)。

自一企業整體而言，其所有產品構成該企業之「產品組合」。而此「產品組合」有其「廣度」(Width) 和「深度」(Depth) 之基本結構。

產品組合之「廣度」，係指一公司所行銷產品種類或產品線多少，多者為廣，少者為狹，所謂「產品線」，意指產品之大類別，一大類別即為一線，二大類別即為二線，三大類別即為三線，餘類推，像奇異 (GE) 公司就有九大產品戰略事業線，台塑集團就有七大戰略事業線等等。產品組合之「深度」，係指一公司所行銷各種產品種類線內之平均項目多少，多者為深，少者為淺。一公司之產品在理論上，應有一最佳之廣度與深度組合。在產品線 (Product-Lines) 之管理方面有下列幾種重要策略：

1. 擴增產品 (Product-Addition) 之策略

指增加現有產品組合之廣度和深度。採取此策略之目的，是實施多角化 (Diversification) 經營，以充分利用公司現有生產設備、技術、品牌商譽及行銷設施，或爭取某些要求完整產品線 (Full Product Line) 之經銷商等。

2. 減縮產品 (Product-Deletion) 之策略

這是和上述者相反方向之策略，將現有之產品線或產品項目廢棄，藉以減低生

產成本、配銷成本，提高利潤，有效利用公司資源，尤其管理人員之寶貴時間等。

3. 高級化 (Trading-Up) 之策略

指有系統地逐漸增加某特定產品線中較高級之產品項目，並且也將價格標高，以提高整個公司產品線之威望，創造高級品印象，攻取較高所得之區隔市場，並可配合整個市場購買力之提高，把握購買者本身之改變趨勢。

4. 普及化 (Trading-Down) 之策略

這是和上述相反之策略，有系統地推出較便宜之產品項目，以爭取較低所得之市場區隔，也可配合產品生命週期，由上市時期進入成長時期，增加低價項目產品，以供應更為廣大之市場需要。

5. 發展產品新用途 (New-Use) 之策略

即增加現有產品新用途，並教育顧客，使其接受，以增加銷量和利潤。

除了以上產品廣度及深度之特性外，有些學者還提出有產品線「一致性」(Consistence) 之問題，指公司各產品線之間，在最後用途，生產條件，及配銷通路等方面之相近程度的高低。依杜魯克所稱，如果各產品線之間的一致性愈高，則這企業愈易成功。杜氏以為一企業之「一致性」可建立在二個基礎上：一是其共同的市場，另一是共同之技術。二者中，一致性建立在前一基礎上者，更易成功。

三、產品品牌策略 (Branding Strategy)

除了決定產品組合外，生產廠商還會遭遇一些關於品牌決策 (Branding) 的難題。其第一個問題為是否要在產品上加品牌名稱 (Yes vs. No Brand Name)？第二個問題是此品牌應屬於「廠商」名稱或「經銷商」名稱 (Manufacturing vs. Retailing Branding)？第三個問題是該牌名應採用「單一」、「數個」，或「許多」個別名稱（即「個別」品牌或「家族」品牌）(Individual vs. Family Branding)？

所謂「品牌」(Brand) 是指用來代表某一個廠商或某一銷售者之產品或勞務，以與競爭者相區別之產品名稱 (Product-Name)、術語 (Term)、記號 (Sign)、符號 (Symbol) 或設計 (Design) 或上述之組合。

品牌具有多方面之行銷功能。自產品規劃方面來說，品牌構成產品之一部分，有助於產品印象 (Product-Image) 之塑造；自配銷方面來說，由於它具有辨認作用，可以利用自助銷售 (Automatic Vending) 之過路；自定價方面而言，品牌形成之知名度，對於提高定價具有有利之影響；再自推廣方面言，品牌乃大量推銷 (Mass Selling) 及店頭購買點推銷 (Point-of-Purchase) 所不可缺乏之條件。以下介紹品牌決策之要點：

（一）品牌決策 (Branding Decisions)

1.有品牌與無品牌之策略 (Yes vs. No Brand Name)

採用「有品牌」策略之好處有許多，譬如⑴為了鑑別目的，使每一產品有一個牌號，以便簡化處理與追查手續（即自行鑑別作用）；⑵提供產品法定之商標 (Trade-Mark) 及專利 (Patent) 名稱，以保護該產品之特性，以免被他人仿造（即保護作用）；⑶可暗示一些本產品所提供之特色，使購買者易於辨認並重複購買，（即顧客鑑別作用）；⑷可利用牌名賦予產品特殊之歷史背景及特色，以創造差別取價之機會（即取價作用）。

以美國為例，在 1890 年代，全國性廠商及全國性廣告媒體出現之後，品牌術發展得很快，在目前美國幾乎沒有一樣出售的東西沒有品牌。但在臺灣，因內銷市場很小，產品外銷也都是被歐、美、日大廠商所代工訂購，為他人作嫁沒有名牌，所以很難建立品牌行銷於世界市場。但到中國大陸市場，因市場容量大，臺灣產品就容易打出自己的品牌。

2.製造者品牌或經銷商品牌之決策 (Manufacturing Branding or Retailing Branding)

生產者為其產品取品牌名稱時，可用自己名字（即製造者品牌），或用經銷商之名字（即經銷商品牌），或採取混合之政策。至於採用何者較適當，必須考慮公司長期目標及能力與經銷商之要求情況、交涉力量 (Power) 及衝突 (Conflict) 處理能力等問題，方能做出最佳之決策。通常由能力強的通路領袖掛品牌領軍作戰。

3.家族品牌或單獨品牌之決策 (Family Branding or Individual Branding)

若生產者決定以自己名稱作為產品之品牌時，仍須面對許多種替代方案，做出決定。此替代方案有：⑴「個別品牌」(Individual Brand Name)：即同一廠商之不同產品或甚至同一產品採用不同品牌；⑵「單一家族品牌」(A Blanket Family Brand Name for all Products)：即一公司所生產之產品皆用同一品牌，如大同公司所產銷之眾多產品，皆用「大同」牌，GE 公司之產品皆用 GE 牌，IBM 公司產品皆用 IBM 牌；⑶「分類家族品牌」(Separate Family Brand Name)：即一公司使用數個品牌來標示不同產品類別之產品項目 (Items)，如美國施樂百公司 (Sears Roebuck) 用 Kenmore 來標示所有廚房用具，用 Kerrybrook 來標示所有婦女衣物，用 Homart 來標示所有家庭設備品。⑷公司名稱與個別產品名稱同用 (Company Name Combined with Individual Product Names)，即在每種產品名稱前加掛公司之名稱，例如以前的「三洋媽媽樂洗衣機」、「聲寶拿破崙電視機」等等。

　　個別品牌策略之主要優點在於公司原有之信譽，不必受新產品是否被顧客接受之影響。如果該新產品失敗，對製造者原有產品不會有壞的影響，若新產品之品質稍劣，亦不會影響公司其他品質較佳產品之信譽。另一個優點是新的品牌可以建立新鮮的刺激及信譽，引起人們對公司研究發展能力之信心。美國寶鹼 (Procter & Gamble) 公司對每件新清潔劑都建立新牌名，其部分原因是想對消費者造成科學性突破之印象。

　　與個別品牌相反的策略即對所有產品使用一個家族品牌。如果製造廠願意花下成本維持品質水準，則採此策略甚有好處。第一、它所推出新產品之單位成本必然較低，因為它不需研訂新名稱，而且不必特別支付廣告費用，即可分享原有產品已建立之良好知名度及信譽。第二、大哥（指現有產品）已經建立之市場好名聲，馬上可以套用到小弟（指新產品）身上，搭「順風車」，輕鬆又愉快。此法既簡單，同時反應又快，常為一般人所喜用。

　　當一個公司生產或銷售完全不同類型之產品時，可能不適於採用單一家族品牌策略，因此 Swift 公司生產火腿與肥料時，便使用分類家族品牌，以免兩者混淆，互相侵害印象。米第傑生 (Mead Johnson) 公司發展一種增胖劑時，就創造了一個新的家族品牌叫 Nutriment，以避免與其原有減肥劑家族品牌 Metrecal 相混淆。

　　最後，有些製造商常把公司名稱加於每一產品之個別品牌上，在此情況下，公司名稱常是經過登記而受法律保護，但個別產品名稱則眾人皆可用，如總源沙拉油中之「總源」為公司名稱，「沙拉油」則為人人可用之產品名稱。但使用此策略亦有風險，因為新產品與公司名稱間有密切相連，若萬一上市失敗，對其他產品亦有連帶影響。

（二）特別品牌策略 (Special Branding Strategies)

　　除上述以外，我們尚可討論二個特別的策略，即「品牌延伸」策略及「多品牌」策略。

1. 品牌延伸 (Brand Extension) 策略

　　所謂品牌延伸策略是指改良品或新產品使用一個已成功之品牌，例如「傷風克」已相當成功，則其改良品可用「新」傷風克。品牌延伸之範圍可包括新包裝，新數（重）量，新口味及新式樣等等之引介，最有趣的情況是使用已成功之牌名來推出新產品，例如「黑松」汽水已成功，再用其推出「黑松」可樂、「黑松」沙士。波音

飛機公司出品 Boeing 707 之後，又連續推出 Boeing 727, Boeing 737, Boeing 747, Boeing 747-SP 等等，都是品牌延伸術之應用。

　　另一種採用品牌延伸策略之場合，是推出同品質但較簡略外形之廉價耐用品，例如：早期施樂百曾廣告「99 美元起買一部冷氣機」、通用汽車公司曾廣告「雪佛蘭一部 2,200 美元」，2002 年上海大眾汽車廣告 Polo 汽車每部 10 萬人民幣。此三例是一種低價之廣告措施，先吸引顧客到公司來，讓他們有機會看到更好之產品型態或規格，促使他們決定購買較高價 (Trade Up) 之產品。

2. 多品牌 (Multibrand) 策略

　　所謂多品牌策略是指一個產品擁有二個或二個以上之品牌，彼此在市場上互相競爭。製造商們採取此策略之第一個理由是「派出多人佔多位置」，因為在全國性的超級市場競爭相當劇烈，大家希望每一品牌可以在經銷商之貨架上佔有一位子，所以推出的品牌愈多時，就能佔有愈多之空間，吸引顧客之注意力，影響所至，亦使競爭者所能佔到的位子也相對地減少。

　　第二個理由是「網住購買者」，因為許多購買者並不絕對忠實於某一個特定品牌，只要在適當的環境，他們就會嘗試其他品牌，所以多推出一些品牌，正可網住這些游離不定的購買者。

　　第三個理由是「自我激勵」，因為創設新品牌能在公司之組織內部引起刺激與興奮，並增進員工們之效率。

　　第四個理由是「涵蓋不同市場區隔」，因為多品牌策略可使公司在不同市場上吸引不同特性之顧客，使公司同時獲利。

四、新產品發展策略 (New Product Development Strategy)

　　今日經營企業的人都已發現一項事實，在自由化、全球化、網路化、競爭化、顧客化之環境下，要達成事業求生存、求成長與求穩定三項基本目標，源源不斷推出合乎市場顧客需求之差異性新產品，幾乎是不可或缺的成功條件，換言之，「不斷創新」(Continuous Innovation) 是避免公司產品線「過時」(Obsolescence) 的唯一方法。小廠和大廠競爭，想成功的第一策略是「創新」，而大廠應付小廠競爭的第一策略也是「創新」，「創新」對「創新」，當然大廠會勝利。但大廠若不創新，就會被小廠趕過去。

　　然而「創新」是非常昂貴與冒險的 (High Cost and Risky) 活動，其主要的原因為：第一、大多數能到達第四階段「發展階段」(Development Stage) 的產品構想

(Product-Ideas)，從未到達第六階段「商品化階段」(Commercialization Stage)。

第二、許多能到達第六階段「商品化階段」的產品並不一定行銷成功，即新產品上市 (New Product Introduction) 不成功，就夭折了。

第三、許多行銷成功一時的產品卻壽命短暫，即上市成功，成長也快，但不耐久，很快就衰退。

由於新產品發展對公司的永續生存及成長甚為重要，中國文化對家族延續有「不孝有三，無後為大」的說法。在企業經營方面，也有「無新產品，就無新生命」的說法，何況新生命出生，也很容易夭折，所以新產品發展策略已經成為二十一世紀企業高階管理者之注意焦點。

（一）新產品發展程序 (New Product Development Procedure)

一般而言，新產品在正式上市之前，已經歷一段發展時期，不過這時間可長可短，每隨產品不同而異，同時亦無一定必經之過程。但在多數情形下，自發生「產品構想」(Product Ideas) 以迄正式上市「商品化」(Commercialization) 為止，可能經歷(1)「構想發掘」、(2)「構想初步甄選」、(3)「商業分析」、(4)「工程設計發展」、(5)「市場試銷」及(6)「正式上市」或「商品化」等六個階段，茲說明如下：

1.構想發掘階段 (Idea Generation Stage)

一項新產品在開始時常常只是一個模糊的概念或構想，概念的來源可能有多方面，例如：顧客、中間商、推銷員、競爭者或者公司內部研究部門等，都可充任產品構想的來源者。

2.構想初步甄選階段 (Idea Screening Stage)

各種產品構想並非全是可行，為避免公司從事太多無謂的研究發展及浪費資金起見，必須對此等構想做初步選擇，將明顯無望者拋棄，只留下部分較有希望者，可能只剩下 50%。

3.商業分析階段 (Business Analysis Stage)

此時就那些較可行之產品構想擬定比較具體之評選計劃，當作一個新事業的雛形來看待，進行比較深入分析。在此分析中，公司當局應考慮：(1)此產品應具有之技術特性，(2)成本結構，(3)整體行銷計劃，(4)市場需要量及可能獲利量。經過此階段，留下的構想可能只剩 25%。

4.工程設計發展階段 (Engineering Development Stage)

此時由實驗室人員負責從工程技術觀點，將可行之產品構想，進行細部設計並做成具體之樣品模型，使能扮演真正產品之功能，作為內部意見試驗。經過此階段，

圖 19–6　新產品發展之決策過程

留下來的構想可能只剩 15%。

5. 市場試銷階段 (Market Test Stage)

就已設計發展完成之樣品，生產相當數量，進行產品試用或試銷，以觀察市場顧客之真正接受力及適當之行銷策略。經過此階段，留下的構想可能只剩 5%。

6. 正式上市或商品化階段 (Introduction or Commercialization Stage)

即將新產品正式大量生產，推出市場，實施大量推廣活動。圖 19–6 即為新產品發展之決策過程摘要圖。

（二）新產品之擴散及採用過程 (New Product Diffusion and Adoption Process)

當公司「創新」過程結束時（即新產品發展過程結束），即為消費者「採用」(Adoption) 過程的開始。此過程包括潛在的顧客⑴「認識」(Awareness) 新產品；⑵「試用」(Trial) 新產品；以及⑶最後「採用」或「拒絕」該新產品，它們涵蓋了產品生命週

期的上市「引介」(Introduction) 與快速「成長」(Growth) 兩階段。廠商所應處理的問題是充分瞭解此過程，以便設法提高早期知名度與試用率。

有關消費者採用過程之研究，在近年來已逐漸引起社會學家以及其他學者之興趣，以瞭解創新事物擴散 (Diffusion) 至社會各角落的一般過程。此類研究甚有助於我們瞭解各種影響新構想、新事物「接受率」(Rate of Acceptance) 之因素。

1. 創新與擴散之觀念 (Innovation and Diffusion)

所謂「創新」，泛指跳出「舊認知」的框架，跳入「新認知」的框架的行為，也是指創造出任何被人在主觀上「認為」(Perceived)「新」的有形或無形之事、物、或構想。因此，不論某事、某物或某構想，已在世界的甲角落存在多時，只要它未被乙角落的人們知曉，它就是乙角落人們心目中的「創新」。「創新」不一定是「發明」(Invention)，「發明」也不一定是「創新」。「發明」是科學名詞，「創新」是經濟學、社會學、管理學名詞。在二十世紀，「創新」是研發人員的專門工作，但在二十一世紀，「創新」一詞已經成為每個人口中的口頭用語，「不創新就淘汰」，人人要創新。

在某一特定社會中，任何「創新」物將會隨著時間，逐漸被社會制度所同化 (Socialization)，成為大眾認為理所當然之慣用「舊」物。所謂「擴散」過程，即指一新構想由其發明（或創造）本源，傳播至最終使用者（或採用者）所經歷之過程。「擴散」原指一新事物由一點擴大散布到其他更多點，等於「傳播」及「移轉」(Transfer)。所謂「採用」過程，係指個人由第一次聽到創新事物至最後採用它的心智過程。所謂「採用」本身乃是個人決定經常地使用某一創新品之「決策」。所謂「試用」只是好奇嘗試一下，並不決定經常使用。通常的情況是「試用」滿意後，才會決定「採用」。

2. 消費者採用過程 (Adoption Process) 之理論

我們可檢討一些研究人們如何接受新構想之重要結論：⑴「採用過程」之階段及⑵「創新性」之差異。

⑴人們採用過程之階段 (Process of Human Adoption)

第一種理論是「個別消費者之採用一新產品,乃是經過一連串接受階段之結果」。羅吉斯 (Rogers) 將這些階段分為下列名稱：

①認知 (Awareness)：指個人雖知道某一創新事物，但是仍缺乏有關之情報。

②興趣 (Interest)：指個人認知後尚受到有利刺激，有興趣、有意願尋找有關創新事物的情報。

③評價 (Evaluation)：指個人細心考慮是否值得花額外之錢去嘗試該創新事物。

④嘗試 (Trial)：指個人小規模地試用該創新物品，以改進對該效用之估計。

⑤採用 (Adoption)：指個人試用滿意，決定經常有規律地使用該創新事物。

⑵創新性之差異 (Difference of Innovative Adoption)

第二種理論指出「人們試用新產品的嗜好，彼此之間相去很大」，幾乎對每一產品而言，我們皆可發現個人之間有所謂「領導者」(Leader) 及「跟隨者」(Followers)之分。按照「採用」時間遲早來劃分，我們可把消費者分成五類：如圖 19–7 所示。創新使用者就是「領導者」，其他的人都是「跟隨者」。

圖 19–7　消費者之採用身分劃分

所謂「創新者」(Innovators) 是指最先採納新構思的 $2\frac{1}{2}$% 人數。所謂「早期採用者」(Early Adoptor) 為其次之 $13\frac{1}{2}$%，其次各有 34% 之「早期大眾」(Early Majority) 及「晚期大眾」(Late Majority)，其餘之 16% 為落後者 (Laggards) 及從未採用者，各約為 $13\frac{1}{2}$% 及 $2\frac{1}{2}$%。

第六節　價格策略 (Pricing Strategy)

價格策略是行銷策略組合的第二要素，決定價格 (Price Determination) 乃是企業經營中基本決策之一種。對廠商而言，價格一方面決定企業之收入，另一方面，又為企業從事市場競爭之主要手段。企業提供商品或勞務所收取之價格，就是顧客之成本，所以價格之高低及合理程度，深切影響顧客之成本效益分析結果。

在經濟學裡曾探討不同市場結構類型下（如獨佔市場、寡頭壟斷市場、自由競爭市場等等）決定價格之理論，於此不擬贅述，這些經濟學之價格理論只在於確認「價格」與「需要」、「供給」、「成本」之一般性關係模型，而非真正決定及衡量特定數字及數量之關係，雖是如此，但實際負責定價者仍有瞭解這些價格理論之必要。

一、定價之目標 (Pricing Objectives)

決定價格水準高低及其結構有下列主要目標：

⑴為爭取或適應某一特定區隔市場 (Segment Market) 之需要狀況，如購買能力及需求彈性。

⑵為改變顧客購買行為 (Buying Behavior)，例如利用低價以誘導顧客放棄其原有品牌偏好；或調整價格，以影響顧客購買時間與地點；甚至故意提高價格使某些顧客望而卻步，達到反行銷 (Demarketing) 之效果。

⑶為達成一定之投資報酬率 (Return on Investment) 而定價。

⑷為保持廠商本身於一穩定水準 (Stability)，因為價格係一最直接之競爭手段，競爭者相互間之地位關係，每受彼此價格水準之影響，故某些廠商乃利用定價以達到穩定之目的。

⑸為擴大或維持市場佔有率 (Marketshare) 而定價。

⑹為對抗或防止競爭者加入，利用價格以抵抗競爭者之壓力 (Anti-Competition)。

⑺為獲取最大利潤而定價 (Profit-Maximization)。

二、定價策略 (Pricing Strategies)

在市場購買力可以接受的價格範圍內，究應採「偏高」(Higher) 或「偏低」(Lower) 之價格水準乃是定價策略之第一課題。這裡所謂之「偏高」或「偏低」乃與市場預期價格 (Expected Market Price) 相較而言。

（一）高價策略 (High-Price Skimming Strategy)

一般又稱為「榨脂定價法」(Skimming-the-Cream Pricing) 或「漸降定價法」(Sliding Down the Demand Curve Pricing) 等。在此等策略下，價格水準之設定有意偏高，早日榨取可榨之顧客資金。一般使用這種策略之狀況為：

⑴產品具有獨特性質 (Specialty)，或獲有專利 (Patent) 保障，因此不虞其他競爭產品之直接威脅，儘可以調高價格（直至顧客購買力容許下），賺取額外利潤。

⑵本身屬於「新」(New) 產品，一時尚難以獲得市場之普遍接受，銷量難以擴大，所以應定高價，以單位高毛利來達到損益兩平點。

⑶市場容納潛量有限 (Limited Potential)，不足以吸引競爭者加入，或市場之需要彈性小，儘可調高價格，亦無人敢進來比賽。

⑷公司本身資金有限 (Limited Capital)，無力擴充產量以供應市場增加之需要，所以應調高價，趁早回收資本。

⑸由於技術或原料條件之限制 (Limited Technology or Material)，產量難以增加。

（二）低價策略 (Low-Price Penetration Strategy)

通常包括滲透定價法 (Penetration Pricing)、擴張定價法 (Expansion Pricing)、先佔定價法 (Pre-emptive Pricing) 及殺傷定價法 (Extinction Pricing) 等。此類定價策略，或係著眼市場需要彈性之形狀，認為降低價格結果可使銷量大為增加，同時亦可使單位生產成本大為降低，使競爭者無利可圖，知難而退。

三、實用定價方法 (Pricing Practice)

儘管定價方法甚多，但一般均可歸入「成本導向」(Cost-Orientation)、「需求導向」(Demand-Orientation) 及「競爭導向」(Competition-Orientation) 三大類。

（一）成本導向定價法

即以「成本」(Costs) 為定價基礎，在其上加一些毛利 (Gross Profit)，即構成價格 (Price)。所以「成本」的高或低是定價之最主要因素，它並不重視市場顧客購買力及競爭者之反應。成本導向定價法又有五種作法，即：

⑴成本加成法 (Cost-Plus Method)：例如單位總成本為 100 元，加二成為毛利，則價格為 120 元，如加三成為毛利，則價格為 130 元。

⑵平均成本法 (Average-Cost Method)：例如平均單位總成本為 130 元，包括毛利在內，則價格為 130 元。

⑶投資報酬率定價法 (Target Return Method)：例如單位成本為 100 元，為維持 20% 之投資報酬率，應有 40 元之毛利，所以價格即為 140 元。

⑷損益兩平定價法 (Break-Even Method)：例如要維持損益平衡，須賺入 1,000,000 元，可產銷 5,000 單位，單價即為 200 元。

⑸邊際成本法 (Marginal Cost Method)：即每增產一單位要花成本 250 元，則該單位價格至少應在 250 元以上。

（二）需求導向定價法

即以顧客購買需求強烈程度為定價基礎，購買力強烈時，則訂高價；購買力不強烈時，則定低價。此法並不重視單位總成本之真正水準，也不重視競爭者之反應。此法又有數種作法：

⑴差異價格法 (Differential Pricing Method)：即針對不同之所得（購買力）對象，

不同之地點對象，不同之時間對象，收取不同之差異價格，以刺激總購買量及總利潤。例如平均價格為 130 元，對高所得者開價 150 元，對低所得者開價 110 元，對偏遠地區者開價 100 元，對夜間客戶開價 110 元等等作法。

⑵心理價格法 (Psychological Pricing Method)：即以不同價格代表不同品質之連帶關係，鼓勵不同心理狀況之顧客前來購買，例如對高所得、虛榮心高之客戶，開價三倍高，以暗示此高價產品之品質比一般品高三倍以上。

（三）競爭導向定價法

即以競爭者之價格高低水平為本公司之價格水平，緊咬不放，與成本水準及顧客需求關係不大。其作法又有三種：

⑴市場競爭定價法 (Competition Pricing Method)：依據市場一般競爭廠牌之價格，訂定自己之售價。

⑵追隨領袖定價法 (Follow the-Leader Pricing Method)：即小廠不能決定市價，只能跟隨大廠走。至於大廠價格之設定，則可能為成本或需求導向法。

⑶習慣或便利定價法 (Used or Convenience Pricing Method)：即某些產品在相當長時間內都維持在某一價格水準，其原因為各競爭廠互相牽制，不敢主動變更，或為方便付款或找零，大家維持在某一個水準。

第七節　推廣策略 (Promotion Strategy)

推廣 (Promotion) 為一種廠商對客戶意見溝通說服之功能，是行銷策略的第三要素，其所利用手段包括四大類：廣告活動 (Advertising)、人員推銷 (Personal Selling)、促銷 (Sales Promotion) 和報導 (Publicity)。分別說明於次：

⑴廣告活動：為廣為告知之活動，其特色在於所用之溝通通路 (Channel)，均屬花錢雇用之大眾傳播媒體 (Mass Media)，如報紙、電視、廣播、雜誌……等等。

⑵人員推銷：所利用之通路為花錢雇用之推銷人員，因此溝通方式常為「會話」(Talking)，即推銷人員與客戶對象直接交談；在這情況下，雙方可直接觀察對方反應，採取必要反應措施，以求最快成交效果。

⑶促銷：這是常指附帶於廣告及人員推銷之贈送性推廣活動，以求短期內發生銷售效果，亦可為廣告及人員推銷以外之溝通措施，如店頭或購買點 (Point-of-Purchase) 展示、櫥窗陳列、銷售獎金、大減價、操作示範等。

⑷報導：指為使外界人士對企業之作為產生良好印象或態度，所進行之不付錢

的大眾媒體溝通活動，屬於企業公共關係所主動採取的一種溝通途徑。

一、人員推銷及其管理 (Personal Selling and Sales Management)

(一) 人員推銷在行銷組合中之功能

人員推銷乃是最古老的推廣手段，是行銷的直線 (Line) 作戰單位，其具備有四大特點：

(1)較具彈性 (Flexibility)：可以配合個別顧客之需要動機和行為，還可以立即得知顧客反應。

(2)較具選擇性 (Selectivity)：可以選擇具有較大購買可能之顧客。

(3)較為完整 (Complete Function)：可以擔任整個銷售程序各階段之工作，自尋求顧客開始，以至接觸、說服、交易及收款、交貨、修理服務等。而其他推廣方法如廣告等，只能擔負其中一部分功能而已。

(4)較具多樣功能 (Multiple Function)：除銷售外，可擔負其他功能，如服務、收款、教育……等。

但人員銷售亦有缺點，最主要為成本較高。

在採用人員推銷方面，需要考慮到的管理因素有：(1)推銷人員多寡之決策，(2)推銷人員之組織與地區分配之設計，(3)推銷人員之招募、選拔及訓練，(4)推銷人員之督導與激勵，(5)推銷人員之績效評估。

由於篇幅關係，僅簡述推銷員之績效評估 (Performance Evaluation) 於後：

管理當局根據推銷員之推銷計劃書、推銷成果報告及推銷費用報告等三種情報，可對於推銷員做正式績效評估，其評核之內容與基礎相當多，可依(1)銷售額，(2)銷售毛利，(3)銷售配額之完成百分比，(4)訪問次數，(5)新客戶之數目等等指標作為推銷員績效之評估基礎。

至於其績效好壞之評定，有三種比較方法：第一，可以跟其他公司之推銷員績效相比 (Salesman-to-Salesman Comparison)。但這樣做很容易發生錯誤，因只有當地域市場潛力、工作負荷、競爭程度和公司推廣力量無多大差異存在時，方能正確比較出來，否則必有偏差。

第二，可以與該推銷員過去銷售紀錄比較。這種方法可直接地表明推銷員之進步程度，但不一定就能確定他已經表現得很好。

第三，可以與推銷員所負責銷售地區之市場潛力 (Sales Potential) 比較：若使用此法須先預測出該推銷員負責地區該產品之銷售潛力，然後以實際達成數值來評估

其達成百分率。

二、廣告策略 (Advertising)

（一）定義及功能 (Definition and Functions)

廣告是指雇用大眾媒體，傳播文字、音響或視像等信息之活動，廣大的告知或影響大眾，使其購買或信服某種商品、勞務、觀念或機構，或對購買採取有利的行動或態度。

詳言之，廣告之功能有下列三大類：

⑴提供購買決策所需之情報資料，稱之為廣告之情報性 (Informative) 功能。

⑵發揮說服顧客之能力，稱之為廣告之說服性 (Persuasive) 功能。

⑶創造產品或服務之心理效用，這是廣告的生產性 (Productive) 功能。

（二）廣告之目標與類型 (Objectives and Patterns)

廣告的最終目標雖是創造銷售 (Creating Sales)，但若說廣告的唯一目標是創造銷售，則有問題，因為廣告在某些情況下，並非為創造銷售，而是解決廠商與顧客間之溝通 (Communication) 瞭解問題。因此我們只能說，廠商希望藉由廣告，以引起顧客某些行為反應，而「購買」只是其中之一種反應而已。

詳言之，廣告策略之類型有下列四類：

⑴刺激基本需求 (Primary Demand)：即鼓勵購買同一大類「產品」之需求。在供需曲線上，此即使整條需求曲線右移，爭取新使用者之措施。

⑵擴大產品之選擇性需求 (Selective Demand)：假定廠商認為顧客對於某種產品之基本需求已固定，或市場發展已達飽和，則廣告策略應改變為如何在此一基本需要量中，爭取某特定廠牌較大比例之售量。此種廣告策略以擴大消費者之選擇性需要為目的。

⑶促成立即購買行動：希望顧客看到本廣告，立即前來購買，以免向隅。

⑷機構性廣告：即不對商品或勞務廣告，而對背後之主持機構廣告。此種廣告策略，企圖建立顧客或社會大眾對於機構之良好印象。

三、廣告活動之規劃 (Programming of Advertising Activities)

（一）確定活動之目標 (Objectives of Advertising Activities)

廣告活動目標之選定包括下列四方面：

⑴本活動所使用之基本信息 (Message) 或主題 (Theme) 是什麼。

⑵本活動係以何種人群為對象 (Target Group)。

⑶本活動希望達成怎樣的結果 (Expected Results)。

⑷有何具體標準可用，以資衡量效果 (Measurement Standards)。

（二）廣告媒體之選擇 (Media Selection)

針對廣告活動之目標對象，選擇適當媒體並考慮成本，做「成本─效益」分析。

基本上衡量一媒體之效能，可自下面幾個層次著手：

⑴媒介之散布數 (Vehicle Distribution)：例如報紙發行數量，電視機臺數……等。

⑵媒體接觸人數 (Vehicle Exposure)：此即媒體所接觸到之全部人數。如一份報紙通常有好多位讀者。

⑶廣告接觸人數 (Advertising Exposure)：在媒體接觸者中，實際接觸──閱讀、看到、聽到──某一特定廣告人數。

⑷廣告知覺人數 (Advertising Perceptive)：依心理學研究，一人接觸一事物，未必發生知覺作用，以致未發生溝通效果，所以欲準確表現某一廣告利用媒體之效果，應依對廣告有知覺者為準。

⑸廣告溝通人數 (Advertising Communication)：因廣告而使其態度及行為改變之人數。

第八節　配銷地點策略 (Place-Distribution Strategy)

除了產品策略、價格策略及推廣策略可以刺激顧客前來購買之外，配銷地點通路 (Channel of Distribution and Place) 策略亦是重要的第四個武器。在今日的經濟社會裡，大多數的製造者並不直接將商品賣到最終消費者之手中，雖然在二十一世紀有電子商務 B to C (Business to Consumer) 之作法，但涵蓋之產品不多。而在製造商和最終使用者之間，經常存在著一大群行銷「中間機構」(Intermediaries) 或中間商 (Middlemen) 以不同之名義執行產品配銷之地點通路多方面功能。

一、配銷通路結構及中間商 (Channel Structure and Middlemen)

（一）配銷結構 (Structure)

配銷通路結構，代表在製造廠及消費者間一套完整之中間營運個體，扮演不同功能，但互相配合，完成產品由製造者移轉至最終顧客手中之使命。中間機構可依不同分類標準予以劃分；最通用的一個，為依其銷售對象（或距離市場之遠近）來

分類：凡直接銷售給最後顧客 (Final Customers) 之銷售量佔其總銷售量中主要部分或全部者，一般稱之為「零售業」(Retailers) 或「零售中間商」(Retail Middlemen)；反之，如以零售業、經銷、代理之中間商、工業廠家或機構用戶為顧客者，稱為「批發業」(Wholesalers)。

　　另一分類標準為中間商有無取得經銷產品之所有權。凡取得產品所有權並負擔風險者，稱為「中間經銷商」(Merchant Middleman)；反之，不取得所有權，亦不負擔風險，僅提供種種專門服務，以協助所有權移轉者，為「中間代理商」(Agent Middleman)。前者如上述之批發商或零售商，後者如經紀人，佣金商，拍賣公司之類。在二十世紀末，二十一世紀初，批發商業務沒落，零售商地位上升，尤其加盟及連鎖零售商風行，變成大型化之通路領袖，影響製造商之行銷策略。

（二）中間商之功能 (Functions)

　　配銷通路之中間商可簡化廠商與最終顧客間之交易程序，減少交易次數，可以提高配銷時間效率及減低配售費用。

　　中間商具有配合市場供需，溝通銷產意見之作用，細分之，有下列三點作用：第一，縮短生產者與消費者之空間距離 (Space Distance)；第二，縮短時間距離 (Time Distance)；第三，縮短技術距離 (Technology Distance)。

■　二、配銷系統之設計 (Design of Channel of Distribution System)

（一）流通過程 (Process of Flows)

　　配銷通路係指自廠商至最後消費者或用戶之間，產品之所有權及實體移轉 (Ownership and Physical Delivery) 流通過程。也是支付價款 (Payment)、傳達推銷廣告說服信息 (Communication and Persuasion)、接受市場反應 (Market Reaction) 情報及抗議及修理服務 (Services) 之流通過程。它包括七流：⑴交易流，⑵物流，⑶金流，⑷信息流，⑸說服流，⑹抗議流，⑺服務流。

　　配銷系統中所包括的中間機構，常係獨立營運之企業個體，自有其不同之目標和策略，不隸屬於製造商所擁有。此一系統之維持與加強，有賴廠商之努力與技巧，這也代表行銷管理中最為複雜與困難之工作之一。

　　配銷通路中之領袖 (Channel Leader)，其本身即為一通路構成分子，但對於通路中其他構成分子具有相當之控制力量，它可以影響它們採取配合之各種行銷策略及管理措施，所以由何人充任配銷通路之領袖甚為重要。在二十世紀末以前，通路領袖常由大的製造廠擔任，製造廠掛產品之品牌，負責打開市場。但從二十一世紀開

始，除了工業品之外，很多消費品的通路領袖由大型連鎖化的零售商擔任，產品品牌可由製造商掛名，也可由零售商委託製造而掛名。

（二）配銷通路之基本決策及考慮因素 (Channel Decisions and Considerations)

一廠商要建立其產品配銷通路，必須對下列要點做明確之決定。

(1)通路結構 (Channel Structure)：主要指配銷網之長度、寬度及深度。如多用中間商則稱為長通路或間接通路；如少用中間商，則稱為短通路或直接（銷售）通路。像雅芳 (Avon) 不用中間商，只用地區總監及家庭兼職婦女推銷員，即是直銷。像安麗 (Amway) 不用中間商，卻用多層次佣金介紹員，也算直銷。

(2)特定中間商之尋找與選擇 (Middlemen Selection)。

(3)中間商管理：包括良好關係之維持，以及評估其績效等。

欲做成此等決定，管理者必須考慮四大重要因素：

第一，有關市場因素，包括：

(1)工業品或消費品之辨別：工業品採直銷，消費品採間銷。

(2)市場潛在顧客之多寡：潛在顧客多採間銷，潛在顧客少採直銷。

(3)市場集中程度之高低：市場集中採直銷，市場分散採間銷。

(4)每批訂單數量之大小：訂單大採直銷，訂單小採間銷。

(5)顧客購買習慣：顧客願意走遠路來買採直銷，否則採間銷。

第二，有關產品因素，包括：

(1)單位價格：若單位價格低，無力承擔直接銷售成本，只有採較長之配銷通路。

(2)體積與重量：若體積龐大或笨重者，搬運費昂貴，因此必須設法盡量減少搬運距離與次數。

(3)腐壞難易：若易腐敗，則通路不可太長。

(4)產品本身之技術性及所需服務程度：若技術性或服務性高，則應由廠商直接銷售。

(5)產品標準化程度：如屬訂製產品，通常適合採直接銷售途徑，無須經由經銷商。

(6)產品線之廣狹：若產品線多時，可採直接銷售方式，由廠商設立專售店直接銷售。

第三，有關廠商本身因素，包括：

(1)規模大小：若廠商規模大，財務能力強，管理優良，有提供服務之能力，而

且有控制產品通路之慾望，則較適合採較短之配銷通路。

⑵聲譽：信譽卓越之廠商，較容易獲得所需經銷商之信任，也較容易打開銷路，則可多用經銷商。

⑶財務能力：若財務能力強，可直接與市場顧客多多接觸，而採直接通路。

⑷管理經驗與能力：缺乏管理經驗及能力之公司，通常較會請批發商或代理商負責配銷工作。

⑸控制通路之慾望：控制通路之動機可能來自價格方面的控制、推銷方面的控制、以及情報方面的控制。在強烈的控制慾望下，一般公司較傾向於採較短（直接）通路。

⑹生產者所能提供之服務：若能多提供服務，則可採直接（短）通路。

第四，有關中間商因素，包括：

⑴中間商提供的服務種類：如中間商所能提供之行銷功能，恰是廠商所無法或不宜提供者，則廠商自然願意利用該中間商。

⑵能否找到理想中之中間商：如果找到自然可利用，如不能找到，只好自己建立本身之配銷機構。

⑶中間商對廠商政策之態度：如中間商對廠商政策不表同意或接受，則廠商只好割愛了。

三、管理配銷通路之決策

在公司決定基本通路設計後，則必須選擇 (Selection)、激勵 (Motivation) 與定期評估 (Evaluation) 各個中間商，此乃通路之管理決策。

（一）通路成員之選擇 (Selection Criteria)

選擇中間商就像丈母娘選女婿一樣，需要評估⑴其經營企業之年限長久；⑵其成長紀錄；⑶其財務清償能力；⑷其合作態度；⑸其聲譽優劣等等。

（二）激勵通路成員 (Motivation Measurements)

中間商不僅只被廠商選擇及與廠商簽訂經商（或代理）契約 (Agency Contract) 即行了事，他們同時也需要廠商的激勵，方能做好應負擔之工作。雖然招募他們加入通路時之條件與因素已有一些激勵作用，但還須廠商不斷督導與鼓勵。廠商不僅應「透過」中間商來銷售產品，而且也應對他們進行積極觀念之「行銷」。

廠商必須在「激勵過分」與「激勵不足」中間商間小心從事。當廠商所給予中間商之條件過於苛刻，以致不能獲得中間商之合作與努力時，則產生激勵「不足」

現象。

　　對中間商之基本激勵水準原建立於起始之交易關係組合上（載明於契約上），如果中間商仍感激勵不足時，則廠商有二個可行途徑：

　　第一、改善中間商之毛利比例，擴展較寬之信用條件。

　　第二、運用人為之促銷方法刺激經銷商之努力。

（三）評估通路成員 (Evaluation Measurements)

1.中間商合同之簽訂 (Agency Contract)

　　如果在開始時，廠商與通路成員間已簽訂績效標準及處分條款，則以後許多痛苦或不快將可避免，所以簽訂契約甚為重要。應該在合同（契約）中訂明中間商責任之條款有(1)銷售努力強度、績效與市場涵蓋度；(2)平均存貨水準；(3)送貨時間；(4)壞品與遺失品之處理方法；(5)對公司推廣與訓練方案之合作程度；(6)中間商對顧客應有之服務。

2.中間商業績之評等 (Agency Performance)

　　除對中間商績效責任應訂立契約基礎外，廠商還須發布定期的銷貨配額 (Sales Quota)，以確保目前之預期績效。有些生產廠商在每一銷貨期間後列出各中間商之銷貨額，並加評等，給予物質及精神獎勵，激勵經銷商。

四、實體儲運體系及策略 (Physical Distribution)

　　中間商所構成的配銷通路體系大多只以物品所有權之交易 (Ownership Exchange) 為主要使命，至於體積較大、重量較重之物品的交易，尚須有後勤的實體儲運體系 (Logistics) 來配合，方能真正及時滿足顧客之需要。實體儲運體系之主要活動及彼此間之關聯，可以用史迪威 (Wendell Stewart) 所發展出來的圖 19-8 關聯圖說明。此圖若將之擴大到全球性中心衛星體系，就成為全球運籌體系 (Global Logistics Systems)。

　　圖 19-8 中有十一個不同的齒輪，各代表不同之活動，重心則在「存貨管理」的大齒輪上，因它連貫「顧客訂單」與公司「生產製造活動」。當顧客的訂單多時，存貨水準就降低，於是促請加強生產活動予以補充，而「生產製造活動」又需要購入原料、零件、配件，其中包含「進廠運輸」與「驗收」作業。至於製成品則流出裝配線，包括「包裝」、「廠內倉儲」、「裝運」、「出廠運輸」、「廠外倉儲」，及「顧客交貨及服務」等過程。

　　這些活動在時間上均有高度相關性，每一活動受前一活動之影響，因此也受前

圖 19-8　實體儲運體系關聯圖

面所有活動之影響。因此這些活動的管理與協調程度，可以大大地影響購買者的態度。

實體儲運觀念即在力求於一個整體性系統的構架內做決策，在以最低的成本提供一定的顧客服務水準下，來設計一個實體儲運系統。

公司有許多實體儲運的策略可供選擇，包括⑴「直接運送」，⑵設立「倉庫」，⑶設立地區性「裝配廠」，⑷及設立當地的「製造廠」。公司必須制訂適當「存貨政策」，以使顧客服務水準和經濟的持有成本能協調一致；它亦須建立一些更精確的方法，以評估一般性的倉儲「區位」及特殊「地點」。此外，實體儲運活動在企業組織內權責之分配亦應做一檢討，尤其是各種相關活動決策的協調，以及在組織內應在何處建立有效領導權的問題，更須注意，方能有效的支援所有權配銷活動。在二十一世紀初，高科技產業採行「全球性虛擬組織」，把生產製造工作委外加工，而受委託加工廠又採取「垂直分工」方法，充分動用中心衛星工廠體系，把零組件之供應建立在無存貨水平上，把工廠加工速度提高到 72 小時交貨，此種全球運籌體系的嚴密度已提高到無與倫比的境界。

第九節　整體行銷策略及新觀念 (Integrated Marketing and New Concept)

一、核心與支援策略

從以上可知行銷手段之眾多與其間關係的複雜，要想從中選擇一最佳的行銷組合，絕非易事。幸而事實上，各種行銷手段對於每一廠商的重要性，並非完全相同；換言之，它們在整個行銷組合中所扮演的角色每隨廠商及其產品性質而異。如果我們能發掘特定重要的行銷手段，作為整個策略之核心 (Core Strategy)，適當運用，然後再決定其他配合性之行銷手段 (Supporting Strategies)，即可得到重點運用和力量集中的功效。

作為核心策略的行銷手段，通常不宜太多。第一，如果太多，反而削弱這一策略的特色和其所具的衝刺力量。第二，又將發生人力無法控制和運用的問題。第三，備多力分，亦將降低費用支出的生產力。

在一競爭劇烈的市場上，每一廠商都設法在某些關鍵因素方面超越其競爭者。此時的核心策略即可能就是建立在這一公司可能具有的差別優勢 (differential advantage) 上。例如在產品方面，一公司所具有的差別優勢，即可能屬於下列三類之一：

1. 創新優勢 (Innovation Advantage)

即這公司的產品，雖然並非全新者，但是它在式樣、材料或其他產品構成因素上，確屬與眾不同，例如特長的香煙類、高級化之咖啡屋星巴克 (Starbucks) 連鎖店等。

2. 發明優勢 (Invention Advantage)

此即公司產品代表一種創造性的發明和製造。例如咖啡精、茶精、鐵氟瓏 (Teflon)（一種防止炊具黏著之塗料）、液晶顯示器之類。

3. 重建優勢 (Rebuilding Advantage)

即將前已存在之產品或事物重新調整或推出。例如汽車自動排檔裝置，早在汽車發展初期即已存在，但要等到 1939 年重新推出後，才被迅速接受。又像縫紉機在發明後二十五年，拉鏈在三十年後才開始普遍。油脂肥皂（如南僑水晶肥皂）被化學洗滌劑取代三十年後，二十一世紀因環境保護運動之壓力，油脂肥皂又有可能重拾被化學洗滌劑取代前在家庭洗衣之地位。

　　這類差別優勢的產生，有者經由規劃設計，有者出於偶然。不過僅僅差異存在，並不代表必然產生優勢。有時這種差異並未受到注意或重視，甚至有時還可能產生反效果。

　　有時，一公司所採取的核心策略，不是在發揮其所具有之差別優勢，相反地，而是模仿競爭者，使其差異優勢逐漸消失。表面上看，這純粹屬於一種消極性的策略，但事實上，這種策略也有它積極的一面；因如此方足以驅使居於領導地位的公司必須不斷尋求新產品、新觀念，提供顧客更佳之服務。

　　尚須補充說明者，一公司的差別優勢可能發生在產品方面，已如上述者外，也可能在其他行銷手段上，例如配銷、推銷、服務、定價等。因此所選擇的核心策略也就可能在這些範圍內，尤其在於產品本身並無顯著特點可言時為然。

　　有了核心策略，還要靠其他行銷手段的支持，才能發揮它的效果。譬如一種革命性的包裝設計（如利樂包，真空包裝，台灣啤酒最青包裝），可能代表一公司產品的差別優勢，也被認定為其核心策略之基礎，但要使得這種新包裝能引起顧客注意並促成購買行為，還需要在廣告、定價、配銷及其他行銷範圍內手段之配合。例如：

　　⑴在廣告方面：如何使顧客瞭解這產品的存在及其優良性質（譬如這個新包裝的優點），從而刺激其需要。

　　⑵在定價方面：如何訂定價格及銷售條件，可配合顧客之購買能力，並且和競爭品價格相較，最能發揮本產品所具有之優勢。

　　⑶在配銷方面：如何將產品有效送達顧客購買地點，並且在分配和陳列之過程或環境中，最能表現出本產品的優勢（新包裝）。

　　⑷在服務方面：如何協助顧客，使他可自這產品獲得最大的滿足。

　　但是要構成一套整體策略，僅僅考慮以上所說各種公司本身所能控制的手段是不夠的。無論選擇核心策略或其支援策略，都必須建立在公司所選擇之目標市場及所要滿足的顧客需要 (Customer Needs) 上面，這是必要的前提。因此如何選擇目標市場及顧客需要本身，也構成策略中之重要部分。

二、行銷新觀念——擴大視野，深入服務

　　行銷的核心觀念是「顧客滿意」(Customer Satisfaction)，而「顧客滿意」的要點在於產品品質的滿意 (Quality Satisfaction)，在於產品價格的滿意 (Price Satisfaction)，在於時間的滿意 (Time Satisfaction)，以及在於服務態度的滿意 (Attitude Satisfaction)。

　　所謂「顧客」是指所有與我有往來關係的對方，包括產品之購買者、使用者、消費者、供應商、銀行金融機構、運輸公司、保險公司、電訊公司等等都是我的顧客。我的股東、我的內部員工、政府官員、社區鄰居、社會大眾也是我的顧客。

　　所謂產品「品質」滿意，不只是功能的「可靠性」(Reliability)，連「耐用性」(Durability)、「方便性」(Convenience) 及「安全性」(Safety) 都是品質的涵義。現在各企業推行的 6 標準差 (6–Sigma) 品質管制及國際標準組織 9000 (ISO 9000) 系列，都是對品質提高的努力方法。

　　所謂「價格滿意」是指一系列顧客價值鏈中，每一步驟的改善及降低成本，並把降低成本反映在價格上移轉給顧客享受，讓顧客感到享受的效用，超過支付的成本，確實「物超所值」，很有「顧客價值」(Customer Value)。

　　所謂「時間滿意」是指縮短訂貨、收貨的時間，盡量做到打電話（發 E-mail），服務就送到。又像戴爾電腦公司讓個人顧客在網上下訂單，在一個星期左右就收到貨。

　　所謂「態度滿意」是指銷售者站在顧客的立場，真心誠意為顧客利益所表現出來的心理上及行動上的謙虛、和靄，周到之態度。

　　所謂行銷的「產品」，不只是農業品、工業品、及商業服務品，也包括政府政策、社會福利、觀光旅遊、環境保護等等理念。

　　擴大視野，深入服務的行銷新觀念，已經從行銷研究、市場區隔、目標市場、產品定位、行銷策略組合、顧客滿意等，再走入顧客價值、顧客忠誠、以及維持顧客「長期關係」（即不只注重新顧客開發，也更重視老顧客維持）之「關係行銷」(Relationship Marketing) 新領域。

第二十章　生產管理要義
(Essentials of Production Management)

第一節　生產支援市場行銷之觀念 (Concept of Production to Support Marketing)

無疑地，所有經營管理者都有把企業經營好的善意，但是卻有不少的企業經營績效不善，其癥結所在令人費思。就理論而言，企業經營好壞之原因可歸為三點：

(1)高階主管是否有正確的觀念構架 (Good Conceptual Framework)。

(2)中階主管是否有一流的管理實務 (Good Management Practices)。

(3)基層幹部是否有優越的操作技術 (Good Operational Techniques)。

高階主管正確的觀念「構架」(Framework)，可導致正確的「觀念」(Concepts) 與敏銳的「眼光」(Insight)。正確的觀念導致正確的行動，促使企業內部資源與外部環境產生合理的配合現象；敏銳的眼光導致察覺先機，在各方面領先群雄。「觀念差距」(Concept Gap) 及「眼光差距」(Insight Gap) 便是企業經營的絆腳石。這是吾人所不可不引以為警惕者。

再者，中階主管一流的管理實務能使企業在合理適當的組織下，發揮團隊精神，各部門上下協同一致，朝向共同的企業目標邁進。其中，良好的管理制度表現出來的是周到的計畫、認真的執行、與嚴正的考核或控制。這就是我們通稱之現代管理循環。經濟後進國家工商企業與先進國家間「管理差距」(Management Gap) 之所以會形成，最主要的原因之一就是全面性管理 (General Management) 人才比專門性技術 (Technical Skill) 人才不受重視，許多管理要職由無管理觀念之純技術人員擔任，而形成「重技術，輕管理」、「重有形，輕無形」、「重生產，輕行銷」之落後局面。

最後基層幹部操作技術是否優越，直接影響產品的製造及銷售。技術領先的廠商能製造出品質優良的創新產品，提高產品的身價及公司的商譽，增加產品在市場之競爭力，而為公司帶來更大的利潤。優越的操作技術，有賴完善的生產管理方得以發揮最大功能，所以本章緊接在「行銷管理」（第十九章）之後，特予簡介，以明此理。

■ 一、企業所面臨的挑戰

由於企業不斷成長，經營者大致會碰到下列難題：

1.消費者要求水準提高，難以應付

由於經濟進步，世界各國每人所得普遍提高，不論是國內市場或國外市場，消費者生活水準越來越高，於是經營者應設法提高產品品質，或生產較高級的產品。若產品品質不提高，將無法滿足消費者之需求，產品於是會發生滯銷現象，公司虧本將是必然之事。

2.競爭劇烈，難以應付

由於市場需求容量有限，供應商增多，市場競爭日益激烈，許多產品被迫降價求售，而產生利潤每況愈下的情形，深深困擾經營者。

3.人工成本上升，難以應付

近年來，員工薪資不斷上升，意味著人工成本亦不斷上升，如何克服這項成本的負擔，是經營者處心積慮之大事，因凍結員工薪資誠屬不可能，何況員工士氣低落及高流動率所伴隨之後果，將是不堪設想。企業因之被迫關廠，移至人工成本較低之中國大陸及東南亞各國設廠。

4.原料成本上升，難以應付

原料成本之上升及物價之波動，所施予壓力之大，不下前述三項。

面臨著以上種種問題，企業經營者日益感到企業越來越難以經營，所以經營者應想出一套有效的經營管理辦法，以衝破重重困難，提高生產效率，創造利潤，以維持企業之生存及繼續成長。

■ 二、降低成本與提高利潤的關係

企業莫不以維持「生存」及追求「成長」為其終極性目標，並以賺取合理以上利潤（指淨值報酬率高於資金成本 1.5 倍以上）為其手段性目標。企業家之所以甘冒創業失敗之風險，其動機均在獲取利潤，因任何一種企業均不能在連續虧損中繼續生存。在會計上，利潤為收益減去成本所餘之差額，如圖 20-1 所示。

為提高利潤，勢必要從增加收益及降低成本（包括行銷成本、製造成本、資金成本、管理費用、及其他費用）著手。在市場競爭十分激烈的今日，想提高既有產品的售價來增加利潤並不是一件容易之事。企業要增加利潤，惟有從降低成本著手。所以降低成本成為企業經營者當務之急，責無旁貸之要務。其中降低製造成本即是

生產管理者的職責之一。

圖 20-1　收益、成本與利潤之關係

三、整體生產管理時代

　　以往生產管理僅考慮到工廠裡的生產活動，但在市場競爭十分激烈，及以「顧客至上」為經營導向的今日，生產管理除應考慮工廠裡的生產外，還要考慮市場營運的配合，包括原料零配件衛星供應商及生產代工承包商的供應鏈體系、以及顧客關係管理體系。所以對生產人員而言，現今是整體性生產管理時代。

　　若從市場面來觀察，生產管理的活動經過下列四個階段：

　　(1)製造出來「就可以」賣出去的階段。

　　(2)製造出來「就要」賣的階段。

　　(3)製造「賣得出去」的產品之階段。

　　(4)「創造需要」的製造階段。

　　在第一、第二階段裡，生產管理之活動較為單純，它僅考慮到工廠裡的工作。到了第三、第四階段，生產管理者除了要考慮工廠裡的生產活動之外，還要考慮配合市場行銷。於是生產管理與行銷管理在產品設計、產品價格及成本、產品數量、產品交貨期與產品品質等要互相協調（參考圖 20-2），使製造出來的產品售價低廉，品質優越，服務態度周到，並滿足顧客對交貨期的要求。換言之，在第三、第四階段的生產管理在實際上已與市場行銷計畫、利潤計畫及公司經營計畫形成整體性的生產管理（參考圖 20-3）。

　　如今，在整體性的生產管理之下，公司內部的生產管理活動必須配合對外的市場行銷活動，此時經營者必須做到下列兩點方能成功：

圖 20-2 生產管理與行銷管理之關係

圖 20-3 整體性的生產管理

第一、從製品設計階段起即必須組織化 (Organization Arrangement)，以市場行銷為出發點（即「行銷導向」的經營哲學）。

第二、建立情報體系，將顧客需求與競爭者的情報回饋到日常之生產活動。

四、生產管理與市場行銷相互協調之重要性 (Coordination between Marketing and Production)

生產管理與市場行銷間的問題，有賴雙方的協調，否則有許多利害衝突之問題會表面化。雙方若不能協調，不管孰是孰非，公司總是蒙受損失。

通常，市場行銷人員認為訂單越多越好，於是對外來的訂單很少嚴格選擇，只要售價不低於公司規定價格水準，就是連緊急訂單均會收受，並交給生產管理人員，使他們感到莫大的壓力及困擾，生產日程表紊亂，影響正常生產。

(一) 行銷人員之任務 (Marketing-Man's Tasks)

關於訂單收受之問題，生產管理與市場行銷人員應相互研討協調，培養默契。市場行銷人員在協調上具有三大任務：

⑴在任何情況之下，必須負起創造公司名譽與利益的任務。縱使所推銷之產品

在品質、性能或外形上不如別家廠商，亦必須以無比的信心與技術，熱心從事行銷。

　　(2)要代表客戶或顧客積極地將客戶要求與心聲向公司反映，使公司製成的產品能滿足他們的需求。

　　(3)在接受訂單時，應考慮主管人員在製程安排之情形，否則緊急訂單太多，製造日程時常重新安排，影響產品之成本、產量、及交貨時間，實非公司之福。

（二）生產人員之任務 (Production-Man's Tasks)

　　生產人員在協調上也應具有三大任務：

　　(1)產品的製造應以市場行銷為出發點，在產品之設計或新產品開發之前，應先對市場顧客之需求做詳細研究，合乎顧客要求的產品才是應該生產的產品（即市場顧客導向的觀念）。

　　(2)生產管理人員應設法降低生產成本，提高產品品質，以增加產品在市場上之競爭能力。

　　(3)產品售後服務亦為市場行銷之一部分，服務之品質是顧客決定是否購用的重要因素。但服務必然發生成本，故障勢必影響消費者之忠誠度，為此，最基本的辦法就是提高產品使用之信賴度。

五、結　論

　　生產管理最高的境界在於使員工人人都能發揮潛力，提高品質，降低成本，培養「以廠作家」的至高心態。要使員工能「以廠作家」的關鍵在於高階管理者之現代經營觀念上；除了應延攬一流的管理人才，引進優良之技術外，還要有「不怕高薪支付員工，只怕員工效率低落」之觀念。經營者應深思熟慮，若提高薪酬及福利水準後，員工工作效率（即生產力）增加之幅度，大於薪酬成本增加之幅度，則應毫不猶豫地提高員工的待遇，以增加企業之總體利潤及對社會大眾之服務。

第二節　生產與生產管理 (Production and Production Management)

　　研究生產管理，首須瞭解生產管理之內涵及生產系統之營運特性，如此才不致有瞎子摸象之憾。

一、生產之定義 (Definition of Production)

何謂生產 (What is Production)?

「生產」，泛指提供「效用」之活動，而「效用」係指能「滿足需求」之能力。具體而言，則指將一切可用之資源 (Resources) 組合起來，製作有形的產品 (Tangible Goods) 或無形的勞務 (Intangible Services)，以滿足消費者的慾望 (Needs)。這種將生產所需之資源組合成投入因素 (Inputs) 後，經過轉換 (Transform Process)，變成產品或勞務的產出 (Outputs) 之活動過程就叫做「生產」，所以「生產」活動乃是「轉換」活動。

在生產過程（參考圖 20–4）中，所需投入的資源在經濟學上叫做「生產因素」(Production Factors)，通常生產所需之生產因素主要有下列八項：

(1)土地 (Land)。

(2)勞工 (Labor) 或人力 (Manpower)。

(3)資本 (Capital) 或金錢 (Money)。

(4)物料 (Material)。

(5)機器設備 (Machines)。

(6)方法或技術 (Methods or Technology)。

(7)時間 (Time)。

(8)情報資訊 (Information)。

投入　生產因素或資源　轉換過程　產出　產品或勞務

(Inputs)　(Process)　(Outputs)

圖 20–4　生產系統 (Production Systems)

通常產出的產品或勞務可為「形體」(Form) 改變之加工製造品，「地點」(Place) 改變之運輸勞務，「時間」(Time) 改變之倉儲勞務，及「所有權」(Ownership) 改變之買賣勞務。從事這些產品或勞務之行業，都可稱為廣義的「生產事業」，因它們都能提高滿足人類需求之效用能力。換言之，任何改變「形體」、「地點」、「時間」、及「所有權」，而能提高效用的活動，都可以叫做廣義的「生產」活動。

二、生產管理的意義及內涵 (Definition of Production Management)

從圖 20-4「投入－產出」(Inputs-Outputs) 模式可以看出，生產管理人員有兩種方式可控制生產系統。一是藉著改變資源投入 (Inputs) 之速率及品質，控制製品或勞務產出 (Outputs) 之速率及品質；另一是藉生產設備或營運方法 (Transfer) 之變更，以調整產出之水準及品質。生產管理之主要工作即在決定控制生產系統之方法。這種將生產系統（投入－轉換－產出）加以計劃、執行及控制，使生產效率提高的系列活動，稱之為「生產管理」(Production Management)。

生產管理活動可歸納成二大類：⑴生產系統之設計與修正，及⑵計劃與控制。

1. 生產系統之設計與修正 (Systems Engineering and Modification)

⑴生產系統之設計：包括產品設計 (Product Engineering)、生產程序設計 (Process Engineering)。機器操作人員之選擇 (Selection)、設備布置 (Layout)、工作方法 (Methods) 及作業與控制系統 (Operation and Control System) 之設計。

⑵生產系統之修正：為配合新產品、新原料、新製造程序、新設備、新檢驗等技術突破、市場需求改變、新管理技術、現行作業及控制系統之失敗等而修正原來之生產系統。

2. 計劃與控制 (Planning and Controlling)

包括市場需求水準之預測、生產水準之設定、生產時序安排、存貨管理、品質控制、及成本控制等等非現場操作性工作之管理。

三、生產管理技術之發展簡史

我國萬里長城之建築、埃及金字塔之興建，在在顯示生產管理之觀念與技術並非二十世紀之獨特現象。大約在西元 1430 年，零件標準化 (Standardization) 的價值已廣受認識。威尼斯海軍兵工廠計劃委員會當時要求「弓」必須適於各種類「箭」，船尾之所有部分要一致。1776 年亞當斯密 (Adam Smith) 的《國富論》指出分工 (Division of Labor) 之經濟利益，奠定了以後工作簡化 (Work Simplification)、製造分析 (Process Analysis)、時間研究 (Time Study) 之基石。1798 年惠特尼 (Eli Whitney) 在製槍時，採用可互換 (Inter-Changeable) 之零件，導致以後裝配 (Assembly) 產品之快速生產，並同時採用成本會計 (Cost Accounting) 及品質管制 (Quality Control) 之程序觀念。英國人巴貝奇 (Charles Babbage) 亦於 1832 年發表其《機器與製造之經濟論》一書，就強調⑴以科學方法分析企業問題，⑵時間研究，⑶廠房位置之經濟分析，⑷

獎工制度等。

二十世紀初期「科學管理」之來臨，使得生產管理成為今天有效經營之工廠的共同態勢。1911 年美國人泰勒整理各種管理觀念與技巧，發表其《科學管理原理》 (*Principles of Scientific Management*) 一書，使管理觀念與技巧得以廣泛的應用於工業界。與泰勒同時的吉爾博斯夫婦 (Frank and Lillian Gilbreth) 則強調尋求最佳之工作方法，因而發展了動作研究之創意與技術。1913 年是技術創新的一年，美國人亨利福特一世 (Henry Ford) 利用裝配線，大大降低汽車裝配時間，使工人達到空前之產出水準。後來，甘特 (Henry Lawrence Gantt) 之工作觀念與時序安排圖，即所謂之甘特圖 (Gantt Chart, 1914)，以及哈里斯 (F. W. Harris) 之存貨控制經濟批量 (Economic Order Quantity, 1917)，使生產管理觀念與技術更加充實。

早期科學管理之發展大多集中於工廠裡的工人身上，三十年代製造分析上有二種劃時代之發展，其一是修華 (Walter Shawhart) 之抽樣檢驗與統計的品質管制 (Statistical Quality Control, 1931)，另一是梯配特 (L. H. C. Tippett) 之工作抽樣 (Work Sampling)。大約在同時期（1927–1933 年）梅友 (Mayo) 所主持之西方電器公司芝加哥河松廠實驗 (Hawthorne Plant Studies)，發現外在工作環境之改變對工人產出能力之影響效果，遠不如領班對工人態度之改變。此項發現暗示了工作設計與激勵 (Work Design and Motivation) 的重要。在二次大戰期間及戰後，生產管理之發展更是一日千里。數學模式、電子計算機、CAD、CAM、ERP、SCM、CRM、系統觀念、計劃評核術以及其他許多觀念與技術，如看板管理、無存貨管理、零缺點管理、QCC、TQC、6–Sigma 品管、TQM，皆應用於企業機構及非企業機構之管理問題。如今，生產管理觀念與技術皆已發展成熟，然而，如何發揮其管理功效，則有待對生產觀念與技術之瞭解 (Understanding) 及應用 (Applications) 上之執行。

四、生產系統概說 (Framework of Production Management)

如前所述，生產系統是由「投入」(Inputs)、「轉變程序」(Transfer Process)、「產出」(Outputs) 三部分所構成。所以生產管理亦應對此三大組成因素，實施計劃 (Plan)、執行 (Do) 與控制 (See)。

生產之目的在滿足市場之需要，不在於為生產本身或為庫存而活動。因此，生產系統應能以最低之成本，依照計劃提供適質、適量、適時的產出成品。但事實上，生產活動常遭受各種干擾，例如工人 (Man) 曠工、機器 (Machine) 損壞、原料 (Material) 短缺等，以致未能依照原計畫生產。又多數企業之零件並不自造，故於裝配之

前必先備妥，但也不能採購太多或太早，以免積壓太多資金，所以原材料之存貨管制系統是提高生產效率的一個方法。

投入系統之控制除要有明確之最終目標外，還要有產出標準 (Standards) 以便比較執行後之實際成果與原計劃標準之工作績效。要比較標準與實際績效，就須有「衡量裝置」(Measuring Device)，此種衡量裝置在資料搜集點，測量產出實績，將實績回送 (Feedback)，以便確認實際與標準之差異方向與數額後，加以分析原因。如果差異是源於可控制之原因，則採取矯正行動，設定下個新循環的計畫。新的生產計畫根據差異之原因分析，調整「投入」因素流入之數量與品質，或改變生產「設備」或操作「方法」。經過此種調整，衡量裝置將執行之實際績效之情報回送，再做比較分析，再規劃下一步行動。如此，周而復始，循環不息，將產品有效的推出，支援市場行銷部門。如圖 20-5 所示。

圖 20-5　回饋之控制循環 (Feedback Control Cycle)

五、生產型態 (Production Patterns)

幾乎所有之生產系統都有或多或少之差異，造成此項差異之重要原因為生產型態之不同。瞭解其間的不同，將有助於生產管理技術之應用。

（一）連續生產與間斷生產之區分 (Continuous and Batch Production)

一般工廠的生產方法大致有三種不同的型態：(1)連續生產、(2)間斷或批量生產

及⑶專案生產。所謂「連續生產」係指在工廠之一端將原料投入之後，依照製造程序，經過連續不斷的加工過程，最後產品在工廠另一端產出的生產方式。在此方式之下，產品品質穩定，生產設備固定，製造程序不變，產品設計經過標準化。例如，汽車之製造、化學品之製造。所謂「間斷或批量生產」(Batch Production) 係指一次機器工具的籌備裝置 (Set-Up)，其使用時間十分短暫，若要製造下一批的訂貨，機器工具就得重新籌備裝置 (Re-set-up)。

至於專案生產 (Project Production) 通常係指獨一無二之產品，其製造時間很長，所須零件繁多，成本投入很大的生產方式而言，如飛機，太空船，人造衛星，船舶，大型建築等均是。

連續生產方式有下列數項優點：

⑴單位產品的製造費用 (Overhead) 與直接人工 (Direct Labor) 成本較低。

⑵產品標準化後容易大量製造，且產品總單位成本低廉。

⑶高度機械化及自動化，工人操作較單純，管理工作較簡易。

連續生產亦有其缺點，概略如下：

⑴缺乏彈性 (Lack of Flexibility)：若產品樣式改變，生產方法改變，操作方法變更，則生產線將須費相當長時間及大成本方能調適。

⑵停線機會增多 (High Stoppage Rate)：只要其中一項工作站停頓，後續之工作必受牽累而停頓，而造成莫大損失，而且全生產線之總故障機率增大。

⑶生產線之設備投資費用昂貴 (High Equipment Investment)，固定成本大，風險相對增大。

而間斷或批量生產 (Batch Production) 亦有下列優點：

⑴彈性大：因為機器多為通用性 (General-Purpose Machines)，產品樣式或生產操作方法有所改變，生產線一經調整即可應付。

⑵前後機器的影響較小或各自獨立 (Independent Work-Station)，較不易產生集體停線之事故。

間斷或批量生產之缺點為：

⑴單位產品的製造費用與直接人工成本較高。

⑵工作安排複雜，需要許多工作指示單，增多文件作業。

⑶管理工作較煩雜，協調工作增多，浪費時間。

（二）存貨生產與訂貨生產之區分 (Inventory or Standard-Made vs. Order-Made Method)

　　另一種劃分方式將生產方法劃分成「存貨生產」(Inventory-Made) 與「訂貨生產」(Order-Made)。所謂存貨生產係指依據市場之分析 (Market Analysis) 與銷售預測 (Sales Forecasting) 所做之事前大量生產計劃，使產品的生產及存貨保持某一定之水準，即使真正訂單屆時未到，也不停止生產，所產之成品存入倉庫，等候訂單來臨。存貨生產必須依據事前預定之標準而製作，所以亦稱為「標準生產」或「制式生產」(Standard-Made)。存貨生產之通性有下列幾項:

　　⑴產品之製造多經過標準化，故產量多種類少。

　　⑵生產批量的大小 (Production Order Size) 係根據經濟生產原則而定。

　　⑶採用專門性或單一性能機器 (Single-Purpose Machine) 生產。

　　在二十一世紀初期，許多高科技產業採垂直分工方式，上游廠為下游廠之委託加工衛星廠，但因產品樣式變化快，上游廠若以存貨生產方式事先製造並進入庫存，而下游廠訂單遲遲不來，事過六個月或一年，此庫存品可能已技術性過時，不再為市場所需要，所以該上游廠不得不把大量庫存品報廢 (Write-Out)，形成當年或當季大量虧損現象，此為採行此生產方式者不可不知之事。

　　所謂「訂貨生產」係依據客戶之訂單規格做生產計劃，如無訂單則生產近乎停頓，不會有存貨；若訂單過多，則要加班趕工。此類生產很不穩定，一切經營活動受到客戶訂單之影響，其通性如下:

　　⑴產品種類多，每種產量相對地較少。

　　⑵產量依據訂單而定，是多是少，較難掌握。

　　⑶採用通用性能或萬能機器 (General-Purpose Machines) 生產。

　　內銷市場廠家可以採用存貨標準生產方式。而外銷市場及受託加工出口的廠家大多屬於訂貨生產方式，沒有訂單不敢生產，若未得訂單就先生產，就有報廢之憂，所以受人控制之程度甚大，很難擺脫「不穩定」感覺。無疑地，愈成功的穩定事業，愈是走向「存貨生產」方式，以對國內及國外市場的掌握，來穩定生產活動。

■ 六、生產管理之推行原則 (Principles of Production Management)

（一）「計劃第一」管理原則 (Planning-First Principle)

　　生產管理是否上軌道，首先決定於「生產計劃」(Production Planning) 是否十分妥善，其次決定於生產程序 (Production Process) 是否順暢，最後決定於生產管制 (Production Control) 是否嚴謹。這便是事前計劃→事中執行→事後考核控制的管理循環之運用。沒有良好的生產計劃，則生產過程及其管制必將雜亂無章。台塑關係

企業主持人王永慶先生在民國 62 年 5 月 19 日對明志工專應屆畢業生談話時曾說過：「企業障礙不外乎計劃不好，才會造成的。」生產管理的障礙何嘗不是生產計劃不妥所致呢？

　　（二）「事前」管理原則 (Before-Fact Principle)

　　生產管理不良的普遍癥候，是生產線停工待料 (Line Stop)。究其原因錯綜複雜，為便於瞭解，特將可能原因以要因分析圖 (Key-Factor Analysis) 或稱魚骨圖 (Fish/Bone) 表示如圖 20–6。由圖 20–6 可知，為防止停線之發生，積極改進計劃性的事前管理將是十分有效的工具。所有障礙可經由事前的管理而消除，或使其影響減至最小程度。例如為避免採購遲延進廠，生產管理人員於材料零件預定進廠之七天前，就得將採購事前管理「追查表」(Follow-Up Sheet) 有關的項目填妥，逕交採購部門，請其提出準時交貨之「保證」(Assurance of Delivery)。對於未能準時交貨的材料零件，應迅速採取對策，以利生管工作之進行。

圖 20–6　生產線停工待料之要因分析圖（即魚骨圖分析法）

　　（三）「重點」管理原則 (Focus Principle)

　　企業管理必須有重點，生產管理何獨不然？在生產管理過程中，應用「重點管理」的地方不勝枚舉，今舉「ABC 分析」為例。ABC 分析廣用於物料管理上，將物料存貨分為 ABC 三項。A 類是重要的少數項，項目少而金額多。C 類是不重要的大多數項，金額少而項目多。B 項之性質介乎 A 及 C 之間。ABC 三類材料因重要性不同，所採之管理手法亦有所不同，大體而言，A 類是重點所在，必須嚴密控制，由

廠長追蹤；B 類其次，由課長追蹤；C 類則又次之，由課員追蹤。若已實施電腦自動倉儲管理，這些報告都要自動送到 A、B、C 類之主管面前。

（四）「例外」管理原則 (Principle of Exception)

生產管理過程中，時常有一些「異常」(Abnormal) 現象發生，針對這些例外事件必須事先釐定處理原則，即是例外管理原則的運用，例如緊急訂單之處理便是一例。緊急訂單處理手法如下：

⑴預留適當生產餘力或利用加班來應付。

⑵營業部門與生管部門共同確認緊急訂單接收範圍。

此外在採購事前管理活動中，若事先得不到採購部門準時交貨之保證，則應迅速採取對策或緊急措施（不能忽視，不能等到真正停工待料再來處理），這亦是例外管理原則的運用。

（五）「科學」管理原則 (Principles of Scientific Management)

在生產管理的活動中，必須蒐集大量的資料及數據 (Information and Data)，以供科學客觀的方法做精確的分析，期使生產活動以最低的成本獲得最大的收益，這便是科學管理原則之運用。

現代生產管理常用之技術如：生產線的平衡、人員派工計劃、剩餘產能調查、生產或採購批量的決定、機器負荷之計算、生產量預測、產銷配合之決定、材料管理之 ABC 分析、定期訂購法、定量訂購法、生產設備之擴充……等等問題都可應用科學分析方法，以節省費用，創造利潤。

第三節　生產程序之系統設計 (Systems Design of Production Process)

在探討生產程序之設計時，應先瞭解生產程序設計之決策步驟，如圖 20-7 所示，然後再逐步瞭解其內容。

一、產品設計及信賴度 (Product Design and Reliability)

「產品設計」不僅影響生產程序及設備布置等生產活動，而且影響成本結構與銷售難易。良好之產品設計不但能滿足顧客之需要，獲得顧客之讚賞，同時亦有助於生產活動之進行。

產品設計及其發展次序如圖 20-8 所示。然而各步驟並非一定照圖示次序，有時

圖 20-7　生產程序決策步驟 (Decision Steps of Production Process)

必須回溯到前面之步驟，有時要兩個步驟同時進行。

1. 創意發展 (Product Idea Creation)

新產品之創意 (Ideas) 可來自顧客、科學家、推銷員、競爭者、經銷商及公司有關人員。公司之資源有限，不可能發展所有之產品創意，因此產品創意要經過濾 (Screening) 以剔除與公司目標政策和資源不能配合者。我們應謹記現今是「顧客至上」的時代，產品內容將來是否能滿足顧客之需要是萬萬不能忽略的首要大事。

2. 產品選擇 (Product Concept Selection)

產品創意經過濾後，必須進一步發展成為比較具體之「產品觀念」(Product Concept)，即將公司對產品「功能性」(Functional) 觀點轉變為顧客之「態度性」(Attitudal) 觀點，以便進行市場分析、經濟分析及可行性分析。產品觀念測驗 (Testing of Product Concept) 即在測量產品觀念之利益性，預估將來之銷售情形，充實「觀念」之內容，以及揀選最佳之產品觀念，以便進一步分析。

<table>
<thead>
<tr><th>主要活動</th><th>產品設計之發展次序</th><th>主要產出</th></tr>
</thead>
<tbody>
<tr><td>尋找消費者的需要
篩　選</td><td>1. 創意發展
(Product Idea Creation)</td><td>創意之排序與選擇</td></tr>
<tr><td>產品觀念測驗
市場分析
經濟分析
一般可行性分析</td><td>2. 產品選擇
(Product Concept Selection)</td><td>特定產品特性選擇</td></tr>
<tr><td>可靠性
可維護性
品質設計之評估</td><td>3. 初步設計
(Primary Engineering Design)</td><td>最佳設計之選擇</td></tr>
<tr><td>製程合適性測驗
模擬研究</td><td>4. 最後設計
(Final Engineering Design)</td><td>裝配圖、程序公式、
手續等之最後定案</td></tr>
</tbody>
</table>

現有設備　　所需新設備 (Machines and Equipment)

製程選擇
(Process Selection)

設備布置等等

圖 20-8　產品設計及其發展次序 (Product Design and Its Development Process)

3. 初步設計 (Primary Engineering Design)

初步設計是將產品觀念或其特徵發展為紙上產品雛形，例如洗衣機須決定其外形樣式、洗衣槽之容積、馬達大小、洗衣槽與脫水槽是否分開等等。同時，在此階段亦應確定產品之信賴度 (Reliability)、使用年限 (Life) 及可維護性 (Maintenance)。良好之設計應使產品易於分解及更換零件，或從事各項例行維護檢查，特別是易於損壞之部分，要設計在容易接觸更換的地方。

4. 最後設計 (Final Engineering Design)

此階段須設計產品實體雛形 (Prototype)，試驗或模擬其可用性，修正各項可能缺點以符合施工之要求，並應確定產品之規格 (Specification) 及所需零件 (Parts)。在製造方面，還要決定裝配圖 (Assembly Plan)，以利大量生產。產品規格之詳細程度隨產品精密度而不同，蓋越精密之產品將須更詳細之產品規格。

產品設計定案前，必先考慮「效益」與「成本」是否平衡。有時要犧牲效益以減低成本，有時要提高成本以增加效益。這種成本效益之平衡工作可從各零件著手。

對於超過產品設計要求規格之零件，可先予降低規格水準，例如不必負重之鋼板可減少其厚度。

5. 產品信賴度 (Product Reliability)

近年來由於客觀環境之改變，使得產品信賴度所受之重視倍於往昔，提高產品之信賴度不但增加使用者的方便，減少維護費用，同時亦減少製造廠家之保證費及商譽所受之損失。一般用於提高產品信賴度之方法有：

⑴降級法：將較高規格水準之零件或組件，用於原設計較低規格水準零件之產品。例如以 30 馬力之馬達，用於原設計僅需 20 馬力之產品即是。

⑵複件法：增設一種完成原先功能之零件或組件。當一組件發生故障時，另外之複件可繼續完成使命。

二、生產方法及製程設計 (Production Method and Process Design)

1. 機能、成本、與方法之配合 (Functions, Costs, and Methods)

產品一旦設計完成，就決定了製造成本之最低限。再聰明的生產工程師侷於設計，充其量也只能使成本降至該設計之最低限而已。因此，在產品設計階段就要考慮產品及其零件之生產或加工方式。

優良之產品設計，應能同時考慮產品機能 (Functions) 及生產成本，並確定生產方式。此後，製造工程師便需確定生產方法以降低成本。製造程序設計在決定所需之製程 (Process) 及其次序 (Sequence) 時，如果產量不大，製程之選擇可遷就現有之設備 (Equipment)；如果需求量大，設計穩定又不須經常變化，則可考慮採用新的「專用機器」(Single-Purpose Machine)，亦稱「單能機」與生產線布置。

2. 萬能機與單能機之比較 (General-Purpose vs. Single-Purpose Machines)

通常大多數之生產過程，不僅可用「通用機器」，或稱「萬能機」，亦可採用單能機，而此兩者各有其優劣點，在選擇時必須做適當之決斷，茲將其作為表列方式供比較參考，如表 20-1 所示。雖然在步入二十一世紀之後，許多臺灣新投資設廠都採專業分工方式，以購買單能機為主，但在中國大陸投資的工廠則尚有考慮購買萬能機之可能，所以表 20-1 之比較依然具有學習價值。

表 20-1　萬能機（通用機器）與單能機（專用機器）之選擇比較 (Comparision between General-Purpose and Single-Purpose Machines)

決策變數	萬能機（通用機器）	單能機（專用機器）
1.原始投資 (Original Investment)	萬能機供應商較多，又有二手貨可用，故原始投資比單能機為低。	（與通用機器相反）
2.產出率 (Output Rate)	（與單能機相反）	用單能機人工少，更換工具夾具模具次數較少，填裝快，故產出率比萬能機高。但這並不一定是指機器運轉較快之故。
3.直接人工 (Direct Labor)	（使用較多直接人工）	單能機之直接人工比萬能機少。
4.彈性 (Flexibility)	萬能機可應用於較廣泛之操作。	（僅能應用於專門操作）
5.整備時間 (Set-Up Time)	萬能機整備時間較少。	（整備時間較多）
6.維護 (Maintenance)	萬能機比單能機簡單，零件易得，維護較易。	（維護較難）
7.產品品質 (Product Quality)	（品質不易提高）	單能機生產之產品品質與萬能機一致。
8.陳廢 (Obsoletion)	萬能機可塑性及通用性比單能機高，較不易被淘汰。	（若有新機種出現，甚易被淘汰）
9.在製品存貨 (In-process Inventory)	（在製品存貨較多）	單能機生產程序不易中斷，線上存貨堆積現象較少。
10.所需機器數目 (Number of Machines)	萬能機可應用於各種操作，故所需機器數目較少。	（總機數較多，幾乎每一操作皆須一個單能機）
11.操作員之技術要求 (Requirement of Operator's Skills)	萬能機一般需較高技術之操作員，但要取決於機器操作、偵測、及整備。	（因係單能操作，機器本身技術含量高，工人之技術要求不高）

在選擇萬能機或單能機時，除考慮上述因素外，尚須考慮以下之各因素，包括：

(1)足夠的彈性以應付產品變化。

(2)充足之零件及工具以供更換。

(3)與其他機器是否配合。

(4)供應廠商協助裝置及改正缺點之服務。

⑸使用機器之工人的專業訓練程度。

⑹正常之維護與修理。

⑺機器之安全性。

3. 製程規劃 (Process Design)

產品設計及生產方法 (Production Method) 設計完成後，接著要從事製程 (Process Design) 規劃。製程規劃之步驟及其與其他階段之關係，可以圖 20–9 表示之。

裝配圖 (Assembly Chart) 在於顯示零件間之關係、裝配次序、以及合成組件之零件，亦可作為組件裝配之合適性及零件「外購」(Buy) 或「自製」(Make) 之決定。然而它沒有指出各自製零件製作所需之操作及檢驗之詳細情形。故須繪製操作程序圖 (Operation Flow Chart)，指示各零件之操作次序、裝配次序、零件之相互關係。同時區分外購或自製之零件，協助各個工作地點 (Station) 之規劃、指示所需人工數、物料流程性質，物料輸送性質及生產流程之可能困難等等。

操作程序圖詳細的描述必須執行之各種生產性活動，而對於非生產性之活動未予描述。因而有同時注重「生產性」與「非生產性」活動的「產品流程圖」(Product Transport Flow Chart) 以便將操作活動與實際工作場所結合在一起，並指明所需之輸送 (Transport) 及儲存 (Store) 活動。在工廠裡，輸送與儲存等非生產性活動在整個製造循環中佔相當大比例，所以管理當局常想辦法削減這方面之支出。產品流程圖提供了一些可行的方法。此外流程圖尚可用來改良現有之流程，或協助新產品建立良好之流程。由於上述三圖皆係詳細之操作性實務，在此只做觀念之介紹。

4. 自製或外購 (Make or Buy-Outsourcing)

自製或外購分析是目前很多廠商常會面臨的一項取捨活動，尤其在二十一世紀高科技產業講求全球「垂直分工」及「全球運籌管理」時為然。由於有關之因素常影響公司之收支甚大，故一般公司無不謹慎處理。一般而言，零件之自製或外購，在原則上取決於經濟因素，但也要顧及非經濟因素。所需零件如在專利或技術 (Know-How) 上沒有問題，廠商可考慮自製或外購。如果自製較為便宜，則以自製為佳；否則外購。

惟此種成本分析應僅考慮「有關成本」(Relevant Costs)。也就是說，自製或外購分析應僅考慮決策所會直接影響之成本。例如有閒置設備可用，成本分析就不必考慮折舊費用，如果自製不增加燈光、熱力，則燈光、熱力所花之費用亦非有關成本。如果設備並非閒置，則須考慮其「機會成本」(Opportunity Costs)。所謂「機會成本」是指取消其他用途而就本用途，所犧牲之貨幣值。由於非閒置機器設備用於生產某

圖 20-9　製程規劃之步驟 (Steps of Process Design)

特定零件，則必會犧牲其他可能用途，故而應考慮其機會成本。

　　換句話說，在自製或外購經濟分析中，以「增額成本」(Incremental Costs) 或「減額成本」(Decremental Costs) 為決策之基礎。對於原為自製零件，考慮外購時，要先

分析「外購減少那些成本?」。如果原來是外購,考慮自製時,應分析增產該零件將發生何種有關成本?

此外,我們尚須考慮一些非經濟因素,例如品質、產品信賴度、製造技術、原料之取得、專利權、交貨日期、長短期因素、公司政策等等。現在(二十世紀末及二十一世紀初)很多美國大品牌公司,常把零配件委託臺灣高科技公司代工生產,而臺灣高科技公司也自製一部分,把另外部分委託其他衛星供應商代工生產,如此層層委外代工(即外購),形成一套很錯綜複雜之外購—外購—外購生產體系。

5. **機器及方法之選擇** (Machine and Manufacturing Method Selection)

當決定「自製」後,接著便須決定製造方法,即決定使用何種機器或經過何種工作程序製造。一般而言,零件可以多種方法加工製造,例如要在一個孔上切螺紋,可用多角車床、自動車床或數值控制車床。其選擇往往以「成本」為準則。如以最小成本法為決策準則,計劃產量及增額成本將是影響決策之主要因素。如果工廠擁有所須之機器,而且亦有足夠之產能,則首須估計整備成本 (Setup Costs)、工具成本等「固定成本」(Fixed Costs),及包括原料、人工及動力等「變動成本」(Variable Costs)。

除了上述經濟分析外,製程之選擇還要考慮一些非經濟因素,諸如品質、速度及精確度。當交貨日期緊迫時,速度會變成決策之主要準則。同樣的,品質及精確度亦可能成為主要準則。

6. **工具選擇** (Tooling Selection)

工廠所使用之工具相當昂貴,因此在購買新工具之前,應注意有無舊工具可修改或代用,也就是說,儘可能使用或裝修舊有工具。除非確實必要,不然不要輕易添置新工具。同時應保持各種工具放置處所及修護成本等等紀錄。

工具之設計應注意耐用,以避免經常損壞,同時要避免設計錯誤,使工人不致操作不便,而影響工作之進行。

7. **途徑及操作選擇** (Routing and Operations Selection)

最後討論「途程單」(Routing Sheet) 及「操作單」(Operations Sheet) 兩者。途程單及操作單確定產品或零件之實地製造方法。對於製造商而言,此項文件與工程設計圖有同等地位。工程設計圖說明生產什麼,而途程單及操作單則說明如何生產。也就是說,途程單(1)描述所須之操作及操作次序,(2)確定使用之機器或設備,(3)估計整備時間及每件所需之製造時間。如果再詳細的說明操作方法或標準,即為操作單。

三、廠房規劃 (Plant Planning)

製程設計工作完成後，接著就要「廠房規劃」。其實廠房之規劃是製程設計的延伸，只有在詳細之廠房布置完成時，製程設計才算完成，而當製程種類、所需人工及服務類型決定後，才選廠址 (Plant Location)。因此，製程規劃與廠房規劃是連續並相互影響的。本小節採自劉水深教授所著《生產管理》一書，華泰書局出版，讀者可參閱詳細內容。

廠房之規劃可分為兩個主要工作，一為廠址選擇，另一為設備布置 (Equipment Layout)。廠址之選擇一般包含兩個階段，第一為「廠房地區」(Location) 之選擇，即決定在何區域、縣市設廠，如台積電到中國大陸投資 8 吋晶圓廠，傳說要在上海市松江區。第二為「座落地點」(Site) 之選擇。前者與設備布置可同時分開進行。廠房座落地點之選擇，則應先參考「設備布置」(Layout) 設計，再從所選擇之區域中選一適當地點。然後再就廠房座落地點，修正設備布置。其關係如圖 20–10 所示。

圖 20–10　廠房規劃關係圖

（一）影響廠址選擇之因素 (Factors of Selecting Plant Location)

廠址選擇以降低整體作業之全部成本為目的；亦即，在使公司得到最大利潤。因此，不僅要考慮短期之操作成本，同時還要考慮長期資本投資之平衡。此外，除了數量化之成本因素外，尚要顧及非數量化之因素。

1. 廠址數量因素之分析

為便於分析，可將成本分為「取得」原料之成本 (Acquisition Costs)，將生產因素「轉換」成產品之成本 (Transformation Costs)，及將產品「分配」至消費者的成本 (Distribution Costs) 三種。這三種成本因素影響各行業廠址的選擇，但其相對之重要性卻因行業之不同而有很大之差別，端賴產品性質及其生產技術而定。

「生產因素取得成本」(Acquisition Costs) 包括「直接成本」及「間接成本」。直接成本是原料 (Material Costs) 及其運費 (Freights)，保險費 (Insurance)，間接成本則包括採購之有關成本 (Purchasing Costs)，如訂購 (Ordering)、驗收 (Inspection)、儲存 (Storage) 等。間接成本部分往往取決於採購系統，較少受廠址選擇的影響。原料之運費成本便受可用之運輸方式 (Transport Mode) 及其費率 (Rate) 影響。而費率則決定於廠址之距離 (Distance)。

「轉換成本」(Transformation Costs) 包括人工成本 (Labor Costs) 及所購各種服務之成本 (Service Costs)，包括光、熱、動力、水、租稅等。其中人工成本往往隨著區域而不同，例如各區域生活水準與勞工需求之競爭情形不同，工資率 (Wage Rate) 亦必因此而異。有一點必須注意的是，單純的工資率並非是決策的準則，真正決定因素應是單位人工成本 (Unit Labor Cost)，亦即勞工之生產力與人工成本之比率；光是這一項成本，就使臺灣的勞力密集產業，在 1990 年代開始，大量移植到中國大陸去，造成二十一世紀初臺灣勞工失業大增之蕭條情景。其他轉換成本則取決於製程 (Process) 之性質。某些生產方法中，水、動力、燃料佔轉換成本之大部分，而這些成本可能因廠址所在區域而有很大差異。

與廠址有關之「分配成本」(Distribution Costs) 就是產品之運輸成本。從工廠將產品送到市場，此段之運輸成本亦隨工廠與市場間可用之交通工具及其費率而定。當然，由於運輸工具不同，必會改變公司對顧客之服務水準（如減少訂貨與收到貨物間之時距）及產品之存貨水準，再影響到其他間接費用，這些都應考慮。

2. 廠址非數量因素之分析

除上列之數量因素外，還要考慮一些無法數量化之重要因素。

⑴勞工供給情形及可利用之高級技術人員：各種行業所需技術人員多寡不同，

而各地區所能供給之技術人員亦多寡不同。一般半技術或非技術工人 (Semi-Skilled or Unskilled Labor) 為各行各業所爭取之對象。因此，在考慮各地勞工之供給情形時，除應考慮目前之勞力供需情形外，尚須考慮將來其他工廠湧入之可能性。

(2)環境污染：保護環境漸受重視，如行業之生產會產生噪音或造成水、空氣及泥土之污染時，應選擇可容易處理之地點。

(3)氣候及天然現象：有些地區常發生天災，而使公司遭受損失。此外，各地區之溫度、濕度不同，亦是某些行業選擇廠址之重要因素。

(4)社區對公司之態度：中國大陸各縣或縣級市常以許多優待辦法來爭取廠商設廠，以提供就業機會及增加稅收。例如提供廉價土地、工業區之開發等。例如上海市松江縣（現改為區）提供很大土地及優惠條件，爭取台積電、鴻海、廣達等等大公司去投資設廠，就是一例。

(5)除上述因素外，閒暇消遣設施、社區成長潛力及大學或研究中心之有無等亦應納入考慮。

(二) 廠址選擇因素之相對重要性 (Relative Importance of Plant-Location Factors)

廠址選擇因素之相對重要性，各行各業有很大之差別。主要視其「投入－產出」因素、及製程之需要而定。

(1)投入因素之「重量」或「體積」之單位價值很低時，運輸成本將成為決定廠址之重要因素。譬如水泥廠、磚廠、玻璃廠等以靠近原料產地為佳。

(2)成品之「運費」很大時，廠址應鄰近需求市場，如汽車工業，通常將其裝配廠設於需求市場附近，以降低其成品之運輸成本。

(3)「分解」型之生產系統往往設於原料供應地附近，而合成型之生產系統，則以需求市場附近為佳。分解型之生產系統所用原料種類少、數量多、需求市場分散，如在原料產地附近將可減少運輸成本。合成型生產系統恰相反，其原料種類多、產地分散、產品少、需求市場較集中，故在減少運輸成本之觀點，以需求市場附近為佳。

(4)如果生產過程中需要「大量」的水，則廠址應選擇在河流旁邊，例如造紙、化學工業等。如果生產過程需要大量之動力，則應以有廉價動力供應為重點。此外，製程所產生之廢物處理，特別是對動植物有害者，更應選擇容易處理廢物之地區。

(5)如果生產過程需要高技術工人，則應以該地區是否有高級技術工人為著眼，這些公司最好在高等教育機構附近，如美國加州矽谷有史丹佛大學，所以電子電腦

高科技公司就在附近設立。對於勞力密集之行業，應以勞力之供給及勞工成本為主要考慮因素。

（三）廠址決策過程 (Decision-Process of Plant Location)

廠址決策過程，包括三個步驟。首先以上述方法對各個地理區域做一評估，選一最適區域。這個區域可能包括一個 50 至 100 哩為半徑的範圍，而我們假設該區域內的每一位置都具有相同的利益。

每個區域內通常都有三種類型的位置，為城市、鄉村、郊區等。因此，決策的第二步工作為決定設廠於此三種不同類型位置之相對利益。表 20-2 分別列出此三種位置的相對利益，而這些因素的相對重要性，自然隨各行業而有不同，而仍需要主觀及客觀的判決。

表 20-2　廠址位於城市、鄉村及郊區的相對利益 (Comparison among City, Urban and Country)

一、城市位置的優點

　　1.有較好之運輸系統運送原料、成品及員工上下班。

　　2.各類勞力供給充足。

　　3.相關行業的輔助服務多，取得容易。

　　4.當地消費者較多。

　　5.財務融通較易。

　　6.市政服務較佳。

　　7.企業服務（資料處理、法律、會計、管理顧問等）較多。

二、鄉村位置的優點

　　1.水量可能較充分。

　　2.有廉價土地可資利用。

　　3.稅率較低。

　　4.法令限制較少。

　　5.勞工穩定性較佳。

　　6.閒暇消遣較方便。

三、郊區位置的優點

　　1.可兼上述二者之某些優點。

　　2.有規劃之工業用地。

　　3.可應用土地面積較大。

　　4.勞工、財務融通、相關行業及地方市場均與城市位置相似。

第三步便是找出確定的座落地點。此時管理者必須考慮裝卸設備、材料及員工的運輸設備、擴充及停車的空間以及當地的各種因素。

當然，對廠址做完善的分析，尤其在收集許多可能廠址的各種資料時，成本可能很高昂。但是有許多地方政府機構，願意提供許多這方面的資料，以鼓勵廠商投資。

(四) 國外設廠決策 (Foreign Plant Decision)

近年來，企業全球化趨勢大熱，廠商在國外設廠之興趣越來越濃。其原因很多，第一，國內工業化程度越大，勞工之供給越感缺乏，工資率也日漸增加，而一些低度開發之國家，其工資率似乎較低，前往設廠頗為合算。第二，國際市場之開拓，就近生產可節省運輸及其他費用。第三，最近各國進入 WTO，貿易設限日趨降低，各廠競相進入，只有在當地設廠方可就近接近客戶，以達拓展國際市場之目的。

國外設廠當然要考慮到成本問題，許多廠商在國外設廠，其稅捐成本反較其國內者為高，特別是在低度工業化國家，原料成本貴了不少。另者，工資率雖然較低，但生產力則亦甚低，致使單位人工成本方面未能取得助益。國外工廠之其他費用亦較高，因此在考慮國外設廠時，應分析其「總利益」及「總成本」(即可行性研究)，而非僅工資率一項。因為對某些項目而言，國外設廠似乎較有利，但在另一些方面，則費用甚高。兩者應互相平衡，採取真正有利之作法。

前面所討論之因素，各國差異很大，特別是工會活動情形不一，影響成本甚巨，應格外注意。

■ 四、設備布置 (Equipment Layout)

設備布置之使命在於安排生產所需之機器設備與人力之配置，使生產能經濟有效的進行。要達成此項任務，設備布置必須儘可能減少零件及人員之移動，以及零件之製造時間，如此方可減少人工及其他費用。

「設備布置」是「製程設計」之延伸，它是就製程設計，並考慮生產數量，而發展出經濟有效的生產系統。也就是說，它整合「生產什麼」(What，產品設計圖及規格)、「如何生產」(How，途程單及操作程序單) 及「生產多少」(How Many，預測、訂單、外包) 而成。

(一) 設備布置之目標 (Objectives of Equipment Layout)

設備布置之最終目標，在有效地安排機器設備與人員工作區域，以使生產過程得以經濟有效的進行。此項目標可細分為以下八點：

⑴便利流線型之生產過程 (Stream-Line Production Process)：機器設備及人員工作區域之安排，要儘可能使原料能平滑的移動，減少不必要之遲延，同時使得半成品經過任一工作點（站）時，容易辨認與計數，而不致與其他批次相混淆。

⑵減少原料之處理 (Least Material Handling)：如果可能的話，原料之處理以機械為之。另外各零件最好能在移動之同時進行加工，如噴漆、烤焙、洗滌等。

⑶維持彈性 (Allowance for Flexibility)：產品組合之改變常須改變布置，因此如能在設計設備布置時，預先考慮未來之可能改變，將較富彈性。

⑷維持在製品高度周轉率 (High Turnover of In-Process Goods)：設備布置要能維持在製品高度周轉率，使在製品存貨減低，所需之營運資金自亦減少，這些都可節省生產成本。

⑸減少機器設備投資 (Reduction of Equipment Investment Costs)：例如兩種零件都要磨床加工，途程安排如使之共同應用一個磨床，將可不必增加另一部磨床投資。

⑹地面之經濟利用 (Economic Use of Space)：設備布置應使機器間之空間足夠供應人與原料操作即可，不必過大而使有用之空間形成浪費。

⑺有效的利用人力 (Effective Use of Manpower)：浪費人力便是增加成本，只有合適妥善的布置，減少不必要的活動，才能有效的利用人力。

⑻提供員工方便、安全及舒適的工作環境及地點 (Better Working Conditions)：發聲大之機器的隔離，危險機器之自動化或加蓋以及通風、光線等等皆應加以考慮。

（二）設備布置之類別 (Types of Equipment Layout)

設備布置之類別有三，其一為程序布置，另一為產品布置，第三類為固定位置布置。

1. 程序布置 (Process Layout)

它又稱功能布置 (Functional Layout)，是將具有相同功能之機器或作業聚集在一起，而形成所謂「機器中心」(Machining Center) 或部門。例如焊接之工作集中在焊接部，油漆作業集中在油漆部。在程序布置中，各項產品利用同一機器加工，當需要某項作業時即送至該部門加工。每一產品或訂單因數量不足，不能完全利用一部機器或一工作站，因此只有與其他產品或訂單共用機器設備。其優缺點與前所述之間斷生產相類似，在此不予贅述。

2. 產品布置 (Product Layout)

它是將機器依產品之製程及操作次序安排，而成生產線之形式。在此布置方式下，原料及零件不斷的往下一工作站推進，直至產品完成為止，故亦有「直線布置」

之稱。在此布置下，機器或工作站完全投注於某單一產品或相似產品，因此常採用單能機設備，而使得布置缺乏彈性。

故只有在某些條件下，比較適宜採用產品布置，例如：

(1)需求量剛好能合理的利用機器，否則徒費機器設備之產能；

(2)產品規格固定，如果產品經常變化，則生產線需要配合修改；

(3)零件要能互換 (Interchangeable)，在生產線上不需要再特殊加工或配合，否則將導致裝配線之中斷；

(4)原料能源源不斷的供應，因原料供應是裝配線之重要關鍵，任何一原料或零件之短缺，將使整個生產線中斷。

3. 固定位置布置 (Fixed Position Layout)

它是把各重要機器固定在特定地點，不同產品要加工時，搬到該處加工後，再搬走；這是不專門化生產之工廠的布置法，生產能量不能擴大。

五、工作設計與工作衡量 (Work Design and Work Measurement)

前面探討產品生產方法之總體設計問題，如生產程序、物料之流程及設備布置等等。此等總體設計實隱含著對工作基本結構之訂定，同時亦影響工作之定義及其內容。理論上，前述總體分析並不能保證可獲得最佳之工作結構。然而可能之工作設計不勝枚舉，又無可用之資訊可加利用，故實務上只能在總體設計下求取最佳之工作設計。

（一）工作設計 (Work Design)

工作內容之決定除受到總體設計（生產程序、設備布置等）及產量之限制外，尚須考慮人為及社會因素之影響。過去亞當斯密之分工論一直是工作設計的根據。近年來，許多研究者發現「過度分工」使得員工感到工作枯燥乏味，而工作之「擴大」(Enlargement) 可提高員工的工作滿足、增加生產力及品質水準等等，因此工作內容不能像過去完全取決於經濟因素，同時還要考慮非經濟因素，如員工的工作滿足。

工作內容確定後，才能設計最佳之工作方法。工作方法之設計尚要考慮生理及心理等因素，因為人們具有生理、心理及社會之特徵，這些特徵確定其工作能力與限制。例如一般人能拉 120 磅，工作設計如超過此限度，將減少可用之人選或造成員工之過度疲勞。

綜上所述，工作設計與其他因素之關係可如圖 20-11 所示。

圖 20-11　工作設計與影響因素 (Work Design and Related Factors) 之關係圖

近年來，為改善過度分工所造成之缺點，產生許多學說，其中工作擴大化、工作參與、及工作豐富化值得吾人加以探討。

1. 工作擴大化 (Job Enlargement)

過度的分工使得工作專門化、例行化及員工對工作產生枯燥與不滿足，假如將工作重新設計，可以改善員工之滿足感並提高工作績效。「工作擴大化」即在增加工作之範圍及廣度 (Width)，以提高生產效率。例如指定裝配工從事較多步驟之工作，以增加其工作循環時間，除去固定移動速率之裝配線，擴大其工作範圍；同時讓他負責其工作之品質，以提高其工作深度。

2. 工作參與 (Work Participation)

在此無時不在變化之經濟社會當中，改變工作內容或工作方法，是不可避免的措施。然而不論何種改變，均會引起員工或多或少之抗拒。過去之經驗顯示，當工作內容或方法改變時，往往造成高離職率、低工作效率、產量下降及對管理當局不滿。為避免這些不良後果，讓工作人員參與決策是一個可行的方法。工人對於他們要實施之工作決策影響力越大，其抗拒心將越低，而適應力將越高。因此，在決定工作內容與工作方法改變時，最好讓工人在實質上或形式上參與決策。

3. 工作豐富化 (Job Enrichment)

此為管理人員嘗試有效使用人力資源的重要方法之一，此法是經由員工對工作之內生激勵 (Internal Motivation)，而增加對工作之滿意程度，及組織目標之達成。亦

即，經由增加工作深度 (Depth) 來維持及發展員工之內生激勵。富豪 (Volvo) 汽車公司在瑞典母公司主要生產部門所實施之工作豐富化計畫結果顯示，其員工之反應甚佳。員工們一致認為由於工作的多元化，工作範圍擴大，並與工作團體榮辱與共之感覺，讓他們體會到前所未有之工作滿足感。更由於此，生產力無形中隨著提高，減少勞資糾紛與怠工事件，而使離職率亦因而降低。生產力提高之結果，利潤增加，足可抵消因訓練及更新設備所增加之費用而有餘。

在研究工作方法 (Work Methods) 中，管理當局必須設法激勵及維持工人對工作改良之興趣，並強調改良工作方法可增進工作效率。由於工作方法之改變往往需要添置機器及工具，因此，管理當局應負責籌措所需資金，然而更重要的是，管理當局應積極支持，充實人員及設備，並給予精神上之鼓勵。管理當局也應定期檢討各項工作研究，及其績效，並從事定期之規劃與衡量，以評估其成效。

（二）工作衡量與薪工 (Work Measurement and Compensation)

工作方法設定後，管理當局可根據工作方法，發展「生產標準」(Production Standard) 以衡量人力「投入效率」。生產標準說明每單位時間（天、時、分）應該生產之零件數、裝配數、其他生產數量，或指明生產每單位產品所容許之時間。如以所需時間數表示，一般稱為「時間標準」(Time Standard)。生產標準雖用以預計每個雇員之產出，但並非僅包含工作時間而已。事實上，生產標準尚包括因工作而發生之遲延、休息、個人私事寬放 (Allowance)、以及疲勞寬放等時間。因此不同之工作有不同的生產標準數。即使相同之工作，如工作環境不同，其標準數亦應不同。

薪工之制訂不但要能吸引人才及留住人才，最重要的還要能激勵員工努力工作，因此合理之工資除要參考同業之平均工資及地區之平均工資，以及組織內各工作薪工之合理分配。同時，還要在精神上或物質上獎勵績優員工。組織內薪資之合理分配常借重工作評估方法，如利用因素比較法 (Factor Comparison) 及評點法 (Point Plan) 決定各職位之薪資。這些方法在一般人事管理之書籍均有詳細之說明，故不擬在此贅述。除合理之薪工制度外，公司亦應有足以鼓勵員工更加賣力工作的獎工制度及利潤分享計畫。

六、設備之維護 (Maintenance of Equipment)

廣泛地說，維護 (Maintenance) 包括保持整個生產系統，或系統中特定設備於可運用狀態之所有活動。也就是對建築物、生產設備及各種附屬設施等等之清潔、潤滑、檢查、維護及其他應有之保養，以使生產設備保持良好之機能和狀態，用以發

揮正常之生產效能。維護系統請見圖 20–12。

圖 20–12　維護系統 (Maintenance Systems) 圖

維護可分兩大類：「預防保養」(Prevention) 及「損壞維護」(Repair)。預防保養用以減少損壞之次數與嚴重程度。因為設備故障或損壞之次數愈少，操作之效率愈高。然而維護本身亦須成本，故而最佳之維護政策應使總營運成本（修理成本、停工損失、維護成本之總和）最低。

1. 預防保養 (Prevention Maintenance)

預防保養包含兩項工作，一為「例行」(Routine) 保養，目的在防止耗損及變壞。適時的潤滑工作可使機器減少磨損，保持精確及延長壽命。原則上例行保養應由設備之操作員負責實施，除非操作員無此技術或有其他原因不能從事時，才交給維護部門負責。

另一項工作是「檢查」(Inspection)。定期檢查能在設備損壞之前偵測出來，以便及早修理或更換零件。定期檢查又分「機能檢查」(Function Inspection) 及「精度檢查」(Accuracy Inspection)。前者檢查機器是否有故障或不正常之情形，後者則在檢查機器之精確度。

2. 損壞維護 (Repair Maintenance)

預防保養雖能減少損壞次數及損壞程度，但並不能完全杜絕機器之損壞。也就是說，損壞維護是不可免的。

損壞維護不一定要由公司內部人員負責，在多數情況下，臨時對外雇用專門人員反而較為經濟，例如汽車、打字機、電子計算機、電梯皆雇用外面專家從事損壞修理。因為這些修護所需技術性較高及修護次數很少，由外面專門人員負責反較為經濟。

當設備發生故障或損壞時，有時不必立即修護，或者立即修護也不見得經濟。例如對於一些小的損壞或故障，有時只要減少速率即可操作，為了充分利用維護之設備及人員，維護工作需要安排適當時間，以減少維護成本。

3. 零件之修理或重置決策 (Decision of Repair or Replacement)

成本當然是修理或重置抉擇之標準。除此之外，吾人尚須進一步考慮機器之新舊程度，如果機器已經陳舊，則採費用最低者，因其壽命不長，不必花費太多成本更換新零件而使零件之壽命超過機器之壽命。

除上述因素外，尚要考慮維護人員之工作繁忙程度，如果工作清閒，可花時間去修理，如果很忙，則以更換零件為佳。目前技術工人難尋，特別是具有維護技術之工人工資更貴，故除小修復即可復元者外，一般趨於更換為佳。

4. 維護人員人數之決定 (Number of Maintenance Workers)

預防保養工作除由操作員負責實施者外，其他由維護部門負責之工作應予以彙總評估。當然，工作量 (Work Load) 應以標準工作時間估計，在預防保養工作未建立工作標準之前，亦應客觀估計工作量，再以總工作負荷除以每人之工作量，即可求得維護人力之需求。

對於公司自行維護修理之工作，其人員之決定應使人員成本和故障或損壞損失之總成本為最小。損壞維護人員越多，所須支付工資越多，而其閒置之機會越多，但是當機器損壞或故障發生時，可立即修理維護以減少機器故障之損失。

第四節　生產規劃 (Production Planning)

生產規劃體系如圖 20-13 所示，包括銷售預測 (Sales Forecasting)，產能規劃 (Capacity Planning)，集體調配規劃 (Collective Planning)，物料管理 (Material Management)，存貨控制 (Inventory Control)，時序安排 (Scheduling) 等步驟。

一、銷售預測與生產規劃 (Sales Forecasting and Production Planning)

（一）預測是計劃的基礎 (Forecasting and Planning)

圖 20-13　生產規劃之體系 (Production Planning System)

　　生產的目的在滿足顧客的需要，然而顧客的需要並非一成不變，廠商要避免缺貨所喪失之銷售機會，或減少存貨過多所積壓之資金，則有賴良好之銷售預測。因此，銷售預測是生產計劃及生產時程安排或簡稱排程 (Scheduling) 之起始點，而生產計劃及生產排程又是採購、規劃工廠生產、準備人、機及工具之基礎。銷售預測尚能指示擴充 (Expansion) 之時機，預先計劃籌措資金 (Capital Financing)，以便擴充廠

房、購買機器及充裕營運資金。

「標準生產方式」(Standard-Made Method) 的廠商在銷售之前，必先製造產品，並存入倉庫。因為從獲取投入因素，至製成產品，往往需時甚久，故銷售之前一段時間，就要籌措一切，此項要求促使「銷售預測」在計劃（存貨）生產上扮演重要的角色。

至於「訂貨生產方式」(Order-Made Method) 的廠商，雖不必預測顧客訂購何種產品，需要多少，但仍然需要預測將來各期之工作量，以便預先備好各種生產因素，應付將來需求之變化。何況多數訂單都有一定的期限，要獲得訂單往往要具備足夠之產能，否則即使訂單接了，無法如期交貨，仍不免違約，以致喪失公司信譽及金錢。

銷售預測之目的既在預估未來可能情況，以供決策參考，故預測要有意義，要發揮其功能，則預測之時距，最少要長於決策及執行決策所需之時間。如果預測之時距甚短，以致無法採取有效之準備行動，則預測將毫無價值可言。

任何決策都要以預測為基礎，但不同之決策可能依據不同之預測類型。在財務上，常採用預算預測為年度預算之基礎，當然亦採短期之營運預測，以考慮現金之流入與支出。在行銷上，則採用年度、季、月之預測，以便擬定銷售目標或銷售配額。預測依其在生產方面之用途可分成三種類型：「長期」產能預測 (Long-Range Forecasting)、「中期」生產規劃預測 (Medium-Range Forecasting) 及「短期」營運預測 (Short-Range Forecasting)。

（二）長期計劃 (Long-Range Planning)

長期產能預測之目的，在決定何時需要擴充產能及其大小。所有的企業，特別是大企業，需要長期預測以規劃新廠房及設備。此種預測較為粗略，一般是預測工廠所有產品總需求 (Total Demand) 之最高額，不必細分個別產品之需求。長期產能預測之時距，必須涵蓋規劃時間、建造期間，以及設備之使用年限。因此其時距往往長達 5 年、10 年甚至 20 年。

（三）中期計劃 (Medium-Range Planning)

中期生產規劃預測在估計「類似產品」(Similar Product Group) 在某一段時期之需求水準，以便規劃生產時序，作為整體之規劃，以決定在既定之產能下，如何應付需求之變動。

簡單地說，中期生產規劃預測用以決定人力總需求、總生產（如機器小時，所需機器等）及預期存貨水準。為達成該項目的，此類預測應以需求數量表示之。中

期生產規劃之預期時距涵蓋數個製造週期或至少一個需求期。

（四）短期營運計劃 (Short-Range Planning)

短期營運預測是每日營運之主要根據。生產時序安排、原料之採購及存貨控制等均有賴此預測。它是預測「個別產品項目」(Individual Product Items) 之銷售單位，而非類似產品之銷售單位，此種詳細程度非長期產能預測所需。短期營運預測須經常修正，如一個月或少於一個月修正一次，方能因應市場之變化，滿足顧客需要。

總之，預測之用途決定了預測之性質，也可能決定了預測之方法。此外，預測之詳細程度亦取決於其用途。一般而言，預測時距越長，其詳細程度越低。

（五）銷售預測之方法 (Sales Forecasting Methods)

在實際從事銷售預測之前，必須先決定到底企業內那幾種產品需要預測，然後才可以開始採取實際銷售預測的步驟。銷售預測之主要步驟如下：

⑴選取預測方法：預測方法種類相當多，較常用到的有「判斷預測法」，「市場調查法」，「經濟指標法」，「時間數列分析」，「計量經濟模式」等。在選取預測方法之前，應對各種預測方法加以瞭解，然後再設法選取一種最適當的預測方法，這時應考慮下列各種因素：正確性、成本、適時完成，及可瞭解性。

⑵蒐集有關的資料：對於企業外部資料的蒐集，在國際市場上，應該蒐集一些有關國際經濟動向、新技術動向、海外製品動向、競爭對象國家之有關產品之政策等資料；在國內市場上，應蒐集的資料不外涉及到國內經濟情況（包括國民生產毛額、每人可支配所得與國民所得分配等）、國家經濟建設及經濟政策、本產業動向、競爭企業之動向與競爭策略、國內市場大小與消費型態之變化。

⑶編製預測：資料蒐集齊全之後，就可著手編製預測了。預測的項目包括市場佔有率、各地區之銷售量、全年度之銷售量、每個月之銷售量以及產品淡旺季之月份。這些都屬於銷售預測之編製範圍。

銷售預測編製完成以後，銷售預測之工作並未完全結束。我們應該拿銷售預測數值（量）與後來實際發生的銷售數值（量）互相核對，並計算偏差情形。然後進一步加以追查並分析預測偏差的原因。同時一方面將偏差的大小通知生產部門負責人做適當的修正，另方面將追查檢核的結果做成紀錄留作下次預測時之參考。茲將預測之控制系統繪如圖 20–14。

圖 20-14 預測控制系統 (Forecasting Control Systems)

二、產能規劃 (Capacity Planning)

（一）產能規劃以中、長期需求預測為基礎 (Long-Medium Range Forecasting as the Basis of Capacity Planning)

任何廠商在建造工廠時，心中一定有一個期望之生產能量 (Production Capacity)，也就是說，要建造具有某種產能之工廠。然而在這動態之經濟社會中，某一固定產能並不能完全滿足市場長期需求之變化，而且實體產能也無法在短期內調整，往往需要較長之前置時間 (Lead Time)。因此，產能之決定往往要考慮中、長期需求情況，也就是要以中、長期預測為規劃產能之依據。此外，特定產品、產品組合及消費者嗜好之改變皆可使今日生產設備之產能在明日陳廢，由此吾人必須時時注意產能的控制及重新規劃。

（二）影響及限制產能之因素 (Factors Influencing Capacity)

在考慮產能規劃與控制前，應對影響產能之主要因素及限制因素先有所瞭解。它們可用圖 20-15 來表示。

圖 20-15 影響及限制產能之因素 (Factors Influence Capacity)

實體因素包括工廠設計、廠房布置、廠房環境及物料搬運方法等等。

產品因素如產品功能之設計、產品組合、簡單化及標準化程度、品質規格及所

用原料、產品之大小、形狀、重量及複雜性等皆會影響生產速率，亦即影響有效產能。而其標準化程度及產品組合之多寡，會影響每批之生產量，所需之機器整備時間，因而決定生產設備之利用率。

製程亦是影響有效產能之重要因素，特別是「循環時間」更是決定產出之主要因素之一。循環時間是生產產品所須從事之所有活動時間，包括整備時間、上機、下機、檢驗、整理及其他有關活動。

人為因素的影響產能是不言而喻的，因為多數生產過程，不論其自動化程度為何，皆要有人操作，由於各員工之能力限制不同，產能亦隨之改變。故而在考慮產能規劃及控制時，以上各因素均不可忽略。

三、集體調配規劃 (Collective Adjustment Planning)

（一）五種調配策略 (Five Adjustment Methods)

假如廠商之產品需求非常平穩，則規劃工作將是輕而易舉，同時亦可建立一穩定之員工人數及生產時序安排。可惜，在實際情況中，需求甚少是固定的，各產品需求之變化只是程度問題而已。因此，廠商必須發展出一套策略，以經濟有效的應付需求之變化。集體調配規劃即是在產能固定的限制下，以各種手段來應付需求變化的一種方法。其目的在規劃「各期」之生產量，而非建立個別產品之生產時間表。其首要工作即在確定集體需求水準，然後利用模式或其他方法，發展出特定計畫，以確定生產水準、員工人數、加班情形、存貨水準及外包數量等等，以為短期規劃分配各資源給各種產品或訂單時序安排之基礎。

集體調配規劃之主要策略有五：

(1)改變員工數（增雇或解雇）。

(2)改變生產率（加班或減少工作時間）。

(3)改變存貨水準。

(4)外包。

(5)缺貨。

以上五種方式，可以單獨行之，也可混合行之。

（二）調整產能之原因 (Reasons for Capacity Adjustment)

在生產計畫擬定後，真正施工前，往往尚須調整，其主要理由有二：

(1)實際需求可能與用以擬定生產計畫之需求預測有所差異。

(2)實際生產能力可能與計劃能力不相吻合。

　　預測需求值固然會與實際需求不相同，實際生產能力與計劃生產能力亦常有差異，其原因可能是員工之流動率高、出席率低，或零件短缺而使生產能力不如原計劃能力。但亦可能因效率高而使產量超過原計劃生產量。

　　調整計劃產能之目的在於防止過多或過少之存貨。而集體調配規劃，在多數情況下，僅在尋找較為經濟的方法而已，實屬混合各種策略配合運用，並非為個別產品設定新生產計畫。

■ 四、物料管理 (Material Management)

（一）物料成本佔產品價格之絕大比例 (High Percentage of Price being Material Cost)

　　一般製造業之物料成本（零件及原料之成本）常超過其售價的一半，有些產業，其物料成本所佔之比率更高達 70% 以上，而利潤卻僅佔銷售額之甚小比率。因此，物料成本之些微降低，可大大地增加利潤。要降低物料成本有賴物料管理方法之改良。

　　物料管理包括採購 (Purchasing)、存貨管制 (Inventory Control)、檢收 (Inspection)、運送 (Delivery)、儲存 (Warehousing) 等功能。其作業細則及與其他生產因素之關係，可由圖 20–16 一目了然。

　　在物料管理活動中，有兩個基本概念非常重要，應加提示，它們是價值分析與 ABC 分析。

（二）價值分析 (Value Analysis)

　　採購作業不但要按「規格」(Specifications) 購進適合品質水準之物料，同時還要不斷的尋求「新原料」(New Materials) 或有效之「代替品」(Substitution)，以確保供給來源及降低物料成本。價值分析提供一個結構性方法，以發展在維持一定品質水準下，減少成本的交替策略。本質上，價值分析是一系列的問題與回答；如：

　　⑴是否可用其他代替品來從事所需工作？

　　⑵有無可用之便宜材料可資取代？

　　⑶有無較簡單的方法？

　　⑷有無較快速的方法？

　　⑸是否可以作為其他用途？

　　在問題及回答過程中，有許多構想可一一列出，然後加以逐條評核，實對成本之降低有所貢獻。

圖 20-16　物料管理及其他生產因素之關係圖

（三）ABC 分析

在工廠所用之千百種物料中，每種物料之重要性並不相同，因此，所應採取的管制程度也應有所不同。我們應採「重點管理」(Focus Management) 方式，對較重要之物料管制得嚴，對較不重要之物料管制得鬆一些。所有物料存貨的項目可歸為 ABC 三類。A 類的存貨項目少，但金額相當大，這就是重要的少數，由廠長控制。C 類的物料存貨項目相當多，金額卻很少，這就是所謂的不重要的多數，可由課員控制。B 類的項目及金額則介於 A 類與 C 類之間，可由課長控制。

對 A 類物料之管理要嚴格正確。要有一套完整的紀錄，藉以分析其需要之型態、數量、與時間。適時提出請購，盡量降低存量，避免浪費大量之存貨儲備成本與積壓大量資金。對 C 類物料之採購則應大批購進，可用複倉式 (Two Bin System) 來管制，以免影響工作進度。對 B 類物料未來需要量不必做過分詳細之預測，只要每日對存量之增減加以記錄，到達請購點時，即以「經濟訂購量」採購即可。

五、存貨控制 (Inventory Control)

不論何種廠商，存貨控制是管理當局所不能忽視的大事。一般製造廠商之存貨佔其資產之相當大比例，而零售商及批發商之資產幾乎全是存貨。因此，存貨控制之優劣影響企業利潤甚巨。二十一世紀初的臺灣高科技電子電腦通訊代工大廠，動輒大筆削減倉庫儲存過時之成品，影響當期損益甚大，並牽動股票價格，原因皆在存貨控制有問題。

廠商投資於存貨之目的很多，主要在避免需求變動所造成之停工待料，或避免成品缺貨失去顧客及裝運之遲延。有了足量之存貨，則可便利時序安排。但不論何種目的，存貨應予以控制，使得在滿足某特定顧客服務水準下，使其存貨成本最低。

存貨控制牽涉到下列二個中心問題：

⑴何時必須補充存貨？（訂購點之決定）

⑵必須補充多少存貨？（訂購量之決定）

因為如果訂貨（或生產）時間過早或數量過多，均將增加存貨量、積壓資金及其他儲存成本。反之，訂貨（或生產）時間過晚，或訂貨數量過少，則供需失調，可能因而失去顧客，或致停工待料。因此，適時適量的補充存貨，才能達成物料管理之目的。

存貨水準包括「最低存量」(Minimum Stock) 與「最高存量」(Maximum Stock)。最高存量係指在某特定期間內，某項物料存量之最高水準，通常以下列公式示之：

$$最高存量 = 一個生產週期時間 \times 每日耗用量 + 安全存量 (Safety\ Stock)$$

最低存量係指在某特定期間內，能確保配合生產所需之物料庫存數量之最低水準，通常以下列公式表示之：

$$理想最低存量 = 購備時間 \times 每日耗用量$$
$$實際最低存量 = 購備時間 \times 每日耗用量 + 安全存量$$

「訂購點」(Ordering Point) 係指在最低存量之時，應立即訂購補充物料，否則會影響生產之進行。訂購點通常以下列公式示之：

$$訂購點 = 實際最低存量 = 理想最低存量 + 安全存量$$

「訂購量」(Ordering Quantity) 係指存量已達到訂購點時，物料應適時加以補充之數量。訂購量通常以下列公式示之：

$$訂購量 = 最高存量 - 安全存量$$
$$= 一個生產週期時間 \times 每日耗用量$$

存貨控制若做得好，則產品服務供應率提高，顧客滿意，企業之商譽提高，進而促進產品之銷售。產品對顧客之服務供應量可由下列公式示之：

$$服務供應量 = \frac{交貨期間內實際交貨量}{交貨期間內訂貨量}$$

在一般之生產書籍上，一定可以見到「經濟訂購量」(Economic Order Quantity) 此重要之名詞，經濟訂購量係指「存貨總成本」最低情況下所訂購的批量。在存貨控制中，存貨總成本包括「訂購成本」，「存貨儲備成本」，「短缺成本」，與物料訂購價值。訂購成本 (Ordering Costs) 包括手續成本、採購成本、驗收成本、進庫成本及會計入帳及支付款項所花之成本。「存貨儲備成本」(Storage Costs) 包括資金成本、搬運與裝卸成本、倉儲成本、折舊與陳腐成本、及保險費與稅金。「短缺成本」(Out-of-Stock Costs) 則係指存貨不能滿足需要時，所發生的各種損失。我們必須對這些成本要素有所瞭解，才能進一步求得使總成本最低之訂購量。至於其公式內容因考慮因素之不同，而有不同，因涉及高深數學，故不在此贅述，但是應謹記「總成本最低」之原則。

六、時程安排 (Scheduling)

在前面已討論過集體調配規劃，擬定各期之生產量及人力水準等，在時程安排，簡稱「排程」(Scheduling) 時，尚須將此規劃之生產率依產品項目予以細分，並將可用資源依各產品項目予以分配，此種關係可以圖 20–17 示之。

圖 20–17　時程安排關係 (Scheduling Relationship) 圖

時程安排是要將集體調配規劃，就個別產品項目予以細分，並分配各項物料、人力及設備 (Material-Man-and-Machine) 而成詳細之生產活動時間表 (Time Table)。一般人常認為時程安排是「人員」及「機器」之利用時間表，而忽略了「物料」之配合。然而如果缺少物料，人、機亦要呆置。

時程安排所面臨之情況不同，所以其問題之重點與利用技術亦有所差異。一般而言，時程安排之問題情況，依其生產方式，約可分成三類：

(1)專案時程安排 (Project-Type Scheduling)：如船舶建造、土木工程及重機械之製造等所面臨之時程安排。其主要問題為工作之次序、時間與成本之互換與負荷之平衡。單一專案進行時，常採用「計畫評核術」以安排時程，此不在本章討論範圍之內，故不贅述。

(2)連續性生產之時程安排 (Continuous-Type Scheduling)：採用產品布置之工廠，生產途程 (Routing) 固定，因此其時程安排較簡單，只要決定何時生產何種產品即可。

但一生產線常可用以生產相似之產品，此時這些產品之生產順序及生產數量就成為時程安排之重點。對於一貫作業之工廠，其時程安排之重點為原料之及時供應，但如在改變生產前，需要不同之整備工作，則各產品項目之生產次序亦為重要問題。

(3)間斷性或批量生產之時序安排 (Batch-Type Scheduling)：採用程序布置之工廠，其產品種類較多，產量往往又較小，此時時程安排不但要注意各生產命令之順序安排問題，同時要分派工作站之工作時間表，比連續性生產之時程安排複雜得多。如果是訂貨生產，交貨日期固定，時程之安排即要在有限資源內，做最有效之利用。

另外，要注意的是，「訂貨生產」(Order-Made Type) 與「存貨或標準生產」(Inventory or Standard-Made Type) 兩種生產方式之生產程序有很大之差異。在「存貨生產」中銷售預測佔著非常重要的地位。生產者視預測結果決定生產數量，並據以安排時程。因而接到訂單時，大多不必等候生產，只要直接由倉庫提取裝運即可。物料也要配合生產，預先妥為採購，生產單位接到生產命令後，只須向倉庫領料，不必等候採購，此等程序可表示於圖 20–18 (B)。

「訂貨生產」是在接到訂單之後才開始安排時程，並據以釐定物料需求計畫，再採購原料來生產。但部分共同物料則根據預測預先備妥以供需要。請參考圖 20–18 (A)。

圖 20–18 (A)　訂貨生產之生產程序

圖 20-18 (B)　　存貨生產之生產程序

第五節　生產控制 (Production Control)

　　一般而言，假如所有生產準備工作完善，如「途程設計」及「時程安排」良好，則生產工作應能如期順利完成才對。但事實上，時序安排是很難盡善盡美的，這當然是生產工作不能如期完成之重要原因。但許多偶發事件常使原可圓滿達成任務之工作遭到挫折，例如停水、限電、工人請假、機器設備發生故障、原料短缺等等，常使時序安排為之混亂。因此，即使時序安排已頗完善，仍須控制進度。

　　時序安排後之主要控制活動包括「工作分派」(Dispatching) 及「催查」(Follow-Up)。前者是生產活動之起動工作，而後者則為開始生產活動以後之控制活動、品質水準及生產成本之控制，亦將是本節之兩個主要重點。

一、進度控制系統 (Progress-Control)

　　「工作分派」及「催查」兩者均是控制進度與生產數量之重要措施，然而，要使這些活動經濟有效，必須先瞭解所有生產活動之程序，才能使進度控制更為有效。有關生產活動程序已於前章論及，不再重複。

1. 工作分派 (Dispatching)

　　「工作分派」是依據釐定之「製造途程」及「時序安排」，將適當之工作數量分派給各工廠中之適當「機器」(Machines) 及工人 (Men)，以便隨時開工，並以最經濟之成本，指日完成任務；即須指定工作由誰 (Who) 負責，在那一機器做 (Where)。工作分派一般包含下列作業：

　　⑴檢查原物料是否可立即供應，並將其搬運至工作現場。(Materials)

　　⑵確認生產及檢驗工具設備已否整備妥當。(Tools)

　　⑶檢送產品設計圖、規則及材料單、布置圖、途程卡等給負責之監工。(Documents)

　　⑷從負責設計部門檢取有關檢驗資訊給檢驗部門。(Inspection)

　　⑸通知進度管制部門即將開始生產。(Progress-Starting)

　　⑹通知生產監工開始生產。(Supervision)

　　⑺製造完成時，將有關訓令（設計圖等）送回原處。(Return Documents)

　　⑻保持所有生產紀錄以供決策，如各種原因所造成之時間浪費、機器故障等。(Records)

2. 催查 (Follow-Up)

「催查」是查核各項工作施工程序及實際進度，使各項生產活動與計畫進度一致，而且要能相互協調配合，同時對產品品質的保證亦應回饋，否則產品數量、完工日期雖然與原計畫相一致，但品質如因趕工而降低，將使顧客不滿。催查工作亦可稽核工作分派之績效，指出工人是否按時序安排確實執行。

催查與工作分派常由同一人負責，特別是在專案計畫及連續性生產時。在間斷批量性生產，為便於追蹤控制，催查與工作分派應相互配合，因此不論是否合併，兩者必須要能有助於生產活動之評估與控制。

催查工作一般仍應「重點」處理，可簡化催查工作之負荷，亦可達到工作催查之功能，故為一種較具效率之工作催查方式。

3. 進度報告 (Progress Report)

「進度報告」指出各工作命令之進行狀況，以便在進度落後時能改變命令或改變時序安排。因此，進度報告中應列出已完成之工作及未完成之工作，同時還要說明進度落後之原因。當然，吾人亦可利用「例外管理」原則，只報告與原計畫有差異者。此時，「沒有消息即是好消息」，但不論是否採用進度報告，我們必須知道計畫被執行之情形。

進度報告之另一用途是提供行銷部門有關產品之供應情形或訂單之生產進度，以便使行銷部門與顧客協調。此外，從各種操作時間、廢料之多寡等資料，亦可用以協助將來工作之估計，使其更為合理可行。

再者，進度報告亦可作為成本記錄之依據，例如工作單及移轉單可提供原料之利用情形及員工之工作時數與績效，用以計算薪津。

二、品質管制系統 (Quality-Control)

（一）品質與信譽及成本 (Quality-Reputation-Costs)

產品之品質直接影響產品在市場上的銷路與企業之利潤，於是現代之企業無不注意品質管制，因為實施品質管制後，一方面可降低產品不良率、減少品質損失費用、降低產品成本，並提高產品生產量。另一方面，可提高產品的品質，建立商譽，與增加產品在市場上的競爭力。

日本自第二次世界大戰以後，工業迅速復興，其最大特色為嚴格之品質管制，使其產品能躋上世界第一流水準，一掃過去對日貨之詬病。這種成果不能不歸功於日本產業界全力推展品管運動之結果。今天，我們要打開國際市場，則勵行品質管

制為當今企業界不可或缺之課題。

（二）全面品管 (TQC)

所謂「品質管制」也就是設定品質標準，並應用所能用的一切方法，去維持所設定的品質標準。其中將統計方法應用在品質管制的部分稱為「統計品質管制」(Statistical Quality Control, SQC)。品質管制不僅限於製造部門或技術部門，品質管制如要獲得真正的效果，必須自產品設計開始，經採購、進料、製造、成品檢驗、倉儲、裝運至產品到達顧客手中，讓顧客滿意為止的整個企業經營過程，成為一整個體系，並使各部門全體負擔品質管制的責任。這也就是「全面品質管制」(Total Quality Control, TQC) 大師 A. V. Feigenboum 所說的：「把組織內各部門的品質發展、品質維持及品質改造的各項努力，綜合成為一種有效的制度，使生產及服務皆能在最經濟水準，使顧客完全滿意。」

（三）品質管制系統 (Quality-Control Systems)

一個良好的品管系統應伸入組織內每個階層中，茲將其系統本身各部門之相互關連與影響說明如下：

(1)品質政策 (Quality Policy)：在制定品質政策時，各有關階層的管理人員必須時時注意消費者對產品品質之評估。將公司本身提供特殊品質水準的技術能力，提供這些水準所需成本，以及外在因素（諸如政府法令）作為產品設計的依據。

(2)產品設計 (Product Design)：新產品或重新設計的產品，必須經過謹慎之測試，當達到一相當水準後，方可正式製造上市銷售。

(3)資源投入管制 (Inputs-Control)：資源投入管制包括原料及人員管制。原料管制可從採購及驗收兩系統著手。人員管制包括人員雇用及訓練。在實施投入管制時，應將所得的資料送回 (Feedback) 各單位，以控制不合標準的投入因素進入製造程序中。

(4)製程管制 (Process-Control)：應檢視程序，並給予必要之矯正，必要之資料必須送回產品設計部門，以調整產品設計、生產系統設計，以及訂立品質標準。資料亦應送回投入部門，作為人員或物料更改之依據。

(5)產出管制 (Outputs-Control)：檢查與測試產出產品，以剔除瑕疵品。

(6)顧客使用情況 (Customer Services)：對顧客而言，產出必有合理的信賴度及維護保養，因此一個完整的品管系統應包括產品的運送以及售後服務。

（四）品質管制之目的 (Quality-Control Objectives)

良好的產品是得自「生產」，並非來自「檢驗」。防止瑕疵品銷售出去是消極的

目的，積極目的應為生產良好的產品。我們應防止瑕疵品之產生，同時在合理範圍內更積極的提高產品品質。深一層次來說，品質管制之目的可分成下列三種：

⑴降低生產成本 (Cost Reduction)：良好之品管減少了重做或報廢之產品數目，使得生產成本降低，同時透過各階段之檢驗，減少了無效之加工。

⑵產品品質之提高 (Quality Improvement)：品管部門根據生產經驗及使用之回饋，可建議改變產品設計與製造方法，加強製造過程中人、機、物之管制，對產品品質之改進有很大之貢獻。

⑶縮短交貨時間 (Shorten Delivery Time)：品管工作維持生產過程中每一作業之品質水準，並減少重做之作業，故能在最短時間內生產完成所需之產品，及時交貨。

三、生產成本控制 (Cost-Control)

前面已論及生產系統之目標在以最低之成本 (Right Cost)，適時 (Right Time) 提供適質 (Right Quality) 適量 (Right Quantity) 之產品。為了達成上述目標，吾人除了要控制數量、時間與品質之外，尚要偵測及評估實際生產成本之變化。事實上，評估各項企業功能績效之基本準則也是成本之一。也就是說，整個企業組織皆要實施成本控制。

成本控制系統通常可以圖 20–19 示之。對於生產活動所發生之「實際成本」(Actual Costs)，吾人依照成本會計制度加以衡量與記錄，然後再將該項實際成本之衡量結果與「標準成本」(Standard Costs) 或「預算」(Budgeted Costs) 相比較，同時分析實際成本與標準成本或預算之差異原因，以便對症下藥，採取矯正行動。此項矯正行動一般是由產生成本變異之單位負責人決定，因為他有職責按照一定之成本標準達成該項生產活動。

圖 20–19 亦隱含「責任會計」(Responsibility Costing) 之概念。「成本會計」(Cost Accounting) 是以每個成本中心為單位加以記錄與累計，而成本中心則設立於整個組織之不同階層。每個單位之負責人即負責該單位之所有可控制成本。「可控制成本」(Controllable Costs) 是負責人能夠調節與影響之成本。換句話說，成本之衡量與記錄應能反映管理之階級與責任。例如裝配部門是廠商之一重要成本中心，其部門主管應取得有關該部門所用人力及物料之特定資訊。但對公司總裁或高級財務主管而言，此項成本須與其他成本彙總成工廠之成本摘要。因此，成本會計制度應依照成本中心之層次，配合組織各階層管理當局之需要，藉以反映各負責人之責任。必要時得重新調整部門之劃分，並重新設立會計科目。

圖 20-19　成本控制系統

第二十一章　財務管理要義
(Essentials of Financial Management)

第一節　財務管理之傳統與現代性意義 (Concepts of Traditional and Modern Financial Management)

一、傳統財務管理的定義 (Traditional Financial Management)

「財務管理」(Financial Management)，一稱「公司理財」(Corporate Financing)。在愛德華邁德 (Edward S. Mead) 所著《公司理財》一書中，將傳統的財務管理定義為，「應用在公司資本籌集及合併重整的一門學問」。換句話說，傳統的財務管理只是介於法律和會計之間的一種產物，如何籌集資金及如何借貸是其重心。而國內早期研究財務管理（或稱公司理財）之學者們大都偏重於討論公司發行的證券種類以及承銷的有關市場活動。甚至有者再討論現行政府法規，或者是再對公司財務報表做粗淺的分析而已。事實上，財務管理發展至今，其範圍不只於此，而且重點亦非上面所述。因此本章不準備討論舊式的財務管理，而是針對現代的財務管理理論做概論性的介紹。

二、現代財務管理的定義 (Modern Financial Management)

現代財務管理的學者們認為財務管理最主要的目的，乃是「如何以最有效的理財方式，來配合銷產過程（亦即設備、採購、生產、銷售、財務等一元化），以獲得公司整體的、統合的經營效果，並促成公司價值之長期極大化 (Long Term Maximization of Company Value)」。因此舉凡影響公司價值之財務決策與行動，均為財務管理研討的範疇。在本質上，公司的財務管理是支援「銷」、「產」、「研發」前線活動的後方幕僚活動。事實上，財務管理是揉和經濟、會計、投資學、銀行、證券、保險、管理等等學問，而以企業「投資學」（風險與收益）的理論為基礎，會計學權責發生制為工具，再配合經濟學供需的概念，所發展出來的一套學問。所以探討財務管理之前，大部分的學者（如法瑪教授所著的《財務的基礎》一書所述）均認為應先有投資學 (Investment) 的基本概念，才能更深一步的探討財務管理的理論。本文要點偏

重於三部分：一、「投資決策」(Investment Decision)：亦即財務規劃及資本預算 (Financial Planning & Capital Budgeting)。二、「財務決策」(Financing Decision)：亦即資金結構以及融資政策 (Capital Structure & Leverage Policy)。三、「股利政策」(Dividend Policy)。

三、公司價值的評價 (Company Valuation Methods)

財務管理的終極目的是如何使公司有形及無形價值極大化。換句話說，如何使普通股股東獲得最大的利益，斯為公司的職責。因此如何評價公司價值是我們應加關心之事。通常評價公司價值有下列三種方法：

(1)股利法 (Dividend Approach)。

(2)盈利法 (Earning Power Approach)。

(3)投資機會法 (Investment Opportunity Approach)。

（一）股利法 (Dividend Approach)

在介紹股利法之前，我們先考慮普通股股東 (Common Stockholders) 所獲得的好處為何。一般而言，普通股股東可享受二種好處：一為股利 (Dividend)，另一為資本利得 (Capital Gain)。當然普通股股東出售股票時之股票價格決定於握有該股票之期間以及他所預期的投資報酬。換言之，投資者所願意購買某股票之價格，乃決定於其所預期該股票之未來收益水準，再以某特定折現比率 k 經折現後所得之現值 (Present Value)。

假設股利 $D_1, D_2, D_3,..., D_t$ 表示在期間 1, 2,..., t 每期期末，投資者預期收回的系列股利 (Dividend)。再假設 P_t 表示於投資者預期握有該股票 t 期後之市面價格。P_0 表示該股票現在的理論價格 (Present Value)。因此在股利法下，公司價值之評價公式如下：

$$P_0 = \frac{D_1}{(1+k)^1} + \frac{D_2}{(1+k)^2} + \cdots + \frac{D_t}{(1+k)^t} + \frac{P_t}{(1+k)^t} + \cdots \tag{1}$$

其中折現率 k (Discount Rate) 為投資者預期的報酬率 (Return Rate)。當然該報酬率必須大到能補償投資者本身的貨幣時間價值 (Time Value)，以及其預測未來利潤下所承受的風險 (Risk)。

然那些因素決定 P_t 呢？根據股利法之觀點而言，其仍決定於未來股利以及未來股票價格。於是假若握有股票無限期，則現在股票價格為未來股利之現值。亦即

$$P_0 = \frac{D_1}{(1+k)^1} + \frac{D_2}{(1+k)^2} + \cdots + \frac{D_t}{(1+k)^t} + \cdots \qquad (2)$$

假設公司每期支付的股利均相同，則 $D_1 = D_2 = D_3 = \cdots$ 於是(2)式變成

$$P_0 = \frac{D_1}{k} \qquad (3)$$

茲再假設每年股利以 g 成長率成長，且 k>g，則(3)式又變成

$$P_0 = \frac{D_1}{k-g} \qquad (4)$$

（二）盈利法 (Earning Power Approach)

盈利法學派人士認為「股利」是股東最終極的利益，公司是否能支付股利，主要決定於公司的獲利能力 (Earning Power)，因此股票的理論價格為「調整後未來盈利」之現值。而所謂調整後未來盈利即未來盈利扣掉每期預期之投資部分。假設公司於 1, 2..., t 年年盈利為 $E_1, E_2, ..., E_t$，而每年年投資額為 $N_1, N_2, N_3, ..., N_t$，於是該股票目前之理論價格 P_0 為

$$P_0 = \frac{E_1 - N_1}{(1+k)^1} + \frac{E_2 - N_2}{(1+k)^2} + \cdots + \frac{E_t - N_t}{(1+k)^t} + \cdots \qquad (5)$$

其中 $E_1 - N_1, E_2 - N_2, ..., E_t - N_t$ 為調整後之未來盈利。

（三）投資機會法 (Investment Opportunity Approach)

主張投資機會法人士認為公司價值主要導源於兩種資源：一為現有的資產 (Present Assets)，二為未來公司成長機會 (Growth Opportunity)。而「現有資產」之價值為這些資產預期能產生之盈利的現值。「未來成長機會」之價值則決定於未來投資之大小以及該投資預期之報酬率。當該投資預期之報酬率小於投資者預期報酬率，則其對公司價值之影響變成負的。

假設：(1)預期公司現有資產能產生每股 E 元之盈利；(2)投資者和公司承受相同的風險，即兩者均用 k 來衡量投資者的預期報酬率；(3)公司每股有 N 之投資機會，其投資報酬率為 r，其中 $r > k$。於是公司現有股價 P_0 為

$$P_0 = \frac{E}{k} + \frac{N}{k} \frac{r-k}{k} \cdots \tag{6}$$

其中 $\frac{E}{k}$ 為現有資產產生盈利之現值，而 $\frac{N}{k}$、$\frac{r-k}{k}$ 為未來投資機會之現值，其中 $\frac{N}{k}$ 為未來投資成本的現值，而 $\frac{r-k}{k}$ 則表示未來投資獲利能力大於投資者預期報酬 k 之指標。

四、風險之分析 (Risk Analysis)

財務管理是以促使公司價值極大化為主要前提，進行各種投資決策以及財務融通計劃。在進行各種財務融通計劃時，一般須考慮兩個層面，一為報酬 (Return)，另一為風險 (Risk)。因此投資決策或舉債政策之風險衡量 (Risk Measurement) 以及報酬分配 (Return Distribution) 之衡量，如鳥之雙翼，不得偏廢。本小節先敘述風險之定義以及衡量風險之方法作為以後討論財務管理之基礎。

依《韋氏大字典》裡，「風險」之定義為「遭到損失、損傷、不利或毀壞之可能性」。換句話說，我們在執行一項財務決策時，除了應考慮該決策帶來的好處外，還要考慮該決策失敗的可能性，亦即該方案的風險。一般而言，報酬愈高的方案，其風險愈大。而構成風險之因素很多，一般可區分成兩種：

第一種為「系統風險」(System Risks)，指財務功能 (Finance Function) 系統內有關的風險，包括：

(1)利率風險。

(2)購買力風險。

(3)市場風險。

(4)週期性財務槓桿風險。

(5)週期性營運槓桿風險。

第二種為非系統風險，指財務功能系統外的風險，包括：

(1)非週期性財務槓桿風險。

(2)非週期性營運槓桿風險。

(3)管理風險。

(4)產業風險。

1. 利率風險 (Interest Rate Risk)

所謂利率風險，是指市場利率水準發生變動，造成投資報酬率之變動。通常投資活動或財務計劃預期之收入，均以市場利率 (Market Interest Rate) 作為折現率

(Discount Rate)。因此利率水準之變動，常造成財務方案成功的可能性發生動搖。在二十世紀 90 年代，貨幣市場利率在 10% 左右，但在二十一世紀初，貨幣市場利率大降，日本存款利率為零，美國為 1.5%，臺灣為 2%。

2. 購買力風險 (Purchasing Power Risk)

所謂購買力風險，是指由於通貨膨脹之因素，使保有之財富或投資之財富，發生購買力降低的現象。因而此項因素在財務規劃上不得不慎重考慮。在 2001 年 911 恐怖事件後至 2003 年，各國通貨緊縮、消費信心下降，購買力也下跌。

3. 市場風險 (Market Risk)

所謂市場風險，是指行使財務計劃或投資方案當時，由於產品供需市場的波動，導致該投資方案報酬發生變動，所帶來損失的一種風險。由於市場波動，純屬內生性，不論其是否有理性，都依然存在。市場需求變化可能由於新競爭者出現，也可能新競爭產品出現，更可能消費者口味改變。

4. 財務槓桿風險 (Financial Leverage Risk)

所謂財務槓桿風險，即公司利用負債代替自有資本，進行投資決策所冒得不償失之風險。通常以負債對股東權益之比例大小，來衡量財務槓桿之大小。換言之，財務風險為以「負債」融通資金所造成投資報酬發生變動的一種可能性。而財務風險包括系統風險和非系統風險。當公司在商業循環週期銷售額起伏不定中，因使用財務槓桿所造成利潤之擴大或縮小，稱為週期性財務槓桿風險。若公司遭受意外損失（如火災或是董事長死亡），而致銷售額降低，在此情況下使用槓桿作用，導致投資報酬率下降所產生的風險，即是非週期性財務槓桿風險。在景氣時，舉大債經營（即借別人的錢來替自己賺錢），是合算的，槓桿雖大，但有利。但在不景氣時，借大債經營，即使有小賺，也賺不夠還利息，吃大虧，此時大槓桿打到自己，不利。經過企業借債經營數次大風波之公司到後來，都主張走「無債或低債經營」，如豐田汽車。

5. 營運槓桿風險 (Operations Leverage Risk)

所謂營運槓桿風險，即因使用較多的固定資產，所造成報酬之變動之風險。因此固定資產使用得愈大，營運槓桿愈大。其中和商業週期循環有關者，稱為週期性營運槓桿風險。由於事件出於意外者，稱為非週期性營運槓桿風險。銷產營運量大又穩定，當然擴大生產設備及產能是有利的，但當銷產營運量不穩定時，不管銷產營運是大或小，動用大固定資產來營運，都會造成產能過剩之大成本負擔，不利。

6. 管理風險 (Management Risk)

所謂管理風險，乃是因一個公司產品品質好壞，以及經營管理之良莠所造成投資報酬率之變動。管理風險之比重越來越重要，因為上述諸種風險之造因，都是不良管理決策造成的。

7.產業風險 (Industry Risk)

所謂產業風險，是指一個產業中之各企業，同時受到某種共同力量之影響，而導致投資報酬率之變動。例如外國競爭，反污染法規等，凡此種種均會影響到同一產業內各公司經營成果。一國之產業結構（成本、利潤、需求、創新）受到國際化影響（尤其加入 WTO 之後），可能發生全盤變更，某一產業有利，則諸廠皆得利，某一產業被淘汰，則同行諸廠也難逃厄運。

第二節　財務分析以及財務規劃 (Financial Analysis and Financial Planning)

一、財務分析 (Financial Analysis)

將公司之財務狀況，包括資產、負債、淨值、銷售收入、成本及費用支出、稅負、淨利、股數、股利等等，公開給投資大眾知道，是公司董事會治理的要項，也是財務經理主要職責之一。一般而言，財務經理可以基於內部管理目的，做內部財務分析，以便提供內部各種經營決策之用，此為內部財務分析。若外部投資人士，依據公司所公布之財務報表，加以分析做投資決策之用，則為外部財務分析。

不論如何，此兩者仍離不開以公司財務報表作為基礎。公司財務報表包括：資產負債表、損益表、股東權益變動表、縣金流量表及相關輔助表（含合併財務報表）等等。因此財務報表之正確性以及是否符合一般公認會計原理原則，是公司最大的職責，也是公司是否基於倫理道德感之最大表現。二十一世紀初，美國大企業恩龍 (Enron)、世界通訊 (World Com.)、美國線上時代華納 (AOL-Time Warner) 等等公司，爆發財務報表虛假，以虧報盈，大董事長、大執行長掏空公司，而著名會計師事務所幫兇作假，引起市場不信任危機，股價大跌，皆為不道德之罪惡行為。以下將簡單介紹財務分析的方法以及財務分析的運用，俾作為內部財務經理和外部投資人士之參考。

財務分析大致可分為兩種，一為比率分析 (Ratio Analysis)，另一為趨勢分析 (Tendency Analysis)。比率分析基於財務報表上各種因素彼此間的比值關係，找出該

比值之特殊意義，再和同業相比較，以便檢討公司各種政策及方案之正確性。趨勢分析則就同一家公司前後數年變動情形做一比較，評斷其公司成長能力或穩定性，而上述之比值通常以下列四種比率為評斷之指標。(見表 21–1)

表 21–1　財務分析比率類別表 (Financial Analysis—Ratio Analysis)

比　率　類　別	計　算　公　式
1.流動性比率 (Liquidity Ratio)	
a. 流動比率 (Current Ratio)——————→	流動資產 / 流動負債
b. 速動比率 (Quick Ratio)——————→	速動資產 / 流動負債
2.槓桿比率 (Leverage Ratio)	
a. 負債比率 (Debt Ratio)———————→	總負債 / 總資產
b. 利息保障倍數 (Interest Coverage Ratio)→	稅前利息前淨利 / 利息費用
3.經營比率 (Activity Ratio)	
a. 存貨周轉率 (Inventory Turnover)———→	銷貨成本 / 平均存貨
b. 平均收帳期 (Account-Receivable Turnover)→	應收帳款 / 平均每月銷貨額
c. 固定資產周轉率 (Fixed Assets Turnover)→	銷貨額 / 固定資產
d. 資產周轉率 (Assets Turnover)————→	銷貨額 / 有形資產
e. 淨值周轉率 (Net Worth Turnover)———→	銷貨額 / 股東權益
4.獲利能力比率 (Profitability Ratio)	
a. 利潤邊際 (Profit Margin)—————→	淨利 / 銷貨額
b. 資產報酬率 (Return on Assets)———→	稅前利息前淨利 / 有形資產
c. 淨值報酬率 (Return on Equity)———→	淨利 / 股東權益
d. 每股盈利 (Earning Per Share)———→	淨利 / 流通股數
e. 每股股利 (Dividend Per Share)———→	股利總額 / 流通股數

1. 流動性比率 (Liquidity Ratio)

流動性比率可以用來衡量一個公司在某一時點下之短期償債能力。質言之，該公司為短期債權人提供了多少安全邊際，由流動性比率可以測量出來。「流動比率」係用來衡量公司是否能以一個會計年度內之流動資產 (如現金、應收帳款、一年內到期之長期投資……) 償付短期負債的能力。「速動比率」(Quick Ratio) 係將流動性較差的預付款項及存貨自流動資產中扣除，用來衡量公司是否能以變現性最佳的資產來償還短期負債。因此「流動比率」即使相等，並不意謂兩個公司短期償債能力相等，須透過更進一步地分析其「速動比率」方能斷定。

2. 槓桿比率 (Leverage Ratio)

「槓桿比率」又稱長期流動性比率，係用來衡量公司於某一定時點下之長期償債能力。換言之，即長期資金仰賴舉債的程度以及長期債權人安全保障的程度。「負債比率」(Debt Ratio) 係總負債與總資產之比率，又稱財務槓桿，係用來衡量長期債權人獲得安全保障的程度。易言之，用此來衡量「自有資本」和「他人資本」之相互消長的程度。「利息保障倍數」(Interest Coverage Ratio) 則在衡量公司之盈利在某種程度下才能應付每年支出的利息成本。

3. 經營比率 (Activity Ratio)

經營比率係以「周轉率」(Turnover Rate) 為主幹，而周轉率之大小又視銷貨多寡而定，故經營比率可衡量公司使用經濟資源之效率及有效性。「存貨周轉率」(Inventory Turnover) 係用來衡量存貨變現的速度；過高，喪失市場佔有率；過低，積壓資金。「平均收帳期」(Account-Receivable Turnover)，亦稱「應收帳款老年期」(A/R Aging)，則用來衡量應收帳款收現的速度；收帳期過短，表示信用政策過緊，導致銷貨減少；過高，表示信用太寬，收現變難。「固定資產周轉率」(Fixed Assets Turnover) 則用來衡量固定資產使用效率 (與銷售額比較)。周轉率過低，表示公司固定資產生產能量猶未充分使用，或所使用的機器設備較陳舊猶未重置。「資產周轉率」(Assets Turnover) 則用來衡量有形資產使用的效率 (與銷售額比較)。「淨值周轉率」(Net Worth Turnover) 則在衡量自有資本運用之效率 (與銷售額比較)。判斷「經營比率」是否適當，除了和同業比較外，還可做自我上下期的比較，來推斷公司運用資源之有效性及效率性 (Effectiveness and Efficiency)。

4. 獲利能力比率 (Profitability Ratio)

「獲利能力比率」則在衡量公司高階政策、戰略和中下層行動措施之綜合成果，是所有受股東委託經營者所追求的最終重要目標。「利潤邊際」(Profit Margin) 在反映一個營業期間每 1 元銷貨中，扣除一切製造成本、銷、管、財費用、以及支付政府服務及保護之代價 (租稅) 後，所留給股東之利潤部分。「資產報酬率」(Return on Assets, ROA) 在衡量公司總資產每 1 元中所產生的淨利若干。「淨值報酬率」(Return on Equity, ROE) 則站在公司所有權者之立場，分析該公司之淨利經營成果。「每股盈利」(Earning Per Share, EPS) 以及「每股股利」(Dividend Per Share) 均在衡量每位股東所能獲得之每股盈利及每股可分配股利若干。換言之，所有這些比率均在測定公司經營成果之大小。

透過上述這些財務比率，投資者 (股東、債權人) 及財務經理可以對公司的財務狀況有一通盤的瞭解，以便做外部投資、內部經營管理決策之用。然因此種橫斷

面 (Cross-Section) 的比較僅是靜態性的分析 (Static Analysis)，未能表現動態的營業變化 (Dynamic Changes) 情形。並且損益表僅止於一個年度之動態分析，無法預測長期獲利性。再者，由公司財務結構之細項比率上無法獲知公司成長的情況如何。因此必須再藉助趨勢分析 (Trend Analysis)，來發覺公司縱斷面之長期趨勢 (Latitudal Trend)，再和同業之趨勢相比較 (Industrial Comparisons)，才可對公司之過去和現在有一通盤的瞭解，由此來評斷公司未來之好壞，才不會太偏頗。

🔲 二、財務分析之綜合運用 (Composite Index of Financial Analysis)

財務分析係針對各個比率，各個項目分別考慮。然各個項目間有好有壞，實很難判別公司財務狀態或經營狀況是否優良，此時只有憑靠過去的經驗，做直覺的判斷，也因此往往會發生重大錯誤，把好的看成壞的，把壞的視為好的，而失去正確性。因而現代的財務管理專家，設法同時考慮各種比率，以一種總點數 (Composite Index) 來表示該公司之財務情況是屬於健全或非健全，於是利用種種數量方法，如因素分析 (Factor Analysis)，多變量變異數分析 (Multivariate Analysis)，區別分析 (Discriminate Analysis)，將其各個財務比率給以比重權數 (Weights)，而求出其總指數點數，找出區分標準的臨界值 (Critical Value) 來判斷公司之優劣。

🔲 三、財務規劃及預算 (Financial Planning and Budgeting)

財務經理主要的職責之一是做財務計劃與控制 (Financial Planning and Control)，而財務預算 (Budgeting) 確是其中心環節。所謂「預算」即是預先利用數學或金額為工具，對將來公司業務活動妥為規劃表達，藉以協調各部門，使之均能致力於公司的整體目標（而非個別目標），進而利用「目標管理」及「成果管理」的觀念，對各部門的績效做公平考核 (Performance Appraisal)，進而對偏差事項採取矯正行為 (Corrective Actions)，冀能日新又新，達成公司價值之極大化。因此嚴格的預算工作，就是「計劃、執行、考核」前一中一後行政三聯制之管理工作，並非止於編製預算表本身，而是包括編製預算表以前的計劃及協調工作，以及編成後之執行，甚至於最後發生偏差時之預算控制、考核。詳言之，預算的功能可由下列三方面加以說明：

第一、計劃方面 (Planning)：

⑴以有計劃式的理智經營代替直覺式的感情經營 (Rational vs. Emotional)。

⑵使有限資源，做最有效的運用，產出最佳效益 (Minimum-Inputs, Maximum-Outputs)。

第二、協調方面 (Coordinating)：

⑴使各部門的目標與組織的目標一致，不致抵觸 (Consistence of Objectives)。

⑵使部門與部門間的聯繫更為密切，使各種機能不致脫節 (Tied Connection)。

第三、控制方面 (Controlling)：

⑴透過目標預算，加強各工作單位之責任感 (Responsibility-Centers)。

⑵發現差異，分析差異發生原因，並提供解決之道 (Review and Corrections)。

在公司之內，所編製之預算大致可分為兩項：「營業預算」(Operations Budgets) 和「財務預算」(Financing Budget)。所謂「營業預算」係指下一營業年度內，各有關銷、產、發、人事、採購等營業活動的計劃與控制所編製的收支預算。其最終目標在編製預計年度損益表 (Income Statement)，故可再劃分成「專案預算」與「責任預算」。「專案預算」(Project Budget) 係指由下一年度公司各部門將進行之主要行動方案，所估計之「收入」與「成本」構成。通常對每一產品品目編列一「產品別預算」(Product Budget)，每一「產品別預算」顯示該產品預計的銷產收入與成本。「責任預算」(Responsibility Budget) 則為負責執行工作計畫之單位負責個人，編製一個收支預算，預算編成後，遂成為對該經理或負責人之「預定目標」，俾與其事後實績相比較，做預算控制 (Budgetary Control)。

所謂「財務預算」係各營業預算最終綜合之產物，就其性質言，其最終目標在編製公司之預計「資產負債表」(Balance Sheet)，短期流量用的「現金預算表」(Cash Budget)，以及長期計劃用的「資本預算表」(Capital Budget)。

「現金預算表」係以現金流入量 (Cash Inflow) 及現金流出量 (Cash Outflow)，來說明在某一段時間內，公司現金之來源與運用去路，它強調適時性 (Right Time)。財務經理可以利用「現金預算表」來確定公司未來一年內，何時有充裕資金 (Surplus)，何時缺乏 (Deficit)，如何充分活用庫存現金，不使爛頭寸，以及如何籌措資金，以支應短缺。因而「現金預算表」的編製可分為兩種：

⑴以「預計損益表」及「預計資產負債表」為出發點，將其現金，經數字調整，反映在現金的來源及去路上。

⑵採用直接估計法，就營業上每項現金收支，一一預計，並配合資本支出及盈餘分配所需支付之現金，表現在現金預算表上。

「資本預算表」則指固定資產投資支出計畫的整個過程中，其經濟壽命在一年以上，所做的預定資金支出計畫，如土地，廠房，及機器設備之購置或擴充，研究發展支出，大規模促銷活動支出均屬之。由於資本支出 (Capital Expenditures) 係以實

現未來利益為目的，投入各種資源，所做的長期承諾，它反映的是追求公司的基本目標，對一個公司的經濟福祉任務有深遠影響。

在第五節至第七節我們將以專題來討論編製資本預算的程序以及資本預算的一些新技術。

第三節　流動資金管理 (Working Capital Management)

一、流動資金概論 (Concept of Working Capital)

（一）流動資金的意義

企業從事銷產活動，以追求利潤為目的，其資金 (Capital) 之運用，除用來購置固定資產外，尚需充做「流動資金」(Working Capital)。關於流動資金之意義，各方說法不一，重要者如下：

⑴傳統觀念認為「流動資金」便是「流動資產」(Current Assets) 超過「流動負債」(Current Liabilities) 的差額，亦即所謂淨流動資產 (Net Current Assets)。此為一般徵信調查人員，會計人員，或投資分析人員所常用，這種定義比較嚴格。

⑵一般企業人員認為「流動資金」為「流動資產」的全部，亦即一般人認為會流動、短期的、會變成現金的資產。

⑶艾特門 (Eiteman) 教授認為流動資金應按照實際用途來區分，凡是營運中的資金，亦即由營運 (Operations) 而產生「經常收益」(Regular Revenues) 的資金叫流動資產，這種定義最為寬鬆。

（二）流動資金的種類

流動資金為企業銷產過程中所運用之資金，是活的資金，依其運用之期間及性質，通常分為下列三種：

⑴經常性或永久之流動資金 (Regular or Permanent Working Capital)。為每一企業開業後，所需之最低限度以供周轉的現金 (Cash)、原料 (Materials)、在製品 (In-Process Goods)、製成品 (Finished Goods) 及應收帳款 (Accounts Receivables)，為任何期間內企業不可缺少的流動資金。

⑵季節性流動資金 (Seasonal Working Capital)，即某一旺季所需特別準備之資金。

⑶特別流動資金 (Special Working Capital)，如預防物價上漲、工人罷工……等所需之流動資金。

（三）流動資金管理的特性

⑴因有流動資金之周轉 (Turnover)，方能產生毛利 (Gross Profit)，為企業收益的主要根源。

⑵對流動資金之管理常需牽涉到對未來之預計 (Future Estimates)，因此易受外在因素之影響，但卻是影響公司甚鉅。

⑶由於流動資金極易招致損失，或發生浪費，或使用不經濟之現象，因此流動資金之管理顯得特別重要。

⑷流動資金之管理為企業每日所面臨之問題，而固定資金之管理問題則不然。

⑸流動資金就數量而言，通常為一企業資產總額的二分之一。

■ 二、現金之管理 (Cash Management)

對於現金之管理需注意下列各點：

1.現金數量之決定

現金為非營利性資產，其本身不能賺錢，所以為數不宜太大，只求其適當而已，否則會成為爛頭寸。關於「庫存現金」多少之決定，要兼顧「營利」(Profitability) 及「周轉靈活」(Liquidity) 兩個目的。亦即在不損害資金流動性的原則下，盡量減少現金存額。因此應隨時注意：⑴現金是否太少，⑵現金是否太多，⑶多餘現金之運用去路。

2.現金收支之處理手續

「現金收入」(Cash-In) 方面，必需防止經辦人員之挪用舞弊，所以「收件」、「記帳」及「經管」現金三者，最好分別由不同人員辦理，以收互相牽制之效。對「現金支付」(Cash-Out) 方面，必須設「定額零用金」(Petty Cash) 以支付小額款項，同時規定在若干金額以上，必需用傳票制度，甚至用支票支付制度，現在銀行與銀行間，銀行與廠家間，公司與廠家及員工間都有銀行帳戶，可供電子轉帳，所以銀行電訊轉帳 (T/T, Telecommunication、Transfer) 也替代支票劃線支付，以避免用現金巨額支付之可能弊端。

3.銀行往來調節表

由於公司帳冊記載與銀行帳冊記載在同一時日上常有出入，必需加以調節，以明真實存款餘額，作為現金調查之依據。

4.需注意支票之時效

由於支票是支付工具，原則上是見票日就是支付日，就是兌現日。可是在實務

上，常有支票兌現日在支票交付日之後，所以收票時應注意支票兌現日，並決定是否接受遠期支票，也應注意支票開票日後之有效提請兌現之時間，以免過期（半年或一年）無效。

三、應收帳款之管理 (Management of Accounts Receivables)

對「應收帳款」(Accounts Receivable，簡稱 A/R) 之管理宜注意下面各點：

1. 應收帳款最大餘額之控制 (A/R Control)

由於應收帳款餘額受銷貨信用條件 (Sales Credit Policy)，延長付款期限 (Postponed Payment)，及現金折扣 (Cash Discount) 之影響，因此，吾人可根據授信天數 (Credit Days)，來推測應收帳款餘額之最大限度，並與實際餘額比較，以檢核催收之效率。

2. 銷貨信用條件寬嚴之決定

銷貨信用條件之寬嚴，關係成交之銷貨金額之大小，亦關係應收帳款呆帳損失之大小。因此宜配合市場情況及行銷策略來擬定最佳之銷貨條件。

3. 催收工作之管理 (A/R Follow-Up)

對應收帳款（即欠款）催收效率之衡量，應本於「增加」之收益 (Incremental Revenue)，應大於「增加」成本 (Incremental Cost) 之原則。

4. 信用保險之利用

為減少呆帳損失，在國外可以利用信用保險 (A/R Credit Insurance)。但國內則無此制度。有部分民營銀行（如建信商業銀行 (Sinopac Bank)），對信用良好之工廠，已開辦應收帳款抵押借款業務，並在網路上自動辦理（即 e-Factoring），對廠家信用融通助益甚大。

四、存貨管理 (Inventory Management)

存貨管理宜注意下列事項：

⑴庫房排列應有條理，且宜加編號。

⑵重要存貨項目應訂定最低安全存量，最高存量，及經濟採購量。

⑶應建立帳卡制度，收發料應入帳出帳。

⑷應訂立經濟生產量。

在管理作業系統電腦化之後，這些存貨管理工作已進入「自動倉庫」(Automatic Warehousing) 之作業時代，成為 ERP 系統之一部分。

五、國內流動資金之來源 (Sources of Domestic Working Capital)

國內流動資金之來源有：

1. 利用信用交易（賒帳）

即企業利用賒購 (Open Accounts) 原料之方法以延緩付款期限，而達到資金周轉之目的。

2. 利用員工及親友資金

利用員工及親友資金之好處，有：⑴手續方便，⑵不必提供擔保品；而其缺點為⑴此種存款多為活期，⑵利息負擔較重。

3. 向金融機構融通資金 (Loans from Banks)

目前最常用之融通資金之方式有⑴購料貸款，⑵原料或成品擔保貸款，⑶票據貼現，⑷應收客帳擔保貸款，⑸外銷貸款。

4. 稅捐記帳

5. 利用國外資金

通常可用：⑴承兌交單 (Documents against Acknowledgement, D/A)、付款交單 (Documents against Payment, D/P)、或遠期信用狀 (Letter of Credit, L/C)，自國外進口原料，而達到延緩付款之目的；⑵銷貨時請客戶開紅邊信用狀，准許此地銀行在貨物出口前，預付部分貨款，以供周轉；⑶利用國外貸款。

六、國內中長期資金之來源 (Sources of Med-Long Term Capital)

⑴企業內部資金來源。

⑵個人之資金。

⑶金融機構資金，其來源包括：①銀行，②信託投資公司，③保險公司，④其他金融機構，如信用合作社，農會。

⑷發行公司債券，向社會大眾借款（必須有證券商來承銷）。

⑸發行公司股票，向社會大眾募集股本（必須有證券商來輔導及承銷）。

⑹發行海外可轉換公司債 (European Convertible Bonds, ECB)，向海外金融機構先借錢，以後可以轉換為公司股票。

⑺發行海外存款憑證 ADR 或 GDR(American Depositary Receipts or Global Depository Receipts)，向海外金融機構借美元 (ADR) 或歐元 (GDR)。

第四節　確定性下的資本預算 (Capital Budgeting under Certainty)

一、編訂資本預算的程序 (Procedure of Capital Budgeting)

由於資本預算 (Capital Budgeting) 之實施對公司未來營運有重大影響，因此在擬定資本預算時，不得不慎重做仔細的考慮。一般資本預算的擬定程序大致分為五個步驟：

⑴專案投資方案建議書的提出及可行性研究。(Proposals of Project Investment and Feasibility-Study)

⑵估計現金流量。(Cash Flows)

⑶評估各種投資方案。(Evaluation and Ranking)

⑷挑選最佳投資方案。(Optimum Selection)

⑸實施後的追查。(Follow-Up)

所謂專案投資方案建議書 (Proposal of Project Investment) 的提出，是先針對公司未來的產品行業別及產品項目別投資目標，以土地、廠房、及機器設備擴充為標的物，就公司內部投入產出能力和外部供應、需求、競爭環境，先做可行性研究 (Feasibility Study)，檢視此等構想是否符合公司發展目標之需要；若「是」，才編成專案投資方案計畫書 (Investment Plan)。當可行性研究確定後，「成本－效益分析」(Cost-Benefit Analysis) 為第二個步驟。為了要估計效益及成本，必需估計各年度之現金流量。所謂「現金流量」為稅後「淨利」(Net Profit) 加上「折舊攤提」(Depreciation)，並且必需考慮該特定方案整個經濟壽命 (Economic Life) 期間，年年為之，如十年。

再其次利用「還本期限法」，「淨現值法」，或「內部報酬率法」，將各種投資方案優劣等級排列出來 (Ranking)。然後在公司可用資金限額下，挑選 (Select) 最能促使公司價值最大化的方案，而付諸實施。在實施當中，必須隨時追蹤查核 (Follow-Up)，注意是否發生偏差，而加以矯正，才不會造成公司的損失。

二、投資分析的本質 (Nature of Investment Analysis)

由於「資本預算」係針對公司長期性固定資產的投資，亦即以資產的成本或效益延續一段很長的時間作為我們研究的對象。因此在進行投資分析時，要注意如何

在公司既有的總資源以及各種限制條件下，引導公司朝向最佳的成長方向，並促使公司價值極大化。因而「投資分析」的本質是由「評價理論」延伸而來，為了要確定投資分析（指資本預算）和公司價值間的關係，可以下圖加以解釋：

圖 21-1

　　上圖說明如下：首先，公司資產之大小及財務結構，透過經營者的銷產發經營能力，來決定現在及未來獲利能力，然後由社會大眾投資者衡量，根據公司現有經營結構以及公司未來新投資決策，做全盤性的評價 (Valuation)，決定了公司股票價值的大小及價格高低。而公司本身為了要提高公司之市場價值，必須評估新投資機會是否能增加公司未來之獲利能力，因而產生了公司之「資本預算」行為。由此可知「投資分析」(Investment Analysis) 是一種公司價值「評價理論」(Company Valuation) 的延伸，同時「資本預算」確實也是公司高階決策經營的要項之一。

三、現金流量及投資分析的準則

　　由於公司「股票價值」可以視為未來調整後淨利的函數，但為何「投資價值」不以未來調整後淨利為其函數？事實上的差別只在名詞上之不同而已。現金流量 (Cash Flow) 之來源為淨利加上折舊，而調整後淨利則是會計淨利加上調整項目，而此兩樣對公司價值之評價是一致的，因此本文以現金流量為投資方案的準則。在計算現金流量時，須注意兩個原則：

第一、增加原則 (Incremental Principle)

決定公司在新投資下和未投資下所增加的現金流量有多少。

第二、稅後原則 (After-Tax Principle)

由於公司稅捐之多寡對於現金流量之多寡及期間有影響，因此只有採用稅後的科目對我們分析才有意義。

　　瞭解現金流量之決定後，怎樣才能決定是否要冒險去投資呢？我們可以下列五種方法來評估：

⑴還本期法 (Payback years Method)。

⑵淨現值法 (Net Present Value Method)。

⑶內部報酬率法 (Internal Rate of Return Method)。

⑷利潤成本比率法 (Benefit/Cost Ratio Method)。

⑸會計投資報酬率法 (ROI Method)。

然在分析此五種方法以前，我們有幾個假設要加以說明，即：

⑴投資結果完全能肯定。

⑵資本市場完全競爭（因資金供需對利率很敏感）。

⑶股票 (Stocks) 和公司債 (Bonds) 本身沒有差別，其個別報酬率相同。

四、投資報酬率法 (Average Return on Investment Method)

會計投資報酬率法主要是以會計資料為準，其基本公式為：

$$平均報酬率 = \frac{平均稅後淨利}{原始投資額}$$

其中平均稅後淨利是依一般公認的會計原理原則所求得的稅後淨利，先求投資期間各年平均利潤總和，再除以經濟壽命年數即得。而原始投資額，則指公司列入成本之部分。公司本身再制定一個平均報酬率取捨點 (Cut Off Point)，若大於此點，則值得投資，否則即放棄該投資方案。綜觀該法之優缺點如下：

⑴優點：

①簡單：因資料來源為預計的一般會計數字，計算公式簡單，可節省時間，且便於追查。

②考慮了整個投資持續期間（如十年）之收入。

③不受折舊政策之影響。

⑵缺點：

①投資方案開始採納後，對於該案之增加投資很難適用。

②時間因素未調整，亦即未考慮金錢之時間價值，使該法之重要性逐漸消失。

③未考慮現金流量之觀念，容易受主觀意識之影響，以及會計政策之左右，而失去其正確性。

🔳 五、還本期法 (Payback Years Method)

此法係最簡單且使用最廣的方法之一。所謂還本期法係指一個投資方案所產生的現金流量收入，至其累積額等於原始投資支出額所需的年數，即為還本期 (Payback Period)。當然還本期愈短愈好，表示風險越小。譬如一個十億元的投資案，三年即可還本，比五年還本好，比十年還本更好。其基本公式為，假設 C_0 代表原始投資額，R_t 代表第 t 期之現金流量收入，n 代表還本期，則

$$C_0 = \sum_{t=1}^{n} R_t$$

若 $R_1 = R_2 = ... = R_n = R$，則

$$n = \frac{C_0}{R}$$

應用此法，公司可設定一個還本期（例如三年或五年）作為取捨數個投資方案的準則，若某方案之還本期超過此一準則，則捨棄；若小於，則接受。

綜觀該法之優缺點為：

(1)優點：
　　①簡單。
　　②採用了現金流量的觀念。
　　③注重流動性，就資金拮据之公司而言，具有重大的意義。
　　④採用此法對於每股盈利有良好的短期效果。
　　⑤帶給中小企業者心理上的安全感。

(2)缺點：
　　①忽略了金錢的時間價值。
　　②忽略了超過還本期以後的現金流量。
　　③未考慮殘值。

🔳 六、淨現值法 (Net Present Value Method)

所謂「淨現值」是投資方案之現金流量現值減去投資支出之現值之差額。就個別投資方案來說，若其所求得淨現值大於或等於零，該方案便值得採納，若其小於零，即應被擱置。若基於同一標準，而評估各項投資方案之排列次序，則以淨現值

最大者為優先投資。其基本公式如下：

令　R_t = 第 t 年末之淨現金流量

C_t = 第 t 年末之資本支出

n = 經濟壽命

k = 資金成本

NPV = 淨現值，則

$$\text{NPV} = \sum_{t=1}^{n} R_t(1+k)^{-t} - \sum_{t=0}^{n} C_t(1+t)^{-t}$$

若 $R = R_1 = R_2 = ... = R_n$，且在投資開始後，無增加之資本支出，則

$$\text{NPV} = R \times a_n \ulcorner k - C_0$$

其中 $a_n \ulcorner k$ 為每 1 元在 n 期內以 k 利率所折算之總淨現值。綜觀其優缺點為：

(1)優點：

　　a. 採用現金流量的觀念。

　　b. 殘值，增加投資之情況，均予以處理。

　　c. 考慮到投資最基本的報酬：資金利息，即資金成本 (Cost of Capital)。

　　d. 在投資持續期間內，所有收入均納入考慮。

(2)缺點：

　　a. 算法較難，較難以應用。

　　b. 經營當局必須決定其資金成本，然而資金成本較難求得。

　　c. 對於原始投資額不相等的獨立投資較難予以評估其排列順序。

　　d. 對於經濟壽命不等的投資方案，很難予以評估。

七、內部報酬率法 (Internal Rate of Return Method)

所謂內部報酬率乃為：凡是一切投資方案，在其經濟壽命期間的預期現金流量之現值，恰等於其投入成本之現值，則在折現 (Discount) 過程所採用的那個折現率，即為內部報酬率，其基本公式為：

令　R_t = 第 t 年末之現金流量

C_t = 第 t 年末之資本支出

n = 經濟壽命

r = 內部報酬率，則

$$\sum_{t=0}^{n} C_t(1+r)^{-t} = \sum_{t=1}^{n} R_t(1+r)^{-t}$$

此時公司可依內部報酬率 r 和資金成本 k（有時取現行市場利率）相比較，若 $r>k$，則該案可予以接受。如有數個投資方案得評估，則依其內部報酬率大小排列，而以資金成本或以資金限額為取捨點。內部報酬率在資金成本以上之投資方案如係互斥，則取內部報酬率最高者；如獨立，則均可採行。該法之優缺點如下：

(1)優點：

　　a. 考慮貨幣時間價值。

　　b. 採用了現金流量之觀念。

　　c. 考慮了整個投資期間之現金流入、流出量以及殘值。

　　d. 克服了比較基礎不一之評估方案所發生的困難。

　　e. 在資金成本不易決定時，採用內部報酬率法顯然較淨現值法為佳。

(2)缺點：

　　a. 計算相當困難。

　　b. r 值可能有數解或無解，則評判工作大費周章。

　　c. 在獨立投資方案下，其結果和淨現值法無異，但在互斥投資方案下，則往往受到實際之限制而難以取捨。

八、利潤成本比率法 (Benefit-Costs Ratio Method)

所謂「利潤成本比率法」又稱為「益本比法」。此法係將現金流量收入之現值總和，除以投資方案投入總成本而得一指數（或倍數），若大於 1 則表示利益超過成本，可接受該投資方案。如欲評估數個投資方案，則依指數之高低加以排列，以供選擇。由於本法和淨現值法並無二致，可當作淨現值法的補充，因而似無再加以探討之必要。

第五節　不確定性下的資本預算㈠ (Capital Budgeting under Uncertainty I)

一、風險的衡量 (Measurement of Risk)

前面我們所討論到的是在「確定性」(Certainty) 情況下之專案投資評估或資本預算方法，至於在「風險性」以及現金流量的「不確定性」(Uncertainty) 情況下的資本

預算則須做進一步的探討。事實上這兩種情況對於資本預算決策都有很重大的影響。前文我們也提到財務經理在做財務決策時，除了應考慮利潤「報酬」外，也應考慮「風險」之大小。財務管理理論中的假設投資者與財務經理均是風險嫌惡者 (Risk Averter)。因此在決策方面，一方面考慮如何提高報酬 (Return)，另一方面也要考慮如何降低風險。

然而一般衡量風險是以何指標為代表呢？通常對不確定性因素需考慮三項：(1)現金流量之期望值 (Expected Value)，(2)現金流量之變異 (Variation) 程度，以及(3)預期期望值對投資者之重要性 (Importance)。因此我們可以先求出該現金流量與報酬之發生的機率分配 (Probability Distribution)，然後以變異係數，亦即「標準差」(Standard Deviation)，除以期望值之值來代表風險。當變異係數愈高，表示該投資方案風險性愈高。尤其當兩投資方案之期望值（又稱平均值）相同時，則須要用標準差之大小來決定風險之大小。假設現金流量之間彼此互相獨立，則風險之衡量較簡單，以公式表示如下：

第 t 年現金流量之標準差為

$$\sigma_t = (\sum_{j=1}^{m} R_{jt}^2 P_{jt} - \overline{R}_t^2)^{\frac{1}{2}}$$

其中 $\overline{R}_t = \sum_{j=1}^{m} R_{jt} P_{jt}$，$t = 1, 2,..., n$，$n$ 為經濟壽命，$j = 1, 2, ..., m$，m 為可能之事項，R_{jt} 為第 j 事項，第 t 年之現金流量，P_{jt} 表示第 j 事項，第 t 年之出現機率。

其投資方案之預期淨現值為：

$$NPV = \sum_{t=1}^{n} \overline{R}_t (1 + i)^{-t} - C_0$$

其預期淨現值之標準差為

$$\sigma_{NPV} = [\sum_{t=1}^{n} \sigma_t^2 (1 + i)^{-2t}]^{\frac{1}{2}}$$

但如果各年現金流量彼此相關時，其預期淨現值之標準差較各年現金流量獨立時，預期現金流量之標準差為高。若其他條件不變，一個投資方案，其各年間的現金流量之相關程度大，則其風險必較高。此時計算其標準差，尚要利用到條件機率 (Conditional Probability) 及聯合機率 (Joint Probability) 方能求出。

二、投資者對風險的看法 (Investor's Perception on Risk)

投資者依其對風險的看法，可分成三類：⑴風險嫌惡者 (Risk Averter)。⑵風險追求者 (Risk Lover)。⑶無差異者 (Neutral)。無可否認的，大部分的人均屬於風險嫌惡者（包括投資者、股東、債權人、經營者均可屬之）。因此要研究投資者對風險的看法，可以藉用「效用理論」(Utility Theory) 來加以分析。通常在不確定情況下，以效用期望值取代貨幣期望值，亦即

$$E(U) = \sum_{j=1}^{m} U_j P_j$$

其中 $E(U)$ 代表效用期望值，U_j 代表第 j 個事項之效用，P_j 代表第 j 個事項出現之機率。而上述三種人之效用函數 (Utility Function) 不盡相同。因此經營者本身的效用觀念，應和股東之效用觀念力求平衡，否則很容易引發經營權之問題，因此不得不重視投資者對風險的看法。

三、公司當局對風險的看法 (Company's Perception on Risk)

雖然未來充滿不確定性，但經營者還是需要在現在下決策，因此如何降低風險，是公司經營當局必要注意的職責。降低不確定性的方法 (Ways to Reduce Uncertainty) 有下列數種：

1. 獲得充分的情報資料 (Obtaining Abundant Information)

同市場調查一樣，事先收集有關情報使下決策更有把握，以減少不確定性。

2. 擴充生產規模 (Expansion of Capacity)

例如由一家大公司同時開採數十個油井，比數家小廠商合力傾資鑿一口油井，風險小得多。又如聚集較大資金及專家人才來投資新事業，比由數個外行人小資金來投資新事業，比較令公司有信心。

3. 產品多角化 (Diversification)

公司往往在某一產品競爭激烈時，採取多角化經營，同時生產數種性質不同的產品，使風險降低而減少損失。但是「多角化」的產品技術不可以太生疏隔離，應有相互關聯性，才不會使經營人員「隔行如隔山」，「隔山找不到嚮導人」，而陷入疲於奔命、勞而無功之困境，反而害了公司總體績效。

四、不確定性的決策技術 (Decision Techniques under Uncertainty)

（一）投資組合分析 (Portfolio Analysis)

上述「產品多角化」(Diversification) 即屬於投資風險分散組合分析的應用。而所謂投資組合，係透過數種資產投資之組合，以降低事業總風險的一種方法。此乃假定「資產」是可分割成數種小資產，用不同小資產之組合搭配來降低總風險，今以公開上市之 n 種普通股所組合之預期報酬率應為：

$$E_p = \sum_{i=1}^{n} A_i R_i$$

其中 A_i 表示投資於第 i 個小資產的資金佔可用資金之百分比，R_i 表示第 i 個股票之報酬率。而此種投資組合之風險 σ_p 為下式：

$$\sigma_p = (\sum_{j=1}^{n} A_i^2 \sigma_i^2 + 2\sum_{i=1}^{n-1} \sum_{j=i+1}^{n} A_i A_j \sigma_i \sigma_j \rho_{ij})^{\frac{1}{2}}$$

其中 $\sigma_i (\text{or } \sigma_j)$ 表示第 i 個股票（或第 j 個股票）之預期報酬率的標準差。ρ_{ij} 表示第 i 個股票和第 j 個股票之相關係數。由上式公式，我們發現各個股票的相關係數愈低，則投資組合之風險也愈低，即其所能消除之風險也愈大。

（二）確定等值法 (Certainty Equivalence)

「確定等值法」可用來調整現金流量之風險。然首先要確定風險與報酬之更替函數，當風險為零時，即為確定等值點之報酬，於是依確定等值之調整，淨現值法變為：

$$\text{NPV} = \sum_{t=1}^{n} \alpha_t R_t (1 + \text{i})^{-t} - C_0$$

其中 NPV 表示淨現值，n 為經濟壽命，R_t 表第 t 年之淨現金流量，i 表無風險折現率，C_0 表原始投資額，而 α_t 為第 t 期之確定等值係數：

$$\alpha_t = \frac{R_t^*}{R_t} = \frac{\text{確定性下之現金流量}}{\text{不確定性下之現金流量}}$$

由此可知不確定性愈大，α_t 值愈小，由此調整的風險愈大。

（三）調整風險折現率法 (Adjusted Risk Discount Rate Method)

上述確定等值法是針對現金流量加以調整，而調整風險折現率法顧名思義是調整折現率，換句話說，考慮無風險利率和風險貼水 (Discount Rate)，各個投資方案之

風險不同，則折現率互異。換句話說，有風險之投資方案之預期報酬率為無風險投資方案預期報酬率加上風險貼水。因此風險愈高，在計算該方案之淨現值時，所採用的折現率也愈高。

除了上述幾種方法可用來決定不確定性下之投資決策外，尚有決策樹法 (Decision-Tree)，模擬分析 (Simulation)，以及敏感性分析 (Sensitivity Analysis) 等方法。

第六節　不確定性的資本預算㈡ (Capital Budgeting under Uncertainty II)

一、資金成本 (Costs of Capital)

從上面之分析看來，我們碰到一個很重要的問題，即是折現率 (Discount Rate) 之大小如何決定，亦即我們所謂的資金成本 (Cost of Capital, COC)。它是一種和公司資金來源有關的成本。一部分為明確成本 (Explicit Cost)，一部分則為蘊涵成本 (Implicit Cost)。而所謂資金成本，是一種機會成本 (Opportunity Cost)，它是將來所籌得的各種資金之成本的加權平均數 (Average Weighed Number)，而非為某一特定投資方案所籌集之資金的明確成本。由此我們知道針對不同的資金來源對象，有不同的資金成本，例如長期負債成本（包括公司債成本及抵押借款成本），優先股成本（又可分為累積或非累積優先股成本，參與或非參與之優先股成本，可調換或不可調換優先股成本，可贖回或不可贖回優先股成本），淨值成本（又可分為保留盈餘成本，新發行普通股成本），以下我們將一一對上面幾種資金成本加以說明。

（一）長期負債成本 (Cost of Long-Term Debts)

長期負債成本係指次一年度長期舉債資金成本之加權平均數。通常公司債和抵押借款之稅後實際成本之加權平均數，為舉債成本。由於公司債發行條件不同，而有不同的成本，但一般以下式求其公司債成本：

$$公司債成本 = 債券利率 \times \frac{(1-稅率)}{(1-發行成本率)}$$

抵押借款成本因為未牽涉到發行成本以及溢價、折價問題，因此在計算其成本時，較簡單，以下式表示：

$$抵押借款成本 = 契約利率 \times （1-稅率）$$

前面我們說過，資金成本是一種加權平均數，因此在求長期負債成本時，係依其借入資金比例為權數，而求得長期負債成本。

（二）優先股成本 (Cost of Preferred Stocks)

在本質上，優先股是一種混血證券，兼具公司債和普通股之名稱以及性質，故其股息固定，類似公司債，當期不發，不視為違約；但又類似普通股，所以在求優先股成本較特殊些。而優先股依其特性又可分為前述幾種優先股。就累積或非累積優先股成本而言，通常以下式來求其成本：

$$k_p = \frac{D'}{P_0(1-f)}$$

其中 k_p 為優先股成本，D' 為定額股息，P_0 為優先股發行價格，f 為發行成本佔發行價格之比率。若考慮到參與與不參與優先股之成本時，不參與優先股和上述累積優先股成本之求法一致。唯獨參與優先股成本之計算頗費周章，如不考慮節稅問題，則參與優先股之成本可以下式表示：

$$k_p = \frac{D'}{P_0(1-f)} + g$$

其中 g 表示優先股息之成長率。其他有可調換或不可調換優先股成本，可贖回或不可贖回優先股成本，由於其成本模式建立較複雜，在此不述及。

（三）淨值成本 (Cost of Net Worth)

淨值資金通常由內部之保留盈餘 (Retained Earnings) 和外部之普通股 (Common Stocks) 構成。通常若將保留盈餘拿來做再投資之用，則公司必須對投資股東有一承諾，即盈餘轉投資之報酬率，至少必須和股東所希求的報酬一致。因此保留盈餘成本可以透過股票報酬率來衡量，其公式如下：

$$k_r = \frac{D_1}{P_0} + g$$

其中 k_r 為保留盈餘成本或股東應得報酬率，D_1 為第一期之股息，P_0 為現有股票價格，g 為公司之成長率。當然此公式之成立必須有下列幾個條件：⑴投資者保有股票至若干年，⑵ $k_r > g$，⑶發行公司之普通股之價格，盈利及股息之成長率每年為 g。

　　然發行新的普通股必須負擔發行成本 (Floating Costs)，因此新發行普通股之成本必會比保留盈餘之成本高些，若不考慮發行成本節稅部分，則新發行普通股之成本可由下式求得：

$$k_c = \frac{D_1}{P_0(1-f)} + g$$

　　其中 k_c 為新發行普通股成本，f 為普通股發行成本率，P_0 為現行股票價格，D_1 為第一期股息，g 為股息成長率，於是淨值成本可由保留盈餘成本和新普通股成本之加權平均數而得，亦即 $k_e = Ak_ct + Bk_r$，其 A、B 為兩者權數。

　　對公司而言，其「資金成本」為「淨值成本」、「優先股成本」、「長期負債成本」之加權平均數。此種計算資金成本純粹由公司內部演算而得，其他有關計算資金成本的方法，不勝枚舉，例如 CAPM 法、Gorden 型之資金成本法，即為財務學者們津津樂道的方法。由於篇幅有限，不予述及。底下介紹融合上述數種方法，為美國現行財務界用來計算資金成本的方法。

二、實用的資金成本計算法 (Application of Calculating Costs of Capital)

　　欲計算淨值與負債之資金成本，首先假設該資金成本為下列八個變數之函數：

⑴長期政府債券利率之現有估計值 (R_f)。

⑵證券市場所有股票超過政府債券殖率之預期溢酬，亦即股票超過長期政府債券之風險溢酬 ($R_m - R_f$)。

⑶某公司普通股之「貝他值」(β Coefficient)，所謂貝他值為保有該公司股票和保有證券市場所有平均股票之相對風險 (β_i)。

⑷該公司過去五年之邊際中央和地方政府所得稅 (t)。

⑸歷史負債對淨值之比率，此比率定義為平均短期負債加上長期負債（加上資本化租賃），除以淨值，遞延借項和少數股權過去五年之平均額 ($\frac{D}{E}$)。

⑹過去五年之短期和長期（包括注入的租賃利息）之平均利率 (i)。

⑺未來預期邊際中央和地方政府所得稅 (t')。

⑻預測未來負債對淨值之比值 ($\frac{D}{E}$)*。

　　在此法下，可由下列三個步驟來計算資金成本：

1. 第一步驟：求包括財務風險之淨值資金成本

以前面三個變數，即 $R_f, R_m - R_f, \beta_i$ 來計算該公司過去五年來依平均風險特性下 (β) 之預期資金成本。β 包括了財務風險。假設長期債券之利率為 R，而普通股相對於公司債的溢酬為 p，而該公司之風險為 β，則該公司之淨值資金成本（包括隱含歷史性的財務風險）Y 為

$$Y = R + \beta \times p$$

2.第二步驟：求單獨事業風險下之淨值資金成本

設法將和過去負債比率（財務風險）有關的風險移掉，單獨考慮事業風險下之資金成本 (C)。此時該公司之淨值資金成本反映公司之特性，同時我們認為該公司在未來將不會改變其現有型態，亦即此事業風險將繼續不變。當然事業風險需考慮經濟及技術的變革。財務風險下之淨值資金成本 (Y) 等於單獨事業風險下之淨值資金成本 (C) 加上財務風險之下報酬，亦即

$$Y = C + (1 - t)(c - b)(\frac{D}{E})$$

其中 t 表過去五年之平均邊際稅率，b 表過去五年所有負債之平均利率，$\frac{D}{E}$ 表過去五年總負債對總淨值之平均比率。由上式解出 C 得

$$C = \frac{Y + (1 - t)(\frac{D}{E})(b)}{1 + (1 - t)(\frac{D}{E})}$$

3.第三步驟：求總資金成本

根據未來預期保有之目標負債比 ($\frac{D}{CE}$)，再經財務風險折現，便可計算出總資金成本 C^*。其算出之總資金成本 C^* 當然小於單獨考慮事業風險下之淨值資金成本 C。此乃因稅後負債成本小於淨值成本，也小於淨值加負債成本，而不論其因負債所產生之較高風險。此公式可以下式表示：

$$C^* = C[1 - t(\frac{D}{CE})]$$

其公式中所設定之負債比率，通常假設公司在某段期間內固定，因此便可用來計算總資金成本 C^*。

此方法中有關之情報大部分可由市場決定，長期政府公債殖率之估計可由銀行

獲得。股票對公債之平均風險溢酬是一個評斷數字，一半是過去數年來的歷史性溢酬，但大部分是對未來之現行看法，伴隨政府法令和通貨膨脹所帶來的額外風險。至於 β 之計算可由上市公司股票報酬率求得。

第七節　資本結構以及舉債經營 (Capital Structure and Loan Operations)

從資產負債表之貸方（右邊），便可看出公司之財務結構 (Financial Structure)，亦即「自有資本」(Equity) 及「他人資本」(Liabilities) 之構成組合情形。兩部分的權利主體不一樣，一為股東自己人，一為債權人別人。若不考慮短期負債，著眼於長期負債和股東權益，則可看出公司的資本結構 (Capital Structure)，也就是該公司資本化 (Capitalization) 的情形。通常檢討財務結構有兩種方法：

第一種、靜態的探討：

通常設法找出一般公認最佳的財務結構，例如負債：淨值為 1:1，或 2:1，或 3:1，或 4:1，以後舉債融資按此比率，並以公司市場價值極大化為前提，進行舉債。負債：淨值之比若為 1:1，屬穩健型，美國多採行；若為 2:1，屬低度冒險型，成長性公司採之；若為 3:1，屬中度冒險型，臺灣企業常採之；若為 4:1，則屬高度冒險型，日本企業常採之。

第二種、動態的探討：

通常先找出公司未來一段時間內資金供需情形，再定期檢討，以決定最佳的財務結構，再進行舉債融資。

一、影響資本結構之因素 (Factors of Capital Structure)

由於資本結構佔財務結構中很大的比率，因此我們需要考慮其影響因素，以便作為決策之參考。通常影響資本結構的因素有(1)未來銷貨成長率，(2)未來銷貨穩定性，(3)企業競爭結構，(4)公司資產結構，(5)業主對風險之態度，(6)債權人之態度。

1.未來銷貨成長率 (Sales Growth)

通常銷貨成長率愈高，其資金需求愈高。此時若銷售額超過損益兩平點，則愈是藉用他人資金，愈能使利潤加大。然而也不能因銷貨激增，而迅速提高負債，應該基於穩健原則，使負債和自我資金交互運用，保持一定水準。

2.未來銷貨穩定性 (Sales Stability)

銷貨愈穩定，現金流量愈能掌握，到期固定負債之利息不怕無法償還，於是風險降低，因此負債比率雖保持相當高水準，亦萬無一失。因此未來銷貨穩定性對於資本結構有很大的關連。

3. 企業競爭結構 (Competition Structure)

企業愈競爭，影響銷貨和利潤愈大。如果此時負債過高，利息負擔加重，對於股東比較不利，所以應使負債比率降低。

4. 公司資產結構 (Assets Structure)

通常一個公司流動資產 (Current Assets) 多，則其主要資金應來自短期債務。而固定資產 (Fixed Assets) 多的公司，則應仰賴長期資金來源，如舉借長期債務，增資發行新股，盈餘轉投資等等，所以公司資產結構和資本結構是息息相關的，所謂「短期需要，短期來源；長期需要，長期來源」之道不可違反。假使公司最高主管及財務主管不走正派經營之道，而想偷雞摸狗，用連續性短期資金借入法，來支應固定性長期投資之需，雖可節省一些利息成本，但當景氣不佳，短期資金來源馬上中斷，無法償還到期之另一短期借款，必致公司於無法償債之窒息死亡境地，太危險，千萬不可亂試。

5. 業主對風險之態度 (Attitude of Owners)

通常小公司股東對於管理控制權 (Management)、收益權 (Profit) 及風險 (Risk) 三者兼顧，因此通常竭力避免發行普通股，以免經營管理權易手。因此若公司屬於進取型，則負債比率會較高。若公司屬於保守穩健型，則應使負債比率降低，而以淨值為基礎。

6. 債權人之態度 (Attitude of Lenders)

通常金融機構之債權人對於負債比率過高的公司比較不喜歡，是否願意放款融資，常是一大疑問。因此金融機構之債權人的態度對於一公司之資本結構有決定性的影響。

二、最適資本結構與資金成本之關係

研究最適資本結構 (Optimal Capital Structure)，大致有三大學派：一為傳統學派，二為摩米兩氏學派，三為折衷學派。此等學者們研究在何種負債比率下會有最適資本結構。

（一）傳統學派

傳統學派的觀點，認為舉債成本與淨值成本，在相當槓桿 (Leverage) 程度下，

不隨負債比率之變化而變化，超過此範圍，則兩者開始上升，當平均成本最低那一點，即最適資本結構存在的地方，如下圖 A 點所示。

圖 21–2

（二）摩米理論（M-M 理論）

摩米 (Modigliani and Miller) 兩氏認為，舉債與淨值籌資並無最適組合存在。在其假設下，任何理智之抉擇均有相同之成本。易言之，公司之價值並不會受到資本結構之變化而有所影響。然在摩米兩氏模型成立之要件，有下列幾項重要的假設：

(1)只考慮兩種型式之資本：長期借款負債及普通股。

(2)政府對公司收入不課稅。

(3)公司總資產固定，但資本結構可以改變。

(4)預期的稅前、利息前淨利一致。

(5)企業風險和資本市場之財務風險無關。

(6)所有投資者對未來營業收益有相同的看法。

(7)資本市場能提供完全情報給投資者，而且投資者是理智的，也無交易成本存在。

但若考慮稅時，摩米兩氏導出一個結論，即公司價值為稅率和槓桿程度之函數，其公式為：

$$V_L = \frac{(1-T)\overline{X}}{\rho^T} + \frac{TR}{r} = V_U + TD_L$$

其中 V_L 為有槓桿之公司價值，V_U 為無槓桿之公司價值，T 表示稅率，$\overline{X}$ 表示公

司營業淨利之期望值，R 表示利息費用，ρ^T 表示無槓桿之公司資金成本，r 表示均衡情況下之舉債利率，D_L 為槓桿公司均衡舉債水準。由此可知，稅率與槓桿愈大，則其總價值愈高，亦即其平均資金成本愈低。關於負債比率和資金成本之關係，以下圖表示之。

圖 21-3

（三）折中學派

折中派的看法，認為公司確實有最適資本結構之存在，惟其平均資金成本曲線較平坦些，亦即公司對其資本結構之取決較具有彈性。換句話說，公司可依自己的意思在最適結構範圍內進行舉債。若以圖形表示，其關係如下：

圖 21-4

由此可知，負債比率和資金成本仍然有關聯存在。公司可以依其本身之財務結

構，自行調整，尋求公司價值極大化下之負債程度。

三、財務槓桿理論 (Theory of Financial Leverage)

通常在決定最適資本結構時，我們才進行舉債活動，然而必須舉債成本 (Cost of Debts) 低於淨值成本 (Cost of Equity)，才值得運用，以提高股東的報酬。換言之，利用較便宜的他人資本，來擴充自我資本之報酬，乃是屬於財務槓桿 (Financial Leverage) 之運用（即用別人的錢來替自己賺錢）。但在利用財務槓桿時，我們必須注意此種槓桿的正反面實用性。通常看法是「財務槓桿愈大愈風險，財務槓桿愈小愈穩健」，但另有認為有風險才有利潤，無風險就無利潤。

通常有關槓桿的決策有兩個，一個是營運槓桿，一個是財務槓桿。

（一）營運槓桿 (Operations Leverage)

所謂營運槓桿係指固定成本佔公司總成本的程度，其槓桿程度則指銷產營運量變動的百分比，所引發的稅前、利息前淨利 (Earning before Interest and Tax, EBIT) 變動之百分率。營運槓桿 (Degree of Operations Leverage, DOL) 之公式可以下式表之：

$$DOL = \frac{\triangle EBIT / EBIT}{\triangle Q / Q}$$

由此可知，若其他因素不變，固定成本愈高，營運槓桿程度愈大；而固定成本愈小，則營運槓桿程度愈小。亦即其他因素不變，每銷售單位邊際貢獻 (Marginal Contribution) 愈高，營運槓桿程度愈小。

（二）財務槓桿 (Financial Leverage)

所謂財務槓桿，是指借債佔公司總資產之程度，或是借債和自有基金之比例，也是指稅前、利息前淨利變動引發每股盈餘 (Earnings Per Share, EPS) 之變化的程度。換句話說，當資產報酬率高於舉債利率時，財務槓桿作用是有利的。在某一程度內，負債比率愈高，則淨值報酬率也愈高。反之，若資產報酬率低於舉債利率，則財務槓桿作用是不利的（即反槓桿作用），此時負債比率愈高，淨值報酬率愈低。通常財務槓桿程度 (Degree of Financial Leverage, DFL) 以下式表示之：

$$DFL = \frac{(\triangle EPS / EPS)}{(\triangle EBIT / EBIT)}$$

其中 EPS 為每股盈餘，EBIT 為利息前、稅前之淨利。

　　由此可知運用財務槓桿可以和資本結構結合在一起，來探討最適資本結構之存在性，並選擇何時舉債 (When) 以及舉債的程度 (How Much)。

第八節　股利政策 (Dividend Policies)

■ 一、影響股利政策之因素

　　股利 (Dividend) 之發放是給予投資者之報酬，因此在何時發放多少股利方為最恰當之股利政策，成為財務經理及最高主管主要的課題之一。通常影響股利政策的因素有下列九點，逐一說明如下：

1. 法律的限制 (Law Requirements)

　　如美國法律上有三項規則：第一、「淨利規則」，規定股利只能以現在或過去的盈餘來支付。第二、「資本減損規則」：禁止以資本支付股利，以保護債權人。第三、「無償規則」：規定公司償債未償時，不能支付股利。由此可知，法律的限制對股利政策有顯著的影響。這些法律規定在臺灣及中國大陸都是相同的。

2. 流動資產情形 (Current Assets)

　　公司帳上雖有很多保留盈餘，但是若均已投資於長期資產（如機器設備）之購置，則流動資產，尤其現金，相對減少，便無法支付現金股利，故在發放股利時，公司的流動情況需優先加以考慮。

3. 償還負債的需要 (Debt Solvancy)

　　若公司舉債購置資產，債到償還期時，是以新債還舊債，還是動用保留盈餘（現金）來還債，也是考慮的因素之一。

4. 負債契約之限制 (Loan Agreement's Requirement)

　　通常舉債時，都訂有「借款契約」限制來保護債權人，其限制方式有二種：(1)未來股利不能以過去保留盈餘來支付；(2)當淨營運資金小於某約定數額時，不能發放股利。

5. 利潤率之多寡 (Profitability)

　　投資報酬率決定股利支付的型式，通常利潤率高，投資報酬率高，股利發放的可能性也愈大。

6. 資產擴張比率 (Expansion Rate)

　　資產擴張率愈大，公司成長愈快，愈需要資金，愈無法以現金方式來支付股利，

只能用增資配股方式來發放股息。

7.盈餘的穩定性 (Stability of Earnings)

歷年來盈餘愈穩定,則愈能預測未來盈餘如何,也愈能預測未來股利發放的多寡。

8.控制權 (Ownership Control)

公司若透過內部盈餘轉投資來擴張,不向外募股增資,免得原有股東所有權稀釋,致使公司管理權因股權比例變動而旁落他人之手。完全依靠內部資金來擴充,是可以保持公司管理控制權,因之也會減少股利發放機會。

9.股東課稅情形 (Stockholders' Tax)

如果股東希望獲取資本利得,而不願收取每年股利,以減輕較高的所得稅負擔時,必會影響公司之股利政策。

二、股利政策的型態 (Patterns of Dividend Policy)

通常股利發放政策有三種型態:

⑴每股穩定發放之政策。(Stable Dividend Policy)

⑵固定發放率之政策。(Fixed Dividend Rate Policy)

⑶低經常股息加上紅利之政策。(Irregular Dividend Policy)

所謂「每股穩定發放」之政策,即採取每股股利歷年來均相差無幾,不論公司當年經營好或壞,均發放一定數額的股利。通常此種型態的股利發放政策較為公司經營當局所樂意接受。從投資者而言,他們原希望股利愈多愈好,愈能保證他們的收入。然因不穩定的股利較穩定的股利風險為大,因而就投資者而言,假若他們均是風險嫌惡者,則愈會喜歡穩定股利的股票,導致市場需求增加,促使股票價格之上漲。

所謂「固定發放率」之政策,即是每年所發放之股息以當時股價之某一固定比率發放,所以當股價高時,發放之每股股利亦高;當股價低時,股利亦低。

所謂「低經常股息加上紅利」之政策,則是公司先設定一個較低的股息額,若當年公司經營得法,盈餘大增時,則增加紅利,因此每年真正股利之多寡,端視公司的營運狀況好或壞而定。

另有一種理論來說明股利政策,即殘餘股利政策 (Surplus Dividend Policy)。該政策謂在相同風險下,若外面投資之報酬率比內部再投資報酬率小,則投資者寧願將股利保留在公司內作為再投資,而不願發放股利。因而大部分公司均在一最佳負

債比例下，當向外舉債時，另一方面亦增加股東權益（即保留盈餘）來保持最佳負債比例。然負債之取得和股東權益之取得之資金成本不一定，故必須找出它們的加權資金成本。所以說，殘餘股利政策乃是透過最佳負債比例，來決定股利應該發放多少。

三、股利政策與股價 (Dividend Policy and Stock Price)

有關股利政策對股價是否有影響，有兩學派的說法，其中葛登 (Gorden) 認為股利發放和股價有關。另外一學派，即摩米 (M-M) 兩人 (Modigliani and Miller) 則認為股利發放和股價無關。

（一）葛登理論 (Gorden Model)

首先列出該模型存在之假設：

⑴沒有向外界融資，亦即公司成長完全靠保留盈餘再投資。

⑵資產報酬率 r 固定。

⑶投資者預期報酬率 k 固定。

⑷公司壽命和盈餘流量永久不絕。

⑸不考慮稅賦問題。

⑹k 大於 g；g 為成長率，其中 $g = b \times r$，b 為盈餘保留率。

由此發現其股票價值變為：

$$P_0 = \sum_{t=1}^{n} \frac{D_0(1+g)^t}{(1+k)^t} = \frac{D_1}{k-g} = \frac{(1-b)E_1}{k-g} = \frac{(1-b)E_1}{k-br}$$

由此公式知股利政策與股價有下列三種情況：

⑴當 $r = k$ 時，不管保留率 b 為多少，或股利政策為何，P_0 均最佳。⑵當 $k > r$，則 b 增加，P_0 會減少，當 $b = 0$ 時，P_0 最大，亦即不發股息，股價最高。⑶當 $r > k$ 時，b 增加，P_0 也會增加；$b = 1$，P_0 為最大，亦即股息發越多，股價越高。

（二）摩米 (M-M) 模型

摩米 (M-M) 兩人認為股利發放與否和股價無關，依該模型而言，假設 k_t 為第 t 期投資者預期報酬率，V_{t+1} 為第 $t+1$ 期之股票價值，I_t 為第 t 期之投資，E_t 為第 t 期之盈餘，則發現第 t 期，經發放股利 D_t 後之公式變成：

$$V_t = \frac{(V_{t+1} - I_t + E_t)}{1 + k_t}$$

　　由此可知股利發放，在 M-M 的假設下，是和股價毫無關係的。

　　然而事實上，臺灣證券市場，依實務派人士認為，雖然公司總盈餘相同，但是股利發放多或少和股價高或低是息息相關的。

第二十二章　人事（人力資源）管理要義
(Essentials of Personnel Management)

第一節　人事管理之意義及職能 (Nature and Functions of Personnel Management)

人事管理 (Personnel Management) 亦稱人力資源管理 (Human Resources Management)，為近代管理新生的一環，自 1932 年開始，迄今七十餘年歷史，人資管理成為研究人類行為 (Human Behavior) 的科學與藝術之中心，也是近代高科技產業知識經濟發展以來的新觀念。對任何企業及機構而言，其本身就是一個團體 (Group)，就是一個組織體 (Organization)，而其組成資源八大要素——地、人、財、物、機、技、時、情中，首重的就是有關「人」的因素。

有人分析企業之原意，認為企業之所以為「企業」，是因為「人止」，即人員留下來為共同目標而長時間工作也；若人員都走掉就成「止業」——事業死亡也。人事管理即是以招募、選用、訓練、發展、晉升、及留用人才為主要工作內容，務使人才「任用有方以盡其才」，「事得其人以利其行」，「發展得當以利成長」，「考核得宜以奏其功」。換言之，人事管理不僅在消極方面，講求節約成本，且在積極方面，講求提高績效，支援銷、產、研究發展部門對人力資源之需求。

一、人事管理的意義及職責 (Responsibilities of Personnel Management)

人事管理是一個組織中關於人力資源 (Human Resources) 的管理與服務工作，包括人員招募、選用、訓練、發展、晉升、留用等人與事的密切配合，人與人間關係的調整，協調與合作、福利與保健等工作，以支援行銷、生產、研發、人事、財會、資訊部門，發揮組織之團隊精神，提高工作效率，所以人事管理亦稱為「人力資源管理」。

人事 (Personnel) 一詞之本義，為有關「人」之「事」務，泛指為達成組織目標而使用及激勵組織成員有關之事務。其主體是有生命之「人」，不是無生命之「事物」，但因各部門都有人在從事不同專門性工作，所以人事管理不但要求人與事的適當配

合，使事得其人，更重要的，是人與人間關係的協調。在日趨複雜的企業社會裡，有關員工工作效率及私人行為方面甚須依賴行為科學之知識，並於經驗累積中建立起巧妙的運用技術，以做好有關人的管理工作。「人」是有生命、有感情、有理智之生物，「人」的知識水平越來越高，越不容易以力服之，所以在企業五功能內，人事管理最複雜。

一般而言，企業各部門主管是負責其所配屬員工之人事管理人員，而公司人事幕僚部門則是協助最高主管做好其人事管理之「參謀」(Staff)，及協助與服務各部門主管履行人事管理工作之專家 (Experts)。所以人事管理是各級主管的重要職責。

二、人事管理的原則 (Principles of Personnel Management)

一般言之，人事管理有幾項基本原則，也就是在辦理人事管理工作時應該特別注意及遵守的事項；如果忽略了它們，就不易收到效果：

1.注意科學方法 (Scientific Methods)

管理的好壞，最重要的是「方法」(Methodology)，將科學的方法運用於人事管理之上，方能保證工作之質與量達到應有的標準。

2.善用人群關係 (Human Relations)

企業經營之能否成功並且長足發展，不在於有足夠的資金，而在於是否有足夠而適當之人才。因此「明用人」，亦即「獲得適當人才，並加以有效運用」乃是管理者之主要工作之一，其他管理工作為計劃、組織、指導與控制。欲達此一目的，決不可忽略「人群關係」(Human Relations)。各部門經營者及人事部門主管均需瞭解員工之「個別差異」(如智力、性向、性格之差異)、「人性尊嚴」、「交互行為」、及「激勵法則」等，俾能建立良好的人群關係，使員工互相合作，減少摩擦，提高士氣 (Morale) 與工作生產力 (Productivity)，以及增加組員之忠誠心與向心力 (Identification) 等。

3.活用成員長處（而非短處）(Strength and Potential)

彼得‧杜魯克在其名著《有效的經營者》(The Effective Executive) 一書中提到設定組織的唯一目的，是活用員工的長處及潛力，使其長處與潛力發揮到極點，以完成共同的事業目標。也提到只注重人們的弱點來管理員工，必將得不到結果。這種見解正合乎我國古聖先賢所主張的「用人之長，避人之短」的原則。因為找出他人特定長處，以便能使其充分發揮，貢獻於公目標、私目標、及社會目標，乃是人類最偉大的特性。

4. 重視教育訓練 (Education and Training)

人性有善惡兩面（即性善及性惡），主管人員應激發部屬「善」的一面，遏止「惡」的一面，這就需要適當的教育來達成此種目的。「教育」(Education) 與「紀律」(discipline) 有密切的關係，有了良好的教育，則一定會有良好的紀律。為了經常保持員工的進取活力，維持其素質的正常成長，以避免落伍，發揮潛力，必須加以不斷的教育訓練，才可達到目的。所以我們對員工之訓練與教育應特別加以重視，撥出適當的預算費用及時間，否則整個組織無法發展，甚至被淘汰。

5. 建立標準與制度 (Standards and Systems)

操作標準與作業制度是異中求同的人事管理原則。有關人的問題是變化不定的，如果因為變化不定，處理上也隨之搖擺，其結果必然造成分歧、混亂與不平。所以必須找出若干共同之點，訂定操作標準與作業制度 (Operating Standards and Operations Systems)。如此，任何事情處理的結果，必將趨近於一致，自然能減少不必要的困擾。

6. 避免無謂浪費 (Waste Avoidance)

人事管理也和其他事物之管理一樣，應該要注意到「經濟」(Economic) 的原則。換言之，即是用最少的金錢及時間來辦好最多的事，並且，避免把精力浪費在自己無力改變的事情上面，應該把精力放在自己能改變的事情上採取行動。

三、人事管理的活動內容

人事管理的活動可分為兩項：一項是「管理功能」的活動 (Management Functions)，包括計劃、組織、用人、指導、控制等項；其程度與範圍，隨授權的多寡而異；另一項是「作業機能」的活動 (Operations Functions)，包括招募、任免、薪酬、考核、升遷、訓練、衛生、福利等工作。管理功能是屬於較高級主管的工作，作業機能則屬於較低階層主管及人事幕僚人員的工作。人事部門的主管是屬於幕僚人員 (Staff People)，只具有專業功能性的威權，在上級人員授權之下，提供專業工作性的服務與協助，對平行或較下級之直線單位不能以強迫的方式干涉彼等對其屬員的管理方式。例如有關人員之任用、敘薪、晉升、訓練及解雇，人事單位只可以協助主管人員挑選適當的候選人及建議可行方法，但真正雇用與否以及做何決定，其最後的決定權仍在直線單位之主管，而非在人事幕僚單位。

就公司而言，人事管理的目的，⑴即在雇用最適當的工作人員，訓練適當技能，指派適當工作，使人人均能「勝任而愉快」，而非於所指派的工作「勝任」不愉快，

或「不勝任」而愉快或「不勝任亦不愉快」；(2)使全體員工合作無間，減少組織成員間之紛爭與摩擦；(3)提高工作情緒及效率，減少流動率，使所有人力資源做最有效的運用，以減低成本及增加生產力。總之，人事管理的活動可歸為「求才」、「育才」、「用才」、「留才」，進而促進整個組織之有效發展。

第二節　人事管理之基礎 (Foundations of Personnel Management)

人事管理活動的基礎在於「工作分析」(Job Analysis)，「工作評價」(Job Evaluation)，以及「職位分類」(Position Classification)。

一、工作分析 (Job Analysis)

(一) 工作分析之意義 (Meanings of Job Analysis)

工作分析是「工作規範」(Job Specification) 的基礎，是指調查分析工作指派 (Job Assignment) 之主體內容的一種方法。換言之，工作分析即是對一個職位之工作內容及相關之各項因素，做有系統、有組織之描述或記載 (Description and Recording)，其目的在使實際操作時，能盡量減少動作，縮短時間，以提高效率，故「工作分析」亦名「職位說明」(Position Description)。

一般而言，「工作分析」包括一連串有系統的步驟，仔細地觀察 (Observation) 工作，蒐集 (Collection) 及查證 (Verification) 組織中有關人員之資料 (Personal Data) 及工作環境條件 (Work Conditions)。工作分析之觀念發源甚早，原本是生產作業人員職掌之一種研究，到了泰勒倡導了科學管理運動，才真正有系統地對各項工作予以科學分析。通常在分析時，係以科學七支法，即 7W's 為分析之指導架構，即確定工作內容 (What)，為何要如此做 (Why)，如何去做 (How)，標明由誰去做 (Who)，指定何處進行 (Where)，何時去做 (When)，以及要耗費多少資源成本 (How Much) 等項。

(二) 工作分析之功用 (Purposes of Job Analysis)

工作分析之功用很多，一般而言之，有下列六項：

(1)瞭解各種職位內工作之內容情況。(Contents of Job)

(2)可以做到適才適所和同工同酬。(Right-Person Right-Place and Equal Payments)

(3)可據以制訂考核工作人員業績之方法及工作評價的基礎。(Performance Appraisal and Job Evaluation)

⑷提供考選訓練、任用、升調等計畫之有關資料。(Selection, Training, Placement, Promotion Data)

⑸提供廠中所有工作性質之完整資料，為建立有效組織之基礎。(Organization Structure)

⑹指明何種工作可能發生危險，以便及時地採取安全措施予以防範。(Prevention of Crisis)

至於工作分析之方法，將因其目的與性質不同，實施之重點自亦互異，但無論如何各種方法必須因人、因時、因地而靈活運用，然後才能收到真正的功效。以下五種方法係常用者，茲分述之：

（三）工作分析之方法 (Methods of Job Analysis)

1. 實地分析的方法 (Empirical Method)

在某種情況下，分析人員要實地學習工作，或成為工作單位的一員，以獲取原始資料。這項分析方法需要有高度的訓練才能勝任。

2. 調查資料分析法 (Survey Method)

這種問卷方法是工作分析的早期步驟，也是目前最通用的一種分析方法。這種方法雖然有便利之優點，但如果填表者不負責任，則資料即不正確，因為填表者可能有誇大或隨便填寫，所以結果之有效性必受影響。

3. 面談方法 (Interview Method)

這是獲得分析資料之最直接方式。面談也有技術，融洽的面談是成功的要訣。在面談時應注意這是在做工作分析，並不是交換意見或解決問題。

4. 觀察方法 (Observation Method)

工作分析人員必須具有仔細觀察之能力，根據工作績效之正確記錄，與其他的數據相校核，以獲得真實的情況。所以「豐富的經驗」為工作分析人員必備的要件。

5. 綜合的方法 (Combination Method)

依據所需工作資料的內容，及數量分析人員所選擇上述各種方法，綜合應用，可以獲得最佳的結果。這些方法，不僅需要應用科學的方法，還要具有易為人接受的人群關係技術。

二、工作評價 (Job Evaluation)

（一）工作評價意義 (Meanings of Job Evaluation)

工作評價為工作分析的延伸，藉以確切探知不同工作的相對價值 (Relative Value)，並將評價改為適當的工資 (Wage) 計畫表。所以工作評價乃是藉有系統之程序，將各工作因素，相互比較與衡量，決定所有工作公平合理工資之方法。換言之，工作評價是決定待遇的比較科學的一種方法，在「計件制」(Piece Rate) 或「計量制」(Quantity Rate) 之工作情況下，可使待遇走向「同工同酬」(Equal Work Equal Pay) 的原則。雖然在評價時可能稍有偏差，但是此種辦法的優點多於缺點。

（二）工作評價之功用 (Purposes of Job Evaluation)

⑴使工作者均瞭解在僱傭關係中人人皆平等，不受年資及人事關係的影響。換言之，待遇之高低，是取決於個人的知識、能力、技術及經驗，並視個人工作熱忱及其工作對事業之整體貢獻而定，以達到同工同酬，待遇公平。

⑵在此一制度下，可顯示一個機構內各工作間的相對價值，並可與其他機構的工作相比較。

⑶在工作評價過程中，可反映工作事實情況，對於人事管理上方便很多。

總之，工作評價就是比較工作價值 (Comparison of Work Value)，由比較而決定待遇的高低。然而，究竟如何進行比較呢？普遍應注意以下兩個重點：

（三）工作評價之重點 (Key Points of Job Evaluation)

第一、工作評價的基礎 (Evaluation Basis)：工作評價的基礎，就是工作的任務 (Task)、責任 (Responsibility)、性質 (Nature) 與工作人員 (Persons) 之條件，如⑴工作的主題事物 (Subjects)、職能 (Functions)、專業技能 (Skills)；⑵處理職務的困難程度與複雜性 (Degree of Difficulty and Complication)；⑶操作性的責任 (Operational Responsibility，即工作成果的直接責任)；⑷監督性之責任 (Supervisional Responsibility)；⑸資格標準 (Qualification)；⑹工作的條件 (Work Conditions，即使用工具設備等複雜精密程度及工作場所的各種情況)。

第二、工作評價的方法 (Evaluation Method)：即是如何將工作職責程度的難易輕重，用文字 (Wording) 或其他的方式 (Number) 具體的表示出此工作與彼工作間的差異。若差異太多，則須一一列舉；有的尚須詳細比較，有的不需詳細比較，則應視工作評價目的之不同而定其評價的方法。

一般的工作評價是在合理的基礎上訂其薪率。普遍使用的方法，約有下列：

（四）工作評價之方法 (Methods of Job Evaluation)

1.排列法 (Ranking Method)

這是最簡單的方法，依照操作時之「困難」情形及「責任」程度，將各工作加以排列比較，此法非常容易，但不易精細。

2.工作定等法 (Scaling Method)

預先備有已訂定的工作等級量尺 (Scales)，量尺的刻度，可與工作說明 (Job Description) 相比較。

3.評分法 (Rating Method)

此法採用者較多，即是找出各種工作所含的各種因素 (Factors)，各別給予比重，再依據每一因素應有的評分分數，予以加總，而表出工作之價值。此法對於工作價值的衡量較為詳細，有數字表示並有分析性。一般來說，任何工作，都包括有下列因素：⑴技能 (Skills)、⑵責任 (Responsibility)、⑶努力 (Efforts) 與⑷工作條件 (Work Conditions) 四項，如下表之情形，每一因素再制定一個評量表（即是每一因素均另訂程度表）。

表 22-1

工作因素	評分數	百分數（比重）	指數
1. 技能	0～250	50%	評分×比重
2. 責任	0～100	20%	評分×比重
3. 努力	0～75	15%	評分×比重
4. 工作條件	0～75	15%	評分×比重
			＝總指數

註：此表只是一個例子，工作因素、評分數、百分數（比重）等均可因工作性質之不同而異。

4.因素比較法 (Factor Comparison Method)

此法是排列法與評分法的部分混合，即是選定諸工作中，數種比較重要而明顯的因素 (Factors) 加以比較，而決定工作的價值。但因標準不甚明確，所以不如評分法之簡而易行。

三、職位分類 (Position Classification)

（一）職位分類之功用 (Functions of Position Classification)

所謂「職位分類」(Position Classification) 如同「工作評價」一樣，乃指將職位予以調查、整理、分析和分類的措施而言。辦理職位分類，一方面可使大量不同的職稱職位，分為極少的類別 (Categories)；同時又可使工作上需要同樣處理技能 (Skills) 的職位，歸之於同一類。如此一來，在人事處理上，不但可就某類職位的特性 (Job Characteristics)，採取適當的募才措施；而相同或相似的職位也可以得到同等的處理。這就是所謂「為事擇人」，「人盡其才」，依據客觀標準，用科學方法，建立公平合理

而有效的人事管理制度。

論及職位分類的意義，必須先確定職位一詞的意義。所謂職位，就是分配給每一個工作人員之職務與責任。實際上，它包括著有「職務」和「責任」的意義在內，恰好是一位工作者做應做的事務，負應負的責任。因此，職位分類乃是將職位的職務與責任，根據分類的標準，來分析區別各職位異同之方法。詳而言之，即將各個職位，先從縱的方面按照工作性質分為若干職門 (Categories)、職組 (Classes)、職系 (Departments)；再從橫的方面，按照工作繁簡難易，責任輕重及資格、條件高低程度分各種「職級」(Grades)。

職位分類為一種科學的人事管理方法，採用這種方法可以做到「適才適所」與「同工同酬」，使人與事密切配合，提高效率。一般言之，實施職位分類後，在人事管理上可以發揮下列各項功能：

⑴建立公平合理的薪給制度 (Wage and Salary System)：凡工作性質、繁簡難易、責任輕重、及所需資格條件充分相似的職位，可支領同一個薪給幅度的報酬。這就是一般所說的「同工同酬」。

⑵提供考選任用的客觀標準 (Selection and Placement Standards)：由於對每一職位曾做詳盡地分析，每一職位所需工作知能及所需工作條件，在「工作說明」中均有很明白的敘述，可作為考試與任用的依據，使之達到客觀的標準。

⑶考績標準具體化 (Performance Appraisal Standards)：由於重視「事的分析」，對職位每一項工作，都訂有「工作標準」，作為在工作上考核的尺度，使工作考績有具體的客觀標準。

⑷明示升遷之途徑 (Promotion Path)：由於有職位的區分，使升遷途徑明確，層次分明，在職位說明中對工作人員的升遷與調動有具體的說明，指出其方向及途徑，不但可供作人事上處理升遷問題的依據，且可激勵工作人員努力向上。

⑸健全組織之組成 (Organization Structure)：由於對每一職位都要調查分析，就整個組織而言，立可發現組織是否健全，指揮系統是否正常，權責劃分是否明確，工作指派是否妥善，作業程序是否合理；若有不當，即可加以改進。

⑹改進主管與屬員之關係 (Superior-Subordinate Relationship)：實施職位分類之後，有關之責任範圍均有具體的說明；考績的標準客觀，升遷系統明確；待遇公平合理；使人事上的糾紛減少，促成主管與屬員關係趨於良好。

(二) 職位分類的作法 (Methods of Position Classification)

在實施職位分類時，通常採用之分類特徵是：工作性質 (Job Nature)，工作繁簡

難易 (Difficulty)，工作責任輕重 (Responsibility) 及所需資格 (Qualification)。以上之分類特徵在實際使用時有些較為抽象，因此在辦理分類時，多將其區分為較為具體及範圍較小之幾項因素，如下列所示：

(1)工作特性。

(2)工作複雜性。

(3)可循法規明確性。｝工作繁簡難易

(4)所需創造力。

(5)遵守上司指示之嚴格性。

(6)對下屬督導之緊密性。｝責任輕重

(7)與外人接觸之頻繁性。

(8)責任範圍之大小與影響性。

(9)所需資格。

第三節　人事管理之範疇及職能 (Scope and Functions of Personnel Management)

一般言之，人事管理之範疇可依「選」、「訓」、「用」、「養」、維持「發展」來說明。

一、人員之招募 (Recruiments)

（一）人力需要預測 (Forecasts of Manpower Requirements)

一個組織在預測其人力上之需要時，首應分析其需要因素，如人事流動中之「離職」(Turnover)、「擴展」(Expansion) 組織業務，其他工作計畫之「變更」(Changes)、採用新的「工作方法」(New Methods) 等。在預測人力需要時應注意下列各項有關資料：

(1)考慮各職位季節性之變動及一切可能發生之事情。

(2)離職原因之分析統計。

(3)未來退休問題之分析。

(4)各部門人事資料紀錄，以供升遷之用。

(5)分析停職與復職之分析情形。

(6)將來業務發展之資料。

⑺近年來之營運與員工人數之分析，按其成長之情形，決定所需之人員數額及所應具備之資格等。

以上之資料是招募人員之基本前提，換言之，任何人員之招募均應針對組織之需要及性質而進行之，不可盲目「為招募而招募」。

各個機構所採用的人員招募程序，互有差異。有者簡單得只有寥寥數語的會談和身高體重的檢查；有者則複雜得要成立專門部門以處理。無論如何，所招募的人員必須要能勝任工作，則為先決要件，也是最終的目的。

（二）選拔方式 (Methods of Recruitment)

通常，人員招募有時只對組織內發布消息，有時也對外公開招募，兩者均要有選拔之過程。

關於選拔之方式，論者意見不一，普通有以下幾種主張，究應如何採用，需要視實際情形而定：

⑴選舉制 (Election)：即是以選舉方式用人，此法用於部分高級人員則可，對於低級工作人員，則不甚恰當。

⑵委派制 (Assignment or Appointment)：即是用人完全由上一級主管人員負責委派，此法雖有優點，但應特別防止引用私人。

⑶考試制 (Testing)：此法較為公平、公開、合理，是目前公認比較好的選拔方法。

⑷推薦制 (Recommendation)：委託學術機構或專門機構推薦中高階層人員。

⑸上四法的合併使用 (Combination)。

（三）選拔過程 (Procedures of Selection)

人員招募選拔之程序，大略可以下述步驟進行，即⑴審查簡歷資料，⑵面談，⑶申請者填表，⑷筆試，⑸實地作業試驗，⑹評核及決定等。

⑴審查簡歷資料 (Resume Screening)：選取較適合人選，再進行面談、筆試等甄選。

⑵面談 (Interviews)：此步驟是獲取工作申請人有關資料之最適用的方法之一。這也是一種面對面，口頭交談，個人親身觀察，與個人親身審核工作申請人的方法。一般說來，面談不只是雇用人獲得資料的方法而已，同時，也給予申請人資料，幫助申請人瞭解公司的情況，或提供建議以協助申請者決定其對公司的態度。因此，面談可說是雙向的溝通，除了獲取資料外，還給予資料，實含有顧問諮詢的作用，所以，在人事考選的程序中，面談具有很重要的意義。

⑶申請者填表 (Filling Application Form)：雖然對不同之工作，其填表的形式將有所差異，但此項措施，可初步瞭解申請人之背景，並且尚可由填表看出申請人之寫作及回答之能力，以補充在面談時遺漏之事項，更進一步確定申請者能否合適。表格之形式應力求簡明，並且要求填寫之項目一定要與工作性質有關。

⑷筆試 (Writing Tests)：所謂筆試，是雇用人利用受雇者文字的表達方式，來探查所需的事實與資料，普通稱之為「測驗」(Testing)。在根本上，它是一種衡量的程序，衡量一個人能做什麼，以及將來可能的發展潛能。衡量的結果，在本質上是質的 (Qualitative)，但在表現的形式上，可能是量的 (Quantitative)。再者，衡量的結果只代表了受試者的知識、經驗與能力；至於其工作的意願尚不得而知。

⑸實地作業試驗 (Field Operation Tests)：即實地操作工作的某一部分或某一段落，以事實說明其工作的能力，如司機的執照考試，打字員的打字測驗等。在技藝性的職業領域內，採用這種測驗的方法，相當普遍。如果設計得當，並有合理的評估，則對技藝員工的招募，這是一種很有實效的方法。

⑹評核及決定 (Appraisal and Decision)：各種測試之結果應加以評估，選出最適之人選。此時最需注意的是，最後錄取與否的決定權，是屬於直線單位（即用人單位），人事部門只是提供功能性的建議及一系列之作業性服務而已。

二、人員的任用、調遣、晉升、降任與辭退 (Placement, Transfer, Promotion, Demotion and Layoff)

1. 任　用

在人事制度中，所謂「任用」(Placement)，就是將人員配備在一個空缺的職位 (Vacancy)，或一個新設的職位 (New Position) 上。換言之，就是人員與工作的配備相結合。

2. 調遣 (Transfer or Rotation)

所謂「調遣」(Transfer) 是將人員從某某級的職位，調至類似同一等級的另一單位，或稱輪調 (Rotation)。換句話說，調遣是不上不下的平行調動，即未加重該調遣者的責任，亦未將之減少。

3. 晉升 (Promotion)

而「晉升」(Promotion) 乃是指工作人員任用滿一定期限，考核品行及工作績效優良，提高其職位及待遇之意思。

在一個組織中，常因工作需要產生了新的職位，或因人事的變動，而使一個職

位虛懸，凡此職位的人員補充，其方法將因該職位的性質與當時的人事環境而異，可以物色新人，亦可就現有的人員中予以調整，「調遣」、「晉升」或「降任」。

職位人員的配備，雖然是有客觀條件性，但亦含有命令的意義，唯有具有權力的人員，才能將一個人配備到他所屬的工作上。因此，從權力的觀點而言，所有人員的配屬行為，都可稱為上級人員之「任用」行為，所謂調遣、晉升或降任，只不過是另一種形式的任用而已。

4. 人事調整（調遣、晉升、降任與臨時調動）

如果將「任用」一詞的意義，限於新人的派任，則與其他人事調整的意義，有明顯的區別。所謂人事調整，就是將一個人由甲職位轉移到乙職位。這種職位的轉移，有三種情況：第一種情況是甲職位與乙職位在工作上的職責輕重與難易，完全相似；轉移的結果，不發生變化，也不影響工作者之報酬，如此情況即是屬於調遣或輪調 (Transfer or Rotation)。第二種情況是，職位移轉後，工作的職責加重，工作者的報酬也隨之增加，這就是晉升。第三種情況的結果與第二種情況相反，亦即是降任 (Demotion)。除此之外，還有一些特殊的情況，譬如發生有臨時性的工作，一時找不到臨時的工作人員，只有從其他的職位上抽調，此雖改變了權責，但在報酬方面則不改變，這就是「臨時調用」(Temporary Assignment)。還有如一個由低職位晉升到高職位但不予增加報酬，此雖名之為升任，實為「訓練」的作用。另有一特殊情況，就是職位調低，報酬也不變的情況，此也是時有所聞之事，不過，這只是重視人性因素與人群關係之緣故。總之，調遣、晉升或降任，以至臨時調動，暫時任用等目的，都是在求人力的更佳運用與發展，以獲得更佳組織效率與成果。

5. 滿足與榮譽 (Satisfaction and Honor)

如無適時適才的調用與晉升，則人力發展將受到遏阻，不但不能積極地加以運用，而且這些發展後之人力，也將因無滿意的出路而外流。同時，個人的「滿足」與「榮譽」(Satisfaction and Honor) 是重要的人性因素，工作的變化提供了一個良好的機會，使員工獲得他所期望的滿足與榮譽。因此，調遣晉升的另一目的，是在予員工獲得其「滿足」與「榮譽」。並不是每一個員工，都有職位無限晉升的願望，而事實上也不可能使每一個員工的晉升願望，都有達成的機會。但是作為一人事人員，為了達成組織的目標，總要盡最大的可能，提供晉升機會予以每一位員工。

6. 辭退 (Layoff)

至於人事之辭退，主要在於規定何人根據何項規定可以使用此種職權。此可分下列五種：

⑴退休：分自請退休或命令退休。(Retirements)

⑵告退：即自請辭職。(Voluntary Leave)

⑶裁退：因業務減縮將不堪繼續任用者予以裁退。(Layoff on Recession)

⑷辭退：對違反規律、犯有過失，不遵調遣者所予之處分。(Layoff on Disciplines)

⑸撤職：凡觸犯法律，依刑事或民事裁決所予之懲處。(Fire on Criminal or Civil Laws)

三、人力訓練與發展 (Training and Development)

（一）教育與訓練之區別 (Differences between Training and Education)

現代企業為求健全組織與提高生產力，提倡「學習性組織」觀念及「永續學習」制度。必須對員工施以有計畫性的教育訓練，俾能充分發揮潛力，應付競爭，達成組織的目標。為適應事實的需要，各國大企業或大團體組織對其員工，多於長期正規教育 (Education) 之外，再施以短期教育，此即所謂的訓練 (Training)。訓練也就是「選、訓、用」中重要的一環。「訓練」是為一項特定目的而設的短期教育 (Short-Term Education)，也是廣義教育的一部分。今日的一般趨勢，對於「教育」和「訓練」通常是並行實施，有關特定技術性或專業性的知識灌輸，多採用短期的訓練方式，用以發展組織內廣大的人力資源。

今日科學發達，競爭劇烈，學術進步迅速，企業經營全球化，所以員工的教育訓練不能沒有正式計劃。公司為適應實際需要，採用新的生產程序及操作方法，所必需的新技能，不能不依靠經常性舉辦之短期訓練的方法來彌補，員工「訓練」在今後科技愈發達的時代，愈顯得重要。韓信練兵，百戰百勝；「兵不練，不可以上戰場」，「將不練，不可以帶兵」，誠鐵律也。

（二）教育訓練之原則 (Principles of Education and Training)

⑴補充教育與實務教育並重：為求育才用人兩相配合，初任人員應施以「職前」實務訓練，使其瞭解工作方法與常識。於任用之後，為業務發展之需要，經過相當時間即應予以在職「進修訓練」或業務技術訓練，補充員工的知識，以提高素質，增進工作效率。

⑵通才教育與專業教育並重：即是「專」才與「通」才之培養並重，通才應特別注意其充任主管人員所需之計劃能力、組織能力與領導控制能力；專才應特別注意其充任專家技術員 (Technicians) 所需之專門學識與專門技能，兩者並行不悖。

⑶訓練必須理論與實務結合：有理論架構而忽略了實務作業情況，可能使訓練

流於空泛，但只重實務描述而忽略了理論架構，則很難培養舉一反三之創造發展能力，所以訓練必須理論與實務並重，兩者互相印證，然後對業務之執行與改進始有助益。

⑷訓練必須充分發揮考核及選才作用：訓練與考核必須相輔而行，又必須與升遷調職相配合。對受訓成績優良者應給予較高職務或較重要責任。如此，才能刺激員工重視訓練，真正發揮訓練之功能，即補充跟隨環境變化所需之新知識。

（三）職前與在職訓練 (Pre-Job and On-Job Trainings)

除各級學校之正規教育有其特別規定外，職業訓練一般分為「職前訓練」與「在職訓練」兩大類。「職前訓練」係指對新進人員在任職之前給予訓練，使其對擔任之工作及環境有初步認識與瞭解，知道如何去工作。此種訓練如各類考試及格者在分發任職前之訓練，轉業人員之訓練，新進人員之訓練、講習或座談等均屬之，又稱「始業訓練」(Orientation)。

「在職訓練」係指對現職人員予以補充訓練，如主管人員訓練、各類專業人員訓練，建教合作訓練等均屬之。

（四）訓練方式 (Methods of Trainings)

如按照訓練方式來分類，有始業訓練、員工訓練 (Employee Training)、學徒訓練、實習訓練、委託外面單位訓練、輪換 (Job-Rotation) 訓練、會議式的個案研究訓練等。

如按受訓練的對象來分類，可分為工人的訓練，管理階層人員的訓練，高級執行主管的訓練。如按訓練活動的管理而分，又可分為「內部」的訓練與「外部」的訓練。

1. 始業訓練 (Orientation)

是有計畫的指導一個新進員工，使之對所屬機構、所任工作、及其同伴有所瞭解並能適應。因為沒有一個員工，也沒有一機構環境及其周圍的人們，是靜態的。因此，員工的適應能力應繼續不斷的培養。對新進的員工，應介紹其認識新的工作環境中有關的因素，使之獲得工作滿意所必須有的知識、技能與態度，以及迅速的適應公司生活。同時，原有的員工，也必須繼續不斷的適應公司的新政策、人員及物質環境的改變。因此，始業訓練必須包括新進人員的適應，與原有人員對各項改變政策及環境的適應。

始業訓練的方式，一般言之，不論是新進或原有人員，有三種方式，第一為「非正式的訓練」(Informal Training)：在某些情況中，有許多機構覺得非正式的始業訓練，更為有效，譬如要將一個有彈性的計畫納入組織的作業中，非正式的活動，也

許較正式的會議或開班訓練，更為有效。如一個新進人員引進時，有關組織環境的一切，由人事單位做簡單的口頭介紹，有關工作的一切，由主管做扼要的說明，這種形式的始業訓練，介紹說明既簡單，也無具體的文字表達，一般稱之為非正式的始業訓練。

第二為「正式的訓練」(Formal Training)：正式的始業訓練是一種有組織的方案或一種正規的課堂教學。這種始業訓練又可分為兩種，即主管給予的訓練與課堂訓練兩種。主管給予的始業訓練，對於員工的適應力培養，非常重要，如果直接主管的始業訓練失敗了，其他的始業訓練，將全屬白費。所謂課堂的始業訓練，就是用正式的開班來訓練，這種方式較為深入且具體。同時，如有政策、制度、法令、規章等改變，可納入課程之中。亦可將舊有的人員納入該項訓練之中；使新進員工及舊有員工都瞭解這些改變，以便適應。

第三為「其他訓練」(Other Trainings)：除了上述兩者訓練方式之外，尚有其他的方式。因為學習本是一種繼續不斷的程序，在原則上訓練也需繼續不斷的施行，俾有關新事項之處理方法，得以繼續不斷的灌輸給員工。其他形式的始業訓練，即在補救上述二者訓練之不足，此包括有原有人員回答問題，由此瞭解原有人員對始業訓練事項瞭解程度，亦用此提醒原有人員的注意。其他為手冊、影片、公告牌等，均可用作始業訓練的輔助設施。

2. 員工訓練 (Employee Training)

所謂員工訓練包括主管人員以下人員的所有訓練計畫，其目的在提高員工的工作技能 (Skills)，及消除員工與各級主管間的界限，使能打成一片。

員工訓練可分為兩種，第一為「一般教育課程」(General Education Courses)。這種一般基礎教育的目的，在使員工發展成為一個合乎中庸而通曉時務的人，但與目前工作無直接關係。這種教育的課程很多，其性質與範圍，亦無限制，諸如公民、健康、家庭、生活、經濟學、語文、文學、儀容、嗜好等，均可列入。在我國工商企業及公務的機構組織中，都有所謂朝會、動員月會、政治訓練、精神講話等，均屬此類訓練。第二為「工作訓練」(Job Training)。就立即應用度而言，工作訓練與一般教育不同。「工作訓練」是直接有關目前工作執行的能力訓練或技術訓練，其目的是要能實際的做出更佳與有效的工作，不像一般的教育，只是增加員工知識與瞭解，培養良好的基礎。「工作訓練」是公司操兵練將的主要部分，同時是定期為之，持久不斷。

「工作訓練」，按其內容，可分為下列四種情形：

⑴機器操作技能的發展 (Skills Development)：如機器的操作、打字等。

⑵心智能力的發展 (Intelligence Development)：如統計學、簿記、速記、檔案處理、藍圖閱讀、機械繪圖、或僱傭面談技術等。

⑶專業知識的追求及發展 (Special Knowledge Development)：這種工作訓練，看起來是與一般教育重疊的，惟此種工作訓練，是要應用於工作上。例如經濟學的訓練，對於一個普通的員工來說，其目的只是希望他成為一個有經濟意識的公民，但對於一個財務或銷售人員而言，就希望他能更深一層的瞭解經濟學在組織業務的影響，而加強其對利潤、成本的認識。這種更深一層的瞭解，即是技能發展的一部分。

⑷態度的發展 (Attitude Development)：所謂態度，就是知識、技能、或意願的實際表達。這種態度，可以直接發展，譬如一個銷售人員，在對顧客銷售物品時，其臉部的表情、言語的措辭、用字的選擇、以及聲調姿態等，都要能在顧客的感應中，產生愉快的接觸，以順利售出物品。其他的態度，如工作者的忠心、熱忱、參與意識、成就感等，都可以用訓練來發展。

3. 學徒訓練 (Apprenticeship)

在工商企業中，技術性的或半技術的工作，多經由學徒的方式來進行訓練。學徒制是我國應用最早的一種藝匠訓練，徒弟跟隨師傅學習三年四個月才算「出師」，可以獨立操作謀生。現今歐美工業發達國家，也都採用小規模、實作性學徒訓練的制度。二次世界大戰前，西德普遍地採行學徒制度，訓練技術工人與低層的工程師，並規定所有人員每週至少須回到職業學校上課一日，這對西德戰後工業的復興具有重大的影響。如西德沒有大量的技工人才，即使有美國「馬歇爾經援計畫」(Marshell Plan)，也難使工業復興得如此迅速。今日美國的工業界，也盛行學徒訓練的制度，美國政府並且訂有學徒訓練制度的法案，明文規定學徒訓練，必須學術兼施，訓練期間待遇，以及訓練完成後的就業，都有保護性與預防性的規定。美日德勞工行政以推行「學徒訓練」為主要業務之一，並且支持各同業公會 (Associations)，設計彙編各行業舉辦學徒訓練所需的教案，以供參考，而求訓練有效。我國在這方面的訓練，尚有待加強。

4. 實習訓練 (Interimship)

「實習訓練」是一種準備性的工作訓練。當新進的員工，雖然經過了始業訓練，但由於新的工作與環境複雜等關係，這個新進員工，不能有效的立即參加實際的工作，尤其是未熟練或非熟練的員工為然。所以為了使一個新的員工，在最短期內能有效地工作，通常要給予一段時間接受實習訓練，尤其醫學院畢業生正式進入醫院

後，要先當實習醫生二年，才能成為住院醫師。所謂「實習訓練」，顧名思義，就是在實際的工作上加以訓練，必須有專人指導，而不是任其自行工作，從摸索中自行發展，茲將一般常見的實習訓練程序列如下：

⑴應有工作訓練員（教師）(Trainer)：訓練必要有學生，也必須有教師。選擇擔任實習訓練的教師必須甚為注重。擔任實習訓練的教師，所使用的標準方法是否符合要求，以及教學的技術是否適當，均應由所屬單位主管或其他人員予以查核監督。工作是否詳細分解，是否有設備與材料的配備以及學生是否按既定技術規範操作等，都是訓練教師必須詳加觀察之基本職務。

⑵實施順序 (Procedures of Training)：第一為教師的訓練 (Trainer Training)。在指派某人為訓練教師之前，必須先給予教學方法的訓練，其教材必須均勻而符合良好教學的原則。第二為教學的步驟之設定 (Procedure Establishment)。首先要做「工作分解」(Work Analysis)，即將所要教學的工作編成「作業單」，詳細說明每一步操作的重點，品質規範，以及有關的安全注意事項。這種作業單，是訓練教材的補充，但不是其代替品，而訓練教材則是根據工作分析建立的教案。第三為實施教學時之場地的準備 (Field Preparation)。實習工作場地，機器設備及材料等，皆應事先準備妥當。工作上不需要的機器設備，就不應置於場地中。訓練教官之儀容，亦應保持整潔，因為這是良好的工作習慣，需要新進員工模仿學習的榜樣。第四才是實施教學 (Executing)。先消除受訓人員之緊張情緒，然後逐步的分解有關動作、示範；再要求受訓人親自去做，一直到順利為止；然後進行追蹤考察，不斷地予員工改正與指導，直到員工都能獨立作業時為止。

⑶訓練單位在實習訓練時之職能 (Functions of Training Institute)：其基本責任是計畫的擬定與執行考核，如教師的選擇，訓練教材的審定，受訓人員的分配等。再者有關訓練教師的複訓或補訓的實施，訓練之進度及成果與改進之報告等等，都是訓練單位所應有的職能。

5. 管理階層之管理才能發展 (Management Development)

管理階層一般分為高層，中層，與低層三階層，如一個工廠的最低工作單位（班、組），其主管即是低層主管，如班長，組長，因需直接與操作員 (Operators) 接觸，在生產過程中佔有決定性的地位，故常須施以特別的訓練，稱為「督導人員訓練」(Supervisor's Training)。中層主管，一般包括獨立負責某一方面業務之主管，如課長、經理。高層主管指副總經理、總經理、集團副總裁、總裁級及董事長級之公司決策人員。所以此處所謂管理才能發展包括低級主管、中層主管及高階主管之訓練發展。

管理階層的訓練沒有一定的作法，各機構常按其業務的需要，各自定其實施的方式，如參加顧問公司短期（一周）管理訓練班，中期（三個月）管理發展計畫，長期 Mini-EMBA, EMBA 及 Mini-DBA 進修方案，為時六個月到二年。很多工商企業還採用活頁的文字說明方式 (Statements of Manuals)，即將有關的管理技術或管理哲學及實務的檢討改進事項，用文字說明，並印發給予有關的管理主管閱讀並加研討、考試。也有用討論會 (Seminars)，討論的內容，也許是公司發生的個別事項的研討，也許是一系列有系統事件的闡述，但其目的是一致的，皆在增加主管人員的瞭解及改進其技巧。有一些機構，為了達到訓練的目的，特別設立了圖書館 (Library) 或閱覽室或知識管理庫 (Knowledge Management Bank)，訂購各種有關的雜誌、員工考察報告、研究心得、受訓心得等等，供員工自由閱讀。除此之外，還有很多種管理技巧訓練的作法。茲分述如下：

⑴有計劃的工作輪調：所謂工作輪調，就是將一位主管從某一個工作調動至另一工作，藉工作的變動，給予學習的機會，而增加其工作經驗。惟工作輪調須先將輪調人員的優點與缺點，以及其發展的潛能，加以精密地分析，使能確切發揮他的才能。在輪調的工作性質方面，也要加以考慮，其裁決原則是相近似，但必有差異。一般言之，工作的輪調，是將一位有經驗的人員，調離他原有專業，對於工作的效果，可能會發生不良的影響；因此，工作性質近似但必有差異的原則，必須特別遵守。但如欲發展普通人員及普通主管，則不必太考慮其原有之專業才能。

⑵定期的會議 (Meetings)：用定期的（每週或每月）會議，來達成管理訓練的目的，是今日工商企業中應用得最普遍的方法之一。這種會議也是有計畫的，而最重要的是會議的主持人，必須瞭解與會人員所具有的優點與弱點，以及現階段管理的實況，有什麼問題需加以研討，有什麼事項需要啟發。換言之，他必須瞭解公司業務發展的需要，員工發展之潛在能力以及發展方法。同時，部屬還要有成功的領導能力與經驗。有些人，想做一件創舉的事，或有革新性的觀念，但由於膽怯或其他的心理原因而不能實際付諸實施，或是明白的說出來。在這種訓練性的會議中，因主持人的多方面啟發，可能引起與會人士的共鳴，那些不敢嘗試或無信心的新觀念，在此種訓練會議中，有促其付諸實行或提出研討的鼓勵作用。定期會議的訓練，不但可交換管理觀念及技術的意見，還可促起新觀念的形成，而得到管理上真正的改進。如果有適當的主持人，此種訓練是很具效果的。每週由總經理主持之「公司經營檢討會」及由部門經理主持之「部門業務檢討會」功效最大。

⑶工廠訪問 (Plant Visiting)：各機構管理觀念、制度與技術，往往因為工作性質

的不同而各異其趣。因此，相互間的訪問，也是一種學習的機會。訪問的執行也是要有計劃，第一、首先要弄清楚，擬前往訪問的工廠，在管理的實務上，有什麼可資學習與借鏡的；據此，再訂定訪問的節目。第二、確定擬前往訪問的對象，是否有接受訪問的熱忱，以及可能提供資料的願意程度。第三、工廠訪問雖然要有計畫，以期達到某種訓練目的，但在訪問的方式與過程中，不宜控制過緊，以免失去自由的氣氛，因為刺激也是訪問的目的之一。訪問人員的實際接觸與觀察，所能產生的刺激作用，是比較深入，並且可能引起實際行動的。

（五）訓練的考核 (Appraisal of Trainings)

人員訓練的種類已如上述，但無論是那一種訓練，其目的都是根據工作需要，促使員工增進知識、獲得技術、改變態度，有效完成該組織之目的。「考核」是訓練期間最重要的一項工作。因為有考核才能事奏其功。在訓練期間內，可藉考核的方法來鑑別或發現受訓學員之品德、能力與潛能。

一般均認為考核是一項難做的工作；事實上，的確如此。不過，雖然絕對的合理、確實與公平的考核是不易做到的，但相對的合理、確實、與公平應該是可以達成的。在一個訓練班中，絕大多數的員工都是規規矩矩的，只有少數的人是投機或是偽裝的。為做好考核工作，一般來說，應掌握幾個要點：

⑴確定能夠用訓練克服的問題情況。

⑵要兼從員工個人的工作和整個組織著眼。

⑶不僅要顧及現在的需要，也應顧及未來的需要。

工業先進國家的企業，對於員工訓練都非常注意，他們常常就機構的整體人力發展著眼 (Manpower Development)，對該機構的目的、工作、成員等，做全盤有系統的調查分析，以發現整個機構的全部需要在那裡，也就是透過三方面的分析，以決定訓練的途徑。

第一、機構分析：就整個公司的目的，策略，資源等分析，以決定未來訓練的重點在那裡。

第二、工作分析：分析工作內容，要求人員如何操作方能有效地達成，來決定訓練的內容。

第三、人員分析：就一個人的職務，分析其現有的知識、技術與態度，以決定其應加訓練發展的方向。

四、人員之待遇與薪資 (Compensation and Wage-Salary)

人類之基本慾望 (Basic Needs)，如馬斯洛 (Maslow) 所提中即有維持生活一項。而企業組織對其成員，所給之酬勞，或為金錢，或為有價物質，使之維持生活，專心工作，所以一般企業均有薪工制度 (Wage and Salary System)。薪工管理之重點在於合理分配各種薪金工資給不同貢獻程度的員工。薪工制度應以工作效率 (Performance and Efficiency) 與生活費用 (Living Expenses) 水準為建立之基礎，各國多係如此。工資是影響員工工作效率與工作情緒之最重要因素，一般均以「工作評價」(Job Evaluation) 方法制訂工資方案，因為工作經檢討、分析、評價後所訂之工資較為公平合理、有標準可循，可減少員工不滿情緒及糾紛。

(一) 制訂工資制度之要點

普通在制訂工資制度時應注意以下各點：

⑴使員工們能維持基本生活。

⑵同工同酬，以求公平合理。

⑶計算簡便。

⑷稍具伸縮性，以應付變動之環境。

(二) 工資計付方法

至於工資之計付方法有「計時制」(Time Rate System)、「計件制」(Piece Rate System)、「年資制」(Seniority System)、「考績制」(Performance Evaluation System)、「分紅制」(Profit-sharing System) 及「股票認購制」(Stock Option System) 等。除了正式薪資之外，歐美各國之工商企業，均實行「獎工制度」(Wage and Bonus System)，以鼓舞士氣，提高工作效率。此一制度是按照員工生產力或銷售力或利潤貢獻力超過一定標準時，可獲得額外獎金，以提高生產效率，有的稱為「效率獎金」(Efficiency Bonus)、「生產獎金」(Production Bonus)、「銷售獎金」(Sales Bonus) 或「工作獎金」(Task Bonus)。其計算必須根據事前規定之辦法，並注意品質控制及員工之安全與健康。

現代企業所採用之工廠獎工制度有兩種，第一是依據經驗方法之獎工制度，此是根據過去之紀錄決定標準時間之方法，如郝爾斯獎工制 (Halsey's Premiun System)，羅文獎工制 (Rowan Premiun System) 等。第二為依科學方法之獎工制度，以科學方法決定標準時間，如泰勒差別計件之薪工制 (Taylor Differential Piece-Rate System)，甘特作業獎工制 (Gantt Task and Bonus System) 以及艾默生效率獎工制 (Emerson Efficiency Wage System) 等。

　　對於行銷人員及研發人員之獎工制度，方式亦甚多。對銷售人員常採取三分之二固定薪資，三分之一變動獎金方法，或二分之一固定，二分之一變動方法。對研發人員常採取基本固定薪資及專案創新、發明獎金（額度很大）之方法。對財、會、人資、總務人員及高級主管人員，則常採取固定月薪及年終好業績獎金（如加二至六個月薪津）。高級幹部則又有利潤分享措施。

第四節　人力計劃與人力發展 (Human Resources Planning and Manpower Development)

　　工商企業機構有關人事工作的領域廣闊，人事部門的目標與企業政策之間，可能有矛盾，各部門主管者與人事幕僚之業務也可能重複，以致預算不正確等現象，所以人事工作必須有周詳的計畫，俾使各部門能聯繫起來成為一個整體。換言之，就是人事管理部門之措施，要顧慮到對各種功能部門的影響及其交互作用，並重視實施後對其他部門所發生的干擾。

　　人事計畫 (Personnel Plan) 就是確立機構的人事目標、政策、方案、辦法、細則、及人事幕僚的職掌範圍。有周全之整體計畫，執行時才有依據，以免發生偏差，影響工作效率。

一、企業策略與人事政策 (Corporate Policies and Personnel Policies)

　　一個企業機構必須有全盤的經營目標、政策及戰略，而人事政策必須配合企業的策略。人事政策是人事管理原則的具體說明，也是人事管理工作內容與程序的指導方針。

（一）人事政策的種類及範圍

　　⑴有關組織結構的人事政策：指涉及公司所有各階層的政策，如對外發言政策、對內部權責劃分政策、對附屬單位權力授與政策等。

　　⑵按部門職能組合的人事政策：如每一部門經理在其所轄範圍內人事活動中之計畫、組織、控制的政策及員工訴願之政策等。

　　⑶部門制訂人事政策的責任：每一部門主管人員，皆應負責制訂其所屬單位的人事政策，但應注意與其上級政策一致，也與其他單位政策相輔為用，而且要在自己的權責範圍之內。

⑷部門人事政策的控制：人事政策應縝密制訂，嚴格執行，並不斷檢討其是否合理可行，如有偏差，即應立即糾正。

（二）人事計劃之範圍與目標

一個企業的人事管理領域，可能像是一片未經勘察的原野，也可能像是一個安排好的新環境，所應做的事情很多，必需周詳的計劃，並配合整體，所以人事計劃的範圍很廣，一切有關的影響因素都應包括在內。人事管理工作從募才、選才、用人、育才、晉才、留才等等各方面都是互相關連的，相輔為用，比如良好的甄選，可以選出真正需要的人才，因此可以減少過多的訓練的麻煩和節省訓練的費用。單位主管執行的寬嚴如不能均衡一致，則必形成內部人事關係的混亂；員工的績效考評，只能限於績效考評的事，而不是用來代替工作評價的方案或考核晉升制度；人事工作的審核，不是事後的追查，而是在工作的同時，審核程序就在進行。總之，人事管理的措施，要顧慮對各種職能部門的影響及其交互作用，並重視實施後果對其他職能所發生的干擾。所以在籌劃全盤的及長期的人事計畫之時，因其所牽涉的範圍太廣，必須協調各有關單位，審慎計畫，考慮周詳，俾所定的人事計畫可以充分發揮其功能。

二、人力計劃之步驟 (Steps of Manpower Planning)

（一）人力計劃的內容

一個企業機構的設立，第一步是確立目標，建立策略及組織結構；第二步是確立較詳細工作的內容與作業標準；第三步即是在目標、策略、組織、工作內容及標準之下，訂定人員需要的規格標準 (What) 及如何獲得這些人員的方法 (How)。所謂人力需要 (Manpower Requirements) 的標準，就是人力的計畫，其中目標 (What) 包括兩大課題：一是需要多少人力？二是需要何種條件的人力？其中如何 (How) 獲得這些人員，也包括兩大問題：第一是用什麼方法獲得？第二是從那裡獲得？

（二）擬訂人力計畫的步驟

擬訂人力計畫普通均有一定的步驟，這些步驟當然是非常科學的、實在的。一般言之，擬訂人力計畫有下列幾個步驟：

⑴根據行銷、生產、研發、財會等業務計畫的分析，確定各種類 (Categories) 各程度 (Degree) 的人力需求 (Manpower Demands)。此時不僅須研究人力市場變化趨勢，而且須掌握科學技術之革新的方向。

⑵研究企業機構的可能變革 (Organization Changes)，以確定是否由於機器設備

的變更，企業活動的擴大，社會經濟的發展或人民生活與教育的改善，而須調整機構之組織原則及型態。因組織調整就是分工的改變，對人力的需求影響極大。

⑶分析現有人力的素質、年齡及性別之分配 (Manpower Inventory)；以及異動率、缺勤率的高低；並研究員工慾望發展的階段，工作情緒的消長趨勢，以決定各項業務所需的人力。

⑷研究分析就業市場的人力供需狀況 (Manpower Supply)，確定那些類等的人才可自社會大量人力供給來源中取得；那些人力必須與教育及訓練機構合作，預為培植。如發現某些人才無法獲致，尚須獨自建立「人力發展」計畫。

⑸上述四個步驟完成之後，即建立甄選及招募計畫 (Recruitment and Selection Plan)，以選募所需的人才。

⑹人才選募之後，不一定立即使用，故必須視實際情形，予以訓練或培育 (Training or Development)。在一般情形之下，予以短期訓練即可；但如果是特殊技術人才，必須採各種方式，如建教合作，另訂培育計畫，以符合需要。

⑺選募的人才經適當的培養或訓練之後，即據各部門所需要的類等人數，予以適當的分配 (Placement)，並予以最有效的運用，使人力不致有浪費之情況。

三、人力發展 (Manpower Development)

（一）配合業務發展

所謂「人力發展」，即是配合企業未來業務發展需要，在人力供給方面，做長期之調查、分析、研究並做培植的計畫，以免屆時發生財力、物力齊備，但缺少具有適當技術之管理及工程技術人才與操作技工。一個國家，為配合國家建設的需要，一定要有長期人力發展的計畫；同樣地，一個企業，為了長足的發展，一定也要訂定長期人力發展計畫。凡是經營愈成功的事業，其高階主管及人事部門的工作愈注重在人力發展的挑戰性工作上，因為企業雖有各種資源可用，但畢竟是由有靈性的「人才」來操縱運用。企業發展的人力發展關係密切。簡單的說，一個企業機構人力發展之目的在提高工作人員的素質，不斷發揮集體行動力量，以提高生產力。

（二）人力計畫之內容綱要

人力發展通常包括有下列幾個項目：

⑴人力需求預計：針對銷產、研究等業務發展趨勢，估算所需各類人才。

⑵人才羅致：有了完整的人力需求預計，即須及時補充人力，以科學方法，選拔所需人才。

⑶人員培植及訓練：採有效方法，長期培植或短期訓練各類之人才。

⑷人力運用：將全部培植及訓練之人力，妥善配置於業務發展之各部門，以避免人才浪費，並發揮最大功效。

第二十三章　企業會計要義
(Essentials of Business Accounting)

第一節　會計學的概況 (Overview of Accounting)

會計 (Accounting) 乃是透過各種公認原理、原則、方法及步驟，來收集 (Collecting)、記載 (Recording)、整理 (Adjusting)、分析 (Analyzing) 及表達 (Presenting) 一企業內有關營運活動資訊 (Operations Information) 及財務狀況變化資訊 (Financial Information) 的管理學科。其目的在於提供社會任何經濟個體之財務資料，幫助不同的人士，如業主、債權人、投資者、政府、員工、金融機構等等做不同的決策用途。本章第一節將先對會計學做一個概況介紹，而後在其他各節中再做進一步的內容討論。

一、會計學的特性 (Characteristics of Accounting)

會計學是一門介於應用技術與理論科學之間的學問，衍生於經濟學，應用於管理學，而且隨著時間及環境的改變而不斷改進。在二十一世紀初，其本身尚有一些公認問題與爭執（如價值認定、成本認定）尚未尋得一致性答案，有待更進一步的研討。但發展到現在為止，會計學具有五大特徵：⑴相對準確性，⑵計量方法，⑶歷史導向，⑷交易入帳，⑸貨幣衡量單位。

1. 相對準確性 (Relative Accuracy)

在會計學中，會計報表僅具有相對的準確性，而不具有絕對的準確性，其主要的原因有二：

⑴會計處理過程，難免需要估計數字 (Estimates are inivitable)：

在會計處理上，「估計」(Estimation) 是難以避免的現象。因為有些事項雖然已經發生，但其發生額度真正為多少，卻非吾人所能確知，譬如「折舊費用」(Depreciation) 即是。而另外一些事項的發生，卻導源於目前之決策或與目前之某一筆收支有關，但為使「成本」與「收入」相互配合 (Consistency of Costs and Revenues)，乃須估計其數額，如「備抵呆帳」(Bad Debts Reserves) 即是。

⑵會計處理方法非一成不變 (Alternative Courses of Action)：

在會計處理上，同一交易事項往往可以採用很多被認為可行的不同方法，只要符合公認會計原理原則就可以，所以不會產生相同數字。

2. 計量方法 (Quantitative Method)

會計主要的是收集有關數量 (Quantitative) 的資料，加以記載、彙總、分析。至於品質 (Qualitative) 的資料就很難加以表達而往往付之闕如，例如一個能幹的高階幹部的價值有多少？誰也說不清，因它是屬於品質的資料。

3. 歷史導向 (History-Orientation)

會計學在過去往往是就已往事實 (Past)，及目前情形 (Present)，做詳盡的表示，故其所提供的資料，均偏重歷史性之報導。而目前，會計學之「歷史導向」的特徵逐漸淡化。主要的是因為未來賺錢能力的「前瞻性」(Future)，愈來愈為人們所注重（尤其高階管理及投資人員特別重視未來性），如預算制度及管理會計之興起，可以作為此方面的特徵。

4. 交易入帳 (Transaction-Based)

買賣交易為會計工作之起點，一切處理，均依交易進行而產生，故稱：「交易為會計處理之原料」(Transaction is the material of accounting processing)。

5. 貨幣衡量單位 (Money as Measurement Unit)

在處理各交易項目時，必然是以特定單位，即貨幣 (Money) 作為準據。就該單位所發生之各項交易做記載、整理、歸納、綜合、及分析的工作，是故處理交易係以貨幣單位為依據。貨幣單位是中性的，可以記錄鋼鐵，也可以記錄農產品、紡織品及專利產品等。

二、會計學的範圍 (Scope of Accounting)

企業機構之規模雖大小不一，業務性質不盡相同，但都須設立會計紀錄，並據以編製報表，凡此種種皆屬「普通會計」(General Accounting or Common Accounting) 或「財務會計」(Financial Accounting) 的範疇，除普通會計以外，另有許多會計性工作，稱為「特殊會計」(Special Accounting)，其中較為重要者有下列六種： (1)會計制度設計，(2)成本會計，(3)預算，(4)稅務會計，(5)審計，(6)內部控制。比較進步及複雜的會計則有「管理會計」(Management Accounting)、「人力資源會計」(Human Resource Accounting) 及經濟活動會計 (Economic Activity Accounting)。

1. 會計制度設計 (Design of Accounting System)

雖然會計上的許多一般性原則可以應用於所有的企業機構，但是三萬六千行中

的每個企業各有它個別的需要及特性，所以必須按照它的實際情形，分別設立適當的收集、記錄、整理、分析、及報表之準則。所以給一個企業公司設計一套完整的會計作業制度，並付諸實施，是會計工作的優先活動之一。

2. 成本會計 (Cost Accounting)

一個有效經營的企業，必須瞭解其每一產品 (Product)、每一製造過程 (Process)、和每一營運部門 (Department) 及每一原材料因素 (Element) 的成本。會計上收集及分析成本的工作稱為成本會計。不過，「成本」的種類 (Cost Categories) 及成本行為 (Cost Behavior) 甚為複雜，所以成本會計工作也比之一般財務會計工作，更為複雜。一般財務會計可以標準作業化及電腦化，但是成本會計常須借助人工操作。

3. 預算 (Budgeting)

一位具有遠見的企業經營者，對企業的未來遠景必會設定目標 (Objectives)、策略 (Policies and Strategies)、方案 (Action Programs)，並以金錢收支方式表示於預算表 (Budgeting) 上，以指揮全體員工共同努力，此種編訂目標、策略、方案，以至預算的程序稱為企劃預算制度 (Planning-Programming-Budgeting System, PPBS)，為會計人員配合企劃人員的重大工作之一。

4. 稅務會計 (Tax Accounting)

所得稅係根據企業營運所得額計算，而世界各國對所得稅的規定日趨繁雜，所得稅率也日漸提高，所以專業會計人員必須注意各種稅法規定內容及其發展趨勢，在年度開始之初，就為公司設定避稅、節稅、免稅等合法性長期措施，以免臨近年底才手忙腳亂尋找減稅方法。

5. 審計 (Auditing)

為了確保會計帳務工作依照公司會計制度執行，以及公司會計制度符合一般公認會計原理及稅法規定，所以必須實施定期追蹤審核，此稱為「審計」，所以「審計」是會計工作之事後審核，為會計作業的重要組成因素。

6. 內部控制 (Internal Control)

公司組織龐大，人員眾多，每日都有各種用錢、用人之行動，而用錢及用人都涉及公司成本之發生，如果嚴格由高階主管人員來核定用錢及用人權力，則可能耽擱公司的營運效率。如果任由每一個人都可以用錢及用人，則公司必然浪費無限。折衷之道是事前設定用錢權及用人權之科目、數額、及「提議、審查、及核准」之職位層級的「核准權限表」，經董事會通過後，交由會計部門把關，控制公司內部用錢及用人之成本開支，把浪費及舞弊事件控制住百分之九十九以上。

第二節　財務狀況之記載 (Recording of Financial Status)

會計學上之記載工作，是以「複式簿記」(Double Bookkeeping Entry) 為方法。所謂複式簿記，簡單的說是指同一交易，有「借」(Debit) 必有「貸」(Credit)，同時借貸相等。此乃涉及到會計上之科目 (Accounts) 及借貸法則 (Credit and Debit Rules)。在此，吾人應先瞭解一下，其作業所依據之一般原則。

一、會計原則 (Accounting Principles)

會計學本身衍生於經濟學，是一門社會科學，其原則常會受到時間、空間、企業本身及企業環境等因素之限制。故而，此處所謂之「原則」(Principles)，乃指經歲月累積而成，可適應各種處理程序與方法的準據 (Rules)。此原則主要受到三方面的因素影響，它們是：(1)政府法令之規定 (Government Regulations)：如記帳單位以法償貨幣的規定。(2)企業經營之要求 (Requirements of Business Operations)：會計乃是企業管理的工具，為達管理之營利目的所使用之方法，如資本支出 (Capital Expenditure) 之決定方法等。(3)經濟環境的變遷 (Changes of Economic Environments)：如帳冊之分割及合併，財務報表之透明公布等。今日之公認會計原則可以舉為下列十四項來加以說明：

1. 會計記帳單位，價值必須穩定 (Stable Value)

會計人員假定，為達到衡量各種交易帶來之變動，「貨幣」(Money) 乃是最佳衡量的工具。而各國均以法償貨幣，如美國以美元，日本以日圓，臺灣以新臺幣，中國大陸以人民幣為衡量工具。為要使它能正確衡量交易之價值，此一工具本身之價值需為穩定。在過去，貨幣之購買力所代表之價值比較穩定，故以之為衡量工具，沿用迄今。到今日各國貨幣價值不穩定之情形比比皆是，只好以變動匯率來調整之。

2. 永續經營，是重要假設關鍵 (Going Concern)

此亦為會計人員之重要假定，認為其所從事會計工作的企業，係以無限期之繼續經營為目標，在其持續營業期間，足以完成當前計畫並履行其現有的義務。故而企業之價值是以「永續營業價值」(Going Concern Value，常以歷史成本為基礎)，而非以「清算價值」(Liquidation Value，常以當時清算出售之金額為基礎) 表示之。

3. 劃分期限，便利決算 (Accounting Period)

會計任務之一為提供財務資料，以備決策使用。故而，會計人員乃假定，企業

所經營之業務，能按一定期間（如年、月）加以劃分，以便瞭解企業財務方面之狀況及結果。此「期限」必須：⑴期限相等，一般均以一年為期；⑵起迄相同，如 1 月 1 日起，12 月 31 日為止。

4.收入與成本，相互配合 (Matching Cost with Revenue)

由於期限之劃分，使得各會計期間之財務資料，必須看作企業財務狀況和業務進展性的一種短期估算 (Estimate)。為了使財務報表之短期估算具有最大意義，該一定期間之「收入」與「成本、費用」之因果關係必須加以認定，以明所屬，而確認各期損益。與此假設伴隨而來的，有下列兩原則。

5.保守政策合理實施 (Conservative Policy)

凡涉及估算之事，在樂觀與悲觀之下，所估算金額差距頗大。往昔以「預估一切損失，不估任何利益」為估算之金科玉律，確為保守。但應運而生的反動是「不估損失，只估利益」的矯枉過正之毛病，今日乃以「既估損失，亦估利益」之合理實施為其度。

6.損益裁決，權責為尚 (Accrued Basis)

以權責發生時日，來決定收入與成本、費用應歸屬之期間，乃是時下一般所採用之「權責發生制」的精義。有些非營利機構採用現金發生制 (Cash Basis) 會計，以現金收支之日期來決定收益與成本者，一般企業皆不採用。

7.成本基礎，普遍運用 (Cost Basis)

所謂成本 (Costs) 是指為獲取資產或勞務之歷史性代價。在資產負債表 (Balance Sheet) 中各項資產之價值，代表取得成本中尚未消耗之部分，而損益計算書 (Income Statement) 中之各項成本，則表示取得成本中已消耗部分。故從「繼續經營」及「客觀基礎」的觀點來審視資產評價 (Assets Valuation) 與損益取決，「成本」一詞實具有左右盈虧之重大意義。

8.事實判斷，力求客觀 (Objectivity)

帳目之處理，必須力求客觀。以客觀之事實 (Facts) 為依據，不以主觀判斷為依據，使之保持超然獨立的立場。故而以「可資查核之憑證」(Verifiable Objective Evidence) 為入帳之準據。

9.交易完成，入帳之本 (Completed Transactions)

前一原則已提及以何者入帳（以可資查核之憑證數字），至於何時入帳，即為本原則所討論的主題，即在「交易」(Transaction) 完成之時方行入帳，而不一定是現金移轉之時。因現金移轉可以在「交易完成」之前或之後為之。

10. **有關資料，充分揭露 (Full Disclosure)**

依照前面九個原則記帳，已足以表示一企業某期之財務狀況及結果。但其僅以金額科目列示，若不加以適當的揭露說明，無法給予一個完整的概念。為使所表達的數字更具有透明意義，可以借助括號或附註方式來說明。此種項目大約有下列幾項：

(1)資產估價基礎。(Valuation Basis of Assets)

(2)或有負債。(Probable Liabilities)

(3)長期負債之利率及到期日。(Interest Rate and Maturity Date of Long-Term Debts)

(4)公司股本特徵。(Characteristics of Stocks)

(5)有關公司牽涉訴訟案件。(Involved Letigation Cases)

(6)會計處理方法之變更。(Changes of Accounting Methods)

(7)保留盈餘發放股利之限制。(Constraints of Dividends by Retained Earnings)

11. **帳目處理，前後一致 (Consistency)**

所謂帳目處理前後一致，包括兩方面之意義，其一為前後期之各帳目應以同一方式處理，使前後期得以比較。另一為同一年度內之各帳目應以相互配合的方式處理，以避免矛盾產生，而使財務報表有意義。

但，帳目處理的方式並非一成不變。其因環境關係而有改變需要時，自可酌予更動。但應以附註說明（見前原則之(6)）。但變動處理方式之後，應持久為之，不可在短期內又再變動。

12. **營業個體，界限分明 (Business Entity)**

如前所言各原則，均是指稱某一特定企業，此語即為本條原則 —— 以本「企業」為獨立的會計單位，對其本身作有系統而忠實的報導。即令業主個人（自然人）與其獨資企業（法人）之財務亦不可混在一起。

在實務上，只本著以上十二條原則，仍會發生困難及經濟問題。以下兩原則即在處理衝突及經濟問題。

13. **權衡輕重，決定取捨 (Materiality)**

本原則簡言之，即指理論上的「準確」與實務處理上之「困難」，應相互兼顧，權衡輕重，以真正重要者（對企業最終目的有較大幫助者）而定取捨。

14. **權宜行事，變通運用 (Expediency)**

此原則係指企業財務狀況之表達或營業情形之顯示，有重大關係或涉及重大事項者，應詳為處理。此與第十三原則之涵義類似，而互為表裡。

◨ 二、會計科目、法則與模式 (Accounts, Double-Entry Rules and Accounting Model)

在瞭解財務狀況如何記載之前，須先認識其記載的客體。一般來說該客體可以將之區分為五大類，即(1)資產，(2)負債，(3)權益，(4)收入，及(5)費用。茲說明如下：

1. 資產 (Assets)

所謂「資產」係指個人或企業所握有法律上或事實上主權的有形或無形財產（或權益），並對個人或企業具備潛在賺錢能力或服務能力 (Money-Making Power or Service Potentiality)。簡單的說，擁有資產是指擁有「有價值」(Valuable) 的東西。但，其會計帳面金額並不一定表示其所具有之真正價值，有時高於，有時低於。會計帳上之資產金額一般皆以取得時之歷史價值（成本）來表示。

2. 負債 (Liabilities)

所謂「負債」係指一個企業或個人應償還他人之款項。企業若有負債發生，乃表示公司在借用他人金錢來買某種形式之資產（如存貨、土地、機器、廠房等等）來營運。若到期無法償付他人時，則公司可能面臨被債權人宣告破產之風險。

3. 權益 (Equity)

企業各項「資產」總額超過「負債」總額的淨值 (Net Worth) 部分即為「所有權人之權益」(Owner's Equity)。在獨資及合夥事業，均稱為「業主權益」，在公司時則稱為「股東權益」。其所代表之意義為所有權人或業主對企業資產之請求權，此時請求權之金額與實際市場價值往往不相等，因為資產之帳面金額與實際市場兌現售價不一定相等，可能折價，也可能溢價。業主或股東「權益」亦稱為「淨值」(Net Worth)，係指總「資產」減去總「負債」後之剩餘價值 (Surplus)。「權益」或「淨值」代表企業欠所有權人之「負債」，所以「權益」與「一般負債」在「資產負債表」上是放在同一邊。「權益」之來源為所有權人之投資資本 (Paid-In Capital)、累積盈餘 (Retained Earnings) 及公積 (Reserves) 與資本增值 (Capital Gains) 等。

4. 收入 (Revenues)

「收入」係指在一定期間之內，由於企業或個人提供給他人（或企業）商品或勞務，而獲得之代價，其金額是各種產品之單位價格乘以銷售數量 ($R=P \times Q$) 之總和。此種代價均應成為資產之一種，可能是現金、應收票據、應收帳款、或其他財產類別。

5. 費用 (Expenses)

「費用」係指以產生收入為目的，而耗用的各種原物料、財務或勞務之成本 (Costs)。有時吾人稱費用支出為經營企業之必要成本，以前人稱當家庭主婦不容易，因為每天開門就有七件事：柴、米、油、鹽、醬、醋、茶之費用發生。現在稱當公司總經理不容易，因為每天公司開門，就可能有一百件事以上要花費成本，假使員工不努力賺錢貢獻，公司就會虧損倒閉。所以費用也被稱為經營企業所必需有的各種活動成本。「費用」是指所用去的原物料、財務與勞務之成本，由此又被稱為「已耗成本」(Expired Costs)，所以不在資產帳上出現。

6. 複式簿記原則 (Double Bookkeeping)

在瞭解會計記載的客體之後，我們應回到「複式簿記」(Double Bookkeeping Entry) 的原則。該原則為：同一交易，必涉及「借」(Debit)、「貸」(Credit) 雙方，且「借」「貸」雙方金額必定相等。現假設「資產」(Assets) 增加為借方，則其貸方之記載可能為：

⑴若由「投資」(Investment) 而來，則貸方為「權益」(Equity) 增加。

⑵若由「借款」(Loans) 而來，則貸方為「負債」(Liabilities) 增加。

⑶若由「收入」(Revenue) 而來，則貸方為「收入」(Revenues) 增加。

吾人亦可以由資產減少來推論複式簿記方法，表23-1為簡單符號之借貸搭配科目表。

由表 23-1，吾人即可以得知在一交易中，所將涉及之各種可能會計科目 (Accounts)，其應置於借方或貸方。吾人尚須注意者，即在同一筆交易之中，借方之科目與貸方之科目數均可以大於或等於一個，只要其金額數目借貸相等即可。

表 23-1　借貸相等科目搭配表

借方 (Debit)	=	貸方 (Credit)
A^+ （資產增加）	⟶	A^- （資產減少）
L^- （負債減少）	⟶	L^+ （負債增加）
K^- （權益減少）	⟶	K^+ （權益增加）
R^- （收入減項）	⟶	R^+ （收入增加）
E^+ （費用發生）	⟶	E^- （費用減項）

例如，甲公司購買 100 萬元房子一棟（資產增加），其中 50 萬元以現金支付（資金減少），剩餘 50 萬元以公司債抵付（負債增加）。則會計分錄為：（此稱多項式分錄）

房子（資產之一種）	1,000,000
現金（資產之一種）	500,000
公司債（負債之一種）	500,000

從表 23–1 借貸相等中，亦可以得知：

$A+E=L+K+R$（資產 + 費用 = 負債 + 權益 + 收入）

$A=L+K+(R-E)$（資產 = 負債 + 權益 +（收入 – 費用））

因為收入減去費用成本 $(R-E)$ 為盈餘 (Earnings) 項，在結帳後轉入權益 K 中（故 R 及 E 實為資產負債表之虛帳戶），據此我們可以導出會計之基本等式（稱會計模式）為：

$A=L+K$（資產 = 負債 + 權益）

在上述「權益」之定義中，即為此一等式之變換形式；即

$A-L=K$（權益 = 資產 – 負債）

三、會計循環 (Accounting Cycle)

（一）會計循環之步驟

在介紹會計記錄原則與作業方法之後，應再瞭解從交易發生，至編製報表，以至結帳之整個「會計循環」(Accounting Cycle)。該會計循環之步驟如下：

(1)交易 (Transaction) 發生：銷、產、研發、人事、財務、採購等等企業活動 (Business Activities) 之發生，都會有財務交易發生。

(2)「日記帳」(Journal) 分錄：提供各項交易之「序時紀錄」（俗稱流水帳）；每日依時間先後，把每筆交易之借方、貸方科目依序記下。

(3)過入「分類帳」(Ledger)：彙集各項流水帳交易結果於受影響的各個特定分類帳戶。

(4)編製「試算表」(Trial Balance Sheet)：查核分類帳之借方餘額與貸方餘額是否相等，並提供帳戶餘額的簡便表式，以應編製會計報表的需要。

(5)編製「損益表」(Income Statement, I/S)：列報當期之經營成果。從「收入」減

「銷售成本」，得「毛利」，再減「銷售、管理、財務費用」，得「稅前淨利」，再減「所得稅」，得「稅後淨利」。

⑹編製「保留盈餘表」(Retained Earnings Sheet, R/E)：計算當期保留盈餘變動情形，並列示該帳戶現在餘額。

⑺編製「資產負債表」(Balance Sheet, B/S)：表示期末資產、負債、業主權益之財務狀況。

⑻結帳與編製結帳後試算表。

（二）作成分錄 (Journalize)

「日記帳」或稱原始分錄登錄簿，是依時序顯示每天由交易而產生借方或貸方紀錄，也可能包括有關交易的解釋。許多公司有幾種不同的日記帳，其所需日記帳的種類與數目，依營業性質及各業交易之數量等而定。其最簡單形式為普通日記帳，只記兩欄金額，一欄借方，一欄貸方，可用於各種交易。

將交易記於日記帳之過程，稱為「作成分錄」(Journalize)，茲以大臺公司為例：（大臺公司經營不動產業務）

表 23-2　普通日記帳

日　期	科　目　名　稱　及　摘　要	分類帳號	借　方	貸　方
2002 年 9 月 1 日	現金（資產增加）	1	20,000	
	呂大臺資本（權益增加）	50		20,000
	（說明）呂大臺以現金投資於公司			
3 日	土地（資產增加）	20	7,000	
	現金（資產減少）	1		7,000
	（說明）以現金購買土地作辦公廠址			
5 日	房屋（資產增加）	22	12,000	
	現金（資產減少）	1		5,000
	應付帳款（負債增加）	30		7,000
	（說明）購買房屋並移至公司土地上，部分付 　　　　現金，其餘 90 天內付清予大方公司			

在記錄分錄時，應把握下列原則：

⑴年、月、日記於日期欄內，年與月不必每次寫，一般言，只要翻頁或每月開始時記即可。

⑵借方科目習慣記於最左，緊靠著日期欄，借方金額記於同行金額欄之左欄。

⑶貸方科目記於借方分錄之下行，離日期欄少許處。貸方金額記於同列金額欄之右欄。

⑷交易之簡短說明，通常於最後一個貸方分錄之下一列，不必像貸方科目那樣留少許空白。

⑸每一分錄後，通常空一列，以使每一分錄自成一單位而易於辨讀。

⑹多項式分錄 (Compound Entry) 中之所有借方集在一起，並排齊，列於所有排齊貸方之前。

⑺分類帳號一欄，在記日記帳分錄時，其空白不記，等到過帳時才記，以便與分類帳做交互參考。

⑻日記帳科目名稱應正確。

（三）過帳 (Posting)

將借方及貸方由日記帳轉錄到適當之分類帳上，稱為「過帳」，將日記帳與分類帳相互核查。

分類帳之基本形式有兩種，一為 T 字帳式，一為餘額式。格式如下：

1. T 字帳式

（簡式）

科　目　名　稱

借　方	貸　方

（完整式）

科　目　名　稱　　　　帳　號

（借方）　　　　　　　　　　　（貸方）

日期	摘要	日記帳頁	金額	日期	摘要	日記帳頁	金額

2. 餘額式

科　目　名　稱　　　　帳　號

日　期	摘　要	日記帳頁	借　方	貸　方	餘　額

至於過帳的程序，常用的如下：

⑴找出日記帳第一個科目之分類帳。

⑵將此科目借方之金額記於分類帳之借欄（以下若在貸方，則記入貸欄）。

　　⑶在分類帳上記下交易日期及日記帳頁數。

　　⑷在日記帳上記下分類帳號碼。

　　⑸重複以上 4 個步驟至結束。

（四）編製試算表 (Trial Balance Sheet)

　　每筆交易之借方與貸方金額應相等。在各期末為檢驗是否過帳錯誤，分類帳是否平衡，乃編製「試算表」。該表是將各分類帳之餘額，依借或貸之次序表列出來；視其借方總額是否等於貸方總額，以表示當日分類帳是否平衡。

　　雖然試算表之平衡不能表示已正確分析所有交易（若一筆分錄均未過帳即無法偵知），但其至少能確認下列作業：

　　⑴所有已記載交易之借、貸方總額相等。

　　⑵每一科目之借方餘額與貸方餘額計算無誤。

　　⑶試算表中科目餘額之加總無誤。

　　若試算表中借總與貸總不相等，則表示有錯誤，常見之錯誤有：

　　⑴借、貸方反記。

　　⑵科目餘額計算錯誤。

　　⑶科目餘額抄列試算表上時之手誤。

　　⑷加總錯誤（在試算表上）。

（五）調整分錄 (Adjustment)

　　若有下列情況發生時，就必須調整分錄，此常在期末發生：

　　⑴收入業已賺得，但未列帳。

　　⑵費用業已發生，但未列帳。

　　⑶收入業已賺得，但列於預收收入帳戶之內。

　　⑷尚未認定之消耗成本。

　　最常見的例子是折舊費用 (Depreciation)。折舊雖然不必支付現金，但在營業過程中，確實已使用或保有資產，並已自然發生價值減少之現象，故此費用應歸入各使用或保有期間。其記錄方法為：

　　　　折舊費用 ── 房屋　　　　×××

　　　　　累積折舊 ── 房屋　　　　×××

　　前者為費用科目。後者為「備抵」科目 (Contra-Account)，列於房屋資產項下，作為房屋價值之減項，以減低房屋資產在資產負債表上之價值。

調整分錄之後，隨即過帳及編列調整後試算表。

（六）編製損益表 (Income Statement)

大多數之企業，都從事繼續不斷的業務經營（不是做單幫生意，做一筆就結束），藉以獲取「純益」或「淨利」（Net Income，指收入超過費用的部分），而「損益表」即表達在某一期間內（如一年或一月內）企業獲益之結果。

損益表之編製乃是將調整後試算表中之所有「收入」與「費用」項目列出。一般收入項目均列於上方，其金額在最右邊，而費用項目依次列於收入下方，其金額在收入金額之左方。兩者相差為「純益」（或稱「淨利」），如表 23-3 所示：

表 23-3　大臺公司損益表

2002 年 10 月 1 日～10 月 31 日　　　　　（單位：千元）

銷貨收入		$1,880
費用		
廣告費用	$300	
折舊費用——房屋	200	500
純益		$1,380

損益表有很多其他的名稱，如盈餘表 (Earnings Statement)、營業狀況表 (Statement of Operations)、及利益損失表 (Profit and Loss Statement)。

（七）編製資產負債表 (Balance Sheet)

資產負債表乃表示一企業在某特定日期之財務狀況的報表。一般分為帳戶式 (Account Form) 及報告式 (Report Form) 兩種。若為帳戶式其資產列於左邊，而將負債及業主權益列於右邊。如下所示：

表 23-4　大臺公司資產負債表

2002 年 10 月 31 日

流動資產（左上方）	負　債（外來資金）（右上方）
固定資產（左下方）	業主權益（自有資金）（右下方）

而報告式乃將負債及權益列於資產下方。

編列資產負債表乃將調整後試算表中之所有「資產」、「負債」及「權益」項目依次排列於適當位置。而本期淨利則應包括於業主權益項下，如此，借貸雙方才會平衡。

（八）結帳 (Closing)

「收入」、「費用」及「往來」（在獨資及合夥事業中才會出現）科目是暫時性之資本科目，在會計期間中用來影響業主權益之變化。在期末時，應將之結轉至權益之永久性帳戶中，做此分錄即為結帳分錄。其方法為：

(1)先將所有之「收入」及所有之「費用」轉到損益彙總帳 (Income Summary) 上，以結清收入及費用帳。

(2)將損益帳轉入「權益」(Equity) 帳下（若獨資則為業主資本）。

(3)將資本主往來科目結轉至業主資本帳戶，以結清往來帳戶。

此分錄亦應如前，要過帳並編列結帳後試算表 (After Closing Trial Balance Sheet or Post-Closing Trial Balance Sheet)，以確實驗證結帳分錄過帳後，分類帳之平衡。

至此整個會計循環可說是已結束。但在實務上，為了更便捷，尤其是調整分錄較多之公司，往往需要利用工作底稿來幫忙。

（九）工作底稿 (Working Papers)

「工作底稿」是一分欄設計的格式，亦是會計人員於編製調整分錄、定期報表、及結帳分錄時，用以作為會計資料編排之簡便而層次分明的工具。尤其在分類帳戶或調整分錄甚多時，特別有用。其步驟如下：

(1)列出所有帳戶名稱，依「資產」、「負債」、「權益」、「收入」及「費用」等次序。

(2)將調整前各帳戶的餘額，列於試算表欄，並結計借、貸欄總數，視其是否平衡。

(3)將每一調整事項之性質，於工作底稿下端加以說明，並以字母標示。並將其分錄列於調整欄之各帳下，與說明之標示相同。並結計其總數。

(4)將試算表與調整項之金額相加減，分借、貸方，列於調整後試算表內。並結計兩欄總數，以視其是否平衡。

(5)將調整後試算表之各帳戶餘額，應視其屬於何種報表帳戶（A、L、K為資產負債表項目；股利分派及保留盈餘為保留盈餘表項目，R、E為損益表項目），分別依借、貸餘額移入。

(6)將損益表兩欄之金額結總，計算出當期純益（或損失），若為益（或損）則移入「保留盈餘」表之貸（或借）方。同時將損益表借貸兩欄結平。

(7)求出保留盈餘差額，移至資產負債表，貸差則至貸方，以為期末保留盈餘數額。同時結總保留盈餘及資產負債表，其均應平衡。

四、記帳的一些問題

（一）試算表不平衡時之錯誤偵測

在編列試算表時，若發現借、貸不平衡，必須要有計劃的找出錯誤。下述的步驟是一般所常用偵測錯誤處的步驟：

⑴驗證試算表各欄之加總，由前次加總反方向再將各欄加總一次，以視加總是否有誤。

⑵若表中不平衡的差額為 9 的倍數，則可能是數字顛倒，或是移位。

⑶找出是否有差額一半的項目，若有，可能是借貸反向了。

⑷找出是否有與差額相同的項目，若有，可能是忘了記錄借或貸方了。

⑸比較分類帳中之餘額與試算表中數額，以確定每一分類帳餘額皆已置於試算表正確位置。

⑹再將各分類帳餘額計算一次。

⑺追查日記帳過帳到分類帳時有無錯誤，查過之項目作一銷號 (Check Mark)。查完之後，將日記帳與分類帳檢查一遍，視有無未經銷號者。在檢查過帳時，還要檢查借貸是否記反了。

（二）錢幣符號之附加

一般而言，日記帳與分類帳中不用錢幣符號。在試算表中用錢幣符號比不用錢幣符號的多。在資產負債表、損益表及其他正式財務報告中均應採用錢幣符號。

在有分欄劃線之日記帳及分類帳中，金額不用逗點和句點，但在沒有劃線分欄時則需要。

（三）分類帳之編號

所謂分類帳 (Ledger) 乃是各種會計科目變動紀錄之帳戶 (Account) 之總合稱謂。此處所指分類帳編號，乃為各帳戶在分類帳中之編號。一般來說，其編號依資產、負債、權益、收入、及費用次序編列。所需之數目則隨公司規模大小、營業性質、管理當局、及經紀商所需資料分類之詳細程度而定。有些公司以一長串數字表示，而每一數字代表其特殊意義（如第一位為 1 —— 資產；第二位為 1 —— 流動資產；第三位為 1 —— 速動資產；第四位為 1 —— 現金；第五位為 1 —— 庫存現金）。

五、電腦化會計作業 (Computerized Accounting Operations)

以上所稱之會計循環 (Accounting Cycle) 作業，若以人工為之，甚為煩瑣，使用

人力多，並容易發生人為錯誤。每月結帳拖延一、二星期，每年結帳拖延二、三個月，不符合管理決策之需要，所以近十年來，電腦化會計作業軟體普及，幾乎比較先進的公司，都採用電腦化作業，只要原始憑證正確，輸入科目及數字正確，其會計循環各節自動作業，每日都可以結帳，及時供管理決策之需要。

第三節　財務狀況之表達 (Presentation of Financial Status)

企業財務狀況之表達，包括三方面的問題：⑴內容 (Content) 問題，⑵評價 (Valuation) 問題，及⑶編排 (Arrangement) 問題。茲以各報表分述此三問題。

一、資產負債表之表達 (Presentation of Balance Sheet)

「資產負債表」(Balance Sheet) 是分類帳結帳之後各科目的縮影，用以表示一企業在某特定日期（如 2001 年 12 月 31 日）之財務狀況。資產負債表分為「表首」、「表身」，及特定「日期」三部分。在表首方面分為⑴「企業名稱」，此應採用法律上之全名，而不宜以簡稱表示。⑵「報表名稱」，資產負債表常見不同種類名稱包括：「資產負債平衡表」(Balance Sheet, B/S)、「簡明資產負債表」(Simplified B/S)、「合併資產負債表」(Consolidated B/S)、及「比較資產負債表」(Comparative B/S)。⑶「日期」，資產負債表以表現某一特定日期之財務狀況為目的，故應於表首標明其日期，如 2003 年 6 月 30 日。

在「表身」部分，包括「資產」(Assets)、「負債」(Liabilities) 及「業主權益」(Equities) 三部分，如表 23-5 所示。

另外有所謂報告式與帳戶式，已如上述不再贅言。而其附註亦在會計原則之十「有關資料，充分揭露」中說明，故亦不再重複。

以下，將就資產、負債及權益三大部分所包括之各項目，做一扼要說明。

表 23-5　資產負債表之表身

資　産		負　債　與　權　益	
		負債 (Liabilities)	
流動資產 (Current Assets)	××××	流動負債	××××
基金投資	××××	固定負債	××××
長期投資	××××	其他負債	××××
固定資產 (Fixed Assets)	××××	負債合計	××××
		權益 (Equity)	
無形資產	××××	股本	××××
遞延資產	××××	本期盈餘	××××
其他資產	××××	未實現資產增值	××××
		保留盈餘——指用部分	×××
		保留盈餘——自由部分	×××
		權益合計	××××
資產合計	×××××	負債與權益合計	×××××

(一) 資產項目之處理 (Processing of Assets Items)

「資產」係指企業或個人握有法律上或事實上之有形或無形財產或權益，對於企業營利行為繼續發生效用者。依性質可以概分為「現金類」、「變現類」及「使用類」等項目。

1. 現金項目 (Cash Items) 之處理

所謂現金，不論其為貨幣 (Currency) 或信用工具 (Credit Instruments)，只要具有不受限制而隨時隨地可以充作購買力 (Purchasing Power) 者即屬之。包括有二：⑴「庫存現金」(Cash in Vault)，⑵「同現金」(Equal Cash)，如銀行存款，外國貨幣，支票，匯票，本票等。而停業銀行 (Closed Bank) 之存款，僅能作為特種應收款處理，而非當作現金。「銀行透支」(Credit Line) 為流動負債，而非現金抵減數。「遠期支票」(Long Term Checks) 為應收票據而非現金。「郵票」為文具用品而非現金。

「現金」本身為評價尺度 (Measurement Scale)，不涉及評價 (Evaluation) 問題。只有外幣 (Foreign Currency) 涉及評價問題，其處理準則為：

⑴不能自由通匯時，不能視為現金。

⑵匯率平穩時，任擇其一。

⑶匯率變化時，取決算日之匯率為準。

⑷以官定匯率為準。

對內報表需分別列示外幣種類，對外報表為求簡明，則不必一一列舉。

2.應收款項 (Receivables) 之處理

應收款項包括「應收款項」(Accounts Receivable) 及「應收票據」(Notes Receivable) 兩項，而前者又可以細分為「應收客帳」、「應收未收款」及「其他應收款」三者。後者分為本票 (Promissory Notes) 及承兌匯票 (Acceptance) 兩種。

應收客帳在原始評價上，即為客帳發生的金額。但若重新評價時，則需考慮正確損益程度，而做必要之調整，其準則為：

⑴銷貨退回與折讓 (Sales Return and Allowance)：根據過去經驗及目前狀況設立分錄（借：）銷貨退回與折讓；（貸：）備抵銷貨退回與折讓。前者為銷貨抵減科目，後者為應收客帳抵減科目。

⑵銷貨折扣 (Sales Discounts)：若規定 10 日內付 98 折，30 日內付全額時，則不設準備科目。

⑶收現費用：收現費用為營運之必需開支，不必從客帳項下扣除。

⑷呆帳 (Bad Debt)：此為客帳最主要之評價問題，其處理方法採「準備法」(Reserve Method)。決定金額之常用方法有二，第一為帳齡 (Receivable Aging) 分析法，即依據客帳拖欠日期，分別設立呆帳比率來決定總呆帳額。

第二為百分比法，其中又分兩法：⑴客帳額餘百分比法，此與上法類似，求出本期未備抵呆帳之總額。⑵銷貨與賒銷金額基數法，求出應提之呆帳數額。

呆帳在一定期限無法收回後，應正式認定，以利以後帳務作業予以註銷 (Cut-Off)。

至於客帳貼現，可用註解的方式，用流動負債，及應收客帳抵減等方式來表現。

應收票據之評價與前者類似，但應先認定其何時變現之流動性問題。而票據貼現，可以採用「或有資產」與「或有負債」來表示貼現部分（前者為「應收票據貼現」，後者為「應收票據貼現之或有負債」，兩對應分錄科目）。

對於上市上櫃公司及公開發行公司之應收款項，在 2002 年 10 月 5 日，臺灣證券期貨監理委員會配合會計準則修正，規定應收帳款及應收票據達一年以上者，須以市場利率（例如 10%）反算出公平的「現值」入帳，把面值與「現值」之差額列入損益表中之損失費用中，降低公司的盈餘估算，以彰顯公司的真正經營狀況。

3.存貨 (Inventory) 之處理

所謂「存貨」，係指主權歸於本企業但尚未脫手之積存商品，且擬於短期內出售者。

存貨之評價方法有二。第一為「原始評價法」，應以成本發生時數字為依據，此包括：貨物進價本身、陸運費、水運費、關稅、及保險費等為獲取貨物而發生之成本費用總額。

第二為「重估評價法」，又分為四類，⑴成本法 (Costing)：包括先進先出法 (FIFO)、後進先出法 (LIFO)、簡單平均法 (Simple Average)、加權平均法 (Weighted Average)、移動平均法 (Moving Average)、最近進價法 (Most Recent Costing)、基本存量法 (Basic Inventory)，及標準成本法 (Standard Costing)；⑵市價法 (Market Price)；⑶市價成本孰低法 (Cost or Market Price Which Lower)；及⑷淨銷價法 (Net Sales)，此為賣出時市價減去銷管費用，而市價為買入價格。

存貨在資產負債表內，應依照下列五點準則處理：

⑴製造業之存貨，必須就材料、在製品、製成品、配件 (Parts and Components) 諸項，分別列示，不可囫圇吞棗，混為一項。

⑵文具用品盤存，為預付費用之一。

⑶採成本或市價孰低法評價時，若採用市價，應在「成本減存貨跌價抵減數」項下列示出。

⑷應將進貨合同 (Purchase Commitment) 列於附註中，以表示某些進貨之契約已簽訂但交易未完成。銷貨合同亦同。

⑸若以存貨抵押借款，必須加以註明。

4. 短期投資 (Short-Term Investment) 之處理

所謂「短期投資」係指企業將一時多餘資金購買本金安全，收入優厚，變動輕微，並且易於變現之有價證券上，投資時間以一年期以上為準。

其原始評價法應注意三點：⑴以總成本為依據，⑵扣除證券所附利息，⑶若以財產交換取得證券時，應以財產公平市價之數字為準。在重估評價法上，則以成本法為會計上最常用之方法。

其表達若以成本列帳，則應將市價以附註方式表示出來。若以市價表達時，需以附註列出成本及其差額。

5. 預付費用 (Advance) 之處理

「預付費用」之科目，乃權責發生制下之產物。在此制下，當某一會計年度終了之時，若該年所支付之某項費用，其效用迄未耗盡，尚有一部分利益可以延及下年度者，即應將此未耗盡之利益列為預付費用。

其帳務處理有二法，第一為先虛後實法，即先記費用，期末將未耗用部分轉為

預付費用；第二為先實後虛法，先記預付費用，待期末將耗用部分轉為費用。

預付費用之表現方法有二，第一列為遞延資產 (Deferred Assets)，第二列為流動資產 (Current Assets)。當其具有(1)可節省後期現金支出，及(2)利益只及下一年度之作用時，則宜列為流動資產。

6. 長期投資 (Long-Term Investment, Permanent Investment) 之處理

所謂長期投資係指以發生銷產業務、財務或其他長期利益為目的，所進行超過一年期以上之投資。其對象包括子公司 (Subsidiary Company) 及附屬公司 (Affiliated Company) 之股票、債券及貸款。

所謂「子公司」乃指母公司利用股權所控制之另一公司。在這種情形下，可再依母公司掌握子公司股票數額之多寡，而分為(1)全部投資 (Wholly-Owned)，(2)多數投資 (Majority Investment)，及(3)少數投資 (Minority Investment)。

所謂「附屬公司」乃指一公司所掌握少數股票之他公司。其目的僅為便利銷、產、研發業務上聯繫，不在於干預經營管理實務。長期投資之處理準則為：

(1)對子公司保有完全或多數控制者，一般採用「合併資產負債表」(Consolidated B/S)，將母公司及子公司各資產負債加總，而母公司之長期投資與子公司的淨值（業主權益）則相互抵沖。若不採合併報表表示時，則長期投資金額之表示，可用 (a) 成本基礎法或 (b) 帳面價值法（子公司之當日帳面權益）。

(2)少數控制及附屬公司者，因較無實際隸屬關係，故以成本列示為當；若有必要，可以附註說明。

在債券投資方面，因票載之名義利率與市場上之實際利率不同，故而發生債券交易價格與票載價格不符，即所謂溢價 (Premium) 及折價 (Discount) 問題。此項差額，可以在債券存續期間平均攤提，或以實際利息與名義利息差額攤提（此法基礎為每期未攤提額加票載值）。

在表現上，對外以一項「長期投資」列示，但對內應依性質不同詳實列載。

7. 基金投資 (Fund) 之處理

所謂「基金投資」為將所提列之基金，在尚未達於目標期限前，交由信託人或自行投資，藉以產生收入，充實基金內容。基金之設定，有因要購買資產而來之「自動基金」(Voluntary Fund) 及為償債（償債基金）及收回自家股票（即庫藏股）之「強迫基金」(Compulsory Fund)。

設立基金時，應有兩項分錄：⑴（借：）償債基金，（貸：）現金；⑵（借：）保留盈餘，（貸：）償債基金準備。其後可以另設基金帳（信託人多採用）。

其表達準則，可分三點加以說明：

(1)對外只列總數，對內分別表示。

(2)投資本公司債券時，可列為投資，亦可列為負債減除。

(3)投資本公司股票時，同以上處理方法。

8.固定資產（長期資產）之處理

所謂長期資產係指為企業長期（一年以上）掌握，並且在業務上運用的資產。一般來說，除了土地之外，固定資產均會由於時光流逝、使用日久、或科技性淘汰，而使其價值日減。基於「收入成本相互配合原則」(Revenue-Cost Matching Principle)，此日減之價值應在各期列為費用，此即所謂之「折舊費用」。科目為：（借：）折舊費用，（貸：）備抵折舊。

固定資產之處理準則如下：

(1)土地：其成本包括地價本身、過戶費、地稅、及殘留建築物清除費等。土地沒有折舊問題。但在中國大陸，因土地屬國家所有，但可批租給外人使用一段時間（如 30 年、50 年、70 年），其所付批租費用可列為土地成本（即資產），但每年要攤提使用費，使該土地價值，像機器設備一樣每年有折舊費用。

(2)房屋、機器、設備及運輸工具：其成本均應包括從購買起，以迄可供使用止之過程中所發生之一切必要費用。此類資產必須提列折舊。

(3)工具：其性質與上相同，惟因零星而價值較低，所以有以「折舊法」及「實地盤存法」來處理，但為簡易計，常採「定額法」，即每年將「補充」工具之金額列為費用。

(4)遞耗資產 (Wasting Assets)：代表各種天然資源，其成本包括獲得成本及探勘成本。每期應予折耗攤提 (Amortization)。

9.無形資產 (Intangible Assets) 之處理

所謂無形資產係指不具實體，不易變現，並且與企業本身聯為一體的資產。它可分為 AB 兩型。所謂 A 型，指有一定存續期限者，如專利權 (Patent)、特許權 (Licensing)、版權 (Copy Right)、及租賃權 (Leasing) 等；所謂 B 型，指無一定存續期間，如商譽 (Goodwill)、祕方 (Secret Formula) 等。

其評價均以取得成本為準，而於預定存續期限內予以攤提，所攤提部分轉內損益計算之費用中。若攤額因預期數與實際數有出入，則有二法可以選擇，第一為以後各年按新比率攤提，第二為全數以新比例攤提，普通以第二法較為常用。

無形資產之表現依下述準則處理：

⑴未經攤提者，以原始成本列表。

⑵以淨額表現，而不採用備抵科目。

⑶商譽除確因支付金額取得外，常以 1 元來表列。

10.遞延借項與其他資產 (Deferred Charges and Other Assets) 之處理

凡某種費用支出，其成效及於後期，為使成本與收入之時間相互配合，乃將該費用遞延於以後各期負擔，此費用則稱為遞延借項，包括開辦費、債券折扣、債券發行成本、研究開發成本、及機器改變排列成本等。此等費用均應在一定日期內（如三年）予以分攤。

至於其他費用，性質不一，應個別處理，如停業銀行存款，應以可能收回之成數為根據；另擴充用土地以成本為列帳基礎。

（二）負債項目之處理 (Processing of Liabilities Items)

在負債方面，長、短期負債是最重要的問題。短期負債 (Short-Term Debt)，一稱「流動負債」(Current Liabilities)，指各項欠款 (Loans) 或債務 (Debts)，依據合理的估計，應在一營業循環（或一年）內償還者。長期負債 (Long-Term Debt) 則為不屬於流動性或一年內必須償還之長期性債務。

如長期債務到達日在一年以內者，若其設有基金償還，仍列於長期負債下；否則應轉為短期負債。以下分就各科略為分析。

1.流動負債 (Current Liabilities) 之處理

「流動負債」包括之種類有「應付帳款」(Accounts Payable)、「應付票據」(Notes Payable)、「應計薪工」(Accrued Wages-Salaries)、「利息」(Interests)、「稅捐」(Taxes)、「應付股利」(Dividends Payable)、「未賺得收入」(Unearned Revenues)、及「分期應付帳款」(Installment Accounts Payable) 等等。

此一方面之處理可以比照流動資產，只是情形比較簡單。至於購貨之現金折扣有採「毛額法」及「淨額法」兩者。一般會計學者主張採「淨額法」，即購貨分錄按淨價 (Net Price) 入帳。若未來未能取得折扣時，則將之列為管理費用。

2.長期負債 (Long-Term Liabilities) 之處理

所謂長期負債係指一年以上到期應償還之債務。一般而言包括⑴抵押票據，⑵不動產抵押公司債，⑶動產抵押公司債，⑷證券信託公司債，及⑸信用公司債。第一種比較少見，較常見者為公司債 (Corporate Bonds)。

公司債 (Bonds)，如同資產類之長期投資，有折價及溢價方式，其帳務處理方法相同，只是其借方、貸方相反而已。其在資產負債表上之表達準則為：

(1)各類長期負債分別列示，並應表達核准額及未發行額。

(2)溢價列為遞延貸項，折價列為遞延借項。

(3)遞延貸項位於長期負債與股東權益之間。

(4)若為「可轉換公司債」(Convertible Bonds, C/B)，應加以註明其轉換股票之條件及種類等。在交換時，應將一切有關該公司債紀錄（包括折價或溢價）予以沖銷。

3.或有負債 (Contigent Liabilities) 之處理

或有負債係指目前並無負債，但將來情勢發展可能成為負債之數額，通常是由於外界人士之行動或違約結果而發生。或為他人擔保，屆時該人不履行債務，而須由本公司擔保履行，即屬或有負債。至於其處理方法因情況不同，而有所不同：

(1)若發生負債及相關損失或費用的可能性甚微時，只須要在資產負債表內以附註說明該或有負債即可。

(2)若負債及有關損失或費用似將產生時，可設置一負債帳戶，貸記之，另以費用或保留盈餘科目借記之。

(3)若在票據貼現等類似狀況下而發生或有負債時，其對應科目為或有資產。

4.其他負債 (Other Liabilities) 之處理

此乃指一些難以歸類之負債，應分別列示處理。

（三）權益項目之處理 (Processing of Equity Items)

權益 (Equity) 之內容與表現方法，因企業組織的不同而有所不同。企業之所有權組織有三種主要型態：(1)獨資，(2)合夥，(3)公司。以下分別就此三類加以說明。

1.獨資 (Proprietorship) 型態之企業

在資產負債表上只有資本帳戶。該帳戶用來表示業主原始投資 (Original Capital)、嗣後增資 (Increased Capital)、純益 (Net Profit)、純損 (Net Loss)、及提存 (Reserves or Drawing) 等變化。

一般常以「業主提存」(Drawing) 帳戶，來記載業主提存之變化。此為虛帳戶，故在期末應轉入資本帳戶。

2.合夥 (Partnership) 型態之企業

合夥乃二人以上互約出資以共同經營之事業。其帳戶為每名合夥人均設立一資本帳戶及一提存帳戶。比較麻煩的是損益分配及改組之處理。為免除以後之糾紛，有關投資、提存、損益、改組、權利與義務等問題，均需事先詳加訂明於合約或董事會紀錄中。

當合夥改組為公司時，公司可以繼續使用合夥人帳簿，或將合夥的帳簿結束，

而為公司設置新帳簿。

3. 公司 (Corporation) 型態之企業

公司為一獨立的法人 (Legal Entity)，其權益不可如同獨資或合夥型態歸予特定之自然人，而應以股票代表股東對公司之求償權。故應將其權益依來源不同分別列示。

(1)股本與保留盈餘 (Capital and Retained Earnings)

股本可以分為兩大類，即普通股 (General Stocks) 及優先股 (Preferred Stocks)，而優先股又可以細分為收入優先股、資本優先股、收入及資本優先股、累積優先股、非累積優先股、收入參與優先股、資本參與優先股、收入及資本參與優先股、非參與優先股、可調換優先股、不可調換優先股、可贖回優先股、保證優先股、有表決權優先股等等。其性質在法定範圍內可以自行設定。在我國來說，股本不能折價發行。但若溢價發行，則該金額應歸入輸納盈餘帳戶。

至於未收足之股款，若已催收或將催收時，則列於流動資產。將已催收，但非短期內可收到者，列為其他資產。目前無催繳打算之部分，則列為股本抵減數，表示其已繳交股本部分。以下為列帳處理準則：

①各類股票之額定數額、未發行數額、及已發行數額，應分別表示。

②各類股票，應按其收入及資本分發先後次序，逐一列示，並將其主要權利扼要表明。

③庫藏股票（即本公司股票曾發行在外，而被自己買回來，現存於本公司）列為股本抵減數。在本質上，庫藏股越多等於減資越大，但因在外流通之股票相對較少，每股盈利較高，所以股票市價可以提高。

④購入庫藏股票應將盈餘指用數額明顯列示。

⑤優先股票之積欠股息，應將欠息數額以附註表示。

⑥決算日，若仍有認股證在外，應以附註方式予以說明。

⑦股票分割 (Stock Split) 與股票股利 (Stock Dividend) 應作適當說明及附註表示，以使人明瞭。

(2)盈餘 (Surplus)

盈餘可分為三類，即營業盈餘 (Operating Surplus)、資本盈餘或資本公積 (Capital Surplus or Capital Gains)、及重估價盈餘 (Revaluation Surplus) 三者。而資本盈餘包括保留盈餘 (Retained Earnings, RE) 及捐贈盈餘 (Donations)。

在表現上之處理準則如下：

①營業盈餘應依據指用與非指用而分別列明。

②各種盈餘排列次序並無一定準則，只要前後期一致即可。

③資本盈餘應就各項盈餘分別列示。

④對外報表可以總額來表示各類盈餘。

⑤重估價盈餘應依據「內詳外簡」原則表現。

⑥關於資本及重估價盈餘之變化，應另編盈餘計算書及重估價盈餘計算書，以補充資產負債表之不足。

二、損益表之表達 (Presentation of Income Statement)

企業經營所發生之各項收入 (Revenues)，必有各種成本、費用及損失 (Costs, Expenses, Losses) 同時一起發生，損益之計算即據此原則而產生。企業經營的成功與否，即以收入減去支出（成本、費用）後之利潤（淨益 Net Profit）來認定。當利潤額大到淨值報酬率 (ROE) 高於資金成本 (COC) 一倍半以上時，就歸為「成功」，低於一倍半以下時，就歸為「失敗」。

（一）收入項目之處理 (Processing of Revenues Items)

收入之來源包括「營業收入」(Operating Revenues) 及「非營業收入」(Non operating Revenues) 前者係經營正常銷產業務所得，包括銷貨收入及勞務收入，後者為主要業務以外之各項收入，如財務利息收入，投資股息收入，出售資產收入等。

而收入之時間認定，有五種標準：

⑴銷售標準：以銷售時點為劃分收入實現與否之標準。

⑵收現標準：以債款收現時點為收入實現與否之標準，分期付款及銀行等少數場合採用此制（「預收」不為收入實現）。

⑶生產標準：對長期工程而言，其盈虧計算有採完工比例法來認定收入者，此即採生產標準來決定收入實現之謂。

⑷孳長標準：在森林種植及家畜飼養方面，依所增價值比例合理分入各期收入者，即屬此制。

⑸增值標準：即指資產因物價上漲而增值，此增值部分列為收入。

（二）成本、費用及損失項目之處理 (Processing of Costs, Expenses, Losses Items)

成本 (Costs)、費用 (Expenses)、及損失 (Losses) 之列計，以實際發生時為原則，以預計發生時為例外。可以分為五類說明：

⑴銷貨成本：在販賣業為購貨成本及其附加費用。在製造業之計算就比較煩雜，可在成本會計中述及。主要的簡式為：

（期初製成品＋本期製成品）－期末製成品＝銷貨成本

（期初在製品＋本期製造成本）－期末在製品＝製成品成本

本期製造成本包括直接原料、直接人工（合稱主要成本）、間接製造費用。

⑵管銷費用：乃一般管理及行銷工作推進時，所發生之成本，列為發生年度之費用。

⑶財務費用：為資金運用調撥時所發生之費用。

⑷其他費用。

⑸前期調整及特殊損失：此在「淨盈餘學說」應列為當期費用，但在「即期經營學說」，則應列為盈餘帳。

某一期間內的損益表 (Income Statement) 乃在說明淨益計算方式。例如表 23–6 第一行銷貨收入，乃是說明顧客為取得企業的商品或勞務所支付的代價，為資產增加之代表。而第二行則在說明除此之外其他收入的來源。

其次，損益表列示了費用，即表示為了獲取收入所耗用的資產。一般而言，費用可以劃分數類，說明所耗用的資產種類，如表 23–6 所示的費用項目計有六項。

損益表的底部是保留作為非常損益說明之用。表 23–6 中，該公司出售長期投資之債券，其售價高於原始購價，由於該項交易並非該公司正常營業項目，故須與正常收入和費用之項目區分。然而，在損益表上，僅列示該項交易的淨益數字而已。

由上可知，淨益乃是彙總某一期間企業營運所認定的損益數字。反之，若淨益為負數時，則稱為淨損。

表 23-6　華孚公司損益表

民國 91 年 1 月 1 日至 12 月 31 日　　　　　　（單位：千元）

銷貨收入		$8,000
利息和其他收入		140
總收入		$8,140
費用：		
銷貨成本	$4,920	
薪資	1,160	
折舊	300	
利息費用	40	
其他費用	780	
估計所得稅	470	7,670
非常事項前淨益		$ 470
非常事項：債券出售利益		50
淨益		$ 520

三、保留盈餘表之表達 (Presentation of Retained Earning Sheet)

　　保留盈餘表 (Retained Earning Sheet) 如同損益表係以期間為編表依據，用來說明上一年資產負債表至下一年資產負債表所列示「保留盈餘」科目之變化情況。

　　一般而言，保留盈餘表係聯貫損益表和資產負債表之橋樑。這種關係可藉下列公式得到證明。資產－負債＝資本＋保留盈餘，亦即是企業產生淨益。因銷貨使流入資產大於流出資產之費用，更正確地說，淨總資產增加，若原資本不變，則淨益的數額一定是計入保留盈餘中。

　　同樣地，現金股利的分配減少淨資產，此種變化在會計恆等式中，該現金股利數額係來自保留盈餘。

　　典型的保留盈餘表包含項目如表 23-7。第一行為期初保留盈餘 2,630 千元，加上該公司民國 91 年度淨益（取自損益表）520 千元，當年度發放現金股利給股東為 350 千元，其餘額為 2,800 千元轉列於民國 91 年 12 月 31 日的資產負債表上。

表 23-7　華孚公司保留盈餘表

民國 91 年 12 月 31 日　　　　　　（單位：千元）

期初保留盈餘	$2,630
本期淨益	520

合　計	$3,150
減：現金股利	350
期末保留盈餘	$2,800

四、財務狀況變動表（資金流程表）之表達 (Presentation of Fund Flow)

　　財務狀況變動表在於表達當年度的資金流轉情形。而資金一般是定義為流動資金。例如，表 23-8 即在說明來自一般營業的資金流入為 770 千元，發行公司債 200 千元，以及出售長期投資債券 50 千元。而這些資金中，幾乎一半用於擴充廠房和設備（$500 千元），餘下 350 千元用於發放現金股利和 170 千元作為流動資金之用。

　　表 23-8 僅是說明既存關係。例如，它透露來自營業的資金並不足夠提供發放現金股利和資本投資之需。因此，一位報表使用者，需要探詢這種結果是種因於積極的擴充計劃，或產品本身的脆弱。同樣地，資金轉至流動資金雖是事實的陳述，但它本身的優劣則取決於是否合理而定。

表 23-8　華孚公司財務狀況變動表（資金流程表）

民國 91 年度 12 月 31 日　　　　（單位：千元）

資金來源 (Fund Inflow)：	
來自營業	$　770
出售債券	50
發行公司債	200
合　計	$1,020
資金運用 (Fund Outflow)：	
支付現金股利	$　350
擴充廠房和設備	500
流動資金增加	170
合　計	$1,020

第四節 財務分析與成本分析 (Financial Analyses and Cost Analyses)

一、財務報表分析 (Analyses of Financial Statements)

廠商經營之價值決定於「風險」與報酬或「獲利性」。一般來說，風險係以流動比率、槓桿比率及經營比率來衡量。至於獲利性則以獲利能力比率 (Profitability Ratio) 來加以衡量。本書第二十一章財務管理要義表 21–1 曾列出通用之各種財務分析比率之公式及意義，可供參考。

在分析上尚宜加以比較，一般採用⑴同業平均 (Industrial Average) 及⑵公司趨勢 (Company Trend) 兩種方式。

除此之外，尚有他法，如：

⑴橫析法：在比較報表中，對相關項目作增減百分比分析。

⑵縱析法：在同一報表中，對各構成因素作交叉比率分析。

不論採用何法，所做之百分比或比率分析皆須有實質意義，如資產報酬率之計算應為「稅前利息」之淨利，而非稅後淨利。

二、成本分析 (Cost Analyses)

企業潛在利潤大小，深受產品單位售價與單位成本之影響，所以成本之有效控制甚為重要。成本分析之目的在於使成本保持於原定營業計劃限度之內，以確保有效的競爭能力與獲致最高的利潤。本處將就標準成本法來討論成本差異分析。

所謂「標準成本」(Standard Costs) 乃指對各種成本，如直接人工、直接原料、及製造費用等項目，事先所設定之標準單位成本。而採此法之制度即標準成本制度。而實際成本與標準成本間相差之數值，稱為成本差異 (Cost Variances)。若實際成本低於標準成本時稱「順差」或有利差異 (Favorable-Variances)，反之即為不利差異。

將實際成本與標準成本比較時，僅就例外或差異情況提出報告，此種「例外原則」(Principle of Exception) 之報告可使負責部門在成本控制上，集中注意力於發生差異之所在，並加以改正。

成本差異之種類與分析如次：

1. **直接原料差異分析 (Variance Analyses for Direct Materials)**

　　⑴數量差異＝（實際數量－標準數量）×標準價格

　　⑵價格差異＝實際數量×（實際價格－標準價格）

　　數量差異應向工廠主管與生產部各負責人員報告。價格差異則應通知進貨部門，以明原因加以控制。

2. **直接人工差異分析 (Variance Analyses for Direct Labor)**

　　⑴工作時間差異＝（標準工時－實際工時）×標準工資率

　　⑵工資率差異＝實際工時×（標準工資率－實際工資率）

　　直接人工成本中工作時間之控制，掌握於生產部領班或工頭之手，為協助其控制及分析任何直接工時差異之原因起見，工作日報或週報必須按時編報，將實際工時與標準工時比較，作為分析與研究直接人工效率之基礎。

　　至於工資率之決定，為人事部門或工廠工頭之職責，以實際工資率與標準工資率相比較，則可考核人事部門或工頭在選擇各級直接人工方面對於生產效率之功過。

3. **製造費用差異分析 (Variance Analyses for Manufacturing Expenses)**

　　製造費用之差異分析有二段式，三段式，及四段式。

　　⑴在二段式差異分析時，應計算：

　　　　①可控制差異。

　　　　②數量差異。

　　可控制差異之數額及其指向可以顯示製造費用是否保持在所定預算效率限度以內。數量差異為工作效率的差異。

　　⑵在三段式差異分析時，應計算：

　　　　①預算差異 (Budget Variance)。

　　　　②能量差異 (Capacity Variance)。

　　　　③效率差異 (Efficiency Variance)。

　　⑶在四段式差異分析時，應計算：

　　　　①預算差異 (Budget Variance)。

　　　　②效率差異 (Efficiency Variance)。

　　　　③數量能量差異 (Volume Capacity Variance)。

　　　　④數量效率差異 (Volume Efficiency Variance)。

　　一般為了經濟原則，採二段式分析法的為多，但四段式分析法在學理上最為健全。

第二十四章　企業科技研究發展之管理
(Management of Technological Research and Development)

第一節　研究發展的定義 (Definition of Research and Development)

一、研究發展之意義及內涵

研究與發展（Research and Development，R&D）的活動就是發明 (Invention)、發現 (Discoveries)，創造 (Creation) 及創新 (Innovation) 的根基，為現代社會進步的主要泉源。二十世紀末葉，藉著醫藥、科技、運輸及無線通訊與電腦結合的進步，使人類生活水準有極大的改變 (Change) 及改進 (Improvement)。

「發明」是指創造出宇宙環境以前未有之事或物。「發現」是指宇宙環境早已有的事或物，被新探討知曉了。「創造」是指由某人新做出來的事或物，不論此事或物是否早已存在此宇宙環境中。「創新」是指把「發明」、「發現」、「創造」的事或物，應用到企業經營的產品、勞務及方法上，有助於市場競爭，有利於盈餘增加之研究發展行為。「發明」之事或物，可以申請專利，得到政府法律保護。「發現」及「創造」之事或物，若屬於「發明」，就可申請專利保護，否則只能當作比競爭者先知先覺之優勢而已。「發明」、「發現」及「創造」能否賺錢，就視「創新」管理是否有效而定。「發明」、「發現」、「創造」及「創新」對企業而言，都是「改進」或「改變」或「革新」，都是研究發展管理的成果。

熊彼德 (J. A. Schumpeter) 在他有關經濟發展的理論中就曾指出，工業的成長有賴於「創新」，近代的經濟學者如沙穆森 (Samuelson) 等亦認為研究發展創造了企業對資財的需求，同時也是促成投資人熱衷於投資新風險 (New Venture) 事業的主要原動力。「創新」是大廠維持繼續領先的戰略，「創新」也是小廠趕過大廠的戰略。中國古代就有「苟日新，日日新，又日新」的創新教訓。

從個體經濟的眼光來看，由於研究發展代表各公司未來的發展潛能，因此投資人在評估投資機會時，每將其視為一極重要的指標。儘管目前臺灣研究發展支出在

整個經濟中尚未佔很大比例（民國 90 年調查未達 GNP 之 3%），但它卻應是整個新社會經濟中最為重要的一環。

如何有效管理研究發展，一直是廠商感到為難的一個課題，其困難之處在於研究發展的預算、工作評價、人員管理、協調聯繫等都沒有一個客觀衡量標準。以前研究發展的成果主要來自工程師的個人天賦，所以一般性的工作評價方法無法適用，同時由於研究發展具有高度不確定性，所以其工作計劃無法像生產計劃一樣地準確排定。至於研究發展預算編製能否作為控制研究發展成本及衡量研究發展成果的工具，迄今仍大有疑問存在。

界定研究發展意義的最容易的方法就是從說明研究發展的功能著手。一般科學或工業上研究發展的主要功能可分為(1)純研究或稱基本研究，(2)應用研究，(3)發展及工程設計，(4)試產四部分，略釋如下：

1. 基本研究 (Basic Research)

所謂「基本研究」係指為了增進「科學知識」(Science Knowledge)，但沒有特定實用目的的研究活動。在實驗室中，新觀念 (New Concepts) 或新想法 (New Ideas) 常在無意中被創造出來，並經試驗證實。雖然這些結果並不一定具有商業上的價值，但往往是下一步實驗的基礎。商業機構的純研究可能限於與其本身產品及興趣有關的方面。美國 AT&T 及 IBM 曾擁有過大型研究實驗室，從事基本研究。一般的基本研究工作皆由政府研究院及大學研究所來從事，並支用政府預算經費。

2. 應用研究 (Applied Research)

所謂「應用研究」係指為特定實用目的而進行之增進知識之研究活動。這一部分包括了搜尋科學情報，並研究如何將其直接應用到商業上，它與純研究主要區別在於其有特定之實用目的 (Practical Purposes)。

3. 發展及工程設計 (Development and Engineering Design)

所謂「發展及工程設計」係指將基本研究或應用研究所獲得之新知識，進一步轉變為商業上可以獲利之「新產品」、「新勞務」、「新原料」、「新製程」、「新設備」及「新檢驗方法」之研究活動。在這一個階段中，基本的科學觀念及有關的情報，資訊，都已獲得，在此則進一步將這些結果轉變成可在市場上獲利的產品、勞務、原料、設備、或製造程序。到這一階段時，研究發展之不確性已經很低。

4. 試產 (Pilot-Run Production)

所謂「試產」或「試製」係指將發展或工程設計好之產品、原料、勞務或設備，進行實際小量生產之活動。因為整個產品是否能達到預期滿意水準，必須經過試產

階段，經過數次試產，將經濟規模、生產流程加以確定，同時也準備將生產技術轉移給實際的大量生產單位 (Mass Production)。

二、研究發展之目標對象 (Targets of Research and Development)

研究發展活動的功能已分述如上，但如何才能有效地管理研究發展，則需再瞭解研究發展之目標對象。研究發展的目標對象可分為下面幾種：

1. 防衛性的研究發展 (Defensive R&D)

這是指為了應付市場顧客的新需要，或是為趕上競爭者創新產品所進行的研究發展活動。

2. 進攻性的研究發展 (Offensive R&D)

這一類的研究發展是在想取得市場上的優勢，在競爭者創新活動之前搶先為之。例如想壟斷某一新的市場或正在發展中的市場。

3. 長期的研究發展 (Long-Term R&D)

這是指在為三年後才能產品化的研究活動。這種研究發展如果獲得成功，常由於企業內其他部門（如財務、生產設備、市場行銷通路）尚未準備妥善，大約三年之內無法將研究的結果商品化。另外，遲延商業化的原因，是由於市場本身尚未成熟到能接受新產品，或是政治法律因素無法即時上市。

4. 短期的研究發展 (Short-Term R&D)

這是指在一年內可以變成商品，引進市場的研究發展活動。

5. 中期的研究發展 (Medium-Term R&D)

這是指在一年至三年間可以商品化的研究活動。

不論分類如何，所有研究發展的最終目的都是在協助企業達成創造顧客滿意及合理利潤的崇高目標，以追求生存及成長。

通常企業的研究發展都是以進攻性的為主，因為「攻擊是最好的防守」。但有時一個短期防禦性的策略也十分重要，尤其是當產品正處於生命週期 (Product Life Cycle) 的下降階段時，跟隨著競爭者或消費者而動，往往是損失最少的策略，請參閱圖24-1。

計劃 (Planning) 是任何活動成功所不可或缺的要素，而在研究發展活動方面，因其不確定性的工作性質特殊，其計劃工作亦異乎尋常。第二節即將討論這個問題，第三節將討論研究發展的組織，第四節將討論預算編製，第五節將介紹研究發展人員的領導與激勵。第六節將討論研究發展的聯繫與控制。第七節將討論研究發展的

圖 24-1　新舊產品生命週期

工作績效評估。

第二節　研究發展的計劃 (Planning of Research and Development)

一、研究發展活動的特點 (Characteristics of R&D Activities)

研究發展 (R&D) 的功能異於企業其他功能，如行銷、生產、採購、外包、財務、會計、資訊、人事、總務等。研究發展活動所具有的特點使得研究發展的管理更需要一些特殊的技巧，因此也需要一些特殊的計劃方法。

1.研究發展是企業變遷的新原動力 (New Forces of Changing Business)

如同購買其他公司 (Company Acquisition) 一樣的重要，研究發展是改變公司在市場地位的一項重要的手段。企業其他功能是在現有產品市場 (Existing Product-Market) 的地位上，求取利潤的極大化，而研究發展則是在新產品市場 (New Product-Market) 地位上，尋求利潤的新來源。

2.R&D 不能重複 (Non-repeativeness)

其他企業功能的努力，是在設法使其作業能夠一再重複 (Repeativeness)，以致生產力能達到最大，而研究發展的生產力則是視其結果的創新差異性 (Innovative Differential) 而定，不在於重複性。

3.研究發展效果難以度量 (Difficult to Measure Effectiveness)

由於研究發展的成果必須經由生產、行銷等步驟後才能充分發揮，故往往會因為生產製造、裝配、推銷、廣告、促銷、物流、服務、客訴處理等步驟的失敗，使研究發展的成果顯得模糊或遲延。所以一個真正創新活動的成功，等於一個新企業的經營成功，必須統合行銷、生產、財務、人事等等功能，才能知道最終效果的高低。

二、研究發展計劃的特殊問題 (Special Problems of R&D Planning)

「計劃」(Planning) 是泛指為企業建立未來行動目標及方法 (Future Ends-Means) 的用腦思考過程的程序，其內容涵蓋目標、策略、方案、預算、組織、資源、及作業程序的設定。研究發展計劃有如下特殊問題。

1.研究發展目標的建立必需是一連續的過程 (A Continuous Process)

生產上的目標，如生產配額，可以事先設定並藉以控制其生產活動，但是在研究發展計劃的進行中，「新知識」的獲得可能會導致「新目標」的產生 (New knowledge or information lead to new objectives)，見圖 24-2，所以以往將計劃與控制嚴明分開的作法變得極為困難。在新知識不斷發展的情況下，需要決定是否要控制研究發展活動，使其真正達成原先的目標，還是轉而建立新的目標。

2.研究發展的策略必需確實地符合企業的最高策略 (Fit to Top Strategies)

企業的其他功能，在突破現存的產品市場地位時，由於慣性的緣故，一般總會停留在原來的主流中，但研究發展的目的在尋求改變之道 (Search for Changes)，會使公司脫離其原有的型態。所以研究發展策略（方向）只要按照最高管理階層的需要而決定，不必拘束於原有產品市場內。

3.研究發展計劃及預算必需要有彈性以適應新的機會 (Great Budget Flexibility to New Opportunities)

新的知識與新創意不斷會出現，因此在制訂研究發展預算時，並不能完全涵蓋預算期間內所有新的研究標的。所以研究發展預算的制訂程序，必需隨實際需要而調整，不可拘束於原先不太明瞭未來情況所隨意設定之預算項目。

4.不同的階段必需使用不同的計劃控制方式 (Different Planning-Control Methods for Different R&D Stages)

在「產品發展」階段，一般可採用傳統的直接計劃及控制技術，因其目標可直接與未來的收益相連接，但是在「基本研究」時則不能適用一般的直接計劃及時間

圖 24-2　研究發展活動之新情報新知識流程圖

控制方法，因它的計劃及控制是比較間接而無固定結構。至於「應用研究」則介於「產品發展」與「基本研究」二者之間。研究發展的實質內容與時間進度控制，不能像生產計規與控制那樣細節、確定、死板，而是要採取每月性，每季性，半年性，及年度性之「目標管理」方式，由專案主持人自訂目標及自行控制，而非由他人來控制。

三、研究發展計劃的時間及深度 (R&D Scheduling and Depth)

正式計劃之方法 (Formal Planning Method)

正式的研究發展計劃，應該建立定期的「計畫及檢討」程序 (Periodic Plan-Review Process)，及書面的紀錄。

在商業機構中，通常有下列三種層次的正式計劃方法：

1. 作業計劃 (Operational Planning) ── 基層計劃

通常這是指工廠中每日進程的安排。在作業計畫中比較有關的有兩方面：

⑴專案計畫想法的產生 (Project-Ideas Generation)。

⑵專案計畫的評價及選擇 (Project Evaluation and Selection)。

2. 管理計劃 (Management Planning) —— 中層計劃

在這方面有兩個問題比較重要:

⑴按照權力、責任、情報、及工作流程等所建立的企業資源分配結構 (Resources Allocation Structure)。

⑵企業營運所需各種資源的取得與發展 (Resources Deployment)。

3. 策略計劃 (Strategic Planning) —— 高層計劃

在這方面，包括公司整體目標的建立、策略的設定、主要資源的調配、專案評估及選擇標準的建立等。

企業整體策略性計劃與研究發展有著雙向的關係，一方面研究發展的工作方向必需與企業目標相符，另一方面也因為研究發展引入新的科技創新機會，因而影響及改變了企業的整體策略（如競爭及成長策略方向）。

正式的研究發展專案型計畫端視企業所側身其中之行業的科技水準 (Industrial Technology Level) 與產品市場情況而定。如果技術發展穩定，而產品及市場是逐步轉變（例如汽車或食品加工工業等），則研究發展計劃的重點就應該放在基層作業及中層管理計劃上。如果科技及產品市場改變極為迅速（如電子或化學工業等），或者企業本身正致力於改變其產品市場的地位時，高層策略性的計劃就應被列為著重的對象，同時也還要輔以活潑的作業及管理計劃。

計劃的繁簡則需視企業的大小及研究發展費用的比例而定，有龐大研究發展預算的大企業，如二十一世紀初的臺灣高科技電子、電腦、電訊大廠商，每年花用鉅額費用於專利發明及申請者，需要詳細而正式的研究發展計畫。如果研究發展的活動沒有詳細地加以劃分，則許多資源可能會被浪費在重複的目的上。

🔲 四、研究發展之目標設定方法 (R&D Objectives-Setting Methods)

「目標」是泛指期望在未來一段期間內實現的「理想境界」(Ideal State to be Realized in Certain Future Date)，可用來指導並衡量工作進行的方向及程度。研究發展的目標應包容在企業的整體目標之下。企業通常會有多重的目標，例如投資報酬率、市場佔有率 (Market Share)、盈餘成長率 (Profit Growth)、收益的穩定性 (Income Stability)、生產力，創新力、設備及財務結構 (Physical and Capital Structure)、員工訓練與發展 (Training and Development)、社會責任等等，由於這些目標之間常會相互對立，所以企業最高主管必需對這些目標設立優先順序，而研究發展目標就是創新力

目標，其設定就應該按照這個優先順序而行。

1. 產品發展專案之目標 (Product-Development Projects)

「產品發展」(Development and Engineering) 階段的計畫，是研究發展計畫中最能用經濟方式來表示的一種，因此每一個重要的「發展」專案計畫都應該具有適當的目標及優先順序，通常包括利用投資報酬率或內部報酬率來評估。

事實上有許多專案計畫並沒有大到值得去做這些經濟評價的地步，這時候與整體目標相關的「近似目標」，就可以用來作為這類計畫的目標。這些替代目標包括回收還本期 (Payback Period)、對收益的貢獻 (Profit Contribution)、對銷售的貢獻 (Sales Contribution)、對降低製造成本的貢獻 (Cost-Reduction Contribution) 等。

由於全套的專案計畫評估 (Project Evaluation) 耗時費力，因此專案計畫之目標的精確性應視專案的大小 (Project Size) 及其潛在的重要性 (Project Importance) 而定，通常只有對重要的專案計畫才評估其是否達成經濟目標。對於每天的控制及監視，則是用整體目標再細分出來的特定近似目標來作為直接計量之用。就發展性之專案計畫而言，這通常包括該專案計畫的預估成本，產品的預計價格，及預計的完工日期等。

2. 應用研究專案之目標 (Applied-Research Projects)

「應用研究」的專案目標較難跟企業的整體目標連接起來，因此其近似目標也就更不精確。這類的研究活動可能是希望達成新產品或新製程的創新，增進企業的科技競爭能力，或是擴大企業的市場地位。儘管如此，每一個專案計畫的目標，仍應是由一個或數個企業的整體目標所推衍出來，並與之相連。

3. 基本研究專案之目標 (Basic-Research Projects)

「基本研究」活動的結果，通常無法預見，並與最終的獲利能力相隔更遠，因此基本研究專案的目標應按下面的層面設定：

⑴專案計畫的創新性。(Creativity)

⑵與競爭者相比的工作品質。(Work Quality)

⑶在研究策略內列明應該獲得的競爭能力。(Competitiveness)

⑷潛在應用能力的寬度，指能夠應用到與企業相關科技之範圍的大小。(Scope of Application)

每一種研究專案計畫都需有由企業整體目標所衍生導出的個別目標來支持，這些目標必需儘可能地詳細，以供衡量其成果之用。例如產品或工程發展計畫 (Product-Development Projects) 的目標應列為「對每年的新銷售額貢獻若干元」，或是「到年

底以前減少甲工作程序的成本若干元」。應用研究專案 (Applied-Research Projects) 之目標應該列出像「每年提供若干個在技術及經濟上合用的新產品構想」。基本研究專案 (Basic-Research Projects) 之目標則可能是達成「在丙範圍內得到第一流的研究水準」或是「推進丁範圍內的改進狀況」。

五、研究發展之策略設定方法 (R&D Strategy Setting Methods)

（一）策略是達成目標的重要手段 (Strategies are tools to objectives)

穩定成長中的企業可能不需要特別的策略，因為從以往的情況，就可以推斷並決定要達成未來目標所需的方法。但是處在激烈變動環境下的企業，卻極需要「產品市場策略」(Product-Market Strategies)，列明高階之指導綱要及決策原則 (Top Guidance and Decision Rules)，供：

⑴指導企業成員尋求新產品及新市場機會。(Directing Members to Search New Products and New Market Opportunities)

⑵統合組織成員的成長及擴張的努力。(Integrating Organization Members' Growth and Expansion Efforts)

⑶評價新機會是否符合企業所希望之成長方向。(Evaluating the New Opportunities to Fit the Expected Growth Direction)

一套完整的策略就是一套複雜的指導綱要，其中的一個重要層面是將企業成長分為表 24-1 中的四個方向：

⑴增加現有產品的市場佔有率 (Old Products in Old Market) —— 「市場滲透」(Market Penetration)。

⑵現有產品滲透到新的市場 (Old Products in New Market) —— 「市場發展」(Market Development)。

⑶為現有市場發展新產品 (New Products in Old Market) —— 「產品發展」(Product Development)。

⑷為新市場發展新產品 (New Products in New Market) —— 「分散多角化」(Diversification)。

企業「研究發展策略」應與「產品市場策略」相符合，其主要目的在於分配研究發展預算，並將其努力導往所希望的方向。在表 24-1 中的對應策略是新產品及新製程的發展，舊產品及舊製程的改進，以及科技能力的維護及改進。

表 24-1　產品市場策略與研究發展策略間的關係

產品市場策略　　　　研究發展策略	分散多角化 新產品 新市場	產品發展 新產品 舊市場	市場發展 舊產品 新市場	市場滲透 舊產品 舊市場
1.新產品／新製程發展	×	×	—	—
2.舊產品／舊製程改進	—	—	×	×
3.科學及技術的改進	×	×	×	×
研究發展策略的層面	攻擊性策略	攻擊性策略	攻擊—防禦性策略	防禦性策略

　　另一個由產品市場策略，影響到研究發展策略優先順序的層面，是防禦性及攻擊性的分類。如表 24-1 所示，「攻擊性策略」是在支援新產品及新市場，而「防禦性策略」則是在維護現有的產品及市場地位，「防禦—攻擊性策略」是為了現有的產品線（可能加以修改以適應新顧客的需要）滲透新市場之用。

（二）將研究發展作為企業策略的來源 (R&D as New Sources of Business Strategies)

　　企業的產品市場策略有一部分是取決於目標，另一部分決定於經濟新趨勢，新機會及新威脅。如同上面所指出，這些策略應轉換成相對的研究發展策略層面，同時科技的趨勢能夠而且也應該作為產品市場策略中的機會來源之一，提供這項投入的責任，則在研究發展的管理人員身上。

　　為完成這個責任，應先分析本企業產品市場地位的科技基礎，即瞭解科技的發展趨勢 (Technology Trends) 及識別科技差距 (Technology Gap)。如果差距不大，則有可能導向新的產品市場。這些趨勢及差距分析，可以指出企業經濟活動及科技計劃的新方向。換言之如能將本行業科技的進展逐項加以分析，將對本公司有甚大助益，下面是可使用的幾種思考創新之方向：

　　⑴新作業方法 (New Operations Methods)。

　　⑵新比率 (New Ratio)。

　　⑶新空間層面 (New Space Dimension)。

　　⑷新化學、電機、電子、光學或機械的性質 (New Chemical, Electrical, Electronic, Optical and Mechanical Nature)。

　　⑸新物理性質 (New Physical Nature)。

　　⑹新的度量，巨視或微視的 (New Scale, Macro or Micro)。

⑺新的計量或檢驗能力 (New Measurement or Testing Capability)。

⑻新的分析能力 (New Analytical Capability)。

由於研究發展主管人員有提供企業高階決策者所需情報資料的責任，促使他必須與企業的高階主管人員保持有特殊的關係存在。他必須同時是個跟隨者 (Follower) 及領導者 (Leader)，他也必須指導 (Directing) 研究發展活動，以符合高階主管人員所制訂的策略，同時還要經由分析，建議 (Suggest) 上級改變或重新訂定發展的方向。這種高階層人員與研究發展主管人員間應有的密切溝通關係，在許多企業中並未好好地建立，值得改進。

（三）研究發展的自製或外購策略 (Make or Buy in R&D)

另一個研究發展策略的重要層面就是「自製或外購」(Self-Made, or Out-Buy, or Outsource) 的決策，也就是要決定是由自己研究自己做或是向外界購買成品、技術授權、委託外界研發或使用公開的研究報告等外界來源，來取得所希望的成果。通常，一家大企業的創新成果往往同時來自深入及廣泛的外購技術 (Buy Technology) 與內部自行研發，但大部分的中小廠商則沒有能力同時進行這兩種尋求創新的過程，而偏向於外購技術，或不進行任何創新活動。為了彌補眾多中小企業無力進行研發的現象，許多國家都設有財團法人式之工業技術研究院及各行業別研究所，來協助中小企業做「外包式研發試驗工作」(Outsourcing typed R&D and Testings)。

當然，廠商通常在規模大到足以負擔自己的 R&D 費用時，就會進行自己的產品開發活動。但是對應用及基本研究方面的活動則較不明確及不熱中。以下是幾項在做這類「自做或外買」決策時應考慮到的準則：

⑴自行研究是否能使企業獲得專利的好處？（若是，宜自行研究製造）

⑵企業是否有能力負擔應用或基本研究？（若是，宜自行研究製造）

⑶所需的創新知識是否能從外界以較低的成本購入？（若否，宜自行研究製造）

⑷企業的這項需要是否專業到只能從自己的研究中獲得的地步？（若是，宜自行研究製造）

⑸企業內部的基本研究是否需要外界做成的科學成果來支應？（若否，宜向外購入一些支助）

六、計劃與實施間的連繫 (Planning and Implementation Connection)

與企業其他功能部門之活動一樣，研究發展專案計畫的實施 (Project Execution) 與原計畫 (Project Plan) 組合間有密切的關係。在實施已經選定的專案計畫時，一般

都是利用專案計畫評核術 (Project Evaluation and Review Technique, PERT) 來做進度的管制。但在許多情況下，在專案的實施期間，會碰到許多意外的問題或機會，而需要經常地修改原計畫，同時也需要更富彈性的時間控制技術。

在專案計畫實施途中的新發現，可能會導致原計畫的重新修訂，或是資源的重新分配。如果在實施的早期能花少量的資源，試行多種不同專案，由此得到的新情報可能避免日後大量資源的浪費。在重要計畫實行的早期，若能進行平行的數項備案研究 (Parallel Projects)，則研究發展的主管人員可以利用較為精確的情報，來改進對各項備案優劣點的評估，並據以修改原先計畫與預算。由於研究發展活動在實施中有求得新知的特性，使得分離專案計畫的實施與控制，和專案計畫的產生與選擇等變得十分地困難。

因此研究發展的計劃與控制就需要一些特殊的表格。為能有效地利用表格內載明的意思，請大家很快地看一遍這種表格（見表 24-2），就應該看出專案計畫已經完成了些什麼？現在將做到那裡？預期的成果是什麼？及預期與實際的表現如何隨時間而變動？表格所包括的實施重點應該有：

(1)預算及使產品商品化的全部預估成本。

(2)目標及其推衍項目。

(3)過去計劃的檢討及核准。

(4)計劃與實際表現的記錄。

(5)計劃與實際的成本比較。

(6)工作全部表現的評價與成本的比較。

表 24-2　專案研究的計劃及控制表 (Project Plan-Control Sheet)

專案計畫之名稱及描述：	計畫編號：
原始目標： 1. 2. 3.	計畫主持人＿＿＿＿　日期＿＿＿＿ 計畫經理＿＿＿＿＿　日期＿＿＿＿ 共同研究人＿＿＿＿　日期＿＿＿＿

1.預算檢討表 (Budget Review Sheet)

費用總計		申請金額				完成的預估成本			
期　間	數　額	申請單位	數額	核准人	日期	研發	行銷	生產	總計

1.							
2.							
3.							

2. 選擇及評價表 (Evaluation Sheet)

期間	科　技			商　業			投資組合			全　盤		
	日期	評分	評分人	日期	評分	評分人	日期	評分	評分人	日期	評分	目標改變
1.												
2.												
3.												

* 如果可能的話，使用 DCF 或 ROI。

3. 專案的成果表 (Project Performance Sheet)

專案名稱 ＼ 月		1	2	3	4	5	6	7	8	9	10	11	12
1.	預期進度 實際進度												
2.	預期進度 實際進度												
3.	預期 實際												

4. 專案成本表 (Project Cost Sheet)

時間		1	2	3	4	5	6	7	8	9	10	11	12(月)
人力成本	預期 實際												
作業成本	預期 實際												
成本合計	預期 實際												
完工總成本	預期 實際												

5. 績效表現評價表 (Performance Appraisal)

原始成功的機率

成功的機率							
預算成本的百分數 (A)							
每期工作表現的達成率 (B)							
表現指數 =(B)/(A)							
成本指數=預計全部成本/預算							

七、研究專案的選擇 (R&D Project Selection)

在各預算之中，個別的研究發展專案計畫需要加以評價及選擇，而公司目標及策略的指導作用在這個程序當中，仍佔著極重要的地位。

每一個專案計畫的成果，都必需依照其對各目標的「貢獻」(Contribution) 程度來加以衡量，同時每個專案計畫也必需從是否合乎企業的「成長」(Growth) 策略來評價。

在做最終的選擇 (Selection) 之前，每一個專案計畫都必需再經過兩項檢驗 (Two Testing Examinations)。第一個檢驗是在確定這項專案計畫的成果估計 (Result Estimates)，是否切合實際？是否過分樂觀或悲觀？這其中牽涉到了測量該專案及企業之間能量 (Capacity) 的配合，即應檢討研究發展專案所需的人力、技術、設備、生產能力、市場能力及一般管理能力之資源需求，是否為企業能力所能負荷 (Bearable)？並且能否讓這個專案計畫獲得利潤 (Profitable)？最後還需評價這項專案計畫與企業其他活動及未來計畫之間的綜效組合能力 (Synergism) 如何？

第二個檢驗的方法是採正式評估技術，包括有檢查表 (Check List)、評分表、指數公式 (Index)、數量規劃模式 (Mathematical Programming) 及投資組合 (Investment Mix) 分析等技術，略說明如下：

（一）供個別專案計畫評估用的檢查表 (Individual Check-List)

「檢查表」適用於評價「基本研究」(Basic-Research Typed) 及「應用研究」(Applied-Reseach Typed) 之專案計畫。但當預測上的困難使得詳細的「現金流量預測」(Cash-Flow Forecasting) 無法進行時，也可以應用到產品發展 (Product Development Typed) 專案上。在評定一個專案計畫中每一個有關因素的優劣點 (Pros and Cons) 時，需要專家的判斷。例如一家工業化學產品公司的研究發展部門就可能考慮下列在「應用研究」或「產品發展」專案計畫上的特性，而給予「極優」(Very Satisfied)、「滿意」(Satisfied) 或「不滿意」(Very Unsatisfied) 的三等級評價。

1. 有關研究發展能量 (R&D Capacity) 因素之評估 (「極優」、「滿意」或「不滿意」, 以下同）

　⑴研究知識 (Knowledge Status)。

　⑵專利權狀況 (Patent Status)。

　⑶研究發展投資回收期間 (Payback Years)。

2. 有關生產能量 (Production Capacity) 因素之評估

　⑴所需的生產能量 (Quantity Requirements)。

　⑵原料 (Material Requirements)。

　⑶設備的需要 (Equipment Requirements)。

　⑷生產程序的熟練程度 (Skillfulness of Production Process)。

　⑸新固定資產的回收時間 (Payback Period of New Fixed Assets)。

3. 有關市場能量 (Market Capacity) 因素之評估

　⑴與現有產品線相似的程度 (Similarity to Existing Product Lines)。

　⑵對現有產品線的影響程度 (Impact on Existing Product Lines)。

　⑶銷售給現有顧客的能力 (Selling Ability to Existing Customers) 。

　⑷促銷的需要條件 (Sales Promotion Requirements) 。

　⑸市場發展的需要條件 (Market Development Requirements) 。

　⑹技術服務的要求程度 (Technical Services Requirements) 。

4. 有關市場需求潛能及競爭壓力 (Market Potentials and Competition Pressure) 因素之評估

　⑴產品競爭程度 (Level of Product Competition)。

　⑵產品的優點 (Advantages of New Products)。

　⑶產品生命週期的長度 (Length of New Product-Life-Cycle)。

　⑷預計的年銷售額 (Estimates of Annual Sales Volumn)。

　⑸達到預期平衡點銷售額所需的時間長短 (Time Estimate of Break-Even Point)。

　⑹週期或季節性的需求 (Seasonal and Cyclical Requirements)。

　⑺市場需求穩定性 (Market Demand Stability)。

　⑻市場需求趨勢 (Market Demand Trend)。

5. 有關公司目標 (Company Objectives) 因素之評估

　⑴對獲利能力的貢獻 (Contribution to Profitability)。

　⑵對成長的貢獻 (Contribution to Growth)。

⑶對營運彈性的貢獻 (Contribution to Operations Flexibility)。

6. 有關公司策略 (Company Strategies) 因素之評估

⑴與現有產品市場的配合程度 (Synergism with Existing Product-Market)。

⑵與企業所希冀新產品市場地位的配合 (Synergism with New Product-Market)。

⑶與期望中研究發展專案的配合 (Synergism with Expected R&D Projects)。

⑷轉移到其他研究發展的專案 (Switch to Other R&D Projects)。

⑸對企業的特殊好處 (Special Advantages to the Company)。

通常的檢驗會對每一個因素給予「評分」(如「極優」10 分,「滿意」5 分,「不滿意」0 分),再給予一個比重 (如 3 倍,2 倍,1 倍),然後將「評分」乘「比重」後之「指數」加總起來,構成這個專案的「總指數 (Total Index)」分數。總分數越高者,選擇優先性排名越高。

（二）指數方法 (Index Method)

一項計算優點的指數可以按下列的公式計算得出,然後將各專案計畫加以排名 (Ranking) 比較。其公式為:

$$指數 = \frac{r \times P_R \times P_I}{C_R + C_I}$$

r = 預期利潤

P_R = 研究發展成功的機率

P_I = 研究發展成功實施的機率

C_I = 將研究發展結果引入營運的成本

C_R = 研究發展的成本

指數法適用的情況有下面兩種:

第一、在專案計畫的大小及潛在的重要性不足以要求更精確而完整的投資報酬評價時。

第二、在無法獲得所需的資料做較精確的評價時。

（三）數量規劃模式 (Mathematical Programming Model)

數量規劃技術 (如線型規劃 Linear Programming 等模式) 通常是用在想將資源分配 (Resources Allocation) 到數個發展專案上,而使其能符合資源上的特定限制 (Constraints),或是能由其研究成果所得到的總收益極大化。這些數量模式使得主管人員可以同時考慮到所有的備選方案 (Alternatives),並在很高的可信度下,做成本

效益分析 (Costs-Benefits Analysis)，以利進行專案計畫的選擇。但是下面有幾個在實行數量規劃模式時，可能會碰到的問題，值得正視及克服：

第一、在研究發展計劃期間，不同的目標及其在選擇時所用標準的差異，並沒有加以考慮。

第二、主管人員在做考慮時，並沒有將全部有關的可能專案計畫之機會都包括進去。

第三、在對決策變數 (Decision Variables) 做合理而有效的估計時，所需的情報資訊往往很難獲得。

第四、由於研究發展人員的抗拒心理，使從這模式所做成的決策，在實施時會遇到困難。

第五、備選方案間的相互關係，並沒有反映在大多數的數量規劃模式中。

（四）投資組合分析 (Investment-Mix Analysis)

前面的各種方法或多或少都無法包括前述評價專案計畫時所需考慮的能量 (Capacity)、策略 (Strategy)、目標 (Objectives) 及競爭 (Competition) 與需求 (Demand) 等四個層面。組合分析的方法就是在希望能有一個包含了四個層面的完整架構。但是大家皆可以想像得到，像這樣一個架構一定相當地複雜，在圖 24–3 中就是一個包括 18 個個別評估步驟的組合分析選擇模式。

在圖上所顯示的四個主要層面分別如下：

第一、步驟(1)～(6)是與策略配合有關。這些項目是在確保專案與企業的產品市場、財務，及行政策略相符。

第二、步驟(7)～(11)是在衡量能量配合與目標配合。前者是在看專案計畫是否與企業能量相符，後者是看專案計畫是否與企業目標相符。同時步驟(7)也是在看當專案計畫成功之後，在市場上是否具有完全的競爭能力。

第三、步驟(13)～(17)是在當專案計畫非常有前途或是需要與企業策略分離，或是需要企業重大的資源協助及風險負擔時，對這專案計畫做一完整的評價。

組合分析並不是用來取代前面的幾種方法，而只是一個整合的分析架構。因此可以在步驟(1)～(10)用檢查表，步驟(11)用指數法，而步驟(12)用數量規劃方法去分析。

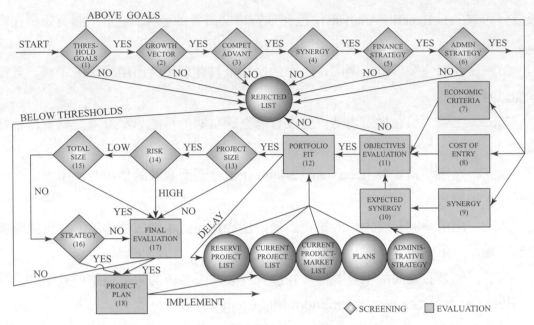

圖 24-3　投資組合分析流程

第三節　研究發展的組織 (Research and Development Organization)

一、影響公司研究發展組織之因素

　　沒有一種研究發展研究發展部門的組織型態可適用於所有的公司，因為組織的結構必需視其本身的能力，以及公司的目標需求而定。表 24-3 中所列的是影響研究發展部門組織的一些因素，當一個公司在其生命週期上的地位改變，或是影響到組織的因素改變時，其組織結構就需隨之改變。

　　我們也應瞭解一個公司可能會在同時存在著數種不同的研究發展組織結構。例如一個公司採取分權或集權式管理就可能有不同之組織結構。它可能按區域 (Area)，也可能是按顧客、產品或製程來劃分組織結構。但無論如何，其劃分的方法都應由管理階層體認公司的需要而建立，換言之，不論是那一種類型的組織結構，都應以有效地達成公司目標為最大使命。

表 24-3　影響公司研究發展組織之因素

一、有關企業目標之因素	二、有關經營成果之因素	三、有關生產資源之因素	四、有關市場行銷之因素
1.產業	1.銷售金額	1.人力	1.技術
2.大小	2.利潤	2.設備	2.時間
3.印象	3.投資報酬	3.原料	3.銷售通路
4.獲利能力	4.銷售報酬	4.動力	4.競爭者的能力
5.公共服務	5.資金成本	5.專利權	5.季節及週期性的影響
	6.投資機會		6.現在及潛在的市場
	7.新研究的獲利期望		7.產品特性
			8.顧客
			9.人員

二、三種研究發展組織圖 (Three Types of R&D Organization)

在一個集權 (Centralization) 組織的研究發展部門，公司將其所有的研究發展設備與人力集中在一個地點，換言之，除了在公司總部所設定的中央研究實驗院 (Central Research Laboratory or Central Research Institute) 外，其他分支機構皆沒有研究發展的活動，見圖 24-4。

圖 24-4　集權式的中央研究實驗院組織

在分權 (Decentralization) 組織的研究發展部門，就可能有數個研究發展的研究中心 (Research Center)，分處於分支機構，見圖 24-5。

　　另外如圖 24–6 所顯示的則是一種中央集權及地方分權混合的組織型態。在主
管生產的副總裁之下，各分支機構有其研究中心，同時在公司總部還有一個獨立的
中央研究實驗院單位，由一位研究發展副總裁負責。這種混合型的另一變化是各部
門的實驗室都歸各部門的主管負責，而各部門主管則直接對總裁負責。

圖 24–5　分權式的研究中心組織

圖 24–6　混合型的中央研究實驗院及研究中心組織

三、矩陣式之組織結構 (Matrix-Typed Organization within R&D Department)

以上所舉的是在整個公司的組織內，研究發展部門的地位，當整個研究發展部門與公司內其他部門間的關係確定下來時，研究發展本身的組織結構也必需決定。

研究發展部門內部組織的結構通常可分為功能性 (Functional) 的及專案性 (Project) 的結構兩種。功能性的組織是由專攻某一特殊學科領域內的專門人才組成一個次級單位，如微波組、分光鏡組等。

但一般而言，當公司的研究專案計畫需要某種特別知識時，那方面的專家就被召去解決這項問題。因此一位專家在本質上，同時有兩位上司，即是他所在功能單位的上司及專案的主持人。圖 24–7 中的研究室 (Research Room) 組織圖就是這類組織中典型的一種，此種組織型態從外面看來，有「行」（即 A、B、C、D 組），有「列」（即甲、乙、丙、丁專案），所以稱為「行列式」或「矩陣式」(Matrix) 組織。

圖 24–7　矩陣型的研究室組織

如果研究發展部門是按照專案作為工作的劃分時，則各功能專長組的研究人員自始就按專案計畫的需要，配屬到各專案小組，所以他只有一位上司，那就是專案計畫的負責人。

上述純功能式及純專案性的兩種基本組織結構，各有其優點及缺點，所以在實務上，則往往是使用這兩種組織的折衷型態，即矩陣式組織型態以減少其各自的缺點。

在這幾種組織型態中，經理人員所注意的只是到底那一種型態適合他的部門，以及有什麼標準可以用來幫助他做成最佳的決定。

四、內部設計之考慮因素

下面的幾項考慮因素，可以供研究發展部門的主管人員，用來設計他所需要的內部組織及權責劃分：

(1)企業目標 (Company Objectives)：研究發展部門內的組織結構，應該從企業的整體目標推衍而來，也就是組織結構之安排，能有效地發揮研究發展部門的功能，以達成企業的整體目標。

(2)獨立性 (Independence from Other Functions)：如果需要部門間的合作，研究發展部門在組織內則應該處於與其他部門平行的獨立地位。

(3)規模及地域 (Size and Areas)：公司的規模大小及其地域分布的情形也必需同時加以考慮。

(4)公司資源 (Company Resources)：公司內的資源必需加以考慮，這些包括了資金來源、人力資源、科技、時間、市場、地位等因素。

(5)長短期工作 (Long-Term or Short-Term)：如果可能的話，長期的及例行的責任必需加以區別。

(6)激勵性 (Motivation)：研究發展單位的組織要點乃在於工作內容應能夠激勵單位內的工作人員，同時也應儘可能地滿足個人的目標。

(7)高階瞭解 (Top Understanding)：決策階層要儘可能地接近實際研發作業人員，以瞭解真實情況。

(8)權責清楚 (Authority and Responsibility)：權責的劃分要儘可能清楚，最好每位人員在同一時間，只向一位上司負責。

第四節　研究發展的經費預算 (Research and Development Budgeting)

研究發展活動之年度經費預算，是企業經營重要而困難的計劃之一。但是今天一般企業所使用的研究發展預算方法卻是相當地草率、主觀，其原因大約如下：

(1)專案計畫具有相當大的不穩定性。

(2)缺乏適當的情報資料將研究發展費用與收益連結在一起比較。

⑶研究發展計劃與預算程序之複雜性甚高。

一、傳統預算法 (Traditional Budgeting)

在許多企業裡，研究發展專案計畫的預算常依企業過去的經驗，設立研究發展費用對銷售額的比率 (R&D/Sales Ratio)。如果沒有歷史資料，則以同業或競爭者的比例作為決定標準。在計算明年的預算時，就用明年預計的銷售額乘上各種研究發展費用比率求出金額。

當然，上述的預算，亦可考慮下列的因素而加以調整：

第一、企業整體成長策略 (Growth Strategy)：如果企業策略是產品多元化，則較大比率的收入應投入攻擊性的研究發展中。如果策略是在降低成本，或改進產品品質，則防禦性的研究發展應加強。

第二、與競爭者一爭長短 (Competition Strategy)：如果研究發展的目標，是要趕過成功的競爭廠，則全部的研究發展預算都應予大幅增加。如果公司策略是要做一個市場跟隨者 (Market Follower)，而不是領導者 (Market Leader)，則其研究發展預算可維持著較低水準。

第三、科技發展趨勢 (Science-Technology Trends)：預算同時會受到個別產品市場上科技趨勢的影響，如果企業的傳統地位受到新科技的威脅時，則防禦性的研究發展預算就得加重。

儘管有上述的修正，但是這種傳統預算方法仍存有一個基本的缺陷，那就是研究發展預算額是根據預計明年的銷售額而定，但事實上研究發展成果通常都在 3 ～ 10 年之後才會顯現出來，因此在實際作業上，仍極需要一項較為精細而合理的方法，來連接研究發展的費用與其未來的全部收益。

二、新預算分析法 (New Budgeting)

下面是另一種未來預算分析方法，可供參考：

⑴將企業的長期銷售預測 (Long-Term Sales Forecasts) 分列到各策略性的項目內，如分散化、新產品、新市場、及現有市場等策略。

⑵建立主產品的生命週期剖面 (Product-Life-Cycle Profile)。追蹤研究發展由創始時期的負現金流量 (Negative Cash Flow)，到成功後的正現金流量 (Positive Cash Flow) 之間的歷史過程。

⑶將每一剖面應用到每一策略性項目上，計算現在及未來的研究發展預算。

這種較為精密的預算方法實際上是比較理論化。雖然其分析架構並不困難，但由於設立剖面的可靠資料極為缺乏，因此在實際使用上頗為困難。想要改進其 R&D 預算制度的公司，必需先要著手修訂其歷史資料，以求得較正確的數據。

三、研究發展預算的結構內容 (Contents of R&D Budget)

設立整體研究發展經費預算時，首先必須配合企業的產品市場策略。至於預算的實際應用，則通常是在組織結構下將其按各專案計畫分配，其組織結構一般雖可分為「基本研究」、「應用研究」及「工程發展」等部分，但在行政作業上，研究發展部門通常只分為「發展」及「研究」二部分。在大一點的企業中，這些分部，可以再依不同產品或市場所需的不同專業科技再細分下去。因此整個研究發展預算必需從策略性的計劃，重新按照行政管理的層面加以組織分配。

通常研究發展預算編製所使用的程序與做企業整體策略性計劃相同，除了上述所提供調整用的考慮因素外，下面是應加以考慮的幾個細部因素：

第一、考慮企業需要的相對緊急程度 (Relative Emergency)。如果短期的收入急需提高，則產品發展之研究就應給予相對的重視。

第二、考慮企業負擔基本及應用研究的能力 (Ability to Carry-Out Basic-Applied Researches)。此與第二節做「自作或外買」(Self-Make or Out-Buy) 決策時所應考慮的因素相同。

第三、考慮研究發展的深度是否適合企業的規模大小 (Business Scale)。小企業通常是偏好產品發展之研究，而不欲進行其他基本及應用研究活動。

在研究發展之計劃預算時，有另一個層面必需加以考慮，即在研究專案構想之發起、內容規劃、評估和實施上的費用分配與其他機能別之活動不同，就其他的企業機能而言，新專案計畫的發起通常是經理人員所負責，而執行則由其下屬去負責。但是在研究發展中，新專案計畫的發起則是每一個人的責任，而且「新」想法也比在其他機能中更為重要。

同樣地，研究發展專案計畫的評估及規劃也需要花費更多的時間及力量，因此通常在做預算時，都希望能將經費預算按專案的發起 (Initiation)、探索 (Exploration)、規劃 (Planning)、評估 (Evaluation) 和實施 (Implementation) 分別設定。

因此研究發展預算之編訂就如圖 24-8 所顯示的，是一個三層面的結構圖，其中第一個層面是按產品市場策略來分；第二個是按研究發展活動來分；第三個是按專案的實施步驟來分。

圖 24-8 研究發展預算編訂之結構內容

四、研究發展預算與其他預算的聯結 (Connection of R&D Budget with Other Budgets)

研究發展專案計畫的成本只是在該專案開始賺錢之前，一連串「負」現金流量中的一部分。其他如工程模型轉換成製造模型，工具、固定器等之設計及購買，配銷管道的設立及產品引入市場等等所需成本，都要花費不貲。換言之，一塊錢的研究發展費用，可能在其產生收益之前，另外還要投入數塊錢的花費。另外對未來盈利或損失的預測，也應該加以考慮，因為加速研究發展的活動，會加強企業未來長期的獲利能力，但也會對短期的盈利發生極大的壓力。

五、研究發展的經費管理

（一）研究發展經費支出的特性 (Characteristics of R&D Expenditures)

研究發展支出與企業他種支出的最大不同點有二：

⑴高度的風險性 (High Risk)；⑵成本與收益間存在有「時間的遲延」(Time Lag)，略加說明如下。

研究發展專案的支出，其成功機率難卜（可能只有 5 ～ 10%），極可能耗資不貲，

而一無所得;可能所費戔戔,而蒙巨利;可能經年累月,研究有成之新產品,不瞬間即為另一新產品所取代。凡此皆足以表示研究發展成果之不穩定性及風險性。

研究發展支出在理論上雖應屬「投資」,但企業經理人每以「費用」視之,風險大乃其最主要之原因。然則企業卻不能因此而免除研究發展之支出,因「研究發展無疑是一種賭博……但與其不做研究,而坐以待斃,倒不如進行研究以力謀生路。」「不創新,即死亡」(Innovate or Die)。所以研究發展的支出每每處於此種矛盾之決策心理狀況下。

研究發展之支出鮮能有立竿見影之效,沒有研究發展的公司,在短期內,並無異於有研究發展支出的公司,甚至可以比有研究發展的公司獲得更好的盈餘。故研究發展乃是一種具有「有形的成本」但「潛在(無形)的利益」的奇特活動,正如母親懷孕、生兒女、養兒子是有形的大成本(據估計養一個兒子到大學畢業要花一千二百萬 NT$),但也有未來「養兒成龍」、「養女成鳳」的無形利益一樣。研究發展之所以不能吸引一般的中小企業經營者,此亦為一大因素。

(二) 研究發展經費總額的編訂方式 (Practical R&D Budgeting Methods)

編訂研究發展預算總額,必需從五個層面來考慮:

第一、由技術觀點衡量所需之研究發展經費。

第二、由財務觀點衡量公司能調度若干經費供研究發展之用。

第三、由人事觀點衡量若干經費可以維繫研究發展部門之人事穩定。

第四、由高階層主管觀點衡量,完成公司既定目標所需之研究發展工作量及其經費。

第五、所有的衡量,均應顧及短期與長期的因素。

雖然對研究發展經費多寡之編訂並無一定之規則,但如下列數種方法是較為常見的研究發展經費編訂方式:

⑴從總營業額中提出定額百分比。(Percentage of Total Sales)

⑵從淨利中提出定額百分比。(Percentage of New Profit)

⑶與競爭者亦步亦趨。(Parity with Competitors)

⑷依本行業各廠家之一般平均金額為之。(Industrial Averages)

⑸求出公司以往每年之研究發展平均支出金額,再乘上公司的內部成長率,作為本年度之研究發展經費。(Past Average × Future Growth Rate)

⑹算出必需完成之特定專案 (Special Project-Type) 的年度預算後,再乘以某一百分率,作為其他「專案性」(Other Project-Type) 研究工作之經費。

⑺在公司財力可以負擔之情況下，由研究發展部門人員實報實銷 (Free to Spend)。

第五節　研究發展人員的領導與激勵 (Leadership and Motivation of R&D People)

一、研究發展人員的領導 (Leadership for R&D Creative People)

「領導部屬」意思就是領導者親身地、且積極地與部屬共事，以指揮和激勵部屬的行為，使其能符合工作目標和職務的要求；並瞭解部屬的感受和部屬在執行計畫時所面臨的困難。

根據實地的訪問，臺灣大型企業對研究發展從業人員的領導方式並無異於其他機能部門。一般而言，多偏向於家長型獨裁式領導 (Autocratic Leadership)，換言之，研究發展人員在訂定計畫預算時，其參與程度不高。

比較而言，研究發展人員必需具備比他人更高的創造力 (Creative Power)，而具有創造力的人在人格上有如下的特性：

⑴有創造力的人往往累積大量表面上看來似乎不相關的觀念，但卻能將這些觀念做有意義的組合，提供給這個世界一項新的理念。(Integration)

⑵有創造力的人都能善用為後知後覺者棄如土芥的觀念或實物。(Utilization)

⑶有創造力的人似乎較積極，好幻想。即使在本質上，他們的想法是理性的、合邏輯的，但讓別人看起來往往會變成近乎荒謬。(Pioneership)

⑷有創造力的人較具想像力，而且常會以與傳統不同的方式來思考。(Creativity)

⑸有創造力的人對事物的看法比較直覺 (Intuitive) 及比較深入 (In-Depth)，並傾向於對現有事實，建立另一種新的解釋模式。(New Concepts)

⑹有創造力的人帶有比較濃厚的「四海為家」(Broad-Minded) 的思想，比較重視「職業體認」(Professional Recognition)，而不太理會誰雇用他們。

作為一個研究發展部門的領導者，必須瞭解上述從事創造性工作人員之人格特性，以及他們異於其他部門人員之處，才能善加指導，激發屬員之潛力。

儘管懷特 (Ralph White) 與李匹特 (Ronald Lippitt) 曾對領導的三種作風：獨裁式領導 (Autocratic Leadeship)、民主式領導 (Democratic Leadership)、放任式領導 (Laissez-faire Leadership)，做過試驗，發現民主式的領導成效最佳，而獨裁式與放任式均

有流弊。然而在從事研究發展部門的領導時，史天納 (George A. Steiner) 卻仍主張在基本研究階段時，管理者應採用比較放任式的領導，而當研究的進度逐漸到達發展模型試驗與生產階段時，則程序性的管制力量亦須逐漸加強。

在研究發展部門的領導及考核上，目標管理被證明是一種有效的方法。一個研究發展專案計畫首先必須闡明公司的總體目標，戰略與政策，作為研究發展部門努力的標竿。目標必須明確，也需要妥善地轉換成工作任務項目，再賦予所須之人力、物力、財力等資源之使用權力。避免繁雜手續性之層層呈核及批示。一個沒有特定範圍的目標，往往會使部屬不知所從，而將其忽視。

二、研究發展人員的激勵 (Motivation for R&D Creative People)

激勵 (Motivation) 是針對人性的慾望，給予適當的滿足，用以產生較高的士氣與生產力，達成組織既定目標之各種措施。

激勵的功效，可用下式來說明：

員工績效 (Performance) = 員工能力 (Ability) × 激勵 (Motivation) 力量

從公式裡我們可以看出，缺乏激勵，工作績效將會低落。傑力斯尼克 (Zeleznik) 等所做的一個研究，發現較低的激勵，使得整個研究工作生產力之分配曲線，向左移動而形狀不變。

激勵的方式可分為金錢的「物質獎勵」(Material Reward)，與非金錢的「精神獎勵」(Spiritual Reward) 兩種。科學管理時代，泰勒、甘特、艾默生 (Harrington Emerson)、巴都 (Bedaux) 等人設立的獎工制以及一般常見的分紅、津貼等制度都是屬於前者。而非金錢的獎勵則有升級、榮譽、社會地位、進修發展、職業保障等。

研究人員與生產或行銷人員不同，是屬於隱居於實驗室工作的默默工作者，與多彩多姿的外界接觸較少，無法獲得工作外之滿足 (Off-Job Satisfaction)，所以特別需要有力之激勵措施，以維持高度持續之工作士氣。

第六節　研究發展的聯繫與控制 (Coordination and Control for R&D people)

現代的企業為了要應付競爭，研究工作的方向不但要改進現有的產品，還要發展新的產品。同時單人式的研究方式 (Individual Research) 已經落伍，被團隊式研究 (Team Research) 所替代。「發明」及「創新」成為一種在大研究室中，由許多從事科學研究者，集思廣益，合作產生的結晶。

愈來愈多的公司，將研究的管理部門現代化，經理人員利用預算控制 (Budgetary Control) 及目標管理來達成研究發展專案的利潤目標，同時也大力設法激發研究人員的自由思考及創造能力。

研究工作不但必需與市場行銷、生產及採購等活動有效地聯結起來，同時具有各項專長的科學家及工程師們在一個研究中心或部門內，也應有效地協調合作，並且應用產品發展、研究行政助理、價值分析及信賴性工程等新的功能人員 (New Functional Staff)，以消除發展、生產及銷售專家們間的差距。

一、研究管理之現代化

（一）研究中心與其他部門間力量的統合 (Integration of Research Centers with Other Departments)

各部門所指導的研究工作，如果發生重複，會導致時間及金錢的浪費。同時如果各部門無法迅速瞭解研究中心的某項研究成果，則時間的延遲可能造成公司競爭力的喪失。如果在大型的公司內，其成長途徑包括收購一些本身擁有研究部門的公司時，則研究力量的統合益形重要。在採事業部制度 (Product-Division System) 企業中，也是需要制訂特別的作業程序，以避免研究發展時間及金錢的重複浪費。以下兩點特須注意：

第一、必須事先確定負責整個企業研究工作協調的主管在企業內的地位 (Company Role of R&D Coordinator)。在許多公司內他可能只是扮演一名顧問的角色，不做協調仲裁工作。在許多公司內，他可以扮演有力的仲裁者，避免企業內部研究工作的重複。

第二、迅速評估研究中心研究成果的市場可行性及儘快導入市場。(Market Introduction for Research Results)

（二）所有有關機能部門力量的統合 (All Departmental Integration)

要使公司新產品能夠獲利，研究部門發展出來的新產品，必須讓生產部門能夠以合理的成本生產出來，而且行銷部門也能在合理價格之下售出足夠的數量，賺取合理的報酬。為達成這個目的，研究人員在從事研究時，必須瞭解其他部門所面對的問題。

1. 研究與行銷人員間的溝通 (Communication between R&D People and Marketing Men)

對這兩種機能的人員都應鼓勵提供意見，共同改進現有的產品，或發展新的產品，同時更應該設法增加相互間的瞭解，以避免本位主義陷入「為研究而研究」之牛角尖。

當市場行銷人員經由適當的管道提出發展新產品或改良現有產品之建議後，研究人員也應該收到一份列明建議中有關之技術性目標的備忘錄，以利著手研究細節。

2. 研究與生產人員間的溝通 (Communication between R&D People and Production Men)

由於工作環境使然，研究人員往往難以瞭解生產人員的問題。

如果新產品還有需要改進的問題，一直拖到開始正式生產時才被發現，則將造成時間和金錢的無謂損失。為防止此現象之發生，有一種改進的方法，就是在生產單位也設置一個研究發展的部門，以接受由研究中心移轉過來的新產品。在一般移轉期間內，有兩組人員在一起工作，由比較熟悉生產狀況的工程師提供建議給研究人員，由研究人員做必要之改進，如此則可避免正式生產時之停工現象。

另一個被認為有效的方法，是在研究中心設置試製工廠 (Pilot-Run Plant)，若有需要修正，就由研究人員就近為之，直到試製完全成功，才正式移轉給生產工廠。這種試製設備的成本是有形的，而為生產階段所節省的成本及時間卻往往是無形的，所以常有人不能接受此種方法。

但經驗顯示，使用試製工廠的公司，往往能節省許多時間，而加速整個研究工作的進度，而且也可促使科學家們逐漸地瞭解生產問題，並且能利用這些設備，對個別的問題很快地提出解答，而在試製工廠執行作業的維護、品管、及機械人員，也可經由個人接觸，提供建議給研究人員，對日後將新產品移交給生產單位的說明，會更為有效。

3. 會議的利用 (Use of Meetings)

如果在研究主管、銷售經理、生產經理及財務主管間的定期會議上能夠彼此充

分交換意見，則對各部門之瞭解將有甚大助益。此外，也應鼓勵科學家及工程師在發現問題時，召集會議，以求得最佳的解決方案，例如在研究人員、成本估計人員及行銷人員出席的會議上，才能徹底地評估改進產品的建議，因為任何改進皆會同時增加成本及提高售價，成本與效益必須深入研討方能做最佳之決定。

(三)科學家與工程師間力量的統合 (Integration of Scientists and Engineers)

近年來一般機構都逐漸體認到，就算是基本研究也應該設法排定時間表 (Scheduling)，這不但是因為研究工作的時間進度會影響到市場及財務狀況，同時也因為近年來科技的進步太快，對進度的控制不嚴，很可能就會使研究喪失時效。

目前的研究發展工作都是由專家們群策群力，通力合作在進行，如果他們的活動未設定時間表 (Schedule)，則任何個人的遲延，將使整個研究工作步調不一，造成浪費與低效率，故參與研究工作的人數愈多，其內部聯繫、控制即愈有必要。

欲在研究工作上成功地使用時間表的管制，必需讓工作人員先對這種制度的精神有所瞭解，研究發展的時間表管制法與生產管理或運輸上的用法並不相同。

所以管理人員必需仔細地向科學家及工程師們說明時間表並非是一項責任承諾，而且完全依時間表進行，也只是一個次要的目標，最重要的目標仍還是要達到技術上的創新成功。(Technological innovation is the goal; Scheduling hitting is not the goal)

同時研究人員也必需瞭解他們的責任，是在不影響到其技術成果的情況下，按照時間表去進行。如果發現自己以前接受的時間表，不能按時達成的話，一定要在時限到達之前儘速地報告。

時間表的時間應以週為單位 (Week as Unit)，用 1 到 52 代表全年的每個星期，這樣可以使科學家們享受到必需的彈性，當他們同意在三星期之內完成，而在第 17 週開始時，不管是在第 20 週的星期一或星期五完成都算是按照進度達成。有時某些研究只需要半天的工作量，因此就必需在備忘錄上特別註明，應於第 35 週星期三下午三點前完成等字樣，但這只是一些特殊的情況而非通則。

另外「計畫評核術」的使用，能使人對一個複雜的專案計畫有全盤的瞭解，如圖 24-9 所顯示的關鍵要徑路線 (Critical Path) 可以很容易地看出來（用虛線表示之路線 ABEFH，共要 19 單位時間）。

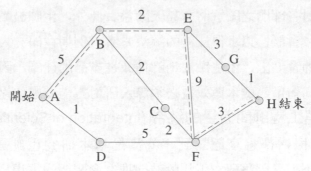

圖 24-9　計畫評核術 (PERT) 網狀圖

　　另外一種時間表為甘特圖 (Gantt Chart)，配合機能的分工，亦為一種有用的方法。它給與參與工作的人員更大的行動自由，說明每個人員的地位與其他人員的關係，而不影響研究中心的整個組織結構。利用表 24-4 專案計畫的負責人，必需列出每位科學家或工作部門逐步的工作狀況。科學家或部門負責人員的名字皆需列出，同時其工作所排定的開始及完成時間也要列在表格中。但在列出之前，要獲得這些人的同意，如果他們不接受，則需說明理由。專案計畫的負責人並不需要堅持自己的看法，因為他的唯一職責只是在向上級報告與其他專案間的衝突及外來援助而已。

　　在專案負責人完成時間計畫表後，每位參與的人員都應該收到一份副本，這樣可以增進工作人員的責任感。他們可以清楚地看出，如果他們負責的那一部分工作發生遲延時，會如何地影響到其他人的工作，因此他們會在發生遲延之前儘速地向負責人報告，而不會在發生遲延後，才去解釋理由。

　　另者，時間表的分送也是個人承諾的一項紀錄，使得每個人都可以很快而清楚地解釋，為何因目前的專案計畫而不能接受新的專案計畫，同時也可以用來提醒此專案計畫可能有的閒置時間。

表 24-4　甘特圖

頁數：＿＿＿＿之＿＿＿＿

工作編號：＿＿＿＿＿　　　　　　　　　　　　　　　日期：＿＿＿＿＿

專案負責人：＿＿＿＿＿　專案參與人：＿＿＿＿　　修訂日期：＿＿＿＿＿

工作步驟編號	工作說明	工作負責人	時間（週）									

「計畫評核術」(PERT) 與「甘特圖」間並沒有衝突存在。PERT 網路可提供一個全面的狀況及關鍵要徑 (Total Picture and Critical Path)，尤其在牽涉到數以百個的複雜活動時，是非常重要的工具。在這種情形下，時間表的排定必須從 PERT 開始，至於每個人對研究工作的責任，可以逐步地在分析網路中的每個事件 (Event)，予以確定，然後再利用「甘特圖」排定明確起始與結束時間表。

如果專案計畫的活動並不太複雜時，則可直接應用「甘特圖」，不必畫出 PERT。

（四）新功能人員的增加 (New Functional Staff)

專家間的有效連繫，固然是統合力量的首要條件，但是由於分工的日益精細，在研究發展的管理方面，常引用一些新的機能，如研究行政助理、新產品發展、價值分析、信賴性工程等人員。

1. 研究行政助理 (Research Administrative Assistants)

研究行政助理是在協助研究主管人員編列預算，進行成本分析，處理新專案計畫的申請及印刷研究報告。這項新機能也可作為研究部門與其他機能部門間的連繫工具。

如果使用 PERT 的話，研究行政助理還要收集所需的情報，準備網路圖及在必要時修訂它們。

一些公司的經驗顯示，這項新增機能可以節省研究負責人許多時間，減少工作的重複，及避免在研究工作完成之後才發現專利權問題的困擾。研究行政助理不但搜集與研究工作有關的內部機密情報，同時也負責閱讀及分類最近與公司利益有關的資料。在某一特殊領域內，工作的科學家也可以要求他們提供一系列有關的書報雜誌及研究報告。這樣科學家們就不必自己去挑選，同時也可避免漏看必須看的情報。

2. 新產品發展人員 (New Product Development Staff)

這項新機能是在取代現有市場分析的工作，而去評估一個新產品的未來潛在市場。這項市場分析的工作，不宜由那些只關心現有產品的人去負責進行。

新產品發展人員同時也應負責新產品模型的製造、試銷、及未來研究工作的方向的確定。

3. 價值分析人員 (Value Analysis Staff)

價值分析 (Value Analysis) 是用來降低生產新產品的各種材料、設備等成本。為了避免浪費金錢，只要能夠達成技術上的要求，新產品的零件應該盡量地予以標準化，使與以前產品的零件相同。同時材料的選擇也應儘可能地便宜。雖然研究人員

仍保留最終抉擇的權力，但他們仍需要價值分析人員的協助，因研究人員不可能花費太多的時間去搜集諸如零件價格等的情報。

4.信賴性工程人員 (Reliability Engineering Advisors)

信賴性工程 (Reliability Engineering) 是在整個生產開始之前調查整個研究工作，以決定這個設計失敗的可能性，並將失敗機率與失敗的後果連接起來計算，以決定應採何種防禦措施。信賴性工程人員並不干涉研究的工作，而只是以顧問的地位提供協助給科學家們。

二、會計控制之修正 (Accounting Control)

（一）將金錢的花費與科技進度連接起來

企劃檢討長辦公室 (Planning-Control Officer Office) 應該準備一份載有每項專案計畫、每期及自開始到現在累積費用的定期報告。(Periodic accounting reports on all projects costs, monthly costs, and accumulated costs)

將這份費用報告與技術上的進度連接在一起時，需將排有時間表及未排時間表的專案計畫分開。

排有時間表的專案，研究主管及企畫考核長（簡稱企核長）就可以利用甘特表畫出如圖 24-10 的比較圖來。當研究人員指出，工作進度是在那一階段時，預算中的費用就可以算出，以與實際上的支出比較。

對於未排定時間表的專案，將技術上的進度與費用預算的花費情形連接起來，就沒有多大的意義。

圖 24-10　實際費用支出與預算中工作表現圖

「逐步預算」(Step-Wise Budgeting) 是一種能減少不確定性風險的有效方法，其法是在原始的專案計畫申請時，除了要說明長期的目標外，還要說明最近的目標。當最近的目標在預算範圍內達成時，或是分配到這項專案的錢，在目標未達到前已被用完時，批准這項專案計畫負責人，就應重新檢討這個情況，以便做改進之決定。

當一個開始時無法排定時間表的專案計畫，在完成逐步預算時，產生近程目標，而能訂定時間表，則管理者應立刻將此計畫訂定一個時間表，以利事後檢討控制之用。

（二）調整一般會計程序 (Adjustment of General Accounting Procedures)

過分嚴格的會計程序，將會使有才能的科學家們不願與財務會計人員合作，所以研究發展會計程序應做必要之調整，以減少無生產力之手續性管理。

1. 時間記錄的作法 (Time-Spend Recording)

雖然要求研究人員記錄他們花在某項專案計畫的時間、出差或開會的時間、請假或生病的時間，在管理上有其必要性，但卻不應該要求詳細記錄他每小時工作時間是如何配置，同時也不應該阻止他們記錄下在週末或晚上為了某項專案計畫所多花費的時間。

若能印發一份各部門每週的薪資小時表，當可同時滿足彈性及有效管理的需求，雖然此種作法無法求得百分之百的準確性，但是卻能比較出差異太大的部門，促使其主管加以注意改進。

2. 經常費分配的作法 (Expenses Allocation)

對於科學家們在本質上無法控制的經常費用，沒有必要拿來與預算相比較，也沒有必要拿給科學家們看，若這樣做，只有徒然增加他們的困擾而已。最好的方法，是為科學家準備一份財務報告，上面僅載明科學家所能控制的費用，以及其與預算中這類費用的比較即可。

3. 實際薪資的使用 (Real Salary Accounts)

科學家、工程師及技術人員間的薪資本來相差極大，如果為了簡化作業，而在預算或控制時使用平均的薪資來計算，就會導致錯誤的結論。管理人員可能會發現雖然在會計上來說，預算的費用尚未超過，但事實上的支出卻已超過了預算，所以研究發展人事費用必須依實際情況，多列一些詳細科目，不可含糊列為一個科目。

4. 資本支出 (Capital Expenditures)

科學家們無法為長遠未來測試或模型製造所需的設備，預先列出詳細規格，但這類設備的購買也不能拖延到真正要用時才買，所以一般可行的方式是要求董事會

授權給不同的管理階層，允許他們在一定限額之內有權購買這些設備，不必再臨時呈報，經過煩雜的會計批准手續。

（三）需要長期及定期檢討 (Long-Term and Periodic Reviews)

由於達成某項目標的研究工作，通常都會持續一年以上，因此會計記錄程序也必需調整，才能正確地反映出實際上的收支情形，而負責做決策的人，也會因此而受到砥礪，同時，過去的錯誤，也可以在這裡加以分析，避免以後重蹈覆轍。

三、研究發展功能的有效控制 (Effective Control of R&D Function)

在研究發展管理上最重要的一點就是有效的控制。研究發展的經理人員，在決定他現在的工作內容以及未來的努力方向時，還需要衡量各研究單位的工作表現。(Performance Appraisal)

在控制 R&D 功能時，一項極有價值的工具就是比率分析 (Ratio Analysis)。這個方法是利用比率測定數個變數，以所得比率值與在同一時間內，其他研究單位的比率值相比較。將這種比率的變化，與研究發展工作表現的變動，連結起來，如時間表、人員組織、研究範圍或成果的變動，則研究發展經理人員，對所有研究發展活動的效果，可以得到一個有效的預測。另外，與同等的研究發展單位比較時，經理人員亦可以按其特徵，如公司規模大小等做必要之修正，使其比較結果更具意義。

比率分析幾乎可以應用到研究發展功能的每一種控制活動上，下面是一些例子：

⑴銷售量／研究發展雇員的數目。

⑵銷售量／研究發展管理人員的數目。

⑶銷售量／研究發展技術人員的數目。

⑷研究發展技術人員的數目／研究發展科學家及工程師的數目。

⑸研究發展全部人員的數目／研究發展管理人員的數目。

⑹離開研究發展組織的科學家與工程師人數／研究發展部門的全部人數。

⑺因缺席而損失的工作天數／全部工作天數。

⑻研究發展業務成本／工程師與科學家的人數。

⑼研究發展薪資／全部研究發展的預算。

⑽研究發展預算數／公司銷售量。

在同業間比較這些控制比率時，必需考慮不同組織的特性及經營理念，具有較高的（研究發展人員數／銷售量）比率，並不一定表示其效率較低，因這家公司可能比較不重視自己的發明，但卻經由購買技術的方法來維持科技創新上的發展。

　　只要使用者具有豐富的想像力，比率分析仍是一項極有價值的控制工具。利用這項工具，研究發展的經理人員可以明白自己的優、缺點，並可決定往後需要採取什麼樣的行動，以提高自己單位的效率，並獲得更佳的研究發展成果。

　　除了這些優點之外，比率分析也可以供擁有數個研究發展單位的公司，做內部的效率比較之用。最後比率分析可供研究發展的經理人員建立一套統一的預算控制及報告系統。

四、研究發展的協調溝通 (Coordination and Communication of R&D Activities)

　　組織為一有機體，能生存及成長。它是由二個因素所構成，一為工作群體單位 (Work Groups)，在每一工作群體單位中，有它所需要做的工作，和所指派的工作人員。二為工作群體單位之間的相互關係 (Relations among Work Groups)。如果把公司視為一個整體的組織，研究發展部門則為一工作群體單位。此一工作群體單位與其他單位間的關係就要靠協調與溝通 (Coordination and Communication) 來維持。

研究發展部門的內外溝通 (Internal and External Communication of R&D Department)

　　在錯誤的觀念裡，研究發展部門一向被視為一個獨立甚至是孤立的單位。這種觀念應該修正，根據恆立齊 (John R. Hinrichs) 調查 232 位各階層的研究發展人員，發現他們 60% 的時間是花在意見溝通 (Communication) 之上。

　　就公司外部而言，研究發展人員應努力收集科學性、技術性之文件資料，並且參加一般專業性研究團體，諸如學術機關、研究中心、顧問公司等有關研究發展的會議、演講、研討會等。一則吸取新知，二則建立公共關係。

　　就公司內部而言，應該倡導「橫向溝通」(Cross-Wise Communicactions)，也就是水平式的訊息流通管路，省去自下而上，或由上而下的繞圈子的行為。研究發展人員也應主動去瞭解其他部門的需求，因想要研究發展的方案健全可行，對公司內部其他部門及公司外部其他研究機構的有效溝通聯繫實為第一要務。

第七節 研究發展的工作績效評估 (Performance Appraisal of R&D Activities)

世界通用的 R&D 工作績效評估技術尚未建立。事實上，由於研究工作種類和性質的不同，要應用同一種標準來評估也是非常不智之舉。但是一般人雖都承認 R-D 績效評估包含甚大之不確定性，但也要進行數量化的衡量工作，並且應用比較適合個別研究工作的標準，加以評估。

一、研究貢獻的分類 (Classification of R&D Contributions)

在研究發展工作對收益貢獻的產生，可按研究發展的活動分為下列四種：
(1)基本研究。
(2)應用研究。
(3)產品發展。
(4)諮詢顧問。

其工作績效評估的難易程度，就如同其順序一樣，諮詢顧問由於其功用只是在提供他人未知之知識，其價值或影響極難自產品中直接推算出來。

二、研究貢獻的性質 (Nature of R&D Contributions)

由研究得來的貢獻可以分為「技術」(Technological) 及「財務」(Financial) 兩方面。可以用數量衡量的技術上貢獻，有科學及工程上的論文 (Thesis)，在期刊上發表的專業文章 (Articles)，專利的取得及應用 (Patent)，內部的報告 (Reports)，個人或團體因某項特殊成就所獲得的獎勵 (Awards) 等。

史可列 (Shockley) 倡導使用研究報告 (Research Reports or Articles) 作為生產力之指標，也就是研究工作表現的衡量標準。雖然研究報告在近來的基本研究方面，已漸被採用為績效比較的標準，但仍未到被採用為一般性規定的地步。這項衡量績效標準，也可以引申為「申請專利權的多少」。但實際上影響到研究工作表現評估之主要問題，還是在「判斷」上的認定。無論如何，只要大家能夠體認這些技術上的缺點，研究報告及專利申請仍然是有幫助的衡量指標。

如果研究成果對財務上的直接貢獻可以由金錢來衡量的話，就應該將其劃分清楚。如果只能對銷售的增加做一估計的話，也應該將研究單位對產品的銷售能力及

獲利性做一實際的評估。這項估計應該由市場行銷部門的主管來做，同時也應該考慮到最終產品型式及內容有關的所有工作人員之工作績效。

另外，由研究成果所獲得的任何直接收入 (Research Revenue)，都應該當作一項可以數量化的貢獻，這包括：

⑴政府的重要契約預算數。

⑵公司其他部門與外界訂立的契約中，包括有某一研究工作的成果數。

⑶其他部門所要求的研究工作之機會成本。

⑷新發展出來的材料零件或服務的直接銷售額。

⑸專利或工程合約的授權（許可權）收入。

至於對現有或潛在顧客的一些影響，常無法轉換成財務上的貢獻，譬如研究中心或實驗室常被用來作為一個供顧客參觀的地方，因此而增加的銷售收入，實在無法加以計算。至於專業期刊上的研究報告篇數及所獲獎勵，則可以計算，因此仍可作為數量或質量上衡量的指標。

三、研究成本的數量化 (R&D Costs)

下面是數位作者對如何衡量研究發展成本想法的一個綜合結論：

1.研究的全部費用應包括 (All R&D Expenses)

⑴工程師的薪資。

⑵工程經常費。

⑶技師的薪資。

⑷技師的經常費。

⑸草案的費用。

⑹模型工廠的費用。

⑺任何不在工程經常費項下，特殊設備的原始成本。

⑻供專案計畫使用的全部原料費。

⑼諮詢顧問費用。

⑽如化學分析、物理測試、電子測試、公證費等特殊服務支出。

⑾專利權申請的費用。

有些作者還包括了在當期研究發展中被評估為可行，但未被商品化的研究計畫成本在內。

2.在研究發展的成果轉移到生產部門的成本，必需將下列的成本包括在經

常費中 (Transfer to Production Costs)

(1)生產部門的工程成本。

(2)生產部門模型工廠的成本。

(3)生產部門測試及評估的成本。

(4)諮詢顧問費。

(5)新機器及工具的資本支出。

(6)新廠房的資本支出。

(7)土地的資本支出。

(8)倉儲所需廠地的資本支出。

(9)行銷及配銷成本。

(10)廣告及促銷成本。

(11)專利權使用費。

這些成本必需加以記錄並保存，以供前述的數量化評估之用。

四、現金流量分析 (Cash-Flow Analysis)

由於在財務經濟表現上的評估，是評判研究發展活動有效性的標準，因此在分析時，就必需符合企業管理上已建立的型態。在評估公司內部為了增進其獲利能力的行動時，現金流量分析是一項廣為接受的方法，因此現金流量也可以用來評價研究發展的工作表現。

圖 24-11　典型的現金流量

圖 24-12　高度科技產品項目的現金流量

　　圖 24-11 及 24-12 是在說明如何利用現金流量來評估研究發展的工作表現。圖 24-11 是一個典型的情況，其現金流量所代表的收益，符合企業在任一時間內對其資源的使用政策，即現金的支出，在經過一段時間後，由現金及利潤的流入所彌補。要能在高度科技的產品項內，維持競爭力，則好的專案計畫就必需在產品的生命期內，維持足夠的研究發展力量，圖 24-12 就是在說明這種情形。因此不論在什麼情形下，要分析研究發展的工作表現，都必需認明技術上的及市場行銷的生命週期，並且還要檢討企業在這類產品中，維持原來市場地位的能力。

五、研究貢獻的平均獲利生命期估計 (Average Profitable Life of R&D Contributions)

　　通常一項研究貢獻的平均獲利期是三年。其原因如下：

　　第一、因降低成本的研究成果只會在引入的第一年對盈餘有所貢獻，競爭者會很快的抄襲，並經由改變原料及設計，降低成本。當然通常此種情況大多發生在此種創新並未牽涉到專利權的問題時，競爭者才敢抄襲。

　　第二、因產品改進（產品在重量、大小、或功能上的改進）的價值，可以維持三年，或競爭者為達成相同改進，也需花三年的時間來追趕，這樣可以使創新者在盈餘回跌之前，維持一段時間的創新利潤。

　　第三、雖然一項新產品上市通常可假定具有五至十年的生命，但如果這項產品在工程上的創新，無法獲得有效的專利保護時，如合金鋼等，則其生命就會縮短很多。

　　上述這三種因素可以譜在現金流量圖上，影響期初投資的負現金流量與研究成功後的正現金流量生命期間的關係。在此類分析中，貢獻生命期的可預測性是最重

要的一點。一般而言，成本降低及產品品質改進方面大多可以按上面所說方式粗略地加以估計，而全新產品、全新技術方面的突破則較難以預測。

第二十五章　企業研究方法要義
(Essentials of Business Research Methodology)

二十世紀末至二十一世紀初，各國經濟法規鬆綁自由化，企業經營更加全球化，科技創新迅速化，產品生命縮短，所以現代企業經營者面臨的環境不但十分複雜，而且各種因素之間，交互作用，影響更不易捉摸。原有的管理理論及數據固然仍不失其參考的價值，但隨著資訊科技的變化及各種情境因素的差異，過去理論與數據可能無法據以解決很多目前面臨的問題。不適用的理論與數據可以束之高閣，但企業活動卻必須不斷運轉，以求生存及成長！顯然在此兩難情況下，除了研究發展創新 (R&D and Innovation) 修正理論與數據，甚至創造新的理論外，別無他途。

「企業研究」(Business Research) 是尋找情報資訊的科學功夫；是以客觀、邏輯之科學方法，來蒐集資料，來分析資料，來驗證、修正或創新理論與數據的活動。藉著企業研究，吾人可對複雜的企業環境內所存在的相關因果 (Cause-Effect) 關係，獲得較為清晰的情報資訊，以促進認識與瞭解，作為決策之根據 (Information as Basis of Decision-Making)。

第一節　企業研究之性質 (Nature of Business Research)

什麼是企業研究的性質？企業研究屬於應用性的社會科學研究 (Applied Social Research)，是為了解決企業經營上所遇到的問題，所使用的情報資料搜集、分析、研判的科學研究方法與程序，其目的在提供企業管理決策人員解決問題的客觀情報資訊依據 (Objective Information)。為進一步瞭解企業研究的性質，須先對「研究」、「科學」、「社會科學研究」、「應用研究」等名詞的涵義，略加說明。

一、「研究」之涵義 (Meanings of Research)

提到「研究」，很多人會馬上聯想到自然科學家們在實驗室內所進行的「實驗」(Experiments) 工作。其實，「研究」的本質並非如此狹隘，社會科學家們所進行的資料收集及分析工作，也是研究的一種；企業機構內的企劃研究發展人員，為擬定適當可行的績效獎勵辦法所進行的分析，也是一種研究。因為「研究」乃是人類尋求

瞭解問題 (Understanding Problems)，解決問題 (Solving Problems) 的情報資訊蒐集、分析、及結論過程。這些「問題」(Problems) 可能是自然界的現象，也可能是人類社會的現象。常常是當一個問題解決了，另一個問題又伴隨著產生。人類社會這種動態的性質，使得研究行為連續不斷，永無止境。

中文裡「研究」一詞的涵義可從狹義和廣義的角度看：

⑴廣義的研究，相當於英文的 "Study"，即泛指對某種事實現象或問題進行認識、記憶、理解、思考、分析、綜合，然後彙成結論之心智活動，有助於知識的累積 (Knowledge Accumulation)。

⑵狹義的研究，相當於英文的 "Research"，係指以嚴密周到的方法與程序，對某項特定未知之問題進行整體性、系統性的探討 (Exploration)，而獲得正確可靠的結果。所以說 Research 一定是 Study，而 Study 不一定是 Research，學生在圖書館看書寫報告是 Study，但不一定是實地調查分析之 Research。

二、科學之涵義 (Meanings of Science)

科學是泛指人類應付環境、適應環境、改良環境之奮鬥過程中所獲得的知識研究結果。科學具有兩個特性，一是要有系統性 (Systematic) 及組織性 (Organizational)，另一是要有正確性 (Accuracy) 及可驗證性 (Verification)。凡合乎這兩個條件的研究，都可以說是科學的，否則，則不合乎科學。「科學」是人類「知識」的可驗證部分。「宗教」(Religion) 是人類知識的不可驗證部分，但當其被科學方法所驗證了，就變成「科學知識」了。

三、社會科學研究之涵義及步驟 (Meanings and Steps of Social Science Research)

「社會科學研究」(Social Science Research) 是研究社會現象的科學，包括：歷史學、人類學、經濟學、政治學、社會學、心理學、教育學、各種管理學等等學門 (Discipline) 之學問，各種學問之間，互相交錯，具有無法截然劃分的關係。社會科學研究的一般性步驟為：⑴選擇研究主題，⑵確定研究目標，⑶提出假設，⑷參考有關文獻，⑸設計研究流程及步驟，⑹搜集資料，⑺分析資料，⑻解釋資料，⑼研究結論及建議，⑽撰寫研究報告。企業研究是社會科學研究的一種，因此，以上的步驟也可以說是企業研究的一般步驟，茲概述如下：

1. 選擇研究主題 (Research Topic)

主要問題的確認與界定，是任何企業研究的起步，在整個研究過程中，這是「慎乎始」的重要階段，對問題有了正確的認識，以後一連串的步驟才有正確的方向可循，才能「善乎終」。企業研究「主題」(Topic) 的來源是企業「問題」(Problem) 的發生。碩士學生的論文研究「主題」，則來自學術興趣，社會問題中的比較「重要」及資料比較容易搜集者。

2. 確定研究目標 (Research Objectives)

對於所要進行的研究主題，應確定到底要回答什麼種類問題？要回答到什麼詳細程度？一一列出。當然要確定研究目標的範圍及深度，必須視所能運用的人力、物力、財力及時間等資源而定，不能好高騖遠。根據預定的研究目標，才能設計適當的研究步驟。

3. 提出假設 (Assumptions or Hypotheses)

解決問題不可茫然嘗試，應根據問題及目標，及以往的經驗，現有之原理、原則或理論，設立若干邏輯上認為可能解決問題的「假設」(Assumptions or Hypotheses)，作為實地進行搜集資料之指南。所以「假設」應清楚地說出，以供將來資料搜集後檢定 (Testing) 之用。同時，在「假設」內要把「獨立變數」(Independent Variables) 與「應變數」(Dependent Variables) 清晰標明，形成一套觀念性模式，時刻謹記，供作指南。

4. 參考有關文獻 (Reference Literatures)

研究者對與研究主題有關的文獻應先閱讀，以便明瞭他人所曾研究過的結果，作為本研究的依據及參考，並可供日後本研究完成後所獲得結果之比較。

5. 設計研究流程及步驟 (Research Flow and Steps)

此階段是整個研究過程的中心樞紐，係對所要進行研究之流程步驟方法詳加規劃，包括問卷設計、資料對象、抽樣設計、現場資料搜集、整理、分析等，都必須在現場調查 (Field Survey) 進行之前設計好，供以後按部就班的執行。若無詳細具體的研究設計，則往往到實際進行現場研究工作時，會不知所措，致使結果不符合研究目標。

6. 搜集資料 (Data Collection)

指根據已擬定之研究設計，進行資料的現場搜集工作。資料搜集的方法很多，例如歷史文件參考法 (Literature Reviews)、現場觀察法 (Observation)、投射法 (Projection)、郵寄問卷調查法 (Mail Questionnaire)、人員訪問測量法 (Personal Interview)、

電話訪問法 (Telephone Interview) 等等。在決定資料收集方法時，須考慮資料研究對象之特性、資料性質、研究經費之限制等因素。

7. 分析資料 (Data Analysis)

指將搜集到之資料加以整理、歸類與分析。分析資料的方法很多，同樣要考慮研究之目標、資料之特性，選擇適合的分析方法。資料分析方法很多種，這是數量統計方法的發揮地。

8. 解釋資料 (Data Explanation or Interpretation)

資料之解釋應有科學精神與態度，可應用「歸納法」、「演繹法」、「類比法」及一般推論方法進行解釋。

9. 研究結論及建議 (Conclusion and Suggestion)

對已設立之假設進行檢定，以決定該假設是否成立，進而說明該研究結論與現有之事實經驗、原理或原則之關係，並做成建議，以供有關人士及機構改善之參考。

10. 撰寫研究報告 (Report Writing)

指將整個研究過程及研究結果，以書面的方式公諸於世。研究報告的撰寫有一定的格式，其內容要清晰、層次要分明，要點要凸出最重要的，是要能針對閱讀者的口味及興趣。碩士論文及博士研究論文的撰寫，比一般企業實際問題之研究報告撰寫要嚴謹，講求格式及連貫關係性。

四、應用研究之涵義 (Meanings of Applied Research)

「應用研究」係與「純學術研究」相對稱呼。所謂「純學術研究」係為拓展尚未開發的知識領域而研究，通常不直接針對或考慮實用問題；而「應用研究」係為解決現實生活問題而研究，通常要求做成某特定行動或政策。企業經營者須負責營運活動的成敗後果，而企業研究者則負責提供各種可行方案，以專家身分提出說明與建議，協助企業經營者爭取優良成果。換言之，企業研究者的任務在貢獻決策方案之「情報」(Information for Decision-Making)，所以經營者必須給予研究者充分的協助，以使研究工作能順利進行，相輔相成，相得益彰。

第二節　企業研究之程序 (Procedure of Business Research)

企業實務研究的工作是一系列的程序，包括(1)特定問題之背景調查 (Background Studies and Exploration on Special Problems)；(2)正式研究方法之設計 (Design of Formal Research Method)；⑶資料搜集之執行 (Data Collection)；⑷資料分析、解釋及報告 (Data Analysis, Interpretation and Report Writting)，茲分別敘述於下：

一、特定問題之背景調查 (Background Studies and Exploration on Special Problems)

　　企業行銷、生產、研發、人事、財會、計劃、組織、用人、指導、控制等等相關問題的發生，有其複雜的背景，研究人員須對整個背景先進行系統性的探討，才能對問題的本質有所掌握。此種背景分析所需時間的長短，視問題複雜的程度而定，此階段進行得愈徹底，以後的階段即愈能事半功倍，尤其當研究人員對研究主題瞭解不多時更應如此。

　　進行背景調查，通常先從搜集已存檔的次級資料 (Secondard Data) 開始，接著，由研究人員去接觸消息靈通人士 (Experts)，詢問他們的意見，並由專業書籍 (Books)、期刊雜誌 (Magazines) 及報紙 (News Papers) 中，找尋⑴最近有關事物發展的情況，⑵對於技術發展之預期指標，⑶確認有關人員，⑷找出他人成功及失敗之原因等情報。

二、正式研究方法之設計 (Design of Formal Research Method)

　　研究主題的「背景」經仔細調查後，若相關之「觀念架構」(Conceptual Model or Framework) 界定清楚，則可進入正式研究方法的設計階段。此階段可分為⑴建立作業性定義 (Operational Definitions)；⑵將問題進一步細分為第二層或第三層之變數或問題 (Variables-Subvariables-Subsub Variables)，以確立研究工作目標及資料種類；⑶決定使用何種方式之資料搜集方法 (Data Collection Methods) 及抽樣方法 (Sampling Method)；⑷選擇適當的衡量工具 (Scaling Tools)；⑸將衡量工具加以試測，以確保衡量工具適合研究目標；⑹確立分析資料的方法 (Data Analysis Method)；⑺建立整個研究過程的進度表 (Schedule)；⑻設立研究經費之預算 (Budget)；⑼確定所需研究人員 (Manpower)；⑽其他必要之項目。

三、資料搜集之執行 (Data Collection)

　　資料搜集的工作可能從極為簡單的觀察法 (Observation)，到全面性的普查法 (Census)，完全視研究方法之設計而定。在資料搜集階段所需的人員薪酬、旅費及其他的支出，一般而言，約佔研究預算的三分之一左右。通常的經驗法則是⑴研究計劃，⑵資料搜集，及⑶分析、解釋、報告三者各佔經費之三分之一。

四、資料分析、解釋及報告 (Data Analysis, Interpretation and Report Writting)

分析資料可引導出原先所要求的各種不同資料之衡量結果以及所發現的文義關係。再者基於研究發現，我們尚應做理論推演 (Inference) 及因果關係 (Relationships) 之解釋；最後我們應將整個研究過程、發現、解釋、以及建議，寫成書面報告書 (Report Writing and Documentation)，向主管理人員提出，供其決策之參考。

第三節　研究問題及假設 (Research Problems and Hypotheses)

一、研究問題的來源 (Sources of Research Problems)

一般尋找問題時所採用的方法有下列數種：

1. 從技術的變遷及社會發展的趨勢中尋找問題 (From Trends of Technological and Social Changes)

技術的變遷 (Technological Change) 會影響產品的生命週期，改變市場的競爭結構及需求特性。在這種新舊交替的過程中，常可發現許多問題，探討這些問題的答案，是促進企業發展的最重要原動力。技術的變遷會帶來許多問題，企業若能善加適應及運用，則亦可發現無窮的機會。

另者，社會發展 (Social Development) 是人類社會必然的現象。社會原是企業存在及發展的生態大環境，如水之於舟，能載之，亦能覆之，若順流則事半功倍，若逆流則事倍而功半。企業應對社會發展的趨勢 (Trends)，隨時保持高度的警覺，並研究其發展的方向 (Direction) 與速度 (Speed)，以便靈活地調整經營的策略。

2. 從研究報告、專題討論、專家演講或學術論文中尋找問題 (From Reports, Seminars, Speech or Academic Thesis)

無論是政府機構、輔導單位、企業組織或學術研究團體，經常會針對周遭的問題舉辦討論會或演講會，或進行有計畫、有系統的調查研究，撰成報告或論文，這些場合或文獻皆是許多人智慧的互相激發，常能揭露許多可供進一步研究的問題。甚至有些比較嚴肅性論文的結尾，還會列出一些有待進一步研究的問題。

3.接受某種實務或理論之專家的指導，決定研究題目 (From Practical Needs or Experts Guidances)

　　某種實務或理論的專家，包括學校的指導教授，常對專精領域內的認識相當深入，在他們的腦海內，隨時都有個貯藏庫 (Pool)，充滿有待研究解決的問題。例如國際貿易實務專家可能建議研究者深入分析某項產品在國內生產的成本結構，並與他國生產者進行比較，以發現此項產品的競爭力。又如財務專家可能建議研究者對有關機器的重置換新，進行整體性的研究，以分析其成本與效益；再如人事管理專家可能建議研究者針對時下普遍存在的技術人力缺乏問題，進行探討，研究某個行業，甚至某家工廠，應採取之策略，以能平衡其銷產體系。

二、如何選定研究題目 (Defining the Research Topic)

　　研究人員從上述問題來源搜集若干研究題目後，應再考慮各種有關的因素，才能從擬定的題目中，選定一個真正要研究的題目，這些因素可分別說明如下。

1.是否具有研究的價值 (Acceptability)

　　研究的題目如果與當時實務上的需要有密切關係，便能引起企業界的關切，其研究的結果亦能裨益社會經濟的發展，於人於己皆大有幫助。如果研究的題目係針對理論上爭論點，或為有待開發的領域，則其研究結果可能在學術界激起浪花，對人類文明的發展，有所貢獻。

2.是否能引起研究者的興趣 (Interest)

　　研究者的興趣對研究結果的品質有不容忽視的影響力，所以在選擇題目時，當然儘可能以符合研究者的興趣者為佳。

3.是否具有研究的可行性 (Researchability)

　　在企業研究進行的過程中，經常會遭遇到的困難，是資料殘缺不全，或不可靠，或甚至於根本無法搜集。沒有資料便無法進行分析，提取結論，因此，在選定題目之前，一定要事先考慮到資料搜集是否有無法克服的困難。其次，亦須考慮到人力、財力及時間等資源的限制，因資源有限，即使題目很有價值及為研究人員所喜愛，亦難以導致有意義之真實結果。

4.考慮研究者本身的學識能力 (Ability)

　　研究題目的價值及研究的可行性，是選擇研究題目的客觀限制，而研究者的興趣及學識能力，則為主觀限制。研究者一方面考慮客觀的因素，另方面亦須權衡本身的興趣及學識能力，不可超出所能負擔的範圍太多，否則難免顧此失彼，漏洞百

出，而使研究價值喪失殆盡，徒然浪費寶貴資源。

🔲 三、假設的建立 (Establishing Hypotheses)

一旦研究者選定了研究的主題，並初步搜集有關的資料後，對問題的答案即可憑「直覺」(Intuitive) 產生一個暫時性的輪廓，這就是所謂的「假設」(Hypotheses)。假設通常可分為三種：⑴描述型假設，⑵關係型假設及⑶解釋型假設。

（一）描述型假設 (Descriptive Hypotheses)

這類假設的內容主要是說明一些變數 (Factors or Variables) 的存在、大小型式及分布情形。例如：「採用整體規劃技術可以降低企業的總成本，並可以提高企業應變的能力。」此外，有的描述型假設也可以疑問句的型式出現，例如：「面對 A 產品的購買決策，夫婦對其各別的角色，具有何種程度的認知呢?」

（二）關係型假設 (Causal Hypotheses)

這種假設的內容係建立兩種變數之間的關係，例如：「較富有的證券投資者，對風險的感覺較不靈敏。」在這個假設中，投資者的富有程度是一個變數，對風險的敏感度是另一個變數，假設中認為這兩個變數之間具有反方向變化的關係。不過，雖然這種關係意味著某種程度的相互作用，但卻無法指出二者之間因果關係的主從。

（三）解釋型假設 (Explanatory Hypotheses)

這種假設說明或強烈暗示因一種變數的存在或變動,可導致另一個變數的變動，其影響可能為直接影響，亦可能為間接影響。

在企業研究中，「假設」之建立有幾個重要的作用，例如：⑴指引研究的方向及界定研究的範圍，決定何種資料為「有關」(Relevant) 資料，指出研究方法之設計型式，以及領導資料分析的方向等。此外，「假設」之建立也可對研究結果的表達提供一個組織的架構。

通常一個完整的「假設」應該具備下列的條件：

⑴不與已經證實的理論衝突。

⑵內容清晰，範圍明確。

⑶如經證實，即成為研究問題的答案。

⑷可以用現有的技術檢定。

⑸應儘可能以數量的方式表示，但亦不宜過分勉強，以免不切實際。

⑹良好的假設可能據以推導出更多的推論，以便解釋更多已存在，然尚未獲適當解釋的事實。

因此，研究者在建立假設時，必須從問題的根本著手，盡量收集已有之有關的知識、經驗、資料，然後就研究者本身的知識及智慧，思考可能的答案，從而建立妥善的「假設」。

第四節　研究方法的設計 (Design of Research Methodology)

一、研究特性之分別 (Category of Research)

在一個企業研究中，研究方法的設計 (Design of Research Methodology) 是指引研究人員順利完成預定任務的藍圖，亦是研究主持人研究方法涵養功夫的考驗。廣義言之，研究方法之設計（簡稱研究設計）為一研究專題的通盤計劃及行動方案，包括整個研究的全部過程，狹義言之，研究方法之設計為資料之搜集與分析的計劃。因此，一個好的研究方法之設計具有幾個本質，第一，它是一項「情報計畫」(Information Plan)，敘述為解答問題所需之情報來源與型態；第二，它是一項「分析藍圖」(Analysis Blueprint)，指明將以何種方式搜集與分析資料；第三，由於絕大部分的企業研究都有原物料、時間、人力等資源的限制，因此研究方法之設計亦應包括成本與時間的預算 (Budget and Schedule)。研究設計可以依問題的來源及假設之種類，分為下列三大類別：

1. 探索性研究 (Exploratory Research)

若干研究問題，因缺乏前人研究的經驗可資參考，而屬初次研究時，主持人一時對各變項間之關係 (Relations of Variables) 不太清楚，又因缺乏理論根據，研究者也不能確定可以建立那些「假設」，若貿然從事精細的研究，將有顧此失彼或以偏概全的缺點，同時也浪費研究時間、經費與人力。在這種情況之下，需要一個較廣泛而膚淺的探索性研究，以協助進一步研究的設計與問題的發現。

2. 敘述性研究 (Descriptive Research)

這一種研究設計的目的在瞭解研究對象的特質，或敘述某種現象。這類研究雖然不是分析變項間的因果關係，但是在設計時也要將其他無關變項去除掉，以減少不利的干擾，而增加敘述所欲探討之變項間關係的準確性。

3. 因果性研究 (Causal Research)

此類研究的主要目的，是要驗證某個假設中所敘述的變項間，是否有「因果關係」(Cause-Effect Relationship) 存在。一個蘊涵因果關係的假設，通常都斷言某項特

質或事件 X 是決定另一項特質或事件 Y 的因素之一。要驗證這一類的假設，研究者必須搜集資料，以便合乎邏輯地推論 X 因素是否決定 Y 因素之出現，其方式又可分為「實驗性研究」(Experimental Research) 與「非實驗性研究」(Non-Experimental Research) 兩種。

二、擬定研究設計的目的 (Purposes of Research Design)

研究設計有兩個基本目的，即回答研究問題 (Answer Problems) 與控制變異 (Control Variance)。本來，任何研究的進行，都是為求得研究問題的答案。但研究設計可幫助研究者以正確、客觀、經濟、整體的方法，達到研究的目的。至於控制變異則包括三種工作：

⑴使獨立變數的變異最大。

⑵控制外來不需要變數的變異。

⑶使誤差變異為最小。

上述三種變異可合稱為系統性變異 (System Variance)，茲分述於下：

1. 使獨立變數儘可能最大 (Maximize Independent Variable's Explanation Power)

使「獨立變數」(Independent Variable) 之變異數儘可能最大的目的，是要使研究者所選定的「獨立變數」對「應變數」(Dependent Variable)，有最大的解釋能力，使將來推導出來的研究結果，可以適用到較大的範圍。

2. 控制外來不需要變數 (Excluding Irrelevant Outside Variables)

影響一研究結果的變數通常相當多，幾乎無法全部加以處理，必須將假設所不包括的外來變數加以控制，研究結果才有意義。因此，所謂「控制外來變數」，意指使與研究目的無關之獨立變數的影響降到最低或根本消除。一般所用的方法有四，⑴消除外來變數，⑵搜集隨機化資料 (Randomized Data)，⑶把外來變數納入研究設計中當獨立變數，⑷採取對象配對 (Pair Comparison) 的方法。當然。這些方法須依研究問題及研究目的的不同而斟酌運用。

3. 使誤差變異為最小 (Minimize Error Variance)

誤差變異 (Error Variance) 可能源自研究調查對象中個體的樣本差異 (Sample Error)，也可能由於衡量上的誤差 (Measurement Error)。因此，為使誤差變異減至最小，通常有二個原則，第一，控制研究或衡量的情境；第二，提高衡量過程的正確性，使衡量的結果正確顯示受測對象的特性。

三、研究設計的內容 (Contents of Research Design)

完整的研究設計，不僅應提供研究者正確的努力方向，尚應具備各項執行方案，茲按行動步驟及其含意分述之。

1. 界定母群體 (Defining Population)

即研究問題所擬涵蓋的對象範圍，依研究目的而定。

2. 決定樣本數 (Deciding Sample Size)

抽樣調查樣本數太小，無法充分表現母群體的特性；樣本數太大，則成本超過所能獲得的利益，且增加資料分析的困擾，所以在兩者限制條件之間，應取一折衷的樣本數。

3. 選取適當的樣本 (Appropriate Sample)

樣本之特性應能代表母群體，否則抽樣調查分析結果便無法滿足研究的目的，甚至會使決策誤入歧途。

以上三項即研究方法設計中「樣本設計」(Sampling Design) 的階段，係針對資料的來源而擬定。

4. 研究工具之設計 (Tool Design)

即決定該用何種方法來搜集資料，譬如以「郵寄問卷」(Mail Questionnaire)、人員訪問 (Personal Interview) 或「電話」訪問 (Telephone Interview)，或設計一適當的「實驗」(Experiment)。良好的工具設計 (Tool Design) 以能取得正確、可靠的資料為原則。所謂可靠的工具係指不論重複多少次，均可得到相同結論的資料。

5. 現場實際作業之設計 (Field Operation Design)

即將研究過程中所須協調的事項，包括工作、時間、人員、地點、器物等做一通盤的規劃，以確保研究的順利進行，達成預定的目標，此即作業設計 (Operation Design)。顯然，作業設計就是行動的方案 (Action Program)。

研究設計人員對研究過程有了周密的設計以後，仍然要時時與現場執行的人員保持密切的聯繫，因在研究進行的過程中，有些事情仍然會發生沒有預料到的變動，這時要如何處理，才不致影響研究目的達成，則有賴研究設計者及研究執行者的密切合作。一般的作法係在正式研究開始進行資料搜集的工作之前，先進行小型的「模擬」(Simulation) 研究或預試 (Pre-test)，以找出可能會遭遇的困難與正式研究的缺點，提供給設計者作為改進的參考，使研究進行得更順利。

6. 分析設計 (Analysis Design)

　　某個研究應採用何種分析方法，須視研究目的、資料特性、及研究假設而定，不可盲目採用較能取悅他人，但無實際作用的技巧，以免誤導他人之注意力及浪費時間與成本。

　　以上所述樣本設計、工具設計、作業設計、與分析設計等皆應該前後連貫，一氣呵成，成一完整的系統，才能充分發揮設計的功能。

第五節　抽樣設計 (Sampling Design)

一、由樣本推論母群體 (From Sample to Population)

　　抽樣設計在整個研究過程中，扮演提供資料的角色，研究者必須就研究目的，決定採用何種抽樣方式。最理想的資料，應來自研究對象的母群體 (Population)。但事實上，時間、人力、財力常不允許如此，何況有關抽樣的理論 (Sampling Theory) 已經十分進步，若運用恰當的抽樣技術，即可以相當低的成本（指與取得母群體資料所需之成本相對而言），獲得某種可靠程度的結果。

　　抽樣的基本定義為，自整個研究對象母群體中，根據預定的隨機法則，抽出部分個體 (Individuals)，由這些部分個體，取得所需要的特性資料來推定群體特性。這些被抽出的個體即謂之樣本 (Sample)。由樣本資料的特性，推論至母群體特性的過程謂之統計「推定」(Inference)。可見，雖然研究的對象是母群體，獲得母群體的特性之知識本是研究的目的，但若能利用正確的客觀方法，抽出確能代表母群體特性的小樣本，並運用正確的推定方法，推論母群體的特性值 (Characteristics)，亦能達到研究的目的，由小推大，節省成本及時間，由此可見抽樣設計的重要性。

（一）抽樣的兩個理論前提 (Two Conditions)

　　抽樣是建立在兩個基本前提之上，一是母群體的每一個體之間具有足夠的「同質性」(Homogeneity)，因此以部分的個體來推論母群體的特性才有意義；另一個前提是樣本中有些個體的特性值是在母群體之母數值 (Parameter) 之下，有些則在母數值之上，由於這種情形的存在，使得樣本統計量能成為母群體的最佳推定量。

（二）抽樣之優點 (Advantages of Sampling)

　　在樣本能充分代表母群體的假定下，利用抽樣研究問題具有下列之優點：

1. 降低研究所需之成本 (Cost Reduction)

搜集資料常常是整個研究過程中耗費最大的部分，利用抽樣技術，可以在不損及準確性的原則下，大量減少搜集資料所需的人力、財力及時間，從而大量降低研究成本。例如政府每年舉辦一次工商調查或人口調查，若全面調查（即普查，Census），所需時間、人力、財力均甚鉅，如以千分之一抽樣調查，則所花的資源僅千分之一，所推論的結果與實際結果則相差不大。

2. 縮短整理資料的時間 (Time Saving)

調查或以其他方法取得資料之後，在運用分析方法進行分析之前，必須先經過資料整理的手續，將代表個體特性的資料加以整理，以便利分析工作的進行。利用抽樣，既可減少資料的數量，自然亦減少大量整理資料所需的時間，使整個研究所需時間不致太久，而提高研究的應用價值。

3. 可以獲得較正確的資料 (Data Accuracy)

利用抽樣方法，因所需衡量的對象減少，衡量的過程較易控制，無形中提高了資料的準確度，這項優點，使得運用抽樣，而不用全面調查，有了更積極的意義。

4. 可以避免損壞太多受衡量的個體 (Avoid Destruction Testing)

有些研究所需的衡量，會破壞接受研究的個體，例如破壞性檢驗，若採取全面檢驗，顯然將完全喪失研究的本意，此時，抽樣便成為不得不採取的方法。

二、抽樣方法 (Sampling Methods)

統計學上對抽樣的說明是一門專門的領域，本文僅做簡要性介紹。一般人將抽樣分成兩類：「機率抽樣」與「非機率抽樣」。

（一）機率抽樣 (Probabilistic Sampling)

指抽樣時，按照機率法則進行，即叫機率抽樣，比較常用的機率抽樣有簡單隨機抽樣，分層隨機抽樣，集群抽樣，及上述方法混合使用的多階段抽樣 (Multi-stage Sampling) 方式。茲分述於下。

1. 簡單隨機抽樣法 (Simple Random Sampling)

最基本的機率抽樣是簡單隨機抽樣，即母群體中的每一個體都有被抽出的相同機會，並且當抽樣進行一部分時，尚未抽到的個體，再被抽出的機會仍然相同。例如若研究對象是某一都市地區的房子時，若某一間房子的鄰居已先被抽到，則該房子會被抽到的機會與其他未被抽到的房子之機會相同。

簡單隨機抽樣進行的方法，是將研究對象予以編號，然後隨機抽取一個號碼，

逐次進行，直到抽滿所需之「樣本數」(Sample Size) 為止。若母群體數目不大，可以將研究對象的代表數字寫在大小厚度都一樣的紙片上，一起放進籤筒內，均勻混合後，再一張一張地隨機抽出。但是在社會科學的研究中，這種方法通常不切實際，較常用的方法是使用「亂數表」(Random Number Table)。這種方法是賦予每個研究對象一個號碼，然後任意自亂數表的一個方向抽取樣本，再從另一方向抽取樣本，直到抽滿為止。

簡單隨機抽樣又分「重置」(Replacement) 與「不重置」(Non-replacement) 兩種。抽到的樣本又放回重抽，亦即每一個體被抽到的機會始終不變的方式，謂之「重置抽樣」。若抽到的樣本不再放回，則未抽到的個體被抽到的機會慢慢加大，謂之「不重置抽樣」。嚴格來說，重置抽樣才是最理想的簡單隨機抽樣方式，但只要母群體個數夠多，不重置抽樣的結果仍然不會有太大的誤差。

簡單隨機抽樣是機率抽樣中最理想的方式，但在實務上，有時因不易進行，或過分昂貴，無法完全按照理論上所要求的方式進行，於是，遂有若干針對隨機抽樣的精神加以修正的方法，其中，「系統抽樣」(Systematic Sampling) 是最常用的一種。

所謂「系統抽樣」係將構成母群體之個體編排順序，隔相等若干個，就抽取一個樣本，有系統地按照順序抽樣。例如，母群體中個數為 1,000，打算從中抽取樣本 200 個，則間隔定為 1,000/200=5 個，將母群體中每一構成個體由 1 開始編號，將編號 1 到 5 隨機抽取一個樣本，若首先抽到 4，則以 4, 9, 14, 19, 24, 29,... 為樣本。這種方法又名之為「等距取樣法」(Interval Sampling)。這種方法較「簡單隨機抽樣」還簡單易行，但須留意是否會產生系統性偏誤 (Systematic Error) 的可能。總之，應時時以「隨機」為原則，才不失抽樣代表母體的本旨。

2. 分層隨機抽樣法 (Stratified Random Sampling)

當研究者採取分層隨機抽樣時，係將母群體 (Population Group) 按某個變數或數個變數分成若干層次 (Stratifies)，然後自每一層次內隨機抽取樣本。分層隨機抽樣與簡單隨機抽樣比較，有兩個優點，第一，若所欲衡量的母群體分布甚不平均，且研究目的要求對每一次級群 (Sub Group) 個體同樣重視時，分層隨機抽樣可對每一次級群個體抽出比例不等的樣本，使每一次級群體的特性均可顯現。第二，在分層的階段，即已考慮影響力較大的變數。例如，在一個以美國某大學全校學生為研究對象的研究中，全校學生有 10,000 個，其中少數種族分別為黑人 1,000 個（佔 10%），波多黎各人 500 個（佔 5%），亞洲人 200 個（佔 2%），印第安人 100 個（佔 1%），樣本總數為 500 個。若按簡單隨機抽樣的作法，約可抽出黑人 50 個，波多黎各人 25

個，亞洲人 10 個，印第安人 5 個。若研究目的要求對每一種族的特性或態度做一統計，則樣本數太少的群體，勢必因統計上缺乏代表性，而無法顯示正確的結果。這時，研究者可以依重要變數（種族），將母群體先加以分層，然後自各群體中抽取白種人 82 人（約佔 1%），黑人 100 人（約佔 10%），波多黎各人 100 人（約佔 20%），亞洲人 100 人（佔 50%），及印第安人 100 人（佔 100%）。樣本內各人種 (Race) 人數相當，則各人種的特性或態度便可充分表現。

分層隨機抽樣除了有上述優點以外,因在分層時已事先考慮過有關的重要變數,則每一次級群體內可能有較均勻的特性分布，而使所需的樣本數相對減少，如此亦可降低搜集資料的成本。因此，若要充分發揮分層隨機抽樣的長處，在選擇分層變數時，宜考慮到分層的結果，可使每一群體內的分布較為均勻。

分層隨機抽樣除了上述方法外，當有以下三種：

⑴比例分配 (Proportional Allocation)：

即各層樣本數與各該層總個數的比例均相等。例如樣本數為 $n=50$，而母群體 $N=500$，則因樣本比例為 $50/500=0.1$，即以每一層的 10% 為樣本數。

⑵尼曼分層抽樣法 (Neyman's Sampling Method)：

即各層樣本數與各該層總個數及其標準差的乘積成正比。

⑶最適分層抽樣法 (Optimum Allocation)：

有些研究由不同層次的母群體中抽取樣本所需的費用相差很大，而調查費用是一固定的預算，例如，欲將調查對象分為都市和鄉村二種類型,以調查其平均收入,則由都市和鄉村抽樣時，其單位調查費用將有所不同。此時，不但要考慮各層變異數的大小，同時亦要考慮各層單位調查費用的多寡，而在相同的信賴度下，適當增加調查費用較低的群體之抽出樣本數，減少單位調查費用較高的各層抽出數，以使總調查費用為最少。換言之，採用最適分層抽樣法時，各層抽出樣本數須與各層總次數及母標準差成正比，而與每單位調查費用的平方根成反比。

3. 集群抽樣法 (Cluster Sampling)

集群抽樣法也是機率抽樣法的一種，成本是採用這種方法的主要顧慮。這種方法與分層隨機抽樣法相似的地方是，將母群體分成若干次級群，但分層隨機抽樣所用的分層標準是有關的「重要」變數，而集群抽樣所用的分群標準則為處理上較為「方便」的特定根據，例如地區、機構等。尤其當研究對象分布地區甚為廣大時，常選擇幾個較有代表性的地區，對該數個地區內的個體進行較為密集的調查。

當然使用這種方法可能會產生太多偏差，一方面減少了成本，但另一方面亦喪

失太多的精確度。補救之道，可從增加每個群體內個體的異質性 (Heterogeneity)，使能代表整個母群體的真正特性，亦增加調查資料所用的群體數，如此，雖然成本將略為增加，但使研究結果更為可靠，仍然值得。茲舉一例說明集群抽樣法的使用。某一研究者擬研究某個城內居民對使用藥物的態度，首先，他將整個城市分成十個地理區，每個地理區所包含的居民儘可能複雜，而涵蓋整個橫剖面（如性別、年齡、種族、社會經濟地位、政治觀點等），將可能影響使用藥物的態度特性均包括在內。其次，自這些分區中，隨機抽取三區，作為樣本區。甚至，再將樣本區細分，仍然以每一分區成分儘可能複雜為原則，使樣本數繼續少到搜集資料的經費預算能夠負擔為止。

集群抽樣法通常都與其他的抽樣方法併用，其目的無非是希望在方便、「成本」(Cost) 與「準確」(Accuracy) 等互相矛盾的目標之間求取一平衡的處理方式。

（二）非機率抽樣 (Non-Probabilistic Sampling)

因有些研究根本無法取得母群體的完整資料，所以不可能採用機率抽樣，例如，以吸食麻醉藥品的人為調查對象的研究，或以地痞流氓為對象的研究，均無法對母群體做出界線分明的範圍，所以上面所介紹的機率抽樣一種都用不上，只好退而求其次，使用非機率抽樣方式。

嚴格地說，非機率抽樣不是符合科學原則的方法，因為從樣本資料推論母體特性時，其誤差究竟多大，無法根據統計理論求得。因此，使用非機率抽樣，固然可以獲得有關母群體的若干資料，但絕不能據以推論母群體的確實特性，這是不能不先牢記的觀念。

另外還有一種情況，即研究人員為了研究目的的需要，可能從母群體中，選取出具有代表性 (Representative) 的個體，作為樣本，例如，編製物價指數時，常需選取具有代表性的樣品，才能正式反映整個市場的物價變動趨勢，因此，非隨機抽樣又名為「立意取樣」(Purposive Sampling)，或「計劃取樣」(Planned Sampling)。首先創立非隨機抽樣法的人是法國的 Leplay。一般常見的非機率取樣方式有：「意外取樣」、「配額取樣」、「判斷取樣」。茲分述如下：

1. 意外取樣法 (Accidental or Haphagard Sampling)

如為取得某學院學生對某項政治觀點的資料，研究人員可能站在學院門口，攔住最先離開學院大門的十名學生加以訪問。又如時常見到報紙、電視臺或廣播電臺的記者在街道旁訪問行人，有時是碰到誰就訪問誰，有時則專門訪問衣著較為整潔的行人。以上兩個例子中，研究者並不知道接受訪問者代表母群體的程度，有時甚

至還刻意挑選傾向某種特質的人來訪問，以支持其研究目的。

2. **配額取樣法 (Quota Sampling)**

配額取樣係研究者（或取樣者）按照某種既定的標準來取樣，其目的是為取得研究對象母群體的橫剖面 (Cross Section) 資料。換句話說，取樣之前，先為母體中各子群體設定「配額」(Quota)，這種配額可以各子群體都相同，也可以考慮其他有關因素，而對不同的子群體賦與不同的權數。

3. **判斷取樣法 (Judgmental Sampling)**

研究者根據研究目的的需要（或為了方便），由專家依其主觀的判斷，有意抽取具有代表性的樣本。此法多少帶有偏差的成分在內，其結果能代表母群體的成分有多大，很難確定，但有時仍有其價值。例如為了使正式調查的問卷更為完整，常須在大量調查之前先選擇有「代表性」的人訪問，再參考訪問試測結果，對原來的問卷加以修正、潤飾或增減。又如為編製各種經濟現象指數，如物價指數、生活費指數等，都可以選取一些由專家認為具代表性的項目來作為樣本，以節省全面調查或機率抽樣之人力、財力和時間，同時又不致喪失太多準確性。通常使用判斷抽樣法時，專家對研究對象的認識越多，其結果的準確性越高。

三、樣本大小 (Sample Size)

要從樣本資料，推論整個母群體的確實特性或現象，除了必須選用適當的抽樣方法 (Sampling Method) 以外，樣本數的多寡亦將影響研究結果的準確度。此外，衡量方法 (Measurement Method) 及訪問人員的素質 (Interviewer Quality) 等因素也是導致偏差 (Error) 的因素。本小節所指的誤差，專指取樣結果所構成樣本標準差而言，至於其他因素所引起的誤差不在本小節討論之列。

就統計準確度來講，一般單指取樣誤差 (Sampling Error)，故準確度高低，常視抽取樣本大小而定。一般而言，樣本愈大，準確度愈高；樣本愈小，準確度愈低。根據統計學的理論，準確度的變動率因樣本數的平方根而異，樣本的標準差是以樣本數去除標準差而得。即設 S 為「標準差」(Standard Deviation)，$S_{\bar{X}}$ 為「樣本標準差」(Standard Error of Sample)，則

$$S_{\bar{X}} = \frac{S}{\sqrt{n}}$$

例如，從過去已有的研究得知母群體的標準差是 20，則抽取一個樣本、四個樣本、或十六個樣本，其標準差將由 20 降至 10，再降為 5，可見標準差係隨樣本數平

方根而遞減。而標準差愈小，即表示從樣本估計母群體的特性或現象愈準確。故設有一 1,000 人的學生群體，研究樣本為 25 位，研究者欲使樣本估計值的準確性加倍時，就必須使樣本數變為原來的四倍，亦即樣本數須從 25 增加到 100。

現在有些人有一種不正確的觀念，以為抽樣的時候，只要樣本數在群體中所佔的百分比，達到某一定水準就好，好像樣本的大小本身有絕對的代表性。其實，單單樣本大小是不夠的，假使一個群體在開始的時候，就沒有代表性，則樣本再怎麼大也沒有用。再如抽樣方法不適當，雖然抽了 1,000 個樣本，還不如用適當的方法抽取 100 個樣本來得可靠。

一般而言，決定樣本的大小，除了考慮估計數值的準確度外，還須考慮三個因素：⑴研究者的時間、人力及財力；⑵預定資料分析的程度；⑶群體內個體之相似性。

從理論上來說，樣本愈大，準確度可能愈高，但在實際上常受人力、財力及時間的限制，而無法抽取很大的樣本。又，由於分析程度的不同，樣本數亦將因而有異，例如，迴歸分析中自變數的個數不同，所需的樣本數亦因而隨之增減。此外，群體內個體的相似程度愈高，亦會影響所需樣本的大小，凡是同樣大小的群體，個體間差異較大者，所應抽取的樣本數，應較各個體差異較小的群體所應抽取的樣本為大。以上所述在前面亦曾提過，此處再加以強調。

第六節　衡量與量表 (Measurement and Scale of Measurement)

一、衡量 (Measurement) 的定義

史地文斯 (S. Stevens) 在 1951 年出版的《實驗心理學手冊》內，〈數學、衡量與心理物理〉一文中，對「衡量」(Measurement) 所下的定義為：「廣義的來講，衡量係指根據法則而分派數字於物體或事件之上的行為。」這個定義已簡要的說出衡量的基本性質。由字面上看，構成衡量的三個要素為：⑴數字 (Number)，⑵物體或事件 (Object or Event)，以及⑶分派法則 (Rules of Allocation)，茲略加說明如下。

1. 數字 (Number)

一般來說，我們可以把衡量中的一個數字當作一種物體或事件特徵的代表符號 (Symbol)。所以我們常以 120 磅代表某一個體的體重，就像以 5 英尺代表一個人的身高。同樣地，形容一個人的普通智力，可以用「聰明」，也可以用 "IQ 110" 表示，

不論是那一種情況，符號只是抽象的東西，而不是物體或事件的本身，只代表物體或事件的特性，除非研究者賦予意義，否則它們不具任何意義。

2.物體或事件 (Object or Event)

一般來說，物體或事件是代表研究者所欲研究對象，說得更明確點，就是研究者所欲研究的事物的屬性或特徵，例如，在教育研究方面，雖然研究對象是學生，但真正研究的卻是學生所具有的具體特質，如閱讀能力、理解力、抽象思考的能力、學習效果等屬性。

3.分派的法則 (Rules of Allocation)

所謂衡量法則 (Rules) 即如何將數字按照特定的「指引」(Guidance, Directive)，分派給每一個衡量對象。一個好的衡量法則所使用的「符號」或「數字」應能真確地代表所欲衡量的特質。換言之，特質本身與符號（數字）系統的結構間的關係，愈趨一致，則衡量的結果，便愈能適合研究的需要，這種平行性的特質，稱之為「形式對稱性」(Isomorphism)。法則是數字（符號）與研究對象之間的橋樑，因此，研究者在做研究設計時，對於衡量法則是否適宜，不應掉以輕心。

二、健全衡量應有之特性 (Characteristics of Sound Measurement)

健全的衡量至少應具備三種特性：⑴客觀性 (Objectivity)，⑵效度 (Validity)，及⑶信度 (Reliability)，略加說明如下：

（一）客觀性 (Objectivity)

所謂「客觀性」指衡量的結果不會因研究人員而異。如果所設計之度量工具很客觀，則衡量工作即使由不同的人執行，其結果在可容許的範圍內將是一致。換言之，若衡量本身具有高度的客觀性，則使用者的主觀影響會降至最低限度。至於衡量分數要客觀，則必須要求「衡量項目」(Measurement Items) 亦須具有客觀性，因此，應剔除主觀成分太重的項目，或誤導性項目 (Mis-leading Items)。

同時，在擬定衡量表或問卷時，應格外小心，不可有意義不清楚的地方。擬定之後，最好請人校閱，修改意義不清楚的地方，所以在正式的測驗之前，必須先進行一次「試測」(Pre-test)，看看是否在計分及語意上均具有客觀性。

一般而言，要考評衡量是否客觀，應注意兩點，第一、施行測驗的手續有無一致的標準程序？對於項目之說明與測驗的時間，有否嚴格之規定？第二、評分是否客觀？至於衡量表的客觀性，則須被訪問者同意衡量表中所要研究的事實，且每個接受訪問者都知道該回答什麼；當然，被訪問者不同時，其答案不一定相同。

若使用觀察法 (Observation Method) 進行搜集資料的工作，可先對觀察者 (Observers) 加以訓練，將有助於客觀性的提高。

（二）效度 (Validity)

所謂「效度」亦稱「真實度」(Degree of Truth)，係指一個衡量尺度能正確地測出目標受測者之「真正特質」(Real Characteristics of the Target) 之程度。例如，一尺長的布用刻度正確的尺來度量，結果一定是一尺，絕不可能較長或較短，否則這把尺便缺乏正確性，或說缺乏效度。在此例子中，「尺」就是衡量尺度 (Measurement Scale)，而一尺長的「布」即為「受測物」。布的「長度」(Length) 才是所要測量的「特質」，或稱變數 (Variable)。

在研究的衡量中，如果某一衡量能正確地測出研究者所要測量的變數，則此測量方法就可說合乎效度的要求。如果我們想衡量某一特質，測驗結果真的是測出了該特質應有的程度，則我們所用的衡量工具便具有高效度 (High Validity)，亦即此測驗是有效的。

通常所稱的「效度」可分為三種不同種類：⑴內容效度 (Content Validity)，⑵預測效度 (Predictive Validity) 與同時效度 (Concurrent Validity)，⑶結構效度 (Construct Validity)。換言之，「效度」是一種多層面的概念，並不是泛指所有特質的普通名詞。

一個測驗的效度，必須依其特定的目的、功能、及適用範圍，從不同的角度搜集各方面的資料，分別考驗之。考驗效度的方法甚多，名稱亦隨之而異，以上的分類係根據美國心理學會 (American Psychological Association)，在 1974 年所發行的《教育與心理測驗之標準》(*Standards for Educational and Psychological Test*) 一書。茲分別說明之。

1. 內容效度 (Content Validity)

所謂「內容效度」係指有系統的檢查測驗內容的適切性，考量測驗對象對所欲研究的特質是否兼顧各部分，並且有適當的比例分配。例如「成就測驗」(Achievement Test) 之主要目的，在測量個人在某一學科教學活動中學習的結果，所以試題必須針對教材的範圍與內容，依據教學的目標，就學生行為特質的不同層面加以評量。至於內容效度之高低，則視試題能否適當反映教材內容的重點與行為特質的不同層面而定。換言之，健全的成就測驗，應具有相當水準的內容效度，並能測出學生在各個層面的真正學習結果。

與「內容效度」意義不同，但常被相提並論的是「表面效度」(Face Validity)。所謂「表面效度」係指測驗採用者或受試者主觀上認為有效的程度。顯然地，「表面

效度」與「內容效度」並非同一件事，不過，在研究上為了取得受試者的信任與合作，對表面效度亦不容忽視。因此，在測驗的取材方面，必須考慮受試者的經驗背景，選用合適的試題內容和用語，使測驗兼具內容效度和表面效度。

2. 預測效度與同時效度 (Predictive and Concurrent Validity)

兩者合稱「效標關聯效度」(Criterion-Related Validity)，又稱實徵效度 (Empirical Validity) 或統計效度 (Statistical Validity)，係以測驗分數的高低和效度標準之間的相關係數，來表示測驗效度之高低。所謂「效標」，係指所欲測量或預測的特質之指標 (Indicators)，有些是屬於現時可以獲得的資料，有些則須假以時日才能分曉，茲分兩者說明。

(1)同時效度：係指測驗分數與當前效標之間的相關而言。例如編製一套國中數學成就測驗，可於測驗編妥後，從適用的對象之中，隨機抽取樣本接受測驗，將測驗所得分數，與他們在校的數學成績求取相關，若達到統計上的顯著水準，即表示該測驗可廣泛地適用於所要衡量的對象，並能顯示適用對象在學習數學方面的成就。

(2)預測效度：係指測驗分數與將來效標資料之間的相關而言。此種效度的鑑定，乃運用追蹤的方法，對受試者將來的行為表現，做長期連續性的觀察及記錄，然後以累積所得的事實性資料，與當初的測驗分數進行相關分析，據以衡量測驗對受試者將來真正成就的預測能力。預測效度在人事管理方面，對人員的甄選、分類與安置工作甚為重要。

3. 結構效度 (Construct Validity)

所謂結構效度或稱建構效度，係指某種測驗能衡量出理論的概念 (Concept) 或特質之程度。以心理測驗為例，即指從心理學的觀點，就測驗的結果加以詮釋和探討，若能解釋的程度愈高，即表示該測驗的建構效度愈高。所謂「建構」，係理論上所涉及的概念、特質或變數，如心理學上的智力、焦慮、成就動機等。

在建構效度考驗的過程中，必須先從理論出發，導出有關研究特質的假設，再根據這些假設，設計和編製測驗題，將測驗所得結果，利用各種分析技術，從理論上解釋，以查核測驗結果是否與理論觀點相符合。例如從現代智力的觀點 (即理論)，可推出四項假設：(1)智力隨年齡而增長；(2)智力與學業成就有密切的關係；(3)智商是相當穩定的；(4)智力受遺傳的影響。心理學者針對智力的心理功能，根據上述的假設，編製智力測驗題，再就實施測驗所得資料加以分析，若發現受試者的測驗分數隨年齡而增加，其智商在一段時間內保持相當的穩定性，而且智力與學業成就之間確有正相關存在，同卵雙生子的智力之相關亦高於一般的兄弟姐妹，則這些實際

的結果資料，就成為肯定此一測驗建構效度的有力證據。

4.影響效度的因素

測驗的效度有不同的層面，其鑑定的方法視測驗的性質與功能而定。上述各種效度分別自不同的角度說明測驗的正確性，涉及測驗的內容、效標和樣本、以及理論依據等事項，可見一個測驗之效度高低受許多因素的影響，可歸納為下列五個因素：

⑴測驗組成 (Components)：舉凡測驗的取材、測驗的長度、試題的良劣（即鑑別力）、難度及其編排方式等，皆與效度有關。若測驗的材料經審慎的選擇，測驗的長度恰當，試題具有相當的鑑別力，並且難易適中，並做合理的安排，則該測驗的效度高，否則效度低。

⑵測驗實施的過程 (Process)：若主試者能適當控制測驗情境，並且遵照預定的各項規定進行測驗，則可減低外來的影響，而提高測驗結果的正確性。因此，在實施測驗的過程中，無論是場地的布置、材料的準備、作答方式的說明、時間的限制等，都應加以標準化。

⑶受試者的態度 (Attitude)：任何測驗是否有意義，須視受試者是否願意全力合作，否則不易測出其真正的特質程度。

⑷效標選擇 (Criterion)：選擇適當的效標是實徵效度的先決條件，若因所選的效標不當，以致測驗的效度不能顯現出來，則測驗的價值可能被湮沒。一個測驗因所採用的效標不同，其效度係數可能差異甚大。

⑸樣本之抽取 (Sampling)：考驗效度所用的樣本，必須確能代表某一測驗所擬應用的全體對象。一個測驗應用於不同的對象，由於他們在性別、年齡、教育程度與經驗背景上的差別，其測驗功能不一致，效度亦隨之而異。

（三）信度 (Reliability)

所謂「信度」亦稱「可靠度」(Reliability)，係指用一套量表 (Scale) 對同一或相似母體重複進行調查或測驗，所得結果相一致 (Consistence) 之程度。也就是說，吾人利用一量表來測量某人或某件東西之某種現象時，假使施行測驗之手續與記分方法相同，則今日衡量之結果與明日衡量之結果相一致之程度，或施以相同之兩種量表，其結果相同一致之程度。例如，對相同地區民眾進行前後二次同性質的民意測驗，若所得的結果近似，則吾人可說其測驗信度甚高，否則其信度低。又例如用同一彈簧秤稱某一物體，稱了好幾次的結果都是相同的重量，則可說該秤的信度甚高，若稱兩次的結果皆不相同，則其信度甚低。

1.信度之涵義

換言之，信度包括下列三層意義：

第一層意義：信度即穩定性 (Stability)、可靠性，或可預測性，若以同一測量尺度多次來測量某一物體或事件，均可得到相同的結果，則此一衡量的穩定性高。

第二層意義：信度即正確性 (Accuracy)，即測量尺度應能表示出其正確性，再用此正確的尺度來測量真實的物體或事件本身。

第三層意義：測量尺度在測量上要有一致的結果，如對四位學生做某一學科的測驗，第一次所得到的分數為 95, 93, 90, 85, 70，第二次所得成績則為 96, 90, 80, 70, 60，前後兩次分數雖然不同，但等級順序則相同；換言之，信度是衡量分數之一致性，即當我們重複測幾次時，雖然其分數稍有不同，但其等級的排列卻是一致的。

2.決定信度之方法

一般常用於決定衡量工具之信度的方法，可區分為兩類：⑴外在一致性程序，⑵內在一致性程序。

⑴外在一致性程序 (External Consistency Procedures)：

「外在一致性」是採重複測驗 (Repeat Test) 的方法，來確定某一測量的信度。可比較同一群體，不同時間的測驗結果；或比較兩種不同工具但同時進行之測驗結果，此即再測驗法及平行測驗法。

①再測驗 (Test-Retest)：這是一種最普通、最常用的信度決定方法。這種方法是先進行一次測驗，經一段時間後再進行一次測驗，兩次測驗的程序和工具完全相同，則兩次測驗得分的相關程度就是這測量工具的信度。再測驗的方法只適用於穩定的社會情境，因若社會環境的變動甚大，個體或團體的行為將跟著改變，將造成判斷上的困擾；此外，兩次測驗的相隔時間也是個重要的考慮因素，相隔時間過短或過長皆屬不當。過短的話，受試者可能經由記憶或回憶來做第二次測驗；過長的話，第二次測驗的結果容易有外來變數的介入影響，而這些變數常不容易確認出來。

②平行測驗 (Parallel Tests)：在採用此種方法時，研究者必須設計兩套測量工具，但這兩套工具必須皆以測驗同一主題現象為原則。這樣可以克服利用再測驗所可能產生的記憶作答情形，而免除兩次測驗的限制。但其缺點是兩套測量工具的設計並非易事，並且完全相同的測驗主題現象之原則，不易建立及把握。

⑵內在一致性程序 (Internal Consistency Procedures)：

「內在一致性程序」是基於一個人所具有的某種特質，將可由測驗項目中反映出來的基本假定。如一個人喜歡他的工作，則他將不可能回答不喜歡。經由內在一

致性的檢驗，研究者可以決定那些測驗項目與測驗主題不一致，而加以去除，使得測驗的內在一致性得以改進。一般常用的方法有「折半相關技術」及「項目判別分析」兩種。

3.影響信度的因素

信度與誤差變異之間有密切的關係，誤差變異愈大，信度愈低；誤差變異愈小，信度愈高。為探討影響信度的因素，必須先分析誤差變異的來源。H. B. Lyman 曾提出五個層面的模式 (Five-Dimensional Model) 說明誤差變異的來源：

第一、來自受試者方面：例如身心健康狀況、動機、注意力、持久性、作答態度等均隨時在變動中。

第二、來自主試者方面：例如不按照規定實施測驗、製造緊張氣氛、給予特別協助、評分過度主觀等。

第三、來自測驗內容方面：例如試題取樣不當、內部一致性低、題數過少。

第四、來自測驗情境方面：例如測驗環境條件如通風、光線、聲音、桌面好壞、空間闊窄等皆具有影響的作用。

第五、來自時間影響方面：例如兩次測驗相隔時間愈久，其他無關變數介入的可能性愈大。

至於影響測驗信度的主要因素，可歸納為下列三項：

⑴測驗之長度：在適當的限度內，且合乎同質性的要求，一個測驗的題數愈多，其信度也愈高。

⑵受試人員的變異性：在其他條件相等的情況下，團體內成員特質分布的範圍愈廣，其信度係數愈大。

⑶間隔時間的長短：以再測驗方式或同一測驗的平行方式求信度，兩次測驗相隔時間愈短，其信度愈高；但為避免記憶的影響，相隔時間自亦不宜過短。

三、四種類型的衡量尺度 (Measurement Scales)

事件特性的衡量有四種程度，即⑴名目類別，⑵等級順序，⑶距離和⑷比率。此四種程度產生了四種類型的尺度 (Scales)。有些測量專家僅承認等級順序、距離和比率等三個尺度。其實，只要我們瞭解這些不同尺度和水準的特徵，自然不必過分苛求。

1.名目類別尺度 (Nominal Scale)

「名目類別尺度」(Nominal Scale) 是衡量水準最低的一種，它只表明名稱上之

不同而已，並不表示順序或數量上的差別。嚴格說來，它又可分為「標記」(Label) 和「類別」(Category) 兩種。

⑴標記 (Label)：數字常被用來代表事物的名稱，而非用來做數量分析。例如學生的學號僅被用來代替學生的姓名，便於資料的處理，若說第 11 號＋第 12 號＝第 23 號，顯然就沒有意義，因為陳先生（11 號）＋李先生（12 號）並不等於王先生（23 號）。

⑵類別 (Category)：所謂類別是使用數字來代表物體的團體，例如將男、女學生分別以 1 與 2 表示之。類別與標記具有密切的關係，它們的相同點是所用數字都不能用來做數量的分析。不過，它們仍有相異之處，即「類別」的每個數字，都代表一個以上的物體，且在分類時，分派到相同數字的所有物體，在某些屬性上都是相似。

2. 等級順序尺度 (Ordinal or Ranking Order Scale)

「等級順序尺度」要求將一個集合中的物體按操作性定義所界定的明確特徵或屬性，而排列成大小或先後順序。等級順序之測量程序有好幾種，最簡單的一種是排名順序法 (Method of Rank Order)，要求受試者，將一組刺激物，依某種屬性，由一個極端依序排到另一個極端。例如汽車製造廠商為了想知道消費者對汽車的看法，將五種類型的汽車如 Benz, BMW, Cadillac, Ford, Toyota，請十個受試者，按「耐久性」(Durability) 的高低加以排列順序。

較為徹底的第二種等級順序測量程序是配對比較法 (Method of Paired Comparisons)。要求受試者在一定時間內，就所有可能的配對，排列出每對刺激的大小或次序。

與配對比較法相類似的是恆常刺激法 (Method of Constant Stimuli)，係以一種標準刺激，逐次與一組物體中的各個成員相配對比較，標準刺激與該組刺激以隨機的順序相配。

最後一種等級順序測量程序是連續性類別法 (Method of Successive Category)，要求受試者把一群刺激分成若干顯然不同的類別。

等級順序測量尺度所得到的資料只是「順序」(Order) 資料，顯示研究對象所具某特定屬性的等第順序而已，如第一名、第二名、第三名……。除此以外，別無其他意義。這些等級數字並不顯示屬性的真正數量，而且也不告訴我們數字間的間隔是否相等，此外，它們並沒有絕對的零點。當然，等級順序尺度可以說出名目類別的意義，所以等級順序尺度可包含名目類別尺度。

3. 距離尺度 (Interval Scale)

「距離尺度」除具有名目類別和等級順序尺度的特徵外，並要求尺度上的等差代表所測量的特質的量之等差，亦即 $(d-a)=(c-a)+(d-c)$。如果一種距離尺度的情況如下：

$$(4-1)=(3-1)+(4-3)$$

圖 25-1

但，我們不能說 d 的屬性等於 b 的屬性之兩倍，因為距離尺度並沒有絕對的零點。

4. 比率尺度 (Ratio Scale)

「比率尺度」是測量的最高水準，而且也是科學家的理想尺度。比率尺度除含有名目類別、等級順序和距離尺度的特徵之外，還有一個具有特徵意義的零點，如果一項測量結果在比率尺度上是零，那麼我們便可說某些物體並未具備被測量的屬性或特徵。

由於比率尺度具有一個絕對零點，所以算術的所有基本運算均可使用。換句話說，比率尺度所得到的數字，都可以加減乘除。由於運用不同的尺度量表，所取得的資料具有不同的特質，所以在進行資料分析時，所採用的統計技術，必須首先考慮到資料的特性，針對研究的目的，而選用適宜的分析方法，才能提高研究結果的說服力。

第七節　資料分析 (Data Analysis)

所謂「資料分析」(Data Analysis) 係指把搜集到的資料，加以分門別類的處理 (Adjustment) 與安排 (Arrangement)，使成為有意義的群體，再找尋出它們彼此間的關係 (Relationship)，進而加以詮釋 (Interpretation)，並提出建議 (Suggestions) 供決策者參考。

資料搜集後，如不加以整理與分析，則資料特性無法呈現出來，但如果將資料做了不適當的處理，則會歪曲了資料的特性，進而影響研究結果，可見資料分析的

重要性。

一、編輯、編譯及特殊問題的處理 (Editing, Translation and Dealing with Special Problems)

1. 資料的編輯 (Editing)

本質上，「編輯」乃是把有錯誤及疏忽之資料檢查 (Inspection) 出來，可能的話再加以修正 (Correction) 之程序。編輯的目的，係要使資料⑴儘可能正確 (Accuracy)；⑵與其他之事實相一致 (Consistence)；⑶被處理的機會一樣大 (Equal Opportunity)；⑷儘可能地完整 (Completeness)；⑸能被表列 (Tabalation)；⑹加以適當的安排 (Arrangement)，使編譯及列表容易進行。

2. 資料的編譯 (Translation)

編譯的程序乃是以指定之數字 (Number) 或其他的符號 (Symbol)，給予問題的答案 (Answers)，期使回答之答案，能被分成幾個有限之群體 (Limited Groups)，這種分類的程序，必須注意下列四個規則：

⑴分類須有益於研究問題的解決及研究目的的達成，亦即適當性 (Appropriateness)。

⑵分類必須詳盡完善，即完全性 (Exhaustiveness)。

⑶各分類後之群體，須具有互斥性 (Mutual Exclusivity)。

⑷須以同一分類之原則來進行分類，即單一方向性 (Single Dimension)。

3. 特殊問題資料的處理 (Special Data Problems)

無論使用多完善的研究工具，在所收回的資料之中一定有些難以處理的答案在內。這稱之為「不知道」(Don't Know) 的問題。處理「不知道」問題最好的方法乃是設計出較好的問題 (Better Questions)，事先預防這類答案的發生。如果此類答案之發生具有隨機性，可將「不知道」發生之總數以同一比例分配於所有答案中，如此則有助於資料的表格化。

二、單變量分析 (Analysis of Single Variable)

單變量分析包括「假設的檢定」(Hypothesis Tests) 與「顯著性的檢定」(Significance Test)，茲分別分析於下。

（一）假設的檢定 (Hypothesis Tests)

1. 兩種檢定方法 (Two Approaches of Hypothesis Testing)

「檢定假設」的方法有二，第一為發展較完備之「古典法」(Classical Approach)，或稱樣本理論法 (Sampling-Theory Approach)。此法的主要步驟在指出依賴樣本資料來分析的客觀可靠性（或機率），而從樣本資料，我們可以「接受」(Accept) 或「拒絕」(Reject) 原先建立的假設。檢定假設的第二個方法是「貝氏法」(Bayesian Approach)，此法為古典法的引申，也是使用樣本資料以供決策分析，但貝氏法進一步把其他可得的資料（絕大部分為主觀的機率估計），一併提供給決策者。這些主觀的機率估計屬於「事前」的機率分配 (Prior Distribution)，而當我們獲得樣本情報後，此一「事前」分配可加以修正 (Revise)，修正後的估計值稱為「事後」機率分配，此事後分配還可以再根據進一步的資料再加以修正。由建立各種決策規則 (Decision Rules)，並導入成本 (Costs) 與效益 (Benefits) 的估計值，可以得到不同決策組合的「期望」結果 (Expected Outcomes)，比較各決策方案的「期望值」（成本或效益），可選出一最佳的決策方案。

2. 統計顯著性 (Statistical Significance)

依照樣本理論法 (Sampling-Theory Approach)，我們全憑樣本情報來決定「接受」或「拒絕」一個假設。但樣本與母群體之間多少仍有「差異」(Variance)，因此我們必須判定這個差異在統計觀點上究竟是顯著或不顯著。一項差異是否統計顯著，須視其是否為母群體的真正差異所導致而定。例如一家連鎖零售店的會計員關心公司顧客的貨款是否有滯緩償還的情形。假定他以應收帳款的平均收回期間來衡量貨款償還的速率，若照一般的情況，應收帳款收回期間平均為 50 天，標準差為 10 天，而他分析目前該店「所有」顧客的資料，發現平均要 51 天才能收回帳款，則此一微小差異是否為統計顯著？答案是「肯定」的，因為此差異是普查所得的結果，並非由樣本資料而來。至於有統計顯著性，是否即有實質顯著性 (Practical Significance)？則是另一回事。如果會計員認為這項差異在決策上無關緊要，則該差異即無實質顯著性。假定隨機抽取 25 個帳戶，並計得其平均償還期間為 54 天，如果此一樣本平均值的差異絕少可能是由樣本的隨機擾動 (Random Sampling Fluctuation) 所引起，則此差異即具有統計顯著性。

上例中的顯著性檢定是比較「樣本統計值」(Sample Statistic) 與「母群體母數」(Population Parameter) 之間的差異。另一類型的顯著性檢定則是比較二個或二個以上的樣本，以決定其是否來自相同的母群體。例如由臺北區的連鎖店顧客帳戶中抽

樣，算得其償還期平均為 49 天，而由高雄區的類似樣本中所得到的平均數為 55 天，則此二樣本是由於這二區的本質差異（即係由於來自本質不同的母群體）所致？抑或係由於抽樣擾動本身所生的差異？

3. 假設檢定的理論 (Theory of Hypotheeis Tests)

在抽樣理論檢定假設的方法中，有一「虛無假設」及一「對立假設」。所謂虛無假設 (Null Hypothesis) 即一樣本統計量與母群體母數之間沒有顯著差異的陳述。所謂「對立假設」(Alternative Hypothesis)，即為與虛無假設有相反陳述之假設。以上述應收帳款問題為例，我們可以陳述虛無假設如下：「50 天的平均償還期仍未改變。」對立假設可以用好幾種方式表達。其一為：「平均償還期已改變，而不再是 50 天。」另一種方式為：「平均償還期已超過（或低於）50 天。」前一式屬兩尾假設 (Two-Tailed Hypothesis)，後一式則屬單尾假設 (One-Tailed Hypothesis)。正式的假設亦可由下列方式表達：

虛無假設　　　　$H_0 = \mu = 50$ 天（平均期為 50 天）

對立假設　　　　$H_A = \mu \neq 50$ 天（平均期不是 50 天）

或　$H_A = \mu > 50$ 天（平均期超過 50 天）

或　$H_A = \mu < 50$ 天（平均期少於 50 天）

在進行這些假設的檢定時，我們採用下述的決策規則：如果分析結果不能拒絕虛無假設，則接受 H_0，並且不做修正行動。如果拒絕虛無假設，亦即找到統計顯著差異時，則接受對立假設，並採取適當的修正措施。

然而在做這樣的決策時，我們亦冒著決策錯誤的風險，我們可能接受本應廢棄的虛無假設；也可能廢棄本應接受的虛無假設。後者稱為「第一型錯誤」(Type I Error)；前者稱為「第二型錯誤」(Type II Error)。並以 α 表示拒絕一個真假設的概率，亦即第一型錯誤的概率，以 α 值通稱為顯著度 (Level of Significance)；第二型錯誤的顯著度則以 β 表示。

假定我們面臨上述的問題：決定應收帳款的平均收回期是否已改變。如果母群體的平均數是 50 天，母群體標準差為 10 天，樣本數為 25 個帳戶。根據這些資料，可以算出樣本平均分配的標準差 (The Standard Deviation of the Distribution of Sample Mean)：

$$\sigma_X = \frac{\sigma}{\sqrt{n}} = \frac{10}{\sqrt{25}} = 2$$

σ_X = 樣本平均分配的標準差

σ = 母群體標準差

n = 樣本數

設若決策規則是當 $\overline{X}$ 小於 46 或大於 54 時拒絕 H_0，並採取修正行動，則下圖中陰影部分為拒絕區域，而由 46 到 54 的區域則稱為接受區域。

圖 25–2

由於樣本平均數係呈常態分配，故 α 可以根據標準化後的隨機變數計算而得。

$$Z = \frac{\overline{X} - \mu}{\sigma_X}$$

$$Z_1 = \frac{\overline{X}_{C1} - \mu}{\sigma_X} = \frac{46 - 50}{2} = -2$$

$$Z_2 = \frac{\overline{X}_{C2} - \mu}{\sigma_X} = \frac{54 - 50}{2} = 2$$

$\overline{X}_C$ = 樣本平均值的臨界值 (Critical Value)

μ = 在 H_0 中所陳述的母群體平均值

σ_X = 樣本數 25 的樣本平均值標準差

由常態分配的面積表，可知包含在正負各兩個標準差之外的面積為 0.0456 或 4.56%；即當虛無假設為真時，下達正確決策的概率為 95.44%。

我們可以藉移動臨界值，以改變第一型機率的發生機率。換言之，我們亦可以先決定要接受多大或多小的 α 值，然後調整臨界值使其恰好達到此錯誤機率。我們也可以改變樣本數，從而變更分配的離散度 (Dispersion)，譬如樣本數若達到 100，則廢棄區域要達到 4.56% 的臨界值，就變成 48 和 52。

4. 假設檢定的步驟 (Steps of Hypothesis Testing)

由以上簡例可以看出，統計顯著性的檢定大致上依下述步驟進行：

第一步、陳述虛無假設：雖然研究者通常真正關心的是檢定改變，或有差異存在的假設，但我們總是使用「虛無假設」以達到統計檢定的目的。

第二步、選擇檢定的方法：檢定假設的方法不只一種，因此必須選擇一種比較適宜的方法。選擇的考慮因素有四：⑴檢定的效能，⑵抽樣的方式，⑶母群體的性質，及⑷所用的測量尺度 (Measurement Scale) 的類型。有效的檢定可以較少的樣本達成相同的顯著性檢定。

第三步、選定顯著水準 (Level of Significance)：顯著水準的選定必須在開始收集資料以前。

第四步、計算差異值 (Variance)：資料收集後，即依所選定的檢定公式計算差異值。

第五步、找出臨界檢定值 (Critical Level)：先算得 t 值、x^2 值或其他的檢定值後，可在該分配的表列中找出對應的臨界值，此臨界值可界定虛無假設的拒絕區域或接受區域。

第六步、做決策：如果所計得的檢定值在接受區域之外，便拒絕虛無假設，而得到支持對立假設的結論（雖然我們無法直接證明對立假設為真）；反之，所得的值在接受區域之內，則因我們無法拒絕虛無假設，便只好接受虛無假設。

(二) 顯著性的檢定 (Testing Significance)

1. 檢定的兩種型態

顯著性檢定可分兩點——母數與無母數檢定 (Parametric and Non-parametric Tests)。母數檢定比較有效，因此，只要符合使用的條件，一般多使用母數檢定法，其條件有四：

⑴需為獨立之觀察 (Independent Observations)：亦即任何樣本之抽取都不影響其他母群體元素被選取的可能性。

⑵樣本需採自呈常態分配 (Normal Distribution) 的母群體。

⑶母群體變異須相等。

⑷使用距離尺度以上的衡量尺度。

在使用「母數檢定法」時，通常都假設符合上述條件，雖然在事實上通常沒有驗證其一致性。但是使用符合上列條件的人工母群體去實證的結果顯示，這種檢定非常有力，而且，即使實際情況與理論上的要求稍有差異時，其效果仍然相當良好，因此，常可看到母數檢定法被用在嚴格說來只適用無母數檢定法的情況。

「無母數檢定法」比較沒有嚴格的限制，既不需要有母群體為常態分配的假定，

也不必符合母群體變異相等的條件。雖然有些無母數檢定法仍需要觀察彼此獨立的假定，但有些則是特別設計來檢定樣本元素有關係存在的情況。

無母數檢定法是唯一適用檢定「類別名目」資料 (Nominal Data) 的方法，同時也是能真正檢定「等級順序」資料 (Ordinal Data) 的方法，雖然這些資料有時也用母數檢定法。無母數檢定法亦可用於距離尺度資料與比率尺度資料。無母數檢定法比較容易使用，也易於瞭解。即使在適合母數檢定法的情況，無母數檢定法也常能達到百分之九十五的檢定效能，亦即無母數檢定若以樣本數 100 來進行檢定，則其統計檢定的效果將等於樣本數 95 的母數檢定效果。

2.單一組樣本的檢定

單一組樣本之檢定，其待檢定之假設為：該樣本是否來自某特定之母群體？例如：

⑴我們所觀察到的次數 (Observed Frequencies) 是否與我們根據某些理論所推導出來的期望次數 (Expected Frequencies) 有差異？

⑵我們所觀察到的和所期望的比例值 (Proportions) 是否有差異？

⑶樣本是否依某種特定的分配 (如常態分配、波松 Poison 分配等)，由母群體中抽取而得？

⑷樣本的集中趨勢 (Central Tendency) 與母群體母數之間是否有顯著的差異？ (如 $\bar{X}$ 與 μ 是否有顯著的差異？)

適合上述問題的檢定方法很多，茲分別舉例介紹。

第一、母數檢定法： t 檢定 (t-Test) 乃用以決定樣本平均值與母群體母數之間的統計顯著性。典型的應用例有：

⑴比較兩樣本的電燈泡平均壽命 $(\bar{X}_1 - \bar{X}_2)$，以決定某一生產批次是否符合品管規範。

⑵比較可能參加某一晚宴的人數比例值是否達到母群體的某一百分比 $(P_S - P_P)$。

⑶判定某一受過訓練的樣本員工之平均績效，是否高於過去全部員工的平均績效 $(\bar{X}_1 - U)$。

為說明單一組樣本 t 檢定的應用，讓我們再回到前述會計員的問題。假定他採 100 個帳戶做樣本，並發現樣本平均值為 52.5 天，樣本標準差為 14 天，此一結果是否顯示母群體平均值仍可能為 50 天？在此我們遇到一個常有的情況，即我們只知道樣本的標準差 (S)，因此我們必須以它代替母群體標準差 (σ)，在以 S 代替 σ 時，我們須使用 t 分配，尤其在樣本數少於 30 時更宜如此。我們定義 t 為：

$$t = \frac{\overline{X} - \mu}{S\sqrt{N}}$$

$\overline{X}$：樣本平均值

μ：母體平均值

S：樣本標準差

N：樣本數

當樣本數愈大，t 分配 (t-Distribution) 愈接近標準常態分配 (Normal Distribution)，t 分配因自由度不同而變化（此處之自由度 Degree of Freedom 為 $N{-}1$）。依照前述的六段顯著性檢定，此問題可處理如下：

①虛無假設：H_0：$\mu = 50$ 天

　　　　　H_A：$\mu > 50$ 天（右尾檢定）

②統計檢定方法：因資料為比率尺度，故選擇 t 檢定。假定母體為常態分配，且我們係由母群體中隨機抽取樣本。

③顯著水準：令 $\alpha = 0.05, N = 100$

④計算統計量：$t = \dfrac{52.5 - 50}{14/\sqrt{100}} = 2.5/1.4 = 1.786$；自由度 (d.f.) 為 $N - 1 = 99$。

⑤臨界檢定值：由 t 分配表知，在 d.f. $= 99, \alpha = 0.05$ 時之臨界值為 1.66。

⑥由於算得的統計量大於臨界值 (1.786 > 1.66)，因此我們拒絕虛無假設，而獲得「應收帳款平均收回期增長」的結論。

第二、無母數檢定法：適用於單一組樣本的無母數檢定法有好幾種，其適用性端視所用之衡量尺度與其他狀況而定。若為類別名目尺度，則可以用二項式檢定或 x^2 檢定。二項式檢定 (Binominal Test) 適用於當母群體可以分成兩類之情況，如「男性」和「女性」，「購買者」和「非購買者」等，尤其當樣本數過小，以至於無法使用卡方 x^2 檢定時，二項式檢定特別有用。

⑴卡方 x^2 (Chi Square) 檢定：

最常使用的無母數顯著性檢定是 x^2 檢定 (Chi Square Test)。特別是用於「類別名目」(Nominal) 資料，但也可以用於較高級的衡量尺度。這種方法係屬檢定「適合度」(Goodness-of-Fit) 的一種，亦即檢定觀察資料中各類別名目的分配，是否與虛無假設所期望的分配間有顯著差異。x^2 檢定可用於單一組樣本分析，也可用於二組或多組獨立樣本，但所用之資料須為可計數之資料，並且不能用百分比。

在單一組樣本的檢定中，我們先建立一虛無假設，從而導出各類別名目的期望次數 (Expected Frequency)，然後比較實際的次數分配與期望的次數分配之間是否有差異，若差異愈大，表示此差異愈為真正差異，愈不可能由於機會所導致 (Caused by Chance)。x^2 值即表示此種差異的程度，其計算公式為：

$$x^2 = \sum_{i=1}^{k} \frac{(O_i - E_i)^2}{E_i}$$

O_i：第 i 類的觀察次數

E_i：根據 H_0 所推導出來的第 i 類期望次數

k ：類別數

自由度（Degree of Freedom，在此為 $k-1$）。若不同，則 x^2 的分配即不同，要適合 x^2 檢定需先確保每一類別的次數都足夠大。至於需要多大，則視自由度的大小而定。當 d.f. = 1 時，每一類別的期望次數至少要不低於 5；若 d.f. > 1，則期望次數有百分之二十以上小於 5，x^2 檢定便不適用。此時期望次數常可藉合併相鄰的類別而增加。如果只有二種類別而次數仍不夠使用 x^2 檢定時，便只能使用二項式檢定 (Binominal Test)。

假定我們舉辦學生對參加伙食團的興趣調查。我們訪問了 200 名學生，以瞭解他們如果參加此一擬議中的伙食團，其動機將為何。我們依照學生住宿的情形來分類。其結果如下：

表 25–1

住宿情形	欲參加人數	被訪問人數	百分比	期望次數
①住校舍	16	90	0.45	27
②在學校附近租房子	13	40	0.20	12
③在離校遠的地方租房子	16	40	0.20	12
④住在家裡	15	30	0.15	9
	60	200	1.00	60

各類學生意欲的不同是否為顯著性差異？或僅是抽樣的變異？同樣根據假設檢定的六段法，推演此問題如下：

①虛無假設：H_0: $O_i = E_i$，亦即想加入伙食團的人，其比率與住宿情形無關。

H_A: $O_i \neq E_i$，亦即想加入伙食團的人，其比率因住宿情況而不同。

②統計檢定方法：由於此問題所用資料是「名目類別」資料，且觀察值夠大，故使用 x^2 檢定。

③顯著水準：令 $\alpha = 0.05$, $N = 200$

④計算統計量：

$$x^2 = \sum_{i=1}^{k} \frac{(O_i - E_i)^2}{E_i} = \frac{(16-27)^2}{27} + \frac{(13-12)^2}{12} + \frac{(16-12)^2}{12} + \frac{(15-9)^2}{9} = 8.89;$$

$$\text{d.f.} = 3$$

⑤臨界檢定值：d.f. = 3, $\alpha = 0.05$ 時之臨界值為 7.82（查 x^2 分配表）。

⑥決策：由於所算得的統計量大於臨界值 (8.89 > 7.82)，故拒絕虛無假設，亦即在各類學生中想參加伙食團的比率有顯著的差異。

⑵KS (Kolmogorov Smirnov) 檢定：

當所用的資料至少為「等級順序」(Ordinal) 資料時，欲比較觀察的樣本分配與某一理論分配的差異時，宜使用 KS 檢定。因在上述情況下，KS 檢定比 x^2 檢定有力，且可用於 x^2 檢定不能適用的小樣本檢定。KS 檢定為一種「適合度」的檢定，係比較我們根據某一理論分配所導出的累積次數分配 (Cumulative Frequency Distribution) 與實際累積次數分配之間是否有差異存在的一種檢定方法。理論分配是我們根據 H_0 所產生的期望值。我們把理論和實際分配的最大差異值定義為 D，亦即令：

$$D = \text{Maximum} \, |F_0(x) - F_T(x)|$$

$F_0(x)$：隨機樣本的累積觀察次數分配，x 為任意之可能觀察值，亦即 $F_0(x) = K/N$，其中之 K 為觀察值，小於或等於 x 的數目，N 為樣本數。

$F_T(x)$：根據 H_0 所得的理論累積次數分配。

為說明 KS 檢定的方法，茲改用年級作為分析參加伙食團意欲的分類方式。在訪問時，各年級接受訪問的人數相等（五個年級），但所得的想參加的人數卻不同 (5, 9, 11, 16, 19)，假定年級為等級順序尺度，則其檢定過程如下：

①虛無假設：H_0：各年級想參加伙食團的人數沒有差異。

　　　　　　H_A：各年級想參加伙食團的人數有差異。

②統計檢定方法：由於係使用順序資料，且我們是想比較觀察分配與理論分配，故使用 KS 檢定。

③顯著水準：$\alpha = 0.05$, $N = 60$

④計算統計量：$D = \text{Maximum } |F_0(x) - F_T(x)|$

表 25-2

各年級人數	一年生	二年生	三年生	四年生	研究生
	5	9	11	16	19
$F_0(x)$	5/60	14/60	25/60	41/60	60/60
$F_T(x)$	12/60	24/60	36/60	48/60	60/60
$\|F_0(x) - F_T(x)\|$	7/60	10/60	11/60	7/60	0
$D = \text{Maximum } \|F_0(x) - F_T(x)\| = 11/60 = 0.183; N = 60$					

⑤臨界檢定值：因 $\alpha = 0.05$，查 KS 單一樣本檢定表，知此時之臨界值為 $1.36/\sqrt{60} = 0.175$。

⑥決策：由於所計算的統計量大於臨界值 $(0.185 > 0.175)$，故應拒絕虛無假設，亦即想參加伙食團的人數各年級的確有差異。

3.二組以上樣本之檢定

以上所舉之例為檢定單一組樣本的方法，有關二組樣本檢定，可用的檢定方法有：母數檢定法、McNemav 檢定法、Sign 檢定法、Wilcoxon 檢定法、x^2 檢定法、KS 法、二樣本檢定法、Mann-Whitney U 檢定法。

有關三組或三組以上的 K 組樣本檢定，可用的檢定方法有：變異數分析 (Analysis of Variance, ANOVA) 法、x^2 檢定法、中值檢定法、Kruskal Wallis 單向變異分析法、Cochran Q 檢定法、Friedman 雙向變異數分析檢定法等，可視資料的類別以及分析的目的，選擇適當的檢定方法。

三、多變量分析 (Multivariate Analysis)

至於多變量分析的模型及其應用，如多元迴歸 (Multiple Regression)、因素分析 (Factor Analysis)、Canonical Correlation Analysis、Path Analysis、Conjoint Measurement、主成分分析 (Principal Component Analysis)、區別分析 (Discriminant Analysis)、群落分析 (Cluster Analysis) 及 Automatic Interaction Detection 等技巧，亦分別有其適用範圍及效能，有興趣的讀者可自有關多變量分析的專書或論文中進一步加強此類技巧，本處限於篇幅，無法敘述殆盡。

第八節　研究報告之撰寫 (Writing of Research Report)

一、撰寫研究報告的基本觀念

一項研究工作的優劣繫於三個基本條件：⑴研究題目的選擇，⑵研究方法的運用，及⑶研究結果的表達。不少研究者對研究結果的報告，沒有給予適度的關切，甚為可惜。這種情形就好比一件製造精良、效能優越的產品，缺乏有效的行銷一般，終告失敗，令人遺憾。研究結果縱使有相當高的價值，若其發表的方式不妥，將會使研究的價值大為減低。一位研究者若能熟諳研究報告寫作的技巧，無疑地對其工作前途大有神益。以下為報告撰寫的基本準備。

1. 下筆前的思考 (Thinking before Writings)

下筆之前首應回顧本研究專題的目的在那裡？本報告的目的又為何？研究報告的撰寫是整個研究工作的一環，撰寫之前，首先應該對研究的目的做一清晰的回顧 (Purpose Recall)。其次，要考慮將來閱讀報告的人 (Report Readers) 有那些特性、需要、及偏好等。固然我們不能無中生有，甚至歪曲事實來迎合這些人的需要和偏好，但是一位有技巧的研究者，在撰寫研究成果時，應有這種重視顧客特性的基本態度。知道誰將閱讀報告，也有助於報告篇幅的決定。此外，瞭解讀者的知識程度，才能縮短作者與讀者之間溝通方面的差距。

第三個問題為：寫作的環境和限制為何？所研究的主題性質是否為高度技術性？是否需要統計數字或圖表？標題的重要性為何？什麼是報告的範圍？可應用的時間有多少？

2. 表達的原則 (Principles of Presentation)

研究報告是用來正確地傳遞資料情報，所以應避免語意模糊和咬文嚼字，應多使用平易近人的口語化詞句，以利彼此的溝通。

更具體地說，研究報告之撰寫應⑴組織分明、⑵內容精要、⑶主題的發展清晰、⑷外表的規格富吸引力，其中尤以組織分明最易為一般研究者所忽略，應練習活用「標題」(Heading) 與「副標題」(Sub-heading) 來指示主題的發展與重點的所在，並隨時提醒讀者正在討論的內容與方向。

為求內容的簡明精要 (Clear and Compact)，必須剔除多餘的材料。雖然有些人認為報告愈長愈好，或許有些情況是好些，但一般而言，則不然。

內容的簡明精要，唯有經寫作者經由數次的檢討、修正和濃縮來達成。換言之，修正 (Modify)、再修正 (Re-modify) 是改進文章品質的重要途徑。再者，為求報告的吸引力，最起碼必須外表清潔，以顯示出組織結構的形跡。此外，報告紙張的頂端及底端皆須留有適當的空白。

撰寫研究報告是寫作 (Writing) 的一種，而寫作本身是一種對「靈感」有相當大依賴性的工作。Jaeques Barzun 和 Henry F. Graff 曾提出有助於克服文思蔽塞，以激發靈感的經驗法則：

⑴不要等到所要的資料全部蒐集齊全才開始動筆。太多的要點足以使人思路遲滯，尤其是早期的資料將會消逝在時間的迷霧中。因此，只要有部分的概念在心中形成，就應立刻加以捕捉，草擬出來。

⑵不要輕易放過那些你認為可能會再改變的東西，應該先記下來再說。

⑶對於已在你心目中成熟的部分，其段落之編寫毋須猶豫。

⑷一旦開始動筆就不要輕易停止，即使自己尚不十分確定的部分也可以記下來。

⑸如果寫到中途文思被卡住了，可以再次閱讀前兩三個段落，並維持內心的從容、平靜，就有打通瓶頸的可能。

⑹因為章節段落的起頭最難，所以對這些地方應付出較多的心力。

二、研究報告的基本結構 (Structure of Research Report)

一份正式的研究報告在內容結構上應包括「前列資料」、「論文主體」及「參考資料」三部分。

1. 前列資料 (Preliminary Materials)

在論文主體部分之前所列的資料，稱為前列資料。在這一部分通常包括以下組成因素: ⑴主題頁，⑵審核頁，⑶序與致謝詞，⑷內容目錄表，⑸表格目次表，⑹圖形目次表等。

⑴主題頁 (Title Page)：一篇研究報告如裝訂為單行本時，除封面外，載有論文或研究主題的一頁稱為主題頁。在主題頁上載有：論文或研究報告題目、作者姓名、授予學位學校（或出版機構）、學位名稱、提出年月及地點，這些資料合佔一頁。

⑵審核頁 (Approval Sheet)：學位論文必須有審核頁，一般性論文則可省略。一般審核頁只有一頁，包括論文指導教授、論文指導教授團及研究所所長（或有關人員），審核認可之簽字或蓋章等，有的則只有指導教授簽字，有的須所有論文指導委員都得簽字。

⑶序與致謝詞 (Preface and Acknowledgement)：序包括作者為何進行此一研究之理由，研究之背景、範疇、目的以及對於那些與該研究工作有幫忙之個人、機構之銘謝。這部分之篇幅不宜太多，一頁足矣。

⑷內容目錄表 (Table of Contents)：內容目錄只包括二級標題，如果報告內容是按章節寫的，只寫章與節兩級標題。如以英文撰寫，第一級標題全用大寫字母，第二級標題除第一字字首大寫外，餘用小寫字母。每章的名稱要能吸引人，並能表達整個論文或報告的主要內容關鍵字眼。

⑸表格目次表 (List of Tables)：表格目次表應包括表格編次、表說題及其所在的頁碼。

⑹圖形目次表 (List of Figures)：圖形目次表應包括圖次、每圖說其所在頁碼。

2. 論文主體 (Main Body or the Text of the Thesis)

通常所說的論文或研究報告係指主體這一部分而言。其架構可分繁簡兩種，前者多屬學位論文，後者多屬於期刊雜誌上發表的報告。此處僅將兩種格式列出，至於每一部分的寫法，由於篇幅限制，請讀者自行查閱有關研究方法方面的專書。

繁式：⑴緒論、⑵研究方法與步驟、⑶有關主要變數之內容及相關文獻評述、⑷研究結果（或研究發現）之主文、⑸討論（或分析）、⑹結論（摘要及建議）。第⑶、⑷，及⑸部分可以依主要變數，分數章混合說明。

簡式：⑴結論、⑵研究方法與步驟、⑶研究發現與分析、⑷結論（摘要與建議）。

3. 參考資料 (Reference Materials)

這部分資料通常都列在主體之後，包括書目 (Bibliography) 及附錄 (Appendix) 兩項。

第二十六章 管理情報資訊系統之建立
(Establishment of Management Information System: SCM-ERP-CRM)

英文 "Information" 在日本譯為「情報」，指把各種時、空、人、事、物之實情回報給決策者 (Decision Maker)；在臺灣譯為「資訊」，指資料訊息 (Data and Message) 供決策者使用；在中國大陸則譯為「信息」，指通信消息 (Communication and Message) 供使用者、決策者使用。三者名稱不同，但對企業決策之用途相同。本書則三個名稱互用或聯用。

管理學者史天納曾經說過，資訊情報流程 (Information Flow) 對於企業生命與健康的重要性，恰似血液及神經系統之於身體一樣。另一位學者巴拉斯蒂 (Ross Parasteh) 則認為，小公司如果具有優越的資訊情報系統，其成效足以抵銷沒有同等優越情報資訊系統之大競爭者所具規模經濟 (Scale of Economy) 之壓力。

在經濟高度發展的國家，由於「電腦革命」(Computer Revolution) 及衛星無線電信技術 (Telecommunication) 之聯合飛躍發展，形成國際網際網路系統 (Internet) 對促進現代經營管理觀念之革新，貢獻良多。「電腦」之利用已代替人類「體力」及小腦重複作用力，進而成為「人類智力」(Human Intelligence) 之有力工具，啟發公司內部各部門作業情報資訊化社會 (Informationized Society) 之契機，形成另一個網內網路系統 (Intranet)。而衛星無線電訊的普及化 (Popularization)，更加速公司外，各公司之間情報資訊化社會的成熟度，更形成眾多網外網路系統 (Extranet)。

由於半世紀以來電腦系統技術與管理科學之發達，以及國際競爭和經營環境之複雜變化，現代企業經營管理已產生新的資訊情報及知識管理技術，此即二十世紀60年代「電腦化管理資訊系統」及二十世紀末二十一世紀開始之「供應鏈管理」—「企業資源規劃」—「顧客關係管理」三者一體之供、產、銷大聯合 (SCM-ERP-CRM System)。雖然大、中、小公司管理資訊情報系統在理論上，不一定非用電腦為工具不可，但是國內大公司的管理情報資訊系統及國際化大中型公司的管理情報系統，為資料處理速度及記憶、傳輸之方便，已經多以快速電腦為工具，使企業與企業之間，使企業內各部門各階層管理中所用的情報資訊成為一個完整的系統。

有效的管理情報資訊系統能促使行銷、生產、採購、研發、人事、財務、會計各種功能部門之情報資訊流程互相掛鉤，並暢行無阻，滿足各級主管的決策情報

(Decision-Information) 需求，提高決策之品質 (Decision Quality)。對於那些關切企業如何才能達成預期績效目標的高階主管而言，合用的快速電腦化、無線電訊化管理情報資訊系統是他們與人競賽的一張有力王牌。

第一節　情報資訊與管理情報資訊系統 (Information and Management Information Systems)

一、情報資訊之意義及其重要性 (Meanings of Information and Its Importance)

1. 情報資訊就是知識的代名詞 (Information is knowledge)

資訊情報的定義在不同學者之間有不同的說法。詹森 (Johnson) 認為情報資訊的觀念與事實 (Facts)、數據 (Data)、知識 (Knowledge) 等資料有關，是經過處理過的資料 (Processed Data)；艾倫 (Samuel Eilon) 將情報資訊定義為「經過評估 (Evaluated) 而有特殊用途 (Special Use) 之數據與知識」；史天納 (George A. Steiner) 則認為情報資訊是一種經溝通、經過調查研究與觀察所獲得的有價值知識 (Knowledge)，可供決策之用。所以「情報」資訊亦稱為「知識」(Information is knowledge)，「無情報」信息就等於「無知識」，不會利用情報資訊為決策基礎的人，就是無知識的決定人，其決策品質必然低劣。那些居高位，遠離群眾，沒有情報資訊的大官，不是「官大學問大」，而是「官大學問小」。

一般而言，「情報」資訊係指為解決某一特定問題而經過評估及整理之資料 (Processed Data)，也是包羅萬象的各種情況之消息。一般人所關心的情報資訊，仍僅及於對其生活或事業可能立即發生直接優劣影響者，或可能滿足其好奇心的那一部分。「情報資訊管理」(Information Management) 一詞之情報，不僅指可滿足好奇心或可能導致直接影響的消息，同時，並含一切被認為具有參考用途之資料。如經營管理中之員工工作進度情況，當日之利率、匯率、利潤率，成品生產量、半成品在製量、成品庫存、交運量，材料消耗量、採購量、庫存量、在運量，產品銷售價、量值，客戶訂購，現金收支流動，應收、應付，顧客愛好，員工人數、健康狀態及其流動情況，單位及單元生產成本，品質、品保、收率 (即良品率)、生產力，交際費開支等等情形，均為情報之一部分，所以資訊「情報」就是實際活動「情」況「報」告回來 (Report back of Real Facts) 之專門稱謂。

　　所謂「情報資訊科技」者，包括為有效經營一個企業，所需要取得知識 (Acquire Knowledge)、運用知識 (Apply Knowledge) 以及傳遞知識 (Transfer Knowledge) 的各種有關技術方法，包括所有硬體設備 (Hardware) 和軟體 (Software) 技術以及運用這些硬體及軟體技術的原則。「情報資訊科技」和「情報資訊系統」兩者之間，最主要的差別在於後者包含人 (Human) 及人的決策 (Human Decision) 活動在內。

　　通常所謂之「經營情報」(或管理資訊情報，Management Information) 應具有下列特性：

　　(1)必須是對經營管理有效，屬於企業內或企業外，經調查蒐集獲得之資料。(Related to Management Effectiveness)

　　(2)必須為提供各級主管日常決策參考之情報。(Reference for Daily Decisions)

　　(3)必須為長期經營計畫或重大決策有用的情報。(Basis for Long-Range or Big Decision-Makings)

　　(4)必須是以電腦為主要手段而做成之情報。(Computer as Key Tool)

　　(5)必須是能應付經營決策人員之需要，並能迅速提供之情報。(Fast Actions)

2. 情報資訊是理智決策之基礎 (Information is the basis of rational decision-makings)

　　企業經營者應就情況做適當的判斷，並適時做成妥當決定，方能掌握良機，所以必須盡量蒐集情報作為基礎。情報蒐集得愈多，則判斷亦愈正確。

　　一般而言「情報」資訊之價值在協助主管人員達成以下任務：

　　(1)配合所負職責，適當分配時間之使用。(Time Allocation)

　　(2)減少決策效果不確定成分，因完整的情報可協助瞭解決策之後果如何？有何影響？(Reduction of Uncertainty)

　　(3)做成較佳品質之決策。(Better Decision Quality)

　　(4)做成較快之決策。(Faster Decisions)

　　(5)使判斷運用於較高層次之問題解決過程。(Help Top Managerial's Judgement)

二、管理循環與情報資訊的關係 (Management Cycle and Information)

1. Plan-Do-See 管理循環

　　管理的行為，一般認為是由三種機能所組成；即：

　　(1)計畫 (Plan)：事前決定一個方案，述明目標、方法、預算、時間進度及人力需

求。

⑵執行 (Do)：事中按既定方案執行，包括組織結構之設定，人力之配備，及工作實施之督導。

⑶控制 (See)：在決定新方案前，將舊方案執行效果與預定目標比較分析，給予必要之糾正及獎懲措施，以確保目標之達成。

這三種 Plan-Do-See 管理行為所構成的循環，稱為「管理循環」，或「行政三聯制」，其間關係如圖 26-1。「計畫」(Plan) 的功能，通常是指策略性的企劃，多為最高管理階層之任務。「執行」(Do) 的功能多指一般作業之現場實施，即較低級管理階層的業務。「控制」(See) 的功能，多指承上啟下之中階幹部追蹤、考核、分析、比較、檢討、糾正低階執行情況之管理控制業務。根據圖上相對位置，可以看出各職責的差別。

圖 26-1 管理循環圖

2.各階段所需要之情報資訊不一 (Different Information for Different Stages)

試將每一功能當作一個接受情報「輸入」，以及產生情報「輸出」的地方，則計劃功能即為「內部情報」(Internal Information) 與「外部情報」(External Information) 發生交互作用之處。「內部情報」為「控制功能」所必需，受「執行功能」所影響。但對一個公司而言，「外部情報」通常是獨立性的，諸如人口成長率、經濟發展條件、

顧客需求、競爭變化等是。因「外部情報」為一個公司在經營環境中追求「生存」及「成長」目標所必需考慮的不可控制之環境性情報，所以也稱為「環境情報」(Environmental Information)。

最高管理階層在運用外來「環境情報」與控制功能回饋來的「內部情報」後，即可據以分析強點、弱點、威脅及機會（即 SWOT 分析），並決定新目標及新行動策略。此包括公司長、中、短期願景目標，以及達成目標所必要的一般政策及特定戰略方針。換言之，所採取的願景目標及行動策略，應該是這種情報交互作用後的另一種「輸出情報」(Output Information)。

又因為決定任何一個行動策略，皆將限制一個公司下一階層的某種自由意願，所以我們稱此為「限制性情報」(Restrainning Information)。「限制性情報」非常普遍，諸如淨值報酬率目標，或市場佔有率目標，生產力目標，創新目標，人力發展目標，社會責任目標，或五年期預算等等皆是。

不論「限制性情報」的形式如何，均由一個預期的行動 (Expected Action Programs) 所產生，因此，就時間的先後言，「限制性情報」也是一種「預測性情報」(Forecasted Information)。

雖然，「執行功能」位於計劃後「情報輸入」(Input Information) 交互作用之處，但仍然需要更多的「內部情報」及「外部情報」。此處內部情報多為「限制性情報」，係由最高管理階層所決定，並為較高管理階層所詳細制訂及解釋，以供較低級管理階層運用的情報。此種情報稱為「預決性情報」(Pre-determined Information)。當管理上實際行為與預決性情報交互作用後，產生異動的結果，稱之為「彙總資料」或「異動性情報」(Variation Information)，也即最低管理階層所需的另一種情報，是從操作現場反應產生的回饋情報 (Feedback Information)。

不論單位為何，異動性情報是與管理上行為同時發生，若以時間先後言，異動性情報即為「同時性情報」(Concurrent Information)。

中階「控制功能」(See) 發生交互作用所需要的兩種情報來源，與另外兩種功能 Plan-Do（計劃與執行）所需要的略有不同。「控制功能」所需要的兩種都是來自內部的。一種是最高管理階層以「限制性情報」或「預決性情報」所供給，另一種是較低管理階層以彙總形式所提供的異動性情報，後者稱「彙總性情報」(Summaried Information)。

較高管理階層所用內部情報交互作用的結果，產生了分析。是稱「分析性情報」(Analytical Information)。分析性情報可為一簡單比較，例如銷量增加 12%，或一複

雜比較, 例如數量、價格、及效率的三重影響。

不論內容詳細的程度如何,「分析性情報」總是發生在事後。以時間先後言, 分析性情報是「歷史性情報」(Historical Information)。

在管理循環中, 各種情報輸出輸入的關係, 如圖 26–2。

圖 26–2　情報流路與管理循環

三、管理資訊系統 (MIS) 的形成 (Formation of MIS)

1. 提供決策所需之情報資訊 (Providing Information for Decision-Makings)

所謂「管理情報系統」或「管理資訊系統」(Management Information System) 之解釋頗多, 比較普遍的說法是:「管理情報資訊系統是為各級經理人員, 提供他們決策時所必要之充分、及時與準確情報的一種系統化方法。」理智之管理「決策」需有充分及時、準確之「情報」作為基礎, 而供管理決策的情報必須成為「系統化」, 其功效才能發揮, 所以「情報」資訊必須「系統化」, 而「系統化情報資訊」必須供「管理」決策之用, 形成「管理資訊系統」一詞。

「管理資訊系統」僅是提供情報資訊的一種服務設施, 它不應且也不能代表決

策本身。經理人員常恐懼在建立管理資訊系統後，將喪失其決策的特權，此種恐懼誠無必要。相反地，當實施管理資訊系統後，決策的需求，將更明顯，不僅管理階層必須在事前要做很多決策（預決性情報即為管理階層事前所做的決策），並且當狀況超出預期時，尤要適時做更多的糾正性決策。

2. MIS 不代表決策本身 (MIS is not Decision-Making)

就圖 26–3 而論，電腦系統首先要檢查客戶的信用限額，這種限額的數字必需事先決定。若「答案」未曾超額，即表示該客戶信用尚在有效控制中，可以自動走上發貨的例行途程，因這時，管理階層總不至於願意受這些例行事項的打擾！但如「答案」超過限額，即表示該客戶信用已超出控制，對於此次發貨顯然並非正常事項，這時就要考慮決定是增加其信用限額而接受訂貨？還是維持既定限額而拒絕其訂貨？這種決策工作仍是管理階層的職責，不能迴避。電腦系統只不過是忠實的做出一張請求審查有關客戶信用限額的「備忘錄」，供其審核而已。

雖然，在技術方面，管理情報資訊系統能供給各管理階層下決定用的情報資訊，但是在建立此系統之前，必需先由管理階層決定到底那些決策及情報資訊是他所需要的？以及是否要在一種系統化組織的狀況下產生該情報資訊？有的時候，要確定那些情報資訊真正需要，並非易事，例如引用企業循環的情報就是佳例。並且要將之導入管理資訊系統的成本也很高昂。因此，在設計管理資訊系統時，必須慎重考慮這些因素，換言之，「實際」要重於「理想」，而「經濟的條件」也要高於「技術的條件」。

3. MIS 之優點

管理資訊系統所提供的情報，與其他方式產生的情報，兩者間唯一的差別是前者經過系統分析與組織，而後者或是或不是。通常一個良好的管理資訊系統要比其他提供情報的方式有下述各種優點：

⑴事前已妥慎考慮各種決定對管理上的全盤影響。

⑵所提供的回饋情報資訊種類能與既定計畫之所需一致。

⑶所提供的回饋情報資訊能與長程計畫及短程計畫相一致。

⑷能運用現代數學及管理新知，將既往事實與預測的未來趨勢，加以關聯，並使之數量化。

⑸使財務的資料與作業的資料相融合，產生衡量工作效率的各種標準。

⑹能適應總公司暨所屬各單位的全盤情報資訊需要。

圖 26-3　有關銷貨異動性情報的單一處理流程

(7)對各級管理階層僅提供其真正必要之明細程度及例外原則下的情報，所以處理的時間少，而提供之情報量大。

(8)能有效運用資料處理人員及設備之能量。

(9)具有修改的彈性及適應性。

實施管理資訊系統在理論上，並非非用電腦不可。不過，由於大量積聚的情報資訊要用不同的幅度來衡量，有時要放大，有時要縮小，並且需要迅速及時，因此，在實際上，實施管理資訊系統，唯有採用電腦作業，其效果才能相得益彰。

換言之，「管理資訊系統」可用「人工檔案」(Human Filing) 方式來執行（指古老傳統時代），也可以用電腦資料庫 (Computer Data-Bank) 方式來執行（指現代數位時代），但以後者為上策。

四、電腦化管理資訊系統的結構 (Structure of Computerized Management Information Systems)

電腦化管理資訊系統須由以下三種不同機能結合而成：

⑴電腦（電子資料）處理系統 (Electronic Data Processing Systems)，包括眾多「單一功能」別之「電子資料處理」(EDP) 系統，但互不連線。

⑵通信聯網系統 (Communication Network Systems)，公司內眾多功能部門間及公司外眾多公司間互聯通信，包括 Intranet, Extranet, 及 Internet。

⑶經營決策支援系統 (Management Decision Supporting Systems)，包括高階策略規劃與決策、中階管理控制與決策，及基層作業規劃、控制與決策等之決策支援系

圖 26–4　　MIS 結構圖

統 (Decision Supporting Systems)。

在運用時，電腦（電子資料）處理系統與通信聯網系統 (CNS)，必須互相配合處理，並須符合下列條件：

⑴電腦本體必須能同時多元處理 (Multiple Processing)，應用較大型電腦。

⑵必須具備中央檔系統 (Central File System)，以便將各種資料為適應不同目的

而反覆整理。

　　⑶必須為分時系統 (Time-Sharing System)，俾供異地之多數管理人員共同利用。分時系統為電腦與通信回路相連，由多數人共同利用電腦之系統。

　　中央檔系統之普遍利用，常在技術上完成大型記憶裝置，以情報檢索方法 (Information Retrieval) 以及資料精編 (Data Reduction) 方法之進步等為基礎。中央檔系統之功能，為將若干資料由一部記憶裝置機記憶，但隨時可以輸出，或將其精編為較有價值之情報，以適應各項不同目的而利用。此方法亦稱為「單一輸入系統」(Single Input System) 或「綜合檔系統」(Integrated File System)，由企業內部各階層所產生之資料，全部集中於一處，再精編為各階層所需之情報。中央檔系統之功能所顯示者，即為管理資訊系統基本結構上所具之特徵，其優點為隨時隨地及同時對任何部門或階層可提供所需之情報。此綜合性情報溝通之中央檔系統 (MIS) 之結構圖如圖26–5。

圖 26–5　中央檔系統

　　各功能別管理部門之資料集中於中央檔 (Central Filing)，中央檔系統並能將綜合情報對任何部門同時提供。

　　「管理資訊系統」之另一環為「經營決策支援系統」(Management DSS)，由高階策略計劃系統 (Strategic Planning System)，中階管理控制系統 (Management Control System) 及低階作業控制系統 (Operational Control System) 等三項輔助系統所構成。

　　「高階策略計劃系統」為企業最高管理當局所策劃之戰略計劃，其內容為設定企業將來之成長及發展之「目標」(Objectives)，以及為達成該目標之經營「政策」

(Policies) 及「戰略」或方針 (Strategies)。戰略計劃為適應環境及競爭問題之發生而隨時要進行之高階策劃活動，具有不規則性之特徵。

其次，「管理控制系統」為遵循高階管理當局之戰略計劃，由企業各部門中階主管有效運用組織資源，而達成上級之經營目的。管理控制系統包括企業經營業務之全部，即行銷、生產、研發、人事、財務、會計、採購、資訊等部門之活動，實際屬於「綜合系統」(Total System)，故應力求各部之均衡發展。

所謂「作業控制」，則為下階主管人員控制現場作業人員業務，依事先制訂之處理程序 (Rules & Procedures) 完成。依一定之程序處理，即屬於合理系統，具數字模型之特性，可運用作業研究方法進行。作業控制可藉電腦自動化處理。經營決策支援系統之三項輔助系統之結合，其相互關係密切如圖 26-6 所示。

圖 26-6　經營管理結合圖

第二節　管理情報資訊的需求 (Needs of Management Information)

■ 一、大家應以整體目標為基礎 (Integrated Objective as Foundation)

企業經營的複雜性，使得管理的範圍分為甚多產品事業部門、甚多功能別業務部門以及甚多管理階層。按照功能別業務性質，可分為總務管理、會計管理、人事管理、勞工管理、財務管理、生產管理、資材管理、品質管理、維護管理、採購管理、經銷管理、儲運管理、銷售管理、採購管理、資訊管理等等。每一業務門類均須有適合它自己需要的管理情報系統。對整體公司性之「中央系統」而言，這些功能別系統，都叫做「子系統」。

不論是政府機關或工商企業，在上述各種業務範圍內，要想達到既定目標，必須執行很多工作活動。衡量這些工作活動的標準，可能是金錢性的、社會性的、安全性的、服務性的、或是美感性的。但不論那一種，良好決策之做成，皆必須依賴負責該項工作之主管所認為重要的管理情報為基礎。

在一個組織內，管理工作通常分成若干階層（如高階決策層、中階管理層、低階作業層），每一階層都需要管理情報資訊。這不是說每一階層所需要的情報資訊性質 (Nature) 相同、情報資訊數量相同，或是情報資訊的明細程度 (Detailedness) 相同，而是說每一階層的主管都需要一些能使他有效完成其本身職責的特定情報。

就某一業務單位主管而言，在遂行其任務所做的協調合作 (Coordinations and Cooperations) 方面，會產生很多縱與橫的關係。這種縱橫關係將直接或間接地涉及上級、下級、及同級階層有關人員的職責，形成錯綜複雜的神經系統。

各單位對整個組織目標所做貢獻的大小，可藉完成本身任務的效率，以及對縱橫各方面有關工作所做的助益來衡量。各單位為完成自己的職責目標，則應有周詳之計劃、執行及考核（即控制）。茲略說明如下：

1. 計劃 (Planning)

對於人力、資金、設備及時間等資源的利用，要在最有效與最經濟的原則下排定日程，以便在預定的時間限制下完成預定的計劃目標。

2. 執行 (Doing)

執行是對所屬工作人員給予其應該達到的工作、目標及授權，鼓勵其在領導範

圍內，發揮最大程度的創造力。

3.考核 (Seeing)

考核係指比較個別工作績效與預定目標之差距，以及衡量整體目標所做貢獻的程度，並對差距分析原因，並做必要之糾正。

組織內各不同階層之主管人員，在執行上述基本管理作業（計劃－執行－考核）間的主要區別，在於各步驟所花時間與力量的多寡。一般說來，階層愈高，所花計劃與考核的時間與力量必然愈多。但不論任何階層，主管人員如果越想要成功地完成其管理作業，他越需要做對決策，因之他對特定管理情報的需求程度也越高。

⊞ 二、決定適當的情報資訊內容 (Contents of Right Information)

主管日常所接到的情報資訊，不一定都是適當可用的，有時常屬於不需要的浪費性情報，俗稱「情報氾濫」。解決此問題的要訣在於事前正確的指導。一旦發現情報系統供應的情報不適當時，應立刻糾正。在糾正時，必須注意到管理情報的積極條件：

(1)到底主管人員需要什麼情報？ (What kind of information is needed?)

(2)什麼才是適當的情報？ (What is right amont of information?)

(3)主管在追求有效達成管理目的之前提下，所需情報的規範為何？ (What information is right kind, right amount, and right time?)

所謂「適當」(Right) 的情報，必須包括若干「主體」資料 (Major Data)，也就是主管人員在設定、評估及調整工作目標下，擬定行動方案、實踐行動方案、以及評估行動方案等所需要的具體資料 (Concrete Data)，這種資料可能來自外部，也可能來自內部；可能為財務性的，也可能為非財務性的。不論來源為何，但一定要充分、準確、及時 (Abundant, Accurate and In-Time)，以便構成決策的堅強基礎，然後才能發展成為有效的管理系統。

對某一組織或某一主管而言，「適當」的情報必須針對其特定決策 (Specific Decision) 要求而設計。通常，不會有兩個單位同時需要完全相同的管理情報。即使是職位相同的兩位主管，也不會需要完全相同的管理情報，所以「適當」之內涵因時、因地、因人、因事、因物而異其程度。

一個機構或單位能否產生適當的情報，常因該單位之既往歷史、周圍環境、財務狀況、及對於未來成功有影響的諸因素而定。而一個主管能否產生適當的情報，則與他的學識、能力、他對職責的觀察力、上級賦與之職責及權限、他對目標之捕

捉能力以及他處理情報的技能有關。

1. 基本資料的建立 (Basic Data Bank)

　　不論任何單位或任何階層的主管，在決定其所需之特定管理情報內容前，必有若干構成先決條件的基本資料 (Basic Data)。此包括組織的目標、單位的任務、工作方案、個人工作目標等。所有這些資料在各個單位皆應經「策略規劃及目標管理制度」，以書面形式具備完整，並將之電腦化。倘若目前尚未演變成書面形式及電腦化，最好在策定情報需求之前，先把它做好。

　　經理人員之所以需要基本資料 (Basic Data)，通常是為了完成下列任務：

　　⑴設立公司的經營目標。(Setting Corporate Objectives, Missions)

　　⑵訂定主要的營運策略，以達成所訂目標。(Setting Major Policies and Strategies)

　　⑶對股東提出公司營運結果之報告。(Reporting to Stockholders on Company Operations Performances)

　　⑷依法繳納稅款。(Payments of Taxes)

　　⑸向社會大眾告知公司所採行的政策。(Reporting to Society on Company's Open Policies)

　　⑹密切核對公司當前的營運狀況。(Double-Checking on Company Operations)

　　⑺協助員工知曉公司的重要措施。(Reporting to Employees on Company's Major Programs)

　　⑻預備公司長程計畫。(Preparing Long-Range-Plan)

　　⑼對將來可能遇到的顧客需求變化、供應商變化、競爭壓力競爭等所造成之困難先提高警覺。(Raising Attention on Environmental Changes on Customers, Competitors, Supplies)

　　⑽預見將來的新機會。(Foreseeing New Opportunities)

　　⑾將資本資源做妥善分配運用。(Bettering Capital Resources Allocation)

　　⑿對每日的營運做必要的調整控制。(Adjusting and Controlling on Daily Operations)

　　⒀決定產品價格。(Deciding Product Prices)

　　⒁處理例外事件。(Dealing with Exception Events)

　　⒂在特別意外事件發生時，立即做成決策。(Quick Reaction Decisions to Emergency Accidents)

　　⒃提供預訂行動 (Pre-action) 之根據。(Data Basis to Pre-actions)

⒄建立適當背景，以便與外界維持良好關係。(Data Basis of Background History on Public Relations)

⒅訓練和發展部屬才能。(Skill Training and Management Development)

2. 特定情報的建立 (Special Information)

基本資料具備後，即已構成特定管理情報需求上的先決事項。通常，在尋求有效管理作業的特定情報時，有一簡單的系統化方法可供採行，很多有名的管理顧問公司曾經屢試不爽。此法乃要求各級主管自行設計自己所需要之情報 (Self-Designed Information Needs)，至於效果的好壞，則以他自己介入此事的深度而定。若介入程度愈深，愈能保證成功。

要主管自己決定需要何種特定情報之主因，只有主管本人最能認清他自己的工作目標、所遭遇之困難所在、以後發展的關鍵因素以及在當前企業環境中他的獨到見解。所以，只有他自己最能決定何種情報項目對其職責內的管理活動最為有效。

三、設計管理情報資訊的步驟 (Steps of MIS Systems Design)

主管人員在設計管理情報之需求內容時，必需有健全的管理智識 (Sound Management Knowledge)，以及對個別狀況的敏銳感受。如果兩者俱備，即可在其本身業務範圍內自行設計所需之情報，其步驟如下：

1. 第一步：找出關鍵因素 (Search of Key Factors)

鑑別出會影響未來計畫成功或失敗的重要特性或關鍵因素 (Key Factors)。通常，大多數計畫成敗的關鍵因素可能只有三、四個，但是鑑定關鍵性因素不是件容易的事，並且因產品銷產業務性質不同，關鍵因素也將有所不同。常用的方法，是先把問題說明清楚 (Clear Problem Definition)，當問題被闡釋清楚後，關鍵因素往往就會自然顯露。

2. 第二步：選擇衡量指標 (Selection of Measurement Indicators)

決定衡量關鍵因素成功的評估尺度或指標 (Measurement Scale or Indicators)。有些管理顧問採用「重要指標」(Major Indicators) 一詞，來作為評估實際作業的衡量單位。在選擇指標時，必須要適合被評估作業的特性，例如氣壓計不能測量氣溫，也不能用溫度計來測量速度。

找出的正確指標單位，可能是一個比率、一個平均數、或一個百分比。也可能以元、數字，或時間為單位。在尋找指標時，除了要求適合關鍵因素之特性外，還要考慮運用上的簡單與容易，以及爾後對計劃與執行控制上的所將產出之最佳情報。

3. 第三步：**數量化成功之標準** (Quantifying "Success" Standard)

將目標、目的及標準予以數量化。在未衡量成功的程度前，必先瞭解「成功」的條件如何構成？測量關鍵因素的指標又為何？例如在地坪面積有效運用方面，我們可能按每人若干平方呎為評估的單位。假設某年之全國平均數 (Average) 為每人 153 平方呎，而當前本公司革新之計畫目標 (Objective) 為每人 149 平方呎，第二期目標則為每人 137 平方呎。若以全國平均數為標準，每人減少 1 個平方呎表示節省 150 萬元，第一期每人節省 4 平方呎，代表節省 600 萬元；第二期節省十六平方呎，代表節省 1,400 萬元。則此被減少之數字，就可代表該計畫的績效。這樣，實際作業成績即可用每人平方呎為指標，測量出所欲追求的工作目標。

4. 第四步：**決定所需情報** (Determination of Information Needed)

決定需要何種情報，以保證主管人員達到他成功的目標。也就是說主管人員根據每個關鍵因素的體認，擬定有助於邁向目標途中做計劃、下決心、實地執行，以及追求最高效益等各種手段所需要的情報內容。同時還要決定需要的時機為何？需要的頻率為何？以及產生的方式為何？

情報的需求決定後，主管人員最好再仔細檢討各項目，並自我回答下述問題：

⑴此項情報對我確有用處嗎？

⑵如果得不到此項情報的話，如何辦？

⑶此情報是否切合實際？

⑷此情報已否與實際狀況比較？

⑸此情報若稍作變化，將可顯示什麼？

⑹此情報有無修改的必要，如有，將採取何種行動？

⑺此情報能否測量出工作的成就？

⑻此情報能否對已建立的標準或預期結果，反映出作業績效？

⑼還需要其他情報嗎？

⑽表達方式若稍加改變，是否對狀況的顯示更為生動？

只有能經得起以上各問題考驗的情報項目，才是主管人員真正需要的情報。唯有這樣，他才能夠保證他所得到的都是適當的情報。

四、管理情報資訊系統的分類 (Classification of MIS)

（一）內部情報系統 (Internal Information Systems)

1. 會計情報系統 (Accounting Information System)

此系統的功能，在蒐集企業發展的基本統計情報。它由幾個次級系統組成，所有資料均係根據政府法令規章而產生，此種資料不僅可以定期藉財務報表之方式向股東提出報告，並且可供作經理人員決策所需的情報資料。例如銷售、利潤、成本、費用、標準成本、製造成本、直接成本、資產、負債、淨值、資本結構、損益兩平分析等等資料。

2. 人事情報系統 (Personnel Information System)

大多數的企業均有此系統，以處理企業內員工的一切問題，諸如：員工雇用、升遷、薪資、福利、獎金、認股權、特支費、請假、生產工人工時之損失、員工加班費以及足以衡量員工效率的其他情報。

3. 材料流程情報系統 (Material-Flow Information System)

此情報系統係提供企業財貨實際之來源及運用之情報，它包括原物料、設備、存貨等來源及運用的情報。此材料系統後來擴增為 MRP–1 (Material Requirement Planning)、MRP–2 (Manunfacturing Resources Planning) 及 ERP (Enterprise Resources Planning)。

4. 定期計劃情報系統 (Periodic Planning Information System)

擁有「整體計劃制度」(Comprehensive Planning System or Information-Planning-Programming-Budgeting-Scheduling Systems) 的公司，當然會具備以循環期間為基礎之特殊型式的情報系統，自無庸贅言；但若缺乏此類系統的公司，就可能需要備有年度預算計畫 (Annual Budget-Plan)，以提供公司設定未來目標 (Company Goals) 和會計及人事系統所需要的情報。

5. 特殊報告情報系統 (Special Report Information System)

大型公司通常需要準備各種特殊報告，以處理涉及當前和未來利益有關的事宜。這種特別的報告，是由企劃控制 (Planning-Control) 部門或長期計劃 (Long-Range Planning) 部門向高階層主管提出，其所涵蓋的內容有周遭環境在未來所可能發生之變化 (Environmental Changes)、收購或合併其他企業之可能性 (Merger and Acquisition Possibilities)、特殊的內部問題，諸如重置設備政策之改變 (Equipment Replacement Policy Changes) 等等。

6.「傳聞」情報系統 (Grapevine Information System)

雖然有人反對將此非正式之意見交流系統包含在主要的情報系統範圍之內，但它卻存在於每一企業之中，而且是重要的情報來源之一，尤其在情報之傳播方面，其所能發揮之功能更大。

（二）外部情報系統 (External Information Systems)

1. 競爭情報系統 (Competitive Information System)

雖然目前許多公司並未正式建立競爭情報系統，但在戰略運作功用上，所有的公司都應當建立這種重要情報系統，以便隨時掌握競爭者目前之活動，以及將來可能採取之行動的情報。「知己知彼，百戰不殆」，內部情報系統是「知己」的功夫，競爭及顧客情報系統就是「知彼」的功夫。

2. 顧客及銷售預測情報系統 (Customer and Sales Forecasting Information System)

顧客是公司生存及發展的命脈，每一個公司都應有重要顧客檔案報告及動態情報系統，並且每年對市場顧客需求及本公司可能獲得之市場佔有率與銷售做預測，也對主要顧客之可能需求做預測，並使之成為動態之情報系統。

3. 研究發展情報系統 (Research and Development Information System)

每一個公司的研究發展情報系統都不相同，其可能包括的內容有：網路系統 (Network System)、研究方案選擇系統 (Program Alternatives System) 以及科學技術資料系統 (Science and Technology Development System) 等。對一個任何傳統產業或高新產業（即高科技新興產業）的公司而言，在二十一世紀裡，研究發展情報系統都是一個主要 (Major) 的情報系統，而非次要 (Minor) 的情報系統。

4. 特別情報系統 (Special Information System)

為了應付特別的問題，或是為了嚴密注意不尋常事件的發生，一個公司可能建立暫時性的情報流通系統。譬如一個公司與另一公司合併時，可能建立一套特別的情報系統。

5.「偵測」情報系統 (Scanning Information System)

「偵測」包括揭露、舉報與察覺隱密情報。其範圍從利用精密的方法來收集開發新市場的資料（比方說，利用統計抽樣法），以迄於在親朋好友閒談中取得顧客、競爭者、供應商、政府官員、員工間資料，均屬之。

6. 其他情報系統 (Other Information Systems)

除了上述數種管理情報系統外，還有許多情報系統未包括在本文之內。事實上，

任何一家企業的管理情報系統都是隨著時間而改變，不同的公司，所需的管理情報並不相同，所有的內部情報系統與外部情報系統，彼此間相互之關係更是大相逕庭。

沒有一套固定而完善的情報系統，能夠「放諸四海而皆準」，每一套情報系統都應當考慮適合企業本身之條件，及外在限制條件而建立。所以目前有一些電腦軟體公司在販賣套裝情報系統，如 ERP, SCM, CRM 等等，都需要小心檢定，並做詳細修正，才能適合不同公司之實際用途，否則將勞而無功，損失金錢及時間。

第三節　管理資訊系統之設計 (Systems Design of MIS)

一、良好的管理情報資訊系統應具有之特徵 (Characteristics of a Good MIS)

羅斯 (Joel E. Rose) 在其所著《以情報資訊系統來管理》(*Management by Information System*) 一書內談到一個管理情報系統的好壞，可以從五個特徵看出來。此即：⑴溝通力 (Communication)、⑵決策力 (Decision-Making)、⑶管理程序 (Management-Process)、⑷結構性 (Structure) 與⑸經濟性 (Economic)。良好的管理情報資訊系統必須在五個方面同時達到一定的水準。

第一、在溝通力方面，它必須能夠整合各個次級系統 (Subsystems)。第二、在決策力方面，它必須使管理決策的品質 (Decision Quality) 因使用此種新管理技術而提高。第三、在管理程序方面，它必須能提供「適當」的情報給想要用它的經理人員，以利計劃、執行及控制活動的進行。第四、在結構性方面，它必須達成整體系統的終極目標，此整體的系統乃整體資料處理系統 (Integrated Data Processing, IDP)。第五、在經濟性方面，管理情報系統的設計需要合乎成本效益的經濟性，也就是此系統設立之後必須能充分運用，並得到最大的利益報償，不要徒置一格、好看好聽而已。所以任何管理情報資訊系統的品質，均可從其溝通力、決策力、管理程序、結構性及經濟性等五個方面來評斷。

二、建立管理情報系統之基準 (Criterion of Establishing MIS)

管理情報資訊系統之設計，特別著重其本身的「系統策劃」(System Planning)，故建立之前必須設定基準如下：

⑴情報系統對企業策劃 (Strategic Planning)、方案規劃 (Program Planning) 及預

算控制 (Budgeting and Controlling) 等管理功能所需的內外部情報，必須能隨時提供給最高管理階層，以供擬定戰略計畫之用。

(2)能衡量各企業機能別部門 (Business Functional Departments) 之業務績效 (Performance)，並提供評價 (Evaluation) 方法。同時對具有統一性的全體業務績效 (Total Performance) 情報，能提供給高層管理當局，做綜合檢討及評價之用。

(3)管理情報資訊系統本身之設計必須具有動態性，以適應企業內在與外在環境之激烈變化，使企業在動態中能革新、適應，並且不斷地成長。

(4)須先擬定綜合性之企業活動模型 (Business Activities Model)，再描繪出企業所欲建立之管理情報系統之模型。

三、建立管理情報系統應考慮之因素 (Considerations of Establishing MIS)

企業在建立管理情報系統時，應注意下列各點：

(1)各管理階層皆須具有主動服務及合作精神，避免強制行動。重視管理決策之需要，而不受情報搜集難易所束縛，並且必須將設定情報管理之目標或要求項目之工作，視為管理業務之一環。

(2)建立情報資訊系統需先斟酌下列各點，確定優先順序：

①系統開發之難易程度。(Degree of Difficulty)

②所需之人員及各項成本。(Manpower and Costs)

③所需之時間。(Time Length)

④情報可供反覆利用之程度。(Degree of Repeatitive Uses)

⑤潛在性情報之可能利用價值。(Value of Potential Information)

⑥委外 (Outsourcing) 辦理之成本、時間、適用度。

(3)要注意提高企業內各部門間資料相互輔助性效果 (Departmental Interchanges)，務求同一資料可供轉換成不同的管理資料。且要能發展一套能在管理階層需要情報時，就能自動處理之系統 (Automatic Processing)。

(4)情報資訊系統之設立，事前應審慎策劃及準備，始能設置，切勿草率從事，以免損失大量的人力及物力 (Preparation and Pre-establishment Planning)。

(5)企業主管人員應改變及加強對電腦及電訊科學之觀念，正確認識電腦電訊之性能，瞭解其在運用上之限制，致力於科學方法之普及應用。電腦電訊之使用不應僅在消極方面削減人員或降低成本，而是應以積極提高企業經營策略之品質作為追

求之目標。此外，並須事先瞭解 MIS 可能對本企業所帶來之組織結構及銷產流程變革 (Re-structuring and Re-engineering)，而預做準備。企業實施 MIS 之後，中階部門職能劃分不再受到最大的重視，而是趨向於一高階與中階結合導向之管理。

⑹建立管理情報資訊系統之前，須先檢討企業之規模大小與業務複雜度之性質，以及經營管理決策上的需要。在長期計劃的前提下，應先從日常業務範圍內，對個別部門之次系統 (Individual Sub-systems) 踏實地一步步發展起，以至於逐步建立起全公司整體性之管理情報資訊系統，不可貪圖一蹴而及，好高騖遠。

四、管理情報系統之設計步驟 (Steps of MIS Systems Design)

良好的管理情報資訊系統之設計，有賴電腦電訊 (Computer-Communication) 專家及經理人員之相互配合與密切合作。在電腦電訊設備與事前之背景調查皆已齊備的情況下，從經理人員的立場來看，管理情報資訊系統之建立應包括八個步驟：

第一步：設定情報系統之目標 (Definition of Systems' Objectives)

情報系統設計之第一步驟為確立此系統之目標，也就是要確定：「此系統之目的是什麼?」、「為何需要有此情報系統?」、「其功能如何?」、「誰是此一情報系統的使用者?」、「他們（使用者）的目標是什麼?」。

目標的確定不能太含混，最好能夠根據所欲解決的問題，訂出具體明確的目標，而且不僅應確立整體系統之目標，對各附屬一級、二級、三級之情報系統必須儘可能地確立具體明確的目標，包括項目、時間、人物、進度等等。

第二步：瞭解情報系統之限制條件 (Understanding Systems' Constraints)

確立了情報系統之目標後，接著就必須找出設立該系統之限制條件。一般而言，限制條件有內部限制條件與外部限制條件，如圖 26–7 所示。

第三步：決定所需情報之多寡 (Quantity and Quality of Information Contents)

在設計 MIS 之前，經理人員必須根據各自工作任務目標，確定自己對情報的需要內容及數量。如果不這樣，MIS 之系統設計師很可能以他們自己認定的目標及他們所認為的情報需求，來界定經理人員的情報需求，如此可能導致南轅北轍，大錯特錯。

一般說來，決定情報需求量的多寡，有兩種方法：

⑴列舉數經理人員認為他必須負擔的職責種類，再進一步瞭解欲完成這些職責，所需的個別情報資訊。

⑵另一方法是不直接詢問「你需要什麼情報」，而要經理人員描述他做決策時，

圖 26-7　設立管理情報資訊系統之內外限制條件

可能面臨的情況以及遭遇的問題，然後 MIS 設計人員根據這些回答來代替他決定情報資訊需求內容及數量。

第四步：決定所需情報資訊之來源 (Sources of Information)

在此一步驟內，我們不僅要發現情報資訊的來源，而且要確信這些次級系統的情報資料是否能夠適合整體組織的結構。

一般而言，情報資料之來源有三類：

⑴內部及外部之紀錄資料。(Files and Records)

⑵與經理人員及現場操作人員面談而得到的資料。(Interviewings)

⑶利用統計抽樣理論及預測所獲之資料。(Sampling Surveys and Forecastings)

有些重要的分析及整合技術在情報蒐集方面運用很廣。例如投入產出分析 (Input-Output Analysis) 及多元流程分析 (Multidimension Flow Analysis) 等。

第五步：詳列系統觀念 (Detailing of Systems Concepts)

此乃著重於「解決問題」之觀點，也就是「目標」及「達成目標」的觀念。情報處理之過程對經理人員而言，雖仍是一個難窺堂奧的黑箱，但 MIS 的系統設計概念，卻強調經理人員必須親身參與 MIS 系統的設計，瞭解系統觀念，系統流程，情報資訊內容，及情報資訊來源等。

第六步：檢視並使用該系統 (Inspection of Systems Utilization)

MIS 完成系統設計後，往往在實行之前必須再加以試驗，以確定其是否可行。

一般說來，檢驗的第一步乃是決定資料投入後，是否可以轉變為所需要的情報產出。系統設計人員一般將系統設計之試驗分為三部分：

⑴桌上檢驗 (Desk Check)，乃將整個系統以流程圖 (Flow Chart) 表示，以決定該系統是否合乎邏輯程序 (Logical Procedure)。

⑵組件測驗 (Component Test)，乃檢視該系統之各次級系統是否能良好地「整合」及「協調」。

⑶系統測驗 (System Test)，係將已經合乎邏輯的整體系統試驗從事運轉、操作方式、與操作方法之實際實驗之情況。

第七步：MIS 系統執行 (MIS Systems Implementation)

這個步驟應由公司設立專職組織部門（如資訊部或電腦部）來執行 MIS，並妥為規劃使用規則。在系統較為複雜的情況下，將系統以書面化來表示是很重要的方法。

第八步：評估該系統 (Systems Evaluation)

在 MIS 付諸執行之後，必須隨時加以評估。評估之標準，可從大系統之效果及小系統之效率兩方面來著手。

效能評估 (Effectiveness Evaluation) 的過程，基本上是一種「實際與目標」查核的控制過程，也就是依據原訂目標，來衡量 MIS 執行績效的過程。

至於 MIS 效率的衡量 (Efficiency Evaluation)，則是一種投入－產出比例的觀念。換句話說，也就是一種「成本效益」分析 (Cost-Benefit Analysis)。一般而言，可利用之分析方法有下列幾種：

⑴損益分析 (Profit & Loss Analysis)。

⑵投資報酬分析 (Return on Investment Analysis)。

⑶現金流程分析 (Cash Flow Analysis)。

第四節　資訊科技時代之電子計算機與管理情報資訊系統 (Computer and MIS in the Information Technology Age)

一、電算機在 MIS 中扮演的角色 (Roles of Computer in MIS)

雖然資料處理 (Data Processing) 不一定要用電子計算機或電腦 (Computer)，可

是自從電子計算機在 1950 年代出現後，即在「管理情報資訊系統」扮演著重要角色。尤其在 1990 年代電算機與有線無線電訊連接後，電腦在 MIS 更成為不可或缺之要角。在 MIS 系統中之處理資料，大公司從開始以來一直均依靠電算機的助力，因此，現在常流行著「以電算機為基礎之管理情報系統」(Computer-Based MIS or Computerized MIS)。但是，電算機在實質上僅為 MIS 中之一種工具而已，不是目的。管理情報資訊系統中真正最重要的元素應該是「人」，因為系統設計與系統執行的責任，仍必須由經理人員擔負，無法委諸電算機，此點必須在此特別加以說明，以免造成誤解，阻礙 MIS 廣泛應用之前途。

由於電算機機件部分，俗稱硬體 (Hardware)，其技術發展迅速，資料之整理、分析及傳遞，經由電算機處理（最早稱 Electronic Data Processing, EDP），已遠較人力快速而妥切，因此目前各機構在建立 MIS 時，幾乎必會面臨是否使用電算機之決策問題。在解決此問題之過程中，應先確定⑴所建立情報系統之目標何在? ⑵希望它提供何種方式的服務? ⑶將欲處理之情報數量多大? 只有在這些問題都確定後，再決定⑷是否使用電算機? 以及採用何種規格之機器等等問題。

管理情報資訊系統之目的在為「策略性管理」及「作業性管理」提供決策情報，因此 MIS 設計之主要工作是建立此系統之「資料基地」(Data Base) 或資料庫 (Data Bank)。資料基地中之各項資料，如薪資、人事、銷售、生產、庫存、採購、財務、會計及其他等等，必須妥加組織，以適應操作規格之要求。

此外，在設計資料基礎時，尚應注意容易「維持」(Maintenance) 及容易「檢索」(Retrieval) 之要件。為滿足這些要求，以確保系統之效率與適應性，在 MIS 內引用電算機常成為不可或缺的步驟。可見電算機在現代大規模企業之 MIS 中，扮演著極端重要的角色，尤其對處身於動態環境和激烈競爭下的企業而言，已成為有效管理之必要工具。

所謂 MIS 之系統「功能」(System Functions) 乃指執行各種作業要求，發揮應有之作用；譬如說，一個管理情報系統必須能依據需要，執行「接收」、「處理」、「儲存」及「提供」各種情報之作用。這些作業能否確實執行，即決定此系統的有效程度。電算機執行 MIS 所需求之各種系統功能，可分述如下:

1. 檔案 (Files) 之建立與維持

MIS 之「資料基地」(Data Base) 是由「檔案」所構成。一個情報系統往往需要大量的情報檔案 (Information Files)，檔案內之情報皆應有適當結構；新的情報也要經常加入「資料基地」，過時的情報則應除去，此稱為「更新」。為了檔案的維持及

更新，最好應準備完整而有效的電算機程式 (Computer Programs)，俗稱軟體 (Software)，以供使用。

2. 輸入 (Inputs) 之編校與翻譯

所有輸入系統中的資料，均應加以「編纂、校對」(Editing, Coding and Checking)，並加以「翻譯」(Translating)。所用各種「格式」與「內容」是否有效，亦應詳加審核，而供更新之用的情報，更應事先加以核對。此項工作一部分可由電算機擔任，但工作人員之參與則為必要條件。

3. 檔案 (Files) 之搜尋與分析

當使用者查詢具有特殊性質之情報時，管理情報系統應有能力由「資料基地」中尋得，以提供給使用者參考，這就是通稱之系統的「檢索」(Retrievaling) 能力。要系統的檢索能力高，必須有高效率的軟體程式 (Programs) 來擔任檔案搜尋及分析工作，方能奏效。這種電算機軟體對 MIS 之有效運作非常重要，其能力如何，在設置 MIS 之前就應先予試驗。美國微軟公司在 1975 年創立，就是專以提供 DOS-MS 軟體給 IBM 公司之硬體機器配套，建立了今日電腦（大型及個人型）普及世界的新景象。

4. 輸出 (Outputs) 之產生

MIS 系統必須具備有產生特定格式之報告的能力，而使用者應能將所得資料再加安排，以成為適合決策需要之訊息。這種情報輸出若能具有伸縮性，則對使用者將極為便利，因可免除再行謄錄，或再加說明之工作，對於此種要求電算機常顯示其特殊之功用。

5. 線上質詢 (On-Line Inquiry)

線上質詢 (On-Line Inquiry) 是 MIS 利用電算機所能達到的一種特定功能，係指經由打字機 (Typewriter)、螢幕顯示器 (Readout-Screen)、電傳打字機 (Teletypewriter)、和類似的設備，可供使用者直接取用「資料基地」中之情報；若具有這種線上質詢之能力，則可使系統對任何情報要求迅速作答，助益無窮。二十一世紀無線寬頻網路與電腦系統連接，促使此種「線上質詢」及「線上回答」之同步功夫發揮至極。

二、電算機及資訊情報技術的演進 (Evolution of Computer and Information Technology)

1953 年第一代電算機問世起至今（2003 年）已有五十一年歷史，其間情報資訊科技 (Information Technology, IT) 的發展頗為驚人。為明瞭管理情報及資訊系統及

IT 之演進，必須瞭解電算機「軟體」及「硬體」技術水準與應用方式。所謂「軟體」指的是與計算機有關的作業「程序」或「程式」而言，包括電算機所需的程式指令 (Programs Directions)、編譯語言 (Compilers) 及手冊 (Manuals) 等。所謂「硬體」係指構成電算機系統的實體機件設備而言，譬如，機械式 (Mechanic)、磁式 (Magnetic)、電子式 (Electronic) 及光學式 (Optical) 的設備、伺服器 (Server)、中央處理機 (CPU)、箱櫃組 (Cabinets)、展示影幕板 (Display Panels)、終端機 (Terminals, Monitors) 及鍵盤 (Keyboards)、觸版 (Touch Board) 等等。茲介紹電算機及其應用之演進如下：

(一) 第一代電算機 (First Generation of Computer)

第一代電算機大約在 1953 至 1958 年間，為企業界所使用，其主要用途在財務會計作業方面，諸如發薪水、填帳單（或發票）、作會計紀錄等等。這一代電算機嚴格說來，並未與管理情報資訊系統 (MIS) 發生關係，因它的作用只是取代過去公司作業系統中最表格形式化的一類工作──即財務會計記帳工作。固然它也提供了企業所需的部分管理情報，但嚴格說來，它並未形成管理情報系統的主要成員。

(二) 第二代電算機 (Second Generation of Computer)

第二代電算機的出現差不多在 1958 到 1966 年間。也就在這一段時間內，管理情報系統 (MIS) 之觀念，因受電算機技術改進所帶來之衝擊，才在企業界形成。

這一代電算機主要用來從事「分批處理」(Lot Process) 資料的工作，只要何處有大量資料需要處理，這種機器就值得採用。由於使用「分批處理」方式，因此企業組織內各部門的工作，可以使用同一種電算機來處理，也由於其記憶裝置能力之增強，各部門資料得以集中儲存，因而形成「資料庫」之初期型態。

這批電算機的硬體系統是電晶體 (Solid State, SS) 之邏輯路線，以及超級磁蕊記憶器 (Magnetic-Core Memory)；更重要的是專家們為其發展出一些軟體系統，如程式編譯器 (Program Compliers)，重複性管理工作之「投入產出」控制系統等等，「查詢─反應」(Inquiry-Response) 系統功能，在本代計算機中也開始應用，儲存信息的檢索 (Retrieval) 更加迅捷，正式之 MIS 亦因此奠立基礎。

(三) 第三代電算機 (Third Generation of Computer)

第三代電算機在 1966 至 1974 年出現，這種電算機可附加遙距末端機 (Remote Terminals)，使散布各地之使用者，能直接與中央電算機溝通，改善作業方式；節省處理之時間與費用。

在硬體設計上，此代電算機之重大貢獻是以大規模積體電路 (Integrated Circuits, IC) 取代電晶體 (SS)，由此大大節省了電算機之成本，使電算機更能廣泛地為企業界

所採用。

這些電算機由於附加遙距末端機，以溝通分處之作業位置，所以軟體系統之複雜性及靈巧性，亦要求較高，因而製造軟體者（即程式設計師 Programmers），亦須具有較高之技巧。在軟體設計中，本代電算機常具有下列能力：

　　⑴多元程式與多元處理之能力 (Multiprograms and Multiprocessing)。

　　⑵動態工作定序之能力 (Dynamic Job-Reordering)。

　　⑶任意出入檔案之能力 (Free Filing Entry)。

（四）第四代電算機 (Fourth Generation of Computer)

在 1974 年以後，第四代電算機也開始上市。這一代電算機對資料的處理運作比第三代更好，因它可以發展資料基地，將企業組織體內之各種檔案資料集中於「中央系統」(Central System, CPU) 內，而各地區性之資料處理工作，則可利用較便宜之「衛星電算機」(Satellite Computer)，即利用衛星微波電訊來傳達資訊之電算機來執行，如比，公司之大量紀錄資料可以集中保存下來，使日後決策所需之資料供給不再有匱乏之虞，因此決策所需時間亦可縮短，整體統合之效果 (Integration Effect) 亦大為增強。

這一代電算機所需之硬體與軟體技術更加進步，其硬體技術是大型之資料卷宗儲存器 (File Storage) 和衛星電算機，例如碟式儲存裝置 (Disk Storage)，因其儲存容量大而成本低廉，所以被應用在本代電算機內。在軟體方面，已進一步將第三代之多元處理能力強化，使機器可在同時操作不同種類之工作 (Time Sharing)，尚能調節到最佳軟體與硬體技術成效之狀況，在術語上叫「虛擬機器技術」(Virtual Machine Techniques)。

這一代電算機可以在任何地點，向任何需要的人，提供所有有關之資料與紀錄，並且可提供準確計算的服務，可逐漸降低主管人員對主觀判斷之依賴，增加客觀性。

（五）第五代電算機 (Fifth Generation of Computer)

在 1975 年，個人小型電腦 (Personal Computer, PC) 由蘋果電腦公司 (Apple Computer) 推出，IBM 大電腦 (Main Frame Computer) 受到挑戰，所以 IBM 也急起直追，發展 PC。而臺灣宏碁公司也推出「小教授」牌個人電腦，以至與 IBM 個人電腦可以互容之大量個人電腦出口美國。而比爾‧蓋茲 (Bill Gates) 也在購買軟體 DOS 使用權上，加上自己的發明，成為 DOS-MS，賣給 IBM 之硬體 PC 使用，從此風行一時。後來更發明視窗軟體 (Window)，靠賣軟體賺大錢，成為世界首富。

第五代大型電算機的新功能將是建立「個人專用情報系統」(Personal Information

System) 和公司內部之「連鎖溝通系統」(Connecting Communication System)；「個人專用情報系統」將使每一位領班和經理人員都能自行建立所需之獨特情報系統，並經由簡明易用的電算機語言，自行使用電算機。「連鎖溝通系統」是將各個個人專用情報系統相互連結，並進而將不同組織的網路亦相互連接，使各有關機構之資料基地中所儲存之資料，可迅速而自動的互換，從而有助於管理當局之決策。個人小型電腦 (Personal Computer, PC) 之出現，除了自行操作之外，尚可數臺連接使用，更可和大型電腦 (Main Frame Computer) 連接使用，使第五代電腦之功能大增。

這一代電算機在硬體系統上使用「磁泡」(Magnetic Babble) 和動態隨機接近記憶 (Dynamic Random Accessible Memory, DRAM)，「雷射傳真技術」(Laser Holography)，以提供大量儲存之裝置；在軟體系統上，使用更簡易的程式和資料卷操縱語言，以便主管人員建立及使用自己專用之資訊系統，此外也發展出比較方便的「模擬」(Simulation) 系統，以解決複雜之決策問題。

（六）第六代電算機 (Sixth Generation of Computer)

第六代資訊時代電算機的硬體系統是和電訊連接功能的增強，尤其 1990 年代衛星無線電訊技術的進展，促使世界網際網路 (World-Wide Web) 出現，使 Internet, Intranet, Extranet 成為家常便飯，也使個人電腦及大型電腦的管理資訊情報系統擴大作用。

三、企業管理情報系統之發展趨勢 (Development Trend of MIS)

電算機及電訊科技的發展，對企業情報資訊系統有很深的影響。

1. 促成資訊網路公用事業成立 (Rise of Information Network Companies)

各公司的管理者一方面將可直接運用本公司大資料庫裡的情報，另一方面某些類型的特定資料庫又可按地區別分布全國全世界各地並連接一起，所以電算機資訊網路公用事業的達康公司 (.com) 將一一出現。在 1965 年時，首家電算機公用事業的凱氏資料公司 (Keydata Corp.) 在美國麻省的劍橋開始營業，這家公司僅作「分時」(Time-Sharing) 電腦的服務，後來像亞馬遜 (Amazon) 公司，蕃薯藤公司，戴爾 (Dell) 電腦公司，都以電腦網際網路來做生意。像這種公司將儲存企業所需要的各種資料，並以酌收費用方式，供給客戶利用。譬如說，藉此系統，在美國洛杉磯的某公司市場調查主任，可由其辦公室的控制臺，經由當地電算機公用事業，詢得美國西南地區消費者的可支用所得之資料。亦可以經由設於美國華盛頓首府的資料庫公用事業，詢得全國消費者可支用所得之歷史資料。「資料庫」得依各類專業情報型態而設立，

譬如按各類學門別（財務、會計、行銷等），法律案件別、醫學知識別、及科學工程技術別、大學別、政府機構別、大型機構別等資料分類而設立。這些資料庫可與電算機公用事業連接，再與私人公司的系統聯繫（供應商公司，製造商公司，顧客商公司，使用者個人），形成無遠弗屆之情報網。

2. 情報更加充實 (More Information Quality and Quantity)

由於大眾都收集情報，使公司的情報系統也會更加充實，使創新知識管理更有系統。若將這些知識情報資訊納入磁帶磁碟儲存，更可供各種管理決策及進修訓練之用，譬如藥品或化學業可照磁帶磁碟所載的專利指標而進貨，磁帶磁碟亦能提供藥品研究及競爭方向的情報。

3. 「即時」(Real-Time) 情報系統的利用漸行廣大 (Expansion of Real-Time Information Utilization)

所謂「即時」系統是指具有下列特性之情報系統：

⑴情報儲存在可隨機處理 (Random Processing) 的設備上。

⑵情報經常更新並且甚準確。(Updating and Accuracy)

⑶所要求之情報能適時、及時地回覆。(Right Time Response)

專家們認為「即時」是指在活動實際發生之當時，所需情報就能馬上回答適用之意思。美國航空界首先開始，後來延伸到今日所有航空公司的訂位系統 (Reservation Systems) 就是即時系統的利用，其從數百處地區（旅行社），可立即經終端電腦查明，在數千班次飛行旅行上，是否預先幾天有空位存在。如有空位，電算機會暫時分派空位，直至旅客決定是否訂位；當他決定要了，一按鈕即為他預備座位。如果沒有所要的空位，其他的選擇機會會急速推出。這種系統除供旅客預訂機位外，中央電算機也要維持飛行設備及機員調派，以及供給其他經營航空業者所需的詳細情報。事實上，電算機不僅可同時答覆訂位有關的情報，並且能答覆飛行狀況、成本、收益、機員排程等資料。旅館業訂位系統，銀行業存取系統，證券業買賣交割系統，大學圖書交換系統，輪船裝卸航行系統，郵件包裹寄送、轉程系統等等不勝枚舉的系統也已成為「即時」式。時至今日，許多大公司的主管人員由置於身旁的電算機控制臺可隨時索取情報，以經營企業。當然，經營企業所需的大量情報源源不斷，仍不是即時電算機系統所能完全提供，同時這種系統的所將耗費的成本亦甚鉅大。一般而言，大公司的高層管理者依賴即時系統來經營企業的程度不大，因為他們所要的資料是變動性大的外在情報，需要時間對情報做評估。不過對低層的管理者而言，依賴即時情報系統的程度則較大，尤其是負責產品生產及運送工作者為

甚。做全球銷產生意所用的供應鏈管理 (SCM)、顧客關係管理 (CRM) 及企業資源規劃 (ERP)，都是屬於此類範圍。

4.建立更好的「人機溝通系統」(Man-Machine Communication System)

更多的管理者為迅速獲取及運用情報，以做較佳的決策，會將自動把自己的電腦與中央電腦聯結，以儘快取得所需情報，至目前二十一世紀初期（2003 年），已經沒有大公司的高級主管會否定或抗拒電腦資訊系統的價值。

5.小公司亦可採用電算機

由於「分時」(Time-Sharing) 及「即時」(Real-Time) 系統能力之發展，許多小公司並不需要擔負整套設備的成本，僅須付出租用成本而已，所以小公司亦可普遍採用電算機以處理所需資料。

6.促使應用數學模式 (Uses of Mathematic Models)

電算機可使管理者更易於利用新效能的數學決策工具，譬如計劃評核術、線型規劃及動態規劃、機率及模擬 (Probabilistic Simulation) 等等技術。當然這些技術的利用，並不一定要全賴電算機，惟就複雜的問題而言，使用電算機是解決此類大問題唯一可行的方法。

7.擴大自動化規劃與控制範圍 (Enlargement of Automatic Planning-Control Scope)

當今有不少公司的工廠生產活動是用電算機來操作的，所以管理者所需的各類情報，自然較昔日為多。各機能別領域的情報系統，亦愈需藉助電算機，譬如在生產領域裡，即時規劃及控制系統日漸擴充，在一「數值控制」(Numerically Controlled) 的生產系統中，「電算機輔助設計」及安排機器與工具配合之「電腦輔助製造」，都是重要現象。無疑地，新企業情報系統的發展結果，將使此系統有更多用途，更富彈性、更為準確、更快速的答覆，以及更易於運用及變更。各類的新技術發展提供更多「接收」、「送發」及「運用」情報的新方法。科技發展也促使管理者更易於變更情報的需求，接觸更廣大的情報，亦使系統更具威力。圖 26–8 為二十一世紀初期一個典型的企業情報系統結構。

8.管理情報資訊系統 (MIS) 與電腦電訊結合 (C-C) 之同步演進

⑴EDP (Electronic Data Processing) 在 1960 年代應用於公司基層交易事項處理與資料查詢，尚未觸及高階主管策略規劃與決策、中階主管管理控制與決策、及基層主管作業規劃控制與決策事項。

⑵MIS (Management Information Systems) 在 1965 年左右才被提出，一個 MIS

圖 26-8 新世紀典型企業的管理情報資訊系統

系統可以包括十個以上之單一應用 EDP 系統，常見者為財務、會計、人事、薪資、採購、存貨、生產規劃與控制、品管、設備維護、行銷廣告、訂貨交貨、儲運、財產管理等等，以及支援性管理活動。MIS 強調的是整個公司的效果 (Effectiveness)，EDP 強調的則是單一系統的效率 (Efficiency)。

⑶DSS (Decision Supporting Systems) 決策支援系統在 1971 年由麻省理工學院的 Scott Morton 及 Gerrity 所提出，把 MIS 擴大為管理人員的決策服務，為規劃、分析行動方案提出「假若……則……」之回答方法。DSS 有很多模式，是 MIS 應用中的新群集。

⑷OA (Office Automation) 辦公室自動化在 1982 年提出，因美國辦公室費用支出 1 兆美元中，有 6,000 萬美元是「知識工作者」的成本，若能提供 MIS 服務，則

可節省 15% 以上的時間。辦公室自動化 (OA) 即是應此需求而產生。在硬體設備中有個人電腦，通訊網路，智慧工作站 (Intellectual Work Station)。在軟體中有文字處理 (Word Processing)，資料儲存及撿索軟體，通訊軟體，DSS，圖形處理軟體 (Graphic Processing)，資料庫查詢語言 (Data Bank Enquiry) 及第四代語言。

⑸ES (Expert System) 專家系統，是人工智慧的一支，是運用電腦化人類知識，來解決日常需要人類專家解答之問題。在 1970 年代中崛起，而風行於 1980 年代。ES 有風險評估、成本估計、專案計畫管理、工廠自動化管理、地產經營、查帳等，ES 的組成有四大部分：

第一、知識庫 (Knowledge Base)。

第二、推論引擎 (Inference Engine)。

第三、知識取得模組 (Knowledge Acquisition Module)。

第四、交談解答介面 (Explanatory Interface)。

ES 可按其知識屬性之應用分為十類：

①解釋 (Interpretation)。

②預測 (Prediction)。

③診斷 (Diagnosis)。

④設計 (Design)。

⑤規劃 (Planning)。

⑥監視 (Monitoring)。

⑦改錯 (Debugging)。

⑧修護 (Repair)。

⑨教導 (Instruction)。

⑩控制 (Control)。

⑹SIS (Strategic Information System) 策略性資訊系統，在 1985 年代提出 SIS 來強調利用資訊科技以支援及強化企業已經採行之策略方案及創造新的策略機會。其中 POS (Point of Sales System) 銷售點系統將各商店的銷售情報快速傳回總部，以利快速訂貨及掌握商情。威名連鎖量販店利用衛星電訊來建立 POS，使其成長冠於凱馬 (K-Mart)，自 2002 年成為世界最大之公司，超過通用汽車 (GM) 公司及艾克森美孚 (Exxon Mobil) 石油公司。

⑺CIM (Computer Integrated Manufacturing) 電腦整合製造系統，統合連貫 MIS、CAD/CAM 電腦與彈性製造系統電腦，使得從銷售接收訂單，生產排程、材料需求

規劃、工程設計 (Engineering Design)、生產製造程序統合在一個大系統下，大大發揮 CIM 與 MIS 之功用。

(8)EUC (End-User Computing) 使用者自建系統，指資訊系統的使用者擁有終端機或個人電腦以及成熟的軟體，可以自己直接寫程式，以滿足他本身的資訊情報需求。此 EUC 可從集中式 MIS 之資訊管理，轉型為使用者自行控制及操作的分散式 MIS，所以許多公司已在其 MIS 部門內成立資訊中心 (Information Center) 來支援協助各使用者開發他們喜歡的資訊系統。 EUC 的技術背景就是 4L（第四代語言，Fourth Generation Language) 之運用結果。

(9)IRM (Information Resources Management) 資訊資源管理概念的提出，也是導源於 MIS。因為公司資訊作業處理的成本中，EDP 常佔 10% 左右，事業性作業系統佔 20% 左右，而白領階級之知識工作者（不包括主管人員及專家）佔 70% 左右，假使沒有充分利用資訊資源，公司將損失很多成本，所以到 1990 年代開始，很多公司不將「資訊資源」（知識資源）局限在電腦部門之內，而將之視為全企業的共有資產。把資源使用者分為 EUC 及一般使用者。把公司資訊資源分為「集中之資訊資源」、「分散之資訊資源」，以及「資訊中心」。資訊中心擁有硬體、軟體及專家，專門支援使用者建立自己的系統。

(10)企業組織型態 (Business Re-structuring) 及企業流程改造 (Business Re-engineering) 是 1990 年代浮現的新趨勢，因為 1950 年代的企業作業流程已經不符合 1990 年代企業在成本、品質、服務、速度等方面求創新之要求，所以新 MIS 必須牽動公司流程改造及組織結構重整，此乃稱為 BPR（Business Process Re-engineering，企業作業程序再生工程）。而 BPR 必須建立在資訊及通訊的基礎建設 (Information-Communication Infrastructure) 上。

(11)IOS (Inter-organizational System) 跨組織資訊系統也是在 1990 年代開始出現，以前的 MIS 是著重於企業內部，1990 年代 World-Wide Web 和 Internet 出現，所以 MIS 轉移到著重企業外部，利用公司原有之 MIS 來協助客戶商及原料供應商。所以 MIS 的功能發生三大變化：

第一、在企業內部，由「原料需求規劃」(Material Requirement Planning, MRP–1) 變成較大範圍之「製造資源規劃」(Manufacturing Resources Planning, MRP–2)，再變成更大範圍之「企業資源規劃」，使企業作業之 Cycle Time 大為縮短，節省成本，快速反應。

第二、在企業外部上游，把本企業之 MIS 和供應商的 MIS 做 IOS 跨組織連合，

形成「供應鏈管理」系統。

　　第三、在企業外部下游，把本企業之 MIS 和顧客商之 MIS 做 IOS 跨組織連合，形成「顧客關係管理」系統。

　　所以 2003 年的 MIS 是由 SCM-ERP-CRM 三連合構成一個完整性、快速性、節省性之 On-Time Transaction System。

　　⑿KM (Knowledge Management) 知識管理在 2000 年代正式提出。彼得‧杜魯克 (Peter Drucker) 把知識定位為二十一世紀的生產力來源，把「知識工人」的管理定位為二十一世紀的管理重心。知識創新的成果必須好好管理，必須用電腦化管理，把知識當作另一種資源來管理及充分運用。保羅‧羅慕 (Paul Romer) 認為知識是世界上唯一無限的資源，取之不竭，用之不盡。企業應保持永續學習，永續創新之態勢，才能保持生存及成長。電腦化的 KM 也是企業 MIS 的另一個新系統，不可小看之。

參考書目

英文部分

1. Abernathy, Frederick Ho, "Control Your Inventory in a world of Lean Retailing", *Harvard Business Review*, November-December 2000, p.169.

2. Almquist and Wyner, "Boost Your Marketing ROI with Experimental Design", *Harvard Business Review*, October 2001, p.135.

3. Anderson and Vincze, *Strategic Marketing Management*, Boston: Houghton Mifflin Company, 2000.

4. Andrews, Kennth, *The concept of Corporate Strategy*, N.J.: Prentice-Hall, 1965.

5. Argyris, Chris, "Good Communction That Blocks Learning", *Harvard Business Review*, July-August, 1994.

6. Ashkenas, DeMonaco and Francis, "Making the Deal Real: How GE Capital Integrates Acquisitions", *Harvard Business Review*, January-February 1998, p.165.

7. Ashton, Cook and Schmitz, "Uncovering Hidden Value in a Midgize Manufacturing Company", *Harvard Business Review*, June 2003, p.111.

8. Balie, Kaplan and Merton, "For the Last Time" Stak Options are an Expense", *Harvard Business Review*, March 2003, p.62.

9. Barnard, Chester, *The Functions of the Executive*, Boston: Harvard University Press, 1935.

10. Berle and Means, *The Modern Corporation and Private Property*, N.Y.: McGraw-Hill, 1933.

11. Bonabeau and Meyer, "Swarm Intelligence: a Whole New Way to Think About Business", *Harvard Business Review*, May 2001, p.106.

12. Bourgeois, Duhaime and Stimpert, *Strategic Management: A Managerial Perspective*, 2nd. ed., N.Y.: The Dryden Press, 1999.

13. Bower and Christensen, "Disruptive Technologies: Catching the Wave", January-February, 1995.

14. Brooking, Annie, *Corporate Memory: Strategies for Knowledge Management*, London: International Thomson Business Press, 1999.

15. Brown, John Seely, "Research That Reinvents the Corporation", *Harvard Business Review*, January-February, 1991.

16. Carr, Nicholas G., "IT Doesn't Matter", *Harvard Business Review*, May 2003, p.41.

17. Chandler, Alfred, *Strategy and Structure*, N.Y.: McGrow-Hill, 1962.

18. Chare and Dasu, "Want to Perfect Your Company Service? Use Behavioral Science", *Harvard Business Review*, June 2001, p.78.

19. Chen, Ting-ko, *Management Transfer, Management Practice, and Management Performance: An Empirical Quantitative Study in Taiwan*, a Ph.D. Dissertation, University of Michigan, 1973.

20. Cohen and Prusak, *In Goal Company: How Social Capital Makes Organizations Work*, Boston: Harvard Business School Press, 2001.

21. Collins and Porras, *Built to Last*, N. J.: Prentio-Hall, 1994.

22. Collins, Jim, *Goal to Great: Why Some Companies Make the Leap, and Ottocs Don't*, N. Y.: Harper Business, 2001.

23. Collins, Jim, "Level 5 Leadership: The Triumph of Humility and Fierce Resolve", *Harvard Business Review*, January 2001, p.66.

24. Covey, Stephon R., *The 7 Habits of Hishly Effective People: Restoring the Character Ethic*, N. Y.: Simon & Schuster, 1989.

25. Cyert and March, *A Behavioral Theory of the Firm*, N.Y.: McGraw-Hill, 1963.

26. Dessler and Gary, "Foundations of Modern Management", *Management*, 2nd ed., N.J.: Prentice Hall, 2001, pp. 29–40.

27. Dickson, Peter R., *Marketing Management*, 2nd ed., N. Y.: The Dryden Press, 1997.

28. Dranikoff, koller and Schneider, "Divestiture: Strategy's Missing Link", *Harvard Business Review*, May 2002, p.74.

29. Drunker, Peter F., "The Discipline of Innovation", *Harvard Business Review*, August 2002, p.95.

30. Drunker, Peter, *Management Challenges for the 21st century*, N.Y.: Harper Collins publisher, 1999.

31. Drunker, Peter, *Management in Turbulent Times*, N.Y.: Harper & Row, publisher, 1980.

32. Drunker, Peter, *Managing for the Future*, N.Y.: Penguin Books USA. 1992.

33. Drunker, Peter, *Practice of Management*, N.Y.: Harper and Brother, 1954.

34. Drunker, Peter, *The Frontiers of Management*, N.Y.: Penguin Books USA. 1992.

35. Drunker, Peter, "The Theory of the Business", *Harvard Business Review*, September-October, 1994.

36. Drunker, Peter, *Management: Tasks, Responsibilities, and Practice*, N.Y.: Harper and Brother, 1976.

37. Drunker, Peters, "New Management Paradigns", *Forbes*, October 5, 1998.

38. Enriqnz and Goldberg, "Transforming Life, Transforming Business: The Life-Science Revolution", *Harvard Business Review*, March-April 2000, p.94.

39. Farmer and Richman, "A Model for Research in Comparative Management", *Calofornia Management Review*, Winter, 1964, pp. 55–68.

40. Ferguson, charles H., "Computers and the Coming of the U.S. Keiretsu", *Harvard Business Review*, July-August, 1990.

41. *Fortune*, "2002 Global 500" (The world's Largert Corporations), August 19. 2002.

42. *Fortune*, "2003 500" (America's Largest Corporations), April 21, 2003.

43. *Fortune*, July 23, 2001, p. Fel; pp. F–13 ～ F–14.

44. Foster and Sarah Kaplan, *Creative Destruction: Why Companies Thartare Built to Last Undaryer form the Market-and How to successfully Transform Them*, N. Y.: Doubleday Currency, 2001.

45. Garvin, David A., "Building a Learning Organization", *Harvard Business Review*, July-August, 1993.

46. Garvinand Roberto, "What You Don't Know About Making Decisions", *Harvard Business Review*, September 2001, p.108.

47. Gates, Bill, *Business @ the Specd of Thought: Using Difital Nervous System*, N. Y.: Time Warner, 1999.

48. Gilbert and Bower, "Disruptive Change: When Trying Harder is Part of the Problem", *Harvard Business Review*, May 2002, p.94.

49. Gourville and Soman, "Pricing and the Psychology of Consumption", *Harvard Business Review*, September 2002, p.90.

50. Hagel, John III, "Leveraged Growth: Expanding Sales with out Scrificing Profits", *Harvard Business Review*, October 2002, p.68.

51. Hair, Bush and Ortinau, *Marketing Researd: A Practical Approace for the New Millennium*, N. Y.: McGraw-Hill, 2000.

52. Hamel and Prahaled, "Stratgic Intent", *Harvard Business Review*, May–Jane, 1989.

53. Hamel, Gary, "Strategy as Revolution", *Harvard Business Review*, July-August, 1996.

54. Hamel, Gary, "Waking Up IBM: How a Gang of unlikely Rebels Transformed Big Blue", *Harvard Business Review*, July-August 2000, p.137.

55. Handy, Charles, "Trust and the Virtual Organization", *Harvard Business Review*, May–Jane, 1995.

56. Hansen and Oetinger, "Introducing T–Shaped Managers: Knowledge Management's Next Generation", *Harvard Business Review*, March 2001, p.106.

57. Harbison and Myers, *Management in the Industrial World*, N. Y.: McGraw Hill, 1959.

58. Hardy, Charles, "Balancing Corporate Power: A New Federalist Paper", *Harvard Business Review*, November-December, 1992.

59. Heiferz and Linsky, "A Survival Guide for Leaders", *Harvard Business Review*, June 2002, p.65.

60. Hellriegel, Jackson and Solcum, *Management*, 8th ed., Cincinnati: South-Western College Publishing, 1999.

61. Herbold, Robert J., "Jnside Microsoft: Balancing Creativity and Discipline", *Harvard Business Review*, January 2002, p.72.

62. Heury Mintz berg, "Double-Loop Learning in Organization", *Harvard Business Review*, September – October, 1977.

63. Hevry Mintz berg, "The Manager's Job", *Harvard Business Review*, July–August, 1975.

64. Hill and Jones, *Strategic Management Theory: An Integrated Approach*, 5th. ed., Boston: Houghton Mifflin Company, 2001.

65. Hodgetts and Luthan, "Global Compettiveness", *International Management*, 3rd ed., pp. 67–86.

66. Hodgetts and Luthan, "World wide Development", *International Management*, 3rd ed. Singapore: McGraw Hill, 1997, p.5.

67. Hodgetts and Kuratko, *Effective Small Business Management*, 6th. ed., N.Y.: The Drden Press, 1998.

68. Hudson, Katherine M., "Transforming a Conservative Company – One Laugh at a time", *Harvard Business Review*, July-August 2001, p.45.

69. Jeusen, Michaelc., "Eclipse of the public Corporation", *Harvard Business Review*, September–October, 1989.

70. Kanter Rosabeth Moss, "Leaelership and the Psychology, of Turnarounds", *Harvard Business Review*, June 2003, p. 58.

71. Kanter, Resabeth Moss, *Men and Women of the corporation*, N. J. : Prentice-Hall, 1977.

72. Kaplan and Norton, "Having Trouble with your strategy? Then Map it", *Harvard Business Review*, September-October 2000, p.167.

73. Kaplan and Norton, "The Balanced Scorecard", *Harvard Business Review*, January–February, 1992.

74. Kenny and Marshall, "Contextud Marketing: The Real Business of the Internet", *Harvard Business Review*, November-December 2000, p.119.

75. Kim and Mauborgne, "Charting Your Company's Future", *Harvard Business Review*, June 2002, p.76.

76. Kimand Mauborgne, "Charting Your Company's Future", *Harvard Business Review*, June 2002, p.76.

77. Knight, Charles F., "Emerson Electric: Consistent Profits, Consistently", *Harvard Business Review*, January-February, 1992.

78. Koonze and O'Donnell, *Principles of Management*, 4th ed., N.Y.: McGraw – Hill, 1968.

79. Kotler, Swee, Siewand chin, *Markating Management: An Asian Perspective*, 2nd. ed., Singapore: Prentice Hall, 1999.

80. Kotter, John P. "What Leader Really Do", *Harvard Business Review (Special Issue)*, December 2001, p.85.

81. Kotter, John P., *Leading Change*, Boston: Harvard Business School Press, 1996.

82. Ktter, John P. "What Leader Reelly Do", *Harvard Business Review*, (special Issue), December 2001, p.85.

83. Kuemmerle Water, "Go Global-or No?", *Harvard Business Review*, June, 2001. p.37.

84. Lawrence and Lorsch, *The Organization and the Environment*, N. J.: Prentice-Hall, 1969.

85. Leavitt, Harold J., "Why Hierarchies Thrive", *Harvard Business Review*, March 2003, p.96.

86. Levitt, Theodore, "Creativity is Not Enough", *Harvard Business Review*, August 2002, p.137.

87. Machillan, Putten, and McGrath, "Global Gamemanship", *Harvard Business Review*, May 2003, p.62.

88. Mauruca, Regina Fazio, "Retailing: Confronting the Challenges that Face Bricks-and-Mortar Stores", *Harvard Business Review*, July-August 1999, p.159.

89. Mitroffand Alpaslan, "Preparing for Evil", *Harvard Business Review*, April 2003, p.109.

90. Moore, James F., "Predators and Prey: A New Ecology of Competition", *Harvard Business Review*, May-June, 1993.

91. Munck, Bill, "Changing a Culture of Face Time", *Harvard Business Review*, November 2001, p.125.

92. Negandhi and Estafen, "A Research Model to Determine the Applicability of American Management Know how in Differing Cultures and 10r Environments", *Academy of Management Journal*, December, 1965, pp. 309–318.

93. Newman and warren, *The Process of Management; concepts, Behavior, and practice*, 4th ed., N.Y.: McGraw – Hill, 1977.

94. Parkinson, c. Northeast, *Parkinson's Law*, London: Hocyhton Mifflin company, 1957.

95. Peters and Waterman, *In Search of Excellence*, N.Y.: McGraw-Hill, 1982.

96. Porter, Michael , "What is Strategn?", *Harvard Business Review*, November-December, 1996.

97. Porter, Michael E., *Competitive Advantage: Creating and Sustaining Superior Performance*, N. Y.: The Free Press, 1985.

98. Porter, Michael E., *Competitive Strategy: Techniques for Analyzing Industrics and Competitors*, N. Y.: The Free Press, 1980.

99. Porter, Michael E., *The Competitive Advantge of Nations*, N. Y.: The Free Press, 1990.

100. Poters, Michael, *Competctive Advantage*, N.Y.: McGraw-Hill, 1982.

101. Prahalad and Hamel, "The core Competence of the Corporation", *Harvard Business Review*, May-June, 1990.

102. Rappaport and Halevi, "The computerless Computer Company", *Harvard Business Review*, July-August, 1991.

103. Reeder, Brierty and Reeder, *Industrial Marketing: Analysis, Planning and Control*, 2nd ed., N. J.: Prentice Hall, 1991.

104. Reinartz and Kumar, "The Mismanagement of Customer Loyatly", *Harvard Business Review*, July 2002,

p.86.

105. Rivette and Kline, "Discovering New Value in Intellectual Property", *Harvard Business Review*, January-February 2000, p. 54.

106. Sahlman, Willam A., "The New Economy is Stronger than You Think", *Harvard Business Review*, November-December 1999, p.99.

107. Schwartz, Felice N., "Management Women and the New Facts of Life", *Harvard Business Review*, January-February, 1989.

108. Sealey, Peter, "How E-Comnerce Will Trump Brand Management", *Harvard Business Review*, Jaly-August 1999, p.171.

109. Senge Peter, *The Fifth Discipline*, N.Y.: McGraw Hill, 1990.

110. Shaw, Brown and Bromiley, "Strategic Stories: How 3M is Riwriting Business Planning", *Harvard Business Review*, May-June 1995, p.41.

111. Sibbet, David, *75 years of Management Ideas and practice (1922−1997), a Supplement to the Harvard Business Review*, September−October, 1997.

112. Simon and March, *Organization*, N.Y.: John Willey and Son, 1958.

113. Simon, Herbert, *Adurinistrative Behavior*, N.Y.: John Wiley and Son, 1947.

114. Slycootzky and Wise, "The Growth Crisis and How to Escape it", *Harvard Business Review*, July 2002, p.72.

115. Spear and Bowen, "Decoding the DNA of the Toyota Production System", *Harvard Business Review*, September-October 1999, p.96.

116. Steiner, George A, *Comporehonsive Managerial planning*, N. Y.: Prentice-Hall, 1974.

117. Steiner, George A., *Top Management planning*, N.J. : Prentice − Hall, 1969.

118. Stewart, Thomas A., (editor) "The 2003 HBR List: Break throng Ideas for Tomorrow's Business Agenda", *Harvard Business Review*, April, 2003, p.92.

119. Taylor, Frederic, *Scientific Management,* Washington: Us congress, ..., 1912.

120. Tellis and Bolder, *Will and Vision: How Latecomers Grow to Dominate Markets*, N. Y.: McGraw-Hill, 2001.

121. Thomke and Hippel, "Customers as Innovators: A New Way to Create Value", *Harvard Business Review*, April 2002, p.74.

122. Thomke, Stefan, "Enlightened Experimentation: The New Imperative for Innovation", *Harvard Business Review*, February 2001, p.66.

123. Thompson and Strictland, *Strategic Management: concepts and cost*, 12th. ed., N. Y.: McGraw-Hill, 1998.

124. Werbach, Kevin, "Syndication: The Emerging Model for Business in the Internet Era", *Harvard Business Review*, May-June 2000, p.84.

125. Wiggenborn, william, "Motorola U: When Training Becomes an Education", *Harvard Business Review*, July-August, 1990.

126. Wolpert, John D., "Breaking Out of the Innovation Box", *Harvard Business Review*, August 2002, p.76.

127. Yoffic and Cusumano, "Jndo strategy: The Compeative Dynamics of Internet Time", *Harvard Business Review*, January-February 199. p.70.

128. Sibbet, Davie, *75 years of Management Ideas and practice (1922−1997)*, a supplement to the *Harvard*

Business Review, September–October, 1997.

中文部分

1. 《天下雜誌》，2002.1.1, p.180。

2. 王永慶，《讀經營管理》（上下），臺北：臺灣塑膠公司，1990。

3. 伊藤肇著，周君銓譯，《聖賢經營理念》，臺北：大世紀出版公司，1981。

4. 吳兢（唐），《貞觀政要》，臺北：宏業書局，1990。

5. 吳琮諭與謝清佳，《資訊管理：理論與實務》，第四版，臺北：智勝文化事業公司，2000。

6. 周君銓，《活學與經營》，臺北：金閣企業公司，2000。

7. 松下幸之助，〈經營之神〉，《100 Talents in 20th century》，廣州：廣東經濟出版社，pp. 72–80。

8. 南懷瑾，《大學徵言》，4th ed. 臺北：老古文化事業公司，2002。

9. 南懷瑾，《老子他說》，16th ed. 臺北：老古文化事業公司，1998。

10. 南懷瑾，《孟子旁近》，16th ed. 臺北：老古文化事業公司，2002。

11. 南懷瑾，《論語副裁》，30th ed. 臺北：老古文化事業公司，2002。

12. 南懷瑾，《歷史上的智謀》，上海：復旦大學出版社，1990。

13. 南懷瑾，〈神謀鬼謀論君道、臣道、及師道〉，《歷史的經驗（一）》，臺北：老古文化事業公司，1987，pp. 4–5。

14. 南懷瑾，〈論臣行（長短經）〉，《歷史的經驗（一）》，臺北：老古文化事業公司，1987，pp. 166–188。

15. 南懷瑾及尹衍樑，《光華教育基金會 2002 年年報》，臺北：光華教育基金，2003，pp.1–6。

16. 孫子，（王建東編譯），《孫子兵法》，臺北：智揚出版社，1981。

17. 張大可（政治），藍永蔚（軍事），吳慧（經濟），王渝生（科技），劉志琴及唐宇元（文化）等主編，《影響中國歷史進程的人物》（上、下冊），海南：海南出版社，1996。

18. 張秀楓（主編），《中國謀略家全書》，北京：國際文化出版公司，1991。

19. 張岱年（主編），《中華的智慧》，上海：上海人民出版社，1986。

20. 陳定國，《臺灣區（中美日）巨型企業經營管理之比較研究》，臺北：中華民國企業經理協會及金屬工業研究所，1971。

21. 陳定國，《公營事業企業化結果之研究》，臺北：國立臺灣大學育學研究所，1982。

22. 陳定國，《高階管理：企劃與決策（修訂三版）》，臺北：華泰書局，1983。

23. 陳定國，《現代行銷學》（上下冊）， 3rd ed. 臺北：華泰文化事業公司，1994。

24. 陳定國，〈二十一世紀變無窮，優勝劣敗看創新〉，《東方企業家》，遠見（上海），2002。

25. 陳嘉庚，〈橡膠大王〉，《100 Talents in 20th century》，廣州：廣東經濟出版社，pp. 371–376。

26. 陳定國，《有效經營（天下叢書 5）》，臺北：經濟與生活出版事業公司，1983。

27. 楊必立，陳定國，黃俊英，劉水深及何雍慶，《行銷學》，臺北：華泰文化事業公司，1999。

28. 盧業苗，〈王永慶塑膠大王〉，《100 Talents in 20th century》，廣州：廣東經濟出版社，pp. 566–570。

29. 盧業苗，〈卡內基鋼鐵大王〉，《100 Talents in 20th century》，廣州：廣東經濟出版社，pp. 122–129。

30. 盧業苗，〈司馬遷貨殖列傳〉，《史記》，鄭州：中州古籍出版社，1994。

31. 盧業苗，〈史隆超級企業天才〉，《100 Talents in 20th century》，盧業苗，廣州：廣東經濟出版社，2000，pp. 97–104。

32. 盧業苗，〈李嘉誠財界猛龍〉，《100 Talents in 20th century》，廣州：廣東經濟出版社，pp. 490–494。

33. 盧業苗（主編），〈Ford Motor〉，《百年市場一百雄》，廣州：廣東經濟出版社，2000，pp. 3–9。

34. 盧業苗（主編），〈Benz–Daimler〉，《百年市場一百雄》，廣州：廣東經濟出版社，pp. 81–88。

35. 盧業苗（主編），〈General Motors〉，《百年市場一百雄》，廣州：廣東經濟出版社，pp. 97–104。

36. 盧業苗（主編），〈IBM, Blue Giant〉，《百年市場一百雄》，廣州：廣東經濟出版社，pp. 16–23。

37. 盧業苗（主編），〈Microsoft〉，《百年市場一百雄》，廣州：廣東經濟出版社，pp. 39–46。

38. 盧業苗（主編），〈Toyota Motor〉，《百年市場一百雄》，廣州：廣東經濟出版社，pp. 47–55。

管理學　伍忠賢／著

　　抱持「為用而寫」的精神，以解決問題為導向，釐清大家似懂非懂的概念，並輔以實用的要領、圖表或個案解說，將其應用到日常生活和職場領域中。標準化的圖表方式，雜誌報導的寫作風格，使你對抽象觀念或時事個案，都能融會貫通，輕鬆準備研究所等入學考試。

策略管理　伍忠賢／著
策略管理全球企業案例分析　伍忠賢／著

　　本書作者曾擔任上市公司董事長特助，以及大型食品公司總經理、財務經理，累積數十年經驗，使本書內容跟實務之間零距離。全書內容及所附案例分析，對於準備研究所和 EMBA 入學考試，均能遊刃有餘。以標準化圖表來提綱挈領，採用雜誌行文方式寫作，易讀易記，使你閱讀輕鬆、愛不釋手。並引用多本著名管理期刊約四百篇之相關文獻，讓你可以深入相關主題，完整吸收。

財務管理──理論與實務　張瑞芳／著

　　財務管理是企業的重心所在，關係經營的成敗，不可不用心體察，盡力學習控制管理；然而財務衍生的金融、資金、倫理……，構成一複雜而艱澀的困難學科。且由於部分原文書及坊間教科書篇幅甚多，內容艱辛難以理解，因此本書著重在概念的養成，希望以言簡意賅、重點式的提要，能對莘莘學子及工商企業界人士有所助益。並提供教學光碟（投影片、習題解答）供教師授課之用。

財務管理　伍忠賢／著

　　細從公司現金管理，廣至集團財務掌控，不論是小公司出納或是大型集團的財務主管，本書都能滿足你的需求。以理論架構、實務血肉、創意靈魂，將理論、公式作圖表整理，深入淺出，易讀易記，足供碩士班入學考試之用。本書可讀性高、實用性更高。

生產與作業管理　潘俊明／著

　　本學門內容範圍涵蓋甚廣，除將所有重要課題囊括在內，更納入近年來新興的議題與焦點，並比較東、西方不同的營運管理概念與做法，可說是瞭解此一學門內容最完整的著作。研讀後，不但可學習此學門相關之專業知識，並可建立管理思想及管理能力。

行銷學　方世榮／著

　　顧客導向的時代來臨，每個人都該懂行銷！本書的內容完整豐富，並輔以許多「行銷實務案例」來增進對行銷觀念之瞭解與吸收，一方面讓讀者掌握實務的動態，另一方面則提供讀者更多思考的空間。此外，解讀「網路行銷」這個新興主題，讓讀者能夠掌握行銷最新知識、走在行銷潮流的尖端。

管理會計　王怡心／著
管理會計習題與解答　王怡心／著

　　資訊科技的日新月異，不斷促使企業 e 化，對經營環境也造成極大的衝擊。為因應此變化，本書詳細探討管理會計的理論基礎和實務應用，並分析傳統方法的適用性與新方法的可行性。除適合作為教學用書外，本書並可提供企業財務人員，於制定決策時參考；隨書附贈的光碟，以動畫方式呈現課文內容、要點，藉此增進學習效果。

投資學　伍忠賢／著

　　本書讓你具備全球、股票、債券型基金經理所需的基本知識，實例取材自《工商時報》和《經濟日報》，讓你跟「實務零距離」，章末所附的個案研究，讓你「現學現用」！不僅適合大專院校教學之用，更適合經營企管碩士(EMBA)班使用。

國際貿易實務　張錦源、劉玲／編著

　　對於國際貿易實務的初學者來說，一本內容簡潔且周全的入門書，可使初學者有親臨戰場的感覺；對於已經有貿易實務經驗者而言，連貫的貿易實例與統整的名詞彙編更有助於掌握整個國貿實務全貌。本書期能以簡潔的貿易程序、周全的貿易單據、整套貿易文件的實例連結及附加價值高的名詞彙編，使學習國際貿易實務者，皆能如魚得水的悠游於此一領域。

國際貿易理論與政策　歐陽勛、黃仁德／著

　　在全球化的浪潮下，各國在經貿實務上既合作又競爭，為國際貿易理論與政策帶來新的發展和挑戰。為因應研習複雜、抽象之國際貿易理論與政策，本書採用大量的圖解，作深入淺出的剖析；由靜態均衡到動態成長，實證的貿易理論到規範的貿易政策，均有詳盡的介紹，讓讀者對相關議題有深入的瞭解，並建立起正確的觀念。